The 20th National Conference on Structural Wind Engineering

The 6th National Forum on Wind Engineeing for Graduate Students

第二十届全国结构风工程学术会议暨
第六届全国风工程研究生论坛论文集

中国土木工程学会桥梁及结构工程分会
中国空气动力学会风工程和工业空气动力学专业委员会 主编

华南理工大学出版社
SOUTH CHINA UNIVERSITY OF TECHNOLOGY PRESS
·广州·

图书在版编目（CIP）数据

第二十届全国结构风工程学术会议暨第六届全国风工程研究生论坛论文集／
中国土木工程学会桥梁及结构工程分会，中国空气动力学会风工程和工业空气
动力学专业委员会主编. —广州：华南理工大学出版社，2022.1
　　ISBN 978 - 7 - 5623 - 6863 - 2

　　Ⅰ．①第…　Ⅱ．①中…　②中…　Ⅲ．①抗风结构 - 结构设计 - 文集
Ⅳ．①TU352.204 - 53

中国版本图书馆 CIP 数据核字（2021）第 200282 号

第二十届全国结构风工程学术会议暨第六届全国风工程研究生论坛论文集

中 国 土 木 工 程 学 会 桥 梁 及 结 构 工 程 分 会
中 国 空 气 动 力 学 会 风 工 程 和 工 业 空 气 动 力 学 专 业 委 员 会　　主编

出 版 人：卢家明
出版发行：华南理工大学出版社
　　　　　（广州五山华南理工大学 17 号楼，邮编510640）
　　　　　http://hg. cb. scut. edu. cn　　　E-mail: scutc13@ scut. edu. cn
　　　　　营销部电话：020 - 87113487　87111048（传真）
策划编辑：李秋云
责任编辑：李秋云　吴兆强　刘　锋　黄丽谊
责任校对：陈小芳
印 刷 者：广州市新怡印务股份有限公司
开　　本：787mm×1092mm　1/16　印张：64　字数：2120 千
版　　次：2022 年 1 月第 1 版　2022 年 1 月第 1 次印刷
定　　价：480.00 元

内容提要

本论文集分为"第二十届全国结构风工程学术会议"论文与"第六届全国风工程研究生论坛"论文两部分，前者按照大会特邀报告、边界层特性与风环境、钝体空气动力学、高层与高耸结构抗风、大跨空间与悬吊结构抗风、大跨度桥梁抗风、输电塔线抗风、特种结构抗风、风致多重灾害问题、局地强风作用、计算风工程方法与应用、其他风工程和空气动力学问题分类，后者的分类除无大会特邀报告、输电塔线抗风、风致多重灾害问题三类外，增加了低矮房屋结构抗风、车辆空气动力学与抗风安全、风洞及其试验技术三类，其余与前者相同。论文集共收录466篇论文，其中包括第一部分结构风工程学术会议论文147篇，第二部分风工程研究生论坛论文319篇，全部论文反映了近两年来我国结构风工程研究的最新理念、成果与进展。

本书可供从事风工程研究的科研人员、高等院校相关专业师生和土木工程结构设计院所工程师参考。

第二十届全国结构风工程学术会议
暨
第六届全国风工程研究生论坛

主办单位：中国土木工程学会桥梁及结构工程分会

中国空气动力学会风工程和工业空气动力学专业委员会

承办单位：华南理工大学亚热带建筑科学国家重点实验室、土木与交通学院

同济大学土木工程防灾国家重点实验室

协办单位：湖南大学风工程与桥梁工程湖南省重点实验室

西南交通大学风工程四川省重点实验室

中国建筑科学研究院风工程研究中心

重庆大学土木工程学院

中国空气动力研究与发展中心低速空气动力研究所

同济大学桥梁结构抗风技术交通运输行业重点实验室

广州大学

汕头大学

哈尔滨工业大学（深圳）

广东省建筑科学研究院风工程研究中心

广州容柏生建筑结构设计事务所/广州容柏生建筑工程设计咨询有限公司

华南理工大学建筑设计研究院有限公司

深圳市建筑设计研究总院有限公司

西南科技大学

赞助单位：青岛镭测创芯科技有限公司

北京约克仪器技术开发有限责任公司

北京思莫特科技有限公司

新拓三维技术（深圳）有限公司

大连航华科技有限公司

江苏东华测试技术股份有限公司

奥腾工业自动化（廊坊）有限公司

绵阳六维科技有限责任公司

昆山市三维换热器有限公司

杭州火绵风洞建筑模型有限公司

会议学术委员会

顾　问：项海帆（同济大学）

　　　　陈政清（湖南大学）

　　　　葛耀君（同济大学）

主　席：朱乐东（同济大学）

副主席：杨庆山（重庆大学）

　　　　李明水（西南交通大学）

　　　　华旭刚（湖南大学）

　　　　陈　凯（中国建筑科学研究院）

　　　　黄汉杰（中国空气动力研究与发展中心）

秘　书：赵　林（同济大学）

委　员：鲍卫刚　蔡春生　曹曙阳　陈　宝　陈　波　陈昌萍　陈　淳

　　　　陈　凯　陈甦人　陈新中　戴益民　方平治　傅继阳　顾　明

　　　　韩　艳　何旭辉　华旭刚　黄汉杰　黄浩辉　柯世堂　李　惠

　　　　李春祥　李加武　李龙安　李明水　李秋胜　李寿英　李永乐

　　　　李正良　李正农　梁枢果　梁旭东　刘庆宽　刘天成　楼文娟

　　　　罗国强　马存明　裴永忠　彭兴黔　宋丽莉　唐　意　王　浩

　　　　王国砚　王钦华　王小松　韦建刚　魏文晖　吴　腾　武　岳

　　　　肖仪清　谢正元　谢壮宁　许福友　许清风　徐幼麟　杨　华

　　　　杨庆山　杨仕超　叶继红　臧　瑜　张宏杰　张　伟　张伟育

　　　　张永升　张宇敏　张正维　赵　林　郑文涛　周　岱　周新平

　　　　朱乐东

会议组织委员会

主　席：谢壮宁（华南理工大学）

副主席：赵　林（同济大学）　　　傅继阳（广州大学）　　　杨　易（华南理工大学）

秘　书：石碧青（华南理工大学）　操金鑫（同济大学）　　　徐　乐（同济大学）

委　员：郑存辉（华南理工大学）　谢壮宁（华南理工大学）　杨　易（华南理工大学）

　　　　石碧青（华南理工大学）　王　湛（华南理工大学）　姚小虎（华南理工大学）

　　　　潘建荣（华南理工大学）　虞将苗（华南理工大学）　王　炯（华南理工大学）

　　　　石秋萍（华南理工大学）　刘慕广（华南理工大学）　余先锋（华南理工大学）

　　　　张乐乐（华南理工大学）　朱乐东（同济大学）　　　赵　林（同济大学）

　　　　全　涌（同济大学）　　　黄　鹏（同济大学）　　　周暄毅（同济大学）

　　　　操金鑫（同济大学）　　　徐　乐（同济大学）　　　朱　青（同济大学）

　　　　崔　巍（同济大学）　　　檀忠旭（同济大学）　　　方根深（同济大学）

　　　　傅继阳（广州大学）　　　吴玖荣（广州大学）　　　徐　安（广州大学）

　　　　黄友钦（广州大学）　　　邓　挺（广州大学）　　　祝志文（汕头大学）

　　　　王钦华（西南科技大学）　周　奇（汕头大学）　　　杨仕超（广东建科股份）

　　　　李庆祥（广东建科股份）　肖仪清（哈尔滨工业大学（深圳））

　　　　李　朝（哈尔滨工业大学（深圳））　胡　钢（哈尔滨工业大学（深圳））

　　　　韦　宏（华南理工大学建筑设计研究院有限公司）

　　　　李盛勇（广州容柏生建筑结构设计事务所）

　　　　刘琼祥（深圳市建筑设计研究总院有限公司）

研究生　张蓝方（主席，华南理工大学）　　　徐胜乙（副主席，同济大学）

委　员：刘春雷（华南理工大学）　周子杰（华南理工大学）　胡晓琦（华南理工大学）

　　　　刘　鹏（同济大学）　　　孙　颢（同济大学）　　　傅国强（同济大学）

　　　　李　凯（长沙理工大学）　王靖含（哈尔滨工业大学（深圳））　闵祥威（哈尔滨工业大学）

　　　　申杨凡（湖南大学）　　　叶俊辰（湖南大学）　　　孙一飞（石家庄铁道大学）

　　　　董佳慧（西南交通大学）　王沛源（西南交通大学）　廖孙策（浙江大学）

　　　　汪　震（中南大学）　　　吉晓宇（中南大学）　　　达　林（重庆大学）

前　言

自 1983 年 11 月在广东新会举行第一届会议以来，全国结构风工程学术会议至今已累计举行了十九届。为了适应我国风工程研究、教学和交流规模不断发展的新形势，自 2011 年 8 月举行的"第十五届全国结构风工程学术会议"起，同期召开了面向广大研究生的"全国风工程研究生论坛"。本次"第二十届全国结构风工程学术会议"暨"第六届全国风工程研究生论坛"，于 2022 年 3 月 18 日至 20 日在广东省广州市召开，是我国结构风工程界交流学术观点和理念、科研成果及其应用的又一次盛会。

"第二十届全国结构风工程学术会议"共征集学术论文 147 篇，录用 147 篇，其中包括 7 篇大会特邀报告。"第六届全国风工程研究生论坛"共征集学术论文 380 篇，录用 319 篇。全部录用论文反映了近两年来我国结构风工程研究的最新理念、成果与进展。收入纸质和电子论文集的论文按"全国结构风工程学术会议"和"全国风工程研究生论坛"分为两大部分，主题包括：边界层特性与风环境、钝体空气动力学、高层与高耸结构抗风、大跨空间与悬吊结构抗风、低矮房屋结构抗风、大跨度桥梁抗风、输电塔线抗风、特种结构抗风、风致多重灾害问题、车辆空气动力学与抗风安全、局地强风作用、计算风工程方法与应用、风洞及其试验技术、其他风工程和空气动力学问题共 14 个，其中纸质论文集仅收录所有录用论文的扩展摘要，并正式出版；而电子论文集则收录所有录用论文的摘要和全文（未正式出版），供与会代表内部交流。

本次大会邀请了同济大学葛耀君教授、同济大学赵林教授、大连理工大学许福友教授、哈尔滨工业大学郭安薪教授、广州大学傅继阳教授、重庆大学陈波教授、中国空气动力研究与发展中心章荣平副研究员共七位我国风工程领域著名学者作大会报告，内容涉及我国风工程 40 周年回顾、强/台风桥梁结构效应、大幅振动桥梁气动非线性、桥梁风浪联合作用、超高层建筑结构风效应、屋盖结构风荷载标准、涡扇及涡桨动力模拟等七个方面。

为全国风工程领域的工作人员和研究生提供一个能够充分交流各自成熟或非成熟的创新学术观点和理念以及最新研究成果的平台，是"全国结构风工程学术会议"和"全国风工程研究生论坛"一如既往的宗旨，因此，允许作者根据学术交流后的反馈结果对论文全文进行适当的修改后向相关学术期刊投稿。

本次会议得到了中国土木工程学会、中国空气动力学会两个上级学会的大力支持和指导，也得到了许多协办单位和多家公司的热情赞助，借此致以衷心的感谢。

由于时间有限，论文集中难免存在疏漏。如有谬误，敬请谅解，欢迎广大读者批评指正。

中国土木工程学会桥梁及结构工程分会
中国空气动力学会风工程和工业空气动力学专业委员会
2021 年 10 月

目 录

第一部分　风工程会议

四、高层与高耸结构抗风

五、大跨空间与悬吊结构抗风

六、大跨度桥梁抗风

七、输电塔线抗风

十二、其他风工程和空气动力学问题

第二部分　研究生论坛

一、边界层特性与风环境

二、钝体空气动力学

三、高层与高耸结构抗风

七、特种结构抗风

八、车辆空气动力学与抗风安全

九、局地强风作用

十、风洞及其试验技术

十一、计算风工程方法与应用

十二、其他风工程和空气动力学问题

附 录

第一部分

风工程会议

一、大会特邀报告

中国结构风工程四十年发展与展望

葛耀君[1,2]，王勋年[3,4]，朱乐东[1,2]，黄汉杰[3,4]，赵林[1,2]

（1. 同济大学土木工程防灾国家重点实验室 上海 200092；

2. 中国土木工程学会 桥梁及结构工程分会 上海 200092；

3. 中国空气动力研究与发展中心低速所 绵阳 621000；

4. 中国空气动力学会 风工程与工业空气动力学专委会 绵阳 621000）

摘　要： 我国结构风工程研究始于 1980 年成立的中国空气动力学研究会工业空气动力学专业委员会，1988 年成立的中国土木工程学会桥梁及结构工程分会风工程委员会加强了中国结构风工程研究的专业化组织和指导。中国结构风工程发展于 20 世纪 70 年代开始关注结构风工程问题，于 80 年代正式成立工业空气动力学和风工程委员会，于 90 年代积极推进风工程和工业空气动力学研究，至 21 世纪第一个十年已经经过了 40 年的成长、壮大和成熟的历程。展望未来建设国际风工程研究强国任重道远。

关键词： 中国；结构风工程；四十年；发展；展望

1　引言

国际风工程研究可以认为是从 1940 年旧塔科马大桥风毁开始的。我国风工程研究起步较晚，一般认为始于 1980 年中国风工程研究的学术组织——中国空气动力学研究会工业空气动力学专业委员会成立，1988 年在中国土木工程学会桥梁及结构工程分会下成立了风工程委员会，从而加强了中国结构风工程研究的专业化组织和指导。

1990 年 8 月，在南京召开的第三届全国风工程与工业空气动力学学术会议上，曾纪念中国风工程研究 10 周年。2000 年 10 月，在昆明举行的风工程与工业空气动力学专委会换届时，同时举办了"中国风工程研究 20 周年纪念活动"。2010 年 6 月，在上海专门举行了"中国结构风工程研究 30 周年纪念大会"，编辑出版了论文集，收录并发表了 2 篇特邀报告和 14 篇交流报告，整理了历届中国空气动力学会风工程与工业空气动力学专委会、历届中国土木工程学会桥梁及结构工程分会风工程委员会 30 年来举办的全国风工程与工业空气动力学学术会议 30 年来举办的全国结构风工程学术会议、我国已建成的边界层风洞和中国结构风工程学科 30 年发展大事记等资料。

2020 年，是我国结构风工程研究 40 周年，应第二十届全国结构风工程学术会议学术委员会和组织委员会的邀请，特撰写《中国结构风工程四十年发展与展望》以示纪念。本文中 1980 年至 2010 年的中国结构风工程回顾，主要参考了同济大学张相庭和项海帆等在 2010 年上海举行的"中国结构风工程研究 30 周年纪念大会"上的特邀报告和论文以及会后补充的一些资料；2010 年至 2020 年的中国结构风工程发展，是作者根据这 10 年所从事的风工程研究工作和学会工作整理，并请风工程相关单位专家提供和补充了历史资料。

2   20 世纪 70 年代开始关注结构风工程问题

2.1   国际风工程研究背景

国际风工程研究可以追溯到定量估算平均风静力作用的 18 世纪 60 年代和定量估算脉动风静力作用的 19 世纪 80 年代。1940 年，美国华盛顿州建成才四个月的世界第二大跨度悬索桥—— 旧塔科马大桥（Old Tacoma Narrows Bridge），在 8 级大风作用下发生强烈的振动而坍塌，因而正式开启了风荷载动力作用研究的历史，也成了现代国际风工程研究的开端。

1963 年，在英国 Teddington 召开了后来被追认为第一届国际风工程会议，会议交流的论文数仅 24 篇，并决定每四年召开一次会议；四年后的第二次会议于 1967 年 9 月在加拿大首都 Ottawa 召开，论文数量增至 37 篇；1971 年的第三届会议在日本 Tokyo 召开，论文数量猛增至 113 篇；1975 年的第四届会议又回到了英国，在 Eathrow 召开；1979 年 6 月在美国 Fort Collins 召开了第五届会议，论文数为 102 篇，正式定名为国际风工程会议，并且在欧非地区、亚太地区和美洲地区轮流举行。前五次国际风工程会议均无中国代表参加[1]。

2.2   国内高校风工程研究

我国率先开展结构风工程研究的高校主要有北京大学和同济大学，都是在 20 世纪 70 年代孕育了中国的结构风工程研究。

孙天风在美国康奈尔大学学习以及开始在北京大学从事的研究，主要涉及超声速及高超声速流体力学，他在北京大学力学系率先开展了高耸结构风荷载试验，并通过圆形截面冷却塔的风荷载试验研究和现场实测，感受到了在工业和建设工程领域大量的风工程问题对国民经济的重要意义，使他把研究兴趣转向了工业空气动力学，成了我国结构风工程研究的先驱[2]。

20 世纪 70 年代后期，随着我国大跨度斜拉桥建设的掀起，同济大学项海帆结合上海泖港大桥和黄浦江大桥建设，在国内率先开展大跨度桥梁风致振动研究，涉及桥梁模型试验、桥梁颤振理论及气动控制措施等。1979 年，在中国空气动力研究与发展中心低速所 4m×3m 低速风洞中，成功完成了国内第一次桥梁节段模型风洞试验——泖港大桥颤振试验。同一时期，同济大学张相庭开展广州大厦风效应实测等高耸结构抗风研究，并积极参与和主要负责了国家标准《建筑结构荷载规范》和《高耸结构设计规范》中有关"风荷载"章节的编制和修订工作，并编写了《结构风压和风振》讲义，后来由同济大学出版社正式出版[1]。

2.3   国内研究所风工程研究

在孕育中国结构风工程研究中，有两个国家级的研究所做出了重要贡献，分别是中国空气动力研究与发展中心（简称气动中心）和中国建筑科学研究院（简称建研院）。

20 世纪 60 年代开始筹建于四川绵阳的空气动力研究院，于 1979 年 1 月称为"中国空气动力研究与发展中心"，气动中心低速所贺德馨等领导敏锐地发现国内工业空气动力学研究已处于蓄势待发之际，安排了多位科技人员开展桥梁、建筑结构的抗风研究及风能利用研究。1979 年 4 月，气动中心主持召开了"桥梁风振问题座谈会"（图 1），中国铁道科学研究院程庆国、同济大学项海帆、七机部 701 所崔尔杰等几位后来当选院士的专家都出席了这次会议。1979 年 10 月，气动中心又配合同济大学在 4 m×3 m 低速风洞中成功进行了国内首次桥梁节段模型风洞试验[2]。

20 世纪 70 年代，朱振德在中国建筑科学研究院负责荷载规范管理工作，领导了全国建筑结构风荷载规范研究，特别是国家建委下达的《建筑结构荷载规范》修编任务，他组织了全国的建筑结构、气象等单位和专家，开展气象资料收集、沿海风压研究、山区风压研究、风特性和结构风压的现场实测等大量研究工作，他们先后在广州市广州宾馆、白云宾馆、深圳市国贸大厦进行了连续多年的现场风压观测，课题组的年轻人都成为 20 世纪 80 年代各自单位的风工程研究和随后成立的风工程与工业空气动力学专委会的骨干[2]。

图 1　桥梁风振问题座谈会代表合影　　　　　图 2　工业空气动力学专业委员会成立合影

此外，上海建筑科学研究所（简称上海建科所）田浦、中国气象局朱瑞兆、建研院徐传衡、广东省建筑科学研究所（现广东建筑科学研究院，简称广东建科所）薛慧莲等都对早期的结构风工程研究做出了重要贡献。

3　20 世纪 80 年代正式成立工业空气动力学和风工程委员会

3.1　工业空气动力学专委会

经历了十年"文化大革命"之后，中国处于百废待兴的特殊时期，1978 年召开的全国科学大会，为国家带来了科学的春天。1978 年，钱学森倡议成立空气动力学学术团体，1980 年 6 月 10 日，在上海成立了中国空气动力学研究会，钱学森、沈元为名誉会长，庄逢甘为理事长。作为中国空气动力学研究会的常务理事，北京大学孙天风向研究会提出了设立工业空气动力学专业委员会的动议，得到了北京航空学院伍荣林、中国空气动力研究与发展中心低速所贺德馨等的积极呼应，并获得通过。1980 年 11 月 27 日，中国空气动力学研究会工业空气动力学专业委员会在北京大学孙天风和张伯寅的召集组织下，于朗润园招待所的会议室正式诞生（图 2），这是我国组织起来开展风工程研究的起点。出席成立大会的代表 30 余人，组成了 34 人的首届专委会，孙天风当选主任并一直担任到 2000 年，伍荣林和贺德馨任副主任，专委会挂靠中国空气动力研究与发展中心，专委会下设三个专业学组，包括非飞行器气动力、风对建筑物和结构物作用、风特性及质量迁移扩散，这是中国空气动力学研究会设立的第一个专业委员会。虽然，国际上 20 世纪 70 年代就出现了"风工程"的提法，国内更多的人还是习惯于传统的"工业空气动力学"，专委会的这个名字一直沿用到 1991 年，才正式改名为今天的"风工程与工业空气动力学"[2]。

工业空气动力学专业委员会规定，每四年举行一次学术会议。第一次全国工业空气动力学学术会议 1982 年 10 月在长沙举行（图 3），共有 69 名代表出席了会议，三个学组共有 42 篇论文在会上进行了交流；第二次会议改用了现在的名称"全国风工程与工业空气动力学学术会议"，于 1986 年 7 月在成都举行（图 4），共有 144 名代表出席会议，90 篇论文收录会议论文集，虽然风对建筑物和结构物作用学组的论文占多数，但仍不能完全反映当时在土木工程中有关风工程方面蓬勃发展的形势，迫切希望建立结构风效应方面的学术组织；第三届全国风工程与工业空气动力学学术会议于 1990 年 8 月在南京举行，共有 93 名代表参会，97 篇论文收录论文集[3]。专委会积极组织国际学术交流和参加国际学术会议，1983 年 4 月，北京大学孙天风等三人出席了在澳大利亚召开的第六届国际风工程会议，这是我国风工程工作者首次参加国际风工程学术会议；1987 年 7 月，北京大学孙天风、同济大学项海帆和张相庭等五人参加了在德国亚琛举办的第七届国际风工程会议，并分别作了茂名冷却塔和上海南浦大桥全桥模型试验的报告[2]。

图3　第一次全国工业空气动力学学术会议　　　　图4　第二届全国风工程与工业空气动力学学术会议

3.2　风工程委员会

中国土木工程学会是我国最早建立的工程学术团体之一，成立于1912年，其前身是由我国近代杰出的土木工程师詹天佑先生创建的中华工程师学会。1985年，时任中国土木工程学会桥梁及结构工程分会副理事长的项海帆，向同济大学名誉校长李国豪担任理事长的中国土木工程学会，正式申请成立桥梁及结构工程分会下属的风工程委员会。1988年5月，在上海同济大学召开的全国结构风效应学术会议上，正式宣布成立风工程委员会，同济大学张相庭当选主任并一直担任至2001年，上海建科所田浦和建研院徐传衡为副主任。委员单位26个，包括高校13个、科研单位5个和设计院8个，委员会挂靠同济大学，秘书长由同济大学石沅担任，并确定同风工程与工业空气动力学专委会下的风对建筑物与结构物作用学组两块牌子一个班子[1]。

风工程委员会将1983年11月在广东新会召开的"全国建筑空气动力学实验技术讨论会"（35名代表参会、30篇论文交流）和1985年5月在上海召开的"全国结构风振与建筑空气动力学学术会议"（图5，63名代表参会、47篇论文交流）定名为第一届和第二届全国结构风效应学术会议，将1988年5月在上海举行的会议定名为第三届全国结构风效应学术会议（57名代表参会、53篇论文交流），并安排第四届会议1989年12月在广东顺德举行（图6，98名代表参会、39篇论文交流），以后每两年举行一次全国会议[1]。

图5　全国结构风振与建筑空气动力学学术会议　　　　图6　第四届全国结构风效应学术会议代表

3.3　风工程与工业空气动力学研究

中国空气动力研究与发展中心低速所作为工业空气动力学专委会的挂靠单位，为专委会和工业空气动力学研究的早期建设和发展做出了很大贡献，提供了组织、人力和经费上的重要保障。该所委派副所长王懋勋出任专委会副主任，他以极大的热情为专委会的前几届学术会议和工作会议的筹备和举办，为组织参加国际学术活动以及申请加入国际风工程协会付出了辛勤的努力。该所情报室主任刘尚培兼任专委会学术秘书，他负责不定期编辑内部刊物《气动动态》，介绍国内外的风工程与工业空气动力学研究动态，编译《低速气动力》推荐介绍国外风工程与工业空气动力学研究的优秀文献，他还作为主编之一，协助孙天风组织专委会部分专家编写了《英汉风工程与工业空气动力学词汇》，并联合同济大学项海帆和谢霁明翻译出版了美国 E. Simiu 和 R. H. Scanlan 合著的《风对结构的作用——风工程导论（第二版）》，这些都是 20 世纪 80 年代和 90 年代攻读结构风工程专业研究生们最热求的参考资料[2]。

我国风工程学科和边界层风洞的发展，一直得益于北京大学力学系以孙天风为首的空气动力学专业教师的积极参与和热情支持。在 20 世纪 80 年代，北京大学的风工程研究涵盖了风特性与风结构、风对建筑物与结构物的作用、钝体空气动力学、体育运动气动力学、边界层风洞设计与实验技术、质量迁移与污染扩散等各个方面，孙天风、张伯寅、魏庆鼎、顾志福等是我国结构风工程方向的杰出代表。1983 年 4 月，孙天风等三人出席了在澳大利亚召开的第六届国际风工程学术会议，并在 11 月的"全国建筑空气动力学实验技术讨论会"上，孙天风介绍了国外风工程研究动态，特别介绍了采用尖劈旋涡发生器建立边界层风场进行结构风荷载试验的方法。1984 年，北京大学建成了宽 3.0 m、高 2.0 m、长 32 m 试验段的直流式边界层环境风洞，这是我国最早建成的大气边界层风洞（图 7）；1985 年，北京大学又建成了宽 1.2 m、高 1.0 m、长 8.0 m 小试验段和宽 2.4 m、高 1.8 m、长 4.2 m 大试验段的回流式边界层风洞。在此之前，航空、航天、船舶等空气动力学研究的低速风洞是风工程试验的唯一选择，中国航空工业空气动力研究院 FL-8 风洞、中国航天空气动力技术研究院 FD-09 风洞、中国船舶科学研究中心 02 风洞、中国空气动力研究与发展中心 FL-11、FL-12 和 FL-13 风洞和南京航空航天大学 NH-2 风洞等 7 个低速风洞，都留下了众多结构风工程模型试验的印迹[2]。

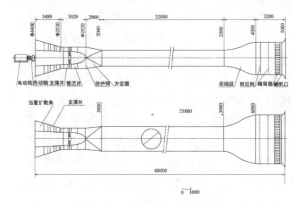

图 7　北京大学边界层环境风洞

图 8　同济大学 TJ-1 边界层风洞

20 世纪 80 年代，同济大学的结构风工程研究在国内率先步入了快速发展的轨道（图 8）。1978 年，朱振德从中国建筑科学研究院调入同济大学后，将张相庭吸收进他所领导的国家建筑结构荷载规范编写组，有力增强了风荷载规范的理论研究。张相庭在 1982 年建筑结构抗风设计培训班讲义的基础上，1985 年正式出版了《结构风压和风振计算》一书，这是国内结构风工程领域的第一本专著。1983 年，以"上海地区台风特性及其对结构作用研究"为题的中美合作科研项目，将同济大学的结构风工程研究提高到了一个新的高度，该项目组织了张相庭、项海帆、石沅三个研究团队的力量，以 210 m 高的原上海（青海路）电视塔为背景，开展了理论模型、风洞试验、现场实测相结合研究，成功实现了国内第一座塔桅结构全塔气弹模型风洞试验（图 9）和 200 m 高度的边界层风特性实测（图 10）[2]。

图 9　上海电视塔气弹模型

图 10　上海电视塔风特性观测

　　20 世纪 80 年代初，同济大学的桥梁风工程研究在项海帆领导下，组建了林志兴、宋锦忠参加的三人研究小组，得到了国家改革开放初期大跨度桥梁抗风理论和工程需求的有力支持，开展了多座大跨度斜拉桥抗风试验研究（图 11）。1984 年，探索并提出了斜拉桥气弹模型中斜拉索的拉伸弹簧模拟方法，成功实现了我国第一个以全桥气弹模型风洞试验（图 12）——主跨 400 m 黄浦江大桥方案，这种方法迅速推广并一直沿用至今；1985 年，我国第一位桥梁抗风研究博士——同济大学谢霁明，在李国豪和项海帆指导下，通过了《斜拉桥三维颤振分析的状态空间法》博士学位论文，论文提出的"斜拉桥多模态参与颤振形态"理论得到了国际风工程界的高度评价；1987 年，同济大学项海帆首次和张相庭、北京大学孙天风等五人参加了在德国举行的第七届国际风工程会议。根据国家提出建立国家重点实验室加强基础理论研究的计划，在李国豪名誉校长推荐下，项海帆作为负责人之一，参与了同济大学国家重点实验室筹备工作，并委派林志兴筹建风洞试验室，1988 年，国家计委正式批准成立我国第一个土木工程国家重点实验室——土木工程防灾国家重点实验室，随后建成了宽 1.2 m、高 1.8 m、长 18 m 的同济大学第一座边界层风洞（TJ－1，图 8）。80 年代后期，研究小组陆续引进了气动中心的施宗城和张锋，吸收了上海交通大学博士毕业的博士后顾明及博士毕业生陈伟，留校了多位毕业的博士和硕士研究生，逐步形成了超过 10 人的研究团队[2]。项海帆团队的南浦大桥抗风研究成果通过了亚洲开发银行组织的由美、加、日国际知名风工程专家的七次审查，开始得到国际风工程界认可。

图 11　黄浦江大桥节段模型试验

图 12　黄浦江大桥全桥气弹模型试验

　　在我国风工程学科发展的进程中，广东省建科所亚热带建筑物理研究室留下了令人难忘的足迹。20 世纪 70 年代，在建研院的组织下，广东建科所薛慧莲与上海建科所田浦、建研院徐传衡等合作，开展了长达十余年的高层建筑风压实测研究，观测点从最初的不足 100 m 高的广州最高建筑 27 层的广州宾馆，1976 年后移到新建的 120 m 高的白云宾馆，1985 年后再移到当时国内第一高的 160 m 深圳国贸大厦，为

《建筑结构荷载规范》的修订做出了重要贡献。广东建科所在北航伍荣林教授指导下开始设计建设国内第一座边界层风洞，他们历尽艰辛，克服场地、资金等一系列困难，终于在1986年建成了1.8 m×1.2 m×9 m + 3.0 m×2.0 m×10 m双试验段的边界层风洞。广东建科所以极大的热情承办了国内第一次结构风工程学术会议——1983年11月在广东新会召开的"全国建筑空气动力学实验技术讨论会"，随后又于1989年12月承办了在广东顺德召开的第四届全国结构风效应学术会议，李国豪、孙天风、伍荣林等老一辈专家都出席了会议[2]。

20世纪80年代，国际学术交流日趋增加，除了从1983年起参加历次国际和亚太风工程会议外，国际风工程协会主席加拿大的A. G. Davenport教授（图13）、美国风工程协会主席R. H. Scanlan教授、日本风工程协会主席伊藤学教授（图14）先后应邀来我国访问，大大缩短了我国与国际风工程界的距离，并成功申请到1989年6月在北京召开第二届亚太风工程会议[1]。只可惜受到形势的影响，国外代表来者寥寥，也打碎了紧接着申办国际风工程会议的梦想，这一机会的错过，使下一次申办的时间推迟了20年。

图13　A. G. Davenport教授在同济大学访问

图14　伊藤学教授在同济大学访问

4　20世纪90年代积极推进风工程和工业空气动力学研究

4.1　风工程研究组织

工业空气动力学专委会于1991年正式更名为风工程与工业空气动力学专委会。专委会经过1985年第二届和1994年第三届的两次换届，仍然由孙天风担任主任，并推选了代表风对建筑物和结构物作用学组的同济大学项海帆和气动中心王懋勋担任副主任。1994年11月，在上海组织召开了第四届风工程与工业空动力学学术会议（图15），共有76名代表参会，115篇论文收录会议论文集；1998年9月，在张家界召开了第五届会议，共有94名代表参会，101篇论文收录论文集；2000年10月，在昆明召开了风工程专委会成立20周年暨学术报告会，共有49名代表参会（图16）[3]。专委会还组织参加了三届国际风工程会议，其中，1991年7月参加加拿大伦敦举办的第八届国际风工程会议的中国代表有孙天风、项海帆、张伯寅、顾明等；1995年1月第九届会议因印度新德里流行鼠疫无法成行；1999年6月参加第十届国际风工程会议中国代表首次超过10人，包括顾明、葛耀君、陈伟、梁枢果等。

风工程委员会经过1993年第二届和1997年第三届的两次换届，仍然由张相庭担任主任，分别增选中国石油化工总公司建筑设计技术中心站刘大晖和同济大学林志兴担任副主任，同济大学黄本才担任秘书长。1991年10月，在宁波举行了第五届全国结构风效应学术会议，共有51名代表参会，38篇论文收录会议论文集；1993年10月，在福州举行了第六届学术会议，60名代表参会，40篇论文收录论文集；1995年9月，在重庆举行了第七届学术会议（图17），60名代表参会，38篇论文收录论文集；1997年10月，在庐山举行了第八届学术会议，71名代表参会，41篇论文收录论文集；1999年10月，在温州举行了第九届学术会议（图18），70名代表参会，43篇论文收录论文集[3]。

图15　第四届风工程与工业空动力学学术会议

图16　风工程专委会成立20周年暨学术报告会

图17　第七届全国结构风效应学术会议代表

图18　第九届全国结构风效应学术会议代表

20世纪90年代，风工程研究逐渐由学术带头人领导的团队形式取代以个体为主的分散形式。除了80年代已经形成的北京大学、同济大学、气动中心、建研院和广东建科所等风工程研究队伍之外，西南交通大学快速形成了一支重要的桥梁风工程研究队伍，奚绍中培养了周述华、廖海黎、李明水等一批桥梁抗风研究方向的博士，建立起风工程试验研究中心，并逐步开展起多方向的桥梁抗风研究；汕头大学的倪振华组建了风洞试验室，重点开展建筑结构抗风试验研究；哈尔滨建筑工程学院（现哈尔滨工业大学）沈世钊领导的空间结构研究中心成为国内大跨空间结构抗风研究的主力；浙江大学孙炳楠组建了以建筑结构、特别是低矮建筑和输电线塔为主的抗风研究课题组；长沙铁道学院（现中南大学）陈政清和西安公路学院（现长安大学）刘健新分别组建了桥梁抗风研究团队；武汉工业大学（现武汉理工大学）瞿伟廉和武汉水利电力学院（现武汉大学）梁枢果分别组建了结构抗风及风振控制研究团队。这十多个研究团队的组建为风工程重大项目研究奠定了重要的组织基础[2]。

4.2　边界层风洞设备

20世纪80年代，我国边界层风洞建设实现了零的突破，先后建成了北京大学、广东建科所和同济大学的四座边界层风洞，逐渐取代航空空气动力学风洞承担起结构风工程试验的一部分任务，风工程与工业空气动力学研究发展迫切需要建设更多、更大的边界层风洞。

1991年，西南交通大学建成了2.4 m×2.0 m×16 m＋3.6 m×3.0 m×8 m双试验段的XNJD－1边界层风洞（图19）；1992年，西北工业大学建成了3.0 m×1.6 m×8 m边界层风洞，复旦大学建成了1.5 m×1.8 m×12.4 m边界层风洞。为了满足千米级悬索桥虎门大桥和江阴长江大桥风洞试验需求，1994年，同济大学土木工程防灾国家重点实验室建成了当时世界第二大的TJ－3边界层风洞（图20），试验段为15 m×2 m×14 m，以及3 m×2.5 m×15 m，风速达68 m/s的TJ－2边界层风洞，从而形成了大、中、小配套齐全的三座风洞组成的边界层风洞群。1996年，汕头大学建成了3 m×2 m×20 m的边界层风洞。到20世纪末，我国已经建成10座边界层风洞，再加上另外7座结构风工程试验较多的低速航空风洞，共有17座风洞（表1）为风工程与工业空气动力学研究服务[3]。

图19　西南交通大学 XNJD－1 边界层风洞

图20　同济大学 TJ－3 边界层风洞

表1　2000 年我国边界层风洞及低速风洞

序	建成年份	单位和风洞名称	宽度/m	高度/m	长度/m	最大风速/(m·s⁻¹)
1	1965	中国航空工业空气动力研究院（FL－8）	3.5	2.5	5.5	60
2	1966	中国航天空气动力技术研究院（FD－09）	3.0	3.0	12.0	100
3	1970	中国船舶科学研究中心（02）	3.0	3.0	12.5	93
4	1971	中国空气动力研究与发展中心（FL－12）	4.0	3.0	8.0	100
5	1972	中国空气动力研究与发展中心（FL－11）	1.4	1.4	2.8	50
6	1978	中国空气动力研究与发展中心（FL－13）	12/8	16/6	25/15	25/100
7	1981	南京航空航天大学（NH－2）	3.0/5.1	2.5/4.25	6/7	90/31
8	1984	北京大学直流式边界层环境风洞	3.0	2.0	32	21
9	1985	北京大学回流式边界层环境风洞	1.2/2.4	1.0/1.8	8.50/4.2	40/11
10	1986	广东省建筑科学研究院（CGB－1）	3.0/1.2	2.0/1.8	10/9	18/46
11	1990	同济大学直流式边界层风洞（TJ－1）	1.8	1.8	12	30
12	1991	西南交通大学边界层风洞（XNJD－1）	2.4/3.6	2.0/3.0	16/8	45/22
13	1992	西北工业大学边界层风洞（NF－3）	3.0/2.5	1.6/2.5	8.0/4.2	130/145
14	1992	复旦大学直流式边界层风洞（FD－1）	1.8	1.5	12.4	17
15	1994	同济大学回流式边界层风洞（TJ－2）	3.0	2.5	15	68
16	1995	同济大学回流式边界层风洞（TJ－3）	15	2.0	14	17
17	1996	汕头大学直流式边界层风洞	3.0	2.0	20	45

4.3　结构抗风研究项目

随着结构风工程理论研究和风洞试验水平的提高，研究成果的理论意义和实用价值不断得到体现，为国家重大工程建设服务发挥了重要作用。同济大学项海帆团队"大跨桥梁风致振动及控制理论研究"，获得了 1995 年国家自然科学奖四等奖；团队还完成了南浦大桥、杨浦大桥、东方明珠电视塔、虎门大桥、江阴长江大桥等重大工程的抗风研究项目，为指导工程抗风设计起到了重要作用，成果相继获得部省级和国家级科技成果奖励，特别是南浦大桥的抗风研究成果，在推进我国大跨度桥梁自主建设具有里程碑的意义，"南浦大桥工程"获得了 1995 年国家科技进步奖一等奖。1996 年，项海帆主编的《公路桥梁抗风设计指南》出版，成为我国第一部大跨度桥梁抗风设计指导书。1999 年，由金新阳、张相庭承担风荷载部分的《建筑结构荷载规范》完成送审稿，后以此稿作为国家标准于 2002 年执行[2]。

1998 年，由项海帆、王光远两位院士共同主持的国家自然科学基金"九五"重大项目"大型复杂结构的关键科学问题及设计理论研究"获得立项，其中与结构风工程相关的独立课题是"灾害性风荷载的作用机理与模拟"（张伯寅负责），下设六个专题，"城市大气边界层中风特性的观测分析和数值模式"（邵德民和桑建国负责）、"风工程风洞模拟实验的基本问题"（林志兴和魏庆鼎负责）、"建筑结构的数值风洞研究"（吴江航负责）、"复杂单体及群体建筑的风振理论及控制"（顾明负责）、"大跨桥梁的气动参数识别、风振及控制理论"（项海帆负责）、"大跨柔性屋盖结构的风振反应及抗风设计"（沈世钊负责），开始了有计划、有系统地跟踪和赶超国际先进水平的研究，并于2003年结题验收，被评价为"特优"[2]。

20世纪90年代后期，我国的结构风工程研究水平逐渐被国际同行认可，一些试验室开始承接境外委托的抗风试验与研究任务。同济大学于1999年承担了日本名古屋矢田川桥抗风试验研究，是同济大学抗风研究室首次承担境外试验研究项目，研究成果得到了国际著名风工程专家伊藤学和山田均的充分肯定[2]。

5 21世纪持续发展研究队伍和试验装备

5.1 风工程研究团队

风工程与工业空气动力学专委会于2000年选举产生第四届委员会，气动中心刘义信担任主任，同济大学林志兴和北京大学桑建国担任副主任；2005年第五届专委会由气动中心杨炯和王勋年先后接任主任，同济大学葛耀君、北京大学刘树华和中南大学田红旗担任副主任；2010年的第六届专委会主任和副主任不变（表2）。2002年9月，在北京组织召开了第六届全国风工程与工业空动力学学术会议，共有100多名代表参会，69篇论文收录会议论文集；2006年8月，在成都召开了第七届会议（图21），共有107名代表参会，122篇论文收录论文集；2010年8月，在银川召开了第八届会议（图22），共有105名代表参会，102篇论文收录论文集[3]。

图21 第七届全国风工程与工业空动力学学术会议

图22 第八届全国风工程与工业空动力学学术会议

表2 中国空气动力学会风工程与工业空气动力学专委会

届次	成立时间	主任	副主任	委员数/人	秘书（长）
一	1980.11	孙天风	伍荣林 贺德馨	34	刘尚培
二	1985.10	孙天风	王懋勋 项海帆 连淇祥 曹如明	42	刘尚培 谢淑环
三	1994	孙天风	王懋勋 项海帆 崔尔杰 张伯寅	55	周瑜平 宣杰 顾明
四	2000.10	刘义信	林志兴 桑建国	56	杨炯 葛耀君
五	2005.10	杨炯/王勋年	葛耀君 刘树华 田红旗	70	李明 朱乐东 刘辉志 梁习锋
六	2010.08	王勋年	葛耀君 刘树华 田红旗	73	李明 朱乐东 刘辉志 梁习锋
七	2016.12	王勋年	朱蓉 梁习锋 赵林	103	黄汉杰 杨明智 操金鑫 程雪玲

风工程委员会于2001年选举产生了第四届委员会，由同济大学林志兴担任主任，汕头大学倪振华、西南交通大学廖海黎和上海建科所叶倩担任副主任，葛耀君担任秘书长；2005年第五届委员会的主任、副主任和秘书长不变，增补葛耀君为副主任；2009年选举产生了新的第六届风工程委员会，由同济大学葛耀君接任主任，廖海黎和叶倩继续担任副主任、增加湖南大学陈政清和建研院金新阳为副主任，同济大学朱乐东担任秘书长。2001年11月，在广西龙胜举行了第十届学术会议，并正式更名为全国结构风工程学术会议，共有71名代表参会，67篇论文收录论文集；2003年12月，在海南三亚举行了第十一届全

国结构风工程学术会议（图23），参会代表首次突破百人达到112名，90篇论文收录论文集；2004年10月，在湖南长沙召开了全国风工程实验技术研讨会；2005年10月，在西安举行了第十二届学术会议，133名代表参会，论文集收录论文首次突破百篇达到131篇；2007年10月，在大连举行了第十三届学术会议，169名代表参会，185篇论文收录论文集；2008年8月，在哈尔滨召开了全国结构风工程基础研究研讨会；2009年8月，在北京举行了第十四届学术会议，185名代表参会，164篇论文收录论文集；2010年6月，在上海举行了中国结构风工程研究30周年纪念大会[3]（图24）。进入新世纪后，风工程委员会负责国际会议组织和国际协会联系工作，组织参加了多次国际风工程会议，其中，2003年6月，第十一届国际风工程会议在美国德州拉伯克举行，项海帆应邀提交了大会特邀报告《大跨度悬索桥的极限跨度》，但由于SARS，除了浙江大学孙柄南到会，其他中国代表都无法参会，失去了申办第十二届国际风工程会议的机会；2004年7月，第五届国际钝体空气动力学及其应用会议在加拿大渥太华举行，葛耀君应邀作大会特邀报告《中国桥梁空气动力学最新进展》；2007年7月，第十二届国际风工程会议在澳大利亚凯恩斯举行，顾明应邀作大会特邀报告，同济大学曹曙阳当选国际风工程协会秘书长，中国参会代表超过50人，参会代表数仅次于日本。

进入21世纪后，结构风工程研究队伍数量和规模不断扩大，研究队伍的新生力量来自于北京交通大学、上海交通大学、石家庄铁道大学、华南理工大学、重庆大学、广州大学、中南大学、中国气象局上海台风研究所、广东省气象局等。不仅高校和科研院所的在职人员数量有所增长，而且研究生数量迅速增长，其中，研究人员和研究生数量规模较大的有同济大学、西南交通大学、湖南大学、哈尔滨工业大学、中国建筑科学研究院、长安大学、北京交通大学、汕头大学、广东省建筑科学研究院、浙江大学等。反映研究队伍规模不断扩大的另一个重要标志，是参加全国结构风工程学术会议的代表人数不断增长，且研究生代表增长迅速。2001年在广西龙胜举行的第十届会议吸引了71名与会代表，其中在校研究生不到10名；2003年在海南三亚举行的第十一届会议参会代表112名，在校研究生20多名，占18%；2005年在陕西西安举行的第十二届会议参会代表133名，在校研究生约30名，占23%；2007年在辽宁大连举行的第十三届会议参会代表169名，在校研究生50多名，占30%；2009年在北京举行的第十三届会议参会代表185名，在校研究生70多名，占38%。博士和硕士研究生不仅参会人数迅速增加，而且逐渐成为风工程与工业空气动力学研究的生力军[3]。

图23 第十一届全国结构风工程学术会议　　　　　　图24 中国结构风工程研究30周年纪念大会

5.2 风洞试验技术

随着结构风工程研究的不断普及，新世纪继续延续边界层风洞建设的高潮，特别是在中国空气动力研究与发展中心、南京航空航天大学、北京大学、同济大学等科研院所和高等学校的技术扶持和帮助设计下，边界层风洞建设此起彼伏。21世纪第一个10年中，西南交通大学、长安大学、湖南大学、大连理工大学、兰州大学、同济大学、哈尔滨工业大学、中国建筑科学研究院、石家庄铁道学院、浙江大学、北京交通大学等11家单位先后建成了12座边界层风洞及特殊用途风洞，如表3所示。

表3 2001—2010 年建成的边界层风洞

序	建成时间	单位和风洞名称	宽度/m	高度/m	长度/m	最大风速/(m·s⁻¹)
1	2002	西南交通大学边界层风洞（XNJD－3）	1.34	1.54	8	20
2	2004	长安大学回流式边界层风洞（CA－1）	3.0	2.5	15	53
3	2004	湖南大学回流式边界层风洞（FD－09）	3.0/5.5	2.5/4.4	17/15	58/18
4	2006	大连理工大学回流式边界层（DUT－1）	3.0	2.5	18	52
5	2007	兰州大学直流式边界层沙漠风洞	1.3	1.45	20	40
6	2007	同济大学回流式边界层风洞（TJ－4）	0.8	0.8	6.0	32
7	2008	哈尔滨工业大学回流式边界层风洞	4.0/6.0	3.0/3.6	25/50	52/29
8	2008	中国建筑科学研究院边界层风洞	4.0/6.0	3.0/3.5	22/21	30/18
9	2009	西南交通大学边界层风洞（XNJD－3）	22.5	4.5	36	15
10	2009	石家庄铁道学院边界层风洞（STY－1）	4.0/2.2	3.0/2.0	24/5.0	30/80
11	2010	浙江大学回流式边界层风洞	4.0	3.0	18	55
12	2010	北京交通大学回流式边界层风洞	5.2/3.0	2.5/2.0	14/15	18/39

随着结构风工程研究的不断深入，传统的边界层风洞已经无法满足特殊抗风试验研究的需要，为此，开始探索新的风洞试验技术。2002 年9 月，西南交通大学建成的 XNJD－3 边界层风洞（图25），就是为了开展风雨共同作用试验；2005 年，同济大学也将 TJ－1 边界层风洞的射流段改造成风雨试验段。2007 年5 月，同济大学建成的 TJ－4 边界层风洞，同样是为了特殊风洞试验需求——PIV 试验专用风洞（图26）。此外，同济大学、浙江大学和气动中心开始探索龙卷风和下击暴流模拟器。截止到2010 年，我国边界层风洞的数量已经超过20 座。

图25 西南交通大学 XNJD－3 边界层风洞

图26 同济大学 TJ－4 边界层风洞 PIV 专用

5.3 重要研究项目

随着研究队伍迅速扩大和试验设备不断增加，结构风工程研究首先服务于大规模基础设施建设的国家需求，特别是高层和高耸结构、大跨度桥梁、大型空间结构等风敏感基础设施的抗风需求。进入新世纪后的我国结构风工程研究，对一大批重大工程建设项目起到了极大的科技支撑作用，有力支撑了我国在结构尺度上具有国际先进水平的重大工程结构的设计、施工和建设，例如：高 420.5 米上海金茂大厦（中国第一高楼）、高 492 米上海环球金融中心（中国第一高楼）、高 610 米广州新电视塔（世界最高电视塔）等众多超高建筑，550 米跨度上海卢浦大桥和552 米跨度重庆朝天门长江大桥（世界最大跨度拱桥）、1088 米跨度苏通长江大桥（世界最大跨度斜拉桥）、1490 米跨度润扬长江大桥（世界第三大跨度悬索桥）、1650 米跨度舟山西堠门大桥（世界最大跨度钢箱梁悬索桥）为代表的大跨度桥梁，广州奥体中心、上海世博会世博轴、上海南站等大批大型空间结构。据统计，我国每年基础设施建设规模已经超过世界上其他所有国家的总和，而超高建筑和大跨桥梁的结构尺度都已经或正在创造新的世界记录。

国家自然科学基金"九五"重大项目"大型复杂结构的关键科学问题及设计理论研究"中抗风相关

课题的研究，推动了全国主要高校的风工程研究，2003 年验收时，将多年的抗风研究实践进行了提炼，并上升到了一定的理论高度，取得了丰硕的成果。在桥梁抗风理论方面，项海帆组织同济大学抗风研究团队成员，总结凝练了"九五"重大项目结晶，2005 年编写出版了专著《现代桥梁抗风理论与实践》，这不仅缩小了与发达国家的差距，也让国际同行看到了中国风工程界的长足进步；在桥梁抗风设计方面，项海帆组织从事桥梁抗风研究的高等学校和科研院所，在已经出版的《公路桥梁抗风设计指南》基础上，2004 年编制出版中国第一部桥梁抗风设计规范——《公路桥梁抗风设计规范》，为中国大跨度桥梁抗风设计发挥重要的作用；2005 年，湖南大学陈政清将多年开展桥梁抗风研究的成果，总结编写出版了《桥梁风工程》。2006 年，气动中心贺德馨编写出版了《风工程与工业空气动力学》，总结了风特性、风力机、结构、车辆、计算风工程等方面的内容。同济大学项海帆团队主持完成研究项目"特大桥梁颤振和抖振精细化理论"获得了 2010 年国家自然科学奖二等奖[2]。

2007 年，国家自然科学基金委员会评审通过设立重大研究计划——"重大工程的动力灾变"，旨在通过对重大工程在强地震动场和强/台风场动力作用下的损伤破坏演化过程的研究，揭示重大工程的损伤机理和破坏倒塌机制，建立重大工程动力灾变模拟系统，发展与经济和社会相适应的重大工程防灾减灾科学和技术，为保障重大工程的安全建设和运营提供科学支撑。重大研究计划"建筑与桥梁强/台风灾变"项目群设立了 8 个重点项目和 10 个培育项目，以实现对长大桥梁、超高建筑和大跨结构在强/台风场的动力作用下的静动力效应从统计推断到统计推断结合理论预测的重点跨越和理论升华为目标，提升我国重大工程抗风减灾基础研究的原始创新能力，为保障我国超大尺度重大工程（千米级超大跨桥梁、五百米级超高层建筑等）的安全建设和运营提供科学支撑，为我国重大工程防灾减灾培养创新人才，为风工程与工业空气动力学研究创新发展带来了机遇。

6 2010 年代全面建设国际风工程研究大国

6.1 风工程研究人员

风工程与工业空气动力学专委会于 2010 年选举产生第六届委员会，气动中心王勋年继续担任主任，葛耀君、刘树华和田红旗继续担任副主任，气动中心李明任秘书长；2016 年第七届专委会由气动中心王勋年继续担任主任，中国气象局朱蓉、中南大学梁习锋、中科院大气物理所程雪玲和同济大学赵林担任副主任，气动中心黄汉杰任秘书长（表 2）。2014 年 7 月，在长春组织召开了第九届风工程与工业空动力学学术会议，共有 90 名代表参会，77 篇论文收录会议论文集；2018 年 7 月，在绵阳召开了第十届学术会议，共有 228 名代表参会，169 篇论文收录论文集。

风工程委员会于 2013 年进行了第七届委员会换届，由葛耀君继续担任主任，陈政清和金新阳继续担任副主任，增加气动中心王勋年、西南交通大学李明水和北京交通大学杨庆山为副主任，朱乐东继续担任秘书长，后期被增补为副主任；2017 年选举产生了新的第八届风工程委员会，由同济大学朱乐东接任主任，李明水和杨庆山继续担任副主任，增加建研院陈凯、湖南大学华旭刚和和气动中心黄汉杰为副主任，同济大学赵林担任秘书长（表 4）。2011 年 8 月，在杭州举行了第十五届全国结构风工程会议（图 27），并创办了第一届全国风工程研究生论坛，共有 131 名在职人员代表和 70 名研究生代表参会，80 篇会议论文和 64 篇论坛论文收录论文集；2013 年 7 月，在成都举行了第十六届全国结构风工程学术会议暨第二届全国风工程研究生论坛，共有 143 名在职人员代表和 115 名研究生代表参会，95 篇会议论文和 114 篇论坛论文收录论文集；2015 年 8 月，在武汉举行了第十七届全国结构风工程学术会议暨第三届全国风工程研究生论坛，共有 165 名在职人员代表和 176 名研究生代表参会，107 篇会议论文和 130 篇论坛论文收录论文集；2017 年 8 月，在长沙举行了第十八届全国结构风工程学术会议暨第四届全国风工程研究生论坛，共有 207 名在职人员代表和 297 名研究生代表参会，130 篇会议论文和 209 篇论坛论文收录论文集；2019 年 4 月，在厦门举行了第十九届全国结构风工程学术会议暨第五届全国风工程研究生论坛（图 28），共有 274 名在职人员代表和 323 名研究生代表参会，138 篇会议论文和 246 篇论坛论文收录论文集。

表4　中国土木工程学会桥梁及结构工程分会风工程委员会

届次	成立时间	主任	副主任	委员数量/人	秘书长
一	1988.05	张相庭	田浦 徐传衡	26	石沅
二	1993.10	张相庭	徐传衡 刘大晖	28	黄本才
三	1997.10	张相庭	徐传衡 陈钦豪	28	黄本才
四	2001.12	林志兴	倪振华 廖海黎 叶倩	40	葛耀君
五	2005.10	林志兴	倪振华 廖海黎 叶倩 葛耀君	47	葛耀君
六	2009.08	葛耀君	廖海黎 叶倩 陈政清 金新阳	60	朱乐东
七	2013.07	葛耀君	陈政清 金新阳 王勋年 李明水 杨庆山	57	朱乐东
八	2017.08	朱乐东	李明水 杨庆山 陈凯 华旭刚 黄汉杰	71	赵林

图27　第十五届全国结构风工程学术会议暨第一届全国风工程研究生论坛参会代表合影

图28　第十九届全国结构风工程学术会议暨第五届全国风工程研究生论坛参会代表合影

　　近十年来，风工程委员会每年都组织参加国际风工程会议。其中，2011年7月第十三届国际风工程会议在荷兰阿姆斯特丹举行，葛耀君应邀作大会特邀报告《超大跨度缆索承重桥梁空气动力挑战》，71名中国代表出席会议，交流论文60多篇，首次成为参会代表最多的国家；2013年12月第八届亚太地区风工程会议在印度金奈举行，32名中国代表参加会议，交流论文30多篇，葛耀君当选为亚太地区召集人；2014年6月第六届国际计算风工程会议在德国汉堡举行，21名中国代表出席会议，交流论文近20篇；2015年6月第十四届国际风工程大会在巴西阿雷格里港举行，同济大学曹曙阳应邀作大会特邀报告《桥梁空气动力学最新进展》，50多名中国代表出席会议，占会议代表总人数六分之一，交流论文50多篇；2016年6月第八届国际钝体空气动力学及其应用会议在美国波士顿举行，50名中国代表参加会议，交流论文52篇；2017年12月第九届亚太地区风工程会议在新西兰奥克兰举行，葛耀君应邀作大会特邀报告《缆索承重桥梁空气动力稳定及其强健性》，61多名中国代表参加会议，交流论文71多篇；2018年6月第七届国际计算风工程会议在韩国首尔举行，葛耀君应邀作大会特邀报告《缆索承重桥梁二维和三维非线性数值模拟：空气动力、气动弹性及其耦合》，51名中国代表出席会议，交流论文60篇。

　　2012年9月2日至6日，第七届国际钝体空气动力学及其应用会议在上海成功举行（图29），这是我国风工程界第一次承办国际性的学术大会，论文集收录了来自全世界21个国家或地区的总共200篇学术论文[4]，会上共有190篇论文进行了口头交流，来自21个国家或地区的227位代表注册参加了会议，其中国外代表135名，会议取得了极大的成功，国际风工程协会主席田村幸雄教授的评价是"无法复制的国际风工程大会"。通过这些活动，我国的风工程工作者与国际风工程界保持了更加紧密的联系，国际影响日益提高，我国已成为国际风工程界最活跃的国家之一。

图29　第七届国际钝体空气动力学及其应用会议参会代表合影

2015年在巴西举行的第十四届国际风工程大会上，我国风工程界再次申办曾经于1995年和2007年两次申办失败的国际风工程会议，经过我们多方努力、积极工作，终于说服同处亚太地区的日本和韩国支持中国，在国际风工程协会全体代表大会上成功申办第十五届国际风工程大会，并于2019年9月1日至6日在北京举行（图30）。第十五届国际风工程会议收录了来自全世界29个国家或地区的总共575篇学术论文[5]，会上共有476篇论文进行了交流（包括86篇墙报），来自34个国家或地区的513位代表参加了会议，其中国外代表247名。会议安排了8个大会报告，湖南大学陈政清和同济大学朱乐东代表中国风工程团组分别作了《大跨度桥梁风致振动控制：回顾和展望》和《大跨度桥梁非线性颤振理论最新进展和应用前景及挑战》的大会报告。这是我国在国际风工程大会56年历史上第一次承办该大会，由此也成为国际风工程大会的第11个承办国，为我国风工程事业开创了新的历史阶段。

图30　第十五届国际风工程会议参会代表合影

近年来，参与国际和国内风工程会议情况表明，我国参与风工程研究单位的数量有了大幅增长，其中，2015年国内会议参会代表来自64个单位、2017年参会代表来自89个单位、2019年参会代表单位达到115个（包括境外4个单位），可以认为我国参与风工程研究单位的数量已经超过100个；我国从事风工程研究的人数也有了重大突破，其中，2015年国内会议参会代表341名、2017年参会代表504名、2019年参会代表597名（包括境外8名），初步估计，我国从事风工程研究的人数已经突破1000人。我国从事风工程研究单位和人数均居世界领先地位，从研究力量上我国已经成为风工程研究大国。

6.2 风洞试验技术

在最近的十年里，边界层风洞建设继续呈现快速增长的趋势，交通运输部天津水运工程科学研究所、湖南大学、武汉大学、中南大学、华南理工大学、内蒙古水利部牧区水利科学研究、湖南科技大学、北京交通大学、湖南大学、上海交通大学、国家海洋标准计量中心、扬州大学、中国辐射防护研究院、长沙理工大学、南京国电环保研究院、厦门理工学院、重庆大学、上海大学、上海海事大学、广东省建筑科学研究院、中冶建筑研究总院、中国环境科学研究院、水电部电力环境保护研究所、昆明工学院、同济大学、中国科学院兰州沙漠研究所和武汉水运工程学院等 27 家单位，先后建成了近 30 座边界层风洞，如表 5 所示。

图 31　浙江大学下击暴流模拟器

图 32　气动中心下击暴流模拟器

在传统边界层风洞建设同时，探索和创新了风洞试验设备和技术，包括台风、龙卷风、下击暴流、飑线风等特异气流物理模拟（表 5）。2010 年，浙江大学率先建成了国内第一个下击暴流模拟器（图 31），并开展了大跨屋盖的下击暴流试验；2015 年，中国空气动力学研究与发展中心也建成了下击暴流模拟装置（图 32）；2017 年，北京交通大学建成了第三个下击暴流模拟器；2018 年，武汉科技大学也建成了下击暴流模拟器。2013 年，同济大学率先建成了国内第一个龙卷风模拟风洞——TJ－5 龙卷风风洞（图 33），并开展了冷却塔、桥梁节段、输电线塔等龙卷风作用试验；2017 年，北京交通大学也建成了一个类似的龙卷风模拟装置。2015 年，同济大学率先研发并建成了世界上风扇数量最多、主动控制最精确得多风扇主动控制风洞——TJ－6 多风扇风洞（图 34），风扇数量为 120 个、试验段宽 1.2 m、高 1.8 m、长 8 m，最大风速 30 m/s，可以开展高紊流强度、大积分尺度、可变风速等特殊气流风洞试验，已经用于桥梁节段、高层建筑、冷却塔、输电线塔等模拟试验以及风雪荷载试验等；2018 年，北京交通大学和武汉科技大学也建成了类似的多风扇主动控制风洞。

表 5　2011—2020 年建成的边界层风洞及特殊气流风洞

序	建成年份	单位和风洞名称	宽度/m	高度/m	长度/m	最大风速/(m·s⁻¹)
1	2010	浙江大学下击暴流模拟器				
2	2011	天津水运工程科学研究所边界层风洞	4.4	2.5	15	30
3	2011	湖南大学直流式边界层风洞	3.0	2.5	11.5	20
4	2011	武汉大学直流式边界层风洞	3.2	2.1	16	30
5	2012	中南大学回流式边界层风洞	12/3.0	3.5/3.0	15/15	18/90
6	2013	华南理工大学回流式边界层风洞	5.0	3.0	24	29

续上表

序	建成年份	单位和风洞名称	宽度/m	高度/m	长度/m	最大风速/(m·s⁻¹)
7	2013	同济大学龙卷风模拟风洞（TJ-5）				
8	2014	内蒙古牧区水利科学研究所风洞	2.5	1.8	12.6	30
9	2014	湖南科技大学直流式边界层风洞	4.0	3.0	21	33
10	2014	北京交通大学直流式边界层风洞	1.2	1.5	10	20
11	2014	湖南大学回流式边界层风洞	8.5	2.0	15	13
12	2014	上海交通大学回流式边界层风洞	3.0/6.0	2.5/3.5	16/14	60/20
13	2014	扬州大学回流式边界层风洞	3.0/3.0	3.0/1.5	7/3	25/50
14	2014	国家海洋标准计量中心边界层风洞	1.7/1.0	1.3/0.75	5.0/2.5	30/90
15	2014	中国辐射防护研究院边界层风洞				
16	2015	气动中心下击暴流模拟器				
17	2015	同济大学多风扇主动控制风洞（TJ-6）	1.5	1.8	10	18
18	2016	长沙理工大学直/回流式边界层风洞	4.0/10	3.0/3.0	21/20	45/18
19	2016	南京国电环保研究院环境风洞	4.0	3.0	24	30
20	2016	南京国电环保研究院阵风风洞	2.5	2.0	20	50
21	2017	厦门理工学院回流式边界层风洞	6.0/2.6	3.0/2.8	23/9	30/80
22	2017	北京交通大学下击暴流模拟器				
23	2017	北京交通大学龙卷风模拟风洞				
24	2018	重庆大学直流式边界层风洞	2.4	1.8	15	35
25	2018	重庆大学直流式边界层风洞	1.8	1.2	18	15
26	2018	上海海事大学回流式边界层风洞	1.5	1.8	5	25
27	2018	广东省建筑科学研究院边界层风洞	8.0	5.0	34	35
28	2018	北京交通大学多风扇主动控制风洞				
29	2019	中冶建筑研究总院边界层环境风洞	2.5	1.7	14.5	14
30	2019	中国环境科学研究院边界层环境风洞	3.0	2.0	24	10
31	2019	水电部电力环境保护研究所环境风洞	1.5	1.2	20	15
32	2019	昆明工学院直流式边界层环境风洞	1.8	1.4	8	4
33	2020	同济大学直流式边界层风洞（TJ-7）	0.65	1.2	3.2	15
34	2020	中国科学院兰州沙漠研究所环境风洞				
35	2020	武汉水运工程学院粉尘污染风洞				

图33　同济大学 TJ-5 龙卷风风洞

图34　同济大学 TJ-6 多风扇风洞

6.3　重大研究项目

近十年来，结构风工程研究服务于高层/耸结构、大跨度桥梁、大型空间结构等风敏感基础设施抗风研究的机会更多、挑战更大、要求更高。在高层/耸结构方面，主要包括高 632 m 的上海中心大厦（中国第一、世界第二高层）、高 599 m 的深圳平安金融中心、高 597 m 的天津高银金融 117 大厦、高 530 m 的广州周大福金融中心、高 530 m 的天津周大福滨海中心、高 528 m 的北京中信大厦（中国尊）、高 455 m 的武汉绿地中心、高 452 m 的长沙国际金融中心等。在大跨度桥梁方面，主要包括 1700 m 跨度的杨泗港长江大桥、1688 m 跨度的南沙大桥、1418 m 跨度的南京长江四桥、2×1080 m 跨度的泰州长江大桥、2×1080 m 跨度的马鞍山长江大桥、1092 m 跨度的五峰山长江大桥等悬索桥，1092 m 跨度的沪苏通长江大桥、938 m 跨度的青山长江大桥、828 m 跨度的池州长江大桥、820 m 跨度的石首长江大桥、818 m 跨度的九江长江大桥、806 m 跨度的芜湖二桥、800 m 跨度的鸭池河大桥、2×616 m 跨度的武汉二七长江大桥、2×600 m 跨度的南京江心洲长江大桥等斜拉桥，575 m 跨度的平南三桥等拱桥，以及港珠澳大桥、平潭海湾大桥、象山港大桥等跨海桥梁，另外土耳其 2023 m 跨度的恰纳卡莱大桥的全桥模型风洞试验是由西南交通大学承担的。在大型空间结构方面，主要包括北京雁栖湖 APEC 会议中心、北京大兴国际机场和深圳宝安国际机场等航站楼、多个高铁车站以及特高压输电工程、大型雷达天线等。

国家自然科学基金"重大工程的动力灾变"重大研究计划，除了第一阶段设立的建筑与桥梁强台风灾变方面 8 个重点支持项目和 10 个培育项目之外，2013 年又启动第二阶段研究计划的集成项目——"重大建筑与桥梁强/台风灾变的集成研究"，针对超大跨桥梁、超高层建筑和超大空间结构在强/台风作用下的动力灾变，重点突破强/台风场非平稳和非定常时空特性及其气动力理论模型、结构非线性动力灾变演化规律与全过程数值模拟及其验证、风致动力灾变的失效机理与控制原理等关键科学问题，研发并集成具有自主知识产权的理论分析、数值模拟、物理试验和现场实测系统，形成重大建筑与桥梁强/台风动力灾变模拟集成系统。这是我国结构风工程领域继国家"九五"国家自然科学基金重大项目之后，内容更集中、目标更明确、资助力度更大的研究计划，极大地提升我国结构风工程的基础研究和自主创新的能力和水平。2014 年，中国建筑科学研究院金新阳主持编写出版了《建筑工程风洞试验方法标准》；2017年，北京交通大学杨庆山主持编写出版了《屋盖结构抗风设计规范》；2018 年，同济大学葛耀君主持编写出版了《桥梁风洞试验指南》；2021 年，中国气象科学研究院姚聃和梁旭东主持编写出版了《龙卷风强度等级》。风工程研究获得了一项国家技术发明奖二等奖和多项国家科技进步奖二等奖。

我国近十年风工程研究成果还集中体现在学术论文的产出上，包括国际会议论文和国际期刊论文。以最近一个 4 年周期的国际风工程会议报告论文为例，2016 年第八届国际钝体空气动力学及其应用会议在美国举行，会议共安排报告论文 204 篇，其中中国作者论文 52 篇，占 25%[6]；2017 年第九届亚太地区风工程会议在新西兰举行，会议共安排报告论文 293 篇，其中中国作者论文 71 篇，占 24%[7]；2018 年第七届国际计算风工程会议在韩国举行，会议共安排报告论文 207 篇，其中中国作者论文 60 篇，占 29%[8]；2019 年第十五届国际风工程会议在中国举行，会议共安排报告论文 476 篇，其中中国作者论文 203 篇，占 43%[9]。以风工程论文最集中发表的两本国际期刊最近 5 年刊出论文为准，*Wind and Structures* 期刊上[10]，2016 年共刊发论文 68 篇，中国作者论文 36 篇，占 53%；2017 年共刊发论文 63 篇，中国作者论文 32 篇，占 51%；2018 年共刊发论文 69 篇，中国作者论文 32 篇，占 46%；2019 年共刊发论文 67 篇，中国作者论文 36 篇，占 54%；2020 年共刊发论文 89 篇，中国作者论文 46 篇，占 52%。*Journal of Wind Engineering and Industrial Aerodynamics* 期刊上[11]，2016 年共刊发论文 134 篇，中国作者论文 41 篇，占 31%；2017 年共刊发论文 186 篇，中国作者论文 57 篇，占 31%；2018 年共刊发论文 331 篇，中国作者论文 110 篇，占 33%；2019 年共刊发论文 243 篇，中国作者论文 100 篇，占 41%；2020 年共刊发论文 301 篇，中国作者论文 125 篇，占 42%。从国际会议论文和国际期刊论文的发表数量上，中国已经成为名副其实的风工程与工业空气动力学研究大国。

7　国际风工程研究前沿和研究强国展望

中国结构风工程研究已经经历了 40 年的发展历程，从 20 世纪 80 年代正式成立工业空气动力学和风工程委员会，到 90 年代积极推进风工程和工业空气动力学研究，再到 21 世纪持续发展研究队伍和试验设备，最后到 2010 年代全面建设国际风工程研究大国。展望中国结构风工程研究的未来，应当重点聚焦国际风工程研究前沿和重大工程需求，推进建设国际风工程研究强国。

（1）我国结构风工程研究 40 年的历史表明，中国结构风工程发展需要专业学会、高等院校和科研院所的组织和领导，既要组织起来又要兴趣导向，改革和完善风工程专业学会的组织和指导方式，坚持和发展风工程专业会议的组织和举办形式。

（2）聚焦大气边界层自然风特性，系统开展季风和台风特性高分辨率现场实测和高精度数值模拟研究，研究融合中尺度气象预报模式与计算流体动力学（CFD）模式的数值模拟方法，建立完善强对流极端天气风场特性的大数据共享和精细化模型。

（3）聚焦风及相关灾害的结构效应，深入开展非定常、非线性和非平稳结构空气动力和气动弹性效应的理论研究和数值模拟，重点研究风、雨、冰、雪、浪、流等多灾害结构灾变效应，突破多相流灾害作用结构效应的理论分析和科学计算。

（4）聚焦风工程试验研究重大需求，研发建设以大型多风扇主动控制风洞为代表的特异风及多灾害复合场景风洞，物理模拟台风、龙卷风、雷暴风、飑线风等极端天气强切变复杂风场及其风 – 雨、风 –雪、风 – 雹、风 – 浪 – 流等多灾害作用。

（5）展望风工程研究强国，需要建设结构风工程研究顶尖专家团队，不仅需要培养和造就风工程研究领军人才，在国际风工程大会上展现成就，引领国际风工程研究，而且需要推荐和竞选国际风工程组织领导人才，站在国际风工程舞台中央，领导国际风工程组织。

参考文献

［1］张相庭.中国结构风工程发展回顾和展望［C］.上海：中国结构风工程研究 30 周年纪念大会论文集，2010.

［2］项海帆，林志兴，葛耀君.中国结构风工程学科发展三十年回顾［C］.上海：中国结构风工程研究 30 周年纪念大会论文集，2010.

［3］林志兴，葛耀君.附录［C］.上海：中国结构风工程研究 30 周年纪念大会论文集，118 – 136.

［4］XIANG H F, GE Y J, CAO S Y. Proceedings of the 7th International Colloquium on Bluff Body Aerodynamics and Application, Shanghai, China, September 2 – 6, 2012.

［5］GE Y J, YANG Q S, TAMURA Y, et al. Proceedings of the 15th International Conference on Wind Engineering, Beijing, China, September 1 – 6, 2019.

［6］CARACOGLIA L. Program of the 8th International Colloquium on Bluff Body Aerodynamics and Application, Northeastern University, Boston, Massachusetts, USA, June 7 – 11, 2016.

［7］FLAY R. Full Programme of the 9th Asia – Pacific Conference on Wind Engineering, Auckland, New Zealand, December 3 – 7, 2017.

［8］LEE S S. Programme of the 7th International Symposium on Computational Wind Engineering, Seoul, Korea, June 18 – 22, 2018.

［9］GE Y, YANG Q S. Programme of the 15th International Conference on Wind Engineering, Beijing, China, September 1 – 6, 2019.

［10］http：//www. techno – press. org/? journal = was&subpage = 5.

［11］https：//www. journals. elsevier. com/journal – of – wind – engineering – and – industrial – aerodynamics.

强/台风场观测、建模及其桥梁结构风效应[*]

赵 林[1, 2]

（1. 同济大学土木工程防灾国家重点实验室 上海 200092；

2. 同济大学桥梁结构抗风技术交通运输行业重点实验室 上海 200092）

1 引言

面向新世纪，随着全球变暖趋势加剧，我国也是世界上受强/台风为代表的特异风致灾害影响最为严重的国家之一，每年登陆我国东南沿海的台风频度和强度有持续增加的趋势。探索基础设施强/台风致灾因素和机理已成为各国科研人员共同瞩目的研究热点和难点，其中台风特异风及其效应已经远超世界各国既有建筑结构荷载规范适用范围，潜在的特异风环境对于桥梁和结构致灾机理和风险仍远未澄清。为顺应我国土木工程事业快速发展态势，大跨桥梁结构的特异风灾安全评估需求变得尤为突出。目前的研究仍简单强调提升风速设计强度等级以期达到抵御台风的目标，"台风的'强'源于高风速"已被证明并非唯一致灾关键因素，有必要深入探索台风演变过程以多种特异风环境参数为控制条件的桥梁结构致灾效应。研究工作首先拓展传统定点观测至追踪式移动实测，统计和量化强/台风致灾关键风环境参数，描述台风风速场强紊流、大攻角、非稳态、非高斯和非规则剖面等"非常态"特征随台风演变之规律，发展土木工程台风风场模型由静态和平均效应升级至涵盖动态和脉动效应。在此基础上，整合特异风环境和大跨桥梁结构风效应的同步测量技术，比选强/台风过程中的关键致灾因素，综合利用理论和数值分析、主动风洞试验技术和随机运动强迫振动试验方法，探究桥梁结构特异风条件的非线性、非定常和非稳态等"致灾态"效应，推进大跨桥梁抗风理论体系由以良态气候气动稳定性优化为主转变为兼顾灾害气候结构性态效应。

2 发展与回顾

2.1 台风风特性与结构效应

截至目前，世界上大多数国家土木工程领域的重要规范，诸如我国的《建筑结构荷载规范》（GB50009—2019）、《公路桥梁抗风设计规范》（JTG/T 3360 – 01—2018），美国的 *Minimum Design Loads for Buildings and Other Structures*（ASCE 7 – 10）和日本的 *Recommendations for Loads on Buildings*（AIJ – 2004）仅有关于良态气候风特性的规定，缺乏对台风气候风环境参数的取值建议。鉴于强/台风环境为沿海区域大跨桥梁设计、建造和运维的关键控制荷载，针对强/台风的设计风环境和桥梁结构风效应研究多有开展，揭示了台风特异风况的多种致灾影响因素。强/台风环境下的风参数可以归类为平均风和脉动风两方面，涉及重现期平均风速、风剖面、阵风因子、紊流度、紊流积分尺度和脉动风速功率谱等多个指标。鉴于观测视角差异及特定风况案例，学者们给出截然不同的规律性总结；但总体而言，研究人员普遍认识到强/台风条件较高的设计风速（Xiao and Duan, et al., 2011；Chen and Duan, et al., 2018；Fang and Zhao, et al., 2018）、特异性强紊流和风剖面（Ge and Zhao, et al., 2014；Zhao, et al., 2015）等风环境特征构成风敏感结构的设计控制因素。台风气候由于其特有的涡旋风场特征使得近地风特性有别于其他气候模式，台风中心相对于工程场地的位置和登陆状态都将对工程场地的风环境产生影响，有必要对台风条件的风场特征进行分析，澄清认识误差，量化评估其对风敏感结构的影响。

* 基金项目：国家自然科学基金项目（52078383）。

2.2 存在的问题与发展方向

世界各国在台风多发区均开展了长期的风场观测和数据统计工作，获得了差异性显著的研究结论：台风气候下的平均风剖面、阵风因子、紊流度以及功率谱等风特性均与良态气候存在区别，台风由生成、移动到衰减的过程具有明显的地域性特点。此现象来源于两个方面：由宏观角度（千公里级）、台风洲际尺度气压场在全球不同地域的发展过程表现出依赖地域特征的演变规律（Zhao and Lu, et al., 2013），强调了地处西北太平洋区域的我国有针对性地开展台风观测的必要性；由局部视角（百公里级），近地面风场参数随台风登陆过程展示出与距台风中心相对位置有关的时空变异性（宋丽莉等，2005；潘晶晶等，2016；赵林等，2016），其中近中心风特性的变异较为清晰，台风外围风特性更趋近于良态气候模式。截至目前，既有实测资料多局限于台风外围，台风侵袭过程近中心致灾区域风场实测数据极为匮乏；为澄清和量化台风风特性演变规律，对近中心风参数进行研究是很有意义的，可以辅助科研和设计人员更好地了解台风风场特征，进而有效实施台风条件下的桥梁结构抗风设计。总体而言，受观测视角、范围和位置的影响，现有台风风场观测和数据统计结果差异性较大，缺少对台风风场特性时空演变规律的统一认识，因此有必要对在相对台风中心不同位置观测到的台风风场特性参数进行系统梳理，获得对其时空演变特性和规律的统一认识，避免观之于一隅，形成"盲人摸象"的认识误差。

兼顾台风风环境与结构风致效应的追风观测已经有了良好的开端，赵林等（2019）等利用多普勒激光雷达在琼州海峡北岸徐闻地区对超强台风"山竹"外围风场进行了实测，获得了台风登陆前后连续50个小时10 min间隔的近地层风剖面演变数据，总结了台风场的演变发展规律和趋势，强调了持续开展台风追踪式移动观测的必要性（同济风工程团队，2017，2018，2019）。与此同时，Liu和Zhao等（2020）利用舟山连岛西堠门大桥2010—2019年桥梁健康监测累积数据，分析了台风侵袭过程风环境和结构效应等的同步逐时演变规律，获得多种特异风况条件下的桥梁响应特征。为了探究特异风条件结构气动力和响应特点，针对桥梁结构台风风效应的研究工作亦有开展。根据中心过境强台风的演变实测数据，对桥梁断面实施了抖振响应分析（Ge and Zhao, 2014；刘涛维等，2018），结果表明台风特异脉动风谱和大攻角效应均会导致桥梁响应大幅增加，必须考虑台风气候条件脉动风特性对桥梁抖振响应的影响。采用主动风洞试验技术可以更加有效地再现和分析特异气动力荷载模式（Ma, et al., 2013；Xu, et al., 2014）；鉴于强迫振动装置可适用的折减风速范围广、信号有效测试持续时间长、测试信号信噪比高等优势，强迫振动概念用于气动力分析的研究逐渐兴起（Xu, et al., 2016, 2017；熊龙等，2017；Lin, et al., 2019；Zhao, et al., 2020），该装置能够模拟和再现大振幅、大攻角、多模态耦合和非稳态等"致灾态"结构效应，为特异风条件结构效应研究提供了试验模拟基础。

3 观测、建模及其桥梁结构风效应

结合我国大跨桥梁发展的重大战略需求，针对沿海区域强/台风风环境极端恶劣、风荷载形式复杂多变、风效应特异性突出等关键科学和技术挑战，在"973计划"项目、国家自然科学基金项目（含面上、重大和集成项目）、国家重点研发计划等的支持下，梳理和分类了强/台风特异风及其效应中的多种共性因素，涵盖风环境的"非常态"和结构效应的"致灾态"特征，采用现场实测、理论分析、数值模拟、风洞试验、灾变控制和结构气动优化设计等综合方法开展技术攻关，围绕"强/台风环境大跨桥梁抗风关键技术及应用"，形成了涵盖风环境（Zhao and Lu, et al., 2013；Fang and Zhao, et al., 2018）、风荷载（Ma and Zhao, et al., 2013；Zhao, et al., 2020；赵林等，2021）、风效应（Ge and Zhao, 2014；Liu and Zhao, et al., 2018）和控制设计（赵林等，2019；Li and Zhao, et al., 2017）等四方面的研究进展。

（1）强/台风风场观测和建模：成功研发了功能齐全的全天候多效应追风观测车，实现了风环境与风效应非接触、远距离的同步观测；基于历史台风统计分析数据和追风现场实测数据，率先构建了适用于西北太平洋沿岸台风登陆衰减演变的径向气压场模型，提出了气压场随高度变化和紊流黏性系数空间差异性的大气边界层台风三维风场模型，显著提升了近地面台风气压场和风速场的预测精度（图1），填补了现有桥梁和结构风荷载规范缺少台风条款的不足。

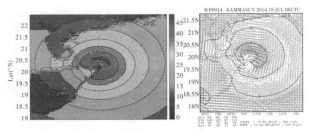
（a）台风"威马逊"三维风速场重构

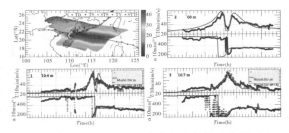
（b）台风"黑格比"风速演变和模拟及实测对比

图1　近地面台风风场重构

（2）结构风荷载模拟和验证：研发了高精度风雨耦合场试验设备、阵列风扇主动控制风洞和随机运动强迫振动试验装置（图2），成功模拟了强/台风风雨耦合、特异紊流和非定常来流条件的复杂荷载环境，开展了强/台风特异风环境下由二维钝体断面到三维桥梁结构的物理试验模拟工作，推动了风工程物理试验装备的发展。

（a）强迫振动装置

（b）开槽断面强迫振动试验

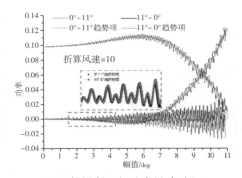
（c）箱梁断面气动力做功时程

图2　随机运动强迫振动装置与试验结果

（3）结构风效应建模和预测：系统提出了由单自由度多项式拟合到多自由度耦合缩阶偏微分方程的气动力建模方案，融入了多种人工智能算法，实现了目前精度最高的由气动力到结构效应的全过程预测算法，再现了强/台风特异风况条件多介质加载耦合、非定常、非线性和非稳态等荷载环境特点；创建了基于控制变量法的实测风环境特性和主梁风振响应解耦算法，探究了基于显式方程的风速与响应概率关系，建立了便于实际桥梁工程应用的结构风致行为预测模型（图3），强调了桥梁气动力模型由传统良态气候向强/台风气候转变的必要性。

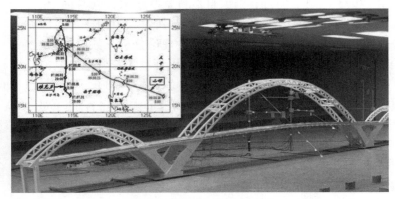
（a）新光大桥全桥气弹模型

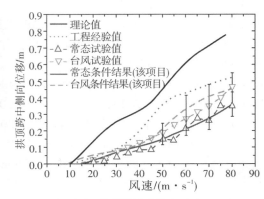
（b）理论及试验综合对比

图3　台风登陆条件下新光大桥全桥气弹模型试验和理论及试验结果验证

（4）桥梁风振控制与性能设计：基于能量视角揭示了桥梁主梁气动力分布和流场演变特性，阐明了桥梁主梁在多种气动控制措施条件下的抑振机理，系统提出了桥梁涡振和颤振的气动控制和自适应主动气动控制方法（图4）。

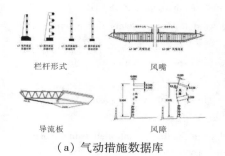

栏杆形式

导流板

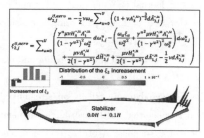

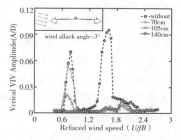

（a）气动措施数据库　　　　　　　　（b）气动特性分析方法　　　　　　　（c）气动措施优化控制效果

图4　气动控制高效优化方法

综合系列创新性成果，为研发具备自主知识产权的涵盖台风风场模拟、气动力智能建模和桥梁抗风优化设计等功能的软件平台，创建了大跨桥梁抗风强健性分析方法，弥补了规范简化方法难以适用于复杂风荷载环境的不足（图5）。项目成果成功应用于广州新光大桥和肇庆西江大桥（拱桥）、福建厦漳大桥和上海长江大桥（斜拉桥）、广东虎门大桥和深中通道主通航孔桥梁（悬索桥）等重大工程的抗风性能研究，并为强／台风环境下5000 m跨度悬索桥建设提供了抗风技术储备，有力地支撑了我国沿海地区特大跨桥梁的建设。

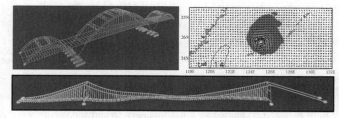

（a）"同济风向标"软件平台　　　　　　　　（b）台风登陆过程桥梁风效应模块

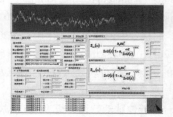

（c）历史台风数据库　　　　　　　　（d）台风平均风预测与脉动风模拟模块

图5　"同济风向标"软件平台功能模块及工作界面示意

4　结论

我国进入了大规模的海岛和半岛开发时期，对跨海连岛、跨海和跨江河入海口的长大桥梁的建设需求十分旺盛，超1000 m跨径的斜拉桥和2000 m跨径的悬索桥方案也正在实施或规划中。面向我国沿海强／台风多发区超大跨桥梁抗风安全和防灾减灾的重大需求，研究工作围绕上述关键问题开展，旨在填补强／台风环境大跨桥梁抗风关键技术的国内外空白，实现大跨桥梁抗风理论体系由传统"良态风"向特异"强／台风"的跨越，提升我国大跨桥梁设计、施工和运营的抗风安全性和强健性。

参考文献

［1］ AIJ－2004. Recommendations for loads on buildings ［S］. Tokyo：Architectural Institute of Japan，2004.

［2］ ASCE 7 – 16. Minimum design loads for buildings and other structures ［S］. American Society of Civil Engineers，2017.

［3］ CHEN Y, DUAN Z D. A statistical dynamics track model of tropical cyclones for assessing typhoon wind hazard 604 in the coast of southeast China ［J］. Journal of Wind Engineering and Industrial Aerodynamics，2018，172：325 – 340.

［4］ FANG G S, ZHAO L, CAO S Y, et al. A novel analytical model for wind field simulation under typhoon boundary layer considering multi-field correlation and height-dependency ［J］. Journal of Wind Engineering and Industrial Aerodynamics，2018，175：77 – 89.

［5］ GE Y J, ZHAO L. Wind-excited stochastic vibration of long-span bridges considering wind field parameters during typhoon landfall ［J］. Wind and Structures，2014，19（4）：421 – 441.

［6］ LIU P, ZHAO L, GE Y J. Data-based windstorm type identification algorithm and extreme wind speed prediction ［J］. Journal of Structural Engineering，2021，147（5）：04021053.

［7］ MA T T, ZHAO L, CAO S Y. Investigations of aerodynamic effects on streamlined box girder using two-dimensional actively-controlled oncoming flow ［J］. Journal of Wind Engineering and Industrial Aerodynamics，2013，122：118 – 129.

［8］ LI K, ZHAO L, GE Y J. Flutter suppression of a suspension bridge sectional model by the feedback controlled twin-winglet system ［J］. Journal of Wind Engineering and Industrial Aerodynamics，2017，168：101 – 109.

［9］ LIN S Y, WANG Q, NIKITAS N, et al. Effects of oscillation amplitude on motion-induced forces for 5：1 rectangular cylinders ［J］. Journal of Wind Engineering and Industrial Aerodynamics，2019，186：68 – 83.

［10］ XIAO Y F, DUAN Z D, XIAO Y Q, et al. Typhoon wind hazard analysis for southeast China coastal regions ［J］. Structural Safety，2011，33（4）：286-295.

［11］ XU F Y, YING X Y, ZHANG Z. Effects of exponentily modified sinusoidal oscillation and amplitude on bridge deck flutter derivatives ［J］. Journal of Bridge Engineering，2016，21（5）：06016001.

［12］ XU F Y, ZHANG Z B. Free vibration numerical simulation technique for extracting flutter derivatives of bridge decks ［J］. Journal of Wind Engineering and Industrial Aerodynamics，2017，170：226 – 237.

［13］ XU Y L, HU L, KAREEM A. Conditional simulation of non-stationary fluctuating wind speeds for long-span bridges ［J］. Journal of Engineering Mechanics-ASCE，2014，140（1）：61 – 73.

［14］ ZHAO L, CUI W, GE Y J. Measurement, modeling and simulation of wind turbulence in typhoon outer region ［J］. Journal of Wind Engineering and Industrial Aerodynamics，2019，195：104021.

［15］ ZHAO L, GE Y J. Cross-spectral recognition method of bridge deck aerodynamic admittance function ［J］. Earthquake Engineering and Engineering Vibration，2015，14（4）：595 – 609.

［16］ ZHAO L, LU A P, ZHU L D, CAO S Y, et al. Radial pressure profile of typhoon field near ground surface observed by distributed meteorologic stations ［J］. Journal of Wind Engineering and Industrial Aerodynamics，2013，122：105 – 112.

［17］ ZHAO L, XIE X, ZHAN Y Y, et al. A novel forced motion apparatus with potential applications in structural engineering ［J］. Journal of Zhejiang University-SCIENCE A（Applied Physics & Engineering），2020，20（1）：121 – 132.

［18］ 建筑结构荷载规范（GB50009—2019）［S］. 北京：中国建筑工业出版社，2019.

［19］ 公路桥梁抗风设计规范（JTG/T 3360 – 01—2018）［S］. 北京：人民交通出版社，2018.

［20］ 刘涛维，赵林，葛耀君. 基于实测台风过程的风场特征分析及大跨桥梁风致行为研究［C］. 首届中国空气动力学大会，2018.

［21］ 潘晶晶，赵林，冀春晓，等. 东南沿海登陆台风近地脉动特性分析［J］. 建筑结构学报，2016，37（1）：1 – 5.

［22］ 宋丽莉，毛慧琴，黄浩辉，等. 登陆台风近地层湍流特征观测分析［J］. 气象学报，2005，63（6）：915 – 921.

［23］ 同济风工程团队. 2019 年度追风纪实录：台风“利奇马”［EB/OL］. https://mp. weixin. qq. com/s/XjWZs9B6Bcgin56WCdagfg，2019.

［24］ 同济风工程团队. 追风记实录之台风“山竹”［EB/OL］. https://mp. weixin. qq. com/s/Q55V9kqPdvBxwtP0oO_Wrw，2018.

［25］ 同济风工程团队. 追风纪实录之徐闻观测基地［EB/OL］. https://mp. weixin. qq. com/s/KwC609ybrl6EHJMJ 0idisA，2017.

［26］ 熊龙，王骑，廖海黎，等. 振幅对流线型箱梁自激气动力的影响［J］. 实验流体力学，2017，31（3）：1 – 6.

［27］ 赵林，李珂，王昌将，等. 大跨桥梁主梁风致稳定性被动气动控制措施综述［J］. 中国公路学报，2019，32（10），34 – 48.

［28］ 赵林，胡传新，周志勇，等. H 型桥梁断面颤振后能量图谱［J］. 中国科学：技术科学. 2021，51（5）：505 – 516.

［29］ 赵林，潘晶晶，梁旭东，等. 台风边缘/中心区域经历平坦地貌时平均风剖面特性［J］. 土木工程学报，2016，49（8）：45 – 52.

［30］ 赵林，杨绪南，方根深，等. 超强台风山竹近地层外围风速剖面演变特性现场实测［J］. 空气动力学学报，2019，37（1）：43 – 54.

桥梁气动非线性 *

许福友，张明杰，张占彪

（大连理工大学土木工程学院 大连 116024）

摘　要：桥梁气动非线性现象广泛存在，本文梳理了桥梁气动非线性的特点及成因，包括颤振导数的幅变特性、高阶自激力特性、涡激力非线性、软颤振自激力非线性、桥梁风致响应的风向角敏感性等。介绍了可以开展桥梁风致大幅自由振动研究的试验装置及试验方法，为桥梁气动非线性全面研究提供了有效途径，有助于深入理解桥梁气动非线性。

关键词：桥梁抗风；非线性气动力；自然风场；气弹模型；风致大幅振动

1　引言

强风作用下的大跨柔性桥梁非线性气动荷载及非线性气动响应广泛存在，给准确评估桥梁抗风性能带来巨大挑战。非线性是指一个系统的输出不随输入的改变而呈线性变化，线性叠加原理不再成立。桥梁非线性静气动力、自激力、涡激力是指由于雷诺数、风向、紊流、振幅等参数的影响，与风速平方、结构尺寸、运动状态等不严格保持线性比例关系，表现出复杂的非线性特性。即使对于线性桥梁结构，非线性气动力也会造成非线性风振响应。桥梁气动荷载（风压）及其造成的结构内力（弯矩、扭矩、剪力、轴力）、应力和应变具有一定的"隐性"特征，虽然可以被直接或间接测取，但不易被直接观察和感受。而风致桥梁位移、加速度响应则相对更为"显性"，可以被直观感受，测量似乎更为方便。桥梁典型非线性气动力和风振响应如表1所示。

表1　桥梁典型的非线性气动力和非线性风振响应

	研究内容
非线性气动力	静三分力系数随风攻角非线性变化
	静三分力系数随风偏角非线性变化
	静三分力系数随雷诺数非线性变化
	无风环境附加质量和气阻尼随振幅非线性变化
	颤振导数随风攻角非线性变化
	颤振导数随风偏角非线性变化
	颤振导数随振幅非线性变化
	颤振导数随折算风速或其平方非线性变化
	自激力非严格可叠加性
	自激力对振动形式（等幅、变幅）的依赖性
	高阶自激力
	涡激力的振幅依赖性
	涡激力对折算风速的敏感性
	涡激力对流场特性的敏感性
非线性风振（静风）响应	静风内力及位移与风速平方不成线性关系
	附加攻角影响
	软颤振、涡振、驰振的振幅与风速、斯科顿数等之间关系
	迟滞现象（振动受初始激励影响）

* 基金项目：国家自然科学基金项目（51978130）。

我们关注的桥梁气动荷载和气动响应往往涉及大振幅，非线性特征明显、种类繁多、机理复杂，对风荷载的精细化建模和风振响应的精准预测十分困难。本文围绕自激力和涡激力的非线性特性，通过示例重点介绍了颤振导数随振幅变化、自激力高阶谐波和涡振过程气动阻尼随振幅变化的情况，并进一步介绍了主梁非线性软颤振和涡振分析方法。还介绍了发明的一种用于研究风致大幅振动的自由振动试验装置。最后，介绍了大连理工大学桥梁抗风自然风场试验基地及部分阶段性研究结果。

2 颤振导数的幅变特性

小振幅条件下，通常认为桥梁颤振导数与振幅无关。而当桥梁发生明显振动时，颤振导数随振幅发生变化，即气动阻尼和气动刚度随振幅变化，由此可能引发桥梁发生极限环振动。对于发生弯扭耦合极限环振动的主梁，考虑其颤振导数随振幅变化，其自激力可表示为

$$F = 0.5\rho U^2 B \left[KH_1^*\left(\frac{q_h}{B}, K\right) \frac{\dot{h}}{U} + KH_2^*(q_\alpha, K) \frac{\dot{\alpha}B}{U} + K^2 H_3^*(q_\alpha, K)\alpha + K^2 H_4^*\left(\frac{q_h}{B}, K\right) \frac{h}{B} \right] \tag{1a}$$

$$M = 0.5\rho U^2 B^2 \left[KA_1^*\left(\frac{q_h}{B}, K\right) \frac{\dot{h}}{U} + KA_2^*(q_\alpha, K) \frac{\dot{\alpha}B}{U} + K^2 A_3^*(q_\alpha, K)\alpha + K^2 A_4^*\left(\frac{q_h}{B}, K\right) \frac{h}{B} \right] \tag{1b}$$

式中，h 和 α 为竖向和扭转位移；q_h 和 q_α 为竖向和扭转振幅；ρ 为空气密度；U 为来流风速；B 为主梁宽度；$K = \omega B/U$，为折减频率（ω 为振动圆频率）；H_i^* 和 A_i^*（$i = 1, \cdots, 4$）为颤振导数。图1为某流线型主梁断面在不同振幅和不同折算风速条件下的 A_2^*。基于幅变颤振导数能够计算主梁的软颤振振幅，图2给出了主梁软颤振振幅的自由振动数值模拟结果和幅变颤振导数计算结果。

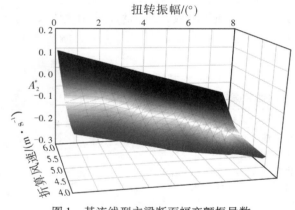

图1 某流线型主梁断面幅变颤振导数

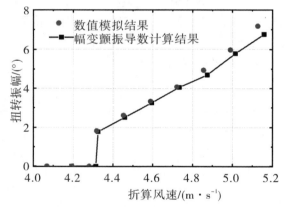

图2 某流线型主梁软颤振振幅

3 高阶自激力

传统线性自激力表达式认为自激力仅有一阶成分，即自激力可以表示为振动位移和速度的线性函数。而对于钝体断面或大幅振动流线型断面，自激力可能含有明显的高阶成分，甚至比一阶成分更为卓越：如图3所示，对主梁施加竖向频率为 f_h、扭转频率为 f_α 的强迫振动，产生的自激力中可能存在倍频（$2f_h$ 和 $2f_\alpha$）等成分和混频 $[(f_\alpha - f_h)$ 和 $(f_\alpha + f_h)]$ 等成分。

对于发生竖向或扭转振动的对称断面主梁，其自激阻力的主导成分可能主要是二阶成分，如图4所示。由此可以直观证明原有线性自激阻力表达式在这种条件下是失效的。

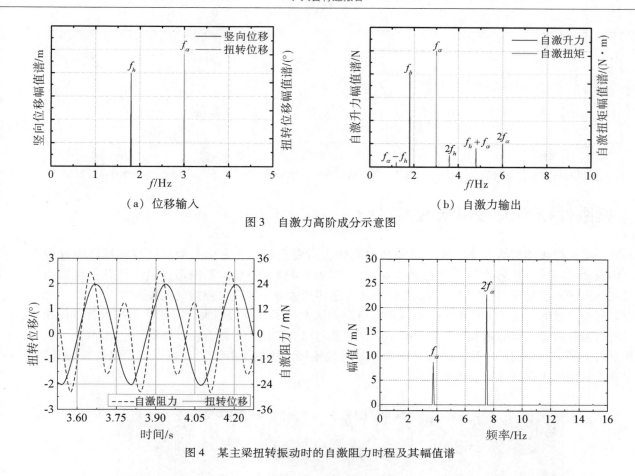

（a）位移输入 （b）自激力输出

图3　自激力高阶成分示意图

图4　某主梁扭转振动时的自激阻力时程及其幅值谱

此外，对于发生侧向振动的主梁，升力和升力矩的自激成分可能远远弱于涡激力成分，如图5所示。此时采用线性自激力表达式无法准确量化桥梁实际受到的气动力。

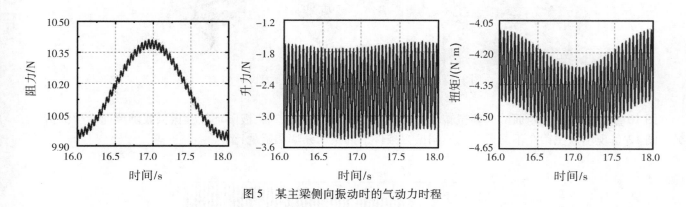

图5　某主梁侧向振动时的气动力时程

4　涡激力非线性

涡振是一种典型的非线性振动，涡振过程气动阻尼随振幅发生明显改变。图6给出了宽高比为4的矩形断面在折减风速为8.14 m/s、质量－阻尼系数为78.1%时的涡振位移时程。图7给出了根据位移时程识别的幅变气动阻尼比。根据幅变气动阻尼比，可以计算结构在不同质量－阻尼系数条件下的涡振振幅，如图8所示。

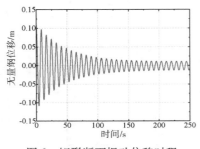

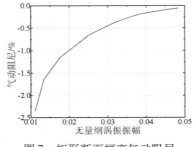

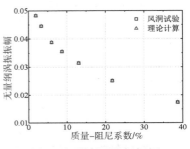

图 6　矩形断面振动位移时程　　　　图 7　矩形断面幅变气动阻尼　　　　图 8　矩形断面涡振振幅

5　主梁刚性模型大振幅软颤振试验

研究桥梁大振幅颤振后状态，充分评估桥梁的颤振后安全储备，有望大幅降低桥梁抗风设计成本。传统自由振动风洞试验装置在进行大振幅试验时，弹簧侧向倾斜明显，不满足弹簧线性几何刚度条件，系统竖向和扭转刚度呈现幅变特性，因而传统装置不适用于大振幅非线性颤振的相关研究。

针对传统装置的缺陷，大连理工大学风工程研究团队发明了具有振幅大、阻尼小、造价低、用途广、操作易的新型自由振动试验装置，如图 9 所示。该装置可以有效避免大幅振动中弹簧发生倾斜的问题，保证弹簧仅发生竖向拉伸变形，从而确保系统始终在线性刚度范围内工作，因此可以基于这些装置开展典型主梁刚性模型的大幅自由振动风洞试验。

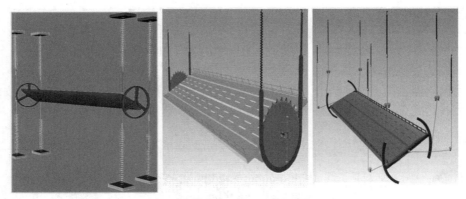

图 9　新型大幅耦合自由振动试验装置示意图

图 10 给出了某主梁断面的大幅扭转位移时程。图 11 呈现了该主梁极限环软颤振振幅随风速变化的情况。图 12 呈现了该主梁在不同风速、不同振幅条件下的振动频率和阻尼比。

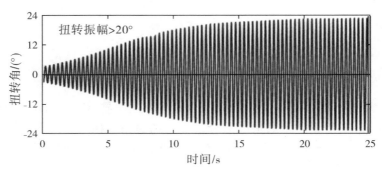

图 10　某主梁扭转位移时程

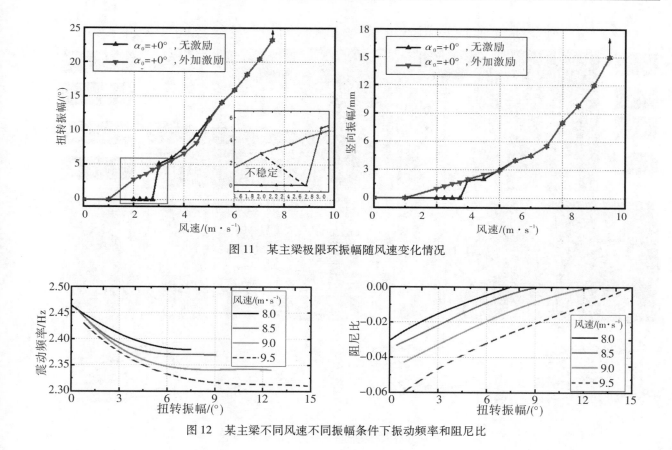

图 11　某主梁极限环振幅随风速变化情况

图 12　某主梁不同风速不同振幅条件下振动频率和阻尼比

6　自然风场中大比例全桥气弹模型试验

为弥补风洞试验和现场实测方法的不足，融合两者的优点提出了在自然风场中开展大比例全桥气弹模型试验方法，已建成三座气弹模型（苏通大桥、美国旧塔科马桥和俄罗斯伏尔加河桥）和一座 22.5 m 高的试验塔架（可以开展大比例桥梁主梁刚性模型及斜拉索、吊索气弹模型风振试验）。图 13 为苏通大桥和旧塔科马桥大比例全桥气弹模型，其缩尺比分别为 1∶50 和 1∶25。

图 13　苏通大桥（左）和旧塔科马桥（右）大比例全桥气弹模型

已建成的两处自然风场试验基地，很好地满足了以下条件：风速尽可能高、风攻角尽可能小、风期尽可能长、非平稳性和紊流度尽可能低。风速、紊流度等参数可通过不同孔径的防风阻尼网来进行调节，风攻角可以通过设置斜坡进行调整。基地可实现多场耦合、多参数同步采集（图 14），为风工程研究提供宝贵资料。

（a）苏通大桥大比例全桥气弹模型示意图

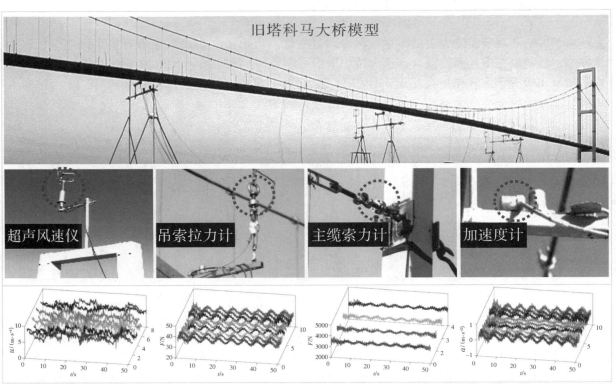

（b）旧塔科马桥大比例全桥气弹模型示意图

图14　自然风场大比例全桥气弹模型风振响应

（1）基于自然风场的大比例气弹模型试验研究方法，相对于风洞试验方法，其优点包括：① 突破常规风洞尺寸限制，模型尺寸大、制作精度高、雷诺数效应弱；② 无须长期占用风洞资源，大大节省了电力能源，总体试验成本不高；③ 可充分研究复杂风场条件（大斜角、非平稳）下模型的响应情况；④ 可研究桥梁风致大幅振动，避免传统试验模型破坏损害风洞设备；⑤ 模型参数易调，可开展多因素（风、雨、温度）下的各类响应的长期监测。

（2）相对实桥现场实测方法，其优点包括：① 试验难度和试验成本大幅降低，传感器及测试设备方便拆装、检测；② 方便开展静力试验研究，更准确地把握桥梁模型系统的参数特性；③ 对风速要求更低，在常遇风速（5～7级）下即可开展颤振后状态研究；④ 可直接测量缆索拉力及桥塔基底内力时程数据，研究范围更广；⑤ 模型气动外形、边界条件等参数方便调换，因此研究效率更高。

（3）基于自然风场试验，可获取不同气动外形和模态参数的大比例气弹模型在多种风场条件（风速、风向、紊流度和非平稳性）下的响应数据，开展风洞试验和现场实测难以实施的研究内容，具体包括：① 桥梁静风、抖振、涡振及颤振后状态特性及风致灾变机理；② 风－车（模型比较大，并且可以遥控）－桥耦合系统振动特性；③ 风致缆索应力动态变化及缆索失效引起的局部动力冲击响应；④ 不同气动措施、结构措施和机械措施对桥梁风致振动的控制效果。

（4）基于大型试验塔架（顶部支架由电机驱动，可在平面360°范围内转动，从而调节试验风偏角）可开展的研究内容包括：① 桥梁主梁大比例［（1∶10）～（1∶20）］节段模型（长 8～10 m）的涡振、抖振和颤振后状态测振试验、测压试验、测力试验及振动控制试验；② 斜拉索（长 50 m）和吊索（长 20 m）模型的测振、测力及振动控制试验。

7　结论

本文梳理了桥梁主梁气动力和风振响应的典型非线性特性，重点介绍了颤振导数幅变特性、高阶自激力、涡激力非线性、桥梁颤振后状态测试及分析方法、自然风场大比例全桥气弹模型试验研究方法，为桥梁气动非线性全面研究提供了有效途径，有助于深入理解桥梁气动非线性现象。

近海桥梁风浪联合作用下上部结构波浪砰击研究 *

郭安薪，刘嘉斌，刘智超

（哈尔滨工业大学土木工程学院 哈尔滨 150090）

摘 要：本文针对近海桥梁上部结构风浪联合作用波浪砰击问题，开展了风浪实验室内风生波浪与规则波相互作用试验，研究了风环境下规则波传播过程中的非线性时空演化过程与波群调制机理，探索了近海桥梁结构风浪联合作用模型试验技术。针对低净空桥梁上部结构波浪砰击问题，开展了风环境下桥梁上部结构波浪砰击模型试验，试验结果表明当入射波高较低时，风因素会放大结构上的波浪砰击力；当结构产生波浪越浪时，风因素会放大结构竖向波浪力，抑制水平波浪力。

关键词：桥梁结构；风浪联合试验；波浪演化；波浪砰击

1 引言

风浪联合作用是海洋工程领域最为常见的荷载工况组合，确定风、波浪和结构间的相互作用对于海洋工程结构的安全至关重要，且浮式结构对于风和波浪荷载作用更为敏感[1-2]。Vickery[3]的数值模拟研究表明浮式结构风浪联合作用响应必须将风荷载与波浪荷载同时考虑，单独作用的风荷载和波浪荷载不能准确地反映出结构在耦合工况中的结构动力响应规律，这也体现了风荷载、波浪荷载与结构之间的作用机理并非简单的荷载线性组合。在新能源领域，海上浮式风力发电机在风浪联合作用下的动力响应及结构安全问题一直是海洋工程领域的前沿研究方向。随着计算机辅助计算（CAE）的高速发展，例如FAST、BLADED 和 HAWC/HAWC2 等计算程序和软件相继开发，并用于模拟风力发电机的气动力和水动力响应[4-9]，实现风浪联合作用下的结构非线性时程分析研究。目前，数值模拟分析已成为海洋浮式风力发电机风浪联合作用研究的主要技术手段。

桥梁工程领域跨海桥梁结构的风浪联合作用研究目前仍处于起步阶段。随着跨海桥梁桥址处水深的增加，波浪荷载所引起的桥梁振动愈加不可忽视，深水桥梁结构在复杂海况条件下风浪联合作用问题成为桥梁工程领域新的研究方向[10-12]。房忱等[13]以某跨海大桥为工程背景，研究了跨海桥梁风、波浪、流环境荷载作用机理，采用 JCSS 方法对风浪流荷载进行组合，基于耿贝尔联合概率模型考虑风浪流要素之间的相关性，分析了不同荷载组合对主梁动力响应的影响规律及其机理。Guo 等[14]针对桥塔结构开展了风浪联合作用下的动力响应研究，发现低风速下结构振动主要由波浪荷载控制，而高风速下结构振动则显著受风荷载影响。Xu 等[15]采用时域方法分析了双塔悬索浮桥在风浪荷载作用下的动力响应，数值模型考虑了桥梁几何非线性、二阶波浪力和辐射波浪力影响，为全桥风浪联合作用下的数值建模提供了有效方法。

2004 年美国 Ivan 飓风造成佛罗里达州 Escambia 海湾 2.5 km 长的 I-10 桥梁上百跨主梁严重移位、落梁甚至倒塌破坏。2005 年美国 Katrina 飓风在路易斯安那州和密西西比州造成大量跨海桥梁的损毁（图1）。此后世界各国学者对桥梁上部结构的波浪作用开展了较为广泛的研究，其主要目的是针对低净空桥梁可能遭受的极端波浪灾害，建立合理的波浪力计算方法以对桥梁进行加固设计和维护。研究表明[16-17]，AASHTO 规范和 Douglass[18] 等推荐的波浪力计算方法均存在着波浪力估算不准确的现象。其主要原因在于 AASHTO 规范是基于线性规则波试验结果发展出来的经验方法，而 Douglass 方法则是借鉴码头板波浪作用力的计算方法，忽略了波浪周期对波浪作用力的影响。这两种波浪荷载计算方法都是为应急而未经深入研究和反复验证即匆忙出台的简化方法，忽略了飓风波浪的非线性特征及波浪作用过程中的波浪变形、空气俘获、越浪等因素的影响，甚至存在某些计算参数取值不合理的现象，造成波浪作用力计算结果不准确[17]。

---

* 基金项目：国家自然科学基金项目（51725801）。

图 1 Katrina 飓风引起的沿海公路桥梁损毁

低净空桥梁上部结构与波浪作用过程常伴随着大量空气俘获和泄放、波浪砰击和越浪等强非线性过程，这些非线性因素对结构所受波浪力影响显著。在极端海洋环境下，波浪对桥梁上部结构的波浪砰击作用不可忽视。然而，已有关于桥梁上部结构波浪砰击过程的试验、模拟、理论研究多在无风环境下开展。真实海洋环境下极端波浪往往伴随着极端风的同时出现，忽略强风对桥梁上部结构波浪砰击过程的影响所得到的结果是不真实且存在较大误差的。目前，强风环境下波浪作用过程中俘获空气的形成、发展和溃灭物理演化机制尚不清楚，俘获空气对波浪砰击力的影响也有待深入研究。

然而，目前国内外对跨海桥梁的风浪联合作用研究，主要还是以数值模拟方法为主，极为缺乏实验室模型试验或现场实测数据的验证。对桥梁结构的风浪联合试验而言，能够同时生成稳定风场和波浪场的大型风浪试验平台是开展桥梁结构风浪联合作用试验的基础。目前，能够同时实现风场和波浪场的大型风浪联合试验平台较少，是导致国内外结构风浪联合试验研究较少的主要原因之一。单纯采用数值方法模拟结构的风浪联合作用机理无法得到充足的验证，尤其结构—风—波浪间的强非线性相互作用无法用现有的数值模型准确体现。随着我国加大海洋工程领域的投入，越来越多风浪实验室正在设计和改造中，未来跨海桥梁结构的风浪联合作用试验会成为桥梁工程领域的重点研究方向。因此本文针对低净空桥梁上部结构波浪砰击问题，开展风浪实验室内风浪场与涌浪场相互作用试验，通过波浪传播方向沿程监测数据结果获得规则波传播过程中的非线性时空演化过程，分析规则波在风浪环境下的波群调制机理，研究桥梁结构风浪联合试验方法。在风浪实验室内开展桥梁上部结构模型实验，针对强风环境下低净空桥梁上部结构波浪砰击的过程试验，研究强风因素对低净空桥梁上部结构波浪砰击过程的作用规律。

2 风作用下的波浪演化特征

2.1 风浪联合试验设备

桥梁模型风浪联合试验在哈尔滨工业大学风洞与浪槽实验室进行，该设施设有风洞试验段和波浪水槽段，如图 2 所示。风试验段尺寸和波浪水槽尺寸分别为 $6.0 \text{ m} \times 3.6 \text{ m} \times 50.0 \text{ m}$ 和 $5.0 \text{ m} \times 4.5 \text{ m} \times 50.0 \text{ m}$，水槽水深为 3.5 m。桥梁模型风浪联合实验在波浪水槽段进行。实验室规则波由左侧造波机生成。对于风浪联合作用工况，风洞风机首先在波浪水槽静水条件下启动，当风力驱动的波浪——即风生波浪处于稳定状态时，造波机以预先确定的输入参数启动，生成规则波，如图 3 所示。规则波的传播过程由沿水槽壁均匀布置的波高仪测量获得。

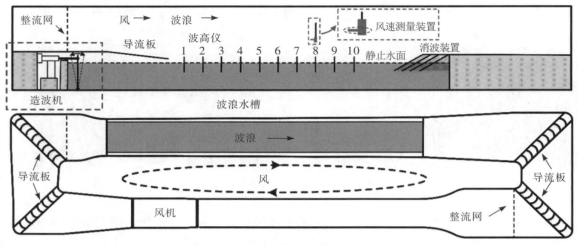

图 2　哈尔滨工业大学风洞与浪槽实验室设施示意图

图 3　规则波与风生波浪混合后照片（10 m 处风速 U_{10} = 9.55 m/s，规则波波浪周期 T = 0.8 s，波高 H = 70 mm）

2.2　风作用下规则波演化过程

图 4 呈现了在 U_{10} =9.55 m/s 条件下风浪和无风情况下波浪的频谱空间演化规律。针对每种波浪周期，该图分别展示了小波高和大波高两种波高工况的频谱演化结果。有风和无风工况的对比结果直观地显示了不同波高和波浪周期对波浪演化过程的影响。图 4 说明了当规则波波高远大于风生波浪时，规则波的高阶波，尤其是二阶波，在高频区域占主导地位。T = 0.8 s、H = 70 mm 和 T = 1.0 s、H = 110 mm 两种工况下这种现象更加显著。在这两种情况下，高频区域的混合波浪的最大值（图 4 中圆点）均出现在规则波的二阶频率处，而与风程无关。同时可以注意到，风生波浪特征在曲面图中几乎消失。对于长周期波浪工况，风和风生波浪引起的规则波的能量变化主要发生在风生波浪的频率及其高阶频率处。在 T = 2.0 s、H = 130 mm 的工况下，虽然规则波波高很大，但其波陡依然较低，因此除了最大值（图 4 中圆点）外，高频区域的混合波频谱与 T = 2.0 s、H = 50 mm 的频谱基本相似。

在所有工况中，规则波的传播均抑制了风生波浪的生长，而风生波浪和风作用仅在小范围内抑制规则波。随着风程的增加，规则波的能量或波高可以在某些条件下得到增强，特别是在大波陡工况下。风速的增加可以进一步抑制规则波在小风程范围内的波高或能量，同时由于风速的增加，会引起风生波浪与规则波之间的频率差距缩小，进而反过来随着风程的增加而增加规则波的波高或能量。

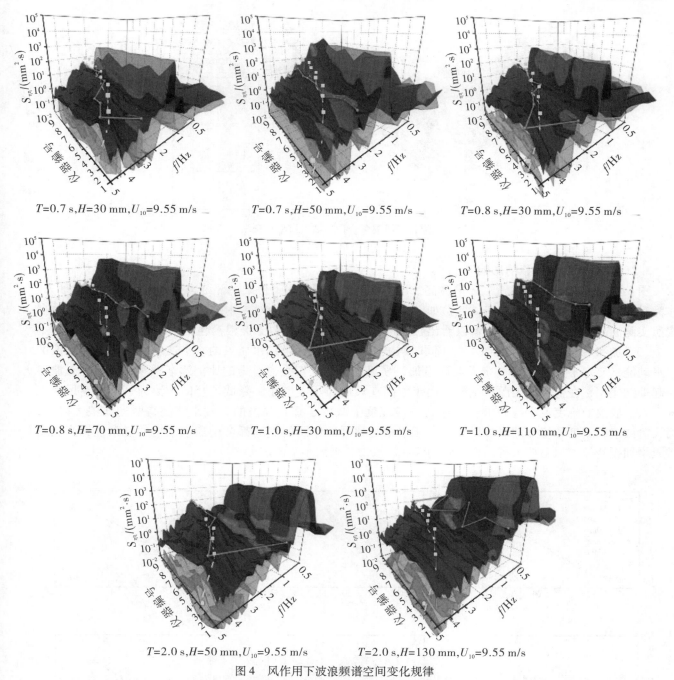

$T=0.7$ s,$H=30$ mm,$U_{10}=9.55$ m/s

$T=0.7$ s,$H=50$ mm,$U_{10}=9.55$ m/s

$T=0.8$ s,$H=30$ mm,$U_{10}=9.55$ m/s

$T=0.8$ s,$H=70$ mm,$U_{10}=9.55$ m/s

$T=1.0$ s,$H=30$ mm,$U_{10}=9.55$ m/s

$T=1.0$ s,$H=110$ mm,$U_{10}=9.55$ m/s

$T=2.0$ s,$H=50$ mm,$U_{10}=9.55$ m/s

$T=2.0$ s,$H=130$ mm,$U_{10}=9.55$ m/s

图 4　风作用下波浪频谱空间变化规律

注：浅色和深色表面分别是无风波浪情况和风浪情况的频谱。方点是纯风情况下风生波浪的频谱峰值，虚线是它们在深色表面的投影，圆点是风浪工况下波浪频谱高频区域的最大值。

3　桥梁上部结构波浪砰击

3.1　桥梁模型及测试装备

桥梁模型基于桥长 20.0 m、宽 10.0 m 的简支钢筋混凝土桥设计，按照 Froude 相似准则缩尺比为 1：10，模型示意图如图 5 所示。实验中风机生成稳定的风场后，造波机按预设参数生成目标规则波。实验使用的传感器包括：波高仪、三分量测力天平、压强传感器、Setra239 型风压传感器。

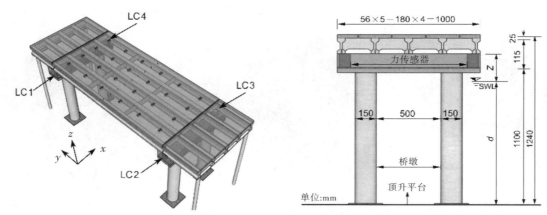

图 5　近海桥梁风浪联合作用试验模型示意图

3.2　风对水动力荷载的影响

图 6 绘制了 $T = 2.0$ s 工况，不同波高、净空下风浪共同作用下桥梁上部结构受到的竖向力和水平力。作为对照，无风工况进行了多组试验，如图中折线所示。由于风会对入射波的波高产生影响，图中数据按照实测波高进行绘制。从图中可以看出在大净空、小波高时，由于波浪产生的力与风引起的力相差不大，二者加和后会放大总的竖向力 F_z，同时与波浪同向的风会增加水质点的水平速度，进而提高波浪的水平动能，使水平力 F_x 增加；随着波高增加，强风产生的垂直力占总力的比例逐渐减小，风对垂直波浪力起抑制作用，在低风速工况，主要是由于波高在风的作用下变小，降低了竖向波浪力，对于高风速工况，入射波浪的峰度变大导致波峰变窄，一定程度上减少了垂直冲击的有效水体使得竖向波浪力降低，而风对波浪的偏度和峰度的影响以及残存于水中起到缓冲作用的气泡都会增加水平力的复杂性；当波高继续增加至越浪，风会放大桥面板受到的竖向波浪力，抑制水平波浪力。

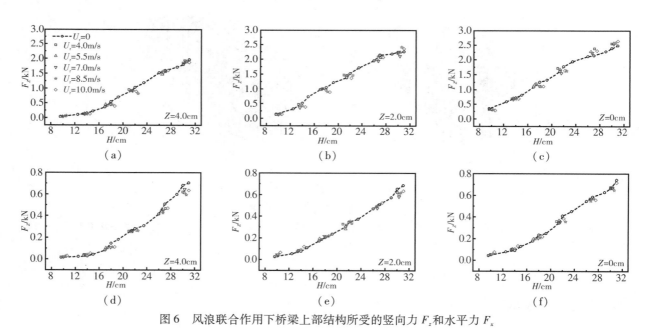

图 6　风浪联合作用下桥梁上部结构所受的竖向力 F_z 和水平力 F_x

3.3　桥梁上部结构的砰击压强

为了进一步分析风对近海桥梁水动力荷载的影响机理，本文对位于主梁和桥面的 9 个测点的压强进行了采集和分析。图 7 给出了风速 10.0 m/s、净空 2.0 cm、周期 2.0 s、波高 31.0 cm 工况下，各测点的砰击压强时程曲线以及压强的统计最大值。从图中可以看出，S5～S9 的压力峰值明显高于 S1～S4，说明在此荷载条件下，波浪冲击集中在模型的后部。将竖向力时程的双峰值位置与压强时程作比较，发现竖向力的双峰值与部分测点的压强峰值同步出现。当第一个局部最大竖向力出现时波浪主要作用于测点S5～S7，当波浪随后作用于测点 S7～S9 时，出现最大竖向力。在风浪联合作用下，除测点 S7 外，S6～S9 的压强增加，这是导致风使波浪力增加的主要原因。

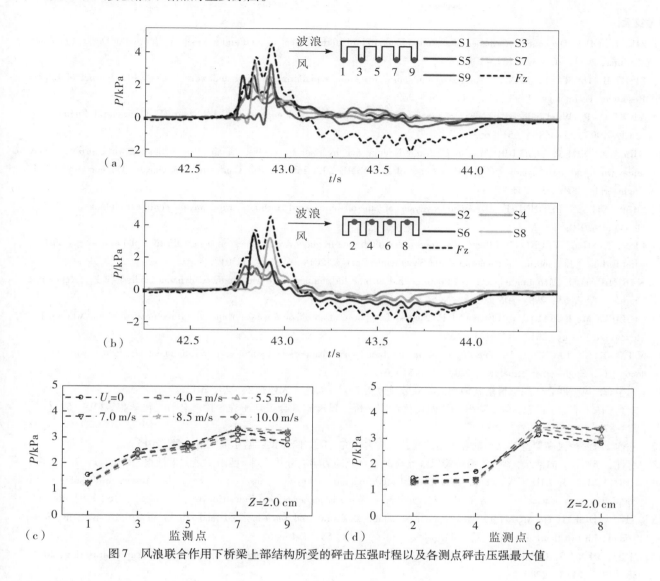

图7 风浪联合作用下桥梁上部结构所受的砰击压强时程以及各测点砰击压强最大值

4 结论

本文针对近海桥梁风浪联合作用下桥梁上部结构波浪砰击问题，开展了风作用下规则波波浪传播演化过程研究，探索了模型风浪联合作用试验技术与方法，通过模型试验研究了风对桥梁上部结构的砰击作用影响规律，主要结论包括：

（1）风作用下的波浪传播演化不仅与自身波浪特性有关，同时与风程密切相关。总体而言，规则波的存在均会抑制风生波浪的增长，该结论仅限于风生波浪周期小于规则波周期的工况。而对于规则波，其波高或能量在小风程范围内会被抑制，随着风速或风程的增加，规则波的波高或能量会得到加强。

（2）风浪联合作用下，在入射波浪波高较小时，风会使得桥梁上部结构受到的竖向力 F_z 和水平力 F_x 增加；随着入射波浪波高增大，竖向力受到风的抑制作用，水平力影响不明显；风在越浪的情况下会放大竖向波浪力，抑制水平波浪力。

（3）风浪联合作用下，$T = 2.0$ s、非淹没工况下，模型后部受到的砰击压强较大，竖向力最大值与测点 S7～S9 压强最大值同步出现；风浪联合作用对水动力荷载的影响主要通过影响测点 S7～S9 的压强实现。

参考文献

［1］ ZHU H, OU J. Dynamic performance of a semi-submersible platform subject to wind and waves［J］. Journal of Ocean University of China, 2011, 10（2）：127 – 134.

［2］ BISHT R, DATTA T, JAIN A. Analysis of offshore guyed tower platforms to wind and wave forces［J］. Journal of Energy Resources Technology, 1998, 120（4）：256 – 262.

［3］ VICKERY P. Wind-induced response of tension leg platform-theory and experiment［J］. Journal of Structural Engineering-ASCE, 1995, 121（4）：651 – 663.

［4］ IIJIMA K, KIM J, FUJIKUBO M. Coupled aerodynamic and hydroelastic analysis of an offshore floating wind turbine system under wind and wave Loads［C］. Proceedings of the ASME 29th International Conference on Ocean, Offshore and Arctic Engineering, 2010, 3：241 – 248.

［5］ MANENTI S, PETRINI F. Dynamic analysis of an offshore wind turbine：wind-waves nonlinear interaction［C］. Honolulu, 2010.

［6］ LI A, TANG B, YEUNG C. Effects of second-order difference-frequencywave forces on a new floating platform for an offshore wind turbine［J］. Journal of Renewable and Sustainable Energy, 2014, 6（3）：033012.

［7］ KARIMIRAD M. Modeling aspects of a floating wind turbine for coupled wave-wind-induced dynamic analyses［J］. Renewable Energy, 2013, 53：299 – 305.

［8］ PHILIPPE M, BABARIT A, FERRANT P. Modes of response of an offshore wind turbine with directional wind and waves［J］. Renewable Energy, 2013, 49：151 – 155.

［9］ STEWART G, LACKNER M. The impact of passive tuned mass dampers and wind-wave misalignment on offshore wind turbine loads［J］. Engineering Structures, 2014, 73：54 – 61.

［10］ 刘宇辉. 风浪联合作用下桥塔结构动力响应数值分析［D］. 大连：大连理工大学, 2017.

［11］ 刘高, 陈上有, 王昆鹏, 等. 跨海公铁两用桥梁车—桥—风浪流耦合振动研究［J］. 土木工程学报, 2019, 52（4）：72 – 87.

［12］ 陈洵. 跨海桥梁高架桥墩风浪耦合作用试验及波浪力研究［D］. 哈尔滨：哈尔滨工业大学, 2015.

［13］ 房忱, 李永乐, 向活跃, 等. 跨海桥梁风浪流荷载组合及动力响应分析［J］. 西南交通大学学报, 2018：1 – 7.

［14］ GUO A, LIU J, CHEN W, et al. Experimental study on the dynamic responses of a freestanding bridge tower subjected to coupled actions of wind and wave loads［J］. Journal of Wind Engineering and Industrial Aerodynamics, 2016, 159：36 – 47.

［15］ XU Y, ØISETH O, MOAN T. Time domain simulations of wind-and wave-induced load effects on a three-span suspension bridge with two floating pylons［J］. Marine Structures, 2018, 58：434 – 452.

［16］ JIN J, MENG B. Computation of wave loads on the superstructures of coastal highway bridges［J］. Ocean Engineering, 2011, 38（17）：2185 – 2200.

［17］ GUO A, FANG Q, BAI X, et al. Hydrodynamic experiment of the wave force acting on the superstructures of coastal bridges［J］. Journal of Bridge Engineering, 2015, 20（12）：4015012.

［18］ DOUGLASS S, CHEN Q, OLSEN J, et al. Wave forces on bridge decks［J］. Coastal Transportation Engineering Research and Education Center, University of South Alabama, Mobile, Ala, 2006.

台风风场及超高层建筑风效应精细化研究[*]

傅继阳，何运成

（广州大学风工程与工程振动研究中心 广州 510006）

摘　要：2021 年 5 月深圳赛格大厦振动事件引发社会对高层建筑安全性与适用性的广泛关注。实际上由于自身结构柔性大、基频低，高层/超高层建筑对风荷载作用十分敏感。因此强/台风作用下建筑的风效应问题是该类土木结构设计建造及运营维护环节需重点关注的问题。本文对影响华南地区台风的全局化结构和风场特征以及超高层建筑台风风效应进行了精细化研究。首先，基于 20 多年由高空探测气球、雷达风廓线仪、地表气象站等设备长期持续监测数据以及近 50 年西北太平洋海域卫星云图资料，分析了台风登陆前后主结构、暖核特征、双眼壁及眼壁置换现象及气压场轴非对称分布特征，建立了台风全局化风速剖线模型及沿高度解析的台风风场模型，阐述了典型地貌对近地面风场特征的影响，提出了基于梯度风确定基本风速的理念；发展并改进了识别台风指纹、强度及中心位置的人工智能技术，建立了高效的机器学习模型并通过热力图技术分析模型内部特征。以此为基础，对超高层建筑风效应开展实测与风洞试验研究——建立了多栋高层建筑风效应实测平台，研究了超高层建筑在台风不同影响阶段结构动力特征及风致效应的变化情况；建立了 300 余座高层/超高层建筑动力特征实测数据库，提出了面向超高层建筑动力参数的统计化模型；发展了一系列高层建筑风效应精细化试验及分析技术，包括精确化测定参考风压、参考风速以及测压管内径的技术和考虑空气密度时–空变化及偏转风特征效应的风洞试验技术及分析方法；发现了高层建筑迎风面风压概率双峰分布特征及其在时程上正、负压交替出现的现象，提出了高层建筑表面风压混合分布模型，发展了建筑幕墙疲劳破坏机理；考察了雷诺数效应对弧形截面建筑风效应的影响，对比分析了风洞试验与现场实测结果，以验证风洞试验测试技术的有效性。

关键词：高层建筑；台风；建筑风效应；实测；风洞试验

1　引言

2021 年 5 月深圳赛格大厦振动事件引发社会广泛关注。实际上由于自身结构柔性大、基频低，高层/超高层建筑对风荷载作用十分敏感，对位于强/台风频发地带的高层建筑而言，结构抗风已成为其设计建造和运营维护所面临的一大关键问题。

根据 A G Davenport 风荷载链理论，分析结构风效应的过程通常包含以下几个前后密切相关的环节：风气候、地形效应、空气动力效应、结构力学效应和设计标准。其中，第 1、第 2 个环节旨在分析风场特征，第 3、第 4 个环节旨在研究结构风效应。尽管过去几十年结构风工程领域理论与实践不断完善，但随着高层建筑日益向高耸化、个性化方向发展，传统建筑抗风领域仍面临诸多挑战。（1）理论和实践结果表明，风场特征的不确定性是建筑风效应评估不确定性的最大来源，然而现有相关研究大多限于近地面范围，且台风核心区域实测资料缺乏，传统大气边界层风场理论不能有效描述可涵盖整体建筑高度范围的台风风场特征，因此相关成果很难满足 300 米以上超高层建筑甚至是面向未来的千米级摩天大楼的抗风设计需求。（2）风工程领域大部分研究只关注台风风场，而对台风其他结构特征较少涉及，这导致业内对台风的认识不够全面，进而可能影响既有研究成果的适用范围。（3）高层建筑多样化、密集化发展使其空气动力学效应变得越发复杂，如何在考虑台风风场特征情况下对建筑风荷载进行合理评估具有很大挑战性。（4）建筑动力特征参数在结构风致振动响应分析中占据重要地位，但超高层建筑动力特征及关键参数实测资料缺乏，目前很难对其进行准确评估。

---

* 基金项目：国家自然科学基金项目（51925802、51878194）。

针对以上问题，本文结合课题组已开展的相关工作，对影响华南地区热带气旋的全局化结构和风场特征以及超高层建筑动力特征和风效应进行精细化分析。主要内容包含以下 5 个部分：台风全局化结构特征、台风全局化风场特征、基于人工智能技术的台风关键参数识别、超高层建筑风效应实测研究以及高层建筑风效应风洞试验研究。

2 台风全局化结构特征

2.1 主结构特征

自 1983 年台风"艾伦"之后，影响香港地区最为严重且让香港天文台发出 10 号风球警报的台风只有 4 例，分别为 1999 年的台风"约克"、2012 年的台风"维森特"、2017 年的台风"天鸽"和 2018 年的台风"山竹"。本文以台风"约克"和"山竹"为例，展示台风典型的主结构及风场特征。需注意的是，由于"约克"直击香港，故相关实测结果可用来揭示台风内核特征。图 1 展示了台风"约克"过境香港期间由探空气球探测得到的不同气象要素垂直剖线。从图中可知，台风主体结构延伸至对流层层顶（17 km），在此高度以下，台风大部分区域大气相对湿度比背景大气值显著偏高。不过"约克"靠近核心区域强对流作用剧烈，故相对湿润的上升气流穿过对流层层顶，到达平流层底部，但其他气象要素观测结果表明台风动力学结构基本位于对流层层内。图示 ΔP 剖线表明台风流出层中心位置位于 15 km 处，在流出层临近区域，台风水平风速和风向急剧变化，即风场特征由台风主导模式向背景大气控制模式转化。$\Delta\theta_e$ 剖线结果则揭示了台风的暖核特征，即越靠近台风中心区域，台风大气相当位温越高于同高度的背景大气值。在观测期间，台风暖核强度超过 20K，其中心高度位于 5 km。与暖核特征相对应，在对流层层顶附近存在一相对较薄的"冷层"，在"冷层"范围内，台风大气与背景大气温差最高可达 17K。受暖核及"冷层"结构特征影响，台风的大气密度与背景大气存在明显差异：在流出层以下，台风大气密度比背景大气轻；而在"冷层"内，情况相反。$\Delta\rho/\rho_{ref}$ 结果表明台风与背景大气间最大相对密度差位于 10 km 处。

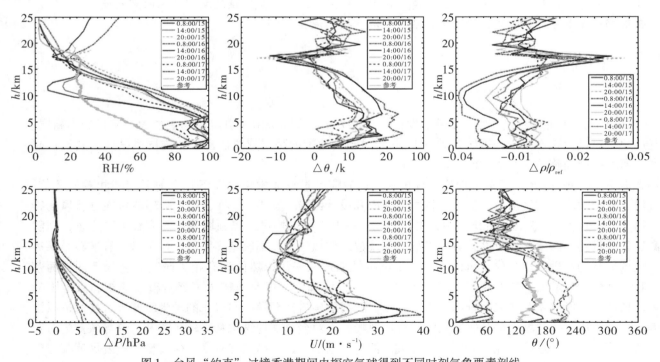

图 1　台风"约克"过境香港期间由探空气球得到不同时刻气象要素剖线

注：RH 为相对湿度；$\Delta\theta_e$ 为台风与背景大气间相当位温差；$\Delta\rho/\rho_{ref}$ 为相对密度差；ΔP 为台风气压差；U 为水平风速；θ 为风向。

上述台风大气与背景大气密度间的差异决定了台风气压场的分布特征，而台风气压梯度力则直接驱动了台风内部运动。在近地面几千米范围内，台风中心气压明显低于背景大气压，因此外围大气向内流入，而流入气流在此过程中向外膨胀做功（在温暖洋面上一般认为其为等温扩张过程），当其运动到眼壁区时，气团在气压梯度力、向心力等作用下达到受力平衡，从而停止继续向内流入。与此同时，中心气流由于自身温度较高（暖核），密度偏低，故气流在眼壁区上升，在此过程中，暖湿气流不断释放潜热，从而加热同高度气团并推动气流继续上升（此过程理论上可等效为一个绝热扩张上升过程）。当上升气流到达台风"冷层"下表面时，原上升气流开始向外流出，且在流出过程中对外膨胀做功，从而使自身温度降低。当流出层气流到达台风外围区域时，由于地表流入层的存在使得下部气压偏低，故气流开始下沉，在此过程中，气流受压缩而使得自身温度升高，不过由于其潜热已在眼壁区上升过程释放完毕，故下沉气流变得十分干热。上述过程即为热带气旋的次级循环结构。Emanuel[1-2]基于次级循环结构提出了热带气旋的最大潜在强度理论。根据该理论，热带气旋近地面最大风速可通过流入层和流出层大气温度以及海—气截面交互特征参数进行估计。He 等人[3]采用上述理论对台风"山竹"的最大潜在强度进行评估，通过与台风实测最大风速对比发现，"山竹"在登陆前的实际地表最大风速仅为最大潜在强度的65%～87%。

　　图2 展示了台风"约克"和"山竹"影响香港期间由雷达风廓线仪得到的水平平均风速（U）和风向（θ）、名义垂直风速分量（W）及 W 对应的信噪比（SNR），图中虚线为当地气压时程。基于雷达风廓线仪工作原理，台风期间具有较大负值的 W 与雨滴下降速度密切相关。此外，基于 SNR 信息还可确定大气混合层高度（SNR 变化梯度极值）及大气融化层高度（SNR 极值）。图示结果揭示了台风由内到外的水平结构特征，即：最内为风速低、降雨少的风眼，风眼外围被眼壁区包裹，眼壁区风大、雨强，且风向在眼壁区两侧快速转变，眼壁外围有降雨较强的主雨带系及降雨较少的外围云系结构，外围区域存在明显的对流运动。W 及 SNR 结果表明，在台风眼壁及主雨带区上空 5 km 左右存在融化层，且其高度在台风中心区域略有升高。这是由于越靠近台风中心位置，系统暖核特征越明显，其冰点高度也会有所升高。以融化层或冰点层为界限，台风眼壁及主雨带区沿高度可划分为上、下两层，上层以缓慢下降的冰晶为主，而下层以快速下降的液态降雨主导。另外，在外围雨带区，大气混合层厚度约为 1 km。

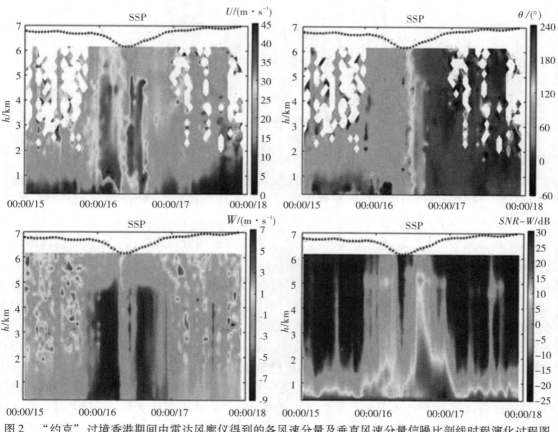

图2　"约克"过境香港期间由雷达风廓仪得到的各风速分量及垂直风速分量信噪比剖线时程演化过程图

2.2 双眼壁及其演化

大量实测结果表明位于空旷海（洋）面上空的热带气旋发展到一定强度级别后可能会在原眼壁外围由主螺旋雨带演化形成一个尺寸更大的外眼壁，该现象即为双眼壁[4]。双眼壁形成后，由于外眼壁的阻挡作用，外围含有大量动能及水气的云系气团很难达到内眼壁，于是内眼壁趋于衰退，而外眼壁在获得外围云系及气团在能量及物质方面的持续补充后，不断发展，并开始向内收缩。外眼壁收缩过程将导致内眼壁进一步衰退，如发展顺利，内眼壁将最终消失，而外眼壁则取而代之成为系统的新眼壁，上述过程即为眼壁置换。眼壁置换过程会对热带气旋的强度及作用范围产生显著影响。

图3展示了台风"山竹"在穿越吕宋岛前及位于南海北部时的卫星云图及系统强度示意图。在穿越吕宋岛前，"山竹"已发展为超强台风，此时系统的双眼壁结构显著。可以预见，如眼壁置换过程充分，台风强度在后续过程会继续提升。但随后由于"山竹"横越吕宋岛，其内部结构受到较大破坏，当"山竹"到达南海北部时，尽管原内眼壁已显著衰退，但原外眼壁未能持续向内收缩，反而自身破损为两条主螺旋雨带，此时系统强度退化为台风级别。与上述过程相对应，台风"山竹"在穿越吕宋岛前眼壁附近风力最大，但外眼壁影响范围更加宽广，而台风位于南海北部后，原外眼壁区域风速相对更强。"山竹"登录前这种松散的主云系结构导致在距离其中心轨迹相对较远的香港受到了比距离其中心轨迹更近区域（如澳门、珠海）更为严重的影响。

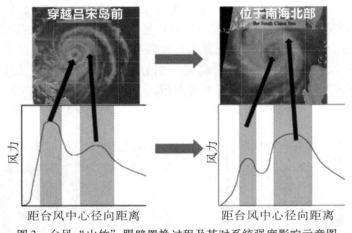

图3 台风"山竹"眼壁置换过程及其对系统强度影响示意图

2.3 气压场

气压梯度力是驱动台风内部运转的直接动力，因此台风气压场在很多台风风场模拟及台风灾害评估研究中占据重要地位。目前业内应用最广的热带气旋气压场模型为Holland[5]提出的近地面径向分布模式：

$$P_0(r) = P_{c0} + \Delta P_{c0}\exp\left[-\left(R_{\max}/r\right)^B\right], \quad \Delta P_0(r) = P_{0,\mathrm{ref}} - P_0(r) \tag{1}$$

式中，$P_0(r)$ 表示距离台风中心 r 位置处近地面气压，$P_{0,\mathrm{ref}}$ 表示海平面背景大气压，ΔP_{c0} 为台风中心气压差，$R_{\max}$ 为最大风速半径，B 为系数。

图4给出了台风"约克"和"山竹"登陆前后不同时刻海平面气压场径向分布实测及对应拟合（采用式（1））结果。可以看出，Holland模型可对"约克"气压场分布特征进行较好描述，图示3个时刻的中心气压、$R_{\max}$ 和 B 值分别为965/970/980 hPa、41/45/53 km、0.79/0.71/0.65。与"约克"不同，"山竹"的气压场在登陆前后表现出显著的差异。登陆前，Holland模型可对实测结果提供无偏描述，但在登陆后，实测数据与拟合结果之间存在系统性偏差。基于模型拟合结果，"山竹"在13:00/16、17:00/16（登陆时刻）、21:00/16三时刻的中心气压、$R_{\max}$ 和 B 值分别为950/955/970 hPa、101/83/99 km、1.29/1.06/1.18。可见相比台风"约克"，"山竹"登陆前后对应的 $R_{\max}$ 和 B 值明显偏大。上述差异应与上节讨论的台风"山竹"由于原外眼壁停止向内收缩而在登陆前形成的松散主云系结构有关。

为进一步探究台风"山竹"登陆前后气压场径向分布差异性的原因，图5给出了"山竹"在刚穿过吕宋岛（08:00/15）、位于中国南海北部（08:00/16）及在华南地区临登陆前（14:00/16）三个时刻近地面气压场后验分析结果。图示结果表明当"山竹"临近大陆海岸线时，其气压场由轴中心对称结构逐渐向轴非对称结构转变。针对图5所示的台风轴非对称气压场结构，He 等[3] 提出了基于椭圆族的台风近地面气压场模型：

$$\rho(e,\theta) = \frac{e \cdot L}{1 - e \cdot \cos(\theta - \theta_c)}, \quad \Delta P_{\mathrm{norm}} = \frac{P_{0,\mathrm{ref}} - P_0(e)}{\Delta P_{c0}} = 0.663 - 1.021e \tag{2}$$

式中，$\rho(e,\theta)$ 为椭圆极坐标函数，θ 为相对台风中心的角度，e 为椭圆曲率；L 和 θ_c 为系数，在量纲上表示气压场水平特征尺寸即椭圆族长轴朝向。

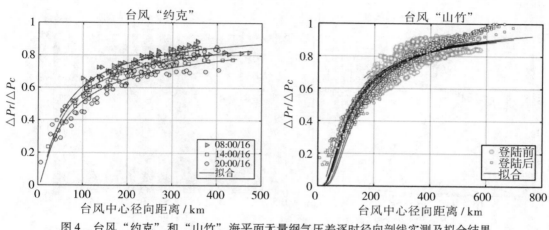

图 4　台风"约克"和"山竹"海平面无量纲气压差逐时径向剖线实测及拟合结果

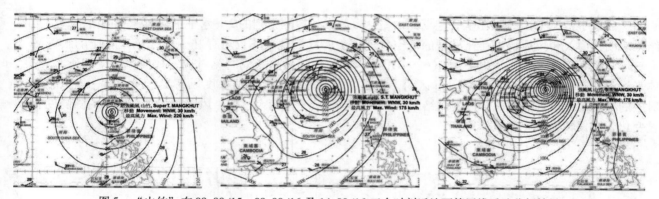

图 5　"山竹"在 08:00/15、08:00/16 及 14:00/16 三个时刻近地面等压线后验分析结果

式（1）、式（2）均为台风近地面气压场水平分布模型，然而如图1中 ΔP 剖线结果所示，台风气压场沿高度变化显著。有意思的是，本科研团队基于历次台风过境香港期间由探空气球得到的气压剖线资料发现[6-7]，在台风流出层以下，ΔP 剖线沿高度呈线性分布，且其斜率 k 与 ΔP 剖线对应的地表气压差 ΔP_0 呈线性正相关关系：

$$\Delta P(z) \equiv P_{\mathrm{ref}}(z) - P(z) = \Delta P_0 - k \cdot z, \quad k = C \cdot \Delta P_0 \tag{3}$$

式中，$P_{\mathrm{ref}}(z)$ 表示背景大气气压剖线，C 为系数（=0.092）。式（2）、式（3）给出了台风三维气压场模型。

3　台风风场特征

3.1　全局化风场特征

图6展示了近20年影响香港最为严重的31次热带气旋过境期间由175个探空气球探测数据得到的台风

风场复合分析结果。所有数据按照"边界层参考风速"大小被划分为不同风速组。本文边界层参考风速定义为 1000 m 以下所有高度层测点风速数据的算术平均值。与此相类似，边界层参考风向可基于 1000 m 以下数据采用矢量平均技术计算得到。由于数据资料有限，图 6 未考虑风向对风场特征的影响。由图 6 中的云图可知，风速在 $r = R_{max}$ 附近存在极值，且该区域风速极值对应高度随径向距离变大而上升，该结果与海上热带气旋观测结果一致。然而，在 $r/R_{max} = 2$ 甚至更远径向位置处也存在风速极值，其原因可能在于：（1）台风在临近登陆或登陆后自身结构的非对称性越发明显，而最大风速半径不能有效反映台风风场的非对称特征；（2）实测数据相对缺乏，不能有效揭示多种因素（地貌、台风非对称结构、径向距离等）作用下每单个因素对台风风场的影响特征。总而言之，上述结果反映了华南地区登陆或邻近登陆台风风场特征的复杂性。

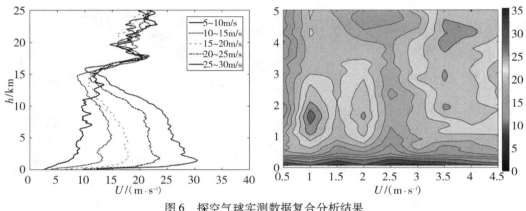

图 6　探空气球实测数据复合分析结果

图 7 展示了台风"山竹"影响香港期间由雷达风廓线仪探测得到的 2 h 水平平均风速和风向剖线。实测结果表明：（1）台风风场中存在显著的低空急流现象，且该现象不仅可存在于最大风速对应的眼壁区（34～36 h），还可存在于较外围区域（6～28 h）；（2）不同站点不同时刻对应的梯度风高度有所差异，总体来看，梯度风高度位于 2～2.5 km 区间，来流为山地地貌情况下的梯度风高度普遍偏高，但所有剖线对应的梯度风高度均比深海洋面实测结果（0.5～1 km）显著偏大；（3）风向在大气边界层内随高度有明显变化，即偏转风效应显著。

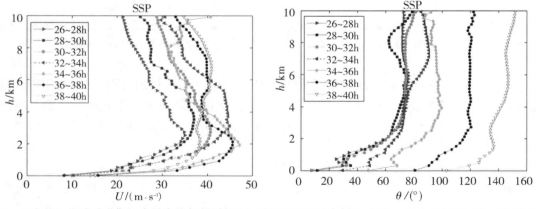

图 7　"山竹"影响香港期间由风廓线仪得到的 2 h 平均风速和风向剖线（26～28 h 表示 02:00—04:00/16）

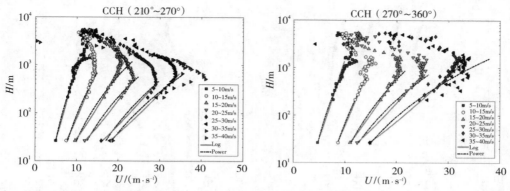

图8　两类来流地貌下风速剖线复合分析结果（210°～270°：来流空旷海面；270°～360°：来流山地地貌）

为获得更为稳定可靠的台风风剖线结果，本文基于研究站点所有风廓线实测样本，得到了如图8所示的两类来流地貌下台风风速剖线复合分析结果。对于来流空旷海面地貌情况，图示结果表明随着风力的增强，风剖线低空急流特征越发显著，且低空急流中心高度大体呈现出随风速提高而降低的变化趋势（变化范围1430～457 m）。与此相对应，来流山地地貌下，台风梯度风高度有显著升高，且梯度风高度受风速变化影响不明显（1376～1615 m）。

3.2　风场模型

随着高耸建筑高度的日益增高，对台风剖线模型高度适用性方面的需求也日益提升。由于传统对数律和指数律模型不能反映台风风剖线低空急流特征，近些年研究人员提出了一些适用范围更为广泛的台风垂直剖线模型[8-10]。然而，上述研究在处理低空急流中心位置以上高度范围时均采用拟合策略，因此主观性较大。本节基于空旷海面来流地貌实测数据建立了台风风速剖线全局化分布模型。

记台风风剖线最大风速出现的高度为 h，假定垂直风速剖线存在一个上边界高度 H_1（约10 km），在该位置处风速按照风剖线位于 h 以上高度范围的变化趋势而趋于0。根据相似理论，$U(z)$ 在地表层范围内遵循对数律分布规律；而在 h 以上大气由于远离地表，受地表拖拽影响很弱，因此可假设在此范围内气流统计特征与层流状态相近，即 $U(z)$ 随高度增加线性递减：

$$U(z) = 2.5 u_* \cdot \ln(z/z_0), \quad 当 z < h; \quad dU/dz = \text{const.}, \quad 当 z > h \tag{4}$$

引入坐标变换 $N(z) = \ln(H_1/z)$，参考脉动风速谱通用化模型，得到无量纲风速剖公式：

$$\frac{U(N)}{U_h} = \frac{A \cdot N}{(1 + B \cdot N^{2.5})^{0.8}}, \quad N(z) = \ln(H_1/z) \tag{5}$$

式中，A（≈0.7）和 B（≈0.11）为系数，其值可通过拟合风剖线实测数据得到。

图9分别展示了风速 U 随无量纲参数 N 及高度的变化关系。可见，所提模型拟合值与实测结果吻合较好。需指出的是，式（4）～式（5）所示模型可以描述台风风剖线低空急流特征及其高度随来流风速变化的特征，且该模型高度适用范围比现有其他模型都要广。

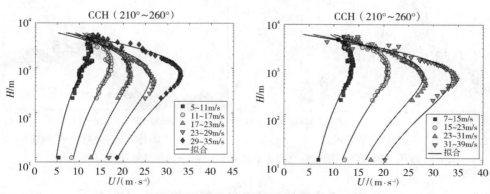

图9　台风风速剖线全局化分布模型及其与实测对比

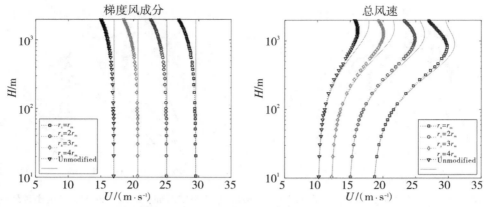

图 10　采用改进与未改进 Meng 模型得到的台风梯度风成分及总风速剖线对比

另一方面，将式（1）、式（3）所示的台风气压场空间模型引入 Meng[11] 提出的台风风场模型，可以得到沿高度解析的台风风场模型[7]。研究表明，不考虑台风气压场沿高度的变化，会高估高空风速，且位置越高，两者差异越明显，如图 10 所示。此外，考虑台风气压场沿高度变化特征得到的风场模拟结果更能反映台风风剖线低空急流的特征。

3.3　近地表面风场特征

大量实测及风洞试验结果表明，近地面风场特征通常会受到地形及地貌很大的影响。基于科研团队前期研究结果[12-13]，典型的地形/地貌效应可包括：（1）遮挡作用，即影响区域平均风速明显降低，同时湍流强度增大；（2）气流的分离及涡/波的产生、发展和传递，通常表现为风速显著降低且湍流度显著增大，风向有可能发生跳跃性变化；（3）加速效应，如位于山顶附近近地表面位置处的风速比来流平坦地貌下距地面同高度处的风速有所增大；（4）峡谷/沟道效应，与第（3）点的不同之处在于测点位于山涧/峡谷中，气流受两侧山体的导向作用显著，从而使风速风向均表现出与地形特点一致的特征。实际情况下，特定测点不同来流方向对应的地形/地貌效应可能差异显著。

图 11 展示了台风"山竹"影响香港期间，位于香港不同位置站点的风速设备监测得到的 10 分钟水平风速和风向时程。可以看到，尽管各气象站点均位于香港地区地表层范围，但各自风速和风向时程信息存在显著差异。上述差异给基于地表风实测数据的应用和研究带来诸多不便，例如采用香港国际机场跑道旁 R1C 站点实测数据反推高空风速，假定机场处来流地貌为 B 类，风速剖线指数取 0.12，梯度风高度按沿海地带或来流空旷地貌对应的情况取值，则得到的"山竹"影响香港期间的最大风速不超过 30 m/s，这与图 7 所示实测结果差异显著。

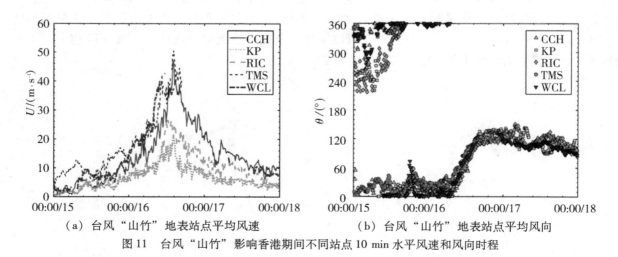

（a）台风"山竹"地表站点平均风速　　　　（b）台风"山竹"地表站点平均风向

图 11　台风"山竹"影响香港期间不同站点 10 min 水平风速和风向时程

为解决上述问题，科研团队提出了一系列近地面风速实测数据标准化方法[14-16]。上述方法的基本假设为临近区域不同站点上空对应的梯度风风速不变。尽管该假定的有效性通过强季候风实测结果得到验证，但台风情况下其适用性有待考察。图12对比分析了基于香港两站点风廓线仪得到的台风"山竹"影响香港期间梯度风风速的时程。两者在大部分时间展现出较好的一致性，这为前述假设的有效性提供了进一步支撑。但在台风最靠近香港的时段，两时程间的差异依然明显。其原因主要在于台风核心区风场随径向距离变化显著，此时两站点相对台风中心径向距离的差异性会导致两站点上空的梯度风强度存在明显差别。可见在开展台风影响下近地面风速实测数据标准化的研究时，需要考虑台风梯度风风场沿径向变化的特征。考虑到近地面风速特征受地貌特征影响显著以及基于近地面风场信息反推高空风场信息存在的较大不确定性，本文建议对于高层建筑可采用基于梯度风定义的基本风速理念。

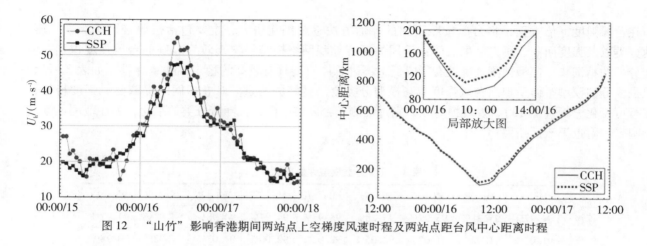

图12　"山竹"影响香港期间两站点上空梯度风速时程及两站点距台风中心距离时程

4　基于 AI 技术的台风关键参数识别及短时预测

随着卫星遥感技术的提高及广泛应用，基于卫星遥感数据开展分析已成为台风研究领域一种广泛使用的手段。当前气象部门主要采用德沃夏克分析法对台风强度、位置等信息进行识别。然而，常规德沃夏克分析方法存在分析过程主观性强、效率低和无法实现自动化的问题。对比不同气象部门台风年鉴资料会发现，彼此之间有关台风后验参数信息往往存在较大差别，这给后续相关研究带来极大不便。近年来，随着网络时代数据爆炸式增长以及计算机软硬件的飞速发展，深度学习技术为研究台风提供了一种客观、有效的手段，而卷积神经网络作为一种抽象提取目标特征的技术，能够用来对复杂系统的关键特征进行高效、准确识别。

4.1　台风关键参数识别

对所采用的方法及主要过程介绍如下。首先收集处理各类卫星云图及相应的最佳路径数据，对数据进行筛选、增强、平衡样本等数据前处理。将数据按比例划分为训练集、验证集、测试集并进行交叉验证以保证模型的真实有效。对于台风指纹识别以及强度评估，网络结构主要采用以下几个模块：卷积层、池化层、丢弃层以及全连接层等。其中，卷积层使用一个固定大小（核大小）的扫描器读取给定的输入矩阵，并使用权重和偏差（过滤器）迭代地计算输出。卷积层主要用于对台风特征的提取，最大池化层的作用是根据需要对输入分辨率降采样，以降低维数并配合过滤器提取图形子区域特征，而丢弃层则用于提高神经节点的效率，消除不重要的特征、防止过拟合。最后，模型使用全连接的密集层来展平先前层信息，并通过非线性函数计算估计分类相似性。台风的中心位置标定可以归为目标检测问题，因此首先需要通过深度卷积网络进行特征提取，然后将特征以方框的形式回归至图片对应位置。本研究采取以VGG和ResNet101等作为主干特征提取网络的模型，如yolov4、centernet、efficientdet、RFB、SSD等。

如表1所示，深度卷积网络能基于简单的台风图片资料（L picture）进行快速、准确识别，且准确率随台风强度的上升而提高。对比分析结果表明该模型稳定、泛化能力高。对于西北太平洋全海域图片（NWP picture）的情况，深度卷积网络同样能在干扰云系多、多台风并存且台风外形复杂等情况下快速准确提取台风指纹特征，且模型具有很好的稳定性。通过对卷积网络的可视化分析，深度卷积网络模型对台风指纹重点关注范围大多集中在台风云团区域，对于有台风眼的云团能够精准识别，对和台风相似的云团也同样有不同程度的关注。

表 1　台风指纹识别各项指标平均值

评价指标	准确率	精度	召回率	F1 – Score	AUC
L picture	96.23%	97.72%	94.00%	95.80%	99.00%
NWP picture	96.80%	95.56%	98.13%	96.88%	99.36%

在台风强度评估方面，将台风按照不同的评估方法逐渐细化研究，主要包括按照台风等级、气压、风速分类以及强度回归。研究结果表明：采用的深度卷积网络模型能实现较为准确的台风强度识别，但随着分类的精细化，模型预测准确性有所降低，不过总体模型具有较高的稳定性和鲁棒性。如表 2 所示，台风强度分类模型整体呈现出台风强度越高模型分类效果越好的特点。对卷积网络提取台风强度特征过程进行可视化分析（图 13），发现模型在识别过程侧重台风核心区，且随着分类的细化，关注范围逐渐向螺旋雨带和附近无云区拓展。

表 2　强度分类模型评估指标

	Mi – P	Mi – R	Mi – F1	Ma – P	Ma – R	Ma – F1	We – P	We – R	We – F1
等级	94.97%	95.31%	95.27%	95.28%	94.97%	94.97%	94.98%	94.97%	94.97%
气压	91.02%	91.02%	91.02%	92.05%	92.02%	92.00%	91.03%	91.02%	90.98%
风速	88.39%	88.39%	88.39%	88.82%	88.77%	88.74%	88.40%	88.39%	88.34%

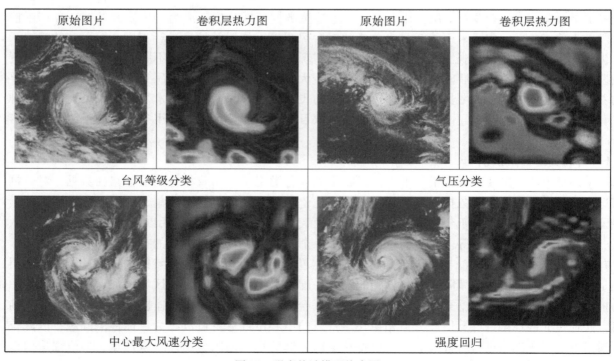

图 13　强度估计模型热力图

台风中心位置的研究需要利用中国台风最佳路径提供的经纬度进行图像上的坐标转化，在图像上主要采取用矩形框标定的方法，在多个模型的测试当中 yolov4 表现出最佳的准确率和性能，具体结果见表 3。

表3　台风中心位置识别结果

模型名称	mAP	TP	FP	Precision	Recall	F1	平均经度误差/(°)	平均纬度误差/(°)
Efficientdet	87.84%	10811	2053	93.83%	83.83%	89.00%	1.09	0.76
Yolov4	98.41%	11956	646	99.38%	95.33%	97.00%	0.48	0.42
Centernet	75.36%	9489	4165	96.35%	58.25%	73.00%	2.50	1.83
M2det	78.62%	9778	1049	92.89%	77.14%	84.00%	1.33	0.98
SSD	37.04%	4640	448	94.74%	30.75%	46.00%	1.88	1.01
RFB	45.72%	5705	363	95.57%	36.85	53.00%	1.43	0.82

4.2　台风关键参数短时预测

目前世界各国采用的台风预测技术多样，但以 Devorak 分析技术及自动热带气旋预报系统（ATCF）技术较为普遍。尽管 Dvorak 技术主要用于定量分析和评估气旋强度，但该技术也可以用于预报气旋轨迹。本文采用长短时记忆网络（LSTM）及结合卷积网络的长短时记忆网络（ConvLSTM）对台风关键参数进行短时预测研究，同时也使用了 ADT 方法所预测的台风参数，并通过对比分析评估本文所提方法的精度。值得注意的是，不同的预测技术在过去数据长度的选择及利用方面存在差异，因此本文采用以下两种模式进行对比分析：（1）基于同样历史数据但采用不同预测方法；（2）采用相同预测方法但基于不同预测时长数据。本研究数据采用中央气象局（CMA）发布的热带气旋最佳路径数据集（BST）、气象卫星研究合作研究所提供的最佳跟踪数据、NOAA 卫星与信息网站提供的历史跟踪数据。

图 14 展示了采用 LSTM、ConvLSTM、ADT 模型对台风"罗莎"中心位置的预测结果。对比发现 LSTM 及 ConvLSTM 较 ADT 更接近最佳跟踪数据集。表 4 列出了考虑不同预测提前时间对台风"罗莎"中心位置及强度参数评估误差结果，随着预报时长提前，ConvLSTM 所预测的各项关键参数误差均呈现上升趋势；采用 LSTM 模型对位置参数进行预测时，最小误差结果所对应的预报提前时长为 12h，而对强度信息预测结果则与采用 ConvLSTM 模型的情况相似，即误差均随预报时长的延长而增大。

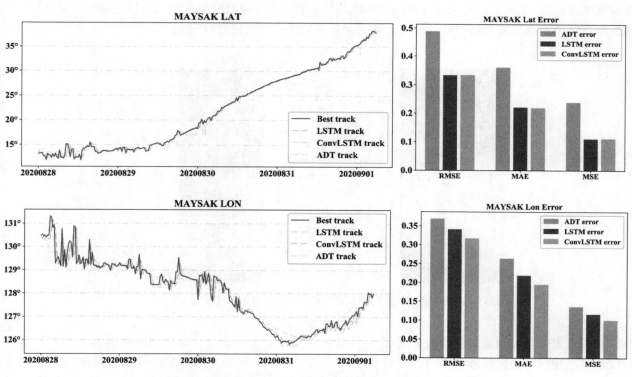

图 14　采用不同方法对台风"罗莎"中心位置进行短时预测

表4　采用不同模型对台风"罗莎"进行后验预报的误差对比分析

参数	预测提前时间					
	6h		12h		24h	
	LSTM	ConvLSTM	LSTM	ConvLSTM	LSTM	ConvLSTM
中心纬度	1.008	0.353	0.803	0.832	1.310	1.621
中心经度	0.894	0.268	0.535	0.696	1.433	1.562
中心气压	5.198	3.140	6.065	5.715	9.740	8.649
最大风速	2.779	2.093	4.249	2.792	5.493	5.033

5　超高层建筑风效应实测研究

现有研究建筑风效应的方法主要有：风洞试验、数值模拟以及现场实测。三种方法中，现场实测结果最为可靠，并经常用来为其余两种方法的有效性和精度提供验证依据。此外，通过实测工作的开展还可及时发现建筑可能存在的问题，从而为合理采取相应措施提供重要依据。因此现场实测研究在业内越发受到重视。

5.1　实测平台

科研团队对大湾区数个超高层建筑建立了结构健康监测系统，本文重点介绍其中具有代表性的两栋：珠海中心和利通广场。

珠海中心大厦位于珠海十字门中央商务区湾仔片区，为珠海地标性建筑，其东面临海，其余各面来流也相对空旷。大厦主体结构采用钢筋混凝土框架－核心筒结构，建筑高度 328.8 m，最大单层建筑面积约 2500 m²，标准层净高达 3 m 以上，整体造型由图 15 所示的截面形状沿高度旋转变化而成。利通广场位于广州市天河 CBD 区，四周高楼林立。该建筑高度为 303 m，地面上 65 层，除最顶层外形呈楔状外，其余楼层均为方形截面形状。利通大厦采用钢斜支撑框架和混凝土核心筒组合结构形式。两超高层建筑主视图及截面形状如图 15 所示。由于两建筑截面形状差异显著，且两建筑分别位于大湾区沿海和近陆地区，因此相关实测结果有助研究台风登陆过程对不同截面超高层建筑风效应的影响。

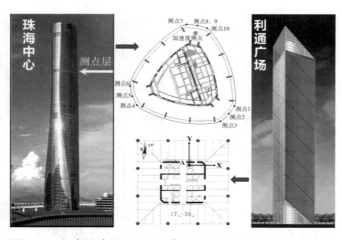

图 15　两超高层建筑正视图及截面形状和监测设备布置示意图

珠海中心大厦健康监测系统布设在大厦 51 层（260 m），主要由风压监测系统和振动监测系统。风压监测系统通过在建筑三处区域玻璃幕墙外侧布置的测压装置，对建筑表面风荷载进行实时监测；结构监测系统则通过加速度计和速度传感器对大厦主体结构的振动特征进行监测。上述系统具备 4G 无线传输功能，用户可通过远程操作对系统进行在线管理（如图 16 所示）。利通广场健康监测系统包含 9 个设备高度层。在楼顶上空 2.5 m 处安有超声风速仪，在大厦 17～58 层分别安装了 8 个双轴低频加速度计。该系统各高度层设备通过有线网络连接，可以做到严格意义上的实时同步。

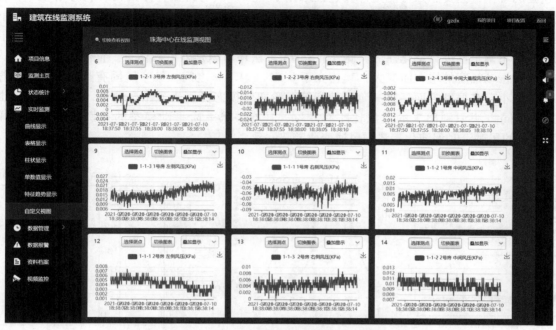

图 16　珠海中心健康监测系统远程监控界面

5.2　高层建筑台风风效应

2018 年 9 月 15—18 日台风"山竹"袭击广东，并对广州市造成严重影响。在此期间，安装在珠海中心和利通广场上的健康监测系统工作正常。本研究以利通广场为例，展示超高层建筑在台风作用下的风效应特征。

图 17 展示了由利通广场顶部风速仪测得的 10 min 平均风速和风向以及 3s 阵风风速的时程。一同展示的是大厦顶部两垂直方向加速度均方根值响应与风速之间的关系。实测数据表明监测期间测点最大阵风为 56.5 m/s，但对应的平均风速仅为 22.5 m/s，这说明在周边高层建筑干扰作用下利通大厦顶部风场湍流特征依然显著。台风作用下，大厦沿两测试方向的最大加速度响应分别为 5.82 cm/s² 和 8.98 cm/s²。整体而言，建筑加速度响应随风速增加呈指数增长趋势，且幂指数介于 2.05～2.40 之间，与同类结果存在一定差异[17]。

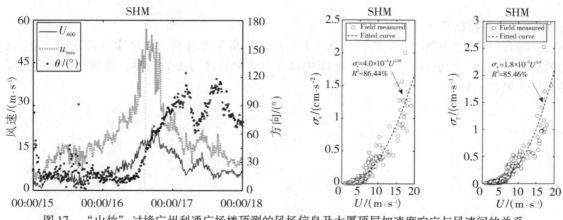

图 17　"山竹"过境广州利通广场楼顶测的风场信息及大厦顶层加速度响应与风速间的关系

分别采用随机减量法（RDT）、改进的随机状态子空间法（SSI）以及贝叶斯谱密度法（BSDA）对利通广场动力特征及风致响应特性进行分析[18-19]，部分结果如图18所示。标准SSI方法在模态识别过程中会发生模态遗漏的现象，主要原因可能是计算过程采用了对噪声具有抑制作用的奇异值分解技术，但该技术对能量相对较低的响应成分可能起到与噪声类似的抑制效果。为了提高其模态识别结果的准确性，科研团队提出了一种改进的SSI方法[20]。BSDA方法的优点在于它不但可提供模态参数的最优识别结果，还可对识别结果的不确定性进行量化评估。此外，BSDA方法还可识别外荷载信息。整体而言，利通大厦阻尼比随结构风致振动幅度的增大而变大，其值介于0.5%～1.1%之间，第一阶固有频率则随结构振幅的增大而一致性减小。在振型方面，第一阶平动和第一阶扭转模态分别表现出凸曲型（平动）和凹曲型（剪切）模式。不同方法识别出来的阻尼比略有差别，且有关第一阶平动模态的差别相对较大。采用BSDA法识别出来的风谱沿时程演化趋势与风速变化趋势一致。

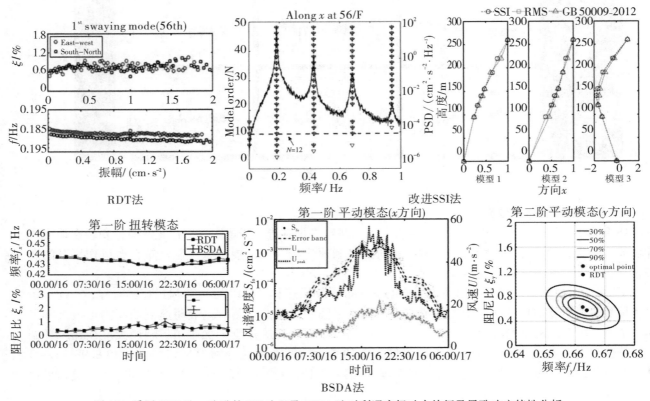

图18 采用RDT法、改进的SSI法以及BSDA法对利通广场动力特征及风致响应特性分析

5.3 高层建筑动力特征统计模型

基于2020年前公开发表的期刊论文资料，建立了高层、超高层建筑动力特征实测数据库，进而提出了数据驱动的高层建筑动力特征预测模型。数据库包含293栋建筑动力参数信息，建筑基本情况如图19所示。主要分析结果总结如下：

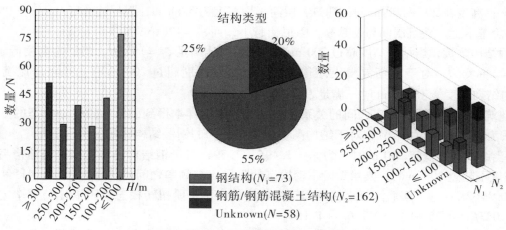

图 19 数据库包含的建筑数量及其分类

（1）大部分建筑的周期比（第 1 阶平动与第 1 阶扭转比值）介于 0.3～0.4 之间，低于我国《高层建筑混凝土结构技术规范》中规定的限值。第 1 阶平动和扭转模态的自振周期与建筑高度间的关系可分别用 $T_1 = 0.067H^{0.8}$ 和 $T_3 = 0.19H^{0.5}$ 来描述。当建筑结构高度超过 200 m 时，现有固有频率预测模型与数据库结果存在较大差别；当建筑结构低于 200 m 时，第 1 阶平动和第 1 阶扭转模态的频率与建筑高度间的关系可分别用 $f_1 = 65.13/H$ 和 $f_3 = 76/H$ 来描述；当建筑高度超过 200 m 时，则用 $f_1 = 58/H$ 和 $f_3 = 106/H$ 来描述（图 20）。

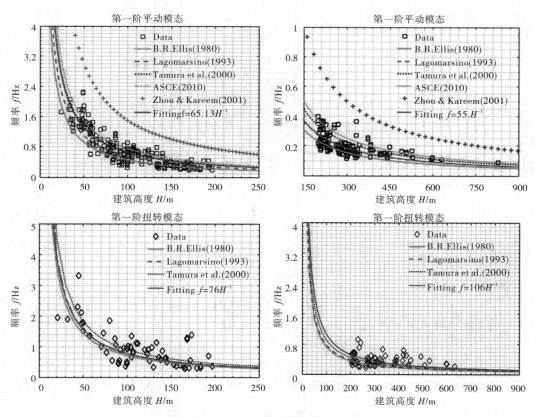

图 20 高层建筑的第 1 阶扭转模态频率与建筑高度的关系

（2）结构高度超过 300 m 的超高层建筑，层间平均高度为 4.85 m，第 1 阶平动模态阻尼比平均值为 0.95%；结构高度位于 200～300 m 间的建筑，层间平均高度为 4.02 m，阻尼比介于 0.1%～4% 之间，平均值为 0.96%；高度在 20～200 m 间的建筑，层间平均高度为 3.68 m，阻尼比介于 0.1%～9% 之间，平均值为 2.4%。基本上，建筑层间高度越高，阻尼比越小，且 $\xi_1 = 12.16 N^{-0.54}$。

（3）对于钢结构建筑，当结构高度超过 200 m 时，其阻尼比满足 $\xi_1 = 155/H$，当结构高度低于 200 m 时，则满足 $\xi_1 = 234.6/H$；对于钢筋混凝土结构建筑，当结构高度超过 200 m 时，其阻尼比满足 $\xi_1 = 28.3 H^{-0.518}$，当结构高度低于 200 m 时，满足 $\xi_1 = 78.24/H + 0.689$。

（4）对于建筑阻尼比与固有频率之间的关系：基于整体数据样本得到的第 1 阶平动模态的阻尼比与频率之间的关系为 $\xi_1 = 2.17 f_1 + 0.67$；对于结构高度超过 200 m 的钢混结构建筑，两者满足 $\xi_1 = 1.103 - 1.34 f_1$ 的关系，当结构高度低于 200 m 时，为 $\xi_1 = 1.49 f_1 + 1.59$；对于钢结构类型建筑，当结构高度超过 200 m 和结构高度不超过 200 m 时，其第 1 阶平动模态的阻尼比与频率之间的关系为 $\xi_1 = 1.411 - 1.988 f_1$ 和 $\xi_1 = 0.821 + 0.1162 f_1$；对于钢筋混凝土结构和钢结构建筑，第 1 阶扭转模态的阻尼比与频率之间的关系分别为 $\xi_3 = 1.023 f_3 + 0.75$ 和 $\xi_3 = 0.776 f_3 + 1.164$。

（5）对不同建筑结构的瞬时最大响应振幅与阻尼比之间的关系进行分析，结果表明（图 21）：结构无量纲响应幅度（$A/f^2 H$）较大时，对应的阻尼比值相对集中，且大致介于 0.5%～1.5%；当响应幅度较小时，阻尼比分布较散，与结构振幅之间不存在明显的线性关系。

（6）一般来说，钢结构的阻尼比设计值为 2%，钢筋混凝土结构的阻尼比设计值为 3%。本研究中，当建筑为钢筋混凝土结构时，其阻尼比平均值为 1.885%；当为钢结构时，阻尼比平均值为 1.21%，可见设计值比基于实测数据得到的阻尼比结果偏高。

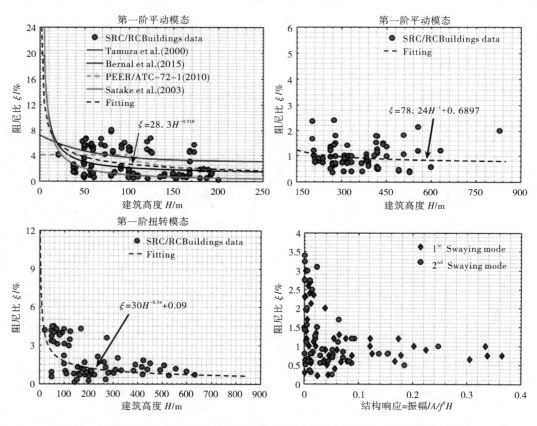

图 21　钢筋混凝土结构/钢混结构建筑第 1 阶平动模态阻尼比与结构高度的关系

（7）按结构体系不同，建筑的阻尼比分布有较大差异：当结构高度超过 200 m 时，建筑结构一般采用筒体结构形式，对应的阻尼比分布较集中，第 1 阶平动模态阻尼比的平均值为 1.21%，第 1 阶扭转模态的阻尼比为 1.29%；当建筑采用框架剪力墙结构、剪力墙结构和框架结构时，对应的阻尼比分布较发散，其值介于 0.1%～8% 之间。

6 超高层建筑风效应风洞试验研究

6.1 风洞试验精细化测试技术

风洞试验是结构风工程领域普遍采用的一种技术。科研团队对以下两个问题进行了精细化研究：（1）如何在风洞测试段有周边模型布置的情况下精确性确定参考风速和参考静压；（2）如何客观测定测压管内径与风压计内部腔室体积，进而对风压信号的畸变效应进行修正。

图 22 展示了一种间接测定参考风速和参考静压的方法[21]，其基本步骤和思路为：（1）调整来流风场至所需类型，然后在未安置模型情况下标定图中 P_1 和 P_2 测点间平均风速和静压的关系；（2）移走 P_2 测点设备，放置模型进行风洞试验，记录 P_1 测点风速和静压信息，并基于（1）中得到的关系推算 P_2 点对应的平均风速和静压值。与传统方法相比，上述方法简便，且不会对风洞测试段风场造成干扰，故其经济、高效，可广泛用于各边界层风洞实验室。

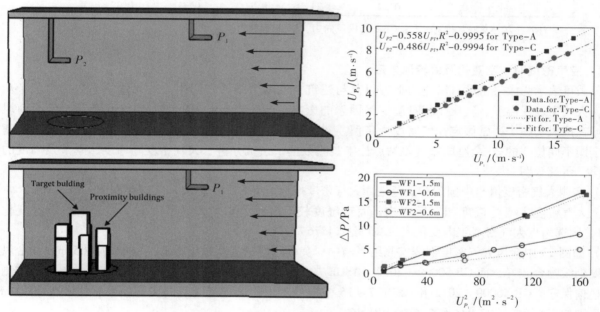

图 22　参考风速和参考静压间接测定方法及两测点平均风速和静压之间的关系

测压管道内径和压力传感器内腔容积是量化畸变效应影响和校正风压信号的两个关键参数。科研团队提出了一种通过注水称重测定测压管道内径的方法以及基于对比理论传递函数模型和实验数据来优化测定压力传感器内腔体积的方法[22]。为验证所提方法的有效性，采用了 Scanivalve 和 Honeywell 两类压力传感器进行试验研究。结果表明（表5），管道孔径的实际值与名义值不吻合，在所研究的四种管道中，实际值和名义值之间的最大误差可达 6%。同时，对于 Honeywell 压力传感器的容积也不能忽略，其最佳估计值为 570 mm³，相当于内径为 1 mm、长度为 0.73 m 的管道容积。此外，对原始压力数据与校正后的压力数据进行对比分析，结果表明未修正前风荷载系数与修正后数值相比最大误差可达 10%。因此应特别注意管道孔径和压力传感器内腔容积两个参数的准确确定，以尽可能减少测量系统引起信号畸变的影响。

表5 基于所提方法对风压测试信号修正前及修正后结果对比

L/m		$L_1 = 0.80$			$L_2 = 1.50$		
类型		Scanivalve	Honeywell	修正值	Scanivalve	Honeywell	修正值
D/mm		1.00	1.20	0.94&1.21	1.00	1.20	0.94&1.21
C_p	min	1.53	1.54	1.48	1.71	1.72	1.79
	max	−4.60	−4.68	−4.45	−5.15	−5.38	−5.61
C_{AWF}	min	2.25	2.26	2.22	3.28	3.34	3.60
	max	0.32	0.30	0.33	0.53	0.52	0.51
	std	0.24	0.24	0.24	0.31	0.31	0.32
C_{CWF}	min	1.08	1.12	1.04	1.19	1.12	1.23
	max	−1.19	−1.23	−1.15	−1.13	−1.23	−1.18
	std	0.15	0.15	0.14	0.18	0.15	0.19
C_{RWF}	min	2.29	2.27	2.25	3.33	3.39	3.63
	max	0.34	0.34	0.35	0.54	0.54	0.52
	std	0.25	0.24	0.24	0.31	0.31	0.32

注：下标 AWF 为顺风向力；CWF 为横风向力；RWF 为合力。

6.2 空气密度时－空变化及偏转风效应

风荷载可表示为大气密度、风速的平方以及与建筑空气动力结构密切相关的无量纲系数的乘积。众所周知，大气密度受温度、气压、相对湿度等因素的影响，会表现出显著的时－空变化特征，但目前风工程领域在抗风实践中通常假定大气密度为定值，忽略其时－空变化对建筑风效应的影响。科研团队基于分布全国不同位置的20余座国家气象站点长年实测数据，系统分析了大气密度随纬度、季节及高度的变化规律。研究表明[23]：

（1）实测大气密度值与中国荷载规范地面大气密度推荐值（1.25 kg/m³）之间存在2.52%～33.56%的差异。大气密度主要受温度和气压影响，而对湿度较不敏感。实测大气密度值呈显著的季节性变化（图23），所选站点大气密度年内变化率最高可达14.76%。

（2）如图23中台风大气密度剖线实测结果与中、美两国荷载规范对比所示，ASCE 7－05 min 和台风大气密度剖线吻合较好，而 GB 50009—2012、ASCE 7－05mean、ASCE 7－05max 及 ASCE 7－16 相对实测结果明显偏保守。GB 50009—2012 和 ASCE 7－16 中推荐使用的恒定密度值同实测结果相比，在2000 m范围内分别偏高9.8%～33.1% 和7.6%～30.4%。

（3）风洞试验结果表明，对于所研究的600米高方形建筑，考虑台风大气密度变化，其加速度响应可减小12%（图23），按照广州地区设计风速计算，如采用规范推荐的固定大气密度值则建筑风致加速度响应超标，但如果考虑大气密度变化影响，则加速度影响在规范允许范围内。可见，特殊情况下，考虑大气时空变化对建筑风荷载及风效应的影响，能有效提高建筑设计的经济性。

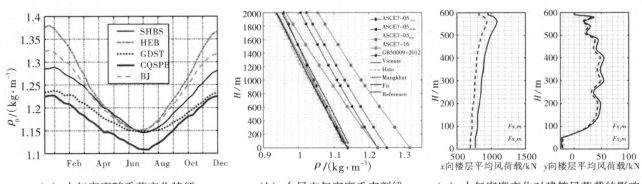

（a）大气密度随季节变化特征　（b）台风空气密度垂直剖线　（c）大气密度变化对建筑风荷载的影响

图23 参考风速和参考静压间接测定方法及两测点平均风速和静压之间的关系

偏转风（Ekman 螺旋）是近地面风场通有的一种现象。基于香港天文台 CCH 站点雷达风廓线仪及地面测风设备长年实测数据，科研团队考察了台风影响香港期间研究站点不同方向来流对应的偏转风特征（图24），并基于实测中空旷来流地貌下实测结果开展风洞试验研究，采用沿高度具有不同曲率的导流板装置在风洞中生成了具有偏转风特征的来流风场（图24），以此为基础，研究了偏转风对高层建筑风效应的影响。研究结果表明，偏转风作用下建筑表面风压会表现出明显的非对称分布特征。与不考虑偏转风效应情况相比，考虑该效应会使高层建筑基底力矩脉动成分整体偏小，但在很多方向角工况下建筑的平均基底合力矩及扭矩会显著增大，扭矩最高可增大 40%；此外，层间平均阻力与扭矩也会增大。

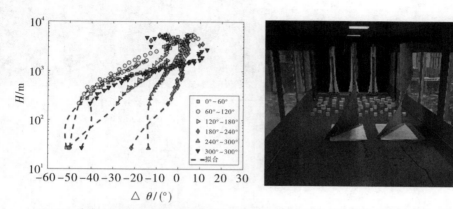

图 24　参考风速和参考静压间接测定方法及两测点平均风速和静压之间的关系

6.3　干扰作用下高层建筑迎风面风压双峰分布特征研究

随着城市化进程的推进，建筑群之间的干扰效应愈加显著。总体而言，现有研究特别是有关建筑干扰效应的研究主要考察建筑表面风压的全局化统计特征，而在建筑表面局部风压的细致化特征及其与来流风场关联性分析方面的研究尚不充分。近些年，上述精细化研究特别是有关建筑表面风压非高斯分布特征方面的研究逐渐增多。

如图25所示，科研团队发现在上游建筑干扰作用影响下，受扰建筑迎风面会出现正负压交替现象，对应风压概率密度函数呈双峰分布特征[24]。进一步研究发现，上游建筑两侧的脱落旋涡可演变成交替作用于受扰建筑迎风面的涡团，这些涡团与背景来流共同作用，在建筑表面形成正负压交替出现的风荷载，可以预见这种交变荷载可能造成高层建筑外围结构的疲劳破坏。针对风压双峰分布特征，建立了风压信号混合分布模型，该混合模型由与正压成分对应的高斯分布模型和与负压成分对应的广义极值分布模型组成，模型中的位置参数、尺度参数和权重都对整体风压分布特征有显著影响。相关研究为非高斯风压信号的极值评估提供了一种新途径，也丰富了建筑围护结构风致破机理内容。

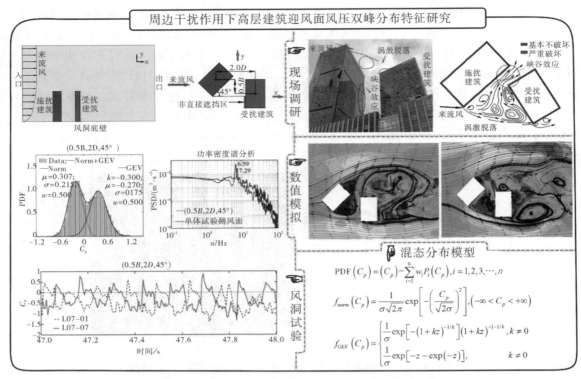

图 25　来流干扰作用下高层建筑迎风面风压双峰分布特征研究

6.4　高层建筑风效应风洞试验

以珠海中心及利通广场两座高层建筑为对象，分别采用测压模型技术及高频测力天平技术对两建筑风效应开展风洞试验研究（图 26）。为评估雷诺数效应影响，珠海中心测压模型采用 1:800、1:400 及 1:200 三种缩尺比例，此外相关结果还将与不同缩尺比例下的数值模拟结果及实测结果比对。考虑了 A 类和 B 类两种风场来流，以考察湍流效应对弧形截面建筑表面风压的影响。利通广场建筑模型几何缩尺比为 1:500，来流风场对应 C 类地貌。

图 27 对比了基于风洞试验及实测得到的台风"山竹"作用下利通大厦顶层加速度风致振动响应。风洞测试结果计算过程中，建筑系统前两阶固有频率和阻尼比以及来流风速均按照实测结果选取。由图可见，建筑 y 轴方向对应的风洞试验与实测结果吻合很好，相对偏差仅为 2.66%，而在 x 轴方向，风洞试验值比实测值大 18.2%。

图 26　珠海中心和利通广场风洞试验内部布置图

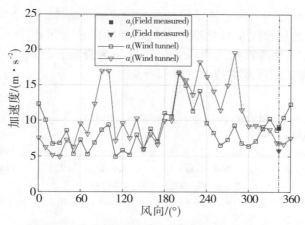

图27　珠海中心和利通广场风洞试验内部布置图

7　总结与结论

本文较系统地展示了科研团队有关台风结构及风场特征和高层建筑风效应方面的研究成果。在台风结构方面，以近几十年以来影响香港地区最为严重的穿心台风"约克"为例，介绍了典型台风的水平及垂直结构，并结合实测数据分析了台风暖核特征及次级循环结构。此外，结合另一例对华南地区有严重影响的台风，讨论了其双眼壁特征及眼壁置换现象，并基于实测数据分析了台风登陆前后气压场非对称特征，进一步提出了一种轴非对称气压场模型，该模型与课题组之前提出的台风气压场垂直剖线模型结合，形成了台风气压场空间模型。

在台风风场方面，首先基于探空气球和雷达风廓线仪探测资料展示了台风在整体厚度范围内的分布特征，重点讨论了风剖线低空急流特征，并基于实测数据提出了一种可复现台风低空急流特征的垂直剖线模型。此外，通过在 Meng 风场模型中引入空间气压场模型，提出了一种沿高度解析的台风风场模型。对比分析结果表明，不考虑台风气压场沿高度的变化特征会高估中高空风速值。另一方面，地表风场特征受地形/地貌特征影响严重，因此对地表风速数据进行标准化处理十分重要。但对于台风作用的情况，需要注意台风核心区梯度风取值对相对台风中心的位置较为敏感。考虑到近地面风场特征受地形/地貌因素影响显著以及基于近地面风场信息反推高空风场信息存在的较大不确定性，本文建议在梯度风框架下定义基本风速。

由于不同气象部门发布的台风关键参数信息通常存在明显差异，同时考虑到常规德沃夏克分析方法存在分析过程主观性强、效率低和无法实现自动化的问题，本文提出了基于人工智能技术对台风关键参数进行识别和短时预测的方法。对比分析结果表明，所提模型具有较好的识别精度和短时预测的准确性。

在建筑风效应研究方面，首先介绍了建立在两栋高层建筑上的结构健康监测系统。然后以一栋建筑为例，结合台风过境期间健康监测系统实测数据，对建筑结构风致振动响应及其随风速变化关系进行了研究，分别采用 RDT 法、改进的 SSI 法和 BSDA 法对建筑模态参数进行识别，并基于识别结果讨论了系统固有频率和阻尼比随振幅的变化关系。此外，基于现有论文资料，建立了高层建筑动力特征实测数据库，讨论了建筑固有频率和阻尼比随高度、结构类型等因素的变化关系，提出了数据驱动的高层建筑动力特征预测模型。

本文对风洞试验技术进行了精细化研究，提出了精确化确定参考风速和参考静压的方法以及准确化测定测压管道内径和压力计内部腔室体积的方法。研究结果表明一些测压管孔径的实际值与名义值不符，最大误差可达 6%，同时 Honeywell 压力传感器的容积也不能忽略。此外，依托风洞试验技术，研究了空气密度时-空变化及偏转风对建筑风效应的影响，指出考虑上述影响的重要性。

采用风洞测试技术对来流建筑干扰作用影响下受扰建筑迎风面的风压特征进行了精细化研究，发现受扰建筑迎风面会出现正负压交替现象，对应风压概率密度函数呈双峰分布特征，进而建立了风压信号混合分布模型。相关研究为非高斯风压信号的极值评估提供了一种新途径，也丰富了建筑围护结构风致破坏机理内容。另外，采用风洞测试技术对超高层建筑风致振动响应进行了研究，对比实测结果发现风洞试验结果与实测结果吻合较好，从而进一步验证了风洞测试技术的可靠性。

相关成果有助于深化对华南地区台风全局化结构和风场特征以及台风作用下超高层建筑风效应的认识，并为合理评估该地区台风灾害及高耸构筑物风效应特别是为合理开展高层/超高层建筑抗风设计和强/台风作用下建筑运营维护策略的制定提供技术支撑和有益参考。

参考文献

［1］ EMANUEL K A. An air-sea interaction theory for tropical cyclones. Part I: Steady-state maintenance ［J］. Journal of Atmospheric Science, 1986, 43: 585-604.

［2］ EMANUEL K A. The maximum intensity of hurricanes ［J］. Journal of Atmospheric Science, 1988, 45: 1143-1155.

［3］ HE Y C, HE J Y, CHEN W C, et al. Insights from Super-typhoon Mangkhut (1822) for wind engineering practices ［J］. Journal of Wind Engineering and Industrial Aerodynamics, 2020, 203: 104238.

［4］ HOUZE JR R A, CHEN S S, SMULL B F, et al. Hurricane intensity and eyewall replacement ［J］. Science, 2007, 315: 1235-1239.

［5］ HOLLAND G. An analytic model of the wind and pressure profiles in hurricanes ［J］. Monthly Weather Review, 1980, 108: 1212-1218.

［6］ HE Y C, LI Q S, CHAN P W, et al. Toward modeling the spatial pressure field of tropical cyclones: insights from Typhoon Hato (1713) ［J］. Journal of Wind Engineering and Industrial Aerodynamics, 2019, 184: 378-390.

［7］ HE Y C, LI Y Z, CHAN P W, et al. A height-resolving model for tropical cyclone pressure field ［J］. Journal of Wind Engineering and Industrial Aerodynamics, 2019, 186: 84-93.

［8］ VICKERY P J, WADHERA D, POWELL M D, et al. A hurricane boundary layer and wind field model for use in engineering applications ［J］. Applied Meteorology and Climatology and Climatology, 2009, 48: 381-405.

［9］ SNAIKI R, WU T. A semi-empirical model for mean wind velocity profile of landfalling hurricane boundary layers ［J］. Journal of Wind Engineering and Industrial Aerodynamics, 2018, 180: 249-261.

［10］ LIU Y C, CHEN D Y, LI S W, et al. Revised power-law model to estimate the vertical variations of extreme wind speeds in China coastal regions ［J］. Journal of Wind Engineering and Industrial Aerodynamics, 2018, 173: 227-240.

［11］ MENG Y, MATSUI M, HIBI K. A numerical study of the wind field in a typhoon boundary layer ［J］. Journal of Wind Engineering and Industrial Aerodynamics, 1997, 67: 437-448.

［12］ HE Y C, CHAN P W, LI Q S. Wind characteristics over different terrains ［J］. Journal of Wind Engineering and Industrial Aerodynamics, 2013, 131: 51-69.

［13］ HE Y C, CHAN P W, LI Q S. Field measurement of wind characteristics over hilly terrain within surface layer ［J］. Wind and Structure, 2014, 19: 541-563.

［14］ HE Y C, CHAN P W, LI Q S. Standardization of raw wind speed data under complex terrain conditions: a data-driven scheme ［J］. Journal of Wind Engineering and Industrial Aerodynamics, 2014, 131: 12-30.

［15］ HE Y C, CHAN P W, LI Q S. Standardization of offshore surface wind speeds ［J］. Journal of Applied Meteorology and Climatology, 2016, 55: 1107-1121.

［16］ HE Y C, SHU Z R, CHAN P W, et al. Standardization of marine surface wind speeds at coastal islands ［J］. Ocean Engineering, 2020, 213: 107652.

［17］ FU J Y, LI Q S, WU J R, et al. Field measurements of boundary layer wind characteristics and wind-induced responses of super-tall buildings ［J］. Journal of Wind Engineering and Industrial Aerodynamics, 2008, 96: 1332-1358.

［18］ LI Z, FU J Y, HE Y C, et al. Structural Responses of a Supertall Building Subjected to a Severe Typhoon at Landfall ［J］. Applied Sciences. 2020, 10: 2965.

［19］ HE Y C, LIU Z, LI Z, et al. Modal Identification of a High-Rise Building Subjected to a Landfall Typhoon via both Deterministic and Bayesian Methods ［J］. Mathematical Biosciences and Engineering, 2019, 16 (6): 7155-7176.

［20］ HE Y C, LI Z, FU J Y, et al. Enhancing the performance of stochastic subspace identification method via energy-oriented categorization of modal components ［J］. Engineering Structures, 2021, 233: 111917.

［21］ HE Y C, CHEUNG J C K, LI Q S, et al. Accurate determination of reference wind speed and reference static pressure in wind tunnel tests ［J］. Advances in Structural Engineering, 2020, 23 (3): 578-583.

［22］ HE Y C, LIANG Q S, LI Z, et al. Accurate estimation of tube-induced distortion effects on wind pressure measurements ［J］. Journal of Wind Engineering and IndustrialAerodynamics, 2019, 188: 260-268.

［23］ HE Y C, LIN H B, FU J Y, et al. Dependence of wind loads on air density for high rise buildings ［J］. Journal of Wind Engineering and Industrial Aerodynamics, 2021, 211: 104558.

［24］ LIANG Q S, FU J Y, LI Z, et al. Bimodal distribution of wind pressure on windward facades of high-rise buildings induced by interference effects ［J］. Journal of Wind Engineering and Industrial Aerodynamics, 2020, 200: 104156.

《屋盖结构风荷载标准》主承重结构风荷载计算方法和基本原理*

陈波，杨庆山

（重庆大学土木工程学院 重庆 400044）

摘　要： 大跨屋盖结构风振响应呈现多振型的特点，导致其等效静风荷载难以确定，国内外相关规范缺乏详细规定。本文主要介绍了我国新编并已实施的行业标准《屋盖结构风荷载标准》JGJ/T481—2019 中主承重结构风荷载的主要确定方法和理论依据。重点阐述了结构设计过程中风效应 2 种考虑方式、设计风荷载新表达形式、适合于多振型参振结构的多目标等效静风荷载分析方法，以及针对典型屋盖结构体系的等效静风荷载计算过程和计算图表。并以球面网壳为例，给出其等效静风荷载建议图表。

关键词： 屋盖结构；主承重结构；等效静风荷载；标准

1　引言

目前大跨度建筑结构广泛应用于会展、体育、交通枢纽、文化建筑中，量大面广，且多采用金属屋面等轻质材料，主承重结构采用大跨度钢结构体系，该类结构动力放大效应明显，风荷载是其结构设计的最主要荷载。然而，在结构设计过程中如何合理、方便考虑风振响应，在以往的国内外规范中无具体条文规定，一直是困扰结构风工程理论研究和工程结构设计的难点问题。

工程设计过程中，主承重结构抗风设计方法习惯采用等效静风荷载，即是基于风振效应最值的静力等效原则得到的静力风荷载，将复杂的风振响应随机振动问题转为了方便结构工程师使用的静力分析问题。等效静风荷载理论研究始于高层、高耸结构，经过几十年的发展，针对该类结构的等效静风荷载分析方法已较为成熟[1-2]，如阵风荷载因子法及相关改进方法，用平均风荷载分布形式表示等效静风荷载，用顶点位移确定阵风因子；我国《建筑结构荷载规范》[3]所采用的计算方法，将等效静风荷载表示为平均风荷载和第一阶振型惯性力的叠加。高层结构的顺风向风振响应往往由第一阶振型起控制作用，结构各个位置的风振响应基本完全同步，相同时刻达到响应极值，此时针对顶点位移或其他某个关键响应的等效静风荷载，计算结构各个位置的静力响应与实际动力响应极值均能取得较好的吻合精度。除上述方法之外，一些学者将等效静风荷载分为平均分量、背景分量和共振分量三个部分，其中背景分量采用荷载响应相关系数法（LRC）[4]计算，共振分量用振型惯性力表示，这一方法使得等效静风荷载与风振特性建立了更为直接的联系，但计算过程变得更为复杂，虽然对大型工程的专项分析取得了更好的效果，但不方便制定规范，难以针对具体结构形式得到通用建议公式。

屋盖表面风荷载的时间 - 空间分布特征复杂，屋盖主要承重结构的振动频率分布密集，脉动风荷载常常激励屋盖的多阶振型参与振动。由于多阶振型参与振动，振型响应极值存在相位差，导致不同位置的屋盖脉动风振效应不在同一时刻达到极值。大跨度屋盖主要承重结构的风荷载标准值或设计风荷载需要考虑脉动风荷载引起的振动效应。针对屋盖结构多振型参与风致振动特点，采用合理、简单方式确定针对多个位置风效应最值的等效静风荷载，成为确定屋盖主要承重结构风荷载标准值的关键问题。

自 20 世纪初，伴随着中国大跨度建筑建设的高速发展，工程设计对解决大跨度屋盖等效静风荷载计算的需求愈加迫切，一些学者开始试探借鉴高层结构中的最新研究成果，研究大跨空间结构的单目标（如最大位移或者最大杆件内力）等效静风荷载研究，分析时将等效静风荷载分为平均分量、背景分量和共振分量等三个部分，如文献 ［5］ ～ ［7］。对于一些结构空间作用明显的结构体系（如球面网壳、柱状网壳），针对单目标的等效静风荷载用来计算结构其他位置风振响应时，可能存在较大偏差，且往往是低

* 基金项目：国家自然科学基金项目（50808010、52078088）。

估结构风振响应极值。如果针对不同位置的结构极值响应，分别采用单目标等效静风荷载分析方法计算各自对应的等效静风荷载，则存在需要大量等效静风荷载工况，不方便工程设计使用的问题。

基于上述大跨屋盖结构等效静风荷载计算所存在的问题，一些学者开展同时针对多个风振响应极值（即多等效目标）的多目标等效静风荷载计算方法研究，如 A. Kasumura 等[8]提出了通过最小二乘法计算针对多个等效目标的等效静风荷载分析方法，文中将脉动风荷载的本征模态作为构造等效静风荷载的基本向量。陈波等[9]发展了该方法，将脉动风主要本征模态和结构主导振型惯性力作为构造脉动风效应对应的等效静风荷载的基本向量，该分析方法直接源于风振响应特征，得到的多目标等效静风荷载常常不会出现分布形式奇异的问题。同时，不少学者也对多目标等效静风荷载的计算问题提出了各种改进措施[10]。

本文作者采用多目标等效静风荷载分析方法[9]，针对平屋面、球形屋面、鞍形屋面、柱状屋面等进行了系统化研究[11-16]，考虑工程常见的结构和风荷载参数变化，开展系统的风洞实验、结构风振响应分析、多目标等效静风荷载分析，根据各类结构体系的动力特性和风振响应特点，确定等效静风荷载的合理表达形式，得到方便结构抗风设计的等效静风荷载计算图表，将其表达为结构特征参数的函数，方便结构工程师确定结构设计用风荷载。

基于上述在大跨屋盖结构抗风设计方法的研究进展，基于论文作者团队和国内同行在大跨屋盖结构多振型风振响应分析方法、多目标等效静风荷载分析方法以及典型屋盖形式的参数化研究成果，标准编制组于 2015 年启动了行业标准《屋盖结构风荷载标准》JGJ/T481—2019[17]（下文统一简称为《标准》）的制订工作，目前已完成编制工作，并已于 2020 年 6 月开始实施。下文对该标准中屋盖结构主承重结构风荷载的计算方法和基本原理予以介绍。

2　主承重结构设计风荷载计算方法

2.1　设计风荷载的表达形式

考虑风荷载对屋盖主体结构的影响时，《标准》给出了两种计算方法：第一种是将风振响应直接与其他荷载效应进行组合，结构风振响应可由风工程咨询单位或结构工程师根据随机振动方法计算；第二种方法延续了《建筑结构荷载规范》中的方法，给出考虑脉动风阵风效应和动力放大作用的静力等效风荷载，结构设计时将该风荷载计算值作为静力施加在主体结构上。现行国家标准《建筑结构荷载规范》GB50009 计算多种荷载共同作用下的结构响应时，采用荷载组合方法，在结构上施加风荷载并与其他荷载进行组合，进行结构计算和验算；标准中给出了规则体型高层、高耸结构风荷载的具体计算公式，工程设计时，采用荷载组合方法十分方便。对于复杂体型和重要的屋盖结构，需要进行风洞试验和随机振动分析，得到结构的风振响应，此时若采用荷载组合方法，则需要根据随机振动分析得到的结构风振响应计算等效静风荷载。实际上，若采用荷载效应组合，不需要进行等效静风荷载计算，将风振响应直接与其他荷载效应组合更为方便。此外，复杂结构的等效静风荷载计算是一个难点问题，难以保证结构所有位置响应的高精度等效。基于上述考虑，《标准》中既规定了荷载组合方法，亦规定了荷载效应组合方法；从结构可靠度理论可知，荷载效应组合系数与荷载组合系数是相同的。这一规定对复杂结构的专项抗风分析意义更大，能够避免复杂的等效静风荷载计算过程，但对结构设计软件提出了相应要求，需要设计软件提供接口，能直接输入结构风振响应极值，与其他类型荷载效应进行组合。

当采用第二种方法表示屋盖主承重结构风荷载，也即是采用等效静风荷载进行结构抗风设计时，需要针对屋盖结构风荷载和结构风振响应特点，给出合理的表达形式。屋盖结构等效静风荷载不宜采用与高层建筑和高耸结构相同的风振系数计算方法，其中一个重要原因在于屋盖表面经常出现平均风压幅值较小，甚至为 0 的区域，此时若按风振系数概念，平均风压幅值较小处风振系数很大，或出现奇异值，从概念上将导致动力放大作用更为显著的错觉，屋面区域内风振系数变化剧烈。《标准》采用平均风荷载与脉动风效应的等效静风荷载之和的形式表达屋盖主要承重结构的风荷载标准值，提出了脉动风效应等效风压系数。从数值上来看，体型系数与脉动风效应等效风压系数之和相当于现行国家标准《建筑结构荷载规范》GB50009 中体型系数与风振系数之积，这一表达方式避免了体型系数幅值小导致风振系数过大所产生的概念错觉。《标准》中将屋盖主体结构设计风荷载表示为：

$$w_k = \mu_s \mu_z w_0 + \mu_d \mu_z w_0 \tag{1}$$

式中，w_0、μ_s、μ_z 含义与《建筑结构荷载规范》相同，分别表示基本风压、体型系数和风压高度变化系数；μ_d 表示脉动风效应等效风压系数。

对于特殊的专项工程，一般通过风洞实验确定屋盖结构的体型系数 μ_s，对于典型的屋盖体型，《标准》给出了基于风洞实验结果的体型系数建议值。《标准》中给出了典型体型和结构体系的主要承重结构的脉动风效应等效风压系数，对于《标准》中未列出的屋盖结构，根据标准中建议方法计算脉动风响应对应的等效静风荷载 p_e，无量纲化即可得到脉动风效应等效风压系数：

$$\mu_d = \frac{p_e}{\mu_z w_0} \tag{2}$$

2.2 等效静风荷载计算方法

《标准》附录中分别给出了多目标等效静风荷载和单目标等效静风荷载计算方法。等效静风荷载的分布与所等效的目标效应密切相关，一般选择结构的关键响应。屋盖结构的关键响应包括结构不同位置的最大位移响应、不同构件的最大内力响应和最大支座反力等，有时还需要考虑不同的响应方向。单目标（以单个最值响应作为等效目标）等效静风荷载法的计算相对简单，但是仅能保证单目标响应等效，在该等效静风荷载作用下，其他响应可能与其实际最值响应不能保证完全吻合。对于形体较为规则、以单一振型振动为主的屋盖结构，脉动风作用下结构各位置振动保持同相位，各响应同时达到响应极值，针对某一个目标效应的等效静风荷载也适用于其他位置响应，适合采用单目标等效静风荷载分析方法。

当风振响应中多振型参与效应明显时，针对某一目标响应的等效静风荷载计算其他响应易出现较大误差；此时若考虑多个单目标响应等效，需要多个单目标等效静风荷载分布形式，分别施加在结构上，与其他荷载效应进行组合。显然，结构工程师需要施加多个单目标等效静风荷载，工作量较大。多目标（以多个最值响应为等效目标）等效静风荷载可同时考虑多个目标响应与真实响应等效，相对更加精确，但计算过程也更加复杂。对于复杂屋盖结构，宜采用多目标等效静风荷载方法计算。

多目标等效静风荷载是指在同一个等效静风荷载作用下，同时实现多个极值响应等效，具体计算原理如下。若等效静风荷载可实现 N 个极值响应等效，则应该满足下式：

$$\begin{cases} \{\beta\}_1^T \{p_e\} = \{\beta\}_1^T [p_M] \{c\} = \hat{r}_1 \\ \{\beta\}_2^T \{p_e\} = \{\beta\}_2^T [p_M] \{c\} = \hat{r}_2 \\ \quad \cdots \\ \{\beta\}_N^T \{p_e\} = \{\beta\}_N^T [p_M] \{c\} = \hat{r}_N \end{cases} \tag{3}$$

式中，$\{p_e\}$——等效静风荷载；

$\{\beta\}_i^T$——第 i 个等效目标的影响线函数；

$\hat{r}_i$——脉动风荷载作用下第 i 个等效目标的最值响应；

$[p_M]$——多目标等效静风荷载的 M 个基向量，称之为荷载基本分布形式；

$\{c\}$——多目标等效静风荷载的 M 个基向量的组合系数，是一个待求系数矩阵。

多目标等效静风荷载 $\{p_e\}$ 的计算主要包括三个步骤：①根据风振响应动力分析，得到所需要等效的 N 个最值响应 $\{\hat{r}_1, \hat{r}_2, \cdots, \hat{r}_N\}$；②构造表示多目标等效静风荷载的 M 个基向量，构成荷载基本分布形式矩阵 $[p_M]$；（3）根据式（1），计算 M 个基向量的组合系数 $\{c_0\}$，相应地，脉动风效应所对应的多目标等效静风荷载可表示为：

$$\{p_e\} = [p_M] \{c_0\} \tag{4}$$

对于式（3），等效目标响应数量 N 越多，所得到的多目标等效静风荷载越难以保证在该荷载的静力作用下，所有等效目标处的响应均与实际风效应极值完全吻合。一般需要根据工程结构体系和受力特征，选择关键位置节点位移、关键构件内力和关键支座反力作为等效目标，或者分别计算针对位移响应、杆件内力或支座反力的多目标等效静风荷载。

计算多目标等效静风荷载过程中，构造荷载分布形式矩阵 $[p_M]$ 有很多方法，没有唯一标准，从数学计算的角度，任何向量都可以用来构造荷载分布形式矩阵，可以是单位矩阵的列向量、平均风荷载、脉动风荷载均方根、脉动风荷载的本征模态、结构振型惯性力以及其他任意向量，不同的构造方式，其计算效率和精度不同。在荷载分布形式矩阵的列向量数量相同的情况下，采用能反映风振响应特征的向量构造荷载分布形式矩阵，其计算精度更高，即是更多位置响应能与实际动力响应最值取得更好的吻合精度，如选择对结构风振响应贡献起主要控制作用的多阶振型惯性力。一般情况下，荷载分布形式矩阵包含越多的荷载分布形式列向量，所得到的等效静风荷载能够取得更好的吻合精度。

当荷载分布形式矩阵 $[p_M]$ 构造完成之后，计算方程组（3）中组合系数 $\{c\}$ 变成一个线性代数计算问题。若记方程组（3）中未知向量 $\{c\}$ 的系数矩阵秩数为 n_1，组合系数 $\{c\}$ 的解为：（1）当 $n_1 = N$ 时，方程组有唯一解；（2）当 $n_1 > N$ 时，方程组有无穷多个可行解；（3）当 $n_1 < N$ 时，方程组是矛盾方程组，只能得到方程组的最小二乘解。方程组的组合系数 $\{c\}$ 具体计算过程可参见线性代数和矩阵理论等数学工具书。屋盖结构的等效目标非常多，包括大量关键点的位移响应、杆件内力、所有支座反力，因此大多数情况下属于 $n_1 < N$ 这一情况，常常只能得到方程组（1）的最小二乘解。

单目标等效静风荷载分析可采用的方法较多，包括阵风荷载因子法、惯性力法、适合背景分量的荷载响应相关系数法（LRC 法）、三分量分析方法，以及扩展的荷载响应相关系数法等，其中扩展的荷载响应相关系数法表达形式和计算过程简单，本标准推荐采用该方法。荷载响应相关系数法（LRC 法）由 Kasperski 和 Niemann 提出，利用荷载和响应之间的相关系数来确定低矮建筑实际可能发生的最不利最值风压分布，该方法主要用于确定忽略结构的动力放大作用时的等效静风荷载，也即是等效静风荷载的背景分量。随着理论研究的发展，一些学者提出将最开始广泛应用于计算等效静风荷载背景分量的荷载响应相关系数法，扩展应用于可同时用于计算等效静风荷背景分量和共振分量（称之为扩展的荷载响应相关系数法）。

3 典型体型主承重结构风荷载计算图表

《标准》中给出了多目标等效静风荷载计算方法，是一个普适方法，即可用于一般规则大跨屋盖结构，也适合于大型复杂的专项屋盖工程。对于应用普遍的典型屋盖体型和结构体系（主要包括规则平面屋盖、柱状屋面、球形屋面、鞍形屋面和悬挑挑篷等几类典型形式屋盖结构，如图 1 所示典型结构体系），规范编制组开展了大规模的风洞实验，系统考虑屋面几何形状和具体结构参数（如矢跨比）对屋面风荷载的影响，并给出了这些典型几何形式屋面的分区体型系数建议图表。进一步，对这些典型形式屋盖结构，每一类几何形式屋盖结构分别考虑不同结构体系，通过参数化研究方法，研究风荷载参数（风向、风速、地貌）和结构参数（跨度、矢跨比、屋面质量）等参数在工程常用范围内变化，结构风振响应以及按照多目标等效静风荷载分析方法得到的风振等效体型系数的变化规律，并兼顾计算精度和工程应用方便，提出了一些简化处理方法，给出了平面桁架、张弦梁、平面网架、柱面网壳、球面网壳、鞍形网壳、悬挑挑篷等结构体系的风振等效体型系数图表，将其表示为结构简单特征参数（第一阶振型频率、跨度和设计风压）的函数，工程应用时十分方便，并给出了不同地貌类型和结构阻尼比条件下的调整系数。针对各类结构体型，进行脉动风效应等效风压系数参数化研究的过程中，矢跨比、结构跨度、屋盖自重等结构参数在工程常用范围内变化，结构分析模型满足构件强度、稳定和变形等规范限值要求，屋面质量变化范围在 $40 \sim 120 \ \text{kg/m}^2$ 之间；结构跨度的参数分析范围和结构体系有关。风荷载影响参数中，基本风压变化范围在 $0.25 \sim 1.0 \ \text{kN/m}^2$ 之间，考虑了 A、B、C、D 类等地貌类型的影响。

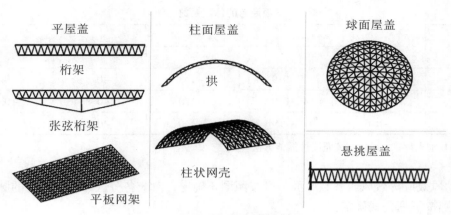

图 1　典型屋盖结构体系

这一部分工作涉及大量的风洞实验工作、风振响应分析和等效静风荷载分析过程，工作量大，且针对不同形式屋盖结构需要分别提出兼顾精度和表达形式简单的脉动风效应等效风压系数表达形式和计算方法，也需解决大量的难点问题，是通过近 10 年的研究积累所取得的成果（如文献［11］～［16］的研究成果），针对不同的结构体系采用不同的表示方法，如平屋盖风振响应主要由第一阶振型起主要作用，故脉动风效应对应的等效静风荷载用该阶主要振型惯性力表示，相应的脉动风效应等效风压系数表示为该阶振型的函数；柱状网壳结构风振响应主要由两阶主要振型起控制作用，故相应的脉动风效应等效风压系数表示为该两阶主要振型的函数；球面网壳结构风振响应多振型参与特性显著，难以用少量振型表示脉动风效应等效风压系数，故分析过程中，通过大量的参数化研究，对等效风荷载分布规律进行归纳总结，给出脉动风效应等效风压系数简化表达形式和建议公式。针对所建议的典型屋盖形式的体型系数图表和脉动风效应等效风压系数图表，规范组中多个参编单位对其计算误差进行了具体工程的独立性抽检，其精度满足工程要求。

《标准》分别给出了图 1 所示各类典型屋盖结构体系等效静风荷载对应于式（1）中屋盖风荷载计算公式中体型系数 μ_s 和脉动风效应等效风压系数的建议值 μ_d，其中体型系数和屋盖体型有关，脉动风效应等效风压系数表达为结构折算频率的函数。如对于球形网球结构，《标准》规定：球面屋盖的屋面分区按照图 2 确定，风荷载体型系数可按表 1 取值。

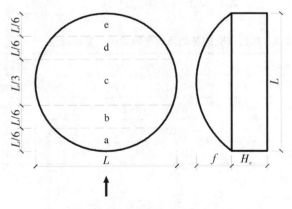

图 2　球面屋盖体型系数分区

表1 球面屋盖的体型系数

f/L	屋面分区				
	a	b	c	d	e
1/4	-0.2	-0.9	-1.3	-0.8	-0.4
1/6	-0.4	-0.9	-1.0	-0.8	-0.4
1/8	-0.6	-0.9	-1.0	-0.8	-0.5

注：当矢跨比在1/8～1/4之间时，按照线性插值方法确定。

球面屋盖的脉动风效应等效风压系数屋面分区按照图3确定，对应各分区，两种工况的脉动风效应等效风压系数 μ_d 可分别按下列公式确定：

$$\mu_d = \mu_p \tag{5}$$

$$\mu_d = -\mu_p \tag{6}$$

$$f^* = nL/U \tag{7}$$

$$U = 40 \times \sqrt{w_0} \tag{8}$$

式中，μ_p 表示脉动风效应等效风压系数峰值，按表1取值；f^* 表示折算频率；L 表示网壳跨度（m）；n 表示结构第1阶自振频率（Hz）；w_0 表示基本风压（kN/m²）。

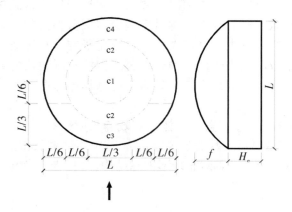

图3 球形网壳和屋面分区

表2 球形网壳的脉动风效应等效风压系数峰值

	矢跨比 $f/L = 1/4$	矢跨比 $f/L = 1/6$	矢跨比 $f/L = 1/8$
c1	$0.04f^* - 1.2$	$0.01f^* - 0.9$	$0.02f^* - 1.1$
c2	$0.03f^* - 0.9$	$0.03f^* - 0.8$	$0.02f^* - 0.9$
c3	$0.02f^* - 0.7$	$0.02f^* - 0.7$	$0.02f^* - 1.0$
c4	$0.03f^* - 0.8$	$0.02f^* - 0.7$	$0.01f^* - 0.7$

4 结论

为解决我国工程设计人员在屋盖抗风设计方面亟须规范、标准作为设计依据的现状，编制了《屋盖结构风荷载标准》。论文作者主要开展了《标准》中主承重结构风荷载确定方法相关的研究工作和标准条文编制工作，主要结论包括：

（1）给出了工程结构设计过程中考虑风振响应的2种设计方法，即可直接采用风振响应极值与其他荷载效应直接进行组合，也可以给出等效静风荷载供结构设计使用。

（2）提出了适合于屋盖结构风荷载和结构特点的脉动风效应等效风压系数概念，给出了多目标等效静风荷载的基本概念和计算原理。

（3）介绍了典型屋盖结构体系脉动风效应等效风压系数图表计算原理和分析步骤。

参考文献

［1］ DAVENPORT. Gust loading factors［J］. Journal of the Structural Division, 1967, 93（ST3）: 11 – 34.

［2］ ZHOU Y, KAREEM A, GU M. Equivalent static buffeting wind loads on structures［J］. J Struct Eng, 2000, 126（8）: 989 – 992.

［3］ 建筑结构荷载规范（GB50009—2012）［S］. 中国建筑工业出版社, 2013.

［4］ KASPERSKI M. Extreme wind load distributions for linear and nonlinear design［J］. Eng, Struct, 1992, 14: 37 – 34.

［5］ 陈波. 大跨屋盖结构等效静风荷载精细化理论研究［D］. 哈尔滨: 哈尔滨工业大学, 2006.

［6］ 顾明, 周暄毅. 大跨度屋盖结构等效静力风荷载方法及应用［J］. 建筑结构学报, 2007, 28（1）: 125 – 129.

［7］ 谢壮宁, 倪振华, 石碧青. 大跨度屋盖结构的等效静力风荷载［J］. 建筑结构学报, 2007, 28（1）: 113 – 118.

［8］ KATSUMURA A, TAMURA Y, NAKAMURA O. Universal wind load distribution simultaneously reproducing largest load effects in all subject members on large – span cantilevered roof［J］. Journal of Wind Engineering and Industrial Aerodynamics, 2007, 95（9）: 1145 – 1165.

［9］ 陈波, 杨庆山, 武岳. 大跨空间结构的多目标等效静风荷载分析方法［J］. 土木工程学报, 2010, 43（3）: 62 – 67.

［10］ 周暄毅, 顾明, 李刚. 加权约束最小二乘法计算等效静力风荷载［J］. 同济大学学报（自然科学版）, 2010, 38（10）: 1403 – 1408.

［11］ CHEN B, YAN X Y, YANG Q S. Wind-induced response and universal equivalent static wind loads of single layer reticular dome shells［J］. International Journal of Structural Stability and Dynamics, 2014, 14（4）: 1450008.

［12］ CHEN Bo, WANG Ke, CHAO Jianqiu, et al. Equivalent static wind loads on single-layer cylindrical Steel shells［J］. ASCE, J. Struct. Eng., 2018, 144（7）: 04018077.

［13］ 李明. 大跨度平屋盖结构抗风类型和等效静风荷载研究［D］. 北京: 北京交通大学, 2011.

［14］ 王科. 柱状屋盖结构抗风类型与等效静风荷载研究［D］. 北京: 北京交通大学, 2013.

［15］ 阎肖宇. 球面网格结构的多目标等效静风荷载研究［D］. 北京: 北京交通大学, 2013.

［16］ 苏朋勃. 大跨鞍形屋盖多目标等效静风荷载研究［D］. 北京: 北京交通大学, 2013.

［17］ 屋盖结构风荷载标准（JGJ/T481—2019）［S］. 北京: 中国建筑工业出版社, 2020.

先进涡扇飞机动力模拟试验体系建设及应用

章荣平，王勋年

（中国空气动力研究与发展中心低速空气动力研究所 绵阳 621000）

摘 要： 内外流一体化研究是大型涡扇飞机设计中的一项关键技术，关系飞机的性能、舒适性和安全性。发动机进排气影响试验研究是开展大型涡扇飞机内外流一体化研究的主要技术手段。中国空气动力研究与发展中心近年来发展了引射短舱动力模拟技术和 TPS 短舱动力模拟技术。设计了微小喷管群组合引射系统，发展了内流道优化设计方法，提高了引射式短舱的进气流量，提出了引射式短舱与飞机半模组合式试验的新方法，开展了多期大型涡扇飞机引射短舱动力模拟试验，获得了进气和喷流对气动特性的影响数据，验证和优化了发动机短舱设计和安装位置，为大型涡扇飞机的飞机发动机一体化设计提供了重要支撑；建立了 TPS 短舱动力模拟试验系统，自主研制了 TPS 单元和短舱，形成了系列化尺寸的 TPS 单元，发展了空气桥、高精度流量测量控制等关键技术，并开展了大飞机的 TPS 进排气影响试验研究。下一代飞机需要采用发动机紧耦合安装的形式，充分利用发动机内流和发动机外流的有利影响，对发动机进排气影响试验数据精准度要求更高，对现有的发动机进排气影响试验技术提出了新的挑战。为了满足下一代大飞机的设计需求，需要进一步发展完善内埋式动力装置、背负式动力装置等新型动力布局的进排气影响试验模拟技术，系统研究发动机进排气对大飞机气动性能、安全、噪音等方面的影响。

关键词： 涡扇飞机；发动机安装效应；动力模拟；进排气影响；内外流一体化

1 引言

　　飞行器内外流一体化主要是研究发动机的内流与飞行器外流相互作用的一门技术科学，是现代飞行器设计中的一项关键技术。飞行器内外流一体化影响飞行器气动特性与噪声特性，与飞行器的性能、舒适性和安全性都有着紧密的关系。飞行器内外流一体化影响飞行器性能，如对于涡扇运输机而言，发动机短舱的进气和喷流对机翼及尾翼的影响非常复杂[1-4]，如图 1 所示，全面优化的发动机安装可以降低飞机整体阻力 2%～4%，从而极大减少飞机的燃油消耗。飞行器内外流一体化影响飞行器的舒适性，如飞行器的噪音问题，发动机是飞机的主要噪声源，飞机降噪研究在不断降低航空发动机自身噪声的基础上，还发展了推进系统机体一体化声学设计（PAA）技术，研究机身及机翼对噪声源的影响及其引起的声遮蔽效应。飞行器内外流一体化与飞行安全紧密相关，研究结果表明发动机安装效应有可能会造成失速特性变差、稳定性变差，不当的发动机安装甚至可能造成发动机停车等故障，如波音 737 - MAX 就是因为换装 CFM LEAP - 1B 大涵道比发动机，导致飞机失速特性变差，被迫引入机动特性增强系统（MCAS），继而造成了 2 起机毁人亡的空难，见图 2。

　　飞行器内外流一体化研究与下一代大飞机的发展趋势紧密相关。在传统的飞行器设计中，多数飞行器采用了发动机远离安装的布局形式，将发动机安装在机翼下部或机身下部，尽可能减小发动机内流和发动机外流之间的相互影响。随着航空技术的不断进步，传统空气动力设计技术可以挖掘的潜力已经不大。目前看来，在飞行器内外流一体化方面进一步开展深入研究，采用发动机紧耦合安装的形式，充分利用发动机内流和发动机外流的有利影响，最有希望出现颠覆性技术革新。国外下一代概念飞机，普遍采用了这种紧耦合的技术，如分布式推进、边界层吸入式推进技术、BWB \ HWB 布局、垂直 \ 短距起降飞机、超高涵道比涡扇发动机等。

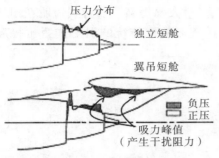

图 1　翼吊短舱发动机进排气影响示意图

图 2　波音 737 – MAX 坠机空难

发动机进排气影响试验研究是开展飞行器内外流一体化研究的主要技术手段[5-7]。中国空气动力研究与发展中心（以下简称气动中心）早在 20 世纪 90 年代就一直致力于飞机发动机进排气影响试验研究工作[8-9]。先后针对大展弦比飞机发展了引射短舱、TPS（turbofan powered simulator）短舱、TPS 短舱反推力等动力模拟试验技术，为我国自主研制的大型涡扇飞机研制提供了可靠的技术支撑。本文主要介绍气动中心在大飞机发动机进排气影响试验研究方面近年来的研究进展与下一步发展展望。

2　研究进展

2.1　引射短舱动力模拟技术

引射短舱可以模拟发动机短舱的喷流影响，并部分模拟进气影响，能模拟发动机短舱与机翼及增升装置的气动干扰特性，且具有研制周期短、造价低等特点，适合用于飞机研制选型阶段，进行内外流一体化研究[10]。

（1）引射短舱设计优化

设计了微小喷管群组合引射系统，发展了内流道优化设计方法，解决了引射式短舱的进气流量小的难题，研制了满足型号试验要求的大进气流量引射式短舱。引射式短舱的设计和优化是引射式短舱动力模拟技术的关键环节。引射式短舱具有内外部空间紧凑、长度有限、内壁面为非对称曲面、喷管方向存在偏角等特点，在有限的距离内引射气流与被引射气流不容易充分混合，导致引射效率低、短舱出口流场均匀性差等问题，因此引射式短舱设计具有很大的难度。

考虑到短舱尺寸的限制，为了提高引射式短舱的引射系数，提出了微小喷管群组合引射的技术方案，增大引射气流和被引射气流接触面积，有效提高了掺混效率。对微小喷管群进行分组排列，其排列方法采用非均匀布置音速喷嘴的方式，如图 3 所示。微小喷管组合排列方法根据短舱内型面收缩特性和短舱喷管的偏转特性确定，解决了喷管高速射流和低速被引射气流在掺混过程中受到短舱壁面挤压影响，从而导致短舱出口的壁面周围的流速明显高于中心区域的流速的问题；解决了喷管高速射流和低速被引射气流在有限的距离内不能够有效跟随壁面偏转，从而导致短舱出口在偏转方向上流速存在明显差异的问题；使得高速射流和低速被引射气流在短舱有限距离内充分混合，并经过短舱收缩加速，在短舱出口形成均匀的流场，更准确地模拟发动机的排气效应。

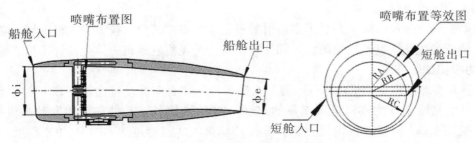

图 3　微小喷管群组合引射式短舱

研制了不同比例的引射式短舱。经过优化，引射式短舱进气流量大幅提高，引射式短舱在出口落压比为 1.0～1.5 时，进气流量达到了真实发动机的 75% 以上，进气流量比传统的引射式短舱提高了约 15%，如图 4 所示。

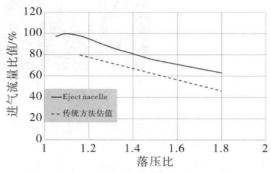

图 4　引射式短舱性能曲线

（2）引射式短舱位置优化方法

提出了引射式短舱与飞机半模组合式试验的新方法，研制了 4 m×3 m 风洞和 8 m×6 m 风洞两套引射式短舱动力模拟装置，如图 5、图 6 所示，建立了大尺度、高试验雷诺数条件下短舱进排气对飞机模型气动特性影响试验能力，具有试验效费比高、实用可靠的特点。

本方法采用飞机半模进行引射式短舱试验，引射式短舱使用通气支杆独立支撑，解决了高压供气管道对测力天平的干扰问题；引射式短舱与机翼不接触传力，引射式短舱载荷不传递至半模天平，从而可以方便地获得发动机短舱进排气对飞机的干扰作用力，解决了引射式短舱载荷分离问题；通气支杆与两自由度移动支撑装置连接，移动支撑装置位于风洞试验段转盘下部，具有 x、z 两个方向自由度，从而实现引射式短舱与机翼之间的相对运动，解决了频繁移动短舱位置工程上难以实现的问题。

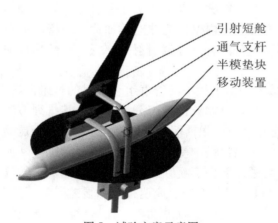

图 5　试验方案示意图

图 6　4 m×3 m 风洞引射式短舱动力模拟试验照片

（3）工程应用

在 4 m×3 m 风洞、8 m×6 m 风洞开展了多期引射短舱动力模拟试验，获得了飞机进气和喷流对气动特性的影响数据，验证和优化了发动机短舱设计和安装位置，为飞机发动机一体化设计提供了重要支撑。

2.2　TPS 动力模拟试验技术

TPS 短舱能比较真实地模拟发动机进排气状态和几何形状。和真实发动机比较，TPS 除内涵排气不能模拟高温燃气和进气流量略小（为实际进气流量的 80%～90%）以外，其他和真实发动机很相似。TPS 短舱模拟涡扇发动机进气和内外涵排气的压力比，模拟外涵排气的温度可达 80%～90% 程度。对于高涵道比的涡扇发动机，由于内涵流量只占总流量的一小部分，而且内涵排气又被包围在外涵排气流中，所以内涵排气采用冷气气流影响不会很大。正因为如此，TPS 短舱现已成为成熟的并得到广泛应用的发动机模拟手段，是目前最先进的动力模拟试验技术。目前，该技术在美国、欧洲、俄罗斯等先进风洞广泛应用[11]，现已成为涡扇飞机设计的重要试验项目。

（1）TPS 单元及短舱

为了满足大飞机的试验需求，从国外引进了 3 台风扇直径为 5 英寸和 4 台风扇直径为 7 英寸的 TPS 单元，初步形成了系列化尺寸的 TPS 单元，能够模拟不同涵道比的涡扇发动机。TPS 单元通常采用单级涡轮驱动单级风扇，轴承依赖置于风洞外的润滑系统供油润滑冷却，单元内部安装有相应的安全监视仪器，包括转速测量计、加速度计、前后轴承温度传感器等，实物照片如图 7 所示。

为了确保核心技术的自主可控，项目组在国内成功自主研制了 7 英寸 TPS 单元。项目组及协作加工单位先后解决了涡轮和风扇气动设计、结构设计、转子动力学分析等设计技术，整体叶盘加工、叶片喷丸强化、铝基聚苯酯密封涂层等加工工艺，轴承定压预紧、转子系统动平衡、整机动平衡等精密装配工艺，实现了全流程国内自主可控。研制的 TPS 单元在最高运行转速测试 47 000 r/min 运行了 30 s，在 45 000 r/min 稳定运行了 30 min，振动量值和温升情况正常。研制的 TPS 单元指标优于国外引进产品，见图 8。

TPS 短舱结构部件主要包括挂架、唇口、唇口测温段、TPS 单元安装段、风扇涵道、涡轮涵道、风扇涵道测压/温段、涡轮涵道测压/温段、反推力装置等。TPS 短舱的风扇、涡轮涵道测压/温段安装有总压耙与温度探头，能够测量 TPS 的性能参数，用于压比、流量和短舱推力计算，短舱唇口还安装有测温耙，用于确定再吸入速度边界。

图 7　TPS 单元

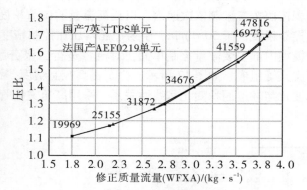

图 8　性能曲线对比

（2）空气桥技术

为了驱动 TPS 短舱，需要采用专用高压供气管路传输高压空气。当供气管路与测力天平并行连接时，必须要解决的难题是管路既要能输送高压空气，又对天平测力的影响较小且稳定，且同时还能克服高压空气的内力、温度效应。通常采用迷宫盘、空气轴承、空气桥等技术解决这个难题，其中空气桥是目前最先进的解决方案[12-15]。

空气桥技术是在供气管路中连接若干的内压式柔性节，如图 9 所示，让供气管路在所需要的方向上刚度较小，对天平测力影响很小。内压式柔性节主要由金属波纹管和浮动环等组成。柔性节具有两个角度自由度，可以绕 y、z 轴作小角度旋转。

图9　内压式柔性节

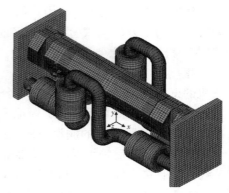

图10　空气桥/天平组合体计算

采用有限元方法对空气桥关键受力梁进行了优化设计，对空气桥和天平进行一体化设计，如图10所示，评估了空气桥对天平测力的影响，优化了空气桥和天平的位置关系，并使得空气桥和天平刚度更加匹配。为了进一步减小空气桥对天平测力的影响，发展了空气桥影响修正技术，对空气桥附加刚度影响、压力效应、温度效应和流动影响进行了修正。修正后，空气桥对天平轴向力的影响量在0.05%以内。

（3）高精度流量测量控制技术

在风洞配套了高压供气系统，主要由22MPa高压气源、过滤器、数字阀、空气加热器等部件构成，如图11所示。数字阀主要用于流量的一级控制，由15路开关式电磁阀＋音速喷管构成。15路音速喷管喉道面积按照按二进制依次递增，以提高流量的调节精度。高压供气系统流量控制精度为0.1%。TPS短舱转速控制精度优于50 r/min，引射短舱落压比控制精度优于0.01。

在模型内部安装流量控制单元，对流量进行二级分配，并精确测量供气流量。流量控制单元由针阀和高压文氏管组成，如图12所示。为了提高控制精度，针阀顶杆剖面外形采用抛物线曲线，使得针阀顶杆位置变化与喉道面积变化呈线性关系。采用高压文氏管测量供气流量，流量测量不确定度达到0.3%。

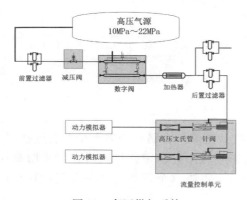

图11　高压供气系统

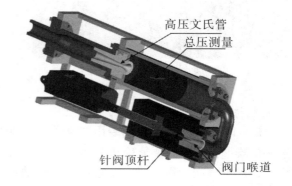

图12　流量控制单元

（4）工程应用

在8 m×6 m风洞进行了大型飞机低速全模TPS试验，研究了巡航、起飞、着陆等构型下发动机的进排气影响。试验结果表明：试验重复性精度纵、横向分量皆在国军标合格指标之内；$M = 0.20$，定迎角变转速试验方式阻力系数精度达到先进指标，阻力系数精度为0.000 11；$M = 0.15$，变迎角定转速试验方式，阻力系数精度为0.000 27。

3　下一步发展展望

采用内埋式动力装置的大飞机的进气口和排气口与上翼面高度融合，处于升力面上气流流线覆盖区域，进/排气效应会改变翼面流动特性和后体流动特性，对全机气动特性的影响规律较传统布局飞机有较大差别。因此，开展扁平融合式布局飞机的动力模拟试验，准确获取进/排气效应影响试验数据，对新研制飞机的气动布局设计和优化显得十分重要。

对于内埋式动力装置的飞机，可以采用 TPS 短舱和引射短舱开展进排气影响试验研究，但由于结构和空间的限制都具有较大的难度。利用 TPS 短舱模拟进排气效应，必须要解决机体附面层对 TPS 单元的影响问题，对于内埋式动力装置的飞机，真实飞机都采用附面层抽吸系统，减小机体附面层对真实发动机的影响，对缩小的风洞试验模型，如何减小机体附面层对 TPS 短舱的影响，确保试验安全和试验数据精确度，需要系统开展研究。采用引射短舱模拟进排气效应的优点是引射短舱结构相对简单，易于定制成特殊形状，便于安装在模型内部。难点在于要提高引射短舱的进气流量，一方面要进一步优化引射短舱设计，另一方面要研究短舱出口局部破坏造成的影响。无论是采用 TPS 短舱或引射短舱开展进排气影响试验研究，共同需要解决的关键技术问题还有推阻划分问题，需要合理划分推阻界面，有效地将模型气动载荷与推进系统作用力剥离开。

对于背负式动力装置的飞机，采用边界层吸入式推进系统是最新的发展动向。边界层吸入式推进系统指的是发动机主动吸入机体产生的低能量边界层的一种推进技术，它能有效提高推进系统效率，降低飞行器阻力，大幅降低飞行器能耗，还可能减小噪音排放，成为当前最具潜力的航空飞行器重要的发展方向之一。该技术采用更加紧凑的机体/推进系统布局，机体和推进系统的相互干扰非常复杂。目前，国外对边界层吸入式推进系统开展了大量数值模拟和试验验证研究。而国内虽然也开展了很多研究工作，但多为理论分析、数值模拟和设计工作，还未广泛开展实验验证研究。

对于背负式动力装置的飞机，要开展全机带推进系统的气动、声学风洞试验研究，掌握采用边界层吸入式推进系统对翼身融合飞机全机气动特性的影响规律，评估吸入边界层对发动机的畸变特性、能耗特性、桨叶寿命的影响，评估采用边界层吸入式推进系统的飞机噪音特性。主要的研究方向包括：采用边界层吸入式推进技术的翼身融合飞机模型设计、抗畸变涡扇动力模拟器研究、边界层对发动机畸变特性影响研究、内外流一体化噪声风洞试验研究、采用边界层吸入式推进技术的翼身融合飞机的气动特性和噪声特性分析评估等。

4 结论

（1）引射短舱动力模拟技术可以模拟发动机短舱的喷流影响，并部分模拟进气影响，适合用于飞机研制选型阶段，进行内外流一体化研究。近年来，气动中心大力发展了引射短舱技术，引射短舱动力模拟技术的精细化水平得到了显著提高，完成了多期涡扇飞机的飞机引射短舱动力模拟试验，为涡扇飞机的飞机发动机一体化设计提供了重要支撑。

（2）TPS 短舱能比较真实地模拟发动机进排气状态和几何形状，是目前最先进的动力模拟试验技术，适合用于飞机定型校核阶段。气动中心建立了 TPS 短舱动力模拟试验系统，初步形成了系列化尺寸的 TPS 单元，发展了空气桥、高精度流量测量控制等关键技术，并开展了伊尔 76 飞机、涡扇飞机的飞机进排气影响试验研究。

（3）下一代大飞机需要采用发动机紧耦合安装的形式，充分利用发动机内流和发动机外流的有利影响，对发动机进排气影响试验数据精准度要求更高，同时也对现有的发动机进排气影响试验技术提出了新的挑战。为了满足下一代大飞机的设计需求，需要进一步完善内埋式动力装置、背负式动力装置等新型动力布局的进排气影响试验模拟技术，系统研究发动机进排气对大飞机气动性能、安全、噪音等方面影响。

参考文献

［1］邱亚松，白俊强，黄琳，等.翼吊发动机短舱对三维增升装置的影响及改善措施研究［J］.空气动力学学报，2012，30（1）：7－13.

［2］乔磊，白俊强，华俊，等.大涵道比翼吊发动机喷流气动干扰研究［J］.空气动力学学报，2014，32（4）：433－438.

[3] 白俊强，张晓亮，刘南，等. 考虑动力影响的大型运输机增升构型气动特性研究 [J]. 空气动力学学报，2014，32（4）：499-505.

[4] 贾洪印，邓有奇，马明生，等. 民用大飞机动力影响数值模拟研究 [J]. 空气动力学学报，2012，30（6）：725-730.

[5] 李周复. 风洞特种试验技术 [M]. 北京：航空工业出版社，2010.

[6] 王勋年. 低速风洞试验 [M]. 北京：国防工业出版社，2002.

[7] SMITH C L, RIDDLE T R. Jet effects testing considerations for the next generation long range strike aircraft [R]. AIAA-2008-1621, 2008.

[8] 王勋年，巫朝君，陈洪，等. 战斗机推进系统模拟低速风洞试验技术研究 [J]. 实验流体力学，2011，25（3）：46-49.

[9] 汤伟，刘李涛，陈洪，等. 矢量喷管推力特性的风洞试验技术 [J]. 航空动力学报，2018，33（4）：858-864.

[10] 章荣平，王勋年，晋荣超. 低速风洞引射短舱动力模拟技术新进展 [J]. 空气动力学学报，2016，34（6）：756-761.

[11] KOOL J W, HAIJ L, HEGEN G H. Engine simulation with turbofan powered simulators in the German-Dutch wind tunnels [R]. AIAA-2002-2919, 2002.

[12] PHLIPSEN I, HOEIJMAKERS H. Improved air-supply line bridges for a DNW-LLF A380 model (RALD 2000) [C]. Third International Symposium on Strain Gauge Balances, Darmstadt, 2002.

[13] PHLIPSEN I, HOEIJMAKERS H. A new balance and air-return line bridges for DNW-LLF models (B664/RALD 2001) [C]. Fourth International Symposium on Strain Gauge Balances, California, 2004.

[14] 章荣平，王勋年，黄勇，等. 低速风洞全模TPS试验空气桥的设计与优化 [J]. 实验流体力学，2012，26（6）：49-53.

[15] 章荣平，王勋年，黄勇. 发动机动力模拟风洞试验中的空气桥技术 [J]. 航空动力学报，2015，30（4）：910-915.

二、边界层特性与风环境

沙漠地区光伏发电场的风沙流特性研究 *

黄斌[1]，李正农[2]，张志田[1]，宫博[3]

（1. 海南大学土木建筑工程学院 海口 570228；

2. 湖南大学建筑安全与节能教育部重点实验室 长沙 410082；

3. 中国科学院太阳能热利用及光伏系统重点实验室 北京 100190）

1 引言

在沙漠地区采用太阳能光伏发电能够高效利用太阳能源与土地资源，实现可持续发展。目前，光伏系统的结构设计主要参考建筑结构规范，即将风荷载作为其主要控制荷载，初步规定了相应的基本风压、体型系数以及风振系数等参数[1-3]。然而，风沙灾害发生时，光伏系统同时受到风荷载和沙颗粒冲击荷载作用，其控制荷载为风沙荷载。此时，若仅考虑风荷载的影响，忽略沙颗粒的冲击荷载，会导致光伏系统处于不安全状态。因此，为评估风沙灾害发生时光伏系统的风沙荷载和板面冲蚀磨损，研究建设场地的风沙流场特性尤为重要。为此，基于典型沙漠地区光伏系统的实测净风场，在风洞中分别建立了以细沙、粗沙和混合沙为床面的风沙流场，分析了净风场和风沙流场特性，以探究沙颗粒对风场特性的影响。同时，对各风沙流场中沙颗粒的运动特性、浓度、能量以及冲击压分布进行了较系统的分析。

2 研究结果与讨论

2.1 净风场与风沙流场模拟

试验在中国科学院太阳能热利用及光伏系统重点实验室的直流式风洞中进行，其实验段长 20 m、宽 3 m、高 2.5 m，风速为 1.5～30 m/s 连续可调，能模拟符合风扬沙气候的风沙流场。在试验前期先利用现场实测方法获取光伏发电站典型沙漠区域的净风场特性，文献［4］已对相关实测场地条件、设备和过程进行详细说明。通过风洞得到的净风场与实测结果吻合较好。基于建立的净风流场，选用 14.74 m/s、16.68 m/s、18.61 m/s 三种风速，在每种风速下模拟细沙、粗沙和混合沙的风沙流场。风洞模拟的高度缩尺比为 1:10，将备好的沙样放入沙盘并抹平沙表面，在大于临界起沙风速下进行吹沙试验。结果表明，三种沙颗粒在流场中的运动集中在 0～0.3 m；蠕移百分数应为风速和颗粒粒径的函数，且随风速和颗粒粒径的增加而减小。风沙流场中跃移沙颗粒比例约为 3/4，且特征跃移高度随风速和粒径增大而增大。跃移运动对蠕移和悬移均有影响，在风沙流中最为重要，是光伏系统抗风沙研究的主要着力点。

2.2 风沙流场的沙浓度、风剖面和湍流强度

为研究沙颗粒粒径和沙床面性质对风沙流场特性的影响，计算得到风沙流场中三种沙的沙浓度垂直分布曲线（图1）、风剖面（图2）和湍流强度分布图。结果表明，在同一风速下，混合沙浓度最大，细沙浓度次之，粗沙浓度最小；三种沙颗粒的浓度均随风速的增大而增大，随高度的增加呈指数函数递减。风沙流场分为沙颗粒跃移层内与层外两个区域；在跃移层内，沙颗粒的运动对风速有明显削弱作用，对湍流强度有明显增强作用，影响程度与沙浓度的垂直分布特性直接相关；同一风速下，三种沙颗粒对风剖面（湍流强度）的削弱（增大）程度为：混合沙 > 细沙 > 粗沙；在跃移层外，沙颗粒的运动对风剖面

* 基金项目：海南省自然科学基金项目（520QN231）；国家自然科学基金项目（52068019）；海南大学科研启动基金项目（KYQD（ZR）20005）。

和湍流强度影响很小。

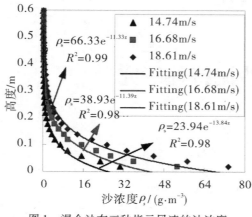

图1 混合沙在三种指示风速的沙浓度

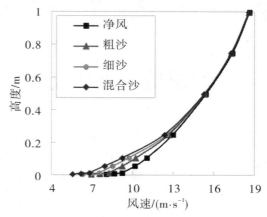

图2 指示风速18.61 m/s的风剖面

2.3 风沙流场中沙颗粒的能量分布和冲击压剖面

风沙流场中沙颗粒的能量和冲击压,尤其是跃移层内沙颗粒的动能和冲击压,直接影响风沙流对光伏系统的损伤与破坏程度。为此,构建了沙颗粒的能量和冲击压分布模型。结果表明,在同一风速下,混合沙的能量和冲击压最大,细沙的能量和冲击压次之,粗沙的能量和冲击压最小;三种沙颗粒的能量和冲击压均随风速的增大而增大,随高度的增加呈指数函数衰减。沙颗粒的总能量随高度的变化与动能随高度的变化相似,而势能占总能量的比例非常小,在研究沙颗粒的能量分布时,应主要考虑沙颗粒动能的影响。

3 结论

基于细沙、粗沙和混合沙床面,在边界层风洞中建立了三种不同床面特性的风沙流场,对比分析了沙漠地区光伏系统的净风场与风沙流场特性。研究结果可为风沙灾害的治理以及光伏系统的抗风沙设计提供理论依据,也可为风沙风洞试验技术和方法的改进提供参考。重要结论有:沙颗粒的蠕移百分数为风速和颗粒粒径的函数,三种沙颗粒的实验值均低于Bagnold的建议值。沙颗粒的特征跃移高度随风速和颗粒粒径的增大而增大。在跃移层内,沙颗粒对风速(湍流强度)有明显削弱(增强)作用。构建了沙颗粒的能量和冲击压分布模型,沙颗粒的浓度、能量和冲击压均随风速的增大而增大,随高度的增加呈指数函数衰减;在同一风速下,粗沙、细沙、混合沙的浓度、能量和冲击压均依次增大。沙颗粒的总能量随高度的变化与动能相似,且势能比例很小,应主要考虑沙颗粒的动能分布。

参考文献

[1] IEC 60364-7-712, Low voltage electrical installations - Part 7-712: Requirements for special installations or locations-Solar photovoltaic (PV) power supply systems [S]. International Electrotechnical Commission, Geneva, Switzerland, 2017.

[2] 光伏发电站设计规范(GB 50797—2012)[S]. 北京:中国计划出版社, 2012.

[3] 光伏支架结构设计规程(NB/T 10115—2018)[S]. 北京:中国计划出版社, 2018.

[4] HUANG B, LI Z N, ZHAO Z F, et al. Near-ground impurity-free wind and wind-driven sand of photovoltaic power stations in a desert area [J]. Journal of Wind Engineering and Industrial Aerodynamics, 2018, 179: 483-502.

我国沿海台风极值风速预测与区划图构建*

方根深[1,2,3]，Pang Weichiang[3]，赵林[1,2]，曹曙阳[1,2]，葛耀君[1,2]

（1. 同济大学土木工程防灾国家重点实验室 上海 200092；

2. 同济大学桥梁结构抗风技术交通行业重点实验室 上海 200092；

3. 美国克莱姆森大学 南卡罗来纳州克莱姆森 29634）

1 引言

台风是造成我国沿海人员伤亡和经济损失最严重的自然灾害，亦是控制高层建筑和大跨桥梁等柔性结构设计的主要荷载，受气候变化影响，台风灾害有进一步增强的趋势。我国东南沿海现有设计风速图仍沿用基于 30～40 年实测数据的统计结果，而气象站实测风速样本包含了台风和非台风风速，两者对极值分布的贡献是不均匀的，尤其是强台风风速样本会显著影响概率分布尾部特征，造成估计的极值风速偏离真实值。此外，台风每年直接影响某特定场地的概率通常很低，且强台风作用下，测风设备会发生损坏情况而未能捕捉最大风速，降低了实测样本的适用性。可见，台风极值风速需开展随机模拟，用大量风速样本单独预测。

2 台风风场模型

台风边界层单位质量大气微团的动量守恒方程可写为[1]：

$$\frac{\mathrm{D}V}{\mathrm{D}t} = \frac{\partial V}{\partial t} + V \cdot \nabla V = -\frac{1}{\rho_a}\nabla P - f \cdot (\mathbf{k} \times V) + g + F_d \tag{1}$$

式中，V 为风速向量，ρ_a 为空气密度，f 为科氏力参数，$\mathbf{k}$ 为竖向单位向量，g 为重力加速度，F_d 为黏性力。基于尺度分析技术，可分别获取台风梯度层和边界层风速的解析算法[1]。

3 台风随机模拟

3.1 地理加权回归

地理加权回归是一种空间数据分析方法，根据数据所处空间位置，对数据点赋予不同的权重，建立局部域加权回归方程。假设有 m 个自变量 X_k（$k = 1, 2, \cdots, m$），空间范围内每个变量有 n 个数据点，因变量为 $n \times 1$ 维的矩阵 Y，对于空间目标点 i，地理加权回归方程表示为：

$$W_{n \times n} Y_{n \times 1} = W_{n \times n} X_{n \times m} \boldsymbol{\beta}_{m \times 1} + W_{n \times n} \boldsymbol{\varepsilon}_{n \times 1} \tag{3}$$

式中，W 为权重矩阵，X 为 m 个自变量的 n 个实测数据点，$\boldsymbol{\beta}$ 为拟合参数，$\boldsymbol{\varepsilon}$ 为误差项。

3.2 路径、强度、风场参数模型

台风路径、强度和风场参数模型表示为各参数在不同时间步的递推公式[2-3]：

$$\Delta \ln V_T = v_1 + v_2 \cdot \ln V_T(i) + v_3 \cdot \ln V_T(i-1) + v_4 \cdot \theta_T(i) + \varepsilon_{\Delta \ln V_T} \tag{4}$$

$$\Delta \theta_T = h_1 + h_2 \cdot \theta_T(i) + h_3 \cdot \theta_T(i-1) + h_4 \cdot V_T(i) + \varepsilon_{\Delta \theta_T} \tag{5}$$

$$\ln I(i+1) = c_1 + c_2 \cdot \ln I(i) + c_3 \cdot \ln I(i-1) + c_4 \cdot \ln I(i-2) + c_2 \cdot T_s(i+1) + c_6[T_s(i+1) - T_s(i)] + \varepsilon_{\ln(i)} \tag{6}$$

$$\ln R_{\max,s}(i+1) = r_1 + r_2 \cdot \ln R_{\max,s}(i) + r_3 \cdot \ln R_{\max,s}(i-1) + r_4 \cdot \Delta P_s(i+1) + \varepsilon_{\ln R_{\max,s}} \tag{7}$$

* 基金项目：国家自然科学基金项目（52078383、51778495）；上海市浦江人才计划资助（20PJ1413600）。

$$B_s(i+1) = b_1 + b_2 \cdot \sqrt{R_{\max,s}(i+1)} + b_3 \cdot B_s(i) + b_4 \cdot B_s(i-1) + \varepsilon_{B_s} \qquad (7)$$

式中，v_j，h_j，c_j，r_j 和 b_j 为模型回归系数，可由地理加权回归方法拟合获得，V_T，θ_T 和 I 分别为时间步台风移动速度、前进方向和相对强度，$i-2$，$i-1$ 和 i 为时间步，ε 为回偏差项。

3.3 极值风速预测

分别采用局部路径和全路径模拟方法，对东南沿海以及专属经济区海域不同目标点进行随机模拟，如图 1 所示，全路径和局部路径方法得到的风速等值线图整体分布趋势相近。

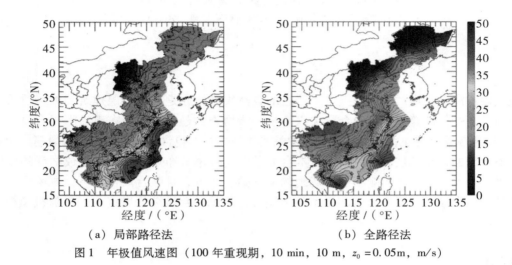

（a）局部路径法　　　　　　　　（b）全路径法

图 1　年极值风速图（100 年重现期，10 min，10 m，$z_0 = 0.05$m，m/s）

4　结论

我国沿海的台湾和纬度约介于 26°N～32°N 的地区受强台风影响最为严重，其次是纬度介于 22°N～23°N 的沿海区域（广东东部沿海）也有较高的台风年极值风速，受台湾岛中央山脉影响，纬度介于 23°N～26°N 的沿海区域相比于其南北沿海区域，年极值风速明显减小，亟须建立基于台风风环境的极值风荷载预测方法和结构响应分析框架。

参考文献

[1] FANG G S, ZHAO L, CAO S Y, et al. A novel analytical model for wind field simulation under typhoon boundary layer considering multi-field correlation and height-dependency [J]. Journal of Wind Engineering & Industrial Aerodynamics, 2018, 175：77－89

[2] VICKERY P J, SKERLJ P F, TWISDALE L A. Simulation of hurricane risk in the US using empirical track model [J]. Journal of Structural Engineering, 2000, 126：1222－1237

[3] FANG G S, PANG W, ZHAO L, et al. Toward a refined estimation of typhoon wind hazards：Parametric modeling and upstream terrain effects [J], Journal of Wind Engineering & Industrial Aerodynamics, 2021, 209：104460

基于 PJTM 的非高斯风压模拟[*]

吴凤波[1]，刘敏[2]，黄国庆[2]

（1. 重庆交通大学土木工程学院 重庆 400074；

2. 重庆大学土木工程学院 重庆 400044）

1 引言

建筑房屋分离区域的风压具有非高斯特性（Holmes，1981）。此时，按照风压为高斯分布的假设可能会低估结构风致响应，因此准确和高效模拟非高斯风压对于结构响应计算尤为重要。在风工程界，一系列研究已经提出了模拟非高斯风压的方法（Wu et al.，2020）。在这所有方法中，基于矩的 Hermite 多项式模型（HPM）（Winterstein，1988）和 Johnson 变换模型（JTM）（Wu et al.，2020）由于简单和方便已广泛应用于工程界的非高斯过程模拟。为了提高 HPM 准确性，Liu 等（2017）提出了一种 Piecewise-HPM（PHPM）模型用于非高斯风压模拟。同时，考虑到 JTM 的可行区比 HPM 大，Wu 等（2020）提出了基于 JTM 的非高斯风压模拟框架。然而，基于 PHPM 模拟和基于 JTM 的模拟效率都较低，且 JTM 的模拟精度不高。为此，本文拟提出基于 Piecewise-JTM（PJTM）的非高斯风压模拟方法，以提高非高斯风压模拟效率和精度。

2 基于 PJTM 模型的模拟框架

2.1 PJTM

Johnson（1949）基于中心极限定理并参照 Perason 的四参数系统，提出了一种能够将标准高斯序列 $Z(t)$ 转换为非高斯序列 $X(t)$ 的四参数转换模型，该模型被称为 Johnson 转化模型（JTM）。同时，Liu 等（2017）为改善 HPM 的精度，提出对原数据定义两组新的统计矩，以替换最初定义的统计矩。新的统计矩由关于非高斯过程的中值对称的新数据/ PDF 定义。基于该新的统计矩的 JTM 模型我们定义为 Piecewise-JTM（PJTM）模型。PJTM 模型为：

$$x = g(z) = \begin{cases} \mu_{new}^{+} + \sigma_{new}^{+} J^{+}(z), z \geq 0 \\ \mu_{new}^{-} + \sigma_{new}^{-} J^{-}(z), z < 0 \end{cases} \tag{1}$$

式中，$g(z)$ 是传递函数；μ_{new}^{+} 和 σ_{new}^{+} 分别是对应正尾的新统计均值和标准差；μ_{new}^{-} 和 σ_{new}^{-} 分别是对应负尾的新统计均值和标准差；$J^{+}(z)$ 和 $J^{-}(z)$ 分别是对应正尾和负尾统计矩的 JTM。

2.2 PJTM 参数估计解析式

本文提出了估计 PJTM 参数估计的解析式如下（软化过程）：

$$\eta = 0.8 + 1.5/(\alpha_4 - 2.9)^{0.5}; \lambda = 0.3 + 1.8/(\alpha_4 - 2.9)^{0.5}, 3.0 \leq \alpha_4 < 20 \tag{2}$$

式中，α_4 为偏度；η 和 λ 为 PJTM 的参数。

2.3 相关函数关系的解析式

模拟前我们往往只知道非高斯过程的功率谱或相关函数。高斯与非高斯过程的功率谱密度函数存在偏差。因此，我们需要先基于非高斯的功率谱或相关函数得到相应的高斯过程的功率谱或相关函数。本文基于 Hermite 多项式，通过引入 Gauss-Hermite 求积公式，获得了相关函数关系的解析式如下：

$$\rho_{jk}(\tau) \approx \sum_{s=1}^{M} \frac{1}{s!} [\rho_{ojk}(\tau)]^s [I_{j,s}^{+} I_{k,s}^{+} + I_{j,s}^{-} I_{k,s}^{+} + I_{j,s}^{-} I_{k,s}^{-} + I_{j,s}^{+} I_{k,s}^{-}] \tag{3}$$

* 基金项目：国家自然科学基金项目（51778546）。

式中，$g(z)$ 是传递函数；$I_{j,s}^+$ 是关于第 j 个和 s 个高斯变量正尾部对应的传递函数的函数；$I_{j,s}^-$ 是关于第 j 个和 s 个高斯变量负尾部对应的传递函数的函数；ρ_{ojk} 和 ρ_{jk} 表示高斯和非高斯的相关函数。

3　数值案例

基于 PJTM、JTM 和 PHPM 对风压数据进行了数值模拟。详细对比了 PJTM、JTM 和 PHPM 对于单点模拟方面的表现。同时，还基于 PJTM、JTM 和 PHPM 对多变量进行了模拟，以对 PJTM 模拟性能的全面评估。模拟的部分结果如图 1 所示。

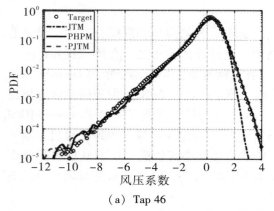

(a) Tap 46

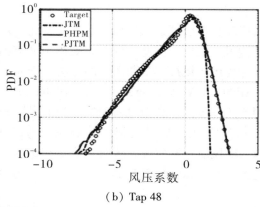

(b) Tap 48

图 1　插图标题基于不同模型模拟的 PDF

4　结论

本文提出了基于 PJTM 的非高斯风压模拟方法，其中给出了 PJTM 模型参数估计的解析式和非高斯与高斯相关函数关系的解析式，这大大提高了非高斯模拟效率。数值案例结果表明，所提方法比基于 JTM 模拟方法的精度和效率都要高，且比 PHPM 的效率高。

参考文献

[1] HOLMES J D. Non-Gaussian characteristics of wind pressure fluctuations [J]. J Wind Eng Ind Aerodyn, 1981, 7 (1): 103 – 108.

[2] WU F, HUANG G, LIU M. Simulation and Peak value estimation for non-Gaussian wind pressures based on Johnson transformation model [J]. J Eng Mech, 2020, 146 (1): 04019116.

[3] WINTERSTEIN S R. Nonlinear vibration models for extremes and fatigue [J]. J Eng Mech, 1988, 114 (10): 1772 – 1790.

[4] LIU M, CHEN X, YANG Q. Estimation of peak factor of non-Gaussian wind pressures by improved moment-based Hermite model [J]. J Eng Mech, 2017, 143 (7): 6017006.

相干结构对 0814 黑格比湍流特性影响研究 *

李利孝[1,2]，陈上鑫[1,2]，周易卓[1,2]

（1. 深圳大学土木与交通工程学院 深圳 518060；

2. 广东省滨海土木工程耐久性重点实验室 深圳 518060）

1 引言

对风场湍流参数的精确估计是建筑结构的抗风设计的关键，现行荷载规范有关湍流特性的计算仍基于来流风速为平稳、高斯、各态遍历的随机过程的假定，与实测台风过程表现出的非平稳和非高斯特性不符，影响到台风影响区结构抗风设计的合理性。Chen 和 Xu[1]利用经验模态分解的方法将非平稳风分解为时变平均风和平稳脉动风两部分，并对比分析了湍流参数的异同。之后，众多学者在演化功率谱预测及其对建筑结构风效应影响等方面展开了研究。然而，基于个例非平稳样本的预测结果尚未形成通用的演化功率谱或平均时变模型。

相干结构作为湍流运动中的一种拟序运动，主导着湍流运动的演化发展与能量输运，是导致风速非平稳性和非高斯特性的重要原因。本文从相干角度出发，以 0814 黑格比强台风为研究对象，利用小波变换对相干结构进行辨识和提取，系统研究相干结构对顺风向脉动风速样本的统计特性与湍流特性的影响，最后分析总结相干结构的持时与能量占比特点。

2 相干结构提取

首先利用替代数据法生成大量平稳随机参考样本 x^{e1}，x^{e2}，x^{e3}，$\cdots$，x^{eN}，并对其进行小波变换获得各个尺度 a 下的小波变换系数 $W_x^{ek}(a,b)$（$k \in 1, 2, 3, \cdots, N$，N 为参考样本个数；$a \in 2^m$，m 为分解阶次；$b \in 1, 2, 3, \cdots, L$，L 为数据长度）；然后以小波系数模平方 $| W_x^{ek}(a,b) |^2$ 表征信号能量，结合数学统计识别到平稳参考样本在各个尺度下的能量阈值 $\mathrm{th}(a)$；最后取显著性水平 $\alpha = 0.05$ 对原始信号进行假设检验，将原始信号小波能量 $| W_x(a,b) |^2$ 大于 $\mathrm{th}(a)$ 时定义为相干结构，将其对应的小波系数置零并进行小波重构可得到提取相干结构的重构脉动信号 RFS。同理，将其余小波系数置零则可重构出相干结构脉动信号 CSS。

3 相干结构影响分析

3.1 统计特性与湍流特性变化

由图 1a 可见，在相干结构提取后，在显著性水平 $\alpha = 0.05$ 下 53 个非平稳样本有 41 个样本通过了平稳性检验；由图 1b 可见经过相干结构提取，样本的偏度系数 γ_3 与峰度系数 γ_4 更接近于正态分布，样本概率密度分布的偏态与峰态均有显著改善；根据表 1 数据，相干结构提取前全体样本的湍流强度、积分尺度、阵风因子与峰值因子的平均值分别为 0.1、542、1.236 与 2.350，相干结构提取后相应值分别为 0.0676、469、1.157 与 2.411，除峰值因子以外，其余参数值分别下降了 32.4%、13% 与 6.42%。

* 基金项目：国家自然科学基金面上项目（51778373）；广东省自然科学基金面上项目（2021A1515011769）。

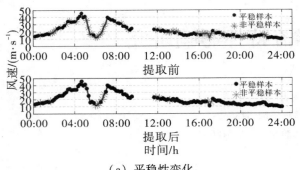
（a）平稳性变化

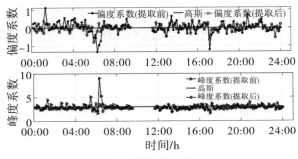
（b）高斯性变化

图1　统计特性变化

表1　湍流特性值统计

湍流特性		湍流强度 TI	积分尺度 TIS	阵风因子 GF	峰值因子 PF
均值	提取前	0.1000	542	1.2361	2.4110
	提取后	0.0676	469	1.1567	2.3496
标准差	提取前	0.0454	376	0.0904	0.4314
	提取后	0.0353	344	0.0764	0.2722
最大值	提取前	0.3030	1711	1.5295	3.6083
	提取后	0.2529	1554	1.4625	3.0983

3.2　相干结构能量特点

表2所示为0814强台风相干结构的持时占比和能量占比。由表可见，相干结构在湍流运动的持时占比整体小于20%，但能量贡献均值却能达到40.5%；平稳样本和非平稳样本的相干结构持时占比较为接近，但非平稳样本相干结构的能量贡献较平稳样本高出了27.82%。

表2　相干结构持时与能量占比统计

统计量		最大值	最小值	均值	方差
平稳样本	持时占比/%	18.13	3.07	10.54	18.44
	能量占比/%	71.10	12.21	38.45	195.30
非平稳样本	持时占比/%	21.40	4.27	38.45	195.30
	能量占比/%	8.55	13.50	49.14	213.50

4　结论

本文研究结果表明：相干结构是造成台风场脉动风速具有非平稳性和非高斯性的重要原因，提取相干结构后的风速样本非平稳、非高斯统计特性明显改善，其概率密度基本符合正态分布；相干结构对各湍流参数的平均贡献介于5%～30%；风速时程相干结构持时为10%～20%；而相应湍动能占比达到了50%～70%。

参考文献

[1] CHEN J, XU Y L. On modelling of typhoon-induced non-stationary wind speed for tall buildings [J]. Structural Design of Tall & Special Buildings, 2004, 13（2）：145－163.

不同强度登陆台风风特性分析 *

陈雯超[1]，宋丽莉[2]，黄浩辉[1]，王丙兰[3]

（1. 广东省气候中心 广州 510080；

2. 中国气象科学研究院 北京 100081；

3. 北京玖天气象科技有限公司 北京 100081）

1 引言

台风风灾是人类面临的主要自然灾害之一。台风引发的大风具有强大的破坏力，可造成房屋倒塌损毁、构筑物的破坏、交通瘫痪、输电线路故障等基础设施损坏并常造成经济损失和人员伤亡[1]。登陆台风的移动速度、台风衰减速度（中心填塞速度）、大风持续时间、近地层的台风湍流特性以及台风气压梯度特征等，都是评估台风风致灾危险性的关键参数。本文基于以上关键指标分析经过同一下垫面的不同强度登陆台风，探讨台风的风致灾特性。

2 数据说明

2.1 观测数据

（1）东海岛东部 100 m 和 70 m 高测风塔的观测数据，测风塔东面离海最近距离约 1.2 km。100 m 测风塔的 35 m、65 m、95 m 和 70 m 塔的 65 m 处设置有三维超声风速仪。

（2）国家气象站数据：广东 86 个国家气象站、广西 92 个国家气象站和海南 20 个国家气象站的台风期间的逐时观测资料，主要包括 10 min 风速、10 min 风向、海平面气压等。

（3）台风业务实时定位信息的台风中心经纬度和中心最低气压数据。

2.2 台风个例描述

选取在广东湛江登陆，且中心均经过东海岛的 1522 号强台风"彩虹"和 1306 号强热带风暴"温比亚"进行分析。"彩虹"登陆时中心附近最大风力 50 m/s（15 级），中心最低气压 940 hPa，"彩虹"中心离测风塔的最近距离为 10 km；"温比亚"登陆时中心附近最大风力 28 m/s（10 级），中心最低气压 976 hPa，"温比亚"中心离测风塔的最近距离为 18 km。

3 登陆台风特性分析

3.1 台风登陆后衰减特征

基于台风定位信息及中心气压记录的分析发现，"温比亚"登陆后移动速度有显著增加的趋势，而"彩虹"的移速总体较慢且速度较稳定（图 1～图 2）。"彩虹"登陆后中心气压有显著的衰减，但登陆 5h，中心气压减弱为 970 hPa 后，台风衰减减缓。同时，"彩虹"登陆后近地层 5 级以上强风的持续时间达 19h，相应的"温比亚"的强风持续时间为 14h。可见，"彩虹"衰减后强度仍可维持在较强的级别且在登陆点附近逗留较长时间，更容易造成持续性破坏。

3.2 台风湍流特征

基于东海岛塔的测风资料并结合台风代表性的判别标准[2]可知，东海岛塔均测得"彩虹"和"温比亚"的台风眼壁数据。筛选东海岛塔 95 m 高度测得的"彩虹"和"温比亚"的眼壁观测数据，计算得到台风眼壁湍流强度、阵风系数和湍流积分尺度（表 1）。从表 1 可见，强台风的湍流更为剧烈且湍涡尺寸更大。

* 基金项目：国家重点研发计划（2018YFC1507802）。

3.3 台风气压梯度特征

从台风外围到中心，存在着较大的气压梯度和很强的气旋性辐合流场，气压梯度愈大，风愈剧烈。从图3可见，强台风"彩虹"的低压系统明显更深厚，气压梯度较大，除了中心气压更低以外，受强烈下沉气流影响外围区域的气压达1020hPa。利用Holland模型对台风气压梯度场进行拟合，"彩虹"和"温比亚"在登陆时刻的Holland B 值分别为0.911和0.378。

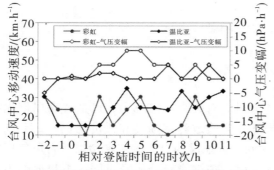

图1 海平面气压与离台风中心距离散点图

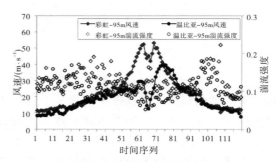

图2 台风过程风速和湍流强度时程图

表1 台风眼壁湍流特征参数表

台风名称	湍流强度			阵风系数	湍流积分尺度/m		
	I_u	I_v	I_w		L_u	L_v	L_w
彩虹	0.116	0.095	0.050	1.26	216	229	38
温比亚	0.077	0.065	0.039	1.17	173	80	21
比值	1.5	1.5	1.3	1.1	1.2	2.9	1.8

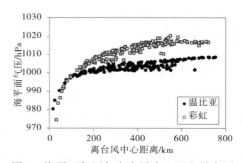

图3 海平面气压与离台风中心距离散点图

4 结论

基于登陆广东湛江，且台风眼壁区均经过东海岛的强台风"彩虹"和强热带风暴"温比亚"的观测数据分析发现，强度更强的"彩虹"登陆后移动速度较慢且衰减后仍能保持较强的台风强度，大风持续时间更久，湍流更为剧烈，湍涡尺寸更大，具有极强的气压梯度，可为登陆地造成更猛烈且更持久的强风的影响，在近地层更容易造成破坏。

参考文献

[1] 杨绚，张立生，杨琨，等. 台风大风低矮房屋易损性及智能网格预报的应用 [J]. 气象，2020，46（3）：429-440.

[2] 中国国家标准化委员会. 台风涡旋测风数据判别规范（GB/T 36745—2018）[S]. 北京：中国质检出版社，2019.

海峡两岸极值风速预测多因素分析 *

李狄钦[1]，董锐[1,3]，罗元隆[2]，林彦婷[4]

（1. 福州大学土木工程学院 福州 350108；2. 淡江大学风工程研究中心 台湾新北 25137；
3. 福建省土木建筑学会 福州 350001；4. 平潭综合实验区气象局 平潭 350004）

1 引言

台湾海峡两岸的福建与台湾在地形地貌和气候特征方面高度相似，两地风荷载标准对基本风速的定义基本相同，且均采用极值Ⅰ型分布和矩法估计进行风速的计算，仅计算时采用的风速样本取样方法存在区别。然而，闽台两地的基本风速取值却存在较大差异。为进一步探究基本风速影响因素对风速结果产生的影响，确定更加合理可靠的基本风速以指导结构抗风设计，现以台北、平潭两地的实测风速资料为研究对象，分析取样方法、概率模型和参数估计方法3个因素对风速取值的影响，开展海峡两岸极值风速预测多因素分析（基本风速是特定条件下的极值风速，为简化计算，直接选用极值风速进行分析）。

2 研究内容

本文以台北、平潭实测风速资料为例，采用现场实测、理论分析和数值计算相结合的方法，开展海峡两岸极值风速预测多因素分析。

2.1 风速资料概况

本文风速数据分别来源于台北和平潭的气象站。台北和平潭的气象站实测风速资料各有2组，原始风速数据分布分别如图1a和图1b所示。

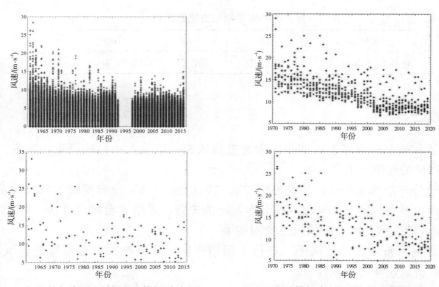

（a）台北某气象站原始风速数据分布图　　（b）平潭某气象站原始风速数据分布图

图1　原始风速数据分布图

2.2 参数估计方法比较

本文分别选用年最大值法、台风风速法等5种取样方法进行风速取样；选用极值Ⅰ、Ⅱ、Ⅲ型分布以

* 基金项目：福建省科协服务"三创"优秀学会建设项目（闽科协学〔2019〕8号）。

及《公路桥梁抗风设计规范》中给出的 GEV 分布、GPD 分布、GLO 分布等 8 种概率模型进行风速分布的拟合；选用矩法、极大似然法、概率权重矩法等 5 种参数估计方法进行概率模型参数的估计。

本节针对台北和平潭不同风速极值样本，将各概率模型与各参数估计方法进行组合获得相应的预测极值风速，并通过拟合优度检验筛选出不同概率模型对应的最佳参数估计方法。此外，还分析了同一风速极值样本条件下，不同概率分布模型 – 参数估计方法拟合效果的优劣性，筛选出了各取样方法对应的最佳概率分布模型和参数估计方法组合。

2.3 风速影响因素方差分析

在第 2.2 节中分析了不同样本条件下，各概率模型对应的最优参数估计方法。因概率模型与参数估计方法是一一对应的整体，故本节采用方差分析的方法，分析取样方法和概率模型 – 最佳参数估计组合两个因素对极值风速取值的影响。以台北地区为例，其极值风速影响因素方差分析表如表 1 所示。

表 1　台北极值风速影响因素方差分析表

类型	影响因素	
	概率模型（A）	取样方法（B）
F 检验值	12. 52	28. 89
F 临界值	2. 359	2. 714
检验 P 值	3.71×10^{-7}	0.014×10^{-7}
显著性	极显著	极显著

2.4 风速影响因素的最佳组合分析

本节在第 2.2 节的基础上，对不同取样方法间的最佳概率分布模型进行进一步比较，筛选出台北/平潭地区各自的最佳"取样方法 + 概率分布模型 + 参数估计方法"组合，并依据该最佳组合进行各自地区长期风速的预测。以台北地区为例，其不同重现期极值风速预测结果如表 2 所示。

表 2　台北不同重现期极值风速预测

重现期/a	10	50	100
极值风速/($m \cdot s^{-1}$)	22. 19	30. 51	34. 46

3　结论

（1）样本取样方法和概率分布模型这两个因素对极值风速的取值大小影响严重，其中，取样方法的不同对极值风速取值造成的影响更大。

（2）对于台北风速分布规律的拟合，建议采用"台风风速法 + GEV 分布模型 + 概率权重矩法参数估计"组合进行极值风速的预测。而对于平潭风速分布规律的拟合，采用"台风风速法 + P – Ⅲ 分布模型 + L – 矩法参数估计"组合能获得更好的极值风速预测结果。

（3）对于受台风影响严重的闽、台两地，进行工程结构抗风设计时，有必要考虑台风风速的影响，建议采用台风风速法进行风速样本的取样。

参考文献

［1］吴滨，游立军，白龙. 福建沿海大风状态下不同历时风速的关系［J］. 自然灾害学报，2014，23（5）：225 – 230.

［2］GE Y J, CAO S Y, JIN X Y. Comparison and harmonization of building wind loading codes among the Asia-Pacific Economies［J］. Frontiers of Structural and Civil Engineering, 2013, 7（4）：402 – 410.

［3］Revision of basic wind speed map of KBC – 2009［J］. Journal of the Architectural Institute of Korea Structure and Construction, 2014, 30（5）：37 – 47.

不同强度理想台风风场大涡模拟研究[*]

任贺贺[1,2]，Jimy Dudhia[3]，李惠[2]

（1. 南京航空航天大学土木与机场工程系 南京 210016；

2. 哈尔滨工业大学土木工程学院 哈尔滨 150090；

3. 美国国家大气研究中心中尺度与微尺度气象实验室 博尔德 80301）

1 引言

台风小尺度湍流结构需要计算网格尺度达到百米甚至十米量级才得以解析，因此，高分辨率模拟对于台风精细结构研究至关重要。而这些小尺度湍流结构是造成沿海结构（风力电场、钻井平台以及沿海建筑等）损伤的主要原因[1-2]。已有研究表明台风最大风速与解析的三维湍流结构密切相关；且在海表温度为 26.3 ℃计算网格尺寸从 185 m 减小到 62 m 时，会发生向随机分布的小尺度湍流过渡的过程[3]；但截至目前针对不同海表温度、不同强度等级下台风湍流和非湍流临界解析分辨率仍不明晰。本文通过大涡模拟方法，进行不同海表温度下理想台风强度和湍流结构特征分析。

2 研究方法

本文采用 WRF - LES 方法[4]开展海表温度分别为 26 ℃、27 ℃、28 ℃和 29 ℃的台风模拟研究。水平最小网格尺度为 62 m，进行 6 层双向嵌套模拟，依次为 D01 ～ D06。前三层嵌套采用行星边界层方案[5]，后三层嵌套采用三维大涡模拟方案[6]。其他基本物理参数化方案设置为：微物理方案采用 WSM6 方案[7]；表层参数化方案为修正的 MM5 Monin - Obukhov 方案[8]。

3 研究内容

从台风瞬时与平均最大风速时程（见图 1）可以看出，D06 与 D05 结果保持一致，从而得到台风强度的收敛网格尺度，在 200 m 左右。

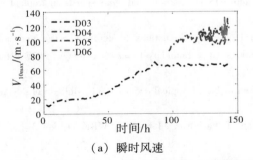
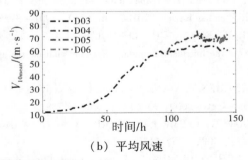

（a）瞬时风速　　　　　　　　　　　　　（b）平均风速

图 1　台风瞬时与平均最大风速时程

海表温度为 26 ℃时，湍流结构在 D06 出现，D05 未出现，与先前研究结论一致[3]；而当海表温度为 27 ℃～ 29 ℃时，湍流小尺度结构在 D05 即可出现（见图 2）。这是因为随着海表温度的增加，入流深度增加，从而主要涡尺度尺寸增加，这样在同样计算网格尺度下，主要涡尺度结构变得可解析。

[*]　基金项目：国家重点研发计划（2018YFC0705605）。

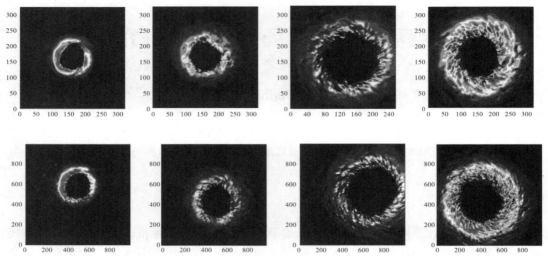

图 2　流场图（从左到右依次为 26 ℃、27 ℃、28 ℃和 29 ℃，从上到下为 D05 和 D06）

台风结构随着海表温度的升高而变化：风速的分布函数从单峰（26 ℃，27 ℃）变为双峰（28 ℃，29 ℃）（见图3）。这是因为对于（28 ℃，29 ℃），比重最大风速区间位于眼壁区，类似于环形台风；而对于（26 ℃，27 ℃）则在远离眼壁区区域，类似于非环形台风。这意味着台风基本结构会随着海面温度的升高而变化，也即不同海表温度会产生两种台风结构及风速分布形态。

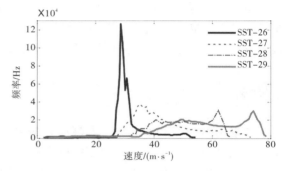

图 3　风速频率分布图

4　结论

本文采用最小计算网格尺度为 62 m 的六层嵌套大涡模拟方法开展四种不同强度等级的理想台风风场研究。研究得到台风强度收敛网格尺度约为 200 m；并发现湍流小尺度结构出现随着海表温度的变化规律特性，对于 26 ℃工况，D05 未出现小尺度湍流结构，而其他三个工况均出现此类结构；进一步发现两种台风结构及风速分布形态，说明台风结构形式随着海表温度发生改变。

参考文献

［1］ STERN D P, BRYAN G H. Using simulated dropsondes to understand extreme updrafts and wind speeds in tropical cyclones ［J］. Monthly Weather Review, 2018, 146 (11), 3901 – 3925.

［2］ WORSNOP R P, BRYAN GH, LUNDQUIST J K, et al. Using large-eddy simulations to define spectral and coherence characteristics of the hurricane boundary layer for wind-energy applications ［J］. Boundary-Layer Meteorology, 2017, 165 (1): 55 – 86.

［3］ ROTUNNO R, CHEN Y, WANG W, et al. Large-eddy simulation of an idealized tropical cyclone ［J］. Bulletin of the American Meteorological Society, 2009, 90 (12): 1783 – 1788.

［4］ SKAMAROCK W C, KLEMP J B, DUDHIA J, et al. A description of the advanced research WRF Version 3 ［J］. NCAR Technical Note, 2008, 475: 113.

［5］ HONG S Y, NOH Y, DUDHIA J. A new vertical diffusion package with an explicit treatment of entrainment processes ［J］. Monthly Weather Review, 2006, 134 (9): 2318 – 2341.

［6］ DEARDORFF J W. Stratocumulus-capped mixed layers derived from a three-dimensional model ［J］. Boundary-Layer Meteorology, 1980, 18 (4): 495 – 527.

［7］ HONG S Y, LIM J O J. The WRF Single-Moment 6 – Class microphysics scheme (WSM6) ［J］. Journal of the Korean Meteorological Society, 2006, 42 (2): 129 – 151.

［8］ JIMENEZ P A, DUDHIA J, GONZALEZ-ROUCO J F, et al. A revised scheme for the WRF surface layer formulation ［J］. Monthly Weather Review, 2012, 140 (3): 898 – 918.

大气边界层风场的现场实测和数值模拟*

杨易[1]，谭健成[1]，卢超[2]，张春生[2]

（1. 华南理工大学亚热带建筑科学国家重点实验室 广州 510640；
2. 深圳市气象局 深圳 518040）

1　引言

大气边界层风场特性，是结构风工程研究的基础性问题。真实大气边界层风场特性十分复杂，不仅受到千米量级中尺度大气环流的影响，还受到近地面地形和建筑物的干扰作用。本文采用激光雷达实测、气象塔实测和中尺度数值模拟研究手段，对大气边界层风场特性开展研究。选取 2021 年 2 月 17 日至 2 月 18 日时段为研究工况，以深圳气象塔塔址为中心采用中尺度气象模式 WRF 进行模拟；并在塔址处安置两台先进的激光测风雷达进行风场实测，同时与深圳气象塔的风速仪风场观测数据进行比对，以研究这一典型地貌下的大气边界层风场特性，并评估数值模拟的准确性。

2　中尺度数值模拟

WRF 数值模拟中网格划分采用 3 层双向嵌套方案（图 1），水平分辨率依次为 9 km、3 km、1 km，垂直方向划分为 50 层。地形资料采用 30 s 分辨率的 GMTED2010 数据，地图投影采用 Mercator 方案。数值模型中物理参数组合方案参考近年中尺度风场模拟研究成果[1-3]及作者的计算经验。初始场和边界场选用每 6 小时更新一次的 NCEP 1°×1°大气气象资料[4]，并根据金博崇[3]对中尺度风场模拟的相关研究建议，采用 Analysis Nudging 方法的四维同化方案。

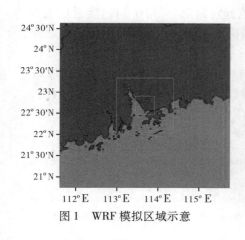

图 1　WRF 模拟区域示意

图 2　激光雷达现场布置图

图 3　深圳气象梯度观测塔

3　风场的现场实测

采用 WindMast PBL 边界层风廓线激光雷达和 Wind 3D 6000 三维扫描型测风激光雷达放置于深圳气象塔塔址处进行风场现场实测（图 2）。风廓线雷达和三维扫描雷达均设置为 DBS 风廓线观测模式，探测周期设置为 1 s，空间分辨率均设置为最小值 15 m。

同时采用对照验证的实测数据为深圳气象观测梯度塔（图 3）超声风速仪和机械式风速仪观测数据。

* 基金项目：国家自然科学基金项目（51478194）。

该塔高 356 m，竖直方向从 10 m 至 350 m 一共设置了 13 个观测平台，每个平台的南北向伸臂都搭载有机械式风杯风速仪和超声风速仪，风速观测采样周期为 10 s。

4　风场模拟和实测结果

中尺度 WRF 数值模拟、两台激光测风雷达实测和梯度塔两类风速仪观测获得的 100 m 和 350 m 高度处 10 min 平均水平风速时程结果见图 4a、图 4b；对各高度平均风速根据指数率进行风廓线拟合，结果见图 4c。图中 Lidar1 和 Lidar2 分别代表 PBL 廓线雷达和三维扫描雷达，Tower1 和 Tower2 分别表示超声风速仪和机械风速仪。

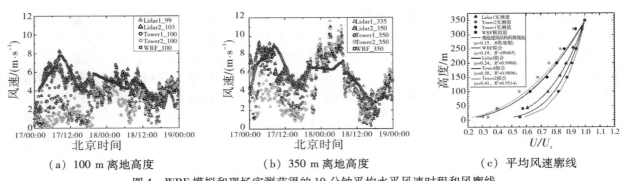

(a)　100 m 离地高度　　　　(b)　350 m 离地高度　　　　(c)　平均风速廓线

图 4　WRF 模拟和现场实测获得的 10 分钟平均水平风速时程和风廓线

5　结论

（1）全时段 WRF 模拟与两台激光雷达实测 10 min 平均水平风速结果的均方根误差最大值不超过 1.56 m/s，相关系数最小为 0.50；而与超声风速仪的最大均方根误差达到 2.67 m/s，最小相关系数只有 0.08（与机械风速仪的误差更大），显示 WRF 模拟结果与激光雷达实测结果更吻合。

（2）350 m 以下 WRF 模拟和 PBL 雷达实测风廓线平均风剖面指数分别为 0.19 和 0.24，接近规范 B 类地貌指数率 0.15（根据规范塔址属 B 类地貌）；梯度塔超声风速仪和机械风速仪实测拟合风剖面指数分别为 0.38 和 0.41。

（3）两台激光雷达实测结果一致性很高，两者均方根误差最大只有 0.38 m/s，相关系数达到 0.98 以上；激光雷达实测结果更接近超声风速仪，推断超声风速仪精度较机械风速仪高，但需更多的实测数据支撑。由于激光雷达测风原理不同，激光雷达无法获取近地面 10 m 高度左右的风场信息。

参考文献

［1］DONG H, CAO S, TAKEMI T, et al. WRF simulation of surface wind in high latitudes ［J］. Journal of Wind Engineering & Industrial Aerodynamics, 2018, 179: 287-296.

［2］DZEBRE D E K, ACHEAMPONG A A, AMPOFO J, et al. A sensitivity study of Surface Wind simulations over Coastal Ghana to selected Time Control and Nudging options in the Weather Research and Forecasting Model ［J］. Heliyon, 2019, 5 (3): e1385.

［3］金博崇. 基于 WRF 与 CFD 技术的大气边界层风场模拟研究 ［D］. 广州：华南理工大学, 2020.

［4］NCEP FNL Operational Model Global Tropospheric Analyses, continuing from July 1999 ［Z］. Boulder, CO: Research Data Archive at the National Center for Atmospheric Research, Computational and Information Systems Laboratory, 2000.

考虑全球气候变化背景的超强台风模拟*

黄铭枫[1]，王卿[1]，王义凡[2]

（1. 浙江大学建筑工程学院 杭州 310058；

2. 中南建筑设计院股份有限公司 武汉 430000）

1 引言

针对历史气候数据的统计分析表明[1]，海洋表面温度的升高能为热带气旋提供更为有利的海洋、大气条件。西北太平洋地区登陆台风强度和降雨量受全球变暖影响均呈增加趋势，从而增加了沿海地区的台风风险和工程灾害隐患。基于全球气候模式的模拟研究表明[2]，未来气候变化会有更利于台风活动的发展。如何模拟全球变暖可能导致的未来极端"黑天鹅"台风[3]，即千年一遇的极具破坏性的超级台风，是我国沿海地区社会公共安全和土木工程防灾减灾领域普遍关心的问题。本文利用 CMIP5 全球气候模式的气候模拟预测数据，定量分析西北太平洋地区海表面温度变化情况，同时针对登陆中国东南沿海区域的典型历史超强台风样本开展全球气候变化背景的 WRF-PGW 中尺度模拟评估，分析未来气候对不同路径类型超强登陆台风的移动路径、风速强度等结果影响，为全球气候变化背景下土木工程领域沿海工程结构灾害评估提供数据参考。

2 西北太平洋地区气候变化分析

2.1 CMIP5 全球气候模式

基于 10 种 CMIP5 全球气候模式，对西北太平洋地区在当前历史气候状态、RCP4.5 和 RCP8.5 排放情景下未来气候状态的海表面温度变化进行定量分析。其中当前历史气候状态基于 CMIP5 模式的历史模拟试验，不考虑温室气体强迫变化；RCP4.5 和 RCP8.5 情景则分别考虑了 CO_2 等温室气体中等浓度和高等浓度排放方式。

2.2 海表面温度增量

图 1 给出了 ACCESS 1.3 模式 RCP4.5 和 RCP8.5 两种温室气体排放情景下西北太平洋地区未来（2080—2100 年）台风季节（7—11 月）相对当前历史气候（2000—2020 年）海表面月平均温度增量空间分布图。21 世纪末西北太平洋地区海表面温度整体上升，局部地区最大增量可达到 5℃以上。RCP8.5 未来排放情景下预测出更高的海表面温度增量；两种未来排放情景下高纬度地区海温增量水平梯度分布较为接近，均明显大于低纬度温度增量值。其他 9 种全球模式预测的未来海表面温度增量在空间分布上也表现出类似的变化规律。

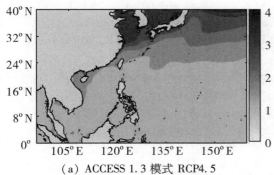

(a) ACCESS 1.3 模式 RCP4.5

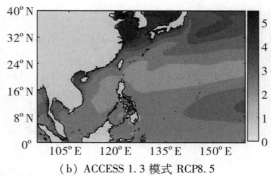

(b) ACCESS 1.3 模式 RCP8.5

图 1 海表面月平均温度增量空间分布图

* 基金项目：国家自然科学基金项目（51838012）；科技部政府间国际创新合作重点专项（2018YFE0109500）。

3 基于 WRF-PGW 的典型登陆台风模拟

3.1 台风案例选取及模拟方案设计

选取十个历史超强台风（近中心最大风速≥51 m/s）作为模拟案例，如图 2a 所示。基于中尺度 WRF 模式的 AHW 台风模块及 CMIP5 历史气候模式数据进行中尺度模拟。为考虑气候变化影响，采用 Pseudo-global Warming（PGW）[4]方法将 10 种 CMIP5 全球模式平均后的气候增量添加到历史台风 WRF 算例的初始和边界条件中，该方法可以模拟研究不同气候状态，如工业革命前（1860—1880 年）、当前历史气候（2000—2020 年）以及 21 世纪末（2080—2100 年）气候变化背景下极端台风的中尺度演化特征。

3.2 WRF-PGW 模拟结果分析

图 2b 和图 2c 分别给出了台风"山竹"模拟路径及模拟风速的集合平均结果对比，每个 PGW 工况的台风模拟路径及强度均基于 10 次集合模拟平均得到。各 PGW 工况模拟台风路径受温度等热力学要素气候增量影响较小，与历史气候的模拟台风移动轨迹基本一致。在 CMIP5 未来平均气温增量预测数据扰动下，基于 WRF-PGW 模拟的台风相对于历史台风模拟强度均明显增强，部分台风如"彩虹""苏迪罗"和"利奇马"的近中心最大风速增幅均超过历史模拟值的 14% 以上；而在工业革命前气候背景影响下 10 个台风的最大风速均有所减小。

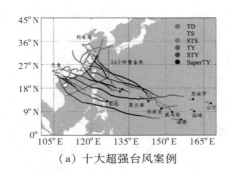 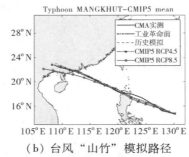 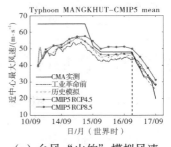

（a）十大超强台风案例　　（b）台风"山竹"模拟路径　　（c）台风"山竹"模拟风速

图 2　台风案例模拟结果示意图

4 结论

在 21 世纪末 RCP4.5 和 RCP8.5 排放情景下，西北太平洋地区月平均洋面温度相对于当前历史气候状态（2000—2020 年）温度整体上升，高纬度地区增加更明显。基于 CMIP5 模式平均气温数据的 WRF-PGW 台风模拟结果表明，各 PGW 气候工况台风模拟路径基本与历史台风模拟结果一致。相对于当前历史气候状态，十个历史超强登陆台风在 21 世纪末气候变化背景下其近中心最大风速明显增强，在工业革命前气候背景下台风强度有所减弱。

参考文献

[1] MEI W, XIE S. Intensification of landfalling typhoons over the northwest Pacific since the late 1970s [J]. Nature Geoscience, 2016, 9 (10): 753 – 757.

[2] KNUTSON T, CAMARGO S J, CHAN J L, et al. Tropical Cyclones and Climate Change Assessment: Part II. Projected Response to Anthropogenic Warming [J]. Bull Amer Meteor Soc, 2020, 101: E303 – E322.

[3] LINN N, EMANUEL K. Grey swan tropical cyclones [J]. Nature Climate Change, 2016, 6 (1): 106 – 111.

[4] KIMURA F, KITOH A. Downscaling by pseudo global warming method [J]. ICCAP, 2007: 43 – 46.

台风"彩虹"（2015）影响下我国沿岸复杂地形风特性的数值模拟研究 *

李英[1]，薛霖[2]，宋丽莉[1]

（1. 中国气象科学研究院 北京 100081；

2. 云南财经大学 昆明 650221 ）

1 引言

我国每年受台风影响频繁，台风大风常给沿海建筑结构造成安全隐患。台风大风影响下沿海复杂地形的风环境和风特性是沿海工程抗风设计、安全建设中必须考虑的重要因子。但由于沿海地区，尤其是海上区域台风大风观测资料有限且时空分辨率较低，相关认识仍比较缺乏。本文以登陆我国广东沿海的强台风"彩虹"（2015）为例，利用气象中尺度数值模式 WRF 模拟该台风登陆过程中的精细化边界层风场，探讨了复杂地形下台风大风特征及其致灾特征参数。此外设计不同地形高度的敏感性数值试验，进一步揭示复杂地形对风特性的影响，为台风致灾大风的风险评估提供定量参考。

2 台风彩虹模拟和敏感性试验

使用中尺度数值模式 WRF（Weather Research and Forecasting）对台风"彩虹"从生成、登陆直至最后减弱消亡的过程进行模拟。模式设置四重嵌套网格，第 4 重网格水平分辨率为 666.7 m，使用了 SRTM（Shuttle Radar Topography Mission）提供的分辨率 3 s 和 30 s（约为 90 m 和 900 m）的地形高度数据。大气垂直层数设为 70 层，其中 1 km 以下约有 20 层，2 km 以下约 30 层，每 5 min 输出一次模拟结果。与观测比较发现，WRF 模式较好地模拟出台风"彩虹"的强度、路径和边界层结构特征，故基于第 4 重网格的模拟结果计算该区域的风工程参数。另外，在数值模拟中将 15 ~ 25°N，105 ~ 118°E 区域内的模式地形高度降低，分别减小为原地形高度的 30% 和 0 m，开展不同地形影响台风风场和风工程参数的敏感性数值试验。

3 数值模拟和试验结果

3.1 模拟台风的风工程参数特性

台风"彩虹"在向西北移动登陆过程中，其造成的过程 10m 高最大风速沿台风路径两侧呈带状分布（图 1a）。其中路径右侧的过程最大风速大于台风路径左侧。另外在 111.5°E、21.7°N 附近山地区域有三个条带状大值区出现（白色虚线框 A）。台风登陆过程中大风的高频区沿台风路径亦呈带状分布，中间数值低两侧数值高，即台风中心附近为低频区域，低频区范围与台风眼的大小有关（图 1b）。另外，登陆台风过程中，风攻角绝对值大值区主要位于台风移动路径附近及地形附近，可超过 3°。其中地形迎风面为正攻角，背风面为负攻角，其绝对值与地形高度成正比。水平风速（风向）水平切变可体现风场的非均匀性的大小，是台风大风致灾的重要参数[1]。分析发现风速水平切变模的最大值主要分布在台风移动方向前侧的台风眼壁，最大风向切变的大值区主要在台风眼区附近（图略）。

---

* 资助项目：国家自然科学基金项目（51778617、42005141）；"科技助力经济 2020"重点专项（KJZLJJ 202006）。

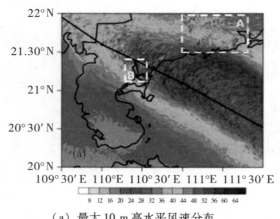

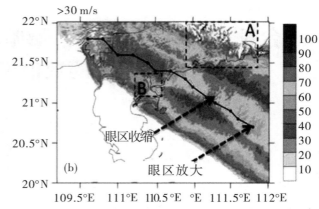

（a）最大 10 m 高水平风速分布
（图中阴影部分，单位：m/s）

（b）台风影响过程 10 m 高风速大于 30 m/s 的累积频次分布
（图中阴影部分；图中 A 为山地地形，B 为喇叭口地形）

图 1　台风"彩虹"登陆过程

3.2　数值试验结果

降低模式地形高度的敏感性数值试验结果表明（图略），山地地形高度和形状分布均可对工程风特性产生影响。减小地形高度后，迎风坡风速减弱，大风频次降低，而背风坡风速增大，大风频次增大，大风分布趋于均匀化，风攻角减弱至规范推荐范围之内（±3°）。

4　结论

基于气象中尺度数值模式 WRF 模拟了台风"彩虹"的精细化风场，研究了"彩虹"登陆过程中的大风特征和工程参数特性，结果表明：

（1）台风过程最大风书沿 TC 路径呈带状分布，路径右侧风速大于左侧。

（2）风攻角大值区主要位于 TC 路径及地形附近，可超过规范推荐的高风速下 ±3° 之间。地形迎风面为正攻角，背风面为负攻角风攻角，其绝对值与地形高度成正比。

（3）风攻角、水平风速（风向）切变、风速随时间变化及风暴螺旋度可定量反映台风大风的工程致灾特征，有效指示台风内核区域及地形处的大风高风险区。

（4）减小地形高度后，迎风坡（背风坡）风速减小（增大），大风频次减少（增多），大风分布趋于均匀化，且风攻角减弱至规范推荐范围之内。

参考文献

［1］XUE L, LI Y, SONG L, et al. A WRF-based engineering wind field model for tropical cyclones and its applications ［J］. Natural Hazards：2017，87（3）：1735－1750.

三、钝体空气动力学

上游钝体降低主圆柱非定常气动力的流体力学机理*

高东来[1,2]，常旭[1,2]，陈文礼[1,2]，李惠[1,2]

（1. 哈尔滨工业大学结构工程灾变与控制教育部重点实验室 哈尔滨 150090；
2. 哈尔滨工业大学土木工程智能防灾减灾工业与信息化部重点实验室 哈尔滨 150090）

1 引言

大跨度桥梁柔性索结构尾部周期性的非定常旋涡脱落是发生风致振动（例如斜拉索多模态涡激振动、斜拉索多模态风雨激振[1]等）的原因。因此，发展相应的控制方法，抑制索结构/圆柱尾流中的旋涡脱落，进而抑制风致振动，不但具有科学价值，也有很高的工程应用意义。流动控制方法通常分为两类：主动控制和被动控制[2]。主动控制方法需要外界能量输入来维持控制过程；而被动控制方法一旦实施，就不需要进一步输入外部能量来维持该流动控制过程。

实施简单、不需要能量注入，是被动控制方法的主要优势。此前的研究发现，在圆柱上游放置较小几何尺寸的钝体可显著降低作用在主圆柱上的非定常气动力。为探索该过程的作用机理，采用气动力和流场测试，揭示不同间距下上游钝体流动分离和漩涡脱落的规律。

2 研究方法和内容

2.1 研究方法

在风洞试验中，主圆柱直径为 60 mm，上游小圆柱直径为 12 mm，将小圆柱放置在主圆柱的上游。采用压力扫描阀测量跨中截面压力分布，使用高速 PIV 系统测量主圆柱尾流旋涡脱落和两者之间的间隙流动特征（图 1）。

2.2 研究内容

本文试验选在哈尔滨工业大学精细化风洞实验室 2 号风洞进行，该风洞为小型回流式低速风洞，试验段尺寸 3.0 m（长）×0.8 m（宽）×1.2 m（高），风速固定在 8 m/s，两个钝体模型均固定在试验段盖板上。采用不同的间隙比（G/D）来探索上游钝体降低圆柱非定常气动力的机理。

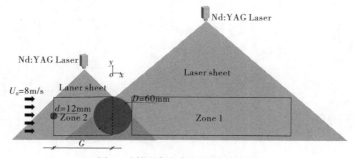

图 1 风洞试验中双圆柱的布置

* 基金项目：国家自然科学基金青年基金项目"基于精细流场测量与深度学习的斜拉索风雨激振机理研究"（52008140）。

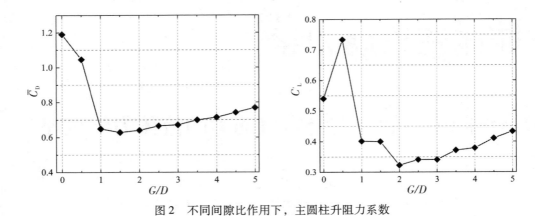

图 2 不同间隙比作用下，主圆柱升阻力系数

3 结论

上游圆柱可以有效抑制作用在下游主圆柱上的非定常气动力。试验结果表明，上游钝体的位置存在最优解。此时，主圆柱的升阻力系数控制达到最佳值。同时，精细流场测试结果发现，上游钝体对下游主圆柱的控制机理，主要是改变其来流条件，包括速度、湍流度等，进而改变下游主圆柱的绕流场特征和漩涡脱落模式。

参考文献

[1] GAO D, CHEN W, ELOY C, et al. Multi-mode responses, rivulet dynamics, flow structures and mechanism of rain-wind induced vibrations of a flexible cable [J]. Journal of Fluids and Structures, 2018, 82: 154 – 172.

[2] CHOI H, JEON W P, KIM J. Control of flow over a bluff body [J]. Annual Review of Fluid Mechanics, 2008, 40 (1): 113 – 139.

矩形桥梁断面软驰振响应幅值估算研究*

周帅[1,2]，方聪[1]，牛华伟[2]，于鹏[1]

（1. 中国建筑股份有限公司 北京 100013；

2. 湖南大学土木工程学院 长沙 410082）

1 引言

关于涡激共振与驰振的耦合振动（"软驰振"），针对 Reynolds 数效应，独立的质量、阻尼参数，以及组合的质量阻尼参数 Scruton 数的参数敏感性对比研究有待开展。为进一步研究"软驰振"响应机理，总结更为合理的幅值估算经验公式，本文以典型宽高比（$B/D = 1.2$）矩形截面杆件节段模型，调整模型系统等效质量、等效刚度和阻尼，开展相同质量不同阻尼、相同阻尼不同质量、同一 Scruton 数不同质量、阻尼组合工况下的风洞试验，实测风速 – 幅值响应曲线，对比研究质量、阻尼参数的影响。

2 试验模型及工况

风洞试验矩形杆件节段模型尺寸为 100 mm × 120 mm × 1530 mm，截面宽高比 $B/D = 1.2$，模型风洞试验安装如图 1 所示，节段模型测振风洞试验均在均匀流场下进行，测振风洞试验采用加速度传感器，安装示意图如图 2 所示。研究工况及相关参数如表 1 所示。

图 1 风洞试验节段模型系统

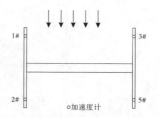

图 2 节段模型传感器安装示意

表 1 研究工况及参数

工况编号	$m/(\text{kg} \cdot \text{m}^{-1})$	$\xi/\%$	Scruton 数（Sc）	弹簧刚度/$(\text{N} \cdot \text{m}^{-1})$	实测频率/Hz	Reynolds	V_g/V_v
A1		0.284	24.1				2.8
A2		0.223	18.9				2.2
A3	8.27	0.200	17.0	616	2.93	16000	2.0
A4		0.146	12.4				1.5
A17		0.500	42.5				5.0
A5		0.223	24.1				2.8
A6		0.284	30.6				3.6
A7	10.53	0.200	21.6	767	2.93	16000	2.5
A8		0.146	15.8				1.9
A18		0.500	54.0				6.4
A9		0.200	24.1				2.8
A10		0.284	34.1				4.0
A11	11.73	0.223	26.8	852	2.93	16000	3.2
A12		0.146	17.6				2.1
A19		0.500	60.2				7.1

* 基金项目：国家自然科学基金项目（51708202）；湖南省自然科学基金（2020JJ5632）；中国建筑股份有限公司科研计划项目（CSCEC – 2020 – Z – 43、CSCEC – 2021 – Z – 26）。

续上表

工况编号	$m/(\mathrm{kg\cdot m^{-1}})$	$\xi/\%$	Scruton 数（Sc）	弹簧刚度/($\mathrm{N\cdot m^{-1}}$)	实测频率/Hz	Reynolds	V_g/V_v
A13		0.146	24.1				2.8
A14		0.284	46.8				5.5
A15	16.08	0.223	36.8	1181	2.93	16000	4.3
A16		0.200	33.0				3.9
A20		0.500	82.5				9.7

注：$Sc=4\pi M\xi/\rho D^2$ 为 Scruton 数，m 为每延米等效质量，ξ 为结构阻尼比，ρ 为空气密度，D 为模型迎风高度，V_g 为驰振临界风速，V_v 为涡激共振起振临界风速，Reynolds 对应涡激共振起振临界风速点。

3 试验结果与分析

通过调整、匹配模型系统等效质量和等效刚度，本文所有研究工况 A1 ~ A20 静风状态下竖向振动固有频率一致，均为 2.93 Hz，对应涡激共振起振临界风速 Reynolds 数 $Re=16\ 000$。

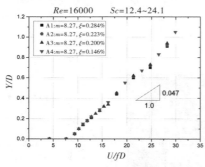 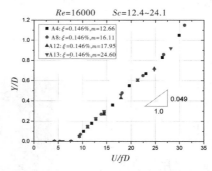

图 3　同一质量、不同阻尼响应对比　　图 4　同一阻尼、不同质量响应对比

基于截面宽高比为 1.2 的矩形截面杆件风洞试验实测"软驰振"响应数据进行回归分析，通过多项式拟合提出了修正的幅值估算经验公式如式（1）：

$$\frac{Y}{D} = (-0.0053\cdot R^3 + 0.0505\cdot R^2 - 0.147\cdot R + 0.1506)\cdot(U_r - U_0) \qquad (1)$$

式中，Y/D 为无量纲风速；$U_r = U/(fD)$ 为无量纲来流风速；$U_0 = 0.9/S_t$ 为基于截面 Strouhal 数归一化的"软驰振"起振风速点；$R = B/D$ 为矩形截面宽高比。

4 结论

（1）研究了 Reynolds、质量、阻尼的单参数，以及质量参数组合 Scruton 数对"软驰振"响应的影响，研究表明，存在一个 Scruton 数"锁定区间"，使得在"锁定区间"内"软驰振"无量纲风速－幅值响应斜率值与单一质量、阻尼参数的变化无关；同时，存在一个使模型振动由耦合状态向非耦合状态转变的 Scruton 数"过渡区间"。

（2）提出了修正的幅值估算经验公式，可以根据杆件本身的截面宽高比、Scruton 数提前对任意风速下的幅值响应进行预测，为相关工程设计提供参考。

参考文献

［1］ ZHU L D, MENG X L, DU L Q, et al. A Simplified Nonlinear Model of Vertical Vortex-Induced Force on Box Decks for Predicting Stable Amplitudes of Vortex-Induced Vibrations. Engineering, 2017, 3：854－862.

［2］ NIU H W, ZHOU S, CHEN Z Q, et al. An empirical model for amplitude prediction on VIV-galloping instability of rectangular cylinders. Wind and Structures, 2015, 85－103.

粗糙度对超临界区圆柱绕流的影响*

常颖[1]，赵林[2]，葛耀君[2]

（1. 四川大学灾后重建与管理学院 成都 610207；
2. 同济大学土木工程防灾国家重点实验室 上海 200092）

1 引言

大部分处于大气边界层中圆形截面的实际工程结构，如烟囱、冷却塔、高层圆筒类建筑，其雷诺数量级在 10^6 及以上，处于超临界及高超临界区。普通的风洞实验很难重现圆柱绕流超/高超临界的流场状态，一般采用改变表面粗糙度的方式来模拟雷诺数效应。该方法对于风压特征的一阶矩（平均值）模拟较好，但对二阶矩（方差）及更高次矩的模拟效果较差。

本研究利用超大型大气边界层风洞以及 5 m 直径的圆柱测力模型，重现了超临界区圆柱绕流流场，研究了超临界区内粗糙度对圆柱平均风压、脉动风压的影响，并与某工程实际冷却塔实测数据进行了对比验证。

2 风洞试验

5 m 直径圆柱采用塑料制作，高 1.4 m，上端覆盖圆形端板，端板直径 8 m。阻塞率为 7%，基本满足工程研究需要。利用 20 个三分量天平进行测力实验，测力板高度 0.2 m，每个测力板对应的圆心角为 9°，对应的弧长为 0.4 m，沿顺风向为轴线的一侧依次排列，测力范围为从驻点到背部半圈的风压变化，对应的圆心角为 180°。在模型内部安装一个动态风压传感器实时监测内部压强。圆柱模型及天平安装设计图如图 1 所示。通过在模型表面粘贴多层黑色纤维条来模拟粗糙度。每层粗糙条厚 5 mm，一共粘贴 10 层，粗糙条高度 k 为 5 ～ 50 mm。

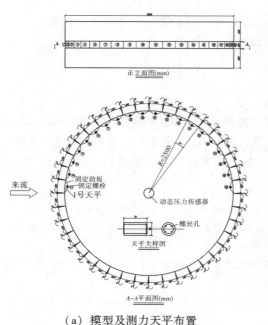

（a）模型及测力天平布置　　　　　　（b）光滑/粗糙模型实物图

图 1　风洞试验示意图

* 基金项目：国家自然科学基金项目（51778695、51323013）。

3 试验结果及对比验证

粗糙度会显著改变圆柱绕流流场形态，流场在某一粗糙条所在位置提前发生湍流转捩，相应的分离点位置往上游移动，尾流区变宽。拟合得到了基准风压和风压之差 $\Delta C_p = C_{pb} - C_{pmin}$ 随等效粗糙度 k/s 变化的拟合曲线，当 $k/s > 0.1$ 后，ΔC_p 变化较小。粗糙度会大幅降低功率谱能量以及脉动风压系数，较大的粗糙度使得脉动风压系数存在失真的可能，在估算实际工程脉动风压时，需要引入放大系数对试验结果进行修正。

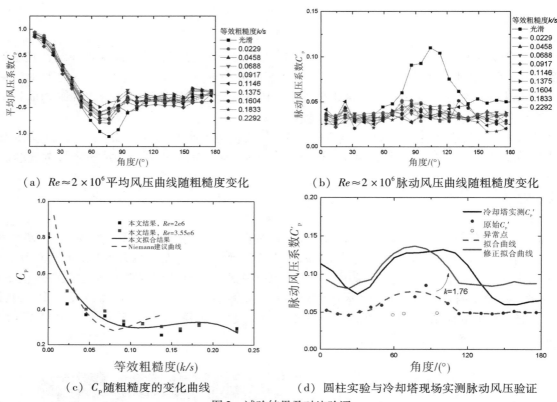

(a) $Re \approx 2 \times 10^6$ 平均风压曲线随粗糙度变化　　　(b) $Re \approx 2 \times 10^6$ 脉动风压曲线随粗糙度变化

(c) C_p 随粗糙度的变化曲线　　　(d) 圆柱实验与冷却塔现场实测脉动风压验证

图 2　试验结果及对比验证

4 结论

粗糙度会显著改变圆柱绕流流场形态，对平均风压曲线和脉动风压曲线都有较大的影响。采用增大表面粗糙度的方式模拟雷诺数效应会导致脉动风压系数失真，在利用试验数据估算实际工程中的脉动风压系数时，需要考虑粗糙度对脉动能量的削弱作用，并引入放大系数对试验结果进行修正。

参考文献

[1] NIEMANN H J. Wind effects on cooling-tower shells [J]. Journal of the Structural Division, 1980, 106: 643 – 661.

[2] BASU R I. Aerodynamic forces on structures of circular corsssection part 1 [J]. Journal of Wind Engineering and Industrial Aerodynamics, 1985, 21: 273 – 294.

[3] 董锐, 赵林, 葛耀君, 等. 双曲圆截面冷却塔壁面粗糙度对其绕流动态特性影响 [J]. 空气动力学学报, 2013, 31 (2): 250 – 259.

[4] ZHAO L, GE Y, KAREEM A. Fluctuating wind pressure distribution around full-scale cooling towers [J]. Journal of Wind Engineering and Industrial Aerodynamics, 2017, 165: 34 – 45.

钝体结构非定常气动特性与非线性自激振动研究 *

陈增顺[1]，许叶萌[1]，黄海林[1]，傅先枝[1]，Kam Tim Tse[2]

（1. 重庆大学土木工程学院 重庆 400045；

2. 香港科技大学土木与环境工程系 香港 999077）

1 引言

现代建筑结构形式向着高耸、轻柔方向发展，结构阻尼和固有频率降低[1]，风荷载逐渐成为控制结构安全及稳定性的重要因素。在刚性测压/测力风洞试验中，由结构运动所引起的力（即非定常效应）被忽略，导致对结构响应预测不准。强迫振动试验只考虑了风对模型的单向耦合作用，与实际的双向耦合作用仍有一定区别。相较而言，新型气弹－测压综合风洞试验考虑了双向流固耦合作用，可同时识别作用在结构上的非定常气动力以及气弹响应，对于钝体结构在较低风速下的非定常气动特性及非线性自激振动的研究有着重要的作用。本文通过对比刚性测压试验、强迫振动试验及新型气弹－测压综合风洞试验的结果，分析了钝体结构的横风向气动力、模型表面风压等结构非定常气动特性，在此基础上，研究了结构非线性自激振动（涡振－驰振耦合振动）。

2 风洞试验

本次气弹风洞试验在香港科技大学中电风洞实验室进行，风洞几何尺寸为 29.2 m（长）×3 m（宽）×2 m（高），对方柱开展了刚性模型试验、强迫振动试验以及新型气弹－测压综合风洞试验。同时，对锥形棱柱开展了新型气弹－测压综合风洞试验，根据模型底部的激光位移传感器和模型表面的测压管，同时测得模型气弹响应及表面风压。风场模拟规范 AS/NZS 1170.2：2002 开阔场地二类风场，风廓线幂指数为 0.15，参考点（模型顶端）湍流强度为 0.10。

3 试验结果与讨论

3.1 钝体结构非定常气动特性

在低风速下，流场是非定常的，受结构运动的影响较大，而在高风速下，流场为准定常状态[2]。方柱模型涡振锁定风速区间为 7～9，当缩减风速（V_r）为 9 时，刚性、强迫、气弹试验的横风向气动力谱均只出现了一个由旋涡脱落引起的峰值（图 1），随着缩减风速的增加，强迫振动和新型气弹－测压综合风洞试验结果中均逐渐增加了一个由结构自振引起的峰值，体现了在低风速下模型运动对涡振区域非定常气动力的影响。从图 2 中可看出，在低风速特别是锁定区间，与刚性模型试验数据相比，气弹试验及强迫振动试验得到的整体横风向气动力系数出现了明显的增加，体现了模型运动对非定常气动力的影响，非定常气动力在锁定区间的增加也导致在缩减风速为 7 处出现了一个低值。此外，强迫振动试验与气弹试验的结果差异是由于强迫振动试验仅考虑了单向流固耦合，忽略了结构对流场的反馈，而气弹试验则考虑了双向流固耦合作用，试验结果更为准确。

* 基金项目：国家自然科学基金项目（51908090）。

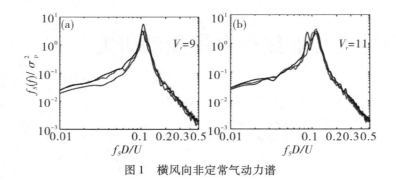
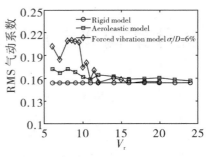

图 1　横风向非定常气动力谱　　　　　　　图 2　整体横风向均方根气动力系数

3.2　钝体结构非线性自激振动

在钝体结构非定常气动特性研究的基础上，开展钝体结构非线性自激振动（涡振－驰振耦合振动）研究。锥形棱柱结构涡振起振缩减风速为 7.2，驰振起振缩减风速为 25.6，根据新型气弹－测压综合风洞试验结果，当 V_r 略大于 2 倍涡振起振风速，即 $V_r = 15$ 时，模型尖端气弹响应随缩减风速的变化出现了一个"扭结"（图 3）。当 $V_r = 14$ 时，时程响应出现了明显的调幅现象，当 $V_r = 16$ 时，调幅现象消失，这与文献[3]中的情况一致。同时，对于本模型，驰振起振风速与涡振起振风速的比值约为 3.6，小于 4.5，故认为当 $V_r = 15$ 时，模型所呈现出的大幅度周期性振动实际为涡振－驰振耦合振动[3]。当风速达到涡振－驰振耦合振动起振风速附近时，横风向气动力谱出现了两个分别由结构振动和旋涡脱落引起的峰值。

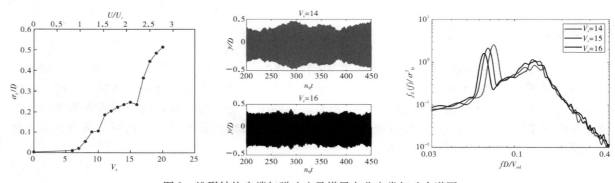

图 3　锥形结构尖端气弹响应及横风向非定常气动力谱图

4　结论

在低风速下，结构运动对横风向气动力的影响非常明显，非定常效应不可忽视，导致横风向非定常气动力谱可能会同时出现分别由结构振动和旋涡脱落引起的峰值。钝体结构在大约 2 倍涡振起振风速时出现的大幅度周期性振动实际为涡振－驰振耦合振动。

参考文献

［1］KIM Y C, KANDA J. Wind response characteristics for habitability of tall buildings in Japan［J］. Struct Des Tall Spec Build, 2008, 17（3）: 683－718.

［2］COOPER K R, NAKAYAMA M, SASAKI Y, et al. Unsteady aerodynamic force measurements on a super-tall building with a tapered cross section［J］. J Wind Eng Ind Aerodyn, 1997, 72（1－3）: 199－212.

［3］MANNINI C, MARRA A M, BARTOLI G. Experimental investigation on VIV-galloping interaction of a rectangular 3：2 cylinder［J］. Meccanica, 2015, 50（3）: 841－53.

基于深度学习的建筑物风压场超分辨率重建研究 *

胡钢[1,2]，陈霄[1]，李朝[1]，肖仪清[1,2]

（1. 哈尔滨工业大学（深圳）土木与环境工程学院 深圳 518055；

2. 哈尔滨工业大学（深圳）粤港澳数据驱动下的流体力学与工程应用联合实验室 深圳 518055）

1 引言

强风，如台风、雷暴和龙卷风，在登陆过程中经常会造成各种风敏感结构的破坏。在大跨结构、低矮建筑、高层建筑上出现的破坏会严重危害人民的生命财产安全，导致经济上的巨额损失。因此，为了达到抗灾、减灾的目的，获取精确的建筑物风压数据、计算准确的风振响应就变得极有价值和意义。

2 风压场超分辨率重构

许多研究证明风洞试验是评估风敏感结构风效应的可靠手段，但在实际操作过程中，获取精确的风压场需要大量的测压管参与。由于测压管价格高昂且模型可布置测压管区域有限，测压管的数量经常受到限制，而有限的数据很难得到高分辨率的风压场。当两个测压点距离较远，在传统上获取中间区域风压值的办法经常采用双线性或双三次插值。这两种传统方法十分简洁方便，但精度却比较有限。超分辨率是一种通过深度学习提高图像分辨率的有效方法，本文旨在采用残差网络[1]（Residual Networks）和生成对抗网络[2]（Generative Adversarial Networks）超分辨率重建技术来生成高分辨率的风压场。本研究采取的数据集来源于东京工业大学，包括风向角和地形地貌两个变量。训练前先采用预处理，将去除一部分测点数据的风压场作为低分辨率图，而在风洞试验中获取的原始风压场作为高分辨率图。训练中，低分辨率风压场作为输入，将重建出的高分辨率风压场与原高分辨率风压场进行比较降低误差，最终生成深度学习模型。

在测试集上运用训练好的模型和传统方法进行测试比较得出结果，相比传统方法，深度学习会获取更加精确的结果，同时，两个深度学习模型自身进行比较，GANs 模型在结果方面优于 ResNet 模型。因此，GANs 模型被选择为在建筑物上重建高分辨率风压场的最佳模型。为了探索多少风压数据足以生成高分辨率风压场，移除不同比例的测压管进行训练，测试后发现即使仅有 40 个测压管数据的低分辨率风压场，也可以通过 GANs 超分辨率重建转换为可信的 100 个测压管数据的高分辨率风压场。

3 结论

本次研究采用了两种传统方法以及两种深度学习模型从有限的测压数据中生成高分辨率风压场。在进行比较后，GANs 模型表现出了最好的性能，生成了最佳的重建结果。而后进一步探究，发现仅需 40%的测压管数据，GANs 模型就可生成可靠的高分辨率风压场。因此，使用深度学习模型，不仅可以解决传统方法插值效果不够精确的问题，也可以减少风洞试验中测压管的数量，显著降低风洞试验花费。类似的，对于那些不易布置稠密测点的区域，这种深度学习方法预料也会获得一个不错的结果。尽管这个超分辨率模型只针对建筑模型上的风压进行了训练，但它为建立不同类型风敏感结构上的风压场的通用超分辨率模型奠定了基础。

---

* 基金项目：深圳市高等院校稳定支持计划面上项目（20200823230021001）。

参考文献

［1］ WU S，ZHONG S，LIU Y. Deep residual learning for image steganalysis ［J］. Multimedia Tools and Applications，2018，77 （9）：10437 – 10453.

［2］ IAN G，JEAN P A，MEHDI M，et al. Generative adversarial nets ［C］//Advances in Neural Information Processing Systems. 2014，27.

不同紊流参数下 5:1 矩形断面脉动升力和阻力特性风洞试验研究 *

杨阳[1]，李明水[1]，杨雄伟[2]

（1. 西南交通大学风工程试验研究中心 成都 610031；

2. 风工程四川省重点实验室 成都 610031）

1 引言

由于紊流场被动模拟技术的局限性，目前对紊流积分尺度的准确模拟存在一定难度，由此导致紊流积分尺度与结构特征尺寸之比（尺度比）与实际情况的不匹配。研究表明，不同尺度比下脉动风荷载试验测量结果存在较大差异[1]。早期研究采用紊流畸变理论解释尺度比对脉动风荷载的影响[2]，在一定程度上揭示了脉动阻力对尺度比的依赖性；但畸变理论并不能完全解释尺度比对脉动升力的影响，为此相关研究采用三维效应解释脉动升力对尺度比的依赖性[3]。本文以宽高比 $B/D = 5:1$ 的矩形断面为研究对象，通过风洞试验研究不同尺度比下结构的脉动升力和阻力特性。作为钝体空气动力学研究的 benchmark（BARC），宽高比为 5:1 矩形具有流动分离再附、旋涡脱落等典型钝体流动特性，是研究钝体结构气动特性的典型截面。该研究有助于更好地了解尺度比对脉动风荷载的影响规律，也将为 BARC 提供更多实验数据。

2 风洞试验

试验在西南交通大学回流式风洞（XNJD－1）中进行。矩形模型宽高比均为 $B/D = 5:1$，宽度分别为 $B = 250\ mm$ 和 $500\ mm$，高度分别为 $D = 50\ mm$ 和 $100\ mm$。采用三种不同类型的格栅生成三个具有不同紊流参数的紊流场，如表1所示。风速测量采用 TFI 眼镜蛇探头，压力测量采用 Scanivalve DSM4000 电子压力扫描阀。风速和压力的采样频率均为 512 Hz，采样时间均为 90 s，平均风速均为 $U = 10\ m/s$。

表1 试验紊流场及模型参数

流场	$I_u/\%$	$I_w/\%$	L_{ux}/m	L_{wx}/m	B/m	D/m	L_{ux}/D	L_{wx}/B
1	3.5	3.1	0.062	0.027	0.25	0.05	1.24	0.54
					0.50	0.10	0.62	0.27
2	7.1	6.6	0.086	0.035	0.25	0.05	1.72	0.70
					0.50	0.10	0.86	0.35
3	8.9	8.7	0.099	0.046	0.25	0.05	1.98	0.92
					0.5 0	0.10	0.99	0.46

3 试验结果讨论

由试验结果图 1～图 3 可知，尺度比（L_{ux}/D、L_{wx}/B）对脉动升力和阻力均有影响，但相同紊流度下尺度比对脉动升力的影响较阻力更为显著。与脉动升力相比，阻力在低频符合准定常理论，尺度比主要影响阻力的高频特性，且阻力的高频衰减明显快于脉动风。试验结果还表明脉动力系数均方根可表示为紊流参数 η 的函数，且均随紊流参数 η 线性增加。

* 基金项目：国家自然科学基金项目（52008357）。

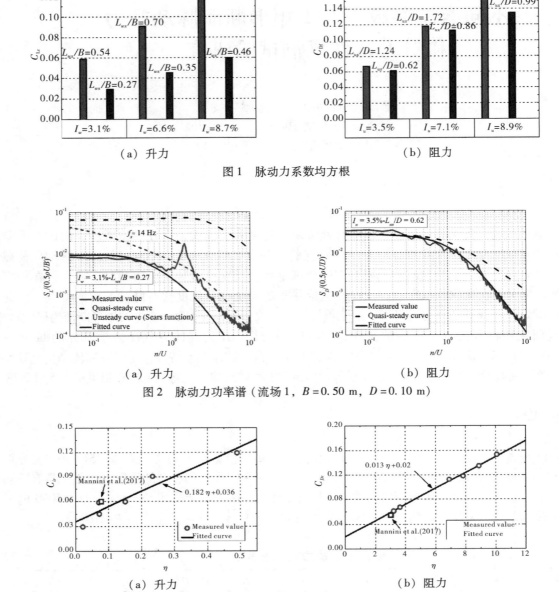

图1 脉动力系数均方根

图2 脉动力功率谱（流场1，$B = 0.50$ m，$D = 0.10$ m）

图3 脉动力系数均方根与紊流参数 η 的关系曲线

4 结论

尺度比是影响脉动升力和阻力特性的重要参数，但尺度比对升力和阻力的影响程度不同。由于影响机制的差异，脉动升力和阻力的功率谱特性有较大差异。紊流参数与脉动力系数均方根存在简单的线性函数关系，可用于预测不同紊流参数下5:1矩形的脉动升力和阻力值。

参考文献

［1］JAFARI A, GHANADI F, EMES M J, et al. Measurement of unsteady wind loads in a wind tunnel：Scaling of turbulence spectra ［J］. Journal of Wind Engineering and Industrial Aerodynamics, 2019, 193：103955.

［2］DURBIN P A. On surface pressure fluctuations beneath turbulent flowaround bluff bodies ［J］. Journal of Fluid Mechanics, 1980, 100：161－184.

［3］YANG Y, LI M, LIAO H. Three-dimensional effects on the transfer function of a rectangular-section body in turbulent flow ［J］. Journal of Fluid Mechanics, 2019, 872：348－366.

运动车辆气动力展向相关性及其对桥上车辆响应的影响*

胡朋，张非，韩艳，唐永健，陈屹林

（长沙理工大学土木工程学院 长沙 410114）

1　引言

　　随着我国沿海大风区和内陆大风区高铁线路的修建和运营，大风环境下桥上高速列车的安全平稳运行也越来越受到重视。为确保桥上高速列车在大风环境下的运行安全性和舒适性，准确确定车辆风荷载是前提。本研究针对运动车辆的气动力，围绕运动车辆气动力的展向相关性，首先，发展一种新型的运动车辆脉动风速相干函数形式，推导出与顺风向和竖向脉动风速对应的运动车辆气动力的展向相关性传递函数。在此基础上，通过建立列车–轨道–桥梁多体系统耦合振动仿真模型，对比了在不同车速与不同风速时，运动车辆气动力的展向相关性对桥上运动车辆动力响应的影响。

2　运动车辆脉动风速谱和脉动风速相干函数

　　根据泰勒假设和各向同性均匀湍流假设，Wu 等[1]提出了一种运动车辆脉动风速谱的表达式。以《公路桥梁抗风设计规范》中的顺风向 Simiu 谱和 Davenport 相干函数为基础，Yan 等[2]和 Hu 等[3]均提出了一种新型的运动车辆脉动风速谱模型。其中，Hu 等[3]的研究中还给出了一种运动车辆脉动风速相干函数模型。方便了人们的使用，因此本文采用 Hu 等[3]所提出的表达式。

3　运动车辆气动力展向相关性传递函数

　　以往在风–车–桥系统耦合振动研究中，在每节车辆上只设置了一个风荷载作用点，这相当于假设沿车辆展向的脉动风速是全相关的，如图1a 所示。实际上，沿车辆展向的脉动风速在任一时段都不是全相关的，如图1b 所示。为此，提出了一种考虑脉动风速对运动车辆气动力相关性影响的传递函数 $J_{uM}^2(n)$，以顺风向风速为例，其表达式为：

$$J_{uM}^2(n) = \sum_{m=0}^{8} p_m \left(\frac{n \cdot L}{U}\right)^m \cdot \frac{2}{(m+1) \cdot (m+2)} \tag{1}$$

式中：m 为非负整数，$m = 0 \sim 8$；n 为脉动风频率；U 为来流风速度；L 为车辆长度；$p_0 = 1.0$；其余系数由计算得到。

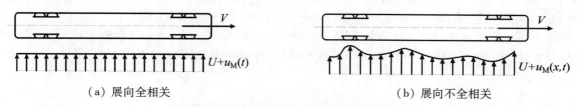

（a）展向全相关　　　　　　　　　　　　　　（b）展向不全相关

图1　不同展向相关性的运动车辆脉动风速场

* 基金项目：国家自然科学基金项目（51878080）；湖南省自然科学基金项目（2020JJ3035、2018JJ3538）。

4 展向相关性传递函数对桥上运动车辆响应的影响

为对比不同车速情况下展向相关性传递函数对桥上运动车辆响应的影响，开展了风速为 25 m/s，车速分别为 40 m/s、50 m/s、60 m/s、70 m/s、80 m/s 五种工况下风–车–桥耦合振动分析，其中每个工况都分为考虑与不考虑传递函数的影响。研究中重点考察了车体横向和竖向加速度均方根、脱轨系数均方根、轮重减载率均方根、车体横向和竖向 Sperling 指标以及轮轨力均方根等车辆响应指标。图 2 为不同车速下考虑与不考虑传递函数时上述车辆响应指标值，由图可知，随着车速的提高，考虑与不考虑传递函数的车辆各响应指标值均逐渐接近，这主要是由于运动车辆的脉动风速相干函数随着速度比 V_r（或车速 V）的增大，该相干函数值逐渐趋近于 1.0。与此同时传递函数也逐渐趋近于 1.0，这意味着随着车速的提高，考虑与不考虑传递函数的车辆风荷载逐渐接近，因而车辆的响应也逐渐接近。

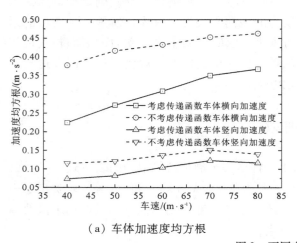

（a）车体加速度均方根

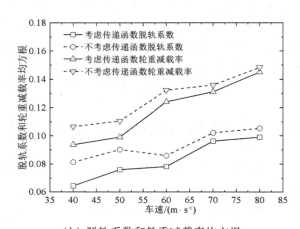

（b）脱轨系数和轮重减载率均方根

图 2 不同车速下车辆响应

5 结论

本文发展了一种新型的运动车辆脉动风速相干函数形式，推导出与顺风向和竖向脉动风速对应的运动车辆气动力的展向相关性传递函数。当考虑运动车辆气动力的展向相关性传递函数时，车辆响应的均方根均有不同程度的降低。随着车速的提高，各车辆响应均方根的相对误差均逐渐变小；而随着风速的提高，轮重减载率和轮轨垂向力均方根的相对误差逐渐变大，而车体竖向 Sperling 指标和轮轨横向力均方根的相对误差却先增加后减小。

参考文献

[1] WU M X, LI Y L, CHEN X Z, et al. Wind spectrum and correlation characteristics relative to vehicles moving through cross wind [J]. Journal of wind Engineering and Industrial Aerodynamics, 2014, 133: 92 – 100.

[2] YAN N J, CHEN X Z, LI Y L. Assessment of overturning risk of high-speed trains in strong crosswinds using spectral analysis approach [J]. Journal of Wind Engineering & Industrial Aerodynamics, 2018, 174: 103 – 118.

[3] HU P, HAN Y, CAI C S, et al. New analytical models for power spectral density and coherence function of wind turbulence relative to a moving vehicle under crosswinds [J]. Journal of Wind Engineering and Industrial Aerodynamics, 2019, 188: 384 – 396.

矩形断面柱体横风向驰振特性及机理研究 *

刘仰昭[1]，戴靠山[1]，马存明[2]

（1. 四川大学土木工程系 成都 610065；
2. 西南交通大学风工程四川省重点实验室 成都 610031）

1 引言

对于边长比 B/D（B：断面宽度；D：断面高度）处于 $0.7 \sim 2.8$ 范围内的矩形断面，其在均匀来流风作用下会发生横风向驰振[1]。目前为止，对柱体横风向驰振问题最为经典和常用的数学化模拟方法是 Parkinson & Smith[2] 在 Den Hartog 提出的线性失稳判别准则[3] 基础之上发展而来的（非线性）准定常模型。准定常理论的核心是假定横风向振动柱体所受到的气动激励仅与两侧剪切层相对于各自就近侧面的平均位置相关，即其运动中每一瞬间所受到的气动力都与相同断面静止柱体在一种相对风攻角以及等效风速作用下的平均静风力完全相等。因此，矩形柱体所受到的横风向驰振力特性及其进一步引起的驰振响应特征都与断面静风系数随风攻角的变化曲线形式直接相关。但是，$0.7 < B/D < 2.8$ 矩形断面的静风系数曲线形状会随 B/D 的改变而发生剧烈变化。反映在曲线典型特征点上，这些静风系数曲线大致可分为"无拐点""单拐点"以及"双拐点" 3 种类型。因此，有必要深入了解静风系数曲线上的典型特征点如何深入影响柱体的驰振响应形式，以及这些典型特征点的物理产生机理（图 1）。

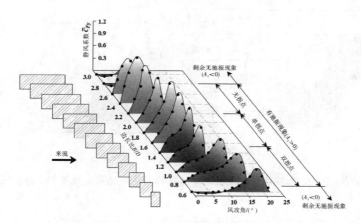

图 1　$0.7 < B/D < 2.8$ 矩形断面柱体静风系数曲线形状汇总

2 横风向驰振响应曲线与静风系数曲线上特征点之间的关系

当柱体静风系数曲线上有两个拐点时，在进入驰振失稳后的部分折算风速区间内，可能会有不止一个稳定极限环运动状态出现（最终进入哪一个极限环状态取决于所受初始扰动的大小），表现出经典的分岔行为（图 2），相应地，在该区间内结构最终稳定振动的幅值随风速递增、递降顺序变化会出现迟滞回线。而当静风系数曲线上有且只有一个拐点时，在一定折算风速区间范围内，处于弹性支撑状态的柱体将无法直接从静止状态进入极限环振动状态，而必须要凭借高于某一下限值的初始激励作用；但是一旦折算风速较高，柱体将可以直接从静止状态进入极限环振动状态。最后当静风系数曲线上无拐点出现时，柱体驰振后的稳态振动幅值会随来流风速的增加而大致呈线性单调递增，不会出现任何分岔行为。

* 基金项目：国家自然科学基金项目（51878426）。

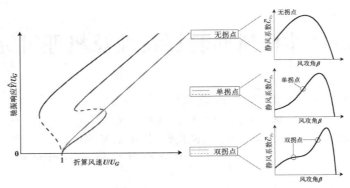

图2　矩形柱体驰振响应形式与静风系数曲线上拐点数目的关系

3　对横风向驰振产生机理的深入认识

传统的断面周围时均化流场并不足以全面解释 $0.7 < B/D < 2.8$ 边长比范围内的矩形柱体横风向驰振产生机理，本文尝试从时变流场的角度深入揭示柱体的驰振产生机理（图3）。本文研究发现矩形柱体的横风向驰振不仅可以在恒定分离流场的情况下被激发出，也可以在间歇性再附流场的情况下被激发出；而断面周围并不十分频繁地发生间歇性再附是激发出柱体横风向驰振的必要条件。

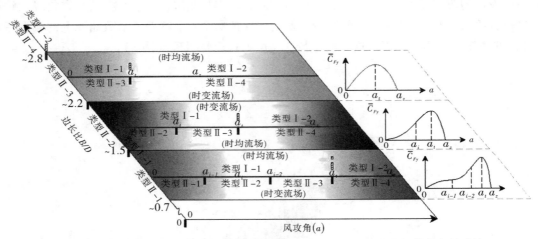

图3　$0.7 < B/D < 2.8$ 矩形柱体断面周围时均流场和时变流场变化规律的定性总结

4　结论

柱体静风系数曲线上的特征点和驰振响应曲线上关键特征点之间存在着定性和定量的内在联系。矩形断面周围流场间歇性再附发生率的定量变化导致了时均流场和时变流场的定性变化；柱体横风向驰振中的"迟滞"现象即产生于时变流场的定性改变。

参考文献

[1] MANNINI C, MARRA A M, BARTOLI G. VIV-galloping instability of rectangular cylinders：Review and new experiments [J]. Journal of Wind Engineering and Industrial Aerodynamics, 2014, 132：109 – 124.

[2] PARKINSON G V, SMITH J D. The square prism as an aeroelastic non-linear oscillator [J]. Journal of Mechanics and Applied Mathematics, 1964, 17 (2)：225 – 239.

[3] DEN H J P. Transmission line vibration due to sleet [J]. Transactions of the American Institute of Electrical Engineers, 1932, 51：1074 – 1076.

椭圆柱绕流及气动干扰效应数值模拟研究

罗楠[1,2]，王宇[2]

（1. 西南交通大学风工程试验研究中心 成都 610031；

2. 风工程四川省重点实验室 成都 610031）

1 引言

椭圆柱体结构群在于实际工程领域中应用十分广泛。同时，结构的强度、稳定性和安全性易受流体荷载作用的影响。本文计划基于 Fluent 平台，采用大涡数值模拟方法，计算低雷诺数下椭圆柱结构的流动问题，分析单椭圆柱升阻力系数和斯特劳哈尔数随椭圆柱入流攻角、长短轴比值的变化规律，以及串列椭圆柱的互扰效应随间距的变化规律，并阐明其变化。可为椭圆柱绕流的研究工作提供参考依据。

2 研究方法和内容

2.1 双椭圆柱绕流特征参数确定

通过改变椭圆柱的入流攻角以及长短轴比，确定椭圆柱在 $Re = 150$ 时，阻力系数最大情况下的不利风向角，作为串列双椭圆柱绕流的特征参数。

入流攻角选择了 $0°$、$15°$、$30°$、$45°$、$60°$、$75°$、$90°$ 七个特征角度，长短轴之比选取了 $AR = 0.25$、0.5、0.75、1 这四个特征长短轴之比。

网格划分采用 ICEM 软件，上游边界距离椭圆柱体中心距离为 $550D$，下游边界距离椭圆柱体中心距离为 $100D$，计算区域上下对称边界距离椭圆柱中心距离为 $50D$。壁面网格的设置与入流攻角 $90°$ 的单椭圆柱设置一致，在椭圆柱周围 $10D \times 10D$ 区域中生成细网格，第一层距离圆柱表面 $0.025D$，以 1.05 的膨胀比拉升。椭圆柱外围方向的网格沿一定增长率扩散，网格数量为 8 万～9 万（图 1）。

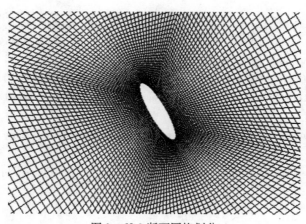

图 1 $60°$ 断面网格划分

2.2 串列双椭圆柱气动干扰效应研究

通过上一章对比不同特征参数下绕流参数以及气动干扰的影响，本章通过固定入流攻角以及椭圆柱的长短轴之比，在 $Re = 150$ 的情况下，通过改变椭圆柱之间的间距比来观察串列双椭圆柱绕流的气动干扰。一共选取了 1、2、3、4、5、6、7 这七个不同间距比。

壁面网格的设置与入流攻角 $90°$ 的单椭圆柱设置一致，在椭圆柱周围 $10D \times 10D$ 区域中生成细网格，第一层距离圆柱表面 $0.0125D$，以 1.02 的膨胀比拉升。椭圆柱外围方向的网格沿一定增长率扩散。网格数量为 35 万～36 万（图 2）。

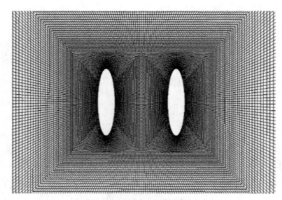

图 2　双椭圆柱断面网格划分

3　结论

（1）椭圆柱的最大阻力系数随着入流攻角的增大而增大，随着椭圆柱长短轴比的增大而减小。当椭圆柱入流攻角越大，长短轴比越小时，椭圆柱的阻力系数越大。由此确定了双椭圆柱绕流的最不利风向角为 $\alpha = 90°$，长短轴之比 $AR = 0.25$。

（2）串列双椭圆柱体绕流存在一个临界间距 $D/B = 4$，柱体的绕流特性会随着间距的变化呈现出不同的特征。上游椭圆柱体在不同间距下的风压分布变化趋势基本和单椭圆柱体绕流趋势相同，升阻力系数、S_t 数随着间距的变化均先减小后增大，迎风面的风压最大，在背风面的风压系数略大于单椭圆柱背风面的风压系数值。下游椭圆柱体在间距比较小时，下游椭圆柱被上游椭圆柱剪切层包围，因此柱体表面的风压为负值。当间距大于临界间距时，上游椭圆柱脱落的漩涡向下游运动的过程中能量不断减小，对下游柱体的作用力不断减小，因此下游椭圆柱的风压变化趋势逐渐趋向于单椭圆柱绕流时的风压变化趋势。因此下游椭圆柱体的风压分布变化存在跳跃式变化。

参考文献

[1] DERAKHSHANDEH J F, ALAM M M. A review of bluff body wakes [J]. Ocean Engineering, 2019, 182 (15)：475－488.

[2] KHAN W A, CULHAM J R, YOVANOVICH M M. Fluid flow around and heat transfer from elliptical cylinders：Analytical Approach [J]. Journal of Thermophysics and Heat Transfer, 2005, 19 (2)：178－185.

[3] 纪雪林，田振国，郝亚娟，等. 椭圆柱绕流的理论研究 [J]. 燕山大学学报，2014, 38 (1)：89－94.

[4] PROVANSAL M, MATHIS C, BOYER L. Bénard-von kármán instability：transient and forced regimes [J]. Journal of Fluid Mechanics, 2006, 182 (182)：1－22.

[5] JORDAN, STANLEY K. Oscillatory drag, lift, and torque on a circular cylinder in a uniform flow [J]. Physics of Fluids, 1972, 15 (3)：371－376.

[6] BOISSON H C. Conditional analysis of intermittency in the near wake of a circular cylinder [J]. Physics of Fluids, 1983, 26 (3)：653－658.

弹性桥塔涡激振动的数值模拟方法 *

董国朝，许育升，韩艳

（长沙理工大学桥梁工程安全控制教育部重点实验室 长沙 410114）

1 引言

随着桥梁跨径的不断扩大，轻质、低阻尼比的钢材广泛应用于桥塔，因此，桥塔的涡激振动现象不可忽视。廖海黎等[1]对南京三桥桥塔进行气动选型，确定了气动性能最优的桥塔断面。丁志斌等[2]发现在横风向荷载的作用下，钢桥塔易在低风速和小阻尼比时发生顺桥向的涡激共振现象。朱乐东等[3]通过气弹模型试验确定了曲线型钢桥塔的涡振锁定区间和振幅，发现了多孔扰流板能较好地优化桥塔顺桥向的涡振性能。以上的文献大都是基于气弹模型风洞试验得到的，基于 CFD 方法对三维高耸结构整体气弹结构涡激共振的研究依然较少。

本文以某跨江大桥的变截面钢桥塔为研究对象，通过建模提取结构振型拟合得到振型函数，然后编译 UDF 二次开发程序嵌入计算流体力学软件 Fluent 计算得到弹性桥塔的位移，再次实现三维弹性高耸钢桥塔的涡激共振现象，并进一步探讨了涡激共振响应的机理。

2 钢桥塔流固耦合模拟

2.1 值模拟方法

首先利用 ANSYS 软件建模并提取桥塔顺桥向及横桥向的弯曲振型坐标值，拟合得到振型函数，结合流体分析得到的压力场，通过嵌入 Fluent 二次开发的 UDF 程序宏命令得到广义力，将其代入结构振动方程求解广义位移。通过模态坐标转换得到结构各位置处的实际响应，最后利用动网格宏命令将结构的运动赋予壁面并更新网格位置，待到流场计算至满足收敛条件后再开始计算下一个时间步。

2.2 计算案例

本文以浦仪公路某跨江大桥为工程背景，桥塔为 166 m 高的中央独柱形钢塔，桥塔底部断面尺寸为 16.0 m×9.5 m。塔顶断面为 6.0 m×6.5 m，横桥侧塔柱竖向轮廓斜率为 10.87:100。在长沙理工大学风工程研究中心小试验段进行了变截面桥塔的气弹试验研究，桥塔气弹模型与实际的尺寸缩尺比为 1:75，数值计算模型尺寸与气弹模型保持一致。湍流模型为剪切应力输运 SST $k-\omega$ 模型。整个流域阻塞率小于 3%。网格划分如图 1 所示。

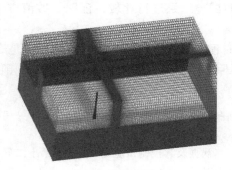

图 1 网格划分

* 基金项目：国家自然科学优秀青年基金项目（51822803）。

2.3 数值模拟结果及分析

图 2 为风洞试验及数值模拟的桥塔振幅峰值随折合来流风速变化的对比结果。塔的振动位移随折合来流风速变化曲线呈倒"V"字形。在折合来流风速 $V_r = 8.86$ 时，涡振位移响应达到最大值，数值模拟的峰值结果比风洞试验结果略小，但整体趋势与吻合良好。比较图 3 中各高度处的风压分布可知，在桥塔 1/2 高度处有若干负压核心区，且分布范围较大；在桥塔 1/3 高度处负压区与壁面有一定的距离；桥塔顶部高度处的负压区位置相近，但是大小不一。从风压云图中同一时刻的负压区域所在位置区别较大，同时夹杂着许多小涡，所以沿着高度方向，不同的截面所受到的力的时程相位将会有区别，这也说明了即使在锁定区域内，钢桥塔的涡激振动位移曲线并非常规的正弦曲线。

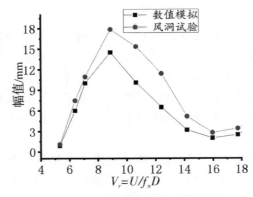

图 2　风洞与数值模拟涡振结果对比

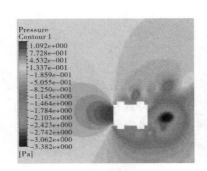

（a）桥塔 1/3 高度处

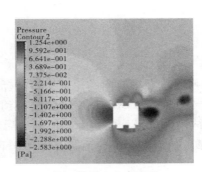

（b）桥塔 1/2 高度处

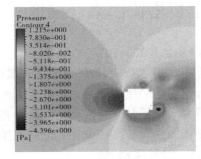

（c）桥塔塔顶处

图 3　$V_r = 8.86$ 时，桥塔不同高度处风压云图

3 结论

（1）本文探索了一套基于结构 – 风的双向流固耦合弹性高耸结构涡激振动数值方法，以浦仪公路西段跨江大桥的钢桥塔为例计算并与风洞试验结果进行比较，证明了数值方法的正确性，此方法可应用于类似结构的流固耦合分析。

（2）在共振临界风速附近，位移时程曲线并非理想的简谐振动，而是表现为"间歇性不稳定涡激共振"，且同时出现频率漂移现象。主要原因是桥塔在不同高度处的力时程相位及旋涡存在差异。

参考文献

[1] 廖海黎，李永乐，李佳圣，等.南京三桥气动选型及风致响应研究［C］.第十一届全国结构风工程学术会议论文集. 2004：235 – 239.

[2] 丁志斌，赵林，葛耀君.特大型悬索桥桥塔涡振及其控制试验研究［C］.第十二届全国结构风工程学术会议论文集. 2005：333 – 338.

[3] 朱乐东，张宏杰，张海.钢桥塔涡振气动控制措施研究［J］.振动工程学报，2011，24（6）：585 – 589.

圆角方柱斯特罗哈数的雷诺数效应[*]

杨群[1,3]，刘庆宽[1,2,3]，刘小兵[1,2,3]

（1. 石家庄铁道大学土木工程学院 石家庄 050043；

2. 石家庄铁道大学省部共建交通工程结构力学行为与系统安全国家重点实验室 石家庄 050043；

3. 河北省风工程和风能利用工程技术创新中心 石家庄 050043）

1 引言

工程结构中，圆角方柱由于简洁美观的外形和良好的气动性而应用十分广泛[1-2]。当气流绕经结构表面时所产生的有规律的旋涡脱落现象可用无量纲数 – 斯特罗哈数来描述，斯特罗哈数可通过分析对升力系数时程进行傅里叶变化得到的升力系数功率谱获得。与标准方柱相比，圆角方柱的斯特罗哈数更容易受雷诺数的影响[3-4]。本文通过风洞试验，研究了不同圆角率的圆角方柱的斯特罗哈数随雷诺数的变化。

2 试验简介

通过刚性测压模型试验测试了标准方柱及圆角率 $R/D = 0.1$、0.2、0.3 和 0.4 的圆角方柱在低湍流度的均匀流场中的风压，并对数据加以处理获得斯特罗哈数。模型采用 ABS 板制作且对表面喷漆处理。试验风速变化范围为 $10 \sim 50$ m/s，对应的雷诺数范围为 $0.8 \times 10^5 \sim 3.8 \times 10^5$。测点位于模型中央截面处，两端安装圆形端板，试验模型布置示意如图 1 所示，模型断面形状与尺寸如图 2 所示。

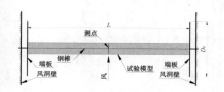

图 1 模型布置示意

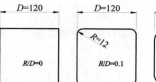

图 2 模型的断面形状与尺寸

3 试验结果

3.1 标准方柱斯特罗哈数的雷诺数效应

图 3 为标准方柱在来流作用下典型雷诺数时的升力系数功率谱曲线。由图可见：标准方柱在试验雷诺数范围内都呈现出明显的窄带峰值，且峰值对应的折算频率基本一致，其值约为 0.124，表明标准方柱的斯特罗哈数对雷诺数不敏感。

3.2 圆角方柱斯特罗哈数的雷诺数效应

图 4 为圆角方柱的平均阻力系数随雷诺数的变化曲线。图 5 为圆角方柱的斯特罗哈数随雷诺数的变化曲线。由图可见：$R/D = 0.1$ 的圆角方柱斯特罗哈数对雷诺数不敏感。$R/D = 0.2$、0.3 和 0.4 的圆角方柱斯特罗哈数的雷诺数效应比较明显，其斯特罗哈数发生了跳跃现象。圆角率越大，斯特罗哈数跳跃时对应的雷诺数越大，而且跳跃的幅度越大，表明雷诺数效应越显著。

* 基金项目：国家自然科学基金（51778381、52008273、52078313）；河北省自然科学基金（E2018210105、E2020210083）。

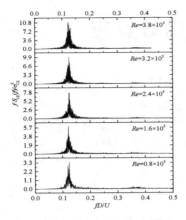

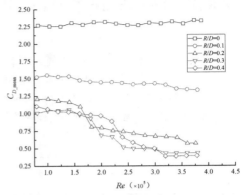

图3 标准方柱的升力系数功率谱　　图4 圆角方柱的平均阻力系数随雷诺数的变化

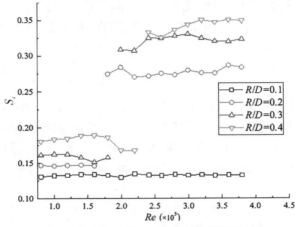

图5 圆角方柱的斯特罗哈数随雷诺数的变化

4 结论

$R/D=0.1$ 的圆角方柱与标准方柱一样，其斯特罗哈数对雷诺数不敏感。而 $R/D=0.2$、0.3、0.4 的圆角方柱的斯特罗哈数则随雷诺数的增大出现了跳跃现象，且 R/D 越大，雷诺数效应越显著，跳跃的幅度越大，跳跃时对应的雷诺数越大。

参考文献

［1］徐蕾. 采取气动优化措施的矩形截面绕流特性研究［D］. 哈尔滨：哈尔滨工业大学，2018.

［2］AHMED E，GIRMA B，ASHRAF E D. Enhancing wind performance of tall buildings using corner aerodynamic optimization［J］. Engineering Structures Volume，2017，136：133－148.

［3］HINSBERG N P V，SCHEWE G，JACOBS M. Experiments on the aerodynamic behaviour of square cylinders with rounded corners at reynolds numbers up to 12 million［J］. Journal of Fluids and Structures，2017，74：214－233.

［4］王新荣，顾明，全涌. 圆角处理的断面宽厚比为 2:1 的二维矩形柱体气动力系数的雷诺数效应研究［J］. 工程力学，2016，33（1）：64－71.

基于跨度缩减的导线气弹模型气动力特性研究[*]

刘慕广[1,2]，刘成[1]，谢壮宁[1,3]

（1. 华南理工大学土木与交通学院 广州 510641；

2. 广东省现代土木工程技术重点实验室 广州 510641；

3. 亚热带建筑科学国家重点实验室 广州 510641）

1 引言

输电线路风致振动具有较强的非线性，导线与杆塔间的耦联效应极为复杂，风洞试验仍是当前确定此类结构风效应的主要手段。为了尽量真实地模拟塔线风致响应中复杂的耦合效应，风洞试验中一般采用多跨塔线气弹模型作为研究对象。不过，由于输电线路档距和塔高的差异极大，绝大多数情况下基于正常几何缩尺的多跨塔线气弹模型试验很难在常规边界层风洞中施行。为了克服这一难题，Loredo-Souza 等[1]开创性地提出了导线跨度折减风洞试验方法，即在确保导线迎风阻力一致的基础上，对杆塔几何缩尺比 λ_L 乘以系数 γ 来进一步减小导线跨度缩尺，并以离散圆柱体模拟气动外形的单根导线为对象，验证了 $\gamma = 0.5$ 跨度折减模型与正常缩尺模型间阻力的一致性。随后，很多学者基于跨度折减法开展了多跨塔线体系的风振特性研究[2-7]。

2 试验方案

试验在华南理工大学风洞实验室进行，选取公称直径为 50.4 mm，单位长度质量为 4.14 kg/m 的导线为对象。综合考虑试验段尺寸和市面常见塑料管的直径，试验中选取导线原型跨度为 125 m，几何缩尺比 $\lambda_L = 1:25$。跨度折减系数 γ 分别为 0.8 和 0.5，垂跨比 $r_s = 5\%$，对应的弧垂为 6.25 m。分别设计制作了单导线和 4 分裂导线气弹模型，各模型参数如表 1 所示，其中 M1 ～ M3 均为单导线模型，S1 ～ S3 为 4 分裂导线模型。各导线模型拉伸刚度由铜丝模拟，连续气动外形由 PVC 软管模拟。

表 1 导线模型参数

模型	M1/S1	M2/S2	M3/S3
折减系数	$\gamma = 1.0$	$\gamma = 0.8$	$\gamma = 0.5$
跨度/m	5	4	2.5
单导线外径/mm	2.05	2.54	4.08
弧垂/m	0.25	0.25	0.25
分裂数	1/4	1/4	1/4

3 结果分析

图 1 和图 2 分别为单分裂和 4 分裂导线气动阻力随风速变化，图中 F1 和 F2 分别为导线的两端。

* 基金项目：国家自然科学基金项目（51978285）；广东省现代土木工程技术重点实验室（2021B1212040003）。

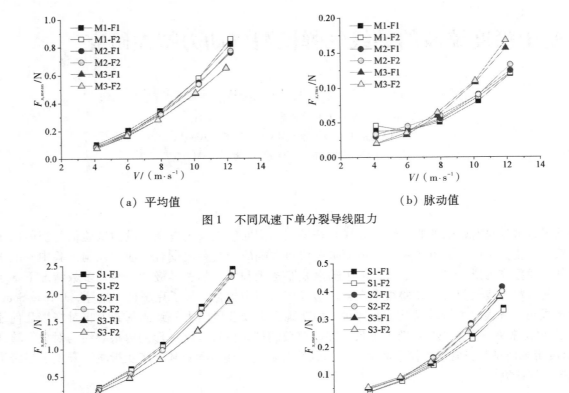

（a）平均值 （b）脉动值

图1　不同风速下单分裂导线阻力

（a）平均值 （b）脉动值

图2　不同风速下4分裂导线阻力

4　结论

（1）跨度折减模型气动力的均值一般要小于正常缩尺模型，脉动值要高于正常缩尺模型，且折减系数越小，这一差异越显著。

（2）相对于 $\gamma = 0.5$ 的折减模型，$\gamma = 0.8$ 时的气动力和功率谱与正常模型保持了较好的一致性。塔线体系采用跨度折减法进行试验，建议采用 $\gamma = 0.8$ 左右的折减。

参考文献

［1］LOREDO-SOUZA A M, DAVENPORT A G. A novel approach for wind tunnel modelling of transmission lines ［J］. Journal of Wind Engineering and Industrial Aerodynamics, 2001, 89：1017 – 1029.

［2］XIE Q, CAI Y, XUE S. Wind-induced vibration of UHV transmission tower line system：wind tunnel test on aero-elastic model ［J］. Journal of Wind Engineering and Industrial Aerodynamics, 2017, 171：219 – 229.

［3］DENG H Z, SI R J, HU X Y, et al. Wind tunnel study on wind-induced vibration responses of a UHV transmission tower-line system ［J］. Advances in Structural Engineering, 2013, 16（7）：1175 – 1186.

［4］LIANG S, ZOU L, WANG D, et al. Investigation on wind tunnel tests of a full aeroelastic model of electrical transmission tower-line system ［J］. Engineering Structures, 2015, 85：63 – 72.

［5］李正良, 肖正直, 韩枫, 等. 1000 kV 汉江大跨越特高压输电塔线体系气动弹性模型的设计与风洞试验 ［J］. 电网技术, 2008, 32（12）：1 – 5.

［6］赵爽, 晏致涛, 李正良, 等. 1000kV 苏通大跨越输电塔线体系气动弹性模型设计与分析 ［J］. 振动与冲击, 2019, 38（12）：1 – 8.

［7］LIN W E, SAVORY E, MCINTYRE R P, et al. The response of an overhead electrical power transmission line to two types of wind forcing ［J］. Journal of Wind Engineering and Industrial Aerodynamics, 2012, 100：58 – 69.

四、高层与高耸结构抗风

无锡超高层双子楼建筑风洞试验研究 *

余兰，宋长友，夏贤，郑文涛

（中国船舶集团公司第七〇二研究所风洞实验室 无锡 214082）

摘 要： 无锡超高层双子楼建筑项目位于无锡崇安寺二期 5 号地块，地处江苏无锡市中心，为商业综合体，整个基地约呈方形，项目总用地约 10 500 m²，由两栋塔楼和部分裙楼组成，塔楼总高超 260 m，为无锡最高双子楼。对于超高层建筑结构，风荷载是控制荷载之一，是超高层建筑结构设计的重要依据。我国荷载规范规定，对于超过规范要求的建筑，应对其荷载进行风洞试验研究。为了获得无锡超高层双子楼建筑可靠的风荷载，中国船舶集团公司第七〇二研究所风洞实验室对其进行了 1:300 的刚性模型风洞试验，在双子楼外表面布置 16 层，每层 20 个测点，共布置了 640 个测点，测量 0°~360° 风向角下双子楼建筑模型表面的平均压力和脉动压力，并对试验结果进行了详细计算分析和研究，获得了超高层双子楼建筑风荷载的一般规律和重要结论，为该项目结构设计提供重要技术依据。

关键词： 超高层建筑；风荷载；风压系数；体型系数；剪力；扭矩

1 试验方法

1.1 试验概况

试验采用丹麦 Dantec 公司 StreamLine 90 型热线风速仪系统测量大气边界层风场风速剖面、湍流度和脉动风功率谱。试验采用美国 PSI 公司 PSI–8400 型电子扫描压力测试系统进行建筑模型表面的平均压力和脉动压力测量，如图 1 所示。

试验模拟了 C 类地貌大气边界层风场 $\frac{U(Z)}{U_{10}} = \left(\frac{Z}{10}\right)^{0.22}$，试验模拟的实物高度 100m 相对应的高度处顺风向脉动风功率谱与达文波特谱和希谬谱接近。试验获得了建筑模型表面各测压点在不同风向角下的风压系数 C_{pi} 的时域信号，进而得到平均风压系数 C_{pmean} 以及脉动风压系数 C_{pstd}。

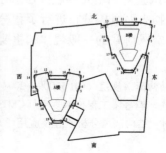

图 1 无锡超高层双子楼建筑模型风洞试验

* 委托项目：无锡耀辉公司项目（E5366）。

1.2 试验分析

根据抽样统计分析，最大风压系数 C_{pmax}、最小风压系数 C_{pmin} 由下式计算：

$$\left.\begin{array}{l} C_{pmax} = C_{pmean} + 3.5 \times C_{pstd} \\ C_{pmin} = C_{pmean} - 3.5 \times C_{pstd} \end{array}\right\} \tag{1}$$

根据以上得到的各测点处的平均风压系数 C_{pmean}，可计算不同高度测点处的点体型系数 μ_{si}：

$$\mu_{si} = C_{pmean} \times \left(\frac{10}{Z}\right)^{2 \times 0.22} \tag{2}$$

根据点体型系数 μ_{si}，该点的风压高度变化系数 μ_{zi} 及建筑所在地的基本风压 w_{0R}，可得：

$$w_{mean} = \mu_{si} \times \mu_{zi} \times w_{0R} \tag{3}$$

根据试验数据，按照建筑结构荷载规范计算了用于围护结构设计的阵风风压 w_i，得到了用于围护结构设计的风压数据：

$$w_i = \beta_{gz} \times \mu_{si} \times \mu_{zi} \times w_{0R} \tag{4}$$

对各计算层在不同风向角下沿 ox 轴方向的剪力 F_{xi}、沿 oy 轴方向的剪力 F_{yi} 和绕 oz 轴的扭矩 M_{zi} 等风荷载的计算公式如下：

$$\begin{cases} F_{xi} = -\iint C_{pmean} w_{0R} \mathrm{d}y\mathrm{d}z \\ F_{yi} = \iint C_{pmean} w_{0R} \mathrm{d}x\mathrm{d}z \\ M_{zi} = \iint C_{pmean} w_{0R}(x\mathrm{d}x\mathrm{d}z + y\mathrm{d}y\mathrm{d}z) \end{cases} \tag{5}$$

对 A 楼、B 楼和裙房各计算层的剪力 F_{xi}、F_{yi} 和扭矩 M_{zi} 等风荷载求和，可得到 A 楼、B 楼和裙房在不同风向角下的总剪力 F_x 和 F_y、总扭矩 M_z，对各计算层的剪力 F_{yi} 和 F_{xi} 乘以对应高度 z_i 进行求和可得到绕 ox 轴、oy 轴的总倾覆力矩 M_x、M_y：

$$\begin{cases} M_x = -\sum F_{yi} \cdot z_i \\ M_y = \sum F_{xi} \cdot z_i \end{cases} \tag{6}$$

2 结论

（1）根据试验获得的点体型系数得到的 10 min 平均风荷载是结构设计的基本参数；根据《建筑结构荷载规范》方法计算得到的 50 年重现期下最不利正压为 2.731kPa，最不利负压为 -4.570 kPa；对于围护结构设计，按统计方法，50 年重现期下，最不利正压为 3.417kPa，最不利负压为 -4.998kPa。

（2）根据风压测试结果对建筑物表面风压分布进行积分计算获得的风力和风力矩等风荷载可为结构设计提供详细技术依据。

（3）试验得到了无锡超高层双子楼建筑项目各测点的全部风压系数、点体型系数及其统计分析结果，并对建筑物表面风压分布进行了积分处理求取各计算层承受的剪力、扭矩以及总风荷载，获得了超高层双子楼建筑风荷载的一般规律和重要结论，为该项目结构设计提供重要技术依据。

参考文献

［1］建筑结构荷载规范（GB 50009—2001）［S］.北京：中国建筑工业出版社，2002.

［2］点支式玻璃幕墙工程技术规程（CECS 127—2001）［S］.北京：中国建筑工业出版社，2001.

［3］黄本才.结构抗风分析原理及应用［M］.上海：同济大学出版社，2001.

台风"卡努"作用下高层建筑平动和扭转向风致响应实测*

胡佳星[1]，李正农[2]

（1. 湖南科技学院土木与环境工程学院 永州 425199；

2. 湖南大学土木工程学院 长沙 410082）

1 引言

国外许多学者对高层建筑的风致响应进行了全面的测量[1-3]，这些高层建筑抗风实测为识别高层建筑动力参数（振型、自振频率和阻尼比）变化提供宝贵科研数据，但由于测试经费、测试条件的限制，针对我国东南沿海地区在台风作用下高层建筑风致响应研究仍然远远不够。而高层建筑动力响应测试常常使用三分向加速度计，获得的加速度往往被认为是东西、南北和铅垂向三个方向的平动，而实际上高层建筑在任何质点的完整运动特性还包括转动，因此需要测量 6 个自由度的振动，即三个平动和三个转动才能够完整的描述结构的振动状况[4-6]。目前转动测量受制于测量传感器的限制，针对台风作用下高层建筑原型测试基本都是沿结构平动向振型方向的响应[7-8]，鲜有研究专门针对台风作用下高层结构扭转响应的测试和分析，故基于台风影响下高层结构扭转振动效应的研究有重大的实际意义和科研价值。

2 研究方法

现场实测：本文依托海口市某高层建筑，获得了台风"卡努"影响下 6th、12th、18th、24th、30th、32nd 六个楼层的平动加速度，以及利用 RA013 型传感器获得了 24th、和 32nd 楼层扭转向角加速度，并且对比了平动和扭转向响应，探讨了台风影响下高层建筑平动向加速度和扭转向角加速度峰值因子取值范围，为以后开展高层扭转向抗风研究提供宝贵数据。

3 研究内容

（1）采用 RA013 型转动加速度对高层建筑结构在台风"卡努"影响下的扭转振动响应进行实测，获得 24th、32nd 扭转向角加速度响应，以及采用平动加速度计获得 6th、12th、18th、24th、30th、32nd 平动向加速度响应。图 1 展示了实测台风影响过程中高风速阶段 24th、32nd 楼层沿扭转向部分角加速度时程。

（2）以 10 min 为基本时距，探讨平动向加速度和扭转向角加速度响应随楼层高度和平均风速变化，研究台风作用下相同楼层的加速度平扭响应比；

（3）基于目标概率法提出台风作用下加速度峰值因子在不同目标保证率下的取值范围，并与《建筑结构荷载规范》GB 50009—2012 取值进行了对比，探讨台风作用下平动向加速度和扭转向角加速度峰值因子取值范围。

* 基金项目：湖南省自然科学青年基金项目（2020JJ5205）；国家自然科学基金项目（91215302）。

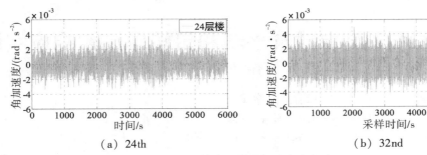

（a）24th （b）32nd

图1　扭转向楼层角加速度响应时程

4　结论

（1）随着风速增大，加速度平扭响应比将逐步稳定，顶楼平扭响应比最低，沿 x、y 轴向加速度平扭响应比分别接近于0.50和0.40。实测得到不同楼层平、扭向加速度响应随楼层增大呈指数型增大，随平均风速增大呈幂函数增大。

（2）平、扭向加速度峰值因子与设定目标保证率密切相关，目标保证率越小，加速度峰值因子越小，目标保证率越大，加速度峰值因子越大，且加速度峰值因子的离散度也随之增大，实测的峰值因子的大小与风速大小没有关联。

（3）若目标保证率为99.38%，其沿 x、y 向及扭转向加速度峰值因子 g_x、g_y、g_t 分别为2.86、3.03、2.73，若设定目标保证率为100%，其峰值因子平均值 g_x、g_y、g_t 分别可达4.95、4.07、4.52，均较《建筑结构荷载规范》（GB50009—2012）规定峰值因子2.5偏大。本文建议若设定目标保证率为99.38%，建议台风作用下平、扭向加速度峰值因子取值3.0；若设定目标保证率为100.00%，建议台风作用下平、扭向加速度峰值因子取值4.5。

参考文献

［1］JEARY A P. Establishing non-linear-damping characteristics from non-stationary response time-history［J］. The Structure Engineering, 1992, 70（4）：61－66.

［2］MIYASHITA K, ITOH M, FUJII K, et al. Full-scale measurements of wind-induced responses on the Hamamatsu ACT tower［J］. Journal of Wind Engineering & Industrial Aerodynamics, 1998, 74－76（98）：943－953.

［3］CAMPBELL S, KWOK K C S, HITCHCOCK P A. Dynamic characteristics and wind-induced response of two high-rise residential buildings during typhoons［J］. Journal of Wind Engineering & Industrial Aerodynamics, 2005, 93（6）：461－482.

［4］LI Q S, LI X, HE Y, et al. Observation of wind fields over different terrains and wind effects on a super-tall building during a severe typhoon and verification of wind tunnel predictions［J］. Journal of Wind Engineering & Industrial Aerodynamics, 2017, 162：73－84.

［5］LI Q S, ZHI L H, YI J, et al. Monitoring of typhoon effects on a super-tall building in Hong Kong［J］. Structural Control & Health Monitoring, 2014, 21（6）：926－949.

［6］LI Q, ZHI S. Dynamic behavior of Taipei 101 tower：field measurement and numerical analysis［J］. Journal of Structural Engineering, 2011, 137（1）：143－155.

［7］潘月月, 李正农, 张传雄, 等. 台风作用下某高层建筑电梯的水平振动响应分析［J］. 振动与冲击, 2015, 34（19）：103－108.

［8］史文海, 李正农, 罗叠峰. 台风"凡亚比"作用下超高层建筑风压特性的现场实测与风洞试验对比研究［J］. 空气动力学学报, 2014, 32（2）：264－271.

考虑气弹效应的双烟囱干扰因子研究 *

苏宁[1,2]，彭士涛[1,2]，洪宁宁[1,2]

（1. 交通运输部天津水运工程科学研究所 天津 300456；
2. 水路交通环境保护技术交通运输行业重点实验室 天津 300456）

1 引言

烟囱作为一种高耸结构，对风荷载作用较为敏感，尤其是横风向涡激振动具有较强的流固耦合非线性特征。双烟囱是一种典型的电厂设施布局形式，相比于单烟囱，其风荷载和风振响应特性更为复杂。目前，针对单烟囱风振响应的研究较为完善，形成了相关的规范（如参考文献[1][2]）供抗风设计参考，而针对双烟囱干扰因子的确定尚待进一步研究。本文通过刚性模型测压风洞试验和气弹模型测振风洞试验，研究了双烟囱的风振响应干扰效应，得到了双烟囱最不利风振响应干扰因子随烟囱间距、无量纲风速的变化规律，进而形成了考虑气弹效应的双烟囱干扰因子经验公式，供设计参考。

2 风洞试验

本试验在交通运输部天津水运工程科学研究所大气边界层风洞试验室中完成，风洞试验段尺寸为 4.4 m（宽）×2.5 m（高）×15 m（长），该风洞由 400kW 直流风机驱动，最大试验风速 30 m/s。

采用 ABS 板材制作形状相同的刚性、气弹及干扰烟囱模型，几何缩尺比为 1:200。烟囱原型尺寸为高 200 m，底部外径 21.3 m，顶部外径 11.7 m。气弹模型采用等效结构法，利用不锈钢管模拟烟囱主体结构的刚度，利用配重质量环模拟烟囱质量沿高度的分布。原型烟囱的总质量 1.35×10^7 kg，一阶振动频率为 0.42 Hz，阻尼比为 1.5%。质量、频率和阻尼相似比分别为 $1:200^3$、30.96:1 和 1:1。根据斯托罗哈相似准则，风速相似比为 1:6.46。

利用尖劈和粗糙元布置对 A 类边界层地貌进行被动模拟，采用 TFI 三维脉动风速仪（Cobra Probe）对来流风速进行测量，采样频率 1024 Hz，采样时长 60 s。刚性模型测压试验利用 PSI 电子压力扫描阀对模型表面多点风压进行同步测量，采样频率 330 Hz，采样时长 60 s。气弹模型测振试验利用松下激光位移计对烟囱顶部顺、横风向位移进行同步测试，采样频率 1024 Hz，采样时长 60 s。试验风速从 2.5 m/s 变化到 15 m/s，考虑单体烟囱工况和双烟囱间距 L/D 从 2 变化到 6，刚性模型测压试验从 0°～180°每隔 15°测试一次，气弹模型测振试验取刚性测压试验得到的每个间距下的最不利风振响应工况，测试工况如图 1 所示。

3 干扰效应分析

气弹模型测试得到的最不利风振响应结果如图 2 所示，由图可知，单烟囱的气弹响应随风速变化规律与规范建议值接近。对于双烟囱，当 $L/D = 2$ 时，由于两烟囱间的狭道效应，风振响应在各风速区间放大较为显著。当 $L/D \geqslant 3$ 时，双烟囱的干扰效应主要是上游烟囱旋涡脱落对下游烟囱产生的冲击共振效应，使得下游烟囱锁定风速区间拓宽，但当设计风速远超过锁定风速区间时，干扰效应显著降低。

---

* 基金项目：国家重点研发计划项目（2017YFE0130700）；中央级公益性科研院所基本科研业务费专项（TKS20200106）。

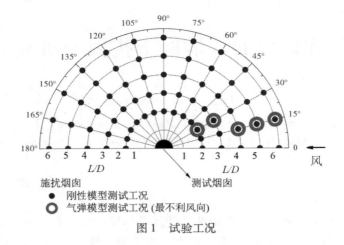

图 1　试验工况

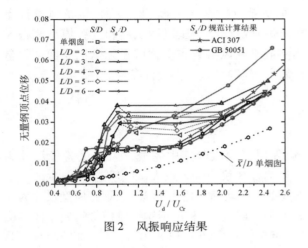

图 2　风振响应结果

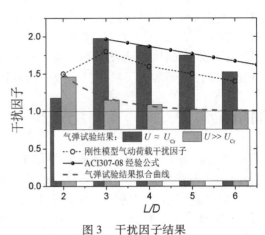

图 3　干扰因子结果

　　基于上述现象，针对锁定区间内外的干扰因子分别进行拟合，如图 3 所示，可见美国 ACI 规范给出的经验公式更适用于锁定风速区的干扰因子。本研究给出了设计风速超过锁定区间的干扰因子拟合公式，共设计参考。

4　结论

　　本文通过刚性和气弹模型风洞试验研究了双烟囱风振响应的气动弹性干扰效应，结果表明，双烟囱的气动干扰效应主要由狭道间隙流（$L/D = 2$）和尾流冲击共振（$L/D \geq 3$）所致，并分别给出了锁定风速区间内外的气弹干扰因子经验公式，供设计参考。

参考文献

[1] American Concrete Institute. Code requirements for reinforced concrete chimneys（ACI 307 – 08）and commentary［S］. Detroit, USA：2008.

[2] 中华人民共和国国家标准. 烟囱设计规范（GB50051—2013）［S］.北京：中国计划出版社，2013.

[3] SUN Y, LI Z Y, SUN X Y, et al. Interference effects between two tall chimneys on wind loads and dynamic responses［J］. Journal of Wind Engineering and Industrial Aerodynamics, 2020, 206：104227.

[4] SU N, LI Z, PENG S T, et al. Interference effects on aeroelastic responses and design wind loads of twin high-rise reinforced concrete chimneys［J］. Engineering Structures, 2021, 233：111925.

1：200 CAARC 模型表面风压的试验研究*

杜树碧[1,2]，张海程[1]，李明水[1,2]，秦川[1]

（1. 西南交通大学土木工程学院 成都 610031；

2. 西南交通大学风工程四川省重点实验室 成都 610031）

1 引言

风洞试验是获取风荷载的常用手段之一，传统的大气边界层被动模拟技术[1]往往不能较好地模拟紊流积分尺度[2]，导致风洞试验得到的结果不准确。本文首先确定了与几何缩尺比 1：200 CAARC 模型完全匹配的大气边界层风场（B 类），进而选用几何缩尺比 1：100 和 1：200 的 CAARC 模型，在不同紊流积分尺度的 B 类边界层风场中进行风洞测压试验，探讨了紊流积分尺度对 CAARC 模型表面风压的影响。

2 1：200 大气边界层风场的模拟和 CAARC 模型设计

2.1 紊流积分尺度的确定

CAARC 模型原始尺寸与测点布置与规范《建筑工程风洞试验方法标准》[3]相同。对于 B 类场地，$2/3H$ 处顺风向紊流积分尺度为 160 m，$1/2H$ 处顺风向紊流积分尺度为 146 m[4]。根据缩尺比原则，对于 1：200 的 CAARC 缩尺模型，$2/3H$ 处顺风向紊流积分尺度则为 0.8m，$1/2H$ 处顺风向紊流积分尺度则为 0.73 m。

2.2 大气边界层模拟

1：200 的 CAARC 缩尺模型分别在 XNJD-1 和 XNJD-3 中进行测压试验，编号分别为 M12 和 M32，1：100 的 CAARC 缩尺模型在 XNJD-3 中进行测压试验，编号为 M31。由图 1 可知，平均风速和紊流度均与规范要求的标准曲线吻合良好。由表 1 可知，XNJD-3 风洞中的 1：200 B 类风场与 CAARC 实际风场的紊流积分尺度接近，本文选用 XNJD-3 中的风场为标准风场。

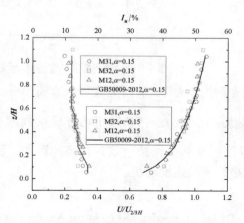

图 1 平均风速剖面与紊流度剖面

表 2 风场紊流参数

工况	高度	紊流积分尺度/m		
		L_μ^x	L_v^x	L_ω^x
M31	$2/3\ H$	1.330	0.291	0.362
	$1/2\ H$	1.520	0.296	0.307
M32	$2/3\ H$	0.833	0.425	0.137
	$1/2\ H$	0.821	0.425	0.078
M12	$2/3\ H$	0.255	0.112	0.110
	$1/2\ H$	0.304	0.113	0.110

* 基金项目：国家自然科学基金项目（51878580）。

3 实验结果与讨论

3.1 平均风压

由图2可以看出，本次试验所得到的数据与国外其他几家研究机构吻合良好，且紊流积分尺度对平均风压系数影响较小。

3.2 脉动风压均方根系数

由图3可知，脉动风压均方根系数随积分尺度与迎风面宽度比值$\frac{L_u^x}{D}$的减小而减小。采用准定常理论对脉动风压进行归一化处理，进一步研究了紊流积分尺度的迎风面脉动风压均方根系数的影响，由图4可知，迎风面脉动风压系数随$\frac{L_u^x}{D}$的减小而减小。

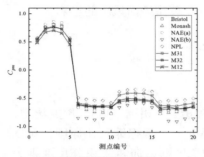

图2 CAARC模型平均风压系数（$z=2/3H$）

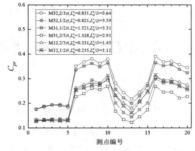

图3 CAARC模型脉动风压系数

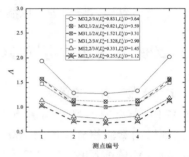

图4 CAARC模型迎风面脉动风压系数

3.3 脉动风压功率谱

图5为CAARC模型$2/3H$高度处宽面中点的脉动风压功率谱，其中纵坐标采用了归一化风谱。由图可知，在低频区间，脉动风压功率谱基本保持一致，由准定常效应控制；在高频区间，脉动风压功率谱衰减速度快于脉动风速功率谱，且紊流积分尺度越小，衰减速度越快。

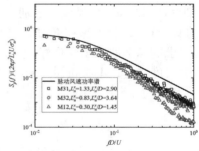

图5 CAARC宽面中点的脉动风压功率谱

4 结论

本文通过对不同缩尺比CAARC模型在相应缩尺B类风场中的风洞试验研究表明，紊流积分尺度对平均风压系数影响较小，对脉动风压及脉动风压谱的影响较大；$\frac{L_u^x}{D}$越小，脉动风压均方根系数越小；对于迎风面中点，在低频区间，脉动风压功率谱由准定常效应控制且基本保持一致，在高频区间，脉动风压功率谱衰减速度快于脉动风速功率谱，且紊流积分尺度越小，衰减速度越快。

参考文献

［1］IRWIN H. The design of spires for wind simulation［J］. Journal of Wind Engineering and Industrial Aerodynamics，1981，7（3）：361－366.

［2］FARELL C，IYENGAR A K S. Experiments on the wind tunnel simulation of atmospheric boundary layers［J］. Journal of Wind Engineering & Industrial Aerodynamics，1999，79（1－2）：11－35.

［3］建筑工程风洞试验方法标准（JGJ/T338—2014）［S］.北京：中国建筑工业出版社，2015.

［4］公路桥梁抗风设计规范（JGJ/T3360－01—2018）［S］.北京：人民交通出版社，2019.

不同阻尼器布置机构下超高层建筑风振舒适度控制效果对比分析

仇建磊，李庆祥，许伟，肖丹玲，刘轩

（广东省建筑科学研究院集团股份有限公司 广州 510640）

1　引言

强风作用下超高层建筑结构容易出现风振加速度过大的问题，黏滞阻尼器可在不增加刚度的前提下为结构提供附加阻尼，降低其振动响应。一般而言，风荷载作用下结构位移较小，阻尼器作用不能得到充分发挥。国内外学者提出阻尼器响应放大技术解决此问题，包括肘节式支撑[1]、剪刀型支撑[2]等。以某超高层建筑为例，分别以单斜对角支撑、反向肘节式支撑和剪刀型支撑三类布置方式控制结构，根据风振加速度响应对比其减振效果。

2　工程概况

选取某超高层住宅项目（图1），该项目共68层，混凝土剪力墙结构体系，总高度为205.85 m。取10年重现期风压0.45 kN/m²，根据风洞实验（图2）采用 Etabs 计算，280°风向角下结构 y 向峰值加速度0.216 m/s² 及 0°风向角下结构 x 向峰值加速度0.185 m/s² 均超限。

图1　结构模型　　　　　　　　　图2　试验模型及周边情况

3　阻尼器方案设计

三类阻尼器布置方式（单斜对角支撑、反向肘节式支撑和剪刀型支撑）如图3所示。

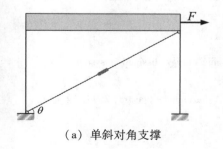
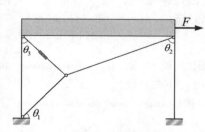
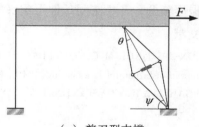

（a）单斜对角支撑　　　　　（b）反向肘节式支撑　　　　　（c）剪刀型支撑

图3　阻尼器布置示意

选择相同的布置位置和黏滞阻尼器。在 3 个避难层每层沿 y 向布置 6 套、x 向布置 2 套，共计 24 套（图 4）。黏滞阻尼器速度指数 a 取为 0.25，阻尼系数 C 取为 1200 kN/(m·s^{-1})$^{0.25}$。

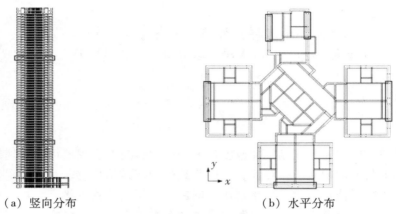

（a）竖向分布　　　　　　　　　　　（b）水平分布

图 4　阻尼器布置方案

4　控制效果对比分析

图 5 所示为加速度响应时程曲线，三种阻尼支撑系统下结构 x 向（0°风向作用）和 y 向（280°风向作用）风振加速度均得到一定程度控制，反向肘节式支撑控制效果最好，剪刀型支撑阻尼系统次之，二者的 x 向和 y 向结构风振加速度均被控制在规范限值以下，即均小于 0.15 m/s^2，而单斜对角支撑阻尼系统的控制效果不佳。

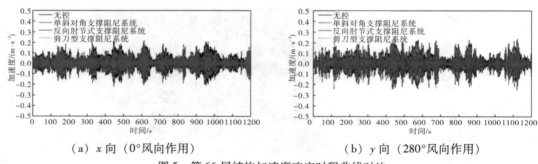

（a）x 向（0°风向作用）　　　　　　　　　（b）y 向（280°风向作用）

图 5　第 66 层结构加速度响应时程曲线对比

5　结论

与传统单斜对角支撑阻尼系统相比，剪刀型支撑阻尼系统和反向肘节式支撑阻尼系统均能有效放大阻尼器响应，反向肘节式支撑阻尼系统减振效果最佳，在一般情况下优先推荐采用，剪刀型支撑阻尼系统减振率略低，在小空间条件下建议考虑采用。

参考文献

［1］ CONSTANTINOU M C, TSOPELAS P, HAMMEL W, et al. Toggle-brace-damper seismic energy dissipation systems ［J］. Journal of Structural Engineering, 2001, 127（2）: 105 – 112.

［2］ ŞIGAHER A N, CONSTANTINOU M C. Scissor-jack-damper energy dissipation system ［J］. Earthquake Spectra, 2003, 19（1）: 133 – 158.

基于改进粒子群算法的超高层建筑抗风优化设计方法[*]

李毅[1,2]，段汝彪[1,2]

（1. 结构抗风与振动控制湖南省重点实验室 湘潭 411201；

2. 湖南科技大学土木工程学院 湘潭 411201）

1 引言

超高层建筑的结构设计过程中，风荷载作用下的结构侧移及横向加速度通常成为超限设计的审查重点。如何实现超高层建筑抗风设计的安全性、舒适性和经济性的统一，一直是结构工程师和风工程研究人员关注的焦点。建筑结构外形的气动优化能从根本上降低超高层建筑的风荷载[1]，但其使用却往往超出结构工程师的控制范畴。辅助阻尼器措施虽然被证明具有较好的降振效果[2]，其建造、运行和维护的额外成本也往往过于高昂。结合结构优化设计算法和结构风致响应计算理论建立的超高层建筑抗风优化设计方法，既不需要建筑结构外形的改变又不需要额外的阻尼器设备，是当前超高层建筑抗风设计研究的热点[3-5]。

粒子群算法具有全局优化性能强、概念简单、编码容易、控制参数少、收敛速度快等优点，本文通过风洞试验获取结构气动基底弯矩功率谱，对气动基底弯矩功率谱和自振频率进行拟合，将优化过程中的加速度约束转化为自振频率约束；基于改进罚函数粒子群算法和有限元分析软件，推导了超高层建筑抗风优化设计的数学模型和优化流程。最后，以 CAARC 标准高层建筑为例，验证了该抗风优化设计方法的有效性。研究结果可为超高层建筑抗风设计相关研究人员提供一定参考。

2 抗风优化数学模型

以构件的几何尺寸为设计变量，以建筑总质量为目标函数，约束函数包括基于工业标准的设计变量的离散性约束、舒适度约束（顶层侧移值、层间侧移角、风致加速度）。其优化问题的数学模型如下：

设计变量：$X = [x^1, x^2, x^3, \cdots, x^d]$，$d = 1, 2, \cdots, D$ （1）

目标函数：$P(X) = P(x^1, x^2, x^3, \cdots, x^d)$ （2）

约束条件：$x^d \in S_d = \{X_1, X_2, X_3, \cdots, X_p\}$ （3）

$$d_H \leqslant d_H^U, \qquad d_j \leqslant d_j^U \qquad (4)$$

$$\omega_j \geqslant \bar{\omega}_j \qquad (5)$$

式中，$P(X)$ 为建筑总质量；$x^1, x^2, \cdots, x^d$ 表示构件截面尺寸（如，梁、柱的高 h、宽 b，剪力墙的厚 t 等），属于离散集合 S_d；d_H 是结构顶部侧移，d_H^U 为顶部侧移的限值；d_j 和 d_j^U 分别是第 j 层与第 $j-1$ 层的层间侧移的差值及其限值；ω_j、$\bar{\omega}_j$ 分别为结构的第 j 阶固有频率及其下限值；D 为设计变量的个数。

3 数值验证

以 60 层高的 CAARC 高层建筑标准模型为算例对抗风优化设计数学模型的有效性进行验证。优化过程中结构自重的变化曲线、结构一阶自振频率、各层侧移和层间侧移角的优化结果分别如图 1～图 4 所示。优化目标函数在优化开始时迅速增加，然后逐渐减小直至其收敛值。在前 160 次迭代中几乎达到了收敛，此后收敛曲线变得非常平坦。与初始值相比，结构总重量相对减少约 25.50%，结构自振频率从不满

[*] 基金项目：国家自然科学基金项目（51708207）。

足要求的初始频率 0.1876 Hz 到满足要求的优化频率 0.2207 Hz，结构风致侧移则明显降低。

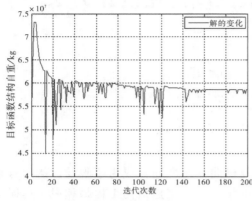

图 1　结构自重的变化曲线

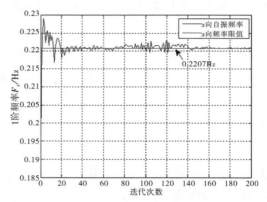

图 2　结构一阶自振频率的变化曲线

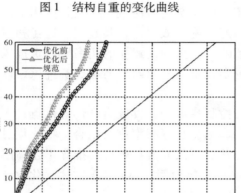

图 3　优化前后各层侧移的对比

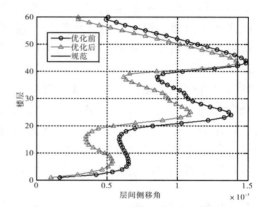

图 4　优化前后各层层间侧移角的对比

4　结论

（1）实现了等效静力风荷载在优化过程中由于动力特性变化而引起的风荷载的更新。

（2）能够改变结构构件截面尺寸，重新分配侧向刚度，以满足风振响应的约束条件。

（3）能达到降低超高层建筑的风荷载（特别是横风向风荷载）的效果。

参考文献

[1] LI Y, LI C, LI Q S, et al. Aerodynamic performance of CAARC standard tall building model by various corner chamfers [J]. Journal of Wind Engineering and Industrial Aerodynamics, 2020, 202：104197.

[2] LI Q S, ZHI L H, TUAN A Y, et al. Dynamic behavior of Taipei 101 tower：field measurement and numerical analysis [J]. Journal of Structural Engineering, ASCE, 2011, 137：143 – 155.

[3] CHAN C M, WONG K M. Structural topology and element sizing design optimization of tall steel frameworks using a hybrid OC-GA method [J]. Structural and Multidiscipline Optimization, 2008, 35（5）：473 – 488.

[4] CHAN C M, HUANG M F, KWOK K C S. Stiffness optimization for wind-induced dynamic serviceability design of tall buildings [J]. Journal of Structural Engineering, ASCE, 2009, 135（8）：985 – 997.

[5] FU J Y, WU B G, XU A, et al. A new method for frequency constrained structural optimization of tall buildings under wind loads [J]. The Structural Design of Tall and Special Buildings, 2018, 27（18）：e1549.

基于机器学习的高层建筑横风向效应评估[*]

胡钢[1,2]，林鹏飞[1]，李朝[1]，肖仪清[1,2]

（1. 哈尔滨工业大学（深圳）土木与环境工程学院 深圳 518055；
2. 哈尔滨工业大学（深圳）粤港澳数据驱动下的流体力学与工程应用联合实验室 深圳 518055）

1 引言

由于矩形截面高层建筑横风向振动的重要性，传统的理论方法无法快速准确地预测其横风向响应，风洞试验和数值模拟虽然在预测结果上表现良好，但是需要耗费大量的人力物力。因此，本文采用机器学习技术来快速准确地预测任意工况下矩形截面高层建筑的横风向响应。基于台湾淡江大学风工程研究中心（WERC）的风荷载数据库，利用机器学习技术建立横风向力功率谱预测模型，采用横风向力功率谱机器学习模型结合随机振动理论的方法来计算矩形截面高层建筑的横风向响应。与传统的风洞试验和数值模拟技术相比，该方法可以节省大量的人力和物力，并能够为矩形截面高层建筑的初步设计提供一个初步评估。

2 研究方法和内容

本文提出了一种基于机器学习技术和随机振动理论的矩形截面高层建筑横风向力功率谱和横风向响应的预测方法。基于圣母大学自然灾害建模实验室交互设计模块（DEDM-HR）中台湾淡江大学风工程研究中心（WERC）的风荷载数据库，采用轻量级梯度提升机（LGBM）算法训练机器学习模型用于预测矩形截面高层建筑的横风向力功率谱。机器学习模型的输入为场地粗糙度、高宽比、长宽比和缩减频率，输出为矩形截面高层建筑的横风向力功率谱。采用机器学习模型内推测试和外推测试来进一步验证模型的鲁棒性。结果表明，LGBM 模型可以高效准确的预测任意输入组合（场地粗糙度、高宽比和长宽比）下的矩形截面高层建筑的横风向力功率谱。同时，基于上述可靠的横风向力功率谱机器学习模型生成的一系列输入组合下的横风向力功率谱数据，采用无监督学习算法，即 K 均值聚类，来进一步挖掘横风向力功率谱特性。基于 K 均值聚类算法，从宏观的角度分别讨论了长宽比和高宽比这两个因素对横风向力功率谱的影响。结果表明，长宽比对横风向力功率谱的影响远远大于高宽比的影响，并采用机器学习特征重要性分析和理论分析进一步验证了此结论。最后，利用建立的横风向力功率谱机器学习模型和随机振动理论方法来预测矩形截面高层建筑的横风向响应（流程图如图 1 所示）。利用风洞试验数据验证了本文提出的方法可以快速准确地预测矩形截面高层建筑的横风向响应。

* 基金项目：国家重点研发计划基金（2019YFC0810702）；深圳市基础研究资助项目（JCYJ20190806145216643）；粤港澳数据驱动下的流体力学与工程应用联合试验室项目（2020B1212030001）。

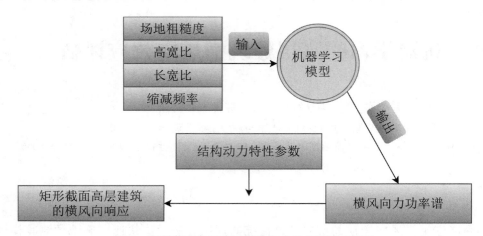

图 1 矩形截面高层建筑横风向响应的预测流程图

3 结论

基于台湾淡江大学风工程研究中心数据库,利用轻量级梯度提升机算法(LGBM)建立了矩形截面高层建筑横风向力功率谱预测模型,该模型可以快速准确的预测矩形截面高层建筑的横风向力功率谱,并利用机器学习技术进一步研究了矩形截面横风向力功率谱特性。同时,本文提出的 LGBM 模型结合随机振动理论的方法可以快速准确预测矩形截面高层建筑的横风向响应。

基于大涡模拟的吸热塔高耸结构风振响应分析[*]

冯若强，钟昌均

（东南大学土木工程学院 南京 211189）

1 引言

风洞试验是对结构抗风性能研究最为准确有效的手段，主要方法为主动方法[1]和被动方法[2]，但试验周期长和成本高昂等不足，使得试验规模受到限制。目前随着数值模拟技术的快速发展，采用CFD数值模拟法研究高耸结构抗风性能是较为经济和有效的方法[3]。

近年来，国内外有较多专家利用CFD数值模拟方法对高耸结构抗风性能进行了研究。Ishihara等人[4]对不同风向角下方形高耸结构的气动特性进行了大涡模拟研究，模拟得到的平均气动力系数和流动规律均与试验结果较为接近。J. Franke[5]对雷诺数为3900的圆柱绕流进行了大涡模拟研究，研究表明采用较小的采样时间并不会使平均值收敛。孟明玉[6]通过对矩形截面高耸结构进行CFD模拟，研究了结构周围流场分布规律及建筑物表面的风压分布特点。刘如意[7]采用线性滤波法生成风荷载时程，对高耸结构进行了风振响应分析并探究了阻尼器对风振响应的影响。可见，采用CFD技术对高耸结构进行风振响应分析是可行的。

因迪拜某太阳能高耸光热发电塔结构体系具有一定特殊性，其对风荷载作用的响应与常规火力发电厂中的烟囱外筒结构相比有较大差别，故需要对其横风向性能进行研究。本文采用大涡模拟并结合一种新的可满足大气边界层中风场特性的湍流脉动速度生成方法——随机数循环预前模拟法（RNRM）作为大涡模拟的脉动风速入口条件。基于Fluent软件平台，通过用户自定义函数（User Defined Functions, UDF）接口与Fluent软件连接，编写了并行运算程序，模拟得到吸热塔高耸结构周围的流场及作用于其上的风荷载时程数据。分析在不同塔顶风速下不同截面高度处的流场及升力系数的频谱特性，确定该吸热塔高耸结构发生涡激共振的实际临界塔顶风速。并对吸热塔高耸结构进行风振响应分析，探究塔顶风速、风向角、阻尼比和破风圈对风振响应的影响。研究结论可为实际工程或其他类似研究提供参考。

2 工程概况

迪拜700MW光热项目第一阶段塔式光热发电站中吸热塔的高度为260 m，塔顶吸热器设备直径和高度分别为23.8 m和38 m，含熔盐介质总重约3000 t，吸热塔对风荷载作用的响应与常规火力发电厂中的烟囱外筒结构相比有较大差别。吸热塔结构体系如表1所示。

表1 吸热塔的结构体系

高度范围/m	筒体类型	内径尺寸/m	壁厚/mm	备注
0～51	矩形混凝土	25.8	800	为满足塔顶设备的吊装施工要求，底部开孔48 m×25.8 m
51～82	矩变圆混凝土	25.8～23.8	800～700	
82～222	圆形混凝土	23.8	700～500	为满足设备布置及检修要求，在内部设置钢结构平台及楼梯、电梯
222～260	钢结构桁架	23.8	—	

* 基金项目：国家自然科学基金项目（51978151）。

3 数值模拟方法

本文提出随机数循环预前模拟法，采用在高处增加随机数的方式来实现增加高处的湍流度，使计算量大大减小，并且调试的过程也非常简单和明确，最终得到满足《建筑结构荷载规范》要求的湍流度。此外，由于边界条件较为复杂，很难直接输入 Fluent 软件进行模拟，需通过 UDF 接口与 Fluent 软件连接。故采用 UDF 实现随机数循环预前模拟。

4 结论

本文运用随机数循环预前模拟法作为大涡模拟的入口边界条件，对 CAARC 标准模型和吸热塔高耸结构进行大涡模拟研究，并对吸热塔高耸结构进行风振响应分析。主要结论如下：

（1）将有 CAARC 标准模型计算域的数值模拟结果与风洞试验结果对比，验证了采用随机数循环预前模拟法作为大涡模拟的入口边界条件的准确性与适用性。

（2）底部的矩形截面和矩变圆截面旋涡脱落现象不明显，中上部的圆形截面旋涡脱落现象较为明显。通过分析升力系数的频谱特性，得到该吸热塔的旋涡脱落频率，最终确定该吸热塔发生涡激共振的实际临界塔顶风速为 63 m/s。

（3）通过探究风向角和塔顶风速对风振响应的影响发现，各风向角下塔顶位移、塔顶加速度、基底剪力和基底弯矩存在较大的差别，最不利风向角为 75°风向角。

（4）随着阻尼比的增加，塔顶位移、基底剪力和基底弯矩逐渐减小；阻尼比对基底剪力和基底弯矩的影响比对塔顶位移和塔顶加速度的影响小，且阻尼比对塔顶加速度的影响最大；阻尼比为 0.15%～1% 时对风振响应的影响较大，阻尼比为 1%～5% 时对风振响应的影响较小；对于该类吸热塔高耸结构，阻尼比建议的取值范围为 0.15%～1%。

（5）破风圈能够有效地破坏吸热塔的旋涡脱落，降低结构表面的横风向风荷载。采用破风圈可使塔顶位移及加速度、基底剪力及弯矩明显降低且平均降幅达 39.3%。

参考文献

［1］ HINZE J. Turbulence：An Introduction to Its Mechanism and Theory ［M］：SERBIULA（sistema Librum 2.0）.

［2］ IRWIN H P A H. The design of spires for wind simulation ［J］. Journal of Wind Engineering and Industrial Aerodynamics，1981，7（3）：361－366.

［3］ ABDOLLAH B D. Study on wind aerodynamic and flow characteristics of triangular-shaped tall buildings and CFD simulation in order to assess dragcoefficient ［J］. Ain Shams Engineering Journal，2016，10：541－548.

［4］ SHINICHI O T I. Numerical study of aerodynamic characteristics of a square prism in a uniform flow ［J］. Journal of Wind Engineeringand Industrial Aerodynamics，2009，97（11）：548－559.

［5］ FRANKE J，FRANK W. Large eddy simulation of the flow past a circular cylinder at Re D = 3900 ［J］. Journal of Wind Engineeringand Industrial Aerodynamics，2002，90（10）：1191－1206.

［6］ 孟明玉. 矩形截面高耸结构风荷载的 CFD 模拟 ［D］. 成都：西南交通大学，2016.

［7］ 刘如意. 高层及高耸结构的风致扭转振动控制研究 ［D］. 武汉：武汉理工大学，2016.

超高层建筑风振疲劳寿命研究

王磊[1,2]，尹伊[1]，梁枢果[2]

（1. 河南理工大学土木工程学院 焦作 454000；

2. 武汉大学土木建筑工程学院 武汉 430072）

1 引言

在长期的风荷载作用下，超高层建筑结构的风致振动将产生不断的循环应力，可能使得一些关键构件发生疲劳破坏。从既有研究来看，风振疲劳寿命研究多集中于桅杆、输电塔、避雷针等高耸结构，对超高层建筑的风振疲劳研究相对较少。本文以某高度约为 350 m 的超高层建筑为研究对象，在考虑风速风向联合分布基础上对超高层建筑进行风振疲劳寿命分析。

2 实验概况

试验在武汉大学 WD-1 边界层风洞实验室进行，风洞试验所模拟实际风场均为 C 类湍流场，以 10°为间隔进行了刚性测压模型风洞试验，试验照片见图 1，几何缩尺比为 1∶400。共布置了 360 个测压点进行同步测压（图 2）。

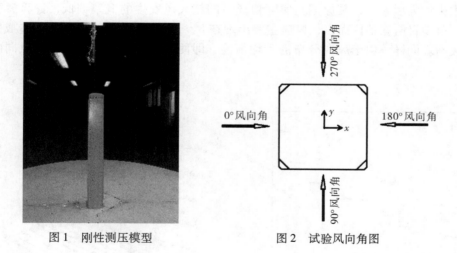

图 1　刚性测压模型　　　　　　图 2　试验风向角图

3 疲劳寿命分析

本文采用时域分析方法计算风致疲劳损伤，大致过程如下：

（1）根据中国气象数据网气象资料，统计得到各方向出现风的概率及各平均风的风速分布，建立 Weibull 风速风向联合概率分布模型（图 3 为建筑所在地区风玫瑰图）。

（2）进行了刚性模型同步测压风洞试验，计算了结构的风致响应时程，结合 Midas 软件分析得到了各单元的动态应力时程。

（3）根据上述方法得到的应力时程曲线，由雨流计数法统计不同应力幅下的循环次数，考虑风速风向联合分布，对关键构件在不同风速、不同风向下的应力幅值与应力循环次数进行累加，求得总作用时间内的应力幅值与相应应力循环次数。

（4）用 $S-N$ 曲线法和 Miner 线性疲劳累积损伤理论求得疲劳损伤。

根据风洞试验数据，计算得到不同风向角下结构的风致响应，结合 Midas 软件可以得到结构各单元的应力时程，图 4、图 5 分别给出了最危险单元 15661 的位置和 15661 单元在 0°风向角下、风速为 25 m/s 时的应力时程。

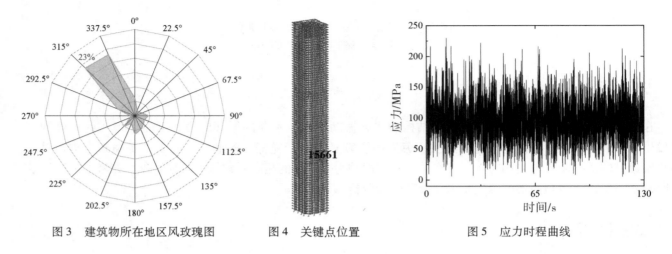

图 3　建筑物所在地区风玫瑰图　　图 4　关键点位置　　图 5　应力时程曲线

考虑风速风向联合分布，图 6 给出了下风致应力较大的 100 个单元的疲劳寿命统计。根据图 6 的结果，该结构的最不利杆件的疲劳寿命为 396.62 年，即该超高层建筑在设计年限内不会发生风致疲劳破坏。图 7 给出了考虑风速风向联合分布下单元 15661 的年疲劳累积损伤。从图 7 中可以看出，各风向下的年损伤值随着风速的增大先增大后减小，其原因是实际情况下的超大风发生的概率偏低，计算疲劳损伤时其损伤权重系数较小，就项目所在地区而言，风速主要出现在 8～12 m/s 之间，这段风速造成的疲劳损伤在总损伤中的占比较高。同样，由于风向分布的不均衡性，即便风速相同，构件在不同风向的疲劳损伤也差异较大。

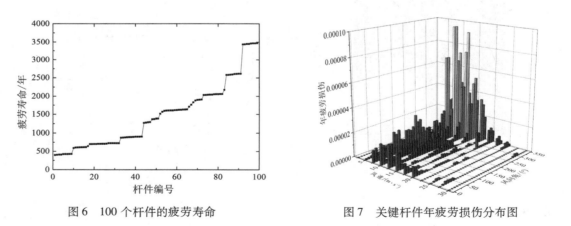

图 6　100 个杆件的疲劳寿命　　　　图 7　关键杆件年疲劳损伤分布图

4　结论

本文以某超高层建筑为研究对象，通过风洞试验和数值计算，得到该超高层建筑的风振响应和风致应力。采用时域方法分析了结构的风致疲劳问题并计算其风振应力较大的 100 根杆件的疲劳寿命，最终计算得到该超高层建筑的风振疲劳寿命为 396.62 年。本文仅为一个算例，对于不同地区、不同结构、不同设计风速而言，超高层建筑的疲劳寿命会有所不同，对此还有待进一步研究。

基于时程重构的风致响应可靠概率计算方法研究 *

严亚林[1,2]，陈凯[1,2]，宋张凯[1,2]

（1. 建筑安全与环境国家重点实验室 北京 100013；

2. 中国建筑科学研究院有限公司 北京 100013）

1 引言

峰值因子是影响结构风致响应取值及等效静力风荷载大小的重要参数，对结构在风荷载作用下的可靠性评估有重要意义[1]。虽然峰值因子的选取与结构安全等级直接相关，但目前关于峰值因子的可靠性问题还未完全解决。

本文基于 Karhunen-Loeve 变换[2]，以若干独立随机变量将随机过程正交展开，再通过多维随机变量积分方法获得结构响应保证率，从而为结构风致响应可靠度分析建立理论基础。

2 Karhunen-Loeve 分解

将随机过程 $X(t)$ 表示为平均值 $X_0(t)$ 与脉动过程 $X_0(t)$ 之和，如式（1）：

$$X(t) = X_0(t) + X_\sigma(t) \tag{1}$$

式中，$X_0(t)$ 为 0 均值随机过程，与 $X(t)$ 具有相同的协方差矩阵。对于风致响应随机过程，其协方差矩阵为以时间为变量的正定有界函数。

Karhunen 和 Loeve 分别指出，随机过程 $X_\sigma(t)$ 分离成若干互不相关的随机变量 $\zeta_n(n = 1,2,\cdots)$ 线性组合的形式，如式（2）：

$$X_\sigma(t) = \sum_{n=1}^{\infty} \zeta_n \sqrt{\lambda_n} f_n(t) \tag{2}$$

式中，λ_n 为随机过程不同时刻随机变量的协方差矩阵的特征值，$f_n(t)$ 为与 λ_n 对应的特征函数。$f_n(t)$ 满足式（3）：

$$\int_T f_n(t) f_m(t) \, \mathrm{d}t = \delta_{nm} = \begin{cases} 1 & \text{if } n = m \\ 0 & \text{其他} \end{cases} \tag{3}$$

实际工程中，仅需 N 个独立随机过程即可保证一定的展开精度，即式（2）近似表达为式（4）：

$$X_\sigma(t) \cong \sum_{n=1}^{N} \zeta_n \sqrt{\lambda_n} f_n(t) \tag{4}$$

对式（4）中的时间进行离散，可得式（5）：

$$X_\sigma(t_i) \cong \sum_{n=1}^{N} \zeta_n \sqrt{\lambda_n} f_n(t_i) \tag{5}$$

3 风致响应的可靠概率计算

将时间间隔 t 等距划分为 m 个时间区格，每个时间区格的中心时刻为 t_i，则 t 区段内风致响应的可靠概率为式（6）：

$$p = \int_\Omega f \mathrm{d}\zeta_1 \cdots \mathrm{d}\zeta_N \tag{6}$$

* 基金项目：住建部科学技术计划项目（2021 - K - 028）。

式中，Ω 是满足 $\sum\limits_{n=1}^{N} \zeta_n k_n \sigma_n^2 \leqslant g^2 \sigma_x^2$ 的空间，其中 g、σ 分别为风致响应的峰值因子及均方根值。

T 时间段内总的风致响应时程可划分为 s 个时间间隔为 t，且互不相关的时间段。总时段内结构的响应可靠概率可表示为式（7）：

$$p = p^s \tag{7}$$

4　总结

基于 Karhunen-Loeve 变换，以若干独立随机变量将随机过程正交展开，将随机变量分布与时间函数分离，通过随机变量表达概率分布，通过时间函数表达相关性，有效地建立随机过程与随机变量的联系，再通过时间函数与多维联合分布函数的积分域的转换，获得了整个时间过程上的响应可靠概率，为结构抗风可靠性分析提供参考。

参考文献

［1］DAVENPORT A G. The relationship of reliability to wind loading［J］. Journal of Wind Engineering & Industrial Aerodynamics，1983，13（1－3）：3－27.

［2］李杰，刘章军. 基于标准正交基的随机过程展开法［J］. 同济大学学报（自然科学版），2006，34（10）：1279－1283.

偏转风作用下千米级超高层建筑气弹效应研究 *

郑朝荣[1,2]，唐龙飞[1,2]，武岳[1,2]

（1. 哈尔滨工业大学结构工程灾变与控制教育部重点实验室 哈尔滨 150090；
2. 哈尔滨工业大学土木工程智能防灾减灾工业和信息化部重点实验室 哈尔滨 150090）

1　引言

千米级超高层建筑具有轻质高柔的特点，风荷载作用下其气弹效应明显。现今的各国规范和标准[1-4]均认为建筑高度范围内风向角不变，已有研究表明，水平风向角随高度发生变化，导致千米级超高层建筑的偏转风效应也很显著[5]。此时气弹效应和偏转风效应的耦合作用将使千米级超高层建筑的风致响应特性更加复杂。本文基于风向偏转角为 25°的偏转风场（25TWF）及无偏等效风场（25SWF）作用下方形截面千米级超高层建筑的气弹模型风洞试验结果，采用遗传算法对随机减量法进行改进，结合随机减量法和 Hilbert – Huang 变换方法识别气动阻尼比；对比分析 25TWF 和 25SWF 作用下方形气弹模型的气动阻尼比和加速度响应随不同风向角和来流折减风速的变化规律，探究偏转风作用下千米级超高层建筑的涡激共振特性。

2　有无风向偏转时的气弹效应与风致响应对比分析

2.1　气动阻尼比

图 1 给出了 25TWF 与 25SWF 作用下方形气弹模型在 0°和 45°风向角时的 X 向与 Y 向气动阻尼比随 U_r 的变化曲线。由图可知，对于 25SWF 而言，0°风向角时，X 向气动阻尼比随 U_r 的增加逐渐增大，Y 向气动阻尼比在 U_r 为 9.27～10.98 范围内逐渐减小，之后快速增大，形成"V"形变化，最大气动负阻尼为 1.1%；45°风向角时，X 向与 Y 向气动阻尼比变化规律基本一致，在 U_r 较小时为负值。25TWF 作用下气动阻尼比总体大于 25SWF 的结果，这表明偏转风有利于增大方形气弹模型的气动阻尼比，减小风致响应。

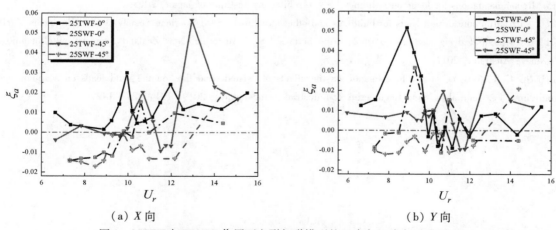

（a）X 向　　　　　　　　　　　　（b）Y 向

图 1　25TWF 与 25SWF 作用下方形气弹模型的 X 向与 Y 向气动阻尼比

2.2　极值加速度

图 2 给出了 25TWF 与 25SWF 作用下方形气弹模型顶点的 X 向与 Y 向加速度均方根值。由图可知，相

---

* 基金项目：黑龙江省自然科学基金联合引导项目（LH2019E050）。

比于 0°风向角，45°风向角时 X 向加速度在两种风场中均在 $U_r = 12$ 附近时出现了明显的峰值，表明涡激共振现象明显。对于 Y 向加速度均方根而言，0°风向角远大于 45°风向角，这说明该风向角下涡激共振现象明显，且 25TWF 作用下加速度均方根更小，反映了图 1 中 25TWF 作用下的气动阻尼比较大的影响。

图 3 给出了 25TWF 与 25SWF 作用下方形气弹模型顶点合极值加速度之比。由图可知，加速度之比基本都小于 1，0°风向角下偏转风最大会使合极值加速度降低 45.1%（$U_r = 7.83$ 处），这说明了对于方形千米级超高层建筑，风向偏转有利于抗风。

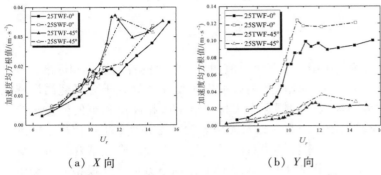

（a）X 向　　　　　　　（b）Y 向

图 2　25TWF 与 25SWF 作用下方形气弹模型顶点得 X 向与 Y 向加速度均方根

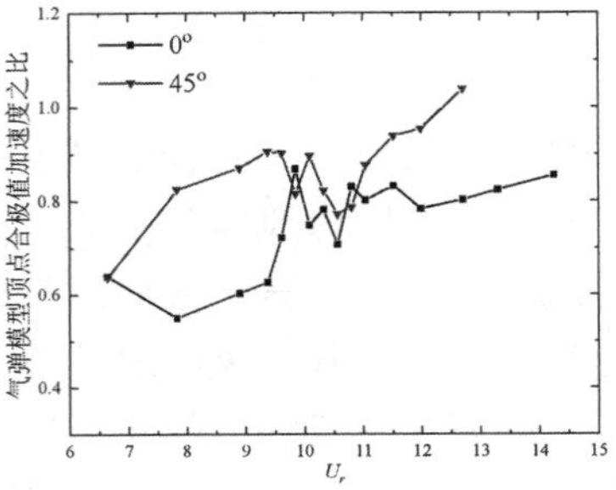

图 3　25TWF 与 25SWF 作用下方形气弹模型顶点合极值加速度之比

3　结论

本文基于有/无偏转风场（25TWF 和 25SWF）下方形千米级超高层建筑的气弹模型风洞试验所得的加速度响应，采用遗传算法识别了加速度截断幅值和样本长度的最优解，建立了改进的随机减量法，成功识别了气动阻尼比；通过对比 25TWF 与 25SWF 作用下气弹模型加速度极值和气动阻尼比随风向角和折减风速的变化规律，研究了偏转风作用下千米级超高层建筑的气弹效应，为超高层建筑的抗风设计提供有益参考。

参考文献

[1] 建筑结构荷载规范（GB 50009—2012）[S]. 北京：中国建筑工业出版社，2012.

[2] AIJ-2015. Recommendations for loads on buildings [S]. Architecture Institute of Japan, 2015.

[3] ASCE/SEI 7-10. Minimum design loads for buildings and other structures [S]. American Society of Civil Engineers, 2010.

[4] AS/NZS 1170. Structural design actions, Part 2: wind actions [S]. Australian/New Zealand Standard, Wellington, New Zealand/Sydney, Australia, 2011.

[5] LIU Z, ZHENG C R, WU Y, et al. Investigation on the effects of twisted wind flow on the wind loads on a square section megatall building [J]. Journal of Wind Engineering & Industrial Aerodynamics, 2019, 191: 127-142.

电涡流 TMD 在光热电站吸热塔风振控制中的实测研究 *

刘敏，李寿英，陈政清

（湖南大学风工程与桥梁工程湖南省重点实验室 长沙 410083）

1 引言

吸热塔结构因其风敏感的外形及高柔的结构特性极易在低风速下发生严重的风致振动，过大的振幅不仅会影响结构的正常使用功能，还会造成结构疲劳破坏。因此，采取有效的减振措施来提高该类结构的抗风性能十分重要。本文以 Noor Ⅲ光热电站吸热塔为背景，设计了大吨位单摆式电涡流 TMD 装置，并完成了其现场安装与调试，通过现场实测，评估了该阻尼器系统对 Noor Ⅲ吸热塔风致振动的减振效果。

2 电涡流 TMD 的设计与构造

2.1 工程背景

Noor Ⅲ吸热塔地处撒哈拉沙漠边缘，地面以上总高 243 m。其中，0～200 m 为钢筋混凝土结构，圆环形截面，外径从 23 m（底部）变化到 20m（顶部）；200～243 m 为钢桁架筒体结构，外挂吸热板后，外径为 19.7 m。

2.2 电涡流 TMD 的基本参数和构造

基于 ANSYS 有限元模拟和风洞缩尺模型试验，该塔以一阶弯曲振动为主，其基阶频率及相应的模态质量分别为 0.28 Hz、4270×10^3 kg。本文取 TMD 质量比为 1%（约为 40t），初步确定了其频率和阻尼[1-3]，基本参数如表 1 所示。实际工程中采用摆式构造，并将其分解成 4 台 10t 完全相同的子 TMD 装置，对称布置于塔顶中心离地高约 237 m 位置处。

表 1 TMD 目标参数

质量比/%	频率范围/Hz	阻尼比/%	阻尼形式	最大行程/mm
1	0.25～0.35	3～10	电涡流阻尼	400

3 电涡流 TMD 的现场安装与调试

分别采用环境激励法和人工激励法测试了吸热塔的动力特性，测得结构自振频率和阻尼比分别为 0.317 Hz、0.72%。根据测试结果，依次对 4 个 TMD 进行了校准调试。表 2 即为完成终调后的各 TMD 的频率和阻尼比。

表 2 完成终调后的 TMD 系统频率与阻尼实测值

TMD 编号	1#	2#	3#	4#
频率/Hz	0.293	0.317	0.317	0.342
阻尼比/%	6.30	7.37	7.30	6.52

* 基金项目：国家重点研发计划（2017YFC0703604）；湖南省教育厅一般项目（19C1660）。

4 电涡流 TMD 的减振效果评估

4.1 TMD 激振测试

图 1 给出了吸热塔在 4 台 TMD 均启动状态下的自由振动衰减曲线,吸热塔阻尼比显著提高,由 0.72% 增加到 3.78%。

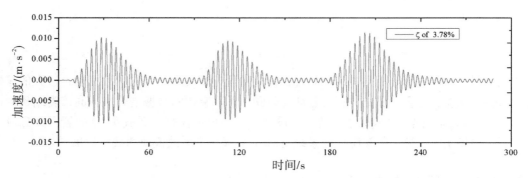

图 1 4 台 TMD 均启动状态下的吸热塔结构加速度响应时程

4.2 风振响应测试

图 2a、图 2b 分别为 4 台 TMD 处于工作状态和锁定状态下,吸热塔测点与处于同一标高处的 TMD 质量块的顺风向加速度响应分量对比。可以看出,吸热塔相当一部分的动能被转移至 TMD 系统,吸热塔的风致响应峰值及均方根值减振率分别可达 62.2%、67.7%。

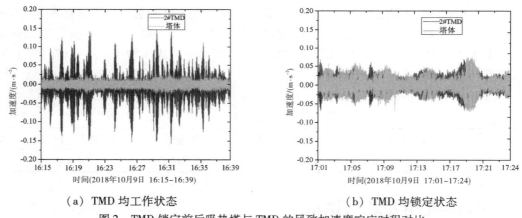

（a）TMD 均工作状态 （b）TMD 均锁定状态

图 2 TMD 锁定前后吸热塔与 TMD 的风致加速度响应时程对比

5 结论

本文通过现场实测评估了以 Noor Ⅲ 吸热塔为背景设计的大吨位单摆式电涡流 TMD 装置的减振效果,结果表明电涡流 TMD 启动后,吸热塔阻尼比可大幅增加,风振响应减振率可高达 67.7%。

参考文献

[1] SOONG T T, DARGUSH G F. Passive energy dissipation systems in structural engineering [M]. New York：John Wiley & Sons, 1997：227－240.

[2] 陈政清. 工程结构的风致振动、稳定与控制 [M]. 北京：科学出版社, 2013：495－508.

[3] DEN H J P. Mechanical Vibrations [M]. 4th Edition. New York, USA：McGraw-Hill, 1956.

偏转风作用下不同长宽比的超高层建筑
风荷载风洞试验与数值模拟研究*

闫渤文[1,2]，袁养金[1,2]，魏民[1,2]，周旭[1,2]，杨庆山[1,2]

（1. 风工程及风资源利用重庆市重点实验室 重庆 400044；

2. 重庆大学土木工程学院 重庆 400044）

1 引言

地球自转产生的科里奥利力和地形等障碍物阻挡会导致风向角沿高度方向发生偏移，从而使风向发生偏转。偏转风的出现将使超高层建筑及高耸结构受到显著的非对称荷载作用，从而导致结构扭转荷载的产生。Tse 等[1]对以往在香港 13 个不同地点进行的 1∶2000 地形风洞试验实测的风轮廓线进行了综合分析，发现近地面 500m 内的最大总偏转角可达 40°。此外，Liu 等[2]在偏转风风场下开展了方形超高层建筑的刚性测压试验，开展了偏转风下方形超高层建筑的气动荷载特性的相关研究。同时，随着 CFD 技术的日益发展，刘昭[3]利用提出的定常 CFD 偏转风入口条件，通过风洞试验与数值模拟相互验证的方法研究了高层建筑的平均风荷载特性。Feng 和 Gu[4-5]利用非定常偏转风入口条件对高层建筑气动力展开了数值模拟研究。他们的研究成果均表明偏转风作用导致高层建筑扭转向气动力明显增大。本文的目的是研究偏转风作用对不同长宽比的超高层建筑气动力特性的影响，并利用 CFD 模拟揭示偏转风影响超高层建筑气动力特性的机理。

2 试验概况

本研究在风洞中模拟两种水平风向总偏转角分别为 27°和 17°的 TWF（ Twisted wind flows），其缩尺比为 1∶500。同时模拟两类偏转风风场对应的常规边界层风场，分别命名为 CWF1 和 CWF2。试验风场剖面如图 1 所示。风洞试验主要开展了两种偏转风风场作用下以及其对应的边界层风场下方形高层建筑测压以及偏转风场下不同长宽比高层建筑测压试验。此外还发展了一种偏转风风场模拟方法，利用顺风向风剖面、横风向风剖面和水平风向总偏角等效的原理生成目标偏转风场。基于 LES 数值模拟，研究了不同偏角对高层建筑风压分布的影响，并从流场结构揭示了偏转风影响高层建筑气动荷载特性机理。

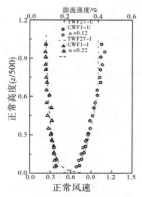
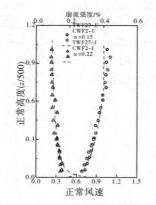
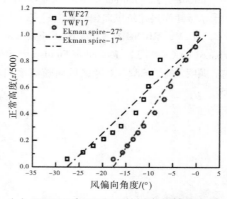

（a）TWF27 和 CWF1 风剖面　　（b）TWF17 和 CWF2 风剖面　　（c）TWF27 和 TWF17 的风向偏转轮廓线

图 1　风场模拟结果

* 基金项目：国家自然科学基金面上项目（51878104）。

3 研究内容

结合风洞试验与 CFD 数值模相结合的方式进行了偏转风下超高层建筑的风效应相关的课题研究。基本的研究思路为：首先，分别基于风洞试验和 CFD 数值仿真两种方法开展具有一定风场特性的偏转风风场模拟，通过对比验证 CFD 数值仿真模拟偏转风风场的有效性。其次，在风场模拟的基础上，同样用上述两种方法对方形超高层建筑的风荷载特性进行研究，通过对比验证说明 CFD 数值仿真模拟高层建筑风压场的有效性和准确性，再根据 CFD 数值仿真提供的全流域信息，揭示偏转风对高层建筑风效应的作用机理。最后，通过风洞试验方法，研究了偏转风下高层建筑长宽比对于结构风荷载的影响。

（1）基于风洞试验和 CFD 数值仿真方法开展了偏转风风场模拟工作，其中，CFD 数值仿真分别采用了直接模拟法和人工合成法两种方法进行。结合风洞试验结果，对 CFD 数值仿真偏转风场的有效性进行了论证。

（2）基于风洞试验和 CFD 数值仿真对偏转风下方形超高层建筑的风荷载特性展开研究，通过与风洞试验结果对比验证 LES 方法模拟偏转风下超高层建筑压力场的准确性。然后分析偏转风作用下高层建筑气动荷载特性。最后从 POD 分析和流场信息等方面对偏转风作用机理进行了阐述解释。

（3）基于对不同长宽比的超高层建筑的风洞刚性测压试验的结果，从风压特性、层间荷载和基底力矩等角度，对偏转风下高层建筑长宽比对于其风荷载特性的影响进行了全面系统的分析。

4 结论

偏转风场下，超高层建筑的表面的平均风压和脉动风压分布发生了显著偏移。层间荷载沿高度方向的幅值变化大小随该高度处总风偏角的大小改变而发生偏移。超高层建筑模型的平均基础力矩系数和脉动基础力矩系数沿风向角坐标和幅值坐标轴方向发生了明显偏移。偏转风导致特定风向角下超高层建筑的平均风力不再是特定值，而是与总偏转角大小相关的区间值。高层建筑横风向漩涡脱落现象增强，建筑上部零散的小涡使得其脉动风压值变小，不同高度的层间荷载之间的相关性减弱，最终减小了高层建筑基底力矩的脉动值。高层建筑长宽比的增大，使平均风压偏移的现象变得愈发明显，两侧面的脉动风压系数显著变化。

参考文献

［1］ TSE K T, WEERASURIYA A U, KWOK K C S. Simulation of twisted wind flows in a boundary layer wind tunnel for pedestrian-level wind tunnel tests ［J］. Journal of Wind Engineering and Industrial Aerodynamics, 2016, 159: 99 – 109.

［2］ LIU Z, ZHENG C R, WU Y, et al. Investigation on the effects of twisted wind flow on the wind loads on a square section megatall building ［J］. Journal of Wind Engineering and Industrial Aerodynamics, 2019, 191: 127 – 142.

［3］ 刘昭. 千米级超高层建筑风向偏转效应研究 ［D］. 哈尔滨: 哈尔滨工业大学, 2020.

［4］ FENG C, GU M, ZHENG D. Numerical simulation of wind effects on super high-rise buildings considering wind veering with height based on CFD ［J］. Journal of Fluids and Structures, 2019, 91: 102715.

［4］ 冯成栋, 顾明. 基于 RANS 对考虑风向随高度偏转的大气边界层自保持研究 ［J］. 工程力学, 2019, 36（2）: 29 – 38, 55.

带 FPS-TMD 系统高层建筑风振控制效应的实时混合实验研究*

吴玖荣，陈泽义，傅继阳

（广州大学风工程与工程振动研究中心 广州 510006）

1 引言

超高层建筑大多采用高强轻质材料，具有柔性大、阻尼小等特点，使得风荷载成为其结构设计的主要控制荷载。当高层建筑受强/台风作用下其顶部风振加速度超过规范限值时，采用被动控制系统不失为一种有效的解决办法。本文结合被动控制中的基础隔震技术，将有一定质量的滑块放置在摩擦摆（FPS）支座上，形成摩擦摆调谐质量阻尼器（简称 FPS-TMD）被动控制系统，并将其放置于高层建筑顶部获得风振控制效果。对此类新型被动控制系统风振效果的分析，风洞实验也可以作为一种重要的实验手段。然而受风洞实验缩尺比及动力相似性的限制，FPS-TMD 系统部分的模型加工和动力性能模拟较为困难。本文以结构风振控制第三代 Benchmark 模型为例，假设其顶部设置 FPS-TMD 系统，对其开展风振控制的实时混合试验研究，并与理论分析结果对比，以验证本文实时混合实验的有效性。

2 风振控制实时混合试验及试验对象相关介绍

1992 年日本 Nakashima 等人[1]提出了实时混合试验的概念，其基本原理是将结构整体分为数值子结构和试验子结构两部分。本文提出基于电振动台的实时混合试验，将 FPS-TMD 系统作为实验子结构，其缩尺后的模型固定在小型电振动台台面上，下部主体结构作为数值子结构。在每个试验时间步，采用数值计算方法下部主体结构的风振响应，其顶部风致速度作为控制信号实时传输至运动控制器，运动控制器采用相应的控制算法，实时产生速度指令至作动器（电机），使小型电振动台及上部 FPS-TMD 系统实现相应运动，试验子结构 FPS-TMD 系统产生的控制反力，则通过剪力传感器同步传输至数值子结构，实现试验子结构和数值子结构信息的双向交互，直至实验结束，整个实时混合系统构成如图 1 所示。

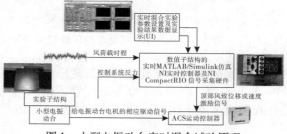

图 1 小型电振动台实时混合试验原理

本文的实验对象为结构风振控制第三代 Benchmark 模型，建筑物高 306 m，重约 15.3 万吨，如图 2 所示，结构高宽比为 7:3，结构单方向前 3 阶自振频率依次为 0.16 Hz、0.765 Hz、1.992 Hz，已进行的风洞试验得到建筑物不同楼层的风荷载时程。参照实时混合实验电振动台的运行参数要求，根据动力相似理论对 76 层 benchmark 建筑和其上部的 FPS-TMD 系统进行缩尺比设计，实验与原型的长度缩尺比为 1:25，时间比为 1:5，质量比为 1:15625。FPS-TMD 系统的滑块质量缩尺后为 50.135 kg，滑道半径为 9.7/25 = 0.388（m）。滑块与下部滑道如图 3 所示。

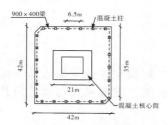

图 2 Benchmark 模型及 FPS-TMD 系统

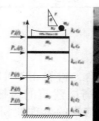

图 3 FPS-TMD 试验子结构缩尺图

* 基金项目：国家自然科学基金项目（51778161、51925802）。

3 带 FPS-TMD 系统高层建筑风振控制的实时混合实验结果分析

本文所述的实时混合实验系统，数值子结构的动力时程计算采用 MATLAB/Simulink 仿真算法，实时混合实验主控程序采用 LabVIEW 编程，选用 NI 公司的 NI9203 控制器，cRIO-9111 机箱及数采模块 NI 9215，借助 LabVIEW 与 MTALAB /Simulink 的 SIT 接口，实现试验子结构和数值子结构的实时数据交互。FPS-TMD 系统试验子结构部分的激励，借助于通过 Labview 调用 ACS motion control 公司提供的运动控制 DLL 接口加以实现。

基于上述开发的实时混合实验平台，采用风洞实验得到的横风向荷载以及模拟的顺风向荷载，对本文图 2 所示的 Benchmark 模型顶部设置 FPS-TMD 系统后，其风振控制效果进行分析。实时混合试验结果表明，在 10 年、50 年和 100 年不同重现期的风荷载作用下，无论是横风向还是顺风向，FPS-TMD 系统的风振控制效果随风致响应的增大而增大。图 4、图 5 为顺风向 100 年重现期和横风向 100 年重现期风荷载作用下，Benchmark 模型顶层风致响应的数值模拟结果与实时混合试验的对比，可知两者的吻合度很高。

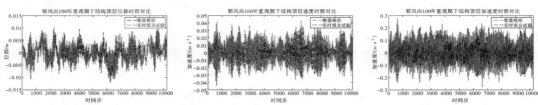

图 4　顺风向 100 年重现期风致结构顶部位移、速度、加速度数值模拟与实时混合试验对比

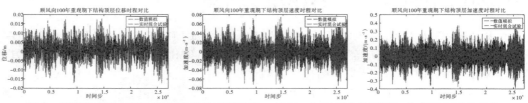

图 5　横风向 100 年重现期风致结构顶部位移、速度、加速度数值模拟与实时混合试验对比

表 1 为横风向 100 年重现期风荷载作用下的控制反力和结构响应均方根值对比，其均方根值偏差大多在 10% 上下波动。图 6 为 100 年重现期下横风向风荷载的指令速度和运行速度对比图，从图 5 可知小型电振动台在随机激励下也能准确按指令大小进行运动。

表 1　横风向控制反力和结构响应均方根值对比

重现期	响应	控制力/kN	位移/m	速度/(m·s⁻¹)	加速度/(m·s⁻²)
10 年	数值模拟	0.0054	0.0024	0.0101	0.0544
	实时混合试验	0.0038	0.0023	0.0091	0.0443
50 年	数值模拟	0.0100	0.0039	0.0161	0.0803
	实时混合试验	0.0076	0.0044	0.0185	0.0896
100 年	数值模拟	0.0142	0.0046	0.0184	0.0916
	实时混合试验	0.0094	0.0053	0.0223	0.1083

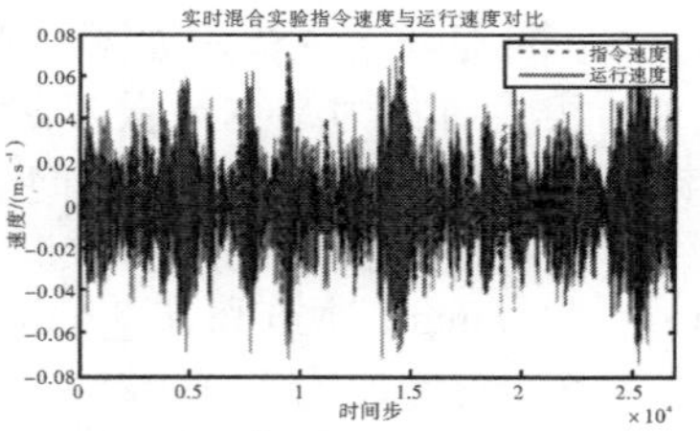

图 6　实时混合试验指令速度与运行速度对比

4　结论

本文借助小型电振动台实时混合试验平台，进行 FPS-TMD 控制系统对高层建筑风振效应的实时混合实验研究，研究结果表明，FPS-TMD 系统对高层建筑的风振控制起到了明显的效果，与理论分析及数值模拟的对比，验证了风振控制实时混合试验结果的合理性和准确性。

参考文献

[1] NAKASHIMA M, KATO H, TAKAOKA E. Development of real-time pseudo dynamic testing [J]. Earthquake Engineering & Structural Dynamics, 1992, 21 (1)：79－92.

卓越世纪中心的风洞试验和现场实测研究[*]

张乐乐[1,2]，谢壮宁[1]，段静[1]

（1. 华南理工大学土木与交通学院 广州 510640；
2. 中国建筑第二工程局有限公司华南分公司 深圳 518048）

1 引言

现场实测可以获得第一手的风工程研究所需的有效资料，对于了解实际超高层建筑的结构动力特性和风致振动特性具有重要意义。本文以深圳卓越世纪中心（ZCC）为背景，选取 3 次影响较大的台风作用下测得的加速度响应信号，分析得到结构自振频率和阻尼比识别结果，并探讨了结构自振频率和阻尼比的变化规律，最后比较了实测和已有风洞试验数据的重分析结果。

2 台风风况和建筑实测风致响应

本文针对台风 Hato、Pakhar 和 Mangkhut 三次台风期间深圳地区的实测数据展开研究。图 1 给出了美国国家海洋和大气管理局 NOAA 免费提供的台风 Hato、Pakhar 和 Mangkhut 三次台风期间流浮山（LFS）气象站以及台风 Mangkhut 平安金融中心（PAFC）测得的 10 min 平均风速及风向变化。采用 LAC-II 设备得到了台风 Hato、Pakhar 和 Mangkhut 三次台风作用下 ZCC 顶部加速度响应时程数据，并统计了不同台风期间的最大加速度以及数据时长，如表 1 所示。三次台风作用下该建筑顶部最大峰值加速度均超过 4 cm/s² 以上，其中 Mangkhut 经过时高达 23.852 cm/s²，这是目前为数不多的超高层建筑风致响应超过 10 cm/s² 的监测数据。

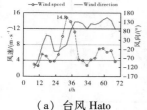
（a）台风 Hato

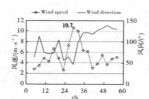
（b）台风 Pakhar

（c）台风 Mangkhut 风速

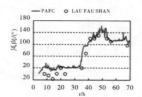
（d）台风 Mangkhut 风向

图 1 不同台风期间香港流浮山的 10 min 平均风速、风向变化图

表 1 三次台风数据的基本信息

台风	加速度数据时间	数据时长/h	$a_{x-max}/(\text{cm} \cdot \text{s}^{-2})$	$a_{y-max}/(\text{cm} \cdot \text{s}^{-2})$
1713 Hato	8 月 23 日 00：07—8 月 24 日 08：07	32	2.697	4.517
1714 Pakhar	8 月 27 日 01：03—8 月 28 日 00：07	23	2.995	6.411
1822 Mangkhut	9 月 15 日 23：50—9 月 17 日 15：21	38.5	5.872	23.852

3 参数识别结果

图 2 给出了 NewBSDA 方法[1]识别得到的前两阶模态频率和阻尼比随振幅（最大峰值加速度）的变化曲线。图中模态频率随振幅增加而减小，同一振幅下台风 Mangkhut 的识别结果出现两个甚至多个频率。

[*] 基金项目：国家自然科学基金项目（51908226、52078221）；博士后科学基金面上项目（2019M662915）；亚热带建筑科学国家重点实验室开放课题（2020ZB16）。

在小振幅下，第 1 阶频率大于 FEM 频率，随着振幅增加逐渐变小并最终小于 FEM 值；而第 2 阶固有频率则明显大于 FEM 频率（0.17 Hz）。当最大加速度较小时，阻尼比识别结果均较为离散。随着最大加速度的增加，对振幅有一定的依赖性。

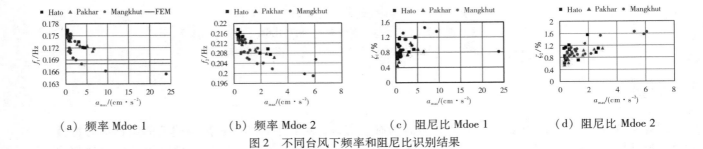

（a）频率 Mdoe 1　　　（b）频率 Mdoe 2　　　（c）阻尼比 Mdoe 1　　　（d）阻尼比 Mdoe 2

图 2　不同台风下频率和阻尼比识别结果

4　现场实测与风洞试验对比

本文采用文献［2］中已有高频底座天平（HFFB）试验测得 ZCC 的气动力试验数据，原风洞试验在华南理工大学大气边界层风洞中进行，缩尺比为 1∶400。结合风洞数据可计算得到该建筑测试设备安装高度处的峰值加速度明显大于现场实测结果。考虑到深圳地区超高层建筑密集，且 ZCC 位于市中心位置，试验时仅考虑 ZCC 周围数百米的建筑物可能不足以反映 ZCC 的实际地貌情况。故参考最大风速时 PAFC 的风向角进一步模拟了 HFFB 试验模拟范围以东 2.8 km（南北跨度 2 km）的真实地貌情况。图 3 给出了两次试验与现场实测的对比图。图中现场实测结果明显小于之前的 HFFB 结果，而与地貌修正结果一致。

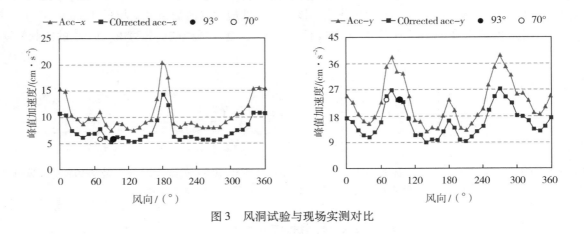

图 3　风洞试验与现场实测对比

5　结论

（1）模态频率随振幅的增加而减小，具有明显的幅值依赖性，但会存在多值性的问题。

（2）阻尼比在小振幅时识别结果较为离散，随着振幅的增加具有一定的振幅依赖性。

（3）现场实测结果明显小于前期的 HFFB 试验计算结果，而与地貌试验修正后的结果一致，表明前期仅考虑考虑周边数百米建筑群的影响并将地貌定为 C 类是偏于保守的。

参考文献

［1］ ZHANG L L, HU X Q, XIE Z N. Identification method and application of aerodynamic damping characteristics of super high-rise buildings under narrow-band excitation［J］. Journal of Wind Engineering and Industrial Aerodynamics, 2019, 189：173－185.

［2］ PAN H R, XIE Z N, XU A, et al. Wind effects on Shenzhen Zhuoyue Century Center：Field measurement and wind tunnel test［J］. The Structural Design of Tall and Special Buildings, 2017：e1376.

基于风洞试验的偏心高层建筑三维等效静力风荷载研究[*]

邹良浩，潘小旺

（武汉大学湖北省城市综合防灾与消防救援工程技术研究中心 武汉 430072）

1 引言

高层建筑根据结构各截面平面几何中心、质量中心和刚度中心是否重合，可分为非偏心截面高层建筑和偏心截面高层建筑。对于非偏心建筑，已有较为成熟的等效风荷载评估方法[1-3]。对于偏心建筑，其三维风致振动将发生耦合现象[4-5]，使得等效静力风荷载的求解难度大大增加。考虑到如今异形建筑越来越多，研究偏心高层建筑等效静力风荷载具有现实意义，本文推导了基于内力等效的、可考虑多阶振型和振型交叉项贡献的偏心截面高层建筑等效风荷载评估方法，并基于刚性模型测压风洞试验数据，详细对比分析了 3 种长宽比、5 种偏心率下建筑的等效风荷载，可以为偏心截面高层建筑结构抗风设计提供参考。

2 研究方法及内容

2.1 理论推导

截面偏心的高层建筑结构模型如图 1 所示。对于偏心建筑，动力学基本方程 $[M]\{\ddot{Y}(t)\} + [C]\{\dot{Y}(t)\} + [K]\{Y(t)\} = \{P(t)\}$ 中的各项可表示为：

$$[M] = \begin{bmatrix} M_x & 0 & 0 \\ 0 & M_y & 0 \\ 0 & 0 & J_\theta \end{bmatrix} \quad [C] = \begin{bmatrix} C_x & 0 & C_{x\theta} \\ 0 & C_y & C_{y\theta} \\ C_{\theta x} & C_{\theta y} & C_\theta \end{bmatrix} \quad [K] = \begin{bmatrix} K_x & 0 & K_{x\theta} \\ 0 & K_y & K_{y\theta} \\ K_{\theta x} & K_{\theta y} & K_\theta \end{bmatrix}$$

$$\{Y(t)\} = \begin{Bmatrix} Y_x(t) \\ Y_y(t) \\ Y_\theta(t) \end{Bmatrix}, \quad \{P(t)\} = \begin{Bmatrix} P_x(t) \\ P_y(t) \\ P_\theta(t) \end{Bmatrix}$$

式中，下标表示物理量的方向，双下标表示物理量为两个方向的耦合项。限于篇幅，这里略去一些推导的中间过程，偏心高层建筑等效风荷载 P_{ES} 的计算公式如式（1）所示：

$$P_{ES} = \overline{P}_S + g(P_{BS}^2 + P_{IS}^2)^{\frac{1}{2}} \tag{1}$$

式中，$\overline{P}$、P_{BS}、P_{IS} 为等效风荷载的平均、背景和共振分量，下标 $S = \{x, y, \theta\}$ 表示方向。等效风荷载的平均部分计算较为简单，背景分量计算如式（2）~式（4）所示

$$\sigma_{Bx}(n) = \sum_{k=1}^{N} P_{Bx}(n)\mu_{xx}(k,n) \tag{2}$$

$$\sigma_{By}(n) = \sum_{k=1}^{N} P_{By}(n)\mu_{yy}(k,n) \tag{3}$$

$$\sigma_{B\theta}(n) = \sum_{k=1}^{N} \left[P_{Bx}(n)\mu_{x\theta}(k,n) + P_{By}(n)\mu_{y\theta}(k,n) + P_{B\theta}(n)\mu_{\theta\theta}(k,n) \right] \tag{4}$$

式中，σ_B 为建筑内力响应背景分量均方根，μ 为内力响应函数。至于等效静力风荷载的惯性力分量，其计算方法与背景分量类似，不再赘述。

[*] 基金项目：国家自然科学基金项目（51478369、51578434）。

2.2 风洞试验

风洞试验在武汉大学 WD－1 大气边界层风洞中进行，试验模型如图 2 所示，对 5 种长宽比刚性模型进行了测压试验，模型参数如表 1 所示。

2.3 结果分析

对于每种模型，一共计算 15 种不同偏心工况下建筑的等效风荷载，最后对结果进行汇总对比分析，对比结果如图 3、图 4 所示。

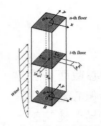  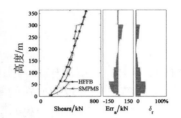 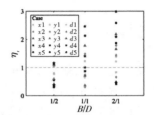

| 图 1　高层建筑简化模型 | 图 2　试验模型（以模型三为例） | 图 3　基于测压与测力试验数据计算的等效风荷载比较 | 图 4　基底等效扭矩分析（μ_r = 偏心模型基底扭矩/对称模型基底扭矩） |

3 结论

（1）基于测压试验与天平试验计算的等效风荷载结果总体趋势一致，仅在风荷载的沿高分布上存在区别。

（2）不同偏心形式对高层建筑等效风荷载的影响存在差别，结构偏心在横风向时会引起等效基底扭矩的增加，在顺风向下游时往往会引起等效基底扭矩的减小，而双偏心时等效基底扭矩可能增加也可能减小。

（3）即使偏心率相同，不同长宽比建筑其等效风荷载受结构偏心的影响也存在很大区别，在进行偏心高层建筑等效风荷载评估时应该考虑建筑长宽比的影响。

参考文献

［1］ KASPERSKI M, NIEMANN H J. The LRC（load-response-correlation）-method a general method of estimating unfavourable wind load distributions for linear and non-linear structural behaviour［J］. Journal of Wind Engineering and Industrial Aerodynamics, 1992, 43（1－3）: 1753－1763.

［2］ LIANG S, ZOU L, WANG D, et al. Analysis of three dimensional equivalent static wind loads of symmetric high-rise buildings based on wind tunnel tests［J］. Wind and Structures, 2014, 19（5）: 565－583.

［3］ SOLARI G. Mathematical model to predict 3-D wind loading on buildings［J］. Journal of Engineering Mechanics, 1985, 111（2）: 254－276.

［4］ CHEN X, KAREEM A. Coupled dynamic analysis and equivalent static wind loads on buildings with three-dimensional modes［J］. Journal of Structural Engineering, 2005, 131（7）: 1071－1082.

［5］ KAREEM A. Lateral torsional motion of tall buildings to wind loads［J］. Journal of Structural Engineering, 1985, 111（11）: 2479－2496.

珠三角地区高层建筑风效应实测十年回顾 *

谢壮宁，刘春雷，张乐乐，段静，石碧青

（华南理工大学亚热带建筑科学国家重点实验室 广州 510640）

1 引言

珠三角地区是我国受台风影响最为显著的地区之一，本文基于 10 年来的本文作者团队的实测资料并结合其他学者已公布的实测结果[1-2]，对珠三角地区超高层建筑的风效应的结果进行了分析与总结。

2 台风风况

表 1 给出了 2010—2020 年对珠三角地区影响较大的台风基本信息，中心风力为台风登陆时中心附近最大风力，最大阵风为香港天文台流浮山地面站监测到的最大阵风。从表中可以看出台风"山竹"过境时地面站监测到的最大阵风明显高于其他台风。

表 1　台风基本信息

台风	纳沙	杜苏芮	韦森特	天兔	天鸽	帕卡	山竹	海高斯
登陆时间	20110929	20120630	20120724	20130922	20170823	20170827	20180916	20200819
登陆地点	海南文昌	广东珠海	广东台山	广东汕尾	广东珠海	广东台山	广东珠海	广东珠海
中心风力/级	14	9	13	14	16	12	14	12
最大阵风/$(m \cdot s^{-1})$	28.8	18.6	29.4	30.6	51.9	27.5	43.8	36.6

3 建筑风振响应特性及结构动力特性识别结果

图 1 给出了位于广州、深圳和珠海等地的 12 栋超高层建筑在多次台风影响下的实测最大峰值加速度，图中 B4 和 B10 为公寓，其他均为办公或酒店综合体。从图中可以看出，建筑结构加速度与台风有很大关系，同次台风影响下，不同建筑的加速度响应也会存在明显差异。值得注意的是，台风"山竹"影响下，高 201 m 的 B4 的最大加速度高达 42 cm/s^2，而距离其不远的高 342 m 的 B5 的最大加速度仅为 13.3 m/s^2；"天鸽"台风过程测得 130 m 高的 B10 的最大加速度为 33 cm/s^2，这说明超高层建筑风振响应和建筑高度不一定存在相关性，相对较矮的住宅类建筑的风振响应明显大于高度更高的商业建筑，这应引起人们的重视。通过实测资料分析和风洞试验对比研究发现，台风"山竹"期间，建筑 B5 的实测加速度较小的原因与其具有较好的气动外形，且在最大风速时段为长边迎风有关，而 B4 的加速度较大与其结构体系和建筑截面接近方形有关。进一步分析结构的风效应特征发现，建筑的最大振动多出现在南-北或者其附近的方向。考虑到强风

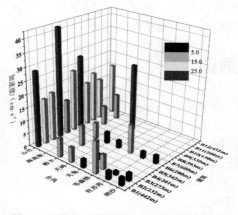

图 1　不同台风测得建筑的最大峰值加速度

---

* 基金项目：国家自然科学基金项目（52078221、51908226、51278204、90715040）。

作用下超高层建筑的风致加速度是横风向控制的，这说明建筑发生最大加速度时的风向应该是东北~东南风向，在建筑的规划设计中对于平面接近矩形的超高层建筑应尽可能避免使其窄边朝向风敏感风向。

基于实测资料发现，超高层建筑的模态频率随振幅变化存在"多值性"问题，且阻尼比随振幅变化的离散性很大。考察模态参数随时间变化结果发现，台风影响期间，频率随时间先减小后增大，呈明显的 V 字形变化，阻尼比亦存在随时间先增大后减小的趋势。相对于以往实测研究关注的振幅依赖性，时变性在一定程度上考虑了来流风速、风向和环境条件等随时间的变化，能够更合理、更全面地代表超高层建筑在台风影响下的结构动力特性变化规律。图 2 给出了建筑 B4 在台风"山竹"影响期间的前两阶频率和阻尼比随时间的变化。结构设计阶段采用有限元建模方法得到该建筑前两阶固有频率分别为 0.178 Hz 和 0.193 Hz，明显小于实测结果且具有普遍现象。大风时段该建筑的前两阶阻尼比分别为 1.7% 和 1.5%。

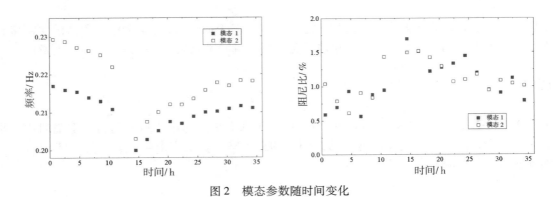

图 2　模态参数随时间变化

4　实测结果和风洞试验结果的对比验证

数栋建筑的风洞试验结果与实测结果相比具有较好的一致性。以 B4 建筑为例，图 3 给出了台风"山竹"影响下建筑 B4 顶部实测最大峰值加速度与风洞试验结果的对比。基于实测资料，风洞试验计算风速取值为对应 B 类地貌 10 m 高度处基本风压 0.53 kPa，风向角 90°，建筑模型前两阶频率分别取为 0.200 Hz 和 0.203 Hz，前两阶阻尼比分别取为 1.7% 和 1.5%。从图中可以看出，风洞试验得到的 x 向和 y 向峰值加速度与现场实测结果吻合良好。

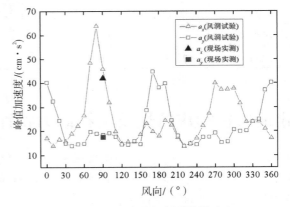

图 3　风洞试验与实测结果对比

5　结论

超高层建筑风振响应和建筑高度不一定存在相关性，优化的气动外形和合理的朝向有利于建筑结构抗风。台风期间，超高层建筑的模态频率随时间先减小后增大，阻尼比随时间先增大后减小。珠三角地区超高层建筑抗风设计的关注风向应该是东南~东北风的风向，对于矩形或接近矩形平面的超高层建筑应避免使其窄边面向东风及其附近风向。台风影响下，大风时段大部分超高层建筑的阻尼比会显著高于1%。基于实测风速和建筑实际结构动力特性计算得到风洞试验结果与实测结果吻合良好，验证了风洞试验的可靠性。

参考文献

[1] ZHOU K, LI Q S. Effects of time-variant modal frequencies of high-rise buildings on damping estimation [J]. Earthquake Engng Struct Dyn, 2020：1－21.

[2] ZHOU K, LI Q S, LI X. Dynamic behavior of super tall building with active control system during Super Typhoon Mangkhut [J]. J Struct Eng, 2020, 146 (5)：04020077.

大跨越塔线体系的风致响应特征研究

姚剑锋[1]，沈国辉[2]，涂志斌[1]

（1. 浙江水利水电学院建筑工程学院 杭州 310018；

2. 浙江大学建筑工程学院 杭州 310058）

1 引言

目前大跨越输电塔的高度和档距都在不断增大，其受到的风荷载会明显增加，而且输电塔线结构本身对风荷载非常敏感。输电塔线体系在强风作用下常常发生事故，重则倒塔轻则破坏，倒塔频率也日趋攀升。输电塔的作用是架立输电导线，而输电线和输电塔又是完全不相同的结构，其互相作用机制目前并不明确。输电塔抗风的研究方法主要有现场实测、数值模拟、理论分析、风洞试验等。本文设计并制作了四塔三线的塔线体系的气弹模型，进行了塔线体系气弹模型试验研究了大跨越塔线体系的风致响应特征。

2 气弹模型的设计和试验工况

完全气弹模型的设计需要满足 Cauchy 数、Strouhal 数、Froude 数和雷诺数要求，由于受到现有风洞试验条件和模型材料规格的限制，在保证目标响应能够合理地还原到实际结构的前提下，可以适当放松部分相似准则。根据风洞的尺寸情况确定了 1∶200 的缩尺比，根据风洞的常用风速确定了 1∶8 的风速比，然后根据相似准则确定如下的塔线体系气弹模型相似参数，采用离散刚度法制作单塔试验的气动弹性模型，绝缘子采用细铜丝进行，输电线采用尼龙线制作，间隔棒采用有机玻璃制作，试验模型如图 1 所示。

图 1　塔线体系模型

塔线体系试验风速工况为：4 m/s、5 m/s、6 m/s、7 m/s、8 m/s，共 5 个风速，风向角工况为 90°（即横担方向来流）。在 A 类地貌 10 m 高度设计风速为 41 m/s，对应梯度风风速为 61.665 m/s，对应风速 1.5 m 高度的风速为 7.7 m/s。

3 风洞试验结果

图 2 给出了输电塔塔身顶部在不同风速下的加速度标准差，由图可知：（1）塔顶加速度标准差随着风速的增加而增大；（2）顺风向和横风向的加速度非常接近。

* 基金项目：浙江省空间结构重点实验室开放基金资助项目（202104）。

图 3 给出了塔线体系下输电线（位于第二层横担的背风侧）位移的平均值，由图可知：（1）顺风向位移随着风速的增加而增大；（2）输电线越靠近跨中，顺风向位移越大；（3）64 m/s 风速下最大顺风向位移约为 213 m。

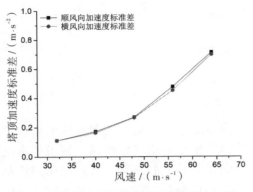

图 2　塔线体系下输电塔塔身顶部的加速度

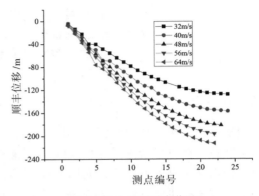

图 3　输电线顺风向位移

输电线沿长度方向风速相关性具有一定的分区概念如图 4 所示，输电塔附近输电线位移的相关性较大，跨中附近输电线位移的相关性较大，输电塔附近和跨中附近输电线的相关性较弱，如梯度风风速为 40 m/s 时，输电线测点相关性分成了三个区域：P1～P6、P7～P13、P14～P24，每个区域内部相关性较大，不同区域内的相关性较小。

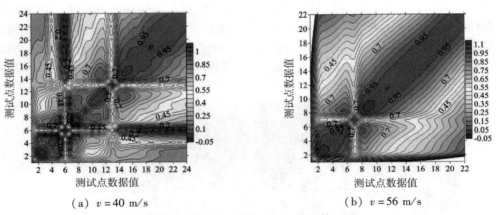

（a）$v = 40$ m/s　　　　　　　（b）$v = 56$ m/s

图 4　输电线各测点位移的相关系数云图

4　结论

输电塔、输电线和绝缘子的响应均随着风速的增加而增大；在梯度风 64 m/s 风速下，悬垂绝缘子的平均风偏角达 47.5°，输电线的位移沿长度方向距离较远测点的相关性较小，反之较大。

参考文献

［1］ BALLIO G, MABERINI F, SOLARI G. A 60 year old, 100 m high steel tower: limit states under wind actions ［J］. Journal of Wind Engineering and Industrial Aerodynamics, 1992, 43（1 − 3）: 2089 − 2100.

［2］ 郭勇, 孙炳楠, 叶尹, 等. 大跨越输电塔线体系风振响应频域分析及风振控制 ［J］. 空气动力学学报, 2009, 27（3）: 289 − 295.

考虑高振型影响的高层建筑顺风向加速度响应实用算法

王国砚[1]，张福寿[2]

（1. 同济大学航空航天与力学学院 上海 200092；

2. 上海史狄尔建筑减震科技有限公司 上海 200092）

1 引言

本文以弯剪梁模型的自振特性为基础，探索考虑高阶振型影响的高层建筑顺风向加速度响应实用算法。通过采用多维非线性最小二乘法进行拟合，给出考虑前四阶振型影响的高层建筑顺风向加速度响应实用算式。通过工程算例验证了本文方法的合理性。

2 考虑一阶振型的顺风向加速度响应实用算式

2.1 基于弯剪梁理论的第一阶振型简化算式

采用文献［1］给出的基于弯剪梁理论模型的高层建筑第一阶振型简化算式：

$$\varphi_1(z) = 1.5(z/H)^\beta - 0.5(z/H)^3 \tag{1}$$

式中，z 是建筑高度坐标；β 是振型指数，可根据建筑的结构刚度特征值 λ 按下式计算[1]：

$$\beta(\lambda) = 1.29 + 0.4\arctan(0.67\lambda - 1.1) \tag{2}$$

2.2 考虑一阶振型的顺风向加速度响应实用算式

采用文献［2］给出的基于弯剪梁理论模型的仅考虑第一阶振型的加速度响应实用算式：

$$\ddot{y}_1(z) = \frac{2gI_{10}w_R u_s \mu_z(z) B_z^*(z) \eta_a B}{m} \tag{3}$$

式中，$B_z^*(z)$ 按下式计算：

$$B_z^*(z) = k^* H^{\alpha^*} \rho_x \rho_z \frac{\varphi_1(z)}{\mu_z(z)} \tag{4}$$

式中，系数 k^*、α^* 按下式计算：

$$\begin{cases} k^* = k_1(4.33\beta - \beta^2) + k_2 \\ a^* = \alpha_1 + 0.034\beta \end{cases} \tag{5}$$

式中，k_1、k_2、α_1 根据我国现行风荷载规范[3]中的四类地貌按表1取值。

表1 四类地貌中拟合参数取值

地貌类别	A	B	C	D
k_1	0.0720	0.0543	0.0257	0.0107
k_2	0.5590	0.3900	0.1660	0.0607
α_1	0.1228	0.1544	0.2270	0.3097

式（3）和式（4）中的其他参数均按荷载规范[3]取值。

3 考虑前四阶振型的顺风向加速度响应实用算式

3.1 加速度响应实用算式

考虑到高层建筑加速度响应的控制值在建筑顶部，即：可以认为只要建筑顶部加速度响应满足规范要求，整个高层建筑的加速度响应就可以满足规范要求。因此，给出考虑前四阶振型贡献的高层建筑顶部顺风向加速度响应实用算式如下：

$$\ddot{y}_4(H) = K_a \ddot{y}_1(H) \tag{6}$$

式中，$\ddot{y}_1(H)$ 按上节给出的式（3）计算；K_a 按下式计算：

$$K_a = (0.483 - 0.258\alpha)[-\eta_h^2 + (2.083 - 0.66\beta)\eta_h + 0.301] + 0.9 \tag{7}$$

式中，$\eta_h = H/1000$，H 为建筑高度；α 为地面粗糙度指数，按荷载规范[3]取值。

3.2　算例验证

为验证本文实用算法合理性，选取三栋横截面较为规则的建筑为算例，建筑的结构体系分别为框架剪力墙、剪力墙、框架，其主要结构信息和风荷载信息如表2所示。

表2　三栋高层建筑的基本信息

算例编号	结构体系	高度 H/m	宽度 B/m	单位高度质量 m/($\mathrm{t \cdot m^{-1}}$)	一阶周期 T/s	基本风压 w_R/kPa	地貌类型	特征参数 λ
1	框剪	189.0	36.0	419	4.241	0.45	C	3.270
2	剪力墙	200.7	19.4	239	3.278	0.40	B	5.431
3	框架	36.0	27.0	126	1.332	0.35	B	0.927

其中，特征参数 λ 根据实际结构前两阶频率反推得到，结构前两阶阻尼比统一取0.02，体型系数统一取1.4；结构的前四阶实际平动振型和自振周期均采用有限元法计算求得。

通过采用 SRSS 法分别计算考虑一阶和前四阶振型贡献的顶部顺风向加速度响应 $\ddot{y}_1$、$\ddot{y}_{4SRSS}$，作为实际结果；然后采用本文给出的实用算法进行计算。计算结果表3所示。

表3　顶部加速度响应计算结果

加速度响应	实际结果			本文计算结果		
	算例1	算例2	算例3	算例1	算例2	算例3
$\ddot{y}_{4SRSS}$	5.932	8.400	10.709	5.834	8.125	10.562
$\ddot{y}_1$	5.361	7.540	10.104	5.334	7.419	10.080
$\ddot{y}_{4SRSS}/\ddot{y}_1$	1.106	1.114	1.060	1.094	1.095	1.048

注：表中加速度的单位为 $\mathrm{cm/s^2}$。

由表可知，不管是仅考虑一阶还是考虑前四阶振型的贡献，本文实用算法所得结果与实际结果偏差都不超过2%（略偏小）。此外，高阶振型对加速度响应的贡献可达10%以上。

4　结论

采用本文实用算法进行高层建筑顺风向加速度响应简化计算，既可保持满足工程需要的计算精度，又可有效克服基于有限元分析的高阶振型复杂性和考虑高阶振型贡献时加速度响应计算的困难性。

参考文献

[1] 王国砚，张福寿，高层建筑简化振型及在结构风振计算中的应用 [J].同济大学学报（自然科学版），2018，46（1）：7-13.

[2] 张福寿. 高层建筑振型简化模型及在结构风振计算中的应用研究 [D].上海：同济大学航空航天与力学学院，2018：41-75.

[3] 中华人民共和国住房和城乡建设部. 建筑结构荷载规范 [M]. 北京：中国建筑工业出版社，2012：57-60，165-166，225-230.

TLCDI 控制连体高层建筑风振响应分析

王钦华，田华睿，祝志文

（汕头大学土木与环境工程系 汕头 515063）

1 引言

本文提出了一种有非线性的新型被动控制装置——调谐液柱惯容阻尼器（TLCDI），用于控制连体超高层建筑的风致响应。TLCDI 利用了 TLCD 容器内液体晃动和惯容器的惯性质量放大效应[1]的综合优势控制风致响应，本文首先建立了 TLCDI 控制连体超高层建筑的风振响应的数学模型。其次，采用等效线性化方法对数学模型进行了求解，并用数值方法对结果进行了验证。最后，基于测压风洞试验结果获得的气动力数据，对一建筑实例进行了数值模拟分析，研究了优化设计的 TLCDI 对风致响应的控制效果。

2 TLCDI 控制连体建筑风振响应数学模型

本节建立了 TLCDI 控制连体超高层建筑风振响应的简化模型，如图 1 所示。非线性的 TLCDI 阻尼器通过弹簧和阻尼元件与建筑物 1 相连（图 1 中滑动支座的一侧），其中弹簧刚度为 k_{TLCDI}，阻尼元件阻尼为 c_{TLCDI}。TLCDI 的水箱连接到惯容元件的一端，惯容元件的惯容量设为 b。惯容元件的另一端连接到连廊上，TLCDI 连接了建筑 1 的第 $(i-1)$ 层和建筑 2 的第 $(j-1)$ 层。TLCDI 阻尼器中的水箱由截面积为 A 的 U 形水管组成，其中包含质量密度为 ρ 的液体。水头损失系数取决于孔口开孔率，记为 ξ；容器的惯容量 b 以惯容比（记为 β）表示，阻尼器的阻尼比记为 υ，频率比记为 ζ_c[2]。

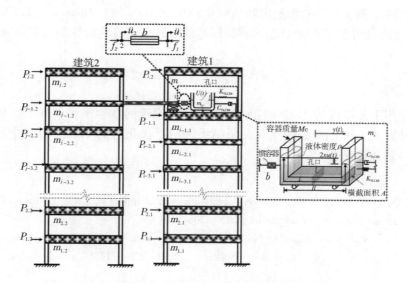

图 1 安装 TLCDI 阻尼器后的连体建筑简化模型

根据以上的定义以及图 1 所示的结构，TLCDI 控制连体超高层建筑风振响应的数学模型为：

$$\begin{bmatrix} [M_1]_{i \times i} & 0 & 0 & 0 \\ 0 & [M_2]_{j \times j} & \alpha & 0 \\ 0 & \alpha^T & \rho AL + M_c + b & \rho AB \\ 0 & 0 & \rho AB & \rho AL \end{bmatrix} \begin{Bmatrix} \ddot{X}_1(t) \\ \ddot{X}_2(t) \\ \ddot{y}(t) \\ \ddot{u}(t) \end{Bmatrix} + \begin{bmatrix} [C_1]_{i \times i} & 0 & \beta & 0 \\ 0 & [C_2]_{j \times j} & 0 & 0 \\ \beta^T & 0 & c_{\text{TLCDI}} & 0 \\ 0 & 0 & 0 & \frac{1}{2}\rho A\xi \, |\dot{u}(t)| \end{bmatrix} \begin{Bmatrix} \dot{X}_1(t) \\ \dot{X}_2(t) \\ \dot{y}(t) \\ \dot{u}(t) \end{Bmatrix} + \begin{bmatrix} [K_1]_{i \times i} & 0 & \gamma & 0 \\ 0 & [K_2]_{j \times j} & 0 & 0 \\ \gamma^T & 0 & k_{\text{TLCDI}} & 0 \\ 0 & 0 & 0 & 2\rho Ag \end{bmatrix} \begin{Bmatrix} X_1(t) \\ X_2(t) \\ y(t) \\ u(t) \end{Bmatrix} = \begin{Bmatrix} P_1(t) \\ P_2(t) \\ 0 \\ 0 \end{Bmatrix} \quad (1)$$

式中，质量矩阵、刚度矩阵和阻尼矩阵表示为：

$$
\begin{array}{lll}
[\boldsymbol{M}_1]_{i\times i} = \boldsymbol{M}_{1,i\times i}^s & [\boldsymbol{K}_1]_{i\times i} = \boldsymbol{K}_{1,i\times i}^s + k_{\mathrm{TLCDI}} \mathbf{1}_{e,i\times 1} \mathbf{1}_{e,i\times 1}^T & [\boldsymbol{C}_1]_{i\times i} = \boldsymbol{C}_{1,i\times i}^s + c_{\mathrm{TLCDI}} \mathbf{1}_{e,i\times 1} \mathbf{1}_{e,i\times 1}^T \\
[\boldsymbol{M}_2]_{j\times j} = \boldsymbol{M}_{2,j\times j}^s + b \mathbf{1}_{h,j\times 1} \mathbf{1}_{h,j\times 1}^T & [\boldsymbol{K}_2]_{j\times j} = \boldsymbol{K}_{2,j\times j}^s & [\boldsymbol{C}_2]_{j\times j} = \boldsymbol{C}_{2,j\times j}^s \\
\alpha = -b \mathbf{1}_{h,j\times 1} & \gamma = -k_{\mathrm{TLCDI}} \mathbf{1}_{e,i\times 1} & \beta = -c_{\mathrm{TLCDI}} \mathbf{1}_{e,i\times 1}
\end{array}
\tag{2}
$$

式中，$\boldsymbol{M}_{1,i\times i}^s$ 和 $\boldsymbol{M}_{2,j\times j}^s$、$\boldsymbol{K}_{1,i\times i}^s$ 和 $\boldsymbol{K}_{2,j\times j}^s$、$\boldsymbol{C}_{1,i\times i}^s$ 和 $\boldsymbol{C}_{2,j\times j}^s$ 分别是建筑 1、建筑 2 的质量矩阵、刚度矩阵、阻尼矩阵。

3 实例分析

根据以上数学模型对 TLCDI 控制连体超高层建筑实例进行分析，优化参数的 TLCDI 控制风致加速度响应结果如图 2 所示。

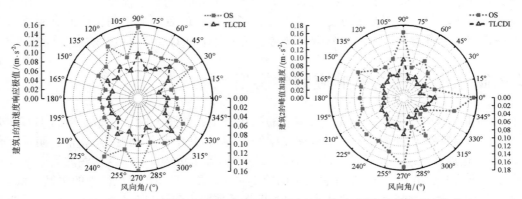

图 2　在 0°～345° 风向角下建筑 1 的 59 层和建筑 2 的 55 层的峰值加速度变化

图 2 表明未控制的建筑 1 和建筑 2 的加速度峰值能达到 0.16 m/s² 和 0.18 m/s²，TLCDI 能将其降低到 0.10 m/s² 及以下。大多数风向角下 TLCDI 对连体超高层建筑风致加速度响应控制效果显著。

4 结论

本文建立了风荷载作用下非线性的 TLCDI 控制连体超高层建筑的数学模型。基于一栋连体超高层建筑实例，根据最优参数计算 TLCDI 的减振效果。分析结果表明：优化后的 TLCDI 对各个风向角下连体超高层建筑的加速度响应控制效果显著。

参考文献

[1] ZHU Z, LEI W, WANG Q, et al. Study on wind-induced vibration control of linked high-rise buildings by using TMDI [J]. Journal of Wind Engineering and Industrial Aerodynamics, 2020, 205：104306.

[2] WANG Q, TIAN H, QIAO H, et al. Wind-induced vibration control and parametric optimization of connected high-rise buildings with tuned liquid-column-damper-inerter [J]. Engineering Structures, 2021, 226：111352.

高柔结构横风向气动阻尼模型[*]

杨庆山[1,2]

（1. 重庆大学土木工程学院 重庆 400044；

2. 结构风工程与城市风环境北京市重点实验室 北京 100044）

1 引言

随着结构高度不断增加及轻质、高强材料的使用，超高层建筑、高耸结构刚度降低、柔度增加，统称为高柔结构；由于其频率低、阻尼小，对风荷载敏感性，易诱发涡激共振。由于涡激共振会对结构安全性和建筑舒适性造成显著影响，准确评估其响应是高柔结构抗风设计的关键科学问题之一。

对涡激共振下起主导作用的气动阻尼及其模型研究一直是风工程研究的重点之一。本文将系统梳理各类已有气动阻尼模型，及作者取得的新进展，分析气动阻尼模型研究中需要解决的问题。

2 气动阻尼模型概览

为计算考虑气弹效应的高柔结构横风向响应，需明确气动阻尼的数学模型。利用强迫或自由振动风洞试验识别气动阻尼，将其描述为风速和/或结构响应均方根的函数，随后选取合适的数学表达式拟合所测得的气动阻尼模型，称谓经验模型；此外，还可类比反映自激振特性的数理模型，首先给出含待定参数的气动阻尼数学表达式，再确定待定参数，此时所得到的模型称谓半解析 – 半经验模型。下面予以分述之。

2.1 经验模型

（1）Watanabe 经验模型：

$$\xi_a(\sigma_y, U) = (\rho D^2/m_s)[-F_1\sin\beta_1 + F_2\cos\beta_1 + F_p] \tag{1}$$

式中，$F_1 = \dfrac{-2\mathrm{HS}(U/U_{cr})^2\mathrm{AMP}}{[1-(U/U_{cr})^2]^2 + 4\mathrm{HS}(U/U_{cr})^2}$；$F_2 = \dfrac{(U/U_{cr})[1-(U/U_{cr})^2]\mathrm{AMP}}{[1-(U/U_{cr})^2]^2 + 4\mathrm{HS}(U/U_{cr})^2}$；$F_p$ 为准定常气动阻尼参数；U/U_{cr} 为风速比；U_{cr} 为涡激共振临界风速；当给定结构体型、来流风场特性时，参数 AMP、HS 和 β_1 为结构振幅 $y_{\max} = \sqrt{2}\sigma_y$ 的函数。

（2）Gu 和 Quan 经验模型：

$$\xi_a = \frac{K_1[1-(U/U_{cr})^2](U/U_{cr}) + K_2(U/U_{cr})^2}{[1-(U/U_{cr})^2]^2 + \beta_2^2(U/U_{cr})^2} \tag{2}$$

式中，当给定结构体型和来流风场时，参数 K_1、K_2 和 β_2 为结构阻尼的函数。

2.2 半解析 – 半经验模型

（1）范德波尔振子型：

$$\xi_a(U, y) = -(\rho D^2/m_s) \cdot K_{a0}(U) \cdot [1 - \varepsilon(U) \cdot y^2] \tag{3}$$

（2）广义范德波尔振子型：

$$\xi_a(U, y) = -(\rho D^2/m_s) \cdot K_{a0}(U) \cdot [1 - \varepsilon(U) \cdot |y|^{\beta(U)}] \tag{4}$$

式中，$\xi_a(U, y)$ 为气动阻尼，是平均风速 U 和结构无量纲响应 y 的函数；ρ 为空气密度；D 为结构投影宽度；m_s 为结构等效质量；K_{a0}、ε、β、A_i 为描述气动阻尼的参数，为风速的函数。

---

* 基金项目：国家自然科学基金项目（51720105005）。

3 幂型气动阻尼模型

与经验模型相比，半解析－半经验模型能够描述时变非线性气动阻尼力，更符合结构发生涡激共振的动力学特点。考虑到第 2 节所述的两种模型会出现描述如高层建筑结构气动阻尼精度低的问题，作者进一步提出了如式（5）所示的幂级数模型：

$$\xi_a(U, y) = -\left(\rho D^2 / m_s\right) \cdot \sum_{j=0}^{n} b_j \cdot |y_1|^{\beta_j} \tag{5}$$

该模型能够准确且完备地描述工程中常见的如高层建筑、烟囱、桅杆等高柔结构气动阻尼，为准确评估高柔结构横风向响应奠定了基础。

4 结论

本文系统梳理了各类已有气动阻尼模型，介绍了作者取得的新进展。Watanabe 经验模型及 Gu 和 Quan 模型为经验模型，将气动阻尼表示为风速和（或）结构位移均方根得函数；范德波尔振子型模型为含待定参数得半解析－半经验模型，为既可以直接用域时域计算，亦可考虑结构的振动特性将其等效为适用于频域计算的气动阻尼模型。在半解析－半经验模型基础上，笔者进一步提出了幂型气动阻尼模型，该模型能够准确且完备地描述工程中常见的如高层建筑、烟囱、桅杆等高柔结构气动阻尼，为准确评估高柔结构横风向响应奠定了基础。

参考文献

[1] 全涌，曹会兰，顾明. 高层建筑横风向风效应研究综述 [J]. 同济大学学报，2010，38（6）：810 – 818.

[2] GU M, QUAN Y. Across-wind loads of typical tall buildings [J]. J Wind Eng Ind Aerod, 2004, 92 (13): 1147 – 1165.

[3] CHEN X Z. Estimation of stochastic crosswind response of wind-excited tall buildings with nonlinear aerodynamic damping [J]. Engineering Structures, 2013, 56: 766 – 778.

[4] WATANABE Y, ISYUMOV N, DAVENPORT A G. Empirical aerodynamic damping function for tall buildings [J]. J Wind Eng Ind Aerod, 1997, 72: 313 – 21.

[5] GUO K P, YANG Q S, LIU M, et al. Aerodynamic damping model for vortex-induced vibration of suspended circular cylinder in uniform flow [J]. J Wind Eng Ind Aerod, 2021, 209: 104497.

五、大跨空间与悬吊结构抗风

基于应力等效的柔性围护结构设计风荷载研究 *

郝玮，陈凯，严亚林

（中国建筑科学研究院有限公司建筑安全与环境国家重点实验室 北京 100013）

1 引言

柔性围护结构具有自重轻、抗震性能好等特点，被广泛应用于体育场馆、展览馆、停车场等建筑结构。在风荷载作用下，柔性围护结构呈现强烈的几何非线性，处于小应变、大位移状态。荷载规范方法[1]适用于传统的刚性围护结构，致使其设计风荷载被高估，不利于结构的经济性[2-5]。因此，柔性围护结构的设计风荷载有待进一步研究。

2 柔性围护结构设计风荷载

2.1 结构应力分析

柔性围护结构在风荷载作用下易在局部范围积聚应力，发生撕裂破坏，将其离散为若干个结构单元，基于有限元分析方法，通过几何方程和物理方程得到结构单元的应力矩阵为：

$$\{\boldsymbol{\sigma}(\delta,t)\} = [\boldsymbol{D}][\boldsymbol{L}][\boldsymbol{K}(\delta)]^{-1}\{\boldsymbol{F}(t)\} \tag{1}$$

式中，$[\boldsymbol{D}]$是弹性矩阵（材料常数矩阵）；$[\boldsymbol{L}]$是偏微分算子矩阵；$\{\boldsymbol{F}\}$是单元荷载矩阵，可通过测点风压插值得到；$\{\boldsymbol{\sigma}\}$为单元应力矩阵。

2.2 基于应力等效的设计风荷载

柔性围护结构的风致破坏通常出现在应力最大处，基于应力等效原理确定结构单元的等效均布荷载，具体流程如图 1 所示。

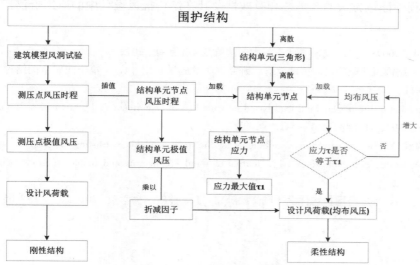

图 1 围护结构设计风荷载

* 基金项目：中国博士后科学基金（2020M680639）。

2.3 极值风压折减

通过折减系数 μ 对极值风压 P_{ex} 进行折减建立计算设计风荷载 P_{de} 的经验公式：

$$P_{\text{de}} = \mu P_{\text{ex}} \tag{2}$$

3 工程实例分析

本文以某膜结构温室实际工程为例，详细阐述基于应力等效原理计算其围护结构设计风荷载的方法，揭示其在结构抗风设计中的实际应用价值。基于风洞测压试验，得到 50 年重现期各测点极值风压最大值和最小值。选取有代表性的结构单元对其设计风荷载进行计算，与极值风压的对比结果见图 2。通过进一步分析得到折减系数随风向角的变化规律，如图 3 所示，其上包络值随风向角呈现周期性波动，曲线拟合结果为：

$$\mu_{\text{up}} = a_1 + a_2\cos(a_4) + a_3\sin(a_4) \tag{3}$$

式中，$\theta = 0°\sim360°$；a_1，a_2，a_3，a_4 是待定参数。

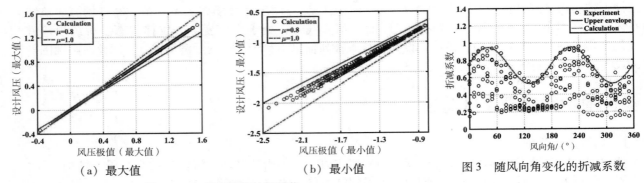

| （a）最大值 | （b）最小值 | 图 3 随风向角变化的折减系数 |

图 2 50 年重现期设计风荷载

4 结论

本文考虑柔性围护结构具有显著的几何非线性特性，提出了一种在刚性模型测压试验基础上，基于应力等效原理，通过折减极值风压计算柔性围护结构设计风荷载的方法；折减系数随风向角呈现周期性变化规律；通过实际工程验证该方法的合理性和有效性及其在结构抗风设计中的应用价值。

参考文献

[1] 建筑结构荷载规范（GB 50009—2012）[S]. 北京：中国建筑工业出版社，2012.

[2] 全涌，梁益，顾明. 围护结构风荷载的尺寸折减效应：研究方法及成果介绍 [C]. 第十四届全国结构风工程学术会议论文集，2009：806 – 811.

[3] KASPERSKI M. Specification of the design wind load based on wind tunnel experiments [J]. Journal of Wind Engineering and Industrial Aerodynamics，2003，91（4）：527 – 541.

[4] TAKADATE Y, UEMATSU Y. Design wind force coefficients for the main wind force resisting systems of open-and semi-open-type framed membrane structures with gable roofs [J]. Journal of Wind Engineering and Industrial Aerodynamics，2019，184：265 – 276.

[5] 李波，田玉基，杨庆山，等. 平屋盖围护构件设计风荷载研究 [J]. 建筑结构学报，2016，37（1）：65 – 76.

台风风场下薄膜结构风振特性试验研究*

李栋，赖志超，刘长江

（1. 福州大学土木工程学院　福州 350108；

2. 广州大学土木工程学院　广州 510640）

1　引言

我国东南沿海地区的薄膜结构众多，其质量轻、柔性大、阻尼小，易产生剧烈振动甚至失稳破坏，因此，薄膜结构的抗风问题一直很突出[1-3]。薄膜结构在服役期间经常受到台风的侵袭，甚至发生破坏，例如，浙江平湖市体育场的挑棚被台风"海葵"撕裂破坏、海南三亚市美丽之冠酒店的顶棚被台风"达维"撕裂破坏。

与通常研究的良态风相比，台风具有湍流度高、非平稳性强、风攻角突变等特性[4]，产生的近地面风场更加复杂，使得薄膜结构的振动更加剧烈，严重影响薄膜结构的安全使用。而现有研究鲜有涉及台风等极端风荷载下的薄膜结构振动特性问题。因此，本文研究薄膜结构在台风风场下的风振响应问题，揭示其在台风作用下的风振规律和致灾机理，为提出薄膜结构抗台风设计方法奠定科学基础。

2　气弹模型及风场模拟

2.1　气弹模型

本文根据相似理论，设计了伞形张拉薄膜结构气弹模型，如图 1 所示。模型边长为 1.2 m，矢高为 0.4 m，预张力为 30.0 N/m，基频为 22 Hz，实物图如图 2 所示。

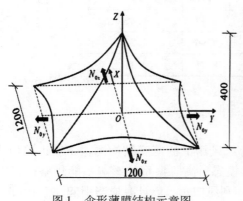

图 1　伞形薄膜结构示意图

图 2　模型实物图

2.2　风场模拟

对于台风风场，基于实测台风记录和 Yan Meng 台风风场模型，确定平均风剖面指数 $\alpha = 0.143$，台风风场湍流强度 I 参考 Sharma 基于实测得出的计算公式[5]：

$$I = 11.75 \, (Z/350)^{-0.193} \tag{1}$$

* 基金项目：福建省自然科学基金项目（2020J05127）；广东省基础与应用基础研究基金项目（2019A1515011063）。

3 试验研究

3.1 试验概况

本次试验在厦门理工学院 ZD－1 边界层风洞中进行，如图 3 所示。结合台风风力等级和相似理论，风速设定为：11 m/s、15 m/s、19 m/s。激光位移传感器布置测点如图 4 所示。

图 3　风洞实验室

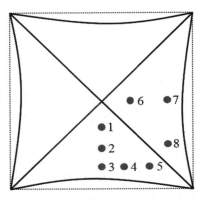

图 4　测点分布

3.2 台风风场下位移响应分析

在台风风场 0°、30°、60° 和 90° 四个典型风向角下，分析薄膜结构各个测点位移响应随风速的变化规律，对频率、振型和位移概率分布特性等结构动力特性进行深入分析。测点 3 的最大位移响应结果如表 1 所示。

表 1　测点 3 处的最大位移响应结果（mm）

风速/(m·s⁻¹)	0°	30°	60°	90°
11	3.34	3.77	2.13	0.42
15	9.17	9.81	4.96	1.22
19	11.04	12.85	8.71	4.11

4 结论

本文基于台风气象资料和现有台风风场模型，进行了台风风场下的薄膜结构测振试验，可以得出以下结论：（1）台风的强湍流度易激薄膜结构更密集的频率和模态，高阶振型的影响不能忽略；（2）边索处发生气流分离和漩涡，导致振动响应最显著，且 30° 是最不利风向角，设计时应当引起注意；（3）台风激励服从高斯分布，而结构位移响应服从非高斯分布，体现出薄膜结构的强非线性振动特性。

参考文献

［1］董石麟，邢栋，赵阳. 现代大跨空间结构在中国的应用与发展［J］. 空间结构，2012，18（1）：3－16.

［2］沈世钊，武岳. 膜结构风振响应中的流固耦合效应研究进展［J］. 建筑科学与工程学报，2006，23（1）：1－9.

［3］张其林，闫雁军，李晗. 张拉结构风致振动理论和试验研究［J］. 东南大学学报，2013，43（5）：1087－1096.

［4］胡尚瑜，聂功恒，李秋胜，等. 近海岸强风风场特性现场实测研究［J］. 空气动力学学报，2017，35（2）：242－250.

［5］楼文娟，蒋莹，金晓华，等. 台风风场下角钢塔风振特性风洞试验研究［J］. 振动工程学报，2013，26（2）：207－213.

基于改进谐波合成法的大跨封闭煤棚风振响应分析 *

胡伟成[1,5]，杨庆山[2]，袁紫婷[1]，李晨[3]，邵帅[4]

（1. 华东交通大学土木建筑学院 南昌 330013；2. 重庆大学土木工程学院 重庆 400030；
3. 北京交通大学土木建筑工程学院 北京 100044；4. 中国电力科学研究院有限公司 北京 100055；
5. 华东交通大学智能交通基础设施研究所 南昌 330013）

1 引言

大跨度封闭煤棚空间网架结构属于典型的风敏感结构，影响其结构整体安全性的主要因素通常为风致响应[1]。根据现行建筑荷载规范很难确定结构的风荷载体型系数和风振系数，许多学者利用风洞试验技术针对大跨结构的风致振动展开深入研究[2]。随着计算机水平的提高，数值模拟技术在大跨结构风致响应研究中逐渐受到广泛应用[3-4]。既有研究鲜有结合 CFD（Computational Fluid Dynamics）模拟技术分析大跨空间结构的风振响应。

本文提出一种结合 CFD 模拟技术、改进谐波合成法以及结构有限元分析的大跨封闭煤棚风振响应计算框架与方法，为大跨空间结构的抗风设计提供理论支撑。

2 大跨封闭煤棚结构风振响应分析理论基础

2.1 CFD 模拟技术

近地面风假设为低速、不可压缩、黏性的牛顿流体，采用 SST $k-\omega$ 湍流模型求解流体控制方程，从而得到大跨空间结构每个节点的体型系数。

2.2 改进谐波合成法

采用谐波合成法[5]生成水平方向脉动风速时程，结合节点体型系数，由式（1）计算对应的脉动风荷载时程，为结构有限元分析提供数据来源。并进行以下改进：（1）引入拉格朗日多项式插值进行近似，减少计算量；（2）利用快速傅里叶变换提高计算效率。

$$W_i(t) = 0.5\rho\mu_{si}\bar{V}_{Hi}\bar{V}_{Hi} + \rho\mu_{si}\bar{V}_{Hi}v_{Hi}(t) \tag{1}$$

式中，$W_i(t)$ 为节点 i 所受风压时程，ρ 为空气密度，μ_{si} 为节点 i 体型系数，$\bar{V}_{Hi}$ 和 $v_{Hi}(t)$ 分别为节点 i 的水平方向平均风速和脉动风速。

2.3 风振响应分析

基于有限元分析软件 SAP2000，利用时域分析法对整个结构进行风振响应计算，得到每个节点的风振系数，为大跨封闭空间结构的抗风设计提供参考。

3 大跨封闭煤棚结构风振响应分析

3.1 工程概况

某大跨度封闭煤场工程项目，长度为 326.9 m，宽为 152 m，高为 48 m，三维效果如图 1。

* 基金项目：国家自然科学基金项目（51720105005、51978263、511962006）；江西省自然科学基金重点项目（20192ACBL20008）。

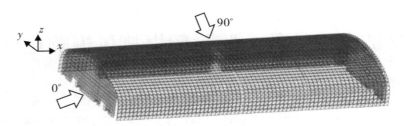

图 1   封闭煤棚三维效果图

3.2   CFD 模拟与脉动风荷载时程

将计算域划分为 102 万网格，由模拟结果计算节点体型系数并进行分区，判断结构最不利风向角。结合节点体型系数和脉动风速，由式（1）得到节点脉动风压时程。

3.3   风振响应分析

利用软件 SAP2000，采用时域的模态叠加法，计算节点脉动响应位移，从而计算结构的风振位移响应和风振系数，并对大跨结构的屋面和山墙进行分区，计算分区体型系数和分区风振系数。通过其他文献结果证明提出方法的合理性，可为大跨结构抗风设计提供参考。

4   结论

本文基于 CFD 数值模拟、改进谐波合成法以及结构有限元分析技术，详细探讨了全风向角下大跨封闭煤棚网架结构表面的风压分布特性及风振响应特性，并研究了屋面和山墙的平均风压系数、分区体型系数以及分区风振系数，得到以下主要结论：

（1）提出的结合 CFD 模拟、改进谐波合成法和结构有限元分析的大跨空间结构风振响应分析框架和方法切实可行，可在缩减成本和耗时的同时，为结构抗风设计提供有力保障。

（2）大跨封闭煤棚结构屋面的风压主要表现为风吸力，在 30°～ 90° 风向角下，迎风边缘出现正压；风压分布总体上具有与来流垂直的特性。

（3）根据各风向角下屋面风力系数确定该大跨封闭煤棚结构最不利风向角为 90°。

（4）得到结构的分区体型系数和分区风振系数，可为大跨屋盖主体结构设计提供参考。

参考文献

［1］徐晓明，崔家春，史炜洲，等. 上海浦东足球场风洞试验和风振响应分析［J］. 建筑结构，2020，50（18）：27 – 30，54.

［2］刘彪，谢壮宁，黄用军，等. 基于 Ritz – POD 的谐波激励法及其在大跨悬挑屋盖风致响应分析中的应用［J］. 建筑结构学报，2021，42（4）：7 – 14.

［3］李超，陈水福，盛建康. 局部构造对月牙形凸屋盖风荷载影响的研究［J］. 空间结构，2010，16（3）：47 – 54.

［4］张四化，郑德乾，马文勇，等. U 形大跨悬挑屋盖风荷载风洞试验和数值模拟研究［J］. 建筑结构，2019，49（9）：133 – 137，106.

［5］DEODATIS G. Simulation of ergodic multivariate stochastic processes［J］. Journal of Engineering Mechanics，1996，122（8）：778 – 787.

基于 OpenFOAM 的体育场膜结构风荷载验证分析

张慎，王义凡，程明，尹鹏飞

（中南建筑设计院股份有限公司 武汉 430061）

1 引言

膜结构由于其自重轻、内部净空大以及建筑造型简洁优美等优点，目前广泛应用在展览馆、文化馆和体育场馆等不同类型的大跨空间建筑。同时，膜结构也是一种柔性结构，对风荷载的作用十分敏感，在结构设计中风荷载往往起到控制作用。随着计算机计算效率提升以及各种计算流体力学软件如 Fluent 和 OpenFOAM 等日益成熟，国内外出现越来越多利用 CFD 软件评估各种膜结构以及其他类型屋盖结构，为工程膜结构风荷载取值提供参考依据。

早年张其林团队[1]基于 Fluent 和雷诺应力湍流模型（RSM），针对马鞍形、伞形、脊谷式和拱支式四种标准体型膜结构进行了 CFD 模拟，分析了不同风向、不同高跨比等因素对膜结构表面风压的影响，发现在高雷诺数钝体绕流数值模拟中预测结构相对较好，在钝体迎风面流动出现分离的尖锐棱边出可以给出合理的湍动能分布形态。随后孙瑛、沈世钊、潘亮和陶瑾等人[2-4]均利用不同的雷诺时均湍流模型，进行了不同类型膜结构 CFD 验证分析，就发现基于不同湍流模型的 CFD 稳态分析虽然在模拟钝体绕流分离方面存在不同程度缺陷，但能较为合理地得到与风洞试验一致的平均风压分布特性。在 CFD 计算方法验证方面，同济大学的黄本才研究团队[5]发现大气边界层自保持特性会不同程度地影响钝体表面风压特性，强调了在工程应用中需要注意入口边界输入和参数设置的准确性。目前已有的公开文献表明，膜结构 CFD 研究较少讨论风剖自保持性问题，更未讨论该问题对大跨屋盖风压模拟结果的影响。

在膜结构风压分布特性研究方面，国内学者们利用风洞试验和 CFD 工具针对不同类型膜结构平均风压分布规律开展了研究，主要考虑了不同风向、风速、矢跨比等参数变化以及周围建筑对膜结构表面风压分布特性的影响。然而，当前针对膜结构 CFD 仿真结果的风洞试验验证分析工作仍极为缺乏，需要更多研究分析，为工程设计实践提供更多参考依据。

2 膜结构 CFD 数值模拟

2.1 算例设置

考虑建筑模型对称性，本文针对单个体育馆主罩棚及底部看台和膜下表面支撑结构建立 CFD 模型。首先，确定计算域网格示意图。高度方向取 11 倍体育场馆高度（H），水平宽度取 5 倍建筑物长度（L），迎风面距入口 5 倍建筑物长度，背风面距出口 24 倍建筑物长度以保证湍流的充分发展，且能避免出口边界的回流。模型阻塞率小于 3%，符合建筑数值风洞的计算要求。考虑到计算成本和 $y+$ 要求，本文采用缩尺模型，缩尺比例为 1:180。基于标准 $k-\varepsilon$ 湍流模型和 SIMPLE 算法，采用 24 核并行计算，单个 CFD 算例耗时 12 小时左右。

2.2 模拟结果验证及分析

为了分析不同 $k-\mathrm{epsilon}$ 湍流入口边界形式对建筑表面风压模拟结果影响，本文给出了四种边界条件工况中膜结构表面测点净风压模拟结果对比如图 1 所示。有无底部看台工况中膜结构表面流场分布对比云图如图 2 所示，两种工况的膜结构附近的绕流形式存在明显差异。底部看台导致膜结构下部气流出现抬升而冲击膜结构迎风端下表面，同时迎风端上表面出现明显流场分离现象，从而导致迎风端下表面出现正压而上表面出现负压。

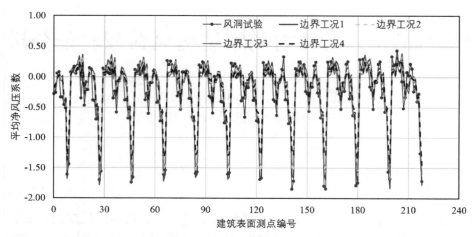

图1　不同边界条件工况中膜结构表面风压模拟结果

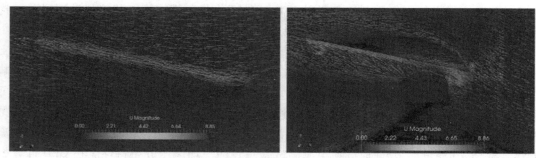

图2　有无底部看台工况中膜结构表面流场分布

3　结论

　　本文基于 OpenFOAM 的标准 $k-\varepsilon$ 湍流模型分析计算了某实际体育场膜结构的平均风压特性，考虑了大气边界层风场特性和底部观众看台干扰影响。分析结果表明：不同的 $k-epsilon$ 湍流入口边界条件形式会影响净风压数值和膜结构表面湍动能大小；体育场底部观众看台将影响膜结构表面绕流形式，增大膜结构局部风压系数和整体风荷载。

参考文献

［1］殷惠君.膜结构风荷载的数值模拟研究［D］.上海：同济大学，2006.

［2］孙瑛，武岳，沈世钊.厦门市文化艺术中心综合楼屋顶膜结构风压数值模拟［J］.空间结构，2007，53（3）：38－42，25.

［3］潘亮.典型体型膜结构风荷载的 CFD 数值模拟分析［D］.哈尔滨：哈尔滨工业大学，2009.

［4］陶瑾.多跨鞍形膜结构风荷载特性研究［D］.杭州：浙江工业大学，2016.

［5］曾锴.计算风工程入口湍流条件改进与分离涡模拟［D］.上海：同济大学，2007.

基于 SA 模型的穹顶大跨屋盖风效应分析*

李田田[1]，赵艺[2]，Yan Guirong[2]，屈宏雅[3]，王凯[4]

（1. 中国气象局上海台风研究所 上海 200030；

2. 密苏里科技大学 美国 65401；

3. 同济大学 上海 200092；

4. 重庆交通大学山区桥梁与隧道工程国家重点实验室 重庆 400074）

1 引言

穹顶大跨屋盖由于空间利用率高、材料经济性好等优势，在大型体育场、大剧院等大跨度空间结构中应用广泛。同时，因为其表面受风面积大、跨度大及材料轻质等特点，存在着遭受强风及风致振动破坏的潜在危险，如 2008 年由于强风作用发生屈曲破坏的美国里诺/弗吉尼亚穹顶。因此，深入认识穹顶大跨屋盖的空气动力学特性及所受结构风荷载，为结构抗风设计提供依据极为重要。早期多采用风洞试验研究穹顶屋盖的平均风压[1-2]和脉动风压[3]分布特征。近年来 CFD（Computational Fluid Dynamics）数值模拟由于不受雷诺数大小限制等优势，逐渐应用于大跨屋盖抗风设计研究中[4-6]。本研究基于风洞试验和 CFD 数值模拟，进行穹顶大跨屋盖风效应分析。

2 穹顶大跨屋盖风洞试验

原型穹顶大跨屋盖底直径为 120 m，矢高为 40 m。风洞试验缩尺比选用大比例尺 1:60，因此，试验模型的底直径为 2.0 m，矢高为 0.67 m。试验模型在风洞中的阻塞率为 0.7%。大比例尺穹顶大跨屋盖的风洞试验在美国佛罗里达国际大学（Florida International University）的 Wall of Wind 风洞试验室进行。该风洞为直流开口式风洞，配备 12 台巨大涡轮，最高可产生 5 级飓风的风力，并可模拟降水及风载碎屑。风洞试验室和穹顶试验模型如图 1a 所示，试验时地貌模拟为开阔地形（open terrain）。图 1b 所示为风洞试验所测穹顶模型表面及子午线上平均风压系数分布。其中，子午线上风压变化与 Maher[1] 研究结果较为一致。将模型表面风压进行积分得到模型的三方向分力，其中垂直方向的升力最大，为 2151.8N。

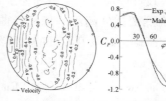

（a）风洞试验室及试验模型　　　　　　　（b）试验模型表面及子午线风压系数分布

图 1　试验模型及相关风压系数示意图

3 CFD 数值模拟

图 2a 所示为模拟风洞试验直流风场的计算域，其根据风洞实际情况分为 A、B 两段。入流面采用速度入口边界条件，来流风速廓线采用基于实测数据拟合的指数率风廓线，$V = 43.95 \times \left(\dfrac{z}{0.167} \right)^{\frac{1}{9.41}}$。出流面

* 基金项目：国家自然科学基金项目（42005144、52008316）；中国博士后科学基金（2020M681443）；上海市自然科学基金（20ZR1461400）；上海市浦江人才计划（20PJ1413900）；上海市"超级博士后"资助（2020518）。

采用压力出口边界条件。其他边界条件采用无滑移壁面。湍流模拟采用时均性质的 Reynolds 方程（RANS），其中涡粘模型选用单方程 Spalart-Allmaras（SA）模型。SA 模型可以随时空演化，不仅可以保持涡粘模式的简单形式，又能够包含雷诺应力的松弛性质。

数值模拟得到的直流风场顺风向风速剖面图（XZ 平面，$Y = 0$）如图 2b 所示。由于 RANS 方法的时均化特性，数值计算得到的是流场的平均特性，不能够显示细节性的湍流特征，但能够满足工程应用对湍流所引起的平均流场变化的需求。图 2c 所示为穹顶模型表面的平均风压系数分布，平均风压系数在穹顶顶部的负压最大值（−1.0）和迎风面的正压最大值（0.6）与风洞试验结果一致。根据风压系数积分得到的模型表面升力为 2205 N，与试验结果误差为 2.5%。从数值模拟结果还观察到，流场在穹顶迎风面地面附近形成的马蹄涡、表面的流动分离，以及背风面尾流区地面附近形成的次级环流。穹顶表面流动分离点由于高雷诺数的影响下移，这一现象与文献［6］中结论一致。

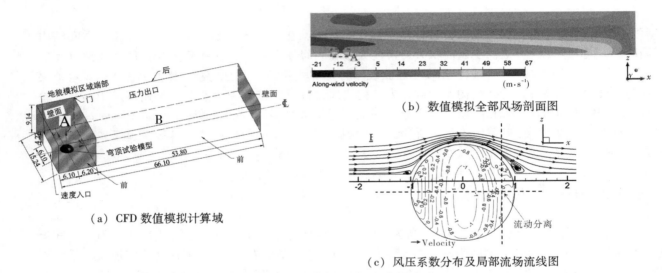

（a）CFD 数值模拟计算域

（b）数值模拟全部风场剖面图

（c）风压系数分布及局部流场流线图

图 2　CFD 数值模拟结果示意图

4　结论

穹顶大跨屋盖在顶部受到较大负压，且垂直方向的升力最大，在龙卷风等强风灾害中易发生屋盖被掀翻等风振灾害，在抗风设计中应注意屋盖和柱子之间的连接及柱本身的抗拉性。采用 SA 模型可以较为准确地预测平均流动有剧烈变化的湍流，如流线曲率的突然变化和流动分离等；与其他湍流模型相比，在保证模拟结果准确性的基础上，具有较好的计算经济性。

参考文献

［1］ MAHER F J. Wind loads on basic dome shapes［J］. Journal of the Structural Division, 1965, 91（3）: 219 − 228.

［2］ TANIGUCHI S, SAKAMOTO H, KIYA M, et al. Time-averaged aerodynamic forces acting on a hemisphere immersed in a turbulent boundary［J］. Journal of Wind Engineering and Industrial Aerodynamics, 1982, 9: 257 − 273

［3］ TAYLOR T J. Wind pressures on a hemispherical dome［J］. Journal of Wind Engineering and Industrial Aerodynamics, 1991, 40: 199 − 213.

［4］ MERONEY R N, LETCHFORD C W, SARKAR P P. Comparison of numerical and wind tunnel simulation of wind loads on smooth, rough and dual domes immersed in a boundary layer［J］. Wind and Structures, 2002, 5: 347 − 358.

［5］ 李清雅，叶继红. 三维空间曲面结构风荷载的数值模拟［J］. 振动与冲击, 2009, 28（4）: 121 − 126, 141, 208.

［6］ 郑德乾，郑启明，顾明. 平滑流场内半圆球形大跨屋盖非定常绕流大涡模拟［J］. 建筑结构学报, 2016, 37（S1）: 19 − 24.

网架结构焊接节点风致多轴高周疲劳分析*

刘晖，周飘，陈世超，瞿伟廉

（武汉理工大学道路桥梁与结构工程湖北省重点实验室 武汉 430070）

1 引言

焊接球节点风致疲劳是引起空间网架结构破坏的重要原因[1-2]，为了保证结构风致安全，应对焊接球节点进行风致疲劳分析。因此在此方面展开了较多研究，如叶继红等[3]基于热点应力法，计算了空间网架结构球节点焊趾处的疲劳损伤值。黄铭枫等[4]采用 Miner 疲劳线性累积损伤理论对大跨干煤棚结构球节点进行了风致疲劳分析。但是，作用在空间网架结构上的风荷载是三维随机风场，因此节点的风致疲劳是多轴高周疲劳。故应采用多轴疲劳分析方法对节点进行风致疲劳分析。而且焊接节点天生存在焊接缺陷，本文亦考虑了焊接缺陷对节点风致疲劳的影响。首先进行了焊接件单轴高周疲劳试验，基于双参数临界面法获得焊材的多轴高周疲劳损伤寿命模型；再根据 Miner 线性累加准则得到累积疲劳损伤值，并预测节点发生疲劳损伤的起始寿命。最后分析了武汉游泳馆屋顶网架结构不同位置节点的风致疲劳。

2 网架结构焊接球节点风致多轴高轴疲劳分析方法与流程

2.1 双参数临界面法

双参数临界面法是将临界面上的法向正应力幅值 $\Delta\sigma_n$ 与剪应力幅值 $\Delta\tau$ 比 ρ 作为评估焊接接头多轴高周疲劳寿命的损伤参量[5]。任意 ρ 值对应的 Wöhler 曲线可由反向斜率 k_τ 和与参考疲劳失效次数 N_A 对应的参考剪应力 $\tau_{A,\mathrm{Ref}}$ 来确定。因此，根据单轴拉压和单轴扭转试验结果，分析可获得 $\rho = 0$ 和 1 对应的 k_τ 和 $\tau_{A,\mathrm{Ref}}$。本文考虑焊接完好和焊接存在未熔合缺陷，绘制他们修正的 Wöhler 曲线，分别如图 1 和图 2 所示。

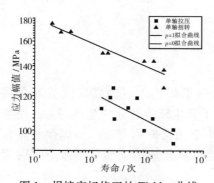

图 1 焊接完好修正的 Wöhler 曲线

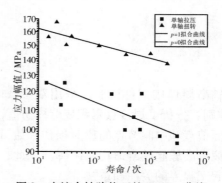

图 2 未熔合缺陷修正的 Wöhler 曲线

基于大量试验结果，任意 ρ 值对应的 k_τ 和 $\tau_{A,\mathrm{Ref}}$ 与 $\rho = 0$ 和 1 对应的 k_τ 和 $\tau_{A,\mathrm{Ref}}$ 关系为

$$
\begin{cases}
\tau_{A,\mathrm{Ref}} = \rho[\tau_{A,\mathrm{Ref}}(\rho = 1) - \tau_{A,\mathrm{Ref}}(\rho = 0)] \\
\qquad + \tau_{A,\mathrm{Ref}}(\rho = 0), 0 \le \rho \le \rho_{\lim} \\
\tau_{A,\mathrm{Ref}} = \rho_{\lim}[\tau_{A,\mathrm{Ref}}(\rho = 1) - \tau_{A,\mathrm{Ref}}(\rho = 0)] \\
\qquad + \tau_{A,\mathrm{Ref}}(\rho = 0), \rho \ge \rho_{\lim}
\end{cases}
\qquad
\begin{cases}
k_\tau = \rho[k_\tau(\rho = 1) - k_\tau(\rho = 0)] \\
\qquad + k_\tau(\rho = 0), 0 \le \rho \le \rho_{\lim} \\
k_\tau = \rho_{\lim}[k_\tau(\rho = 1) - k_\tau(\rho = 0)] \\
\qquad + k_\tau(\rho = 0), \rho \ge \rho_{\lim}
\end{cases}
\tag{1}
$$

* 基金项目：国家自然科学基金项目（51438002）。

式中, $\rho_{\lim}$ 为阈值, 当 $\rho > \rho_{\lim}$ 时, $\tau_{A,\mathrm{Ref}}$ 和 k_τ 为常数。多轴应力状态下疲劳损伤寿命为

$$N_f = \left[\frac{\tau_{A,\mathrm{Ref}}(\rho)}{\Delta\tau}\right]^{k_\tau(\rho)} N_A \tag{2}$$

2.2 多轴疲劳分析流程

网架结构焊接节点风致疲劳多轴分析流程的具体步骤为, 采用 ANSYS 有限元软件建立空间网架结构杆系有限元模型, 进行风荷载作用下的响应分析, 得到所有杆件的内力时程。再采用子结构分析法, 对拟分析的焊接球节点建立精细化三维实体有限元模型, 将节点相应杆件的内力时程作为边界条件施加到节点上, 分析得到焊接球节点疲劳危险点处的应力时程和等效应力时程。接着运用雨流计数法对疲劳危险点处等效应力时程进行计数, 得到每个全循环的起止时刻, 以及相应的原始应力历程, 并确定总循环数。在每个循环中采用搜索方法确定其临界面, 然后基于试验获得的焊材多轴高周疲劳损伤寿命模型, 得到每个循环的疲劳损伤值。最后运用 Miner 线性累加准则将所有循环疲劳损伤值累加, 得到计算时间内的总疲劳损伤值, 最后分析预测该节点的疲劳裂缝起始寿命。

3 网架结构焊接球节点多轴高周疲劳分析

武汉游泳馆所在地 100 年重现期设计风速为 25 m/s, 对结构在该风速下的多轴高周疲劳进行分析, 并考虑焊接完好和有未熔合缺陷两种工况。90° 风向角下、90s 内迎风面节点 1450、中间节点 1568、背风面节点 1629 的风致疲劳损伤值及预测的疲劳裂缝起始寿命见表 1。

表 1　各节点的疲劳损伤值和疲劳裂缝起始寿命

节点		1450 节点	1568 节点	1629 节点
疲劳损伤值	焊接完好	5.91×10^{-7}	3.41×10^{-7}	1.56×10^{-7}
	未熔合缺陷	7.62×10^{-7}	4.32×10^{-7}	2.12×10^{-7}
疲劳裂缝起始寿命（年）	焊接完好	4.72	10.16	17.35
	未熔合缺陷	3.77	7.62	13.12

4 结论

本文基于单轴高周焊接试件试验, 采用双参数临界面法获得焊接件多轴高周疲劳寿命模型, 根据 Miner 线性累加准则, 分析了焊接点累积疲劳损伤值, 并预测了发生疲劳裂缝的起始寿命。结果表明, 迎风面节点、背风面节点和中间节点的疲劳损伤起始寿命都远小于结构使用寿命, 当焊接节点有焊接缺陷时, 所有节点的疲劳裂缝起始寿命均有下降。因此, 焊接节点的风致疲劳损伤是焊接空间网架结构的安全隐患, 应当引起工程界的关注和重视。

参考文献

[1] 廖芳芳, 王伟, 李文超, 等. 钢结构节点断裂的研究现状 [J]. 建筑科学与工程学报, 2016, 33 (1): 67 - 75.

[2] 刘晖, 王钱, 陈世超, 等. 网架结构节点焊缝损伤识别 2 步法 [J]. 中国安全科学学报, 2018, 28 (12): 7 - 13.

[3] 叶继红, 申会谦. 风荷载下空间网格结构疲劳性能 [J]. 东南大学学报, 2016, 46 (4): 842 - 847.

[4] 黄铭枫, 叶何凯, 楼文娟, 等. 考虑风速风向分布的干煤棚结构风振疲劳分析 [J]. 浙江大学学报 (工学版), 2019, 53 (10): 1916 - 1926.

[5] SUSMEL L. Nominal stresses and Modified Wöhler Curve Method to perform the fatigue assessment of uniaxially loaded inclined welds [J]. Journal of Mechanical Engineering Science, 2014, 228 (16): 2871 - 2880.

大跨屋盖结构考虑风向变化的峰值响应研究

罗楠[1,2]，孙鹏[2]

（1. 西南交通大学风工程试验研究中心 成都 610031；

2. 风工程四川省重点实验室 成都 610031）

1 引言

目前，在结构抗风设计中对于风荷载的考虑一般不包括风向变化带来的影响，都是偏保守地假定风从城市的主风向或结构的最不利方向上作用于结构。而不同方向上的风速极值不一样，结构的峰值响应也不一样，单从城市的主风向或结构最不利风向进行抗风设计，势必对结构的安全性和舒适性造成影响。因此，很有必要对大跨屋盖结构在风向变化下的峰值响应进行研究。本文以青岛火车站为背景进行试验研究，对比分析考虑风向变化和传统分析方法下（即定风向）的峰值响应。

2 定风向和变风向下大跨屋盖结构风振响应特性对比分析

以青岛火车站为工程背景，由于其结构对称，为便于分析峰值响应，对结构屋盖测点区域布置了 15 个测点，试验时，在定风向下，对结构屋盖上的每个测点持续 60 s 的采样，采样频率为 256 Hz。按 24 个方向设置试验风向，顺时针转动，每间隔 20°和 45°设置一个试验风向，试验风速为 12 m/s，每个风向角测两组风压数据，另外按照 3(°)/s 的转速顺时针转动模型，测得风向变化过程中屋盖表面的风压。

通过测得的结构表面风压，使用有限元分析软件 Midas Gen，采用时域法中被广泛使用的 Newmark $-\beta$ 直接积分法计算大跨屋盖结构典型测点的风振响应，统计特征如表 1 所示。再分析它们的非平稳特性[1-3]和非高斯特性[4-6]，进而根据非高斯特性计算出峰值响应[7-9]。结果如表 2 所示。

表 1 典型测点风振响应统计特征

	风向角/（°）	测点号	平均值/mm	标准/mm²	最大值/mm	最小值/mm
固定最不利风向	200	测点 7	21.51	2.61	30.37	8.381
	0	测点 8	27.84	5.41	50.14	9.53
	180	测点 10	288.83	32.49	391.8	69.86
	180	测点 12	15.94	3.56	36.74	−6.11
	80	测点 13	66.69	10.55	146.8	−21.34
风向变化	—	测点 7	10.22	6.53	28.22	−0.50
	—	测点 8	16.26	8.08	45.79	−4.01
	—	测点 10	117.21	86.32	441.50	−10.77
	—	测点 12	2.84	3.68	29.70	−24.11
	—	测点 13	23.35	20.04	161.90	−22.33

表 2　典型测点风振响应特性

	风向角/（°）	测点号	是否平稳	是否为高斯分布	峰值因子	峰值响应/mm
固定最不利风向	200	测点 7	P	G	3.68	31.11
	0	测点 8	P	G	3.83	48.56
	180	测点 10	P	G	3.64	407.09
	180	测点 12	P	G	3.68	29.04
	80	测点 13	P	G	3.58	104.46
风向变化	—	测点 7	P	G	3.75	34.71
	—	测点 8	P	G	3.83	47.21
	—	测点 10	P	G	3.66	433.14
	—	测点 12	P	NG	9.15	36.51
	—	测点 13	NP	NG	9.63	216.34

3　结论

　　大跨屋盖结构各测点在特定的最不利风向角下的位移响应平均值比在风向变化情况下的位移响应平均值大，比其脉动值小。大跨屋盖结构在固定最不利风向下的风振响应时程基本都是平稳的，且平稳性很好，在风向变化下的风振响应时程基本都属于非平稳随机时程。对比高斯时程和非高斯时程的峰值因子可以得知，高斯区域的响应时程峰值因子在 3～4 之间，非高斯区域的响应时程峰值因子在 9～10 之间，均比高斯时程的峰值因子大。从通过峰值因子算出的峰值响应来看，在风向变化下，除了位于屋盖中心的测点 8 在固定最不利风向下的峰值响应比风向变化下的要大 1.34mm，其余测点的峰值响应都比其在最不利风向角下得出的峰值响应最少大 6.4%，这说明在固定最不利风向下大跨屋盖结构的峰值响应对某些节点偏保守，有些节点偏危险。

参考文献

［1］陈喆，王荣，周文颖，等. 非平稳信号度量方法综述［J］. 数据采集与处理，2017，32（4），667－683.

［2］张海勇. 非平稳信号平稳性的一种度量方法［J］. 测试技术学报，2002，16（z2）：1418－1422.

［3］赵杨，曹曙阳，武岳，等. 几种非平稳分析方法对非平稳风力时程的比较分析［J］. 土木工程学报，2011，44（9）：51－57.

［4］KUMAR K S, STATHOPOULOS T. Fatigue analysis of roof cladding under simulated wind loading［J］. Journal of Wind Engineering and Industrial Aerodynamics，1998，77－78：171－183.

［5］RICHARDS P J, HOXEY R P. Quasi-steady theory and point pressures on a cubic building［J］. Journal of Wind Engineering and Industrial Aerodynamics，2004，92（14－15）：1173－1190.

［6］LI Q S, CALDERONE I, MELBOURNE W H. Probabilistic characteristics of pressure fluctuations in separated and reattaching flows for various free-stream turbulence［J］. Journal of Wind Engineering and Industrial Aerodynamics，1999，82（1）：125－145.

［7］DAVENPORT A G. Note on the distribution of the largest value of a random function with applications to gust loading［J］. Proceedings of the Institution of Civil Engineers，1964，28（2）：187－196.

［8］GRIGORIU M. Applied non-Gaussian processes. Examples, theory, simulation, linear random vibration, and MATLAB solutions［M］. Englewood Cliffs, NJ：Prentice-Hall，1995：35－38.

［9］田玉基，杨庆山. 非高斯风压时程峰值因子的简化计算式［J］. 建筑结构学报，2015，36（3）：20－28.

鞍形膜结构在风荷载作用下的随机振动理论与试验研究[*]

刘长江，谢海兵，孙源君，盘荣杰，黄伟彬

（广州大学土木工程学院 广州 510006）

1 引言

随着建筑科学的快速发展，以及工程师对结构跨度的追求不断提高，建筑结构正朝着大跨度、轻质量的方向发展。与之相符的则是被誉为"21世纪建筑"的大跨度空间膜结构[1]。由于膜材具有良好的拉伸强度和柔韧性，因此在大跨度空间结构中得到了广泛的应用。但是在广泛应用的同时，膜结构的工程事故也时有发生，严重制约了当膜结构的发展。当膜结构受外荷载作用时，容易产生剧烈振动，导致膜结构松弛变形，甚至工程事故。一方面，由于膜材属于柔性材料，其制成的膜结构刚度低且重量轻，对外界荷载作用十分敏感[2-3]，尤其是对风荷载的作用，膜面极易产生剧烈的振动，严重会造成结构失稳或膜材撕裂破坏。另一方面，由于自然界风荷载作用具有随机性，往往使结构产生随机振动，很难确定膜结构的随机动力响应规律，导致科研人员与工程师很难获得准确的计算结果以及准确可靠的设计方法。这也是目前在膜结构的安全设计中亟须解决的问题。因此，研究大跨度空间膜结构在风荷载作用下的随机振动具有重要的理论和工程意义。基于此，本文以鞍形曲面膜结构为研究对象，考虑风荷载的随机性，开展鞍形膜结构在风荷载作用下的随机振动理论与风洞试验研究，拟获得膜结构随机动力响应特性与规律，为膜结构的设计、施工、维护，以及风振控制提供理论借鉴，也为基于概率统计的膜结构可靠度设计提供基础。

2 理论研究

本文根据薄壳无矩理论、扁壳理论以及冯卡门大挠度理论，建立鞍形膜结构在外荷载作用下的振动偏微分控制方程与固支边界条件[4]。通过初始条件得到应力、位移函数，再结合运动控制方程利用伽辽金法简化得到带二次、三次非线性刚度项的振动微分方程[5]。考虑到风速可分为平均风速与脉动风速，且脉动风速及其产生的荷载作用具有为随机性，并将脉动风速视为高斯白噪声信号[6]，其产生的荷载模拟为随机风荷载。将随机风荷载代入到振动微分方程，可得到鞍形膜结构在风荷载作用下的非线性随机振动微分方程：

$$T'' + \beta T' + \omega_0^2 T + \gamma T^2 + \eta T^3 = k_3 V^2(t) \tag{1}$$

式中，T 为时间函数；β、w_0 分别为结构的阻尼系数、自振频率；γ 与 η 为二次与三次非线性刚度项；k_3 为风荷载系数；$V(t)$ 为时间 t 秒时的风速。

从概率密度演化角度出发，利用 FPK 方程法求解该方程，得到结构随机振动位移响应概率密度与统计矩理论模型，可为曲面膜结构施工、维护以及随机振动控制提供关键参数。

3 试验研究

本文设计与制作了气弹模型风洞试验装置与鞍形膜结构试验模型，来模拟实物模型中鞍形膜结构在风荷载作用下的随机振动过程，如图 1 和图 2 所示。

[*] 基金项目：广东省基金面上项目（2019A1515011063）；广州市科技计划项目（202102010455）。

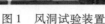

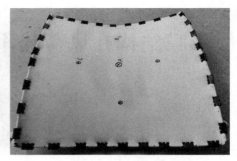

图 1　风洞试验装置　　　　　　　　　　图 2　鞍形膜结构试验模型

利用数据采集装置得到风速时程和鞍形膜表面位移时程。基于相似准则，将试验模型的输入参数与响应数据通过一定相似比转换成实物模型的输入参数与响应数据。利用 EMD 分解法，把风速的实物模型数据分解为符合高斯白噪声信号的脉动风速。将位移时程实物模型数据分解得到随机位移，通过随机过程理论以及概率统计方法计算得到脉动风速强度、随机位移概率密度和统计矩。最后将试验实物模型的输入参数代入理论模型进行计算，将得到的结果与试验实物模型的响应数据进行对比分析。通过试验与理论结果的参数对比分析，可得到鞍形膜结构在风荷载作用下的随机动力响应规律。

4　结论

通过理论与试验研究，得到了鞍形膜结构在风荷载作用下的随机振动特性和规律。主要结论如下：（1）利用 FPK 方程法近似求解鞍形膜结构非线性随机振动问题是可行的。理论位移响应概率分布与统计特征与试验结果吻合度较好。（2）膜面位移响应无论是概率密度还是位移均方值，均反映出跨中 A 点随机振动幅度最大。（3）拱跨比对鞍形膜结构随机振动有显著影响，其可改善膜面预应力传力路径，增大抗变形能力，因此随着拱跨比的增大，位移响应均方值会随之减小。（4）预张力的变化对膜面随机振动位移均方值影响较大，预张力变化 51.74%，位移响应均方值变化 52.16%；并且预张力的增大会降低位移响应均方值，说明预张力对膜面抵抗变形起到了重要的积极作用。（5）风速强度对结构随机振动影响最大。风速强度变化 48.05%，试验的位移均方值变化了 48.63%，理论变化了 48.14%；并且风速强度增大会加大膜面的振动变形，这反映膜结构对风荷载的敏感性。

参考文献

[1]　[法] 勒内·莫特罗. 张拉整体——未来的结构体系 [M]. 薛素铎, 刘迎春, 译. 北京：中国建筑工业出版社, 2007：7-16.

[2]　LIU C J, ZHENG Z L, YANG X Y. Analytical and numerical studies on the nonlinear dynamic response of orthotropic membranes under impact load [J]. Earthquake Engineering and Engineering Vibration, 2016, 15 (4)：657-672.

[3]　LIU C J, DENG X W, ZHENG Z L. Nonlinear wind-induced aerodynamic stability of orthotropic saddle membrane structures [J]. Journal of Wind Engineering and Industrial Aerodynamics, 2017, 164：119-127.

[4]　LIU C J, WANG F, LIU J, et al. Theoretical and numerical studies on damped nonlinear vibration of orthotropic saddle membrane structures excited by hailstone impact Load [J]. Shock and Vibration, 2019 (10-11)：1-21.

[5]　LIU C J, DENG X W, LIU J, et al. Dynamic response of saddle membrane structure under hail impact [J]. Engineering Structures, 2020, 214：110597.

[6]　刘章军, 李杰. 脉动风速随机过程的正交展开 [J]. 振动工程学报, 2008, 21 (1)：96-101.

六、大跨度桥梁抗风

斜拉索风雨激振试验研究 *

高东来[1,2]，张帅[1,2]，陈文礼[1,2]，李惠[1,2]

（1. 哈尔滨工业大学结构工程灾变与控制教育部重点实验室 哈尔滨 150090；

2. 哈尔滨工业大学土木工程智能防灾减灾工业与信息化部重点实验室 哈尔滨 150090）

1 引言

风雨激振是大跨度斜拉桥斜拉索在风和雨的联合作用下发生的大幅度的风致振动。自 1988 年，Hikami 和 Shiraishi[1] 观察到日本明港西大桥的斜拉索发生风雨激振现象后，吸引了国内外广大相关领域研究人员的研究兴趣，但其振动机理仍未能完全解释清楚。

2 研究方法和内容

2.1 研究方法

目前对斜拉索风雨激振的研究主要通过现场监测、风洞试验、理论分析和数值模拟。先前的研究结果表明，在斜拉索表面上水线的形成，及其周期性的周向振荡对激发风雨激振现象起至关重要的作用。Li 等[2] 开发了一套斜拉索风雨振超声波测厚系统，第一次实现了斜拉索表面水线厚度、形状和运动特性的实时测量。Jing 等[3-4] 利用高速摄像机和计算机视觉识别技术，获得了斜拉索发生风雨振时上水线的时空分布规律。Gao 等[5] 在风洞中再现了柔性斜拉索模型的多模态风雨激振现象，并获得了上水线的动力特征，以及尾流特征和模式，提出了一种风雨激振的机理："分离泡破碎"。

2.2 研究内容

本文试验选在哈尔滨工业大学精细化风洞实验室 2 号风洞进行，该风洞为小型回流式低速风洞，试验段尺寸 3.0 m（长）×0.8 m（宽）×1.2 m（高），风速范围 0.3 ～ 23.0 m/s 连续可调。斜拉索阶段模型采用空心有机玻璃管，壁厚 5 mm。模型直径 100 mm，长度 0.8 m，模型总质量为 9.32 kg，风偏角 α 为 34.25°，倾斜角 β 为 20°，上下两端通过弹簧支撑。

通过人工诱导生成上水线的方法激发斜拉索模型风雨激振现象，通过加速度传感器获取其振动信号，利用计算机视觉识别技术和高速 PIV 测量技术，分别得到了上水线的三维运动特征与风雨振具有时间分辨的绕流场特征，如图 1 ～图 3 所示。

---

* 基金项目：国家自然科学基金青年基金项目"基于精细流场测量与深度学习的斜拉索风雨激振机理研究"（52008140）。

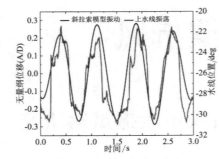

图1　水线运动与斜拉索模型运动的比较

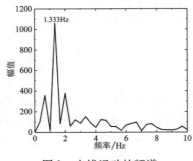

图2　水线运动的频谱

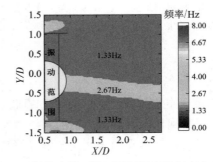

图3　斜拉索模型风雨激振尾流场频率分布

3　结论

论文研究结果表明：处于分离点附近低频振动的水线，诱发了与传统卡门旋涡不同的低频旋涡脱落，显著降低了斯托拉哈数和斜拉索气动力频率，揭示了水线诱发斜拉索发生低频振动并与之耦合的同频锁定机理。

参考文献

[1] HIKAMI Y, SHIRAISHI N. Rain-wind induced vibrations of cables stayed bridges [J]. Journal of Wind Engineering and Industrial Aerodynamics, 1988, 29 (1): 409 – 418.

[2] LI H, CHEN W L, XU F, et al. A numerical and experimental hybrid approach for the investigation of aerodynamic forces on stay cables suffering from rain-wind induced vibration [J]. Journal of Fluids and Structures, 2010, 26 (7): 1195 – 1215.

[3] JING H, XIA Y, LI H, et al. Study on the role of rivulet in rain-wind-induced cable vibration through wind tunnel testing [J]. Journal of Fluids and Structures, 2015, 59: 316 – 327.

[4] JING H, XIA Y, LI H, et al. Excitation mechanism of rain-wind induced cable vibration in a wind tunnel [J]. Journal of Fluids and Structures, 2017, 68: 32 – 47.

[5] GAO D, CHEN W, ELOY C, et al. Multi-mode responses, rivulet dynamics, flow structures and mechanism of rain-wind induced vibrations of a flexible cable [J]. Journal of Fluids and Structures, 2018, 82: 154 – 172.

基于旋涡漂移假设的流线型闭口箱梁涡振机理研究 *

胡传新[1]，赵林[2,3]，周志勇[2,3]，葛耀君[2,3]

（1. 武汉科技大学城市建设学院 武汉 430065；

2. 同济大学土木工程防灾国家重点实验室 上海 200092；

3. 同济大学桥梁结构抗风技术交通运输行业重点实验室 上海 200092）

1 引言

涡激振动是大跨度桥梁在低风速易发的具有强迫和自激双重性质的自限幅风致振动现象。研究表明，涡激振动由气流绕经主梁表面时所产生的有规律地周期性脱落旋涡引起。其主要特征为旋涡脱落与旋涡运动，旋涡沿钝体断面的漂移与非定常演化过程直接影响断面气动力，进而决定断面涡振响应[1]。然而，既有研究在一定程度上忽视了旋涡规律性漂移与涡振之间内在联系。以典型流线闭口箱梁为研究对象，在归纳总结既有涡振关键流场特征基础上，以气动力做功能量视角将旋涡漂移与断面运动特征紧密关联，揭示多阶涡振机理。

2 旋涡漂移模式

典型双对称主梁断面上下表面分离涡对断面作用可采用一个简单模型表达[2]，如图 1 所示。图中的旋涡是简化涡，是真实流场中分离涡的合理简化假设。忽略旋涡非定常演化过程及结构阻尼比效应时，旋涡气动力单周期内做功为零时对应竖向涡振，折减风速可表达为：

$$U_{cr}^* = \frac{1}{k} \cdot \frac{U}{U_{vortex}} \cdot \frac{B_A}{B} \tag{1}$$

式中，U_{vortex} 为简化涡沿表面漂移速度；U 为来流风速；B 为断面特征宽度；B_A 为旋涡漂移距离；k 为阶数。可知，涡振与旋涡漂移密切相关。对于单对称主梁断面，简化涡模型如图 2 所示，其涡振由"主涡"与"二次涡"组成"双旋涡模式"主导，与双对称主梁断面由双"主涡"形成"双旋涡模式"主导方式明显不同。

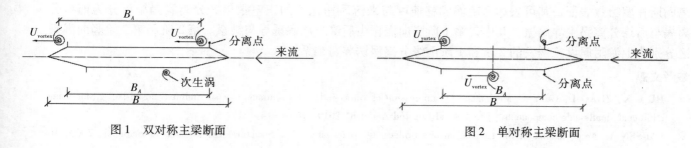

图 1 双对称主梁断面   图 2 单对称主梁断面

3 涡振锁定机理

以典型流线型闭口箱梁为研究对象，采用同步测振测压风洞实验方法，提取涡振响应及与之同步表面压力时程，获得主梁表面气动力时频空间分布特征[3]。主梁断面分布气动力与位移相位差（或分布气动力与位移相位差）随坐标单调变化表征旋涡漂移[4]，如图 3 所示。流线型箱梁断面如图 4 所示，+3°

* 基金项目：国家自然科学基金项目（52108471）。

攻角下涡振响应如图5所示。存在三阶竖向涡振区。第1阶涡振由后缘分离涡诱发，第2涡振区和第3涡振区分别由前缘附属设施诱发的2阶和1阶前缘分离涡主导，如图6所示。

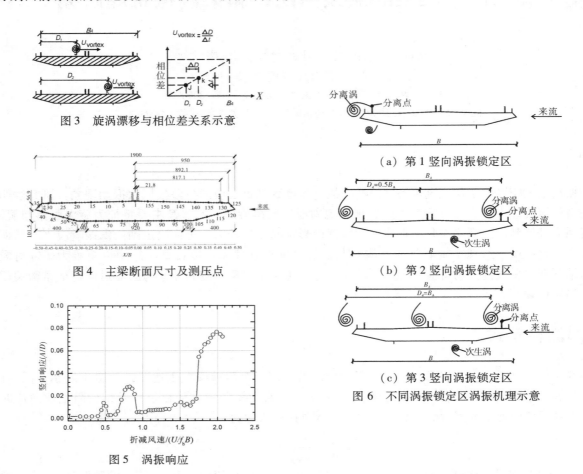

图3　旋涡漂移与相位差关系示意

图4　主梁断面尺寸及测压点

图5　涡振响应

（a）第1竖向涡振锁定区

（b）第2竖向涡振锁定区

（c）第3竖向涡振锁定区

图6　不同涡振锁定区涡振机理示意

4　结论

在归纳总结既有涡振关键流场特征基础上，从能量视角将旋涡漂移与涡振紧密结合，建立简化涡模型。以典型流线闭口箱梁为研究对象，揭示多阶涡振机理机理。研究发现，前缘分离涡主导涡振可由分离涡斯托罗哈数表征，其可表达为旋涡漂移速度与来流风速比值的正整数倍。分离涡涡振可分为前缘分离涡与后缘分离涡主导涡振。其中，第1阶竖向涡振由后缘分离涡诱导与维系。第2阶和第3阶竖向涡振区分别为上游附属设施诱发的2阶和1阶前缘分离涡诱导与维系。

参考文献

［1］HU C X, ZHAO L, Ge Y J. Mechanism of suppression of vortex-induced vibrations of a streamlined closed-box girder using additional small-scale components［J］. J Wind Eng Ind Aerodyn, 2019, 189：314 – 31.

［2］LARSEN A. Aerodynamics of the tacoma narrows bridge – 60 years later［J］. Structural Engineering International, 2000, 10 (4)：243 – 8.

［3］HU C X, ZHAO L, GE Y J. Time-frequency evolutionary characteristics of aerodynamic forces around a streamlined closed-box girder during vortex-induced vibration［J］. J Wind Eng Ind Aerodyn, 2018, 182：330 – 43.

［4］KUBO Y, HIRATA K, MIKAWA K. Mechanism of aerodynamic vibrations of shallow bridge girder sections［J］. J Wind Eng Ind Aerodyn, 1992, 42 (1 – 3)：1297 – 308.

斜风下大跨度悬索桥颤振精细化分析研究*

张新军，周楠，应赋斌

（浙江工业大学土木工程学院 杭州 310023）

1 引言

当前，大跨度悬索桥的抗风分析研究主要针对法向风作用情况，即假设风的来流方向与桥轴线正交。大跨度桥梁在确定桥位时，通常使桥轴线的法向偏离桥址处的主风向，内地山区或复杂地形地区的桥梁其所受的自然风方向复杂多变，沿海地区桥梁经常遭受风向多变的台风侵袭，现场风速观测也表明桥梁所受强风的作用方向大多偏离桥跨法向[1]。由于实际情形中桥梁多承受偏斜的强风作用，研究斜风下悬索桥的抗风稳定性以确保其安全运营具有重要的理论和工程意义。为此，基于斜风作用下静力风荷载和自激气动力计算模型，考虑静风效应和全模态耦合作用，本文建立了斜风下大跨度桥梁颤振精细化分析方法，并编制其计算分析程序 Nflutter-sw。以润扬长江大桥南汊悬索桥为研究对象，开展斜风作用下成桥状态的颤振稳定性分析，揭示静风效应和斜风作用对大跨度悬索桥颤振稳定性的影响。

2 桥梁简介

润扬长江大桥南汊桥为主跨 1490 m 的单孔简支钢箱梁悬索桥（以下简称润扬悬索桥），桥跨布置为 470 m + 1490 m + 470 m，见图 1[2]。主缆矢跨比为 1/10，横桥向中心距为 34.3 m；主跨共设 91 对吊杆，吊杆纵桥向间距为 16.1 m；加劲梁采用扁平流线型封闭钢箱梁，梁高 3.0 m，总宽 38.7 m。桥塔为钢筋混凝土门式框架结构，塔高约为 210 m。

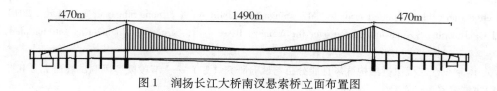

图 1 润扬长江大桥南汊悬索桥立面布置图

3 斜风作用下大跨悬索桥颤振稳定性分析

在 0° 和 ±3° 初始风攻角和 0°、5°、10°、15° 和 20° 初始风偏角下，采用斜风作用下南京长江三桥桥面主梁成桥状态节段模型风洞试验测得的气动力参数[3]，运用 Nflutter-sw 计算程序进行不同初始风攻角和初始风偏角组合工况的颤振稳定性分析，各初始风攻角下颤振临界风速随初始风偏角增加的变化趋势见图 2。

由图 2 可以看出：不同风攻角下，颤振临界风速随风偏角增加的变化趋势各不相同，均呈波动起伏变化特征，并非单调变化趋势，最低颤振临界风速分别出现在 10°（-3° 风攻角）、15°（0° 风攻角）和 0°（+3° 风攻角）初始风偏角下，说明斜风下的颤振稳定性比法向风情况更为不利。在同一风攻角下，线性与非线性颤振临界风速随风偏角增加的变化趋势则总体相似，说明静风效应除影响颤振临界风速外，并不会改变其变化趋势。静风效应对颤振临界风速带来了 -10.9% ～ 0.8% 的变化幅度，当中减幅占绝大多数，总体平均降幅为 5.3%，影响比较明显。与法向风情况相比，斜风作用使得最低线性颤振临界风速降

* 基金项目：浙江省自然科学基金项目（LY18E080034）。

幅最大达 12.3%，三个风攻角下的平均降幅为 8%，说明斜风作用将明显降低大跨度悬索桥颤振稳定性。在此基础上考虑静风和斜风综合作用，颤振稳定性则进一步降低，颤振临界风速最大降幅达 13.2%，三个风攻角下的平均降幅为 11.5%，可见静风和斜风的综合效应会进一步恶化大跨度悬索桥的颤振稳定性，影响非常可观，因此分析中必须考虑斜风和静风综合作用产生的不利影响。

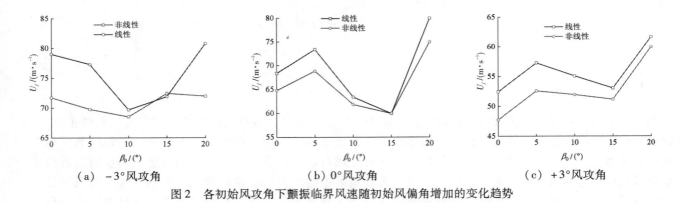

图 2　各初始风攻角下颤振临界风速随初始风偏角增加的变化趋势

4　结论

以润扬长江大桥南汊悬索桥为研究对象，采用 Nflutter-sw 程序进行斜风下悬索桥成桥状态的颤振稳定性分析，并得出了以下主要结论：（1）静风效应显著影响斜风作用下大跨度悬索桥的颤振性能，并降低其颤振稳定性，平均降幅为 5.3%，但并不会改变悬索桥颤振稳定性随风偏角增大的变化趋势。（2）斜风作用下大跨度悬索桥的颤振临界风速随风偏角增加呈现起伏变化特征，最低颤振临界风速往往出现在斜风情况下，与法向风情况相比斜风作用使得颤振临界风速平均下降了 8%。（3）静风和斜风的综合效应进一步降低悬索桥的颤振稳定性，平均降幅达 11.5%，因此大跨度悬索桥颤振分析时需要综合考虑静风和斜风效应及其产生的不利影响。

参考文献

[1] XU Y L. Wind effects on cable-supported bridges [M]. Singapore：John Wiley & Sons Singapore Pte. Ltd. , 2013.

[2] JI L, ZHONG J C. Runyang Suspension Bridge over the Yangtze River [J]. Structural Engineering International, 2006, 3：194-199.

[3] 朱乐东，王达磊. 南京长江三桥主桥结构抗风性能分析与试验研究（三）——节段模型风洞试验研究 [R]. 上海：同济大学土木工程防灾国家重点实验室，2003.

不同攻角下流线型箱梁表面气动阻尼
和气动刚度的分布以及对颤振稳定性的影响 *

李珂，李少鹏，回忆

（重庆大学山地城镇建设与新技术教育部重点实验室 重庆 400044）

1 引言

目前大部分对桥梁气动性能的研究主要集中在整体层面，而桥梁表面的局部信息有助于了解颤振机理变化的内在原因。作者比拟颤振导数的表达关系，提出了"压力颤振导数"的概念，并由此定义了"壁面颤振导数"，可用于计算气动阻尼和气动刚度在主梁表面的分布，以探究外形对颤振稳定性的影响机制[1]。基于该方法，结合 CFD 数值模拟对一典型流线型箱梁断面在不同风攻角下的气动特性展开了研究：获得了主梁周围流场的"压力颤振导数"和主梁表面的"壁面颤振导数"，分析了风攻角对两者的分布规律的影响，并由此获得了风攻角对气动阻尼和气动刚度沿桥面分布规律的影响。研究发现，攻角的变化主要改变了主梁迎风侧风嘴上表面的气动阻尼分布。当攻角由 0°向负攻角变化时，气动阻尼的改变主要发生在迎风侧风嘴附近；当攻角由 0°向正攻角变化时，迎风侧风嘴上表面中部扭转气动阻尼的降低，是致使颤振稳定性降低的主要原因。

2 气动特性分布公式推导

在 Scanlan 的颤振导数理论中，颤振导数是用来表示气动自激力和主梁运动的一组参数。考虑到自激力是主梁表面压力积分的结果，且来源于压力场对主梁的作用。受颤振导数概念启发，流场的压力脉动和主梁运动之间的关系可以如式（1）进行类似定义。

$$p_j - \bar{p}_j = \frac{1}{2}\rho U^2 \Big(k\, \widetilde{P}_{1,j}^* \frac{\dot{h}}{U} + k\, \widetilde{P}_{2,j}^* \frac{b\dot{\alpha}}{U} + k^2\, \widetilde{P}_{3,j}^* \alpha + k^2\, \widetilde{P}_{4,j}^* \frac{h}{b} \Big) \tag{1}$$

式中，p_j 表示流场在点 j 处的压力变化，$\bar{p}_j$ 表示这种变化的均值。"压力颤振导数"以 $\widetilde{P}_{i,j}^*(i=1\sim 4)$ 表示，并可由此获得主梁表面各点对升力和升力矩的贡献，如式（2）所示。

$$\boldsymbol{F}_{se,j} = \left\{ \begin{array}{c} L_j \\ M_j \end{array} \right\} = \left\{ \begin{array}{c} \dfrac{1}{2}\rho U^2 |s_j| \Big(k\, \widehat{H}_{1,j}^* \dfrac{\dot{h}}{U} + k\, \widehat{H}_{2,j}^* \dfrac{b\dot{\alpha}}{U} + k^2\, \widehat{H}_{3,j}^* \alpha + k^2\, \widehat{H}_{4,j}^* \dfrac{h}{b} \Big) \\[3mm] \dfrac{1}{2}\rho U^2 |s_j||f_j| \Big(k\, \widetilde{A}_{1,j}^* \dfrac{\dot{h}}{U} + k\, \widetilde{A}_{2,j}^* \dfrac{b\dot{\alpha}}{U} + k^2\, \widetilde{A}_{3,j}^* \alpha + k^2\, \widetilde{A}_{4,j}^* \dfrac{h}{b} \Big) \end{array} \right\} \tag{2}$$

式中，$\boldsymbol{F}_{se,j}$ 为自激力 $\boldsymbol{F}_{se}$ 在桥面 j 处的分量，满足 $\boldsymbol{F}_{se} = \sum\limits_j \boldsymbol{F}_{se,j}$；"壁面颤振导数"以 $\widehat{H}_{i,j}^*, \widetilde{A}_{i,j}^*(i=1\sim 4)$ 表示，满足式（3）所示。其中各方向向量与主梁外形有关，定义见图1。

$$\left\{ \begin{array}{l} \widehat{H}_{i,j}^* \\[2mm] \widetilde{A}_{i,j}^* \end{array} \right. = \left\{ \begin{array}{l} -\widetilde{P}_{i,j}^*(k)\dfrac{s_j \cdot n_y}{|s_j|} \\[3mm] -\widetilde{P}_{i,j}^*(k)\dfrac{f_j \times s_j \cdot n_z}{|s_j||f_j|} \end{array} \right. = \left\{ \begin{array}{l} -\widetilde{P}_{i,j}^*(k)\cos(\beta_s) \\[3mm] -\widetilde{P}_{i,j}^*(k)\sin(\beta_s - \beta_f) \end{array} \right. \quad (i=1\sim 4) \tag{3}$$

* 基金项目：国家自然科学基金青年基金项目（51808075）；重庆市自然科学基金面上项目（02180024320046）；中央高校科研项目（2020CDJ – LHZZ – 018）。

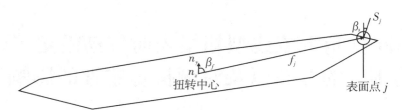

图 1　主梁气动外形信息

假定结构动力特性不变，仅改变主梁气动外形。对系统阻尼求全微分，可以获得桥面各区域气动特性变化对模态阻尼变化的贡献。

$$
\begin{cases}
\xi_{1,j}^{U,aero} = \int_{u=0}^{U} \left(\dfrac{\gamma_2^u \mu\nu H_3^{*,u} A_1^{*,u}}{(1-\gamma_2^{u2})^2 \, \omega_1^u} \mathrm{d}\,\omega_{2,j}^u - \left(\dfrac{\gamma_2^{u2} \mu\nu H_3^{*,u} A_1^{*,u}}{(1-\gamma_2^{u2})^2 \, \omega_1^u} + \dfrac{\omega_h \xi_h}{\omega_1^{u2}} \right) \mathrm{d}\,\omega_{1,j}^u \right. \\[4mm]
\left. \qquad + \dfrac{\mu\nu A_1^{*,u}|s_j|}{4(1-\gamma_2^{u2})b}\mathrm{d}\,\widetilde{H}_{3,j}^{*,u} + \dfrac{\mu\nu H_3^{*,u}|s_j||f_j|}{4(1-\gamma_2^{u2})b^2}\mathrm{d}\,\widetilde{A}_{1,j}^{*,u} - \dfrac{\mu|s_j|}{4b}\mathrm{d}\,\widetilde{H}_{1,j}^{*,u} \right) \\[6mm]
\xi_{2,j}^{U,aero} = \int_{u=0}^{U} \left(\dfrac{\gamma_1^u \mu\nu H_3^{*,u} A_1^{*,u}}{(1-\gamma_1^{u2})^2 \, \omega_2^u} \mathrm{d}\,\omega_{1,j}^u - \left(\dfrac{\gamma_1^{u2} \mu\nu H_3^{*,u} A_1^{*,u}}{(1-\gamma_1^{u2})^2 \, \omega_2^u} + \dfrac{\omega_\alpha \xi_\alpha}{\omega_2^{u2}} \right) \mathrm{d}\,\omega_{2,j}^u \right. \\[4mm]
\left. \qquad + \dfrac{\mu\nu A_1^{*,u}|s_j|}{4(1-\gamma_1^{u2})b}\mathrm{d}\,\widetilde{H}_{3,j}^{*,u} + \dfrac{\mu\nu H_3^{*,u}|s_j||f_j|}{4(1-\gamma_1^{u2})b^2}\mathrm{d}\,\widetilde{A}_{1,j}^{*,u} - \dfrac{\nu|s_j||f_j|}{4b^2}\mathrm{d}\,\widetilde{A}_{2,j}^{*,u} \right)
\end{cases}
\tag{4}
$$

式中，$\mu = \rho b^2/m_h$，$\nu = \rho b^4/m_\alpha$ 且 $\gamma = \omega_1/\omega_2$；全微分之后，模态阻尼比 ξ 的变化被分配至桥面各区域，下标 1、2 分别代表竖弯模态和扭转模态，满足 $\mathrm{d}\xi_1 = \sum_j \mathrm{d}\xi_{1,j}$ 以及 $\mathrm{d}\xi_2 = \sum_j \mathrm{d}\xi_{2,j}$。

3　气动阻尼的分布变化

根据式（4）计算了不同攻角下扭转气动阻尼的变化，如图 2 所示。

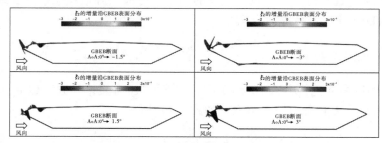

图 2　攻角改变时扭转气动阻尼的增量

由图中可以看出，扭转气动阻尼的变化主要集中在迎风侧。当攻角为负时，主梁表面的流动分离主要发生在迎风侧上下表面的角点附近；当攻角为正时，流动分离主要发生在迎风侧风嘴的上表面和迎风侧上表面的交点附近；而产生流动分离的地方正好是主梁表面气动阻尼变化的地方。

4　结论

借助"壁面颤振导数"方法可以计算出气动特性沿主梁表面的分布，进而分析出颤振稳定性变化的原因。本文基于"壁面颤振导数"计算了攻角变化时闭口箱梁表面的扭转气动阻尼变化，这种变化可以解释随攻角的增大，闭口箱梁的颤振稳定性削弱的现象。

参考文献

［1］ LI K, LI S P, GE Y J, et al. An investigation into the bimodal flutter details based on flutter derivatives' contribution along the bridge deck's surface ［J］. Journal of Wind Engineering and Industrial Aerodynamics, 2019, 192

桁架梁非线性颤振亚临界分岔机理研究 *

伍波[1,2]，廖海黎[2,3]，沈火明[1]，王骑[2,3]

（1. 西南交通大学力学与工程学院 成都 610031；

2. 西南交通大学风工程四川省重点实验室 成都 610031；

3. 西南交通大桥梁工程系 成都 610031）

1 引言

钝体断面在桥梁工程中的广泛应用、山区非常规风导致的大风攻角等因素，使得气动非线性效应对桥梁颤振的影响愈发突出[1-2]。某些桥梁断面颤振可能表征为亚临界分岔型非线性颤振[3-5]。本文基于自由振动风洞试验，详细研究了某桁架梁断面非线性颤振亚临界分岔特性，构建了耦合非线性气动自激力模型，并利用非线性气动力迟滞环、能量预算分析等手段，详细探讨了亚临界分岔的动力学机理。

2 节段模型风洞试验

2.1 试验设置

根据实桥尺寸（图 1）制作了缩尺比为 1:80 的节段模型，模型长度为 1.1 m，宽度为 0.35 m，高度为 0.125 m。附属构件采用硬质 PVC 板数控雕刻的方式精确模拟外形和透风率。

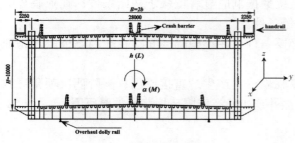

图 1 桁架梁断面图

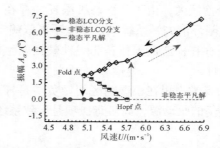

图 2 杨泗港大桥非线性颤振亚临界分岔

2.2 试验结果

设置 SDOF 扭转振动系统，试验来流为均匀流，试验攻角为 0°。图 2 所示为模型在非线性颤振响应试验结果（由于试验配置并未参考实桥，因此仍以试验风速代替）。显然，在风速区间 [4.9, 5.8] m/s 区间内，断面颤振响应显著依赖于系统初始状态。风速大于 5.8 m/s 后，系统颤振响应与初始状态无关。从响应来看，断面非线性颤振表征为明显的亚临界分岔。

3 非线性颤振亚临界分岔机理的定性分析

以风速 5.72 m/s 下的时程及其自激力矩为例，图 3 所示为该风速下的气动力迟滞环。由图可知，若不考虑结构阻尼的耗能作用，气动力（升力及力矩）在小振幅区间做正功，系统发生颤振；当颤振振幅超出正功区间时，气动力逐渐做负功，起到抑制系统发散的作用（图 4）；当正功与负功抵消时，气动力总功为零，此时系统保持稳态极限环振荡（即 LCO）。此外，由图还可以看出，非耦合气动自激力矩在平

---

* 基金项目：中央高校基本科研业务费（2682021ZTPY074）；国家自然科学基金项目（51778547）。

衡位置附近存在很小的负功区间,当初始振幅处于该负功区间时,系统运动衰减,当初始振幅大于该负功区间且气动力正功大于负功时,系统趋向于振动,由此导致了该风速下颤振响应依赖于系统初始状态,也是导致亚临界分岔的直接原因。随着风速的逐渐增大,小振幅下的负功区间消失,说明即使初始激励微小,气动力矩仍可向系统注入能量,并致使其产生振荡并增长振幅。与小风速下相比,这现象直接导致非稳态极限环的消失,并使得系统响应不再依赖于初始状态。

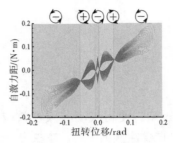

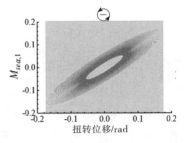

图 3　风速 5.72 m/s 时气动力迟滞环　　　图 4　风速 6.84 m/s 时气动力迟滞环　　　图 5　线性项迟滞环

提取风速 5.36 m/s 下非线性气动力矩的线性项,并构建如图 5 所示的迟滞环。由图可知,线性力项在全振幅范围内做负功,起到正阻尼及抑制系统振动的作用。气动力矩高阶项在小振幅区间不做功,可以判定,图 3 所示的迟滞环在小振幅下的负功区间主要由线性项导致,也是诱发亚临界分岔的关键因素。

4　结论

基于研究,得到如下结论:

(1) 亚临界分岔区内,由于非稳态极限环的存在,系统颤振响应显著依赖于初始条件;在亚临界分岔区外,非稳态极限环消失,系统颤振响应不再依赖于初始条件。

(2) 大振幅下存在稳态极限环是非线性颤振发生的必要条件,在小振幅区间存在非稳态极限环是亚临界分岔的必要条件。

(3) 线性气动自激力矩在小振幅区间做负功是导致亚临界分岔产生的直接原因;高阶偶次项是导致系统产生大振幅振荡的驱动源,高阶奇次项是导致系统抑振并产生稳态极限环振荡的主要原因。

参考文献

[1] 朱乐东,高广中. 典型桥梁断面软颤振现象及影响因素 [J]. 同济大学学报,2015,43(9):1289-1294.

[2] 伍波,王骑,廖海黎. 双层桥面桁架梁软颤振特性风洞试验研究 [J]. 振动与冲击,2020,39(1):191-198.

[3] WU B, CHEN X, WANG Q, et al. Characterization of vibration amplitude of nonlinear bridge flutter from section model test to full bridge estimation [J]. Journal of Wind Engineering & Industrial Aerodynamics, 2019, 197: 104048.

[4] GAO G, ZHU L, LI J, et al. A novel two-degree-of-freedom models of nonlinear self-excited force for coupled flutter instability of bridge decks [J]. Journal of Sound and Vibration, 2020, 480: 115406.

[5] YUAN W, LAIMA S, CHEN W, et al. External excitation effects on the flutter characteristics of a 2 - DOF rigid rectangular panel [J]. Journal of Wind Engineering and Industrial Aerodynamics, 2021, 209: 104486.

基于三维气弹模型的悬索桥吊索尾流致振试验研究 *

邓羊晨，李寿英，陈政清

（湖南大学土木工程学院 长沙 410082）

1 引言

大跨度悬索桥中常采用一个吊点并列两根或多根索股的并列吊索形式，当多根索股相邻布置时，下游索股在上游索股的尾流干扰下存在发生尾流致振的可能[1]。本文首先提出了一种吊索三维气弹试验模型设计新方法，可准确地模拟实际吊索的动力特性。其次，以西堠门大桥吊索结构参数为背景，利用该方法设计制作了三维气弹吊索模型，进行了双索股吊索风洞测振试验，得到了吊索的振动响应。最后，试验研究了结构阻尼、螺旋线以及分隔架三种抑振措施对吊索尾流致振的控制效果。

2 试验模型相似关系

由于风洞试验段尺寸的限制和雷诺数效应，难以同时满足试验模型长度和直径方向的几何相似。若不考虑垂度效应，第 n 阶斜拉索振动频率 f_n 可由下式确定：

$$f_n = \frac{n}{2L} \sqrt{\frac{T}{m}} \tag{1}$$

式中，n 为模态阶数；L、T 和 m 分别为斜拉索长度、张力和单位长度质量。

也就是说，斜拉索振动频率完全由长度、张力和单位长度质量决定。模型设计以第 2 种方式进行，假设按照严格相似关系（仅雷诺数不模拟）得到的模型长度、张力和单位长度质量分别为 L_1、T_1 和 m_1。但如前所述，此时模型长度 L_1 会远大于风洞试验段尺寸，则可保持模型质量 m_1 不变，将模型长度 L_1 减小到风洞试验段尺寸可接受的 L_2，同时将模型张力 T_1 减小到 T_2，以满足斜拉索频率完全相似。经过推导后发现，在均匀风荷载作用下，上述模型长度为 L_1 和 L_2 的两根索的运动微分方程完全相同，也就是可以采用长度为 L_2 的短索模型完全代替长度为 L_1 的长索模型。

3 风洞试验概况

试验在湖南大学 HD – 3 风洞进行。首先，制作了两个完全相同的三维弹性吊索模型用来模拟悬索桥双索股吊索。模型索的结构示意如图 1 所示。试验中，模型索被安装在特制的支架上。模型索上端固结在支架上端的滑槽内，下端通过固定在底端滑槽内的滑轮导向后，与花篮螺栓连接，最后固结在支架上。通过花篮螺栓调节模型索的张力，从而调节模型频率。支架顶端与风洞顶壁之间通过两个千斤顶的顶升，保证支架具有足够的刚度。风洞试验照片如图 2 所示。

* 基金项目：国家自然科学基金项目（51578234）；国家重点研发计划（2017YFC0703604）。

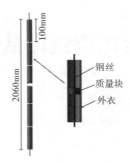

图 1 模型结构示意图   图 2 模型风洞试验照片

4 试验结果

4.1 模型响应

图 3 和图 4 分别给出了试验风速 $U = 14$ m/s 时索股单边最大振幅（A_{max}/D）空间分布。从图 3 中可以看出，上游索仅在 $P = 3.5$、$\alpha = 0°$ 工况发生了明显振动，振幅最大值约为 $1.3D$。从图 4 中可以看出，下游索在多个空间位置处发生了明显振动，一些工况甚至发生了撞索的现象。

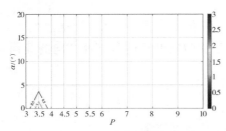

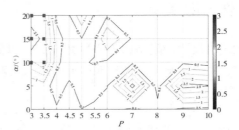

图 3 上游索振幅空间分布   图 4 下游索振幅空间分布

4.2 抑振措施效果分析

图 5～图 7 分别给出了阻尼比、螺旋线及分隔器对吊索响应的影响情况。相比较于增加阻尼比与螺旋线，分隔器减振效果最佳。

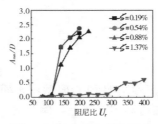

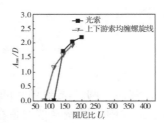

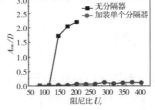

图 5 阻尼比对响应的影响   图 6 螺旋线对响应的影响   图 7 分隔器对响应的影响

5 结论

（1）试验很好地重现了吊索尾流致振现象，在试验风速内（3～14 m/s），均观测到了吊索模型的明显振动，且随着风速的增大，吊索的不稳定区域呈现增大趋势。

（2）分隔器对吊索尾流致振具有很好的抑振效果。

参考文献

［1］ YOSHIMURA T. Aerodynamic stability of four medium span bridges in kyushu district［J］. Journal of Wind Engineering and Industrial Aerodynamics，1992，42（1－3），1203－1214.

大跨度悬索桥可动稳定板的颤振控制试验研究 *

周锐[1]，高晓东[1]，杨詠昕[2]

（1. 深圳大学城市智慧交通与安全运维研究院 深圳 518061；

2. 同济大学土木工程防灾国家重点实验室 上海 200082）

1　引言

颤振控制措施研究主要分为结构措施、机械措施和气动措施。其中，气动措施又可分为固定气动措施、可动气动措施、主动气动措施[1]。目前固定气动措施是大跨度悬索桥颤振控制的首选方案，例如，香港青马大桥和润扬长江大桥采用了竖向中央稳定板提高颤振稳定性等，但是固定气动控制措施的风振控制能力已基本被开发至极限。可动气动措施最主要特点是以固定的模式运动，如利用主梁或主缆自身的运动，通过特定的传动装置驱动安装于主梁上的气动措施，维持其工程状态通常不需要额外的能量输入，例如西堰门大桥巧妙地采用了可调节成水平或竖向形态的风障。主动气动措施具备自适应反馈机制的主动控制面，目前该类气动措施严格意义上仅限于试验研究层面，如何真正意义上实现"智能的"自适应反馈机制为当前研究的瓶颈问题，尚不足以支撑该技术向桥梁工程实际应用转化[2]。因此，本文提出一种桥梁颤振控制的可动竖向稳定板并开展其不同弹簧刚度、不同稳定板高度组合下颤振试验研究，探索可动竖向稳定板对大跨度悬索颤振控制效果，以同时实现气动控制措施轻巧、稳定、易用的特点和机械措施应对能力强、可操纵性好的优势。

2　可动稳定板的颤振试验

以一座 1756 m 主跨的大跨度悬索桥为背景，其宽 35.6 m×高 5.0 m 的整体钢箱梁，设计 1∶50 缩尺比的主梁节段模型，如图 1 所示，分别选取三种弹簧刚度和三种稳定板高度的可动稳定板，如表 1 所示，在同济大学 TJ–2 风洞开展 –3°、0° 和 +3° 三种风攻角下的颤振试验。

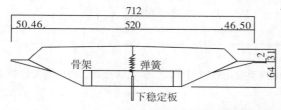

图 1　带可动下稳定板的闭口箱梁颤振试验

表 1　可动稳定板的参数表　　　　单位：mm

不同可动稳定板工况	弹簧线径	弹簧初始长度	稳定板高度	初始伸出板长
无	—	—	—	—
A	0.5	30	40	10
B	0.6	20	60	10
C	0.6	30	60	20

* 基金项目：国家自然科学基金项目（51908374）；桥梁结构抗风技术交通行业重点实验室开放课题基金（KLWRTBMC20–01）。

续上表

不同可动稳定板工况	弹簧线径	弹簧初始长度	稳定板高度	初始伸出板长
D	0.6	40	40	9
E	0.6	40	50	20
F	0.6	40	60	30

3 可动稳定板的颤振控制效果

图2显示了0°攻角下不同可动稳定板的位移风速曲线图，结果表明第D种可动稳定板对于该闭口箱梁的颤振控制效果最好；在0°攻角56 m/s风速下第D种稳定板的主梁模型竖向及扭转位移曲线时程图如图3所示，结果表明此时该主梁做幅度逐渐增大的振动。

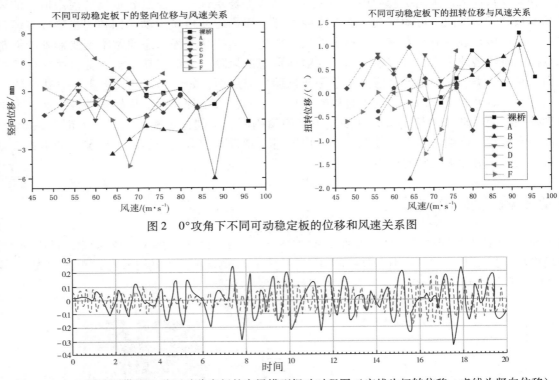

图2 0°攻角下不同可动稳定板的位移和风速关系图

图3 56 m/s风速下带第D种可动稳定板的主梁模型振动时程图（实线为扭转位移，虚线为竖向位移）

4 结论

不同高度和刚度的可动稳定板的闭口箱梁悬索桥的颤振试验，结果表明第D种可动稳定板对于该闭口箱梁的颤振控制效果最好。

参考文献

[1] 赵林，李珂，王昌将，等. 大跨桥梁主梁风致稳定性被动气动控制措施综述 [J].中国公路学报，2019，32（10）：34 - 48.

[2] 李珂，葛耀君，赵林. 基于可调姿态气动翼板的大跨度悬索桥颤振主动抑振方法 [J].土木工程学报，2019，52（12）：94 - 103.

颤振导数振幅依存性影响典型流线型箱梁颤振性能的机理 *

李志国[1,2]，伍波[1,2]，王骑[1,2]

（1. 西南交通大学风工程试验研究中心 成都 610031；
2. 风工程四川省重点实验室 成都 610031）

1 引言

由于大跨度桥梁所处的强风条件和自身大位移特性，使得振幅效应成为其颤振计算中不可忽视的因素。其在强风作用下的扭转振幅可以达到 5°甚至更大，在此振幅下的颤振导数会发生显著变化[1-3]。从目前测试或数值计算获得的数据来看，考虑振幅效应后桥梁的颤振临界风速会降低，使得传统结构设计偏于不安全。本文基于强迫振动风洞试验，研究了某典型箱梁断面颤振导数的振幅依存性，探究了其对箱梁断面颤振性能的影响及其机理，并利用风洞试验进行了验证。

2 颤振导数振幅依存性及颤振临界风速

2.1 颤振导数振幅依存性及颤振临界风速

制作如图 1 所示的节段模型，长度 1.1 m，宽度 0.40 m，高度 0.036 m。基于强迫振动测力技术，识别断面在不同竖向及扭转振幅下的颤振导数。扭转运动相关的颤振导数显著依赖于振幅，如图 2 所示；竖向运动相关的颤振导数基本不依赖于运动振幅（因篇幅原因未附图）。

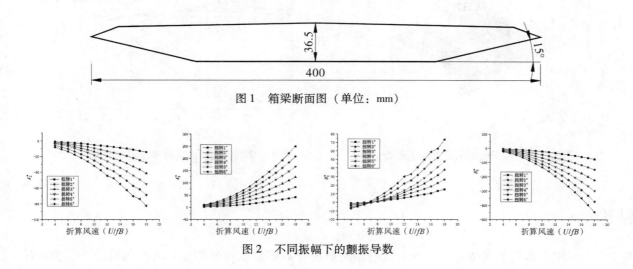

图 1 箱梁断面图（单位：mm）

图 2 不同振幅下的颤振导数

采用双模态耦合颤振闭合解理论计算箱梁断面颤振临界风速，如图 3 所示。其颤振形态仍表征为硬颤振，但颤振导数振幅依存性使得颤振非线性效应明显，具体表现为颤振临界风速严重依赖于初始振幅。随着振幅增大，颤振临界风速显著降低。

2.2 风洞试验验证

为了验证初始振幅对断面颤振性能的影响，基于自由振动风洞试验，采用同样动力参数，获取箱梁断面在不同初始振幅下的颤振临界风速，如图 4 所示。显然，初始振幅影响颤振临界风速规律的试验结果与计算结果保持一致，但在临界风速的取值上存在一定差异，这种的差异主要来源于试验激励中对初始

* 基金项目：四川省科技计划项目（2020YJ0310）。

振幅以及非稳态极限环分支捕捉的不精确。

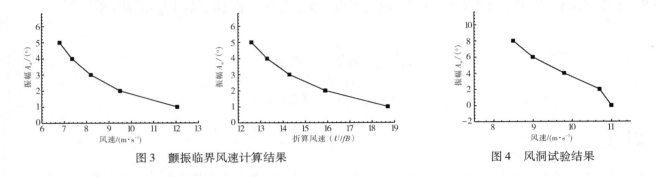

图3　颤振临界风速计算结果　　　　　　　　　图4　风洞试验结果

3　初始振幅影响颤振临界风速的机理

图5和图6给出了模态阻尼三维分布图及其各子项的贡献图。由图可知，大振幅下模态阻尼呈现下坠式减小，使得大振幅下颤振临界风速急剧降低；尽管振幅增大使得A_2^*明显增大，非耦合气动力提供的气动正阻尼明显增大，然而，耦合气动力相关的颤振导数H_3^*等使得气动负阻尼增大更为明显，因而导致了大振幅下，总阻尼更易降至零值，并使得颤振临界风速显著降低。

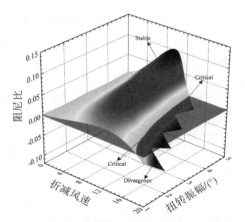
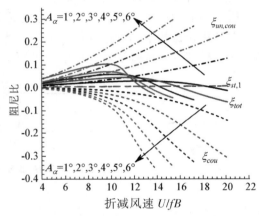

图5　不同扭转振幅下气动阻尼的变化曲线　　　图6　耦合与非耦合气动力项对气动阻尼的影响

4　结论

基于以上讨论，得到如下结论：典型流线型箱梁颤振导数振幅依存性明显；大振幅情况下，颤振风速更低；大振幅下耦合气动负阻尼的显著增大是导致颤振性能降低的主要原因。

参考文献

[1] NODA M, UTSUNOMIYA H, NAGAO F, et al. Effects of oscillation amplitude on aerodynamic derivatives [J]. Journal of Wind Engineering and Industrial Aerodynamics, 2003, 91: 101 – 111.

[2] SCANLAN R. Amplitude and turbulence effects on bridge flutter derivatives [J]. Journal of Structural Engineering, 1997, 123 (2): 232 – 236.

[3] 伍波，王骑，廖海黎. 扁平箱梁颤振后状态的振幅依存性研究 [J]. 中国公路学报，2019，32（10）：96 – 106.

基于深度学习方法的主梁绕流场特征研究[*]

战庆亮[1]，白春锦[2]，葛耀君[2]

（1. 大连海事大学交通运输工程学院 大连 116026；

2. 同济大学土木工程防灾国家重点实验室 上海 200092）

1 引言

随着计算流体动力学（CFD）数值模拟方法的不断发展，针对桥梁主梁绕流流场的数值模拟可实现三维湍流绕流的非定常计算，并能够反映流固耦合的特征与机理，同时可实现流场中任意多、不同位置测点数据的同步监测，是桥梁风致振动现象与机理研究的理想工具。然而，不断精细化的流场数值模拟也带来了新的难题：传统数据分析方法难以对海量流场数据进行全面而准确地分析。面对海量数据的处理难题，基于人工智能的分析方法，特别是深度学习方法近年来得到了飞跃发展和广泛的应用。深度学习可分析处理具有深度抽象特征的大数据问题[1]，极大地提高了多个领域的技术水平，也为科学研究提供了新思路与新方法。

2 流场计算方法与深度学习模型介绍

本文自编码方法的特征提取选用卷积计算实现，卷积核大小选为 5，卷积核个数 128，选择 ReLu 函数为激活函数，共包括 3 组卷积层；解码时，从所模拟的分布中随机生成新的样本，通过反卷积层进行解码，还原所输入的样本。假设输入样本的分布符合多元联合正态分布，计算得到分布参数作为瓶颈层的瓶颈编码（code），用瓶颈编码实现无监督特征提取与表征。对所得的瓶颈编码采用 K-means 算法进行聚类计算，得到流场数据特征的无监督分类模型，所设计网络结构如图 1 所示。

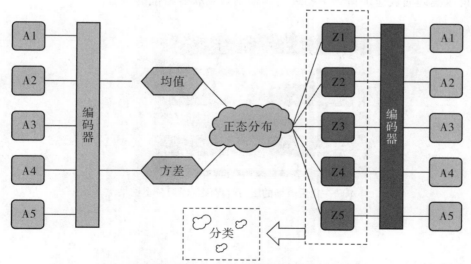

图 1　流场特征提取与特征分类的深度学习模型示意图

3 算例研究与结果

3.1 主梁模型与流场数据

本文选取了闭口箱梁作为研究对象[3]，包含了栏杆等附属设施，为三维的静态流场计算。流场总共

* 基金项目：国家自然科学基金项目（51978527）。

设置了 10 248 个流场监测点，时间步长 0.0005 s，获得所有测点的各变量的时程。

3.2 训练过程与结果

采用样本归一化的方法对时程数据进行预处理，通过本文深度学习方法进行数据特征提取，根据还原之后的样本时程对比原始样本可验证特征提取的准确性，随机选取两个原始数据及其还原时程列于图 2，可以发现本文提出的深度学习模型可以较准确捕捉到样本时程的

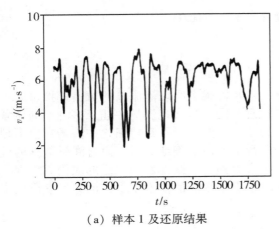
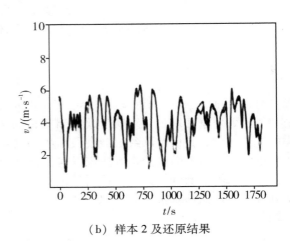

（a）样本 1 及还原结果　　　　　　　　　（b）样本 2 及还原结果

图 2　典型样本时程及其深度学习模拟结果

进而对所得到的瓶颈编码进行聚类计算，结果见图 3，表示压力时程样本归一化后 3 类的结果。分析可知，随着分类数量的增多，压力时程特征的分类逐步精细。3 类情况中，蓝色区域有两部分，表明断面上表面的中部与上表面其他部分的特征是不同的，且与下游斜腹板流场特征类似；5 类中成功分离出了上游风嘴与栏杆引起的两种不同特征的流场，并将下游斜腹板引起的回流状态与 3 类中的上表面状态进行了区分；7 类结果中，将上表面下游区两种特征进行了分离，同时捕捉到了下表面流场特性。通过这种抽象的流场特征分类，可以准确而快速地得到单物理场、多物理场联合特征的区分。

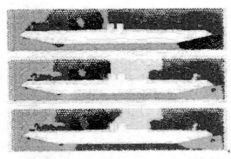

图 3　样本归一化后流场的压力时程深度学习分类结果

4　结论

（1）提出了流场大数据的深度学习分析方法，进行了主梁绕流流场的特征提取与分类。

（2）所采用方法可用于桥梁风致振动问题的机理研究中，本文计算得到了合理的结果，验证了本方法是一种可行的且极具潜力的流场数据研究方法。

参考文献

［1］LECUN Y, BENGIO Y, HINTON G. Deep learning［J］. Nature, 2015. 521：436 － 444.

［2］战庆亮，周志勇，葛耀君，Re = 3900 圆柱绕流的三维大涡模拟［J］.哈尔滨工业大学学报，2015，47：75 － 79.

［3］战庆亮，桥梁气动参数高雷诺数识别的三维非结构化网格 FVM 方法［D］.上海：同济大学，2017.

侧向振动对桥梁自激力的影响*

许福友[1]，王旭[2]，张占彪[1]，应旭永[1]

（1. 大连理工大学风洞试验室 大连 116024；

2. 在役长大桥梁安全与健康国家重点实验室 南京 21112）

1 引言

在 Scanlan 的自激力理论框架下，自激力被认为是桥梁运动位移的速度的线性函数。然而相较竖向和扭转而言，由侧向振动引起的自激力分量却通常被忽略。关于侧向振动对自激力的影响如何，其能否用传统的线性表达式精确描述，这些问题都有待商榷。研究发现与侧向振动对应的颤振导数识别精度较差，线性模型表现出其局限性。本文利用单自由度强迫振动方法，模拟三种不同断面在不同折减风速和振幅下的气动力，研究线性模型在表述三种断面气动力时的适用性。

2 数值模型

2.1 断面类型

本文以三种断面为研究对象，分别为 5∶1 的矩形断面、典型流线型断面以及典型分离式双箱梁，模型考虑了栏杆和检修车道等附属设施，另外为了方便对比，模型的宽度统一设置为 1 m（图 1）。

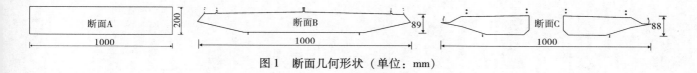

图 1 断面几何形状（单位：mm）

2.2 数值模拟方法

采用 ANSYS Fluent 对每个断面进行竖向强迫振动数值模拟，二维流场计算域采用混合网格分别构造静止区域、动区域以及刚性运动区域，采用 SST $k - \omega$ 湍流模型。近壁面第一层网格高度为 $0.00001B$，可以有效保证 $y+$ 小于 1，网格总数约为 23 万，计算时间步长取 0.001 s。

2.3 工况

分别考虑不同折减风速 （$U/f_P B$） 和振幅下的气动力。在数值模拟过程中振动频率始终保持为 0.5 Hz，通过改变入口风速大小实现不同的折减风速，共设定两个风速，分别为 5 m/s 和 15 m/s，相应的折减风速为 10 m/s 和 30 m/s（$B = 1$ m）。振幅分别设为 0.02 m（$1/50B$）和 0.05 m（$1/20B$），共计有 18 组工况。

3 结果分析

图 2 给出了三种断面在高折减风速下的气动力频谱图，可以得出如下结果：（1）三种断面都可以观测到显著的自激阻力，并且阻力中的涡激力成分远远低于自激力成分，断面 B 和断面 C 该现象尤其明显；（2）断面 A 由于沿竖向对称，使得其阻力中既有一阶涡激力外，还出现了明显的二阶倍频成分，而在断面 B 和断面 C 却没有此现象；（3）断面 A 的升力和升力矩没有自激力成分，如果依据传统的线性理论去

* 基金项目：国家自然科学基金项目（51978130）。

识别相应的颤振导数，所得结果将为零；（4）断面 B 和断面 C 的升力和升力矩中自激力分量明显，并且其占比随振幅的增大而增大；（5）由于振幅调制效应，断面 B 和断面 C 的升力和升力矩存在边带频率，使得侧向振动对气动力的影响更难以量化。

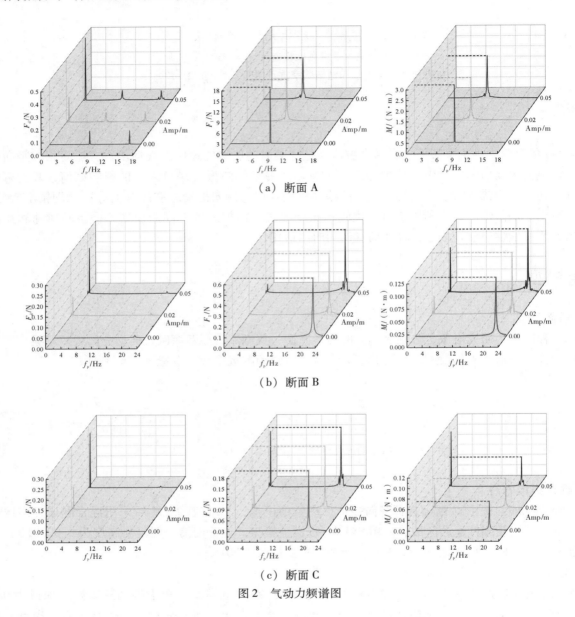

（a）断面 A

（b）断面 B

（c）断面 C

图 2 气动力频谱图

4 结论

（1）对于三种断面，由侧向振动引起的自激阻力可用传统的线性模型表示。与自激阻力相比，涡激阻力可以忽略不计，可以确保相应颤振导数的识别精度。

（2）矩形截面中由侧向振动引起的自激升力和自激升力矩几乎为零，而对于流线型断面和分离式双箱梁，升力和升力矩中虽然有明显的自激力分量，但其占比要小于或与涡激力分量相当，因此在颤振分析时，直接将涡激力分量忽略掉是不准确的。

（3）侧向振动的调制效应造成了涡激力分量产生边带频率，降低了线性理论描述气动力的有效性，也使得相应颤振导数识别精度不高。

桥梁主梁断面气动导纳的 LES 识别研究 *

陈魏[1]，祝志文[2]

（1. 湖南科技大学结构抗风与振动控制湖南省重点试验室 湘潭 411201；
2. 汕头大学土木与环境工程系 汕头 515063）

1 引言

抖振是结构在湍流风脉动成分作用下发生的随机振动。桥梁主跨跨度的不断增大使得结构对风的动力作用变得更加敏感，大跨度桥梁的抖振研究也越加重要。传统的抖振分析是在 Davenport 准定常抖振力模型的基础上引入气动导纳来修正准定常抖振力模型以考虑抖振力的非定常特性，因此气动导纳的有效识别是合理预测桥梁抖振响应的关键。遗憾的是，到目前为止，关于气动导纳的理论研究和识别技术都进展缓慢。正弦变化的竖向脉动风作用下的薄机翼断面的升力导纳，即 Sears 函数，是气动导纳唯一的解析解。由于边界层湍流风本身及其与钝体性质桥梁断面相互作用的复杂性，使桥梁的气动导纳不再有类似机翼的 Sears 解析解，而是与主梁的气动外形和湍流风场特性有关。桥梁主梁的气动导纳函数一般通过风洞试验来确定，而风洞试验存在试验费用高、周期长、设备要求高等问题。随着计算机计算能力的不断提升及通过数值方法生成脉动风场技术的发展，使得基于大涡模拟（LES）方法开展桥梁气动导纳的模拟研究成为可能。本文基于 Fluent 软件平台，采用离散再合成的随机流动生成法（DSRFG）合成满足指定湍流特性的入口风场，开展大带东桥加劲梁的绕流场 LES 求解，结合自谱 – 交叉谱综合最小二乘法（CRLSMACS）识别气动导纳，并与试验结果进行对比。

2 研究对象和数值实现

CFD 模拟以大带东桥主梁断面施工阶段为对象，采用 1:80 的模型缩尺比，不考虑桥面栏杆和其他附属设施。图 1 为主梁模型和计算域布置示意图，其中入口、上侧和下侧边界到主梁断面中心的距离均为 $5B$（B 为主梁宽度），下游出口到断面中心的距离为 $10B$。为保证入口来流的湍流特性持续到模型位置，入口边界和模型位置之间的网格尺度设为 1 cm。主梁展向计算域深度为 $0.5B$，划分 10 个网格，计算域共划分为 688,745 个六面体网格，全局计算域网格布置如图 2 所示。

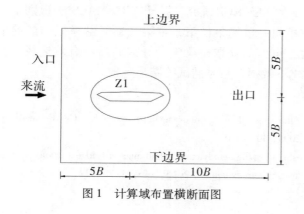

图 1 计算域布置横断面图

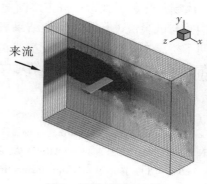

图 2 计算域网格布置

* 基金项目：国家自然科学基金项目（51278191）。

3 桥梁气动导纳识别

图 3 为 0°攻角下大带东桥主梁断面气动导纳的 LES 模拟结果，同时图中还给出了风洞试验的结果及 Bruno[1] 和 Hejlesen[2] 的模拟结果进行对比。结果显示，气动导纳的 LES 模拟取得了较好的效果，与竖向脉动风 w 相关的气动导纳分量 $|\chi_{Lw}|^2$ 和 $|\chi_{Mw}|^2$ 能够与试验值较好吻合，证明了基于 DSRFG 的 LES 方法识别桥梁断面气动导纳的有效性。Bruno 和 Hejlesen 的模拟结果则与风洞试验结果存在较大的偏差，识别的升力导纳和扭矩导纳均明显大于试验值和 Sears 函数值，这可能与采用的数值模型和来流条件有关。Bruno 采用的是二维 LES，Hejlesen 是基于的二维离散涡方法，气动导纳的识别均采用 ASM 法。基于涡的三维属性，二维 LES 模拟难以得到正确的结果，且二维模拟难以反映真实湍流风场的三维特性，不能考虑脉动风与抖振力空间相关性的影响，也将影响气动导纳的识别结果。Bruno 模拟的来流条件与真实流动有较大差别，且并未讨论入口来流的湍流特性在计算域的变化，可能计算域模型处的风场特性发生了较大改变，而 Hejlesen 模拟的竖向脉动风谱与目标谱在低频段存在较大偏差，这都将对气动导纳的模拟结果造成不利影响。

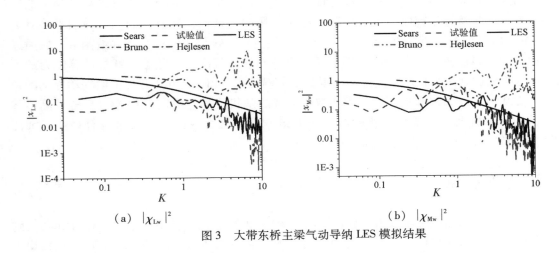

图 3　大带东桥主梁气动导纳 LES 模拟结果

4 结论

目前风洞试验基本上是获得桥梁气动导纳的唯一方法，本文基于 CFD 方法，采用 DSRFG 方法合成 LES 入口脉动风场，开展了大带东桥主梁断面气动导纳的 LES 模拟研究，基于 CRLSMACS 法识别了主梁断面气动导纳并与试验值进行了对比。结果表明，在相同的风场条件下，主梁气动导纳模拟与试验值吻合较好，表明了桥梁主梁气动导纳 LES 模拟的有效性，可作为获取桥梁气动导纳的另一有效途径。在所研究的小攻角范围内主梁断面的气动导纳对攻角的变化不敏感，与风洞试验结果一致。

参考文献

［1］ BRUNO L, TUBINO F, SOLARI G. Aerodynamic admittance functions of bridge deck sections by CWE ［C］. Proceedings 8th National Conference on Wind Engineering, Reggio Calabria, 2005, 409 – 414.

［2］ HEJLESEN M M, RASMUSSEN J T, LARSEN A, et al. On estimating the aerodynamic admittance of bridge sections by a mesh-free vortex method ［J］. Journal of Wind Engineering and Industrial Aerodynamics, 2015, 146：117 – 127.

大跨度桥梁非平稳抖振高效模拟 *

陶天友，王浩

（东南大学土木工程学院 南京 211189）

1 引言

台风、下击暴流等特异风场非平稳特性突出[1-2]。在特异风作用下，桥梁风振响应亦表现出了明显的非平稳特征。然而，以平稳随机过程假设为基础的传统桥梁抖振分析理论，无法考虑特异风作用下桥梁抖振的时变特性。经过长期发展，国内外学者以 Priestley 演化谱理论为基础，通过理论分析、数值模拟与现场实测，建立了大跨度桥梁非平稳抖振分析框架[3-5]。由于 Priestley 演化谱理论假设脉动风速的相干函数仅与频率相关，而实测特异风相干函数存在时变特征，文献［6-7］在非平稳抖振分析框架中进一步考虑了时变相干函数的贡献。然而，对于大跨度桥梁而言，结构非平稳抖振分析需在不同时刻不同频率处开展，其对计算机内存消耗巨大，因而需通过内存与硬盘间的多次读写保障分析计算的顺利进行。庞大的数据存储与交换使得结构动力分析过程耗时巨大。为此，有必要开展深入研究，以提高大跨度桥梁非平稳抖振的模拟效率。

2 桥梁非平稳抖振响应分析理论

桥梁非平稳抖振分析包含时变静风响应分析与非平稳抖振响应分析两部分。时变平均风荷载引起的主梁附加攻角直接影响非平稳抖振力的数值。桥梁非平稳抖振响应的分析方程可表示为：

$$KX(t) = F_s(t) \tag{1}$$

$$M\ddot{X}(t) + C\dot{X}(t) + KX(t) = F_b(t) + F_{se}(t) \tag{2}$$

式中，M、C、K 分别为结构质量、阻尼和刚度矩阵；$\ddot{X}(t)$、$\dot{X}(t)$、$X(t)$ 分别表示结构加速度、速度和位移列阵；$F_s(t)$ 为时变静风荷载列阵；$F_b(t)$ 为非平稳抖振力列阵；$F_{se}(t)$ 为非平稳气动自激力列阵。由于时变平均风速的变化较为缓慢，因而式（2）忽略了结构瞬态动力效应。式（2）求解的时变平均风攻角将作为式（2）中结构的附加攻角。

式（2）可通过虚拟激励法求解，在广义抖振虚拟激励 $\widetilde{Q}_b(\omega, t)$ 第 j 列荷载作用下，结构动力分析方程转化为

$$\ddot{y}_j(\omega, t) + \widetilde{C}\dot{y}_j(\omega, t) + \widetilde{K}y_j(\omega, t) = \widetilde{Q}_{b,j}(\omega, t) \tag{3}$$

式中，$y_j(\omega, t)$ 表示虚拟位移列阵；$\widetilde{C}$、$\widetilde{K}$ 分别为考虑时变气动自激力的阻尼与刚度矩阵。

通过求解式（3），可获得虚拟位移列阵的时频表达，从而桥梁抖振位移演变谱密度可表示为：

$$S_{XX}(\omega, t) = \sum_{j=1}^{N} [\boldsymbol{\Phi} y_j(\omega, t)][\boldsymbol{\Phi} y_j(\omega, t)]^T \tag{4}$$

式中，$\boldsymbol{\Phi}$ 为桥梁前 N 阶模态振型坐标组成的振型矩阵。

3 基于二维插值的非平稳抖振高效模拟方法

根据桥梁非平稳抖振分析理论，需在各时刻各频率处进行抖振位移演变谱密度的计算。以润扬悬索

* 基金项目：国家自然科学基金项目（51908125、51978155）；江苏省自然科学基金项目（BK20190359）。

桥为例,若脉动风演变谱密度时间尺度划分为 3600 段、频率尺度划分为 2000 段,则在启用并行计算的前提下,完成一次桥梁非平稳抖振响应分析需耗时 44.8h。其中,广义质量与阻尼矩阵、荷载列阵的计算分别耗费 14.68h、23.93h。针对这一问题,建立了基于二维插值的非平稳抖振高效模拟方法。该高效模拟方法仅在插值点处开展桥梁非平稳抖振计算,从而通过二维插值建立抖振位移演变谱密度的近似表达,则抖振位移演变谱密度可表示为:

$$\widetilde{S}_{xx}(\omega,t) = F[S_{xx}(\omega_j,t_k)] (j = 1,2,\cdots,N_1, k = 1,2,\cdots,N_2) \tag{5}$$

式中,$F[\cdot]$ 表示二维插值函数,可采用 Hermite 插值、Spline 插值、Lagrange 插值等。

采用该方法,大跨度桥梁非平稳抖振分析的模拟效率可提升 99.35%。通过对比分析可知,二维 Hermite 插值在少量插值点时即可达到较高的插值精度,抖振位移演变谱密度的近似误差可忽略不计。因此,二维 Hermite 插值可作为高效模拟方法的有效基函数。

4　结论

本文建立了一种大跨度桥梁非平稳抖振高效模拟方法。该方法通过二维插值近似有效避免了广义质量与阻尼矩阵、荷载列阵的大量计算与存储,显著提高了桥梁非平稳抖振的模拟效率。同时,二维 Hermite 插值的应用可保障该方法的近似结果具有较高的保真度。

参考文献

[1] XU Y L, CHEN J. Characterizing nonstationary wind speed using empirical mode decomposition [J]. ASCE Journal of Structural Engineering, 2004, 130 (6): 912 – 920.

[2] TAO T Y, WANG H, WU T. Comparative study of the wind characteristics of a strong wind event based on stationary and nonstationary models [J]. ASCE Journal of Structural Engineering, 2017, 143 (5): 04016230.

[3] KAREEM A, HU L, GUO Y L, et al. Generalized wind loading chain: time-frequency modeling framework for nonstationary wind effects on structures [J]. ASCE Journal of Structural Engineering, 2019, 145 (10): 04019092.

[4] CHEN X Z. Analysis of multimode coupled buffeting response of long-span bridges to nonstationary winds with force parameters from stationary wind [J]. ASCE Journal of Structural Engineering, 2015, 141 (4): 04014131.

[5] HU L, XU Y L, ZHU Q, et al. Tropical storm-induced buffeting response of long-span bridges: enhanced nonstationary buffeting force model [J]. ASCE Journal of Structural Engineering, 2017, 143 (6): 04017027.

[6] TAO T Y, XU Y L, HUANG Z F, et al. Buffeting analysis of long-span bridges under typhoon wnds with time-varying spectra and coherences [J]. ASCE Journal of Structural Engineering, 2020, 146 (12): 04020255.

[7] PENG L L, HUANG G Q, CHEN X Z, et al. Evolutionary spectra-based time-varying coherence function and application in structural response analysis to downburst winds [J]. Journal of Structural Engineering, 2018, 144 (7): 04018078.

超长拉索高阶涡振阻尼控制方法理论与试验研究 *

陈林[1]，狄方殿[1]，孙利民[2]，许映梅[3]

（1. 同济大学桥梁工程系上海 200092；

2. 同济大学土木工程防灾国家重点实验室上海 200092；

3. 江苏苏通大桥有限责任公司南通 226017）

1 引言

斜拉桥拉索由于横向刚度小自身阻尼低，易出现风雨振和风致振动。随着斜拉桥的跨度不断增大，索的长度越来越大，其振动问题愈加凸出，减振愈加困难。一方面，索基频降低，易出现风雨振的频段内的模态增多[1]；此外，在安装有阻尼器的索上观测到了明显的涡激振动，例如苏通长江公路大桥（简称苏通大桥）[2]和沪苏通长江公铁大桥[3]。而在之前，明显的涡激振动仅仅在未安装阻尼器的短索上观测到。在这些超大跨桥上观测到的涡振的频率达到 10 Hz 以上，远超传统设计考虑的 3 Hz 以下的索振动。因此，超长斜拉索的减振需要综合考虑频率在 3 Hz 以下的风雨振动和高频的涡激振动。

近年来国内已经有学者开始研究索的高阶涡振问题并提出了气动控制措施，例如陈文礼等[4]提出了在索表面安装自吸吹气套环的方案，Liu 等[3]提出了粗直径的绕线的措施。气动措施控制涡振需对索表面进行较为明显的处置，会影响索受到的风荷载，限制了其实用性。上述风洞试验同样表明[3]，提升索的模态阻尼能够有效地控制此类高阶涡振。

因此，本研究从此角度出发，考虑到实用性，提出在索梁端另增加一个阻尼器提升索高阶涡振模态阻尼的策略。研究索高阶模态获得的阻尼的分析方法，增加的阻尼器对原有针对风雨振的阻尼器的低阶减振效果的影响，进一步开展试验和监测研究，验证理论分析结果和减振效果。

2 超长斜拉索的高阶涡振现象

基于苏通大桥上安装有阻尼器的拉索的振动监测、风速监测数据，分析索高阶涡振特性。发现索出现涡振的模态的振型在阻尼器位置为驻点，即阻尼器不能起到附加阻尼作用。进一步，通过实桥激振测试，发现长索自身阻尼随着振动模态和频率的增大阻尼降低。因此，当风速与该低阻尼模态的频率达到涡激共振条件时，拉索出现较大振幅的涡振。这种振动仅与外置阻尼器的安装位置相关，而与阻尼器的类型无关。

3 阻尼减振方法理论和试验研究

3.1 增加阻尼器控制高阶涡振

基于上述监测分析，提出在索梁端附近增加阻尼器提升高阶涡振模态的阻尼。同时考虑美观性和安装方便，新增加的阻尼器可以在索套管口安装。

3.2 理论研究

索上增加针对高阶涡振的阻尼器后，理论分析模型如图 1 所示。图中考虑增加的阻尼器 II 为高阻尼橡胶阻尼器，原阻尼器 I 为一般黏弹性阻尼器。其他类型的阻尼器可以采用同样的方法分析。通过复模态分析得到系统各阶模态的阻尼随阻尼器位置和参数的变化规律。

* 基金项目：国家自然科学基金项目（51978506）。

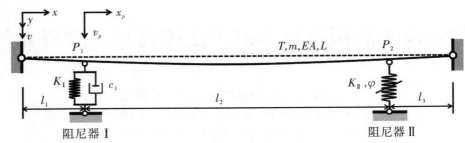

图 1　索 – 双阻尼器分析模型

3.3　试验和监测结果

根据理论设计，在苏通大桥上三根长索的梁端套管口增加高阻尼橡胶阻尼器。监测这些索及其他位置参数相近的索的振动，结果如图 2 所示。可见，增设高阻尼阻尼器后，拉索的高阶涡振得到了有效控制。同时，通过试验发现，增加的阻尼器对原外置阻尼器影响有限。

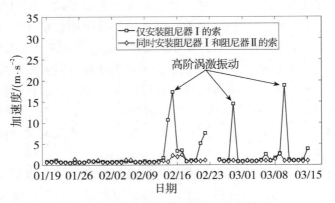

图 2　索 – 高阶涡振抑制效果的监测结果

4　结论

本文针对长索安装阻尼器后出现高阶涡振的问题，提出了增设阻尼器的减振方法并开展了理论和试验研究，论证了提出方法的减振效果并研究了其对原阻尼器效果的影响。

参考文献

［1］ CHEN L, SUN L, XU Y, et al. A comparative study of multi-mode cable vibration control using viscous and viscoelastic dampers through field tests on the Sutong Bridge ［J］. Engineering Structures, 2020, 224：111226.

［2］ GE C, CHEN A. Vibration characteristics identification of ultra-long cables of a cable-stayed bridge in normal operation based on half-year monitoring data ［J］. Structure and Infrastructure Engineering, 2019, 15（12）：1567 – 1582.

［3］ LIU Z, SHEN J, LI S, et al. Experimental study on high-mode vortex-induced vibration of stay cable and its aerodynamic countermeasures ［J］. Journal of Fluids and Structures, 2021, 100：103195.

［4］ 陈文礼，陈冠斌，黄业伟，等. 斜拉索涡激振动的被动自吸吹气流动控制 ［J］. 中国公路学报，2019, 32（10）：222 – 229.

基于主动—被动混合风洞试验的大跨度桥梁抖振响应时域分析[*]

吴波[1,2]，周建庭[1,2]，张亮亮[3]，李少鹏[3]，单秋伟[3]

(1. 山区桥梁及隧道工程国家重点实验室 重庆 400074；
2. 重庆交通大学土木工程学院 重庆 400074；
3. 重庆大学土木工程学院 重庆 400045)

1 引言

风攻角是影响大跨度桥梁抖振响应的关键因素之一。目前的一些研究[1-2]识别了桥梁断面在不同风攻角下的气动导纳函数，但大多采用了纵向、竖向分量等效的假定。研究表明，桥梁断面的流动分离特性随风攻角而显著改变。因此，将紊流纵向、竖向分量对抖振力的贡献视为等效并不准确。同时，以往研究得到的一波数导纳也难以反映紊流三维效应对抖振力空间分布的影响。尽管两波数气动导纳更好地描述了抖振力的展向分布特性，但目前的相关研究均是针对零风攻角，仅考虑了紊流竖向分量，并不适用于非零攻角情况。本文通过主动－被动混合风洞试验识别气动导纳的纵向、竖向分量，分析紊流纵向、竖向脉动分量对抖振力的贡献，并开展抖振响应时域分析。

2 风洞试验与风场特性

被动风洞试验在重庆大学直流式风洞中进行，通过格栅、尖劈等装置产生紊流场。主动控制风洞试验在同济大学多风扇主动控制风洞中进行，通过计算机编程控制 120 个风扇阵列，调整输入数据改变风扇转速以产生不同的纵向流场。模型尺寸 $0.28 \text{ m} \times 0.03 \text{ m}$（$B/D = 9.3$），展向尺寸 1.3 m。沿展向不同间距设置 6 排测压片条，每排 51 个测点。以 DMS 3400 压力扫描阀同步测量表面压力，频率 200 Hz，整体气动力经测积分得到。采用眼镜蛇探头测量流场特性，采样频率 250Hz，采样时长 120 s。由于主动紊流场的目标风场通过自定义的方式加以控制，经过不断反馈调节，使其紊流度、积分尺度、相关性等与被动紊流场中的 $u-$ 分量保持一致，从而可认为两种风场中纵向脉动风速分量等效，近似满足紊流效应叠加原理[3]。

3 抖振响应

3.1 主梁的气动导纳纵向、竖向分量

以下主要给出二维气动导纳（$k_2 = 0$）的识别过程。首先通过主动控制风洞试验识别气动导纳纵向分量。以抖振升力为例，由于主动控制风洞所产生的紊流场中不包含竖向脉动风速分量，因此将二维抖振力谱表示为：

$$S_L(k_1, 0) = 4 (\rho Ub)^2 C_L^2 | \chi_{Lu}(k_1, 0) |^2 S_u(k_1, 0) \tag{1}$$

式中，b 为半宽，$S_u(k_1, 0)$ 为纵向脉动风二维功率谱，$| \chi_{Lu}(k_1, 0) |^2$ 为二维气动导纳纵向分量。

在被动风洞试验中，紊流场同时包含 $u-$ 和 $w-$ 分量，二维抖振力谱表示为：

$$S_L(k_1, 0) = (\rho Ub)^2 [4 C_L^2 | \chi_{Lu}(k_1, 0) |^2 S_u(k_1, 0) + (C_L' + C_D)^2 | \chi_{Lw}(k_1, 0) |^2 S_w(k_1, 0)] \tag{2}$$

式中，$| \chi_{Lw}(k_1, 0) |^2$ 表示竖向二维气动导纳分量。如前所述，主动紊流场和被动紊流场近似满足紊流效应叠加原理，则将式（1）得到的 $| \chi_{Lu}(k_1, 0) |^2$ 代入式（2）即可得到二维气动导纳竖向分量。

* 基金项目：重庆交通大学高层次人才启动基金（21JDKJC－A037）；国家自然科学基金项目（51778193、51978108）。

图 1 为典型风攻角下的二维气动导纳纵向、竖向分量与等效导纳的对比。显然，等效导纳介于纵向、竖向导纳之间，在低频区域 $|\chi_{Lw}(k_1,0)|^2$ 较大，而在高频区域则 $|\chi_{Lu}(k_1,0)|^2$ 较大，二者在频域上等效的"相交点"随攻角的增加而逐渐往高频移动，说明纵向紊流分量对整体升力的贡献随攻角逐渐加强的。此外，当 $\alpha \leqslant 4°$ 时，$|\chi_{Lw}(k_1,0)|^2$ 与等效导纳非常接近，说明在小攻角作用下的升力主要由竖向紊流分量提供。

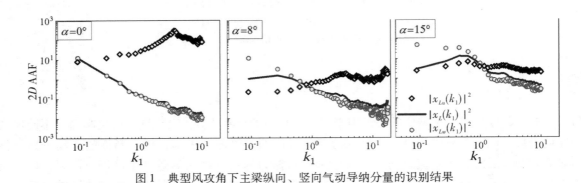

图 1　典型风攻角下主梁纵向、竖向气动导纳分量的识别结果

3.2 抖振时域分析

以某主跨 880 m 悬索桥的设计方案为例，以谐波合成法生成抖振时域分析所需的脉动风场。为将气动导纳时域化，采用文献［4］的方法，将目标谱表示为风功率谱与气动导纳乘积的形式，这样可将式（2）改写为式（3），并通过抖振力的时域表达式得到各点的抖振升力、阻力、力矩时程，据此开展抖振响应时域分析。受篇幅所限，具体分析结果在全文中给出。

$$S_L(k_1,0) = (\rho Ub)^2 \left[4 C_L^2 \widetilde{S}_u(k_1,0) + (C_L' + C_D)^2 \widetilde{S}_w(k_1,0) \right] \qquad (3)$$

4　结论

本文借鉴多风扇主动控制风洞的产生纵向连续紊流，单独考虑纵向脉动风对抖振力的贡献，识别得到气动导纳的纵向分量。然后，通过被动紊流模拟方式产生被动紊流场，基于紊流效应的叠加原理，间接识别得到气动导纳的竖向分量。与以往被动风洞试验中常采用的等效气动导纳相比，本文基于主动－被动混合风洞试验方法得到的分离式导纳可更准确地反映紊流纵向、竖向脉动分量对抖振力的贡献。另一方面，这也为考虑气动导纳的抖振时域分析创造了条件。在后续研究中，将对比基于等效导纳的抖振响应分析结果与本文分析结果的差异，评估其在大风攻角下可能导致的误差。

参考文献

［1］刘明. 沿海地区风场特性实测分析与大跨度桥梁抖振响应研究［D］. 成都：西南交通大学，2012.

［2］刘连杰. 多参数影响下山城大跨宽体悬索桥抖振响应研究［D］. 重庆：重庆大学，2018.

［3］KAWATANI M, KIM H. Evaluation of Aerodynamic Admittance for Buffeting Analysis［J］. Journal of Wind Engineering & Industrial Aerodynamics, 1992, 41（1 - 3）：613 - 624.

［4］TAO T Y, WANG H, WU T. Parametric study on buffeting performance of a long-span triple-tower suspension bridge［J］. Structure & Infrastructure Engineering, 2018：1 - 19.

基于启发式算法和重采样技术的桥梁颤振导数识别及其不确定性量化研究 *

封周权，林阳，华旭刚，陈政清

（湖南大学风工程与桥梁工程湖南省重点实验室 长沙 410082）

1 引言

Scanlan 在 20 世纪 70 年代首次提出桥梁断面颤振导数的概念[1]；这些参数包含在半经验自激力模型中，是大跨度桥梁颤振和抖振分析的基础[2-3]。颤振导数识别一般采用风洞节段模型试验，依据激励方式的不同可以分为三大类，即自由振动法、强迫振动法和随机激励法等。在这三类颤振导数识别方法中，自由衰减振动法是最简单的一种，因此，它被广泛采用。该方法首先由 Scanlan 和 Tomko[1] 提出，利用前两个单自由度自由衰减振动试验提取直接导数（H_1^*，A_2^*，A_3^*），然后利用一个耦合两自由度自由衰减振动试验提取交叉导数（A_1^*，H_2^*，H_3^*）。此后，Sarkar 等人[4] 提出了一种系统识别程序，利用该程序通过一个两自由度自由衰减试验同时识别 8 个导数。Gu 等人[5] 提出了整体最小二乘法（ULS）来识别颤振导数，其中使用了结合竖弯和扭转运动的统一误差函数。为了平衡竖弯和扭转信号，Ding 等人[6] 首次在 ULS 方法中引入加权因子进行颤振导数识别。后来 Li 等人[7] 提出了加权整体最小二乘法（WELS）来识别桥面颤振导数。Bartoli 等人[8] 对 ULS 方法进行了改进，在统一误差函数中引入适当的加权因子，增强了迭代过程。Xu 等人[9] 利用改进的随机搜索算法对 ULS 中的迭代方案进行了改进。

以上算法中有三个方面值得进一步改进：一是目标函数中加权因子的改进，目标函数中的加权因子可以提高识别结果的准确性，但是以往的方法中使用的权重因子是预先分配的，可能不是最优的；二是优化算法的改进，颤振导数是通过求解一个优化问题来提取的，传统的优化方法需要对参数进行良好的初始猜测，确定系统参数的初始值，这人为增加了一些额外的步骤来确定这些参数的初始值；三是参数识别的不确定性量化问题，大多数方法只能对一组试验数据进行单一的颤振导数的最优估计，而风洞试验的大量重复需要耗费更多的人力物力，这给参数识别的不确定性量化带来了挑战。

2 摘要

有鉴于此，本文提出了一种基于节段模型风洞试验自由衰减振动数据的改进颤振导数识别方法。该方法采用加权最小二乘意义下的启发式优化算法进行参数辨识，并采用 Bootstrapp 技术进行参数的不确定性量化。该方法的新贡献主要体现在三个方面：第一，利用迭代优化方法更合理地确定与竖弯和扭转运动相关的权重因子，而不是预先指定；第二，采用改进的人工蜂群算法与 Powell 算法相结合的混合优化方法进行参数辨识；第三，利用统计 Bootstrap 技术来量化颤振导数的不确定性。与其他方法相比，所提出的方法的优点是更快更准确地实现全局最优，并在识别的颤振导数中更加精准的进行不确定性量化。通过对某平板断面模型的数值模拟和某实桥断面试验数据验证了该方法的有效性和可靠性。

3 结论

本文提出了一种从风洞试验记录中提取 8 个颤振导数并同时量化其不确定性的新算法。它是基于最小二乘原理，但引入了三个基本的修改来增强识别。本文的第一个贡献是在误差函数中引入合理的加权因

* 基金项目：国家自然科学基金项目（51708203）。

子，并采用迭代法进行优化。第二个贡献是使用启发式 MABC – Powell 算法来解决优化问题，获得更好的收敛性和精度。第三个贡献是采用自助方案对识别的颤振导数进行不确定性量化和统计推断，在只有少数数据样本时也可采用。本文提出的 MABC – Powell 数值优化算法在多个基准函数上进行了测试，结果表明该算法在收敛速度和精度方面均优于标准 ABC 算法。通过平板数值计算和实桥断面风洞试验实例验证了颤振导数辨识方法的有效性。在这两种情况下，辨识结果均与理论解或参考值吻合较好，表明了该方法的有效性和鲁棒性。

参考文献

［1］ SCANLAN R H, TOMKO J J. Airfoil and bridge deck flutter derivatives ［J］. Journal of the Engineering Mechanics Division, 1971, 97 （6）: 1717 – 1737.

［2］ SCANLAN R H. The action of flexible bridges under wind, I: Flutter theory ［J］. Journal of Sound and Vibration, 1978, 60 （2）: 187 – 199.

［3］ SCANLAN R H. The action of flexible bridges under wind, II: Buffeting theory ［J］. Journal of Sound and Vibration, 1978, 60 （2）: 201 – 211.

［4］ SARKAR P P, JONES N P, SCANLAN R H. System identification for estimation of flutter derivatives ［J］. Journal of Wind Engineering and Industrial Aerodynamics, 1992, 42 （1 – 3）: 1243 – 1254.

［5］ GU M, ZHANG R, XIANG H. Identification of flutter derivatives of bridge decks ［J］. Journal of Wind Engineering and Industrial Aerodynamics, 2000, 84 （2）: 151 – 162.

［6］ DING Q S, CHEN A R, XIANG H F. Modified least-square method for identification of bridge deck aerodynamic derivatives ［J］. Journal of Tongji University, 2001, 29 （1）: 25 – 29.

［7］ LI Y, LIAO H, QIANG S. Weighting ensemble least-square method for flutter derivatives of bridge decks ［J］. Journal of Wind Engineering and Industrial Aerodynamics, 2003, 91 （6）: 713 – 721.

［8］ BARTOLI G, CONTRI S, MANNINI C. Toward an Improvement in the Identification of Bridge Deck Flutter Derivatives ［J］. Journal of Engineering Mechanics, 2009, 135 （8）: 771 – 785.

［9］ XU F Y, CHEN X Z, CAI C S. Determination of 18 Flutter Derivatives of Bridge Decks by an Improved Stochastic Search Algorithm ［J］. Journal of Bridge Engineering, 2012, 17 （4）: 576 – 588.

基于柔度法的振动优化控制理论及
在桥梁颤振主动控制中的应用 *

魏晓军，夏冉，伍浩，何旭辉

（中南大学土木工程学院 长沙 410075）

1 引言

柔度法[1]是一种完全基于柔度进行振动主动控制的方法，避免了有限元建模过程及其引入的相关误差。然而既有的柔度法理论仅考虑特征值的精确配置。本文提出基于柔度法的振动优化控制理论，将系统特征值配置到指定区域，同时优化闭环柔度的 H_2 范数和控制增益矩阵的 F 范数，实现振动表现的最优和控制输入的最小，并将该理论应用于桥梁颤振主动控制[2]。

2 基于柔度法的振动优化控制理论

具有 n 个自由度的质量－阻尼－刚度系统在外力作用下的振动微分方程为

$$M\ddot{x}(t) + C\dot{x}(t) + Kx(t) = p(t) \tag{1}$$

在 Laplace 域内定义 $H(s) = [s^2M + sC + K]^{-1}$ 为开环柔度，其可通过试验测量确定。

施加反馈控制 $u(t) = F^T\dot{x}(t) + G^Tx(t)$，控制力分配矩阵为 $B \in \mathbb{R}^{n\times m}$，得闭环系统为

$$M\ddot{x}(t) + C\dot{x}(t) + Kx(t) = Bu(t) + p(t) \tag{2}$$

问题描述：给定开环柔度 $H(s)$ 和闭环特征值 $\mu = \{\mu_k\}_{k=1}^{2n}$ 的稳定区域 $\Omega_\mu = \{\Omega_{\mu_k}\}_{k=1}^{2n}$，确定一组反馈增益使得闭环柔度的 H_2 范数和增益矩阵的 F 范数的加权和最小（γ 为加权系数），即

$$\min_{\mu\in\Omega_\mu}\{\gamma \parallel \hat{H}(s) \parallel_{H_2} + (1-\gamma)(\parallel F \parallel_F + \parallel G \parallel_F)\} \tag{3}$$

问题求解思路：该问题的核心是 $\parallel \hat{H}(s) \parallel_{H_2}$、$F$ 和 G 均用开环柔度进行表述，然后选择合理的加权系数 γ，采用非线性有约束优化算法得到优化控制增益。

3 颤振控制应用实例

考虑迎风侧和背风侧均具有控制面的流线型桥梁节段模型，其示意图如图 1 所示。该模型的竖向弯曲位移、扭转角、迎风侧和背风侧控制面扭转角分别为 h、α、β_L 和 β_T。

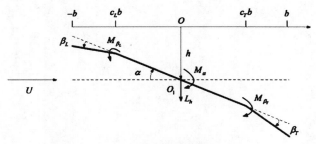

图 1 主梁－控制面系统

---

* 基金项目：国家自然科学基金项目（5190081905）。

迎风侧和背风侧控制面的转动将导致节段模型的流场发生变化，进而改变作用在节段模型上的气动力以及主梁的位移。取 $q = [h/b \quad \alpha]^T$，$u = [\beta_{Tc} \quad \beta_{Lc}]^T$，$\beta_{Tc}$ 和 β_{Lc} 是指定的控制面转动角度，定义开环柔度 $H(s)$ 满足如下关系

$$q(s) = H(s)u(s) \tag{4}$$

选择反馈控制率为

$$u(t) = F^T \dot{q}(t) + G^T q(t) \tag{5}$$

指定目标颤振临界风速对应的特征值配置区域，则可基于第 2 节理论，确定控制增益。

4 结论

本文提出基于柔度法的振动优化控制理论。具体地，基于柔度法，在稳定区域内优化配置闭环特征值，以最小控制输入实现振动表现最优。该理论可用于大跨度桥梁的颤振主动控制，为桥梁颤振主动控制提供一种新思路。

参考文献

［1］ RAM Y M, MOTTERSHEAD J E. Receptance method in active vibration control［J］. AIAA Journal, 2007, 45（3）: 562 – 567.

［2］ 郭增伟, 杨詠昕, 葛耀君. 大跨悬索桥颤振主动控制面理论研究［J］. 中国公路学报, 2013, 26（2）: 119 – 126.

桥梁斜拉索电磁惯质阻尼器的减振性能理论与实验研究[*]

沈文爱¹，李亚敏^{2,3}，朱宏平¹，覃和英¹

（1. 华中科技大学土木与水利工程学院　武汉　430074；

2. 桥梁结构健康与安全国家重点实验室　武汉　430034；

3. 中铁大桥科学研究院有限公司　武汉　430034）

1　引言

斜拉索作为斜拉桥的主要承重构件，具有柔度大和阻尼低等特性[1]，容易在风荷载、风雨荷载和交通荷载的作用下，发生持续大幅振动。斜拉索的振动不仅会对桥梁舒适性和安全性造成影响，还会使得斜拉索连接处出现疲劳损伤或破坏，斜拉索表面防腐材料被损坏，进而过早发生腐蚀现象[2]。大多数情况下，在斜拉索锚固端附近安装外置阻尼器进行抑振较常见。而被动阻尼器因经济成本低、装置简单和易维护等优点，在工程中应用广泛。大量理论和实验研究表明，线性黏滞阻尼器理论上能获得的最大阻尼比为 $a/2L$，a 是阻尼器安装位置到锚固端的距离，L 是斜拉索长度。随着斜拉桥建造跨径的增大，斜拉索索长也随之增大。对于超长索，黏滞阻尼器的相对安装位置 a/L 就会更小，附加的模态阻尼比常常不满足设计要求。因此，超长索的减振问题值得进一步深入研究。

Krenk 曾提出增加集中质量单元可提升拉索阻尼器的减振性能。笔者在斜拉索电磁阻尼器减振性能实验中发现，阻尼器的集中质量效应能提升减振性能。鹿磊等通过复模态特征值分析研究了惯质阻尼器对斜拉索的减振性能，发现惯质阻尼器的单阶减振性能较黏滞阻尼器提高了一个数量级[3]。石翔等提出了一种优化算法求解惯质阻尼器的最优参数及最大阻尼比[4]。但是，关于惯质阻尼器的最优参数理论解和足尺实验方面的研究还较少。本文从理论上推导了斜拉索电磁惯质阻尼器的最优参数理论解，并通过足尺实验证明了其优越的减振性能。

2　理论设计公式

根据 Krenk 的拉索–阻尼器理论模型，拉索–阻尼器系统的运动微分方程可表达为：

$$T\frac{\partial^2 x}{\partial y^2} - m\frac{\partial^2 x}{\partial t^2} = f(a,t)\delta(y-a) \tag{1}$$

式中，T 和 m 分别为拉索的张拉荷载和线密度，$x(y,t)$ 为拉索在位置 y 和 t 时刻的面内位移，$\delta(\cdot)$ 为狄拉克函数。代入边界条件和阻尼器的力学模型，再结合阻尼比与模态波数 β_n 的关系，可以得到模态阻尼比与电磁惯质阻尼器参数的函数关系，如下式：

$$\xi_n = \frac{a}{L-a}\frac{\dfrac{c_d}{\sqrt{mT}}na\pi/L}{\left(1-am_e\dfrac{n^2\pi^2}{mL^2}\right)^2+\left(\dfrac{c_d}{\sqrt{mT}}n\pi a/L\right)^2} \tag{2}$$

求解公式（2）的极值问题，可推导得到电磁惯质阻尼器的最优阻尼系数和最优惯质系数：

$$c_d^{opt} = \left|1-am_e\frac{n^2\pi^2}{mL^2}\right|\frac{L\sqrt{mT}}{an\pi} \tag{3a}$$

$$m_e^{opt} = \frac{mL^2}{an^2\pi^2} \tag{3b}$$

*　基金项目：国家自然科学基金项目（51838006）。

通过参数分析，可确定公式（2）和公式（3a）的适用范围为 $[0,0.5]\,m_e^{opt}$。

3 斜拉索减振足尺实验

为了验证理论设计公式的正确性，以及系统研究电磁惯质阻尼器对斜拉索的减振性能，本文选取 135m 斜拉索进行了减振足尺实验，主要实验布置如图 1 所示。实验中采用自主设计制造的电磁惯质阻尼器原型机（最大惯质 10 吨，最大阻尼系数 150 kN·s/m），进行了自由振动与扫频激励等多种工况的实验。基于实验数据，系统分析了电磁惯质阻尼器的减振性能，验证了理论设计公式的正确性，并探讨了其减振机理。实验结果表明，电磁惯质阻尼器的减振性能比传统黏滞阻尼器提升了 193%。

图 1　基于电磁惯质阻尼器的斜拉索减振足尺实验

4 结论

本文简要介绍了桥梁斜拉索的一种高性能阻尼器及其理论与实验分析结果。通过理论分析，推导了电磁惯质阻尼器的最优参数理论解及其适用条件，并通过 135 m 斜拉索减振足尺实验验证了理论模型的正确性，并从实验上证明了其减振性能远优于传统黏滞阻尼器。本研究可为千米级斜拉桥超长索的减振设计提供理论与数据参考。

参考文献

[1] JOHNSON E A, CHRISTENSON R E, SPENCER B F. Semiactive damping of cables with sag [J]. Computer-Aided Civil Inf, 2003, 18 (2): 132-146.

[2] WATSON S C, STAFFORD D. Cables in trouble [J]. Civil Eng, 1988, 58 (4): 38.

[3] LU L, DUAN Y F, SPENCER B F Jr, et al. Inertial mass damper for mitigating cable vibration [J]. Structural Control and Health Monitoring, 2017, 24 (10): e1986.

[4] SHI X, ZHU S. Dynamic characteristics of stay cables with inerter dampers [J]. J Sound Vib, 2018, 423: 287-305.

串列拉索尾流驰振流固耦合机理研究 *

敬海泉[1,2]，何旭辉[1,2]，艾司达[1]

（1. 中南大学土木工程学院 长沙 410075；

2. 高速铁路建造技术国家工程实验室 长沙 410075）

1 引言

通过 CFD 动网格技术模拟了中心间距 4D 的串列拉索的尾流驰振，并且通过结构振动响应、风压分布、风荷载、流场演变等对比分析，探索了串列拉索尾流驰振的流场、荷载、振动的演变过程及其相互关系，揭示尾流驰振流固耦合机理。

2 流固耦合数值模拟

2.1 模型及网格

物理模型及网格划分如图 1 所示，拉索串列布置，中心间距为 4D，上游模型固定，下游模型可在垂直于来流方向振动。模型直径为 50 mm，线质量为 5.1 kg/m，自振频率为 0.3 Hz，阻尼比设置为 0.7%。流场介质为水，密度之比为 2.6。计算域长 49D，高 20D，阻塞率为 5%，采用 ICEM 工具包划分网格，并在模型四周区域将网格加密，模型边界层网格满足 $y^+ < 1$ 的要求。

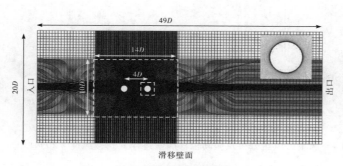

图 1 物理模型及网格

2.2 数值方法检验

为了检验数值方法的准确性，将数值计算的结果与既有水动力实验结果进行对比，如图 2 所示。结果显示，数值计算结果与试验结果基本一致，证实了此方法的可靠性。

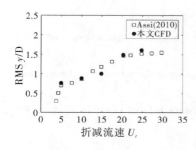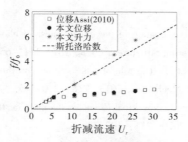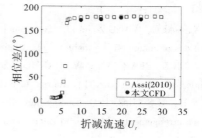

图 2 数值方法可靠性检验

---

* 基金项目：国家自然科学基金项目（52078502、51925808）。

3 尾流驰振响应特征

采用上述模型，通过模拟计算，获得了下游模型的位移和升力系数时程曲线，并对位移和升力系数时程进行频谱特性分析，如图3所示。结果显示，折减风速已经超过涡激共振锁定区间的情况下，下游拉索仍然发生了周期性的大幅振动，即尾流驰振。尾流驰振位移响应以结构基频振动为主，最大振幅为1.5D，振幅稳定性不如涡激共振，时高时低；升力系数中包括结构振动频率和漩涡脱落频率两个主频。

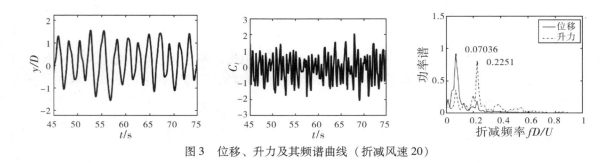

图3 位移、升力及其频谱曲线（折减风速20）

4 尾流驰振流固耦合机理

为了详细研究尾流驰振的流固耦合机理，对尾流驰振过程中流场、风压分布、结构振动的演变过程进行了详细分析，如图4所示。

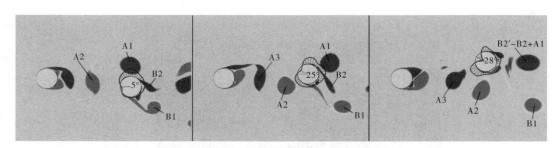

图4 涡量、风压分布及振动位移演变过程（折减风速＝20）

5 结论

本文通过数值模拟，研究了串列拉索尾流驰振的响应特征和流固耦合机理。发现尾流驰振振幅大、以基频为主；尾流驰振是一个复杂的流固耦合过程，激励下游拉索风致振动的荷载主要来源于平均风剖面、上游拉索涡脱以及下游拉索涡脱三个影响因素。

参考文献

[1] HE X, CAI C, WANG Z, et al. Experimental verification of the effectiveness of elastic cross-ties in suppressing wake-induced vibrations of staggered stay cables [J]. Engineering Structures, 2018, 167: 151 – 65.

[2] ASSI G R S, BEARMAN P W, CARMO B S, et al. The role of wake stiffness on the wake-induced vibration of the downstream cylinder of a tandem pair [J]. Journal of Fluid Mechanics, 2013, 718: 210 – 45.

[3] HE X H, AI S, JING H Q. Energy transmission at subcritical Reynolds numbers for the wake-induced vibration of cylinders in a tandem arrangement [J]. Ocean Engineering, 2020, 211: 107572.

大跨悬索桥非线性后颤振数值分析

吴长青[1]，张志田[2]，汪志雄[1]

（1. 湖南大学土木工程学院 长沙 410082；

2. 海南大学土木建筑工程学院 海口 570228）

1 引言

气动稳定对大跨度悬索桥的安全至关重要。至今为止，桥梁的气动稳定性仍然是以颤振临界风速值来评价。基于这一评价标准推测，桥梁颤振后其响应会不断增加直至发散，因此桥梁抗风设计者普遍认为颤振就意味着倒塌，而不关心桥梁颤振后的真实振动状态。然而，大跨桥梁的后颤振实际上是呈现非线性特征的极限环振动（LCO），这种振动幅值稳定且强烈依赖结构的非线性与气弹非线性。这一现象已经在工程实践与风洞试验中得到体现，旧塔科马大桥在坠毁前，经历了大约 70 分钟的大振幅 LCO，美国金门大桥也出现过小振幅的 LCO，近年来在风洞试验中也观察到了桥梁模型的 LCO。这表明当风速超过颤振临界值时，结构的非线性与断面的气弹非线性会导致桥梁结构发生 LCO 现象。因此，不同的气动外形，即使颤振临界风速接近，但它们非线性特性之间的差异会导致不同的极限环特性、不同的结构强健性，甚至桥梁不同的命运。本文以江底河大桥为例，基于 ANSYS 平台开展了大跨悬索桥的非线性颤振时域分析，研究了 4 种典型的主梁气动外形的后颤振响应特性，并评估它们颤振性能的差异。

2 颤振时域分析方法

在颤振时域分析中，将平均风效应融入自激力模型中得到了平均风与气弹效应一体化的气动力时域表达式如下[1]：

$$L(x,s) = \bar{L}(x,s) + \breve{L}_{se}(x,s) = \bar{L}(x,s) + \{L_{se\alpha}(x,s) + L_{seh}(x,s) - \hat{L}_{se\alpha}(x,s)\} \tag{1}$$

$$M(x,s) = \bar{M}(x,s) + \breve{M}_{se}(x,s) = \bar{M}(x,s) + \{M_{se\alpha}(x,s) + M_{seh}(x,s) - \hat{M}_{se\alpha}(x,s)\} \tag{2}$$

式中，$\bar{L}(x,s)$ 与 $\bar{M}(x,s)$ 分别为平均升力与升力矩；$\breve{L}_{se}(x,s)$ 与 $\breve{M}_{se}(x,s)$ 分别为自激升力与升力矩，$L_{se\alpha}(x,s)$ 与 $L_{seh}(x,s)$ 分别为扭转与竖向运动引起的自激升力；$M_{se\alpha}(x,s)$ 与 $M_{seh}(x,s)$ 分别为扭转与竖向运动引起的自激升力矩；$\hat{L}_{se\alpha}(x,s)$ 与 $\hat{M}_{se\alpha}(x,s)$ 为伪稳态自激升力与升力矩。

在后颤振响应的发展过程中，振幅是逐渐增长的，然而气动自激力在不同振幅状态下的演变特性是不一样的，这种特性即体现了气弹非线性。为了模拟桥梁断面随振幅演变的气弹非线性，采用了一种基于不同阶段阶跃函数线性插值的自激气动力表达方法[2]。

3 数值算例

3.1 气动外形

为了研究不同主梁气动外形的大跨悬索桥的后颤振性能，选取了流线型箱梁断面、π 型断面、分离式双箱梁断面与 H 型断面（宽高比为 5∶1）4 种断面作为江底河大桥主梁的断面形式，如图 1 所示。所有工况均考虑了主缆平均阻力的作用，未考虑主梁横向运动引起的自激气动阻力。

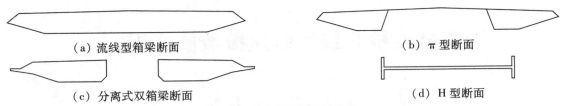

（a）流线型箱梁断面　　　　　　　　　　　（b）π型断面

（c）分离式双箱梁断面　　　　　　　　　　（d）H型断面

图1　4种主梁断面的示意图

3.2　时域分析结果

基于 ANSYS 平台对江底河大桥进行颤振时域计算，得到了 4 种断面对应的颤振临界风速分别为 90.2 m/s（流线型）、88.6 m/s（π型）、110.1 m/s（分离双箱）与 15.3 m/s（H型）。由图 2 可知，分离式双箱断面的扭转 LCO 幅值随风速的增长速率最快，流线型、π型次之，H型最慢；H型断面的竖向 LCO 幅值相比其余 3 种断面要小很多，在一定程度上反映了 H 型断面的后颤振中竖向振型的参与程度较低。由图 3 可知，4 种断面的 LCO 频率均随风速的增加而缓慢降低。H 型断面的 LCO 频率十分接近扭转基频，而其余断面的 LCO 频率处于竖弯与扭转基频的中间值附近，这表明 H 型断面的颤振是以扭转振型为主的颤振，而其余断面则为明显的扭弯耦合颤振；这是由于 H 型断面有关扭转气动阻尼的颤振导数 A_2^* 在较低的折算风速范围内就出现了由负变正的现象，其颤振主要由扭转运动引起的气动阻尼驱动；而其余断面的 A_2^* 在整个折算风速范围均为负值，其颤振是由竖向与扭转运动之间的耦合气动阻尼驱动。

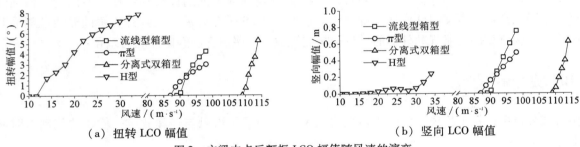

（a）扭转 LCO 幅值　　　　　　　　　　　　（b）竖向 LCO 幅值

图2　主梁中点后颤振 LCO 幅值随风速的演变

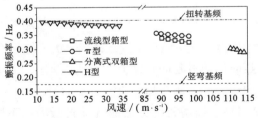

图3　主梁中点后颤振 LCO 频率

4　结论

颤振时域分析表明，分离式双箱梁断面的颤振临界风速最高，H 型断面最低。不同气动外形之间的后颤振特性差异明显；分离式双箱断面的 LCO 幅值随风速的增长速率最快，H 型断面最慢；H 型断面的颤振是以扭转振型为主的颤振，而其余断面则表现为弯扭耦合振动。

参考文献

［1］ 吴长青，张志田.平均风与气弹效应一体化的桥梁非线性后颤振分析［J］.振动工程学报，2018（3）：399－410.

［2］ ZHANG Z T. Multi-stage indicial functions and post-flutter simulation of long-span bridges［J］. ASCE Journal of Bridge Engineering, 2018, 23（4）：04018010.

宽高比对扁平箱梁风压场的影响 *

李欢[1,2,3]，何旭辉[1,2,3]，王慧[1,2,3]，李文舒[1,2,3]

（1. 中南大学土木工程学院 长沙 410075；

2. 高速铁路建造技术国家工程试验室 长沙 410075；

3. 轨道交通工程结构防灾减灾湖南省重点实验室 长沙 410075）

1 引言

周期性旋涡脱落易激起扁平箱梁有规律的振动，减小桥梁疲劳寿命，降低桥上行车舒适性，以及影响列车运营速度[1]。为限制大跨度扁平箱梁桥涡激振动幅值，提升桥梁服役性能，工程中常常采用气动外形优化的方法。然而目前扁平箱梁周围绕流特征尚未完善、气动外形优化方法的内在流动机理还有待进一步探索。

横风作用下，气流往往在扁平箱梁前缘风嘴处发生流动分离，而后在箱梁上下表面发生流动再附，最后在箱梁后缘风嘴处再次分离。因此，前缘流动分离－再附和后缘卡门涡街成为主导扁平箱梁绕流特征和控制周围风压分布规律的关键因素。随断面宽高比 B/D 的改变，前缘流动分离－再附和后缘卡门涡街的强度大小及二者之间的相互作用均随之改变，进而影响扁平箱梁的绕流和风压分布规律，并最终决定扁平箱梁气动特性[2]。为建立健全扁平箱梁气动外形优化的内在物理机制，有必要系统开展 B/D 对扁平箱梁风压场影响的相关研究。

针对以上问题，本文以上下对称扁平箱梁为研究对象，通过风洞试验详细分析了当 $B/D=4$、7 和 10 时的三组扁平箱梁的风压分布规律，并结合烟线流场显示结果，重点阐述了 B/D 对扁平箱梁前缘流动分离－再附和后缘卡门涡街强度，及二者之间相互作用的影响规律，揭示了前缘流动分离－再附主导、后缘卡门涡街主导和二者共同主导下扁平箱梁的绕流特性和风压分布规律及内在流动机理。

2 试验设置

试验在中南大学风洞试验室高速试验段进行，该试验段的几何尺寸为长×宽×高＝（15.0×3.0×3.0）m，试验风速在 0～94 m/s 范围内连续可调，湍流度小于 0.3%，速度场不均性小于 0.5%。试验来流为均匀流。本次风洞试验采用 PSI 电子压力扫描阀和 Cobra probe series 100 风速探针，分别测试了 3 组上下对称扁平箱梁模型的风压场和近尾流场。模型、来流和仪器的参数设置如表 1 所示。

表 1 试验参数设置

模型无量纲参数	均匀来流风速	扫描阀采样频率	眼镜蛇风速探针采样频率
$B/D=4$、7、10	10 m/s	330 Hz	2kHz

3 研究结果

扁平箱梁平均风压系数和脉动风压系数如图 1 所示，其中脉动风压场前 8 节 POD 模态及相应 POD 系数功率谱如图 2 所示。

* 基金项目：国家自然科学基金项目（51925808）。

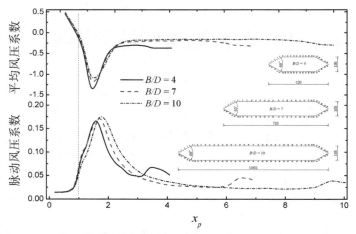

图1　扁平箱梁周围风压分布随宽高比的变化规律

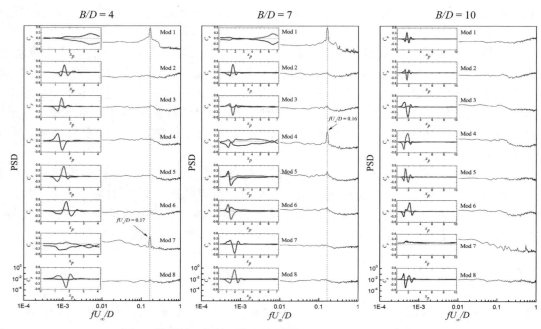

图2　脉动风压场前8节POD模态及相应POD系数功率谱

4　结论

采用节段模型风洞试验探索了断面宽高比 B/D 对扁平箱梁表面风压场的影响规律。表面风压分布和流场显示结果表明：随 B/D 的增大，扁平箱梁前缘风压脉动值大小基本上保持不变，而后缘风压脉动值逐渐减小。POD分析结果表明，随 B/D 的增大，扁平箱梁后缘绕流的湍动能逐渐减小，涡脱周期性逐渐减弱。流场显示结果进一步表明：随 B/D 的增大，前缘涡脱对后缘涡脱的影响逐渐减弱。

参考文献

［1］何旭辉，邹云峰. 强风作用下高铁桥上行车安全分析理论与应用［M］. 长沙：中南大学出版社，2018.

［2］TAYLOR Z J, GURKA R, KOPP G A. Effects of leading edge geometry on the vortex shedding frequency of an elongated bluff body at high Reynolds numbers［J］. Journal of Wind Engineering & Industrial Aerodynamics, 2014, 128：66 - 75.

基于矩展开方法的非高斯紊流影响下桥梁抖振研究 *

崔巍，赵林，葛耀君

（同济大学土木工程防灾国家重点实验室 上海 200092）

1 引言

近十年来，国内和国际学者通过大量台风登陆过程的气象记录，已逐渐认识到台风特性在多方面与良态风存在不同。台风高频观测数据发现，其紊流特性与良态风多有不同，具体体现在强紊流度、特异频谱和非高斯特性[1]。对于非高斯紊流激励下的柔性结构，比如高层建筑和大跨桥梁，传统的高斯紊流频域叠加方法已不能适用，而时域方法[2]需要生成多维紊流时程，又由于紊流时程的随机性，无法获得非高斯紊流抖振的精确解。本文从随机分析中经典的伊藤引理出发，建立了非高斯紊流抖振状态空间随机微分方程，推导了从非高斯紊流到非高斯响应的矩展开方法，最后分析了紊流非高斯特性对桥梁抖振响应的均值和极值的影响。

2 理论公式推导

当紊流与抖振力的传递函数（气动导纳）为线性时，抖振力的非高斯特性（即偏度和丰度）与紊流的非高斯特性相一致，则桥梁断面的非高斯抖振力 $\boldsymbol{Q}_b$ 可由 Hermite 多项式近似表达为标准高斯过程 $\boldsymbol{Z}(t)$ 的多项式：$\boldsymbol{Q}_b(t) = \sum_{k=0}^{3} g_k \boldsymbol{Z}^k(t)$。代理随机过程 $\boldsymbol{Z}(t)$ 可由多维 Ornstein – Uhlenbeck 过程模拟，其表达式为 $\mathrm{d}\boldsymbol{Z}(t) = -\boldsymbol{\alpha}\boldsymbol{Z}(t)\mathrm{d}t + \boldsymbol{\Theta}\mathrm{d}\boldsymbol{W}(t)$。在随机紊流影响下的桥梁抖振可由时域化状态空间方程[2]表示：

$$\mathrm{d}\boldsymbol{X} = \boldsymbol{A}\boldsymbol{X} + \boldsymbol{h}\mathrm{d}\boldsymbol{W} \tag{1}$$

式中，状态向量由模态位移 $\boldsymbol{q}$、模态速度 $\dot{\boldsymbol{q}}$、气动自激力记忆效应状态 $\boldsymbol{q}_{\mathrm{se}}$ 和代理抖振力 $\boldsymbol{Z}$ 组成，$\boldsymbol{X} = [\boldsymbol{q} \quad \dot{\boldsymbol{q}} \quad \boldsymbol{q}_{\mathrm{se}} \quad \boldsymbol{Z}]^{\mathrm{T}}$；$\boldsymbol{h}$ 是代理抖振力 $\boldsymbol{Z}$ 的扩散系数，$\boldsymbol{h} = [\boldsymbol{0} \quad \boldsymbol{0} \quad \boldsymbol{0} \quad \boldsymbol{\Theta}]^{\mathrm{T}}$，$\boldsymbol{W}$ 则是多维维纳过程；状态矩阵 $\boldsymbol{A}$ 见公式（2）：

$$\boldsymbol{A} = \begin{bmatrix} \boldsymbol{0} & \boldsymbol{I} & \boldsymbol{0} & \boldsymbol{0} \\ -\overline{\boldsymbol{M}}^{-1}\overline{\boldsymbol{K}} & -\overline{\boldsymbol{M}}^{-1}\overline{\boldsymbol{C}} & \frac{1}{2}\rho U^2 \overline{\boldsymbol{M}}_+^{-1} & \sum_{k=0}^{3} g_k \boldsymbol{Z}^{k-1} \\ \boldsymbol{0} & \boldsymbol{A}_{4+,q} & -\frac{U}{B}\boldsymbol{d}_{\mathrm{se}} & \boldsymbol{0} \\ \boldsymbol{0} & \boldsymbol{0} & \boldsymbol{0} & -\boldsymbol{\alpha} \end{bmatrix} \tag{2}$$

依据伊藤引理，关于 $\boldsymbol{X}$ 的任意函数 ξ 的随机微分方程为

$$\mathrm{d}\xi = \left\{\frac{\partial \xi}{\partial t} + (\nabla_x \xi)^{\mathrm{T}}\boldsymbol{g} + \frac{1}{2}Tr[\boldsymbol{h}^{\mathrm{T}}(H_x\xi)\boldsymbol{h}]\right\}\mathrm{d}t + (\nabla_x \xi)^{\mathrm{T}}\boldsymbol{h}\mathrm{d}\boldsymbol{W} \tag{3}$$

式中，$\boldsymbol{g} = \boldsymbol{A}\boldsymbol{X}$。如果 $\boldsymbol{Z}$ 是平稳过程、并忽略受初始条件影响的时变项，对公式（3）求期望则可得到 ξ 对各状态 X_r 偏导的期望的关系方程[3]：

$$\sum_{r}^{3n+m} \mathbb{E}\left[\frac{\partial \xi}{\partial X_r}g_r\right] + \frac{1}{2}\sum_{r,s}^{3n+m} \mathbb{E}\left[(\boldsymbol{h}\boldsymbol{h}^{\mathrm{T}})_{rs}\frac{\partial^2 \xi}{\partial X_r \partial X_s}\right] = 0 \tag{4}$$

定义任意函数 ξ 为

* 基金项目：国家自然科学基金项目（52078383、52008314）。

$$\xi = \prod_{j=1}^{n} q_j^{a_j} \prod_{j=1}^{n} \dot{q}_j^{b_j} \prod_{l=1}^{m} q_{se,l}^{e_l} \prod_{j=1}^{n} Z_j^{f_j} \qquad (5)$$

式中，a_j、b_j、e_l 和 f_j 是非负整数，为 X 各状态 X_r 的幂系数，则 ξ 的期望就是 X 的矩方程，公式（4）则变为各状态 X_r 不同阶数矩的展开方程。

3 公式验证与分析结果

当桥梁响应状态矩的阶数为 2 时，矩展开方程的结果即为抖振响应的方差。当桥梁抖振激励为传统高斯紊流时，可利用传统频域算法验证矩展开方法计算结果，图 1 即为矩展开方法和频率结果的对比。将桥梁响应状态矩的阶数扩展至 3 时，矩展开方法可以计算非高斯紊流影响下抖振响应的三阶矩，既而求得相应的抖振响应偏度。图 2 即为不同风速和不同紊流偏度组合下竖向抖振的偏度计算结果。

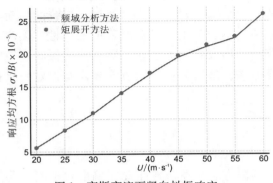

图 1　高斯紊流下竖向抖振响应

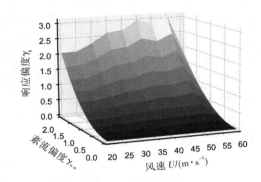

图 2　不同偏态非高斯紊流下竖向扭转响应偏态

4 结论

本文利用 Hermite 多项式近似模拟非高斯抖振力，建立随机振动状态空间方程后，利用经典伊藤引理建立随机向量各状态的矩展开方程。在高斯紊流激励下，验证了矩展开方程的有效性，并计算了非高斯紊流激励下，抖振响应的高阶矩受紊流偏态的影响。由于摘要篇幅所限，更近一步非高斯紊流对抖振均方根和极值的影响将在全文中详细阐述。

参考文献

［1］ZHAO L, CUI W, GE Y. Measurement, modeling and simulation of wind turbulence in typhoon outerregion ［J］. Journal of Wind Engineering and Industrial Aerodynamics, 2019, 195：104021.

［2］谢霁明，项海帆. 桥梁三维颤振分析的状态空间法［J］. 同济大学学报, 1985, 3：2-14.

［3］GRIGORIU M, ARIARATNAM S T. Response of linear systems to polynomials of Gaussian processes ［J］. Journal of Applied Mechanics, 1988, 55（4）：905-91.

基于多尺度模型的大跨度悬索桥中央扣锚固区域抖振应力响应及疲劳损伤研究*

韩艳，宋俊，戴灿磊，李凯

（长沙理工大学土木工程学院 长沙 410114）

1 引言

近年来，我国已有多座悬索桥采用中央扣结构。目前，针对中央扣结构的研究多集中于其对悬索桥固有模态频率及抗风性能的影响，而对其在风致振动下的应力响应及疲劳性能研究较少。徐勋等[1]基于有限元分析发现中央扣能够明显提高悬索桥一阶反对称扭转和纵飘振型的频率。李凯等[2]发现中央扣对主梁的整个三维颤振姿态产生比较复杂的影响，一定程度上有利于颤振稳定性。然而中央扣内的索梁锚固区域构造与传力路径复杂，应力集中效应明显，易出现疲劳与强度破坏现象[3]，再加上近些年来大跨桥梁的风致振动行为越发突出。这些风致振动势必会使中央扣结构受力更加不利且严重降低其疲劳性能。因此，现阶段开展中央扣结构的索梁锚固区域在风载作用下的应力响应以及疲劳性能评估，具有重要的研究价值。

本文以实际工程为背景，考虑到计算精度与效率的问题，建立了悬索桥的并行一致多尺度模型，研究了风载作用下中央扣结构索梁锚固区域局部细节处的抖振应力响应及疲劳损伤。

2 中央扣索梁锚固区域的抖振应力响应及疲劳性能研究

2.1 悬索桥多尺度模型的建立

以矮寨特大桥为工程背景，研究该桥中央扣索梁锚固区域的抖振应力响应特征。为此，首先对位于加劲梁跨中的中央扣索梁锚固区域采用小尺度（单元特征尺度在 $10^{-3} \sim 10^{-2}$ m）壳单元进行精细化建模，随后通过子结构法将该局部精细化模型转化为超单元。同时，采用大尺度（单元特征尺度在 10^0 m $\sim$ 10^1 m）杆系单元、梁单元模拟该桥其他非应力研究区的构件。最后，采用基于界面虚功平衡原理得到的约束方程实现不同尺度模型之间的界面耦合连接（图1），从而完成悬索桥结构的并行一致多尺度模型的建模（图2）。通过对比该多尺度有限元模型与传统单一大尺度有限元模型的动力特性，验证了该多尺度有限元模型的可靠性。

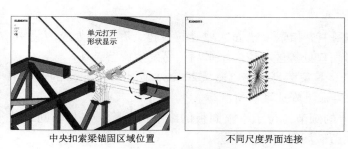

图 1　多尺度界面连接

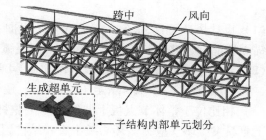

图 2　悬索桥多尺度有限元模型

2.2 设计风速下抖振应力响应

采用传统线性抖振分析方法，考虑了静风效应、主缆气动力等因素，通过 ANSYS APDL 语言二次开

* 基金项目：国家自然科学优秀青年基金项目（51822803）。

发，实现了基于多尺度有限元模型的大桥三维抖振应力响应时域分析，并分析了设计风速下（32.6 m/s）局部细节区域的应力响应。在计算时间为181.6 s时，主梁跨中节点横向位移达到最大值，经子结构扩展阶段得到，下风向一侧的索梁锚固区域受拉，受力更不利（图3a）；上下锚固板应力分布形式大致相同（图3b），在锚固板下部（即与整体节点板交界线附近）应力值较大，且在板件交汇处存在应力集中；整体节点板在纵桥向主要受拉（图3c），其最大拉应力位于整体节点板弧形切口处，数值为239MPa，拉应力较大，需重点关注。

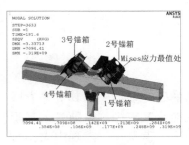

（a）局部精细模型

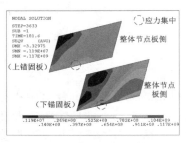

（b）上、下锚固板件

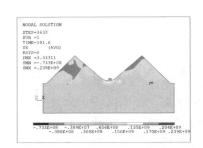

（c）整体节点板

图3 应力云图（单位：Pa）

2.3 不同风速下局部细节处疲劳损伤分析

假定各风速不变的情况下，分析各个细节在不同风速下的疲劳损伤情况。图4为所选的3个局部细节A、B、C所处位置。由图5可知，各个细节的疲劳寿命在风速从20 m/s增至32.6 m/s的过程中会发生骤降，而当风速从32.6 m/s增至44 m/s时，细节的疲劳寿命下降速度有所减缓。

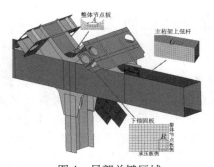

图4 局部关键区域

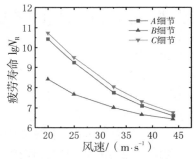

图5 不同风速下各细节疲劳寿命

3 结论

（1）设计风速下（32.6 m/s），位于下风向一侧中央扣索梁锚固区域受拉严重，存在多处应力集中。在下锚固板上靠近整体节点板侧、整体节点板弧形切口处等区域应力水平高，易发生疲劳破坏。

（2）各个细节的疲劳寿命随风速增加显著降低，其疲劳寿命在风速从20 m/s增至32.6 m/s的过程中骤降，而当风速从32.6 m/s增至44 m/s时，疲劳寿命下降速度有所减缓。

（3）相比位于整体节点板上的细节与上弦杆上的细节，位于下锚固板的细节更危险，在长时间风致振动下更易发生多次应力循环导致中央扣结构因疲劳破坏而失效的问题。

参考文献

[1] 徐勋，强士中，贺拴海. 中央扣对大跨悬索桥动力特性和汽车车列激励响应的影响 [J]. 中国公路学报，2008（6）：57 – 63.

[2] 李凯，韩艳，蔡春声，等. 中央扣对大跨悬索桥颤振稳定性的影响 [J]. 湖南大学学报（自然科学版），2021，48（3）：44 – 54.

[3] 曹永睿，柴增铧. 悬索桥柔性中央扣锚固系统受力分析 [J]. 铁道建筑，2013（8）：35 – 37.

超长拉索高阶振动气弹模型试验研究*

刘志文[1,2]，李书琼[1,2]，陈政清[1,2]

（1. 湖南大学风工程与桥梁工程湖南省重点实验室 长沙 410082；

2. 湖南大学土木工程学院桥梁工程系 长沙 410082）

1 引言

目前，已建成的最大跨度斜拉桥为俄罗斯岛桥，主跨为 1104 m；在建的最大跨度斜拉桥为常泰长江大桥，主跨为 1176 m，最长拉索达 633 m[1]。部分学者针对主跨为 1400～1500 m 的斜拉桥进行了可行性研究[2]。随着交通基础设施建设的推进，主跨为 1200～1500 m 的斜拉桥在不久的将来可能会在一些重要的跨江、跨海通道工程中应用，超长拉索的风致振动问题将是超大跨度斜拉桥建设必将面临的问题之一。近年来，部分大跨度桥梁拉索发生了较为明显的高阶振动现象。如日本多多罗大桥当拉索索端不设阻尼器时，拉索涡激振动会频繁发生，当风速为 5.0 m/s 左右时拉索振幅最大，幅值约为 2.5 cm。中国金塘大桥 CAC20 号斜拉索加速度最大值达到 6.5 m/s^2，且该索发生了多阶振动，主要为 5～15 Hz。苏通大桥部分拉索在风速为 4～10 m/s 时会产生高阶振动现象，振动模态达 34 阶～47 阶。

针对拉索多阶涡激振动问题，国内外部分学者进行了试验研究。Chen 等进行不同风剖面下长度为 6.08 m 的拉索气弹模型风洞试验，结果表明：拉索在不同风速下分别发生了单阶和多阶涡振响应，且以面内振动响应为主[3]。Liu 等分别进行了水平、倾斜拉索刚性节段模型高阶涡振风洞试验研究，发现传统用于控制拉索风雨振的小直径螺旋线不能有效控制拉索高阶涡振现象，采用直径较大的双、三螺旋线（d =0.07～0.10D，D 为拉索直径）可有效控制拉索的高阶涡振响应[4]。本文依托苏通长江公路大桥，在均匀流场条件下进行了不同风偏角条件下的拉索高阶振动响应与控制试验研究。

2 试验装置与拉索模型

拉索气弹模型高阶振动试验在湖南大学风工程试验研究中心 HD-2 号风洞第三试验段中进行，该试验段尺寸为 8.0 m×2.0 m×15 m，试验段最大风速为 V = 14.0 m/s，湍流度小于 2.0%。针对拉索高阶振动响应模拟问题，引入拉索模态阶数放大系数 λ，设计拉索气弹模型进行拉索高阶振动风洞试验研究。拉索气弹模型采用"钢丝＋铜管"方式制作，共由 16 节铜管组成。拉索气弹模型动力特性参数测试结果表明，该拉索气弹模型一阶面内、面外振动频率分别为 2.183 Hz 和 1.60 Hz，前五阶模态阻尼比约为 ξ = 0.021%～0.162%。图 1 所示为拉索气弹模型试验照片。

3 试验结果

为了研究拉索高阶振动响应特征与气动控制措施，在均匀流场分别进行了不同风偏角条件下拉索风致振动响应试验；针对发生明显风致振动响应的风偏角工况，进行了缠绕螺旋肋气动控制措施风洞试验研究。图 2 所示为不同风偏角条件下拉索振动响应根方差随折算风速的变化曲线。由图 2 可知，当风偏角为 β = 0°,15°,30°，-15°，-30°，-45° 时，拉索发生了较为明显的面内高阶涡激振动现象，且面内振动响应明显大于面外振动响应。拉索表面缠绕双螺旋肋（d = 0.10D、P = 12D）后，拉索高阶振动响应明显减小。图 3 所示为拉索表面缠绕双螺旋肋后风偏角为 0°、折算风速为 V_{red} = 32.9 m/s 时拉索面内、外加速度响应时程与幅值谱曲线，由图 3 可知，拉索面内外加速度响应接近，且频率成分较多，表现为多频随机振

* 基金项目：国家自然科学基金项目（51778225）。

动。表明采用双螺旋肋改变了拉索的气动力特性，从而减小了拉索的涡激振动响应。

图 1　拉索气弹模型风洞试验照片

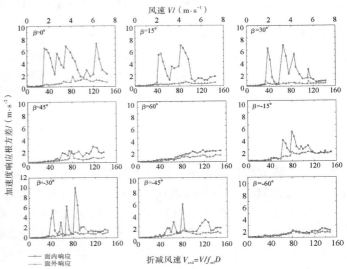

图 2　不同风偏角条件下拉索振动响应根方差

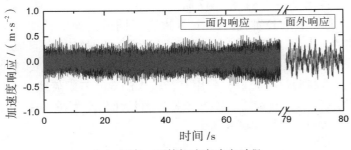

（a）面内、面外加速度响应时程

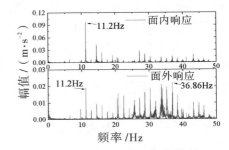

（b）面内、面外加速度幅值谱

图 3　设置双螺旋线后拉索加速度响应时程与幅值谱（$V_{\text{red}} = 32.9$ m/s）

4　结论

针对拉索高阶振动问题，进行了不同风偏角下拉索高阶振动响应与气动控制措施试验研究，得到如下主要结论：

（1）引入拉索模态阶数放大系数 λ 所设计的拉索气弹模型与原型拉索之间具有明确的相似关系，拉索气弹模型高阶振动特征可反映原型拉索相应阶数的振动特征；

（2）当风偏角为 $\beta = 0°,15°,30°,-15°,-30°,-45°$ 时，拉索发生了较为明显的面内高阶涡激振动现象，且面内振动响应明显大于面外振动响应；拉索表面缠绕双螺旋肋（$d = 0.10D$、$P = 12D$）后，拉索高阶振动响应明显减小。

参考文献

[1] 秦顺全，徐伟，陆勤丰，等. 常泰长江大桥主航道桥总体设计与方案构思 [J]. 桥梁建设，2020，50（3）：1-10.

[2] NAGAI M，FUJINO Y，YAMAGUCHI H，et al. Feasibility of a 1400m span steel cable-stayed bridge [J]. Journal of Bridge Engineering，2004，9（5）：444-452.

[3] CHEN W L，ZHANG Q Q，LI H，et al. An experimental investigation on vortex induced vibration of a flexible inclined cable under a shear flow [J]. Journal of Fluids and Structures，2015，（54）：297-311.

[4] LIU Z W，SHEN J S，LI S Q，et al. Experimental study on high-mode vortex-induced vibration of stay cable and its aerodynamic countermeasures [J]. Journal of Fluids and Structures，2021，100：103195.

基于深度神经网络的原型桥梁涡振幅值微分方程机器学习建模*

赖马树金，黎善武，李惠

（哈尔滨工业大学土木工程学院 哈尔滨 150090）

1 引言

近年来，我国大跨度桥梁涡振时有发生，如西堠门大桥、虎门大桥、鹦鹉洲大桥等。2020 年 5 月 5 日下午，虎门大桥发生长时间大幅度涡振，随后，管理部门对该桥实施双向全封闭，禁止车辆通行。虎门大桥的突发大幅振动事件引起了社会各界对桥梁涡振的广泛关注。因此，研究原型大跨度桥梁的涡激振动及其建模对于保障桥梁的运营安全具有重要的意义。由于大跨度桥梁涡激振动流固耦合作用的复杂性以及风场条件的识别和不均匀性，使用传统方法对原型桥梁涡振进行力学建模存在极大的困难。随着机器学习相关技术的飞速发展，在知识发现、数据挖掘、高维非线性处理以及复杂系统模拟上体现出极其强的能力。因此机器学习方法为桥梁非线性自激气动力建模全新的求解思路。此外，健康监测系统积累了海量的监测数据，这也为桥梁风工程开展机器学习研究创造了前提条件。因此，本文将使用机器学习方法对原型桥梁涡振幅值微分方程进行建模。

2 基于监测数据的原型桥梁涡振幅值机器学习建模

2.1 原型桥梁涡振位移幅值微分方程

严格的涡激振动数理建模需要同时求解 N－S 方程和结构的运动方程。由于 N－S 方程的强非线性，严格的数理建模已被证明难以实现。因此，人们基于对涡振特征的研究，提出了一系列的半经验半理论模型。根据 Ehsan 和 Scanlan[1] 在 1990 年提出的涡振模型公式得到的位移幅值 $A(s)$ 和相位 $\psi(s)$ 满足下列微分方程：

$$A'(s) = -\frac{1}{8}\alpha A(s)\left[A^2(s) - \beta^2\right]; \quad \psi(s) = \frac{1}{2K}\left[m_r Y_2 + K^2 - K_0^2\right] \tag{1}$$

上述方程成立的基本假设为来流风速是定常且沿桥展向是均匀的，至少在统计意义上是时不变系统，且方程系数一般需要通过风洞试验或数值模拟确定。然而实际原型桥梁位于自然风环境下，平均风速在一次涡振过程中呈现时变性和不均匀性（图1），且原型桥梁的气动参数一般无法直接获得。因此根据上述方程无法准确获得自然风环境下原型桥梁涡振幅值。但根据方程（1）和时变特性，原型桥梁涡振位移幅值微分方程一般表达式可表示为

$$\dot{A}(t) = f(A(t), U(t)), \quad A_{k+1} = A_k + f(A_k, U_k)\Delta t \tag{2}$$

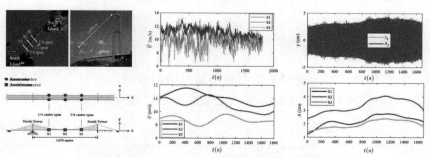

图 1　某大跨度桥梁典型涡振位移和风速时程

---

* 基金项目：国家自然科学基金项目（51878230）；黑龙江省优秀青年基金（YQ2021E033）。

2.2　原型桥梁涡振位移幅值微分方程机器学习建模

基于原型监测的桥梁涡激振动位移幅值微分方程公式（2）描述了振动位移幅值在时变外输入风速 U_k 作用下的动力演化规律，通过原型监测数据可获得微分方程中的模型函数 f 的最优估计。一种最直观的方式是将等式右侧 A_k 和 U_k 作为输入，将等式左侧的位移幅值时间导数 $\dot{A}_k$ 作为输出，利用深度前馈神经网络直接建立输入和输出之间的函数映射关系，网络构架如图 2 所示，预测结果如图 3 所示。由图可知，初期响应的预测比较准确，但随着时间的推移误差迅速增大，表现出明显的误差累积现象。由公式（2）可知，位移幅值递归预测中，由于当前时刻的位移幅值估计值依赖于上一时刻的估计值，时程预测出现误差累积。值得注意的是，"递归"预测是在深度前馈神经网络以外进行的，该神经网络的训练过程并没有学习"递归"行为，而只是学习输入 A_k、U_k 和输出 $\dot{A}_k$ 之间的映射关系。然而，预测中的"递归"行为实际上反映的是动力系统在时间轴上的多步演化。因此，让神经网络同时学习映射关系和"递归"行为可更好地模拟涡激振动位移幅值微分方程。

为了解决误差累积现象以及在神经网络中模拟动力过程，提出原型桥梁涡振幅值预测循环神经网络，网络构架如图 4 所示，预测结果如图 3 所示。如图所示，基于循环神经网络的预测结果明显优于基于深度前馈神经网络的预测结果。从误差函数的角度来看，循环神经网络通过将递归预测中的"误差累积"考虑到训练中的误差函数中，提高了模型函数估计 f 的鲁棒性。从网络架构原理的角度来看，循环神经网络不仅学习了输入 A_k、U_k 和输出 $\dot{A}_k$ 之间的映射关系，还学习了动力系统在时间轴上的多步演化。因此，循环神经网络相比于深度前馈神经网络更适合模拟微分方程。

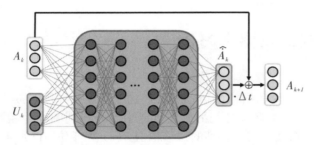

图 2　基于深度前馈神经网络的桥梁涡激振动位移幅值微分方程建模

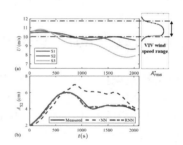

图 3　神经网络预测结果

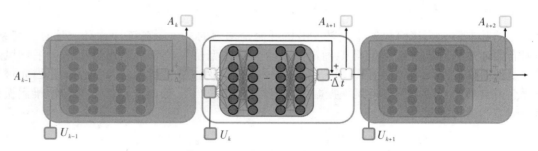

图 4　基于循环神经网络的桥梁涡激振动位移幅值微分方程建模

3　结论

本文分别提出了基于深度前馈神经网络和基于循环神经网络的桥梁涡激振动位移幅值微分方程建模方法，并深入分析了循环经神经网络在动力系统微分方程建模上的优势及原因。

参考文献

[1] EHSAN F, SCANLAN R H. Vortex-induced vibrations of flexible bridges [J]. Journal of Engineering Mechanics, 1990, 116 (6): 1392 – 1411.

基于 DMD 的周期性流场 Floquet 模态分析及其在桥梁尾流控制中的应用 *

张洪福，辛大波

（东北林业大学 哈尔滨 150040）

1 引言

大跨桥梁主梁大幅的涡激振动会严重威胁行车安全以及桥梁结构的耐久性。引起涡激振动的主要因素为桥梁尾流的周期性旋涡脱落，消除或抑制周期性的旋涡脱落可以有效减弱涡激振动振幅。三维展向控制是指通过在钝体的展向方向（即主梁行车方向）施加扰动来抑制旋涡脱落改善钝体绕流场的流动控制方法，该方法的效率通常远远高于常规二维框架内的控制方法（如导流板等）[1]。这类方法的主要机理在于激发钝体周期性尾流在展向方向的三维稳定性，控制手段实施的关键在于发掘隐藏在周期性流场中的三维不稳定 Floquet 模态，在低雷诺数下可采用线性化 N－S 方程的方式实现[2]，但高雷诺数下尚缺乏相关分析方法。本文以典型桥梁主梁为研究对象，结合 DMD（Dynamic Mode Decomposition）与 Floquet 周期稳定性，提出了高雷诺数下钝体尾流的 Floquet 模态分析方法，并采用三维展向扰流控制方法实现其对尾流的控制。

2 数值计算方法与结果

三维展向扰动控制机理在于，通过在展向位置施加扰动，激发出周期性流场的三维不稳定性，并与其中的不稳定模态（即 Floquet 模态）发生"共振"，从而抑制大尺度展向涡脱落减小涡振振幅。因此，获取流场中的三维不稳定模态及其相应的展向波长（对应展向间距）是有效地实施三维展向扰动控制的关键所在。高雷诺数下钝体尾流的 Floquet 模态具体分析方法如图 1 所示。

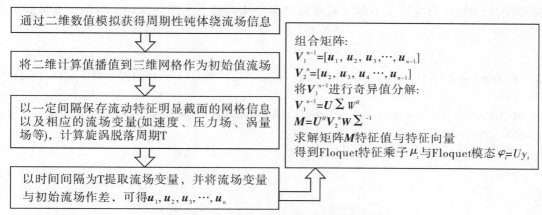

图 1　高雷诺数下钝体尾流的 Floquet 模态识别流程

以丹麦大贝尔特桥为研究对象，由图 2 可知三维不稳定模态的展向间距为 2.0 倍桥梁高度。图 3 为采用三维展向控制下典型桥梁尾涡示意图，由该图可知，在有控情况下尾涡被顺流向涡结构打破了，涡结构较为混乱。

* 基金项目：国家自然科学基金项目（51908107）；黑龙江省自然科学基金（LH2020E010）。

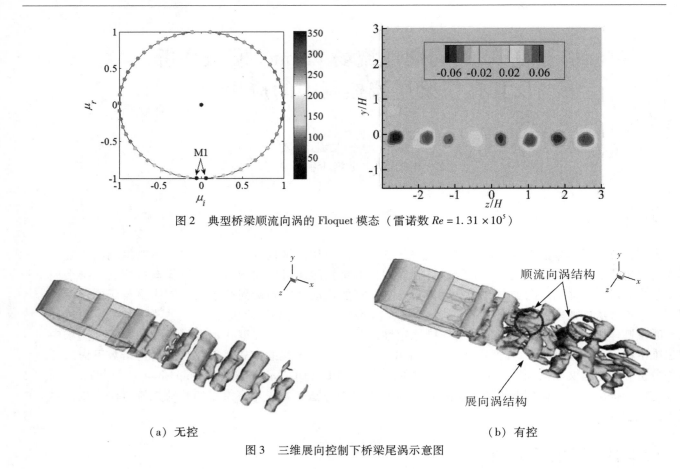

图 2　典型桥梁顺流向涡的 Floquet 模态（雷诺数 $Re = 1.31 \times 10^5$）

（a）无控　　　　　　　　　　　　　　　　　　（b）有控

图 3　三维展向控制下桥梁尾涡示意图

3　结论

　　本文以典型桥梁主梁为研究对象，结合 DMD（Dynamic Mode Decomposition）与 Floquet 周期稳定性提出了高雷诺数下钝体尾流的 Floquet 模态分析方法，并采用三维展向扰流控制方法实现了其对尾流的控制。数值计算验证了该方法的可行性，结果表明在较高雷诺数下桥梁主三维不稳定模态的展向间距为 2.0 倍桥梁高度。尾流控制结果表明在有控情况下尾涡被顺流向涡结构打破了，涡结构较为混乱，这为涡振控制提供了崭新思路。

参考文献

［1］ KIM J, CHOI H. Distributed forcing of flow over a circular cylinder ［J］. Physics of Fluids（1994—present）, 2005, 17（3）: 033103.

［2］ BARKLEY D, HENDERSON R D. Three-dimensional Floquet stability analysis of the wake of a circular cylinder ［J］. Journal of Fluid Mechanics, 1996, 322: 215 – 241.

扁平箱梁风致涡振的三维展向流动控制方法 *

辛大波，张洪福

（东北林业大学 哈尔滨 150040）

1 引言

　　大跨桥梁主梁大幅的涡激振动会严重威胁行车安全以及桥梁结构的耐久性。引起主梁涡激振动的主要因素为桥梁尾流的周期性旋涡脱落，消除或抑制周期性的旋涡脱落可以有效减弱涡振振幅。三维展向控制是指通过在钝体的展向方向（即主梁行车方向）施加扰动来抑制旋涡脱落改善钝体绕流场的流动控制方法，该方法的效率通常远远高于常规二维框架内的控制方法[1]。这类方法的机理在于激发周期性尾流在展向方向的三维稳定性，控制手段实施的关键在于发掘隐藏在周期性流场中的三维不稳定 Floquet 模态，本文将三维展向流动控制引入到扁平箱梁涡振控制，并采用旋涡发生器、展向吸气与波形栏杆等具体控制措施验证该方法的控制效果。

2 三维展向扰流控制方法

　　三维展向扰动控制机理在于通过在展向位置施加扰动，激发出周期性流场的三维不稳定性，并与其中的不稳定模态（即 Floquet 模态）发生"共振"，从而抑制大尺度展向涡脱落减小涡振振幅。因此，获取流场中的三维不稳定模态及其相应的展向波长（对应展向间距）是有效地实施三维展向扰动控制的关键所在。研究周期性流场展向扰动的稳定性，首先需获取钝体的周期性流场，并将其作为基流场，然后在基流场中叠加三维展向小扰动，并考察扰动的时间演化特征。如果给定的扰动随时间增大则周期性流场是不稳定的，则该模态的空间形态即为三维展向扰动控制的控制模态，具体分析方法如图 1 所示。

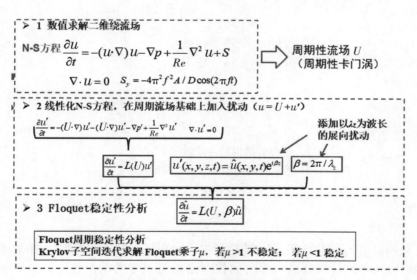

图 1　桥梁主梁三维展向不稳定模态分析流程

　　以丹麦大贝尔特桥为研究对象，采用三维稳定性分析方法所得周期性尾流 Floquet 乘子与 Floquet 模态如图 2 所示。由图可知三维不稳定模态的展向间距为 $1.5 \sim 2.5$ 倍桥梁高度，模态空间形态表现为成对的

---

* 基金项目：国家自然科学基金项目（51878131）。

顺流向涡。因此，在桥梁主梁展向方向设置扰动激发展向间距为 1.5～2.5 倍桥梁高度的成对顺流向涡可以有效抑制周期性漩涡脱落。

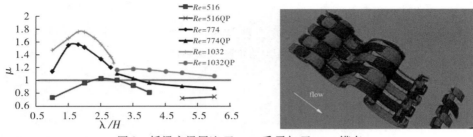

图 2　桥梁主梁尾流 Floquet 乘子与 Floquet 模态

3　三维展向流动控制措施举例

旋涡发生器、展向吸气与波形栏杆均可产生顺流向涡对，与三维不稳定 Floquet 模态相对应。采用该方法抑制桥梁涡振的控制方式与风洞试验控制效果如图 3 所示，由图可知合理布设三维展向流动控制措施均可完全抑制涡振的发生。

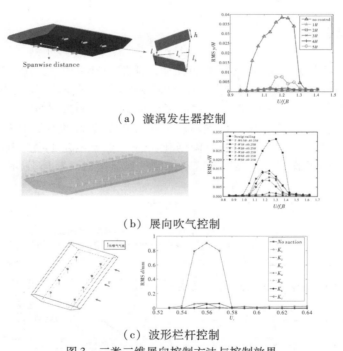

（a）漩涡发生器控制

（b）展向吹气控制

（c）波形栏杆控制

图 3　三类三维展向控制方法与控制效果

4　结论

本文将三维展向流动控制引入到扁平箱梁涡振控制中，给出了具体分析方法，并采用风洞试验验证了基于旋涡发生器、展向吸气与波形栏杆的三维展向控制措施对涡振的抑制效果，结果表明合理布设三维展向流动控制措施均可完全抑制涡振的发生。

参考文献

[1] KIM J，CHOI H. Distributed forcing of flow over a circular cylinder [J]. Physics of Fluids（1994—present），2005，17（3）：033103.

[2] WILLIAMSON C H K. Vortex dynamics in the cylinder wake [J]. Annual Review of Fluid Mechanics，1996，28（1）：477－539.

倒梯形板桁结合梁涡振气动控制措施研究 *

黄智文，肖潇，华旭刚，徐真

（风工程与桥梁工程湖南省重点实验室 长沙 410082）

1 引言

板桁结合梁是我国大跨度铁路和公铁两用缆索承重桥梁使用最多的主梁结构形式，近年来随着我国高速铁路的迅猛发展得到广泛应用。与在公路桥梁中广泛应用的桥面板－桁架非结合钢桁梁不同，板桁结合梁涡振性能较差，在常遇风速下即有发生大幅涡振的可能，从而可能影响列车行车安全和舒适性。近年来，随着我国大跨度铁路和公铁两用桥梁的建设发展，在抗风设计研究阶段多次通过风洞试验观测到了板桁结合梁的竖向和扭转涡振。例如，郑史雄等[1]通过节段模型风洞试验研究了武汉天兴洲大桥（采用三主桁板桁结合梁，上层桥面板桁结合）的涡振性能，结果表明当结构固有阻尼比为 0.25% 时，实桥在 25 m/s 的风速内可能发生竖向和扭转涡振，但最大振幅都小于规范限值；当结构固有阻尼比为 0.5% 时，上述涡振基本消失。唐贺强等[2]介绍了五峰山长江大桥的抗风研究成果，结果表明大桥在 +3° 风攻角下发生了涡振，但涡振振幅远小于限值。Fang 等[3]采用节段模型风洞试验和 CFD 研究了一座双主桁板桁结合梁的涡振特性，结果表明该断面在不同的风攻角下出现了竖向和扭转涡振。此外，粉房湾大桥[4]、韩家沱长江大桥[5]和平潭海峡大桥[6]等都在节段模型风洞试验中观测到了涡振现象。与钢箱梁相比，板桁结合梁的涡振问题目前尚未引起广泛关注，涡振机理和抑振措施都缺乏系统研究。本文以某在建的倒梯形板桁结合梁斜拉桥为背景，基于节段模型风洞试验较系统地研究了板桁结合梁的涡振气动控制措施，对比了间隔封闭桥面外侧防撞栏杆、边纵梁外整流板、风嘴、桥面检修道栏杆抑流板等多种不同气动措施对板桁结合梁竖向和扭转涡振的控制效果。

2 节段模型及试验参数

倒梯形板桁结合梁的断面如图 1 所示，根据动力特性计算结果和涡振风速区间的初步预测，设计了缩尺比为 1∶60 的节段模型。为了分析结构阻尼比和涡振气动措施的相互影响，试验中多次调整节段模型弹性悬挂系统的阻尼比，阻尼比的取值范围为 0.25%～0.5%。图 2 为节段模型悬挂系统在风洞中的试验照片。

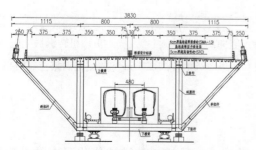

图 1　倒梯形板桁结合梁断面

图 2　倒梯形板桁结合梁节段模型风速试验

3 风洞试验结果及分析

图 3 为原始断面的竖向和扭转涡振的试验结果，图 4～图 8 为 5 种不同气动措施在不同风攻角下对主

* 基金项目：国家自然科学基金项目（51808210）。

梁竖向和扭转涡振的控制效果。如果仅从涡振控制效果来看，在边纵梁外侧安装宽度2.4 m的整流板控制效果最好，该方案能够有效控制主梁在 −5°、−3°、0°、+3°和+5°等五个风攻角下的涡振响应。如果评价主梁在 −3°、0°、+3°三个风攻角下的涡振性能，那么按4:2间隔封闭桥面外侧防撞栏杆，在边纵梁外侧安装2.1 m宽整流板、安装风嘴，以及在桥面检修道安装栏杆抑流板等4种方案均能在有效控制主梁竖向和扭转涡振响应。这4种方案中，按4:2间隔封闭桥面外侧防撞栏杆的综合控制效果最优，因为它对主梁在+5°风攻角下的涡振响应也有一定的控制效果，而其他3种措施则会加剧主梁在+5°风攻角下的涡振响应。

从经济性、美观性、施工及养护的便捷性来看，在边纵梁外侧安装2.4 m或2.1 m整流板的经济性相对较差，后期养护的难度和成本也相对较高，对桥梁的美观性有一定的影响。按4:2间隔封闭桥面外侧防撞栏杆的经济性较好，施工及养护的难度及成本都相对更低，有可能对桥面行车视野有一定影响，但不影响桥梁的整体美学景观。

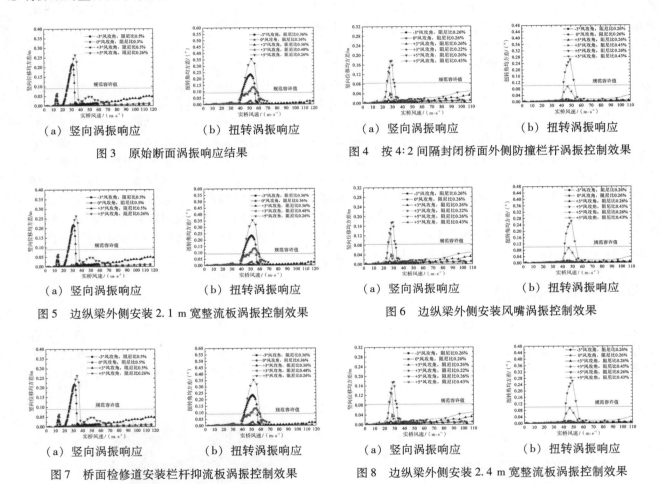

(a) 竖向涡振响应　　(b) 扭转涡振响应

图3　原始断面涡振响应结果

(a) 竖向涡振响应　　(b) 扭转涡振响应

图4　按4:2间隔封闭桥面外侧防撞栏杆涡振控制效果

(a) 竖向涡振响应　　(b) 扭转涡振响应

图5　边纵梁外侧安装2.1 m宽整流板涡振控制效果

(a) 竖向涡振响应　　(b) 扭转涡振响应

图6　边纵梁外侧安装风嘴涡振控制效果

(a) 竖向涡振响应　　(b) 扭转涡振响应

图7　桥面检修道安装栏杆抑流板涡振控制效果

(a) 竖向涡振响应　　(b) 扭转涡振响应

图8　边纵梁外侧安装2.4 m宽整流板涡振控制效果

4　结论

倒梯形板桁结合梁在常遇风速下可能发生大幅竖向和扭转涡振，通过气动措施优化可有效控制倒梯形板桁结合梁的竖向和扭转涡振。

参考文献

[1] 郑史雄，徐伟，高宗余. 武汉天兴洲公铁两用长江大桥抗风性能研究 [J]. 桥梁建设，2009 (4): 1 −4.

基于 NELDER-MEAD 算法的弹簧悬挂节段模型非线性参数直接数值识别方法[*]

孟晓亮[1]，杨燕[1]，何越磊[1]，朱乐东[2]

（1. 上海工程技术大学城市轨道交通学院 上海 201620；

2. 同济大学土木工程防灾国家重点实验室 上海 200092）

1 引言

准确识别弹簧悬挂模型系统自身的非线性参数，是开展非线性颤振、涡激共振和非线性驰振中的非线性自激力模型研究中非常重要的一个环节。已有部分学者利用等效线性化方法，识别了节段模型的阻尼和频率随振幅的变化规律[1-2]。然而，等效线性化方法在求解非线性结构振动响应时，引入过多假设，并且得到的瞬幅频率和瞬幅阻尼曲线往往对识别非线性参数时选取的多项式有较大的依赖性。鉴于此，本文提出一种基于 NELDER-MEAD 算法的弹簧悬挂节段模型非线性参数的直接数值识别方法。

2 基于 NELDER-MEAD 算法的非线性参数直接数值识别法

2.1 非线性运动微分方程

由于弹簧悬挂节段模型一般同时具有阻尼非线性和刚度非线性，因此，其自由振动运动微分方程可以表示为

$$m\ddot{y} + f_d(\dot{y}) + f_s(y) = 0 \tag{1}$$

式中，$f_d(\dot{y})$ 为非线性阻尼力，$f_s(y)$ 为非线性刚度力。由于节段模型的非线性阻尼主要来自振动模型与周围空气的流固耦合作用[2]，而描述流体载荷的基本方程是莫里森方程[3]：

$$F(t) = a_1\dot{u}(t) + a_2 u(t)|u(t)| \tag{2}$$

式中，u 是流体的流动速度。因此，这里假设非线性阻尼采用二次阻尼 $f_d(y) = (c_1 + c_2|\dot{y}|)\dot{y}$ 的形式，而非线性刚度则采用非线性系统常用的三次刚度 $f_s(y) = k_1 y + k_3 y^3$ 形式。

2.2 非线性参数的直接数值识别方法

由上节可知，弹簧悬挂节段模型非线性系统中的待求参数为 $x = \{c_1, c_2, k_1, k_3\}$，假设将参数 x 代入式（1）所述系统，可以求解得到非线性系统的振动响应 $\tilde{y}(x)$，而实际节段模型系统记录得到的自由振动响应为 $\hat{y}$，那么，构建误差函数：

$$R(x) = [\hat{y}(x) - \hat{y}]^2 \tag{3}$$

那么，待求参数即为使上述误差函数取得最小值时的 x 值。

由于振动响应 $\hat{y}(x)$ 为非线性运动方程（1）的解。因此，x 不显含在误差函数 $R(x)$ 中，且 $R(x)$ 的导数不可知，x 无法通过雅可比矩阵或海森矩阵得到。因此，这里直接假设一组 x，利用 Runge – Kutta 方法或 Newmark – 0 方法直接求解式（1）的数值解，通过 NELDER – MEAD 最优化算法求式（3）的最小值而得到 x 的估计结果。由于 NELDER – MEAD 算法为一种局部最优化方法，参数较多时，所得解不稳定。由于弱非线性系统自由振动响应的幅值包络线仅与非线性阻尼和表观线性频率有关，而振动响应的瞬时相位仅和结构非线性频率有关。因此，可以将 x 写为 $x = \{x_1, x_2\}$，分两步识别，其中，$x_1 = \{c_1, c_2\}$

* 基金项目：桥梁结构抗风技术交通行业重点实验室开放课题（KLWRTBMC19 – 01）。

为非线性阻尼参数，$x_2 = \{k_1, k_3\}$ 为非线性刚度参数。

3 节段模型非线性参数识别

利用本文建议的非线性参数直接数值识别方法得到了某双边肋断面主梁节段模型系统非线性参数，$x = \{0.1124, 4.373 \times 10^{-4}, 5.645 \times 10^2, -5.720 \times 10^{-2}\}$。图 1 分别给出了利用识别得到的非线性参数反算节段模型自由振动响应与试验响应的对比，其中图 1a 为响应时程，图 1b 为自由振动响应峰值包络线，图 1c 为振动响应的相位曲线。可以看出，利用本文建议方法计算得到的节段模型系统非线性参数可以很好地重构试验响应。

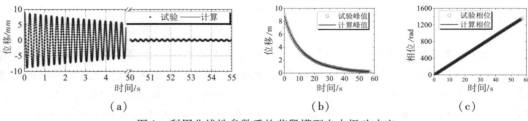

（a）	（b）	（c）

图 1 利用非线性参数重构节段模型自由振动响应

4 结论

本文基于 NELDER – MEAD 算法实现了弹簧悬挂节段模型非线性参数直接数值识别，避免了既有节段模型非线性机械阻尼与机械刚度识别方法对拟合多项式形式的依赖性。利用本文建议方法识别得到的系统非线性参数，可以很好地重构具有非线性的弹簧悬挂节段模型系统的自由振动试验响应。

参考文献

［1］ GAO G, ZHU L. Nonlinearity of Mechanical Damping and Stiffness of a Spring-suspended Sectional Model System for Wind Tunnel Tests ［J］. Journal of Sound and Vibration, 2015, 355: 369 – 391.

［2］ ZHANG M J, XU F Y. Nonlinear Vibration Characteristics of Bridge Deck Section Models in Still Air ［J］. Journal of Bridge Engineering, 2018, 23 （9）.

［3］ MORISON J R, O'BRIEN M P, JOHNSON J W, et al. The Force Exerted by Surface Waves on Piles ［J］. Journal of Petroleum Technology, 1950, 2 （5）: 149 – 154.

分体箱梁涡振抑制措施的机理探究 *

檀忠旭，朱乐东

（同济大学土木工程防灾国家重点实验室 上海 200092）

1 引言

随着我国桥梁建设规模的逐渐增大，分体箱梁的涡激振动问题日益突出。本文对某分体钢箱梁的涡振性能及典型抑振措施进行了研究，并尝试利用大比例节段模型风洞试验和计算流体力学（CFD）相结合的手段分析各抑振措施对该断面产生抑振效果的内在机理。

2 风洞试验概况

本次采用的案例断面见图1，全宽47.5 m，中央开槽宽度11 m，横梁间距20 m，梁高4 m，采用1∶30缩尺比在同济大学 TJ－3 风洞中进行风洞试验，风洞节段模型见图1。

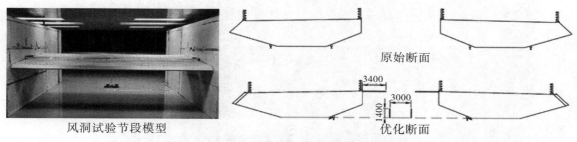

图1 风洞试验节段模型及分体箱梁断面示意图

3 涡振性能及抑振措施

以较为典型的 +3°攻角为例，试验结果见图2。原始断面的涡振性能较差，出现了明显的竖弯和扭转涡振，竖向振幅最大0.9 m，扭转振幅最大0.42°，因此需增设抑振措施。

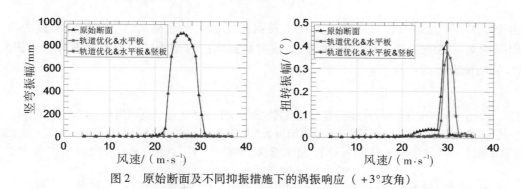

图2 原始断面及不同抑振措施下的涡振响应（＋3°攻角）

经反复试验最终建议方案为：①将外侧检修轨道移至桥面，外侧与风嘴角度保持一致；②对内侧检

* 基金项目：国家自然科学基金重点项目（51938012）；国家自然科学基金青年科学基金项目（52008315）。

修轨道增设导流板；③中央开槽处设置两道 3.4 m 长水平隔涡板；④中央开槽底部设置两道 1.4 m 高竖向隔涡板，各措施位置见图 1。增设抑振措施后的试验结果见图 2。

4　CFD 流迹分析及机理讨论

为探明断面周围的流场情况、分析旋涡产生的规律，采用 Fluent 软件对该断面进行二维自由振动瞬态分析，网格总数 11.6 万，湍流模型采用 SST $k-\omega$ 模型，时间步长取 0.001 s。依次对原始断面、优化检修轨道、增设水平隔涡板、增设竖向隔涡板四种情况进行分析，断面周围的流场迹线见图 3。对比发现，优化检修轨道能够使梁底气流更贴近主梁从而减少梁底旋涡的产生；水平隔涡板能够削弱中央开槽处的对流从而对竖弯涡振产生抑制作用，但由于无法彻底消除开槽处的旋涡因此对扭转涡振的影响十分有限；贴近底部的竖向隔涡板能够将原本较宽的开槽分隔成几个较小的区域，通过避免旋涡移动有效抑制扭转涡振。

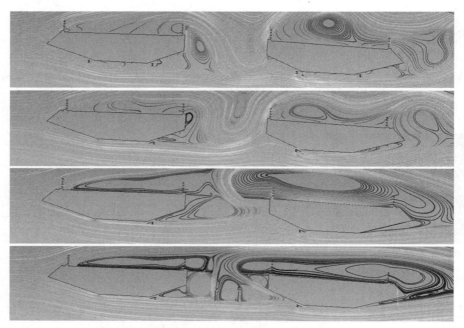

图 3　原始断面及不同抑振措施下断面周围的流场迹线（ +3°攻角）

5　结论

分体箱梁由于中央开槽处的气体流通更容易产生旋涡进而发生涡激振动，本次研究通过分析不同抑振措施下断面周围的流场迹线发现，消减旋涡的产生或抑制旋涡的移动能够较为有效地抑制涡振的产生，对此 CFD 可以作为便捷有效的辅助工具。

参考文献

[1] 杨咏昕，周锐，葛耀君. 大跨度分体箱梁桥梁涡振性能及其控制 [J]. 土木工程学报，2014（12）：107 – 114.

[2] 管青海，李加武，胡兆同，等. 栏杆对典型桥梁断面涡激振动的影响研究 [J]. 振动与冲击，2014，33（3）：150 – 156.

[3] 刘君，廖海黎，万嘉伟，等. 检修车轨道导流板对流线型箱梁涡振的影响 [J]. 西南交通大学学报，2015，50（5）：789 – 795.

[4] 马存明，王俊鑫，罗楠，等. 宽幅分体箱梁涡振性能及其抑振措施 [J]. 西南交通大学学报，2019，054（4）：724 – 730.

钝体断面涡振 Griffin 图及其快速识别方法*

高广中[1]，朱乐东[2]，李加武[1]，严庆辰[1]

(1. 长安大学公路学院桥梁系 西安 710064；

2. 同济大学土木工程防灾国家重点实验室 上海 200092)

1 引言

涡振振幅的大小对结构阻尼的变化敏感，而实际结构的阻尼随环境温度、服役寿命而变化，对于突发涡振的结构有时需要施加阻尼器以减小涡振振幅，在风洞试验中为了测试高阶涡振，需要考虑不同阶次模态等效质量的变化对涡振响应的影响，因此，需要考察涡振稳定振幅随结构阻尼和质量的演化规律，即 Griffin 曲线。传统的做法是在风洞试验中测试不同阻尼比和质量比条件下的涡振响应，费时费力；一种间接做法是采用某种涡激力模型，通过在特定阻尼 – 质量（用无量纲参数 Scruton 表示）条件下识别涡激力模型的气动参数，然后直接预测其他阻尼比下的涡振振幅。然而，已有研究表明，经典的 Scanlan 涡激力模型[1]和 Rayleigh 型的涡激力模型均无法精确预测 Griffin 图，因此，建立识别涡振 Griffin 图的快速识别方法在实际工程中具有迫切性。

2 基于瞬时振幅包络的涡振 Griffin 图识别方法

2.1 Griffin 图的识别算法

根据钝体断面涡振的弱非线性特性，在特定风速下涡振振幅发展过程中气动阻尼仅依赖于当前瞬时振幅的大小，与瞬时振幅的变化率无关，因此，稳定振幅阶段的气动阻尼随相应稳定振幅的变化规律，可以从涡振瞬时振幅包络（即 GTR 过程或 DTR 过程）识别。具体的识别步骤如下：①在较小的 Scruton 数状态，在零风速下对节段模型振动系统进行初始激励，获得结构阻尼比随振幅变化特性 $\xi_s(a)$；②在涡振最大振幅的风速下，对节段模型进行激励，获得 GTR 过程或 DTR 过程；③获得 GTR 过程或 DTR 过程的瞬时振幅包络，提取系统总阻尼比随振幅变化特性 $\xi_t(a)$[2]，两者相减获得气动阻尼比随振幅变化特性 $\xi_{se}(a)$；④将气动阻尼随振幅变化曲线 $\xi_{se}(a)$ 的横竖坐标进行变换，即可获得涡振 Griffin 图。

2.2 适用于 Griffin 图的非线性涡激力模型

为了进行柔性钝体断面的三维非线性分析，需要建立非线性涡激力模型，通过分析典型桥梁断面的 Griffin 图，提出如下非线性涡激力模型

$$F_{VIV} = \rho U^2 D \left\{ Y_1(K) \left[\frac{\dot{y}}{U} - \varepsilon(K) \cdot \text{sign}(\dot{y}) \right] + Y_2(K) \frac{y}{D} + \tilde{C}_L(K) \sin(\omega t + \theta) \right\} \tag{1}$$

式中，Y_1 和 ε 为涡激力气动参数，均为折减频率 $K = \omega D/U$ 的函数，$Sc = 4\pi\xi_s M/(\rho BDL)$ 为 Scruton 数。下文将通过几种典型钝体断面的涡振试验证明，式（1）可以较为精确地模拟典型钝体断面的 Griffin 图，因此适用于大 Scruton 数范围。

3 应用实例：典型闭口箱梁断面涡振试验

在节段模型风洞试验中考虑了结构阻尼比和质量的变化，振动参数列于表 1。图 1a 为不同 Scruton 数下的涡振响应，图 1b 为 Griffin 图识别的结果，可以发现基于瞬时振幅发展过程识别得到的 $A - Sc$ 曲线与试验测得的稳定振幅吻合良好，而且不同 Scruton 数下识别得到的 $A - Sc$ 曲线也吻合极好，说明气动阻尼

* 基金项目：国家自然科学基金项目（51808052、51938012）；长安大学中央高校基本科研业务费专项资金资助（300102210208）。

随振幅的变化规律与 Scruton 数无关。改变结构阻尼比或改变系统质量均对应同一条 Grifin 曲线，证明了用 Scruton 数反应结构质量 – 阻尼参数的综合影响具有合理性。

表 1　节段模型涡振试验振动参数

工况	频率 f/Hz	质量 M/kg	阻尼 ξ_s/%	$Sc=\dfrac{4\pi M\xi_s}{\rho BDL}$	$m^*=\dfrac{4M}{\pi\rho BDL}$
V1	4.248	8.806	0.305	5.192	172.4
V2	4.346	8.806	0.442	7.529	172.4
V3	4.492	8.806	0.624	10.621	172.4
V4	4.492	8.806	0.859	14.620	172.4
V5	5.078	8.806	2.113	35.952	172.4
V6	4.199	10.546	0.874	17.797	206.4
V7	4.102	10.546	0.437	8.905	206.4

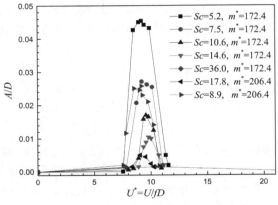
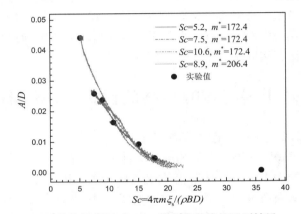

（a）不同 Scruton 数的竖向涡振响应　　　　（b）稳定振幅随 Scruton 数变化规律的识别结果

图 1　典型闭口箱梁断面 Grifin 图识别结果

4　结论

本文提出了基于涡振瞬时振幅发展过程的 Griffin 图的识别算法，仅需要单个 Scruton 数工况的振动响应就可以获得 Griffin 图。在此基础上建立了非线性涡激力模型，该模型适用于大 Scruton 数范围，克服了经典 Scanlan 涡激力模型气动参数对 Scruton 数敏感的问题。

参考文献

[1] EHSAN F, SCANLAN R H. Vortex-induced vibrations of flexible bridges [J]. Journal of Engineering Mechanics, 1990, 116 (6): 1392 –411.

[2] GAO G Z, ZHU L D. Nonlinearity of mechanical damping and stiffness of a spring-suspended sectional model system for wind tunnel tests [J]. Journal of Sound Vibration, 2015, 355: 369 – 391.

超大跨度扁平闭口箱梁斜拉桥风致静力失稳形态和机理研究 *

朱乐东，钱程，朱青，丁泉顺

（同济大学土木工程防灾国家重点实验室/桥梁工程系 上海 200092）

1 引言

风致静力失稳是大跨度斜拉桥设计中需要考虑的一个重要因素，很多学者对斜拉桥风致静力失稳现象和机理进行了研究[1-3]。对于柔性超大跨度斜拉桥，跨中区域主梁变形常常很大，有效风攻角容易超过失速迎角，可能发生风致静力荷载随风速卸载现象，导致风致静力扭转失稳形态发生变化。本文以某座主跨 1400m 的闭口箱梁斜拉桥设计方案为例，对超大跨度斜拉桥在大变形情况下的风致静力失稳形态和机理进行了研究。

2 斜拉桥方案

图 1 为本文研究对象主跨 1400 m 斜拉桥方案所采用的闭口钢箱梁断面。图 2 为箱梁气动三分力系数随风攻角变化曲线，其失速攻角分别为 -12° 和 10°。

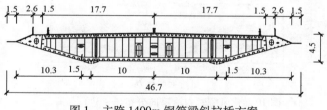

图 1 主跨 1400m 钢箱梁斜拉桥方案

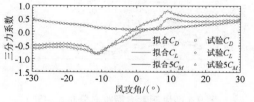

图 2 箱梁三分力系数曲线

3 大变形时失稳形态和失稳机理

对于 3° 初始风攻角，从图 3 可见，在 101 m/s 风速处，跨中位移全桥等效气动负静力刚度接近结构刚度而出现发散趋势；当风速增加至 101.2 m/s 时，虽然扭转角从 4° 剧增至 7.8°，出现一个明显的跃迁，但发散趋势终止，结构出现再平衡现象，桥梁结构仍能继续承载，风致静力失稳推迟发生。这是因为此时跨中区域有效风攻角超过失速攻角（10°），气动扭矩沿跨向分布由单峰型转为双峰型（图 4），即该区域气动扭矩随着风速增加而发生了卸载，导致了在变形跃迁点后全桥等效气动负刚度降低，并再次小于结构刚度，从而使风致静力响应计算迭代过程中平衡路径发生了明显变迁（图 5），进而终止了变形发散趋势，使结构达到重新平衡。0° 初始风攻角的情况与 3° 初始风攻角情况相似。对于 -3° 初始风攻角，在 128 ～ 130 m/s 处，跨中区域的有效风攻角接近失速攻角（-12°），跨中竖向和扭转位移随风速变化曲线出现斜率从增加到减小的拐点（图 6），此后，位移增速逐渐减缓。这也是因为跨中区域有效风攻角超过失速迎角后，气动扭矩沿跨向分布由单峰型转为双峰型（图 7），即该区域气动扭矩随着风速增加而发生了卸载。但是，在此拐点前后风致静力响应迭代路径没有明显变迁（图 8）。图 9 和图 10 分别为 -3° 时迎风侧和背风侧拉索索力沿跨向分布，在 130 m/s 风速处，迎风侧拉应力接近其极限值，结构达到承载力失效型失稳的临界点。

* 基金项目：国家自然科学基金重点项目（5198012）；土木工程防灾国家重点实验室自主研究课题基金团队重点课题（SLDRCE15 - A - 03）。

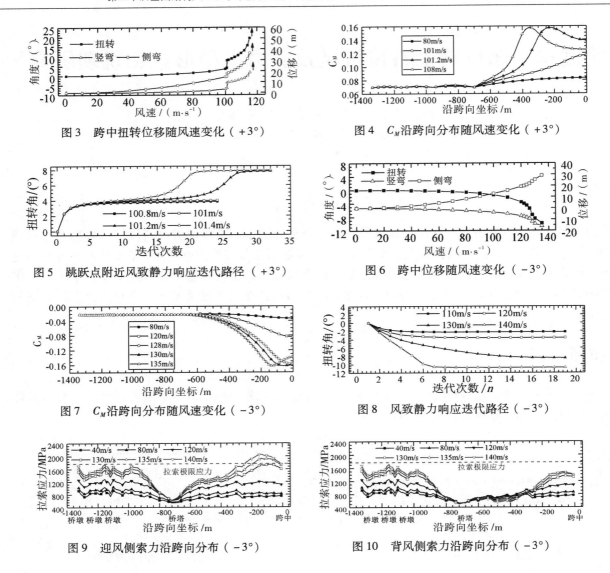

图 3　跨中扭转位移随风速变化（+3°）

图 4　C_M沿跨向分布随风速变化（+3°）

图 5　跳跃点附近风致静力响应迭代路径（+3°）

图 6　跨中位移随风速变化（-3°）

图 7　C_M沿跨向分布随风速变化（-3°）

图 8　风致静力响应迭代路径（-3°）

图 9　迎风侧索力沿跨向分布（-3°）

图 10　背风侧索力沿跨向分布（-3°）

4　结论

超大跨度斜拉桥在静力风荷载作用下，主梁跨中区域扭转变形较大，容易导致有效风攻角超过失速攻角，从而发生作用在该区域主梁上的静力风荷载随风速增加而卸载的现象。在0°和正初始风攻角时，在因气动负静力刚度接近或克服结构刚度而使桥梁出现风致静力失稳趋势时，这种静风荷载卸载使平衡路径发生变迁，导致结构出现变形跃迁后的再平衡现象，使失稳临界风速明显提高。在负风攻角时，这种静风荷载卸载导致结构变形-风速曲线出现拐点，变形随风速增加的速率下降，进而可在一定程度上推迟拉索承载力的失效。

参考文献

［1］方明山，项海帆，肖汝诚.大跨径缆索承重桥梁非线性空气静力稳定理论［J］.土木工程学报，2000（2）：73-9.

［2］BOONYAPINYO V，YAMADA H，MIYATA T. Wind-induced nonlinear lateral-torsional buckling of cable-stayed bridges［J］. Journal of Structural Engineering，1994，120（2）：486-506.

［3］CHENG J，JIANG J J，XIAO R C，et al. Advanced aerostatic stability analysis of cable-stayed bridges using finite-element method［J］. Computers & Structures，2002，80（13）：1145-58.

桥梁大振幅弯扭耦合软颤振及其两自由度非线性自激力模型 *

高广中[1]，朱乐东[2]，李加武[1]，韦立博[1]

（1. 长安大学公路学院桥梁系 西安 710064；

2. 同济大学土木工程防灾国家重点实验室 上海 200092）

1 引言

超大跨度悬索桥结构柔性大，颤振往往表现为非线性软颤振，而且颤振安全富裕度较小，在设计基准期内颤振临界风速的超越概率相当高，因此，需要考虑在罕遇超强风作用下，悬索桥进入颤振状态之后的非线性振动行为。人行悬索桥结构轻盈，重力刚度小，而且桥面往往采用扭转刚度极小的开口断面，造成人行悬索桥颤振临界风速远小于公路桥，近期国内外几座人行悬索桥出现了大振幅的弯扭耦合软颤振现象。目前，桥梁断面的大振幅软颤振非线性自激力特性仍无法精确考虑弯扭自由度耦合特性，本文在闭口箱梁断面风洞试验[1]的基础上，建立了时频混合的弯扭两自由度非线性自激力模型。

2 大振幅弯扭耦合软颤振试验

在 TJ-1 风洞中进行闭口箱梁断面的大振幅弯扭耦合软颤振试验[1-2]，桥梁断面如图 1 所示，节段模型几何缩尺比为 1:65，系统每延米质量 m 为 5.774 kg/m，转动惯量 J_m 为 0.136 kg·m²/m，弹簧悬挂系统振动基频为 1.773 Hz（竖弯）和 4.835 Hz（扭转）。图 2 为软颤振稳定振幅随折减风速变化曲线，图 3 为典型的软颤振振动时程曲线。可以发现，闭口箱梁断面的软颤振发生在扭转模态，表现为显著的弯扭两自由度耦合特性，弯扭耦合程度和稳定振幅均随着折减风速而增大，而且在极限环振荡过程中耦合了竖向静态位移。

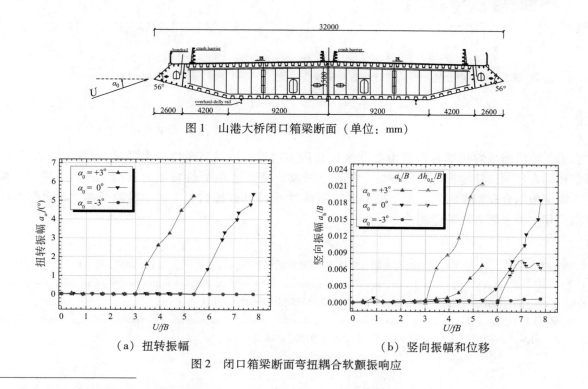

图 1 山港大桥闭口箱梁断面（单位：mm）

（a）扭转振幅　　　　　　　　　　　　（b）竖向振幅和位移

图 2 闭口箱梁断面弯扭耦合软颤振响应

---

* 基金项目：国家自然科学基金项目（51808052、51938012）；桥梁结构抗风技术交通行业重点实验室开放课题（KLWRTBMC18-02）。

3 弯扭耦合两自由度非线性自激力模型

弯扭耦合软颤振的非线性特性主要包括三个方面：①气动阻尼随振幅变化效应；②弯扭自由度耦合形态即扭转复模态随振幅变化效应；③竖向静态位移耦合效应。为了模拟上述非线性效应，基于弱非线性假定，引入与上述非线性特性密切相关的非线性颤振导数，将 Scanlan 线性颤振自激力模型进行非线性拓展，建立两自由度非线性自激力模型[3]：

$$L_{se} = \rho U^2 BK \left[\frac{H_1^* \dot{h}}{U} + \left(H_2^* + H_{2,02}^* \frac{B|\dot{\alpha}|}{U} \right) \frac{B\dot{\alpha}}{U} + K(H_3^* + H_{3,02}^* |\alpha|)\alpha + K \left(\frac{H_4^* h}{B} + H_{4,01}^* |\alpha| + H_{4,02}^* \alpha^2 \right) \right] \quad (1)$$

$$M_{se} = \rho U^2 B^2 K \left[A_1^* \frac{\dot{h}}{U} + \left(A_2^* + A_{2,02}^* \frac{B|\dot{\alpha}|}{U} + A_{2,03}^* \frac{B^2 \dot{\alpha}^2}{U^2} \right) \frac{B\dot{\alpha}}{U} + KA_3^* \alpha + KA_4^* \frac{h}{B} \right] \quad (2)$$

式中，$K = \omega B/U$ 为折算频率；$A_i^*, H_i^* (i = 1,2,3,4)$ 为线性颤振导数；$A_{2,02}^*, A_{2,03}^*, H_{2,02}^*, H_{3,02}^*, H_{4,01}^*$ 和 $H_{4,02}^*$ 为非线性颤振导数；其中，$H_{2,02}^*$ 和 $H_{3,02}^*$ 用于模拟扭转复模态随振幅变化特性，$A_{2,02}^*$ 和 $A_{2,03}^*$ 用于模拟扭转模态阻尼随振幅变化效应，$H^{4,01}$ 和 $H_{4,02}^*$ 为耦合静态非线性升力系数。

图 3 为上述非线性自激力模型对于弯扭耦合软颤振响应的预测结果，可以发现，该自激力模型可以精确地预测软颤振的弯扭耦合极限环振动现象，而且竖向静态位移的耦合效应也能精确地预测。图 3 还对比了忽略扭转复模态随振幅的变化效应的预测结果，即令 $H_{2,02}^*$ 和 $H_{3,02}^*$ 为零，则可发现竖向振幅在较大振幅阶段存在较为显著的误差。

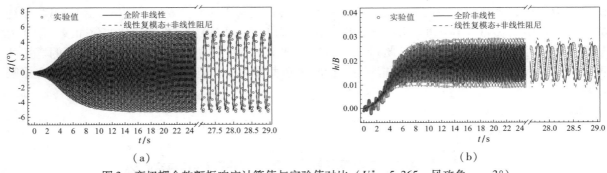

图 3　弯扭耦合软颤振响应计算值与实验值对比（$U^* = 5.365$，风攻角 $\alpha_0 = 3°$）

4 结论

本文提出了桥梁断面弯扭耦合两自由度非线性自激力模型，该模型考虑了大振幅状态下气动阻尼、扭转复模态和耦合竖向位移随振幅的依赖性，在较小振幅阶段退化为线性自激力模型。建立了线性复模态解耦法求解弯扭耦合软颤振时程。基于典型闭口箱梁大振幅软颤振试验，初步检验了本文提出非线性自激力模型及其时域求解方法的适用性。

参考文献

[1] 高广中，朱乐东，吴昊，等. 扁平箱梁断面弯扭耦合软颤振非线性特性研究 [J]. 中国公路学报，2019，32（10），125 – 134.

[2] GAO G Z, ZHU L D, WANG F, et al. Experimental investigation on the nonlinear coupled flutter motion of a typical flat closed-box bridge deck [J]. Sensors, 2020, 20, 568. DOI：10.3390/s20020568.

[3] GAO G Z, ZHU L D, LI J W, et al. A novel two-degree-of-freedom model of nonlinear self-excited force for coupled flutter instability of bridge decks [J]. Journal of Sound Vibration, 2020, 480, 115406.

大跨度悬索桥猫道抗风缆索措施效果研究 *

朱青[1,2,3]，翁翔[2]，单加辉[2]，朱乐东[1,2,3]

（1. 同济大学土木工程防灾国家重点实验室 上海 200092；

2. 同济大学土木工程学院桥梁工程系 上海 200092；

3. 同济大学桥梁结构抗风技术交通运输行业重点实验室 上海 200092）

1 引言

猫道是悬索桥施工必不可少的临时工程，跨度与悬索桥主跨相当，但其与主缆连接之前结构刚度非常低，因而对风荷载特别敏感。理论上，在风荷载作用下，猫道可能发生静力或动力失稳。但过往的研究发现，静力失稳是影响风荷载作用下的猫道结构安全的最主要因素。

针对猫道风致静力失稳和抗风措施的研究并不多。2005 年，乐云祥[1]等研究了主跨 1280 m 的武汉阳逻长江大桥施工猫道抗风稳定性，提出中跨设置 7 道横向天桥，以保证横向及扭转抗风稳定性。2006 年，贾宁和刘健新[1]研究发现外张式抗风缆系统对提高猫道结构的侧向刚度效果比较明显。2007 年，吴胜东等[3]对润扬大桥南汊悬索桥上部结构施工中无抗风缆猫道进行了考虑非正交风的抗风性能分析，研究结果显示门架及上承重绳可有效减小横向通道之间的跨中扭转角，从而提高静风稳定性；侧向阻尼器减振效果不如水平交叉拉索。2009 年，王中文等[4]以珠江黄埔大桥南汊悬索桥为工程背景，研究了大跨度悬索桥施工猫道抗风措施。

目前已有的抗风措施中，对于临界风速提高效果最好的就是整体式抗风缆。但是整体式抗风缆对于超大悬索桥而言，耗材较多，经济性较差。因此，本文针对平行索面的悬索桥猫道进行静风稳定性分析，研究抗风拉索及其与抗风缆组合措施对猫道风致静力失稳临界风速的提升作用，探索比整体式抗风缆更经济有效抗风措施的可能性。

2 研究对象

本文以伶仃航道桥猫道为背景，该猫道分为三段：中跨段跨径 1660 m，矢高 149.4 m；东、西边跨段形式相同，跨径 570 m，上下端点高差 212.92 m，矢高 19.45 m。

猫道节段模型测力风洞试验在同济大学 TJ-2 边界层风洞中进行。由于猫道静风扭转角较大，本次试验的攻角范围为 ±40°。节段模型断面如图 1 所示，猫道断面的三分力系数如图 2 所示。

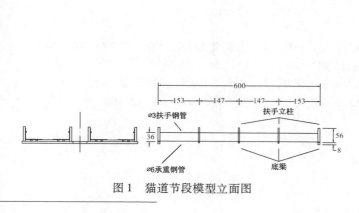

图 1 猫道节段模型立面图

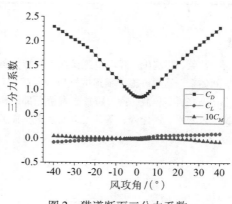

图 2 猫道断面三分力系数

* 基金项目：国家自然科学基金项目（51608389）。

3 研究方法

采用商用有限元软件 ANSYS 建立猫道有限元模型，并通过三维非线性风致静力失稳分析计算不同猫道模型的失稳临界风速。本文研究了整体式抗风缆、仅使用抗风拉索，以及抗风缆和抗风拉索结合措施（图 3）对风致静力失稳临界风速的影响。

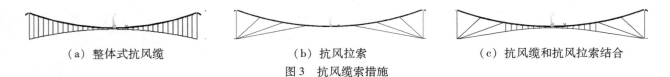

(a) 整体式抗风缆　　　　　　　 (b) 抗风拉索　　　　　　　 (c) 抗风缆和抗风拉索结合

图 3　抗风缆索措施

4 研究结果与讨论

本文分析的各种抗风缆索方案的综合比较结果列于表 1。抗风缆 +6 拉索的方案是抗风效果最好的，能使临界风速提高约 43%；其不足之处是用钢量较大，达到 140 t；另外竖向线型最大误差有 1.2 m 左右。整体式抗风缆的综合性能仍然是较优的，它能将临界风速提高约 31.4%；最大的优点是对线型控制极佳；用钢量也适中。此外，8 拉索方案的用钢量略小于整体式抗风缆，临界风速高于整体式抗风缆，而且具有施工简便的优势，缺点是竖向线型最大误差也有 1.2 m 左右，但总体而言仍然是相对整体式抗风缆具有竞争力的方案。

表 1　各种抗风缆索措施综合性能比较

抗风措施		临界风速/ ($m \cdot s^{-1}$)	临界风速 提高/%	竖向线型 最大误差/m	缆索总用 钢量/t
无措施		27.7	—	—	—
整体式抗风缆		36.4	31.4%	0.33	90
仅抗风拉索	4 拉索	33.3	20.2%	1.82	34
	6 拉索	36.6	32.1%	1.79	50
	8 拉索	37.2	34.3%	1.18	81
抗风缆结 合拉索	200m 吊索 +6 拉索	39.6	43.0%	1.19	140
	400m 吊索 +4 拉索	36.5	31.8%	0.8	119
	600m 吊索 +2 拉索	35.4	27.8%	0.53	106

参考文献

[1] 乐云祥，常英，胡晓伦. 武汉阳逻长江大桥施工猫道抗风稳定性分析 [J]. 公路交通科技，2005，22（8）：40–40.

[2] 贾宁，刘健新. 悬索桥施工猫道的抗风缆系统 [J]. 中外公路，2006，26（3）：168–168.

[3] 吴胜东，冯兆祥，蒋波. 特大跨径悬索桥上部结构施工关键技术研究 [J]. 土木工程学报，2007，40（4）：32–37.

[4] 王中文，朱宏平，钟建锋，等. 大跨度悬索桥猫道抗风设计与施工 [J]. 桥梁建设，2009（2）：65–68.

非平稳强风激励下 5:1 矩形断面时变二维气动导纳试验研究 *

李少鹏[1]，李鑫[1]，彭留留[1]，曹曙阳[2]，杨庆山[1]

（1. 重庆大学土木工程学院 重庆 400045；

2. 同济大学土木工程防灾国家重点实验室 上海 200092）

1 引言

在过去几十年中，非平稳强风在我国许多地区造成了大量严重的结构破坏和经济损失。与大尺度稳态强风（如季风）相比，雷暴风、下击暴流等中小尺度强风的显著特点是发生突然、持续时间短暂、短时内风速变化剧烈，并表现出较强的非平稳和非均匀特性。目前的结构抗风设计方法主要针对平稳强风环境，针对雷暴风等非平稳强风作用下的结构非平稳风荷载以及其气动力特性研究相对较少，因而亟须深入开展相关研究。

本文主要基于同济大学多风扇主动控制风洞进行刚性模型测压试验，并开展雷暴风的非平稳特性模拟，在此基础上深入研究矩形断面（$B/D = 5:1$）抖振力的气动力特性，并对非平稳风作用下的时变二维气动导纳进行了识别，为进一步开展钝体断面非平稳抖振力数学建模提供科学依据。

2 矩形断面非平稳气动力特性风洞试验研究

雷暴风作为一种典型的极端强风，其在短时间内变化非常剧烈，非平稳特性显著，本文以此作为研究对象。通常而言，非平稳强风难以通过常规边界层风洞进行模拟。本文参考美国德州理工大学 RFD 实测雷暴风数据，基于同济大学多风扇主动控制风洞开展雷暴风非平稳特性物理模拟。该风洞为直流式风洞，试验段尺寸 1.5 m（宽）×1.8 m（高），由 120 个风机独立控制（10×12 阵列），最大风速 18 m/s，最大输入频率 6 Hz。如图 1a 所示，多风扇主动控制风洞可较好地模拟雷暴风的非平稳特性[1]。为了便于直接识别 5:1 矩形模型的二维气动导纳，本文模拟了展向全相关素流场，非平稳风场的时变相干函数结果如图 1b 所示。

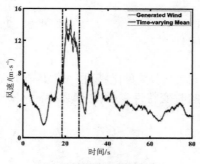
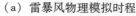
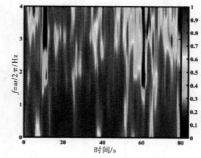

（a）雷暴风物理模拟时程　　　　　　（b）展向相关性

图 1　雷暴风物理模拟时程及展向相关性

风洞试验结果表明：多风扇主动控制风洞能够较为精准地模拟雷暴风非平稳特性，包括时变均值和非平稳脉动值。同时，通过调整不同风扇的相位差，可以生成展向全相关的流场，这为钝体断面二维气动导纳直接识别提供了坚实的试验基础。

在平稳抖振力建模过程中，需要明确钝体断面的静力三分力系数。为了研究非平稳强风对静力系数

* 基金项目：国家自然科学基金面上项目（51978108）；重庆市科委自然科学基金面上项目（cstc2020jcyj-msxmX0937）；中央高校基本业务费（2020CDJ-LHZZ-016，2021CDJQY-025）。

的瞬态效应，本文以升力为例，重点给出风速快速突变阶段的静力系数（图2）。

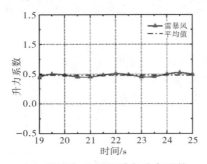 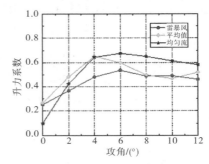

（a）风速突变时段瞬态升力系数　　　　　（b）不同风攻角下的升力系数

图2　不同风场条件下5:1矩形断面的升力系数

结果表明：雷暴风作用下，风速突变阶段的静力系数随时间的变化很小，基本上围绕其均值波动。同时，雷暴风、平稳风和均匀流作用下升力系数的变化趋势是一致的。

3　5:1矩形断面时变二维气动导纳识别

为进一步明确非平稳强风作用下5:1矩形断面的气动导纳时变特性，本文按照如下公式识别全相关流场中的二维气动导纳：

$$|\chi_{Lu}(\omega,t)|^2 = \frac{S_L(\omega,t)}{[\rho\bar{U}(t)B/2]^2 4C_L^2(\alpha,t)S_u(\omega,t)} \tag{1}$$

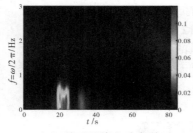 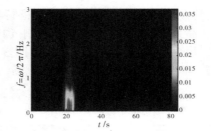 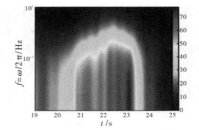

（a）脉动风演化功率谱　　　　　（b）抖振升力演化功率谱　　　　　（c）抖振升力时变二维气动导纳

图3　非平稳气动力特性

研究结果表明：在雷暴风作用下，抖振升力表现出显著的时频变化特征（尤其在风速剧烈变化时刻），研究发现非平稳风场条件下二维气动导纳也具有明显的时变特性，因此有必要深入研究非平稳强风对钝体断面抖振力的时变效应。

4　结论

基于多风扇主动控制风洞技术，开展了5:1矩形断面非平稳抖振力特性研究，本文指出了非平稳强风物理模拟方法，探讨了非平稳强风作用下矩形断面抖振力和二维气动导纳的时变特性，为进一步开展钝体断面非平稳抖振力数学建模提供了坚实的试验支撑。

参考文献

[1] CAO S Y, NUSHI A, KIKUGAWA H, et al. Reproduction of wind velocity history in a multiple fan wind tunnel [J]. Journal of Wind Engineering and Industrial Aerodynamics, 2002, 90: 1719 – 1729.

[2] PRIESTLEY M B. Evolutionary Spectra and Non-stationary Processes [J]. Journal of the Royal Statistical Society. Series B: Methodological, 1965, 27 (2): 204 – 237.

旧塔科马大桥风毁过程颤振后气动力能量演变特征 *

胡传新[1,2]，赵林[1]，葛耀君[1]

（1. 同济大学土木工程防灾国家重点实验室 上海 200092；

2. 武汉科技大学城市建设学院 武汉 430065）

1 引言

旧塔科马大桥风毁事故发生以后，国内外学者对桥梁的风致振动现象进行了大量的研究[1-3]，逐渐认识到经典理论建立在 Scanlan 线性自激力模型基础上的局限性。目前，大跨度桥梁颤振非线性效应及颤振后形态研究是风工程领域的热点。本文利用随机强迫振动装置，实现了大扭转振幅下桥梁气动力高精度测量[4]，分析了自激力随折减风速和振幅变化的能量演变效应，描述了颤振失稳分叉的能量图谱[5]，提出了基于能量演变的桥梁主梁断面颤振后研究策略。以旧塔科马大桥 H 型主梁断面为例，分析了颤振后形态及其机理，并反演了旧塔科马大桥风毁失稳路径及其可能发展路径。研究发现，桥梁结构颤振响应取决于结构阻尼比、结构刚度及来流风速之间的竞争关系，可由能量视角解释桥梁颤振失稳路径的发展模式，揭示气动力非线性和结构扭转阻尼比演变对大跨度桥梁颤振极限环振动形态的影响规律。

2 强迫振动与能量图谱

利用强迫振动装置（图1），以旧塔科马大桥主梁为例，通过大量不同振幅和折减风速下的强迫振动风洞试验，可得到反映单周期风致自激力做功系数与折减风速和振幅函数关系的等值线图，表征气动力做功效应的潜在能量演变图谱（图2），即单周期风致自激力做功系数随折减风速和扭转振幅发展关系。由此获得零阻尼比下临界风速（气动力做功为零对应折减风速）为 3.5～4.4，获得与 Larsen[1] 推荐的 3.8～4.0 一致的研究结果。此外，在折减风速小于4，且振幅15°～25°范围内，还存在自激力做功大于零的正能量区。能量图谱描述了结构在所有特定振幅范围和特定折减风速范围内的自激力能量特性，犹如"能量分布地图"，即通过大量试验遍历所有可能的振幅及折减风速等变量，从而获得气动力作功能量分布图谱（图3），从宏观上可预测结构风致失稳运动的发展路径。

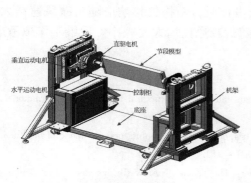

图1 强迫振动装置三维示意图

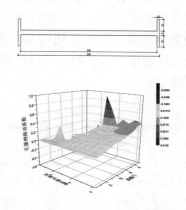

图2 H 型断面和 0°攻角下能量图谱示意

* 基金项目：国家自然科学基金项目（52108471、52078383）。

3 颤振后形态

1940 年 11 月 7 日,旧塔科马大桥在风速约 12 m/s 时,由于跨中吊杆松弛,其振动形态突然由之前的竖向涡振转换为扭转振动,此时折减风速约为 4.3 m/s,如 A 点所示。之后,在短时间内扭转振幅迅速增加,如图中 A 点到 B 点虚线表示。最后,当折减风速从 4.3 m/s 增至 7.9 m/s,直到旧塔科马大桥坍塌,结构运动频率由坍塌前 0.233 Hz 减至约 0.2 Hz,其振动形式表现为显著的自限幅振动,如图中 B 点到 C 点虚线所示。由气动扭转阻尼比等值线(图 3),可知坍塌时结构扭转阻尼比为 $0.011 \sim 0.012$。假设结构初始扭转阻尼比为 0.005,当不考虑随着振幅增大,桥面板裂缝引起结构扭转阻尼比增加时,失稳路径将是从 B 点起始的气动扭转阻尼比 $\zeta_t = -0.005$ 等值线,而非从 B 点到 C 点虚线,表明在旧塔科马大桥气动失稳过程中,随着扭转振幅增大,桥面板裂缝扩展及增多,结构真实扭转阻尼比显著增加,促使旧塔科马大桥颤振后振动形态更"软"。通过上述基于能量图谱的实际结构运动发展量化解读,充分展示了风毁过程气动力非线性和结构阻尼变化与颤振后结构响应效应之间关系。

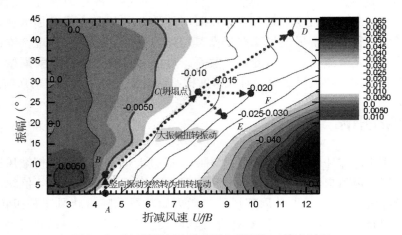

图 3　气动扭转阻尼比等值线与限幅振动演变过程

4 结论

采用能量图谱分析方法,建立了单自由度扭转振动下气动力做功效应的能量图谱,以能量视角揭示了主梁结构潜在颤振后发展形态。旧塔科马大桥主梁颤振后振动形态,取决于结构扭转阻尼比和结构刚度及来流风速之间的竞争关系。当结构扭转阻尼比增长占优时,结构位移响应随折减风速增大而减小;当结构刚度降低及来流风速增大占优时,结构位移响应随折减风速增大而减小。后继工作拟考虑多自由度耦合条件的能量转换效应。

参考文献

[1] LARSEN A. Aerodynamics of the Tacoma Narrows Bridge – 60 years later [J]. Structural Engineering International,2000,10 (4):243 –248.

[2] GIANNI A,FILIPPO G. A new mathematical explanation of what triggered the catastrophic torsional mode of the Tacoma Narrows Bridge [J]. Applied Mathematical Modelling,2015,39 (2):901 –912.

[3] GIANNI A,FILIPPO G. Torsional instability in suspension bridges:The Tacoma Narrows Bridge case [J]. Communications in Nonlinear Science and Numerical Simulation,2017,42:342 –357.

[4] ZHAO L,XIE X,ZHAN Y Y,et al. A novel forced motion apparatus with potential applications in structural engineering [J]. Journal of Zhejiang University-SCIENCE A (Applied Physics & Engineering),2020,21 (7):593 –608.

[5] 赵林,胡传新,周志勇,等. H 型桥梁断面颤振后能量图谱 [J]. 中国科学:技术科学,2021,51 (5):505 –516.

大跨悬索桥结构阻尼的风速依赖特性研究 *

郭增伟[1]，时浩博[2]，赵林[3]

（1. 重庆交通大学省部共建山区桥梁及隧道工程国家重点实验室 重庆 400074；

2. 同济大学土木工程防灾国家重点实验室 上海 200092）

1 引言

千米级悬索桥刚度小、阻尼低的特点致使其容易发生各种形式的风致振动，跨径排名前四的悬索桥均需要采用控制措施来克服风致振动并提高桥梁的抗风性能[1]，风荷载成为限制悬索桥跨径进一步增大的最关键的控制荷载。悬索桥加劲梁属于典型的钝体断面，空气流经加劲梁断面时会发生严重的气流分离、再附现象，并在加劲梁表面产生周期性的压力脉动，这种周期性压力脉动在影响结构振动状态的同时，也受到结构振动状态的影响，这就是桥梁风致振动区别于其他振动形式的"气动弹性"效应。气弹效应的存在将导致结构自振频率和阻尼依赖于风速[2-3]，因此不同风速下结构自振频率和阻尼的实测对气弹效应的研究至关重要，另外结构固有频率和阻尼也是振动控制的关键[4]，充分了解悬索桥自振频率和阻尼随风速的变化规律对悬索桥风致振动特性及其控制措施的研究有非常重要的参考价值。

2 模态阻尼随风速的变化规律

选用 2012 年西堠门大桥全年实测风速及响应加速度数据作为识别西堠门大桥模态的原始数据。由于风速仪和加速度计长期在潮湿环境下工作寿命易缩短，在低温恶劣环境下工作易失灵，在雷暴天气下风向标易损坏，在强风天气下线路易中断等，受现场复杂环境的影响，上述数据中会出现一些坏点或没有数据的点，因此模态识别处理数据之前需要先剔除原始数据中一些存在明显错误的风速和加速度坏点。另外，日常运营过程中加劲梁的加速度响应实际上是桥梁在车辆、风、温度等多种复杂动力荷载作用下的复合响应（输出）结果。因此，为尽量规避车辆、温度对桥梁自振模态参数的影响，本文对实测风速与加速度数据进行了进一步的筛选。经调查发现，西堠门大桥在夜间车辆通行量远小于日间，且夜间温度相对比较稳定，故选择用于模态识别的输入与输出数据皆为从 23:00 至次日 6:00 时段内风速与加速度的数据，另外在挑选数据时段时还限定 10 min 平均风速在连续 1h 内波动不超过 10%。

为了探究西堠门大桥自振频率和气动阻尼随风速的变化规律，分别从 1 年的监测数据中遴选了 0 m/s、2.5 m/s、5 m/s、7.5 m/s、10 m/s、12.5 m/s、15 m/s 七组风速条件下的共计 3015 组三向加速度数据，其中每组数据都为实测夜间连续 1 h 内的加速度数据，则每组内共包含 25 × 3600 = 90 000 个加速度数据。对不同风速条件下 3 个方向前 3 阶结构模态阻尼的概率密度函数进行拟合，即可得到各工况下结构模态阻尼比的概型分布特征参数，据此便可获得各工况下结构模态阻尼比在不同保证率下的置信区间。图 1 为 95% 的置信水平下，3 个方向前 3 阶结构模态阻尼比的置信区间随风速的变化情况。

---

* 基金项目：国家自然科学基金项目（51878106）。

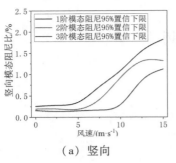 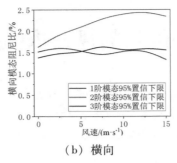 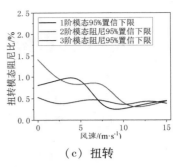

（a）竖向　　　　　　　　　　（b）横向　　　　　　　　　　（c）扭转

图1　3个方向模态阻尼比在各风速下的95%置信区间

　　总体而言，西堠门大桥的阻尼比相对较低，在95%的保证率下，前3阶竖向阻尼比的分布区间为 0.2%～2.1%，前3阶横向阻尼比的分布区间为1.3%～2.8%，前3阶扭转阻尼比的分布区间为0.3%～ 2.3%。从图1a中可以更为明显地看出，当风速低于7.5 m/s时，前3阶竖向阻尼比受风速的影响并不十 分显著，但风速超过7.5 m/s后，前3阶竖向阻尼比将随风速的增大明显增大，且阻尼比置信区间的宽度 也随风速的增大逐渐增大；3阶竖向振型的阻尼比在风速达到10 m/s后才随风速显著增加，这表明低阶 竖向振型的阻尼比相对于高阶振型更容易受风速的影响。从图1b中可以明显看出，1阶和3阶横向阻尼 比的随风速增大表现出在某一平衡位置上下波动的趋势，2阶横向阻尼比随风速增大表现为缓慢增大的趋 势，但风速的变化对各阶横向阻尼比的大小及离散性的影响都较小。从图1c中可以明显看出，3阶扭转 阻尼随风速的增大都呈现下降趋势且置信区间宽度逐渐变窄，与竖向振动阻尼相反，当风速低于7.5 m/s 时，各阶扭转振型阻尼受风速影响较大，而风速超过7.5 m/s扭转阻尼受风速影响逐渐减弱，相对而言低 阶扭转振型阻尼受风速的变化更为敏感。

3　结论

　　（1）西堠门大桥的三向模态参数识别结果与有限元电算以及现场振动试验结果相吻合，NExT－ERA 方法可以高效准确地识别西堠门大桥的模态参数。

　　（2）相同风速条件下，结构扭转和横向振动阻尼的均值和方差均要大于竖向振动阻尼，但随着风速 的增大，这种差异将逐渐减弱。

　　（3）随着风速的增大，结构竖向振型阻尼总体呈上升趋势，扭转振型阻总体呈减小趋势，且风速超 过7.5 m/s后竖向和扭转阻尼受风速影响更为显著；横向振型阻尼受风速的影响不大。

　　（4）不同风速条件下，结构3个方向的模态阻尼比均服从广义极值分布，且风速会影响结构竖向和 扭转振型阻尼的概型分布形状。

参考文献

［1］项海帆，葛耀君.大跨度桥梁抗风技术调整与基础研究［J］.中国工程科学，2011，13（9）：8－21.

［2］郭增伟，杨咏昕，葛耀君.大跨悬索桥颤振主动控制面理论研究［J］.中国公路学报，2013，26（2）：119－126.

［3］葛耀君，赵林，徐坤.大跨度桥梁主梁涡激振动研究进展与思考［J］.中国公路学报，2019，32（10）：1－18.

［4］DOEBLING S W，FARRAR C R，PRIME M B，et al. Damage identification and health monitoring of structural and mechanical systems from changes in their vibration characteristics：Aliterature Review［J］. Los Alamos National Laboratory，Los Alamos， NM. 1996.

七、输电塔线抗风

特高压钢管塔杆件涡振疲劳破坏成因分析

张宏杰[1]，杨风利[1]，牛华伟[2]，刘海锋[1]

（1. 中国电力科学研究院有限公司 北京 100055；
2. 湖南大学 长沙 410082）

1 引言

随着特高压输电技术的推广应用，钢管塔结构越来越常见。圆形钢管构件容易发生涡激振动。本文所述的特高压线路工程，途径风速持续稳定地区，某条线路上多达 14 基铁塔发生了杆件涡激振动，并迅速造成了构件连接板件的疲劳破坏。中国电科院基于现有理论和线路周边环境参数的分析，从理论上阐述了连接板件发生疲劳破坏的成因，并从结构措施方面给出了涡振控制方案，为类似工程的涡振防治给出了反措制定原则。

2 涡振疲劳连接板件破坏情况

2019 年 4 月，某交流输变电线路建成后，发生了少数吊杆的涡激共振，如图 1 中所示的 1409#吊杆。该吊杆为圆形钢管杆件，计算长度为 8.567 m，管径 0.168 m，壁厚 0.004 m，计算长细比为 148，形心高度离地 43 m。涡振最初在 2019 年 5 月被观察到，至同年 11 月运维检修人员上塔检查时，发现 1409#吊杆与下横隔面水平材相连的 1411#节点板发生了开裂（图 2）。

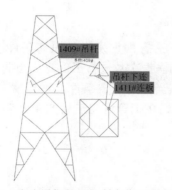

图 1　发生涡振的吊杆所在位置示意图　　图 2　节点板开裂照片

3 涡振疲劳仿真分析

3.1 涡振频率与涡激力计算

为真实模拟吊杆所在节间其他杆件对吊杆振动特性的影响，建立了整个桁架节间的有限元模型，并提取了吊杆一阶弱轴与一阶强轴对应振型与频率（图 3）。采用振动视频识别分析软件，对现场拍摄到的吊杆典型振动视频进行了分析工作（图 4）。综合有限元分析与现场振动视频识别结果，基本可以判定，锁定频率 7.5 Hz 的振动为一阶弱轴振动，锁定频率 9.96 Hz 的振动为一阶强轴振动，两种振动在实际使用环境中都有发生。分别对应两种涡振，计算1411#节点板开裂位置处的应力幅。

按照铰接杆件的形函数，两端铰接沿杆件分布的涡激力可按照式（1）进行计算[1]：

$$p_d = \eta_1 \frac{U_{cr}^2 D}{0.128} sin(\frac{\pi x}{L}) \tag{1}$$

（a）1阶弱轴振型图

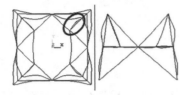

（b）1阶强轴振型图

图3　吊杆一阶弱轴与强轴振型

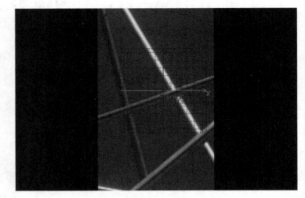

图4　吊杆典型振动视频分析

3.2　节点板实体建模应力分析

建立节点板实体模型，而后通过求解涡激荷载作用下吊杆传递给钢管特定截面处的剪力和弯矩，并施加在钢管截面实体模型边界处，从而实现涡激荷载作用下的节点板应力仿真分析。图5为一阶弱轴涡激荷载与一阶强轴涡激荷载作用下的节点板应力分布云图。垂直于板面加载时，弱轴截面抗弯惯性矩较小，其对应的应力幅达到了77.83 MPa。

3.3　疲劳寿命估算

根据钢结构设计规范规定[2]，在应力幅已知的情况下，计算疲劳寿命采用式（2）进行计算。根据结构构造特征，与钢结构规范附录E中第7项第5类构件和连接类别相似，故将 C 取为 1.47×10^{12}，β 取为3。

$$N = \frac{C}{[\Delta\sigma]^\beta} \tag{2}$$

不考虑风向和自然界紊流度的影响，并假定全年6%适宜涡振发生的风速条件下均发生了涡振，对2018年11月1日至2019年10月31日期间，可能发生的涡振次数进行了估算。当弱轴发生涡振时，节点板疲劳开裂的最大容许涡振次数只有312.1万次。以濮阳当地的气象条件，理想情况下在2019年2月的累积涡振次数已达391.7万次，理论上1411#节点板有可能在钢管塔完工后的4～5个月内已因涡振发生疲劳断裂。

4　结论

本次事件的发生，也提醒相关结构设计人员，需要从以下几个方面予以关注和改进：

（1）按照当前钢管塔设计规范规定，部分杆件的涡振是必然会发生的，需要考虑增加涡振振幅控制指标或添置必要的涡振控制措施，尤其是非受力控制的近似两端铰接的杆件，这种需求尤为迫切。

（2）应当尽量避免采用单插板节点板，或者优先采用不存在明显弱轴的节点板型式。

参考文献

［1］杨靖波，李正.输电线路钢管塔微风振动及其对结构安全性的影响［J］.振动、测试与诊断，2007（3）：208－211，257.

［2］钢结构设计规范（GB 50017—2003）［S］.北京：中国建筑工业出版社，2006.

考虑长期锈蚀影响的宁波地区输电塔风灾易损性分析 *

李强[1]，郏鸿韬[1,2]，张军[1]，毛江鸿[3]，黄铭枫[4]，楼文娟[4]

（1. 浙大宁波理工学院土木建筑工程学院 宁波 315100；

2. 重庆交通大学土木工程学院 重庆 400074；

3. 四川大学建筑与环境学院 成都 610021；

4. 浙江大学结构工程研究所 杭州 310058）

1 引言

宁波地区位于我国东南沿海，除了常年受东亚季风和西北太平洋台风影响外，其工业－海洋大气环境会加速腐蚀当地钢结构表面镀锌层，进而导致钢构件锈蚀。碳钢腐蚀不仅会缩减钢构件截面积，还会降低钢材的剩余力学性能。准确预测碳钢腐蚀深度是开展服役钢结构巡检维护的重要前提。本文重点分析了宁波地区大气环境下长期锈蚀对钢结构输电塔服役期的抗风性能劣化影响。基于各类大气环境下碳钢腐蚀深度试验数据，获得了碳钢长期腐蚀深度预测模型，根据宁波地区大气环境数据预测了该地区碳钢锈蚀深度；借助台风全路径及风场模拟技术和气象站风速观测数据，采用多元极值理论构建了多风向极值风速的联合概率分布模型，确定了场地混合风气候并生成了动力风荷载时程；根据碳钢锈蚀深度预测结果，分别建立了不同锈蚀年限下 ZM4 猫头型直线塔模型；采用增量动力时程分析（IDA）得到了风荷载作用效应函数，并采用静力弹塑性分析确定了结构各极限状态限值，从而获得了宁波地区输电塔不同锈蚀年限的风灾易损性曲线。

2 碳钢腐蚀深度预测

以世界范围内不同大气环境（海洋大气、工业大气、城市大气、农村大气、城市－海洋大气和工业－海洋大气）下碳钢暴露试验的腐蚀数据为样本，采用深度判定法确定碳钢腐蚀深度长期预测模型。提取宁波各地区气候环境数据，针对镇海石化区的 SO_2 浓度专门委托第三方机构进行检测，最终获得了宁波地区各类大气环境碳钢长期腐蚀深度预测曲线，如图 1 所示。可以看出，碳钢锈蚀速率大小依次为：工业－海洋大气环境、海洋大气环境、城市/工业大气环境、农村大气环境，其中工业－海洋大气环境下 100 年碳钢锈蚀深度超过 16003。

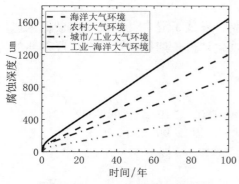

图 1　宁波地区碳钢长期腐蚀深度预测曲线

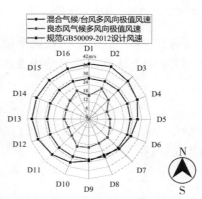

图 2　宁波地区 50 年一遇多风向极值风速

* 基金项目：浙江省自然科学基金项目（LQ20E080001）；浙江省建设科研项目（2020K064）；宁波市自然科学基金项目（2019A610395）；宁波市奉化区科技专项项目（202008502）。

3 场地风气候评估

本文采用台风全路径模拟方法[1]并应用 Yan Meng 风场模型获得影响宁波地区 600 年的台风风速样本。借助气象站风速观测数据，整理得到良态风风速样本。采用 t – Copula 函数构建宁波地区多风向极值风速的联合概率分布，最终估计得到了不同重现期下的混合气候多风向极值风速。由图 2 可知，50 年重现期下，各风向台风极值风速均明显高于良态风对应风向下的极值风速。除风向 8 外，其余风向下台风极值风速也均高于规范设计风速，即规范给出的设计风速偏于危险。风向 2 作为最大极值风速的来流风向，其 50 年一遇极值风速值为 39.5 m/s。

4 锈蚀输电塔风灾易损性分析

利用 ANSYS 建立宁波镇海（工业 – 海洋大气环境）某典型 110kV 猫头型直线塔有限元模型[2]。图 3 所示为锈蚀角钢截面，根据碳钢大气腐蚀深度预测值，计算出 30 年、60 年、90 年锈蚀年限输电塔角钢构件截面的蚀余深度，分别建立不同锈蚀年限的输电塔有限元模型。针对各模型进行增量动力时程分析（IDA），得到风荷载作用效应函数，并采用静力弹塑性分析确定结构各

图 3 锈蚀角钢截面

极限状态限值，最终建立了宁波地区工业 – 海洋大气环境下不同锈蚀年限输电塔的风灾易损性曲线。由图 4 可知，在 50 年一遇风荷载作用下，杆塔几乎不会出现严重破坏及倒塌，出现中等破坏的概率在 10% 以内，出现轻微破坏的概率控制在 40% 以内。

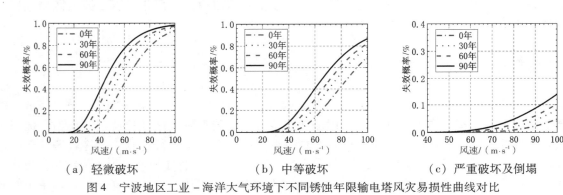

（a）轻微破坏　　　　　　（b）中等破坏　　　　　　（c）严重破坏及倒塌

图 4 宁波地区工业 – 海洋大气环境下不同锈蚀年限输电塔风灾易损性曲线对比

5 结论

本文建立了适用于宁波地区的碳钢长期腐蚀深度预测模型，发展了混合气候多风向极值风速估计方法，得到了不同锈蚀年限下输电塔风灾易损性曲线，可用于量化评价长期锈蚀对输电塔服役期的抗风性能劣化影响。

参考文献

[1] 李强. 混合气候极值风速估计和高层建筑风致响应分析模型研究 [D]. 浙江：浙江大学，2018：49 – 62.
[2] 架空输电线路杆塔结构设计技术规定（DL/T 5154—2012）[S]. 北京：中国计划出版社，2013.

基于气弹模型风洞试验的双跨输电线风致响应研究

宋杰，梁枢果，邹良浩

（武汉大学土木建筑工程学院 武汉 430072）

1 引言

随着输电线跨度的增大和多分裂导线的应用，输电塔线体系对风荷载越来越敏感，大风作用下过大风偏产生的跳闸和闪络时有发生，给国民经济和生活造成巨大损失和不便。研究表明，输电线上的风荷载往往比输电塔体自身受到的风荷载要大很多，输电线在风荷载作用下的变形也比输电塔大很多[1,2]，因此需要对多分裂导线的荷载和响应进行研究。以往导线的风荷载和风致响应的研究多采用刚性模型，也主要针对单跨输电线，本文采用气弹模型风洞试验系统研究双跨输电线的气动荷载和风致响应。

2 气弹模型风洞试验

2.1 输电线模型及工况

根据相似理论，制作双跨导线气弹模型。导线的雷诺数 Re 相似很难满足，但是考虑到实际和模型中导线的雷诺数均在亚临界区域，其流场特性对于雷诺数不敏感，因此可以忽略雷诺数的影响。本研究采用的导线原型为 JL/G3A – 1000/45，其特性如表 1 所示。考虑六分裂输电线，导线的相似比如表 2 所示，其风洞试验模型如图 1 所示。

表 1 导线 JL/G3A – 1000/45 原型特征参数

结构 [直径（mm）×单根根数]		面积（mm²）			外径	线密度	弹性模量
铝	钢	铝	钢	合计	（mm）	（kg/km）	（GPa）
Φ4.21×72	Φ2.80×8	1002.28	43.1	1045.38	42.08	3100	60.6

表 2 导线气弹模型相似比

	跨度 λ_L	外径 λ_d	弧垂 λ_s	线密度 λ_m	轴向刚度 λ_{EA}	质量 λ_M	阻尼 λ_ξ
计算公式	n	n	n	n^2	n^3	n^3	n^0
两跨	1:50	1:50	1:50	1:2500	1:125000	1:125000	1:1

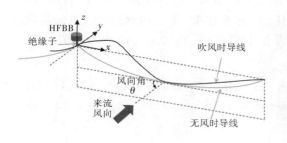

双跨导线

图 1 模型及风向定义

2.1 风洞试验

气弹模型风洞试验在西南交通大学 XNJD – 3 号风洞中进行，试验段截面宽 22.5 m，高 4.5 m，长 36 m。根据大部分实际输电线所处的环境，选取 B 类风场类别进行来流风场的模拟。分别采用高频测力天平测试绝缘子端部气动力，激光位移计测量绝缘子的风偏角。测试时，风向角以 10°为间隔，从 0°～90°进行变化。

3 导线的风致响应

当跨度为 500 m，垂度 5%，风向 $\theta = 90°$时，双跨输电线绝缘子端部的气动力均值和均方根值随风速变化的结果如图 2 和图 3 所示。对于气动力平均值，由图 2 可知导线端部绝缘子的横向力和纵向力均随着风速增大而增大，且横向力远大于竖向力。而且，绝缘子端部横向力系数的平均值随着风速的升高逐渐降低，风速较大时侧向力系数平均值在 1 左右。图 3 表示绝缘子端部横向力均方根值随风速的增加也增加，风速在 20～32 m/s 时呈线性增加，大于 32 m/s 时增幅加快。脉动分量相对于平均部分较少，为平均值的 5%～7%。横向力系数均方根值随着风速的增加也逐渐降低，风速较大时均方根值稳定在 0.05 左右。

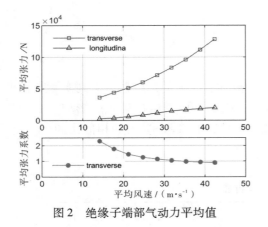

图 2　绝缘子端部气动力平均值

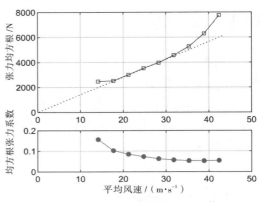

图 3　绝缘子端部气动力均方根值

限于篇幅，风向、跨度等对于绝缘子端部力，以及绝缘子风偏角的结果暂未给出。

4 结论

绝缘子端部力和风偏角主要来源于导线平面外的第一阶模态的影响，导线平面内的模态影响较小。横向张力的均值和均方根一般要大于纵向张力。横向张力和纵向张力的均值和均方根随着风向逐渐增加，在风向 90°时达到最大值。横向张力均值和方差随着风速增大而增大，但是其系数随着风速增大而减小，当风速大于 35 m/s 时逐渐平稳；张力均值随着绝缘子长度增大而增大，但是绝缘子长度超过 8 m 后增幅不再明显。绝缘子风偏角均值随着风向角增大而增大，但是其方差在 45°附近达到最大；风偏角的均值和极值随着风速增大而增大，其风振系数随着风速增大而减小，当风速大于 30 m/s 时约为 1.07。

参考文献

[1] SMITH B. A review of dynamic aspects of transmission line design [J]. Engineering structures, 1993, 15 (4)：271 –275.

[2] MOSCHAS F, STIROS S. High accuracy measurement of deflections of an electricity transmission line tower [J]. Engineering structures, 2014, 80：418 –425.

考虑竖向风作用的架空输电导线风偏响应分析[*]

周奇[1,2]，廖岚鑫[1]，郜雅琨[3]

（1. 汕头大学土木与环境工程系 汕头 515063；

2. 广东省高等学校结构与风洞重点实验室 汕头 515063）

1 引言

架空输电导线风偏响应的传统分析方法大都建立在水平风荷载作用下，忽略来流风场的竖向风量作用[1]。然而，在极端气候条件下或微地形效应影响下，风场往往存在垂直方向的能量交换，从而使得风速存在较为显著的竖向分量[2]。目前，国内外学者主要对典型地形引起的风速加速效应进行了研究[3]，对有竖向分量风作用下的导线非线性风荷载及风偏响应分析仍较少。为此，本文基于拉索理论，建立了考虑竖向升力的架空导线平衡方程，给出了静态风偏的理论解，以及基于平均风荷载导线构型下动态风偏的理论解。

2 风偏响应计算

2.1 风偏计算理论

考虑一跨距为 L 的输电线路，线路两端等高，初始垂度为 d_0，所对应的初始张力为 H_0；导线跨距方向沿着 x 轴正方向，重力方向为 y_0 轴正方向。静态平衡方程为

$$
\begin{cases}
H \dfrac{\mathrm{d}^2(y_0 + \bar{v}_0)}{\mathrm{d}x^2} = -(mg - \bar{f}v) \\[2mm]
H \dfrac{\mathrm{d}^2 \bar{w}_0}{\mathrm{d}x^2} = -\bar{f}_H
\end{cases}
\tag{1}
$$

式中，H 为导线平衡时的水平张力；$\bar{v}_0$ 为竖向的平均位移；$\bar{w}_0$ 为水平方向的平均位移；m 为导线单位长度质量；g 为重力加速度；$\bar{f}_H$ 和 $\bar{f}_v$ 分别为水平和竖直方向的平均风荷载。联立导线的变形协调条件可求得导线的静态风偏角。

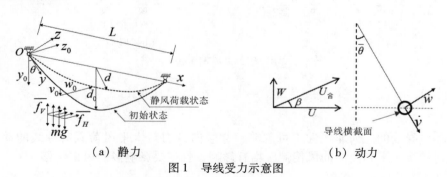

（a）静力 （b）动力

图1 导线受力示意图

如图1，w 和 v 分别为面内、外方向。根据准定常理论，仅保留气动力的线性项，导线的气动力项 f_v 和 f_w 分别为

$$
f_v = CD\rho \bar{U}_合 U_合 \sin(\bar{\theta} - \bar{\beta}) - \frac{1}{2}CD\rho \bar{U}_合 \left[\dot{v}(1 + \sin^2(\bar{\theta} - \bar{\beta})) + \dot{w}\sin(\bar{\theta} - \bar{\beta})\cos(\bar{\theta} - \bar{\beta}) \right]
$$

$$
f_w = CD\rho \bar{U}_合 U_合 \cos(\bar{\theta} - \bar{\beta}) - \frac{1}{2}CD\rho \bar{U}_合 \left[\dot{w}(1 + \cos^2(\bar{\theta} - \bar{\beta})) + \dot{v}\sin(\bar{\theta} - \bar{\beta})\cos(\bar{\theta} - \bar{\beta}) \right]
\tag{2}
$$

[*] 基金项目：广东省自然科学基金（2018A030307008）；国网科技项目（5200-201919121A-0-0-00）。

式中，C 为导线阻力系数；D 为导线直径；ρ 为空气密度；$\bar{\theta}$ 为静态风偏角；$\bar{\beta}$ 为平均风攻角；$\dot{v}$ 和 $\dot{w}$ 为速度时程。

$$m\frac{\mathrm{d}^2v}{\mathrm{d}t^2} + c_v\frac{\mathrm{d}v}{\mathrm{d}t} - H\frac{\mathrm{d}^2v}{\mathrm{d}x^2} - h(t)\frac{\mathrm{d}^2y}{\mathrm{d}x^2} = f_v$$

$$m\frac{\mathrm{d}^2w}{\mathrm{d}t^2} + c_w\frac{\mathrm{d}w}{\mathrm{d}t} - H\frac{\mathrm{d}^2w}{\mathrm{d}x^2} = f_w$$

（3）

式（3）为导线动力学方程。式中，c_v 和 c_w 为阻尼系数；v 和 w 为位移时程；$h(t)$ 为水平张力变化量。

2.2 算例分析

某一线路跨距为 400 m；初始水平张力为 35 200 N；线密度为 2.39 kg/m；导线直径为 36 mm；抗拉刚度为 48 MPa；空气密度为 1.29 kg/m³。图 2 为典型工况下导线的模态频率，图 3 为 30 m/s 风速下的风偏位移，显然风攻角对竖向位移影响更为显著。

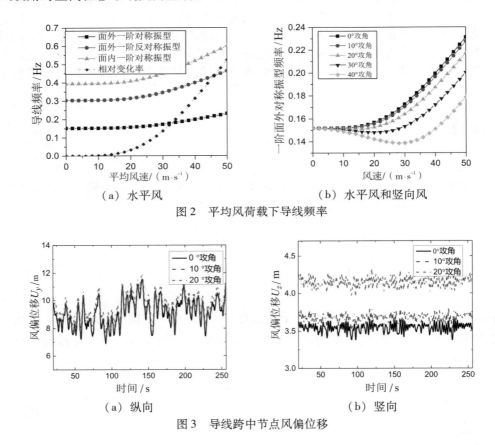

（a）水平风　　　　　　　　　（b）水平风和竖向风

图 2　平均风荷载下导线频率

（a）纵向　　　　　　　　　　（b）竖向

图 3　导线跨中节点风偏位移

3　结论

①风速较大时，输电导线的几何非线性不可忽略；②竖向升力与水平风荷载对导线的动力特性影响效果相反；③竖向风对导线水平和竖向的风偏响应均有影响，且主要影响竖向风偏位移。

参考文献

[1] WANG D, CHEN X, LI J. Prediction of Wind-Induced Buffeting Response of Overhead Conductor：Comparison of Linear and Nonlinear Analysis Approaches [J]. Journal of Wind Engineering and Industrial Aerodynamics, 2017, 167：23 – 40.

[2] STERN D P, BRYAN G H, ABERSON S D. Extreme Low-Level Updrafts and Wind Speeds Measured by Dropsondes in Tropical Cyclones [J]. Monthly Weather Review, 2016, 144 (6)：2177 – 2204.

[3] 楼文娟，刘萌萌，李正昊，等. 峡谷地形平均风速特性与加速效应 [J]. 湖南大学学报（自然科学版），2016, 43 (7)：8 – 15.

覆冰导线三维驰振非线性分析[*]

雷鹰，刘中华，张建国，杨雄骏，张会然

（厦门大学建筑与土木工程学院 厦门 361000）

1 引言

导线舞动对输电线路破坏巨大，本文总结国家重点研发计划项目课题"多灾种及其耦合作用下复杂建筑和典型基础设施破坏机理"的专题"覆冰导线三维驰振非线性分析"取得的系列研究成果。首先建立与试验覆冰导线气弹模型一致的数值模型，将风洞试验实测响应与非定常理论以及准定常理论的数值模拟结果进行比对，检验了输电导线驰振分别基于非定常方法和准定常理论进行数值模拟的适用性。接着进行了均匀风场下基于准定常理论的覆冰导线二维驰振分析。根据 Lyapunove 稳定性理论判断失稳的临界风速并采用多尺度法求舞动振幅的解析解。随后进行了脉动风场下基于准定常理论的覆冰导线二维驰振分析。建立状态方程所对应的 Itô 微分方程。利用高斯矩截断法求解相应的矩方程，并采用路径积分法计算导线舞动时位移的概率分布情况。最后开展了考虑多模态及内共振的覆冰导线三维驰振非线性分析。通过 Galerkin 法对覆冰导线的三维连续非线性偏微分方程进行离散，运用 Lyapunove 一次近似理论得到系统的特征稳定曲线，计算不同的风速下多模态耦合下覆冰导线各阶模态舞动响应，并且进一步对比分析了当各阶模态存在内共振时覆冰导线的舞动现象。

2 基于非定常理论的二维驰振分析

非定常计算结果、准定常计算结果和试验结果对比如图 1。由图可知，整体而言，非定常计算结果与准定常计算结果相差较小。两者临界风速都为 10.5 m/s，与试验保持一致，且振动幅值与幅值增长趋势也与试验基本相同。进一步分析两种方法计算所得的气动力时程，发现两种方法计算结果出现明显不同。

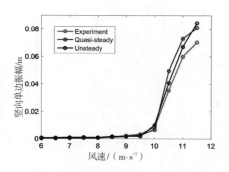

图 1 不同风速下准定常计算值、非定常计算值和试验值对比

3 均匀风场下基于准定常理论的二维驰振分析

对多尺度法和数值方法求解的舞动振幅进行对比，验证多尺度法求解振幅的准确性。以覆冰厚度为 15 mm 的新月形覆冰截面为例，临界风速是 2.64 m/s。当风速为 4.0 m/s 时，对应解析解舞动振幅为 1.46 m，舞动位移偏移量计算为 −0.03 m，解析解的图像如图 2a 所示。龙格库塔法求解的舞动振幅是 1.45 m，如图 2b 所示。

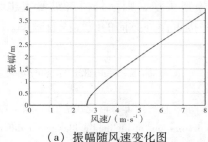

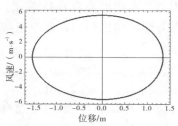

（a）振幅随风速变化图　　　（b）位移 – 速度相图（$U = 4.0$ m/s）

图 2 多尺度法和数值方法模拟结果对比

* 金项目：国家重点研发计划项目（2017YFC0803300）。

4 脉动风场下基于准定常理论的二维驰振分析

采用路径积分法计算输电导线舞动时位移的概率分布情况。以覆冰厚度为 15 mm 的新月形覆冰面的输电导线为例。图 3 表示输电导线中点位移在不同时间点（30 s 和 90 s）的概率密度分布图。90 s 后属于稳态，这时概率密度不随着时间的变化发生改变。

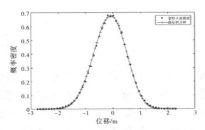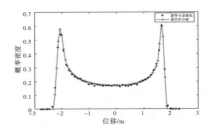

图 3　不同时间下位移概率密度分布图（$t = 30\ \text{s}$，$90\ \text{s}$）

5 考虑多模态的覆冰导线三维连续体非线性舞动分析

对比分析内共振的存在对覆冰导线舞动各向振动影响。当超过第二个临界风速时，不存在内共振时，舞动轨迹类似于细长椭圆形状，存在内共振时，由于面内和面外的强烈耦合，舞动轨迹呈现八字形，如图 4 所示。

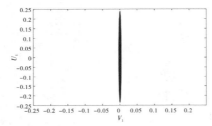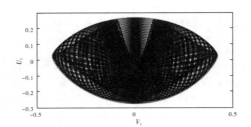

图 4　有无内共振时的导线舞动频谱与轨迹对比图

6 结论

①多尺度法可以导出输电导线舞动的振幅，并且求解的结果与数值模拟计算的舞动振幅相比相差很小，此理论方法具有正确性而且在工程上可以适用。②根据路径积分法给出了平稳和非平稳时的位移分布规律。在舞动初期位移概率密度图像为单峰型曲线，在平稳阶段位移概率密度图像为双峰型曲线。③准定常方法能够反映导线驰振的主要振幅和趋势，但计算的振动时程以及气动力时程与非定常方法存在较大差异。④若面外模态与面内模态存在内共振，面内模态失稳，则面外模态被激发也将失稳。面外模态的振动幅值和面内模态振动幅值相当，面外振动的频率接近面外方向的线性固有频率。

参考文献

［1］GAO G, ZHU L D. Measurement and verification of unsteady galloping force on a rectangular 2：1 cylinder［J］. Journal of Wind Engineering and Industrial Aerodynamics, 2016, 157：76 - 94.

［2］吕中宾, 陈文礼, 潘宇, 等. 输电导线风致舞动的数值模拟研究［J］. 自然灾害学报, 2017（4）：4 - 12.

［3］CHEN W L, LI H, OU J P. Numerical simulation of vortex - induced vibrations of inclined cables under different wind profiles ［J］. Journal of Bridge Engineering, 2013, 18（1）：42 - 53.

［4］楼文娟, 杨伦, 潘小涛. 覆冰导线舞动的非线性动力学及参数分析［J］. 土木工程学报, 2014（5）：26 - 33, 101.

［5］刘海英, 郝淑英, 冯晶晶, 等. 覆冰导线连续体模型及仿真分析［J］. 武汉大学学报, 2016, 49（2）：285 - 289.

静动态综合干扰下塔式定日镜风荷载研究

牛华伟，刘镇华

（湖南大学风工程与桥梁工程湖南省重点实验室 长沙 410082）

1 引言

塔式定日镜是太阳能集热发电站中重要的聚光设备，设计时的控制荷载为风荷载[1-3]。塔式定日镜在集热电厂中采用群体布置，不同镜体之间的气动干扰效应是影响风荷载取值的重要影响因素。但是，现有研究对体型系数及其干扰效应、定日镜风振响应的研究较多[4-6]，针对群体干扰对定日镜风振响应及其总体风荷载取值方面的研究很少。本文通过单镜和群镜的刚性模型测压风洞试验与有限元时程响应分析，研究了干扰效应对体型系数、风振系数及其综合系数的影响，以探讨考虑干扰效应的定日镜结构设计风荷载准确取值方法。

2 风洞试验及有限元分析

在湖南大学 HD-2 大气边界层风洞进行了缩尺比为 1:20 的单镜和群镜的刚性模型测压风洞试验，群镜镜场由 33 个定日镜模型组成（图 1），测试了 11 个不同位置定日镜的镜面风压时程。镜面模型正、背面对称布置了 184 个测压孔。试验风场采用 A 类风场，采样频率为 330Hz，每个测点单工况记录 20 000 个数据点。

基于刚性模型测压风洞试验结果，选出典型工况进行风振响应位移计算。将由试验测试的净风压时程数据通过相似比变换后施加到有限元模型上进行瞬态响应分析，阻尼比设置为 2%，计算得到了各节点的位移响应。

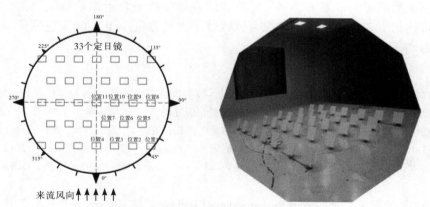

图 1　定日镜位置示意图及模型试验照片

3 干扰效应研究

通过压力数据和风振响应数据分析，分别得到体型系数、风振系数及其干扰系数。

3.1 干扰效应对体型系数和风振系数的影响

典型工况下干扰效应对体型系数和风振系数的影响如表 1 所示，其中综合干扰系数为有无干扰状态下对体型系数和风振系数乘积的影响。

表1　干扰效应对体型系数和风振系数的影响

定日镜类别	体型系数	体型系数干扰系数	风振系数	风振系数干扰系数	综合干扰系数
单个	1.11	—	1.55	—	—
1 位置	1.10	0.99	1.57	1.01	1.00
2 位置	1.30	1.17	1.56	1.01	1.18
3 位置	1.01	0.91	1.69	1.09	0.99
4 位置	1.16	1.05	1.44	0.93	0.97
5 位置	0.79	0.71	2.67	1.72	1.23
6 位置	0.83	0.75	2.31	1.49	1.11
7 位置	0.47	0.42	2.28	1.47	0.62
8 位置	0.76	0.68	2.12	1.37	0.94
9 位置	0.68	0.61	2.40	1.55	0.95
10 位置	0.56	0.50	2.37	1.53	0.77
11 位置	0.62	0.56	1.64	1.06	0.59

3.2　结构设计风荷载取值方法探讨

参考《建筑结构荷载规范》（GB 50009—2012），塔式定日镜结构设计风荷载按下式计算：

$$\omega_k = \beta_z \mu_s \mu_z \omega_0 \mu \tag{1}$$

式中，ω_k 为风荷载标准值；β_z 为高度 z 处的风振系数；μ_s 为风荷载体型系数；μ_z 为风压高度变化系数；ω_0 为基本风压，根据荷载规范取值；μ 为综合干扰系数，可根据表1取值。

4　结论

通过风洞试验和有限元分析研究了干扰效应对体型系数和风振系数的影响，发现在典型工况下干扰效应对体型系数和风振系数的影响很显著，但是对两者综合效应的综合干扰系数反而更小，外围最不利位置的综合干扰系数可达到1.23，内部区域的综合风荷载干扰系数值小于1.00，在风荷载设计取值中应考虑综合干扰系数的影响。

参考文献

［1］王莺歌，李正农，宫博，等.定日镜结构风振响应的时域分析［J］.振动工程学报，2008，21（5）：458－464.

［2］宫博，李正农，吴红华，等.太阳能定日镜结构基于频域的风振响应分析［J］.太阳能学报，2009，30（6）：759－763.

［3］黄嵩，黄铭枫，叶何凯，等.定日镜结构的动力风效应和风致疲劳损伤研究［J］.工程力学，2017，34（12）：120－130.

［4］ZANG C, WANG Z, LIU H, et al. Experimental wind load model for heliostats［J］. Applied Energy, 2012, 93：444－448.

［5］TERRÉS-NÍCOLI J M, MANS C, KING J P C. Dynamic Effects of a Heliostat to WindLoading［J］. Energy Procedia, 2014, 49：1728－1736.

［6］GONG B, LI Z, WANG Z, et al. Wind-induced dynamic response of Heliostat［J］. Renewable Energy, 2012, 38（1）：206－213.

沿海强风区高柔输电塔线体系抗风可靠度研究 *

陈波[1]，宋欣欣[1]，李文斌[2]

（1. 武汉理工大学道路桥梁与结构工程湖北省重点实验室 武汉 430070；

2. 广东省输变电工程有限公司 广州 510160）

1 引言

输电塔线体系是重要的电力基础设施和生命线工程，是一种典型的高柔结构，我国南部沿海强风地区多发输电线路风灾事故。因此，研究输电塔线体系抗风防灾中的关键科学问题，系统评价其抗风可靠度和服役安全性，可以了解目前输电线路设计建造和维护过程中的不足，具有非常重要的科学价值和实际工程意义。常规的输电杆塔设计基于静力效应分析，没有充分考虑输电塔线体系的抗风可靠度问题。实际上由于杆塔形式的差异、导地线档距的不同、强风荷载的复杂性，使得输电线路在强风作用下的服役性能特别是损伤破坏机制尚未完全明确。基于此，本文开展了沿海强风区高柔输电塔线体系抗风可靠度研究，提出了一种基于最大熵矩方法的塔线体系抗风可靠度分析方法。首先建立了输电塔线体系的等效随机风荷载模型，同时了考虑平均风压的随机性和脉动风压的随机性。此外，考虑了风荷载对输电杆塔的随机风致动力效应。从而进一步地建立了输电塔线体系抗风可靠度的等价极值事件法和点估计法。并在此基础上，建立了输电塔线体系抗风分析的最大熵的二次四阶矩方法。以广东沿海某实际输电线路为工程背景，系统研究了高柔输电塔线体系抗风可靠度问题和失效概率。通过系统的参数分析，研究了不同风向、不同风荷载重现期以及输电线档距等参数对塔线体系抗风可靠性的影响。

2 塔线体系等效随机风荷载模型

风荷载模型需同时考虑塔线体系平均风压的随机性和脉动风压的随机过程性。在此基础上，可以考虑风荷载对结构的随机动力效应，并进行可靠度评估。在年最大随机静风荷载 W_s 和脉动风荷载 W_d (z, t | W_s) 同时作用下，输电杆塔的总随机反应可表示为

$$W_{se} = W_s + W_{de}(z \mid W_s) = \beta_z(z \mid W_s)W_s \tag{1}$$

式中，W_s 为杆塔随机静风荷载；β_z 为杆塔随机风振系数。将随机变量函数的级数展开可得输电杆塔等效随机静风荷载 W_{se} 的统计特征。输电杆塔的年最大等效随机静风荷载 W_{se} 的概率分布可表示为

$$F_{W_{se}}(w) = \exp\left\{ -\exp\left[-\frac{w - (1 - 0.45\delta_{W_{se}})\overline{W}_{se}}{0.779\delta_{W_{se}} \cdot \overline{W}_{se}} \right] \right\} \tag{2}$$

类似于输电杆塔，输电线的在年最大随机静风荷载 F_l 和脉动风荷载 $F_{l.de}$ 同时作用下，输电线上总的随机响应相当于在等效随机静风荷载作用下的随机反应。采用级数展开求均值和方差，可得输电线等效随机静风荷载 $F_{l.se}$ 的均值和标准差，采用同获取塔身等效随机静风荷载概率分布一样的方法即可得到输电线的等效随机静风荷载的概率分布。

3 塔线体系抗风可靠度

输电塔线体系杆件众多，其对杆塔抗风安全性的影响也存在很大差别。主材是输电杆塔的主要承载力构件，杆塔风致破坏很多是由于主材的承载力不足所导致。多个构件的可靠度问题是典型的体系可靠度问题，因此输电杆塔风致破坏的可靠度是涉及整个塔线系统的体系可靠度问题。描述体系可靠度需基

* 基金项目：国家自然科学基金项目（51678463、51978549）。

于等价极值事件的概念[1]，电塔线体系失效概率表示为

$$P_f = P_r \left\{ \bigcup_{l=1}^{m} G_l(\Theta) < 0 \right\}$$ (3)

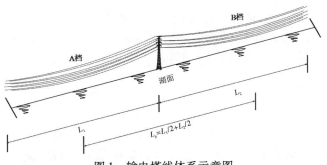

图1 输电塔线体系示意图

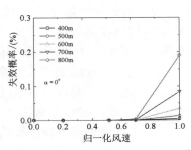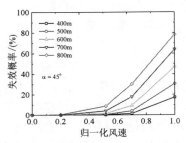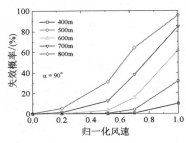

图2 不同归一化风速下输电塔的失效概率

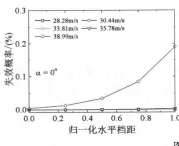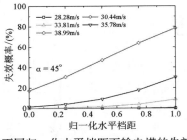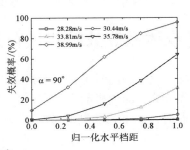

图3 不同归一化水平档距下输电塔的失效概率

4 结论

本文进行了沿海强风区高柔输电塔线体系抗风可靠度研究，为这类结构的分析设计和抗风评估提供了参考和依据。

参考文献

[1] CHEN B, ZHENG J, QU W L. Control of wind-induced response of transmission tower-line system by using magnetorheological dampers [J]. International Journal of Structural Stability and Dynamics, 2009, 9 (4): 661-685.

塔线耦合风振作用的等效阻尼比研究 *

赵爽，晏致涛

（重庆科技学院建筑工程学院 重庆 401331）

1 引言

输电塔设计风荷载由单塔计算参数确定，为了提高其准确性，应对设计风荷载进行考虑塔线耦合效应的修正。赵桂峰等人对某高压输电线路开展模型风振破坏试验，研究发现塔线耦合会略为减小输电塔自振频率，增大阻尼比，并使风振具有非线性振动的特点[1]。赵爽等人[2-3]通过对苏通大跨越输电线路进行气动弹性模型风洞试验研究，发现塔线耦合后输电塔和导线的风振响应均包含彼此响应成分。谢强[4,5]等人通过数值模拟研究塔线耦合，结果表明塔线耦合会改变输电塔响应和导线响应的能量功率谱分布，使两者更靠近，并增大了整个体系的背景响应和阻尼，降低了共振响应。通过对某高压输电线路建立有限元模型，计算不同风速下输电塔的风振响应，结果表明高风速时塔线耦合效应明显[6]。在对风荷载作用下塔线体系的稳定性进行分析时，发现脉动荷载对塔线体系响应特性的影响大，认为杆塔设计规范[7]亦应该考虑塔线耦合效应[8]。然而，现有研究未能解决计算分析中如何考虑塔线耦合作用的问题。本文首先建立输电塔线体系风振物理模型，基于随机振理论推导塔线耦合风振作用的等效阻尼比，并对推导公式进行验证。研究结果能为考虑塔线耦合效应的输电线路设计方法提供理论依据。

2 输电线塔风振公式推导

2.1 简化计算模型

塔线体系模型简化为密实杆塔结构，塔身为正方形变截面，由下至上尺寸变小，横担为等截面；悬垂绝缘子串为刚性直杆，不考虑弯曲变形；导线两端等高，与固定铰支座连接。简化模型如图1所示，图中杆塔高度为 H，横担悬臂长度为 l_{ca}，绝缘子长度为 l_{in}，导线跨度为 L。

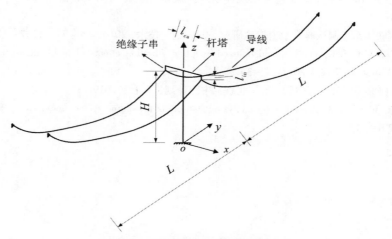

图 1 塔线体系简化计算模型

---

* 基金项目：重庆市教委项目（KJQN202001548）。

2.2 公式推导

将塔线体系视为由索结构和杆塔结构组成的体系，该体系中索结构包括导线和绝缘子串。基于随机振动理论，在频域下采用模态分析法分别建立图 1 简化计算模型和单塔的风振响应解析解。图 1 简化计算模型的风振计算思路：通过确定索结构振形对其进行计算自由度的缩减，将索结构视为杆塔结构外荷载，确定输电塔在风荷载作用下的运动方程，基于随机振动理论和模态分析法推导输电线塔风振的频域解析解。对比单塔结构和输电线塔结构的风振频域解析解，确定实现单塔结构向塔线耦合结构转换的等效阻尼比 ζ_e，通过忽略 ζ_e 的高阶项，确定出 ζ_e 的实用计算公式：

$$\zeta_e \approx \zeta_t + \mu_{M*} \lambda_n \zeta_{ci} \tag{1}$$

式中，ζ_t 为塔结构的阻尼比；μ_{M*} 为索结构与杆塔的广义质量比；λ_n 为索结构与杆塔的频率比；ζ_{ci} 为索结构的阻尼比。

2.3 公式验证

对某一杆塔结构阻尼比为 0.01 的输电线路进行 ANSYS 软件的建模分析，通过滤波技术提取塔顶位移的共振分量，计算出均方根差为 3.57 mm。由建立的输电塔线塔风振公式确定的均方根差为 3.70 mm。两者的误差为 3.51%，吻合度好。进一步采用式（1）计算出输电塔线塔的 $\zeta_e = 0.05$，挂线后的输电塔阻尼比显著增大。

3 结论

通过建立的塔线体系简化计算模型能够确定出输电线塔的风振频域解，而挂线后的输电塔等效为更大阻尼比的同类型单塔。通过理论推导确定输电线塔的等效阻尼比，在省略公式的高阶项后得到其实用计算公式。通过数值模拟验证了输电线塔风振公式的正确性，并计算出等效阻尼比，结果表明考虑塔线耦合作用后输电塔的阻尼比显著增大，从而对共振响应有抑制作用。

参考文献

[1] 赵桂峰，谢强，梁枢果，等. 输电塔架与输电塔－线耦联体系风振响应风洞试验研究 [J]. 建筑结构学报，2010，31（2）：69–77.

[2] 赵爽，晏致涛，李正良，等. 1000kV 苏通大跨越输电塔线体系气弹模型的风洞试验研究 [J]. 中国电机工程学报，2018，38（17）：5257–5265.

[3] 赵爽，晏致涛，李正良，等. 1000 kV 苏通大跨越输电塔线体系气动弹性模型设计与分析 [J]. 振动与冲击，2019，38（12）：1–8.

[4] 谢强，李继国，严承涌，等. 1000kV 特高压输电塔线体系风荷载传递机制风洞试验研究 [J]. 中国电机工程学报，2013，33（1）：109–116.

[5] 谢强，杨洁. 输电塔线耦联体系风洞试验及数值模拟研究 [J]. 电网技术，2013，37（5）：1237–1243.

[6] ZHANG M, ZHAO G F, WANG L L, et al. Wind-induced coupling vibration effects of high-voltage transmission tower-line systems [J]. Shock and Vibration, 2017, 2017：1–34.

[7] 架空输电线路荷载规范（DL/T 5551—2018）[S]. 北京：中国计划出版社，2019.

[8] HE B, ZHAO M X, FENG W T, et al. A method for analyzing stability of tower-line system under strong winds [J]. Advances in Engineering Software, 2019, 127：1–7.

八、特种结构抗风

基于台风强风数据的输电线路风荷载设计参数对比研究[*]

邵帅，张宏杰，杨风利，王飞，黄国

（中国电力科学研究院有限公司 北京 100055）

1 引言

输电线路呈网状广泛分布于东部台风影响区，且杆塔及导线系统兼具高耸结构和大跨结构的特点，属于风敏感结构，由台风导致的风致破坏事故时有发生。2016 年超强台风"莫兰蒂"重创厦门电网，造成厦沧 I／II 路和漳泉 I／II 路 7 基 500 kV 铁塔破坏[1]。

为了提高输电线路抵抗台风的可靠性和经济性，准确识别台风风荷载参数特性是关键前提。为此，国内外众多学者开展了大量的台风风场实测研究[2]，但是大多数研究受限于测点距台风相对位置、台风强度等原因，较难捕获高风速样本，对应的最大 10 min 平均风速往往不超过 30 m/s。对于台风平均风速 30 m/s 以上的强风特性，以往的研究成果是否适用，需要进一步检验。另一方面，目前一些学者基于实测数据分析了台风平均风速、湍流度、阵风系数等设计风荷载参数取值规律，并与良态风下的结果和规范要求值进行了对比，但绝大多数研究往往只关注风荷载基本参数单独变化或铁塔结构风振响应系数[3]，未考虑台风风荷载参数（平均风速、湍流度及其尺度、峰值因子、阵风因子等）相互作用组合后对诸如导地线阵风系数、档距折减系数等线路设计风荷载参数的定量影响，上述研究的不完善使得台风作用下的现行输电线路导地线设计风荷载取值合理性仍然存疑。

综上所述，有必要基于台风强风实测分析结果，对比检验台风作用下现行输电线路，尤其是线路设计风荷载参数的适用性，完善相关参数计算方法和取值依据，为提高输电线路抗台风设计理论提供数据支撑。

2 台风风场实测概况

2020 年 8 月 11 日，中国电力科学研究院设置在福建省漳州市某 220 kV 输电线路附近的风场实测点成功捕获到台风"米克拉"的完整登陆过程，台风中心距离观测点最近距离约为 32.2 km。当日 7 时至 8 时 50 分内，共捕获 10 min 水平方向平均风速高于 30 m/s 的样本 11 个，连续总时长 110 min，其中最大平均风速为 41.1 m/s，对应 7 时 40 分至 7 时 50 分时段。

3 台风作用下输电线路设计风荷载参数

根据现行架空输电线路荷载规范（DL/T 5551）[4]，导地线阵风系数（β_c）是表征脉动风特性的参数，结果表明，随着平均风速的增大，β_c 的离散性逐渐降低，实测值计算值与规范值的比值逐渐接近 1，极大风速 $U = 41.1$ m/s 时，实测计算值偏小于规范结果，相对偏差为 0.7%。

另一个与风荷载特性、档距有关的输电线路风荷载设计参数为档距折减系数（α_L），与 IEC 60826[5]

* 基金项目：国家电网公司总部科技项目（GCB17201700135）。

中参数 G_L 等效。图 1 所示为随着档距变化，基于实测 10 min 样本均值的计算值与规范计算结果对比关系。为了区分众多实测样本，根据平均风速 U 的量级，以 10 m/s 和 30 m/s 风速为界限分为三组。当 $U > 30$ m/s 时，档距折减系数集中分布于 $0.65 \sim 0.83$，与 DL/T 5551 规范值相比，除了档距小于 100 m 时规范取值较大，随档距增大衰减较快外，变化趋势与规范结果相近，规范值介于实测计算值范围之中。对于 $U = 41.1$ m/s，档距小于 100 m 时，DL/T 5551 档距折减系数取值相比实测计算值偏大约 11%；随档距增加，规范结果较实测计算值偏小约 7%。IEC 60826 取值明显偏大，近似为实测结果包络值。

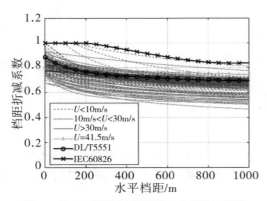

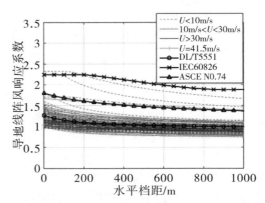

图 1　基于实测数据的档距折减系数计算值　　　　图 2　基于实测数据的导地线阵风响应系数计算值
　　　与规范计算结果（开敞地貌）对比　　　　　　　　　与规范计算结果（开敞地貌）对比

DL/T 5551 给出的 $(\alpha_L \beta_c)$ 与 ASCE No. 74[6] 中参数 G_w 和 IEC 60826 中 $(G_L G_c)$ 都是表征导地线脉动响应的参量。图 2 给出了上述规范参数计算值与实测结果对比，可以发现，不同风速区间内，基于实测数据计算的导地线阵风响应系数范围大小和结果离散性强弱与档距折减系数情况下结论类似。除了 150m 档距范围以内，IEC 60826 取值略小于实测结果，DL/T 5551、ASCE No. 74 和 IEC 60826 计算结果可分别包络住 $U > 30$ m/s，10 m/s $< U < 30$ m/s 和 $U < 10$ m/s 条件下的实测计算值。在 41.1 m/s 极大风速下，实测计算值与 DL/T 5551 给出结果相比偏小，降低率最大约 20%。

4　结论

基于实测数据计算得到的档距折减系数和导地线阵风响应系数随平均风速增大，离散性降低，取值范围和上限值缩小。DL/T 5551 计算值接近 30 m/s 以上风速条件下实测计算值。IEC 60826 和 ASCE No. 74 取值偏大，可包络住小风速情况下实测计算结果上限值。

参考文献

[1] 翁兰溪，赵金飞，林锐，等. 福建沿海台风风速分布特性及对输电线路的影响研究 [J]. 长沙理工大学学报（自然科学版），2020，17（3）：95 - 101.

[2] ZHAO L, CUI W, GE Y J. Measurement, modeling and simulation of wind turbulence in typhoon outer region [J]. Journal of Wind Engineering and Industrial Aerodynamics, 2019, 195：104021.

[3] 邓洪洲，段成荫，徐海江. 良态风场与台风风场下输电塔线体系气弹模型风洞试验 [J]. 振动与冲击，2018，37（8）：257 - 262.

[4] 架空输电线路荷载规范（DL/T 5551—2018）[S]. 北京：中国计划出版社，2019.

[5] Design criteria of overhead transmission lines (IEC 60826—2017) [S].

[6] Guidelines for Electrical Transmission Line Structural Loading (ASCE No. 74—2020) [S].

非稳态横风效应下高速列车动力响应研究

张东琴，胡钢

（哈尔滨工业大学土木与环境工程学院 深圳 518055）

1 引言

近年来，伴随着列车轻量化以及高速化的发展，横风稳定性问题也愈发突出，甚至引发列车脱轨侧倾等重大交通事故。为此，针对列车横风稳定性，国内外学者开展了诸多研究。列车在运行过程中，横风会受到铁路两侧结构物的影响，从而引起非稳态横风作用于列车上，增加了列车的动力响应。采用现场实测、室内试验和数值模拟的方法，国内外学者分别开展了列车在隧道口以及挡风墙变化处横风作用下的动力响应研究[1-3]。但是，对于铁路两侧结构物发生变化时，横风引起的列车动力响应的变化并没有开展定量研究。

2 研究方法

2.1 非稳态横风以及相应气动力模型

采用 1-cosine 阵风模型模拟铁路两侧结构物引起的横风变化，然后考虑列车车长 L_0 和车速 v_{tr} 采用等效侧向力模型计算列车中心点的风速时程变化 $v_c(t)$，结合准静态理论，计算非稳态横风作用下列车气动力[4]：

$$v_c(t) = \sqrt{\frac{\int_{v_{tr}t-L_0/2}^{v_{tr}t+L_0/2} v_{wi}^2 \mathrm{d}x}{L_0}}, (i = 1,2,\cdots,N) \tag{1}$$

$$v_a(t) = \sqrt{[v_{tr} + v_c(t)\cos\beta_w]^2 + [v_c(t)\sin\beta_w]^2} \tag{2}$$

$$F_S(t) = \frac{1}{2}\rho A C_S(\beta(t))v_a^2(t) \tag{3}$$

式中，v_{wi} 为列车第 i 个样条上对应的风速；N 为总样条数；v_{tr} 为列车运行速度；L_0 为单节车厢长度；β_w 为风攻角。$F_S(t)$ 为列车侧向力；ρ 为空气密度；A 为单节车厢侧面积；$v_a(t)$ 为考虑车速和风速的合成速度；$\beta(t)$ 为合成速度的风攻角；C_S 为相应的侧向气动力系数。

2.2 列车多体动力学模型

为分析非稳态横风效应下高速列车动力响应，建立列车多体动力学模型。模型包括一个车体，两个转向架和四个轮对，轮对与转向架之间由一系悬挂连接，转向架与车体之间由二系悬挂连接，每个体包含 7 个自由度，模型共计 42 个自由度，采用大朗贝尔理论建立列车动力学方程，并利用商业软件 SIMPACK 进行求解。

3 研究内容

3.1 车辆模型验证

中南大学刘堂红教授团队[3]构建了高速列车动力学模型探究高速列车在非稳态横风横风作用下的动力响应，并基于实测数据验证了其数值模拟结果的准确性。本研究通过与上述数值模拟结果对比，确保列车动力学模型的准确性（车速为 250 km/h，风速为 30 m/s），如表 1 所示，本文计算结果与刘堂红教授团队[3]计算结果一致。

表 1　高速列车动力学模型验证

工况	轮重减载率/%	车体转角/(°)
计算结果[3]	60.17	1.676
本文计算结果	59.33	1.677
相对误差	1.4	0.06

3.2　列车动力响应

随后，考虑不同非稳态横风效应，改变横风模型参数，计算相应的列车气动力和动力响应，提出动力放大系数来定量探究列车在非稳态横风作用下动力响应的变化。随着横风变化时间间隔的减小，动力放大系数逐步增加，与此同时，随着列车阻尼的减小，动力放大系数也逐步增大。

4　结论

本研究提出动力放大系数来定量评价非稳态横风作用下高速列车动力响应的变化，通过与已发表结果对比验证列车动力学模型的准确性，随后开展数值模拟研究，结果发现随着横风变化间隔减小以及车辆阻尼的减小，动力放大系数逐渐增大。

参考文献

［1］ THOMAS D, BERG M, STICHEL S. Measurements and simulations of rail vehicle dynamics with respect to overturning risk ［J］. Vehicle System Dynamics, 2010, 48（1）: 97 – 112.

［2］ SUN Z, DAI H, GAO H, et al. Dynamic performance of high-speed train passing windbreak breach under unsteady crosswind ［J］. Vehicle System Dynamics, 2019, 57（3）: 408 – 424.

［3］ LIU D, WANG T, LIANG X, et al. High-speed train overturning safety under varying wind speed conditions ［J］. Journal of Wind Engineering and Industrial Aerodynamics, 2020, 198: 104111.

［4］ ISHIHARA T, ZHANG D, NAGUMO Y. Numerical study of dynamic response of railway vehicles under tunnel exit winds using multibody dynamic simulations ［J］. Journal of Wind Engineering and Industrial Aerodynamics, 2021, 211: 104556.

风屏障遮风效应对桥上高速列车运行安全的影响*

张佳文[1]，黎罡[1]，郭文华[2]

（1. 吉首大学土木工程与建筑学院 吉首 416000；

2. 中南大学土木工程学院 长沙 410075）

1 引言

随着"一带一路"的推进以及高速铁路网的延伸，高速铁路桥梁常跨越江河和高山峡谷等风区，行驶于这些风区桥梁上的高速列车的气动性能剧烈突变，气动安全性显著恶化。为保证高速列车在桥梁上的安全运行性，通常在桥梁上设置风屏障作为主要的防风措施[1-2]。

桥梁上设置风屏障既要考虑其对车辆的有利作用，又要考虑其对车辆的不利影响[3]。当高速列车进出风屏障时，因其遮风效应，车辆会经历风荷载突然卸载或加载的过程[4]。这类因局部结构遮风效应引起车辆响应峰值波动可能更能反映列车实际运行的安全状态[5]。因此，研究风屏障遮风效应对高速列车运行安全的影响具有一定现实意义。

本文以高速铁路典型高架桥和 CRH3 列车为研究对象，通过风洞试验测试不同风屏障参数（高度与透风率）下车辆与桥梁各自的气动力系数。采用 SIMPACK 软件与 ANSYS 软件建立了基于刚柔耦合法的风－车－桥动力耦合模型，分析了风速、车速及风屏障参数等因素影响下车辆动力响应，讨论了风屏障遮风效应对车辆运行安全的影响。

2 风洞试验概述

风洞试验采用缩尺比为 1：20 的风屏障－车－桥组合整体模型，其中风屏障为直线型且为可拆卸结构，如图 1 与图 2 所示。列车与桥梁的气动特性通过测力天平获得。为研究风屏障结构参数（高度与透风率）对桥梁及列车气动性能影响，风屏障高度分别为 0.0 m、2.0 m、3.0 m、4.0 m 和 5.0 m，透风率分别为 0%、30%、40%、50% 和 60%。

图 1　车－桥风洞试验模型

图 2　风屏障－车－桥风洞试验模型

3 风－车－桥动力耦合模型

基于刚柔耦合法建立风－车－桥动力耦合模型，采用 SIMPACK 软件建立车辆模型（图 3）；采用 ANSYS 软件建立桥梁模型（图 4）；在刚体系统（车辆）与柔体系统（桥梁）之间构建虚钢轨体（哑元）

＊ 基金项目：国家自然科学基金项目（51078356）。

建立轮轨接触关系实现刚柔耦合[6]，如图5与图6所示。轨道不平顺激励采用德国高速铁路低干扰轨道谱（图7）。脉动风场模拟采用谱方法（图8）。车辆的脉动风速根据车辆运动位置由脉动风模拟点插值得到，保证列车与桥梁的脉动风同步。

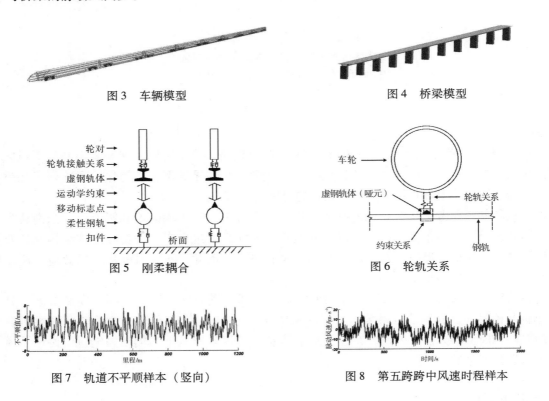

图3 车辆模型　　　　　　　　　　图4 桥梁模型

图5 刚柔耦合　　　　　　　　　　图6 轮轨关系

图7 轨道不平顺样本（竖向）　　　　图8 第五跨跨中风速时程样本

4 结论

　　基于刚柔耦合法建立了风－车－桥耦合模型。风屏障能有效改善强侧风作用下运行于桥上的高速列车的气动性能。风屏障增加到某一高度时，遮风效应减弱且基本不再随高度变化。由风屏障遮风效应导致风载突变对列车的横向加速度均影响显著，而对竖向加速度影响较小。透风率越低，加速度响应变化显著，但对轮轴横向力和轮重减载率的影响有限。随着车速或风速提高，风载突变造成的加速度响应总体上增大，呈现非线性变化规律。风载突变会降低列车的横向舒适度，而对竖向舒适度的影响不大。简支梁桥动力响应受风屏障遮风效应影响很小。

参考文献

[1] 张佳文，郭文华，熊安平，等. 风障对桥上高速列车气动特性影响的风洞试验研究 [J]. 中南大学学报（自然科学版），2015，46（10）：3888 – 3897.

[2] 郭薇薇，夏禾，张田. 桥梁风屏障的气动效应及其对高速铁路运行安全的影响分析 [J]. 工程力学，2015，32（8）：112 – 128.

[3] 张田. 强风场中高速铁路桥梁列车运行安全分析及防风措施研究 [D]. 北京：北京交通大学土木工程学院，2013：1 – 3.

[4] 李永乐，陈宁，蔡宪棠，等. 桥塔遮风效应对风－车－桥耦合振动的影响 [J]. 西南交通大学学报，2010，45（6）：875 – 881，887.

[5] 邓锷，杨伟超，张平平. 横风下高速列车突入隧道时气动荷载冲击效应 [J]. 华南理工大学学报（自然科学版），2019，47（10）：130 – 138.

[6] 缪炳荣. SIMPACK 动力学分析高级教程（轨道车辆）[M]. 成都：西南交通大学出版社，2010.

风力机翼型在高湍流下的气动性能分析*

贾娅娅[1,2]

（1. 石家庄铁道大学省部共建交通工程结构力学行为与系统安全国家重点实验室 石家庄 050043；

2. 河北省风工程和风能利用工程技术创新中心 石家庄 050043）

1 引言

目前除东南沿海和我国西北部的高风速地区，部分低风速地区的风力资源的利用也逐渐成为研究热点问题，如河北省的张家口南部、承德南部、邢台邯郸西部山区等，这些区域的风场特点是低风速、高湍流，来流风的湍流扰动会在风力机上产生脉动风荷载，显著影响结构的稳定性[1,2]。因此，在低风速、高湍流区域建设风电场，湍流强度成为影响风力机设计标准和安全性能的关键参数。

2 风洞试验及试验内容

研究对象为 NREL S810 翼型，该翼型主要应用于大中型风力机叶片。风洞试验在石家庄铁道大学风工程研究中心 STU-1 大气边界层风洞的低速试验段内进行，试验段宽 4.38 m，高 3.0 m，长 24.0 m，最大风速 30 m/s。加工制作单截面试验模型，模型展长 1.7 m，弦长 0.5 m，采用木质框架包 ABS 板制成，模型表面光滑平整。根据翼型的形状和表面压力的分布规律在模型展向中间位置处共布置 80 个测压孔，吸力面较密，压力面较疏，如图 1 所示。在模型上游设置单平面格栅，包括条型格栅和网状格栅，通过调整格栅的间隙大小来改变湍流强度。

在模型上游设置单平面格栅，包括条型格栅和网状格栅，通过调整格栅的间隙大小来改变湍流强度[3-4]。为了测量流场的风速和湍流强度，采用澳大利亚 TFI 公司生产的眼镜蛇三维脉动风速测量仪（Cobra Probe），其风速测量范围为 2～100 m/s，测量精度为 ±0.5 m/s，响应频率为 2000 Hz。经测量得到，通过格栅产生的湍流近似各向同性，试验实现的最大湍流强度为 13%，其余工况湍流强度分别为 8.5%、4.6% 和均匀流。

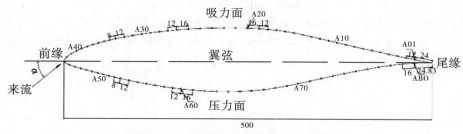

图 1 试验模型测点布置图（单位：mm）

3 正文部分

图 2 和图 3 为高低不同来流湍流强度下 NREL S810 翼型的平均升力系数和阻力系数变化曲线。由图可知，随着湍流强度的增加，翼型的失速攻角逐渐增大，升力系数呈先增大后减小的变化趋势；在不同湍流强度下，阻力系数变化曲线在小攻角范围内（$\alpha \leqslant 6°$）重合较好，在攻角 $\alpha > 6°$ 后差别较大，与升力系数类似，随着湍流强度的增加呈先增大后减小的趋势。本次试验中，在湍流强度 $I = 4.6\%$ 工况，相同

* 基金项目：国家自然科学基金项目（E2021210110）。

攻角下翼型的升、阻力系数最大；当湍流强度增大至13.0%时，相同攻角下翼型的升、阻力系数最小。

当湍流强度较低，即湍流强度$I \leqslant 8.5\%$工况，翼型具有明显的失速特性：在失速前，升力系数随攻角的增大而增大，基本呈线性变化，阻力系数较小且变化平缓；当达到失速攻角后，升力系数随攻角的增大而减小，阻力系数迅速增大。当湍流强度增大至13.0%时，失速现象变得不明显，升力系数随攻角的增加变化较为平缓，在$-6° \sim 20°$攻角范围内未出现明显的失速攻角。

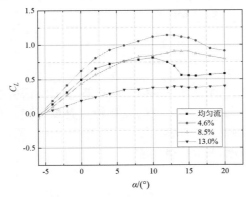

图2 平均阻力系数分布

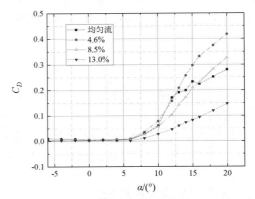

图3 平均升力系数分布

4 结论

（1）对于风力机专用NREL S810翼型，失速攻角随湍流强度的增加逐渐增大，升力系数和阻力系数则随湍流强度的增加近似呈先增大后减小的变化趋势。

（2）来流的湍流强度对翼型边界层流动影响显著，随着湍流强度的增加，翼型吸力面流动分离点位置逐渐向后缘移动，来流湍流可有效控制边界层分离，减缓失速；但当湍流强度增大到一定程度，翼型吸力面流动分离点位置又开始向前缘移动，湍流强度控制边界层分离的效应减弱。

参考文献

[1] LI Q, KAMADA Y, MAEDA T, et al. Effect of turbulence on power performance of a Horizontal Axis Wind Turbine in yawed andno-yawed flow conditions [J]. Energy, 2016, 109 (15): 703-711.

[2] PETR Šidlof, PAVEL Antoš, DAVID Šimurda, et al. Turbulence intensity measurement in the wind tunnel used for airfoil flutter investigation [J]. European Physical Journal Conferences, 2017, 143: 02107.

[3] 严磊, 朱乐东. 格栅湍流场风参数沿风洞轴向变化规律 [J]. 试验流体力学, 2015, 29 (1): 49-54.

[4] RONG R F, LEE H W. Effects of Freestream Turbulence on Wing-Surface Flow and Aerodynamic Performance [J]. Journal of Aircraft, 1999, 36 (6): 965-972.

基于现场实测的悬挑式脚手架抗风研究 *

王峰[1]，马俊[2]，王佳盈[1]，刘双瑞[1]

（1. 长安大学公路学院 西安 710064；

2. 中国建筑第八工程局有限公司 上海 200112）

1 引言

目前，建筑施工脚手架结构普遍使用挡风率更高的刚性多孔板作为安全防护结构，风荷载效应在结构设计时比以往更加重要。针对施工脚手架结构等大型临时结构的抗风研究成果还很有限，研究方法主要为理论分析和风洞试验，脚手架规范中有关风荷载的内容也并未更新[1]。针对大型主体结构的风荷载特性实测已经积累了较多成果，相关的研究也为风洞试验和理论分析的参数设计提供了可靠的数据支撑[2]。本文针对某在建高层建筑施工脚手架展开现场风荷载实测研究，通过分析建筑周边的风速和风向、脚手架覆面结构风压和连墙件的应力响应实测数据，研究了实际风环境下作用在脚手架安全多孔板上的风荷载的分布规律、传递特点以及各测点风压的空间相关性。

2 测试系统介绍

本文实测地点位于西安某在建高层建筑，建筑总高度 98.4 m，平面尺寸为长 41 m、宽 23.3m 的矩形，采用悬挑式全包围施工脚手架，每 4 层建筑高度进行一次脚手架提升，脚手架使用施工安全网（刚性多孔板）。现场测试系统共计布置风压传感器 8 个，应变计 17 个，风速风向仪 1 个，选取面对空旷地貌的北方建筑面进行全部传感器布设。8 个风压传感器设置在第 17 层中心高度处，沿建筑北面由左向右依次为测点 1 至 8，风压传感器采样频率为 100 Hz。应变计设置在 17 层顶楼板（8 个）和底楼板（9 个）高度处，水平面上的每个连墙件都布设一个振弦式应变计，每五分钟采样一次，进行长期观测。在第 15 层（无遮挡）高度处悬挑外伸 3m 设置 1 个二维超声风速计，采样频率为 4Hz。测试系统自 2021 年 1 月起开始同步采集数据，此时最后一阶段脚手架整体提升已经完成，具体测试系统示意图如图 1 所示。

图 1 脚手架实测系统示意图

* 基金项目：国家自然科学基金项目（51808053）；长安大学中央高校基本科研业务费专项资金资助（300102210212）。

3 结果分析

根据现场实测获得的风速风向、风压和连墙件应力数据，分析建筑周边脉动风参数的变化规律和连墙件响应与结构表面风压的传递关系，研究不同空间位置处风压荷载的相关性，并与相关脚手架和多孔板的风洞试验数据进行讨论分析。

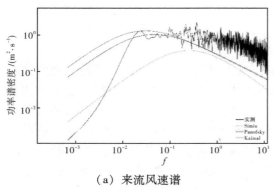
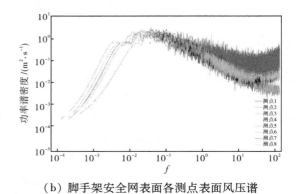

（a）来流风速谱 （b）脚手架安全网表面各测点表面风压谱

图 2　脉动风谱及脉动风压谱（2021 年 2 月 2 日 0:00—7:00）

如图 2 所示，Simiu 和 Kaimal 谱相对能够较好地拟合实脚手架安全网表面脉动风压谱高频部分，但脚手架安全网表面风压在高频段时所引起的能量增大，可能与脚手架安全网的多孔板开孔导致气流分离产生小尺度涡旋有关。

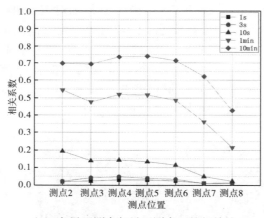
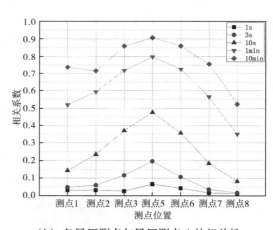

（a）各风压测点与风压测点 1 的相关性 （b）各风压测点与风压测点 4 的相关性

图 3　各风压测点间的不同时距相关性（2021 年 2 月 2 日 0:00—7:00）

如图 3 所示，相邻的风压测点间的相关性较大，测点 4、5 间的相关性更为明显（靠近建筑中心线）且与其他测点处的风压也具有较高的相关性。测点 7、8 与其他测点的相关性相比较低，考虑测点 7、8 处的风压数据受到建筑凸出料台的影响较大。

参考文献

[1] 王峰，郑晓东，熊川，等. 覆面施工脚手架抗风设计 [J]. 长安大学学报（自然科学版），2020，40（5）：56－65.

[2] LI J C, HU S Y, LI Q S. Comparative study of full-scale and model-scale wind pressure measurements on a gable roof low-rise building [J]. Journal of Wind Engineering and Industrial Aerodynamics, 2021, 208：104448

特高压直流输电塔风荷载阻力系数的精细化试验研究 *

涂志斌[1]，姚剑锋[1]，徐海巍[2]

（1. 浙江水利水电学院建筑工程学院 杭州 310018；

2. 浙江大学结构工程研究所 杭州 310058）

1 引言

输电塔是高柔的风敏感结构，风荷载成为其设计的主要控制荷载之一。目前国内外关于输电塔的节段和整体的风荷载取值已经开展了不少研究，如 Bayar[1]、Prud'homme[2]、郭勇[5]、沈国辉[11] 等。从已有文献来看，目前关于输电塔风荷载的研究主要是针对节段模型和整塔模型的阻力系数。虽然研究成果能够近似满足整塔的受风响应分析，但无法更加精准地反映局部杆件的受力特征。本文通过 HFFB 风洞试验对某特高压输电塔进行了局部主要杆件阻力系数的研究，同时分别考察了横担和塔身的单片平面阻力系数和整体阻力系数，分析了背风面降低系数的取值，并与我国规范中相应的建议值进行对比分析，为实现输电塔结构的精细化抗风分析提供参考。

2 试验设计及工况

本文以典型 T 字形角钢特高压直线塔为研究对象，如图 1 所示，X 方向为横担方向，Y 方向为线路方向，塔高 74 m，根开为 17 m，横担全长 70 m。横担主要杆件编号如图 2 所示，试验工况如表 1 所示。

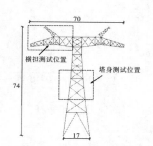

图 1 输电塔模型

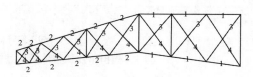

图 2 横担杆件编号

表 1 横担试验工况表

工况	测试内容
1	横担单片模型测力
2	移除横担 1 号杆后测力
3	装回 1 号杆，移除横担 2 号杆后测力
4	装回 2 号杆，移除横担 3 号杆后测力
5	装回 3 号杆，移除横担 4 号杆后测力
6	整体横担模型测力

* 基金项目：浙江省自然科学基金青年基金项目（LQ19E080021）。

3 试验结果分析

横担单片、整体及典型杆件的阻力系数如图 3 所示。由图可知：单片横担模型的 Y 向阻力系数较小。X 向最大阻力系数出现在 0°附近且接近 1.5，而在 180°背风向时由于遮挡效应的存在而导致阻力系数明显降低，仅约为正迎风时的 73%。对整体横担，X 向阻力系数在 0°风向附近最大，其值为 3.5。当横担的短边方向迎风时（如 60°～120°），整体横担模型在 Y 向也将受到明显的风荷载作用，最大阻力系数可达 1.8 左右。1 和 2 号杆件的 X 向风荷载显著大于 Y 向，1 号和 2 号杆的最大阻力系数分别为 2.0、1.1。3 号和 4 号杆 X 向最大阻力系数均在 1.75 左右，且出现在背风向 195°风向角下，说明对于斜向腹杆受到尾流吸力作用显著。此外 3 号和 4 号杆分别在 15°和 195°时也受到显著的 Y 向风荷载作用。这是由于 3 号和 4 号角钢杆件均为倾斜布置，在两个方向上均有一定的受风面，并且两种角钢的布置朝向相反。

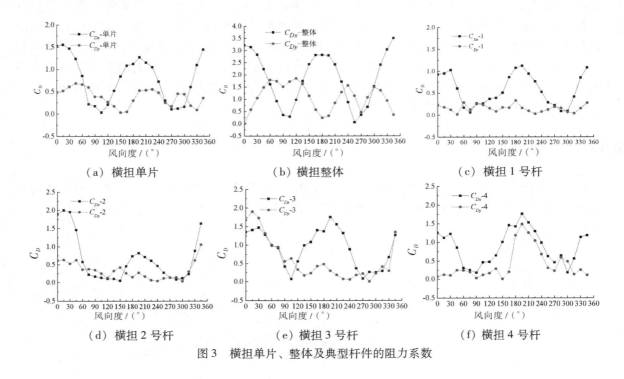

| （a）横担单片 | （b）横担整体 | （c）横担 1 号杆 |
| （d）横担 2 号杆 | （e）横担 3 号杆 | （f）横担 4 号杆 |

图 3 横担单片、整体及典型杆件的阻力系数

4 结论

横担的整体和单片的 X 向最大阻力系数分别为 3.5 和 1.5。规范给出的横担整体阻力系数更接近本次试验的迎风面和背风面之和，小于试验得到的整体阻力系数。横担的上下表面受到的风荷载作用显著，在设计中不应忽略。横担局部单根杆件阻力系数最大值在 0.95～1.9，其中斜腹杆取值接近规范建议值 1.3；塔身斜撑、单肢主杆和双肢主杆的最大阻力系数在 1.53～1.97，均大于规范建议值。

参考文献

[1] BAYAR D C. Drag coefficients of latticed towers [J]. Journal of Structural Engineering, 1986, 112 (2): 417-430.

[2] SIMON P, LEGERON F, SEBASTIEN L. Calculation of wind forces on lattice structures made of round bars by a local approach [J]. Engineering Structures, 2018, 156: 548-555.

[3] 郭勇. 大跨越输电塔线体系的风振响应及振动控制研究 [D]. 杭州：浙江大学, 2006.

[4] 沈国辉, 项国通, 邢月龙, 等. 2 种风场下格构式圆钢塔的天平测力试验研究 [J]. 浙江大学学报（工学版）, 2014, 48 (4): 704-710.

直立锁边金属屋面系统的风揭破坏机理[*]

孙瑛[1,2]，武涛[1]，武岳[1,2]

（1. 哈尔滨工业大学土木工程学院 哈尔滨 150090；
2. 哈尔滨工业大学结构工程灾变与控制教育部重点实验室 哈尔滨 150090）

1 引言

针对屋面系统的风揭破坏，国内外学者借助试验与数值手段对屋面系统的抗风承载力开展了大量研究，但对屋面系统的风揭破坏过程关注较少。本文基于抗风揭试验分析了不同风荷载形式下屋面系统的风揭破坏过程，根据风揭破坏过程中结构响应变化与损坏现象将屋面系统风揭破坏过程中的破坏状态分成四个等级，这将为后续基于性能的抗风设计提供基础。

2 屋面系统的抗风揭试验

2.1 试验试件与试验装置

试件是由三块屋面板组成的屋面系统单元，参数为板厚 0.9 mm、板宽 400 mm、T 型支座间距 1000 mm 及使用抗风夹（图 1a 为其示意图）。抗风揭装置为空气压力箱（图 1b），试件固定在左侧混凝土上（图 1c）。试验时空气压力箱闭合，通过控制器可在箱内形成均布风吸力。

（a）试验试件示意图　　　　（b）抗风揭装置　　　　（c）安装后的试验试件

图 1　试验试件及抗风揭装置

2.2 加载方法

对试件施加逐级增加的均布静荷载[1]与动态循环荷载[2]，加载方法分别见图 2 和图 3。试验过程中通过应变片和激光位移计记录应变和锁缝位移，同时每个荷载等级加载结束后开箱检查屋面系统的损坏情况。

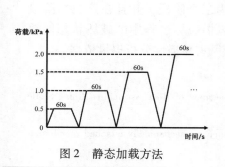

图 2　静态加载方法

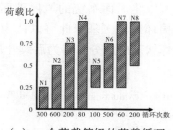
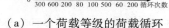
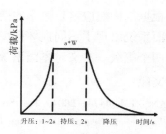

（a）一个荷载等级的荷载循环　　　（b）一次循环加载

图 3　动态加载方法

* 基金项目：国家自然科学基金项目（51878218）；国家重点研发计划（2019YFD1101004）。

3 屋面系统的风揭破坏过程

3.1 结构响应及损坏现象的变化

如图4，根据增长速率的变化，屋面系统风揭破坏过程中结构响应随荷载的变化曲线可分为三段。同时，在不同阶段观察到屋面系统出现了不同的损坏现象，如接触印痕（影响美观）、卷边局部分离与抗风夹明显转动（造成漏雨影响使用性能）、局部永久塑性变形（造成积水影响使用性能，屋面板屈服安全保障度低）和风揭破坏（已无安全性），而这些损坏现象表明屋面系统损坏程度是不断增加的。

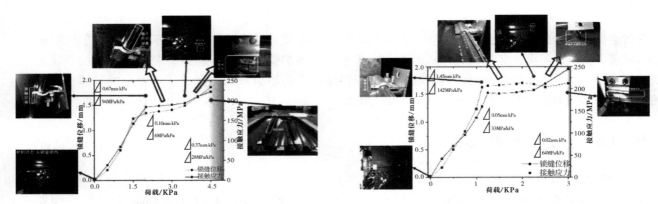

（a）静态加载下屋面系统破坏过程　　　　　（b）动态加载下屋面系统破坏过程

图4　结构响应及损坏现象的变化

3.2 屋面系统的破坏状态

结合屋面系统抗风揭试验中结构响应及损坏现象的变化，可将风揭破坏过程中屋面系统的破坏状态划分了四个等级，并结合损坏现象给出了破坏状态的定义，如表1所示。

表1　屋面系统的破坏状态

破坏状态	定性描述
完好	无明显损坏现象或屋面板出现接触印痕
中等损坏	卷边局部分离、抗风夹明显转动
严重损坏	抗风夹转动幅度降低，但屋面板局部出现永久塑性变形
破坏	屋面系统发生风揭破坏

4 结论

根据结构响应增长速率的变化可以将屋面系统的风揭破坏过程划分为三个阶段，并且在这三个阶段中屋面系统出现了不同损坏程度的损坏现象，基于此可以认为屋面系统风揭破坏过程中的破坏状态能够分为四个等级。本文对屋面系统破坏状态的划分，将为后续开展屋面系统风灾易损性分析提供依据。

参考文献

［1］ ANSI/FM 4474—2004. Test Standard for Evaluating the Simulated Wind Uplift Resistance of Roof Assemblies Using Static Positive and Negative Differential Pressures ［S］. USA, 2004.

［2］ CSA Number A123.21 - 04. Standard test method for the dynamic wind uplift resistance of mechanically attached membrane-roofing systems ［S］. Canadian Standards Association, Canada, 2004.

九、风致多重灾害问题

建筑群体风效应对屋面雪荷载的影响分析[*]

李宏海[1]，薛原[2]，唐意[2,3]，陈凯[1,4]

（1. 建研科技股份有限公司 北京 100013；

2. 中国建筑科学研究院有限公司 北京 100013；

3. 建筑安全与环境国家重点实验室 北京 100013；

4. 住房和城乡建设部防灾研究中心 北京 100013）

1 引言

雪荷载是大跨空间结构的主要控制荷载之一。影响屋面结构雪荷载的主要因素有屋面形式和基本雪压，以及建筑物所在地点的风环境类别、当地的气温情况、建筑物周边环境等。本文通过雪荷载风洞试验[1]，研究周边建筑物群体风效应对屋面积雪分布的影响，为雪荷载遮挡系数的研究提供数据基础。

2 风洞试验

本文依托中国建筑科学研究院有限公司的风洞试验室[2]，应用模拟降雪装置开展雪荷载的风洞试验，分析周边建筑物高度对本体建筑物屋面雪荷载的影响程度，得到屋面积雪分布系数的试验结果。风洞试验分为两部分：一是研究建筑物的高度与平面尺度的比例对屋面雪荷载的影响，对平面尺寸为 20 cm × 20 cm，高度分别为 10 cm、20 cm 和 40 cm 的三个模型进行了雪荷载风洞试验；二是分析周边建筑物的高度对本体建筑物屋面积雪分布的影响，考虑屋面积雪的最不利分布，选择本体建筑物的高度为 20 cm，周边建筑物的高度分为 10 cm、20 cm 和 40 cm 的三种情况，本体建筑物与周边建筑物之间的距离为 20 cm，所有建筑物的平面尺寸都为 20 cm ×20 cm。为研究周边建筑物的高度对本体建筑物屋面雪荷载的影响，分别对前干扰、后干扰和全干扰三种工况进行了雪荷载风洞试验。

在所有建筑物的屋面都均匀布置 25 个测点，间距为 5 cm。根据雪荷载风洞试验的相关理论与实践，本次试验选择硅砂作为雪的模拟介质，试验风速为 8 m/s，试验时间为 2 分钟。试验前，先将模拟介质平铺在所有建筑物的屋面上，厚度为 5mm。使用激光测距设备测量结果并记录。试验后，再次使用激光测距设备测量结果并记录。将试验后的数据与试验前的数据相减即可得到试验后的积雪厚度。实验后的积雪厚度与试验前的积雪厚度之比即为屋面积雪分布系数。

3 结果分析

3.1 本体建筑物高度的影响

第一部分的试验结果表明：当建筑物的高度与平面尺度相当时，屋面的积雪分布最不均匀，是建筑结构雪荷载设计取值的最不利情况；当建筑物的高度为平面尺度的 2 倍时，屋面的积雪分布较为均匀，这对建筑结构的抗雪安全性是比较有利的。因此，选择高度与平面尺度相当的本体建筑物开展雪荷载遮挡系数的风洞试验是比较有代表性的。

* 基金项目：中国建筑科学研究院有限公司青年基金（20180122331030003）；国家重点研发计划项目（2017YFC0803300）。

图 1　雪荷载风洞试验

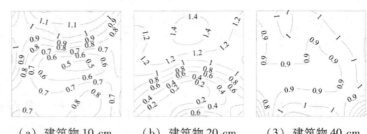

（a）建筑物 10 cm　（b）建筑物 20 cm　（3）建筑物 40 cm

图 2　无干扰工况下积雪分布系数试验结果云图

3.2　周边建筑物高度的影响

第二部分的试验结果表明：在同一干扰工况下，当周边建筑物的高度小于本体建筑物时，遮挡系数约为0.8，当周边建筑物的高度大于本体建筑物时，遮挡系数约为1.1。

表 1　雪荷载遮挡系数的计算结果

参数		干扰工况		
		全干扰	前干扰	后干扰
干扰建筑物高度	10 cm	0.75	0.77	0.86
	20 cm	0.79	0.55	1.18
	40 cm	1.05	1.06	1.19

3.3　周边建筑物与本体建筑等高时的结果

需要特别注意的是，当周边建筑物的高度与本体建筑物的高度相当时，前干扰工况的遮挡系数最小，约为0.6，全干扰工况的遮挡系数次之，约为0.8，后干扰工况的遮挡系数最大，约为1.2。这与国际标准 ISO4355（2013）[3] 的相关规定是一致的。遮挡系数反映的是建筑物周边环境对屋面雪荷载的影响。

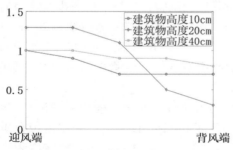

图 3　无干扰工况下积雪分布系数对比

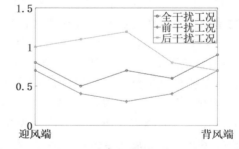

图 4　周边建筑物与本体建筑等高时的积雪分布系数对比

4　结论

实验结果表明：当周边环境导致屋面风速低于积雪跃移临界风速时，遮挡系数宜取1.1；当屋面周边没有阻碍风速流动的建筑和其他遮挡物时，遮挡系数可取0.9。本文的研究为建筑结构设计过程中雪荷载取值的标准化和规范化提供了重要依据。

参考文献

［1］范峰，章博睿，张清文，等. 建筑雪工程学研究方法综述［J］.建筑结构学报，2019，40（6）：1－13.

［2］李宏海，杨立国，严亚林，等.北京大兴国际机场航站楼风雪荷载研究段//北京力学会.北京力学会第二十二届学术年会会议论文集［C］.北京，2016：2.

［3］Bases for design of structures-Determination of snow loads on roofs, ISO－4355—2013［S］.

降雪条件下建筑屋面风吹雪的试验研究 *

周晅毅[1]，刘振彪[1]，强生官[2]，顾明[1]

（1. 同济大学土木工程防灾国家重点实验室 上海 200092；

2. 中国科学院工程热物理研究所 北京 100190）

1 引言

风致屋面雪飘移既可发生在降雪期间，也可发生在降雪后。以往屋面风吹雪试验研究大多关注无降雪时屋面的积雪重分布现象。本文利用人造雪颗粒对降雪条件下平屋面风吹雪进行了模拟，探究了风速、屋面跨度以及降雪强度对积雪分布形式及风吹雪特性的影响，并结合相关试验数据，对有无降雪时平屋面风吹雪的异同进行了分析。

2 风洞试验概述

试验在日本雪冰防灾研究中心的低温风洞中进行。所用人造雪颗粒密度约为 900 kg/m^3，直径约为 0.1 mm，如图 1 所示。屋面模型顺风向长度为 0.1～0.5 m，横风向宽度为 0.15 m，高度为 0.1 m。试验时与屋面模型并列放置了相同尺寸的收集盒以标定对应的降雪强度，如图 2 所示。利用高精度的激光位移计和移测架系统，对试验前屋面高度和试验后积雪表面高度分别进行测量。根据两者之差即可得到屋面上的积雪深度分布。

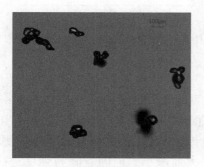

图 1 所用雪颗粒的显微结构照片

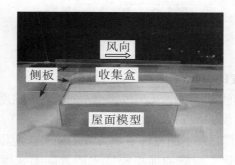

图 2 屋面模型与收集盒布置

3 结果与分析

3.1 屋面跨度的影响

为探究屋面跨度的影响，选取了 5 个屋面模型，跨度分别为 0.1 m、0.2 m、0.3 m、0.4 m 和 0.5 m。试验时各工况降雪强度 S 均控制在 7.0 g·m^{-2}·s^{-1} 左右，无量纲风速 $U(H)/u_{*t}=22$。图 3 展示了不同跨度屋面的积雪分布形式，将屋面分为三个区域，即 R1、R2 和 R3。R1 区域侵蚀最为严重。R2 区域的侵蚀程度沿着屋面先增加后减小，并在 325 mm 处停止侵蚀，转折点大致位于 175 mm。在 R3 区域雪飘移达到了饱和状态（Qiang et al.，2019）。为了比较有无降雪时风吹雪的异同，借助相关试验数据（Zhou et al.，2016）进行分析，如图 4 所示，区域 A 的分布形式与图 3 中区域 R1 类似，区域 B 的侵蚀程度随跨度先增加然后保持相对稳定，表明雪飘移没有达到饱和。

---

* 基金项目：国家自然科学基金项目（52078380）。

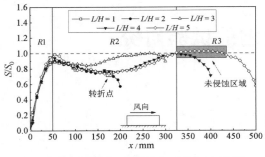

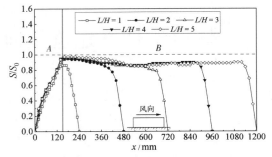

图 3　不同跨度屋面积雪分布系数（有降雪）　　图 4 不同跨度屋面积雪分布系数（无降雪）

3.2　风速的影响

为了研究降雪时风速大小的影响，试验时共采用了 6 种风速，分别为 $U(H)/u_{*t}=20$、24、28、32、36 和 40。屋面跨度为 0.4 m，各工况的降雪强度几乎控制相同。图 5 给出了不同风速下质量传输率沿屋面的分布情况。质量传输率从雪飘移起始位置开始逐渐增大，且增大速度（即斜率）逐渐下降，最终达到一个相对稳定值（圆圈标记处），对应于雪飘移的饱和状态。此外，随着风速的增大，饱和质量传输率以及达到饱和所需的捕捉长度均显著增加。

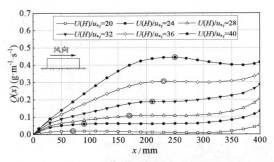

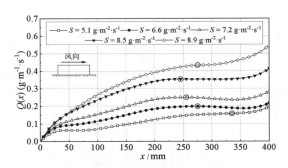

图 5　不同风速下屋面质量传输率分布　　　　图 6　不同降雪强度下屋面质量传输率分布

3.3　降雪强度的影响

为了分析降雪强度的影响，采用了 5 个不同的降雪强度，分别为 $S=5.1\ \mathrm{g\cdot m^{-2}\cdot s^{-1}}$、6.6 $\mathrm{g\cdot m^{-2}\cdot s^{-1}}$、7.2 $\mathrm{g\cdot m^{-2}\cdot s^{-1}}$、8.5 $\mathrm{g\cdot m^{-2}\cdot s^{-1}}$ 和 8.9 $\mathrm{g\cdot m^{-2}\cdot s^{-1}}$。屋面跨度为 0.4 m，无量纲风速为 $U(H)/u_{*t}=22$。图 6 为不同降雪强度下的屋面质量传输率分布。饱和质量传输率随着降雪强度的增加而显著增加。与此同时，达到饱和状态所需的捕捉长度先随着降雪强度的增大而减小，但随着降雪强度进一步增大到 8.9 $\mathrm{g\cdot m^{-2}\cdot s^{-1}}$，所需的捕捉长度又呈现出了增加趋势。

4　结论

降雪会缩短达到饱和所需的捕捉长度；随着风速的增大，饱和质量传输率以及达到饱和所需的捕捉长度均显著增加；随着降雪强度的增加，饱和质量传输率也明显增大，而与此同时所需的捕捉长度随降雪强度呈现先减小后增加的趋势。

参考文献

[1] QIANG S, ZHOU X, KOSUGI K, et al. A study of snow drifting on a flat roof during snowfall based on simulations in a cryogenic wind tunnel [J]. J. Wind Eng. Ind. Aerodyn, 2019, 188: 269-279.

[2] ZHOU X, KANG L, YUAN X, et al. Wind tunnel test of snow redistribution on flat roofs [J]. Cold Reg. Sci. Technol., 2016, 127: 49-56.

风－水流耦合作用下桥梁主梁荷载效应分析 *

应旭永[1,2,3]，李继亮[1,2]，张宇峰[1,2]，许福友[4]

（1. 在役长大桥梁安全与健康国家重点实验室 南京 211112；

2. 苏交科集团股份有限公司桥梁技术研发中心 南京 211112；

3. 东南大学土木工程学院 南京 211189；

4. 大连理工大学土木工程学院 大连 116024）

1 引言

对于大跨度连续梁桥或刚构桥，尤其是桥下净空较小的市政桥梁，主梁、墩柱和近水面之间气流会存在强烈的相互干扰，其周围的绕流场将相当复杂，因此很难通过设计规范或工程经验来获取桥梁的荷载参数。此外，在汛期水流可能漫过主梁底部，在风和水流耦合作用下，结构容易发生横向滑移破坏，甚至倾覆破坏。基于此，本文采用 CFD 数值模拟技术，分析风－水流耦合作用下桥梁主梁的荷载效应，主要包括紊流风场下主梁气动力荷载效应和考虑自由液面效应的漫水状态下主梁荷载效应。

2 紊流风场下主梁气动力特性研究

数值计算模型严格按照工程设计图纸的比例尺寸建立，计算模型与实桥的缩尺比为 1:100，将主梁从支座处到端部左右各分为 14 个梁块，总共划分 29 个梁块，各梁块编号如图 1 所示。此外，为了考虑水平面风效应对主梁气动性能的影响，桥墩只对水平面以上部分进行建模以模拟真实的净空。整个计算域网格总数为 400 万左右，采用谱合成法模拟入口处的紊流风场，采用大涡模拟方法（LES）进行计算。

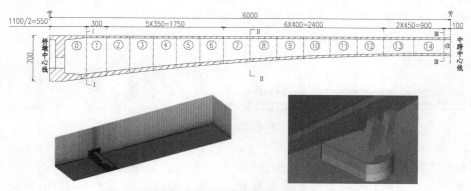

图 1 紊流风场下主梁梁段编号和三维流场数值模型

通过对主梁断面在均匀来流和紊流风场下的数值模拟（图 2 和图 3），可得以下结论：

（1）紊流风场对平均阻力系数和平均扭矩系数无明显影响，增大了平均升力系数；

（2）紊流风场均在一定程度上增大了三分力系数的脉动值；

（3）紊流风场下主梁断面升力系数的卓越频率变的不明显，从而说明紊流风场确实可以起到抑制结构涡振的作用；

（4）由于主梁距离水平面较小，水平面对主梁周围的流场有强烈的干扰作用，大幅增加了主梁断面三分力系数的脉动值，而对三分力系数的平均值影响较小；

* 基金项目：江苏省自然科学青年基金项目（BK20180150）。

（5）由于流场在主梁迎风端发生较大的分离，断面上表面形成了较大尺度的漩涡，风速会在距离桥面 2～3m 处的分离剪切层位置发生突变，这种现象将会使中型客车及大型运输车行驶过程中产生较大的侧倾力矩，这对行车安全是极为不利的，应予以重视。

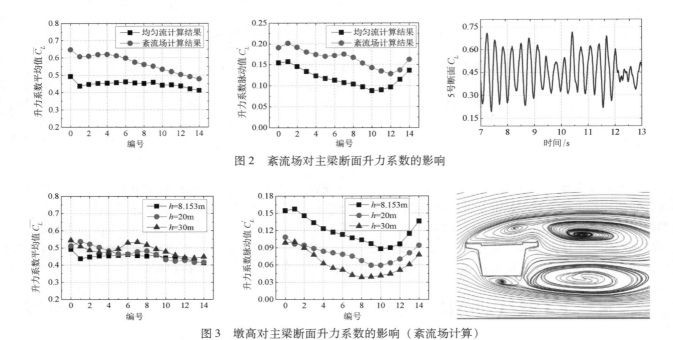

图 2　紊流场对主梁断面升力系数的影响

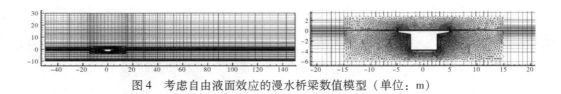

图 3　墩高对主梁断面升力系数的影响（紊流场计算）

3　考虑自由液面效应的漫水桥梁主梁荷载效应分析

建立桥梁漫水状态下风－水流耦合作用的二维数值模型如图 4 所示。在确定流场计算高度时，为保障计算精度，选取为 40 m，其中空气与水体积比为 3，即水高 10 m，空气高 30 m。在数值模拟中，选择 VOF 两相流模型模拟风－水流自由液面、SST 模型进行湍流计算。

图 4　考虑自由液面效应的漫水桥梁数值模型（单位：m）

通过对主梁断面在不同漫水高度下风－水流耦合场的数值模拟，可得以下结论：

（1）漫水状态下作用在主梁上的荷载以水动力为主，风场会对自由液面产生一定的影响，进而影响作用在主梁上的水动力；水动阻力系数沿着纵桥向变化幅度较大，墩顶位置的水动阻力系数要大于跨中位置的水动阻力系数；

（2）受水和空气交界的自由液面影响，主梁的水动阻力系数比规范值偏小；

（3）各分段主梁出现了负的水动升力系数，说明此时水流对结构产生了竖直向下的作用力，这对增加支座摩阻力是有利的；但是主梁的水动升力距系数为负（顺时针为负），主梁的升力合力点向右偏移到支座下游，说明此时水动升力增大了结构的倾覆力矩，对结构的抗倾覆稳定性是不利的。

参考文献

[1] 肖盛燮，凌天清，陈世民，等. 公路与桥梁抗洪分析 [M]. 北京：人民交通出版社，1999.
[2] 交通运输部. 公路桥梁抗风设计规范 [S]. 北京：人民交通出版社，2018.

考虑气象参数时变的输电线路导线覆冰数值仿真研究 *

楼文娟，王礼祺

（浙江大学结构工程研究所 杭州 310058）

1 引言

输电线路导线覆冰研究有现场实测、冰风洞试验和人工气候模拟试验等物理技术手段。随着多相流模型和计算机虚拟仿真技术的发展，基于流体计算和结冰理论的覆冰数值仿真将为输电线路导线覆冰厚度、覆冰形状、覆冰密度等预测提供新途径，仿真结果可为融冰除冰和防雾预警提供参考，对电网覆冰灾害的防治具有重要意义。而现有覆冰数值仿真研究大多着眼于单一覆冰的气象条件，未考虑实时变化的微气象条件对导线覆冰的影响，仅对短期覆冰预测具有较好的效果[1-2]。本文基于 FLUENT 和 FENSAP – ICE 软件研究了温度、风速、液态水含量、水滴中值体积直径等覆冰参数对导线覆冰过程的影响规律，提出了考虑气象参数时变的输电线路导线覆冰数值仿真方法，实现了导线覆冰随气候参数变化过程的数值仿真计算，最后通过输电线路覆冰监测试验数据和数值计算结果的对比分析验证了该方法的有效性。

2 输电线路导线的覆冰仿真模型

本文在欧拉气液两相流计算方法和过冷却水滴冻结热力学模型的理论基础上，提出了考虑气象参数时变的输电线路导线覆冰数值仿真方法，通过 FLUENT 和 FENSAP – ICE 软件实现导线覆冰仿真计算。通过气象数据处理获得导线覆冰计算参数，假定每小时内气象参数保持平均值不变，选择合适的时间步，基于自动网格置换技术进行多时间步导线覆冰计算，仿真计算流程如图 1a 所示。导线覆冰数值仿真结果与人工覆冰试验的结果对比如图 1b 所示。

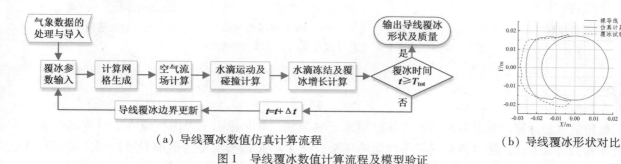

（a）导线覆冰数值仿真计算流程 　　　　（b）导线覆冰形状对比

图 1 导线覆冰数值计算流程及模型验证

3 覆冰影响因素分析与现场实测验证

3.1 导线覆冰过程的影响因素分析

导线覆冰是一个非线性的时序变化过程，其覆冰形态是多种覆冰参数共同作用的结果。本文通过数值仿真计算分析了风速（v）、温度（T）、水滴中值体积直径（MVD）、液态水含量（LWC）和导线直径（D）对导线覆冰质量及形状的影响，如图 2 所示。其中覆冰参数基准值 $v = 7$ m/s，$T = -5$ ℃，MVD = 25 μm，LWC = 1.5 g/m³，$D = 33.6$ mm，覆冰时间为 30 分钟。

---

* 基金项目：国家自然科学基金项目（51838012）。

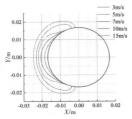
（a）不同风速的结果

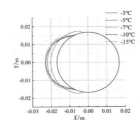
（b）不同温度的结果

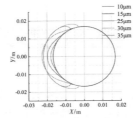
（c）不同 MVD 的结果

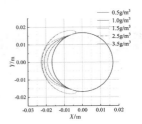
（c）不同 LWC 的结果

图 2　不同覆冰参数下的导线覆冰形态仿真计算结果

由结果可知，环境参数和导线直径会影响局部碰撞系数与覆冰的干湿增长过程，进而影响导线覆冰形状。干增长时导线覆冰呈钝体或流线体，覆冰形态遵循导线原始轮廓，而湿增长时导线覆冰极限和覆冰宽度更大，覆冰形态可能超越导线原始轮廓。在一定范围内，导线覆冰质量增长速度随风速、MVD、LWC、导线直径的增大而增大，随温度的升高而减小。

3.2　导线覆冰仿真计算方法的现场实测验证

通过输电线路覆冰监测试验对本文提出的考虑气象参数时变的输电线路导线覆冰数值仿真方法进行验证。选取实测中覆冰初始增长阶段 0～10 小时的历史气象数据进行导线覆冰计算，通过仿真计算与实测得到的等值覆冰厚度进行对比验证，计算结果如图 3 所示。由图 3a 和图 3b 可知，气象参数的时间累积效应对导线覆冰形态影响很大。气象参数恒定条件下导线等值覆冰厚度预测的相对误差大于 40%，而气象参数时变条件下平均绝对误差约为 0.65mm，整体平均精确度达到 80% 以上。图 3d 为覆冰监测试验得到的导线覆冰，可以看出其覆冰形状与仿真结果较为类似，证明了本文模型对导线覆冰质量及冰形预测的有效性。

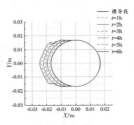
（a）气象参数恒定

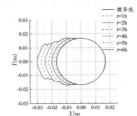
（b）气象参数时变

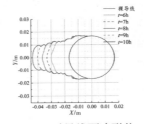
（c）10 时导线覆冰形状

（d）试验中脱落覆冰图

图 3　考虑气象参数时变的导线覆冰仿真计算方法验证

4　结论

采用恒定的气象计算参数会造成较大的导线覆冰预测误差，本文提出了考虑气象参数时变的输电线路导线覆冰数值仿真方法，通过输电线路覆冰监测试验验证了本文预测模型的正确有效，该方法能有效地预测导线实时覆冰形状和质量，可为输电线路覆冰灾害风险分析和预警提供参考。

参考文献

［1］蒋兴良，侯乐东，韩兴波，等. 输电线路导线覆冰扭转特性的数值模拟［J］. 电工技术学报，2020，35（8）：1818 - 1826.

［2］SOKOLOV P, VIRK M S. Aerodynamic forces on iced cylinder for dry ice accretion：A numerical study［J］. Journal of Wind Engineering & Industrial Aerodynamics, 2020, 206：104365.

低矮建筑墙面风驱雨效应现场实测与半经验公式对比研究 *

王相军[1]，李秋胜[2]

（1. 扬州大学电气与能源动力工程学院 扬州 225009；

2. 香港城市大学建筑学及土木工程系 香港 999077）

1 引言

热带气旋（Tropical Cyclone）成灾方式主要有风、浪、暴雨和风暴潮。通过热带气旋灾后调查发现，土木结构的风致损坏主要由热带气旋的强风和暴雨造成，其中，村镇地区的低矮建筑结构的破坏占总结构损坏数量的半数以上。热带气旋作用下低矮建筑内部损坏（即室内墙壁、天花板、地板系统、固定家具以及机电设备）和物品损坏（即未附着在建筑上所有内部物品的损坏）是两种重要的损坏形式，它们主要由风驱雨（Wind‐driven Rain，WDR）造成。

现场实测和半经验公式法是目前确定风驱雨强度的主要两种方法。风驱雨的现场实测在不同体型的低矮建筑表面[1]、纪念塔表面[2]和低矮建筑群表面[3]开展了很多的研究，这些研究为深入分析低矮建筑表面风驱雨效应提供了数据参考。风驱雨的半经验公式法主要有 Straube 和 Burnett 提出的 SB 模型和欧洲标准委员会提出的 ISO 模型。Blocken 等[4]这两种半经验公式模型进行了对比，发现两种模型计算的房屋表面的风驱雨结果差别较大。半经验公式法只能大体上估计建筑迎风立面的风驱雨量，不能提供建筑所有立面的风驱雨分布信息，为此还需基于现场实测数据做进一步深入对比研究。

2 风驱雨的现场实测

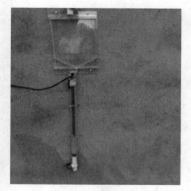  

（a）WDR 雨量计　　　　（b）液位传感器　　　　（c）WDR 雨量计现场安装图

图 1　WDR 雨量计和现场安装图

低矮房屋 WDR 效应的现场实测需要测量风速、风向、温度、水平降雨强度和 WDR 强度。风速和风向采用超声风速仪和机械风速仪测量，水平降雨强度和温度的测量采用电容式雨量计和翻斗式雨量计，电容式雨量计和翻斗式雨量计布置在距离实测房 20 m 的位置。WDR 强度的测量主要采用 WDR 雨量计，其包含了承雨口、储水管、水位传感器和止水阀四个部分。低矮房屋 WDR 效应的现场实测需要测量风速、风向、温度、水平降雨强度和 WDR 强度。风速和风向采用超声风速仪和机械风速仪测量，水平降雨强度和温度的测量采用电容式雨量计和翻斗式雨量计，其中电容式雨量计可连续采集 0～50 mm 的雨量，

* 基金项目：国家自然科学基金项目（51978593）。

当雨量达到 50 mm 后会自动清零重新采集；翻斗式雨量计可同时采集温度和雨量，每翻斗一次记录一次数据。

3 风驱雨实测结果与半经验公式对比

图 2 给出了实测结果与 ISO 模型和 SB 模型计算得到的墙面测点 A1 的 WDR 强度和 WDR 系数 α 在不同降雨时间上的分布，SB_max 和 SB_min 分别为 SB 模型中 RAF 取最大值和最小值时计算得到的结果。由图 2 可知，ISO 模型计算得到的 WDR 系数 α 在不同降雨时间为一个常数，SB 模型计算得到的 WDR 系数 α 在不同时间段有一定的波动，其中在水平降雨强度接近为 0 时，WDR 系数 α 也接近 0。在累积降雨强度的时间分布规律上，两个半经验公式计算得到的结果与实测结果整体趋势较为接近，但在幅值上有一定的差异，测点 A1 的 SB_min 和 SB_min 的结果要大于实测结果，ISO 模型计算的 WDR 结果要小于实测结果。

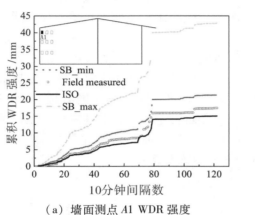
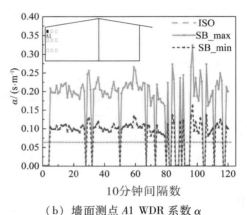

（a）墙面测点 A1 WDR 强度 （b）墙面测点 A1 WDR 系数 α

图 2 累积 WDR 实测结果与 ISO 模型和 SB 模型计算结果对比

4 结论

本文对比分析了台风作用下低矮建筑墙面 WDR 效应，并将结果与半经验公式法的 ISO 模型和 SB 模型进行了对比分析，发现半经验公式法的 ISO 模型和 SB 模型可以得到与实测结果一致的累积 WDR 强度分布规律，且 SB 模型中雨滴导纳系数取最小值时得到的结果与实测值最为接近；两个半经验公式模型得到的墙面 WDR 捕获率沿墙面宽度方向没有变化，ISO 模型估算的墙面 WDR 捕获率为同位置的实测结果的 56%～77%，SB 模型中雨滴导纳系数取最大值时会高估墙面 WDR 的捕获率。

参考文献

[1] BLOCKEN B, CARMELIET J. High-resolution wind-driven rain measurements on a low-rise building—experimental data for model development and model validation ［J］. Journal of Wind Engineering and Industrial Aerodynamics, 2005, 93 (12): 905 – 928.

[2] BRIGGEN P M, BLOCKEN B, SCHELLEN H L. Wind-driven rain on the facade of a monumental tower: Numerical simulation, full-scale validation and sensitivity analysis ［J］. Building and Environment, 2009, 44 (8): 1675 – 1690.

[3] KUBILAY A, DEROME D, BLOCKEN B, et al. Wind-driven rain on two parallel wide buildings: Field measurements and CFD simulations ［J］. Journal of Wind Engineering and Industrial Aerodynamics, 2015, 146: 11 – 28.

[4] BLOCKEN B, CARMELIET J. Overview of three state-of-the-art wind-driven rain assessment models and comparison based on model theory ［J］. Building and Environment, 2010, 45 (3): 691 – 703.

大跨度球壳屋面雪荷载分布特征研究*

张国龙[1,2]，张清文[1,2]，范峰[1,2]

（1. 哈尔滨工业大学结构工程灾变与控制教育部重点实验室 哈尔滨 150090；
2. 哈尔滨工业大学土木工程智能防灾减灾工业和信息化部重点实验室 哈尔滨 150090）

1 引言

在特定降雪和风场条件下，建筑物来流方向的雪颗粒会在屋面低风速区沉降堆积。当屋面形成的局部雪荷载大于结构承载力时，便会发生结构开裂或倒塌[1]。为有效解决建筑环境中存在的堆雪问题，各国政府和学者陆续投入大量财力和精力进行屋面雪荷载分布研究[2-5]，然而研究主体局限于小尺度简单规则体型建筑，大跨度空间结构屋面雪荷载研究相对较少。考虑到我国建筑屋面荷载标准已对部分大跨屋面形式雪荷载取值进行了规定，唯独缺乏球壳屋面雪荷载分布条文[6]，故亟须对其屋面雪荷载取值进行深入研究。

2 试验与模拟研究

2.1 试验研究

利用哈尔滨工业大学自研的风雪联合试验系统对不同风速（2 m/s、4 m/s 和 6 m/s）和矢跨比（1/7、1/5 和 1/3）条件下球壳屋面积雪分布特征进行了试验研究[1]，如图 1 所示。研究发现：球壳屋面积雪分布形式对风速变化较为敏感，随着风速增加，积雪不均匀分布增强；矢跨比对积雪分布形式影响较小，但对积雪量影响较大。

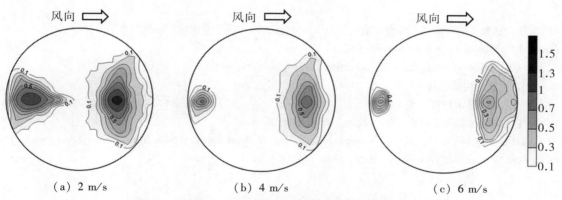

(a) 2 m/s　　　　　　　(b) 4 m/s　　　　　　　(c) 6 m/s

图 1　不同风速 1/3 矢跨比球壳屋面积雪分布系数云图

2.2 模拟研究

利用自研的改进混合流数值模型对不同风速（2 m/s、3 m/s、4 m/s 和 5 m/s）、矢跨比（1/7、1/5 和 1/3）和跨度（30 m、70 m 和 110 m）条件下球壳屋面积雪漂移和滑落效应进行了研究[7]，如图 2 所示。研究发现：随着风速增加，球壳屋面积雪分布呈现三种分布形式；随着矢跨比增加，荷载量减小；随屋面跨度增加，屋面积雪不均匀分布减弱，但荷载值增大。

* 基金项目：国家自然科学基金—国家重大科研仪器研制项目（51927813）；国家自然科学基金（51978207）。

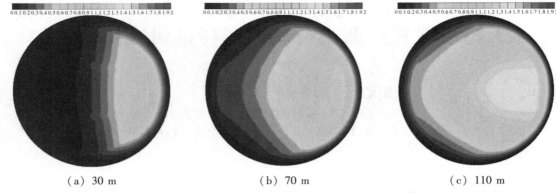

（a）30 m　　　　　　　（b）70 m　　　　　　　（c）110 m

图2　4 m/s 风速条件下不同跨度球壳屋面积雪分布系数云图

3　结论

本文对球壳屋面上积雪分布特征进行了试验与模拟研究，得出以下结论：

（1）大跨球壳屋面雪荷载根据入流风速表现为三类分布形式：当入流风速 $U_H \leqslant 2.0$ m/s 时，屋面为满跨雪荷载，整体呈现顶部大，边缘小的近似均匀分布形式；当入流风速 2.0 m/s $< U_H < 4.0$ m/s 时，屋面呈现满跨的不均匀分布雪荷载；当入流风速 $U_H \geqslant 4.0$ m/s 时，屋面为背风向的半跨雪荷载，仅保留了从顶部延伸至屋檐的背风面积雪。

（2）随着屋面矢跨比的增大，迎风向气流加速，气动侵蚀作用增强，大量雪颗粒漂移至屋面背风向，导致积雪不均匀分布加剧。此外，建筑边缘处坡度的增大导致积雪在重力作用下发生大面积滑落，致使雪荷载降低。因此，对于低矢跨比球壳屋面，其将承受更严峻的雪荷载威胁。

（3）屋面尺寸的增大为积雪漂移发展提供了更大空间。相同风速下，更多雪颗粒会在屋面上发生漂移，且漂移过程更易趋近于平衡。因此，随着跨度的增大，屋面积雪不均匀分布会减弱。加之更大跨度球壳屋面的平均和最大雪荷载存在增大的趋势。因此大跨度球壳屋面会面临更严重的雪荷载威胁。

参考文献

［1］刘盟盟. 风雪联合试验系统与屋面积雪分布研究［D］. 哈尔滨：哈尔滨工业大学，2020.

［2］NRCC, National Building Code of Canada 2015［S］.

［3］ISO 4355, Bases for design of structures – Determination of snow loads on roofs［S］.

［4］GB 50009—2012 建筑结构荷载规范［S］.

［5］JGJ 61—2003 网壳结构技术规程［S］.

［6］李跃. 大跨空间结构屋面雪荷载研究［D］. 杭州：浙江大学，2014.

［7］ZHANG G L, ZHANG Q W, FAN F, et al. Numerical Simulations of Development of Snowdrifts on Long-Span Spherical Roofs［J］. Cold Regions Science and Technology, 2021, 182：103211.

多跨拱形屋面雪荷载特性试验与模拟研究 *

张清文[1,2]，张国龙[1,2]，范峰[1,2]

（1. 哈尔滨工业大学结构工程灾变与控制教育部重点实验室 哈尔滨 150090；
2. 哈尔滨工业大学土木工程智能防灾减灾工业和信息化部重点实验室 哈尔滨 150090）

1 引言

随着气候恶化和降雪天气的密集出现，大量积雪堆积于建筑屋面。在重力作用下，屋面边缘坡度较大处积雪极易发生滑落。对于无阻挡倾斜屋面，如球壳和单跨拱形屋面，积雪滑落会减轻屋面荷载值，有利于结构安全；对于有阻挡倾斜屋面，如多跨拱形屋面和带围栏的拱形屋面，滑落积雪会大量堆积于阻碍物处，形成局部荷载，进一步威胁结构安全[1]。鉴于我国雪灾中建筑倒塌事故多由多跨屋面跨间波谷处局部雪荷载引起，且我国荷载规范[2]相较国外规范[3][4]在该领域存在不足，因此有必要对多跨屋面积雪分布特征进行深入细致分析。

2 试验与模拟研究

2.1 试验研究

利用哈尔滨工业大学自研的风雪联合试验系统对不同风速（2 m/s、6 m/s 和 10 m/s）和矢跨比（1/10 和 1/4）条件下连续三跨拱形屋面积雪分布特征进行了试验研究[5]，如图 1 所示。研究发现：随着风速增加，积雪不均匀分布增强，大量积雪堆积于跨间波谷处；随着矢跨比增大，跨间波谷处的峰值雪深存在增强的趋势。

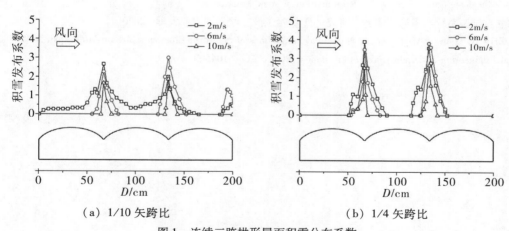

（a）1/10 矢跨比　　　　　　　　（b）1/4 矢跨比

图 1　连续三跨拱形屋面积雪分布系数

2.2 模拟研究

利用自研的改进混合流数值模型对不同矢跨比（1/5、1/4 和 1/3）和跨数（单跨、两跨、三跨和四跨）条件下拱形屋面积雪滑落和堆积效应进行了研究[6]，如图 2 所示。研究发现：受相邻屋面阻挡，多跨拱形屋面跨间波谷处的峰值雪深明显增加；随着矢跨比增大，滑落堆积量存在增大的趋势；不同屋面位置处，中间跨度屋面承受的雪荷载最大。

* 基金项目：国家自然科学基金—国家重大科研仪器研制项目（51927813）；国家自然科学基金（51978207）。

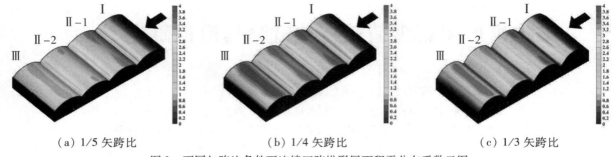

（a）1/5 矢跨比　　　　　　　　（b）1/4 矢跨比　　　　　　　　（c）1/3 矢跨比

图 2　不同矢跨比条件下连续四跨拱形屋面积雪分布系数云图

3　结论

本文对多跨拱形屋面上积雪分布特征进行了试验与模拟研究，得出以下结论：

（1）通过对连续多跨拱形屋面试验结果分析发现，其屋面积雪呈现明显的三角形分布形式，屋面波谷处积雪堆积最为严重，局部积雪分布系数极值可达4.0。屋面积雪分布形式对风速和矢跨比较为敏感。随着风速和矢跨比增加，积雪不均匀分布会加剧。

（2）多跨拱形屋面由于受相邻屋面影响，屋面雪荷载分布形式由屋面位置决定。此外，受积雪漂移和滑落堆积效应共同影响，跨间波谷处的积雪分布系数远大于现行荷载规范的规定值。

（3）对于多跨拱形建筑，迎风向屋面积雪不均匀分布最为显著，整体呈现半跨分布形式，中间和背风向屋面的积雪分布不均匀性减弱。不同屋面位置处，中间跨度屋面承受的雪荷载最大，结构验算时应给予足够重视。

参考文献

[1] TAYLOR D A. Roof snow loads in Canada [J]. Canadian Journal of Civil Engineering, 1980, 7 (1)：1 - 18.

[2] GB 50009—2012 建筑结构荷载规范 [S].

[3] ASCE，ASCE/SEI7 -05 Minimum Design Loads for Buildings and Other Structures [S].

[4] ISO 4355，Bases for design of structures - Determination of snow loads on roofs [S].

[5] 刘盟盟. 风雪联合试验系统与屋面积雪分布研究 [D]. 哈尔滨：哈尔滨工业大学，2020.

[6] ZHANG G L, ZHANG Q W, FAN F, et al. Numerical Simulations of Snowdrift Characteristics on Multi-span Arch Roofs [J]. Journal of Wind Engineering and Industrial Aerodynamics, 2021, 212：104593.

复杂外形建筑风驱雨分布特性的数值研究 *

王辉，唐静，刘敏

（合肥工业大学土木与水利工程学院 合肥 230009）

1 引言

风驱雨（Wind-Driven Rain，简称 WDR）是雨滴在风力作用下的斜向运动现象。建立建筑 WDR 精准评判方法是研究科学防灾措施的必要基础[1]。国际上关于建筑 WDR 的研究主要针对矩形截面建筑，对于复杂外形建筑的研究则比较缺乏，因此开展相关研究十分必要。传统 WDR 模拟采用拉格朗日粒子追踪模型（Lagrangian Particle Tracking，LPT），由于方法存在较多局限性，Huang 等[2] 提出基于欧拉多相流（Eulerian Multiphase，简称 EM）模型的模拟方法，该方法更适用于 WDR 模拟[3]。本文基于 EM 模型，模拟并比较了典型矩形截面建筑和三类复杂外形建筑 WDR 的差异，同时分析获取风速和雨强对建筑立面 WDR 的影响特性。

2 模拟结果分析

选取 ISO 15927 – 3 – 2009 标准中典型矩形截面建筑，以及三类低矮建筑（凹形、L 形、T 形截面）为对象，外围尺寸均为 $L \times B \times H = 12\text{ m} \times 8\text{ m} \times 8\text{ m}$，风向垂直于立面，入口边界按指数型风剖面。对于雨相，设入口处水平速度等于风速，竖向速度为其竖向降落末速度[2]。地貌为 B 类，参考风速取 $U_{10} = 2$、5、10 m/s，雨强为 $R_h = 2$、10、30 mm/h，根据体积分数占优原则，在 0.5～4 mm 范围内取 12 种代表性粒径雨滴。计算域依照文献［4］提出的原则设置，尺寸为 168 m × 92 m × 48 m，采用结构化六面体网格剖分，经网格收敛性分析确定网格合理布置。

2.1 四类建筑 WDR 分布特性

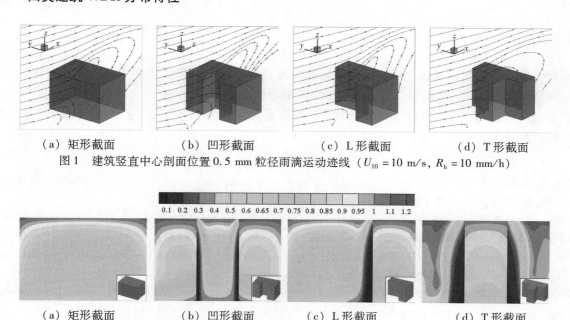

（a）矩形截面　　　（b）凹形截面　　　（c）L 形截面　　　（d）T 形截面

图 1　建筑竖直中心剖面位置 0.5 mm 粒径雨滴运动迹线（$U_{10} = 10$ m/s, $R_h = 10$ mm/h）

0.1　0.2　0.3　0.4　0.5　0.6　0.65　0.7　0.75　0.8　0.85　0.9　0.95　1　1.1　1.2

（a）矩形截面　　　（b）凹形截面　　　（c）L 形截面　　　（d）T 形截面

图 2　建筑迎风立面 WDR 抓取率分布云图（$U_{10} = 10$ m/s, $R_h = 10$ mm/h）

* 基金项目：亚热带建筑科学国家重点实验室开放课题（2020ZB24）；教育部留学回国人员科研启动基金（教外司留［2011］1568 号）；安徽省自然科学基金（11040606M116）。

图 1 给出了竖直中心剖面位置 0.5 mm 粒径雨滴运动迹线,图中显示靠近迎风立面区域的迹线存在一定差异。图 2 则给出了建筑迎风立面 WDR 抓取率分布云图,由图可知,在所有模拟工况下,抓取率呈以下相同的分布规律:沿竖直方向,各建筑迎风立面抓取率值均随着高度的增大而增大;沿水平方向,矩形截面建筑抓取率由中间向两侧区域增大;三类复杂建筑迎风突出立面的抓取率分布模式和典型矩形断面建筑相似,但迎风缩进立面的抓取率在转角区域骤降,越靠近立面中下部抓取率的值越小,几乎趋近于 0。

2.2 风速和雨强对 WDR 分布影响

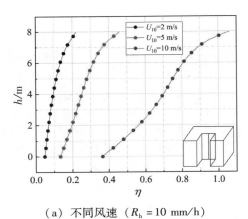 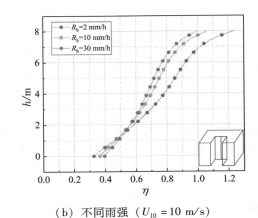

(a) 不同风速($R_h = 10$ mm/h)   (b) 不同雨强($U_{10} = 10$ m/s)

图 3 不同风速和雨强下凹形截面建筑迎风立面抓取率沿竖直中线的分布

图 3 给出了不同风速和雨强下凹形截面建筑迎风立面抓取率沿竖直中线的分布。由图可知,风速对建筑立面抓取率的影响较大,随着风速增长,抓取率沿高度增大的幅度也变大。另外,越接近立面顶部区域,抓取率变化越明显。另外,降雨强度变化对立面抓取率的影响很小,风速处于高风速 $U_{10} = 10$ m/s 时,抓取率随着雨强的增大而减小(接近底部区域时则相反),随着雨强增大,抓取率沿高度增幅相应减小。

3 结论

(1)沿竖直方向,各类型建筑立面抓取率均随高度增长;沿水平方向,异型建筑立面抓取率的变化梯度更为显著,在内侧转角区域骤减,异型建筑的突出部分能减小 WDR 效应。

(2)其他条件一定时,风速对建筑立面抓取率的影响更大。随着风速增大,抓取率沿高度明显增大,而雨强变化对抓取率影响很小。

参考文献

[1] BLOCKEN B, CARMELIET J. A review of wind-driven rain research in building science [J]. Journal of Wind Engineeringand Industrial Aerodynamics, 2004, 92 (13): 1079 – 1130.

[2] HUANG S H, LI Q S. Numerical simulations of wind-driven rain on building envelopes based on Eulerian multiphase model [J]. Journal of Wind Engineeringand Industrial Aerodynamics, 2010, 98 (12): 843 – 857.

[3] WANG H, SONG W H, CHEN Y S. Numerical simulation of wind-driven rain distribution on building facades under combination layout [J]. Journal of Wind Engineering and Industrial Aerodynamics, 2019, 188: 375 – 383.

[4] TOMINAGAY, MOCHIDA A, YOSHIE R, et al. AIJ guidelines for practical applications of CFD to pedestrian wind environment around buildings. Journal of Wind Engineering and Industrial Aerodynamics, 2008, 96 (1011): 1749 – 1761.

区域建筑雪荷载风雪耦合试验研究

薛原[1,2,3]，李宏海[1,2,3]，陈凯[1,2,3]

（1. 建筑安全与环境国家重点实验室 北京 100013；
2. 中国建筑科学研究院有限公司 北京 100013；
3. 建研科技股份有限公司 北京 100013）

1 引言

雪荷载对于结构设计有非常重要的意义，尤其是对寒冷多雪地区的大跨屋盖等结构，雪荷载往往是其控制荷载，其取值的准确性对于实现安全、经济的结构设计十分关键。尽管影响雪荷载取值的因素很多，但最为重要的仍是积雪分布系数。在不受其他条件影响的情况下，积雪落到地面上是均匀分布的。但当下雪伴随刮风时，就会在风力作用下产生风致雪漂移现象，从而造成屋盖或地面上积雪的不均匀分布。风致雪漂移可能导致屋盖局部区域积雪厚度远大于地面平均雪厚度，是产生较大雪荷载的重要原因。因此，为准确评估复杂建筑结构的雪荷载，开展风致雪漂移实验研究是其中最重要的技术环节。

2 研究内容

2.1 研究内容

建筑屋面雪荷载受区域周边环境影响，其屋面积雪分布存在差异。除我国外，其他国家的荷载规范中，针对雪荷载的定义，均体现了区域建筑周边对于雪荷载规范取值的影响，其定义为环境系数。国内学者在区域建筑周边干扰对于屋面雪荷载的影响等相关研究领域已有一定的进展，但是在荷载规范中，尚未针对此因素做出规定。因此，有必要针对区域雪荷载灾害评估展开讨论。

2.2 模型方法

本试验在中国建筑科学研究院风洞实验室进行，采用风雪耦合动态雪荷载实验方法。实验区域建筑分布及模型如图所示。

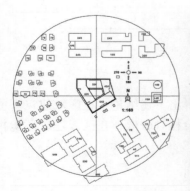

图 1　区域建筑分布及模型

3 实验结果

图 2 展示了代表裸露状态、标准状态和遮挡状态的三个来流风向角的实验照片及积雪分布系数云图。由于女儿墙的存在，迎风面一侧积雪分布系数较低，由深灰色区域显示，而背风面积雪大量堆积在女儿墙附近，积雪分布系数高达 $1.3 \sim 1.5$。这种积雪分布不均匀现象在裸露状态 270° 风向角工况下最为显

著；标准状态 0°风向角次之；而遮蔽状态 200°风向角相比前两种工况则相对均匀。

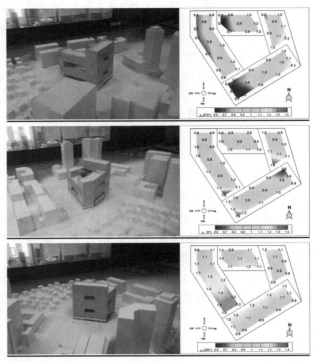

图 2　裸露、标准及遮挡状态下风洞实验照片（左侧来流）及积雪分布系数云图

经过对雪荷载分布系数进行进一步的分析，得出三种工况下的雪荷载分布系数的数学统计如表 1 所示。

表 1　三种工况积雪分布系数数学统计

积雪分布系数数学统计	数学期望 P	标准差 σ
裸露状态 270°	0.87	0.19
标准状态 0°	0.98	0.18
遮蔽状态 200°	1.08	0.12

4　结论

从实验结果来看，针对区域建筑风雪耦合灾害评估，可以得出下述结论：在区域建筑环境相对裸露的状态下，大跨结构的受灾风险相对较高，而高层结构受灾风险相对较低；在区域建筑环境相对遮蔽的状态下，高层结构于大跨结构的受灾风险均相对较高。

参考文献

［1］建筑结构荷载规范（GB 50009—2012）［S］.北京：中国建筑工业出版社，2012.

［2］STROM G, KELLY G R, KEITZ E L, et al. Scale model studies on snow drifting［R］. Research Report 73, U. S. Army Snow, Ice and Permafrost Establishment, 1962.

［3］HOLICKY M, SYKORA M. Failures of roofs under snow load：Causes and reliability analysis［M］//Forensic engineering 2009：pathology of the built environment. 2010：444－453.

十、局地强风作用

超大型冷却塔龙卷风作用塔筒风荷载取值[*]

陈旭[1]，赵林[2]，王通[1]，王守强[3]，葛耀君[2]

（1. 上海师范大学建筑工程学院 上海 201418；

2. 同济大学土木工程防灾国家重点实验室 上海 200092；

3. 上海隧道工程股份有限公司 上海 200032）

1 引言

冷却塔作为火/核电厂二次高温循环水冷却的重要基础设施，被誉为世界上体量最大的空间薄壁壳体结构。这类兼具超高层建筑和超大跨空间结构的超大型冷却塔具有自振频率低、模态密集、阻尼比小等典型风敏感结构的特点[1-2]。传统抗风理论框架下的冷却塔结构设计研究主要基于良态气候模式，风速剖面、紊流度、湍流积分尺度、脉动风速谱等风环境参数主要针对季风、冷锋大风等气候特征[3]。面对全球气候变化导致龙卷风等特异风灾气候频发，受灾程度加剧的趋势[4]。若继续沿用基于传统直线式边界层气流模拟的风洞试验和结构抗风计算分析势必带来巨大的安全隐患。鉴于此，以某规划建设的超大型冷却塔（215 m）为研究对象，采用龙卷风物理模拟装置，开展超大型冷却塔龙卷风作用下塔筒内表面风压分布规律研究，量化风荷载取值，为超大型冷却塔结构抗龙卷风设计提供指导和依据。

2 试验模型与龙卷风风场模拟

综合考虑龙卷风物理模拟装置的阻塞率以及试验龙卷风的实际尺寸，确定该超大型冷却塔物理试验模型的几何缩尺比为1/1500。模型采用铝锭材料并经数控铣床加工而成，确保了模型的加工精度和风洞试验必要的结构刚度，塔筒沿子午向方向布置6层外表面测压点，在喉部位置布置1层内表面测压点，每层测压点沿环向每隔30°均匀布置（图1）。风洞试验采用同济大学防灾国家重点实验室新型龙卷风模拟器，该模拟器与美国爱荷华州立大学龙卷风模拟设备原理相似，属于 Ward 型龙卷风模拟器（图2）。

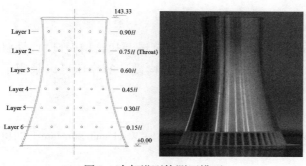

图1 冷却塔刚体测压模型

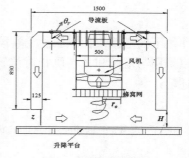

图2 龙卷风模拟器

龙卷风的风场特征可通过切向风速 U、径向风速 V、轴向风速 W 和气压降 P 四个参量描述。其中，切

[*] 基金项目：国家自然科学基金项目（52008247）、同济大学桥梁结构抗风技术交通行业重点实验室开发课题（KLWRTBMC19 – 02）。

向风速是龙卷风最主要的速度分量,气压降则是造成结构破坏的最主要因素。考虑到国内 F4 级以上的龙卷风发生概率较小,本试验中龙卷风风场模拟的风速比设定为 1/10。龙卷风切向风速 U 沿径向先增大后减小,在龙卷风涡核半径处达到最大值,切向风速场沿高度方向呈"漏斗型"分布(图3)。气压降 P 在龙卷风涡核中心处最大,距离涡核中心越远,气压降越小(图4)。

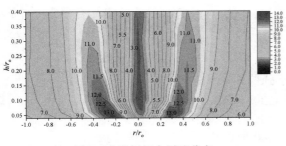

图3　龙卷风切向风速分布

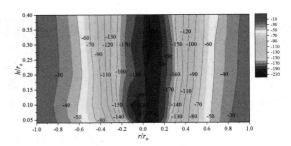

图4　龙卷风气压降分布

3　结果分析与讨论

龙卷风作用下的塔筒内、外表面风压与良态气候差异显著,其中,龙卷风内表面风荷载主要受龙卷风气压降影响,服从 Rankine 模型的 V 形分布,并在龙卷风涡核中心内吸力最大(图5),并可以定量表示为与塔筒和龙卷风相对位置有关的对数模型;外表面风荷载受切向风速和气压降的共同影响,为负压,在龙卷风涡核半径处最大;内外表面风压的合力即净压,呈非对称的八项式分布曲线,可以采用十五项三角级数表达式进行描述(图6)。

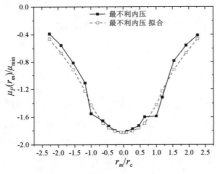

图5　塔筒内压分布拟合

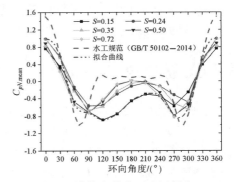

图6　塔筒内外表面净压拟合

4　结论

龙卷风作用下的塔筒表面风压受龙卷风气压降和塔筒外部龙卷风三维风场尤其是切向风速共同作用。塔筒内压可以采用与塔筒和龙卷风相对位置有关的对数模型描述,用于结构设计的净压可以采用十五项三角级数描述。

参考文献

[1] ZHAO L, GE Y J. Wind loading characteristics of super – large cooling towers [J]. Wind and Structures, 2010, 13: 257 – 273.

[2] KE S T, YU W, ZHU P, et al. Full-scale measurements and damping ratio properties of cooling towers with typical heights and configurations [J]. Thin-Walled Structures, 2018, 124: 437 – 448.

[3] CHEN X, ZHAO L, CAO S Y, et al. Extreme wind loads on super-large cooling towers [J]. Journal of the IASS, 2016, 57 (1): 49 – 58.

[4] 黄大鹏, 赵珊珊, 高歌, 等. 近30年中国龙卷风灾害特征研究 [J]. 暴雨灾害, 2016, 35 (2): 97 – 101.

下击暴流作用下风力机叶片荷载分布特性*

吉柏锋[1]，钟宽微[2]，瞿伟廉[1]

（1. 武汉理工大学道路桥梁与结构工程湖北省重点实验室 武汉 430070；

2. 武汉理工大学土木工程与建筑学院 武汉 430070）

1 引言

随着风力机装机容量和尺寸的增加，风力机在极端大风环境中的结构安全问题越来越受到相关技术人员的关注。叶片失效、火灾以及结构破坏是造成风力机事故的三大重要原因，其中雷暴等极端大风又是造成风力机结构破坏的主要原因。

余蓉等[1]基于国内气象站台收集的气象资料，研究了我国雷暴下击暴流的区域分布特征，发现雷暴在我国的区域分布呈现出南方发生频率高于北方、山地发生频率高于平原、内地发生频率高于沿海的特征。下击暴流是雷暴天气中一种常见的近地面强风，瞬时速度可达 75 m/s，且其发生的时间和地点具有随机性，难以预防，对工程结构具有强致灾性[2]。而且，下击暴流受风暴移动和下沉气流变化影响，整体风场呈现出不稳定、随时间和空间变化剧烈的特点。相比于大气边界层风的风速沿高度单调缓慢增加，下击暴流风速可在近地面高度迅速增大至最大值，水平风速最大值所在高度与常规风力机的安装高度存在重合范围，风电场遭遇下击暴流，风力机就极有可能处于下击暴流最大水平风速的高度范围之内，这就可能会给风力机的结构安全带来极大威胁。

2 计算模型

美国国家可再生能源实验室（National Renewable Energy Laboratory，简称 NREL）在美国国家航空航天局的 Ames 风洞中对第 6 期（Phase Ⅵ）风力机进行了 1700 多种工况的气动力学试验[3]。因此本文以 NREL Phase Ⅵ风力机模型作为研究对象，借助翼型设计软件 Profili 获取叶片设计所需的重要参数，利用三维建模软件 SolidWorks 建立风轮叶片三维模型，利用 ANSYS ICEM – CFD 对风轮及下击暴流流场进行网格划分，在地面和叶片表面边界层网格进行加密处理，以满足湍流模型的要求。风力机安装位置距下击暴流出流中心的水平距离为 R，平地与山地两种地形，考虑三种不同的风力机安装位置即 $R/D_{jet} = 1$、1.5、2。

3 结果与分析

3.1 叶片气动性能和下击暴流风场数值模拟验证

图 1 给出了来流速度为 7 m/s 时，对 NREL Phase VI 风力机叶片使用不同湍流模型进行数值模拟，得到的各截面压力系数与试验数据的对比。为验证山地下击暴流风场 CFD 数值模拟方法的有效性，在浙江大学风洞实验室开展了山地下击暴流的风场模型试验，图 2 为不同湍流模型的数值模拟结果与试验结果对比。

* 基金项目：国家自然科学基金项目（51308430）；湖北省自然科学基金项目（2020CFB524）；道路桥梁与结构工程湖北省重点实验室（武汉理工大学）开放课题基金资助项目（DQJJ201907）。

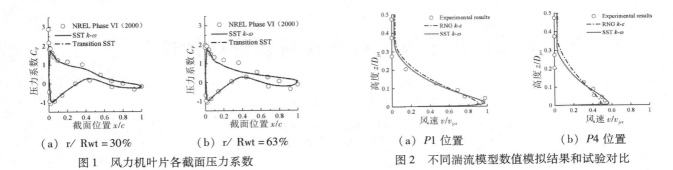

（a）r/ Rwt = 30%　　　（b）r/ Rwt = 63%

图 1　风力机叶片各截面压力系数

（a）P1 位置　　　　（b）P4 位置

图 2　不同湍流模型数值模拟结果和试验对比

3.2　风力机叶片载荷沿展向的分布特征

图 3 给出风力机处于额定转速运行工况下，平地与山地地形中风力机叶片的力和力矩系数沿叶片展向分布的结果。

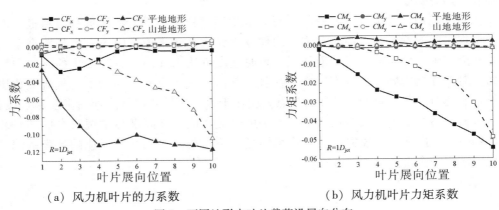

（a）风力机叶片的力系数　　　　（b）风力机叶片力矩系数

图 3　不同地形中叶片载荷沿展向分布

4　结论

使用数值模拟方法研究了下击暴流作用下在山地与平地地形、风力机的运行状态、风力机的安装位置对风力机叶片载荷沿展向分布的影响。风力机在三种安装位置处叶片处于旋转状态下的水平推力和力矩的各项分量值均大于叶片处于静止状态下的水平推力和力矩的各项分量值。平地地形中，叶片所受水平推力 Fx 和力矩各分量值均随风力机安装位置距离下击暴流出流中心的增大而逐渐减小；在山地地形中，叶片所受水平推力和力矩各分量值当风力机安装在山顶处最小，在背风面半山腰处最大，在迎风面半山腰处居于两者之间。

参考文献

［1］余蓉，张小玲，李国平，等. 1971—2000 年我国东部地区雷暴、冰雹、雷暴大风发生频率的变化［J］. 气象，2012，38（10）：1207 – 1216.

［2］瞿伟廉，吉柏锋. 下击暴流的形成与扩散及其对输电线塔的灾害作用［M］. 北京：科学出版社，2013.

［3］HAND M M，SIMMS D A，Fingersh L J，et al. Unsteady aerodynamics experiment phase VI：wind tunnel test configurations and available data campaigns［R］. National Renewable Energy Lab.，2001：61 – 65.

龙卷风作用下大跨度桥梁风致响应分析：
考虑参数优化的 CFD – CSD 混合方法*

郝键铭，冯宇，李加武

（长安大学公路学院 西安 710064）

1 引言

龙卷风是大气边界层最猛烈的特异风暴之一，通常造成建筑结构的破坏和倒塌，造成不可估量的经济财产损失。与城市中的高耸建筑结构相比，呈水平线性结构的大跨度桥梁大多建设在远离城市且更有利于形成强对流天气的地貌区域，更易遭受龙卷风的袭击[1]，因此，针对龙卷风场的高精度重构和龙卷风致桥梁效应研究迫在眉睫。在龙卷风场重构方面，由于现场数据难以有效获得，相关学者多基于龙卷风模拟器开展物理实验[2-3]或数值模拟[4-5]研究，但其形成机理与真实龙卷风存在差异，真实龙卷风特征参数与模拟参数间无法形成明确的映射关系。此外，龙卷风存在显著的非平稳特性，而当前针对瞬态平均风荷载效应的研究多集中在非平稳风速输入上，忽略了非平稳特性对气动参数的影响[6]。本文提出一种考虑参数优化的 CFD – CSD 混合方法，进行龙卷风作用下大跨度桥梁风致响应分析。

2 研究方法和内容

2.1 基于 CFD 的龙卷风数值模拟

本文基于计算流体力学（CFD）的方法建立龙卷风数值模型，采用有限体积法（FVM）离散整个流体计算域，分别采用大涡模拟（LES）和非稳态雷诺平均 Navier – Stoke（RANS）方程进行湍流建模，通过地面相对运动等效替代龙卷风涡核移动，模拟龙卷风近地面涡核移动效应。数值模型如图1所示。

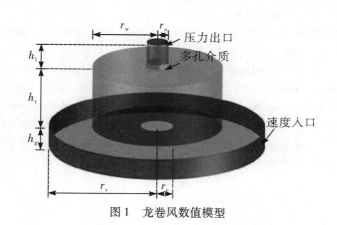

图 1　龙卷风数值模型

2.2 基于 co-kriging 代理模型的龙卷风模拟参数优化

根据参数敏感性分析确定待优化的模拟参数，基于龙卷风切向速度的径向剖面特征（最大切向速度、最大切向速度处半径、标准化风剖面）建立目标函数，通过优化模拟参数使龙卷风数值模拟结果与实测值相吻合。基于计算流体力学建立的数值模型计算量巨大，如果直接参与优化过程中的每一次迭代，将严重影响参数的优化效率。因此，在优化过程中有必要引入代理模型，以减少数值模型的计算消耗提升

* 基金项目：国家重点研发计划项目（2019YFB81600702）；中央高校基本科研业务费专项资金资助（300102210108）。

优化效率。然而，代理模型的建立需要大量的训练样本，其样本集的数量和精度直接影响代理精度。采用精度较高的 LES 方法形成样本集，样本集精度可以保证，但构造样本集所需计算消耗较大；采用精度稍低的 RANS 方法形成样本集，构造样本集所需计算消耗较小，但样本集精度较低。为此，本文引入 co-kriging 代理模型，分别通过 LES 和 RANS 方法形成高/低精度样本，构造多精度代理模型，兼顾样本构造的精度和效率。参数优化流程如图 2 所示。

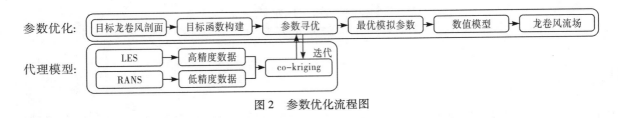

图 2　参数优化流程图

2.3　基于 CFD-CSD 混合方法的大跨度桥梁风致响应分析

根据龙卷风相对桥梁的位置和移动方向，确定最不利的龙卷风荷载工况，基于准静态理论计算龙卷风静力荷载，引入 2D 阶跃响应函数，考虑龙卷风时变平均风速引起的瞬态效应，计算断面气动力荷载。以一座典型的大跨度悬索桥为例，着重分析龙卷风对水平结构性能的影响。

3　结论

本文基于 CFD 的方法建立龙卷风数值模型，通过参数优化使数值模拟结果与实测值能更好吻合，同时通过引入代理模型提高参数优化的效率，基于 CFD-CSD 的混合方法，对龙卷风作用下的大跨度悬索桥进行风致响应分析。

参考文献

[1] TAMURA Y. Wind-induced damage to buildings and disaster risk reduction [J]. Proceedings of the APCWE-VII, Taipei, Taiwan, 2009.

[2] WARD NEIL B. The Exploration of Certain Features of Tornado Dynamics Using a Laboratory Model [J]. Journal of Atmospheric Sciences, 1972, 29 (6): 1194 – 1204.

[3] HAAN F L, SARKAR P P, GALLUS W A. Design, construction and performance of a large tornado simulator for wind engineering applications [J]. Engineering Structures, 2008, 30 (4): 1146 – 1159.

[4] LE K, JR F L H, JR W A G, et al. CFD simulations of the flow field of a laboratory-simulated tornado for parameter sensitivity studies and comparison with field measurements [J]. Wind& Structures An International Journal, 2008, 11 (2): 75 – 96.

[5] YUAN F, YAN G, HONERKAMP R, et al. Numerical simulation of laboratory tornado simulator that can produce translating tornado-like wind flow [J]. Journal of Wind Engineering and Industrial Aerodynamics, 2019, 190: 200 – 217.

[6] HAO J M, WU T. Downburst-induced transient response of a long-span bridge: A CFD-CSD-based hybrid approach [J]. Journal of Wind Engineering and Industrial Aerodynamics, 2018, 179: 273 – 286.

非平稳雷暴风作用下输电线路拟静力响应的时域解析方法[*]

汪大海，向越，陈麒麟

（武汉理工大学土木工程与建筑学院 武汉 430070）

1 引言

下击暴流等局地强对流气象下的雷暴风是造成输电网破坏的主要原因。这类小尺度、突发性强的非平稳强风，在时空特性上与边界层强风有显著的区别。亟待深入开展多跨输电线风振动力响应机理和风荷载理论模型的研究。近年来，国内外研究学者开展了大量的研究。Aboshosha[1]和 Damatty[2]等给出了输电线路导线在下击暴流荷载作用下结构反应的一个半解析解，并通过有限元分析验证了该方法的准确性。通常情况下，塔—线体系的耦联特性及杆塔变形对输电线风振的影响可被忽略。楼文娟等[3]通过有限元建模，研究了移动下击暴流风作用过程中输电线的风偏与风荷载特性。上述研究大多分析了下击暴流作用下输电线路的风振响应特性，但对于下击暴流作用下输电塔的风荷载的评估方法鲜有涉及。

本文基于柔性索结构的非线性力学理论，建立了多跨度导线 – 绝缘子系统在移动下击暴流风场作用下拟静力响应的理论计算框架。考察了输电线顺风向风力、横风向不平衡张力，以及竖向的三维风振动张力作用的响应规律和影响因素。同时，提出了输电杆塔最不利下击暴流风作用工况的评估方法，及对应的静力等效设计风荷载的计算模型。这两方面的进展将为输电线路抗下击暴流的设计风荷载理论模型的建立提供坚实的理论基础。

2 研究方法和内容

2.1 下击暴流风场与多档输电线 – 绝缘子系统

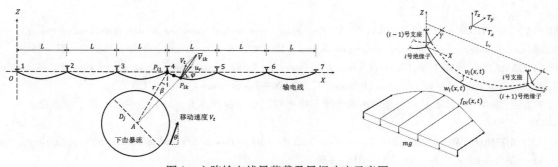

图 1 六跨输电线风荷载及风振响应示意图

如图 1 所示，在平面坐标系 XOY 中，设定下击暴流中心 A 与中间支座的攻角为 β，下击暴流中心 A 离中间支座的距离为 r，下击暴流移动速度为 V_t，移动速度方向与 X 轴的夹角为 θ。设定下击暴流中心 A 的初始坐标值为 (x_0, y_0)，出流直径为 D_j。下击暴流风场由切向风速 V、径向风速 U 组成，作用在输电线上各节点的横向风速 V_{cy}。基于悬索结构的非线性静力理论，n 跨输电线的张力 – 位移变形协调方程通项为

$$H_i^3(t) + \left\{ -H_0 - \frac{EA[u_{x(i+1)}(t) - u_{xi}(t)]}{L} + \frac{EAm^2g^2L^2}{24H_0^2} \right\} H_i^2(t) - \frac{EAq_i^2(t)L^2}{24} = 0 \qquad (1)$$

* 基金项目：国家自然科学基金（51878527）。

其中，$i = 1, 2, \cdots, n$，为各跨输电线。最端部为耐张绝缘子，可视为铰支。$H_i(t)$、T_{zi}和T_{yi}分别为弦向、竖向和横向张力；l和u_{xi}分别为绝缘子的长度和x向位移和长度。

n跨导线通过$n-1$个绝缘子连接，每个绝缘子自由端力的平衡方程为

$$\left[H_{i+1}(t) - H_i(t) \right] \sqrt{l^2 - u_{xi}^2(t)} - u_{xi} \sqrt{T_{zi}^2 + T_{yi}^2} = 0 \qquad (2)$$

2.2 输电线–绝缘子系统风振响应

本文采用下击暴流平均风 Li[9] 模型和 Chen[23] 的脉动风速理论，模拟了下击暴流冲击过程的风荷载时程。以典型的六跨输电线–绝缘子系统为例，图2给出了理论算法与非线性有限元数值方法的1～3号绝缘子支座的张力和自由端的位移的空间响应的对比。

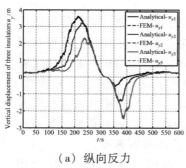 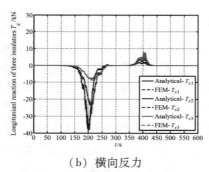 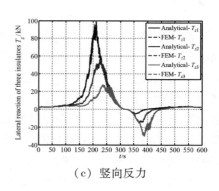

（a）纵向反力　　　　　　　　（b）横向反力　　　　　　　　（c）竖向反力

图2　直线塔支座反力响应时程

3 结论

本文基于输电线的抛物线模型和变形协调方程，建立了任意风荷载作用下铰支输电线以及输电线–绝缘子系统的力学模型。着重考察了下击暴流冲击事件的全过程中，绝缘子支座的张力和自由端的位移的空间响应。并从响应时程、时变均值、极值及风振系数几个方面，与非线性有限元数值计算的结果进行了对比。各类响应的理论算法与有限元之间的误差最大为5%以内，从而验证理论算法的精确性，且计算效率有了极大提升。

参考文献

［1］ ELAWADY A, ABOSHOSHA H, EL DAMATTY A. Aero-elastic response of transmission line system subjected to downburst wind：Validation of numerical model using experimental data ［J］. Wind and Stuructures，2018，27（2）：71–88.

［2］ ASHRAF EL DAMATTY, AMAL ELAWADY. Critical load cases for lattice transmission line structures subjected to downbursts：Economic implications for design of transmission lines ［J］. Engineering Structures，2018：159.

［3］ 楼文娟，王嘉伟，吕中宾，等. 运动雷暴冲击风作用下输电线路风偏的计算方法 ［J］. 中国电机工程学报，2015，35：4539–4547.

［4］ CHEN L, LETCHFORD C W. A deterministic-stochastic hybrid model of downbursts and its impact on a cantilevered structure ［J］. Engineering Structures，2004，26（5）：619–629.

［5］ LI C, LI Q S, XIAO Y Q, et al. A revised empirical model and CFD simulations for 3D axisymmetric steady-state flows of downbursts and impinging jets ［J］. Journal of Wind Engineering and Industrial Aerodynamics，2012，102：48-60.

龙卷风飞掷物数值仿真与简化算法研究

刘震卿，曹益文

（华中科技大学土木与水利工程学院 武汉 430074）

1 引言

国内外很少有开展针对龙卷风致飞掷物的研究，在既有的研究中存在以下不足：①主要采用龙卷风平均风场对飞掷物轨迹进行数值预测，未考虑龙卷风中存在的剧烈湍流对飞掷物运动的影响，在传统风场下飞掷物的研究中，忽略湍流作用将低估飞掷物的运动速度及范围；②现有的龙卷风致飞掷物的研究中缺乏龙卷风风速分布和飞掷物运动速度分布之间的比较，也没有研究考虑龙卷风及飞掷物的参数变化对龙卷风致飞掷物的分布特征的影响；③仅能通过 LES 提供完整的龙卷风瞬时风场的方法考虑湍流的作用，尚未清楚如何根据龙卷风湍流流场的统计信息来考虑湍流效应。为此，本文将针对飞掷物这一龙卷风重要的致灾形式开展仿真研究，提出龙卷风飞掷物分布的简化计算方法。

2 龙卷风飞掷物模拟方法

导出每一个时间步的龙卷风流场信息来考虑龙卷风中的湍流对飞掷物分布特征的作用，意味着飞掷物每一步的轨迹运算都需要等待 LES 生成的流场结果[1,2]，这极大地限制了 LPT 的并行特性的发挥，同时，在实际工程中也无法得到完整的瞬时流场信息来进行飞掷物的分布特征的分析。因此，提出通过流场统计量生成瞬时风场信息的方法，以将 LES 与 LPT 的计算进行解耦，如图 1 所示。

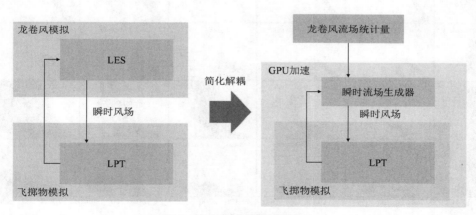

图1 龙卷风飞掷物模拟方法

3 龙卷风风场简化方法

在此方法中，假定龙卷风流场脉动的速率概率密度满足正态分布，龙卷风流场的瞬时风速均由标准正态随机变量 φ 决定，即：

$$v_{i,wG} = V_{i,m} + \varphi_j \sigma_{i,w}, \quad j\Delta t_G < t < (j+1)\Delta t_G \tag{1}$$

其中，$v_{i,wG}$ 表示该方法生成的瞬时风速，下标 j 表示在 $j\Delta t_G < t < (j+1)\Delta t_G$ 时间段内应用标准正态随机变量 φ_j，即龙卷风流场的更新周期为 Δt_G，其对飞掷物分布特征的影响也将在本文中进行研究。

4 结果分析

采用正态随机分布法生成时变的龙卷风流场。其中，Δt_G设为0.1、0.2、0.5、1.0、2.0 s，所选用的Δt_G覆盖了其对所有四种不同形态阶段龙卷风和两种不同尺寸飞掷物工况的最佳估计。图3所示为正态随机分布法得到的ζ在$r-z$投影面上的分布，与耦合方法的对比表明，除了龙卷风核心区域，对于特定的Δt_G，正态随机分布法可以得到与耦合方法相似的ζ分布。飞掷物在龙卷风核心位置所受到的风速并非为零，而这种游荡运动被统计平均所消除，使得飞掷物一旦运动到龙卷风核心位置，便难以得到足够大的气动力向外运动而一直集中在龙卷风核心内。而正如第四章所讨论的，龙卷风核心区内部的ζ很低，飞掷物造成的破坏风险较低，因此，可以安全地忽略正态随机分布法对龙卷风核心处的高估。

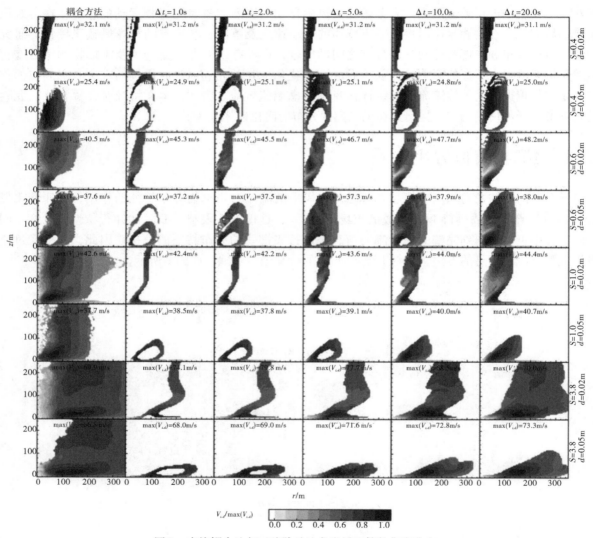

图2 直接耦合法与正弦脉动法龙卷风飞掷物集度分布

参考文献

[1] LIU Z Q, CAO Y W, YAN B W, et al. Numerical study of compact debris in tornadoes at different stages using large eddy simulations [J]. Journal of Wind Engineering and Industrial Aerodynamics, 2020.

[2] LIU Z Q, CAO Y W, WANG Y Z, et al. Characteristics of compact debris induced by a tornado studiedusing large eddy simulations [J]. Journal of Wind Engineering and Industrial Aerodynamics, 2020, 104422.

龙卷风作用下中小铁路客站钢结构雨棚易损性分析[*]

白凡[1]，杨娜[2]

（1. 北京交通大学土木建筑工程学院 北京 100044；

2. 北京市结构风工程与城市风环境重点实验室 北京 100044）

1 引言

高速铁路客站是我国新基础设施建设的重要组成部分，中小型铁路车站占比在 85% 以上，而车站雨棚是铁路客站中保证旅客通行或候车的关键结构。中小型车站雨棚多为大跨度全开敞结构，质量轻、刚度小，对风荷载极为敏感。近年来，随着高速铁路大规模建设，龙卷风对高铁基础设施，尤其是中小铁路车站的袭击事故逐渐增多，严重影响区域经济、社会的正常运转，甚至造成公共安全危机。我国华东地区的中小铁路车站雨棚结构遭受龙卷风袭击的危险性一直存在，中小型铁路车站抗龙卷风性能尚未引起足够重视，缺乏对中小型高铁车站雨棚结构在龙卷风作用下的风荷载、风效应、抗力概率模型的系统性研究，对于龙卷风作用下雨棚结构易损性研究也较为少见。而结构风致易损性模型的精准构建对于深度认识龙卷风作用下中小铁路车站雨棚结构风致效应、损伤机理，开展龙卷风作用后中小铁路车站雨棚结构的状态评估尤为重要，是建立更为完善的高铁客站抗风设计及评估体系，保障现龙卷风作用下中小铁路车站雨棚结构性能表现及状态评估问题严重影响着我国高铁基础设施建设的正常运行及安全运营。

本文从龙卷风致中小铁路车站雨棚结构易损性问题着手，从龙卷风作用在雨棚结构上的风效应、既有雨棚结构考虑损伤的抗力模型两个维度出发。结合理论分析、试验研究及数值模拟等技术手段，选取典型单跨/三跨中小铁路车站雨棚结构，深入研究作用在雨棚结构上的龙卷风风压分布规律及风荷载计算模型；系统分析雨棚结构各典型受力构件力学特征，考虑屈曲、锈蚀、疲劳等既有雨棚结构典型损伤形式，建立构件抗力随机分布模型；在龙卷风荷载及雨棚结构抗力模型研究基础上，建立"构件 – 结构"多尺度易损性模型，实现龙卷风作用下中小铁路车站雨棚结构的状态评估代高铁交通网络顺利运行的关键。

2 龙卷风荷载模型公式

龙卷风风荷载模型采用美国规范 ASCE7 – 10 中的规定，如公式（1）～公式（3）所示，分别代表了考虑龙卷风致外压（T_e）、内压（T_i）后的龙卷风荷载公式，公式（1）与公式（2）表示的物理内涵较为一致。

$$q_h = 0.613 K_h K_{zt} V^2 \tag{1}$$

$$q_h = 0.00256 K_h K_{zt} V^2 \tag{2}$$

$$p = q_h [T_e(GC_p) - T_i(GC_{pi})] \tag{3}$$

3 易损性分析模型

龙卷风荷载易损性模型采用经典的易损性计算方法，如公式（4）～公式（5）所示。

$$P[LS] = \int_0^\infty Fr(x) g_X(x) \, dx \tag{4}$$

$$Fr(x) = \varphi \left[\frac{\ln(x) - \lambda_R}{\xi_R} \right] \tag{5}$$

* 基金项目：中国博士后面上项目（2020M680330）；国家自然科学基金项目（52008020）；中央高校基本科研业务费（2020JBM039）。

4　结论

本文通过蒙特卡洛模拟给出了屋面系统的重要构件自攻螺钉、檩条及压型钢板的抗力模型；结合风荷载模型与抗力模型，给出了构件层次龙卷风易损性曲线，进而通过合理设定损伤状态，给出了结构层次的龙卷风易损性。

参考文献

[1] WANG X H, HUANG Z Y, CHEN B, et al. Equivalent static wind loads on plate-like flat roofs: data-based closed form [J]. Journal of Structural Engineering, 2020, 146 (6): 0002643.

[2] 范雯杰, 俞小鼎. 中国龙卷的时空分布特征 [J]. 气象, 2015, 41 (7): 793 – 805.

[3] YANG Q S, GAO R, BAI F, et al. Damage to buildings and structures due to recent devastating wind hazards in East Asia [J]. Natural Hazards, 2018, 92: 1321 – 1353.

[4] HOLMES J D, OLIVER S E. An empirical model of a downburst [J]. Engineering Structures, 2000, 22 (9): 1167 – 1172.

[5] CAO S, LI M. Numerical study of flow over a circular cylinder in oscillatory flows with zero-mean and non-zero-mean velocities [J]. Journal of Wind Engineering and Industrial Aerodynamics, 2015, 144: 42 – 52.

突变气流下1:5矩形断面气动特性的风洞试验研究 *

周强[1,2]，肖英[1]，曹曙阳[3]

（1. 西南交通大学土木工程学院 成都 610031；

2. 风工程四川省重点实验室 成都 610031；

3. 同济大学土木工程防灾国家重点实验室 上海 200092）

1 引言

因其丰富的气动特性和突出的工程应用价值，边长比为5的矩形断面一直是风工程领域重要的研究对象，并针对其在良态风场下的气动特性开展了大量研究[1-2]。然而，随着全球气候变化，龙卷风、雷暴等这类具有突变性质的特异风愈加频繁[3]。我国结构抗风设计方法和规范都是基于良态气候风场而建立的[4]，不适用于此类突变风场。因此，研究突变气流作用下的钝体绕流情况具有重要意义。本文以1:5矩形断面为研究对象，利用多风扇主动控制风洞产生不同加速度的风速突升和突降气流，采用同步测量技术获得断面表面风压，通过对风压的平均、脉动、空间相关性等特性的分析，研究突变气流作用下断面的风荷载特性。

2 风洞试验及风场特性

模型测压试验在同济大学多风扇主动控制风洞（TJ-6）风洞中进行，模型尺寸 $0.3 \text{ m} \times 0.06 \text{ m}$（$B/D = 5$），展向尺寸 1.2 m。沿矩形断面模型展向方向布设5圈测压孔，每圈50个测压点。试验时采样频率：300 Hz；采样时间：52s。试验流场为均匀流场，来流风速 $6 \sim 10.5$ m/s，突变气流采用阶跃状气流，即风速在短时间内由 U_1 加速到 U_2（或者由 U_2 减至 U_1），采用眼镜蛇风速仪对流场内风速等数据进行采样。

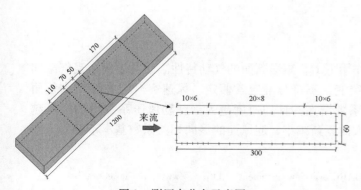

图1 测压点分布示意图

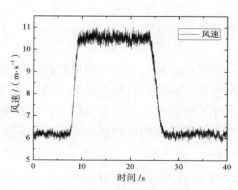

图2 突变气流的风速时程

3 突变气流作用下的风荷载特性

对于风速的非平稳性，结构表面风压也同样表现出明显的非平稳特性。在加速度最大的工况，风速突升的瞬间，结构侧面和背风面风荷载出现"overshoot"现象，而在加速度较小的工况中并未出现这一特殊现象。与平稳段的脉动风压系数相比，加速段与减速段结构各面的脉动风压系数均增大，且加速度越

* 基金项目：国家自然科学基金项目（52078437）。

大，增加幅值越大；断面靠近来流方向侧面和迎风面的平均风压系数略微增加，而靠近尾流区域侧面和背风面的平均风压系数基本不变。

与风速平稳段相比，风速突升与突降结构各面的展向相关性均增强；迎风面的展向相关系数随展向间距增大基本不变，侧面与背风面的展向相关系数随展向间距的增大而逐渐减小。

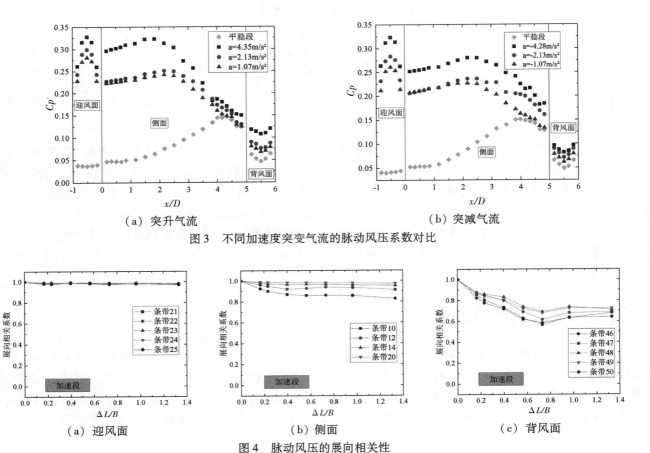

（a）突升气流　　　　　　　　　　　　　　　　（b）突减气流

图3　不同加速度突变气流的脉动风压系数对比

（a）迎风面　　　　　　　　（b）侧面　　　　　　　　（c）背风面

图4　脉动风压的展向相关性

4　结论

本文采用多风扇主动控制风洞研究了突变气流作用下1∶5矩形断面的气动特性。研究表明，当气流加速度较大时，结构风荷载会出现不随风荷载变化的突变，不符合准定常假定。风速突升与突降结构各面的展向相关性均增强，从而使结构各面的脉动风压系数增大，且加速度越大，脉动风压系数增加幅值越大。侧面与背风面的展向相关系数随展向间距的增大而逐渐减小，迎风面的展向相关系数基本不变。

参考文献

［1］BARTOLI G, BRUNO L, BURESTI G, et al.（2008），"BARC overview document"，http：//www. aniv-iawe. org/barc.

［2］NODA M, UTSUNOMIYA H, NAGAO F, et al. Effectsof oscillation amplitude on aerodynamic derivatives［J］. Journal of Wind Engineering and Industrial Aerodynamics，2003，91（1/2）：101－121.

［3］Intergovernmental Panel on Climate Change. Climate Change 2014：Mitigation of Climate Change［M］. Cambridge University Press，2015.

［4］陈政清. 工程结构的风致振动、稳定与控制［M］. 北京：科学出版社，2013.

大跨度桥梁龙卷风荷载数理模型 *

操金鑫[1,2,3]，任少岚[2]，曹曙阳[1,2,3]，葛耀君[1,2,3]

（1. 同济大学土木工程防灾国家重点实验室 上海 200092；

2. 同济大学土木工程学院桥梁工程系 上海 200092；

3. 同济大学桥梁结构抗风技术交通运输行业重点实验室 上海 200092）

1 引言

　　龙卷风等强对流极端天气具有作用范围小、持续时间短、作用强度大的特点，是自然灾害中发生最为频繁、破坏力最为巨大的灾害之一。在我国强龙卷风多发的江苏、上海、广东等地，正在规划或建设一批主跨 2000m 级超大跨度桥梁。对于这类线状风敏感结构，龙卷风等极端风灾可能造成的危害不可忽略。因此，开展龙卷风对大跨度桥梁作用的前瞻性研究，对于保证上述重要桥梁工程安全乃至整个区域交通网络的安全，具有重要的支撑作用。目前，国内外针对龙卷风对桥梁结构作用的研究还很少见，少量有关桥梁在龙卷风作用下的结构响应数值分析，仍是基于常规风洞实验的风荷载参数结果[1-3]。本文在前期开展大跨度桥梁龙卷风荷载物理模拟实验[4]的基础上，进一步分析了龙卷风对大跨度桥梁的作用机制，并提出了大跨度桥梁龙卷风荷载数理模型。

2 龙卷风风场模型

2.1 切向风速和气压降

　　作为建立桥梁断面龙卷风荷载模型的前提，首先明确了龙卷风风场的数学模型采用 Bjkernes 模型，并利用龙卷风风场参数实验结果确定了模型中的经验参数。图 1 和图 2 分别为切向风速和气压降的水平分布模型及其实验结果验证。

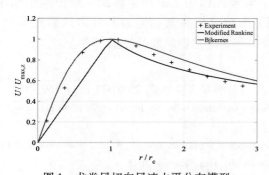

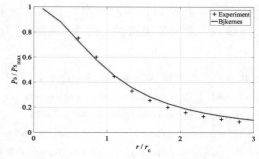

图 1　龙卷风切向风速水平分布模型　　　　　　　　图 2　龙卷风气压降水平分布模型

2.2 风场对桥梁断面风荷载作用机制

　　对处于龙卷风风场中的桥梁断面来说，气动阻力主要受主梁断面的左右腹板气压降差和切向风速的气动作用影响；气动升力主要受上下表面气压差（非风场产生的气压降）影响。对前者，由于明确了风场的气压降和切向风速的空间分布，可较方便实现气动阻力的建模；而后者，需通过无须考虑切向风速和风场气压降影响的区域来建立上下表面压差模型。

* 基金项目：国家自然科学基金项目（51878504、51720105005）。

3 桥梁断面龙卷风荷载模型

3.1 气动阻力

通过上节确定的风场气压降，可以建立受气压降作用的桥梁断面表面风压系数模型。通过风场的切向风速模型，并结合常规风洞桥梁断面测压实验结果，可以建立切向风速气动作用的桥梁断面表面风压系数模型。由于阻力系数是表面风压系数沿断面的积分，采用类似数理模型形式可分别建立气压降和切向风速引起的气动阻力模型，结果如图 3 所示，r_y 为桥梁断面与龙卷风中心沿跨向的距离。

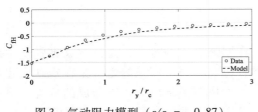 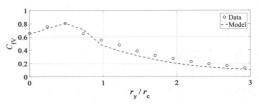

图 3　气动阻力模型（$r/r_c = -0.87$）　　　　图 4　气动升力模型（$r/r_c = -0.87$）

3.2 气动升力

与气动阻力的产生机制不同，风场气压降在模型高度范围内的变化很小。因此，气动升力的主要来源是由于模型的存在带来的流场特性改变而引起的。气动升力建模主要针对这种"气流－桥面"干扰作用产生的上下表面压差来展开。通过将压差导致的风力系数表示为主梁中心断面的压差和 r_y 的函数，可以建立整个断面的气动升力模型，如图 4 所示。

4 结论

在龙卷风作用下大跨度桥梁主梁断面风荷载物理实验的基础上，明确了龙卷风风场平均切向速度和气压降的水平剖面模型和模型参数，提出了龙卷风风场对桥梁断面的三种作用机制：气压降作用、切向风速气动作用和模型引起的压差作用。结合龙卷风风场模型、常规风作用下的桥梁断面气动力模型和龙卷风作用下桥梁上、下表面的压差模型，提出了龙卷风作用下大跨度桥梁气动阻力和升力的数理模型，并确定了模型参数、验证了模型的合理性。结果可为大跨度桥梁开展抗龙卷风设计提供参考。

参考文献

[1] 陈艾荣,刘志文,周志勇. 大跨径斜拉桥在龙卷风作用下的响应分析 [J]. 同济大学学报, 2005, 33 (5)：569 – 574.

[2] CAO B, SARKAR P P. Numerical simulation of dynamic response of a long-span bridge to assess its vulnerability to non-synoptic wind [J]. Engineering Structures, 2015, 84：67 – 75.

[3] HAO J, WU T. Tornado-induced effects on aerostatic and aeroelastic behaviors of long-span bridge [C]. // Proceedings of the 2016 World Congress on Advances in Civil Environmental & Materials Research. Jeju, Korea：2016.

[4] CAO J, REN S, CAO S, et al. Physical simulations on wind loading characteristics of streamlined bridge decks under tornado-like vortices [J]. Journal of Wind Engineering and Industrial Aerodynamics, 2019, 189：56 – 70.

基于冲击射流模型的下击暴流山地风场特性与数理模型研究

闫渤文[1]，何伊妮[1]，马晨燕[1]，田玉基[2]，杨庆山[1]

（1. 风工程及风资源利用重庆市重点实验室，重庆大学土木工程学院 重庆 400044；

2. 北京交通大学土木建筑工程学院 北京 100044）

1 引言

基于稳态风场，Oseguera 和 Bowles[1] 提出第一个下击暴流三维模型，简称 OB 模型。Vicroy[2] 在此基础上改进了模型中的水平风速的径向形状函数，进而改进了水平速度的竖向形状函数，修正了经验模型，简称 OBV 模型。Wood 和 Kwok[3] 通过冲击射流试验及 CFD 模拟，建立了有关下击暴流水平风速的竖向风剖面的半经验模型，简称 Wood 模型。Holmes 和 Oliver[4] 提出了平均风速水平分量的径向风剖面表达式，其主要考虑了距冲击射流喷口的轴向距离及下击暴流经过的时间函数，简称 Holmes 模型。Li 等[5] 基于 OBV 模型和 Holmes 模型，重新确定了各形状函数的参数，并在经验模型中引入了最大水平风速随径向位置及竖向位置变化的函数，即考虑了边界层非线性的发展，简称 Li 模型。现有的下击暴流山地风场研究明确了影响风场的山地关键参数，但是其研究范围集中，未进行系统性和规律性研究；对山地风场研究多集中在山地加速比，未考虑山地风场加速机理。现有的山地加速比模型参考边界层风场，缺乏下击暴流山地加速比模型。本文主要依据平地风场试验数据，结合现有的半经验模型，构建下击暴流平地风场，再现了下击暴流水平风速云图。然后，根据边界层山地加速比的理论与改变坡度、径向距离时下击山地风场，构建下击暴流山地加速比的表达式，并进行了验证对比。同时，提出了将平地风场模型和山地加速比模型的耦合，得到山地风速剖面的方法。

2 试验及模拟概况

2.1 冲击射流风洞试验

在考虑边界层非线性发展后，均依据数值模拟的结果进行平地风场建模，且重点关注风速剖面，但是未考虑冲击射流试验风场是否能够满足模型。故本节依据半经验模型中的 Li 模型的推导过程，根据冲击射流试验数据建立了下击暴流平地风场模型。

为了能完整地表示出试验中的下击暴流的稳态风场，沿着竖向位置及其径向位置布置了多个测点，并在水平风速达到最大值的位置加密了测点。试验中喷口出流风速为 10 m/s。

2.2 冲击射流山地风场数值模拟

本文数值模拟采用 1∶1000 缩尺比进行冲击射流山地模型的建模。在数值模拟中以径向坐标为主建立 1/4 圆周的三维计算域。数值模拟中的几何尺寸和试验中保持一致，出流直径 $D = 600$ mm，出流喷口到地面的距离为 $H = 1.0D = 600$ mm，射流中心到径向距离最远位置为 $7.0D$，出流风速为 10 m/s。数值模拟中，对于速度压力耦合方程采用 SIMPLE 算法进行求解。非线性对流项采用二阶迎风格式进行离散，动量方程采用有界中心差分格式。

对比不同的 RANS 湍流模型 Realiazable $k-\varepsilon$、RNG $k-\varepsilon$、SST $k-w$，发现 SST 模型的风速值分布误差范围广，Realiazable $k-\varepsilon$ 模型的风速值分布在 10% 误差范围内较多，故相比其他 RANS 模型，其结果更好。由此选用该模型进行模拟，结果作为山地风场模型建立的数据，不同的山体坡度工况设定如表 1 所示，另外为探究山体各位置的加速比随径向距离的变化，选取 Quad – D300 – H075 将其放置在 $1.0D$、$1.1D$、$1.2D$、$1.3D$、$1.4D$、$1.5D$、$1.6D$、$1.7D$、$1.8D$、$1.9D$ 及 $2.0D$ 的位置。

表1 数值模型山体坡度工况表

模型编号	山体高度/mm	山体直径/mm	山中坡度（角度）	山脚坡度（角度）
Quad – D1000 – H075	75	1000	0.106（6.05°）	0.15（8.53°）
Quad – D750 – H075	75	750	0.141（8.03°）	0.2（11.3°）
Quad – D450 – H075	75	450	0.236（13.28°）	0.3（16.7°）
Quad – D375 – H075	75	375	0.283（22.93°）	0.4（26.6°）
Quad – D300 – H075	75	300	0.357（19.5°）	0.5（8.53°）
Quad – D250 – H075	75	250	0.423（22.93°）	0.6（31°）
Quad – D215 – H075	75	215	0.4933（26.43°）	0.7（35°）

3 主要研究内容

基于冲击射流平地风场试验，选择下击暴流充分发展区域，进行山地风场的研究。采用选取稳态数值模拟方法，对坡度及径向位置的改变对山体风场的影响开展研究。结合现有的半经验模型与冲击射流试验数据，建立下击暴流的平地风场模型。

4 结论

本文主要是对冲击射流模型下的平地风场的再现及其山地风场的建模进行了研究。通过冲击射流平地的试验数据及 Li 模型的推导构成，生成了以竖向形状函数及径向形状函数分别推导的冲击射流平地的风速云图，并与试验数据进行误差分析。通过考虑山体模型的坡度、径向位置的变化，依据山顶位置、背风面山脚位置等的加速比，提出了冲击射流模型下的山体位置的加速比分布。最后，提出了将两个模型结合起来获得山地风速值的方法。

参考文献

[1] OSEGUERA R M, BOWLES R L. A simple, analytical 3 – dimentional downburst model based on boundary layer stagnation flow [J]. Nasa Technical Memorandum, 1988.

[2] VICROY D D. A simple, analytical, axisymmetric microbust model for downdraft estimation [C]. NASA Technical Memorandum 104053, 1981.

[3] WOOD G S, KWOK K C S. An empirically derived estimate for the mean velocity profile of a thunderstorm downburst [C]. In: 7th Australian Wind Engineering Society Workshop Auckland. New Zealand, 1998.

[4] HOLMES J D, OLIVER S E. An empirical model of a downburst [J]. Engineering Structures, 2000, 22 (9): 1167 – 1172.

[5] CHAO L, LI Q S, XIAO Y Q, et al. A revised empirical model and CFD simulations for 3D axisymmetric steady-state flows of downbursts and impinging jets [J]. Journal of Wind Engineering and Industrial Aerodynamics, 2012, 102 (3): 48 – 60.

十一、计算风工程方法与应用

基于 DDES 模型的并列三柱体风致干扰分析[*]

张爱社[1]，高翠兰[2]

（1. 山东建筑大学土木工程学院 济南 250101；

2. 山东建筑大学交通工程学院 济南 250101）

1 引言

对于相邻建筑的风致干扰，目前研究大多局限于两个建筑的相互影响，只有少部分文献考虑了三个建筑物的相互干扰问题。文献［1］对典型群体超高层建筑的风致干扰效应进行了系统研究，通过对大量试验数据分析，得到了有重要参考价值的成果，提出了三个建筑间干扰效应的建议。文献［2］讨论了建筑物间距对三个并列建筑风压分布的影响，中间受扰建筑压力变化随着间距增加而增大。对于相邻三个建筑的风致干扰试验研究，由于试验工况多、试验工作量大而使得这方面的试验研究资料并不多见。

数值模拟是分析建筑间相互干扰影响的重要方法，其中的分离涡方法[3]（DES）是混合雷诺平均/大涡模拟（RANS/LES）方法之一，被认为是在计算效率、精度和资源要求等方面综合评价较好的方法。Strelets[4] 基于 SST $k-\omega$ 模型发展了 SST – DES 模型，进行了典型大分离流动分析。文献［5］改进了 Strelets 的 SST – DES 模型，提出了基于 SST 模型的延迟 DES（delayed detached-eddy simulation，DDES）方法，即 SST – DDES 实现模式。本文在上述研究方法的基础上，对于高 Re 数大分离流动问题，应用有限体积法，采用基于 SST $k-\omega$ 模型的 DDES 方法数值求解流动控制方程。以此为技术手段，模拟了并列三方柱相互气动干扰问题。

2 数值方法

采用 Navier-Stokes 方程作为高 Re 数大分离流动的控制方程，湍流模型采用 SST $k-\omega$ 模型。k 方程中的湍流长度尺度是大涡模拟中控制 LES 或 RANS 求解的开关。对于 SST $k-\omega$ 定义为：

$$l_{\mathrm{DDES}} = l_{\mathrm{RANS}} - f_d \max(0, l_{\mathrm{RANS}} - l_{\mathrm{LES}}) \tag{1}$$

式中：$l_{\mathrm{RANS}} = \sqrt{k}/(C_\mu \omega)$，$l_{\mathrm{LES}} = C_{\mathrm{DES}} h_{\max}$，$h_{\max}$ 表示网格最大尺寸。C_{DES} 为 DES 自适应参数，$C_{\mathrm{DES}} = C_{\mathrm{DES1}} F_1 + C_{\mathrm{DES2}}(1 - F_1)$，$F_1$ 由湍流模型给出。f_d 为屏蔽函数，在近壁面处等于 0，在远离壁面处等于 1。本文的常数取值为 $C_{\mathrm{DES1}} = 0.78, C_{\mathrm{DES2}} = 0.61$。

3 建筑布置

沿流向选取三个并列建筑进行数值模拟分析，如图 1 所示。图中建筑 A 为受扰建筑，建筑 B 和 C 为施扰建筑，三者为方形截面尺寸和高度均相同的高层建筑。本次模拟计算只考虑施扰建筑 B、C 关于受扰建筑 A 对称布置、对称移动的情况。建筑 A 固定不动，施扰建筑 B、C 可移动范围为 $y/b = 1.6 \sim 9.0$。建

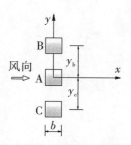

图 1　三建筑并列布置图

---

* 基金项目：国家自然科学基金项目（50678122）。

筑物 A、B 和 C 的高宽比为 6。

4 计算结果与分析

4.1 受扰建筑侧立面风压分布

当干扰间距 $y/b = 1.5 \sim 3.5$ 时，受扰建筑侧立面靠近迎风面的位置处，平均风压最大干扰因子 IF 达到 $1.45 \sim 2.0$，并且间距越小，干扰因子越大。整个侧立面上大部分区域的平均风压的 IF 值都大于 1，因此可见建筑物之间平均风压的相互影响较为严重。随着间距比逐渐增大，侧面上的最大 IF 值逐渐减小。当间距 $y/b = 7.0$ 时，侧面上很大区域的平均风压 IF 值趋近于 1，建筑物之间的干扰效应变得很弱。这与有关文献的实验结果是一致的。间距比越小脉动干扰因子 IF 值越大。当 $y/b = 1.5$ 时，最大 IF 值达到 1.7，位置也是靠近迎风侧。随着间距比增加，最大 IF 值减小，侧面的 IF 值逐渐趋于均匀，当间距比达到 7.0 时，整个侧面的大部分区域的 IF 值接近于 1.0，干扰效应基本消失。

4.2 受扰建筑背风面风压分布

受扰建筑背风面的流动较为复杂。当间距比小于 2.5 时，背风面平均风压最大 IF 值大约为 1.2。当间距比大于 3.5 以后，背风面大部分区域的平均 IF 值都小于 1.1。间距比达到 7.0 时，背风面的干扰影响基本消失。背风面的结构顶部脉动风压 IF 值基本在 1.05 以内，当间距比等于 7.0 时，干扰因子接近于 1.0。

5 结论

为模拟高雷诺数湍流流经建筑物的分离流动，本文采用基于 SST $k - \omega$ 模型的延迟分离涡方法，数值模拟了三个并列布置建筑气动相互干扰的问题，讨论了建筑周围流场、风压分布特征与相邻建筑间距之间的关系。分析表明，延迟分离涡模拟技术结合一定的湍流模型模化形式能够有效模拟建筑物大分离湍流流动问题，计算精度和计算成本均较好。该方法可为模拟类似的建筑物分离流动提供有益借鉴和参考。

参考文献

[1] 谢壮宁，顾明. 典型群体超高层建筑风致干扰效应研究 [M]. 上海：同济大学出版社，2018.

[2] 蒋洪平，张相庭. 三个相邻高层建筑间的风力干扰之试验研究 [C]. 第四届全国风工程及工业空气动力学学术会议论文集，1994.

[3] JOU W, STRELETS M, et al. Comments on the feasibility of LES for wings, and on hybrid RANS/LES approach [J]. Advances in DNS/LES, 1997, 4 (8): 137－147.

[4] STRELETS M. Detached eddy simulation of massively separated flows [J]. AIAA Paper 2001, 2001－0879.

[5] MENTER F R, KUNTZ M, LANGTRY R. Ten years of industrial experience with the SST turbulence model [J]. Turbulence, Heat and Mass Transfer, 2003, 4 (1): 625－632.

基于极度扭曲网格的单元型光滑有限元流固耦合模拟 *

何涛，姚文娟

（上海师范大学土木工程系 上海 201418）

1 引言

网格扭曲是以流固耦合为代表的动网格问题所面临的顽疾之一。长久以来，计算力学研究者一直致力于发展适应严重网格扭曲的数值方法。研究发现，具备无网格属性的单元型光滑有限元方法（cell-based smoothed finite element method，CS-FEM）有望成为解决上述难题的突破口[1-3]。

2 基本原理

为方便起见，在二维光滑域内任一点定义一个标量函数。若仅考虑分段常数形式的核函数，那么经过分部积分操作后可得：

$$\tilde{\nabla} f(\boldsymbol{x}_c) = \int_{\tilde{\Omega}} \nabla f(\boldsymbol{x}) W(\boldsymbol{x} - \boldsymbol{x}_c) \mathrm{d}\Omega = \frac{1}{A_c} \int_{\tilde{\Gamma}} \nabla f(\boldsymbol{x}) \boldsymbol{n}(\boldsymbol{x}) \mathrm{d}\Gamma. \tag{1}$$

在单元型光滑有限元方法中，数值积分规则可表述如下：

$$\int_{\Omega} f(\boldsymbol{x}) \mathrm{d}\Omega = \sum_{i=1}^{n_e} \int_{\tilde{\Omega}_i} f(\boldsymbol{x}) \mathrm{d}\Omega = \sum_{i=1}^{n_e} \sum_{j=1}^{n_c} \int_{\tilde{\Omega}_{ij}} f(\boldsymbol{x}_{cij}) \mathrm{d}\Omega. \tag{2}$$

一般情况下，为平衡计算精度与效率，可将一个四边形单元再划分为 4 个光滑子域[2-3]。

3 扭曲网格稳定技术

一个完全扭曲的四边形网格可视为由凸单元和凹单元组成。具体而言，将一个凸四边形单元划分为 4 个光滑子域，而将一个凹四边形单元仅视为 1 个光滑子域。对后者采用基于沙漏稳定机制的一单元光滑积分技术[2,4]如下：

$$\mathbf{H}_{hg} = \in_{hg} \mu \boldsymbol{\Gamma}_{hg} \boldsymbol{\Gamma}_{hg}^{\mathrm{T}}, \boldsymbol{\Gamma}_{hg} = \begin{bmatrix} 1 & -1 & -1 & 1 \end{bmatrix}^{\mathrm{T}}. \tag{3}$$

将式（3）引入 NS 方程的光滑弱式，并可方便地使用特征线分裂算法[2]进行求解。

4 数值算例

两个流固耦合算例的问题定义分别如图 1 和图 2 所示。运用本文方法，装备弹性底的方腔流问题[5]求解于图 1。在图 2 中，固定方柱后两悬臂梁涡激振动也能成功模拟。由这两图可知，即便在完全扭曲四节点四边形单元的离散环境下，所得结果依然令人十分满意。

* 基金项目：上海市自然科学基金面上项目（19ZR1437200）。

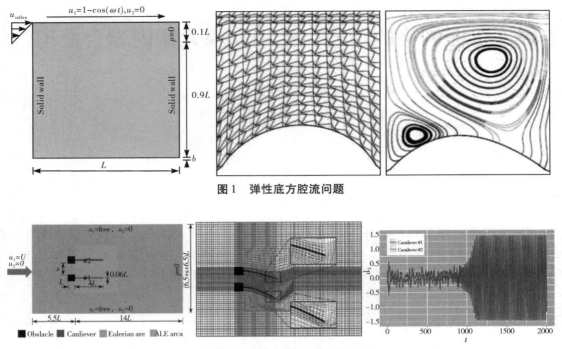

图1 弹性底方腔流问题

图2 方形障碍后两悬臂梁涡激振动

5 主要结论

本文提出了一种稳定化单元型光滑有限元方法并将其成功运用于严重扭曲网格离散的流固耦合问题。基于该方法，分别考虑了不同类型的非定常、大位移流固耦合问题，能够精确捕捉到各类流致振动现象的主要特征，所得结果令人满意。

参考文献

[1] LIU G R, DAI K Y, NGUYEN T T. A smoothed finite element method for mechanics problems [J]. Computational Mechanics, 2007, 39 (6): 859 – 877.

[2] HE T. A truly mesh-distortion-enabled implementation of cell-based smoothed finite element method for incompressible fluid flows with fixed and movingboundaries [J]. International Journal for Numerical Methods in Engineering, 2020, 121 (14): 3227 – 3248.

[3] HE T. Insight into the cell-based smoothed finite element method for convection-dominated flows [J]. Computers & Structures, 2019, 212: 215 – 224.

[4] HE T. An efficient selective cell-based smoothed finite element approach to fluid-structure interaction [J]. Physics of Fluids, 2020, 32 (6): 067102.

[5] HE T. Extending the cell-based smoothed finite element method into strongly coupled fluid-thermal-structure interaction [J]. International Journal for Numerical Methods in Fluids, 2021, 93 (4): 1269 – 1291.

[6] HE T. Cell-based smoothed finite element method for simulating vortex-induced vibration of multiple bluff bodies [J]. Journal of Fluids and Structures, 2020, 98: 103140.

方柱涡激振动性能的 LES 数值模拟研究[*]

靖洪淼[1,2,3]

（1. 石家庄铁道大学省部共建交通工程结构力学行为与系统安全国家重点实验室 石家庄 050043；

2. 河北省风工程和风能利用工程技术创新中心 石家庄 050043；

3. 石家庄铁道大学土木工程学院 石家庄 050043）

1 引 言

为了研究 LES 数值模拟方法在方柱涡激振动方面的可行性，以及方柱涡激振动的雷诺数效应，基于 OpenFOAM 开源计算流体力学软件平台和动网格技术，以及大涡模拟（large eddy simulation，LES）方法，开展了雷诺数分别为 8000、2828、1000 和 544.4 的三维方柱单自由度涡激振动模拟研究。其中，通过改变方柱的尺寸和来流速度实现雷诺数的变化，而流体的运动黏度保持不变，即四种雷诺数对应的方柱几何缩尺比依次为 1:1、1:2、1:4 和 1:6。本文不但丰富了柱体风致振动性能的数值模拟研究方法，而且为研究低雷诺数试验结果与实际高雷诺数结果之间的差异提供了参考。

2 LES 数值计算模型

2.1 计算域和边界条件

为保证网格具有良好的正交性及其在运动过程中的质量，采用了如图 1 所示的圆形计算域，其中圆形计算域的半径为 20D，方柱展向长度为 4D[1]，D 为方柱的边长。圆形计算域的左半圆弧为均匀流速度入口，右半圆弧为 0 压力出口，方柱采用无滑移固壁面条件，前后面采用周期性循环边界条件。

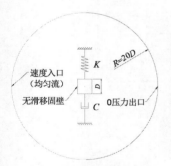

图 1 计算域示意图

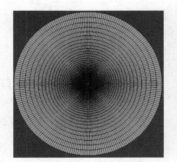

图 2 整体网格示意图

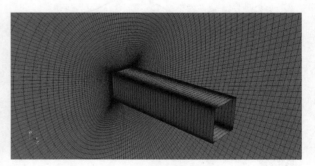

图 3 局部网格示意图

2.2 湍流模型、求解设置和网格划分

湍流模型采用 OpenFOAM 自带的具有较高计算精度的 dynamicKEqn 大涡湍流模型[2]，即动力—方程涡粘模型。数值离散中，时间项采用二阶隐式离散格式；梯度项采用高斯线性中心差分格式；散度项采用二阶迎风格式；每个时间步的压力残差收敛值为 10^{-6}，速度和湍动能残差收敛值为 10^{-8}；最终采用 PIMPLE（PISO 和 SIMPLE 的组合）算法求解。

整个计算域采用结构化网格划分，方柱表面网格保证 y^+ 在 1 左右；径向网格按 1.08 的线性增长率增加；方柱展向按 0.1D 划分网格，共划分 40 层网格。最终的计算域网格如图 2 和图 3 所示，其中雷诺数 8000、2828、1000 和 544.4 的算例网格量依次约为 85.5 万、51.7 万、28.0 万和 25.6 万。

* 河北省自然科学基金（E2021210063）。

2.3 弹性模型参数和工况说明

方柱设置为单自由度横流向振动形式，弹簧和阻尼模型的设置如图 1 所示，其中 K 和 C 分别表示方柱在真空中固有的刚度和阻尼。为了对比说明，还进行了同等雷诺数下静止方柱的大涡数值模拟。本研究中所进行的数值模型参数和工况如表 1 所示。

表 1 数值模型参数和工况

雷诺数 Re	阻尼比/ζ							刚度/K	质量/M
	阻尼/C								
	静止	0	0.2%	0.4%	0.6%	0.8%	1%		
8000	∞	0	22.07	44.14	66.21	88.27	110.3	2378	12800
2828	∞	0	3.901	7.802	11.70	15.60	19.50	594.4	1600
1000	∞	0	0.6896	1.379	2.069	2.758	3.448	148.6	200
544.4	∞	0	0.2503	0.5006	0.7509	1.001	1.251	66.05	59.28

3 数值模拟结果

分别考察了方柱气动力系数、横流向涡振振幅、方柱斯托罗哈数，以及回流长度等随雷诺数的变化情况，其中涡振振幅均方根和平均阻力系数结果分别如图 4 和图 5 所示。

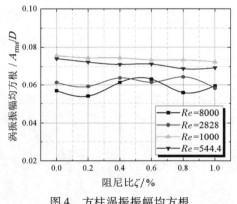

图 4 方柱涡振振幅均方根

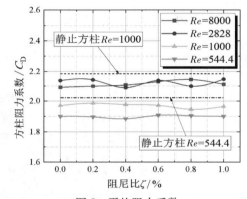

图 5 平均阻力系数

4 结论

方柱的涡激振动性能可以通过基于动网格技术的 LES 数值模拟方法进行研究。随着雷诺数和固有阻尼比的增加，方柱横流向涡振振幅均方根总体呈下降趋势，部分工况稍微变化，可能是阻尼变化导致弹性系统固有频率改变造成的，但振幅均方根基本在 0.05～0.08 倍方柱边长范围内。方柱平均阻力系数基本不随固有阻尼比变化，但随雷诺数变化较大，同时普遍小于静止方柱的结果，相差约 20%。

参考文献

[1] SHANG J, ZHOU Q, ALAM M M, et al. Numerical studies of the flow structure and aerodynamic forces on two tandem square cylinders with different chamfered-corner ratios [J]. Physics of Fluids, 2019, 31 (7)：075102.

[2] LYSENKO D A, ERTESVÅG I S, RIAN K E. Large-eddy simulation of the flow over a circular cylinder at Reynolds number 3900 using the OpenFOAM toolbox [J]. Flow, turbulence and combustion, 2012, 89 (4)：491-518.

RANS/LES 混合方法在桥梁风工程中的应用研究 *

张伟峰[1]，穆崇[1]，张志田[2]

（1. 华北水利水电大学土木与交通学院 郑州 450045；

2. 海南大学土木建筑工程学院 海口 570228）

1 引言

自然风流经桥梁主梁断面时，会在断面周围形成复杂的流动形态，同时在桥梁尾部有交替脱落的漩涡，这些流动现象主导着桥梁断面的受力。数值计算桥梁气动力的关键是对这些流动现象进行正确的模拟。雷诺平均模拟（RANS）由于计算花费少，在当前的工程中得到广泛应用。但是 RANS 由于对湍流黏度过大的模化，极大地抑制了剪切层失稳和小尺度运动的生成与演化，仅能预测到大尺度和低频运动。此外，难以应用于较大分离流的复杂流动问题，而且各种湍流模型不具有普适性。大涡模拟（LES）是一种真正的非定常模拟方法，非常适用于桥梁抖振力的研究。但由于对近壁面边界层过高的空间、时间分辨率要求，很难应用于高雷诺数的壁面绕流中。在可见的将来，结合了 RANS 和 LES 两者特点的 RANS/LES 混合方法，最有希望广泛应用于桥梁风工程实践中。

RANS/LES 混合方法在近壁面的平衡湍流区域中采用 RANS，而在远离壁面的非平衡区域采用 LES。这样既降低了 LES 的计算代价，又获得了相对准确且丰富的非定常信息，有效实现了计算效率和计算精度的统一。三维的 RANS/LES 混合方法在航空航天、叶轮机械、汽车等领域已取得了较为广泛的应用，但在桥梁风工程中却应用较少，尤其是关于脉动风对气动力的研究更鲜有报道。

2 CFD 数值模型

2.1 入口湍流模拟

满足自然风场特性的湍流数值模拟，一直是风工程领域的热点。本文采用综合了 Aboshosha 的 CDRFG 方法、Castro 的 MDSRFG 方法等特点的 NSRFG 方法[1]。该方法既满足无散度条件，又能正确模拟自然风的空间相关性和时间相关性。

2.2 数值计算工况

选取三种典型的 RANS/LES 混合方法，即 SAS 方法（scale-adaptive simultaion model），WMLES 方法（wall-modeled LES model），SBES 方法（stress-blended eddy simulation），分别在均匀流场和湍流场中计算一流线型箱梁断面的气动力，最后在湍流来流下识别了该断面的气动导纳函数。

3 数值计算结果

图 1 为采用三种 RANS/LES 混合方法，在均匀来流下压强系数沿断面的分布，图 2 为采用 SBES 方法某一瞬时 Q 准则显示的流场漩涡。

* 基金项目：国家自然科学基金项目（51908212）。

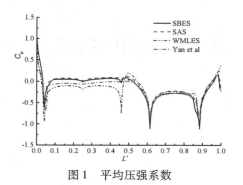

图 1 平均压强系数

图 2 Q 准则显示的流场漩涡结构（SBES 方法）

图 3 为在雷诺数 $Re = 3.7 \times 10^5$，湍流积分尺度分别为 $L_u^x = 2.3B$ 和 $1.05B$ 时的湍流场中，识别得到的箱梁断面气动导纳函数，与 Sears 函数和 Yan[2]等人的风洞试验结果。

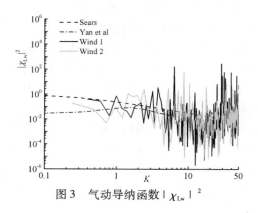

图 3 气动导纳函数 $|\chi_{Lw}|^2$

4 结论

研究了三种典型 RANS/LES 混合方法在均匀来流时流线型箱梁断面的静气动力和流场结构，在较大的积分尺度下识别了该断面的气动导纳函数，数值计算结果证明了 RANS/LES 混合方法在应用于流线型箱梁断面气动力模拟时的适用性。

参考文献

[1] 魏志刚. 壁面湍流数值模拟的 LES 方法及其在桥梁绕流中的应用 [D]. 上海：同济大学，2010：1 – 270.

[2] ZHANG H F, XIN D B, OU J P. Wake control of vortex shedding based on spanwise suction of a bridge section model using Delayed Detached Eddy Simulation [J]. Journal of Wind Engineering & Industrial Aerodynamics, 2016, 155：100 – 114.

[3] YU Y L, YANG Y, XIE Z N. A new inflow turbulence generator for large eddy simulation evaluation of wind effects on a standard high-rise building [J]. Building and Environment, 2018, 138：300 – 313.

[4] YAN L, ZHU L D, FLAY R. Identification of aerodynamic admittance functions of a flat closed-box deck in different grid-generated turbulent wind fields [J]. Advances in Structural Engineering, 2018, 21（3）：380 – 395.

涡激振动的深度迁移学习 *

唐和生，杨虎

（同济大学土木工程学院结构防灾减灾工程系 上海 200092）

1 引言

涡激振动（VIV）现象广泛存在于土木工程领域[1]，如桥梁风振、高耸结构受风向荷载作用、飞机机翼颤振等。涡激振动是导致工程领域中结构疲劳受损的重要原因[2]，进行 VIV 分析时遇到最大的挑战之一就是计算效率，本文建立一种基于数据驱动的物理信息神经网络（PINN）深度迁移学习 VIV 代理模型，重现涡激振动的风场、钝体振动位移、钝体受力等信息，有效降低了数据采集成本和计算时间成本，提高 VIV 分析的计算效率。

2 研究方法

2.1 物理信息神经网络

物理信息神经网络将所需求解的物理方程添加至深度神经网络中，代替传统的离散数值计算法逼近偏微分方程正反问题的真实解。物理信息与训练数据共同为网络提供约束，极大地降低了训练模型所需数据量，同时提高了模型的鲁棒性和泛化能力。

2.2 深度迁移学习

深度迁移学习是采用迁徙学习（TL）加强深度学习 PINN 模型，寻找源域和目标域之间的共同潜在特征空间，从而将知识从源域转移到目标域执行相关但不同的任务。

3 研究内容

3.1 VIV 物理模型

风场和钝体振动数据取自文献[3]，钝体涡激振动的物理模型可以简化为单向振动的质量－弹簧－阻尼弹性系统，风场运动由 Navier－Stokes 方程控制，示意图如图 1 所示。

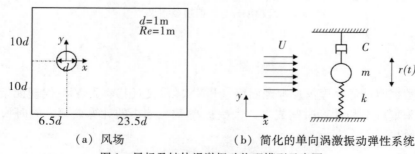

（a）风场　　　　　　（b）简化的单向涡激振动弹性系统

图 1　风场及钝体涡激振动物理模型示意图

3.2 基于 PINN 深度迁移学习 VIV 代理模型

本文建立的基于 PINN 深度迁移学习 VIV 代理模型，以时间 t、风场坐标 (x,y) 为网络输入层，以风

* 基金项目：科技部国家重点实验室基金项目（SLDRCE19－B－02）。

场顺向速度 u 、风场横向速度 v 、风场压力 p 和钝体振动位移 r 为网络输出层，以 Navier – Stokes 方程为约束物理信息。建立深度迁移学习模型时，以涡激振动 $0 \sim 7$ s 的数据为源域，$7 \sim 14$ s 的数据为目标域。首先以源域数据为训练集，不断更新网络的权重 W 和偏置 b，提取风场和钝体振动的特征信息。然后保存训练后的模型，同时冻结前 8 个隐藏层（hidden layer），利用剩余网络结构对目标域数据进行再训练，图 2 为代理模型的示意图及参数设置。

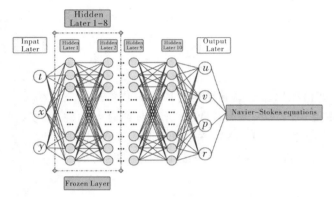

迭代步数（epoch）	学习率	激活函数
$0 \sim 200$	10^{-3}	
$201 \sim 500$	10^{-4}	$f(x) = \sin x$
$501 \sim 700$	10^{-5}	

（a）深度迁移学习 VIV 代理模型示意图　　　　　（b）深度迁移学习参数设置

图 2　代理模型及参数设置图示

3.3　数值模拟结果

再训练数据集分别取目标域数据量的 1/2、1/4 和 1/8，按照上述学习参数进行训练。深度迁徙学习 VIV 代理模型可以高精度、高效率地还原涡激振动的风场信息和钝体振动位移，并积分计算出钝体所受的绕流升力和绕流阻力，代理模型的部分数值模拟结果如图 3 所示。

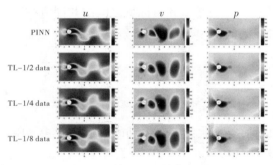

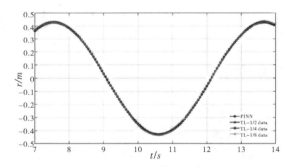

（a）第 8 秒风场信息　　　　　　　　　　（b）$7 \sim 14$ s 钝体振动位移

图 3　代理模型部分数值模拟结果

4　结论

本文所建立的基于数据驱动的物理信息神经网络（PINN）深度迁移学习 VIV 代理模型，可以有效节省训练模型所需的数据采集成本和计算时间成本，大幅提高 VIV 分析的计算效率，同时代理模型也保持很好的运算精度和训练效果。

参考文献

［1］孔祥鑫. 多因素影响下柱体绕流及其涡激振动特性研究［D］. 青岛科技大学，2018.

［2］朱亚飞，鲜荣，刘运志. 大跨度桥梁涡激振动及其半经验模型介绍［J］. 现代交通技术，2010，7（6）：39 – 44.

［3］RAISSI M，WANG Z，TRIANTAFYLLOU M S，et al. Deep learning of vortex – induced vibrations［J］. Journal of Fluid Mechanics，2019，861：119 – 137.

基于瞬态和稳态 CFD 的建筑气流组织与热舒适度分析

程明，张慎，王义凡

（中南建筑设计院股份有限公司 武汉 430061）

1　摘要

计算流体力学（CFD，computational fluid dynamics）以运算速度快，运行成本低，计算限制小并且可以模拟各种类型工况等优点，在气流组织以及热湿环境分析中的应用越来越广泛。CFD 分析方法包括稳态分析和瞬态分析这两种，其中稳态分析计算消耗较小，可以给出稳定后的流场信息，而瞬态分析计算消耗巨大，但是可以给出实时的流场变化以及流场达到稳定所需要的时间。本文结合瞬态分析和稳态分析方法的特点，以湖北剧院项目为例探讨了这两种 CFD 分析方法在建筑室内气流组织和热湿环境中的应用。

2　CFD 数值标定

本文采用 CFD 计算手段，针对实际剧院高大空间建筑的热湿环境进行评估分析，采用法国达索系统的新一代计算流体力学软件 XFlow 进行室内气流组织和降温过程模拟，同时采用通用开源 CFD 软件 OpenFOAM 对多种实际通风工况的室内热流环境进行复核评估。

2.1　网格划分

使用 CFD 进行建筑室内气流组织和热湿环境分析时，首先要根据实际建筑的几何模型生成相应的流体计算域，并根据所采用的 CFD 分析方案进行相应的空间离散。网格划分形式直接影响到 CFD 计算的效率和精度。

进行稳态 RANS 求解时，采用基于有限体积法的 OpenFOAM 求解器。OpenFOAM 在应对工程项目中复杂的几何体时，往往需要耗费较长的时间进行网格处理，从而避免由于网格质量引起的收敛性问题。针对湖北剧院项目这一类复杂的几何，采用 OpenFOAM 内嵌的 BlockMesh 和 SnappyHexMesh 结合的方式进行非结构网格划分。

进行瞬态 LES 求解时，采用基于 LBM（Lattice – Boltzmann Method）的 XFLOW 求解器。XFlow 所使用的 LBM 方法是一种介于宏观流体连续性假设与微观分子动力学之间的介观模拟方法，同时具有微观方法的适应性广和宏观方法的不关注分子运动细节的特点，精度和计算量上均有较大优势[7]。在 LBM 模型中，假设宏观流体由大量虚拟流体粒子构成，通过粒子的对流和碰撞这两种运动模式来描述流体的宏观运动。由于采用了基于粒子的空间离散方案，依赖于以八叉树结构组织的晶格，能够适应各类复杂的几何边界。

2.2　湍流模型

进行稳态 RANS 求解时，使用 OpenFOAM 内嵌的基于标准 $k - \varepsilon$ 湍流模型和 SIMPLE 算法。进行瞬态 LES 求解时，采用 WALE（wall adapting local eddy）模型，能够提供一致的局部涡粘性和壁面函数[8]。

3　剧院热舒适度分析

基于 OpenFOAM 和 XFLOW 这两种 CFD 求解器，结合了瞬态 LES 和稳态 RANS 分析的特点，建立了湖北剧院室内气流组织和热舒适度分析模型，得到了剧院内空气的速度场和温度场，对剧院夏季和冬季工况下的升降温全过程以及稳定后的流场分布特性进行了分析，并基于 PMV 等热舒适度指标进行了剧院热湿环境评价。如图 1 所示的计算结果表明，采用 CFD 软件能够对建筑的气流组织和热舒适度进行综合评价，从而有助于对建筑通风系统方案进行有效性验证和优化。

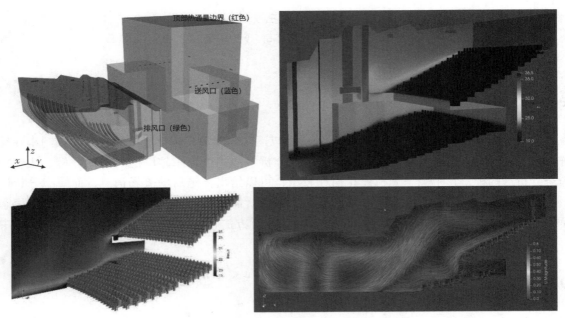

图 1　湖北剧院气流组织及速度云图、温度云图、空气龄云图、PMV 云图

参考文献

[1] CHEN Q Y. Using computational tools to factor wind into architectural environment design [J]. Energy and Buildings, 2004, 36 (12): 1197 - 1209.

[2] 马超，黄晨，高健. 热压作用下自然通风量的理论计算及实测验证 [J]. 制冷空调与电力机械，2005, 26 (6): 28 - 30.

[3] 王锋，林豹，李晓云. 影剧院舞台夏季不同送风方式的模拟及优化 [J]. 制冷，2011, 30 (3): 58 - 63.

[4] 刘华，李德英. 新疆大剧院舞台空调系统设计与气流组织模拟 [J]. 煤气与热力，2017, 37 (6): 18 - 20.

[5] 王汉青. 高大空间多射流湍流场的大涡数值模拟研究 [D]. 长沙：湖南大学，2003.

[6] HOLMAN D M, BRIONNAUD R M, ABIZA Z. Solution to industry benchmark problems with the Lattice-Boltzmann code XFlow. 2012.

[7] BAO Y B, MESKAS J. Lattice Boltzmann Method for fluid simulations. 2014.

[8] DUCROS F, NICOUD F, POINSOT T. Wall-adapting local eddy-viscosity models for simulations in complex geometries. 1998.

[9] 黑赏罡，姜曙光，杨骏，等. Fanger PMV 热舒适模型发展过程及适用性分析 [J]. 低温建筑技术，2017 (10):125 - 128.

风压数据驱动的 CFD 湍流模型参数修正 *

李朝，王震，王肖芸，胡钢，肖仪清

（哈尔滨工业大学（深圳）深圳 518000）

1 引言

目前，在建筑结构风荷载计算方面，CFD 数值模拟与风洞试验和现场实测相比，具有省时方便、经济等优点，在实际工程中应用前景广阔[1]。然而，应用广泛、计算成本低、效率高的 RANS 模拟在计算精度上不如 LES。为解决这一问题，提出了一种基于建筑风荷载数据驱动的参数优化方法，利用贝叶斯定理[2]，结合风洞试验数据，对 CFD 湍流模型的参数进行优化。本文以 SST $k-\omega$ 与 IDDES 模型为研究对象，选取了模型中较为敏感的参数，将代理模型与 MCMC（Markov Chain Monte Carlo）、VI（variational inference）技术进行结合以优化参数，并对参数优化效果进行了评价。

2 基于贝叶斯推断的湍流模型参数优化

2.1 贝叶斯分析框架

在 CFD 数值模拟中，首先选取风荷载为研究对象（QoIs），通过敏感性分析对各类参数进行降维，选择对 QoIs 影响较大的参数。以所选取参数为输入，QoIs 为输出进行模拟计算，所得数据用于训练代理模型，以提高计算效率，达到快速且准确地得到 CFD 模拟数据的效果。在贝叶斯推理中，定义所选取参数的先验分布，利用贝叶斯推断的主要两种方法 MCMC 与 VI，结合训练完毕的代理模型和已有的风洞试验数据，得到参数的后验分布。

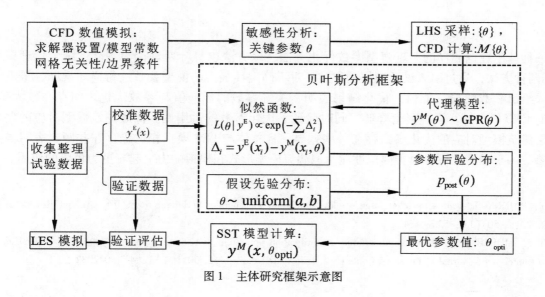

图 1 主体研究框架示意图

2.2 参数优化适用性研究

对参数优化前后的 SST $k-\omega$ 与 IDDES 两类模型进行了误差分析，且与模拟效果较好的 LES 模型进行了对比。

* 基金项目：国家自然科学基金项目（51778200）；深圳市基础研究资助项目（JCYJ20190806145216643）。

0°风向角下，经过参数优化降低了 CFD 模型的模拟误差，用优化的参数在 10°、20°、30°和 40°四个风向角进行验证，对比不同风向角下参数后验分布的差异，研究参数优化的适用性。对于低矮大跨建筑来说，与高层建筑的风荷载形式不同，低矮建筑的绕流形式主要为顶部绕流，受垂直于屋面方向风荷载影响。为研究最优模型参数在两种情况下的异同，考察了 CFD 模型在低矮建筑风压模拟中的应用，对模型参数进行优化并对比。

3 主要结果

参数后验分布与不同风向角下参数后验分布的对比如图 2、图 3 所示。三个关键参数的极大似然值均与标准值存在较大偏差，参数 β_2、β^*、a_1 的极大似然值分别为 0.1065、0.0618、0.3525。在优化参数的适用性研究中，不同风向角下，参数后验分布比较一致。

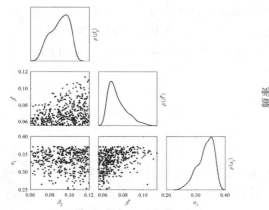
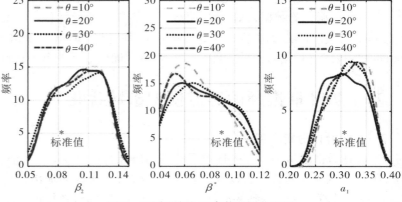

图 2 参数二维联合分布和边缘分布误差对比图   图 3 不同风向角下参数后验分布图

4 结论

建立了一种基于数据驱动的湍流模型参数优化方法，该方法以贝叶斯理论为基础，结合代理模型与 MCMC 和 VI 两种方法，通过引入试验数据的方式，对不确定性最大的模型参数进行逆向推断，最后以概率分布的形式给出参数的最可能值。优化结果表明，关键参数的标准值与参数优化之间存在较大偏差，参数优化后的 CFD 模型计算误差显著降低。同时验证了优化参数的适用性。低矮建筑模型对应的参数优化结果与高层建筑模型对应的优化参数存在一些差异。且总体与 LES 模拟相比仍存在差距，表明虽然通过优化模型参数一定程度上可以改善模拟性能，但湍流模型形式在模拟能力上起着更为重要的作用。

参考文献

[1] BOSE S T, PARK G I. wall - modeled large - eddy simulation for complex turbulent flows [J]. Annual Review of Fluid Mechanics, 2018, 50 (1): 535 - 561.

[2] OLIVER T A, MOSER R D. Bayesian uncertainty quantification applied to RANS turbulence models [C].//13th European Turbulence Conference, Journal of Physics: Conference Series. IOP Publishing, 2011, 318 (4): 042032.

倒角切角对单体三维方柱风荷载影响的大涡模拟研究 *

郑德乾[1]，刘帅永[2]，祝瑜哲[1]，李亮[1]，马文勇[3]

（1. 河南工业大学土木工程学院 郑州 450001；

2. 汕头大学工学院 汕头 515000；

3. 石家庄铁道大学土木工程学院 石家庄 050043）

1 引言

倒角和切角是改变高层建筑风荷载及风致振动的常用措施，当切角率为 10% 时，横风向和顺风向风致位移响应能减小 35%[1-2]；与无角部处理的标准方柱相比，倒角措施可一定程度减弱结构的升力[3]。采用基于空间平均的大涡模拟方法，对标准、倒角及切角方柱进行了非定常绕流大涡模拟，分析了倒角和切角措施对方柱表面风压变化的影响，并着重从结构周围流场角度分析角部处理措施对风荷载的影响机理。

2 计算模型尺寸及参数设置

方柱宽高比为 1:6，截面边长 $D = 0.1$ m，$H = 6D$，倒角和切角率均为 10%。计算域大小为 94D（流向）×36D（展向）×36D（竖向），网格离散采用非均匀结构化网格，近壁面网格加密，最小网格尺度 0.0005D，对应壁面 $y^+ < 5$，网格总数 183 万，如图 1 所示。采用速度入口，大涡模拟入流脉动采用改进的基于自保持边界条件的涡方法合成。

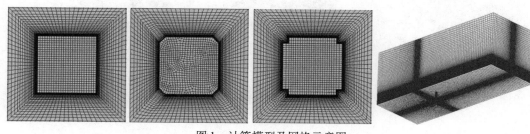

图 1 计算模型及网格示意图

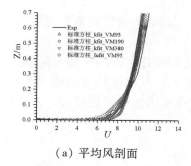
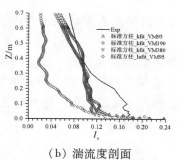
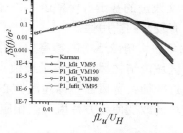

（a）平均风剖面　　　（b）湍流度剖面　　　（c）距地 2/3H 高度测点脉动风速谱

图 2 大涡模拟风场比较

* 基金项目：国家自然科学基金项目（51408196）。

3 结果与讨论

图2所示为基于本文大涡模拟入流脉动合成方法所得风场与试验风场的比较，图3方柱角部修正对表面风压系数（以模型高度处来流平均风速无量纲化），图4为距离地面2/3H高度水平截面时均流线图和方柱周围的瞬态涡量图比较。

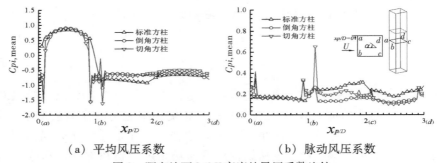

（a）平均风压系数　　　　　（b）脉动风压系数

图3　距离地面2/3H高度处风压系数比较

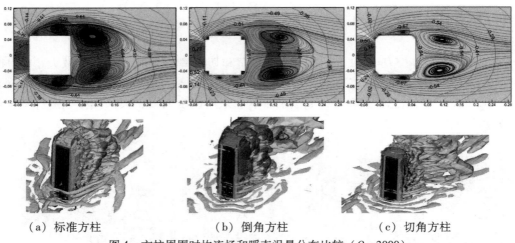

（a）标准方柱　　　　　（b）倒角方柱　　　　　（c）切角方柱

图4　方柱周围时均流场和瞬态涡量分布比较（Q = 3000）

4 结论

（1）本文改进的基于自保持边界条件的大涡模拟入流脉动涡合成法，能够方便快速地重现紊流边界层风场，具有较好的适用性。

（2）倒角和切角措施均能够有效减小方柱周围整体风压，尤其是侧面和背风面的平均和脉动风压；在角部修正区域内结构风压出现了极值点。采用角部修正后，方柱侧面大尺度涡被打散形成多个小涡，分离涡更贴近壁面；背风面对称涡涡核心距减小，涡道变窄；角部修正区域内出现了回流和分离再附现象，以上流场的改变使得方柱风荷载相应发生了变化。

参考文献

[1] KWOK K C S. Effect of building shape on wind-induced response of tall building [J]. journal of wind engineering & industrial aerodynamics, 1988, 28（1−3）: 381−390.

[2] GU M, QUAN Y. Across-wind loads of typical tall buildings [J]. Journal of Wind Engineering & Industrial Aerodynamics, 2004, 92（13）: 1147−1165.

[3] 顾明, 叶丰. 超高层建筑风压的幅值特性 [J]. 同济大学学报（自然科学版）, 2006, 34（2）: 143−149.

风致飞射物轨迹的数值模拟分析*

张建国，温祖坚，张建霖

（厦门大学土木工程系 厦门 361005）

1 引言

从近年沿海城市风灾调查统计数据得出，风致飞射物是城市建筑围护结构遭受破坏的主要致灾物[1]，随着现代计算机技术和算法的发展，利用计算流体动力学（CFD）方法准确且简单地研究在不同风力条件下不同类型风致飞射物的飞行特性逐渐成为可能。本文正是利用计算流体动力学（CFD）中的六自由度模型（6DOF）数值模拟和自定义函数编译（UDF）更新动网格两种方法，研究了二维球状和板状飞射物在流场中的气动特性以及飞射物与流场的耦合运动情况，将模拟结果与风洞试验结果和稳态理论的经验公式进行对比，验证数值模拟方法的准确性，得到更为合理的研究风致飞射物轨迹的数值模拟方法。

2 数值模型

2.1 网格更新方法

商业 CFD 软件 ANSYS FLUENT 采用有限体积离散化方法在惯性坐标下求解非稳态 Navier Stokese 方程，飞射物在风场中的运动模拟属于刚体的被动运动模拟，在其飞行过程当中需要考虑流体和刚体之间的相互作用，本文的数值模拟使用了六自由度模型（6DOF）动网格数值模拟和自定义函数编译（UDF）更新动网格两种方法来模拟飞射物在流体中的运动过程。

2.2 动网格参数设置

飞射物的动网格模拟重构方法选择弹性铺层（spring laying）和局部重构（local remeshing），采用 $SST-\omega$ 湍流模型求解飞射物周围的湍流流场，压力和速度耦合采用 SIMPLE 算法求解，压力插值格式采用标准算法（standard），计算先采用稳态（steady）求解，稳态求解的结果收敛后，以稳态的结果作为瞬态（transient）求解的初始解，瞬态迭代求解计算。

2.3 几何模型和边界条件

本文为了将 CFD 数值模拟结果（主要包括速度、位移）与传统的 Holmes 解析方法结果以及风洞试验（Flachsbart、Monash、TTU）[2]和 NU[3]等已有的试验数据结果进行对比，故选定了如表 1 所示两种尺寸和规格的风致飞射物。两例数值模型采用相同的边界条件，模拟实际风场，提高数值模拟的准确性，飞射物表面：壁面（wall）；来流边界条件：速度进口（velocity inlet）；出口边界条件：出流（outflow）；流体域顶部：对称边界（symmetry）；流体域底部：壁面。

表 1 实验模型参数

编号	飞射物类型	尺寸/mm	质量/g	风速/(m·s⁻¹)	释放高度/m
工况 1	球状飞射物	2	0.54	20	10
工况 2	板状飞射物	123	24.8	15.6	0.6

* 基金项目：国家自然科学基金项目（2018501085）。

3 模拟结果

图 1 列出了工况 1 球状飞射物使用六自由度模拟的得到的飞行参数数据（CFD）与已试验结果的对比，图 2 列出了工况 2 板状飞射物使用六自由度模拟得到的飞行参数数据（CFD1）和自定义函数编译模拟得到的飞行参数数据（CFD2）与已试验结果的对比。

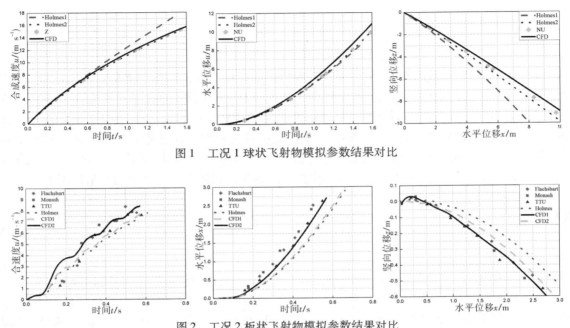

图 1　工况 1 球状飞射物模拟参数结果对比

图 2　工况 2 板状飞射物模拟参数结果对比

4 结论

（1）通过计算流体动力学（CFD）中的六自由度模型（6DOF）动网格数值模拟和自定义函数编译（UDF）更新动网格两种方法，并将案例的模拟结果与 Holmes 解析法和已有的风洞试验结果进行了对比，对比结果显示六自由度模型（6DOF）动网格数值模拟和自定义函数编译（UDF）更新动网格两种方法的计算结果与风洞试验和 Holmes 解析解结果吻合较好，证明利用此类非定常 CFD 方法研究风致飞射物的飞行特性是可行和可靠的，这为下一步研究飞射物的致灾特性奠定基础。

（2）模拟对比结果显示通过六自由度模型（6DOF）动网格数值模拟的结果与实际试验数据较为接近，这为以后更好地研究风致飞射物的飞行轨迹提供了更好的数值模拟方法。

参考文献

［1］宿海良，东高红，王猛，等. 1949—2018 年登陆台风的主要特征及灾害成因分析研究［J］. 环境科学与管理，2020，45（5）：128 – 131.

［2］LIN N, LETCHFORD C, HOLMES J. Investigation of plate-type windborne debris. Part I. Experiments in wind tunnel and full scale［J］. Journal of Wind Engineering and Industrial Aerodynamics，2006，94（2）：51 – 76. .

［3］CARACOGLIA, LUCA, MOGHIM, et al. Experimental analysis of a stochastic model for estimating wind-borne compact debris trajectory in turbulent winds［J］. Journal of Fluids & Structures，2015，54：900 – 924.

基于 LES 模拟的非线性两自由度缆索涡激振动研究

李天[1]，杨庆山[1]，石原孟[2]

（1. 重庆大学土木工程学院 重庆 400044；

2. 东京大学工学部土木工程系 东京 113 – 8656）

1 引言

　　随着我国跨江跨海大桥的快速发展，桥梁缆索轻质高柔的特性持续增强，导致其风致振动越发显著。当缆索周围漩涡脱落频率与结构自振频率接近时，将会造成大幅度涡激共振，极易引发结构疲劳问题。针对这一问题，已有研究受试验或数值模拟技术限制，多将缆索简化为线性单自由度体系，只考虑结构的横风向振动，且忽略了结构大变形引起的几何非线性效应（Ishihara & Li, 2020）。这种简化会低估缆索涡激振动响应，造成结构设计不安全（Mackowski & Williamson, 2013）。本文将基于 LES 数值模拟方法，采用 Sliding 动网格结合嵌套分区技术，实现高精度缆索两自由度涡激振动模拟；同时利用自编结构运动程序实现缆索几何非线性控制，分析其对缆索涡激振动特性的影响。

2 研究方法

　　本文采用适用于高湍流度钝体绕流模拟的动态亚格子 LES 湍流模型计算缆索所受非定常气动力。利用数值黏性较低、精度较高的 Sliding 动网格方法，结合嵌套分区技术实现两自由度缆索大幅涡激振动情况下的流体域数值网格更新。数值网格采用三维结构化网格，在缆索周围加密并保证 y^+ 值小于 1。本文使用的数值网格和边界条件如图 1 所示。通过调节几何非线性刚度系数控制缆索大振幅和两自由度耦合引起的几何非线性（Srinil & Zanganeh, 2012），利用自编结构运动程序基于四阶 Runge – Kutta 方法求解缆索结构动力学方程。

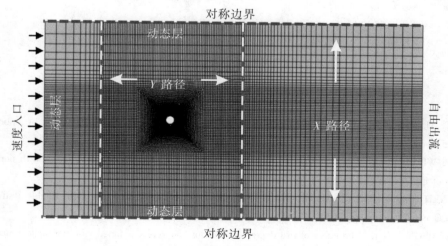

图 1　数值网格与边界条件

3 结果分析

　　通过 LES 模拟得到缆索在不同风速条件下的振动时程，统计得到缆索无量纲顺风向振幅 A_x/D 和横风

向振幅 A_y/D 随无量纲风速 $U_r = U/f_n D$ 的变化曲线,如图2所示。可以看到,缆索横风向振幅占主导,线性缆索的横风向最大振幅约为 $1.5D$,非线性缆索的横风向最大振幅约为 $1.1D$。线性缆索涡激振动表现为典型的限幅振动,振幅随风速增大先缓慢增加,在 $U_r = 8$ 时达到最大值,随后突降并随风速继续增大而减小。数值计算结果与 Jauvtis & Williamson (2004) 的试验结果吻合良好,证明了本文数值模拟方法的有效性。非线性缆索振幅均随风速增大而增大,产生了类似驰振的发散性振动现象。通过图3所示的 $U_r = 10$ 时缆索周围的三维流场结构可以看出,非线性缆索尾流持续性更强,近尾流处涡核中心线发生倾斜,与线性缆索尾流中的双子涡结构有显著区别。

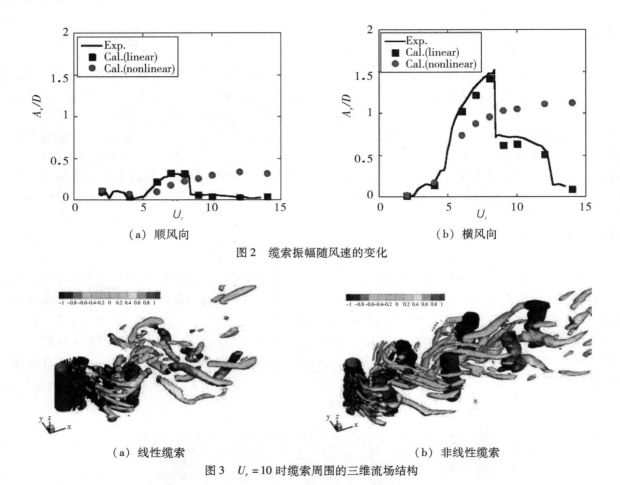

(a)顺风向　　　　　　　　　　　　　　　　　(b)横风向

图2　缆索振幅随风速的变化

(a)线性缆索　　　　　　　　　　　　　　　　　(b)非线性缆索

图3　$U_r = 10$ 时缆索周围的三维流场结构

参考文献

[1] ISHIHARA T, LI T. Numerical study on suppression of vortex-induced vibration of circular cylinder by helical wires [J]. Journal of Wind Engineering and Industrial Aerodynamics, 2020, 197: 104081.

[2] MACKOWSKI A W, WILLIAMSON C H K. An experimental investigation of vortex-induced vibration with nonlinear restoring forces [J]. Physics of Fluids, 2013, 25 (8): 087101.

[3] SRINIL N, ZANGANEH H. Modelling of coupled cross-flow/in-line vortex-induced vibrations using double Duffing and van der Pol oscillators [J]. Ocean Engineering, 2012, 53: 83 – 97.

[4] JAUVTIS N, WILLIAMSON C H K. The effect of two degrees of freedom on vortex-induced vibration at low mass and damping [J]. Journal of Fluid Mechanics, 2004, 509: 23 – 62.

串列拉索尾流驰振响应特征数值分析研究

敬海泉[1,2]，闵祥[1]，何旭辉[1,2]，蔡畅[3]

(1. 中南大学土木工程学院 长沙 410075；
2. 高速铁路建造技术国家工程实验室 长沙 410075；
3. 中铁第四勘察设计院 武汉 430000)

1 引言

本文建立一种基于两自由度准定常理论的双圆柱绕流分析模型，通过数值分析得到驰振失稳的判别条件。结合双排平行刚性圆柱气动特性风洞试验所得到的下游圆柱气动特性结果，通过数值计算方法对典型工况下斜拉索尾流驰振响应进行了求解，得到了下游拉索运动轨迹。

2 研究方法和内容

2.1 两自由度数值分析模型

根据 Doocy[1] 的研究结果，上游导线的运动对下游导线的运动产生的影响很小，故可以忽略上游导线的振动。下游圆柱体的振动模型如图 1 表示。

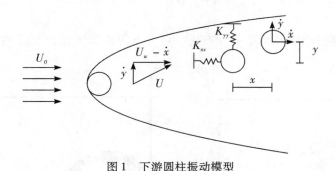

图 1 下游圆柱振动模型

可得其振动方程组

$$\begin{cases} m\ddot{x} + 2m\xi_x\omega_x\dot{x} + k_{xx}x + k_{xy}y = F_x \\ m\ddot{y} + 2m\xi_y\omega_y\dot{y} + k_{yy}y + k_{yx}x = F_y \end{cases} \tag{1}$$

式中，m 为结构单位圆柱体质量；x，y 分别为下游圆柱偏离其平衡位置的顺风向和横风向距离；ξ_x，ξ_y 分别为结构顺风向和横风向阻尼比；ω_x，ω_y 分别为顺风向和横风向振动圆频率；k_{xx}，k_{xy}，k_{yx}，k_{yy} 分别为使圆柱回到平衡位置的直接弹簧常数和交叉耦合弹簧常数；F_x，F_y 分别为作用在圆柱上的顺风向和横风向静力分量。方程组（1）的等式右边为准定常气动自激力，通过 U_0，U_w 之间的换算关系，可将 F_x，F_y 表示为：

$$\begin{cases} F_x = \dfrac{1}{2}\rho U_0^2 D\left(\dfrac{\partial C_D}{\partial x}x + \dfrac{\partial C_D}{\partial y}y + \dfrac{\dot{y}}{U_w}C_L - 2\dfrac{\dot{x}}{U_w}C_D\right) \\ F_y = \dfrac{1}{2}\rho U_0^2 D\left(\dfrac{\partial C_L}{\partial x}x + \dfrac{\partial C_L}{\partial y}y - \dfrac{\dot{y}}{U_w}C_D - 2\dfrac{\dot{x}}{U_w}C_L\right) \end{cases} \tag{2}$$

式中，ρ 为空气密度；D 为圆柱直径；U_0 为来流平均风速，其作用在下游圆柱上的平均升、阻力系数为 C_L 和 C_D。U_w 为下游圆柱所处位置处上游圆柱尾流局部平均速度，$U_w = \beta U_0$，β 为换算系数。将方程组

（2）代入方程组（1）中，其中 k_{xy} 与 k_{yx} 为 0，k_{xx} 与 k_{yy} 均为 k，得到方程组（1）的系数矩阵。

令该系数矩阵为 0，得到系统特征值的解，如果系统特征值的实部为 0 或者正值，则系统不稳定，即认为尾流驰振可能发生。

2.2 下游拉索尾流驰振响应数值计算

对方程组（1）进一步换算可得到下游圆柱最终振动微分方程：

$$\begin{cases} m\,\ddot{x} + 2m\xi_x\omega_x\,\dot{x} + kx = \dfrac{1}{2}\rho D\,\dfrac{\sqrt{(\beta U_0 - \dot{x})^2 + \dot{y}^2}}{\beta^2}\left[(\beta U_0 - \dot{x})C_D + C_L\dot{y}\right] \\[4mm] m\,\ddot{y} + 2m\xi_y\omega_y\,\dot{y} + ky = \dfrac{1}{2}\rho D\,\dfrac{\sqrt{(\beta U_0 - \dot{x})^2 + \dot{y}^2}}{\beta^2}\left[(\beta U_0 - \dot{x})C_L - C_D\dot{y}\right] \end{cases} \tag{3}$$

由气动特性风洞试验得到 C_L 结果如图 2 所示（横纵坐标分别为水平、竖直间距比）。

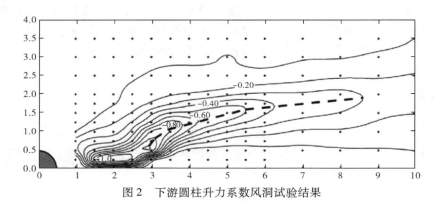

图 2 下游圆柱升力系数风洞试验结果

应用四阶 Runge – Kutta 算法求解该运动微分方程，可得下游拉索的振动形态特征，图 3 列举了几种不同工况下下游拉索振动轨迹。

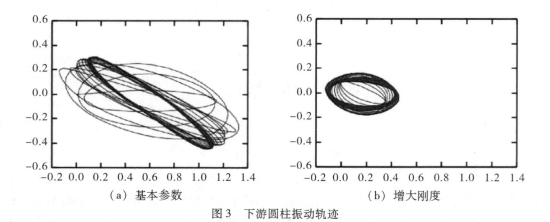

（a）基本参数　　　　　　　　　　（b）增大刚度

图 3 下游圆柱振动轨迹

3 结论

本文建立两自由度双圆柱绕流模型，通过数值分析得到下游拉索驰振失稳的判别条件。以双圆柱气动特性风动试验得到的下游圆柱响应特征为例，计算得到了几种不同工况下斜拉索尾流振动形态特征，观察到发生尾流驰振时振动轨迹主轴方向接近竖向。

参考文献

［1］DOOCY E S, HARD A R, RAWLINS C B, et al. Transmission line reference book：Wind induced conductor motion ［M］. Electric Power Research Institute, 2009.

十二、其他风工程和空气动力学问题

基于乡镇级分辨率的宁波地区农村住房台风灾情评估与预测*

李强[1]，郏鸿韬[1,2]，黄铭枫[3]，楼文娟[3]，郑波[4]，温超[4]

（1. 浙大宁波理工学院土木建筑工程学院 宁波 315100；

2. 重庆交通大学土木工程学院 重庆 400074；

3. 浙江大学结构工程研究所 杭州 310058；

4. 中国人民财产保险股份有限公司宁波分公司 宁波 315000）

1 引言

宁波地区位于我国东南沿海，受台风灾害影响严重，仅 1909 号台风"利奇马"就造成宁波全市房屋倒塌 408、损坏 1594 间。与城市房屋相比，农村住房抗风性能较差，特别是一些老旧农房，极易遭受台风破坏。宁波市第三次农业普查数据[1]显示，宁波市现有农房中，砖混结构房屋占 69.9%，钢筋混凝土结构房屋仅占 14.8%，砖（石）木结构、竹草土坯结构以及其他结构的房屋分别占 14.9%、0.1% 与 0.3%。除了抗风性能较好的钢筋混凝土结构外，砖混、砖石、竹草等结构房屋都可能因为台风来临而倒塌。因此，对农房进行合理的灾情评估及预测显得愈发重要。目前国内各地应急管理部门统计的台风灾情数据缺乏统一标准，灾情数据的整理与修正存在困难。气象水利等部门提供的灾情数据空间分辨率较低，且主要集中于致灾因子统计，缺少承灾体统计。而各商业保险公司开展的公共巨灾保险工作能够较好地弥补上述灾情统计的不足，保险标的位置能精确定位到乡镇、村，赔付金额可准确反映标的实际损失，可用于量化评估台风灾害风险。本文借助台风数值模拟技术和宁波市台风灾害保险数据，基于 RBF 神经网络建立了乡镇级高分辨率的农村住房台风灾情预估模型，可为后续制定台风灾害保险政策、台风应急预案等提供科学依据。

2 农村住房台风灾情评估预测

2.1 数据来源

（1）台风路径强度资料来源于 CMA – STI 热带气旋最佳路径数据集。以对宁波地区有灾害影响且灾情资料完整为原则，选取 2014—2019 年间影响宁波地区的 25 条台风进行分析。（2）宁波市农房险数据内容包括承保与理赔数据。承保数据是从保单中提取保单号、被保户数、承保地址、每户保险金额、总保险费等指标；理赔数据包括保单号、出险日期、出险原因、出险地址、保险标的损失、实赔金额等。两类数据中保单号相互对应。因此，基于 2014—2019 年农房险数据能够统计得出宁波各乡镇的总保额、总赔付额以及保额损失率，可用于评估宁波地区农村住房台风灾害风险。

2.2 径向基函数神经网络的建立

径向基函数（radical basis function，RBF）神经网络其网络拓扑结构包含输入层、径向基函数隐藏层和输出层。本文从 25 条台风样本数据中，选取 80% 的样本进行训练，剩余 20% 的样本作检验校准。由于气象站观测得到的台风风速偏小，因此本文采用 Yan Meng 风场模型模拟得到了 25 条台风影响下宁波地区

* 基金项目：浙江省自然科学基金项目（LQ20E080001）；浙江省建设科研项目（2020K064）；宁波市自然科学基金项目（2019A610395）；宁波市奉化区科技专项项目（202008502）。

近地面 10 m 高度处的 10 min 平均最大风速[2]，并以此作为输入变量，因台风导致的各乡镇农房保额损失率作为输出变量，建立 RBF 神经网络。

2.3 RBF 与 BP 神经网络的对比

为验证 RBF 神经网络的优势，将其与传统的 BP 神经网络进行误差对比。同 RBF 神经网络一样，选取 80% 的样本数据进行训练，并设置训练次数为 1000，训练目标为 0.001，其他参数取默认值。将 RBF 神经网络与 BP 神经网络进行对比，两者的均方误差如图 1 所示。尽管在同一乡镇两种方法的均方误差互有高低，但总体而言，RBF 的预测误差小于 BP 神经网络。利用经过训练的 RBF 神经网络模型对宁波市 10 年、50 年、100 年一遇设计风速下的农村住房保额损失率进行预测，预测结果见图 2。总体而言，宁波南部奉化区、宁海县、象山县的乡镇农房保额损失率要远远高于北部区县乡镇。

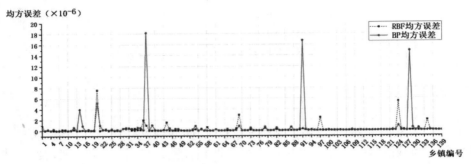

图 1 RBF 与 BP 预测结果均方误差比较

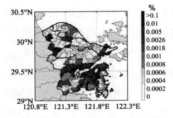 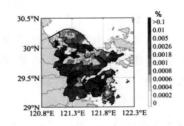 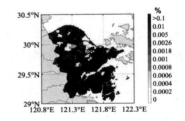

（a）10 年一遇设计风速下的损失率　　（b）50 年一遇设计风速下的损失率　　（c）100 年一遇设计风速下的损失率

图 2 RBF 神经网络预测得到的保额损失率

3 结论

①借助公共巨灾保险数据，可以实现乡镇级高分辨率的农村住房台风灾情预估；②利用 RBF 神经网络能够有效建立从致灾因子到承灾体损失的台风灾情评估模型，且 RBF 神经网络相比 BP 神经网络总体预测误差更小；③风灾作用下，宁波南部区县乡镇的农房保额损失率高于北部区县乡镇，且保额损失率较大的乡镇集中于山区或沿海；④根据台风灾情预测结果，应急管理部门可以及时并且有针对性地进行农房加固抢修，能有效减少因风致倒塌造成的人员伤亡和经济损失。

参考文献

[1] 中国宁波网. 宁波市第三次农业普查主要数据公报 [EB/OL]. [2018 – 03 – 05]. http：//www.cnnb.com.cn/xinwen/system/2018/03/05/008731132.shtml.

[2] 李强，毛江鸿，黄铭枫. 结合台风全路径模拟的混合气候极值风速估计 [J]. 振动与冲击，2020，39（23）：84 – 89.

极值风压系数估计的改进 POT 方法 *

李寿科[1,2]，毛丹[1]，杨庆山[2]，李寿英[3]，陈政清[3]

（1. 湖南科技大学土木工程学院 湘潭 411201；

2. 重庆大学土木工程学院 重庆 400044；

3. 湖南大学土木工程学院 长沙 410082）

1 引言

常用的风压系数极值估计方法为区组最大极值方法（BM）。BM 极值方法忽略区段的第二大、第三大的数据[1]。POT 方法可以在数据样本量较少的情况下，解决经典极值方法的数据使用率较低的问题。阈值的选取是 POT 方法的重要步骤，本文将变点理论引入阈值选择中，在给定的具有高概率含有合适阈值的阈值范围中，建议使用变点——局部比较法进一步确定阈值，将改进 POT 值法和 BM 极值方法的相同重现期的分位数进行比较，证明本文提出的改进 POT 法的可行性。

2 POT 极值估计方法

2.1 GPD 概率分布及参数估计

$$G(y;\mu,\sigma,\xi) = \text{Prob}[Y \leqslant y] = 1 - \left(1 + \xi\frac{y-\mu}{\sigma}\right)^{-\frac{1}{\xi}}, y \geqslant \mu, 1 + \xi\frac{y-\mu}{\sigma} > 0 \qquad (1)$$

式中，μ、ξ、σ 分别是位置、形状、尺度参数，基于概率加权矩方法进行参数估计。

2.2 基于形状参数稳定性的变点 – 阈值选取方法

本文借助数学上变点理论，依据形状参数的稳定性来选择最佳阈值。

3 改进 POT 极值估计方法应用实相对

1. 数据来源

风洞试验在湖南科技大学大气边界层风洞中进行，基于 CAARC 标准模型，缩尺比 1∶400。

2. 步骤 1：符号反转

本文的概率模型基于极大值分布，对于负风压系数，进行极小值求取需要反转符号处理。

3. 步骤 2：Decluster

图 1 给出了 29#测点单个风压系数时程（样本长度 10000），使用均值超越方法提取独立峰值。

4. 步骤 3：基于变点方法自动选取阈值

图 2 给出了阈值选取的几个步骤结果。

5. 步骤 4：GPD 概率分布拟合测试

采用 χ^2 检验法，可以得出 Pareto 概率分布是测点超阈值样本的合适概率分布拟合函数。

* 基金项目：国家自然科学基金项目（51508184）。

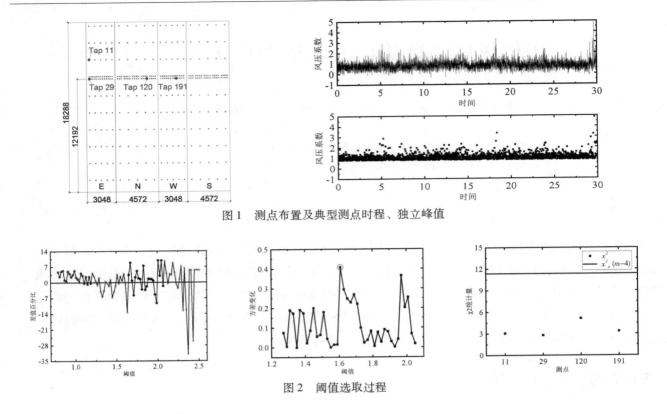

图1 测点布置及典型测点时程、独立峰值

图2 阈值选取过程

6. 改进 POT 方法的验证

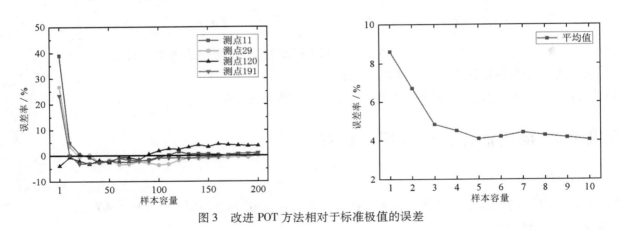

图3 改进 POT 方法相对于标准极值的误差

图3 给出了改进 POT 方法相对于 BM 方法标准极值的误差，可以看出本文提出的改进 POT 方法效果较好。

4 结论

（1）基于变点理论的局部比较法可以实现自动选取最佳阈值。

（2）基于样本容量为 5 组的改进 POT 极值估计结果接近 BM 方法（200 组样本）极值估计结果，总体误差小于 5%。

参考文献

[1] 陈希孺，变点统计分析简介（Ⅳ）：局部比较法 [J]. 数理统计与管理，1991（4）：54 – 58，49.

基于人工智能的风压预测及气动参数识别*

陈增顺，张利凯，赵智航，汪亚泰，许叶萌，袁晨峰

（重庆大学土木工程学院 重庆 400045）

1 引言

现代工程结构朝着高耸、大跨和轻柔方向发展：迪拜塔高度达到 828 米，纽约 432 Park Avenue 大厦的高宽比达到 15:1，其中，风洞试验是一种准确评估高层建筑风荷载作用的方法。新型气弹－测压混合装置[1]，作为一种新型的风洞实验，可以同步测量高层建筑的风致响应与风压荷载的时间序列，但是，在风压同步测量过程中，随着风速逐渐增大，风压管脱落或者堵塞都会影响高层建筑风荷载评估的准确性。另外，风速的增大也会引起结构气动阻尼的变化，尤其在涡振临界风速区域附近，气动阻尼特性差异很大。针对上述风压管脱落与高层建筑气动参数识别问题，考虑到人工智能在结构健康监测、交通运输领域具有广泛的应用，因此，本文提出一种基于集合经验模态分解的深度神经网络模型，对脱落风压数据进行预测。另外，本文采用智能算法，将新型气弹－测压实验采集的高层建筑风压和风致响应数据作为输入，对结构的气动参数进行识别，并与传统的随机减量阻尼识别方法进行了对比，结果表明所提出的方法具有较高的精度。

2 基于集合经验模态分解的深度神经网络模型的风压预测

图 1a 为风洞实验的高层建筑的缩尺模型，该高层建筑模型一共 9 层，迎风面、背风面、侧面共安装了 162 个风压管。在风荷载作用下，结构要满足变形协调关系，因此高层建筑的风压时序数据变化具有一定的相关性。其中，结构的尺度是 50.8 mm（长）×50.8 mm（宽）×915 mm（高），缩尺的比例是 18:1，自振频率是 7.8Hz。考虑到采用皮尔逊相关系数，可以有效分析结构的风荷载的两个时间序列变量之间相关程度，如图 1 b 所示。相关性系数的值越大，则两列风压数据的相关性越强，因此，通过周围的风压数据预测缺失数据，其中 F11 表示迎风面的第一层第一个测点。集合经验模态分解（EEMD）能使非线性风压数据分解为有限个频率由高到低的本征模态函数的线性组合，并且所分解出来的各 IMF 分量包含了原信号的不同时间尺度的局部特征信号，深度神经网络模型（DNN）可以有效提取不同时间尺度特征信息，因此本文提出一种 EEMD－DNN 模型进行风压数据预测。假设 F11 风压管采集 2s 数据，突然发生故障。将前 2s 的 F13、F12、F11 的数据送入 EEMD－DNN 进行特征的抽取，通过 EEMD－DNN 模型对 F11 后面缺失的风压数据进行预测，其结果如表 1 所示。

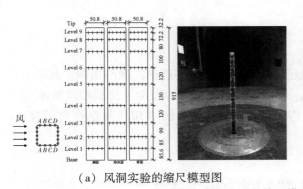

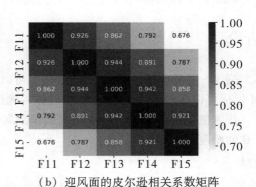

（a）风洞实验的缩尺模型图　　　　　　（b）迎风面的皮尔逊相关系数矩阵

图 1　风洞实验的缩尺模型及皮尔逊相关系数矩阵图

* 基金项目：国家自然科学基金项目（51908090）。

表1 基于 EEMD – DNN 方法对 F11、F2、F14 风压缺失数据的预测结果

样本		标签	MSE	RMSE	MAE	R – Squared
F13	F12	F11	0.0029	0.0536	0.0406	89.63%
F11	F13	F12	0.003	0.055	0.045	88.9%
F15	F13	F14	0.0072	0.0846	0.0724	78.36%

3 基于智能算法的气动参数识别

基于随机振动理论，采用广义横风向荷载谱乘以机械导纳函数，然后积分确定响应均方根。在风洞实验中，新型气弹 – 测压实验（通过触发器保证测压与位移的同步采集），获取高层建筑的真实响应均方根值，然后反向求解机械导纳函数中总阻尼比，如下式

$$|H(F)|^2 = \frac{1}{[1-(f/f_s)^2]^2 + [2(\xi_s + \xi_a)f/f_s]^2} \tag{1}$$

式中，$|H(F)|^2$ 是机械导纳，ξ_s 是结构阻尼，ξ_a 是气动阻尼，f_s 是结构的自振频率。

考虑智能优化算法可以搜索函数的全局最优解，本文采用遗传算法（GA）求出总阻尼比。由于结构阻尼比可以通过自由衰减测得，总阻尼比减去结构阻尼比，得到结构气动阻尼比。为验证本方法的有效性，和传统的随机减量发（RDT）进行了对比，如图2a 所示。然后，将 GA 和 RDT 识别的总阻尼带入机械导纳函数，预测高层建筑响应均方根，如图2b 所示。

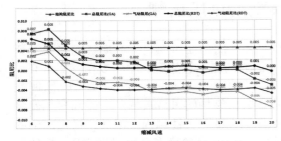 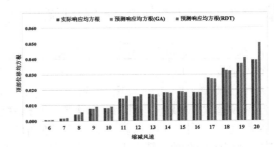

（a）GA 与 RDT 识别气动阻尼对比结果　　　　（b）GA 与 RDT 响应预测的对比结果

图2 GA 与 RDT 算法的对比

图2a 中，当缩减风速为7时，结构开始进入涡振区域，横风向自激风荷载不断增大，总阻尼比开始减少。图2b 中，在不同的缩减风速下，采用 GA 得到的气动参数进行风致响应均方根的预测要比 RDT 预测的均方根值，更接近真实响应值的均方根值。

4 结论

本文提出一种 EEMD – DNN 网络模型，可以对故障风压管的丢失风压数据进行准确的预测，其中 R – Squared 指标可以达到78%。另外，在气弹 – 测压实验中，采用高层建筑结构的随机风荷载和风致响应的均方根，作为遗传算法的输入，可以准确识别高层建筑结构的气动参数，与传统的 RDT 算法进行了对比，具有较高的精度。

参考文献

［1］ CHEN Z, HUANG H, TSE K T, et al. Characteristics of unsteady aerodynamic forces on an aeroelastic prism：A comparative study［J］. Journal of Wind Engineering and Industrial Aerodynamics, 2020, 205：104325.

基于风洞试验的无人机搭载风速仪测风准确性研究*

潘月月[1,2]，李正农[2,3]，蒲鸥[2,3]

（1. 潍坊学院建筑工程学院 潍坊 261061；

2. 湖南大学土木工程学院 长沙 410082；

3. 湖南大学建筑安全与节能教育部重点试验室 长沙 410082）

1 引言

风特性实测对精确计算结构风荷载以及风资源评估等都具有重要的现实意义，测风塔和激光雷达是常见的实测工具，测风塔在多方位风特性实测中存在费用高、拆卸移动不便等不足，而激光雷达测风容易受天气的影响[1]。借助无人机开展风特性实测可以较好地获得准确全面的风特性参数。目前，已有研究中，利用无人机进行测风的方法主要有：利用固定翼无人机的 GPS 系统，采用水平空速归零法进行测风[2]；通过数值计算方法求解风速的解析法测风[3-4]，但得到的结果不是实时风速；航空推算法[5]能够较好地解决风场对无人机的影响问题，但测风精度相对较低；采用气象无人机搭载静压－皮托管[6]的方法测量空速和地速，通过计算求解风速，对仪器精度要求较高；通过无人机搭载风速仪[7]进行现场实测已经取得了一定的研究成果，测风有效性得到了验证。但风速仪不同安装高度和来流风速等对测风准确性的影响还需要进一步的研究。因此，本文开展了基于风洞试验的六旋翼无人机搭载风速仪测风准确性研究。

2 风洞试验研究

2.1 无人机搭载风速仪的设备组装

为了确定无人机搭载风速仪的合理组装方案，在湖南大学 HD－3 边界层风洞中开展了相关风洞试验。通过与风洞试验中 TFI 眼镜蛇 3D 脉动风速仪（简称眼镜蛇）的测量结果进行对比，验证了无人机搭载风速仪（简称风速仪）的测风准确性。本文选用六旋翼无人机搭载 2D 超声风速仪，其中无人机选用 DJI M600Pro，风速仪型号为 FT205EV，采样频率 10 Hz。搭载后设备总重约为 9.5 kg，可持续飞行 30 min。

图 1　无人机搭载风速仪的设备改装

2.2 风洞试验工况设置

风洞试验主要考察了不同风速工况中旋翼扰动下风速仪安装高度 h、来流风向角 θ 以及湍流强度 I 等 3 个因素对风速仪测量数据的影响，不计入旋翼旋转对眼镜蛇数据采集的影响和无人机自身对风速仪数据

* 基金项目：国家自然科学基金项目（51908430）；潍坊学院博士科研启动基金资助（2019BS16）。

采集的影响。此外，在无人机旋翼工作时无人机姿势倾角在不同来流风速下是不同的，风速仪测得的风向误差忽略不计。在风洞中设置了 3 个尖塔以增加来流的湍流强度。眼镜蛇位于风速仪前方约 2.0 m 位置处，水平方向距离 100 mm，设置无人机机头方向为 0°风向角。

2.3 风速仪距离无人机顶板不同位置处平均风速比值的变化规律

引入相对比值［（风速仪平均风速 − 眼镜蛇平均风速）／眼镜蛇平均风速 ×100%］作为考察参数，用于分析风速仪不同位置 h 对风速仪测风数据准确性的影响规律。结果表明，在 5 种不同风速工况下，相对差值随着安装高度 h 的增加呈先减小后增大的趋势，风速仪安装的最佳位置为 $h=20$ cm。不同风向角下来流会受到无人机悬臂的影响，如 60°和 180°时风从两悬臂中间吹过，30°和 90°时则是顺着悬臂方向入流。引入了风速仪平均风速与眼镜蛇平均风速的比值用 β 表示，通过分析不同风向角下比值 β 随来流风速的变化曲线，得出了比值 β 随来流风速的变化规律：来流的入流风向角不同时，无人机悬臂对比值 β 的影响较大；当来流顺悬臂方向时（30°和 90°），平均风速比值 β 均大于来流从悬臂之间（60°和 180°）吹过时的值，且比值 β 均随着来流风速的减小而减小。而当来流从悬臂之间吹过时，比值 β 均随着来流风速的减小呈先减小后增大的趋势。4 种风向角工况中，无人机机位处于 60°风向角时的比值 β 最接近于 1。这表明，实测中还需要根据来流风向尽量将无人机保持为 60°风向角时的机位，这为实测的开展提供了有益结论。

3 结论

根据风洞试验结果，得到了不同风向角下平均风速比值的变化规律，考虑到无人机测风过程中机位是可以调整的，最终选取平均风速比值最接近于 1 时的工况，即来流风以无人机 60°风向角入流（两旋翼中间），且确定 $h=20$ cm 作为风速仪底部距离无人机顶板的最佳高度。

参考文献

［1］陈爱，刘宏昭，杨迎超，等. 复杂地形条件下风力机微观选址［J］. 太阳能学报，2012，33（5）：782 − 788.

［2］马舒庆，汪改，潘毅. 微型无人驾驶飞机探空初步试验研究［J］. 南京气象学院学报，1997（2）：30 − 36.

［3］汪改，马舒庆，潘毅. 微型无人驾驶飞机探空试验［J］. 江西气象科技，1999（2）：35 − 37.

［4］侯天浩，行鸿彦，刘洋. 基于多旋翼无人机的正交式风压矢量分解测风法［J］. 仪器仪表学报，2019，40（10）：200 − 207.

［5］屈耀红，凌琼，闫建国等. 无人机 DR/GPS/RP 导航中风场估计仿真［J］. 系统仿真学报，2009，21（7）：1822 − 1825.

［6］HOLLAND G J. Autonomous aerosondes for economical atmospheric soundings anywhere on the globe［J］. Bulletin American Meteorological Society，1992，73（12）：1987 − 1998.

［7］李正农，胡昊辉，沈义俊. 六旋翼无人机旋翼转动对测风准确性的影响研究［J］. 实验流体力学，2019，33（6）：7 − 14.

低矮建筑风洞实验大缩尺比尺度效应研究 *

胡尚瑜[1]，李秋胜[2]

（1. 汕头大学土木与环境工程系 汕头 515063；

2. 香港城市大学土木与建筑工程系 香港 999077）

1 引言

低矮建筑风洞实验大缩尺比可以增加雷诺数，若要满足和现场实测的湍流强度相等的条件，将会增加小尺度湍流分量和低估和缺失低频湍流，导致湍流积分尺度与屋面高度相对尺度效应更为突出，湍流积分尺度的差异对低矮房屋表面的风压的影响不可忽略。本文基于大型边界层风洞中开展 TTU 原型实测低矮建筑 1:4 和 1:10 大比例模型风洞试验，旨在研究大缩尺比模型测压实验中的湍流积分尺度及湍流尺度对平坡屋面低矮建筑实验结果的影响。

2 风洞试验

TTU 实测房[1]其长×宽×高分别为 13.8 m×9.25 m×3.99 m。模拟得到开阔地貌条件的平均风速剖面和平均湍流剖面如图 1 和图 2 所示。由图 1 可知：模拟的近地边界层高度为 2 m，与缩尺比 1:4 模型屋面高度的比值约为 2，满足低矮建筑风洞实验时，边界层高度与模型高度比值最小应大于 2 的条件[2]。相对而言，1:10 模拟的各高度平均风速变化规律与现场实测的近地平均风速变化规律吻合较好。由图 2 可知，1:4 和 1:10 模型的屋面高度的顺风向湍流强度分别为 12.7% 和 13.8%，均小于实测值（22.0%）。1:4 的顺风向湍流积分尺度 L_u 为 1.06 m，湍流尺度（湍流积分尺度与建筑特征长度高度的比值 L_u/H）为 1.07；1:10 流场屋面高度处的顺风向湍流积分尺度最大可达到 1.14 m，湍流尺度 L_u/H 为 2.86。顺风向脉动风速功率谱比较分别如图 3 所示：在相同边界层流场中，保持湍流强度相同的条件下，1:4 模型的脉动风速功率谱相对 1:10 模型向右平移，而对应增加了高频段范围的小尺度湍流分量。与现场实测功率谱值相比较，在低频范围，各组风洞实验值小于现场实测值，而在折算频率 $0.2 < nz/U < 5$ 高频范围内，风洞实验模拟的脉动风速谱大于实测谱值。

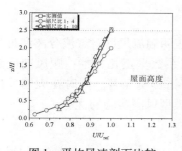

图 1 平均风速剖面比较

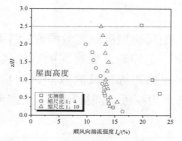

图 2 顺风向湍流强度剖面比较

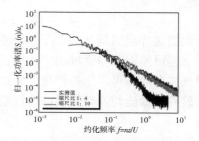

图 3 顺风向脉动风速功率谱

3 试验结果分析

1:4 与 1:10 屋檐边缘区域的平均风压、峰值负压和脉动风压的分布与湍流尺度 L_u/H 相关性如图4～图 6 所示。1:4 的平均风压系数（绝对值）大于 1:10 实验值，与现场实测平均风压系数更为接近。两者

* 基金项目：国家自然科学基金项目（51878198）。

平均风压差异主要由高频小尺度湍流分量的差异所致，湍流尺度对平坡屋面受气流分离区域的平均风压系数有一定的影响。迎风屋面屋檐区域的脉动风压系数 1:10 实验值大于 1:4 实验值，其主要由于 1:10 流场中低频湍流和湍流强度及湍流积分尺度约大于 1:4 流场。脉动风压系数与湍流尺度和湍流强度呈正相关性。1:10 脉动风压的相关系数大于 1:4 实验值，脉动风压的相关系数与湍流尺度呈正相关，在迎风边缘区域的相关性随湍流尺度的增大而增大。

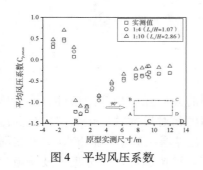

图 4　平均风压系数

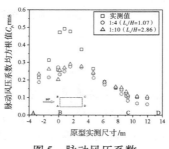

图 5　脉动风压系数

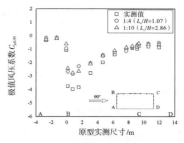

图 6　峰值负压系数

　　选取 270°风向角垂直屋脊工况下，气流分离区域和再附区域的脉动风压功率谱实验值和实测值的对比如图 8 和图 9 所示。脉动风压功率谱的各模型风洞实验值大于实测值，当模型缩尺比例增大，脉动风压功率谱归一化值相对向右平移，同时随模型比例增大，模拟低频湍流分量的缺失导致其能量占比减少。1:4 模型风洞实验模拟特征湍流与原型实测结构的特征湍流更为接近，表明大缩尺模型气流再附着区域的脉动风压主要由特征湍流决定。

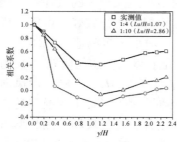

图 7　中轴线区域风压相关系数

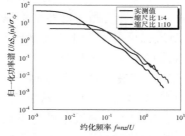

图 8　气流分离区脉动风压功率谱

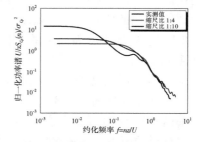

图 9　再附着区脉动风压功率谱

4　结论

　　基于大型边界层风洞开展 TTU 实测房大缩尺模型测压实验研究，结果表明湍流尺度对气流分离和再附流动作用下迎风屋面屋檐区域的平均风压有一定影响，而对其的脉动风压系数呈正相关性；顺风向低频湍流对受气流分离和再附结构作用下的迎风屋檐边缘区域的脉动风压功率谱影响显著。同时在大缩尺模型风洞实验特征湍流与原型结构的特征湍流更为接近，间接印证了大缩尺模型风洞实验的优势。

参考文献

［1］ LEVITAN M L, MEHTA K C. Texas tech field experiments for wind loads part II. Meteorological instrumentation and terrain parameters ［J］. Journal of Wind Engineering and Industrial Aerodynamics, 1992, 43 (1-3): 1577-1588.

［2］ MOONEGHI M A, IRWIN P, CHOWDHURY A G. Partial turbulence simulation method for predicting peak wind loads on small structures and building appurtenances ［J］. Journal of Wind Engineering and Industrial Aerodynamic, 2016, 157: 47-62.

台风中心运动轨迹的 β - 平流模型在台风危险性分析的应用 *

洪旭[1]，李杰[1,2]

(1. 同济大学土木工程学院建筑工程系 上海 200092；

2. 同济大学土木工程防灾国家重点实验室 上海 200092)

台风中心运动轨迹模型是台风危险性分析的重要组成部分[1]。研究表明，台风运动主要受引导气流控制，并受 β - 漂移影响[1]。基于此，文献［3］提出了一种 β - 平流模型，其中，引导气流定义为 250 hPa 和 850 hPa 气流的线性组合；β - 漂移则为常值（ =2.5 m/s）。事实上，尽管 β - 漂移与引导气流相比较小，但台风水平风速结构对 β - 漂移有很大影响[4]，故有必要研究在台风中心运动轨迹模型中使用常值 β - 漂移的合理性。为此，本文首先面向西北太平洋地区的台风建立了 β - 平流模型，其中，台风中心的运动速度可由下式模拟[1]：

$$U_t = U_{str} + U_\beta \tag{1}$$

式中，$U_t = (u_t, v_t)$ 是台风中心运动速度；$U_{str} = (u_{str}, v_{str})$ 是环境中的引导气流；$U_\beta = (u_\beta, v_\beta)$ 是台风的 β 漂移；u、v 分别表示速度矢量正东、正北方向分量。引导气流可由下式计算[3]：

$$u_{str} = \alpha_u(\lambda, \varphi) u_{250} + [1 - \alpha_u(\lambda, \varphi)] u_{850} \tag{2}$$

$$v_{str} = \alpha_v(\lambda, \varphi) v_{250} + [1 - \alpha_v(\lambda, \varphi)] v_{850} \tag{3}$$

式中，u_{250} 和 u_{850} 分别是 250 hPa 和 850 hPa 的高度气流；$\alpha_u(\lambda, \varphi)$ 和 $\alpha_v(\lambda, \varphi)$ 分别是 u 方向和 v 方向的权重系数；λ 和 φ 分别是经度和纬度。

β - 漂移可由无辐散正压涡量方程计算得到[4]：

$$\frac{\partial \zeta}{\partial t} + v\frac{\partial \zeta}{\partial y} - u\frac{\partial \zeta}{\partial x} + \beta v = 0 \tag{4}$$

式中，$\zeta = \nabla^2 \psi$，为涡量分布；ψ 是流函数；方程的初值为

$$\psi|_{t=0} = \int_0^r V(r') \mathrm{d}r' + U_{str} \cdot (k \times r) = \int_0^r V(r') \mathrm{d}r' + v_{str}x - u_{str}y \tag{5}$$

式中，$V(r)$ 是台风梯度风场风速分布：

$$V(r)^2 = V_{max}^2 \left(\frac{R_0 - r}{R_0 - R_{max}}\right)^2 \left(\frac{r}{R_{max}}\right)^{2m} \left[\frac{(1-b)(n+m)}{n + m (r/R_{max})^{2(n+m)}} + \frac{b(1+2m)}{1 + 2m (r/R_{max})^{2m+1}}\right] \tag{6}$$

式中，V_{max} 是最大梯度风速；R_{max} 是台风最大风速半径；其他参数取值参考文献［5］。

为考虑台风中心运动轨迹模型中各部分对台风危险性分析结果的影响，本文考虑了如表 1 所示的四种模型配置，并采用文献［5］的方法进行了我国东南沿海地区的 100 年一遇极值风速，结果如图 1 所示。可见，考虑空间变化的权重系数对台风危险性影响较小；采用涡量方程计算的 β 漂移比采用常值 β 漂移得到的结果更大，前者与后者的平均差别为 1.3 m/s，最大差别为 4.4 m/s。这一显著差别是由 β 漂移与台风强度的耦合造成的。

本文基于引导气流和 β 漂移建立了台风中心运动轨迹的 β - 平流模型。分析表明，引导气流的权重系数一定程度上是经纬度的函数，但它对台风危险性影响有限；同时，与考虑了 β 漂移与台风强度耦合的情况相比，将 β 漂移处理为常值在部分地区将显著低估台风危险性，因此有必要在台风危险分析中通过涡量方程求解 β 漂移，以合理反映它与台风强度的耦合。

* 基金项目：国家自然科学基金重点项目（51538010）；国家建设高水平大学公派留学生项目（201806260223）。

表 1　台风危险性分析中考虑的模型配置

	引导气流	β 漂移
BAM1	考虑权重系数的空间变化	由涡量方程解得
BAM2	$\alpha_u = 0.393$，$\alpha_v = 0.357$	由涡量方程解得
BAM3	考虑权重系数的空间变化	$u_\beta = -1.48$ m/s，$v_\beta = 1.68$ m/s

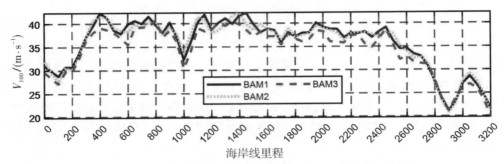

图 1　100 年一遇台风极值风速（海岸线历程起点为中越边境）

表 2 以东南沿海地区若干城市的 50 年一遇台风地表风速为例对比了本文分析结果与其他研究成果[6-7]。表中还给出了由地表观测分析得到的 50 年一遇台风地表风速及其 95% 中心区间。对比结果说明了本文方法的合理性与有效性。

表 2　我国东南沿海若干关键城市 50 年一遇台风地表风速

城市	L16	C18	BAM1	CMDC	城市	L16	C18	BAM1	CMDC
上海	28.9	29.6	24.1	21.2（[16.7，26.7]）	厦门	36.4	34.5	35.9	36.7（[31.7，42.4]）
宁波	30.0	32.1	27.5	23.7（[20.4，27.7]）	广州	29.4	—	30.1	25.9（[22.5，29.8]）
温州	34.0	32.5	34.8	29.4（[24.9，34.8]）	深圳	34.7	32.8	37.1	—
福州	32.5	30.1	33.6	30.7（[26.7，35.3]）	湛江	35.2	34.2	35.4	—

注：L16 代表文献［7］的结果；C18 代表文献［6］的结果；CMDC 代表采自中国气象数据网（http：//data. cma. cn/）的数据分析的结果。

参考文献

［1］FANG G, ZHAO L, CAO S, et al. Estimation of tropical cyclone wind hazards in coastal regions of China［J］. Natural Hazards and Earth System Sciences. 2020, 20（6）：1617 – 1637.

［2］CHAN J C. The physics of tropical cyclone motion［J］. Annu. Rev. Fluid Mech. , 2005, 37：99 – 128.

［3］EMANUEL K, RAVELA S, VIVANT E, et al. A statistical deterministic approach to hurricane risk assessment［J］. Bulletin of the American Meteorological Society, 2006, 87（3）：299 – 314.

［4］WILLIAMS R T, CHAN J C. Numerical studies of the beta effect in tropical cyclone motion. Part Ⅱ：Zonal mean flow effects［J］. Journal of Atmospheric Sciences, 1994, 51（8）：1065 – 1076.

［5］HONG X, LI J. A beta-advectiontyphoon track model and its application for typhoon hazard assessment［J］. Journal of Wind Engineering and Industrial Aerodynamics, 2021, 208：104439.

［6］CHEN Y, DUAN Z. A statistical dynamics track model of tropical cyclones for assessing typhoon wind hazard in the coast of southeast China［J］. Journal of Wind Engineering and Industrial Aerodynamics, 2018, 172：325 – 340.

［7］LI S H, HONG H P. Typhoon wind hazard estimation for China using an empirical track model［J］. Natural Hazards, 2016, 82（2）：1009 – 1029.

教室内空气质量研究 *

晏克勤[1]，程涛[1]，Dejan Mumovic[2]
（1. 湖北理工学院土木建筑工程学院 黄石 435003；
2. 伦敦大学学院巴特利特建筑学院环境与能源系 伦敦 WC1H0NN）

1 引言

室内空气质量关系到建筑物居住者的健康和舒适。就学校而言，良好的室内空气质量有助于为学生创造良好的环境，有助于教职员工及学生的课堂表现，有助于获得舒适、健康的感觉。我们不仅要关注室内污染物和二氧化碳浓度，温度和湿度也不能忽视。因为人们对热舒适的担忧是许多关于"空气质量差"的抱怨的基础；此外，温度和湿度也是影响室内污染物水平的众多因素之一。

为了获得舒适的室内环境，采用机械通风、自然通风和混合通风三种通风方式。机械通风通过使用风扇强制空气穿过管道，以恒定速度提供所需的气流。然而，风扇的使用消耗了大量的能源，因此会导致更大的 CO_2 排放。自然通风是利用风和温度差异在建筑物内和通过建筑物内形成气流的过程。自然通风可通过风和浮力来控制[1-4]。对于浮力驱动的建筑物通风，室内热环境和相对湿度的表示是非常重要的。风力通风通过建筑物迎风侧的开口，从正压力中提供空气，并将空气排放到背风侧的负压。

不同的方法可用于评估自然通风，包括现场实测、风洞实验和数值模拟（CFD）。Chen[5]概述了各种通风评估方法的特点。现场测量是获取示踪气体浓度历史信息最直接、有效的方法，它也是主治模拟（CFD）方法验证的基础。建筑通风的 CFD 研究应该从建筑周围的风流模式和由风和浮力驱动的室内气流两方面进行验证。我们可以通过现场测量得到真实的情况，而这种情况不能完全通过缩尺模型试验再现。作者所在课题组在伦敦东南部的 Horniman 小学（图 1）进行了一项评估教室通风率的示例研究[6]。教室屋顶安装了一个被动通风系统。教室的主要特点如表 1 所示。课题组供暖季节和非供暖季节教室内 CO_2、温度、相对湿度、风速、风向的分布。

图 1　测试学校及教室

表 1　教室特点

教室	面积	60 m²	朝向	西北
教室	体积	180 m³	面积	12.6 m²
学生	人数	30 人	开口面积	1.1 m³
学生	年龄	10～11 岁	开口方式	上悬

2 现场实测

2.1 测试仪器及测点布置

室内采用 Eltek 公司生产的 GD47 采集 CO_2、相对湿度以及温度，室外同样采用 Eltek 公司生产的戴维

---

* 基金项目：湖北省自然科学基金项目（2013CFC103）；国家自然科学基金项目（51278368）。

斯风速计采集风速、风向。室内分别在呼吸高度处及屋顶通风口处布置 GD47 采集仪，采样频率 90s。

2.2 测试结果

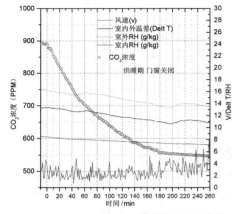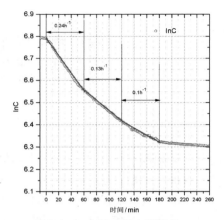

（a）CO_2 浓度/DeltaT/RH/风速随时间变化关系　　　　（b）ACH 随时间变化规律

图 2　供暖期 CO_2 衰减曲线及 ACH 取值

3 结论

（1）ACH 随风速和风向而变化：通常，较大的风速对应较大的 ACH；如果其他条件相似，来自西北、西北和西的风将对应较大的 ACH；来自东和东南的风将对应于最小 ACH。当风来自其他方向时，ACH 值在上述值之间变化。

（2）ACH 随室内外温差而变化。较大的 ΔT 对应较大的 ACH。

（3）ACH 随打开窗口的数量而变化。开窗有利于通风，气流速度取决于风速和方向以及开口的大小。夏季室内外温差不大，不足以带动浮力通风，利用风来尽可能多地供给新鲜空气。然而，在冬季，室内比室外温暖得多，这为浮力通风提供了机会。

（4）ACH 与初始二氧化碳浓度有关。如果其他条件相似，初始 CO_2 浓度越大，ACH 越大。

参考文献

［1］LIU P, LIN H T, CHOU J H, Evaluation of buoyancy-driven ventilation in atrium buildings using computational fluid dynamics and reduced-scale air model. Building and Environment, 2009. 44（9）：1970－1979.

［2］HUNT G R, LINDEN P P. The fluid mechanics of natural ventilation—displacement ventilation by buoyancy-driven flows assisted by wind［J］. Building and Environment, 1999. 34（6）：707－720.

［3］LI Y, DELSANTE A. Natural ventilation induced by combined wind and thermal forces［J］. Building and Environment, 2001. 36（1）：59－71.

［4］HEISELBERG P. Experimental and CFD evidence of multiple solutions in a naturally ventilated building［J］. Indoor Air, 2004. 14（1）：43－54.

［5］CHEN Q. Ventilation performance prediction for buildings：A method overview and recent applications［J］. Building and Environment, 2009. 44（4）：848－858.

［6］DORIZAS P V, STAMP, MUMOVIC D, et al. Performance of a natural ventilation system with heat recovery in UK classrooms：An experimental study［J］. Energy & Buildings, 2018：278－291.

基于矩的风压特性描述方法评估 *

罗颖

（长沙理工大学土木工程学院 长沙 410114）

1 引言

在建筑围护结构抗风设计中，风压特性及其极值的估计非常重要。其中，在给定统计矩的情况下，Hermite 多项式模型（HPM）[1]、Johnson 变换（JT）[2] 和最大熵原理（ED）[3] 均能提供相应的概率分布。为了探讨它们在风压特性描述上的适用性，基于风洞试验数据，对比分析了它们拟合风压概率分布和计算极值的精度，并根据分析结果，总结了相关结论。

2 基于矩的概率模型

2.1 Hermite 多项式模型（HPM）

对于随机过程 $X(t)$ 和标准高斯过程 $U(t)$，基于 HPM，有

$$y = \frac{x - \mu_X}{\sigma_X} H(u) = \kappa [u + h_3(u^2 - 1) + h_4(u^3 - 3u)] \tag{1}$$

为了保证式的单调性，需满足

$$h_3^2 - 3h_4(1 - 3h_4) \leqslant 0 \tag{2}$$

2.2 Johnson 变换（JT）

JT 包括对数正态系统 S_L、有界系统 S_B 和无界系统 S_U，形式如下

$$S_L : z = \frac{x - \xi}{\lambda} = \exp\left(\frac{u - \tau}{\delta}\right) (\lambda = 1) \tag{3}$$

$$S_B : z = \frac{x - \xi}{\lambda} = 1 \bigg/ \left\{ 1 + \exp\left(-\frac{u - \tau}{\delta}\right) \right\} \tag{4}$$

$$S_U : z = \frac{x - \xi}{\lambda} = \frac{1}{2}\left[\exp\left(\frac{u - \tau}{\delta}\right) - \exp\left(-\frac{u - \tau}{\delta}\right) \right] = \sinh\frac{u - \tau}{\delta} \tag{5}$$

不同形式有不同的偏度和峰度适用范围。

2.3 最大熵分布（ED）

根据最大熵原则，在满足概率分布积分面积为 1 和给定统计矩的约束条件下，有

$$f(x) = \exp\left(\lambda_0^* + \sum_{i=1}^{k} \lambda_i^* x^i\right) \tag{6}$$

3 试验数据分析

风洞试验[4]模型如图 1 所示，平面尺寸为 38.1 m × 24.38 m，风向角定义如图 1 所示，后续分析采用了不同高度、不同地形以及不同屋面坡度在 225° 和 315° 风向角下的屋面测点数据。

* 基金项目：国家自然科学基金项目（51908074）。

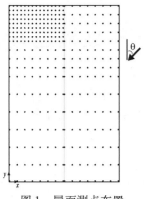

图 1　屋面测点布置

不同方法下拟合效果最好和极值误差最小的测点比例结果如表 1 所示。

表 1　不同方法下拟合效果最好和极值误差最小的测点比例

方法	拟合误差最小的测点比例	尾部拟合误差最小的测点比例	峰值因子误差最小的测点比例	峰值因子误差在±10%内的测点比例
HPM	39.2%	49.6%	42.4%	59.7%
JT	28.8%	31.2%	41.5%	56.2%
ED	32.0%	19.3%	16.1%	16.5%

4　结论

（1）整体而言，Hermite 多项式模型在描述风压特性上具有最高的精度。

（2）最大熵分布能够较好地描述风压整体的概率特性，但是拟合的尾部特性较差。

（3）对比概率分布拟合结果和极值评估结果，可以发现，当风压概率分布拟合良好时，并不意味着尾部的拟合精度良好。

参考文献

［1］WINTERSTEIN S R. Nonlinear vibration models for extremes and fatigue［J］. Journal of Engineering Mechanics, 1988, 114：1772 – 1790.

［2］JOHNSON N L. Systems of frequency curves generated by methods of translation［J］. Biometirka, 36（1 – 2）：149 – 176.

［3］JONDEAU E, POON S H, ROCKINGER M. Financial modeling under non-Gaussian distributions［M］. Springer Science & Business Media, 2007.

［4］HO T C E, SURRY D, MORRISH D, et al. The UWO contribution to the NIST aerodynamic database for wind loads on low buildings：Part 1. Archiving format and basic aerodynamic data［J］. Journal of Wind Engineering and Industrial Aerodynamics, 2005, 93（1）：1 – 30.

设计风压计算中风压系数极值分位数取值的估计 *

刘敏，杨庆山，达林

（重庆大学土木工程学院 重庆 400045）

1 引言

结构抗风设计需考虑结构在设计基准期内可能面临的最大风压，即设计风压，对应 R 年重现期的风压极值。风压极值变量 P 与风压系数极值变量 C、平均风速极值变量 U 存在关系：$P = 0.5\rho CU^2$。风压极值与平均风速极值所取分位数通常被提前确定，即 $1 - 1/R$，而风压系数极值分位数的取值还需进一步确定。Cook 和 Mayne 结合英国实测平均风速极值数据与风洞试验风压系数极值数据，通过数值计算得到风压系数极值分位数的推荐取值为 78%[1-2]。Chen 通过风压极值全阶概率模型推导得到设计风压解析表达式[3]。本文基于风压极值一阶概率模型，结合地震工程学中 Drift Hazard 计算方法[4]，进一步推导得到风压系数极值分位数的解析表达式，为工程实践提供一种高效的风压系数极值分位数取值方法。计算表明，风压系数极值变异性越高，年最大平均风速变异性越低，风压系数极值分位数取值越高。

2 基于风压极值一阶概率模型的设计风压解析表达式推导

风压极值一阶概率模型考虑年最大风压由年最大平均风速导致，其概率分布由下式计算：

$$F_P(p) = \int_0^\infty F_C[p/(0.5\rho u^2)]f_U(u)\mathrm{d}u \tag{1}$$

式中，$F_C(\cdot)$ 为风压系数极值概率分布；$f_U(u)$ 为平均风速极值概率密度，ρ 为空气密度。由于风压系数极值概率分布与平均风速极值均服从极值 I 型分布，故可分别变换为对数高斯分布与幂函数形式：

$$F_C(c) = \Phi[(\ln c - \ln c_m)/V_C] \tag{2}$$

$$F_U(u) = \ln[F_U(u)] + 1 = -\exp[-(u - b_u)/a_u] + 1 = -k_0 u^{-k} + 1 \tag{3}$$

式中，c_m 为风压系数极值中位数；V_C 为风压系数极值变异系数。式中 k、k_0 模型参数，可通过对式取不同概率值计算得到[3]：

$$k = 4.8183/[\ln(\pi + 17.7265V_U) - \ln(\pi + 5.9241V_U)]; k_0 = 1/[20(2.4185 + 1.2825)/V_U]^k \tag{4}$$

将式（2）、式（3）代入式（1）积分计算得到风压极值超越概率 $Q_P(p)$ 与平均风极值超越概率 $Q_U(u)$ 间的关系式：

$$Q_P(p) = \exp(0.125k^2V_C^2)Q_U(u_p) \tag{5}$$

式中，u_P 为风压系数极值。取中位数 c_m 时，风压极值 p 对应的平均风速极值大小 $u_P = \sqrt{[p/(0.5c_m)]}$。那么将 $Q_U(u)$ 的幂函数表达式、u_P 代入上式，并取风压极值超越概率为 R_1 得到式一；年最大平均风速超越概率为 R_2 代入式得到式二，两式联立求解可得：

$$p_d = 0.5\rho(R_1/R_2)^{-2/k}c_m\exp(0.25kV_C^2)u_d^2 \tag{6}$$

式中，$(R_1/R_2)^{-2/k}c_m\exp(0.25kV_C^2)$ 即为设计风压系数，将其代入风压系数极值的极值 I 型分布表达式可得风压系数极值所取分位数 q 为：

$$q = \exp\{-\exp[\Pi_c - \Pi_c(R_1/R_2)^{-2/k}(0.3665/\Pi_c + 1)\exp(0.25kV_C^2)]\} \tag{7}$$

式中，$\Pi_c = \pi/(2.45V_C) - 0.5772$。

* 基金项目：国家自然科学基金专项基金重点国际（地区）合作与交流项目（旧）（51720105005）。

3 算例分析

图 1 为根据式（7）在 $R_1 = R_2$ 时计算得到的分位数 q 图；图 2 为方形鞍形屋盖的 V_U 云图；图 3 为按式计算分位数的风压系数极值与 78% 分位数风压系数极值的比较，取 78% 分位数风压系数极值作为设计风压系数低估最高达 50%。

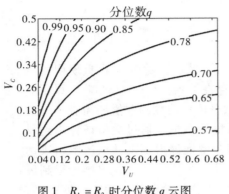

图 1　$R_1 = R_2$ 时分位数 q 云图

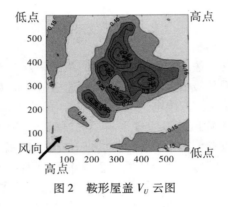

图 2　鞍形屋盖 V_U 云图

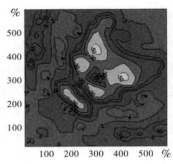

图 3　分位数取值比较

4 结论

由图 1 可知，年最大平均风速变异性 V_U 越低，风压系数极值变异性 V_C 越高，分位数 q 取值越高。取 78% 分位数下风压系数极值并不能准确计算其设计风压。因此对于不同结构的设计风压系数分位数需具体计算。

参考文献

［1］COOK N J, MAYNE J R. A novel working approach to the assessment of wind loads for equivalentstatic design ［J］. Journal of Wind Engineering and Industrial Aerodynamics, 1979, 4（2）: 149 – 164.

［2］COOK N J, MAYNE J R. A refined working approach to the assessment of wind loads for equivalent static design ［J］. Journal of Wind Engineering and Industrial Aerodynamics, 1980, 6（1 – 2）: 125 – 137.

［3］CHEN X. Estimation of wind load effects with various mean recurrence intervals with a closed-form formulation ［J］. International Journal of Structural Stability and Dynamics, 2016, 16（09）: 1550060.

［4］JALAYER F, CORNELL C A. Atechnical framework for probability-based demand and capacity factor design（DCFD）seismic formats ［M］. Pacific Earthquake Engineering Research Center, 2004.

第二部分

研究生论坛

一、边界层特性与风环境

基于修正 SST $k-\omega$ 湍流模型的城市冠层风环境数值分析[*]

汪阔[1]，韩艳[1]，沈炼[2,3]，胡朋[1]

（1. 长沙理工大学土木工程学院 长沙 410076；

2. 湖南大学土木工程学院 长沙 410082；

3. 长沙学院土木工程学院 长沙 410022）

1 引言

良好的室外风环境是城市居民正常生活生产的前提保障。数值模拟由于具有经济、可获取流场的详细分布等优点，近年来得到了广泛应用。如 Coceal 等[1]以 4 个均匀交错的建筑立方体为计算模型，得到了建筑物周边平均速度、剪切力和湍动能的详细分布；Azli 等[2]通过大涡模拟对交错块阵列建筑群进行了数值模拟，得到阵列模型平均风的空间特征；Zhang 等[3]采用 RNG$k-\varepsilon$ 湍流模型研究了三种不同建筑布局对垂直风速影响，发现 45°风攻角对结构周围的风场有显著影响。

上述研究对建筑物的布局与形态进行了分析，但不足的是研究对象相对单一，没有考虑不同布局下建筑冠层的风场分布，且当前数值研究对湍流的考虑相对缺乏，已有研究由于没有考虑数值流场中的湍流耗散问题，使得模拟精度相对较低。因此，本文基于上述研究的不足，采用 SST $k-\omega$ 自平衡湍流模型，对建筑密度、不同高度和错落度 3 种建筑布局下的城市冠层流场进行了深入分析，获取了不同建筑形态下平均风速与湍动能的详细分布，相关研究可供绿色城市建设与规划参考。

2 数值方法

传统 SST 湍流模型在模拟大气边界层时不能保持"水平均匀性"，会出现湍流耗散现象，本文通过添加源项的方法对 SST $k-\omega$ 进行修正，实现了计算域内 k、ω 的自保持[4]。

3 不同建筑形态下小区流场分析

3.1 模拟工况

为研究不同建筑布局下的城市小区风环境，对不同建筑密度、平均高度和错落度三种形态作用下小区流场进行了详细分析，模拟工况如表 1 所示，数值模拟过程中，每种建筑形态均考虑建筑物与来流正交工况。

表 1 模拟工况汇总

工况名称	模拟密度/%	模拟高度/m	错落度/m
建筑密度	9、16、25 和 36	0.1	0
平均高度	16	0.10、0.16、0.24、0.32 和 0.40	0
错落度	25	0.1	0.10、0.16、0.24、0.32 和 0.40

[*] 基金项目：国家自然科学基金（51808059）；湖南省自然科学基金（2018JJ1027、2019JJ50688）；长沙市杰出青年创新培育计划（kq195004）；湖南省教育厅优秀青年基金（19B054）；长沙理工大学研究生实践创新与创业能力提升项目（SJCX202016）。

3.2 测点分布和模拟结果

为了对不同建筑布局下建筑群内部流场和湍动能进行分析，选取了建筑群竖向中心平面，如图 1a 所示。监测高度为两倍建筑高度，不同位置沿高度方向的速度分布如图 1b 所示，其中：$h_{\text{ref}} = h/h_0$，$u_{\text{ref}} = u/u_0$，$h_0 = 0.1$ m，u_0 为高度 h_0 处速度。从图中可以发现风速在高于 1.3 倍建筑高度以后，其剖面与入口一致，但在 1.3 倍高度以下风速要明显低于入口来流，说明建筑物对风场产生了较大拖曳作用。

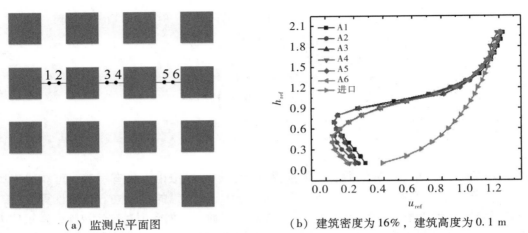

（a）监测点平面图　　　　　　（b）建筑密度为 16%，建筑高度为 0.1 m

图 1　不同风速监测点

4　结论

本文采用修正 SST 自平衡数值模型，对建筑密度、不同高度和错落度 3 种建筑布局下的城市冠层流场进行了深入分析，探究了不同建筑形态下流场的分布规律，结果表明：

（1）根据建筑物高度，城市冠层风场可分为紊乱区，增长区和稳定区，三者对应的无量纲高度分别为：$h < h_{\text{ref}}$，$h_{\text{ref}} < h < 1.3 h_{\text{ref}}$ 和 $h > 1.3 h_{\text{ref}}$。

（2）冠层内风场在紊乱区风速杂乱无章，平均风速小于规范给定的风剖面风速，在稳定区风速呈规律增长，其值与建筑密度，高度和错落度均呈反比关系。错落度和建筑高度可分别提升紊乱区和增长区的上限临界风速。

（3）湍动能在建筑内部大致呈递减趋势，最大值一般出现在建筑物高度位置，对同一建筑密度而言，最大湍动能随着高度有着先减小后增大的规律，最小值出现在 0.3 附近。对不同错落度而言，湍动能最大值与错落度大小呈正比关系。

参考文献

[1] COCEAL O, THOMAS T G, BELCHER S E. Spatial variability of flow statistics within regular building arrays[J]. Boundary Layer Meteorology, 2007, 125 (3)：537 – 552.

[2] AZLI A R, AYA H, NAOKI I, et al. Analysis of airflow over building arrays for assessment of urban wind environment[J]. Building and Environment, 2013, 59 (1)：56 – 65.

[3] ZHANG A S, CUI L G, ZHANG L. Numerical simulation of the wind field around different building arrangements[J]. Journal of Wind Engineeringand Industrial Aerodynamics, 2005, 93 (12)：891 – 904

[4] 胡朋，李永乐，廖海黎. 基于 SST k-ω 湍流模型的平衡大气边界层模拟[J]. 空气动力学学报，2012, 30 (6)：737 – 743.

复杂地形下模式近地面预报风速的误差分析 *

薛文博[1,2]，汤胜茗[2]，余晖[2]

（1. 中国气象科学研究院 北京 100081；

2. 中国气象局上海台风研究所 上海 200030）

1 引言

精细准确的风场预报在风场选址和风能评估等方面具有重要的工程应用价值，而目前近地面风速预报结果还存在明显的系统性误差[1]。分析模式预报风速误差的一个重要方法就是引入能够定量准确描述地形特征的参数，如基于地形海拔高度计算的无量纲拉普拉斯算子 $\Delta^2 h$ 等[2]。此外，坡角也是描述复杂地形特征的一个重要参数。Tang[3]等人的研究表明，近地面风速大小与坡角密切相关。故本研究引入海拔高度误差和坡角，定量讨论复杂地形对近地面预报风速的影响，为提升近地面风速预报准确率提供依据。

2 资料和地形参数介绍

本研究中的 10 – m 预报风速来自水平分辨率为 3 km 的 SMS-WARR V2. 1 （Shanghai Meteorological Service-WRF ADAS Rapid Refesh System Version 2. 1）的预报结果。研究中的实测 10 – m 风速来自约 5500 个自动观测站点资料，覆盖区域范围是江苏省、上海市、浙江省和福建省，时间范围是 2019 年 6 月至 8 月。

本研究引入"网格地形标准差""海拔高度误差"和"坡角"描述地形特征。网格尺度的地形标准差（σ_g）是可以描述地形复杂程度的物理量，故在研究中将"$\sigma_g \geqslant 100$"作为判断标准挑选出复杂地形中的样本作为研究对象。海拔高度误差（Δh）定义为站点的模式地形高度与实测资料中地形高度的差。坡角（α）采用 Tang 等[3]提出的沿风向的坡角概念。

3 近地面预报风速的误差分析

首先对高度误差、坡角进行相关性分析：海拔高度误差与预报风速偏差呈显著正相关关系，坡角与预报风速偏差呈负相关关系，且两个相关系数的都随风速呈单峰变化趋势（图1）。

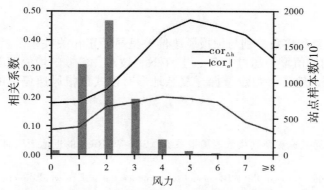

图 1 相关系数（折线图）和样本数（柱状图）随预报风速的变化

* 基金项目：国家自然科学基金（41805088）；上海市自然科学基金（18ZR1449100）；中国气象局上海台风研究所基本科研业务费专项资金项目（2021JB06）。

3.1 海拔高度误差的影响

偏差均值随高度误差变化的箱型图（图2）体现了二者的正相关关系。当 Δh 在（-20 m，20 m）之间，模式预报风速整体有较小正偏差；随着 Δh 逐渐增大，预报风速正偏差也增大，且高度正偏差每增大一个等级，样本的风速正偏差均值增大 $10\%\sim20\%$；当 Δh 减小为负值，高度负偏差每增大一个等级，样本的风速负偏差均值增大 $20\%\sim30\%$。风速偏差与高度误差之间的正相关关系可能是由于地形高度对地面风速的影响[2]。

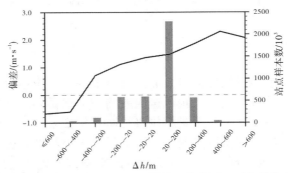

图2　预报风速偏差均值（折线图）和样本数（柱状图）随海拔高度误差的变化

3.2 坡角的影响

坡角与预报风速偏差呈现显著负相关关系（图3）。上坡时（图3a），随着坡角的增大，预报风速偏差的均值有明显减小的趋势。当 α 从（$0°$，$0.5°$）增大到大于 $3.0°$ 时，风速偏差的均值从 1.29 m/s 减小至 0.44 m/s；下坡时（图3b），随着 α 绝对值的增大，预报风速偏差均值会略微增大，其变化趋势也与样本分布有关，这可能与模式还不能体现复杂地形造成的上坡加速效应和气流分离等动力过程。

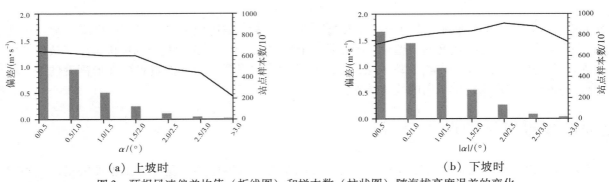

（a）上坡时　　　　　　　　　　　　（b）下坡时

图3　预报风速偏差均值（折线图）和样本数（柱状图）随海拔高度误差的变化

4 结论

本研究表明：海拔高度误差和坡角分别与预报风速偏差呈显著正相关关系及负相关关系。Δh 每增大一个等级（~200 m），偏差的均值增加超过 10%；上（下）坡时，偏差的均值随着 α 的增大而逐渐减小（增大）。本文的创新点在于引入地形参数定量探讨复杂地形对模式预报风速偏差的影响，为模式的改进提供依据。

参考文献

［1］薛文博，余晖，汤胜茗，等.上海快速更新同化数值预报系统（SMS-WARR）的近地面风速预报检验评估［J］.气象，2020，46（12）：1529-1542.

［2］JIMÉNEZ P A，DUDHIA J. On the ability of the WRF model to reproduce the surface wind direction over complex terrain［J］. Journal of applied meteorology and climatology，2013，52（7）：1610-1617.

［3］TANG S M，HUANG S，YU H，et al. Impact of horizontal resolution in CALMET on simulated near-surface wind fields over complex terrain during Super Typhoon Meranti（2016）［J］. Atmospheric Research，2021，247：105-223.

建筑周边风致积雪分布演化试验研究*

崔子晗[1]，马文勇[1,2,3]，李江龙[3]

（1. 石家庄铁道大学土木工程学院 石家庄 050043；

2. 河北省风工程和风能利用工程技术创新中心 石家庄 050043；

3. 石家庄铁道大学 省部共建交通工程结构力学行为与系统安全国家重点实验室 石家庄 050043）

1 引言

风雪流频发地约占我国国土面积的 55%[1]。在工程实践中，由此引起的建筑周边风致积雪防治价格昂贵且效果不佳。目前风吹雪预测模型尚难以系统准确的预测风致积雪分布，存在诸多技术障碍，例如风洞实验中模拟物的选择和相似比的确定[2-3]等，现场实测[4]环境条件恶劣，且受到地域限制工况较为单一，尚不能解释风吹雪的普遍规律等。针对建筑周边风致积雪问题，本文研究了建筑模型周围风致积雪分布的演化过程，通过风洞试验，在相对稳定的环境中改变风速、持续时间和风向角三个主要影响参数，讨论了上述参数对风致积雪的影响，为风吹雪的风洞试验和风吹雪灾害的防治提供建议。

2 试验概况

试验在石家庄铁道大学风洞试验室进行，如图 1 所示。通过对比发现，采用高密度细石英砂[2]作为雪颗粒模拟物与现场实测结果较为吻合。将石英砂均匀铺设在模型周边，迎风侧 4 m，模型两侧 1.5 m，背风侧 4.5 m，铺设厚度 40 mm，为初始雪深。采用 TFI 三维脉动风速测量仪（眼镜蛇）测量风速。将风速测量仪安装在模型迎风铺雪前侧，距离风洞底板 60 cm 处。试验共四种工况，如表 1 所示。时间分别选取 $t = 1.5$、3、6、11、21、36、66、96、126 min 九个时刻记录雪深。积雪深度采用基础雪深 h_o 无量纲化进行整理。每侧 26 个测点，共 104 个测点，如图 2 所示。

表 2-5 试验工况

风速/(m·s⁻¹)	风向角/(°)	
6.88	0	45
7.88	0	—
8.88	0	—

图 1 模型及设备安装

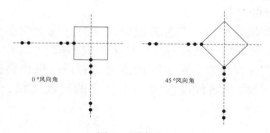

0°风向角   45°风向角

图 2 测点布置

3 结果分析

3.1 演化过程

通过风洞试验测得风速为 6.88 m/s 时的积雪分布情况及其演化过程，如图 4、图 5 所示，并与实

* 基金项目：河北省教育厅重点项目（ZD2018063）。

测[4]结果做对比分析，如图 3 所示。

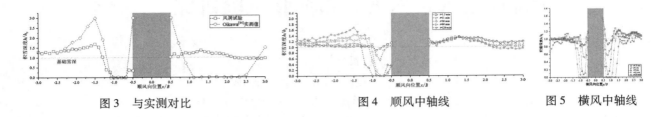

图 3　与实测对比　　　　　　　　　图 4　顺风中轴线　　　　图 5　横风中轴线

3.2　风速、持续时间和风向角的影响

通过改变影响参数，对最大积雪深度及其位置的变化情况进行分析，如图 6～图 8 所示。

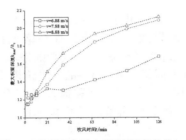　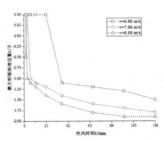

图 6　不同风速最大积雪深度变化　　　图 7　不同风速下最大积雪深度位置变化

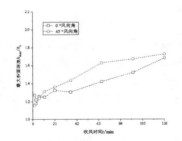　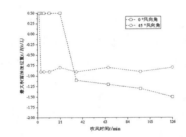

图 8　不同风向角最大积雪深度变化　　　图 9　不同风向角最大积雪深度位置变化

4　结论

本文采用风洞试验的方法模拟建筑周边积雪分布演化，主要结论如下：

（1）风洞试验以雪颗粒模拟物代替雪颗粒模拟风吹雪，可用积雪廓线对风吹雪进行定性分析，但定量数据尚存在一定的差异。

（2）针对风洞风雪试验，在雪颗粒模拟物的选取上应更为注重休止角的相似；如果为铺雪试验，注意铺设雪颗粒模拟物的整体迁移对试验结果造成影响。

（3）最大积雪深度位置会随时间的推进由背风区壁面转移到迎风区，风速越大，变化过程越快。风向角转为 45°后，最大积雪深度位置趋于稳定的过程更快，最大积雪深度达到峰值的时间也会相应地提前。

参考文献

［1］王中隆. 中国风雪流及其防治研究［M］. 兰州：兰州大学出版社，2001.

［2］TOMINAGA Y, OKAZE T, MOCHIDA A. Wind tunnel experiment and CFD analysis of sand erosion / deposition due to wind around an obstacle［J］. Journal of Wind Engineering and Industrial Aerodynamics, 2018, 182：262 - 271.

［3］ZHOU X, HU J, GU M. Wind tunnel test of snow loads on a stepped flat roof using different granular materials［J］. Natural Hazards, 2014, 74（3）：1629 - 1648.

［4］OIKAWA S, TOMABECHI T, ISHIHARA T. One-day observations of snowdrifts around a model cube［J］. Journal of Snow Engineering of Japan, 1999, 15（4）：3 - 11.

道路绿化带对于街道峡谷中机动车尾气排放 CO 扩散的影响研究

蒋昕[1]，陈昌萍[1,2,3]

（1. 厦门大学建筑与土木工程学院 厦门 361000；

2. 厦门理工学院福建省风灾害与风工程重点实验室 厦门 361024；

3. 厦门海洋职业技术学院 厦门 361100）

1 引言

随着城市化进程加快，机动车数量变得越来越多，而机动车尾气带来的污染问题也越来越严重。特别是在城市街道中，由于街道峡谷本身的特殊结构，阻碍了机动车尾气的扩散和稀释，加重了街谷中机动车排放尾气的污染[1]，严重危害周边居民与行人的健康。街谷道路中布置绿化带不仅能起到美观的作用，还能除尘净化空气，然而相关研究表明，街谷中布置绿化带会影响流场和污染物扩散，降低街谷通风效率，使得街谷内部整体污染物浓度偏高[2]。所以如何布置绿化带以改善街谷内通风效率和污染物扩散有着实际并且重要的研究意义，本文着重对街道峡谷道路中央绿化带（灌木篱墙）对汽车排放尾气 CO 扩散情况进行研究。

2 数值模拟

2.1 多孔介质模型

树木是由树叶、枝干和主干组成的一个复杂结构，在数值模拟中树木绿化带因为孔隙较多并且不容易建模，所以树木等绿化带的模拟通常使用多孔介质模型来替代。

2.2 模型建立

街谷模型建立如图 1a 所示，模拟双向 4 车道，车道中央布置灌木篱墙绿化隔离带，绿化隔离带宽 2 m，高 1.5 m，街边人行道宽 3 m，街道整体宽为 22 m，两边建筑高 22 m，街道峡谷高宽比为 1∶1。污染源模拟为线源 CO 入口，出口分别位于各车道中央，离地高度 10 cm，宽 10 cm，模拟汽车尾气排放。

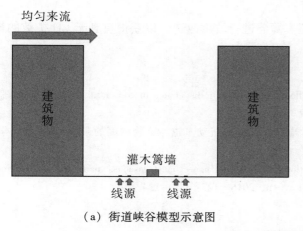

（a）街道峡谷模型示意图　　　　　（b）中央灌木篱墙模型示意图

图 1　模型示意图

本研究中，将灌木篱墙进行改造构造出坡面如图 1b 所示，进行切割而非向上延伸，向上延伸改变了原有的外形尺寸而进行的研究不具有实际意义。坡度给定 0°、15°、30°。

2.3 边界条件

污染源排放量参考 Nagpure[3] 对道路车辆废气和非废气排放量的估算，贴合实际情况将 CO 排放率的数量级 1×10^{-5} m/s 作为 4 个 CO 线源的入口速度。风速入口设置为 2 m/s。

3 结果与分析

在街谷背风面建筑物壁面 10 cm 处，离地 5 cm 处沿竖向高度间距 0.25 m 布置测点。在图 2 中可以看到将中央灌木篱墙进行坡面改造后背风面壁面处的 CO 浓度比之前低，在地面至 6m 高度处，15°和 30°坡面灌木篱墙街谷的该处 CO 浓度下降 25%。在 10～22 m，15°和 30°坡面灌木篱墙街谷该处 CO 浓度分别下降 20% 和 40%，使得背风面处居民的开窗危害更小。

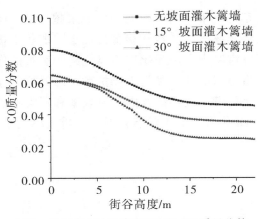

图 2　街谷内背风面建筑壁面处 CO 质量分数

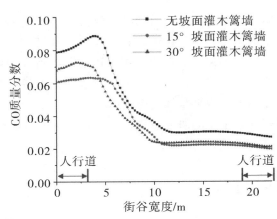

图 3　街谷内人行高度处 CO 质量分数

在人行高度（1.65 m）处水平布置测点，测点间距 0.25 m。图 3 中可以看到，在背风面人行道处，15°和 30°坡面灌木篱墙街谷该处 CO 浓度分别下降 12% 和 25%；在迎风面人行道处 CO 均下降 25%。

4 结论

（1）灌木篱墙改造后的街谷在背风面壁面竖直高度处和人行水平高度处 CO 浓度均比改造前的街谷低，CO 扩散情况更好。

（2）城市街道可根据所处区域常见风向将中央灌木篱墙进行坡度改造，以获得有利于 CO 扩散的最大化效果。

参考文献

［1］ RIAIN C M N，FISHER B，Martin C J，et al. Flow field and pollution dispersion in a Central London Street ［J］. Environmental Monitoring and Assessment，1998，52：1－2.

［2］ 李萍，王松，王亚英，等. 城市道路绿化带"微峡谷效应"及其对非机动车道污染物浓度的影响［J］. 生态学报，2011，31（10）：2888－2896.

［3］ NAGPURE A S，GURJAR B R，KUMAR V，et al. Estimation of exhaustand non-exhaust gaseous：particulate matter and air toxics emissions from on-road vehicles in Delhi ［J］. Atmos. Environ，2016，127：118－124.

人体飞沫气溶胶扩散规律研究 *

罗震宇[1]，陈昌萍[1,2,3]，陈秋华[2]

（1. 厦门大学建筑与土木工程学院 厦门 36100；

2. 厦门理工学院福建省风灾害与风工程重点实验室 厦门 361024；

3. 厦门海洋职业技术学院 厦门 361100）

1 引言

现已有研究表明新型冠状病毒（COVID-19）可以借助飞沫进行传播[1]，疫情防控期间，为了有效防止病毒传播造成感染，多处场所设置了一米间隔提示，以减低交叉感染风险，但与感染者相距多远能够显著降低感染风险的研究尚未明确。本文基于计算流体力学（CFD）方法对感染者说话释放飞沫气溶胶颗粒传播病毒，在无外来气流扰动下，暴露者的感染风险进行研究。选取密闭室内为场景，按真实人体 1:1 比例建立人体模型，采取面对面站立姿势，假定感染者 10s 内持续说话释放病毒颗粒，对比暴露者与感染者相距 0.35 m、0.85 m、1.0 m、1.5 m 时飞沫传播病毒的受感染风险，为疫情防控工作提供参考。

2 研究模型与结果分析

2.1 几何模型与计算方法

建立双人密闭房间简化模型，研究双人面对面站立于初始温度 26 ℃绝热房间内说话飞沫颗粒扩散情况，房间几何尺寸为 4.0 m×5.0 m×3.0 m。湍流模型采用 RNG $k-\varepsilon$ 模型[2]，颗粒相的处理采用离散颗粒模型（discrete phase model），选取球型曳力模型，开启组分运输模型，自定义病毒类型，颗粒模型选择多组分颗粒模型，包含病毒的飞沫污染物材料选择为 Droplet，质量分数为 3.536%，可蒸发相为水，质量分数为 96.646%[3]。边界条件如表 1 所示。

表 1 边界条件

边界	设置
墙壁	壁面，恒温壁：26 ℃
人体	人体，体表温度：36 ℃，热负荷：40 w
嘴部	速度入口，说话持续时间 10 s，速度 2.15 m/s，湍流强度 10%，温度：37 ℃
飞沫气溶胶	释放速度 2.15 m/s，粒径分布采用 Rosin-Rammler-logarithmic，拟合共计 10 种粒径，平均粒径为 0.35 μm，脉冲时间为 10 s

2.2 计算结果

两者相距距离会对污染物扩散造成明显影响，感染者与暴露者相距 0.35 m 和 0.85 m 时，污染物可以直接穿透暴露者的呼吸区域，暴露者口鼻处病毒质量分数分别达到 14.44% 与 10.01% 左右。而当感染者与暴露者相距 1.0 m 与 1.5 m 时，暴露者通过呼吸行为以有效降低呼吸区域污染物浓度，1.0 m 时病毒质量分数可以控制在 5.78% 左右；相距 1.5 m 时，可以有效降低到 1.44% 以下。

人体热羽流所形成的体表微环境能够形成人体的天然屏障，对外来气流进行阻隔，而相距较近时（0.35 m 和 0.85 m），热羽流脱落情况明显，人体周围温度场明显被感染者呼出气流扰动，对其呼出颗粒

* 基金项目：厦门市科技计划项目（3502Z20161016）；国家自然科学基金项目（51778551、52178510）。

的阻隔效果明显被削弱；相隔较远时（1.0 m 和 1.5 m），气流扰动相对较弱，对颗粒的阻隔效果相对较好。为分析两人相隔不同距离工况下暴露者受感染风险，绘制 10s 时沿房间高度方向（y 轴方向）暴露者人体表面暴露颗粒物质量浓度分布情况，如图 1 所示。

由图 1 可知，两者相距 0.35 m 时，人体表面暴露程度最大，且处于颗粒质量浓度较高的水平，为 2.09×10^{-19} kg·m^{-3}；相距 0.85 m、1.0 m、1.5 m 时颗粒质量浓度分别为 1.39×10^{-19} kg·m^{-3}、1.35×10^{-19} kg·m^{-3}、1.30×10^{-19} kg·m^{-3}；两者相距越远，暴露在暴露者体表的颗粒物浓度越低；但相距超过 0.85 m 以后，距离增加对降低暴露量的作用趋势逐渐变缓，颗粒物质量浓度随间隔距离变化如图 2 所示，从节约公众资源以及能够较好地阻隔病毒的角度来看，两人相距 1.0 m 可以达到比较好的效果。

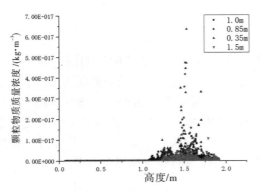 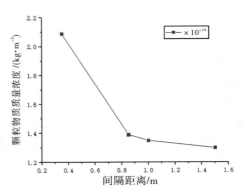

图 1　暴露者体表颗粒物质量浓度图　　　　　图 2　颗粒质量浓度随间隔距离变化图

3　结论

（1）感染者与暴露者之间的距离会对病毒扩散情况产生明显影响，距离越近时，暴露风险越大，0.35 m 和 0.85 m 时暴露者口鼻处病毒质量分数达到 14.44% 与 10.01%；超过 1.0 m 后由于暴露者呼吸作用阻隔外来气流作用增加，病毒质量分数会显著降低；超过 1.5 m 后，质量分数可以达到 1.44% 以下。

（2）人体表面热羽流形成的微环境会对外来气流形成一定阻隔作用，但两者相距较近时，热羽流会随感染者呼出气流出现明显脱落，使之对颗粒物阻隔作用降低，使得颗粒扩散范围变大，人员暴露风险增大。

（3）相距越远，感染者呼出颗粒物在暴露者体表暴露量越低，但超过 1.0m 以后，距离对于体表颗粒物暴露量的作用趋势会逐渐变缓，为节约公共资源，在公众场所设置一米间隔线可以得到相对较好的效果。

参考文献

［1］国家卫生健康委办公厅.新型冠状病毒肺炎诊疗方案（试行第七版）［R］.北京：国家卫生健康委办公厅，2020.

［2］康智强，会议室内飞沫气溶胶分布特征的数值模拟［J］.沈阳建筑大学学报（自然科学版）.2017（03）.

［3］LI X, SHANG Y, YAN Y, et al. Modelling of evaporation of cough droplets in inhomogeneous humidity fields using the multicomponent Eulerian-Lagrangian approach［J］. Building and Environment, 2018, 128：68－76.

大跨度斜拉桥桥址区台风"利奇马"的风特性分析*

卢鹏[1]，周锐[1]，宗周红[2]

（1. 深圳大学城市智慧交通与安全运维研究院 深圳 518061；
2. 东南大学土木工程学院 南京 211189）

1 引言

近年来，我国东南沿海地区强台风频发，强台风作用可能会给该地区大跨度桥梁带来一定程度的风致振动。虽然已有不少学者开展了桥址区个台风风特性分析[1]，但是为了补充和进一步完善适用于我国各地区的风特性数据库，还需要更多大跨度桥梁桥址区台风风特性实测结果。同时，"利奇马"强台风具有登陆强度强（中心附近最大风力有 16 级）、陆上滞留时间长（长达 44 个小时）、风雨强度大（风雨综合强度指数为 158.6）、影响范围广（浙江、上海、江苏、山东等地）、灾害影响重（1402.4 万人受灾，直接经济损失 537.2 亿元人民币）等特点，造成了多座桥梁的损毁。因此，有必要研究桥址区"利奇马"的风特性。本文基于江苏省某大跨度斜拉桥的 2019 年 8 月"利奇马"强台风实测风数据，主要分析桥址区该台风的平均风速风向、紊流强度、阵风因子和功率谱密度等风特性。

2 桥址区风速仪布置

该桥处于连云港市和盐城市交界处，是连盐高速公路上的控制性工程，主跨为 636.6 m 五跨钢—混凝土组合梁半漂浮体系斜拉桥，全长 1818.96 米，桥面宽 36.6 m，塔高 119.629 m。在主跨跨中左右两幅（V_1，V_2）和一桥塔塔顶（V_3）分别布置一台风速仪，高度为 27.64 m、27.64 m 和 121.629 m，采样频率为 50 Hz，如图 1 所示。选取 V_1 和 V_2 测得的"利奇马"强台风历经前一个半小时，历经时四个小时和历经后一个半小时共计 7 个小时的风速风向数据。

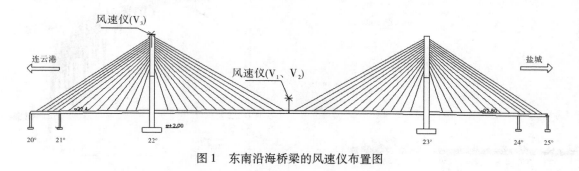

图 1　东南沿海桥梁的风速仪布置图

3 强台风"利奇马"风特性分析

1. 非高斯性与非平稳性

由于风速仪 V_2 正好处于迎风侧，风速仪 V_1 处于背风侧，且大桥主梁为钝体 π 形断面，对气流有一定的影响，因此测得 V_1 风速范围在 1.5 m/s～7.2 m/s；V_2 风速范围在 3.5 m/s～15 m/s。首先，采用高阶统计量法分析了该台风历经前、中、后的偏度系数和峰度系数，表 1 可知，实测台风前，后其峰值系数均值都接近 4，且偏度系数都有小于 0 的情况，而台风经过桥址区时，其峰值系数均值接近 3，偏度系数接近 0；表明台风经过时不具有非高斯性特征；然后采用轮次检验法分析其平稳特征，台风前、中、后的样本轮次数大多数都在 [49，72] 以外，表明该台风呈现明显的非平稳特征。

* 基金项目：国家自然科学基金项目（51908374）；广东省自然科学基金项目（2019A1515012050）。

表1　高斯性检验结果

	台风前		台风中		台风后	
	V_1	V_2	V_1	V_2	V_1	V_2
峰值系数平均值	3.776 851	3.850 31	3.069 893	3.153 081	4.304 631	3.895 454
偏度系数平均值	0.556 167	−0.039 53	0.195 392	0.194 577	−0.140 54	0.068 488

2. 紊流强度和阵风因子

其次，图2、图3为该台风紊流强度和阵风因子，可知阵风因子与紊流强度的变化趋势相同；图4对其相关性进行了拟合，可知两者在表征脉动风紊流特性时总体上具有一致性。

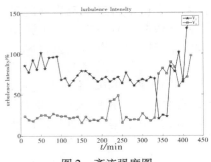 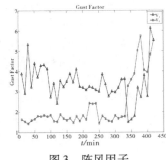 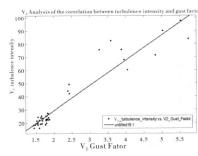

图2　紊流强度图　　　　　　图3　阵风因子　　　　　　图4　V_2 的相关性分析

3. 紊流积分尺度与功率谱密度

最后，图5表明利用自相关函数法，功率谱法和AR模型这三种方法得到的紊流积分尺度相近，但用自相关函数指数率法的结果相差较大。用该台风的紊流功率谱密度与传统的功率谱进行对比，图6表明此次实测风谱与四种经典谱吻合程度相差较大，实测谱总体偏低。

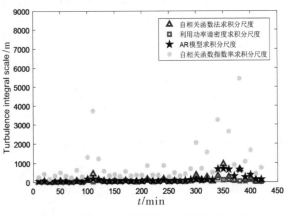 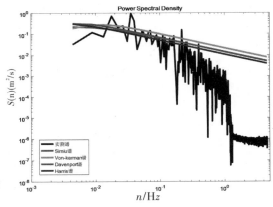

图5　不同方法计算得到的紊流积分尺度　　　　　　图6　V1 台风历经时的功率谱

4　结论

（1）由高斯性与非平稳性检验结果可知，该台风呈现典型的高斯性和非平稳特性。

（2）阵风因子与紊流强度的变化趋势总体上具有一致性。

（3）用不同方法计算的紊流积分尺度存在一定差异，该台风风谱比四种经典谱总体偏低。

参考文献

[1] WANG H, LI A Q, NIU J, et al. Long-term monitoring of wind characteristics at Sutong Bridge site [J]. Journal of Wind Engineering and Industrial Aerodynamics, 2013, 115: 39-47.

基于傅里叶合成法的大气边界层脉动风场模拟[*]

陈铃伟，李朝，胡钢，肖仪清

（哈尔滨工业大学（深圳）土木与环境工程学院 深圳 518055）

1 引言

在大涡模拟中，生成入口边界脉动来流是真实模拟建筑周围风场的先决条件。在入口边界脉动来流生成方法中，序列合成法由于其方便性被广泛使用。黄生洪等[1]（2010）提出了 DSRFG（discretizing and synthesizing random flow generation）方法，使风场满足各向异性的功率谱密度，也使得风速相关性可以自由调节。Aboshosha[2]（2015）等改进了 DSRFG 方法在模拟湍流场相干函数时的缺陷。余远林[3]（2018）提出 NSRFG 方法（narrowband synthesis random flow generator），该方法具有更为简洁的表达式，计算效率显著提高。尽管近些年序列合成法得到快速发展，但这几种改进方法仍然无法严格满足任意目标空间相关性及不同脉动风速间的相关性。

本文基于前人的研究，提出一种改进相关性的随机流场生成方法（consistency improved random flow generation，CIRFG）。理论推导满足任意目标横向空间相关系数以及不同脉动风速间的相关性，并进行实例验证改进方法准确性。

2 改进的傅里叶合成法公式推导

通过分析 CDRFG、NSRFG 方法存在的问题，本文提出 CIRFG 方法主要生成能够严格满足任意目标空间相关性及不同脉动风速间的相关性的风场，计算表达式如下：

$$u_i(x,t) = \sum_{n=1}^{N} p_{i,n} \sin(k_{j,n} x_j - 2\pi f_n t + \phi_n) \tag{1}$$

式中，u_i 代表三个方向速度（$i=1$，2，3 分别代表顺风向、横风向、竖风向的速度）；$j=1$，2，3 分别代表空间三个方向 x，y，z；$x=(x_1,x_2,x_3)$ 代表空间坐标；N 代表目标谱离散份数；$p_{i,n}$ 代表幅值；$k_{j,n}$ 代表角波数；f_n 代表频率，$f_n = (2n-1)f_{max}/(2N-1)$ 机相位，t 代表时间；ϕ_n 代表随机相位，$\phi_n \sim U(0,2\pi)$。

$$p_{i,n} = \text{sign}(r_{i,n}) \sqrt{2S_{u,i}(f_n)\Delta f_n} \quad n = 1,2,\cdots,N \tag{2}$$

参数 $p_{i,n}$ 主要与生成的脉动风速均方值有关，计算见式（2）。式中，$S_{u,i}(f_n)$ 为目标谱；$r_{i,n}$ 为随机数，与不同的脉动风速成分的相关性有关。

$$\xi_{ij} = \frac{\rho_{ij,T}}{\rho_{ij,C}^{max}}, \quad \rho_{ij,C}^{max} = \frac{\sum_{n=1}^{N} \sqrt{S_{u,i}(f_n)S_{u,j}(f_n)\Delta f}}{\sigma_i \sigma_j} \tag{3}$$

$$\begin{cases} 1 + 4\lambda_u\lambda_v - 2\lambda_u - 2\lambda_v = \xi_{uv} \\ 1 + 4\lambda_u\lambda_w - 2\lambda_u - 2\lambda_w = \xi_{uw} \\ 1 + 4\lambda_v\lambda_w - 2\lambda_v - 2\lambda_w = \xi_{vw} \\ \lambda_u,\lambda_v,\lambda_w \in [0,1] \end{cases} \tag{4}$$

式（3）中，$\rho_{ij,T}$ 为不同脉动风速成分的目标相关系数，求解方程组（4）后，通过 $r_{i,n} \sim U(\lambda_i-1,\lambda_i)$ 生成随机数。

[*] 基金项目：国家自然科学基金项目（51778200）；深圳市基础研究资助项目（JCYJ20190806145216643）。

$$k_{1,n} = \frac{2\pi f_n}{U_{\mathrm{avg}}}, \quad k_{2,n} = \begin{cases} \Delta k_{2,1} & n = 1 \\ k_{2,n-1} + \Delta k_{2,n} & n = 2,3,\cdots,N \end{cases}, \quad \sum_{i=1}^{3} \mathrm{sign}(r_{i,n})\sqrt{S_{u,i}(f_n)k_{i,n}} = 0 \tag{5}$$

通过式（5）计算 $k_{i,n}$ 矩阵，主要与生成风场的三个方向空间相关性相关。

3 改进的傅里叶合成法实例验证

入口边界处脉动风场的输入参数目标值，采用东京工业大学方形高层建筑风洞实验的目标湍流特性。为验证入口处 CIRFG 方法实现的目标湍流特性的效果，分别沿空间三个方向分别设置散点坐标计算验证。由图 1、图 2 可看出，CIRFG 方法能够满足任意目标横向空间相关系数以及不同脉动风速间的相关性，与理论推导结论一致。

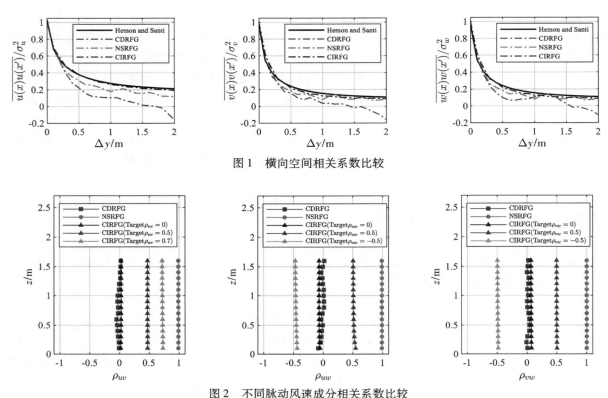

图 1 横向空间相关系数比较

图 2 不同脉动风速成分相关系数比较

4 结论

本文提出了一种改进的入流湍流生成技术 CIRFG 方法，解决了目前傅里叶合成法无法严格满足任意目标空间相关性、不同脉动风速间相关性的问题，能够直接根据任意目标值生成目标风场，不需额外调试具有广泛的适用性，并经实例验证与理论推导结果一致。

参考文献

[1] HUANG S H, LI Q S, WU J R. A general inflow turbulence generator for large eddy simulation [J]. Journal of Wind Engineering and Industrial Aerodynamics, 2010, 98 (10–11): 600–617.

[2] ABOSHOSHA H, ELSHAER A, BITSUAMLAK G T, et al. Consistent inflow turbulence generator for LES evaluation of wind-induced responses for tall buildings [J]. Journal of Wind Engineering and Industrial Aerodynamics, 2015, 142: 198–216.

[3] YU Y, YANG Y, XIE Z. A new inflow turbulence generator for large eddy simulation evaluation of wind effects on a standard high-rise building [J]. Building & Environment, 2018.

台风"米娜"近地层风特性实测研究

崔炳唱，黄鹏，谢文，黎子昱

（同济大学土木工程防灾国家重点实验室 上海 200092）

1 引言

对于台风现场实测，国内外学者已开展了大量的研究工作，取得了丰硕的成果[1-2]，但是大部分的研究是基于传统的平稳风速模型，忽略了风速的时变特性。本文根据同济大学浦东实测基地台风"米娜"风速实测数据，应用传统的平稳风速模型和文献［3］提出的非平稳风速模型，对湍流强度、阵风因子、湍流积分尺度和功率谱密度等脉动风特性展开对比分析，研究成果可为我国东南沿海地区建筑结构抗风设计提供参考。

2 台风米娜概况

2019 年第 18 号台风"米娜"于 9 月 25 日 4 时在西北太平洋洋面生成，之后逐渐加强，9 月 29 日下午由强热带风暴升级为台风，台风"米娜"于 10 月 1 日 20 时 30 分在浙江省舟山市普陀区沿海登陆，登陆时中心风力为 11 级。图 1 给出了台风"米娜"擦过上海时同济大学浦东实测基地 10 m 高度处 10 min 平均风速、平均风向角随时间的变化。台风风速在 2019 年 10 月 1 日 21 点 30 分和次日凌晨 2 点左右分别有两个明显的峰值，最大风速达到 14.70 m/s。

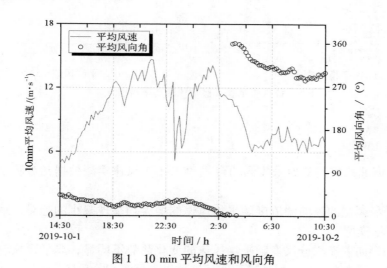

图 1　10 min 平均风速和风向角

3 风速模型

平稳风速模型基于风速为各态历经的平稳随机过程，风速统计特征值（如平均风速）视为恒定值。风速为一个恒定的平均风速与零均值的脉动风速之和。文献［3］提出的非平稳模型考虑了风速的时变统计特征，风速可视为一个确定的时变平均风速与零均值的脉动风速度之和。即：

$$U(t) = \widetilde{U^*}(t) + u^*(t) \tag{1}$$

式中，$\widetilde{U^*}(t)$ 为标准时距内时变平均风速；$u^*(t)$ 为平稳的零均值脉动风速。

4 台风米娜脉动风特性

本文选取了对台风"米娜"影响较大的20h（2019年10月1日下午14时30分至2019年10月2日上午10时30分）的风速时程样本进行了分析。图2给出了10 m高度处纵向湍流度和纵向湍流积分尺度随10 min平均风速的变化。对于10 min时距的平稳风速时程样本（图3a）和非平稳风速时程样本（图3b），基于平稳风速模型和非平稳风速模型的脉动风速功率谱密度如图3所示。

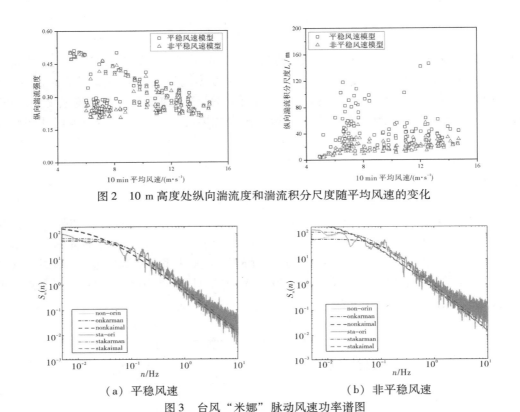

图2 10 m高度处纵向湍流度和湍流积分尺度随平均风速的变化

（a）平稳风速　　　　　（b）非平稳风速

图3 台风"米娜"脉动风速功率谱图

5 结论

本文基于同济大学上海浦东实测基地采集到的台风"米娜"风速实测数据，对脉动风特性展开对比分析，得出以下结论：

（1）平稳模型和非平稳模型的纵向湍流度随平均风速的增大均呈现减小的趋势，平稳风速模型的纵向湍流强度明显高于非平稳模型。

（2）平稳风速模型的纵向湍流积分尺度随平均风速的变化趋势不明显，非平稳风速模型的纵向湍流积分尺度随平均风速的增大而增大，平稳风速模型明显高估纵向湍流积分尺度。

（3）相较于Kaimal谱，Von-Karman谱与实测纵向风速谱更吻合。

参考文献

[1] 胡尚瑜，李秋胜.低矮房屋风荷载实测研究（Ⅰ）——登陆台风近地边界层风特性［J］.土木工程学报，2012，45（2）：77-84.

[2] 黄鹏，夏波文，顾明.台风"浣熊"影响下近地风特性及低矮房屋屋面风压实测研究［J］.土木工程学报，2015，48（S1）：53-57.

[3] XU Y L, CHEN J. Characterizing nonstationary wind speed using empirical mode decomposition［J］. Journal of Structural Engineering, 2004, 130（6）：912-920.

基于变截面余弦山脉的平均风场对比 *

鲍旭明，楼文娟

（浙江大学结构工程研究所 杭州 310058）

1 引言

现有山脉的主要模拟方式为二维山体[1]和三维理想余弦山脉[2]，但通常真实山脉具有有限长度，且在垂直山脉方向和平行山脉方向均具有明显的坡度变化，山脊线呈现明显的不对称性。因此，提出一种变截面余弦山脉的参数模型，在地形参数中加入平行山脉方向的坡度信息，山形截面为连续变化的余弦曲线，可由山顶向四周山脊不同坡度展开。在垂直山脉方向坡度研究的基础上，可进一步揭示平行山脉方向坡度对平均风场的影响。基于 CFD 数值模拟，研究真实山脉在平行山脉风向下沿山脊线的水平平均风速加速比，验证变截面余弦山脉水平平均风场的准确性，为进一步正确把握真实山脉的水平平均风场规律提供借鉴。

2 数值模拟参数及工况

在浙江某地选取一座真实孤立山脉，从 GDTM 30m 数据库下载其原始高程数据，采用 Global Mapper 将真实山脉高程数据绘制成等高线，如图 1a 所示，并将等高线导入 Rhinoceros 处理成三维曲面。在此基础上进行网格划分，选用 Realizable $k-\varepsilon$ 湍流模型，细节详见全文。

理想余弦山脉在二维平面内的轮廓表达式如下式所示，重点关注平行山脉风向。

$$y = H\cos^2\left(\frac{\pi x}{D}\right), |x| \leqslant \frac{D}{2} \tag{1}$$

式中，H 为山脉高度；D 为山脉底部直径。真实山脉最高点高度 $H = 145$ m，山脉总长度 $L = 1488$ m。通过对海拔 50 m 以上山形剖面的拟合计算，确定其山脉底部平均直径 $D = 673$ m。因此其山脊线保持段为 815 m。通过以上参数建立理想余弦山脉模型，如图 1b 所示。

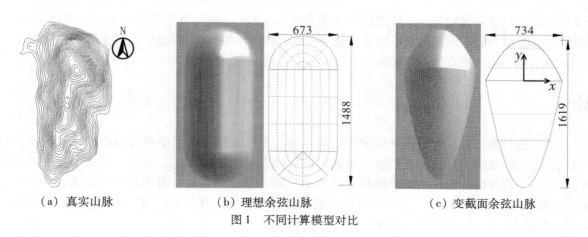

（a）真实山脉　　　　（b）理想余弦山脉　　　　（c）变截面余弦山脉

图 1　不同计算模型对比

选取真实山脉最高点获得其山形剖面，拟合余弦曲线得到高 $H = 144$ m，山脉底部直径 $D = 734$ m。北向主坡度 $n_1 = 0.286$，南向主坡度 $n_2 = 0.129$，山脊线轨迹分别采用式（1）所示的余弦函数表示，底部直

* 基金项目：国家自然科学基金重点项目（51838012）。

径 $D_i = 2H/n_i$（$i = 1, 2$）。采用抛物线描述山脚轮廓变化，山形截面为连续变化的余弦曲线，其高度和底部直径受坡度控制，按下式建立的三维模型如图 1c 所示。区别在于，理想余弦山脉具有等高的山脊线，而变截面余弦山脉山脊线由两个不同坡度组成。

$$z = \begin{cases} H\cos^2\left(\dfrac{\pi y n_1}{2H}\right)\cos^2\left(\dfrac{\pi x}{D\sqrt{1 - \dfrac{yn_1}{H}}}\right), 0 < y \leq \dfrac{H}{n_1}, |x| \leq \dfrac{D}{2}\sqrt{1 - \dfrac{yn_1}{H}} \\ H\cos^2\left(\dfrac{\pi y n_2}{2H}\right)\cos^2\left(\dfrac{\pi x}{D\sqrt{1 + \dfrac{yn_2}{H}}}\right), -\dfrac{H}{n_2} \leq y \leq 0, |x| \leq \dfrac{D}{2}\sqrt{\dfrac{yn_2}{H} + 1} \end{cases} \quad (2)$$

3 模拟结果对比

数值模拟结果如图 2 所示。横坐标表示各测点到山顶的相对距离，基于真实山脉测点总跨度进行归一化，可真实反映测点相对位置。考察南风向下沿山脊线各测点水平加速比差异。

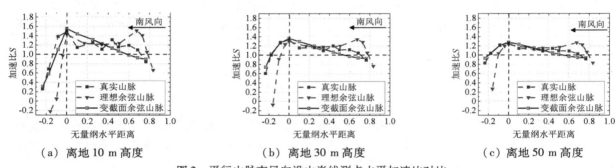

| (a) 离地 10 m 高度 | (b) 离地 30 m 高度 | (c) 离地 50 m 高度 |

图 2 平行山脉南风向沿山脊线测点水平加速比对比

真实山脉南部不是理想下坡，在相对真实山顶 0.47 位置处存在地形抬升，因此该处水平加速比明显增大。理想余弦山脉由于其建模特点，无法控制山体两端的坡度，在相对真实山顶 0.75 位置处率先形成山顶迎风，导致该处水平加速比明显偏大；而其背风区水平加速比明显偏小；在山脊线保持段，其水平加速比呈现两边大中间小的趋势。变截面余弦山脉山脊线水平风速加速比的整体变化趋势与真实山脉较为吻合，山顶点水平加速比较为一致。

进一步可得，随离地高度增加，三者加速效应逐渐减小，水平加速比逐渐趋于一致。在离地 30 m 高度处，变截面余弦山脉与真实山脉的水平加速比较为一致；在离地 50 m 高度处，二者水平加速比基本一致。但理想余弦山脉不同离地高度的水平加速比均较前二者差别明显。

4 结论

本文以真实山脉作为研究对象，在理想余弦山脉基础上提出一种变截面余弦山脉模型，在地形参数中加入平行山脉方向的坡度信息，可模拟真实山脉沿山脊线方向的坡度变化，特征上与真实山脉较为接近。风场差异方面，理想余弦山脉不同离地高度处的水平风速加速比均与真实山脉差别较大，而在离地 30 m 高度后，变截面余弦山脉沿山脊线水平风速加速比分布与真实山脉较为一致，后者能较好反映真实山脉迎风区和背风区水平平均风场变化规律。

参考文献

[1] KAMADA Y, LI Q A, MAEDA T, et al. Wind tunnel experimental investigation of flow field around two-dimensional single hill models [J]. Renewable Energy, 2019, 136: 1107 – 1118.

[2] 楼文娟, 刘萌萌, 李正昊, 等. 峡谷地形平均风速特性与加速效应 [J]. 湖南大学学报（自然科学版）, 2016, 43（7）: 8 – 15.

山区峡谷桥址处风场特性的大涡模拟研究 *

李妍[1]，严磊[1,2,3]，何旭辉[1,2,3]
（1. 中南大学土木工程学院 长沙 410075；
2. 高速铁路建造技术国家工程实验室 长沙 410075；
3. 轨道交通工程结构防灾减灾湖南省重点实验室 长沙 410075）

1 引言

Nakajima 等人[1]采用风洞试验和数值模拟对山区峡谷的高湍流风场进行对比研究，结果表明大涡模拟的脉动风场特征较雷诺时均模型更接近试验结果。山区峡谷的大气边界层厚度较大，合适的入口湍流可以促进稳定大气边界层的形成[2]。因此，为确定川藏线迫龙沟大桥桥址处的风场特性，本文采用大涡湍流模型对风场进行模拟并与试验结果对比验证。

2 数值模型

2.1 计算域及网格划分

为与风洞试验结果进行对比验证，数值模拟的模型建立和计算域布置与风洞试验保持一致，计算域高 2 m，宽 15 m，长 12 m，如图 1a 所示。地形模型位于计算域中心，直径 5.5 m，最大高度为 0.98 m，缩尺比为 1∶2200。计算域采用 Swept 块进行网格划分，如图 1b 所示，地形模型附近采用六面体网格，最小和最大水平网格尺寸分别为 0.01 m 和 0.03 m，其他区域采用棱柱网格，最大水平网格尺寸为 0.23 m。为保证后续迭代计算中的收敛性，第一层网格高度取 0.000 45 m，网格总量约为 500 万。亚格子模型采用 Smagorinsky-Lilly 模型，常数 C_s 取 0.15。时间步长设置为 0.001 s，计算 4000 步后开始监测数据，共记录 6000 步。将时间步长减小一半，时均风速和脉动风速的均方根的绝对误差分别不超过 0.04 和 0.33。

2.2 湍流入口生成方法

采用谱合成法生成入口湍流。入口边界的梯度风高度取 $\delta = 0.75$ m，梯度风速与均匀流风速相同，为 12.5 m/s，地表粗糙度系数取 $\alpha_0 = 0.16$，目标功率谱为 Von-Karman 谱。采用 Matlab 生成入口边界指定坐标点上的离散风速时程序列，通过 Fluent 的用户自定义函数（UDF）功能将其赋值到入口边界的对应坐标上。入口边界的风速和湍流强度剖面如图 2a 所示。

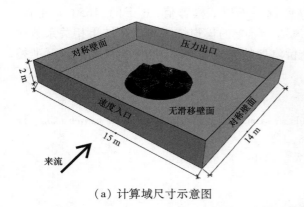

（a）计算域尺寸示意图　　　　　　（b）地形模型表面网格

图 1　数值模拟布置图

* 基金项目：国家自然科学基金项目（51808563、51925808）；湖南省自然科学基金（2020JJ5754）。

3 参数分析

3.1 时均风场特性

选取垂直桥轴线的典型风向工况进行分析，拉萨侧桥塔位置的无量纲风速剖面如图 2b 所示。受到复杂地形影响，拉萨侧桥塔的风速剖面不符合标准的幂函数律，在峡谷内风速随高度呈线性增大。梯度风高度远高于规范推荐值 0.16 m（真实尺寸 350 m），达到了 0.75 m（真实尺寸 1650 m）。均匀来流工况下，拉萨侧桥塔的数值模拟与试验无量纲风速的相关系数为 0.999，数值模拟与试验结果吻合良好。与均匀来流工况相比，湍流来流工况的剖面形状变化不大，风速整体偏小。

3.2 脉动风场特性

拉萨侧桥塔位置的无量纲脉动风速标准差剖面如图 2c 所示。脉动风速标准差剖面完全不符合规范推荐值，均方差在峡谷内远大于推荐值，而在高空中则较小。脉动风速标准差随高度增大先增大后减小，在距离地面 0.35 m 高度达到最大值。拉萨侧桥塔的数值模拟与试验结果的相关系数为 0.975，在湍流强度较大的山区峡谷中，大涡模拟可以较准确地得到脉动风场特性。来流中的湍流明显增大了脉动风速标准差，在高空中，其增大幅度更加明显。

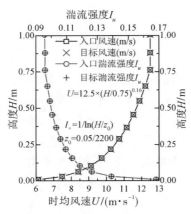
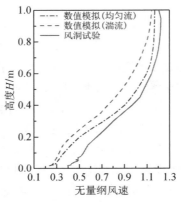
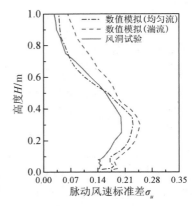

（a）入口边界风速及湍流强度剖面　　（b）拉萨侧桥塔无量纲风速剖面　　（c）拉萨侧桥塔顺来流方向脉动风速标准差剖面

图 2　风场特性剖面图

4 结论

本文以迫龙沟大桥为工程背景，采用大涡模拟研究了山区峡谷桥址处的风场特性，研究发现：①山区峡谷风场特性剖面不符合幂函数律或对数律，梯度风高度远大于规范推荐值，达到了 1650 m 左右；②大涡湍流模型能够较好地模拟风场中的脉动特性，脉动风速标准差的模拟结果与试验结果相关系数达 0.975；③湍流来流对风场特性剖面的形状影响不大，但使桥塔处的风速降低了约 9%，脉动风速标准差提高了约 17%。

参考文献

［1］NAKAJIMA K, OOKA R, KIKUMOTO H. Evaluation of k-ε Reynolds stress modeling in an idealized urban canyon using LES ［J］. Journal of Wind Engineering and Industrial Aerodynamics, 2018, 175：213 – 228.

［2］王通. 山区地形风场大涡模拟及其风特性研究 ［D］. 上海：同济大学, 2014.

基于现场实测的山区峡谷大跨度悬索桥非平稳风特性分析 *

王青虎[1]，马存明[1,2]，裴城[1]

（1. 西南交通大学桥梁工程系 成都 610031；

2. 风工程四川省重点实验室 成都 610031）

1 引言

为研究山区峡谷大跨度悬索桥的非平稳风特性，选取某山区的部分强风天气桥位实测数据，运用游程检验法和小波分析法对强风样本进行处理，建立非平稳随机模型。目前，国内外学者针对非平稳风进行了系列的研究，徐幼麟等[1]利用经验模态分解法（EMD）得到实测台风非平稳风特性，何旭辉等[2]采用小波技术分析了实测风的非平稳特性。然而针对非平稳风场的实测研究多数是针对台/飓风和龙卷风，而针对山区峡谷桥位处风场非平稳特性还较少。本文对比基于平稳和非平稳风速模型计算得到的平均风特性和脉动风特性，研究结果可为山区非平稳风场和山区大跨度桥梁风致响应计算提供参考。

2 实测概况

对某大跨度（主跨 660 m）悬索桥主梁进行长期的现场风场实测，沿桥梁跨度在桥面上安装 6 个三维超声风速仪和 9 个螺旋桨风速仪，如图 1 所示。

 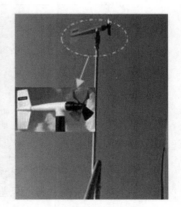

（a）三维超声风速仪　　　　　（b）螺旋桨风速仪

图 1　风速仪

3 非平稳风特性

为研究山区峡谷大跨度桥梁桥位处非平稳风速的时变特性，选取两段典型大风期风速样本，时段为 2019 年 9 月 12 日 12:00—12:10 和 2020 年 2 月 20 日 15:20—15:30。对比分析基于平稳风速模型和非平稳风速模型得到常数平均风速和时变平均风速，如图 2 所示。随机选取两个 3 小时风速样本，分别计算了实测风场的紊流强度和紊流积分尺度，如图 3 所示。为研究平稳风速和非平稳风速模型下紊流功率谱密度的差异，首先基于两种风速模型提取顺风向脉动风速，在对两种顺风向脉动风速数据进行快速傅立叶变换（FFT），得到相应的功率谱密度函数，并与规范中使用的 Kaimal 谱进行对比，如图 4 所示。

* 基金项目：国家自然科学基金项目（51778545）。

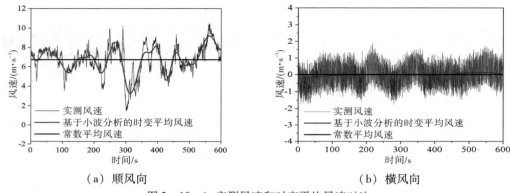

（a）顺风向　　　　　　　　　　　　　　　（b）横风向

图 2　10 min 实测风速和时变平均风速对比

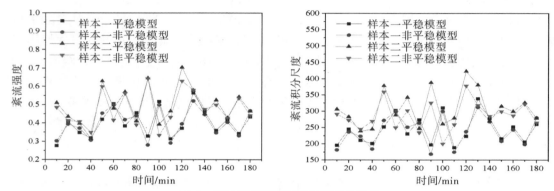

图 3　顺风向紊流强度及紊流积分尺度

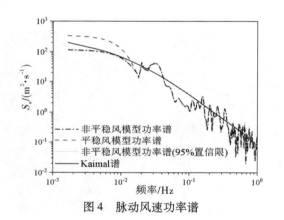

图 4　脉动风速功率谱

4　结论

对处在山区峡谷中的大跨度悬索桥桥位处进行了为期一年的风场实测，选取几段大风天实测风场为研究对象进行非平稳性研究，研究结果表明：

（1）根据紊流强度、紊流积分尺度计算结果表明，传统平稳风速模型高估了现场实测风的脉动特性，利用传统平稳风速模型用于风致响应计算是偏于安全的。

（2）两种风速模型下得到的实测紊流功率谱与 Kaimal 谱在低频段有较大差异，且非平稳风速模型下紊流功率谱低于传统平稳风速模型，这是由于小波分解和重构过程中，剔除了一个长周期的时变趋势项。

参考文献

［1］XU Y L, ASCE M, CHEN J. Characterizing nonstationary wind speed using empirical mode decomposition ［J］. Journal of Structural Engineering, 2004, 130：912 - 920.

［2］何旭辉, 陈政清, 李春光, 等. 斜拉索风雨振非平稳风场特性分析 ［J］. 振动与冲击, 2011, 30（10）：54 - 60.

带孤立热源的弧形腔内流动转捩研究[*]

王文玥[1]，崔会敏[1,2,3]，刘庆宽[2,3,4]

（1. 石家庄铁道大学数理系 石家庄 050043；
2. 河北省风工程和风能利用工程技术创新中心 石家庄 050043；
3. 石家庄铁道大学省部共建交通工程结构力学行为与系统安全国家重点实验室 石家庄 050043；
4. 石家庄铁道大学土木工程学院 石家庄 050043）

1 引言

随着我国工业经济的飞速发展，带有弧形顶的工业建筑被广泛利用，而封闭弧形腔由于上下受热不均，内部会产生自然对流现象，一般的建筑内都会存在一个独立热源，在冬季，外部一冷却就形成了温差，由垂直温差驱动，密度改变导致出现 Rayleigh-Bénard 对流[1-2]。当 R_a 不同时，腔内的流动进入充分发展阶段后会出现定常到周期性流动或是湍流的转捩，把握临界瑞利数有利于控制或者减弱湍流的影响，营造更高的舒适度。针对现在普遍存在的建筑形状，国内外有很多学者将建筑形状简化进行对流传热的研究，但是研究的模型多为规整三角腔或方腔或对无限长平板进行理论研究，而且受热面多为整个边界。

本文关注弧形腔体，简化模型后利用 fluent 进行计算，仅改变 R_a 值来研究流动进入充分发展阶段的转捩情况，主要关注流动进入充分发展阶段后随 R_a 的改变表现出的不同规律并对对应的能量谱特性进行分析。

2 模型和数值方法

本文的物理模型是依据一弧形煤棚结构缩小简化，弧形腔密闭，热源简化成三面热源中间上凸关于中垂线对称，高 $D = 0.02$ m，加热壁面距弧形壁面最高点 $H = 0.1$ m，假设 H 为该模型的特征长度。弧形腔底面长 $2L = 0.34$ m，假设除热源的水平底面不进行热量交换是绝热的。外部弧形壁面冷却。固定模型的尺寸高宽比不变，流体的 P_r 值固定为 0.71，在数值计算过程中，假定三面孤立热源为加热面温度为 $T_h = 22$ ℃，弧形壁面为冷却面温度为 $T_c = 18$ ℃，初始流场温度 $T_0 = 20$ ℃，所以本文研究的温差为 $\Delta T = 4$ ℃。

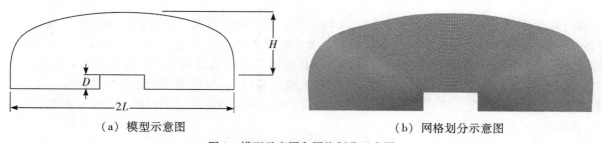

（a）模型示意图　　　　　　　　　　　　　　（b）网格划分示意图

图 1　模型示意图和网格划分示意图

采用 CFD 数值模拟方法，弧形腔内设置为低速雷诺层流，流体不可压，壁面为无滑移壁面，对控制方程进行无量纲化处理。利用 SIMPLE 算法计算。本文采用 C 形结构化网格进行划分，进行网格无关性和时间步长无关性验证，选择 21 800 网格量和 0.05 s 的时间步长。

* 基金项目：国家自然科学基金项目（51778381、11802186）；河北省自然科学基金项目（E2018210113、E2018210044）；河北省教育厅青年拔尖人才计划项目（BJ2019004）；河北省高端人才项目（冀办［2019］63号）；河北省高等学校科学技术研究项目（BJ2019004）。

3   结果分析

结果显示在 $R_a = 1.28 \times 10^5$ 到 $R_a = 3.28 \times 10^5$ 区间流动都为对称定常流动。当 $R_a = 3.41 \times 10^5$ 到 $R_a = 5.75 \times 10^5$ 显示出准周期性流动特性，值得注意的是虽然这个区间都为周期性流动，但经过频谱分析有单个倍增谐频和两个倍增谐频的区分，当 $R_a = 5.83 \times 10^5$ 到 $R_a = 6.41 \times 10^5$ 区间段时流动又转换为类周期流动，此阶段特性体现在扰动频 f_1 的出现。R_a 继续增大，流动进入湍流，在不同阶段都能看到能量谱特征的改变和温度云图改变，以 $R_a = 3.41 \times 10^5$ 举例，如图 2 和图 3 所示。

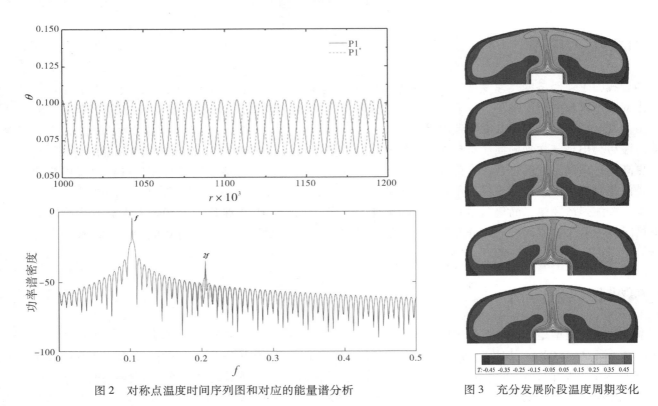

图 2   对称点温度时间序列图和对应的能量谱分析　　　　图 3   充分发展阶段温度周期变化

4   结论

本文重点关注带有独立热源的封闭弧形腔内不同流动状态的转变以及热传物理问题，研究发现进入充分发展阶段后流动特性随瑞利数的变化不尽相同，流动规律大致可分成四个阶段，分别为定常对称流动、周期性流动、类周期性流动和湍流流动，大体规律体现为能量谱主谐频的改变或是扰动频 f_1 的出现。在流动的不同阶段内主频频率随 R_a 增大而增大（谐频数量固定时），但是随倍增谐频数量的增长主频变小（谐频数量不固定时）。为了减弱实际大跨结构中湍流的影响可以考虑降低瑞利数（通过减小温差等），最好将 R_a 控制在 10^5 以下。

参考文献

[1] 周全，夏克青. Rayleigh-Bénard 湍流热对流研究的进展、现状及展望[J]. 力学进展，2012，42（3）：231 – 251.

[2] BODENSCHATZ E, PESCH W, AHLERS G. Recent developments in Rayleigh-Bénard convection[J]. Annual Review of Fluid Mechanics, 2000, 32（1）：709 – 778.

山区峡谷不同主风向风场特性实测研究 *

李健琨[1]，马存明[1,2]，裴城[1]

（1. 西南交通大学土木工程学院 成都 610031；

2. 西南交通大学风工程四川省重点实验室 成都 610031）

1 引言

西部山区自然环境复杂，高海拔、大峡谷、多地质灾害是制约交通发展的关键因素，复杂地势地貌致使大跨桥梁不得不面临复杂来流所带来的风致响应问题。大跨度悬索桥作为跨越大河、山谷最主要的桥型之一，近些年在西部山区迅速发展，而对风场特性的精确测量更是进行山区峡谷大跨度桥梁抖振响应分析的首要前提[1]。Fenerci 等人对 Hardanger 桥进行了长期实地风场特性实测，结果表明该桥有两个主要风向[2]，宋等通过实测量和风洞实验研究了某"Y"形峡谷风场特性，结果表明地形对风产生了遮蔽及引导作用，峡谷对风有加速作用[3]。本文基于某山区悬索桥沿跨向分布的五个测点一年的实测数据，分析得出桥址处峡谷风存在两个或多个不同的主风向且主风向变化与季节更替相关，基于传统平稳和非平稳风速模型重点分析了不同主风向下山区峡谷脉动风特性。

2 风场实测概述

建成的笋溪河大桥位于中国重庆，是江津西水高速公路重点工程之一，因其钢桁梁极佳的气动外形，故只需准确描述引起桥梁抖振的脉动风特性。桥梁建成后，沿桥跨向五个位置尽可能远离主梁处建立了一套完整的风力监测系统，以最大限度地减小主梁对流场分布的影响。

图 1 桥位图

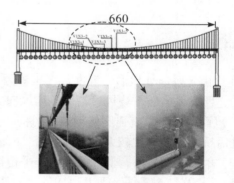

图 2 风场检测系统

3 数据结果与分析

3.1 平均风向

跨中处年平均风速风向结果显示，桥位处主风向与季节相关，春夏季为西北向，秋冬季则为东南向，主风向分布均垂直于桥轴线附近，但存在明显偏角，最小偏角为 21°。由于局部地形影响，不同测点测得风速与风向存在一定差异，其变化趋势与上下游峡谷地形走势相关，总体而言，西北方向平均风速高于东南方向平均风速。

* 基金项目：国家自然科学基金项目（51778545）。

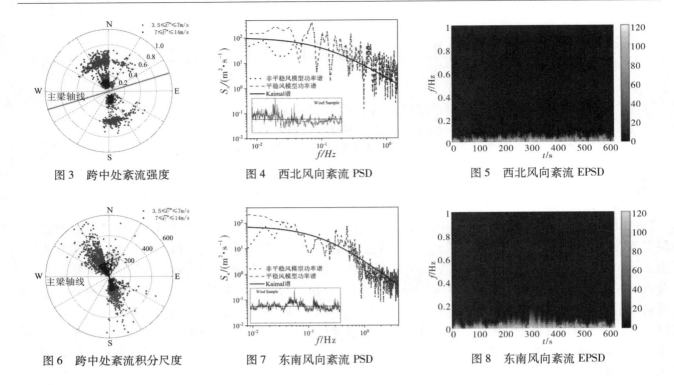

图 3　跨中处紊流强度　　　　　图 4　西北风向紊流 PSD　　　　　图 5　西北风向紊流 EPSD

图 6　跨中处紊流积分尺度　　　　图 7　东南风向紊流 PSD　　　　　图 8　东南风向紊流 EPSD

3.2　紊流特性

结果显示，随着风速的增加，紊流特性趋于集中，对比发现西北主风向紊流强度相对较低。在低风速下会得到较大紊流积分尺度，纵向紊流积分尺度最大，横向次之，垂向最小，且西北主风向紊流积分尺度明显大于东南主风向。分析得出的纵向 PSD 与规范推荐的 Kaimal 谱基本一致，但在低频范围内，传统平稳模型得出的实测风谱高于 Kaimal 谱，而采用非平稳风速模型得出的实测风谱则低于 Kaimal 谱，在高频段内实测风谱均高于 Kaimal 谱，垂向风场亦有类似结论。通过 EPSD 分析得出能量波动主要集中在低频段，两个主风向能量波动一致但东南风向波动特性显著高于西北风向。

4　结论

（1）由于桥址处地形、温度、气压等因素的影响，平均风速和风向沿桥跨分布不均匀，且分布趋势亦不同，西北风向的平均风速高于东南风向。

（2）西北风向紊流强度低于东南风向，且沿桥跨方向变化较大。西北风向紊流积分尺度高于东南风向，且沿桥跨方向变化较大。

（3）PSD 结果表明，低频范围内非平稳模型的紊流能量明显低于传统平稳模型，这将影响桥梁风致响应预测。EPSD 结果表明，西北风向的能量波动小于东南风向。

参考文献

[1] MA C, WANG J. 3D aerodynamic admittances of streamlined box bridge decks[J]. Engineering Structures, 2019, 179: 321 – 331.

[2] FENERCI A, OISETH O. Long-term monitoring of wind field characteristics and dynamic response of a long-span suspension bridge in complex terrain[J]. Engineering Structures, 2017, 147: 269 – 284.

[3] SONG J L, LI J W, FLAY R G J. Field measurements and wind tunnel investigation of wind characteristics at a bridge site in a Y-shaped valley[J]. Journal of Wind Engineering and Industrial Aerodynamics, 2020, 202: 104199.

漏斗型峡谷桥址区平均风特性数值模拟研究

邢龙飞，张明金，李永乐

（西南交通大学桥梁工程系 成都 610031）

1 引言

风参数是大跨度桥梁设计的主要控制因素[1]，而因为山区地形的复杂性，山区风特性难以用统一的公式与规律进行描述[2]，所以针对复杂山区风特性的研究是非常重要的。

复杂山区风特性的研究方法目前主要有三种：现场实测、风洞模型试验和基于 CFD 的数值模拟[3-4]。其中数值模拟可以模拟包括丘陵和山谷等复杂地形的三维风场，花费少，节约人力物力，可重复性好，能较快地给出流场定量结果，不受试验中洞壁、支架干扰等影响[5]。

本研究以实际山区桥址区地形为工程背景，采用 CFD 数值模拟方法，分析了漏斗型峡谷的平均风场特性。为后续大桥的抗风设计和施工提供了更加科学的依据。

2 研究方法和内容

2.1 建立地形模型

采用 Gambit 构建地形计算模型，计算域下边界根据地形的等高线生成，整个计算模型采用四面体结构化网格对区域进行离散，并对桥址附近进行网格加密。

2.2 计算参数设置

计算基于平均雷诺法，速度入口采用 B 类地表对应的风速剖面，入口处风速可用下式表示，背风侧边界选取为压力出口条件，地面（下边界）采用无滑移壁面条件。

$$H(高程) > 5400 \text{ m}; V = 50 \text{ m/s}$$

$$5400 \geq H \geq 3045 \text{ m}; V = 50 \times \left(\frac{H - 3045}{2355}\right)^{0.16} \text{ m/s} \tag{1}$$

2.3 计算结果分析

在桥位处设置监测点，并设置 24 个计算工况（每 15°一个），通过对比分析，得出漏斗型峡谷桥址区平均风特性的特点。工况设置如图 1 所示。

风速放大系数大于 1 的情况有工况 14、工况 15、工况 16、工况 17。由于这四个方向的来流指向峡谷的"漏斗口"，随着过流断面的逐渐减小，气体受两岸山体的挤压，导致风速会增大。而其他来流方向则不会出现这样的情况。可以看出漏斗型峡谷较常规峡谷更容易出现峡谷风加速效应。

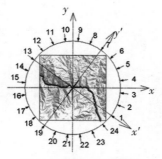

图 1　工况设置示意图

在工况 1～6、13～18 中，主梁平均风攻角主要集中在 -5°～0° 之间，风向改变不大；而在工况 7～12、19～24 中，风攻角波动较大，风向改变较大。这说明当来流与峡谷走向较为一致时，山体的钝体绕流影响小，风攻角较小且波动较为平稳，地形对来流风的转向作用小，风向改变不大；而当来流受到高耸山体阻碍时，风攻角波动起伏不稳定，还出现了大攻角的情况，并且桥位设定风向角分布与主梁计算风向角有明显差异。

3　结论

漏斗型峡谷桥址区平均风特性主要表现在两个方面：漏斗型峡谷存在漏斗效应，较常规峡谷而言，更容易形成峡谷风加速现象；当来流与峡谷走向较为一致时，山体的钝体绕流影响小，桥位处风攻角较小，主梁计算风向角分布与桥位设定风向角差异较小，而当来流受到高耸山体的阻碍时，绕流影响较大，容易形成较大风攻角和较大的风向角差异。

参考文献

[1] 李永乐，胡朋，蔡宪棠，等.紧邻高陡山体桥址区风特性数值模拟研究 [J].空气动力学学报，2011，29（6）：770－776.

[2] 张亮亮，吴波，杨阳，等.山区桥址处 CFD 计算域的选取方法 [J].土木建筑与环境工程，2015，37（5）：11－17.

[3] 吴联活，张明金，李永乐，等.复杂山区地形桥址区风特性的数值模拟 [J].西南交通大学学报，2019，54（5）：915－922.

[4] 唐春朝，韩艳，沈炼，等.邻近高耸建筑对小区风环境的影响试验研究 [J].土木与环境工程学报（中英文）：1－12.

[5] 李永乐，遆子龙，汪斌，等.山区 Y 形河口附近桥址区地形风特性数值模拟研究 [J].西南交通大学学报，2016，51（2）：341－348.

风向对呼吸道液体颗粒传播的影响

李凤姣[1]，姜国义[1]，胡婷莛[2]，吴昱谨[1]

（1. 汕头大学 土木与环境工程系 汕头 515063；

2. 上海工程技术大学 化学化工学院 上海 201620）

1 引言

自 2020 年初，新冠肺炎肆虐全球，给人类的生命安全和生产生活带来了极大的威胁。由于新冠病毒的传播主要依附于呼吸系统产生的液体颗粒，因此关于呼吸道液体颗粒的传播研究引起了社会各界的广泛关注。对该问题的研究有助于弄清携带病毒的液滴在空气中的传播机理，进而为疫情防控工作提供一个可靠的参考。目前仅有 Feng[1] 等人研究了室外气象条件对飞沫扩散的影响。气流对飞沫这一类微米级颗粒物的传播影响较大，对人体而言，不同的风向，会使人周围的流场发生巨大的变化，然而很少有人从风环境的角度出发，对呼吸道液体颗粒的传播进行研究。本研究将从风工程的角度，基于计算流体力学的 CFD 技术来研究风向对呼吸道液体颗粒传播的影响。

2 研究方法

流场网格采用 ICEM 进行非结构网格划分，经网格无关性验证后采取 500 万网格，计算域大小为 $12H \times 2H \times 2H$，$H = 1.747$ m。经模型验证后选择 LK 模型。本研究中的人体模型以亚洲人体外形为基准，人体各部位几何参数和面积基本符合 Ito 研究室的假人模型，高度为 H。站立姿势参考了 Feng[1] 等的假人模型。

先采用定常计算至流场稳定后，加入 DPM（discrete phase model）模型，转为非定常计算，在单向耦合条件下，模拟液体颗粒扩散情况。不考虑液滴的变形、蒸发和冷凝，以及破碎与融合等。追踪时间步长与流动时间步长均为 0.001 s。液滴粒径大小和数量分布采用 Duguid[2] 的实验数据，咳嗽气流喷射数据采用 Yang 等[3] 的实验数据。

3 结论

风向对于呼吸道液体颗粒的传播影响较大，如图 1 所示，30°、150°、180°风向条件下所产生的流场，由于小液滴分布带的存在，在空间中传播范围较广，将会不利于呼吸道病毒传播的防控，生活中应尽量避免。从传播速度来看，90°风向所产生的流场中，液滴群在 5s 时就已经传播到下游 17 m 处，速度极快，这说明在极短接触时间范围内，健康者感染风险依旧很大。30°、90°、120°、180°条件下，由于悬浮率较高，在空气中流动的颗粒物较多，其中 30°和 180°又存在小液滴分布带，视为对健康者而言的最不利情况。除 90°和 120°以外的其他几个风向条件下，在病人身上均出现了液滴沉积，因此应避免接触到病人的身体，并注重对病人身体部位进行杀毒。

本研究表明，有意识地利用风环境，将有利于呼吸道病毒传播的防控，比如在流感多发季节，城市主要风向是一定的，在考虑人流走向的基础上，对医院和社区周围的城市街道进行合理设计。在呼吸道疾病多发季节以及疫情期间，卫生组织倡导多开窗通风，然而并不是所有的通风情况都将有利于降低感染风险，通风应科学，尤其是医院诊室和住院部这种病人聚集和活动区，应该尽可能避免小液滴分布带的出现。

Particle Diameter: 3 18 45 80 120 180 280 600 /μm

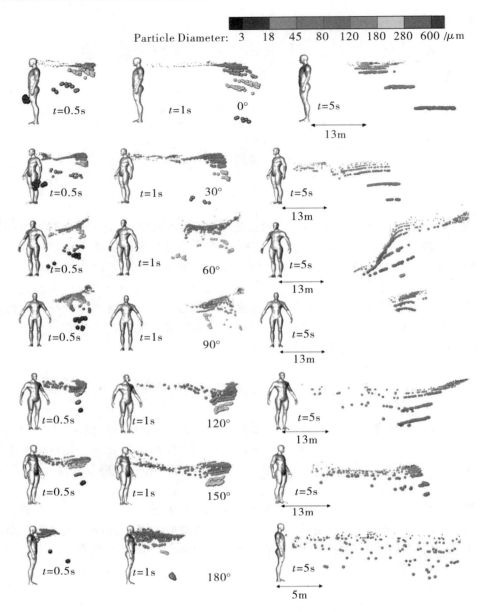

图7 不同工况和不同时刻咳嗽液滴颗粒分布

参考文献

[1] FENG Y, MARCHAL T, SPERRY T, et al. Influence of wind and relative humidity on the social distancing effectiveness to prevent COVID-19 airborne transmission: A numerical study [J]. Journal of Aerosol Science, 2020, 147: 105585.

[2] DUGUID J P. The size and the duration of air-carriage of respiratory droplets and Droplet-nuclei [J]. Journal of Hygiene, 1946, 44 (6): 471-479.

[3] YANG L, LI X, YAN Y, et al. Effects of cough-jet on airflow and contaminant transport in an airliner cabin section [J]. The Journal of Computational Multiphase Flows, 2018, 10 (2), 72-82.

基于 RANS 模拟的城市建筑参数对风速剖面参数的影响研究 *

曾一凡[1]，全涌[2]

（同济大学土木工程防灾国家重点实验室 上海 200092）

1 引言

近年来，我国各城市城区面积发展较快，城市风场的研究对实际工程中城市拟建建筑风荷载的预测意义重大。随着计算机技术的发展，采用 RANS 研究城市风场的方法逐渐成熟，其模拟城市风场风速的结果较为可靠。本文基于实际城市建筑情况提取的地貌参数，建立大量理想粗糙元模型。由于 RANS 对计算机性能要求不高，本文采用 RANS 对其进行批量模拟，得到模型后方风剖面，分析大量模拟数据，研究城市建筑参数对风场参数的影响规律。

2 算例验证以及风场影响因素分析

2.1 算例验证

本文采用 Brown MJ（2001）所做的试验以及 Santiago（2007）做的 RANS 模拟进行算例验证。图 1 为本文模拟的计算域以及观测剖面的位置。图 2 将本文计算结果与二者的结果进行对比，图中纵轴为 Z/H，H 为粗糙块高度，U_{ref} 为 H 高度处风速。

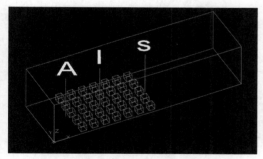

图 1 算例验证计算域及观测剖面位置

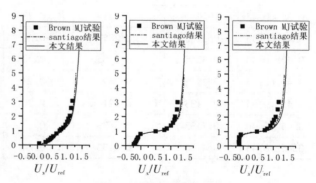

图 2 算例验证结果对比

2.2 RANS 模拟工况设置

本文建立 1:100 的粗糙元阵列模型，为了模拟真实城市地貌，考虑建筑平均高度（20～90 m）、迎风面指数（0.15～0.45）以及建筑密度（0.15～0.35）三种地貌参数，通过改变粗糙元外形和排布的方式调整三种参数。图 3 为其中一个工况的模型以及网格划分情况。入口采用 A 类地貌风剖面，10m 高度处风速 12 m/s。网格划分采用混合网格，计算域为 1935 m×285 m×600 m。用 Fluent 进行计算，得到不同地貌下的风速剖面。

---

* 基金项目：自然科学基金面上项目（51778493）；土木工程防灾重点实验室自主课题（SLDRCE19 – B – 13）。

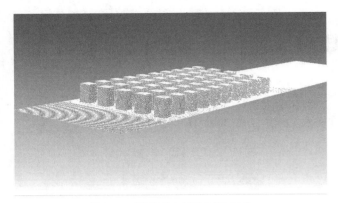

图 3　工况壁面边界及网格划分

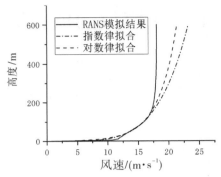

图 4　0.35×0.35 工况风速剖面

2.3　计算结果及分析

通过 RANS 模拟得到各工况粗糙元后方的风速剖面后，分别采用指数律和对数律进行拟合，经过对风剖面的观察，发现拟合范围在 H 到 $2.5H$ 高度之间拟合较好。限于篇幅，表 1 只给出部分拟合结果。不同的多个工况可以形成对照，例如 0.35×0.35 工况和 0.40×0.35 工况，在保持平均高度不变的前提下，调整粗糙元截面尺寸，使建筑密度和建筑迎风面指数改变，从表 1 的结果中可以看出，其风剖面形状发生了相应改变，并且具有较强的规律性。

表 1　各工况计算结果拟合参数

工况/m	建筑密度	迎风面积指数	指数 α	摩擦速度 $v^*/(\mathrm{m \cdot s^{-1}})$	粗糙长度 z_0/m
0.35×0.35	0.25	0.25	0.21	1.23	0.59
0.35×0.40	0.25	0.2857	0.23	1.30	0.79
0.35×0.45	0.25	0.3214	0.28	1.48	1.78
0.40×0.35	0.3265	0.2857	0.20	1.15	0.39
0.40×0.40	0.3265	0.3265	0.22	1.26	0.66
0.40×0.45	0.3265	0.3673	0.23	1.31	0.83
0.45×0.35	0.4133	0.3214	0.20	1.17	0.43
0.45×0.40	0.4133	0.3673	0.22	1.28	0.76
0.45×0.45	0.4133	0.4133	0.24	1.34	1.02

3　结论

在城市地貌中，不同地貌参数对风剖面影响程度不尽相同。通过对大量工况的模拟，可以得到充足的数据用以研究这些参数与风剖面参数的定量关系。

参考文献

［1］陈泂翔.城市建筑环境对大气边界层风场特性影响的研究［D］.上海：同济大学，2020.

［2］BROWN M J, LAWSON R E, DECROIX D S, et al. Comparison of centerline velocity measurements obtained around 2d and 3d building arrays in a wind tunnel［C］.// International Society of Environmental Hydraulics Conf. 2001.

［3］SANTIAGO J L, MARTILLI A, MARTÍN F. CFD simulation of airflow over a regular array of cubes. Part I：Three-dimensional simulation of the flow and validation with wind-tunnel measurements［J］. Bound. Layer Meteor. 2007, 122（3）：609－634.

典型工程场地台风设计风剖面研究 *

张芳馨[1]，方根深[1,2]，赵林[1,2]，葛耀君[1,2]
（1. 同济大学土木工程防灾国家重点实验室 上海 200092；
2. 同济大学桥梁结构抗风技术交通行业重点实验室 上海 200092）

1 引言

我国沿海地区台风频发，是控制大跨、高耸结构的关键荷载，而台风风剖面与常规良态风风剖面存在较大差异，合理估计台风设计风剖面对指导沿海结构抗风设计至关重要。当前普遍采用的对数剖面或指数剖面模型定义风剖面为地表粗糙长度的函数，而台风剖面形状不仅仅取决于地表粗糙长度，更取决于其内部环流造成的位置依赖性以及超梯度风等现象[1]。图 1 所示为若干基于下投式探空仪实测的台风剖面，并选取国内外 8 种主要规范/标准开阔地貌的风剖面（美国 ASCE 2010、澳洲/新西兰 AS/NZ 2011、日本 AIJ 2004、中国 CNS 2012、加拿大 NBCC 2010、欧洲 Eurocode 2010、国际标准 ISO 2009、印度 IWC 2012）[2]作为对比，可以看出，归一化规范风剖面大于实测风剖面，但实测结果多位于海平面，其 10 m 高度风速可能显著高于规范平坦地貌结果，使得真实台风风速剖面高于现行规范。若采用幂指数律拟合实测数据，边界层台风剖面幂指数 $\alpha = 0.0775$，这与 Davenport 推荐的地表粗糙长度 $z_0 = 0.0002$ m 的幂指数 1/12.9 基本一致，但其建议的梯度高度仅为 155 m，与台风剖面形状不符。可见，现行规范难于考虑台风剖面随高度的变化特征，且未纳入台风剖面随空间位置的演变内容，仅有 ISO 指出了需要考虑三种风剖面：良态风、热带气旋和下击暴流，但其仅给出了良态风剖面的计算方法，对热带气旋和下击暴流风剖面并未给出具体解决方案。

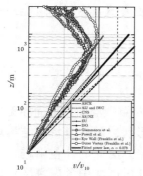

图 1 台风实测及规范风剖面

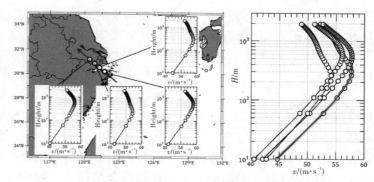

图 2 台风过程剖面及外包络剖面

2 台风设计风剖面

以上海中心大厦（121°30′4″，31°14′8″）所在位置为目标点，采用 Monte Carlo 随机模拟和三维台风风场模型，开展 10 000 年台风随机模拟，并获取各个台风每隔 15 min 的风剖面演变过程。

2.1 方法 1：规范建议风剖面

该方法假设台风剖面形状与现行规范一致，亦是当前研究多采用的方法。基于随机模拟台风 10 m 高度的风速数据，获得不同重现期 10 m 高度处极值风速 v_{10}，采用我国规范中所推荐幂律剖面（$z_0 = 0.01$，梯度高度 300 m），得到基于台风模拟数据的规范建议风剖面。

* 基金项目：国家自然科学基金项目（52078383、52008314）；土木工程防灾国家重点实验室自主课题（SLDRCE19 - B - 11）；上海市浦江人才计划资助（20PJ1413600）联合资助。

2.2 方法2：不同高度相同重现期组合风剖面

该方法首先提取每次台风不同高度的最大风速，而后将不同高度相同重现期的极值风速形成组合风剖面，即对于每次台风取的是其风剖面的外包络，如图2所示。受台风剖面特异性影响，每次台风过程的外包络剖面主要有两种形式：外包络剖面即为台风过程中某一时刻的剖面，这类剖面真实存在；外包络剖面由台风过程中不同时刻剖面组合而成，这类剖面在台风过程中并不存在（图2），图3给出了所有台风剖面的外包络及百年重现期剖面。

2.3 方法3：基于特定高度重现期风速的真实风剖面

该方法基于某特定高度的重现期风速，搜索出所有台风过程满足该重现期风速的真实风剖面。本文基于 10 m 基准高度 98 ～ 102 年重现期区间内的极值风速，筛选出符合要求的台风剖面。

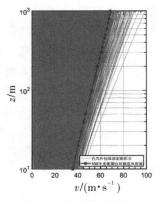
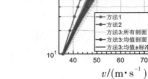
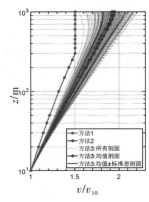

图3　百年重现期剖面　　　　　图4　台风设计风剖面　　　　　图5　归一化风剖面

2.4 结果对比与讨论

上述三种方法得到的台风设计风剖面如图4、图5所示，可以看出，方法2和方法3所得的风剖面均大于规范剖面，方法2获得的剖面与方法3的均值剖面较为接近，但方法2的剖面在真实台风中可能并不存在，且方法3的真实风剖面有接近一半高于方法2的结果。

3 结论

现行规范中推荐的风剖面可能低于台风实际风剖面，且基于不同高度处100年重现期的风剖面亦无法考虑台风真实剖面过程。特定高度重现期风速相同时，真实台风剖面存在多种形状，需结合特定结构风荷载特征进行选取。若只考虑风致建筑物的静力响应，则台风设计风剖面可依照方法3的外包络进行选取，若需考虑风致建筑物的动力响应，则还需结合结构的气弹效应，在台风设计风剖面中考虑真实台风风剖面演变过程。

参考文献

[1] 赵林,杨绪南,方根深,等.超强台风山竹近地层外围风速剖面演变特性现场实测 [J].空气动力学学报,2019,037 (1)：43 – 54.

[2] KWON D K, KAREEM A. Comparative study of major international wind codes and standards for wind effects on tall buildings [J]. Engineering Structures, 2013, 51 (6)：23 – 35.

城市山坡地形对"山竹"台风风场的影响*

廖孙策[1]，黄铭枫[1]，张丽[2]，谢壮宁[3]

（1. 浙江大学建筑工程学院结构工程研究所 杭州 310058；

2. 深圳市国家气候观象台 深圳 518040；

3. 华南理工大学土木与交通学院 广州 510641）

1 引言

近年来，我国广东沿海台风灾害频发，受全球变暖影响未来西北太平洋热带气旋强度可能进一步增强[1]。随着经济发展，广东沿海出现了大量城市建筑群，其中大多数位于丘陵地区，城市内部往往有复杂的山坡地形，台风带来的大风以及暴雨耦合复杂地形以及建筑群的影响，可能会导致台风灾变破坏和各类次生灾害。WRF（weather research and forecast）模式能较好地预测、重现真实大气环境下的台风风场，被广泛应用于台风模拟[2-4]。但针对城市山坡地形影响下的台风风场研究仍然较少，本文将基于耦合城市冠层模型（urban-canopy modeling system，UCM）的 WRF 模式对台风"山竹"期间深圳气象观测梯度塔周边风场开展精细化模拟，研究气象观测梯度塔周边山坡地形对"山竹"台风风场的影响。

2 山坡地形影响下台风风场结果分析

2.1 结合实测结果的验证分析

本文利用 WRF 模式与 UCM 模型对台风"山竹"进行精细化模拟，最内一层网格尺寸为 0.049 m，为了更加准确地描述梯度塔周边的地形地貌以及土地利用特征，后三层网格采用了 30 m 精度的地形以及土地利用类型数据。将 WRF 风速模拟结果与梯度塔实测结果进行对比分析，如图 1 所示，可以看到 WRF 模拟结果与实测结果相比，整体变化趋势基本一致。

2.2 城市山坡地形对风场的影响分析

图 2 为梯度塔周边 10 m 高度处风场情况，可以看到梯度塔周边山体导致了风速风向空间分布不均匀，各个山顶位置处出现明显的高风速区而局部区域由于山体的遮挡出现低风速区；部分位置的风向由于地形的干扰也出现了明显的转向现象；两块相邻建筑群之间产生的"狭道效应"也使得风速有明显的增大。图 3 所示为来流方向上各点风剖面，可以看到在近地面 500 m 高度以下点 1 的风速远小于其余两点同时梯度塔位置风速也受到一定影响。为进一步研究来流方向上的山体对梯度塔周边风场的影响，利用 GIS 技术降低山体高度后进行对照组模拟，结果表明梯度塔位置不同高度的风速均有一定程度的增大。

3 结论

本文利用耦合 UCM 模型的 WRF 模式研究深圳气象观测梯度塔周边的山坡地形对台风"山竹"风场的影响。模拟结果与实测结果相比整体变化趋势一致；城市山坡地形的遮挡干扰作用会导致风场空间分布不均匀，山顶出现高风速区，背风位置出现低风速区。台风"山竹"过境期间，梯度塔受到山坡地形的遮挡影响导致其风速小于山体迎风面处的风速。

---

* 基金项目：国家自然科学基金项目（51838012）；科技部政府间国际创新合作重点专项（2018YFE0109500）。

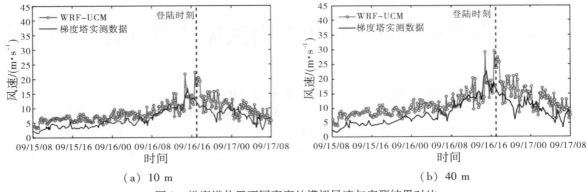

(a) 10 m　　　　　　　　　　　　　　(b) 40 m

图1　梯度塔位置不同高度处模拟风速与实测结果对比

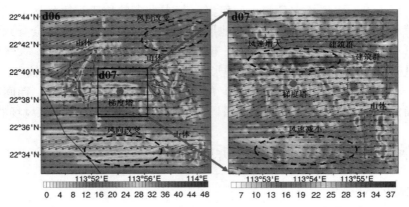

图2　d06 嵌套域 10 m 高度处水平风速云图（m/s）

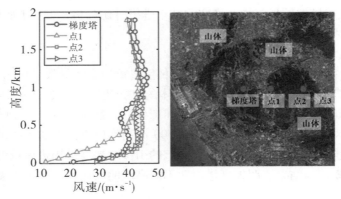

图3　来流方向各点位置风剖面

参考文献

[1] WU L G, WANG R F, FENG X F. Dominant role of the ocean mixed layer depth in the increased proportion of intense typhoons during 1980 – 2015 [J]. Earth's Future, 2018, 6 (11): 1518 – 1527.

[2] 王晓君, 马浩. 新一代中尺度预报模式（WRF）国内应用进展 [J]. 地球科学进展, 2011, 26 (11): 1191 – 1199.

[3] 黄铭枫, 孙建平, 王义凡, 等. 基于天气预报模式和大涡模拟的台风风场多尺度耦合数值模拟 [J]. 建筑结构学报, 2020, 41 (2): 63 – 70.

[4] HUANG M F, WANG Y F, LOU W J, et al. Multi-scale simulation of time-varying wind fields for Hangzhou Jiubao Bridge during Typhoon Chan-hom [J]. Journal of Wind Engineering and Industrial Aerodynamics, 2018, 179: 419 – 437.

基于大涡模拟的大气边界层湍流风场粗糙壁面实现方法[*]

王靖含，李朝，肖仪清

（哈尔滨工业大学（深圳） 深圳 518055）

1 引言

随着城市化进程加快，大气边界层湍流风场下垫面的粗糙程度日益增加，其对上覆风场特性的影响也逐渐增大；而 CFD 作为结构抗风设计的重要手段之一，在模拟中精确再现地表粗糙特性也越来越受到重视。本文从贴合物理实际的角度出发，即在地表附近有限高度内，对适用于雷诺时均湍流模型（RANS）中的一种拓展阻力源项（enriched canopy drag，ECD）[2]模型进行简化，将其用于大涡模拟（LES）中再现粗糙地表特性，并结合序列合成法 CDRFG 生成三类粗糙场地的大气边界层湍流风场。结果表明，对于 ESDU[1] 提供的不同粗糙场地类别的目标风特性，当采用光滑壁面边界时，基于 CDRFG 脉动速度入口生成的湍流风场平均风速沿流动方向存在明显发展；而在简化 ECD 模型作用下，流场下游的平均风速均与目标值均更加接近。

2 简化的近壁面阻力源项模型

本课题组在 RANS 中通过多目标优化算法建立了实现粗糙壁面大气边界层湍流风场特性的优化阻力源项（enriched canopy model，ECD）模型[2]，该模型以阻力源项形式加入动量控制方程中模拟水平均匀粗糙场地对上覆流场的影响。由于在优化 ECD 模型时，只沿用了传统植被冠层模型中的动量方程阻力源项，理论上可直接用于 LES 中再现粗糙壁面特性，但由于综合阻力系数沿高度不规则分布，且文献中[2]有结论：只要阻力源项作用高度与 C_d^* 取值范围合理，阻力系数在该高度内分布形式的细微不同对流场特性的影响并不大；因此考虑到 LES 对计算资源的高要求，对 ECD 模型中阻力系数 C_d^* 取值进行简化，见下式，h_t 为阻力源项作用截断高度，h_s 为阻力源项作用高度。简化后的 ECD 模型以源项 $S_u^{\text{LES}} = -\rho C_d^{\text{LES}} \cdot |u| \cdot U$ 加入动量方程中。

$$C_d^{\text{LES}} = \begin{cases} C_d^* & 0 \leqslant z \leqslant h_t \\ C_d^* \dfrac{h_s - z}{h_s - h_t} & h_t < z \leqslant h_s \end{cases} \tag{1}$$

3 数值模拟结果

以 ESDU[1]所提供的 $z_0 = 0.1\,\text{m}$、$0.3\,\text{m}$ 和 $1.0\,\text{m}$ 的三类粗糙地貌风场特性为目标，简化的阻力系数 C_d^* 分别为 0.065、0.114 与 0.816，各类粗糙场地下源项作用高度及截断高度一致，取值为 $h_s = 0.03\delta$，$h_t = 0.25h_s$，δ 为边界层高度。本文基于 LES 湍流模型，采用 CDRFG[3]方法生成脉动速度入口，对简化后的 ECD 模型进行计算验证。图 1 对比了 $z_0 = 1.0\text{m}$ 粗糙壁面与光滑壁面的平均风剖面与三向湍流强度剖面，可以看出：在简化 ECD 模型作用下，平均风速与目标值吻合更好；同时，两组工况的顺流向湍流强度均大于目标值。图 2 分别展示了粗糙壁面与光滑壁面的涡形图及速度云图，可以看出在简化 ECD 模型作用下，近壁面的涡量更加丰富。其余两类粗糙场地计算结果具有相似的结果。

* 基金项目：国家自然科学基金项目（51778200）；深圳市基础研究资助项目（JCYJ20190806145216643）。

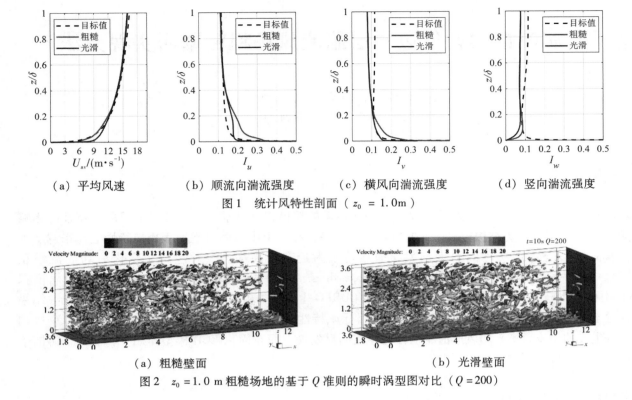

（a）平均风速　　（b）顺流向湍流强度　　（c）横风向湍流强度　　（d）竖向湍流强度

图1　统计风特性剖面（$z_0 = 1.0$m）

（a）粗糙壁面　　　　　　　　　　　（b）光滑壁面

图2　$z_0 = 1.0$m 粗糙场地的基于 Q 准则的瞬时涡型图对比（$Q = 200$）

4　结论

本文通过对适用于 RANS 的粗糙壁面阻力源项模型进行简化，将其用于 LES 中再现粗糙壁面对上覆大气边界层湍流风场的影响。针对不同粗糙程度的地貌分别给出了相应的简化 ECD 模型参数，并结合 CDRFG 方法生成三类粗糙地貌的边界层湍流风场，计算结果表明：当采用 ESDU 提供的风场特性为目标时，CDRFG 方法生成的入口脉动速度沿流动方向的湍流强度存在发展，同时近壁面平均风速也有所增大，但在简化 ECD 模型作用下，近壁面平均风速的发展得到有效抑制。综上可得，本文所提的简化 ECD 模型可用于 LES 中实现大气边界层湍流风场的粗糙下垫面特性。

参考文献

［1］ ESDU. Single point data for strong winds（neutral atmosphere）［J］. Characteristics of Atmospheric Turbulence Near the Ground Part Ⅱ，1982.

［2］ LI C，WANG J，HU G，et al. RANS simulation of horizontal homogeneous atmospheric boundary layer over rough terrains by an enriched canopy drag model［J］. Journal of Wind Engineering and Industrial Aerodynamics，2020，206：104281.

［3］ ABOSHOSHA H，ELSHAER A，BITSUAMLAK G T，et al. Consistent inflow turbulence generator for LES evaluation of wind-induced responses for tall buildings［J］. Journal of Wind Engineering and Industrial Aerodynamics，2015，142：198－216.

基于现场实测的某桥址区风场特性分析

高晓月，肖天宝，王俊，李加武

（长安大学风洞实验室 西安 710064）

1 引言

桥梁抗风设计中的一项重要工作即为设计风参数的确定[1]，而这项工作往往要基于大量现场风特性实测，以了解其相应规律。杨淳[2]等人利用多普勒激光测风雷达，实测了城市上空 75～1000 m 高度内良态风的风速风向时程，研究了平均风速剖面特性等变化规律。Z R Shu[3]等人基于多普勒激光雷达实测数据，通过威布尔分布函数对风速进行了统计分析，研究了风切变系数、湍流强度和阵风因子等风场参数的特征。本文从统计学中角度出发，针对桥梁风工程中所关注的风速，分析其概率分布及随高度变化，以便对于其整体的变化规律有一个直观认识。

2 实测概况

2.1 测点设置

选取中山市横门水道附近的渔民新村为观测位置，该桥址周边以鱼塘为主，地势平坦，水面开阔，几无遮挡，如图 1 所示。

2.2 实测仪器及风速样本

本次实测所用仪器为大气研究与技术有限责任公司开发的 VT-1 相控阵多普勒雷达系统，如图 2 所示。为避免单个季节数据样本过多造成整体规律不够客观，该文选取了测量点处 2020 年全年的 10 min 平均风速、风向数据，测量范围为 30～220 m。

图 1 测点位置

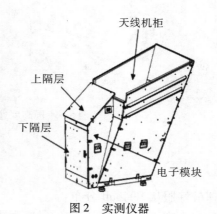

图 2 实测仪器

3 实测结果分析

3.1 风速特征分析

选取实践中拟合表现较好的 Weibull 分布、Gamma 分布和 Lognormal 分布模型对实测数据分别进行拟合。经拟合对比，该桥址区 2020 年风速较好服从 Weibull 分布，如图 3 所示。同时对年平均风速采用指数律进行风速廓线拟合，发现与规范差别较大，如图 4 所示。

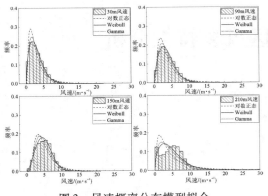

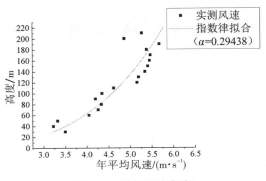

图3 风速概率分布模型拟合

图4 年平均风速廓线

3.2 风向特征分析

统计了2020年全年的风向分布，并对各个风速段做了区分，如图5所示。该桥址区主导风向明显，以南风为主，各高度的风向变化不大，主要区别在于不同风速占比，随高度增加，高风速占比增大。

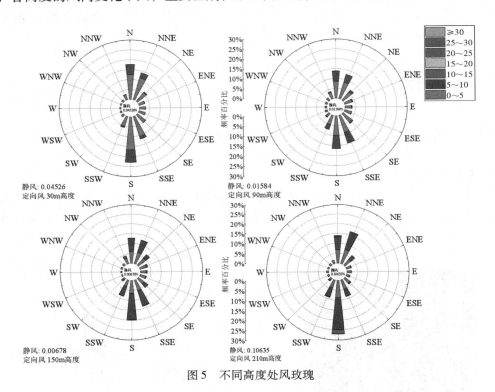

图5 不同高度处风玫瑰

4 结论

（1）该桥址区风速较好服从Weibull分布。

（2）就本文实测数据而言，基于规范确定的风速廓线与实际情况有较大差异。

（3）作为平坦地区，该桥址区主导风向明显且较为稳定。

参考文献

[1] 陈政清.桥梁风工程（高等学校教材）[M].北京：人民交通出版社，2005.

[2] 杨淳，全涌，顾明.采用激光雷达对城市风场特性的实测研究[C].// 中国土木工程学会；中国空气动力学会，2017.

[3] SHU Z R, LI Q S, HE Y C, et al. Observations of offshore wind characteristics by Doppler-LiDAR for wind energy applications [J]. Applied Energy, 2016, 169 (51)：150 – 163.

基于统计动力学—全路径合成的台风危险性模型的优化[*]

吴甜甜[1]，陈煜[1]，段忠东[1]，欧进萍[1]，宫婷[2]，方平治[2]，刘辰[2]，张安宇[2]，尹建明[2]

（1. 哈尔滨工业大学（深圳）土木与环境工程学院 深圳 518055；

2. 中再巨灾风险管理有限公司 北京 100033）

1 引言

热带气旋（tropical cyclone）是一种于热带洋面形成的强烈气旋性涡旋，具有季节性强、波及范围广、破坏强度大以及难以防范等特点，其（包括热带风暴、强热带风暴和台风）引发的灾害位列全球十大灾害之首。瑞士一家再保险公司的统计数据显示1970至1980年间发生的十大赔额最高的自然灾害中，其中80%均与台风灾害有关。中国由于其所处的地理位置特殊，是全球严重遭受台风重创的国家之一。例如台风"天鸽"于2017年登陆珠海市，其影响波及广东全省导致直接经济损失达118亿元；2018年台风"山竹"造成粤、桂、琼、湘、黔5省近300万人受灾，经济损失达52亿元。

为了量化分析台风灾害风险，可靠的台风危险性分析显得尤为重要。单个热带气旋的演化具有一定的物理机制以及较低的计算成本，使其更适合用于未来气候变化下台风危险性分析。本研究基于统计动力学全路径台风合成模型，针对西北太平洋区域的热带气旋活动进行建模，模拟热带气旋的生成以及在其生命周期内的强度演化。

2 西北太平洋热带气旋的生成模拟

2.1 数据来源

主要针对西北太平洋区域建立热带气旋的生成模型，其范围为东经100°～180°、北纬5°～35°之内的海域。所采用初始数据是美国联合台风预警中心最佳路径数据集和欧洲天气预报中心（ERA-interim）的大气海洋环境参数数据这两套数据集。

2.2 模拟方法

基于逻辑斯谛克回归方法建立热带气旋发生的概率与大气海洋环境参数回归方程。选取的6个主要影响热带气旋形成的海气环境参数，分别为850 hPa气压层的绝对涡度 η（10－5S－1）、600 hPa气压层的相对湿度 H（%）、相对海洋表面温度 T（℃）、200 hPa气压层与850 hPa气压层之间的垂直风切变 V_{shear}（m/s）、500 hPa的垂直速度 ω（m/s）、潜在强度 V_{pot}（m/s）。于是，基于Logistic回归的热带气旋生成模型可以表示为：

$$\begin{cases} P(\text{热带气旋的发生}) = \dfrac{1}{1 + e^{-g(x)}} \\ g(x) = a_0 + a_1\eta + a_2T + a_3\omega + a_4H + a_5V_{shear} + a_6V_{pot} \end{cases} \tag{1}$$

首先将6个海气环境参数的历史月平均数据和热带气旋生成数的样本数据代入式（1）的右式，采用最大似然法估计式（1）的第二式系数向量 $(a_0, a_1, a_2, a_3, a_4, a_5, a_6)$ 后利用历史月平均海气环境参数数据便估算出热带气旋发生概率。

3 西北太平洋区域热带气旋强度模拟

为了在强度模型中进一步考虑强度增长控制项以及台风实际所能达到的最大风速上限，本研究基于

* 基金项目：国家自然科学基金项目（51978223、U1709207）；国家重点研发计划项目（2018YFC0705604）。

阻滞增长模型建立了台风的强度模型。假定增长率 α 是一个与海气环境参数线性相关的函数，我们最终选取的 5 个主要海气环境影响参数，600 hPa 气压层的相对湿度 H（%）、海洋表面温度 T（℃）、200 hPa 气压层与 850 hPa 气压层之间的垂直风切变 V_{shear}（m/s）、500 hPa 的垂直速度 ω（m/s）以及潜在强度 V_{pot}（m/s）。于是，基于阻滞增长模型建立热带气旋的强度模型可以表示为

$$\begin{cases} \dfrac{\mathrm{d}v(t)}{\mathrm{d}t} = \alpha(x)v(t) - \beta v^2(t) \\ \alpha(x) = a_1 V_{shear} + a_2 \omega + a_3 H + a_4 T + a_5 V_{pot} \end{cases} \tag{2}$$

当 $t = t_0$ 时，对应热带气旋的初始生成，因此在给定初始条件 $v(t = t_0) = v_0$，可以得到热带气旋的强度关于时间的解析式，通过多元非线性拟合便可得下式的参数 $(a_1, a_2, a_3, a_4, a_5, \beta)$ 的值。

$$v(t) = \frac{\alpha v_0}{\beta v_0 + (\alpha - \alpha v_0) \cdot \exp[-\alpha(t - t_0)]} \tag{3}$$

4 结论

本文建立了基于 Logistic 回归方程的热带气旋生成模型和基于阻滞增长模型的热带气旋强度模型。生成模型考虑了海气环境因素对热带气旋生成的影响，从而在给定的大气海洋环境参数条件下可直接估算热带气旋的发生概率。与其他考虑物理机制的生成模型相比，基于 Logistic 回归的热带气旋生成模型模拟结果与历史分布更为吻合，这为后续路径和强度的模拟打下了基础。

强度模型则是通过假定增长率是一个与海气环境参数线性相关的函数。通过与历史台风生命周期各个时刻强度的平均值进行对比发现按强度划分阻滞增长强度模型模拟的结果与历史结果较为吻合。且通过与历史结果对比发现该模型估算的平均强度和历史平均强度较为吻合，但是模拟的强度变异系数相较于历史要较低。这表明模拟的强度更接近于平均，这可能与模型未考虑误差项有关。

参考文献

［1］陈煜. 基于统计动力学—全路径合成的台风危险性分析方法研究［D］. 哈尔滨：哈尔滨工业大学，2019.
［2］赵军平，吴立广，赵海坤，等. 西北太平洋热带气旋潜在生成指数的改进［J］. 气象科学，2012，32（6）：591 – 599.

基于改进风能耗散原理的地面粗糙度指数计算方法 *

姜咏涵，沈国辉

（浙江大学结构工程所 杭州 310058）

1 引言

目前国内城市和乡村的地貌情况复杂，通常为多种地貌的组合，导致地貌类别较难判断。风能耗散原理是非常经典的判断地貌的方法，但由于该方法考虑了迎风半圆（180°）的影响，实际上的影响角度并没有那么大，而 ASCE 规范取 45°，同时可能需要考虑更远的距离影响。本文提出了改进的风能耗散原理，引入更细致的地貌划分、更远的地貌距离判断和 45°影响范围等，并进行实际地形的风洞试验用以对比和验证。

2 改进的风能耗散原理

风经过物体存在动能消耗，该耗散既有沿高度方向，又有沿水平方向。风能耗散原理基于试验推导出不同分布的障碍物对于目标地点的影响函数，以此构建风能耗散理论[1-2]。该理论假设相互干扰距离为 2 km，来流的风向角为迎风半圆，实际上采用半圆的结果范围过大，且 2 km 距离限制了远场地貌的判断。因此本论文提出改进的风能耗散原理，其假定相互干扰系数可以取到更大，如 5 ~ 10 km，影响风向角参考 ASCE 规范取 45°扇区，并引入更细致的地貌划分，如图 1 所示。

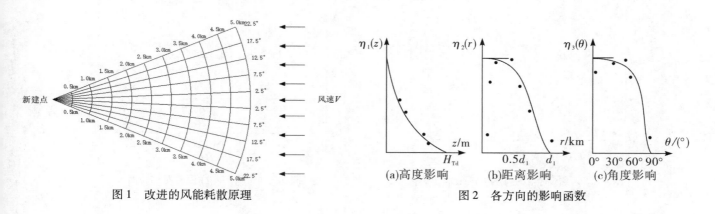

图 1 改进的风能耗散原理　　　　图 2 各方向的影响函数

改进的风能耗散原理中消耗的风能见下式：

$$\Delta_T = \frac{1}{2} m V_{H_0}^2 \left[H_{T\alpha} \frac{\pi d_l^2}{2} - \int_0^{H_1} dz \int_{-\frac{\pi}{8}}^{\frac{\pi}{8}} d\theta \int_0^{d_l} \eta(z,\theta,r) r dr \right] \tag{1}$$

对于影响函数 η，当障碍物离目标地点越近、角度越接近 0°，对目标地点的风速影响越小。根据试验结果，不同角度 θ 下，η 曲线几乎相同，在距离超过截止距离 d_l 后，影响系数 $\eta(r)$ 将变得极小，因此采用如图 2 所示的影响函数，拟合可得影响函数 η 的计算公式：

$$\eta(z,\theta,r) = \left[1 - \left(\frac{z}{H_T} \right)^{2\alpha} \right] \left(1 - e^{\left(\frac{5(r-d_l)}{d_l} \right)} \right) \left(1 - e^{\left(\frac{40}{\pi} \left(|\theta| - \frac{\pi}{8} \right) \right)} \right) \tag{2}$$

* 基金项目：国家自然科学基金项目（51838012）。

3   计算实例与试验验证

图 3 为某实际地形的风洞试验情况，模型缩尺比为 1∶2000，模型范围为 7 km，采用 ABS 工程塑料、有机玻璃等材料制作，来流为 A 类地貌。来流风向和试验模型如图 3 所示。图 4 为 22.5°风向角下转盘中心的实测曲线，可见已经介于 B 类和 C 类地貌之间，拟合可获得相应的地面粗糙度系数 α。

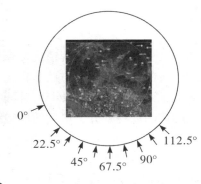

图 3   风洞试验模型与风向角划分

采用改进的风能耗散原理对该地形进行计算，获得 11 个风向角（β）下转盘中心位置的风能耗散系数，可以反算获得风流至转盘中心的地面粗糙度系数 α，理论值如图 5 所示，图中还给出了风洞试验的结果，可见两者吻合较好，可见本文提出的改进风能耗散原理具有较高的准确性。

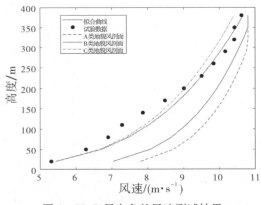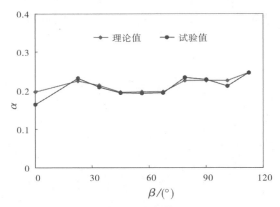

图 4   22.5°风向角的风速测试结果   图 5   理论值与实际值的对比图

4   结论

本文提出了改进的风能耗散原理，通过引入更细致的地貌划分、更远的地貌距离判断和 45°影响范围等，实现不同风向角下复杂组合地貌情况的地面粗糙度指数计算，并通过某风洞试验结果进行对比，结果显示改方法具有很好的准确性。

参考文献

[1] 张相庭. 风能耗散原理确定粗糙度指数及其应用 [J]. 同济大学学报，1997，25（2）：161 – 165.
[2] 张相庭. 风工程中地貌分类与地面粗糙度指数的研究与应用 [J]. 建筑科学，2000，16（6）：15 – 17，21.

海岛地形风场特性试验研究 *

岳鹏[1]，邹云峰[1,2]，何旭辉[1,2]，汪震[1]，罗啸宇[3]

（1. 中南大学土木工程学院 长沙 410075；

2. 轨道交通工程结构防灾减灾湖南省重点实验室 长沙 410075；

3. 广东电网有限责任公司电力科学研究院 广州 510030）

1 引言

风能作为一种清洁无污染的可再生能源在发电产业中被广泛利用，风电场是进行风力发电的主要场地，而建立风电场的前提是准确了解风电场区内的风特性分布规律。南澳岛位于台湾海峡喇叭口的西南端，在风电发展上有着得天独厚的条件，南澳风电场至今仍在不断建设中。因此，十分有必要开展对南澳岛风场特性的研究。风洞试验指制作特定缩尺比的地形模型，布置测量点来获得特定位置的风特性，能在有限的条件下获得较好的结果。Li Yongle 等[1]、Takahashi 等[2]、Li 等[3]都运用了风洞试验的方法对实际地形进行了研究并得到了一些规律。据此，本文利用南澳岛地貌制作了缩尺模型，在中南大学风洞实验室进行了风洞试验，可以为风电场建设以及海岛地形的风场规律提供一定的参考与借鉴。

2 试验设置

本次风洞试验在中南大学风洞实验室低速段进行。南澳岛主岛东西向长度约为 10 km，南北向长度约为 6 km，最大海拔高度在 500 m 以上。如图 1 所示，水平方向上，在模型一山谷中布置了 4 个测点；高度方向上，在离地 0～0.2 m 内，每隔 0.04 m 设置一个测点，代表实际高差 50 m；离地 0.2～0.7 m 内，每隔 0.05 m 设置一个测点，代表实际高差约 65 m。以正东方向来流为 0° 风向角，规定逆时针方向为正方向，在均匀流场下考虑了 8 个风向角，风速设置为 5 m/s。试验模拟了南澳岛主岛 13 km 范围的地形，由于岛屿周围是海平面，可以避免人工峭壁的影响，因此试验中不采用过渡段。模型的缩尺比采用 1∶1300，风洞试验模型直径 10 m，地形模型底部以海平面（0 m）为基准。

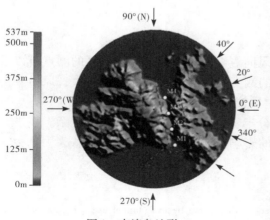

图 1 南澳岛地形

图 2 地形模型

* 基金项目：国家自然科学基金项目（52078504、U1934209、51925808）。

403

3 试验结果

在风洞试验中，采用均匀流研究不同风向条件下山谷内的风场特性，山谷走向大致为东南－西北。部分试验结果如图 3 所示。

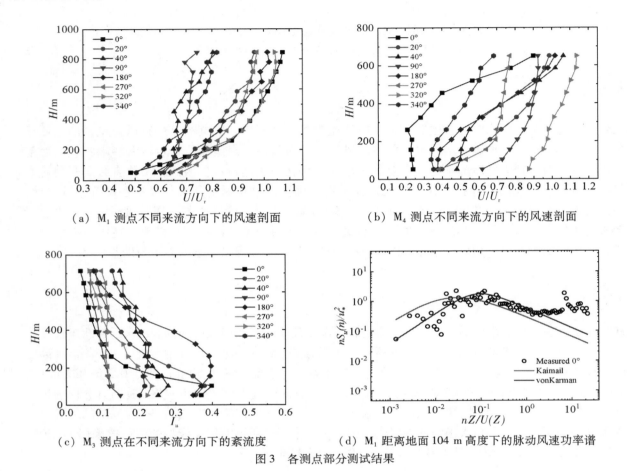

（a）M_1 测点不同来流方向下的风速剖面　　　（b）M_4 测点不同来流方向下的风速剖面

（c）M_3 测点在不同来流方向下的紊流度　　　（d）M_1 距离地面 104 m 高度下的脉动风速功率谱

图 3　各测点部分测试结果

4 结论

（1）山谷两边是南北走向的山体，沿山谷的风特性受风向影响较大。处于平坦地区的测点可以观察到明显的加速效应，风速较高，湍流度较低，位于山谷内的测点风速变化较大，湍流度大；风沿着山谷走向进入与风垂直于山谷走向进入时，不同测点的风特性差异较大。

（2）南澳岛位于台湾海峡喇叭口的西南端，风资源十分丰富，因此风场规律也比较复杂。在进行相关基础建设抗风设计时需要综合考虑风向与地形对风特性的影响。地形风洞试验具有节省人力物力、便捷的特点，可以作为风场研究的常用方法。

参考文献

［1］ LI Y, HU P, XU X, et al. Wind characteristics at bridge site in a deep-cutting gorge by wind tunnel test ［J］. Journal of Wind Engineering & Industrial Aerodynamics, 2017, 160: 30 - 46.

［2］ TAKAHASHI T, KATO S, MURAKAMI S, et al. Wind tunnel tests of effects of atmospheric stability on turbulent flow over a three-dimensional hill ［J］. Journal of Wind Engineering and Industrial Aerodynamic, 2005, 93: 155 - 169.

［3］ LI C, CHEN Z, ZHANG Z, et al. Wind tunnel modeling of flow over mountainous valley terrain ［J］. Wind and Structures, 2010, 13 (3): 275 - 292.

边界层参数化台风风场模型的比较研究 *

杨剑[1]，唐亚男[1]，陈煜[1]，段忠东[1]，宫婷[2]，熊政辉[3]，方平治[2]，尹建明[2]

（1. 哈尔滨工业大学（深圳）深圳 518000；

2. 中再巨灾风险管理有限公司 北京 100033；

3. 中国再保险（集团）股份有限公司博士后工作站 北京 100033）

1 引言

参数化台风风场模型得益于其较高的计算效率和较好的计算准确性，在研究台风风场结构、台风灾害分析、工程抗灾应用以及政府应急方案制定和保险及再保险行业保险费率厘定等方面有着重要应用。目前已开发/改进出众多参数化风场模型并应用于不同场景，如地区台风极值风速判断、台风风暴潮模拟和台风降水模拟等。这些风场模型或多或少都对边界层动力学方程进行了简化，但都能表现出对台风较好地模拟，很难单纯地从一个模型中判断其优劣，因而模型间比选就显得尤为重要。本文将从台风风场和计算效率两个角度出发对多个不同参数化台风风场模型进行比较和评价。

2 不同参数化台风风场模型

现有参数化台风风场模型种类繁多，很难全面地一一对比。本文针对风场模型的不同类型，选取了其中富有代表性的 3 类，即边界层平均的风场模型、线性化处理的风场模型和数值风场模型，共 5 个模型进行了对比，同时这些风场模型的模拟结果也与常用的中尺度数值模型 WRF（weather research and torecasting）的模拟结果进行了对比。

Thompson 和 Cardone 模型[1]建立在原点位于台风中心的直角坐标系中，根据边界层垂直平均风速在水平方向的平衡，构建了模型控制方程。该模型假设边界层高度为常数，采用 Arya 边界层参数化方案计算摩阻力系数 C_d，采用 Smagorinsky 方法计算水平涡旋黏滞系数 K_H，通过中性边界层对数风剖面把计算得的风速转换到近地面。

Yan Meng 模型[2]建立在原点位于台风中心的柱坐标系中。该模型假设边界层内水平风速由梯度风速 v_g（u_g，v_g）和摩擦引起的风速 v'（u'，v'）组成；其控制方程进行了很大的简化，只考虑了切向水平对流和垂直扩散过程。由于梯度风速假设为轴对称，径向梯度风速分量 $u_g =0$，切向梯度风速分量 v_g 可根据梯度平衡算出。

Kepert 模型[3]也是建立在原点位于台风中心的柱坐标系中。相比于 Yan Meng 模型[2]，Kepert 模型[3]更多地考虑了径向水平对流过程。另外，Kepert 和 Wang 开发出了一种考虑多物理过程的数值台风风场；但该模型过于复杂，较难重现，故不在本研究中对比。

Yang 等人[4]在 Yan Meng[2]和 Kepert[3]的研究基础上，在柱坐标系中建立了考虑垂直平流过程的参数化台风风场模型。该模型采用一种半数值半解析的方法，迭代计算了边界层台风风速的三个分量（u，v，w）；其模拟结果表明考虑垂直平流过程可以显著改善台风风场空间结构，对边界层超梯度风速也有较好地模拟。

最近，Yang 等人根据边界层动力学平衡方程建立了边界层三维数值台风风场模型。该模型建立在直角坐标系中，水平方向采用嵌套网格系统提高模型运算效率，垂直方向采用地形跟随坐标系考虑地形起伏变化对台风风场的影响。对于水平和垂直涡旋黏滞系数（K_H 和 K_V），该模型分别采用 Smagorinsky 和 Louis 方法计算；对于近地面摩阻力系数 C_d，该模型采用 Yan Meng[2]方法计算。同实测数据相比，该模

* 基金项目：国家自然科学基金（51978223、U17092079）；国家重点研发计划项目（2018YFC0705604）。

型对台风风场具有较好的模拟能力。

3　模拟结果及模型比选

采用上述 5 种台风风场模型，对三个台风案例进行了模拟。除图 1 中的参数（台风中心气压 p_c 和 B 参数），三个台风案例的其他输入参数，如最大风速半径、地表粗粗长度、台风中心纬度等均相同，分别为 40 km、5 m/s 和 20°；另外设置台风向正北方向移动。除 Thompson 和 Cardone 模型，其他 4 个台风模型针对上述三个台风案例模拟的风剖面见图 1，Vickery[5] 的风剖面经验公式也进行了比较。

表 1　不同台风模型耗时

台风模型	平均耗时/min
全数值模型	15.05
全数值模型（Kv 为常数）	14.32
Yan Meng 模型	0.11
Kepert 模型	0.016
Yang 模型	1.77

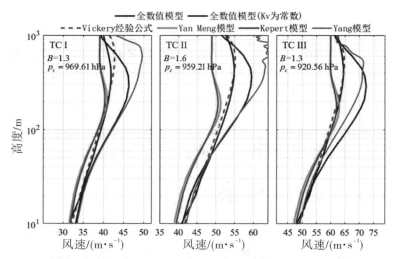

图 1　不同模型模拟三个台风案例在最大风速半径处的剖面图

4　结论

不同参数化台风风场模型在计算效率上和模拟结果上有较大区别。应针对不同应用场景合理选择。对于准确度要求较高的单个台风事件模拟，可适用全数值台风风场模型；对于要求计算效率较高的台风危险性分析等方面，可使用计算效率较高的半数值半解析的台风风场模型。

参考文献

[1] THOMPSON E F, CARDONE V J. Practical modeling of hurricane surface wind fields [J]. Journal of Waterway Port Coastal and Ocean Engineering, 1996, 122 (4): 195 – 205.

[2] MENG Y, MASAHIRO M, KAZUKI H. An analytical model for simulation of the wind field in a typhoon boundary layer [J]. Journal of Wind Engineering and Industrial Aerodynamics, 1995, 56 (2 – 3): 291 – 310.

[3] KEPERT J. The dynamics of boundary layer jets within the tropical cyclone core [J]. Part I: Linear Theory Journal of the Atmospheric Sciences, 2001, 58 (17): 2469 – 2484.

[4] YANG J, CHEN Y, ZHOU H, et al. A height-resolving tropical cyclone boundary layer model with vertical advection process [J]. Natural Hazards, 2021,

[5] VICKERY P J, WADHERA D, POWELL M D, et al. A hurricane boundary layer and wind field model for use in engineering applications [J]. Journal of Applied Meteorology and Climatology, 2009, 48 (2): 381 – 405.

山地昼夜热风与区域风混合气候模式设计风速预测*

马腾，崔巍，赵林，葛耀君

（同济大学土木工程防灾国家重点实验室 上海 200092）

1 引言

与传统的区域性良态风不同，山区深切峡谷地形会形成一种小尺度的局部风系统，称为昼夜热风。昼夜热风与山区峡谷地形直接相关，随着 3D 地形空间的微小变化，其风特性变化明显。这对传统基于历史数据的极值风速计算方法带来了挑战。由于周围地形不同，相邻气象站的长期观测数据并不能反应桥址区域风环境，现场实测风速数据的时长较短难以进行极值统计分析。由于气象站和施工地点的昼夜热风系统互相独立，两个观测位置的风速数据也无法直接建立联系。因此，本文提出了一种面向由昼夜热风和区域风组合的山地风系统极值风速计算方法，综合利用了气象站观测数据和现场实测数据，解决了山区极值风速分析中有效数据不足的问题。

2 山区风混合气候分类及极值风速计算

本文提出的预测方法主要包含风事件分类和极值风速计算两部分，详细流程图如图 1 所示。其核心目的是寻找气象站数据与现场实测数据的关联，以扩充有效风速样本。为了简化问题，我们假设在山地混合风气候中有两种主要的大风过程：昼夜热风和区域良态风。区域良态风是由动力驱动的大气流动现象，因此它的尺度较大。距离较近的气象站和施工现场可记录同一个区域性风事件，其风速记录在统计上是相关的。而区域风事件发生的频次较低，需要相邻气象站长期记录对现场区域风观测数据进行补充。

本文提出了基于特征点的风事件分割方法和基于统计特征的风事件分类方法，将昼夜热风事件和区域风事件从风速母样中提取并分类。并提取区域风事件的最大风速，建立气象站与现场实测之间区域风的线性映射关系，完成区域风数据的扩充，采用独立风暴法计算其风速年超越概率。而对于昼夜热风样本而言，依然仅有现场实测的 $1 \sim 2$ 年数据。本文采用首次超越方法，将风速母样当作高斯随机过程计算其风速年超越概率，最大化利用数据。在获得两种风事件的年超越概率后，利用混合气候极值风速理论计算其不同重现期的极值风速结果。

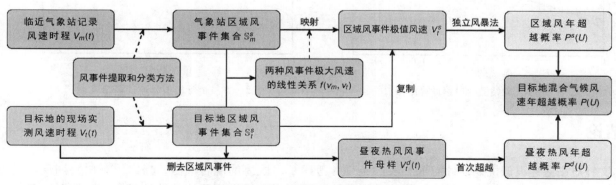

图 1　山区混合气候设计风速预测流程图

* 基金项目：国家自然科学基金项目（52078383）。

3　算例

本文以我国木绒大桥为实际算例来验证算法的有效性。如图3所示，木绒大桥桥址位于我国西南横断山脉，是典型的V字形深切峡谷地貌。在木绒桥主梁上方20 m处布设了现场风环境实测设备（图2），包括一台超声风速仪和一台机械式风速仪。现场实测时间从2019年12月开始至2020年9月，共获得10个月的数据。辅助气象站选择道孚气象站1990—2020年30年的数据，数据来源于美国气象局NOAA地表气候数据库。

图2　现场实测设备位置及布局

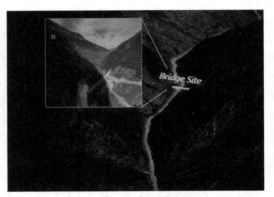

图3　木绒大桥桥址周边地形

在木绒桥址10个月的实测数据中，共提取出184个风事件（7个区域风）。而在道孚30年的数据中，共有1334个风事件（202个区域风）。经检验，2019—2020年被两个测点捕捉到的区域风过程在发生时间上有高度的重合。这证明了风事件提取和分类算法的有效性。区域风过程最大风速在木绒和道孚之间的映射关系可以简化为线性函数，可以将测站30年的区域风过程风速数据转换至木绒桥址。经过数据扩充后的昼夜热风事件和区域风事件分别由首次超越法和独立风暴法计算年超越概率，道孚气象站和木绒桥址的结果分别如图4、图5所示。在山区，昼夜热风事件控制短重现期的极值风速而区域风控制长周期。

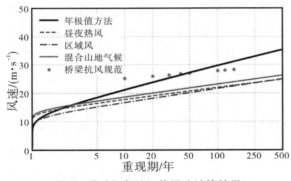

图4　道孚气象站极值风速计算结果

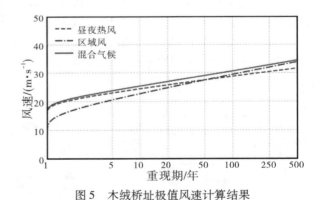

图5　木绒桥址极值风速计算结果

4　结论

本文针对山区建设的抗风设计需求和实际条件，考虑了山区风的混合成因，提出了利用短期现场实测数据联合周边气象站数据的一种极值风速计算方法。解释了山区风位置依赖性的成因，由地形引起的昼夜热风系统导致。计算证明昼夜热风系统控制低重现期极值风速，区域风控制高重现期。

参考文献

［1］ ZARDI D，WHITEMAN C D. Diurnal mountain wind systems［J］. Mountain Weather Research and Forecasting，2013：35 – 119.

Y 形峡谷桥址区风特性的 CFD 数值模拟

姜徐磊，张明金

（西南交通大学土木工程学院 成都 610000）

1 引言

自改革开放以来，加快构建交通强国的目标也愈发迫切。虽然西部地区山高谷深，但大跨度桥梁的建设却没有止步于此，仅川藏铁路为跨越深大峡谷就需要修建 10 余座特大跨度桥梁[1]。陈等[2]以湘江大桥为背景，采用改进的边界过渡段来减少地形起伏变化剧烈段对桥址区风场特性的影响，分别针对有无边界过渡段的山区风特性进行了数值模拟和实验研究。喻等[3]研究了复杂地形桥址区前群山对风场的屏蔽作用，建立了深切 V 形峡谷桥址数值模拟模型。沈炼等[4]以澧水大桥所在峡谷为背景，将现场实测风场用谐波合成法进行等效处理生成了满足峡谷风场特性的随机来流，准确模拟了山区峡谷桥址处的三维紊流风场。姜平等[5]利用计算流体力学手段并结合基于气象站资料，对重庆复杂地形下局地山谷风环流进行高精度数值模拟，探讨了因复杂地形而导致的热力差异对山谷风环流形成的影响。靖洪淼等[6]基于Openfoam 平台改进计算域形态和设置地形过渡段，并利用"虚拟标准气象站"法获得了计算域入口风速条件，从而实现了高质量的山区风场数值模拟，解决了数值计算雷诺数与实际不符的难题。本文选取川藏铁路（雅安—林芝段）的控制性工程之一——易贡藏布大桥为研究对象，该大桥位于典型的 Y 形峡谷之中，如图 11 所示，桥址区地形变化急剧，风场环境复杂，对山区桥梁抗风研究具有重大意义。

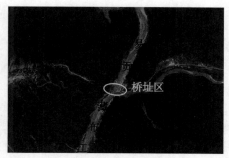

图 1　易贡藏布大桥桥址区地形（桥址区坐标：30.1°N，95.1°E）

2 研究方法

利用 Fluent 进行 CFD 计算时，首先对计算对象采用 Gambit 构建流动区域几何形状，设定边界类型以及生成网格，并输出用于 FLUENT 求解器计算的格式，然后利用 FLUENT 求解器选择合适的模型及参数进行求解计算，并进一步对计算结果进行后处理。针对桥址区地形地貌特点，兼顾计算效率与精度，选取桥位中心为地形模型分析范围的中心，地形范围取为 30 km × 30 km。建模时借助高程点利用前处理软件 Gambit 生成平滑地表，桥址区附近高程点间隔取为 15 m，高空处高程点间隔取为 200 m。计算区域底部以山体、河流为界，地形最低高程为 1892 m，最高高程为 5615 m，模型顶部高程取为 15 000 m。采用四面体非结构化网格对区域进行离散。为重点分析桥址区的风场，在桥址区周围局部网格划分较密，高空区域划分相对较稀，计算区域最终共划分的网格总数约为 450 万个。

3 研究内容

为考察不同方向来流对桥位风场的影响，计算从入口处取 24 个不同方向的来流风速，图中数字代表计算工况号，以南偏东 14.5°方向（垂直于桥位轴线）的入口来流风速为工况 1，顺时针每 15°一个工况，共 24 个工况（工况 1～工况 24）。

风场计算中入口处来流风速分布偏安全地采用气象观测站标准场地对应的风剖面，梯度风速取为 50 m/s，边界层高度取为 3723 m。计算入口风速通过用户自定义函数（UDF）进行设置，高程 5615 m 以上部分风速取为 50 m/s，5615 m 以下部分按 B 类地表（标准场地）风速随高度变化的指数规律进行设置，高程 1892 m 处为入口处谷底。大桥主梁高度处横桥向平均风速及平均风攻角随来流风向的变化情况如图 2 所示。

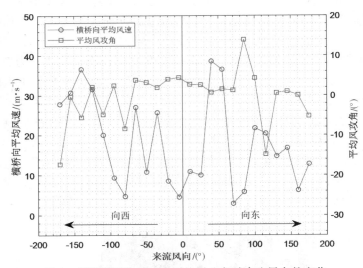

图 2　横桥向平均风速及平均风攻角随来流风向的变化

4 结论

利用区域地形 CFD 分析研究了川藏铁路（雅安—林芝段）位于 Y 形峡谷下易贡藏布大桥桥址区风特性，可得出如下结论：（1）部分工况下桥位处横桥向风速变化较大。在南偏东 30～45°来流情况下，主梁高度处横桥向平均风速被放大，有加速效应。（2）桥位处横桥向风速对来流风向均较敏感，并且风速随来流方向变化趋势基本一致，即当来流风向为东南或西北方向时（与桥位处河道走向基本一致），横桥向风速最大，当来流为东北或西南方向时横桥向风速较小。（3）受桥址区复杂地形地貌的影响，主梁高度处均出现了较大的风攻角，随着风攻角的增大，风速有一定程度的折减。

参考文献

[1] 李永乐，喻济昇，张明金，等.山区桥梁桥址区风特性及抗风关键技术［J］.中国科学：技术科学，1 - 13.

[2] CHEN X Y, LIU Z W, WANG X G, et al. Experimental and numerical investigation of wind characteristics over mountainous valley bridge site considering improved boundary transition sections［J］. Appl Sci-Basel, 2020, 10（3）: 23.

[3] ZHANG M J, YU J S, ZHANG J Y, et al. Study on the wind-field characteristics over a bridge site due to the shielding effects of mountains in a deep gorge via numerical simulation［J］. Adv Struct Eng, 2019, 22（14）: 3055 - 3065.

[4] 沈炼，韩艳，蔡春声，等.山区峡谷桥址处风场实测与数值模拟研究［J］.湖南大学学报（自然科学版），2016，43（7）: 16 - 24.

[5] 姜平，刘晓冉，朱浩楠，等.复杂地形下局地山谷风环流的理想数值模拟［J］.高原气象，2019，38（6）: 1272 - 82.

[6] 靖洪淼，廖海黎，周强，等.一种山区峡谷桥址区风场特性数值模拟方法［J］.振动与冲击，2019，38（16）: 200 - 7.

基于随机森林算法的西北太平洋热带气旋全路径模拟 *

王卿，黄铭枫，杜海

（浙江大学建筑工程学院结构工程研究所 杭州 310058）

1 引言

中国在西北太平洋沿岸拥有漫长的海岸线，极易受热带气旋的影响[1]，因此对其准确评估至关重要。Vickery[2] 提出的全路径模拟方法在北大西洋和西北太平洋的热带气旋风险评估中已得到一定的应用，但其使用的线性回归方法难以捕获更为深层的风暴信息，且该模型需要大量的系数调试以使模拟气旋的关键参数统计值与历史值相一致。参数调试的方法较为主观，无法形成统一的标准，难以广泛推行[3]。为解决传统全路径模拟方法线性回归分析能力的不足，本文提出了一种基于随机森林算法[4]的新型热带气旋全路径模拟方法。随机森林算法基于集成学习的思想将一定规模的决策树集成，拥有较为强大的分类回归能力。基于此算法，本文开发了气旋的行进模型、强度模型和终止模型，并验证了模拟的有效性。

2 西北太平洋热带气旋模拟结果分析

2.1 气旋模拟与路径对比

本文针对西北太平洋历史热带气旋（1949—2019 年）的行进特征进行聚类分析并将所有路径样本分成四类。基于各类别路径数据训练并建立了随机森林路径模型、随机森林强度模型和随机森林终止模型，据此模拟了 71 年的热带气旋随机样本，与 CMA 的 71 年历史热带气旋路径（1949—2019 年）进行对比。影响陆地的类别 2 和类别 3 路径模拟效果如图 1 所示，从图中可以定性地判断模拟路径与 CMA 历史路径在空间趋势上基本接近。

2.2 关键参数统计值对比

为定量研究该模型的准确性，本文基于随机森林模型模拟了 1000 年热带气旋随机样本，同时采用未经参数优化的原始 Vickery 模型模拟了 1000 年气旋作为对照。图 2 所示为中国 47 个海岸站点 250 km 范围内的 CMA 历史气旋、Vickery 经验模型与随机森林模型模拟的热带气旋关键参数对比。结果表明，在低纬度地区，随机森林模型模拟的台风关键参数与 CMA 的历史气旋所对应的关键参数比较接近，但是，对于高纬度站点（如渤海湾一带），台风经历的海陆条件变化复杂，且其用于训练和测试的历史数据不足，模拟结果存在一定的误差。

3 结论

本文提出了一种基于随机森林算法的西北太平洋热带气旋全路径模拟方法，并将随机森林模型的模拟结果、Vickery 模型的模拟结果和历史数据统计结果进行了比较。结果表明随机森林模型在西北太平洋海域具有较好的适用性。与原始 Vickery 经验模型相比，总体上，基于随机森林算法的气旋模型对西北太平洋海域的热带气旋模拟具有更好的准确性。

* 基金项目：国家自然科学基金项目（51838012）；科技部政府间国际创新合作重点专项（2018YFE0109500）。

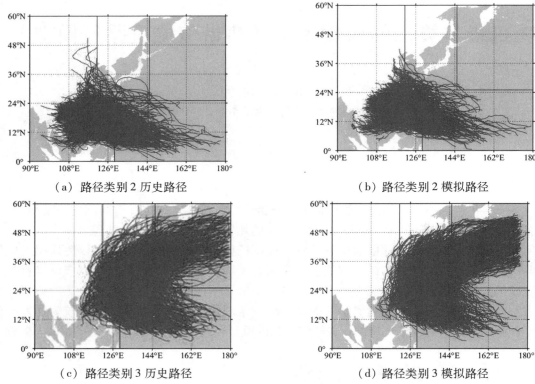

（a）路径类别 2 历史路径

（b）路径类别 2 模拟路径

（c）路径类别 3 历史路径

（d）路径类别 3 模拟路径

图 1　热带气旋历史路径与模拟路径对比

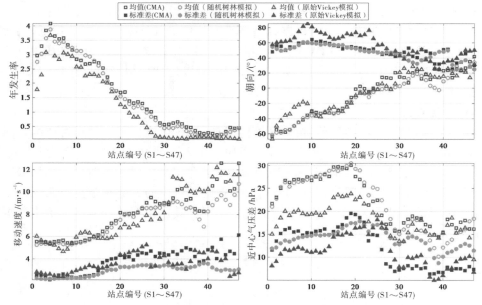

图 2　CMA 历史路径与模拟路径在各个站点的关键参数对比

参考文献

[1] 李强，毛江鸿，黄铭枫. 结合台风全路径模拟的混合气候极值风速估计 [J]. 振动与冲击. 2020, 39（23）：84 - 89.

[2] VICKERY P J, SKERLJ P F, TWISDALE L A. Simulation of hurricane risk in the U. S. using Empirical Track Model [J]. Journal of Structural Engineering. 2000, 126（10）.

[3] CUI W, ZHAO L, CAO S, et al. Bayesian optimization of typhoon full-track simulation on the Northwestern Pacific segmented by QuadTree decomposition [J]. Journal of Wind Engineering and Industrial Aerodynamics, 2021, 208：104428.

[4] BREIMAN L. Random forest [J]. Machine Learning, 2001, 45, 5 - 32.

高海拔深切峡谷突风非平稳频谱特性实测分析[*]

丁叶君[1]，崔巍[1,2]，赵林[1,2]，彭勇军[3]，葛耀君[1,2]

（1. 同济大学土木工程防灾国家重点实验室 上海 200092；
2. 同济大学桥梁结构抗风技术交通运输行业重点实验室 上海 200092；
3. 中铁十八局集团木绒大桥工程项目部 甘孜 627450）

1 引言

风荷载是影响大跨桥梁等风敏感结构安全及使用性能的重要因素，自然风特性研究是明确风荷载特征的重要手段。《公路桥梁抗风设计规范》（JTG/T 3360 – 01—2018）中对基本风速等平均风特性及紊流风谱等脉动风特性有详细规定，然而近年来的研究表明，规范基于平原场地良态季风的参数不完全适用于山区峡谷风等特异风特性。本文长期观测高海拔深切峡谷桥位风，对突风数据进行筛选，分析其时变平均风速和演变功率谱密度函数及特征。

2 观测位置与仪器

在四川甘孜藏族自治州雅江县鲜水河的木绒大桥（图1）开展观测。桥位处于川西高原深切峡谷，谷底海拔约 2600 m，桥面高程约 2880 m，环绕周围的高山最大海拔超过 3000 m，峡谷走向恰为正北正南。桥轴线基本垂直于峡谷主轴，交角为 5°。

图 1　桥位处地形

图 2　风速仪及安装示意

观测仪器为 WindMaster 三维超声风速仪与风速风向仪，安装于距桥面 10 米高的格构柱上（图2），避免混凝土箱梁干扰。三维超声风速仪以 10 Hz 观测 0～45 m/s 的瞬时三维风速；风速风向仪观测 0～100 m/s 的水平风速风向，检验三维超声风速仪数据正确性。观测时间为 2019 年 12 月 12 日至 2020 年 7 月 26 日，去除因设备故障缺失的数据，有效时长 172 天。

3 突风特性分析

59 段突风初步分为"突升缓降""缓变升降"和"复合升降"三类，时程如图3所示。以 10 min 或 30 s 为时距作滑动平均或经验模态分解（EMD）得到的固有模态函数（IMF）最低频三阶及分解余量[1]叠加分别计算时变平均风速。10 min 滑动平均风速难以描述突风局部特征，30 s 滑动平均可很好体现风速非平稳特征，但会弱化脉动特征。IMF 叠加法的局部变化适应效果更好，也能较好保留脉动特征。

* 基金项目：国家自然科学基金项目（52078383、52008314）；土木工程防灾国家重点实验室自主课题（SLDRCE19 – B – 11）。

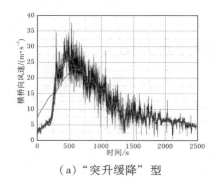

（a）"突升缓降"型

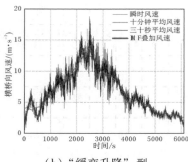

（b）"缓变升降"型

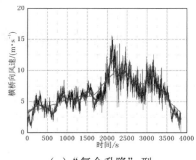

（c）"复合升降"型

图 3　突风时程特征分类

演变功率谱密度是描述非平稳风瞬态特征的参数之一[2]。以 5Hz 为截止频率，计算"复合升降"型突风去除时变平均风速后的 EPSD，可见即使去除非平稳的时变平均成分也有难以忽略的时变特征。定义归一化脉动风速为

$$v(t) = \frac{u(t)}{\bar{U}(t)} \tag{1}$$

式中，$v(t)$ 为归一化脉动风速；$u(t)$ 为零均值脉动风速；$\bar{U}(t)$ 为 t 时刻时变平均风速。突风脉动风速归一化后基本与平稳过程的脉动风成分相同，可用常规风谱拟合，功率谱密度函数拟合式为

$$s_{vv}(n) = \frac{a}{(1 + bn)^{\frac{5}{3}}} \tag{2}$$

式中，s_{vv} 为功率谱密度；n 为频率（Hz）；a 和 b 为待定系数。可见拟合谱与实测谱的吻合度较好，即归一化的脉动风速可用平稳风分析方法进行分析。

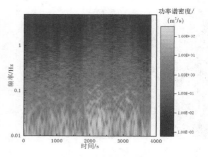

（a）演变功率谱密度

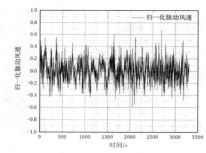

（b）归一化脉动风速时程

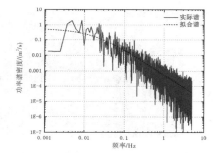

（c）归一化脉动风谱及拟合

图 4　"复合升降"型突风脉动成分分析

4　结论

基于高海拔深切峡谷的风速观测，将突风分为"突升缓降""缓变升降""复合升降"三类，分别以滑动平均及 IMF 叠加计算时变平均风速，表明滑动平均法不适合描述突风的平均风速成分，IMF 叠加可较好捕捉时变平均特征。对突风脉动风速进行 EPSD 分析，揭示突风风谱的强时间依存性。通过脉动风速对时变平均风速的归一化处理可将其平稳化，并良好地采用平稳过程谱分析方法进行。

参考文献

[1] 陈隽，徐幼麟. 经验模分解在信号趋势项提取中的应用 [J]. 振动、测试与诊断，2005（2）：101−104.

[2] HUANG G Q，ZHENG H T，XU Y L, et al. Spectrum models for nonstationary extreme winds [J]. Journal of Structural Engineering，2015，141（10）：04015010.

基于现场实测的山口河滩地貌风特性*

陈鑫明，刘岩，王峰，李加武

（长安大学公路学院 西安 710064）

1 引言

特殊地形的风场特性比较复杂。相关设计规范所提供的风参数特性一般基于发育完全风场，二者往往有较大差别。桥位处风场特性是研究桥梁抗风的基础[1]，风场特性与结构风致振动也具有直接关联性，能否准确获得桥位处的实际风参数将直接关系到大桥抗风设计的可靠性。目前针对统一地貌特征（如峡谷和丘陵）地区的风环境研究已经取得了一定的成果[2-3]。本文以山谷和河滩相结合地貌为研究对象，利用相控阵多普勒雷达和二维超声风速仪对该地区展开风环境实测，研究了山口河滩地貌的风参数的特性及其变化规律。

2 实测概况简介

本研究风环境实测地点选在中国西部某大跨度斜拉桥桥位处，该桥位附近为山口河滩地形，可以形象称其为喇叭口地形。为了解该地貌条件下的风场空间分布特性，在该桥位处设置 3 处观测点，在大桥主跨附近的黄河河滩上设置 1 台相控阵多普勒雷达，另外在河滩两侧主梁高度处各设置 1 台二维超声风速仪。图 1 为此处地形实拍，图 2 为观测站布置示意图。

图 1　地形实拍图

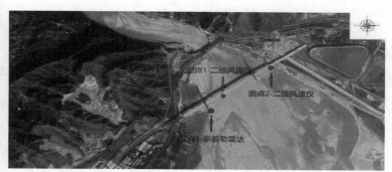

图 2　测点布置示意图

3 结果与分析

3.1 不同高度的平均风向角及风剖面特点

通过对多普勒雷达采集到的数据进行分析，利用最大平均风速对应的风向样本绘制平均风向玫瑰图，图 3 展示了 180～200 m 高度范围内风向角在不同方位出现的概率大小，各高度来流风向均在沿西北方向附近分布频率最大，恰好接近于喇叭口地形中心线的方向（即西北方向），图 4 所示为 180～200 m 的风向玫瑰图。根据三维多普勒雷达数据对同一时段观测到的 30～200 m 的 18 个高度对应的风速数据进行风剖面拟合，随着高度递增，平均风速总体上呈现逐渐变大的规律，但山口河滩地形复杂，其风速随高度变化的规律不完全符合指数律。对 4000 个按指数型拟合的风剖面样本进行数理统计，风剖面指数的分布

* 基金项目：国家自然科学基金项目（51978077）；长安大学中央高校基本科研业务费专项资金资助（300102210212）。

概率直方图如图 4 所示。图 5 为风剖面指数极坐标散点图。

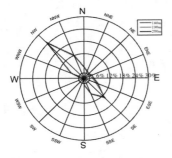
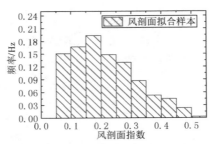
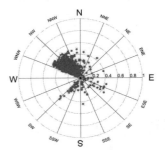

图 3　180～200 m 风向玫瑰图　　　图 4　风剖面指数频率分布直方图　　　图 5　风剖面指数极坐标散点图

3.2　紊流强度与阵风因子

利用二维超声风速仪采集到的风速风向数据进行统计计算，得到山口河滩测点 1 与测点 2 的紊流度 I_u 与阵风因子 I_v。阵风因子和湍流强度之间存在一定的相关性，基于实测数据得到的样本分别对两测点的阵风因子 G_u 与紊流度 I_u 进行一元线性回归分析，结果如图 6 所示。由图可知两测点的散点图均存在线性关系。基于 Matlab 程序进行一元线性回归，并给出回归分析过程中数据 95% 置信度的分布范围，可以得出以下结论。可以发现阵风因子 G_u 均会随紊流度 I_u 的增大而增大，测点 1 处的斜率更大。

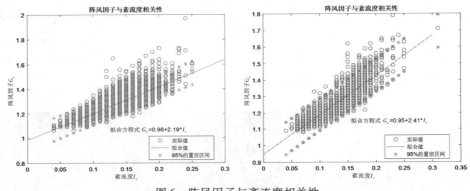

图 6　阵风因子与紊流度相关性

4　结论

山口河滩地区的风特性受其复杂环境影响较大，本研究经过实测共得到一年多的观测数据，并结合所在地区气象站观测资料，对风参数特性进行分析研究。结果表明在实测低空范围内风攻角分布十分离散并且负攻角出现的频率大于正攻角。随着高度增大，风攻角偏向负值的趋势越明显且风速剖面与风向角之间有很强的相关性。该地区观测期内阵风因子 G_u 与紊流度 I_u 之间存在强线性相关性，G_u 随 I_u 增大而增大。

参考文献

[1] 李永乐，蔡宪棠，唐康，等.深切峡谷桥址区风场空间分布特性的数值模拟研究 [J].土木工程学报，2011，44 (2)：116-122.

[2] 朱乐东，任鹏杰，陈伟，等.坝陵河大桥桥位深切峡谷风剖面实测研究 [J].实验流体力学，2011 (4)：15-21.

[3] 陈政清，李春光，张志田，等.山区峡谷地带大跨度桥梁风场特性试验 [J].实验流体力学，2008 (3)：54-59.

沿海含台风混合气候极值风速估计 *

胡小浓[1]，方根深[1,2]，赵林[1,2]，葛耀君[1,2]

(1. 同济大学土木工程防灾国家重点实验室 上海 200092；
2. 同济大学桥梁结构抗风技术交通行业重点实验室 上海 200092)

1 引言

在沿海台风多发地区，台风与非台风的风速样本存在不均匀性，对极值风速概率密度分布的贡献存在差异，且台风气候存在风速样本少、高风速样本缺失等不足，笼统地采用概率分布方法处理不同气候所有风速样本，难于准确获取重现期极值风速。本文收集了我国沿海台风多发地区中福州和上海超过 50 年的气象站实测数据，在剔除台风样本并考虑地形修正的基础上，对非台风气候极值风速进行估计和不确定性分析，同时采用 Monte Carlo 方法预测了台风气候极值风速，由此获得混合气候条件下极值风速曲线，为沿海台风多发区的设计风速取值提供参考。

2 非台风气候极值风速

2.1 极值风速计算

整理了福州气象站（119.28°E，26.08°N）1956—2019 年 56 年的风速数据，结合历年台风路径数据，按 500 km 半径范围剔除其中受台风影响的数据，以区分台风与非台风数据；而后根据阵风因子与地表粗糙度的关系按不同年份和风向对其进行地形修正[1]（图 1），得到非台风气候下年极值风速样本。以广义极值分布模型（GEV）拟合样本，采用极大似然法进行参数拟合，并以概率曲线相关系数法[2]和拟合标准差作为拟合优度检验标准，计算所得非台风气候下福州地区百年重现期风速为 29.30 m/s。

2.2 不确定性分析

由于样本数量、概型选取和参数估计导致的不确定性将影响极值风速计算准确性，这一不确定性通常以标准差来量化。但特定重现期风速的标准差求解往往依赖于选择的概型和参数估计方法，对于采用矩估计法拟合的 Gumbel 分布，Simiu 和 Scanlan[3]给出了便于计算的数学表达式；而对于采用极大似然法拟合的 GEV 分布，目前尚无明确的数学表达式，本文将采用 Monte Carlo 方法进行计算。

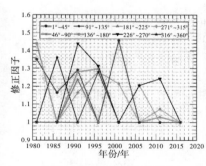
图 1 风速地形修正因子

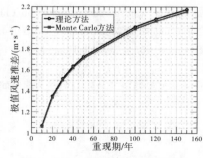
图 2 Monte Carlo 法可靠性验证

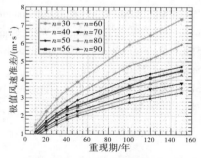
图 3 基于 GEV 分布的标准差

以福州站风速数据为例，采用矩估计法对其进行 Gumbel 分布拟合，并分别采用理论方法和 Monte Carlo 方法计算不同重现期风速的标准差，结果如图 2 所示，两者基本一致，可认为 Monte Carlo 方法有较

* 基金项目：国家自然科学基金项目（52078383、51778495）；上海市浦江人才计划资助（20PJ1413600）。

高可信度。据此计算基于极大似然法拟合 GEV 分布的福州重现期风速标准差（图3），可以看出标准差随重现期的增大和样本量的减小而增大，即不确定性增加，其中 $n = 56$ 时的百年极值风速标准差为 3.66 m/s，若考虑一倍标准差，则非台风气候下福州百年风速为 32.96 m/s。

3 台风—非台风混合气候极值风速

本文依据 Monte Carlo 模拟生成福州和上海 10 000 年的台风极值风速样本，并据此计算不同重现期下的台风极值风速。结合非台风气候极值风速计算，考虑较不利的效应，取台风气候和非台风气候极值风速曲线的包络线，将其作为混合气候的极值风速曲线。如图4所示极值风速预测结果，考虑不确定性影响且在较低重现期时，台风气候极值风速更高，反之非台风极值风速更高。

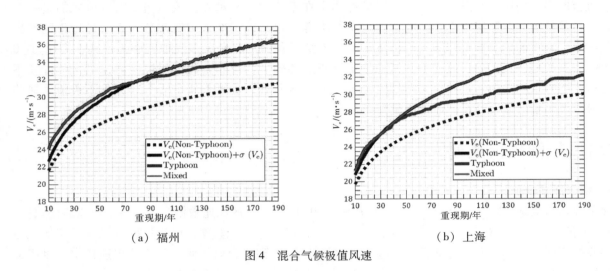

（a）福州　　　　　　　　　　（b）上海

图4　混合气候极值风速

4 结论

基于地形修正的气象站实测数据，结合统计不确定性分析了沿海地区非台风气候的极值风速，分析发现不确定性将随样本量减小和计算重现期提高而增大。结合 Monte Carlo 模拟得到的台风气候下极值风速曲线，发现福州和上海混合气候模式下，在较低重现期时，台风气候极值风速更高，反之非台风极值风速更高。

参考文献

［1］ MO H M, HONG H P, Fan F. Estimating the extreme wind speed for regions in China using surface wind observations and reanalysis data ［J］. Journal of Wind Engineering & Industrial Aerodynamics, 2015, 143：19 - 33.

［2］ SIMIU E, FILLIBEN J J. Statistical analysis of extreme winds, technical note 868 ［M］. Washington D C：National Bureau of Standards, 1975.

［3］ SIMIU E, SCANLAN R H. 风对结构的作用——风工程导论 ［M］. 刘尚培, 项海帆, 谢霁明, 译. 上海：同济大学出版社, 1992：412 - 413.

基于神经网络的考虑气候变化的西北太平洋台风生成模拟

卫苗苗[1]，方根深[1,2]，葛耀君[1,2]

（1. 同济大学土木工程防灾国家重点实验室 上海 200092；

2. 同济大学桥梁结构抗风技术交通行业重点实验室 上海 200092）

1 引言

台风是全球十大自然灾害之首[1]，我国沿海是每年遭受台风灾害最多的区域之一。现有的台风模拟算法中，台风数量及生成位置多基于历史数据统计特性开展模拟，台风每年的数量多采用负二项分布或泊松分布，但目前还没有确凿的证据表明台风发生频率完美符合某一种统计学分布规律；生成位置则采用非参数估计方法，Terrell 和 Scott[2]证明了几乎所有的非参数方法都是渐进的核密度方法，但这种方法的核函数仍基于正态分布假定，无法摆脱数理统计的限制。为更大限度利用真实气象数据，本文采用三层神经网络方法，将与台风生成相关的气象参数（绝对涡度、海平面温度、垂直风速、相对湿度和垂直风切变）以及经纬度与生成结果进行训练，建立考虑气候因素影响的台风生成模型用以开展台风模拟。

1.1 台风及气象数据

台风数据采用日本气象厅（JMA）的每 6 小时的台风记录的生成时间和生成地理位置数据，对应的气象数据采用 ERA5 全球气候再分析数据，其采样间隔是 3 小时，涵盖 1979—2015 年的月平均压力水平（高空气场）上的数据，空间经纬度网格精度为 0.25°。

数据来源是 ERA5 数据集中的潜在涡度、相对涡度、相对湿度、比湿度、温度、垂直速度、风速的 U 分量和 V 分量等气象数据，Tippett[3]等认为台风生成数量与 850 hPa 的绝对涡度、600 hPa 相对湿度、相对海洋表面温度、850～200 hPa 间的垂直风切变有关，本文认为经纬度的地理位置信息也会对台风生成造成影响，故本文最终选取六个基本参数，并考虑神经网络训练的结果存在的截距项 b，最终为 7 个变量，数据存储采用网格存储方式，精度为 0.25°，其优势在于可以方便地逐月按照经纬度读取数据。

1.2 方法介绍

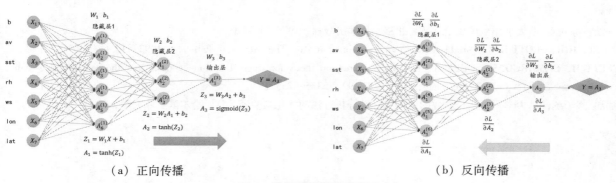

（a）正向传播	（b）反向传播

图 1 神经网络传播示意图

神经网络的训练总体上分两步，第一步正向传播由 X 计算出 Y，Y 的值为 0 或 1，经过训练之后得到 W_1，b_1，W_2，b_2，W_3，b_3 等系数矩阵，然后计算损失函数，其公式如下：

$$L = -\frac{1}{m}\sum_{i=1}^{m} Y_i \ln(\hat{Y}_i) + (1 - Y_i)\ln(1 - \hat{Y}_i)$$

式中，Y_i 为实际台风发生数据，$\hat{Y}_i$ 为神经网络训练结果，Y_i 的取值集合为 $\{0, 1\}$，$\hat{Y}_i$ 的取值集合为 $(0, 1)$，m 是样本的个数，对于训练集 1979—2015 年为 1883 条（942 条发生台风，941 条不发生），对于测试集 2016—2020 年为 268 条（134 条发生台风，134 条不发生台风）。吴甜甜[4]等训练输出层采用 Sigmoid 函数，这个函数可以将实数集范围的数映射在 0～1 范围内，可以用来表示概率，或者二分类问题。本文用损失函数的数值来表示偏差值，损失函数值为 L，偏差项体现在台风可能发生范围为历史台风半径的 $(1+L)$ 倍。

2 结果

用之前 1979—2015 年训练 100 万次后的参数，以 2016—2020 年的气象数据和经纬度坐标作为测试集的 X，正向传播得 2016—2020 年台风预测结果，该结果为 $60 \times 201 \times 721$ 维度的数据，每个网格点上为 0 或 1，按照第一维度求和即得到 2015—2016 年间台风发生总数，其中某一次的训练结果如图 2 所示，15 次年台风生成数量模拟验证结果如图 3 所示。

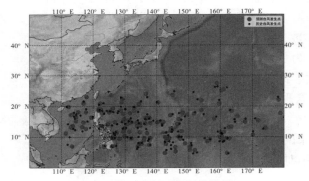

图 2 某一次测试集训练结果

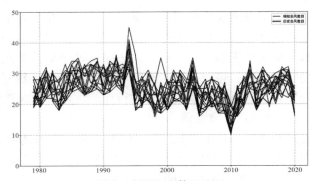

图 3 台风生成数目验证

3 结论

使用三层神经网络模拟得到的台风生成结果在偏差项允许的范围内，台风发生数量与实际发生数目较为吻合，但是具体的空间位置存在偏差，整体台风发生地点集中在北纬 5°～30°。未来还需要通过大量模拟来证实神经网络的方法是否可应对更远时间跨度的台风生成模拟。

参考文献

[1] 丁一汇，陈联寿. 西太平洋台风概论 [M]. 北京：科学出版社，1979：1–105.
[2] TERRELL G R, SCOTT D W. Variable kernel density estimation [J]. The Annals of Statistics, 1992：1236–1265.
[3] TIPPETT M, CAMARGO S, SOBEL A. A poisson regression index for tropical cyclone genesis and the role of large-scale vorticity in genesis [J]. Journal of Climate, 2011, 24 (9)：2335–2357.
[4] 吴甜甜. 基于统计动力学—全路径合成的台风危险性分析方法的优化与验证 [D]. 哈尔滨工业大学，2020.

某特定地形下风场特征实测研究*

余腾烨[1]，张传雄[2]，叶思成[2]，王艳茹[2]，李正农[3]，范广宇[4]

（1. 温州大学建筑工程学院 温州 325035；
2. 台州学院建筑工程学院 台州 318000；
3. 湖南大学建筑安全与节能教育部重点实验室 长沙 410012；
4. 浙江理工大学建筑工程学院 杭州 310018 ）

1 引言

为研究特定地形下的台风、下击暴流风场特性以及之间的相关性。采用多种风测设备，归化不同数据源的数据，选取对设备2019—2021年间台风实测数据，结合类下击暴流风场数据，分析了同等地貌条件两个拥有近似影响路线的台风风场的特征、下击暴流风场特征。

2 理论应用

本文主要应用风场特征参数，结合线性拟合方法将台风与下击暴流风场进行对比分析。

3 风廓线、风场特性分析

3.1 平均风速特性及比较

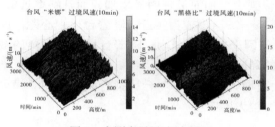

图1 实测台风风速时程图

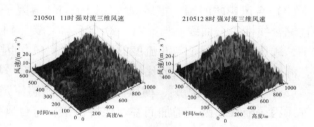

图2 下击暴流风速时程图

如图1所示，不同台风远端风场演变过程均可分4个阶段：边界层下移，影响时强风切变，引起低空急流，影响后风速边界层复位。与文献［1］实测的超强台风"山竹"的演变形式近似。台风影响前至影响后整体风剖面均呈"P"至"b"再回到"P"的风剖面形态。风速变化程度随着风圈强度的增大而增大。随着台风中心距离的减小而增大，同时台风边界层高度增大。依照文献［2-3］的定义，2021年两段的强对流风场（图2），平均风速均超过18 m/s，符合风场短时间内从大气层一定高度处猛烈冲击地面的特征，持续时间在50 min以内，短时间发生多次。符合下击暴流的基本定义。

3.2 风场特征对比分析

基于台风实测数据做顺风向、横风向风场特征参数对比图（阵风因子、峰值因子、湍流度）并分别进行线性拟合得到以下曲线（图3），参照顺风向峰值因子定义横风向峰值因子，实测台风横风向 G_v 随着 g_v、I_v 的增加而增大，曲线的变化趋势比较接近，但斜率较顺风向的角度（45°）明显减小。

* 基金项目：国家自然科学基金项目（51678455、51508419）；浙江省自然科学基金项目（LY19E080022）。

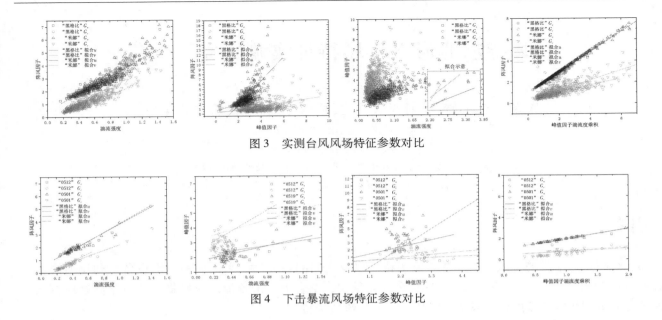

图3　实测台风风场特征参数对比

图4　下击暴流风场特征参数对比

在上述对比的基础上，作2021年5月两个较强下击暴流70m高度层的湍流度、阵风因子、峰值因子顺风向、横风向风场特征参数对比图，并将其与实测台风"米娜""黑格比"对应参数的拟合值进行对比分析（图4）。

4　结论

（1）不同台不同台风远端风场演变过程与文献［1］的演变形式近似，整体风剖面均呈"P—b—P"的风剖面形态。随着台风中心距离的减小，台风边界层高度增大。

（2）台风影响时顺、横风向阵风因子与峰值因子均随湍流强度增加而呈现明显增加，而且斜率近似，并且综合线性拟合曲线 $y = 2.2x + 0.006$ 与文献［4］的结果 $y = 2x + 1$ 较为接近。随着台风中心距离的减小，顺风向峰值因子与湍流度的比值增大；阵风因子与峰值因子的比值减小；随着台风中心距离的减小，湍流强度与平均风速的比值增大，湍流度随着平均风速的降低而降低。

（3）下击暴流风场顺、横风向阵风因子随湍流强度增大而增大，且斜率与台风拟合曲线近似。横风向阵风因子随峰值因子增加而基本保持稳定，与台风拟合曲线较为接近。

参考文献

［1］赵林，杨绪南，方根深，等.超强台风山竹近地层外围风速剖面演变特性现场实测［J］.空气动力学学报，2019，37（1）：43－54.

［2］瞿伟廉.下击暴流的形成与扩散及其对输电线塔的灾害作用［M］.北京：科学出版社，2013.

［3］FUJITA T T. Manual of downburst identification for Project NIMROD［J］. Smrp, 1978.

［4］杨雄，吴玖荣，傅继阳，等. Field measurement study on wind characteristic and wind-induced vibration response of Guangzhou West Tower during a typhoon［J］.广州大学学报（自然科学版），2011，10（3）：72－77.

基于数据驱动的台风功率谱随机模拟[*]

刘子航[1]，方根深[1,2]，葛耀君[1,2]

（1. 同济大学土木工程防灾国家重点实验室 上海 200092；
2. 同济大学桥梁结构抗风技术交通行业重点实验室 上海 200092）

1 引言

台风是我国主要的自然灾害之一，亦是控制沿海高耸建筑和大跨桥梁的主要荷载。台风风场和湍流特征有别于传统良态风气候，不仅受地表地貌的影响，还依赖于其内部复杂环流和热力学作用，湍流统计特性表现出较强的离散性，确定性风谱描述方法难以总结台风脉动风场特征，无法准确再现结构的台风风致响应特征。此外，现有台风模拟算法能较好地再现长时距平均风速，但脉动风场仍基于既有确定性风谱函数开展模拟，未纳入真实台风风场脉动特征。本文基于长期台风实测数据，量化台风脉动功率谱参数的统计特征和相关性，建立其随机模拟算法。

2 实测数据与质量控制

2011—2015 年，西堠门大桥健康监测系统共记录了 9 次台风风速数据。考虑到台风风向通常是缓变的，将获取的台风风速按 10 min 分段，且为了满足中性大气边界层假定并尽可能降低灯柱振动及其他外界环境带来的干扰，采用三项数据质量控制指标：①10 分钟平均风速 $U > 5$ m/s；②$u(t) - U \leq 5\sigma_u$；③功率谱在 $f > 2$ Hz 区域内无明显峰值。

3 功率谱参数统计相关性与随机模拟

3.1 功率谱参数拟合与统计相关性

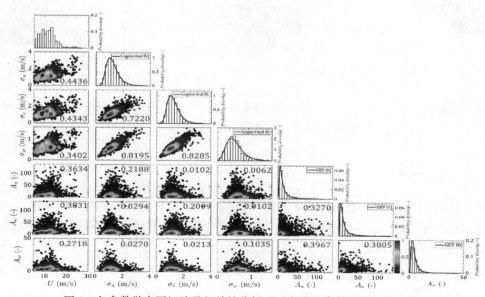

图 1　各参数散点图矩阵及相关性分析（对角线为参数概率密度分布）

* 基金项目：国家自然科学基金项目（51978527、51778495）；上海市浦江人才计划资助（20PJ1413600）。

采用 Welch 平均周期图法估算每个 10 分钟脉动风速的功率谱密度，拟合风谱采用 Kaimal[1] 谱待定参数形式进行非线性最小二乘拟合，即：

$$S_i(\hat{f}) = \frac{fS_i(f,z)}{\sigma_i^2} = \frac{A_i\hat{f}}{(1 + B_i\hat{f})^{5/3}}, \quad i = u, v, w \tag{1}$$

式中，$\hat{f} = fz/U$ 为折减频率；z 取离地高度 76.5m；A_i 为待定参数。设拟合优度阈值 $R^2 \geqslant 0.4$，剔除未达阈值的风速数据。如图 1 所示，根据各参数的 Sperman 相关性分析可见平均风速 U 与 σ_i、A_i 具有一定相关性。采用对数正态分布和广义极值分布分别拟合 σ_i 和 A_i 的概率密度分布，95% 置信水平的假设检验显示 p 值均大于 0.05。

3.2 风场参数统计模型及功率谱随机模拟

σ_i、A_u 与 U 有一定相关性，故总体数据的概率密度拟合参数不能代表其真实分布，因此将总体数据按风速由小到大分为 21 组，进一步讨论风速对湍流参数的影响，结果如表 2 所示。

表 2　不同风速下的湍流参数的统计特性

参数	σ_u	σ_v	σ_w	A_u	A_v	A_w
$\hat{\mu}$	$0.5434\ln U - 1.1325$	$0.5371\ln U - 1.1142$	$0.4239\ln U - 1.4881$	$\exp(1.0697\ln U - 0.8508)$	$\exp(1.1067\ln U - 0.9952)$	$\exp(0.5217\ln U - 0.7200)$
$\hat{\sigma}$	0.3182	0.3162	0.2975	$\exp(1.1277\ln U - 0.6463)$	$\exp(1.1793\ln U - 0.7883)$	$\exp(0.5843\ln U - 0.1916)$
$\hat{\gamma}$	—	—	—	0.6123	0.5865	0.3586

根据上文建立的平均风速与湍流参数的统计特性，可通过随机模拟生成湍流风场参数。图 1 为根据实测风速平均值（5～26.47 m/s）模拟 10^4 次的结果，进而根据式（1）计算的模拟风谱。

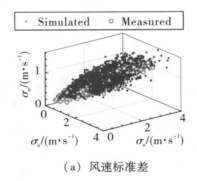

（a）风速标准差

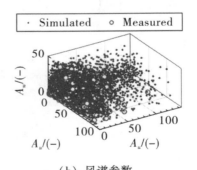

（b）风谱参数

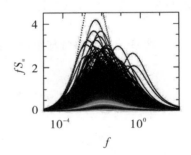

（c）模拟顺风向功率谱

图 2　实测湍流参数与模拟结果

4　结论

本文基于西堠门大桥健康监测系统记录的 9 次台风数据，利用含待定参数的功率谱拟合，并研究功率谱参数特性，主要结论如下：①脉动风速标准差 σ_i 与功率谱拟合参数 A_i 的概率密度分布分别符合对数正态分布和广义极值分布；②通过研究台风湍流风场统计特性并建立其与平均风速的关系，最终有效实现台风功率谱随机模拟。

参考文献

［1］KAIMAL J, WYNGAARD J, IZUMI Y, et al. Spectral characteristics of surface-layer turbulence［J］. Quarterly Journal of the Royal Meteorological Society, 1972, 98：563－589.

复杂地形林区工程场地风特性实测研究 *

衣海林[1]，辛大波[1]，赵亚哥白[1]，武百超[1]

（东北林业大学土木工程学院 哈尔滨 150040）

1 引言

近年来，在社会快速发展的背景下，大跨桥梁、高耸结构和大型空间结构等风敏感结构被不断建造。为保证风敏感结构的结构安全和运行安全，需要分析研究工程场地处的风场特性。风场特性主要包括平均风特性如平均风速风向，脉动风特性如湍流强度、阵风因子和脉动风功率谱等。

现场实测是通过各种类型的风速传感器，测量当地风速信息的研究方式，目前也是风工程研究最直接和最有效的方式之一。有关风场实测，国外早已开始了这部分的研究[1-2]。目前国内有关风工程实测研究主要集中在沿海台风频发地区和复杂地形山区[3-6]。但是随着复杂地形林区基础设施建设的不断推进，林区风电机组、索道设施、塔式结构、木质建筑和输电塔等风敏感结构的抗风问题将逐渐成为研究的热点问题。

2 帽儿山风环境观测系统简介

测风试验是在中国黑龙江帽儿山森林生态系统国家野外科学观测研究站附近进行的。整个风环境观测系统由观测塔、传感器系统、数据采集以及供电系统组成。观测塔高为 50 m，分别在距离地面 5 m、10 m、20 m、35 m 和 50 m 高度处设置风环境观测层，并安装三维超声波风速仪来测量风速的大小和方向，采样设置为 10 Hz。风速仪与观测塔截面中心的距离约为 3 m，从而避免塔身对来流风速的影响。

基于安装观测塔上的超声波风速传感器测得的实时风环境数据，统计分析了秋冬季风影响下观测地的平均风速和风向、湍流强度、阵风因子等风场特性，同时以观测期内强风数据为基础，分析了该地区强风天气下的脉动风功率谱。

图 1 观测塔和风速仪

* 基金项目：国家自然科学基金项目（51878131）。

3 结论

由于复杂地形林区风环境复杂多变，本文通过测风塔的实测风数据对秋冬季风天气下的林业生态区风特性进行了全面研究。得出的主要结论如下：

（1）近地表边界层实测拟合得到的风廓线符合对数率模型。高风速的平均风向主要集中于西北方向，并且树木冠层以上的平均风向沿测量高度没有明显变化，树木冠层以下高度的平均风向扭转角随风速的增加而减小。

（2）风速较低时，三个方向的湍流强度离散程度较高，随着平均风速的增加湍流强度的大小迅速收敛。阵风因子与湍流强度变化特征相似。高风速下的湍流强度的三个分量之间的比值为 $1:0.752:0.578$，与规范建议的比率有差异。

（3）脉动风功率谱与 von Kármán 谱吻合程度较高，而规范提出的 Simiu 和 Panofsky 谱在顺风向与实测功率谱有较大差异。

参考文献

[1] BASTOS F, CAETANO E, CUNHA Á, et al. Characterisation of the wind properties in the Grande Ravine viaduct [J]. Journal of Wind Engineering and Industrial Aerodynamics, 2018, 173: 112 – 131.

[2] LYSTAD T M, FENERCI A, ØISETH O. Evaluation of mast measurements and wind tunnel terrain models to describe spatially variable wind field characteristics for long-span bridge design [J]. Journal of Wind Engineering and Industrial Aerodynamics, 2018, 179: 558 – 573.

[3] 方根深, 赵林, 梁旭东, 等. 基于强台风"黑格比"的台风工程模型场参数在中国南部沿海适用性研究 [J]. 建筑结构学报, 2018, 39 (2): 106 – 113.

[4] 赵林, 杨绪南, 方根深, 等. 超强台风山竹近地层外围风速剖面演变特性现场实测 [J]. 空气动力学学报, 2019, 37 (1): 43 – 54.

[5] 罗颖, 黄国庆, 陈宝珍, 等. 基于短期实测数据的普立大桥设计风速推算 [J]. 工程力学, 2018, 35 (7): 74 – 82.

[6] 李永乐, 喻济昇, 张明金, 等. 山区桥梁桥址区风特性及抗风关键技术 [J/OL]. 中国科学: 技术科学: 1 – 13 [2021 – 05 – 12]. http://kns.cnki.net/kcms/detail/11.5844.TH.20201027.1646.002.html.

基于 WRF 模型的复杂地形林区风场模拟 *

刘显根，曹钧亮，辛大波

（东北林业大学土木工程学院 哈尔滨 150040）

1 引言

近年来，林区基础设施建设逐渐呈现，由林区大风导致的结构灾害日渐频繁，了解复杂地形林区的风场特性迫在眉睫。然而由于复杂地形和森林地貌对风场的双重影响，使得林区风场特性相较于传统工程场地具有明显差异，若要准确获取林区风场信息进而分析风场特性，最有效的方法是在不同地点不同高度安装风速仪，由于林业资源保护等原因，在复杂地形林区进行大面积的风速仪安装存在诸多困难。而通过数值模拟的方法研究近地面风场，能够解决上述方法所面临的问题。中尺度气象模式 Weather Research and Forecasting（WRF）作为一种可用于研究风场的数值模拟方法被广泛应用，目前基于 WRF 的风场研究的关注点集中于沿海及半岛地区[1-2]，关于使用 WRF 模型进行复杂地形林区风场的研究还比较少见。如何基于中尺度气象模式实现复杂地形和地貌的数值重构，同时体现林区树木的季节性生长是林区风场建模的关键问题。在复杂地形林区范围内，地形地势、森林叶面积指数、树密度和不均匀地貌等因素会极大地影响近地面风场。关注复杂地形林区的近地面风场可以为林区防风减灾，林区工程建设和林区风能开发提供理论基础。

本研究基于中尺度气象模式 WRF，立足于黑龙江省帽儿山林区，通过调研林区不同月份的林木生长情况[3]，调整林区地貌参数，并设置不同的参数化方案，对黑龙江省帽儿山林区风场进行长期模拟，建立了复杂地形林区的风场模拟方法。该研究结果有助于提高复杂地形林区的风场建模技术，对促进林区基础设施建设和安全保障具有重要意义。

2 研究方法和结果

2.1 研究方法

本研究采用中尺度气象模式与现场实测相结合的方法对黑龙江省帽儿山林区风场进行建模研究，其中，中尺度气象模式采用 WRF 模式，实测数据采用风塔型雷达数据。为了探讨不同参数化方案对林区风场建模的影响，模拟方案考虑陆面方案和边界层方案，模拟时间为 2019 年 11 月 11—17 日。方案列表如表 1 所示。

表 1 模拟方案列表

	方案 1	方案 2	方案 3	方案 4	方案 5	方案 6
陆面层方案	Noah	RUC	Noah – MP			
微物理方案	WSM6					
大气边界层方案	YSU			MYNN	QNSE	MYJ
表面层方案	Revised MM5			MYNN	QNSE	Eta
积云参数化方案	Kain-Fritsch Cumulus Potential					
辐射方案	RRTMG（长波辐射和短波辐射）					

* 基金项目：国家自然科学基金项目（51878131）。

同时为了体现林区林木成长引起的地貌变化，基于文献［3－4］和实测数据修正 WRF 模式的地形地貌数据，主要是叶面积指数、平均树高、树密度和粗糙度长度 R。通过实测数据对不同参数化方案的模拟效果进行对比分析，并以该方案对帽儿山林区风场进行长期模拟。

2.2 结果

表 2 所示是各方案模拟结果与实测结果（离地 50m 高度的风速实测数据）的偏差和均方根误差表，可以发现，当模型设置为方案 3 情况时，偏差和均方根误差最小。因此方案 3 在 6 种方案中是最适合应用于复杂地形林区风场模拟的方案。表 3 是方案 3 情况下不同粗糙度长度模拟结果与实测结果的偏差与均方根误差表，可以发现，当粗糙度长度修改后，模拟风速较之于默认情况下更加接近实测风速，其差值和均方根误差均较小。

表 2　各方案模拟结果与实测结果的偏差和均方根误差表

	方案 1	方案 2	方案 3	方案 4	方案 5	方案 6
偏差	1.59	1.12	0.37	1.14	0.94	0.77
均方根误差	2.83	2.14	1.88	2.00	1.97	1.96

表 3　方案 3 情况下不同粗糙度长度模拟结果与实测结果的偏差与均方根误差表

测风高度/m	50
实测风速/$(m \cdot s^{-1})$	2.66
模拟风速（$R=0.8$）	3.62
模拟风速（$R=3.0$）	3.19
差值（$R=0.8$）	0.96
差值（$R=3.0$）	0.53
均方根误差（$R=0.8$）	1.48
均方根误差（$R=3.0$）	1.39

3　结论

风场对参数化方案的敏感性较高，当陆面方案为 Noah-MP 方案，大气边界层方案为 YSU 方案时，WRF 模拟结果最接近实测结果，其精度在可接收的范围内。林区风场受粗糙度长度影响，当粗糙度长度等于平均树高的 20% 时，林区风场模拟结果与实测数据更加接近。

参考文献

［1］DONG H T, CAO S Y, TAKEMI T, et al. WRF simulation of surface wind in high latitudes ［J］. Journal of Wind Engineering & Industrial Aerodynamics, 2018, 179: 287 –296.

［2］PRÓSPER M A, OTERO-CASAL C, FERNÁNDEZ F C, et al. Wind power forecasting for a real onshore wind farm on complex terrain using WRF high resolution simulations ［J］. Renewable Energy, 2019, 135: 674 –686.

［3］常颖，范文义，温一博. 帽儿山地区森林叶面积指数生长季动态研究 ［J］. 森林工程, 2016, 32 (4): 1 –6.

［4］张敏，顾凤歧，董希斌. 帽儿山林区主要树种树高与胸径之间的关系分析 ［J］. 森林工程, 2014, 30 (6): 1 –4.

防撞栏杆对公路风场环境影响的试验研究 *

温嘉豪，张洪福，辛大波

（东北林业大学土木工程学院 哈尔滨 150040）

1 引言

在强侧风环境下行车时，车辆的侧力和侧倾力矩显著增大，容易发生侧翻、侧滑、偏转等交通事故。国内外学者对行车安全的相关研究主要集中在基于风－车－桥耦合的大跨桥梁的行车安全[1]，对地面的行车安全研究相对较少。我国新疆地区的"七大风区"受大风天气的影响，车辆停运、中断交通就常有发生[2]，同时这些地区的行车安全保护措施也比较薄弱。工程实践中通常采用风屏障提高桥梁侧风环境下的行车安全性，国内外学者也对此进行了相关研究[3-6]。Raine 等人[3]对四种不同透风率的风屏障进行风洞试验，试验结果认为中低透风率的风屏障对整体的平均风速衰减效果比不透风的风屏障好，同等价格下高透风率的风屏障能提供一个更好的全面控制效果。因此，考虑到地面边界层、"大风区"道路长度、经济成本等因素，本文对在地面道路的两侧安装 1.2m 高的防撞栏杆后路面各车道的风场环境进行了风洞试验研究。

2 风洞试验方法

本文采用风洞试验的方法进行研究，试验在东北林业大学大气边界层风洞中进行，风洞试验段横截面为 0.8 m × 1 m。试验模型几何缩尺比为 1∶40，缩尺后模型长度 0.7 m，高度 H 为 0.03 m，模型的具体尺寸如图 1 所示。道路采用双向四车道，每条车道缩尺后宽为 0.075 m。来流风速为 6 m/s，使用热线风速仪测量栏杆后的风速，通过 NI 数采系统采集数据，采样频率 1 kHz，采样时长 40 s。根据双向四车道和常见小型货运车辆的高度一共设置了 144 个测点，每条车道设置了 36 个测点，车辆行驶方向为 9 个测点（间隔为 H），车辆高度方向 4 个测点（间隔为 0.63H），测点布置示意如下图 1 所示，测点位置根据图中的坐标轴确定。

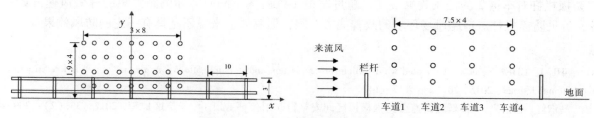

图 1　风速测点分布置图（单位：cm）

3 结果与讨论

与风屏障相似，来流风通过防撞栏杆后，在路面一定高度范围内各高度的风速是不同的，因此根据侧向气动力和倾覆力矩等效原则定义基于侧向力和倾覆力矩的等效风速来直观地评价防撞栏杆对公路风场环境的影响。

* 基金项目：国家自然科学基金项目（51878131）。

$$V_{eqS} = \sqrt{\frac{1}{Z_r} \int_0^Z U^2 \, \mathrm{d}z} \tag{1}$$

$$V_{eqR} = \sqrt{\frac{1}{Z_r^2} \int_0^Z z \times U^2 \, \mathrm{d}z} \tag{2}$$

$$\lambda_s = \frac{U_0 - V_{eq}}{U_0} \tag{3}$$

式（1）和式（2）分别为基于侧向力和侧倾力矩的等效风速计算公式，式（3）为无量纲的风速折减系数。在对测点数据进行直接分析得到防撞栏杆后各车道展向和竖向的流场特性后，使用式（1）~（3）对测点数据进行处理得到防撞栏杆后各车道等效风速及折减系数，详见表1。由表1可知，基于侧向力和侧倾力矩的等效风速的最小值均出现在车道2，可见防撞栏杆对车道2的挡风效果最佳，受到防撞栏杆高度和空隙率的影响，其对车道1、车道3和车道4的挡风效果有限。

表1 防撞栏杆后各车道等效风速及折减系数

车道位置	等效风速/(m·s^{-1})		折减系数	
	基于侧向力	基于侧倾力矩	基于侧向力	基于侧倾力矩
车道 1	4.35	3.49	0.275	0.418
车道 2	4.03	3.33	0.328	0.445
车道 3	4.38	3.63	0.270	0.395
车道 4	4.46	3.67	0.257	0.388

4 结论

通过风洞试验，针对防撞栏杆对双向四车道的道路风环境的影响进行了研究，测试了防撞栏杆后各车道的流场特性，得出以下结论：

（1）受到立柱和空隙的影响，防撞栏杆后各车道展向测点的平均风速和湍流强度在一定范围内波动，在立柱附近出现了极值，随着高度的增加，极值逐渐消失，最终沿展向达到平稳。

（2）各车道的竖向的流场特性受到防撞栏杆高度的影响较大，当高度超过防撞栏杆后，防撞栏杆对来流风的抑制作用被逐渐削弱，出现了剪切层，达到一定高度后风速基本为来流风速且不再随高度而变化。

（3）防撞栏杆对车道2的挡风效果最佳，超过车道2以后基于侧向力和侧倾力矩的等效风速开始小幅度回升，可见防撞栏杆对道路风场环境的改善能力有限，但总体上来说还是具有一定的防风效果。

参考文献

[1] CAI C S, HU J, CHEN S, et al. A coupled wind-vehicle-bridge system and its applications: A review [J]. Wind & Structures An International Journal, 2015, 20（2）：117 – 142.

[2] 马韫娟, 马淑红, 张云惠, 等. 新疆高速公路强横风区间安全行车对策研究 [J]. 干旱区地理, 2012, 35（2）：209 – 202.

[3] RAINE J K, STEVENSON D C. Wind protection by model fences in a simulated atmospheric boundary layer [J]. Journal of Wind Engineering and Industrial Aerodynamics, 1977, 2（2）：159 – 180.

[4] COLEMAN S A, BAKER C J. The reduction of accident risk for high sided road vehicles in cross winds [J]. Journal of Wind Engineering and Industrial Aerodynamics, 1992：2685 – 2695.

[5] KOZMAR H, PROCINO L, BORSANI A, et al. Sheltering efficiency of wind barriers on bridges [J]. Elsevier Ltd, 2012, 107 – 108.

[6] CHEN N, LI Y, WANG B, et al. Effects of wind barrier on the safety of vehicles driven on bridges [J]. Journal of Wind Engineering and Industrial Aerodynamics, 2015, 143（143）：113 – 127.

基于现场实测的深切峡谷风剖面特性和三维联合概率分析[*]

张金翔，张明金，李永乐

（西南交通大学土木工程学院 成都 610031）

1 引言

受地形、热力等诸多因素的影响，山区峡谷地带的风场较平原地区更加复杂[1]。因此，准确评价这类风场的特性具有重要和实际意义。现场实测作为目前最有效、最直观的一种研究手段，已经得到了广泛的使用[2]。部分学者分别对沿海平原地区和中西部山区进行了桥址区的风特性实测，如苏通大桥[3]、润扬长江大桥[4]、四渡河大桥[5]和坝陵河大桥[6]等，针对峡谷地区的风剖面的研究相对较少。此外，传统可靠度分析法无法综合考虑风向、风速和攻角间的相关性，使得结构的安全性和可靠性分析是偏于保守的。本文以某典型的 V 形深切峡谷桥址区为背景，利用测风雷达采集的风速、风向和攻角等相关参数研究了不同样本筛选条件下的风速剖面和攻角剖面；并基于长期观测数据，构建了桥面高度处的风向、风速和攻角的三维联合概率模型，并利用逆一阶可靠度方法计算了可靠度指标 β 下的三维环境等值面。

2 实测概况

大桥主跨 1196 m，锚跨 320 m，为单跨悬索桥，东西两侧桥塔分别高 178.7 m 和 137.7 m，桥面距峡谷底部 285 m。桥址区位于中国西部山区某峡谷中，为典型的 V 形深路堑峡谷，峡谷宽 1100 m。图 1a 为桥址局部地形，桥址区东侧有较宽的台地，西侧局部地区出现 30～40m 的陡崖，其坡度高达 60°，峡谷走向为 26.5°～206.5°。风剖面测量采用了 MFAS 型相控阵声雷达风廓线仪系统进行实测，如图 1b 所示。该声雷达能够测量三维风速和风向及湍流竖向剖面，系统最高探空高度达到了 1000m，声雷达观测的数据包括 10 min 水平合成风速，水平风向角，风攻角，U、V 和 W 方向平均风速及其对应的根方差等 9 个参数。

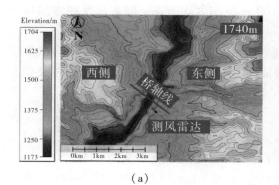

（a）　　　　　　　　　　　　　　　（b）

图 1　大桥桥跨布置、周边地形环境和观测位置

3 实测结果分析

本文以桥面高度处的风速和风向为筛选条件，对风速剖面的特性进行分析。此外，为进一步明确山

* 基金项目：国家重点研发计划子课题（2018YFC1507800）。

区风场的风速剖面与常规风场的差异，将各方向下的风速剖面与指数律模型所示进行对比分析，图 2a 和图 2b 为基于桥面高度处风速超过 8 m/s 且有效高度超过桥面高度时西北方向的风速和攻角剖面。可以看出，不同风向下的风速剖面与指数律模型吻合较好。同时，同一平行方向下对应的指数律相关系数相近。不同方向的攻角差异较大，但在距离地面 100 m 范围内攻角均为正，随着高度的增加攻角逐渐减小并最终在 0°附近稳定。同时，局部风向下（如正南方向）的攻角与指数律模型吻合较好。此外，为了探明桥址区多个风环境参数之间的相关性，本文利用桥面高度处的样本对三维联合概率模型进行了探究，如图 2c所示。

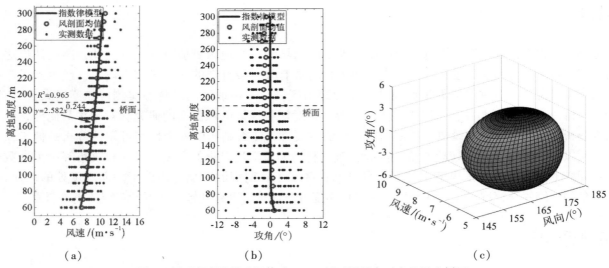

图 2　桥面高度处风速阈值为 8 m/s 时不同风向对应的风速剖面

4　结论

本文以某典型的 V 形深切峡谷桥址区为背景，利用测风雷达采集的风速、风向和攻角等相关风环境参数进行了实测分析，可以得到如下结论：

（1）不同风速样本筛选条件对风速剖面的形状影响较小，不同风向下的风速剖面与指数律模型吻合较好，且同一平行方向下对应的指数律相关系数相近。

（2）攻角受季节的干扰较小，且其剖面均值在距离地面 100 m 范围内均为正，随着高度的增加攻角逐渐减小并在 0°附近趋于稳定。

（3）风向、风速和攻角的相关性应当被综合考虑，由此基于 Pair-Copula 方法构建的三维联合概率模型和基于逆一阶可靠度方法计算可靠度指标 β 下的三维环境等值面，可为最不利的荷载组合提供重要的参考和依据。

参考文献

［1］徐大海.大气边界层内风的若干特性及其应用［J］.空气动力学学报，1984，2（3）：75－87.

［2］李永乐，喻济昇，张明金，等.山区桥梁桥址区风特性及抗风关键技术［J］.中国科学：技术科学：1－13.

［3］WANG H, LI A Q, NIU J, et al. Long-term monitoring of wind characteristics at Sutong Bridge site［J］. Journal of Wind Engineering and Industrial Aerodynamics，2013，115：39-47.

［4］WANG H, GUO T, TAO TY, et al. Study on wind characteristics of Runyang Suspension Bridge based on long-term monitored data［J］. International Journal of Structural Stability and Dynamics，2015，16（4）：1640019.

［5］庞加斌，宋锦忠，林志兴.四渡河峡谷大桥桥位风的湍流特性实测分析［J］.中国公路学报，2010，23（3）：42－47，89.

［6］朱乐东，周成，陈伟，等.坝陵河峡谷脉动风特性实测研究［J］.山东建筑大学学报，2011，26（1）：27－34.

基于数值模拟的连续运动波浪壁面风场雷诺数效应研究*

樊沛[1]，崔巍[1,2]，赵林[1,2]，葛耀君[1,2]

（1. 同济大学土木工程防灾国家重点实验室 上海 200092；

2. 同济大学桥梁结构抗风技术交通运输行业重点实验室 上海 200092）

1 引言

当下跨海大桥的建造方兴未艾。大跨桥梁位于海上大气边界层中，对风荷载较为敏感，海上大气边界层的下垫面为运动的波浪，与陆地上静止的地形地貌迥异，需要考虑波浪运动对上层风场的影响[1-2]。目前，关于海洋下垫面对上层风场的影响研究在理论与实践两个方面均较为不足[3-4]，并没有考虑海洋波浪运动的特性。本文以数值模拟的方式，对不同雷诺数下连续运动波浪近壁面的风场进行了研究，初步探寻对数律风剖面的相关参数随雷诺数变化的规律，发现雷诺数的增大会减弱下垫面对上层风场的影响，但这种影响会随着雷诺数的增大而相对降低。

2 计算模型

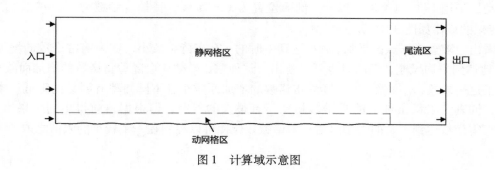

图1 计算域示意图

选用的计算域如图1所示，共分为动网格区、静网格区和尾流区三个区域。计算域高为2 m，宽为7 m。根据不同雷诺数共采用两种网格，第一层网格 y^+ 约为0.7，库朗数约为0.5，网格数量分别约为24万、26万。动网格区下壁面为运动壁面，运动方程如式（1）所示。

$$y = \begin{cases} h \cdot \cos\left[\dfrac{2\pi}{\lambda}(x - ct)\right] \cdot \dfrac{x}{\lambda} & (0 \leqslant x < \lambda) \\[3mm] h \cdot \cos\left[\dfrac{2\pi}{\lambda}(x - ct)\right] & (\lambda \leqslant x \leqslant 11\lambda) \\[3mm] h \cdot \cos\left[\dfrac{2\pi}{\lambda}(x - ct)\right] \cdot \dfrac{12\lambda - x}{\lambda} & (11\lambda < x \leqslant 12\lambda) \end{cases} \tag{1}$$

式中，$h = 0.01$ m，$\lambda = 0.5$ m，$c = 2$ m/s。雷诺数 $Re = \rho U \lambda / \mu$ 分别取4000、8000、…、32000，其中 ρ 为空气密度，λ 为波长，U 为均匀入口风速，μ 为空气黏性系数。采用Fluent商用软件，湍流模型为SST $k - \omega$，入口为速度入口，出口为压力出口，上下壁面为无滑移壁面。

* 基金项目：国家自然科学基金项目（52078383、52008314）；土木工程防灾国家重点实验室自主课题（SLDRCE19 – B – 11）。

3 风谱参数雷诺数效应

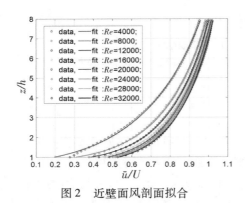

图 2 近壁面风剖面拟合

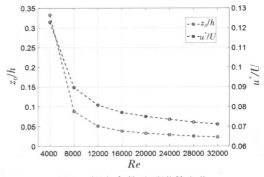

图 3 拟合参数随雷诺数变化

大气边界层风剖面的对数律表达为

$$U(z) = \frac{u^*}{\kappa}\ln\left(\frac{z - z_d}{z_0}\right) \tag{2}$$

式中，$\kappa = 0.4$ 为冯卡门常数，z_0 为粗糙长度，u^* 为摩擦风速，z_d 为位移长度。图 2 采用对数律风剖面对不同雷诺数下的运动波浪近壁面风场进行拟合。由于入口来流为均匀流，因此仅对 $z/h < 8$ 进行拟合；波浪壁面为周期性运动，采用 1 s 内风速进行拟合。剖面位置为 $x = 5$ m，待拟合参数为 z_0、u^* 及 z_d。z_0/h 及 u^*/U 随雷诺数变化的规律如图 3 所示。

从图 2 可以看出，随着雷诺数的增加，$\bar{u}/U$ 达到 1 时的 z/h 在持续减小，这表明雷诺数的增加会使得风剖面更"快"地达到平均风速，但同时也可以看出，这种雷诺数效应会随着雷诺数的增加而减小。图 3 更加清楚地展示了这一现象，z_0/h 及 u^*/U 随着雷诺数的增加而减小且下降斜率有明显的降低。本文所计算的雷诺数较低，同真实工程条件下的雷诺数相比还有很大的差距，但根据目前得出的结果可以推测：对于此类问题，当雷诺数达到一定的大小以后，雷诺数效应便可以控制在一个较小的限值之内。

4 结论

采用数值模拟的方式，初步分析了连续运动波浪壁面附近风场风剖面参数的雷诺数效应。在一定的范围内，雷诺数的增加会削弱下垫面对其上层风场的影响，且风剖面参数随雷诺数变化的剧烈程度受雷诺数绝对值的影响较大，雷诺数越大，雷诺数效应则越小。这表明黏性力占比的减小会使得下垫面对上层的风场的影响减弱，但这种效应可能会随着雷诺数的进一步增大而降低。后续工作拟考虑波陡、波龄、更大范围雷诺数及对运动波浪壁面均匀风场及边界层风场的影响。

参考文献

[1] POWELL M D, VICKERY P J, REINHOLD T A. Reduced drag coefficient for high wind speeds in tropical cyclones [J]. Nature：International weekly journal of science, 2003, 422（6929）：280 – 283.

[2] 孙丽明. 强风作用下海上平均风剖面的数值研究 [D]. 上海：同济大学土木工程学院, 2013.

[3] GARCÍA-NAVA H, OCAMPO-TORRES F J, HWANG P A. On the parameterization of the drag coefficient in mixed seas [J]. Scientia Marina, 2012, 76（S1）：177 – 186.

[4] 公路桥梁抗风设计规范（JTG/T 3360 – 01 – 2018）[S]. 北京：人民交通出版社, 2019.

复杂峡谷地形桥面行车高度风环境实测研究*

吴风英[1]，赵林[1,2]，葛耀君[1,2]

（1. 同济大学土木工程防灾国家重点实验室 上海 200092；
2. 同济大学桥梁结构抗风技术交通运输行业重点实验室 上海 200092）

1 引言

随着近年来交通建设的进一步发展，建造于山区峡谷等复杂地形的大跨桥梁，由受复杂地形影响桥址处风场特性通常呈现出明显的风速加速和高湍流效应。现场实测相较于风洞试验和数值模拟是一种直接有效的方法用于分析复杂场地影响下的桥梁风场特性。目前关于复杂地形下桥梁风场特性的研究成果已十分丰富[1-2]，但对桥面局部风环境受特殊地形影响的讨论鲜少，因此亟须开展典型山区峡谷地形影响下的桥面局部风环境特性分析。本文以云南红河州特大桥为研究对象，对主梁跨中和两侧桥塔区局部风环境进行了现场实测。考虑行车安全，对过桥塔区局部风场变化特征和不同高度处的风特性进行了分析。桥面测点布置和桥位周围地形见图1。

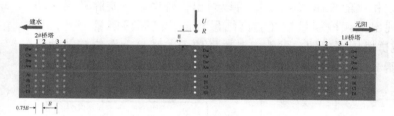

（a）1#塔迎风侧 　　　　　　　　　　（b）桥位周围地形

图1　桥面测点整体布置和桥位周围地形

2 桥面局部风特性

2.1 平均风特性分析

从图2可看出上下游车道不同高度处风速最大值呈现出随高度降低而降低的趋势。风向呈现出与桥轴线夹角30°～50°变化范围。桥塔区（2#塔）除迎风侧顺桥向出桥塔后（测点4#），平均风速沿高度变化规律呈现出与随高度逐渐降低的趋势，其余上下游顺桥向和各车道测点平均风速沿高度都呈现出典型的"两头大中间小"的变化规律。

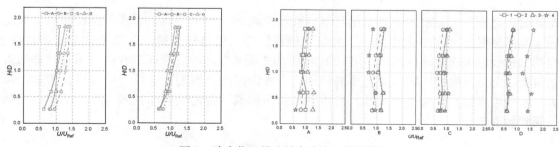

图2　跨中位置风速风向分布（D车道）

---

* 基金项目：国家自然科学基金项目（52078383、52008314）；土木工程防灾国家重点实验室自主课题（SLDRCE19 – B – 11）。

图3描述了过桥塔区（1#塔）风速沿顺桥向的变化特征。迎风侧进入桥塔区时风速降低，出桥塔后风速略有上升的趋势。背风侧进入塔梁连接处后风速显著增加，出桥塔后局部加速效应消失风速降低。分别对上下游顺桥向风速变化规律上下包络线和正弦函数拟合见图3。

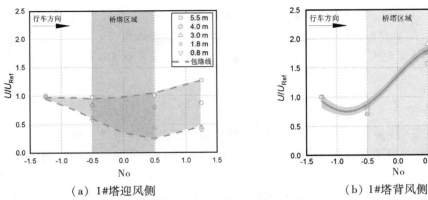

（a）1#塔迎风侧　　　　　　　　　（b）1#塔背风侧

图3　过桥塔区顺桥向风速演变规律（D车道）

2.2　脉动风特性分析

图4a给出了过桥塔区D车道的紊流积分尺度顺桥向的变化趋势。1#塔上游L_{ux}表现出进入桥塔影响区减小随后增加的变化趋势，背风侧表现出与之相反的规律。从图4b可以看出，桥塔区下游脉动风速功率谱在低频区较低，在高频区略高。图4c表现出低频段能量较经验谱结果较低，高频段能量上升，与$-5/3$惯性子区谱变化特征不符。表明来流经过桥塔周围山地，黏性力对桥塔位置尤其是上游位置脉动风谱耗散影响较大，难以直接采用规范建议的谱来表征山区峡谷地形条件下的脉动风速功率谱。

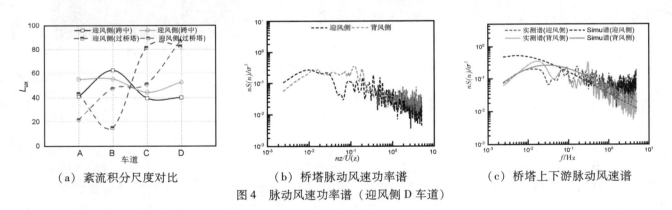

（a）紊流积分尺度对比　　　（b）桥塔脉动风速功率谱　　　（c）桥塔上下游脉动风速谱

图4　脉动风速功率谱（迎风侧D车道）

3　结论

跨中风速剖面满足幂指数分布，风向变化范围与桥轴线成30°～50°夹角，呈现出典型的斜向来流条件，桥塔区风速剖面呈现出"两头大中间小"特征。顺桥向进入桥塔区风速受其遮挡效应会明显降低，离开桥塔区受其加速效应风速显著增加。桥塔区下游顺桥向风速变化特征沿行车方向可用正弦函数拟合式表征。通过对上下游桥塔周围风场脉动风速谱分析，表明山区地形影响下黏性力对桥塔位置脉动风谱耗散影响较大，经验谱难以直接适用。另外，在桥塔和桥面附属构件的共同干扰效应下，下游桥面风场中含有较高的高频脉动成分。

参考文献

［1］　LI Y L, HU P, XU X Y, et al. Wind characteristics at bridge site in a deep-cutting gorge by wind tunnel test［J］. Journal of Wind Engineering and Industrial Aerodynamics, 2017, 160：30－46.

［2］　朱乐东，任鹏杰，陈伟，等.坝陵河大桥桥位深切峡谷风剖面实测研究［J］.实验流体力学，2011（4）：15－21.

基于深度卷积网络的台风指纹识别研究 *

童标，傅继阳，何运成

（广州大学风工程与工程振动中心 广州 5160002）

1 引言

随着中国沿海地区经济的高速发展，高层建筑、大跨度建筑、桥梁等受风荷载影响较大的结构在数量及尺度方面急剧增大，台风对其造成的危害也随之增大，为了降低风致灾害的影响，台风的实时监测和预测至关重要。与此同时，随着卫星遥感技术的提高、普及以及受限于飞行器、海上气象观测条件等原因，遥感卫星数据往往是台风的首要观测手段之一，其中最具有代表性的方法为德沃夏克分析法[1-2]。然而，基于卫星云图对台风的研究其最关键的第一步是对台风指纹轮廓的识别和标定，但传统的方法存在主观性强、效率低和无法实现自动化的问题。近年来，随着互联网时代数据的爆发式增长以及计算机软硬件的飞速发展，深度学习技术为研究台风提供了另一种客观、有效的技术手段，其中卷积神经网络作为一种抽象提取特征的技术[3-4]，能够对复杂多样台风进行高效、准确的识别。

2 研究方法和内容

（1）收集处理各类卫星云图以及相应的最佳路径数据，对数据进行筛选、增强、平衡样本等数据前处理。将数据按比例划分为训练集、验证集、测试集并进行交叉验证以保证模型的真实有效性。

（2）本研究主要通过将卫星云图转化为像素矩阵进行运算，DCNN 主要包括卷积层、池化层、丢弃层以及全连接层等。其中卷积层使用一个固定大小（核大小）的扫描器读取给定的输入矩阵，并使用权重和偏差（过滤器）迭代地计算输出。卷积过程中，台风的特征不断地被提取。最大池化层的作用是根据需要对输入分辨率进行下采样，从而降低了维数并使得过滤器提取图形子区域中包含的特征。丢弃层用于提高神经节点的效率，消除不重要的特征、防止过度拟合并局部优化。在 DCNN 模型的最后使用全连接的密集层来展平先前层的信息，并通过非线性函数进行计算以估计分类相似性。

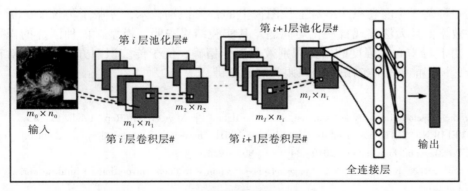

图 1 深度卷积网络示意图

（3）传统的识别方法通常可以依据台风云团的范围大小、形状、像素分布、色调、纹理和活动范围这些特征去进行云团的识别与分类。本研究将对深度卷积网络识别台风指纹的特征进行可视化[5-6]，进一

* 基金项目：国家杰出青年基金（51925802）；自然科学基金面上项目（68142-095）；广东省面上项目（69457-24）。

步从人工智能技术的角度去分析台风指纹判断的主要特征。

3 结论

1. 应用结果与分析

（1）对于具体简单的台风（L picture），深度卷积网络能快速、准确的识别，并且准确率随着台风强度的增强而上升。同时经过对比分析，该模型稳定、泛化能力高。

（2）对于西北太平洋全海域图片（NWP picture）的识别，深度卷积网络同样能够在干扰云系多、多个台风且外形复杂多样条件下，快速准确地提取台风的外形特征，模型同样具有相当出色的稳定性。

表1　台风指纹识别各项指标平均值

评价指标	准确率	精度	召回率	F1-Score	AUC
L picture	96.23%	97.72%	94.00%	95.80%	99.00%
NWP picture	96.80%	95.56%	98.13%	96.88%	99.36%

（3）通过对卷积网络的可视化分析，深度卷积网络模型对台风指纹重点关注范围大多数都集中台风云团区域，对于有台风眼的云团能够精准识别，且对于和热带气旋的相似性较高的云团同样有不同程度的关注。

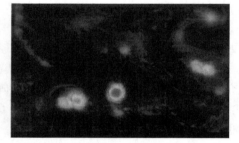

（a）卫星云图原图　　　　　　　　（b）卷积神经网络热力图
图1　卫星云图及卷积神经网络热力图对比

2. 总结

本研究提出的一种基于深度卷积网络对卫星图像上的台风识别技术，克服了传统的分析方法对台风识别的主观性大、效率低且无法实现自动化等问题。其实验结果表明，模型对两种图片的识别准确率都能达到95%以上，并且随着台风强度的增强识别效果更佳精确，优于传统识别方法。最后对模型提取的特征图进一步分析，模型能够较准确识别台风眼和螺旋云带。

参考文献

［1］ DVORAK V F. Tropical cyclone intensity analysis using satellite data ［J］. NOAA Tech. Rep, 1984. 11：45.

［2］ OLANDER T L, VELDEN C S. The advanced dvorak technique（ADT）for estimating tropical cyclone intensity：update and new capabilities ［J］. Weather and Forecasting, 2019, 34（4），905－922.

［3］ KRIZHEVSKY A, SUTSKEVER I, HINTON G. ImageNet classification with deep convolutional neural networks ［C］.// NIPS. Curran Associates Inc. 2012.

［4］ SIMONYAN K, ZISSERMAN A. Very deep convolutional networks for large-scale image recognition ［J］. Computer Science, 2014.

［5］ HE K, ZHANG X, REN S, et al. Deep residual learning for image recognition ［J］. 2016 IEEE Conference on Computer Vision and Pattern Recognition（CVPR），2016.

［6］ CHATTOPADHAY A, SARKAR A, HOWLADER P, et al. Grad-cam ++：Generalized gradient-based visual explanations for deep convolutional networks ［C］.//2018 IEEE Winter Conference on Applications of Computer Vision（WACV）. IEEE, 2018：839－847.

台风场平稳与非平稳风湍流特性对比研究*

张小芸[1,2]，周易卓[1,2]，陈上鑫[1,2]，李利孝[1,2]

（1. 深圳大学土木与交通工程学院 深圳 518060；

2. 广东省滨海土木工程耐久性重点实验室 深圳 518060）

1 引言

频域风振响应分析时一般认为风速时程为平稳、高斯、各态遍历的随机过程，但是台风、龙卷风和下击暴流等强对流天气系统的风速时程展现出较强的非平稳性。大量研究者针对这些强对流天气系统诱发的非平稳风的湍流特性，主要是采用非平稳风模型、小波分解、经验模态分解、经典演变功率谱理论等方法进行研究[1]。这些研究主要是从信号本身出发研究其均值时变特性和功率谱演化特征等，但是由于非平稳风不满足各态遍历特性，使得基于信号本身的个例研究比较难获得通用的结论。那么利用大量台风数据中提取出的平稳和非平稳风样本并对比它们的统计特性就显得尤为重要，这将为非平稳信号的建模分析等研究提供更加合理和完善的参考依据。

2 数据来源与样本处理

本文使用的台风数据全部由现场实测获得，涉及的三次台风事件分别是 2006 年 6 号台风"派比安"、2008 年 12 号台风"黑格比"和 2008 年 14 号台风"鹦鹉"。对实测数据进行预处理，对野点坏点剔除后的样本采用逆序检验、轮次检验同时对台风样本的平稳性进行检验，并将实测样本进行平稳与非平稳样本区分后的结果进行整理。最后，选取 6 组 10m 高度处的台风 0606"派比安" HD2003 超声风速仪、0606"派比安" Gill propellor 螺旋桨风速仪、0812"鹦鹉"香港机场、0812"鹦鹉"三角洲岛、0814"黑格比" HD2003 超声风速仪、0814"黑格比" Gill propellor05106L 螺旋桨风速仪等共 6 次实测数据 876 个样本（其中包括 676 个平稳样本和 200 个非平稳样本）进行粗糙度长度计算后，给出样本平均风速和场地类别划分见图 1。

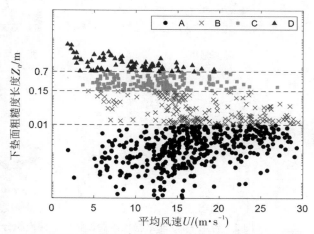

图 1 10 m 高度处台风样本平均风速和下垫面粗糙长度分布图

3 平稳与非平稳样本湍流特性对比分析

本文分别从湍流强度、湍流积分尺度、阵风因子、峰值因子、偏度和峰度五个方面来对选取出的所有在 10 米高度处且同一场地类别下的平稳样本和非平稳样本分别进行计算和分析，从而得到平稳与非平稳样本的湍流特性变化规律。

对于湍流强度，在相同风速等级下，不论是四类场地类别中的哪一类，非平稳样本的平均值都要大于平稳样本的平均值，并且均值差距百分比呈减小趋势，这种趋势极有可能是由于地面粗糙程度的增加对平稳样本的湍流扰动影响更大而导致的。

* 基金项目：国家自然科学基金项目（51778373）；广东省自然科学基金项目（2017A030313286）。

对于湍流积分尺度，本文使用自相关函数积分方法计算样本的湍流积分尺度。在相同风速等级下，从 A 至 D 四类场地的非平稳样本的平均值均大于平稳样本的平均值，其前者均值大于后者均值的增大百分比为 36.75%、82.18%、47.19%、89.71%。由此可见，样本的平稳性对积分尺度的估算有较大的影响，可能是因为非平稳样本存在更长周期的脉动分量，其自相关函数随频率增加的下降较为缓慢。

对于阵风因子，通过样本计算分析，可以得到在 A 类和 D 类场地类别中，非平稳样本的阵风因子比平稳样本的阵风因子分别增加了 0.62% 和 1.89%；B 类和 C 类场地中，非平稳和平稳样本的阵风因子相差无几。

对于峰值因子，从平稳和非平稳角度来看，针对 A、C 类非平稳样本比平稳样本的峰值因子的均值略微减小，分析部分原因为 A、C 类场地中平稳和非平稳的样本量不对等。其中 B、D 类，非平稳样本比平稳样本的峰值因子的均值偏大。另平稳样本四类场地类别的取值随着地面粗糙度的增加逐渐增大，其增大趋势比非平稳样本的增大趋势要明显。

对于偏度和峰度，本文利用这两个特性来分析实测台风样本的非高斯性。在 10 米高度处，场地类别从 A 类到 C 类，非平稳样本比平稳样本的偏度系数的均值分别增加了 19.29%、−8.17%、−93.12%；偏度系数的均值分别增加了 2.31%、−4.64%、−6.71%。

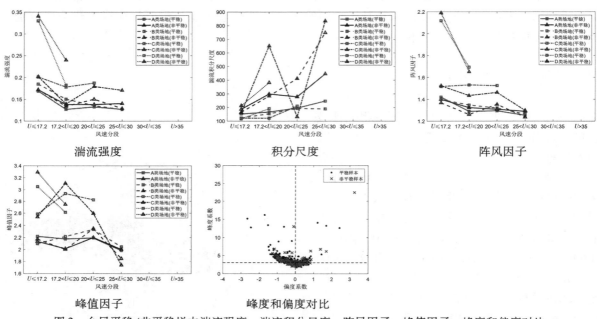

图 2　台风平稳/非平稳样本湍流强度、湍流积分尺度、阵风因子、峰值因子、峰度和偏度对比

4　结论

本文利用实测的三次台风过程的数据，对比分析了平稳样本和非平稳样本湍流特性的差异，获得以下结论：①平稳和非平稳样本的湍流强度均呈现随着地面粗糙度的增加而增大趋势；②不论是平稳还是非平稳样本，湍流积分尺度的大小均随着平均风速的增大而增大，随着粗糙度的增加而逐渐减小；③10 m 高度处 A 类和 B 类场地中，峰值因子的值随着平均风速的增大而减小，而在 C 类和 D 类场地中，峰值因子的值随着平均风速的增大而增大；④实测的台风风场 10 m 高度平稳样本的峰度系数均值小于非平稳样本的峰度系数均值，并且非平稳样本相比平稳样本更偏离正态分布。

参考文献

[1] ZHOU G, DING Y, LI A. Wavelet-based methodology for evolutionary spectra estimation of nonstationary typhoon processes [J]. Mathematical Problems in Engineering, 2015 (870420): 1−10.

二、钝体空气动力学

串列双圆柱风致振动被动吸吹气控制试验研究

郭艳娇，陈文礼，闵祥威

（哈尔滨工业大学土木工程学院 哈尔滨 150090）

1 引言

串列双圆柱即双圆柱的中心连线平行于来流方向，是一种最典型的多圆柱布置形式。串列双圆柱结构在相互的干扰作用下会产生风致振动，尤其是下游圆柱，其在上游圆柱的尾流影响下会发生尾流致涡激振动、尾流驰振和尾流致颤振等现象[1]。本文针对陈文礼等[2]设计的一种可实现自主吸吹气的被动吸吹气套环装置，以串列双圆柱的涡激振动和尾流驰振为研究对象，试验探究在中心距比 $S_R = 3.0$、4.0、5.0 时该被动吸吹气控制方法对串列双圆柱振动类型及振动响应的影响。研究发现，各间距比下当双圆柱均沿全长布置套环后，上游圆柱和下游圆柱的涡振响应峰值分别减小了 32.9%、53.9% 以上，且下游圆柱的尾流驰振被完全抑制；因此该被动吸吹气控制方法对串列双圆柱风致振动亦可实现良好的控制效果，进一步为套环装置的工程应用提供了依据。

2 研究方法和内容

2.1 实验方案及模型设计

实验中，双圆柱采用刚性节段模型，模型两端使用弹簧悬挂固定使其可以在横风向发生振动。圆柱模型采用直径 $D = 75$ mm 亚克力材质的中空管，模型总长 $L = 720$ mm。双圆柱模型的被动吸吹气控制通过在其外表面安装套环来实现，取套环内部流动通道宽度约为 $0.05D$，对应的套环外径为 $D_1 = 1.152D = 86.4$ mm。套环高度为 $0.8D$，沿套环外表面均匀分布 24 个气孔，套环的详细尺寸如图 1a、图 1b 所示。套环采用内嵌布置方式，也就是将套环密布整个双圆柱，如图 1c 所示，称为有控工况（controlled case），通过封闭套环的气孔来实现等质量条件下的无控对照工况（baseline case），模型的外径均为 D_1。试验过程中，使用加速度传感器采集圆柱的加速度响应，同时使用眼镜蛇风速测量仪统计来流风速。

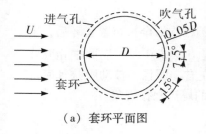

（a）套环平面图

（b）套环立面图

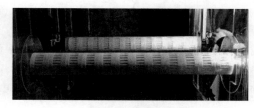

（c）试验模型布置图

图 1 模型示意图

2.2 位移响应分布曲线

双圆柱的振动模型参数如表 1 所示。依据加速度时程求得位移响应时程曲线，各间距比下有控、无控双圆柱以及无控单圆柱在各个风速下的位移响应分布曲线如图 2 所示，统计振幅的标准差作为误差条绘制于图中。随着 S_R 增大，下游圆柱发生涡激振动的风速区间增加，且在 $S_R = 3.0$、5.0 时发生明显的尾流驰振。沿全长布置套环后，各间距比下上游圆柱和下游圆柱的涡振响应峰值分别减小了 32.9%、53.9% 以上，且尾流驰振现象不再发生。

表 1　振动模型参数

圆柱	质量比	阻尼比	自振频率/Hz
上游圆柱	369.36	0.11%	7.47
下游圆柱	369.36	0.10%	7.50

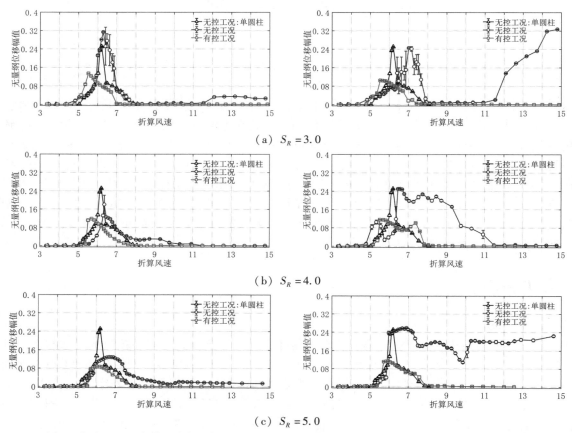

（a）$S_R = 3.0$

（b）$S_R = 4.0$

（c）$S_R = 5.0$

图 2　各中心距下有控工况与无控工况的位移响应分布曲线（左：上游圆柱，右：下游圆柱）

3　结论

本文通过串列双圆柱风致振动试验发现，在 $S_R = 3.0$、4.0、5.0 下，双圆柱均沿全长布置套环后，上游圆柱和下游圆柱的涡振响应峰值分别减小了 32.9%、53.9% 以上。尤其是 $S_R = 3.0$ 时，双圆柱相互作用强烈且振动响应大，采用套环后双圆柱的涡激振动响应峰值均减小 57% 左右。而且，被动吸吹气套环控制方法不仅对双圆柱涡激振动响应抑制效果显著，还可完全消除下游圆柱的尾流驰振现象。

参考文献

[1] FUJINO Y, SIRINGORINGO D. Vibration mechanisms and controls of long-span bridges：a review ［J］. Structural Engineering International，2013，23（3）：248－268.

[2] CHEN W L, GAO D L, YUAN W Y, et al. Passive jet control of flow around a circular cylinder ［J］. Experiments in Fluids，2015，56（11）：201.

基于新型耦合振子模型的圆柱涡振预测*

陈冠斌，陈文礼

（哈尔滨工业大学土木工程学院 哈尔滨 150090）

1 引言

圆柱构件在土木工程领域应用广泛，尤其是拉索类构件。由于拉索阻尼、刚度小而经常发生涡激振动。20 世纪 70 年代，涡激振动理论模型的研究非常活跃，但没有一个模型是完全令人满意的。尾流振子模型的基本思想是将尾流看作一个内部自由振子，它与结构运动相互作用形成两个耦合振子[1-2]。Facchinetti 等人采用经典的 van der Pol 方程（VDPE）来表示旋涡脱落所形成的非定常气动力。结果表明：位移耦合模型不能定性地描述不同 Skop Griffin（S_G）参数下圆柱涡激振动试验结果的变化趋势，而速度和加速度耦合模型与试验结果的变化趋势一致但振动幅值存在差异。本文发现经典的 VDPE 所计算出来的升力进行频谱分析发现只存在主频和奇数倍的倍频，偶数倍的倍频存在缺失。因此，本文提出一种新型的耦合振子模型来预测圆柱形结构的涡激振动现象。

2 涡激振动模型介绍

图 1 为圆柱形结构发生涡激振动时的受力示意图。根据结构动力方程及气动力的受力分析得到无量纲的结构动力方程如方程 1 所示。

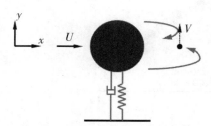
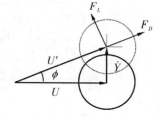

（a）刚性圆柱自由振动示意图　　　　（b）气动力分析图

图 1　圆柱涡振受力图

用于模拟尾流气动力特征的经典无量纲 VDPE 如方程 2 所示。

$$\ddot{y} + (2\xi\delta + \frac{C_D}{\pi^2\mu St})\dot{y} + \delta^2 y = \frac{\alpha}{\pi^2\mu St}v \tag{1}$$

$$\ddot{v} + \varepsilon(v^2 - 1)\dot{v} + v = C_M\beta\frac{\pi}{4}\ddot{y} \tag{2}$$

涡激振动时结构位移特征可以假设一个余弦函数，而代表气动力特征的尾流振子运动与结构运动存在一个相位差，它们可以假设为 $y = y_0\cos(\omega t + \theta)$，$v = v_0\cos(\omega t)$。将假设解带入公式（2）然后将非线性项提取出来简化得到下式：

$$\varepsilon(v_0^2\cos^2(\omega t) - 1)(-\omega v_0\sin(\omega t)) = -\varepsilon\omega v_0(v_0^2(1 - \sin^2(\omega t))\sin(\omega t) - \sin(\omega t))$$

$$= -\varepsilon\omega v_0\left(v_0^2\left(\frac{1}{4}\sin(\omega t) + \frac{1}{4}\sin(3\omega t)\right) - \sin(\omega t)\right) \tag{3}$$

* 基金项目：国家自然科学基金（NSFC51978222、51808173、51722805）。

从式3可以看出经典的 VDPE 仅仅存在主频和三倍频。基于此本文改进的耦合振子模型如下。式1和式4就组成了新型耦合尾流振子模型（IVDPE）。

$$\ddot{v} + \varepsilon(v^2 - v - 1)\dot{v} + v = \beta C_M \frac{\pi}{4} \ddot{y} \tag{4}$$

3　结果与分析

采用与 Chen 等[3]试验相同的参数带入 VDPE 和 IVDPE 计算得到的气动升力进行傅里叶变换得到频谱结果，如图2所示。由图可得 VDPE 计算结果确实存在频率成分缺失的现象这与 Chen 等人的试验结构相矛盾，而 IVDPE 计算的结果与试验相一致。

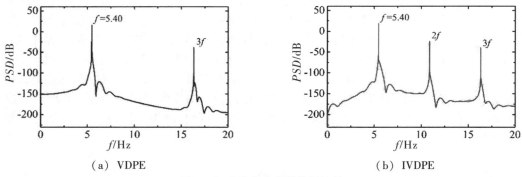

（a）VDPE　　　　　　　　　（b）IVDPE

图2　气动升力功率谱分析结果

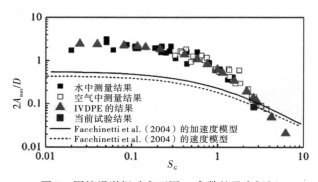

图3　圆柱涡激振动在不同 S_G 参数的最大振幅

使用 IVDPE 计算圆柱不同 S_G 参数涡振最大幅值的结果如图3所示。IVDPE 计算结果与在水中或空气中的试验结果都符合的非常好。因此，IVDPE 能预测圆柱形结构物在不同质量比和阻尼比参数下的涡振幅值。

4　结论

新型的耦合振子模型（IVDPE）能准确地预测不同固有参数下圆柱涡激振动的最大幅值；同时计算出来的气动力的频率成分相比经典 VDPE 模型计算出来的结果更加完善。

参考文献

[1] FACCHINETTI M L, LANGRE E D, BIOLLEY F. Coupling of structure and wake oscillators in vortex-induced vibrations [J]. Journal of Fluids and Structures, 2004, 19（2）: 123-140.

[2] KRENK S, NIELSEN S R K. Energy balanced double oscillator model for vortex-induced vibrations [J]. Journal of Engineering Mechanics, 1999. 125（3）: 263-271.

[3] CHEN W L, CHEN G B, XU F, et al. Suppression of vortex-induced vibration of a circular cylinder by a passive-jet flow control [J]. Wind Eng. Ind. Aerodyn, 2020, 199: 104119.

被动吸吹气套环控制下圆柱模型涡激振动响应与流场结构试验研究 *

闵祥威，陈文礼，郭艳娇

（哈尔滨工业大学土木工程学院 哈尔滨 150090）

1 引言

圆柱形结构在工程中应用广泛，然而当长细比较大时有可能在风和水流的作用下发生涡激振动，造成结构疲劳破坏，因此圆柱等钝体结构的流动控制和振动控制具有重要的工程意义。Chen 等[1] 提出了被动吸吹气套环，在流动控制方面具有优异的表现。本文对被动吸吹气套环控制的圆柱模型进行了风洞试验研究，分析了其涡激振动响应和振动时的流场，评估被动吸吹气套环的振动控制效果和控制机理。

2 试验设置

2.1 动吸吹气套环

被动吸吹气套环通过在结构表面设置通道从迎风面吸气，在背风面吹气，进而达到流动控制的效果。本文中被动吸吹气套环的尺寸如图 1 所示，图中所选尺寸为前期研究中的最佳尺寸，圆柱模型直径 D 等于 80mm。

2.2 试验设计

试验在哈尔滨工业大学风洞与浪槽联合实验室的 2 号回流式精细风洞中进行，试验布置如图 2 所示，模型为空心有机玻璃管，长 0.77 m，模型水平放置，两端各用两个弹簧提供刚度，可使模型在横风向振动。套环沿模型展向通常密布，总质量 2.44 kg，自振频率 f_n 为 7.94 Hz，阻尼比 0.23%。此外用胶带封住套环的气孔作为无控对照组，以保证模型质量和阻尼等与有控工况一致，因此模型的特征尺寸 D_h 等于 92 mm。试验来流风速约为 2.6～4.4 m/s，对应折算风速为 3.6～6 m/s。试验测量指标为振动加速度、尾流旋涡脱落频率和跨中截面顺流向流场，在模型两端各固定一个加速度传感器测量加速度，采样频率 1000 Hz，采集时间 60 s；在模型后方偏下的位置放置一个皮托管测量尾流旋涡脱落主频，采样频率 312.5 Hz，每次采集 10000 个样本；使用粒子图像测速技术进行流场测量，采样频率 10 Hz，每次测量不少于 3000 对图片。

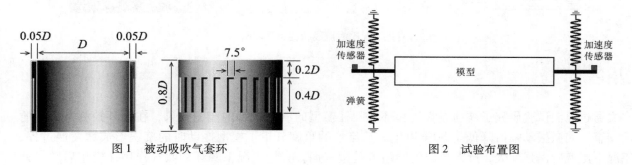

图 1　被动吸吹气套环　　　　　　　　图 2　试验布置图

3 结果

试验过程中测量了无控与有控工况下模型的尾流旋涡脱落频率 f_v 和振动加速度，并通过积分得到了模

* 基金项目：国家自然科学基金项目（51722805、51978222）。

型的位移响应。各折算风速下模型尾流旋涡脱落频率如图3所示，斯托拉哈数 S_t 等于0.22，无控工况下锁定区的长度远远大于有控工况。图4是模型位移的均方根值随风速的变化曲线，在套环的控制下圆柱模型的振动减小了80%以上。

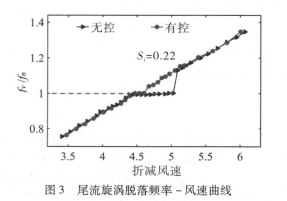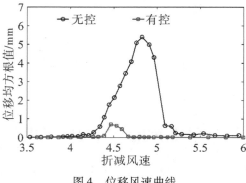

图3　尾流旋涡脱落频率–风速曲线　　　　　图4　位移风速曲线

模型跨中截面瞬时流线和旋涡强度图如图5、图6所示，可以明显看到剪切层在尾流区卷起的旋涡，其中无控工况下旋涡紧贴壁面生成，在有控工况下套环背风面发生了吹气作用，尾流旋涡向下游推移，模型近尾流旋涡强度结果显示吹气作用在后驻点处形成了一对稳定的驻涡，隔绝了旋涡对模型的作用，抑制了模型的涡激振动响应。

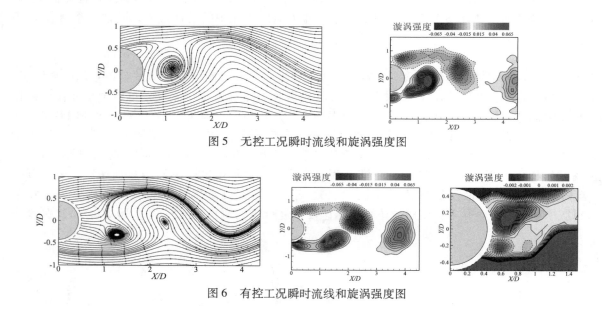

图5　无控工况瞬时流线和旋涡强度图

图6　有控工况瞬时流线和旋涡强度图

4　结论

本文通过风洞试验研究了被动吸吹气套环对圆柱模型的涡激振动的控制效果，在套环控制下模型的锁定区变窄，涡激振动幅值降低了80%以上。从流场的角度分析了模型振动时的旋涡形成和发展过程，无控工况下尾流旋涡强度大，旋涡形成区紧贴着模型表面，有控工况下套环的吹气作用在模型后驻点处形成驻涡，隔绝了旋涡对模型的作用力，旋涡形成区向下游推移，减小了旋涡发展过程对模型的作用力，达到振动控制的效果。

参考文献

[1] CHEN W L, GAO D L, YUAN W Y, et al. Passive jet control of flow around a circular cylinder [J]. Experiments in Fluids, 2015, 56 (11): 201.

均匀来流作用下旋转倾斜单圆柱体绕流特性研究 *

吴苏莉，何湛成，涂佳黄

（湘潭大学土木工程与力学学院 湘潭 411105）

1　引言

目前，国内外学者们对倾斜圆柱绕流问题的研究进行了系统的实验和数值模拟，并进行了对应的归纳总结[1-2]，但是在实际工程中，斜拉桥、架空电缆、海上结构、桥面、部分支撑部件、管道以及海上管线大都采用了倾斜的圆柱结构形式，由于柱体和流体之间的相互作用，圆柱体表面产生了涡脱落，从而会影响结构的安全，这引起了学者们的广泛关注，一些学者为抑制涡脱落，对倾斜圆柱的旋转问题开展了相关研究，主要集中于不同转速和不同高度等领域对流场以及尾流的影响。

2　研究方法

本文采用计算流体动力学中的有限体积法对模型进行离散，基于大涡模拟湍流模型，通过滤波函数将大尺度涡和小尺度涡分离，大尺度涡用 Navier-Stocks 方程直接求解，小尺度涡通过亚格子尺度模型建立与大尺度涡的关系进行模拟，另外，压力与速度的耦合应用 SIMPLE 算法，控制方程采用二阶迎风格式进行离散，时间项的离散采用二阶隐式格式，连续性方程与动量方程收敛余差小于 10^{-6}。当系统稳定后即可获得较好的结果。

3　计算模型

本文计算域尺寸为 $28D \times 16D$，其中 D 为圆柱体直径，流场上、下和入口边界与圆柱底部截面中心相距均为 $8D$，流场出口边界的圆柱底部截面中心与之相距为 $20D$，圆柱倾角 β 表示来流速度与圆柱法线的夹角，如图 1a、图 1b 所示。流场入口设置为均匀来流，雷诺数 $Re = 3900$，圆柱轴向高度 $H = 0.4$ m，圆柱直径 $D = 0.1$ m，流速 $U = 0.39$ m/s，流体密度恒定 $\rho = 1000$ kg/m^3，流体黏度 $\mu = 0.01$ Pa·s。

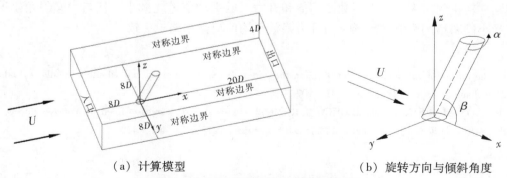

（a）计算模型　　　　　　　　　（b）旋转方向与倾斜角度

图 1　旋转倾斜单圆柱体绕流计算模型图

算例参数如下：流场入口边界设置为速度入口，即 $u_x = 0.39$ m/s，$u_y = u_z = 0$；流场出口边界设置为压力出口，即 $p = 0$；壁面设置为无滑移面条件，即 $u_x = u_y = 0$。本文采用结构化六面体网格对计算域进行

* 基金项目：国家自然科学基金青年项目（11602214）；湖南省自然科学基金青年项目（2020JJ4568）。

网格划分，并进行局部加密处理。

4 结果分析

研究单圆柱体工况下，倾斜角度和旋转速率两个关键参数对倾斜圆柱表面流体力系数平均值的影响。图 2 给出了不同倾斜角工况下，流体力系数平均值随圆柱旋转速率的变化趋势图。由图 2a 可知，当倾斜圆柱处于静止状态时，$\beta=0°$工况下的阻力系数平均值最大，其值在 1.0 附近，而 $\beta=60°$工况下的阻力系数平均值最小，其值在 0.4 附近。随着圆柱转速的增加，$\beta=0°$、$\beta=30°$ 和 $\beta=60°$工况下的阻力系数平均值随之减小。可以看出，阻力系数平均值在 $\beta=0°$工况下变化幅度最大，而在 $\beta=60°$工况下变化幅度最小，这表明与大倾斜角工况相比，阻力系数平均值受小倾斜角的影响较为敏感。然而当 $\alpha\geqslant3.0$ 时，$\beta=0°$ 和 $\beta=60°$工况下的阻力系数平均值趋于一致，且 $\beta=30°$工况下的阻力系数平均值大于 $\beta=0°$ 和 $\beta=60°$工况。由图 2b 可知，当圆柱静止时，三个工况下的升力系数平均值均为 0。随着圆柱转速的增加，三个工况下的升力系数平均值随之减小，$\beta=0°$ 和 $\beta=30°$工况下的升力系数平均值变化趋势趋于一致，$\beta=60°$工况下的升力系数平均值略小于 $\beta=0°$ 和 $\beta=30°$工况。然而当 $\alpha=3.0$ 时，三个工况下的升力系数平均值一致，其值均在 -3 附近。在 $\alpha=4.0$ 时，$\beta=0°$ 和 $\beta=60°$工况下的升力系数平均值变化趋势则趋于一致，$\beta=30°$工况下的升力系数平均值略小。

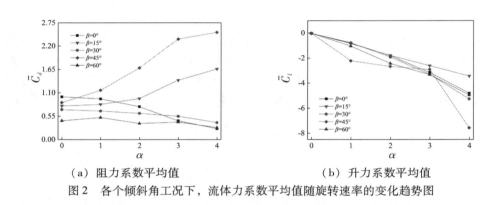

（a）阻力系数平均值 　　　　　（b）升力系数平均值

图 2　各个倾斜角工况下，流体力系数平均值随旋转速率的变化趋势图

5 结论

在均匀来流的作用下，倾斜圆柱绕流特性会随着倾斜角度和旋转速率的变化而变化。对于流体力系数平均值，随着圆柱转速的增大，阻力系数平均值和升力系数平均值随之减小，且与大倾斜角工况相比，阻力系数平均值受小倾斜角的影响较敏感，而升力系数平均值变化则趋于一致。

参考文献

[1] RAMBURG S E. The effects of yaw and finite length upon the vortex wakes of stationary and vibrating circular cylinders [J]. Journal of Fluid Mechanics, 2006, 128 (128): 81 – 107.

[2] FRANZINI G R, GONÇALVES R T, MENEGHINI J R, et al. One and two degrees-of-freedom Vortex-Induced Vibration experiments with yawed cylinders [J]. Journal of Fluids and Structures, 2013, 42: 401 – 420.

紊流下 5:1 矩形抖振阻力展向相关性 *

杨雄伟[1]，李明水[1,2]

（1. 西南交通大学风工程试验研究中心 成都 610031；

2. 风工程四川省重点实验室 成都 610031）

1 引言

抖振是由紊流中脉动分量引起的限幅强迫振动。Davenport[1] 指出：当钝体结构特征尺寸与脉动风漩涡尺寸相近时，钝体表面压力会产生重分布，从而导致抖振力的空间相关性大于脉动风的空间相关性。目前，针对抖振力相关性的研究多集中在抖振升力，而对抖振阻力关注相对较少；另外，相关试验大多在特定风场中进行，缺乏对其系统而全面的研究。为此，本文以 5:1 矩形为例，系统地分析其抖振阻力的分布特性，为进一步研究其他复杂钝体断面气动力空间分布特性奠定基础。

2 风洞试验

试验在西南交通大学 XNJD – 1 工业风洞进行，此风洞是一个拥有两个试验段的回流式风洞。其中，第二段为高速试验段，尺寸为 2.4 m（宽）×2 m（高）×16 m（长）。试验风速 0.5 ～ 45.0 m/s 连续可调，背景紊流度小于 0.5%。试验采用宽高比为 5:1 的矩形断面，模型由高材质塑料制成，内设多组横向和纵向支撑以保证其刚度，模型端部设有端板以减轻模型的端部效应。模型长 1500 mm，宽 500 mm，高 100 mm。模型表面布有 5 排测压孔（间距分别为：80 mm、40 mm、20 mm 和 100 mm），每排测压孔有 56 个测点，测点布置图见图 1。测压数据采集使用 DSM 4000 电子压力扫描阀，每个阀体模块有 64 个通道。模型与采集系统通过测压管连接，阀体放于模型内部以确保测压管在 200 mm 以内，防止风压信号的畸变。采样频率为 512 Hz，采样时间为 60 s。

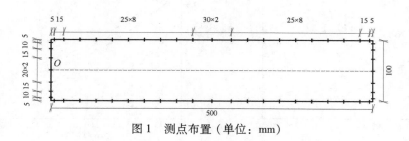

图 1　测点布置（单位：mm）

通过 3 个格栅模拟了 3 组均匀各向同性紊流风场，模型放于格栅下游 4.2 m 处。紊流风场数据通过三维脉动风速测量仪（Cobra Probe）进行采集，该设备各项指标均满足试验要求。数据采样频率和采样时间也分别设置为 512 Hz 和 60 s。紊流风场的基本参数如表 1 所示。

表 1　紊流风场基本参数

格栅	$I_u/\%$	$I_v/\%$	$I_w/\%$	L_u^x/m	L_v^x/m	L_w^x/m	L_u^x/D
A	3.4	2.9	2.9	0.061	0.023	0.023	0.609
B	7.0	6.2	6.1	0.088	0.037	0.031	0.879
C	9.1	7.9	8.2	0.103	0.044	0.039	1.034

* 基金项目：国家自然科学基金项目（51878580）。

3 试验结果

图 1 给出了不同紊流下抖振阻力的展向相关性,一般认为抖振阻力是由脉动风的纵向分量引起,所以图中给出纵向脉动风的相关性作为比较。由图可知:抖振阻力的展向相关性要高于纵向脉动风的相关性,这表明在紊流积分尺度与结构特征尺寸接近时会导致"片条假设"失效。此外,随着 $\frac{L_u^x}{D}$ 的增大,三维效应减弱,抖振阻力的展向相关性越接近风的相关性。为了研究"片条假设"失效原因,下面从各个测点的脉动压力进行研究。如图 2 所示,背风侧脉动风压相关性 > 总体阻力相关性 > 迎风侧脉动风压相关性,且总体阻力的相关性和迎风侧脉动风压相关性接近。由此推测,位于背风面的漩涡展向尺度要比位于迎风面的漩涡展向尺度大得多。这表明相较于背风面脉动风压,迎风面脉动风压对总体阻力的影响更大。图 3 和图 4 分别为迎风面和背风面各测点脉动风压的展向相关性,由图 3 可知:驻点(测点 4)的相关性最好,且距驻点越远测点的相关性越差。图 4 背风面各测点脉动风压的相关性与迎风面正好相反,基点(测点 4′)的相关性最差,且距基点越远测点的相关性越好。

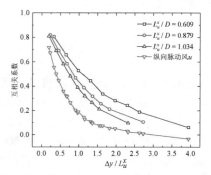

图 1 不同紊流下的抖振阻力互相关系数

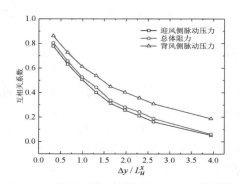

图 2 迎风侧与背风侧脉动压力互相关系数

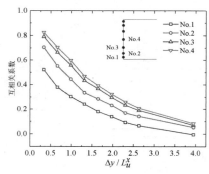

图 3 迎风侧脉动压力互相关系数

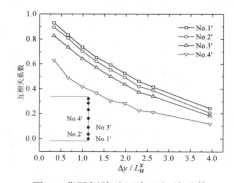

图 4 背风侧脉动压力互相关系数

4 结论

本文通过刚性模型测压试验,研究了 5∶1 矩形抖振阻力的展向相关性,可以得到如下结论:当积分尺度与钝体高度相近时,抖振阻力的展向相关性要高于纵向脉动风的相关性。同时,背风侧脉动压力的展向相关性要明显高于迎风侧脉动压力。此外,对于迎风侧,驻点的相关性最好,距驻点越远测点的相关性越差,而背风侧的结果与迎风侧正好相反。

参考文献

[1] DAVENPORT A G. The response of the slender, line-like structures to a gusty wind [J]. ICE Proceedings, 1962, 23 (3):389 – 408.

顶部脉冲吸气抑制有限长方形棱柱气动力 *

邓国浩[1]，王汉封[1,2]

（1. 中南大学土木工程学院 长沙 410075；

2. 中南大学高速铁路建造技术国家工程实验室 长沙 410075）

1 引言

早期研究，大部分集中探究二维钝体尾流及其气动力特性，而现实工程中大多是一端固定于壁面，另一端为自由端的三维钝体结构，比如高层建筑、电线杆、信号塔、冷却塔等。为了更好地控制钝体结构的气动力，大多数研究学者基于钝体绕流特性提出了许多气动优化的方式，其大体上可以分为被动控制和主动控制。常见被动控制有倒角、切角、凹角、开设孔洞等。相比被动控制，主动控制通过在局部注入能量的方式，从而影响到整体气动力的效果，最为常见的主动控制有吸气[1-2]、吹气、零质量射流等。三维方柱顶部剪切流低频拍动与其展向漩涡脱落之间的关系，还有待进一步探索，故本文选用一种新的主动控制手段，在有限长方柱顶部前缘施加脉冲吸气控制，来扰乱剪切流拍动频率，进一步探究顶部剪切流对模型气动力特性的影响。

2 实验方法

实验在中南大学直流开放式风洞中完成，如图 1 所示，实验模型为高宽比为 5 的正方形棱柱体，高 $H = 0.2$ m，宽 $d = 0.04$ m，悬臂式固定在钢板上。均匀来流速度 $U_\infty = 10$ m/s，对应雷诺数 $Re = 27\ 000$，上标"*"表示用 d、U_1 无量纲化。模型顶面距迎风面边缘 1 mm 处开设一宽 1 mm 长 36 mm 吸气狭缝，通过气管最终与真空抽气泵相连，中间增设流量计监测管道内吸气流量。在狭缝口放置热线监测狭缝吸气速度，在电磁阀常开情况下，调整抽气泵抽气强度使得狭缝吸气速度为 10 m/s，此情况下为定常吸气控制，其他条件不变，控制电磁阀开关频率，即为脉冲吸气控制。定义脉冲吸气系数：

$$f^* = \frac{f_s d}{U_\infty S_t} \tag{1}$$

式中，f_s 为脉冲吸气频率，S_t 为非控制情况下模型的斯托罗哈数。

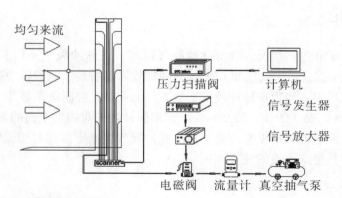

图 1 风洞实验示意图

* 基金项目：国家自然科学基金项目（52078505）。

3 结果与分析

图2给出基准模型沿高度方向的升力自功率谱密度图，可以发现其展向漩涡脱落频率不会随高度而变化。图3给出脉动升力系数 C_i' 沿高度方向的分布情况，可以发现脉冲吸气控制均有明显的抑制作用，尤其在模型固定端附近控制效果最为显著，且当脉冲吸气系数达到一定值后，抑制效果比定常吸气控制效果更佳。图4分别给出了 $C_{d,whole}$、$C'_{d,whole}$ 和 $C'_{1,whole}$ 和随脉冲吸气系数的变化曲线，可以发现脉冲吸气控制和定常吸气控制均明显减小模型的气动力系数的脉动性，且也有减阻效果，其中虚线代表 $f^* = \infty$ 定常吸气控制，$f^* = 0$ 为非控制。

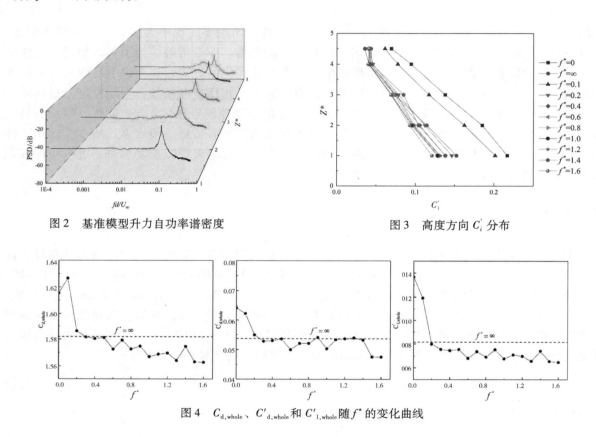

图2　基准模型升力自功率谱密度　　　　图3　高度方向 C_i' 分布

图4　$C_{d,whole}$、$C'_{d,whole}$ 和 $C'_{1,whole}$ 随 f^* 的变化曲线

4 结论

相对于非控制情况，顶部脉冲吸气控制，在脉冲吸气系数 $f^* = 0 \sim 0.6$ 时，随着脉冲吸气系数的增大，模型 $C_{d,whole}$、$C'_{d,whole}$ 和 $C'_{1,whole}$ 的抑制效果越明显，随着脉冲吸气系数的进一步增大，整体气动力抑制效果趋于稳定。当顶部脉冲吸气系数 $f^* = 1.6$ 时，抑制效果最佳，在 $C_{d,whole}$、$C'_{d,whole}$ 和 $C'_{1,whole}$ 上分别减少了 3.263%、25.909%、52.594%。顶部脉冲吸气对模型全高的展向漩涡脱落强度都有明显削弱效果，但对展向漩涡脱落频率没有改变。顶部脉冲吸气控制使顶部剪切流跃过狭缝口后形成周期性的大尺度旋涡，增强了下扫流与尾流的相互作用。

参考文献

[1] PENG S, WANG H F, et al. Low-frequency dynamics of the flow around a finite-length square cylinder [J]. Experimental Thermal and Fluid Science, 2019, 109: 109877.

[2] WANG H F, PENG S, et al. Control of the aerodynamic forces of a finite-length square cylinder with steady slot suction at its free end [J]. Journal of Wind Engineering & Industrial Aerodynamics, 2018, 179: 438 – 448.

基于 LES 的涡振状态下宽高比 4:1 矩形截面气弹模型与刚性模型的气动力对比[*]

汤源彦，回忆，李珂

（重庆大学土木工程学院 重庆 400030）

1 引言

桥梁跨径的增长使得其自振频率不断下降，对风荷载的敏感性急剧增加，其中涡激振动是大跨桥梁结构最为重要的风致振动类型之一[1]。由于宽高比 4:1 矩形截面模型具有固定的分离点，并且能产生大振幅的涡激振动[2]，因此，本文基于大涡模拟（LES）技术，通过 ANSYS Fluent 平台数值模拟宽高比 4:1 矩形截面模型的涡激振动，对比最大涡振振幅风速下，刚性模型、气弹模型的流场和气动力的分布，分析涡振对模型流场和气动力分布的改变。

2 计算方法及参数设置

本文数值模拟通过 ANSYS Fluent 平台进行，计算域如图 1 所示，x、y、z 轴分别代表模型宽度方向、高度方向和展向。模型宽度（B）和高度（D）分别为 0.3 m 和 0.075 m，展向尺寸为 0.3 m。入口面边界条件为 velocity-inlet，出口面边界条件为 pressure-out，顶、底面边界条件为 symmetry，前、后面边界条件为 periodic，模型壁面边界条件为 no-slip。为了减小边界条件对数值模拟的影响，入口面、顶面和底面到模型壁面距离为 $60D$，出口面到模型壁面距离为 $160D$。计算域网格数量约为 206 万，其中展向网格尺寸为 $0.1D$，壁面网格高度、宽度为 $0.0003D$ 和 $0.0045D$，边界层网格层数为 15，网格尺寸膨胀率为 1.05，如图 1 所示。

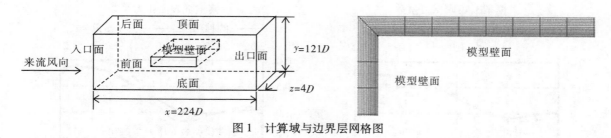

图 1　计算域与边界层网格图

本文流体控制方程通过 ANSYS Fluent 平台求解，其中压力速度耦合采用 SIMPLE 算法，对流项离散格式为 Bounded Central Differencing，速度项离散格式为 Second Order，时间离散为 Second Order Implicit；气弹模型控制方程则通过自编 User-Defined Functions，采用 Newmark-Beta 法求解并与 ANSYS Fluent 实现数据交换与更新。

3 模拟结果

气弹模型折算风速与振动位移均方差曲线如图 2 所示。由图 2 可知，涡振计算结果与试验值[3]接近，表明本文计算方法具有较好的准确性和可信性。

* 基金项目：国家自然科学基金项目（52078087）。

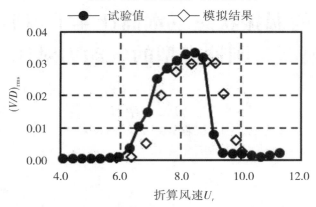

图2　宽高比4:1矩形气弹模型折算风速与振动位移方差曲线图

由图2可知，当折算风速为8.8时，气弹模型出现最大幅值的涡振。在此风速下，刚性模型和气弹模型的三分力系数如表1所示。由表1可知，刚性模型和气弹模型三分力系数平均值相近；而由于涡振的影响，气弹模型升力系数脉动值是刚性模型的1.7倍。

表1　刚性模型和气弹模型三分力系数（折算风速 = 8.8）

	$\bar{C}_D$	$\bar{C}_L$	$\bar{C}_M$	$C_D^{'}$	$C_L^{'}$	$C_M^{'}$
刚性模型	0.26	− 0.03	0.00	0.01	0.06	0.01
气弹模型	0.28	− 0.02	0.00	0.02	0.10	0.04

在升力最大时刻，刚性模型和气弹模型上、下表面的压力系数如图3所示。由图3可知，涡振改变了气弹模型上、下表面气动压力的分布，上表面尾部区域的负压增大，下表面尾部附近区域的负压减小甚至出现正压。这导致气弹模型升力最大值较刚性模型增大。

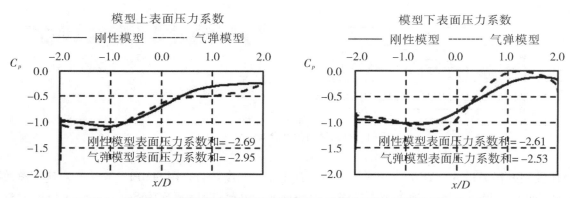

图3　升力最大时刻刚性模型与气弹模型压力系数分布图（折算风速 = 8.8）

参考文献

［1］葛耀君，赵林，许坤.大跨桥梁主梁涡激振动研究进展与思考［J］.中国公路学报，2019，32（10）.

［2］LVAREZ A J，NIETO F. 3D LES simulations of a static and vertically free-to-oscillate 4∶1 rectangular cylinder：Effects of the grid resolution［J］. Journal of Wind Engineering and Industrial Aerodynamics，2019，192∶31 − 44.

［3］MARRA A M，MANNINI C. Van der Pol-type equation for modeling vortex-induced oscillations of bridge decks［J］. Journal of Wind Engineering & Industrial Aerodynamics，2011，99（6 − 7）∶776 − 785.

柔性风屏障对矩形柱体气动特性的影响 *

尹亚鹏[1]，王汉封[1,2]，李欢[1]，谢祖育[1]，刘航钊[1]，黄致睿[1]

（1. 中南大学土木工程学院 长沙 410075；

2. 中南大学高速铁路建造技术国家工程实验室 长沙 410075）

1 引言

矩形柱体的分离再附流动和气动特性是流体力学的基本问题。Bruno 等人[1]发起成立了 BARC（a benchmark on the aerodynamics of a rectangular 5∶1 cylinder）平台，并总结了宽高比为 5 的矩形柱体的气动特性。目前已有较多学者[2-3]采用试验和数值模拟方法研究了宽高比为 5 的矩形柱体的气动特性，但较少人研究附属设施对矩形柱体气动特性的影响，特别是柔性风屏障的影响。本文首先采用了烟线法对矩形柱体的分离再附流动进行了可视化研究。随后，采用了测压和测力试验，通过改变雷诺数、风攻角等参数，系统地研究柔性风屏障对矩形柱体气动特性的影响。

2 试验测试

烟线流动可视化试验在中南大学小风洞实验室进行，试验段尺寸为 0.45 m(B)×0.45 m(D)。测压和测力试验在中南大学风洞实验室高速试验段进行，试验段尺寸为 3 m(B)×3 m(D)，湍流度≤0.5%。试验模型为一矩形柱体，其尺寸为 0.5 m(B)×0.1 m(D)×1.8 m(L)(B/D=5∶1)。采用 PSI 公司的 DTCnet ESP－64HD 压力扫描阀系统进行测压试验，采样频率约为 333.5 Hz，采样点数为 20 000。采用 ATI Omega 160 天平进行测力试验，天平最大量程为 2500N，采样频率为 2000 Hz，采样点数为 20 000。试验风速从 4 ~24 m/s 变化，对应雷诺数范围为 $2.8 \times 10^4 \sim 1.68 \times 10^5$。试验风攻角在 0°~+20°范围内变化，阻塞度变化范围为 2%~5.3%，本文所有测压数据均未进行阻塞度修正。

3 结果分析

3.1 流动可视化结果

对不同风攻角下烟线流动可视化结果进行分析，可以发现，模型上表面的分离泡随着风攻角的增加而增长，且当风攻角≥4°时不能重新附着，下游的尾流宽度逐渐变大；模型下表面的分离泡随着风攻角的增加而减小，且当风攻角≥18°时，流线几乎平行于模型下表面，分离泡几乎消失。考虑到柔性风屏障拍动形态的复杂性、随机性，本文未对带有柔性风屏障的矩形柱体进行流动烟线可视化试验。

3.2 平均压力和脉动压力

图 1 是 0°攻角下与前人的试验结果的对比，可以看出本文结果与已有试验结果吻合较好，且脉动风压值测量精度较高，能够较好地捕捉到风压脉动情况。

* 基金项目：国家自然科学基金项目（52078505）。

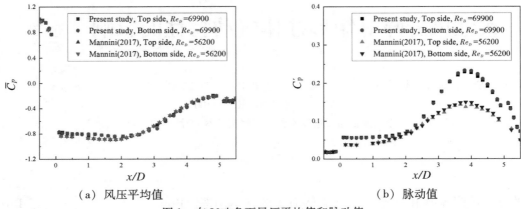

（a）风压平均值 （b）脉动值

图 1 在 0°攻角下风压平均值和脉动值

3.3 气动力特性

对比图 2 中有无柔性风屏障的气动力系数（$0D$ 表示无，$0.2D$ 表示矩形柱体带有柔性风屏障的高度为 $0.2D$），可以发现，在 0°～10°攻角范围内，柔性风屏障可降低阻力系数，最大降幅 13.6%；当攻角超过 10°后，柔性风屏障会略微增加阻力系数。在 0°～8°攻角范围内，柔性风屏障可降低升力系数，降低幅度与雷诺数有关。

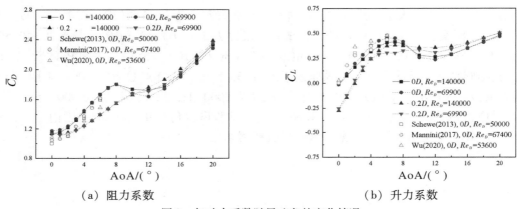

（a）阻力系数 （b）升力系数

图 2 气动力系数随风攻角的变化情况

4 结论

在 0°～10°攻角范围内，柔性风屏障可降低阻力系数，最大降幅 13.6%。当攻角超过 10°后，柔性风屏障会略微增加阻力系数。在 0°～8°攻角范围内，柔性风屏障可降低升力系数，降低幅度与雷诺数大小有关。

参考文献

［1］ BRUNO L, SALVETTI M V, RICCIARDELLI F. Benchmark on the aerodynamics of a rectangular 5∶1 cylinder：an overview after the first four years of activity ［J］. Journal of Wind Engineering and Industrial Aerodynamics, 2014, 126：87 - 106.

［2］ WU B, LI S, LI K, et al. Numerical and experimental studies on the aerodynamics of a 5∶1 rectangular cylinder at angles of attack ［J］. Journal of Wind Engineering and Industrial Aerodynamics, 2020, 199：104097.

［3］ MANNINI C, MARRA A M, PIGOLOTTI L, et al. The effects of free-stream turbulence and angle of attack on the aerodynamics of a cylinder with rectangular 5∶1 cross section ［J］. Journal of Wind Engineering and Industrial Aerodynamics, 2017, 161：42 - 58.

IDDES 对简化重型车尾部流场预测能力研究

郭展豪[1,2,3]，张洁[1,2,3]，John Sheridan[4]，王璠[1,2,3]，高广军[1,2,3]

（1. 中南大学轨道交通安全教育部重点实验室 长沙 410075；

2. 中南大学轨道交通安全关键技术国际合作实验室 长沙 410075；

3. 中南大学轨道交通安全保障技术国家地方联合工程研究中心 长沙 410075；

4. Department of Mechanical and Aerospace Engineering, Monash University, Clayton, Australia 3800）

1 引言

最近，国外对简化重型车 GTS（ground transportation system）进行了一系列的试验和仿真研究[1-3]，发现在 GTS 尾部垂直中平面上存在两种不同的流态。流态 I：在垂直中平面上，GTS 背面靠近底部处存在一个较大的三角形涡旋，GTS 顶部远离其背面处存在一个较小的椭圆形涡旋；流态 II 中，这两个涡旋的位置与流态 I 互为反对称。另外，在这两种流动状态切换的瞬间，还可以观察到另一种过渡的流动状态：垂直中平面上为一对对称涡旋。IDDES 作为一种新的 RANS/LES 混合湍流模型，其对 GTS 模型尾部这种双稳态流场的预测能力还待进一步验证，而本文的主要目的就是对其进行评估，并在此基础上探究不同计算参数对其预测能力的影响。

2 研究方法和内容

2.1 研究方法

本文所采用模型如图 1 所示，该模型与 Rao 等人[2-3]的模型相同，长 $L = 495$ m，宽 $W = 64$ mm，高 $H = 90$ mm。在本文的研究中，为尽可能地减小边界条件和阻塞比（$R \leqslant 1\%$）对 GTS 周围流场的影响，GTS 模型的位置布置和计算域的大小设定如图 2 所示。

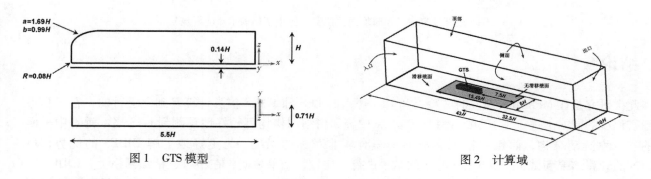

图 1 GTS 模型　　　　　　　图 2 计算域

2.2 研究内容

图 2 比较了不同网格 GTS 尾部垂直中平面无量纲化时均速度云图和流线图。从图 2a 可见，粗糙网格在垂直中平面上显示出轻微的非对称流动结构，类似于流动状态 II，但其所预测的流场非对称性却远不如 LES 的强（流态 II）[2]。而中等和精细网格（图 2b、图 2c），其流场结构几乎相同，并且与文献［1］中试验所观察到的流场结构相似（流态 I）。

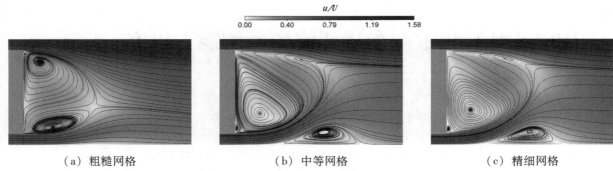

（a）粗糙网格　　　　　　　　（b）中等网格　　　　　　　　（c）精细网格

图 2　GTS 尾部垂直中平面上无量纲时均速度云图和流线图

　　图 3 比较了不同工况下垂直中平面上的涡核位置。图 3a 中，与 LES 和 PANS 相比，粗糙网格的涡核位置总体位于更上游、更靠近 GTS 的背面，而且与 LES 和 PANS 的涡核位置距离相差较大。这可能是网格精度不足，使得 IDDES 切换到 URANS 所致；因此，粗糙网格下，IDDES 所得到的流场并不能归类为流动状态 II。图 3b 中，鞍点位置 S，中等网格相对更为接近文献 [1] 的试验结果；而其他涡核位置，精细网格的比中等网格更接近文献 [1] 试验的结果。总的来看，中等、精细网格所预测的涡核和鞍点位置与试验 [1] 均较为吻合。

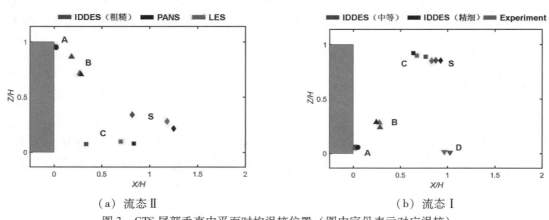

（a）流态 II　　　　　　　　　　　　　（b）流态 I

图 3　GTS 尾部垂直中平面时均涡核位置（图中字母表示对应涡核）

3　结论

　　此次研究是在 McArthur 等人的试验[1]和 Rao 等人的 LES 和 PANS 仿真计算基础上进行的，在三套不同细密程度的网格上进行了 IDDES 模拟。其中，中等和精细网格均可较好地预测到 GTS 尾部垂直中平面上的非对称流动结构，而粗网格则显示的是一对弱非对称的涡旋。为更好地了解 IDDES 的优势，将 IDDES 的计算结果和试验、LES 和 PANS 的结果进行了比较，结果表明，在中等、精细网格上，IDDES 所预测的非对称流场结构，与试验的流场结构高度相似。由此可知，IDDES 能够相对准确地预测 GTS 尾部的非对称流场结构。

参考文献

[1] MCARTHUR D, BURTON D, THOMPSON M C, et al. On the near wake of a simplified heavy vehicle [J]. Journal of Fluids and Structures, 2016, 66：293 – 314.

[2] RAO A N, ZHANG J, MINELLI G, et al. An LES investigation of the near-wake flow topology of a simplified heavy vehicle [J]. Flow, Turbulence and Combustion, 2018a, 102 (2)：389 – 415.

[3] RAO A N, MINELLI G, ZHANG J, et al. Investigation of the near-wake flow topology of a simplified heavy vehicle using PANS simulations [J]. Journal of Wind Engineering and Industrial Aerodynamics, 2018b, 183：243 – 272.

矩形断面气动导纳的大涡模拟研究 *

李威霖，牛华伟，华旭刚，陈政清

（湖南大学风工程与桥梁工程湖南省重点实验室 长沙 410082）

1 引言

气动导纳函数是计算大跨度桥梁和高耸建筑抖振响应的重要参数，常在两类脉动风场下识别：单频谐波风场、宽频湍流风场，但对钝体断面，由于其流动分离特性，两类风场下识别的结果是否一致尚未得到验证，限制了气动导纳函数在抗风实践中的应用。为此，首先在 CFD 内产生了单频正弦谐波及应用 PRFG³ 方法合成了不同湍流特性的均质各向同性湍流，然后通过 LES 识别了宽高比为 6 : 1 的矩形断面在上述两类来流下的气动导纳函数。

2 LES 设置及网格图

图 1 为宽高比为 6 : 1 矩形断面 LES 计算域示意图，采用 One-equation 涡黏湍流模型，网格总数量约 510 万。

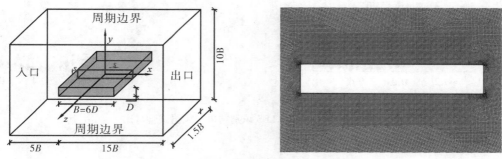

图 1　6 : 1 矩形 LES 计算示意图及网格照片

3 脉动风场

3.1 单频谐波风场

为在 CFD 内产生竖风向正弦脉动气流[1]，该脉动气流需遵守欧拉方程，以在流场内能无衰减地传输，图 2 为模拟折减频率为 0.1 竖风向脉动气流的时程曲线及相应流场图。

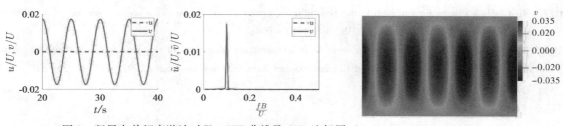

图 2　竖风向单频率谐波时程、FFT 曲线及 CFD 流场图 （$A_v/U = 0.0175$，$fB/U = 0.1$）

* 基金项目：国家自然科学基金项目（51478181）。

3.2 宽频湍流风场

采用 PRFG³ 方法生成了 5 种入口湍流[2]，图 3 为空风场下图 1 中坐标原点处测得的各方向脉动风速功率谱。

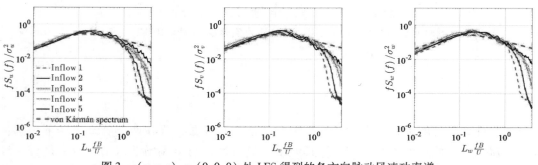

图 3 $(x,y,z) = (0,0,0)$ 处 LES 得到的各方向脉动风速功率谱

4 气动导纳识别

图 4 为通过 LES 识别的 6:1 矩形断面气动导纳结果与文献上的风洞试验结果[3]的对比。

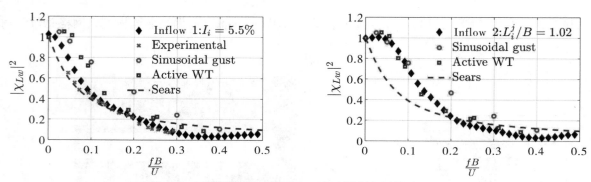

图 4 6:1 矩形断面气动导纳 LES 识别结果与风洞试验对比

5 结论

在宽频湍流下，增加湍流度可使 6:1 矩形断面的气动导纳函数接近与 Sears 函数，但当湍流度增大至 16%，又会高于 Sears 函数。当湍流积分尺度较小时，6:1 矩形断面的气动导纳识别结果在宽频湍流场低于正弦谐波风场，但当湍流积分尺度增大，二者趋于相同。

参考文献

［1］ LI W, PATRUNO L, NIU H, et al. Identification of complex admittance functions using 2D-URANS models: Inflow generation and validation on rectangular cylinders［J］. Journal of Wind Engineering and Industrial Aerodynamics, 2021, 208: 104435.

［2］ PATRUNO L, RICCI M. A systematic approach to the generation of synthetic turbulence using spectral methods［J］. Computer Methods in Applied Mechanics and Engineering, 2018, 340: 881－904.

［3］ SANKARAN R, JANCAUSKAS E D. Direct measurement of the aerodynamic admittance of two-dimensional rectangular cylinders in smooth and turbulent flows［J］. Journal of Wind Engineering and Industrial Aerodynamics, 1992, 41 (1－3): 601－611.

三维方柱自由端颤振柔性薄膜尾流结构 *

赵崇宇[1]，王汉封[1,2]

（1. 中南大学土木工程学院 长沙 410075；
2. 中南大学高速铁路建造技术国家工程实验室 长沙 410075）

1 引言

作为优化钝体气动力以及抑制流致振动的有效方法之一，钝体的流动控制得到了广泛的研究以及应用[1-2]。三维钝体尾流由于受自由端下扫流控制，通过对下扫流施加影响可控制钝体进而改善整体气动力以及抑制涡激振动[3-4]；而由于柔性薄膜发生颤振后可在尾流诱发大尺度漩涡[5]，也经常被用于增强管道热交换等应用[6]。因此，本文将颤振薄膜应用于三维方柱自由端剪切流位置，意欲讨论其颤振后诱发旋涡对柱体尾流结构以及整体气动力的影响。

2 研究方法

实验在一小型直流式风洞中进行，试验段截面 0.45 m×0.45 m，湍流度小于 0.5%，有限长方柱宽度 $d=40$ mm，$H/d=5$，如图 1a 所示刚性安装在头部流线型铝板上，实验风速 $U_\infty=7$ m/s，方柱表面设置有五层测压孔以通过积分计算整体气动力。柔性薄膜竖直悬臂安装在自由端前缘，使用高压聚乙烯材料制成，厚度 0.04 mm，宽度为 $d=40$ mm，长度分别为 20 mm 和 40 mm，对应无量纲长度 $l^*=1/2$ 和 1。实验借助时间同步器与电信号采集器将柱体表面风压与 PIV 采集的图像相对应，进而对其进行相位平均分析，如图 1a 所示；每次触发 PIV 系统，时间同步器都会同步输出脉冲电信号，如图 1b 红色脉冲所示；与此同时，风压传感器持续输出顶部风压电信号，如图中黑色信号所示。因为顶部风压能很好体现薄膜颤振所带来的风压变化，所以可以以该信号为参考信号对 PIV 获取的流场进行相位平均分析。

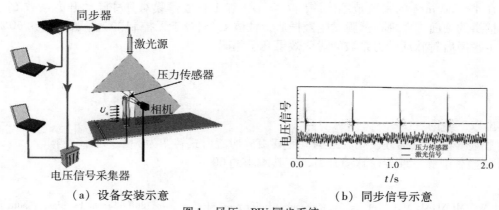

（a）设备安装示意　　　　　（b）同步信号示意

图 1　风压 – PIV 同步系统

3 内容

如图 2 所示，从左到右依次为无控制情况、$l^*=1/2$ 和 1 长度薄膜影响下，某一相位下的柱体尾流 $y^*=0$ 平面和 $z^*=4$ 平面流场的无量纲涡量 w_y^* 云图以及 V^* 云图，图中左侧阴影部分为方柱所在位置。可见在颤振薄膜的影响下，顶部原有的剪切流结构变为依次向下游移动的涡团结构，并且可发现 4 cm 薄膜诱发的漩涡更大，漩涡之间间距更大，即生成漩涡的频率更低。

* 基金项目：国家自然科学基金项目（52078505）。

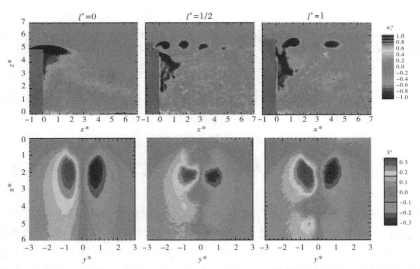

图 2 $y^* = 0$ 平面和 $z^* = 4$ 平面无控制情况以及 $l^* = 1/2$ 和 1 长度颤振薄膜控制下方柱尾流相位平均的 w_y^* 云图以及 V^* 云图

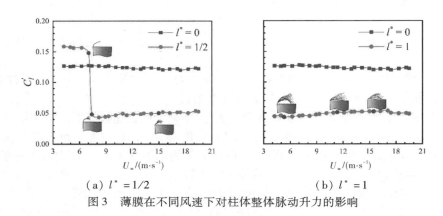

（a）$l^* = 1/2$ （b）$l^* = 1$

图 3 薄膜在不同风速下对柱体整体脉动升力的影响

除此之外，在 $4 \sim 20$ m/s 的来流范围内测试 $l^* = 1/2$ 和 1 长度薄膜对方柱脉动升力系数 C_l' 的影响，对比高速相机所拍摄的画面，发现在薄膜发生颤振后，柱体 C_l' 相较于无控制工况显著降低约 60%，且两种长度薄膜在发生颤振后对脉动升力系数的优化效果几乎相同。

4 结论

风洞试验得出以下结论：

（1）颤振薄膜显著改变三维方柱尾流结构，使其由剪切流形式转变为一系列涡团结构。

（2）颤振薄膜显著削弱三维方柱脉动升力，使其减小约 60%。

参考文献

[1] SUNG Y, KIM W, MUNGAL M G, et al. Aerodynamic modification of flow over bluff objects by plasma actuation [J]. Experiments in Fluids, 2006, 41 (3): 479 - 486.

[2] CHOI H, JEON W-P, KIM J. Control of flow over a bluff body [J]. Annual Review of Fluid Mechanics, 2008, 40 (1): 113 - 139.

[3] LI Y, LI S Q, ZENG L W, et al. Control of the VIV of a cantilevered square cylinder with free-end suction [J]. Wind and Structures, 2019, 29 (1): 75 - 84.

[4] WANG H, PENG S, LI Y, et al. Control of the aerodynamic forces of a finite-length square cylinder with steady slot suction at its free end [J]. Journal of Wind Engineering and Industrial Aerodynamics, 2018, 179: 438 - 448.

[5] ZHANG J, CHILDRESS S, LIBCHABER A, et al. Flexible filaments in a flowing soap film as a model for one-dimensional flags in a two-dimensional wind [J]. Nature, 2000, 408: 835 - 839.

[6] LEE J B, PARK S G, KIM B, et al. Heat transfer enhancement by flexible flags clamped vertically in a Poiseuille channel flow [J]. International Journal of Heat and Mass Transfer, 2017, 107: 391 - 402.

主桥与引桥断面差异对大跨桥上风屏障防风性能影响研究 *

汪震[1]，何旭辉[1,2]，邹云峰[1,2]，刘路路[1]

（1. 中南大学土木工程学院 长沙 410075；

2. 轨道交通工程结构防灾减灾湖南省重点实验室 长沙 410075）

1 引言

随着我国高速铁路网的日益密集，线路常要穿越大风区域，强侧风作用下的高速列车行车安全愈发突出。风屏障作为一种经济、简单和有效的防风措施在世界范围内得到广泛应用。风屏障的防风性能不仅与自身形式有关，还与其下部结构密切相关[1-2]。桥梁作为一种重要的结构形式，在我国高铁线路中占比超过80%，高铁线路上的风屏障大多都安装在桥梁上，桥上风屏障的防风性能会受到下部主梁断面形式的影响。目前，风屏障形式的确定主要根据主桥断面，且主桥与引桥采用同一形式风屏障。然而，主桥与引桥主梁断面形式往往差异很大，相同风屏障形式的防风性能却不相同。当列车通过大跨度桥梁时，其风荷载在短时间内发生突然变化，将给行车安全带来不利影响[3]。为此，本文以某一新建高铁线路的大跨斜拉桥为例，通过风洞试验研究主桥与引桥主梁断面差异对桥上风屏障防风性能带来的影响。

2 风洞试验概况

试验桥梁节段模型来自某一新建高铁线路大跨斜拉桥的主桥与引桥，主桥断面形式为流线型箱梁，引桥为混凝土箱梁，列车选用 CRH2 型列车的中车断面，桥梁与列车模型按照 1∶40 的缩尺比制作。桥梁节段模型尺寸如图 1、图 2 所示。

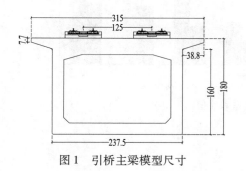

图 1　引桥主梁模型尺寸　　　　　　图 2　主桥主梁模型尺寸

风洞试验在中南大学高速铁路风洞试验系统中进行。列车表面风压采用美国 PSI 公司的 DTC Initium 网络智能式风洞电子压力扫描系统测量，来流风速通过皮托管测量，采样频率为 330 Hz，采样时长为 30s。选取了单车迎风与单车背风两种车桥组合状态，分析不同风屏障高度与透风率的格栅式风屏障，因主桥与引桥主梁断面差异对其防风性能造成的影响。进行了风屏障高度为 2 m、2.5 m、3 m 和 3.5 m，透风率为 20%、30%、40% 和 50% 等多个工况的风洞试验研究，来流为风向角 90° 的横风，试验风攻角均为 0°，采用 2 种风速（10 m/s 和 15 m/s）进行试验，以便试验结果的校核。

3 试验结果分析

为了直观反映风屏障对列车气动特性的影响，下述分析中采用设置风屏障时与主桥同一线路上未设

* 基金项目：国家自然科学基金项目（52078504、U1934209、51925808）。

置风屏障时三分力系数比值表示，如图3、图4所示。各个工况中列车弯矩系数均处于较低水平，列车的行车安全主要由阻力系数与升力系数控制。风屏障高度由2 m增加为2.5 m时，列车的阻力与升力系数差异最为明显，此时主桥上列车阻力系数突降，升力系数突增，远高于引桥，造成该现象可能是风屏障高度的增加使车桥系统绕流形式发生变化。随风屏障高度继续增加，引桥上列车阻力与升力系数变化较小，主桥上列车的阻力系数基本不变，但升力系数显著降低。列车阻力与升力系数随风屏障透风率的增加逐渐增加。引桥上的列车在透风率达到40%后，升力系数与无风屏障时的基本接近，但主桥上列车升力系数随透风率的增加显著增大，尤其是在透风率从20%增加至30%时，升力系数增加最为明显。

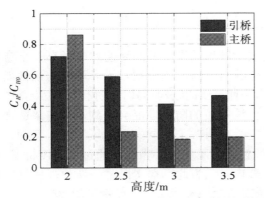 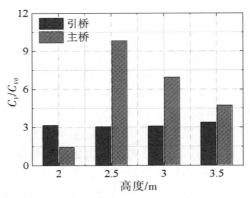

图3　不同高度风屏障的迎风侧列车气动力系数比值

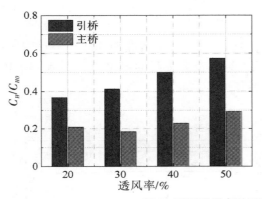 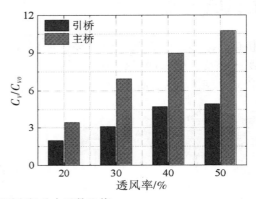

图4　不同透风率风屏障的迎风侧列车气动力系数比值

4　结论

主桥上列车气动力系数受风屏障高度影响较大，在2～2.5 m时车桥系统的绕流形式发生改变，阻力系数突然减小，升力系数突增。主桥上列车的升力系数对透风率变化较为敏感，引桥上列车升力系数在透风率达到40%后基本趋于稳定。

参考文献

［1］XIANG H, LI Y, CHEN S, et al. Wind loads of moving vehicle on bridge with solid Wind barrier［J］. Engineering Structures，2018，156：188－196.

［2］GU H, LIU T, JIANG Z, et al. Research on the wind-sheltering performance of different forms of corrugated wind barriers on railway bridges［J］. Journal of Wind Engineering and Industrial Aerodynamics，2020，201：104166.

［3］KIM S, JAE-HONG S, KIM H. How wind affects vehicles crossing a double-deck suspension bridge［J］. Journal of Wind Engineering and Industrial Aerodynamics，2020，206：104329.

均匀流场串列圆柱涡激振动气动干扰及抑振措施研究 *

李昊洋[1]，马存明[1,2]，裴城[1]

（1. 西南交通大学桥梁工程系 成都 610031；

2. 风工程四川省重点实验室 成都 610031）

1 引言

国内外已经有了大量关于串（并）列圆柱气动干扰效应的试验和研究成果。Rupert G Williams[1] 等指出当两个并列圆柱的距离为 $1.0D \sim 1.5D$ 时会发生互相干扰的驰振，认为上游圆柱尾流影响区域可以大于 $3.8D$。Zdravkovich[2] 等曾对两串列和交错放置的圆柱绕流问题进行过试验研究，发现中心距存在一个临界值。两个串列的圆柱不仅会出现尾流驰振，当上下游圆柱的距离较远时，下游圆柱处在上游圆柱尾流造成的不稳定区域中，可能会表现出较为复杂的涡激振动形式，同时下游圆柱也可能对上游圆柱的振动产生一定的影响。本文通过大量试验对间距不同的两个并列圆柱进行了测振实验，发现随着并列圆柱间距的增加，上下游圆柱会表现出不同的振动形式，最后通过施加刚性连接和弹性连接两种方式进行抑振。

2 试验概况

本试验在西南交通大学 XNJD - 2 风洞进行，模型长 94 cm，直径 D 为 11 cm。首先进行了单个圆柱的测振试验，然后采用串列双圆柱模型，两个圆柱的间距比（B/D，B 为两个圆柱圆心之间的距离）从 1 增至 18。在 4 倍直径（$4D$）间距时采取了将两个圆柱分别使用弹性和刚性两种连接方式的抑振措施。弹性连接是在圆柱两端的支架上用具有足够弹性的弹性绳连接；刚性连接使用刚性钢管，钢管两端分别与支架固结。

| （a） $B = 2D$ | （b） $B = 4D$ | （c） $B = 6D$ | （d） $B = 18D$ |

图 1 部分试验工况图

3 试验结果

通过大量试验发现处在同一均匀流中的两个并列圆柱会产生相互影响。在两个圆柱的间距较小时（$1D \sim 4D$），下游圆柱受上游圆柱尾流影响较大，下游圆柱振幅较低，上游圆柱振幅和单个圆柱的振幅较为接近；随着间距的增加（$5D \sim 10D$），下游模型的振幅增大，上游模型振动受下游模型的影响振幅降低；当上下游圆柱的间距继续增加（$12D \sim 18D$），上游圆柱的振幅与单个圆柱的振幅接近，而下游模型依旧受上游模型尾流的影响，振幅较低。

* 基金项目：国家自然科学基金项目（5207082707）。

增加措施以后，弹性连接和刚性连接均能使下游圆柱振幅降低，两种措施对上游圆柱的影响均较小。

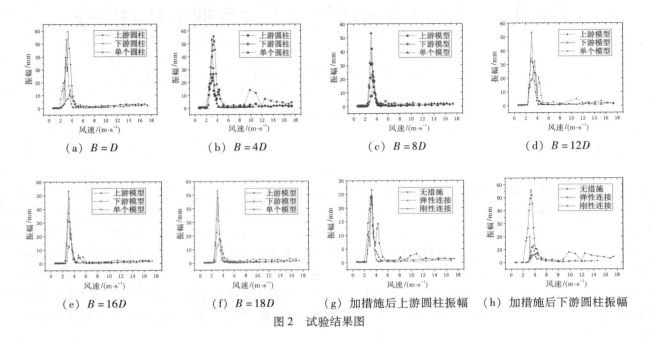

| （a） $B = D$ | （b） $B = 4D$ | （c） $B = 8D$ | （d） $B = 12D$ |

| （e） $B = 16D$ | （f） $B = 18D$ | （g）加措施后上游圆柱振幅 | （h）加措施后下游圆柱振幅 |

图 2　试验结果图

4　结论

（1）上游、下游圆柱的涡激振动锁定区间不随上下游圆柱的间距比 B/D 的变化而变化；上游、下游圆柱涡激振动振幅随间距比 B/D 变化而变化。

（2）串列圆柱对上游圆柱涡激振动的气动干扰效应受上下游圆柱的间距比 B/D 的影响，且这种干扰效应存在一个临界值，即当间距比 $B/D = 5 \sim 10$ 时，对上游圆柱涡激振动的干扰效应最为明显，随着间距比的减小或增大，这种干扰效应逐渐减弱。

（3）串列圆柱对下游圆柱涡激振动的气动干扰效应与上游圆柱涡激振动的振幅有密切关系，当上游圆柱振幅较大时，上游圆柱对下游圆柱的干扰主要表现为抑制作用；而当上游圆柱振幅较小时，其对下游断面的干扰效应则表现为增大效应，随着间距比的增加，这种干扰逐渐减弱。

（4）弹性连接和刚性连接均能降低下游圆柱模型的振幅，而对上游模型抑振效果较差。

参考文献

[1] WILLIAMS R G, SUARIS W. Analytical approach to wake interference effects on circular cylindrical structures [J]. Journal of Sound and Vibration, 2006, 295: 266-281.

[2] ZDRAVKOVICH M M. Review of flow interference between two cylinders in various arrangement [J]. Journal of Fluids Engineering, 1977, 99 (4): 618-633.

流线型箱梁断面刚性模型测压法和测力法一致性研究 *

李敬洋[1]，李少鹏[1]，李正良[1]，吴波[2]

（1. 重庆大学土木工程学院 重庆 400045；

2. 重庆交通大学土木工程学院 重庆 400074）

1 引言

节段模型测压法和刚性模型测力法是常用的两种气动导纳桥梁断面气动导纳风洞试验方法。测压法一般用于闭口箱梁断面任意截面气动力的测量，有助于直接了解抖振力的三维空间分布特性，进而得到桥梁断面的三维气动导纳。但是，该方法的局限是无法测量复杂开口式桥梁断面的抖振力，如桁架梁、π形梁等。相比而言，测力法可以应用于任意桥梁断面抖振力的试验测量。与测压法相比，测力法的局限为只能确定一定长度梁段的抖振力特性，难以直接研究抖振力的空间分布特性和三维气动导纳。因此，本文的目的是基于三维抖振分析理论建立测压法和测力法所得抖振力参数的内在关系，进而通过风洞试验直接验证两种方法之间的一致性，为复杂桥梁断面抖振力特性和三维气动导纳精确识别提供一定参考。

2 理论分析

图 1 给出了节段模型测力法和测压法的示意图。

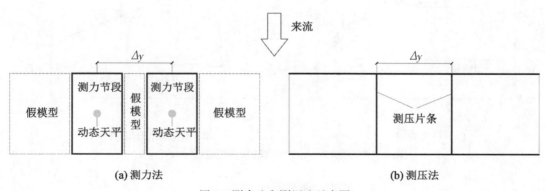

图 1 测力法和测压法示意图

基于三维抖振分析理论和 Jakobsen 相干函数模型，得到节段模型测力法和测压法所得抖振力参数之间的内在联系如下[1]：

$$\frac{S_L^{sg}(k_1)}{S_L^{eq}(k_1)} = \frac{1}{2(\pi A_J^{eq})}[2\pi A_J^{eq}l - 1 + e^{-2\pi A_J^{eq}l}] \tag{1}$$

式中，标 "eq" 表示测压片条，标 "sg" 表示梁段，l 为梁段的长度，A_J 为 Jakobsen 相干函数模型中的衰减系数。根据上述抖振力点谱的内在关系式，可得到两种方法内在关系[2]：

$$\frac{\Phi_L^{sg}(k_1,k_2)}{\Phi_L^{eq}(k_1,k_2)} = \frac{2(\pi A_J^{eq}l)^2 \mathrm{sinc}^2(\pi l k_2)}{(2\pi A_J^{eq}l - 1 + e^{-2\pi A_J^{eq}l})} \tag{2}$$

* 基金项目：国家自然科学基金面上项目（51978108）；重庆市科委自然科学基金面上项目（cstc2020jcyj - msxmX0937）；中央高校基本业务费（2020CDJ - LHZZ - 016，2021CDJQY - 025）。

3 测力法和测压法试验结果的一致性讨论

本文研究在西南交通大学 XNJD–1 风洞开展。为了便于分析且不失一般性，本文采用典型流线型向断面模型（图2）。分别通过节段模型测压和双天平不同测力法确定相同间距两个片条和两个梁段上的抖振力。模型采用 DMS 3400 同步压力扫描系统对模型表面的脉动压力进行测量，沿展向设计 4 排测点，每排测点布置 60 个测压孔为了减小测力法中附属支撑杆件对气动荷载的影响。

基于第二节的理论分析模型和测力试验结果，可以计算得到任意片条上的抖振力。如图 3a 所示，基于测力法得到的片条抖振力谱与测压片条测量结果吻合良好，验证了本文提出方法的有效性。为了进一步验证测力法和测压法所得抖振力相关性的一致性，图 3b 对比了两种方法计算的抖振力相干函数。研究表明；基于双天平测力法所得的片条抖振力相干函数与测压法计算结果能够良好吻合。

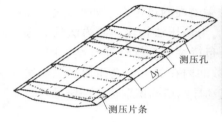

图2　双天平同步测力试验

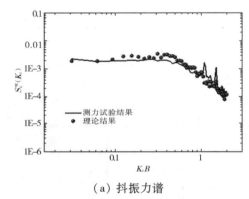
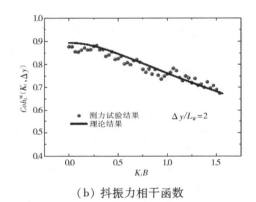

（a）抖振力谱　　　　　　　　　　（b）抖振力相干函数

图3　测力法和测压法参数的一致性验证

4 结论

基于三维抖振分析理论，建立了节段模型测压法和测力法所得抖振力参数之间的数学关系，明确了两种方法在理论上的一致性。该方法可以应用于复杂桥梁断面抖振力空间分布特性和三维气动导纳识别研究之中。本文进一步通过紊流下节段模型同步测压试验和双天平同步测力法试验结果的一致性。

参考文献

[1] 李少鹏. 矩形和流线型箱梁断面抖振力特性研究［D］. 成都：西南交通大学，2015.

[2] 钟应子. 山区峡谷桁梁桥抖振特性研究［D］. 成都：西南交通大学，2019.

串列双矩形柱的数值模拟研究[*]

邵林媛[1]，靖洪淼[1,2,3]，刘庆宽[1-3]，常幸[1]，王仰雪[1]，李震[1]

（1. 石家庄铁道大学土木工程学院 石家庄 050043；

2. 河北省风工程和风能利用工程技术创新中心 石家庄 050043；

3. 石家庄铁道大学省部共建交通工程结构力学行为与系统安全国家重点实验室 石家庄 050043）

1 引言

串列双矩形柱结构广泛存在于高层建筑、桥梁等实际工程中。当流体绕经双矩形柱时，间隙流的存在会对流场产生干扰，造成不可忽视的影响[1]。为此，本文采用基于计算流体力学的数值模拟方法，针对雷诺数 $Re = 2 \times 10^3$，高宽比为 $1:2.5$ 的串列双矩形柱，开展不同间距下矩形柱气动特性及流场空间结构分析研究，为工程实践提供参考[2]。

2 数值模拟方法

数值模拟中采用 SST $k-\omega$ 湍流模型，计算模型如图 1 所示，上下游矩形柱高均为 D，宽均为 $2.5D$。其中，B 表示矩形柱宽度，间距 $L = 6D \sim 12D$。来流速度 $U = 1$ m/s，数值模拟中雷诺数取 2×10^3，入口湍流强度 I 取 0.5%。计算域采用结构化网格划分，如图 2 所示，为保证数值模拟准确性，壁面网格无量纲高度 y^+ 值取 1，则矩形表面第一层网格高度为 $0.0055D$，网格线性增长率 $\leqslant 1.08$。

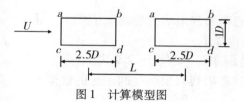

图 1　计算模型图

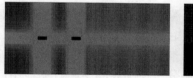

图 2　网格划分图

3 研究内容

3.1 气动力系数

图 3 为上、下游矩形柱的阻力系数和升力系数随间距的变化曲线。当 $2.8 \leqslant L/B \leqslant 2.9$ 时气动力系数发生突变，上游柱的平均阻力系数从 1.26 增加至 1.45，下游柱的平均阻力系数从 0.80 增加至 1.18，发生该气动力跳跃的间距一般称为临界间距。

3.2 表面平均风压系数

对于串列双矩形柱，其临界间距前后的风压系数分布有显著差异，如图 4 所示。值得注意的是，当串列矩形柱间距大于临界间距时（$P/B = 2.8 \sim 2.9$），下游矩形柱的风压系数分布逐渐接近于单方柱。

* 基金项目：国家自然科学基金（51778381）。

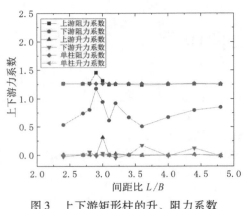

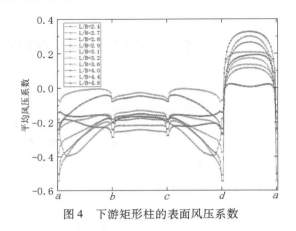

图3　上下游矩形柱的升、阻力系数　　　　　　　图4　下游矩形柱的表面风压系数

3.3　平均流场特性

3种不同间距（$L/B=2.4$、3.2、4.8）的串列双矩形柱的平均流线图如图5所示，随着间距的增大，上游矩形柱周围流场逐渐接近单矩形柱流场形态，且两个矩形柱的尾流处均形成对称回流泡，并伴随脱落旋涡。

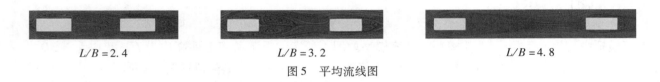

　　　$L/B=2.4$　　　　　　　　　$L/B=3.2$　　　　　　　　　$L/B=4.8$

图5　平均流线图

4　结论

本文基于计算流体力学数值模拟方法，开展了雷诺数为2×10^3时的串列双矩形柱绕流数值模拟，研究分析了不同间距情况下串列双矩形柱的气动特性及流场情况。主要结论如下：

（1）串列双矩形柱存在针对气动力系数的临界间距，该临界间距范围在$2.8\leqslant L/D\leqslant2.9$内。

（2）上游矩形柱的平均风压分布在临界间距附近明显不同，此外随着串列双矩形柱间距比的逐渐增大，上下游矩形柱的干扰作用减小，并逐渐接近于单方柱。

（3）随着串列双矩形柱间距的增大，上游矩形柱逐渐接近单矩形柱流场形态，且矩形柱的尾流处均形成对称回流。

参考文献

[1] 杜晓庆，陈丽萍，董浩天，等.串列双方柱的风压特性及其流场机理［J］.湖南大学学报（自然科学版），2021，48（3）：109-118.

[2] NEPALI R, PING H, HAN Z, et al. Two-degree-of-freedom vortex-induced vibrations of two square cylinders in tandem arrangement at low Reynolds numbers［J］. Journal of Fluids and Structures, 2020, 97（1）：102991.

考虑来流风攻角的驰振力系数优化计算

乔小茹，李罕，李加武

（长安大学风洞实验室 西安 710000）

1 引言

到目前为止已经有很多学者在驰振稳定性方面取得了一定成果[1-4]，对于一个可能在高风速下发生准定常驰振的桥梁断面，在任意风攻角下，Den Hartog 判据并不一定完全适用，确定桥梁结构在较大风攻角或风偏角环境中的驰振临界风速具有重要的实际意义。针对基于经典 Den Hartog 判据[5]的准定常驰振临界风速计算方法的不足，如未考虑风攻角以及计算时可能会带来较大的误差，提出了一种考虑来流攻角的准定常驰振稳定分析方法——$dC_V/d\alpha$ 判据。以一个方形截面模型为例，将通过风洞试验测得的三分力系数分别代入 $dC_V/d\alpha$ 判据、Den Hartog 判据以及谢兰博提出的判据计算驰振力系数，结果表明在较小风攻角范围内，$dC_V/d\alpha$ 判据具有很高的可靠性。为验证 $dC_V/d\alpha$ 判据在较大风攻角下的可靠性，以某 H 形吊杆为例，对其节段模型进行测力测振实验，计算并对比通过 $dC_V/d\alpha$ 判据、Den Hartog 判据计算得到各驰振临界风速，分析两种计算临界风速与实测风速的误差。

2 驰振力系数优化计算

在 Den Hartog 判据的基础上，考虑来流风攻角对结构振动的影响，来流和结构之间会产生一个附加相对风攻角，将其引入 Den Hartog 判据推导过程中，推出 $dC_v/d\alpha$ 判据如下式，以判断在较大风攻角时结构的驰振临界状态。

$$\frac{dC_V}{d\alpha}\bigg|_\alpha = \cos\alpha C_D + \sin\alpha \frac{dC_D}{d\alpha} - \sin\alpha C_L + \cos\alpha \frac{dC_L}{d\alpha} \tag{1}$$

式中，α 为风攻角；C_V 为体轴坐标系下的升力系数；C_D、C_L 分别为风轴坐标系下的阻力、升力系数。

2.1 方形截面测力试验及驰振力系数计算

图1 形断面测力试验节段模型

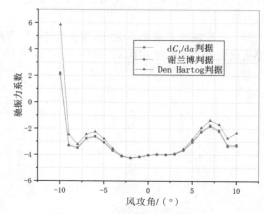

图2 三种驰振力系数变化曲线图

以一个可能在高折减风速下发生准定常驰振的方形断面为例，在长安大学风洞实验室 CA - 1 大气边界层风洞中进行节段三分力测试见图1，节段模型横桥向的特征尺寸为 $D = 0.14$ m，$L = 1.8$ m 为模型长度，风攻角从 $-10°\sim 10°$ 共 21 个工况。将测得矩形截面的三分力系数代入经典 Den Hartog 判据、谢兰博提出的判据和 $\mathrm{d}C_V/\mathrm{d}\alpha$ 判据，计算发现在较小风攻角时，三者吻合很好，但在较大风攻角时，谢兰博提出的判据和 $\mathrm{d}C_V/\mathrm{d}\alpha$ 判据计算结果误差很小，而与 Den Hartog 判据的结果误差很大（图2），表明在较小风攻角范围内，$\mathrm{d}C_V/\mathrm{d}\alpha$ 判据具有很高的可靠性，而在较大风攻角范围内，Den Hartog 判据不再适用。

2.2　驰振临界风速计算及验证

以某 H 型吊杆为例，在来流攻角为 $0°\sim 90°$（增幅为 $5°$）多个工况下进行测力测振实验，将试验获得的三分力系数分别代入 $\mathrm{d}C_V/\mathrm{d}\alpha$ 判据和 Den Hartog 判据进行计算，得到驰振临界系数和驰振临界风速，并与实测驰振临界风速对比。计算结果见表1，结果表明 $\mathrm{d}C_V/\mathrm{d}\alpha$ 方法在大风攻角时计算驰振临界风速与实测临界风速误差较小，且结果偏安全，可以证明 $\mathrm{d}C_V/\mathrm{d}\alpha$ 判据的可靠性。

表 1　驰振临界风速对比（70°攻角）

	Den Hartog 判据	$\mathrm{d}C_V/\mathrm{d}\alpha$ 方法	实测值
驰振临界风速	16. 134	10. 200	11. 204
绝对误差	4. 930	-1. 004	—

3　结论

有风攻角的修正驰振力系数计算方法——$\mathrm{d}C_V/\mathrm{d}\alpha$ 方法，与经典的 Den Hartog 计算方法、谢兰博方法[4]进行对比，发现在小风攻角区间内，吻合程度极高，说明小风攻角范围内 $\mathrm{d}C_V/\mathrm{d}\alpha$ 方法准确度高。在较大风攻角范围内，$\mathrm{d}C_V/\mathrm{d}\alpha$ 方法和谢兰博方法基本重合，而与 Den Hartog 方法相比误差较大。说明在小风攻角范围内计算驰振力系数时，可以不考虑来流风攻角的影响，而在大风攻角范围内，计算驰振力系数时，来流风攻角这一因素不可忽略。通过某 H 形吊杆节段模型风洞试验，可以验证在较大风攻角时，基于 $\mathrm{d}C_V/\mathrm{d}\alpha$ 方法计算得到的驰振临界风速与实测临界风速误差较小，且计算结果偏安全。可以得出以下的结论：在对桥梁断面进行准定常驰振分析，计算驰振力系数时，在小攻角范围内，可以利用经典的 Den Hartog 理论方法计算小风攻角范围内任意风攻角下的驰振力系数，而在较大风攻角范围内，由于风攻角因素对驰振力系数计算的影响不可忽略，$\mathrm{d}C_V/\mathrm{d}\alpha$ 方法计算结果更准确。

参考文献

[1] 吴蕊恒. 变截面独柱型斜拉桥桥塔驰振稳定性研究［D］. 重庆：重庆大学，2019.

[2] 言志超，杨建新，倪志军，等. 斜拉桥变截面独柱桥塔驰振研究［J］. 公路，2020，65（8）：207 - 211.

[3] 马文勇，张璐，张晓斌，等. 风偏角对方形断面结构驰振不稳定性影响［J］. 振动与冲击，2021，40（2）：171 - 175，184.

[4] 谢兰博，廖海黎. 有风攻角的棱柱体驰振计算方法研究［J］. 振动与冲击，2018，37（17）：9 - 15，24.

[5] 公路桥梁抗风设计规范（JTG/T D60 - 01—2004）［S］. 北京：人民交通出版社，2005.

悬索管道桥加劲梁对并列圆管绕流的干扰

周末，刘恩斌

（西南石油大学石油与天然气工程学院 成都 610500）

1 引言

随着我国油气运输的快速发展，管道建设需要跨越峡谷地形，故越来越多具有较大跨越能力的悬索管道桥相继建成。钢桁加劲梁具有较大的刚度，有利于结构的抗风性能，得到了广泛的应用[1]，但管道和桁架杆件之间必然会出现相互的气动干扰现象。虽然管道比桁架杆件的面积更大，但部分桁架杆件位于管道的上游，其尾流对管道绕流的气动干扰不容忽视。

2 工程背景及数值模型

本文以某悬索管道桥为背景工程，其主跨为 230 m，加劲梁为空间桁架结构，宽 2.6 m，高 2 m。沿跨向每 5 m 设横框，与吊索和风拉索相连。油气输送管道并行布置，其中输气管道位于桁架的上层，外径为 1016 mm，输油管道位于桁架内部，外径为 813 mm。以单个输气管道为对象，通过二维 CFD 模拟其绕流特性。缩尺比取 1:1，以避免雷诺数效应。计算区域取长方形，截面形心距入口 30d，距出口 100d，上下边界距离 100d，其中 d 为管道外径。通过比较气动力系数（部分结果如表 1 所示），确定了合理的网格划分和计算时间步长。

表 1 单个输气管道的气动力系数

编号		工况 1 $\Delta t = 5 \times 10^{-3}$	工况 2 $\Delta t = 1 \times 10^{-3}$	工况 3 $\Delta t = 5 \times 10^{-4}$	工况 4 $\Delta t = 2 \times 10^{-4}$	工况 5 $\Delta t = 1 \times 10^{-4}$
阻力系数	工况 A（网格少）	0.62	0.79	0.81	0.82	0.82
	工况 B（网格中）	0.62	0.82	0.84	0.85	0.86
	工况 C（网格多）	0.61	0.81	0.84	0.85	0.85
升力系数均方根误差	工况 A（网格少）	0.27	0.66	0.68	0.70	0.70
	工况 B（网格中）	0.21	0.68	0.70	0.73	0.74
	工况 C（网格多）	0.15	0.66	0.70	0.72	0.72

3 并列圆管的绕流特性

当两个圆柱相互靠近时，彼此之间将产生强烈的气动干扰现象。图 1 给出了各管道表面的时均静压分布曲线。当某点静压标记位置位于管道表面内侧时，表示该点受压，反之受拉。

管道并列布置时，表面静压分布发生了明显变化。平行于来流风向，输气管道和输油管道的阻力系数同时增大；垂直于来流风向，位于上侧的输气管道的升力系数变为正值，即方向向上，而位于下侧的输油管道的升力系数变为负值，即方向向下。这是因为当两管道并列布置后，其间隙区域内风速出现了加速效应，并使原本对称的一对尾流漩涡偏向了间隙处。

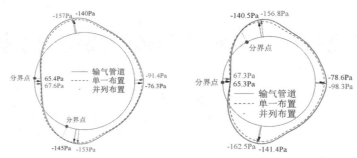

图 1　两管道表面的静压分布图

4　钢桁加劲梁的气动干扰

除了两管道相互之间会产生气动干扰外，桁架杆件或其他附属设施的存在同样会对管道周围的流场结构产生干扰作用。本节进一步研究管道周围桁架杆件及其他附属设施对并列管道绕流特性的影响。已有相关研究表明[2]，可以通过合理的简化规则将三维桁架的抗风模拟等效为二维截面的抗风模拟，而二维模型在模拟精度和效率上更具有优势。为了更好地评价桁架杆件对管道气动特性的影响，在一个桁架节间内选择了 4 个截面进行计算。

表 2 对比了考虑桁架杆件前后，两管道阻力、升力平均值及均方根误差（±5°、±3°、0°风攻角对应的平均值）。尽管桁架杆件的尺寸明显小于管道截面的尺寸，但对管道气动力系数的影响却非常明显。受桁架杆件的遮挡，输气管道和输油管道的阻力系数平均值均出现了显著下降。桁架杆件对两管道阻力均方根误差的影响有限，而导致升力均方根误差减小。当斜腹杆靠近下弦杆时（计算截面 1、2），输油管道受到斜腹杆尾流的影响，其阻力、升力均方根误差均小于输气管道；当斜腹杆靠近上弦杆时（计算截面3、4），输油管道受斜腹杆尾流的影响减弱，其阻力、升力均方根误差逐渐接近并超过了输气管道。

表 2　桁架杆件对两管道气动力均方根误差的影响

对比工况		未考虑桁架	考虑桁架			
			计算截面 1	计算截面 2	计算截面 3	计算截面 4
平均阻力系数	输气管道	0.98	0.53	0.57	0.55	0.52
	输油管道	1.05	0.66	0.60	0.69	0.82
RMSE 阻力/N	输气管道	6.69	8.98	8.66	7.45	7.83
	输油管道	6.30	4.34	5.02	7.37	8.70
平均升力系数	输气管道	0.08	0.15	0.30	0.30	0.26
	输油管道	−0.11	0.04	−0.01	0.02	0.03
RMSE 升力/N	输气管道	59.26	9.63	11.0	11.13	12.21
	输油管道	49.77	5.71	8.61	11.67	14.32

5　结论

当输气管道和输油管道并列布置时，其间隙区域内风速出现了加速效应，使原本对称的一对尾流漩涡偏向了间隙处。桁架杆件的遮挡使两管道的气动性能产生了变化。当斜腹杆靠近下弦杆时，输油管道受到斜腹杆尾流的影响，其阻力、升力均方根误差均小于输气管道；当斜腹杆靠近上弦杆时，输油管道受斜腹杆尾流的影响减弱，其阻力、升力均方根误差逐渐接近并超过了输气管道。

参考文献

[1] 李国辉. 悬索管道桥气动参数及抗风性能研究 [D]. 成都：西南交通大学，2017.

[2] 李永乐，安伟胜，蔡宪棠，等. 倒梯形板桁主梁 CFD 简化模型及气动特性研究 [J]. 工程力学，2011，28（S1）：103－109.

基于 OPTICS 聚类算法的圆柱尾涡结构特征分析*

王锐[1]，辛大波[2]，欧进萍[1]

（1. 哈尔滨工业大学土木工程学院 哈尔滨 150090；

2. 东北林业大学土木工程学院 哈尔滨 150040）

1 引言

流场结构特征分析是风工程研究中的重要内容，包含结构特征的流场数据是一种典型的高维数据，对流场数据的分析要依赖于各种各样的降阶模型[1]。常用的降阶方法有本征正交分解（POD）和动模态分解（DMD），它们都需要依赖于一些动力学假设，但这些假设相对于湍流这样复杂的动力学问题过于简单。因此，有必要研究不依赖于动力学假设的流场结构特征分析方法。Kaiser 等提出将聚类分析方法引入到流场分析技术中。聚类分析是一种由数据驱动的机器学习方法，其分析过程不依赖于动力学假设。目前对流场结构特征的聚类分析普遍采用 k-means 算法[1-3]，但其 k 值的选取极具主观性，计算得到的结果不唯一。考虑到聚类算法在流场结构特征分析中的优越性和目前常用的 k-means 方法的缺陷，本文选取了一种基于密度的聚类算法 OPTICS（ordering points to identify the clustering structure），并通过引入相关距离的概念形成了基于相关距离的 OPTICS 算法。本文利用基于大涡模拟（LES）的计算流体动力学（CFD）数值模拟，检验了基于相关距离的 OPTICS 算法的有效性。

2 基于相关距离的 OPTICS 聚类算法

OPTICS 是一种基于密度的聚类分析算法，相对于 k-means 算法需要由人工设置初始聚类数目，且聚类结果不唯一，OPTICS 算法能够基于初始参数识别样本中的高密度数据点集，从而相对客观地找到样本中的高密度区域。OPTICS 算法依赖于邻域半径、核心距离和可达距离等距离概念，基于这些距离来判别数据的分布密度。传统的 OPTICS 算法往往采用欧氏距离[4-5]，这会忽略了流场数据的空间分布特性，割裂了一个流场数据内各个元素间的联系。通过对比常见的相似度指标，可以发现 Pearson 相关系数可以同时考虑流场数据的物理量大小和其空间分布。因此本文引入基于 Pearson 相关系数的相关距离替换了传统的欧氏距离，以使 OPTICS 聚类算法更加适用于识别流场结构特征。根据 Pearson 相关系数可以定义向量 A、B 的相关距离如下式：

$$d_{AB} = 1 - \rho_{AB} \tag{1}$$

式中，d_{AB} 表示向量 A、B 的相关距离。相关距离越小，表明向量 A 和 B 越相似；反之则表明向量 A 和 B 差异越大。

3 典型圆柱绕流场结构分析实例

3.1 流场结构特征识别对象

本文以识别圆柱尾流中顺流向涡的 A 模式[6]为目标，通过 CFD 数值计算手段获取流场分析对象，用来说明基于相关距离的 OPTICS 聚类算法的优越性。数值模拟对象为一个沉浸于均匀流中且与来流方向正交的静止圆柱体，长 $l = 0.2$ m，直径 $d = 0.01$ m。计算域为一个高 $20d$，半径为 $35d$，轴线与圆柱模型轴线重合的圆柱体，如图 1 所示。计算的雷诺数 Re 约为 240。数值计算采用三维大涡模拟（LES），获得的圆柱阻力系数时均值与试验拟合结果的偏差均小于 5%，数值计算的 S_t 与试验拟合结果的偏差约为 5%，数值计算结果可信。流场分析的识别目标是在 $x = 2.5d$ 切面上，识别圆柱尾流中顺流向涡的 A 模式旋涡脱落的两种状态与样本中包含的两种展向间距（图 2）。流场样本共计按时间步长 0.005 s 采样 2000 份，从流动的第 4s 采样至第 14s。样本数据为 $x = 2.5d$ 切面上的 x 方向涡量场。

* 基金项目：国家重点研发计划项目（2018YFC0809600、2018YFC0809605）；国家自然科学基金面上项目（51878131）。

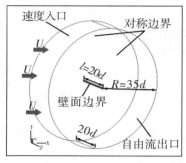

图1　计算域几何特征与边界条件

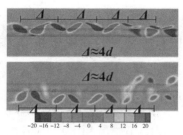

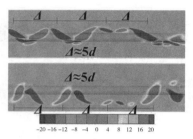

（a）间距$4d$的A模式顺流向涡　　（b）间距$5d$的A模式顺流向涡

图2　圆柱尾流中顺流向涡的旋涡脱落与A模式示意

3.2　基于相关距离的OPTICS算法的流场结构特征识别

图3列出了基于Pearson相关距离的OPTICS算法获得的决策图和对应的聚类中心。对于全部的minPts的取值，均可以找到适宜的邻域半径ε，对涡量场样本的特征实施聚类。当minPts取100和120时，能够利用同一邻域半径ε找到4个明显的聚类中心，分别对应于间距约为$5d$和$4d$的顺流向涡对的两个脱落状态。可见，当minPts取$100\sim120$时，基于Pearson相关距离的OPTICS算法能够通过合适的邻域半径，识别到顺流向涡结构的展向分布间距和旋涡脱落状态。

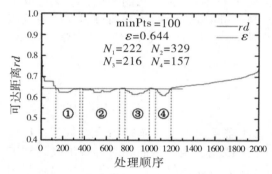
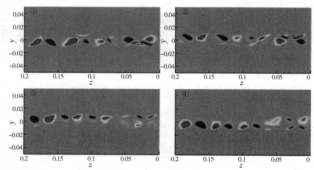

图3　minPts = 100时基于Pearson相关距离的OPTICS算法的决策图与聚类中心

4　结论

本文基于OPTICS聚类算法，在分析流场数据特征与多种相似度评判指标的基础上，引入相关距离的概念加以改进，提出利用基于相关距离的OPTICS算法进行流场结构特征分析。该方法依托基于Pearson相关系数的相关距离指标，不需要动力学假设，仅依靠数据驱动。相对于k-means算法、原始的OPTICS算法和基于闵可夫斯基距离的OPTICS算法，基于Pearson相关距离的OPTICS算法可以在minPts取$100\sim120$时，通过设置合适的邻域半径，有效识别出圆柱尾流中顺流向涡脱落的两种状态，以及A模式顺流向涡的两种不同的展向间距。

参考文献

[1] KAISER E, NOACK B R, CORDIER L, et al. Cluster-based reduced-order modelling of a mixing layer [J]. Journal of Fluid Mechanics, 2014, 754: 365 – 414.

[2] CAO Y J, KAISER E, BORÉE J, et al. Cluster-based analysis of cycle-to-cycle variations: application to internal combustion engines [J]. Experiments in Fluids, 2014, 55 (11): 1 – 8.

[3] ÖSTH J, KAISER E, KRAJNOVIĆ S, et al. Cluster-based reduced-order modelling of the flow in the wake of a high speed train [J]. Journal of Wind Engineering and Industrial Aerodynamics, 2015, 145: 327 – 338.

[4] ANKERST M, BREUNIG M M, KRIEGEL H P, et al. OPTICS: ordering points to identify the clustering structure [C].// Proceedings of the 1999 ACM SIGMOD international conference on Management of data-SIGMOD '99, Philadelphia, Pennsylvania, USA. New York: ACM Press, 1999.

[5] DASZYKOWSKI M, WALCZAK B, MASSART D L. Looking for natural patterns in analytical data. 2. tracing local density with OPTICS [J]. Journal of Chemical Information and Computer Sciences, 2002, 42 (3): 500 – 507.

[6] WILLIAMSON C H K. Three-dimensional wake transition [J]. Journal of Fluid Mechanics, 1996, 328: 345 – 407.

低矮圆柱风荷载的雷诺数效应研究 *

刘亮[1]，孙瑛[1]，苏宁[2]

（1. 哈尔滨工业大学土木工程学院 哈尔滨 150090；

2. 交通运输部天津水运工程研究所 天津 300456）

1 引言

圆柱结构在工业建筑中十分常见，不同于烟囱、冷却塔这类高耸结构，筒仓、储罐等圆柱一般较低矮，高径比 H/d 可能很小，不能再简单视为二维圆柱，其表面风压不仅受到来流湍流度和表面粗糙度的影响，自由端气流的作用明显[1]，雷诺数效应可能有所不同，有必要通过风洞试验，对这类低矮圆柱结构风荷载的雷诺数效应进行分析研究。

2 风洞试验介绍

以 $H/d = 1.5$、1.0、0.5、0.2 的圆柱为研究对象，分别对应编号 A ～ D。在模型外表面均匀布置测点，以相对底面高度 h 和相对迎风经线夹角 α 描述位置。在结构表面粘贴不同厚度的粗糙条改变粗糙度，用无量纲参数 k_s/d 表示，其中 k_s 为粗糙条厚度，d 为圆柱直径，如图 1 所示。试验设置 0（光滑表面）、0.004、0.008、0.016 共 4 种表面粗糙度。

试验考虑了低湍流度的均匀流场和大气边界层湍流流场两种来流条件，其中湍流场与 A 类地貌相符。在均匀流场中，为避免地面边界层的影响，将模型安装在高 0.5 m 的承台上（见图 2），湍流度 I_u 低于 2%。改变来流风速以实现雷诺数 Re 在 $10^5 \sim 10^6$ 之间变化。

图 1　粗糙表面设置　　　　图 2　均匀流场承台设置

3 试验结果讨论

3.1 阻力系数

圆柱 A 阻力系数 C_d 随 Re 的变化如图 3 所示，均匀流中对于光滑表面，可将 Re 分为亚临界、临界和超临界区，临界区范围为 $2.2 \times 10^5 < Re < 3.0 \times 10^5$，在亚临界区，$C_d$ 值在 0.7 左右，不同于二维圆柱，自由端旋涡对尾流产生了影响。在临界区和二维圆柱类似，由于边界层转捩，C_d 值迅速下降至 0.43，稳定一段后再次下降，可能是逐渐向跨临界区转变。粗糙度增加，使得临界区消失，且 k_s/d 超过 0.004 后，仅 C_d 值稍有增加，总体趋势变化不大；湍流场中圆柱 A 的 C_d 值几乎不随 Re 变化，说明已经达到了跨临界区。圆柱 B 的变化趋势与圆柱 A 接近，对应临界区为 $1.8 \times 10^5 \sim 2.6 \times 10^5$。圆柱 C 未出现临界雷诺数区，而对于圆柱 D，如图 4 所示，在试验 Re 范围内未见其影响，两种流场的 C_d 随 Re 变化结果接近。

* 基金项目：国家重点研发计划项目（2017YFE0130700）；国家自然科学基金项目（51878218）；国家重点研发计划（2019YFD1101004）；中央级公益性科研院所基本科研业务费专项（TKS20210409）。

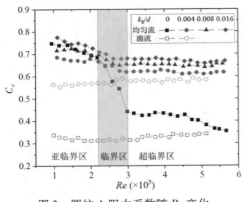
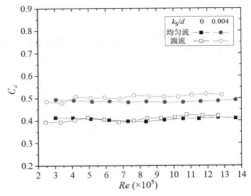

图 3　圆柱 A 阻力系数随 Re 变化　　　　　图 4　圆柱 D 阻力系数随 Re 变化

3.2　风压系数

均匀流场中圆柱 A 不同高度的环向风压分布随 Re 变化如图 5 所示，在 $h = 0.1H$ 和 $0.5H$ 的截面，当 $2.4 \times 10^5 < Re < 3.0 \times 10^5$ 时，由于单侧分离泡的产生[2]，两侧风压变得不对称，处于临界 Re 区间。在 $h = 0.9H$ 位置，当 $Re = 2.0 \times 10^5$，不对称状态就已经出现，说明圆柱的 Re 效应呈现三维特性。即使在相同 Re 下，不同高度的风压分布也不同，这在图 6 中可以更清楚地看到，两端截面与中间截面有明显差异，尤其是侧面负风压，端部效应影响明显，但在两种流场中，中间截面的风压分布并无明显差别。

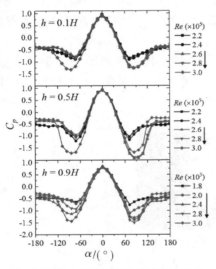
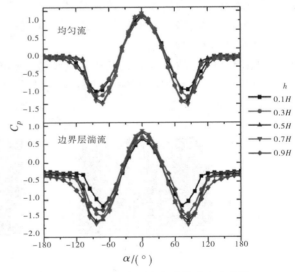

图 5　圆柱 A 平均风压系数随 Re 变化　　　　图 6　圆柱 A 平均风压系数随高度变化

4　结论

在低湍流度均匀流中，表面光滑圆柱 A 和 B 的 C_d 值的临界 Re 区间分别为 $2.2 \times 10^5 \sim 3.0 \times 10^5$、$1.8 \times 10^5 \sim 2.6 \times 10^5$，圆柱 C 和圆柱 D 的 C_d 值均未见临界雷诺数区。增加粗糙度会增大 C_d，且和增加湍流度一样，可消除雷诺数效应。不同高度处风压系数分布的 Re 效应呈现明显三维特性，两端截面的风压分布与中间高度截面的差别较大。

参考文献

[1] WANG H F, ZHOU Y, MI J. Effects of aspect ratio on the drag of a wall-mounted finite-length cylinder in subcritical and critical regimes [J]. Experiments in Fluids, 2012, 53：423 – 436.

[2] VAN HINSBERG N P. The Reynolds number dependency of the steady and unsteady loading on a slightly rough circular cylinder：From subcritical up to high transcritical flow state [J]. Journal of Fluids and Structures, 2015, 55：526 – 539.

基于大涡模拟的小高宽比矩形柱体群干扰流态研究 *

杜坤[1]，陈波[2]

（1. 北京交通大学结构风工程与城市风环境北京市重点实验室 北京 100044；
2. 重庆大学土木工程学院 重庆 400044）

1 引言

小高宽比矩形柱体组成的柱体群在实际工程结构中普遍存在，如工业厂房群和农业大棚群等高宽比较小的群体建筑。在不同的柱体间距特征下，柱体间的气流绕流特征也将出现不同特征。Lee[1] 和 Hussain[2] 讨论分析了大型方形柱体群内的干扰流动模式，并根据柱体群内中心目标方柱的阻力系数和屋面升力系数随间距的变化特征，将大型方形柱体群的干扰流动模式划分为掠过模式，尾流干扰模式和单体模式。Hunter[3] 指出柱体群内的掠过模式和尾流干扰模式的临界间距与柱体后方的双循环涡尺度相关。目前，针对大型柱体群的边缘柱体的气流绕流特征研究较少，而角落或边缘位置柱体的风荷载极可能存在放大特征。

综上，本文结合以往研究，利用大涡模拟方法，对三排三列小高宽比矩形柱体群在固定顺风向间距和四个不同横风向间距下的干扰流动特征进行研究。发现当横风向间距为 $1H$（H 为柱体高度），顺风向间距为 $1.75H$ 时，沿风向的边缘横排柱体间存在脱落方向稳定的非对称时均尾流，中心横排柱体间则为对称时均尾流。当横风向间距增大至 $1.75H$ 时，三排三列柱体群内出现脱落方向具有随机特性的非对称时均尾流。

2 小高宽比矩形柱体群干扰流动模式

2.1 小高宽比矩形柱体群的柱间绕流特征分析

图 1 给出了两种不同横风向间距 $1H$ 和 $1.75H$ 的中心横断面时均风速流线图及时均风速矢量云图。

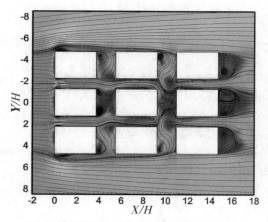 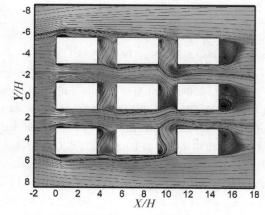

（a）横风向间距 $1H$，顺风向间距 $1.75H$　　（b）横风向间距 $1.75H$，顺风向间距 $1.75H$

图 1　中心横断面时均风速流线图及时均风速矢量云图

当横风向间距为 $1H$，顺风向间距为 $1.75H$ 时，由于边缘横排柱体群的边缘一侧不受到柱体群的干扰影响，因此边缘横排柱体群的柱间出现了非对称尾流，而中心横排柱体群的柱间为对称尾流，对于整体

* 基金项目：国家自然科学基金项目（51378059）；北京市科技新星计划（Z151100000315051）。

柱体群而言，柱间流态沿顺风向呈对称分布特征。当横风向间距扩大到 1.75H 时，各横排柱体群内柱间均出现显著的非对称尾流特征，该非对称气流的脱落方向具有显著随机性。由 Hunter[3]、Schulman[4] 和 Khorrami[5] 文献分析，此类在 1.75H 横向间距下出现的非对称尾流是由于柱体顺风向间距过小，不足以在柱体后方形成稳定的双循环涡，同时受到柱体侧风面及屋面剪切流再附后的不稳定气流影响导致。

2.2 非对称时均流态对柱体风荷载影响

图 2 为两个不同横风向间距下，中心柱体的屋面平均风压系数分布图。如图 1a 所示，由于在横风向间距为 1H 时，中心柱体受到具有时均对称特性的上游尾流作用。因此图 2b 中，中心柱体的屋面风荷载呈现对称的平均风压分布特征，但屋面风吸力幅值较小。当横风向间距为 1.75H 时，由于中心横排柱间出现的非对称时均流态（图 1b），造成中心柱体的屋面平均风压分布出现显著的非对称特征。同时由图 1a 和图 1b 中，中心柱体来流风速随着横风向间距的增大而增大，造成了中心柱体整体屋面平均风吸力增强。

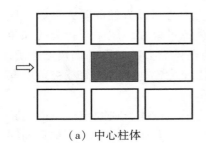

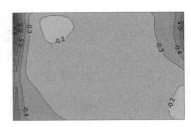

（a）中心柱体　　　　　（b）横风向 1H，顺风向 1.75H　　　　　（c）横风向 1.75H，顺风向 1.75H

图 2　中心柱体屋面平均风压系数

3　结论

本文利用大涡模拟方法，对三排三列小高宽比矩形柱体群，在典型顺风向间距和不同横风向间距下的干扰流动特征进行分析。当横风向间距为 1H，顺风向间距为 1.75H 时，发现顺风向中心横排柱体间存在对称的时均尾流，而边缘横排柱体间存在脱落方向稳定的非对称时均尾流。当横风向间距为 1.75H 时，各横排柱体间均存在脱落方向具有随机特性的非对称时均尾流。在此非对称气流影响下，下游柱体屋面出现非对称的平均风荷载分布特征。

参考文献

［1］ LEE B E, SOLIMAN B F. An investigation of the forces on three dimensional bluff bodies in rough wall turbulent boundary layers ［J］. Journal of Fluids Engineering, 1977, 99（3）: 503.

［2］ HUSSAIN M, LEE B E. A wind tunnel study of the mean pressure forces acting on large groups of low-rise buildings ［J］. Journal of Wind Engineering & Industrial Aerodynamics, 1980, 6（3－4）: 207－225.

［3］ HUNTER L J, JOHNSON G T, WATSON I D. An investigation of three-dimensional characteristics of flow regimes within the urban canyon ［J］. Atmospheric Environment Part B Urban Atmosphere, 1992, 26（4）: 425－432.

［4］ SCHULMAN L L, STRIMAITIS D G, SCIRE J S. Development and evaluation of the PRIME plume rise and building downwash model ［J］. Journal of the Air & Waste Management Association, 2000, 50（3）: 378－390.

［5］ KHORRAMI M R, CHOUDHARI M M, LOCKARD D P, et al. Unsteady flowfield around tandem cylinders as prototype component interaction in airframe noise ［J］. Aiaa Journal, 2005, 45（8）: 1930－1941.

三、高层与高耸结构抗风

带内置隔板的 TLD 减振性能试验研究*

张蓝方，周子杰，谢壮宁

（华南理工大学亚热带建筑科学国家重点实验室 广州 510640）

1 引言

调谐液体阻尼器（TLD）是一种用于超高层建筑风振控制的被动控制装置，因构造相对简单、造价低，且可兼做消防水箱，而受到越来越多的关注。在 TLD 内增设能够提供所需要的阻尼值的构件是确保 TLD 有效性的重要保证[1]，准确有效评价阻尼构件对 TLD 性能参数（液体晃动频率和阻尼比）的影响是设计所关注的重要问题。针对以上问题，本文采用一种基于有色噪声激励的水箱特性振动台试验方法，研究隔板对 TLD 性能参数的影响，对测得的水箱液面多点响应信号进行解耦分离再采用不同识别方法进行参数识别，并与已有研究结果进行比对，验证所用方法的有效性和结果的可靠性。

2 研究方法

对于可能存在耦合的信号先解耦并获取模态振型，再进行模态坐标下的频率、阻尼比识别能够获得更准确的结果。本文采用复数形式的二阶盲辨识（SOBI）方法[2]（即 CSOBI 方法）对波高计测得的 TLD 耦合响应信号进行解耦。对解耦后的模态响应信号，分别采用改进贝叶斯谱密度法（MBSDA）[3]和曲线拟合法进行 TLD 性能参数识别。对于 MBSDA 方法，被识别参数的不确定性可通过后验变异系数 COV（coefficient of variation = standard deviation/参数识别结果）来评估。曲线拟合方法根据模态响应信号的功率谱密度可以采用最小二乘法局部拟合出 TLD 频率和阻尼比。

3 振动台试验

本文采用基于有色噪声激励的振动台试验方法来研究带隔板 TLD 的减振性能，TLD 模型如图 1 所示，一列方案（图 1a）的隔板设置在 $L/2$ 位置处，两列方案（图 1b）的隔板则设置在 $L/3$、$2L/3$ 位置处，每块隔板可在 0°～90°范围内旋转。试验时采用 4 个数字波高计来测量 TLD 内液体自由表面高度（即波高）变化情况，并采用加速度传感器测量振动台台面加速度。

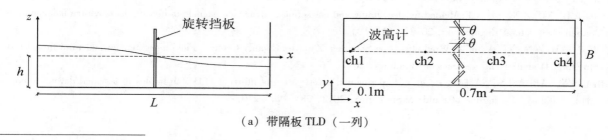

（a）带隔板 TLD（一列）

* 基金项目：国家自然科学基金项目（52078221）。

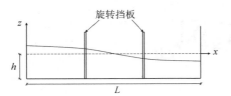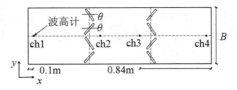

（b）带隔板 TLD（两列）

图 1　TLD 模型示意图

4　试验结果分析

对振动台试验结果进行解耦与参数识别，一阶模态频率识别结果如图 2 所示。将识别结果与文献 [4] 表 3 中 $H = 42$ mm 工况试验结果进行比对，由图可知两种参数识别方法结果基本相同，当 $\theta < 60°$ 时，参数识别结果随 θ 增大略有减小，当 $\theta = 75°$ 时频率增大至约为 $\theta = 60°$ 时的两倍，之后随 θ 增大频率减小。对于带一列隔板 TLD，采用 CSOBI 方法解耦得到的 $\theta = 60°$、$75°$ 时两种工况对应的一阶模态振型分别为 $[\ -2.591\ \ -1.3027\ 1.3579\ 1.9731\ ]^{T}$、$[\ -2.481\ 1.1529\ |\ \ -1.2353\ 1.8021\ ]^{T}$，可见频率变化的同时，一阶模态对应振型也是变化的。$\theta = 75°$ 时模态振型与空水箱的 3 阶振型相近，此时隔板相当于完全关闭状态，水箱基本被分隔为两个长度为 $L/2$ 的水箱，在 h 不变的情况下频率将变大。而文献 [4] 的结果显示从 $\theta = 30°$ 开始不断增大，直到隔板全部关闭（$\theta > 75°$）才略有减小。

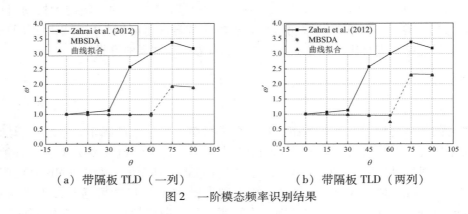

（a）带隔板 TLD（一列）　　　　　　　　　　（b）带隔板 TLD（两列）

图 2　一阶模态频率识别结果

5　结论

本文采用基于有色噪声激励的振动台试验研究内置隔板对 TLD 性能参数的影响，并与已有研究进行比对，结果表明与已有研究结果不同，带隔板 TLD 固有频率在隔板呈关闭状态前随隔板角度增大而减小，当隔板几乎呈关闭状态时频率有较大幅度增大，频率的变化趋势表明在水箱内设置可旋转隔板不是一种有效的 TLD 频率调谐方式。

参考文献

[1] TAIT M J, DAMATTY A A E, ISYUMOV N, et al. Numerical flow models to simulate tuned liquid dampers（TLD）with slat screens [J]. Journal of Fluids & Structures, 2005, 20（8）：1007 - 1023.

[2] ZHANG L L, XIE Z N, YU X F. Method for decoupling and correction of dynamical signals in high-frequency force balance tests [J]. Journal of Structural Engineering, 2018, 144（12）.

[3] PAN H R, XIE Z N, XU A, et al. Wind effects on Shenzhen Zhuoyue Century Center：Field measurement and wind tunnel test [J]. Structural Design of Tall and Special Buildings, 2017, 26（13）：e1376.

[4] ZAHRAI S M, ABBASI S, SAMALI B, et al. Experimental investigation of utilizing TLD with baffles in a scaled down 5 - story benchmark building [J]. Journal of Fluids & Structures, 2012, 28：194 - 210.

220kV 鼓型输电塔气弹模型风洞试验研究 *

张文通[1]，肖仪清[1]，李朝[1]，郑庆星[2]

（1. 哈尔滨工业大学（深圳）深圳 518055；

2. 深圳市建筑设计研究总院有限公司 深圳 518031）

1 引言

目前，风洞试验被认为是研究结构风效应最为可靠的研究手段，基于风洞试验的新型输电塔架、大跨越或特高压输电线路的抗风可靠性研究受到重点关注[1-2]。然而，近年来台风过境频繁、强对流天气发生密集，220 kV 或 110 kV 以及相对低电压等级的输电线路出现了较高频次的风致损坏或倒塌事故，造成了巨大的经济损失。另一方面，在高压输电网中，220kV 或 110kV 等输电线路数量居多，分布较广，是高负荷电能实现高效传输及分配的主要通道。因而，为持续提升输电网络防灾抗灾能力以及建设完善输电网络，220 kV 或 110 kV 等级高压输电线路的抗风性能研究亦应引起足够重视。本文以 220kV 输电线路中应用广泛的鼓型输电塔为研究对象，基于相似理论，进行完全气弹模型风洞试验，对该输电塔在不同风速下和不同风向角下风致响应变化规律以及在风场环境中结构模态参数变化进行了研究。

2 输电塔气弹模型风洞试验

2.1 风洞流场模拟

本试验在哈尔滨工业大学（深圳）风环境技术工程实验室进行，风场模拟主要以控制平均风剖面和湍流度剖面为主，在风洞试验段入口处布置尖塔以及粗糙元，使其基本满足 B 类地貌的紊流风场要求，分别如图 1、图 2 所示。

图 1 风洞试验现场布置概况

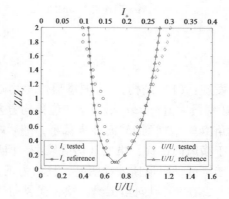

图 2 风洞流场风剖面

2.2 220kV 鼓型输电塔气弹模型

以某 220 kV 双回路鼓型直线塔为研究对象，考虑原型结构高度（42.5 m）和风洞断面尺寸（长 24 m，宽 6 m，高 3.6 m），以及杆件加工的可行性，确定该输电塔气弹模型几何缩尺比 $\lambda_L = 1:25$ 和风速比 $\lambda_U = 1:3$。为满足相似要求，从拉伸刚度、几何外形以及质量三个方面考虑相似，采用离散刚度法同时进行输电塔刚度与外形的模拟。

* 基金项目：国家自然科学基金（51778200、51808152）；深圳市基础研究项目（JCYJ20190806145216643）。

本试验采用自由振动法分别对模型两个主轴方向进行激振，并采集输电塔上各测点的位移自由缩减时程，基于特征系统实现算法（ERA）进行结构固有频率、振型曲线以及结构阻尼比的识别；在各试验工况下，采用非接触式三维运动捕捉摄像系统仪器对模型主要节点的位移响应进行测量，采用 NExT-ERA 算法对风场中结构模态参数进行识别[3]。

3 主要结果

塔顶 x、y 向位移均值和均方差以及结构模态气动阻尼比随风向变化如图 3～图 6 所示。

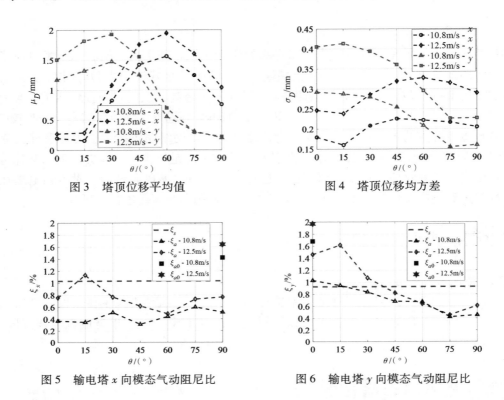

图 3 塔顶位移平均值　　　　　　图 4 塔顶位移均方差

图 5 输电塔 x 向模态气动阻尼比　　图 6 输电塔 y 向模态气动阻尼比

4 结论

通过分析发现：（1）结构 x、y 向塔顶位移均随风向角度的增加而呈先增大后减小趋势，分别在 60° 和 30° 风向角达到最大值；（2）塔顶 x 向位移均方差随风向角增大而呈先增大后减小趋势；塔顶 y 向位移均方差随风向角由 0° 增加到 75° 而逐步减小，随后略有增大；（3）结构顺风向位移响应均值和均方差均相对较大，而对于横风向位移，虽然其均值较小，但均方差却能达到顺风向的 60%～80% 以上；（4）在不同风向角下，结构气动阻尼比波动明显，且均为正值；（5）在 0° 风向角工况，结构顺风向气动阻尼比明显大于横风向的，在 90° 风向角工况，顺、横风向气动阻尼比基本相当，但均小于准定常理论确定的顺风向气动阻尼比。

参考文献

［1］赵爽，晏志涛，李正良，等.1000kV 苏通大跨越输电塔线体系气动弹性模型设计与分析［J］.振动与冲击，2019，38（12）：1-8.

［2］CHEN F B，YAN B W，WENG L X，et al. Wind tunnel investigations of aeroelastic electricity transmission tower under synoptic and typhoon winds［J］. Aerosp. Eng.，2021，34（1）：04020102.

［3］SIRINGORINGO D M，FUJINO Y. System identification of suspension bridge from ambient vibration response［J］. Engineering Structures，2008，30：462-477.

基于深度神经网络的高层建筑脉动风压功率谱预测[*]

李浪，吴玖荣，辛业文，傅继阳

（广州大学风工程与工程振动研究中心 广州 510000）

1 引言

高层建筑具有既高又柔的特性，因此对风荷载比较敏感。在对高层建筑进行结构抗风设计时，往往需要对缩尺的高层建筑模型进行风洞试验，以获取其表面风压系数。在进行风洞试验时，需要在模型表面布置大量的风压测点，从而测得相应的风压数据。然而，受仪器设备数量的限制难以保证布置足够多的测压点。因此，如何准确预测出未布置风压测点的风压数据显得尤为重要。近年来，神经网络技术发展迅速，广泛应用于智慧交通、无人驾驶和智慧医疗等领域，但将其运用于风压预测的案例，特别是与脉动风压功率谱预测的案例却为数不多[1-2]。本文运用深度神经网络方法，对一矩形类高层建筑模型未布置测压点的脉动风压功率谱进行预测。

2 研究方法和内容

本文利用日本东京工艺大学的高层建筑风洞实验 TPU 气动数据库，选取一栋缩尺矩形截面类高层建筑模型（高 0.4 m，长 0.1 m，宽 0.1 m，缩尺比 1∶400）的表面风压时程相关数据，通过傅里叶变换计算出各个测点的脉动风压功率谱。为了阐述本论文算法实施原理的方便，人为将 400 个风压测点分为两类，如图 1 所示，一类为训练测点（灰色点），共计 360 个测点；一类为预测点，共计 40 个测点（红色点），预测点可以理解为实际工程中未布置测点的情况。将测点坐标 (x, y)、测点所在面编号、风向角以及频率作为模型的输入，脉动风压功率谱作为模型的输出，建立深度神经网络模型（如图 2 所示），建立深度神经网络模型。分别讨论 0°、15°、30°和 45°风向角下的神经网络模型的预测结果。

本文使用 Python 中的 Keras 库进行神经网络建模。通过偏差和方差的权衡来调整超参数，确定层数和各层结点数、学习率、迭代次数，再不断地优化模型。神经元的层数和神经元的个数越多将帮助产生更为复杂的预测，但是也增加了过拟合的风险。为了增强模型的非线性能力，在所有层中选择 ReLU 激活函数，并应用均方根误差损失函数（MSE）和 Adam 算法来优化神经网络。选用 DNN 结构为 5 - 256 - 128 - 64 - 32 - 16 - 1（DNN - 5）作为最佳的神经网络结构，具体超参数如表 1 所示。

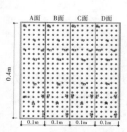

图 1 风压测点布置图

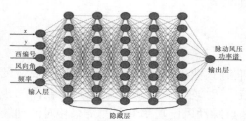

图 2 DNN 预测脉动风压功率谱结构

表 1 预测脉动风压功率谱 DNN 最优超参数

参数名称	参数说明	参数值
Learning rate	学习率	0.0001
Loss function	损失函数	MSE
Activation function	激活函数	Relu
Batch size	批大小	128
Epoch	最大训练次数	100
Optimizer	优化算法	Adam

[*] 基金项目：国家自然科学基金项目（51778161、51925802）。

3   预测结果分析

如图 3 所示为 0°风向角下 A 面各预测点（编号 1，5，9，21，26，37）的脉动风速功率谱预测情况，从图 3 可以看出，DNN 算法能够比较准确预测出高层建筑风洞试验未知测点的脉动风压功率谱，且所有测点的脉动风压功率谱形状均与顺风向脉动风速谱的形状一致，这也反映了顺风向准定常假设的准确性。但测点位置不同，预测结果有所差异。DNN 算法对中间点的预测比较稳定，预测结果比较好；对边点而言，DNN 算法大部分点预测精度很好，存在少部分点预测结果有局部偏差；对角点而言，DNN 算法预测结果波动较大，预测精度相对较弱。

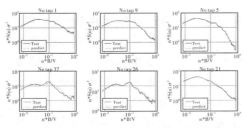

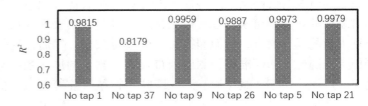

（a）0°风向角下 A 面各点脉动风压功率谱预测结果   （b）各点脉动风压功率谱预测 R^2 值

图 3   DNN 算法下 A 面各点预测结果

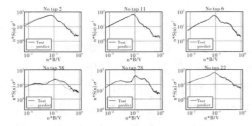

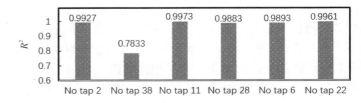

（a）0°风向角下 B 面各点脉动风压功率谱预测结果   （b）各点脉动风压功率谱预测 R^2 值

图 4   DNN 算法下 B 面各点预测结果

图 4 展示了采用 DNN 算法，对 0°风向角下，B 面各测点（编号 2，38，11，28，6，22）的脉动风压功率谱预测结果。DNN 算法都能大致预测出 B 面各测点脉动风压功率谱的相关特征，但不同测点位置，预测结果有所差异。容易看出，DNN 算法对边点和中间点的预测比较准确，其功率谱特征和变化趋势与试验结果是几乎一致的，R^2 值都在 0.988 以上。而对于角点预测则出现一定的波动，尤其是在高频区。从总体看在此风向角下 B 面的测点均在侧风面，对应的脉动压力为横风向脉动压力，其脉动压力功率谱一般有一个尖峰，在功率谱尖峰最大值处对应的折算频率，对于矩形截面类建筑而言一般为 0.1，这从图 4 中，可以明显地看到这个横风向脉动力的旋涡脱落特征。

4   结论

本文采用的深度神经网络算法，可以比较准确预测出高层建筑模型大部分未知风压点的脉动风压功率谱，对中间点的脉动风压功率谱预测最为稳定，R^2 均大于 0.98；对边点的预测出现一定的波动，在部分风向角下，测点预测结果 R^2 较差；DNN 对角点脉动风压功率谱预测结果相对波动较大。

参考文献

［1］ HU G，LIU L，TAO D，et al. Deep learning-based investigation of wind pressures on tall buildingunder interference effects ［J］. Journal of Wind Engineering & Industrial Aerodynamics. 2020，201.

［2］ MALLICK M，MOHANTA A，KUMAR A，et al. Prediction of wind-induced mean pressure coefficients using GMDH neural network ［J］. Journal of Aerospace Engineering. 2019，33：1-17.

BTMDI 控制下的高层建筑三维风振模型

乔浩帅，李金钰，黄鹏

（同济大学土木工程防灾国家重点实验室 上海 200092）

1 引言

目前的研究表明，新型惯质阻尼器相较传统阻尼器对于高层建筑风致振动具有更好的控制效果，同时具有更轻的设备质量，拥有良好的应用前景。但目前的理论研究均基于仅考虑单方向平动的二维剪切模型，无法进行台风、扭转风等动力作用下三维结构的动力响应分析。因此，本文提出了安装双向调谐惯质阻尼器（bi-directional tuned mass damper-inerter，BTMDI）的高层建筑三维风振模型，并基于风洞试验数据评估了 BTMDI 在多风向下的风振效果，为后续研究提供了理论模型支持。

2 物理模型及实例分析

2.1 安装 BTMDI 的三维高层建筑风振模型

安装 BTMDI 的结构的示意图及剪切模型分别如图 1a、图 1b 所示。结构共 n 层，每层具有沿 x、y 方向两个平动自由度以及一个沿 z 轴转动的扭转自由度。第 k 层质心和刚心分别记为 CM_k 和 CR_k，其 x、y 坐标之差分别为该层的两偏心距 e_{xk} 和 e_{yk}。BTMDI 共 9 个参数，分别为沿 x 和 y 方向的刚度、阻尼系数和惯容量，记为 k_{xt}、c_{xt}、b_x 和 k_{yt}、c_{yt}、b_y，附属质量 m_t，悬挂层层数 i 与惯容器连接层层数 a。

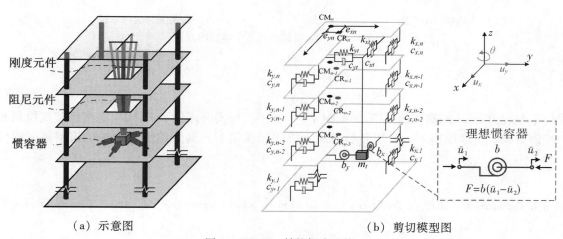

（a）示意图   （b）剪切模型图

图 1 BTMDI－结构耦合系统

基于达朗贝尔原理，可以得到图 1b 所示剪切模型的运动微分方程为：

$$M\ddot{u}(t) + C\dot{u}(t) + Ku(t) = P(t) \tag{1}$$

式中，$\ddot{u}$、$\dot{u}$、u 和 P 分别为各层三个自由度和 BTMDI 两个自由度的加速度、速度、位移响应时程以及作用在各自由度上的气动力时程。M、C、K 分别为模型的质量、阻尼和刚度矩阵，可展开为

$$M = \begin{bmatrix} M_s + \mathbf{1}_a\,\mathbf{1}_a^{\mathrm{T}}b_x + \mathbf{1}_{a+n}\,\mathbf{1}_{a+n}^{\mathrm{T}}b_y & -\mathbf{1}_a b_x & -\mathbf{1}_{a+n} b_y \\ -\mathbf{1}_a^{\mathrm{T}}b_x & m_t + b_x & 0 \\ -\mathbf{1}_{a+n}^{\mathrm{T}}b_y & 0 & m_t + b_y \end{bmatrix}, \tag{2-1}$$

$$C = \begin{bmatrix} C_s + \mathbf{1}_i \, \mathbf{1}_i^{\mathrm{T}} c_{xt} + \mathbf{1}_{i+n} \, \mathbf{1}_{i+n}^{\mathrm{T}} c_{yt} & -\mathbf{1}_i c_{xt} & -\mathbf{1}_{i+n} c_{yt} \\ -\mathbf{1}_i^{\mathrm{T}} c_{xt} & c_{xt} & 0 \\ -\mathbf{1}_{i+n}^{\mathrm{T}} c_{yt} & 0 & c_{yt} \end{bmatrix}, \qquad (2-2)$$

$$K = \begin{bmatrix} K_s + \mathbf{1}_i \, \mathbf{1}_i^{\mathrm{T}} k_{xt} + \mathbf{1}_{i+n} \, \mathbf{1}_{i+n}^{\mathrm{T}} k_{yt} & -\mathbf{1}_i k_{xt} & -\mathbf{1}_{i+n} k_{yt} \\ -\mathbf{1}_i^{\mathrm{T}} k_{xt} & k_{xt} & 0 \\ -\mathbf{1}_{i+n}^{\mathrm{T}} k_{yt} & 0 & k_{yt} \end{bmatrix}, \qquad (2-3)$$

式中，M_s、C_s和K_s分别为主体结构的质量、阻尼和刚度矩阵。其中，考虑各层刚心质心不重合情况下的质量和刚度矩阵依结构动力学知识建立[1]，阻尼矩阵基于模态阻尼建立。$\mathbf{1}_k$为长度为$3n$的列向量，除第k个元素为 1 外其余元素为 0。

2.2　实例分析

基于一高层建筑工程实例及其风洞试验数据，计算了 BTMDI 控制下结构在 36 个风向角下 x 向位移和加速度响应均方根，如图 2 所示。y 向风振控制效果与 x 向控制效果相近。

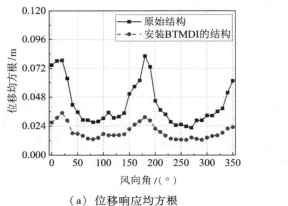 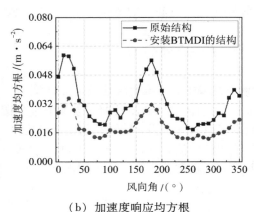

（a）位移响应均方根　　　　　　　　　（b）加速度响应均方根

图 2　36 个风向角下 x 向位移和加速度响应均方根

3　结论

本文建立了安装 BTMDI 的高层建筑三维风振模型，基于工程实例评估了 BTMDI 对高层建筑位移和加速度响应的控制效果。所建模型为进一步开展台风、扭转风作用下的高层建筑风致振动控制研究提供了物理模型。

参考文献

［1］CHOPRA A K. Dynamics of structures：Theory and applications to earthquake engineering［M］.4th ed. Boston：Prentice Hall，2012.

大型户外广告牌风荷载的刚性测力试验研究*

郭桓宏，汪大海

（武汉理工大学 武汉 430070）

1 引言

随着我国城镇化的进程的蓬勃发展，户外广告牌等一些结构质量较轻、外形复杂的结构物在风灾中常受到破坏。国内外学者随即对广告牌风荷载特性方面开展了研究：Letchford[1]（2001）通过风洞试验，测量了不同高宽比、间隙率的悬空面板的阻力系数，与已有文献的结果进行了较为详细的对比分析，并给出了规范值的修订方法；Warnitchai 等[2]（2009）利用高频测力天平对单面板广告牌和 V 形双面板广告牌进行了风洞测力试验。顾明等[3]（2015）通过风洞试验，测量三面板和双面板两种独立柱广告牌模型的面板表面风压，研究其分布规律，讨论面板表面平均和脉动风压系数在不同风向角下的分布特性及随风向角的变化。汪大海等[4]（2020）针对三面广告牌这类特殊开敞的板式高耸结构，通过刚性模型的多点同步测压试验，考察了各风向作用下面板表面净风压分布的统计特征和正负风压极值的包络分布，为三面广告牌风荷载取值提供了可靠的试验数据和计算依据。

（a）面板蒙皮撕裂　　　　　　（b）面板支撑结构的屈曲　　　　　　（c）立柱的失稳或整体倾覆

图1　广告牌的三种典型破坏形态

2 研究方法和内容

试验共选取了双面广告牌、三面广告牌两种广告牌结构，以 1:20 缩尺比制作对应模型。

图2　广告牌实际模型图

---

* 基金项目：国家自然科学基金（1878527）。

通过调整风场拟模拟我国规范中的 A、B、C 三类地貌，使用高频测力天平测量广告牌模型基底的反力与弯矩，对广告牌模型整体的风荷载特性进行对比研究，从而得到相关规律与结论，为今后广告牌的研究的与设计提供更为准确的数据支持。由于广告牌结构的立柱往往采用中心对称的圆形钢管，设计中更加关注风荷载下的顺风向及横风向的合力 $F(t)$。通过基底天平对模型基底反力进行测量并合成后，测得的合力系数为

$$C_F(t) = F(t)/(0.5\rho U_{\mathrm{ref}}^2 bc) \tag{1}$$

式中，$F(t)$ 为基底测得的顺风向及横风向的合力；$C_F(t)$ 为对应的风力系数；ρ 为试验空气密度；U_{ref} 为参考高度处的平均风速；b 为面板宽度、c 为面板高度。

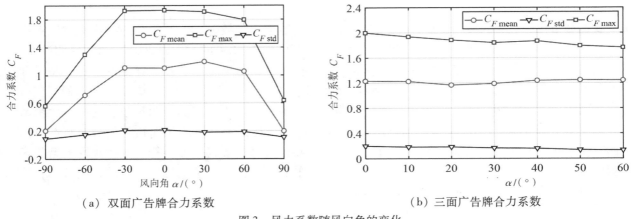

（a）双面广告牌合力系数 　　　　　　（b）三面广告牌合力系数

图 3　风力系数随风向角的变化

①对于双面广告牌：合力系数的均值与极值在 0° 两侧呈对称分布；而均值和极值分别在 30° 角和 0° 角达到最大，分别对应为 1.2 和 1.9。均方根值基本不随风向角变化，其值为 0.2 左右。②对于三面广告牌：均方根值和极值在 0° 风向角时最大，分别对应为 0.2 和 2.0，随风向角的增大而略有下降。③总体来说，0° 风向角下为三面及双面广告牌的最不利工况，且二者的均值、均方根值和极值的最大值都比较接近。

3　结论

对于不同夹角的双面广告牌，平均合风力系数基本上在 0° 风向角两侧呈对称分布。随着板面夹角的增大，最大值也随之增大；平均扭矩系数基本上在 0° 风向角两侧呈中心对称分布，其中双面 30° 夹角广告牌平均合风力系数和扭矩系数最大，分别为 1.5 和 0.22。

参考文献

[1] LETCHFORD C W. Wind loads on rectangular signboards and hoardings [J]. Journal of Wind Engineering and Industrial Aerodynamics, 2001, 89: 135 - 151.

[2] WARNITCHAI P, SINTHUWONG S. Wind Tunnel Model Tests of Large Billboards [J]. Advances in Structural Engineering. 2009, 12: 103 - 114.

[3] 顾明, 陆文强, 韩志慧, 等. 大型户外独立柱广告牌风压分布特性 [J]. 同济大学学报, 2015, 43 (3): 337 - 344.

[4] 汪大海, 向越, 等. 大型三面广告牌结构风荷载特性的风洞试验 [J]. 同济大学学报, 2020, 48 (1): 16 - 23.

某超高层建筑烟囱效应的现场实测与数值模拟分析*

李秋生，杨易，万腾骏

（华南理工大学亚热带建筑科学国家重点实验室 广州 510640）

1 引言

超高层建筑的烟囱效应是在室内外温差和高差形成的热压作用下，空气通过门窗幕墙等围护结构缝隙，渗入建筑内部或从建筑内部渗出，并在井道汇聚，形成的一种非受控的空气运动现象，其强度主要和建筑高度、室内外温差以及围护结构的气密性等因素有关。近年来，由于相关研究和设计规范的滞后，新建超高层建筑冬季强烟囱效应的问题频繁发生。本文以长沙国金中心 T1 主塔（452m）这一超高层建筑为研究对象，该建筑 2018 年落成不久后即发生冬季强烟囱效应问题，导致多部电梯发生开闭故障、强烈渗风、电梯井道强烈气动噪声等现象。通过现场实测获得了冬季强烟囱效应作用下电梯压差分布、渗透风速和气动噪声等一手数据，并采用基于多区网络模型方法的数值模拟分析，对实测与数值结果进行了对比分析。同时，研究了增强建筑底层围护结构的气密性等措施缓解本建筑烟囱效应的作用。

2 现场实测

长沙国金中心核心筒内外侧设置各类直达和非直达电梯、楼梯及消防设备间，功能和布局复杂。现场调研发现，酒店穿梭梯 1H－S1 为直达电梯，总行程达 90 层，烟囱效应预计尤为显著。课题组和该建筑的电梯厂商合作，采用项目团队研发的一种新型烟囱效应压差采集装置，以酒店穿梭梯 1H－S1 为目标电梯，分别于 2018 年 10 月和 2019 年 1 月，对其烟囱效应问题严重的底部和顶部楼层开展了两次现场实测（图 1），获得其在实测工况下的烟囱效应压差分布特性一手数据，分析其作用机理和规律。

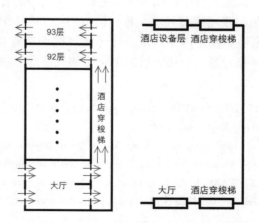

图 1　长沙国金中心 T1 主塔电梯烟囱效应压力实测图　　图 2　长沙国金中心 T1 主塔烟囱效应气流主要流通路径示意图

3 数值模拟分析

基于多区域网络模型方法，使用编程语言 Python 编制了模拟超高层建筑烟囱效应的数值模拟程序 HiSTACK，建立本项目的烟囱效应分析数值模型。参考美国采暖、制冷与空调工程师协会手册[1]和文献

* 基金项目：国家自然科学基金项目（51478194）。

[2-3]，并根据现场调研各类型楼层设计特征，给定建筑室内空间的等效串、并联关系，以及气流主要流通路径（图2）上电梯、门、幕墙等基本建筑构件的渗透系数。对比2019年1月第二次现场实测工况1，数值模型中室内外温差设为23 ℃。

表1给出了第二次现场实测两种工况下电梯井道（即电梯厅门）烟囱效应压差的结果，以及对比实测工况1的数值模拟分析结果。压差符号约定如下：以气流从前室流入井道为正，反之为负。结果显示：①本研究建立的数值模型分析结果与实测结果整体规律一致，数值基本相符，表明数值模拟分析具有一定的精度；②相比于实测工况1，实测工况2的底层（4～6层）电梯井道压差减小，关闭底层电梯前室门可一定程度减缓烟囱效应；③进一步采用数值模拟方法，研究建筑构件不同渗透参数取值的影响规律，得到增强幕墙、门窗围护结构气密性等措施的缓解效果。

表1　长沙国金中心T1主塔烟囱效应实测结果与数值模拟结果（2019年1月）

楼层	工况1		工况2
	实测结果/Pa	数值结果/Pa	实测结果/Pa
L4	108～135.71	108.1	83
L5	114～121.66	108.1	111～121
L6	110.49～119.15	109.0	84.2～87.3
L92	−75.28～−90.29	−105.8	—
L93	−124.55～−128.43	−106.8	—

注：工况1：电梯前室门完全打开，梯门闭合，梯门约1/2高处中间缝隙处的压差和风速；工况2：电梯前室门完全闭合，梯门闭合，在梯门约1/2高处中间缝隙处的压差和风速，电梯前室门的压差。

4　结论

（1）利用现场实测，获得长沙国金中心T1主塔直达电梯井道烟囱效应压差特性的一手数据。实测结果显示，直达电梯烟囱效应压力最大达到135.71Pa。同时采用数值模拟方法进行模拟分析，通过与实测数据对比，验证了数值模拟方法的适用性和结果的合理性。

（2）通过现场实测发现，长沙国金中心T1主塔强烟囱效应是由于塔楼底层和裙楼建筑空间分隔、围护结构气密性和直达电梯前室设计等建筑抗烟囱效应设计考虑不周导致，从而出现电梯故障、强烈渗风和气动噪声等问题。增加底层围护结构的气密性，将能在一定程度缓解强烟囱效应问题。

参考文献

[1] ASHRAE. 2009 ASHRAE Handbook—Fundamentals [S]. Atlanta：American Society of Heating, Refrigerating and Air-Conditioning Engineers, 2009.

[2] YOON S. Identifying stack-driven indoor environmental problems and associated pressure difference in high-rise residential buildings：Airflow noise and draft. Building and Environment, 2020. 168：106483.

[3] XIE M X, WANG J, ZHANG J, et al. Field measurement and coupled simulation for the shuttle elevator shaft cooling system in super high-rise buildings [J]. Building and Environment, 2021, 187：107387.

超高层建筑多自由度气弹模型设计及风洞试验研究*

刘春雷，张乐乐，谢壮宁

（华南理工大学亚热带建筑科学国家重点实验室 广州 510640）

1 引言

基于多自由度气弹模型风洞试验能够较为精确地探究超高层建筑的气弹效应。本文以现场实测中气弹效应显著并存在一定模态耦合效应的某超高层建筑为原型，精细设计制作多自由度气弹模型，并进行初步风洞试验研究。

2 模型设计制作

原型建筑共 51 层，塔高 201 m，横截面近似长方形，短边约 30 m（x 方向），长边约 36 m（y 方向）。建筑有限元模型总质量约为 8.60×10^7 kg，总转动惯量约为 1.30×10^{10} kg·m^2。现场实测得到该建筑的前三阶自振频率分别为 0.215 Hz（x 方向平动）、0.229 Hz（y 方向平动）和 0.549 Hz（扭转方向）。气弹模型设计制作的总体流程为：首先基于原型建筑的基本信息进行动力相似[1]和缩尺相似得到缩尺模型每层质量和转动惯量，进而选用中间粗柱加四周细柱的结构形式并进行 ANSYS 建模分析，最后采用数控机床加工零部件并通过环氧树脂黏合得到整体模型，见图 1。模型几何缩尺比为 1/300，频率缩尺比 45。图 2给出了加工模型前三阶频率和振型等参数与原型的对比，结果吻合良好。

图 1　气弹模型骨架

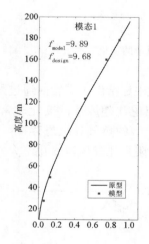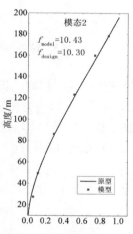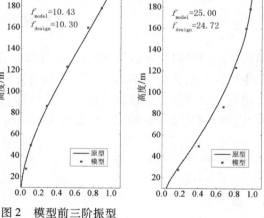

图 2　模型前三阶振型

3 初步风洞试验结果

定义结构坐标系 x 方向沿模型短边方向，y 方向沿模型长边方向，风向角 0° 和 90° 分别为长边迎风和短边迎风，在结构顶部分别沿 x 和 y 方向安装了单向无线加速度传感器测得不同风速下的加速度响应时程。图 3 给出了加速度均方根随风速的变化。从图中可以看出，0° 风向角下（宽边迎风），横风向加速度在 10 m/s 的风速附近会明显增大，整体随风速变化表现出典型的涡激共振特征，而在 90° 风向角下（窄边迎风），横风向加速度整体随风速变化却没有表现出明显的涡激共振特征。

* 基金项目：国家自然科学基金青年科学基金项目（51908226）；中国博士后科学基金面上项目（2019M662915）。

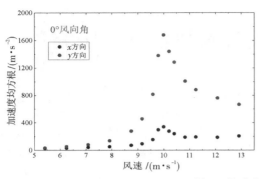
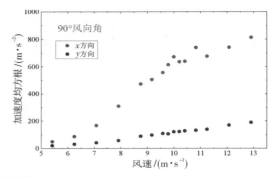

图3　加速度均方根随风速的变化

图4给出了前两阶频率随风速的变化，同时，图中还给出了试验前通过敲击法得到的模型前两阶固有频率。从图中可以看出，在0°风向角下（宽边迎风，下同）：y方向（横风向）频率随风速的增大先减小后增大，呈V字形变化，x方向（顺风向）频率随风速的增大而减小，在涡激共振风速（10 m/s）附近，两方向的频率极为接近。在90°风向角下（窄边迎风，下同）：x和y方向频率均随风速的增大而减小，且均小于固有频率值。

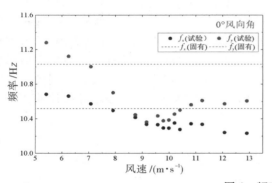
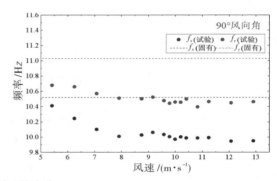

图4　频率随风速的变化

图5给出了前两阶阻尼比随风速的变化，同时，图中还给出了试验前通过敲击法得到的模型前两阶阻尼比。从图中可以看出，在0°风向角下：x和y方向阻尼比随风速的变化非常剧烈，在涡激共振风速附近，前两阶阻尼比非常接近且达到了极小的值，即有较大的负气动阻尼存在。90°风向角下：x方向（横风向）阻尼比随风速先减小后增大，y方向（顺风向）阻尼比随风速变化不大。

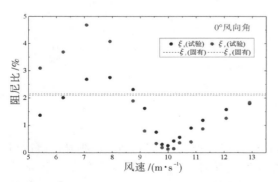
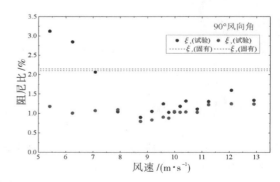

图5　阻尼比随风速的变化

参考文献

[1] TEMPLIN J T, COOPER K R. Design and performance of a multi-degree-of-freedom aeroelastic building model [J]. Journal of Wind Engineering and Industrial Aerodynamics, 1981, 18: 157 – 175.

微型 TLD 控制圆柱形吸热塔风致振动的试验研究 *

李亚峰，李寿英，孙北松，刘敏，陈政清

（湖南大学风工程与桥梁工程湖南省重点实验室 长沙 410082）

1 引言

调谐液体减振器（TLD）已成为降低高层建筑风致振动的有效措施之一[1]。TLD 通常由高层建筑的储水装置改造而来，基本不增加或少增加成本。以往对 TLD 的研究主要采用理论分析、数值模拟和现场实测的方法，而很少采用风洞试验研究 TLD 的减振效率。在本研究中，基于气弹模型风洞试验，设计并制造了一种微型 TLD，研究了 TLD 控制 243 米高圆柱形吸热塔风致振动的效果。

2 微型 TLD

已有研究表明，质量比为 1% ~ 2% 、频率比为 0.8 ~ 1.2 的 TLD 可以显著降低结构的风振反应。圆柱形吸热塔气弹模型的一阶广义质量约为 468 g，频率为 9.80 Hz。因此，微型 TLD 中水的质量应为 4.68 ~ 9.36 g，频率应为 7.84 ~ 11.76 Hz。此外，当质量比为 1% 时，微型 TLD 的需求阻尼比为 5%[2]。水在圆柱形 TLD 中的运动状态与 TLD 的深度和容器的尺寸密切相关。当水深比为 0.4 时，设计并制作了六种微型 TLD，容器内径分别为 9、10、11、12、13 和 14 mm。对六种微型 TLD 进行了频率与阻尼识别，发现频率的实测值与理论值吻合较好，而阻尼的实测值大于理论值。当质量比为 1% 时，六种微型 TLD 的数量分别为 20、15、12、9、7 和 6，如图 1 所示。

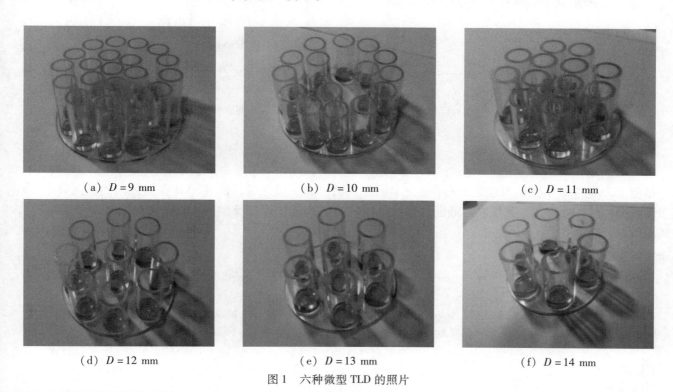

（a） *D* = 9 mm	（b） *D* = 10 mm	（c） *D* = 11 mm
（d） *D* = 12 mm	（e） *D* = 13 mm	（f） *D* = 14 mm

图 1　六种微型 TLD 的照片

* 基金项目：国家重点研发计划项目（2017YFC0703600、2017YFC0703604）。

3 风洞试验结果

图2给出了当微型TLD容器内径为10 mm，涡振临界风速$U_{10}=22.7$ m/s时，圆柱形吸热塔塔顶横风向加速度时程和相应的功率谱密度。从图2可以看出：TLD可以显著减小圆柱形吸热塔一阶模态的加速度响应，而二阶模态的加速度几乎没有减小。图3给出了顺风向的相关风洞试验结果。从图3可以看出：TLD在顺风向的减振效率明显小于在横风向的减振效率，并且仅降低了一阶模态的加速度响应。

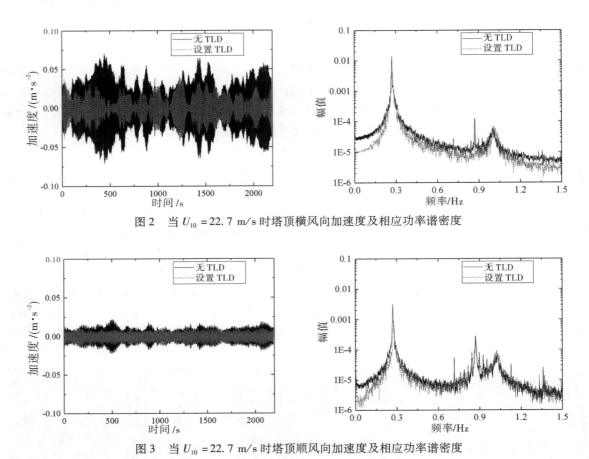

图2 当$U_{10}=22.7$ m/s时塔顶横风向加速度及相应功率谱密度

图3 当$U_{10}=22.7$ m/s时塔顶顺风向加速度及相应功率谱密度

4 结论

微型TLD的频率实测值与理论值吻合较好，阻尼实测值大于理论值。微型TLD在横风向的减振效率高于顺风向的减振效率，并且仅能降低圆柱形吸热塔一阶模态的加速度反应，可以采用微型TLD进行相关风洞试验研究。

参考文献

[1] ZHANG Z, STAINO A, BASU B, et al. Performance evaluation of full-scale tuned liquid dampers for vibration control of large wind turbines using real-time hybrid testing [J]. Engineering Structures, 2016, 417–431.

[2] WAKAHARA T, OHYAMA T, FUJII K. Suppression of wind-induced vibration of a tall building using tuned liquid damper [J]. Journal of Wind Engineering and Industrial Aerodynamics, 1992, 43 (1–3): 1895–1906.

基于激光雷达实测和风洞试验的超高层建筑抗风研究[*]

麻福贤，谭健成，杨易

（华南理工大学亚热带建筑科学国家重点实验室 广州 510640）

1 引言

大气边界层风场特性及其对建筑结构的作用，是结构风工程研究的基础性问题。风荷载往往是超高层建筑安全性、舒适性设计的控制性荷载，准确描述超高层建筑所处的风场特性，对结构抗风设计至关重要。本文基于佛山某 350m 超高层项目，利用激光测风雷达设备与中尺度 WRF 模拟技术，研究该项目场址处的大气边界层风场特性，并结合风洞试验，对该建筑风荷载与风致响应考虑真实风场特性进行适当修正，从而为超高层建筑的抗风设计提供适当参考。

2 研究概况与结果分析

2.1 激光雷达实测

激光测风雷达具有高时空分辨率、高精度、便携可移动观测和能适应复杂地形等优点，已有很多学者借助其开展大气边界层风场特性的研究[1-2]。本文利用 WindMast PBL 边界层风廓线激光雷达，对项目所在场地高空风场进行现场实测，见图 1。选取实测期间最大风速时段（2020 年 10 月 24 日 2:00—3:00），分析边界层风场平均风剖面特性。

2.2 中尺度 WRF 模拟

选定项目场址作为中尺度 WRF 模拟的区域中心，采用 3 层双向嵌套网格划分方案，水平分辨率分别为 9 km、3 km、1 km，见图 2。垂直方向网格划分为 50 层，底部 350 m 以下的 20 层采用加密网格。计算起止时间为北京时间 2020 年 10 月 23 日 8 时至 25 日 20 时。

图 1 WindMast PBL 边界层风廓线激光雷达

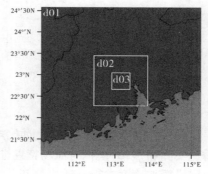

图 2 WRF 模拟区域

2.3 风洞试验

风洞试验在华南理工大学风洞实验室完成，见图 3。试验采用刚性测压模型，几何缩尺比为 1:400。根据《建筑结构荷载规范》（GB 50009—2012）对项目周边地貌风场进行分析，确定地貌类别为规范定义的 C 类地貌，对应地面粗糙度指数 α 为 0.22。

* 基金项目：国家自然科学基金项目（51478194）。

2.4 平均风速剖面特性分析

参考《建筑结构荷载规范》，采用指数律对雷达实测和 WRF 模拟平均风速廓线进行拟合，并和规范 C 类地貌风剖面进行比较，结果见图 4。在雷达实测和 WRF 模拟时段内，得到的 $0 \sim 30°$（正北为 $0°$，风向角顺时针增加）来流风向下平均风剖面指数分别为 0.42 和 0.34，大于规范规定 C 类地貌的 0.22，可见规范取值相对项目真实地貌较为保守。

图 3 风洞试验照片

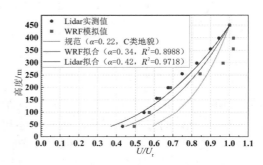

图 4 拟合风剖面

2.5 风荷载与风致响应分析

基于风洞试验，分别采用规范 C 类地貌，以及适当考虑实测风速剖面分析结果进行局部风向风剖面修正，计算得到的该建筑 50 年重现期基础 y 轴剪力 Q_y 和 10 年重现期人居顶层风振加速度随风向角变化结果，如图 5 和图 6 所示。图中规范组为按照规范取 C 类地貌的分析结果，对照组为根据激光雷达实测结果对局部来流风向风剖面进行适当修正的结果。且为安全起见，对实测风剖面指数大于 D 类地貌 0.30 的风向取 D 类地貌。对比发现，对照组在对应风向下的基础 y 轴向剪力 Q_y 和人居顶层风振加速度均有一定程度的降低，其中 Q_{y_mean} 和风振加速度分别在 $20°$ 和 $10°$ 来流风向下降低最大，分别降低 5.93MN 和 $0.0403 \ \mathrm{m/s^2}$，对应的降幅为 25.15% 和 27.32%。

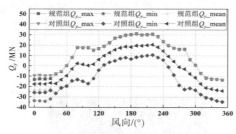

图 5 基础 y 轴向剪力 Q_y 随风向角变化图

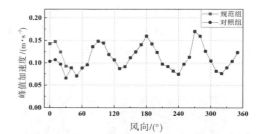

图 6 人居顶层风振加速度随风向角变化图

3 结论

真实超高层建筑所处的边界层风场环境远比规范规定的类别复杂。本研究以一栋超高层建筑为案例，首先基于激光雷达实测和 WRF 模拟对风场特性进行研究；再基于风洞试验，参考雷达实测结果对结构基底荷载和人居顶层风振加速度进行了适当修正，并与规范规定的 C 类风场结果对比分析。研究表明，实测时段所测风向的风剖面指数大于规范 C 类风场；考虑真实风场适当修正后，在该风向下的基底荷载和风振加速度相比规范结果降低。本研究试图为基于激光雷达实测的超高层建筑抗风设计提供参考。

参考文献

[1] PREM K C, VILAS W, SIRAJ A. An onsite demonstration and validation of LiDAR technology for wind energy resource assessment [J]. International journal of sustainable energy, 2019, 38 (7): 701 – 715.

[2] ETIENNE C, JASNA J, JONAS S, et al. Assessing the potential of a commercial pulsed lidar for wind characterisation at a bridge site [J]. Journal of Wind Engineering and Industrial Aerodynamics, 2017, 161: 17 – 26.

输电塔线体系风致响应中的耦联效应 *

李悦[1]，谢强[1, 2]

（1. 同济大学土木工程学院 上海 200092；

2. 工程结构性能演化与控制教育部重点实验室 上海 200092）

1 引言

输电塔倒塌往往带来巨大的经济损失，该领域学者们通过研究作用于输电塔线体系的风荷载[1]和不同风场下的输电塔风致响应[2]来为输电塔抗风设计和抗连续性倒塌设计提供参考。输电塔线体系的风致响应功率谱的峰值会随着风速的变化而移动[3]，进行输电塔线体系抗风分析时应考虑耦联效应。本文基于某 500 – kV 输电线路计算了四塔三线体系的动力响应，发现其加速度功率谱的峰值分布会在 10 ～ 15 m/s 的风速区间呈现大幅变化。与垂线向分量相比，塔线体系风致响应的顺线向分量具有更显著的耦联特征。

2 结构信息与荷载工况

根据 B 类地貌中设计风速为 37 m/s（10 m 高度处）的某 500 – kV 实际输电线路，建立包含 1 号塔～ 4 号塔的四塔三线体系有限元模型，档距均取为 400 m。以 3 号塔为目标塔，其信息如图 1a 所示。塔线体系的输电塔编号及相对位置如图 1b 所示。1 号塔与 4 号塔为边界塔，2 号塔与 3 号塔为完全相同的直线塔。目标塔的一阶振型为垂线向弯曲，频率为 2.264 Hz。第 4 阶开始出现以塔身下部斜材变形为主的局部振型，频率为 3.326 Hz。本文通过中导线的跨中点 P_{mid} 和斜材点 P_{diag} 的风致响应说明耦联效应特征，两点位置在图 1 中用点标出。

取 90°风攻角，10 m/s、15 m/s、20 m/s、25 m/s、30 m/s 共 5 种风速工况，加风点间隔取为 5 m。本文采用阎启的基于相位演化模拟随机风场的方法[4]，考虑风场随机性和空间相关性生成模拟风场各个加风点的风速时程。以 15 m/s 工况为例，挂线点处的风速时程如图 1c 所示。

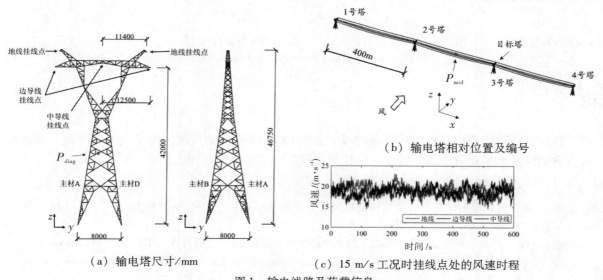

（a）输电塔尺寸/mm

（b）输电塔相对位置及编号

（c）15 m/s 工况时挂线点处的风速时程

图 1 输电线路及荷载信息

* 基金项目：国家自然科学基金项目（51278369）。

3 塔线体系风致响应特征

斜材点 P_{diag} 面外加速度和导线点 P_{mid} 顺线向加速度的归一化功率谱如图 2 和图 3 所示。

3.1 加速度响应功率谱峰值分布的大幅变化

由图 2b 和图 2c 可见,斜材的面外加速度频谱峰值在 $10 \sim 15$ m/s 工况下呈现"跳跃"式的大幅移动,低频区峰消失。而在 $15 \sim 30$ m/s 的各个工况则仅有少量变化(图 2c 和图 2d)。导线顺线向加速度 (x 向) 特征与斜材点相同(图 3b 和图 3c)。

3.2 顺线向和垂线向的耦联效应显著性不同

由图 2b 可见,斜材面外加速响应(顺线向)在 1 Hz 以下有显著的峰分布,与导线基频区一致。由图 3 可见,导线响应在 $5 \sim 10$ Hz 处也有显著的峰分布,与包含斜材显著变形的输电塔模态的频率一致。导线在垂线向的响应则集中分布在导线基频区,塔线体系在顺线向的响应具有更显著的耦联特征。

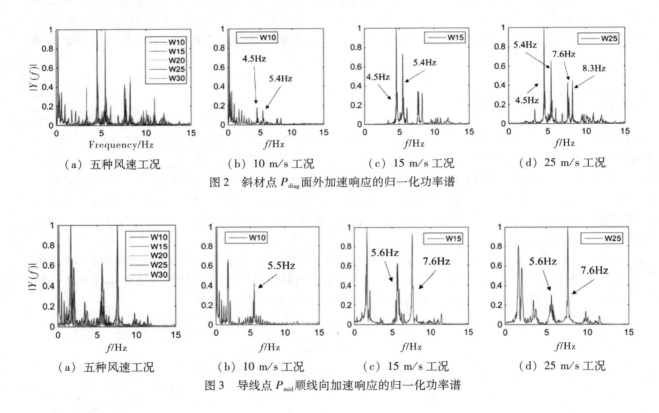

| (a) 五种风速工况 | (b) 10 m/s 工况 | (c) 15 m/s 工况 | (d) 25 m/s 工况 |

图 2　斜材点 P_{diag} 面外加速响应的归一化功率谱

图 3　导线点 P_{mid} 顺线向加速响应的归一化功率谱

4 结论

由于耦联效应,塔线体系风致响应功率谱的峰值会在 $10 \sim 15$ m/s 的风速区间呈现大幅变化。与垂线向相比,顺线向响应具有更显著的耦联特征,可作为耦联效应机理研究的切入点。

参考文献

[1] 丁泉顺,朱乐东. 基于气弹模型试验的高耸结构随机风振等效静力风荷载 [J]. 振动与冲击,2012,31 (24): 34 – 37,59.

[2] 姚旦,沈国辉,潘峰,等. 基于向量式有限元的输电塔风致动力响应研究 [J]. 工程力学,2015,32 (11): 63 – 70.

[3] XIE Q, CAI Y Z, XUE S T. Wind-induced vibration of UHV transmission tower line system: Wind tunnel test on aero-elastic model [J]. Journal of Wind Engineering & Industrial Aerodynamics, 2017, 171: 219 – 229.

[4] 阎启,李杰. 基于演化相位谱的脉动风速模拟 [J]. 振动与冲击. 2011,30 (9): 163 – 168.

镂空双层幕墙对高层建筑结构风响应的影响[*]

杨肖悦，谢霁明

（浙江大学建筑工程学院 杭州 310058）

1 引言

镂空双层幕墙系统不但具有建筑美学功能，还能影响气流分离与涡脱强度，有效减少内幕墙风压[1-3]，进而有可能弱化建筑物的横风向风振，但相关的气动效应方面的研究工作报道较少。本文对具有镂空双层幕墙系统的超高层建筑的抗风性能进行了详细的规律性研究，探讨将该类型的建筑覆面用于结构气动优化的可能性。通过风洞试验方法研究了镂空双层幕墙系统的覆盖面积与覆盖位置对抗风效率的影响，并考察不同风速情况下的减振效率，此外还对不同周边场地情况的影响做了分析。

2 风洞试验概况

以一实际工程项目为背景，制作了 1∶400 比例的缩尺模型，并在浙江大学 ZD-1 边界层风洞实验室中完成高频测力天平试验。建筑物足尺高度 374 m，截面为边长 52 m 的正方形，在上部约 1/3 处（120 m）模拟了镂空双层幕墙系统，并通过对洞口的封堵实现 5 种不同工况，详见图 1。在风洞中模拟测试了 A 类地貌与 C 类地貌。为方便描述，将 A 类地貌下的 5 种工况分别记为 A1～A5，C 类地貌下的 5 种工况分别记为 C1～C5。

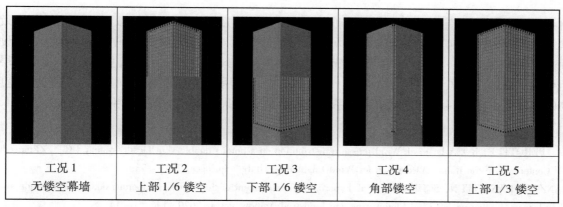

工况 1	工况 2	工况 3	工况 4	工况 5
无镂空幕墙	上部 1/6 镂空	下部 1/6 镂空	角部镂空	上部 1/3 镂空

图 1 工况细节

3 结果分析

由高频测力天平试验结果计算可得无量纲基底剪力系数与倾覆力矩系数，以 0° 风向角为例，发现镂空幕墙能明显降低横风向下基底剪力系数均方根值。不同覆盖面积的镂空双层幕墙对顺风向倾覆力矩谱不造成明显差别，但在约化频率小于 0.10（峰值频率）附近，镂空双层幕墙系统使得横风向倾覆力矩谱值明显变小。

假设结构一阶振型与二阶振型均可表示为 $\Phi(z) = (z/H)^{1.2}$，阻尼比为 1.5%，计算结构加速度并将

* 基金项目：国家自然科学基金项目（51578505）。

各镂空工况（工况 2～工况 5）的风振加速度与不设镂空幕墙的参照工况（工况 1）的风振加速度之比定义为"加速度折减率"，A 类地貌下与 C 类地貌下的结果如图 2 所示。

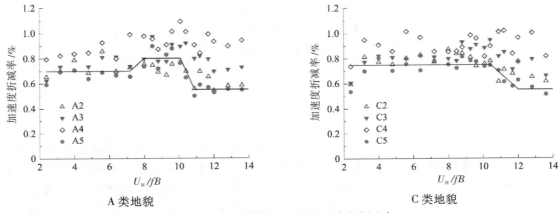

A 类地貌　　　　　　　　　　　　　　C 类地貌

图 2　镂空双层幕墙对风振加速度的折减率

可以看出，除了角部镂空工况的效果不够理想外，其余镂空工况都能显著减少横风向风振，而且减振效果一般随约化风速的提高而增强。A5 在约化风速 10.5 以上时的折减率可达 0.55，在约化风速 7～10.5 m/s 之间的折减率约为 0.8，而在约化风速小于 7 时的折减率约为 0.7。说明设置镂空双层幕墙不但能大幅降低极端风下与横风向响应有关的结构设计风荷载，而且能改善常遇风下与横风向风振有关的居住舒适度。C5 在约化风速 10.5 m/s 以下的折减率约为 0.75，在约化风速 12 m/s 以上时的折减率约为 0.55，与 A 类地貌下的结果相类似，说明镂空双层幕墙的折减率基本不受场地类别影响。

4　结论

本文研究了镂空双层幕墙系统用于结构气动优化的可能性，发现：（1）镂空双层幕墙系统能有效降低超高层建筑的横风向风振加速度与结构设计风荷载，且镂空双层幕墙的覆盖面积越大效果越好，设置在建筑物顶部效果更好；（2）镂空双层幕墙系统的气动减振减载效率与约化风速有关；（3）镂空双层幕墙系统不但可用于降低极端风情况下的结构设计风荷载，而且可用于控制常遇风时建筑物的风振加速度，提高建筑物的性能化指标；（4）镂空双层幕墙系统的气动优化效果基本不受场地类别影响。

参考文献

［1］ ZASSO A, PEROTTI F, ROSA L, et al. Wind pressure distribution on a porous double skin façade system［C］//Proceedings of the XV Conference of the Italian Association for Wind Engineering. Italy：Springer，2019：730.

［2］ POMARANZI G, DANIOTTI N, SCHITO P, et al. Experimental assessment of the effects of a porous double skin facade system on cladding loads［J］. Journal of Wind Engineering and Industrial Aerodynamics，2020，196：1－14.

［3］ HU G, HASSANLI S, KWOK K C S, et al. Wind-induced responses of a tall building with a double-skin facade system［J］. Journal of Wind Engineering and Industrial Aerodynamics，2017，168：91－100.

偏心高层建筑三维气动力的扭转强迫振动风洞试验研究 *

樊星妍，邹良浩

（武汉大学土木建筑工程学院 武汉 430072）

1 引言

近年来许多高层建筑存在刚度偏心情况，当结构质心和刚心偏离时，弯曲振型和扭转振型出现耦合，表现为更复杂的空间运动形式。与顺风向和横风向相比，高层建筑扭转向气动力更为复杂，与顺风向、横风向气动力存在较大相关性[1]。因此，为了研究扭转振动对不同偏心率矩形高层建筑三维气动力的影响，本研究基于扭转强迫振动风洞试验，通过多点测压得到不同偏心率的矩形截面模型在不同风速、扭转振幅情况下的风压时程，分析了结构局部平均与脉动风压系数以及结构顺风向、横风向和扭转向均方根风力系数和功率谱的变化规律。

2 风洞试验

本次风洞试验在武汉大学 WD–1 号边界层风洞完成，风洞与模型装置等各参数参考施天翼等[2] 的试验参数。模型截面及偏心率见图1、图2，共 8 种工况。试验时模型振动频率为 6 Hz，振幅分别为 0°、2°、4°、6°和 8°，模型顶部试验风速范围为 3 ～ 15 m/s。

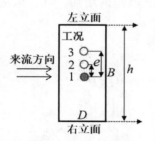

图1 长宽比为 1∶2 的模型（横风向偏心）

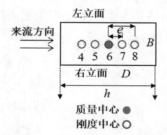

图2 长宽比为 2∶1 的模型（顺风向偏心）

3 实验结果

3.1 扭转振动对风压系数的影响

图3 为不同偏心率情况下各立面的平均风压系数图。由图可知，偏心率对迎风面和背风面平均风压系数影响较小，对侧立面平均风压系数影响较大。针对横风向偏心侧面平均风压系数，其来流下游方向负压绝对值大于来流上游方向；随着偏心率的增加，左立面风压系数逐渐减小而右立面风压系数增大，即在横风向偏心时远离偏心位置的侧面风压系数更大。

* 基金项目：国家自然科学基金项目（51478369、51008240）。

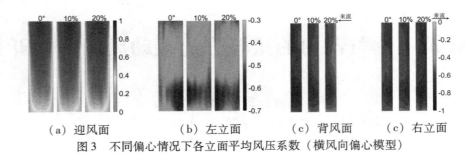

（a）迎风面　　　　　（b）左立面　　　　　（c）背风面　　　　（c）右立面

图3　不同偏心情况下各立面平均风压系数（横风向偏心模型）

3.2　扭转向振动对整体风力系数的影响

图4、图5为两类模型在不同折算风速下，顺风向均方根阻力系数随着偏心率和扭转振幅的变化情况。针对矩形高层建筑，扭转振幅越大、偏心程度越大，顺风向阻力系数越大。

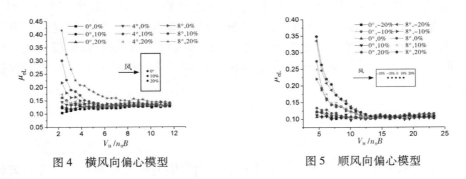

图4　横风向偏心模型　　　　　　　　　图5　顺风向偏心模型

3.3　结构风力谱密度分析

如图6为扭转振动条件下，模型顺风向风力谱密度函数随偏心率的变化情况。整体来看，偏心率几乎不影响气动力的变化情况，但偏心率越大气弹效应越显著。随着折算风速的增加，气弹效应所致的能量占比明显下降，但仍然是大偏心率会产生更高的气弹效应。

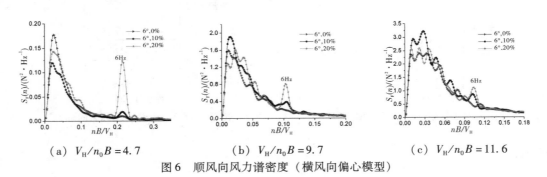

（a）$V_H/n_0B = 4.7$　　　　（b）$V_H/n_0B = 9.7$　　　　（c）$V_H/n_0B = 11.6$

图6　顺风向风力谱密度（横风向偏心模型）

4　结论

（1）对于矩形截面高层建筑，在扭转振动情况下，偏心率不同会影响结构侧面各点的风压系数分布，且偏心率越大影响越显著。（2）对于顺风向均方根阻力系数，扭转振幅越大、偏心程度越大，顺风向阻力系数越大。（3）结构扭转向振动会引起与它垂直的顺风向气弹效应，在折算风速越小、偏心率越大时气弹效应越显著。

参考文献

［1］SOLARI G. Mathematical model to predict 3 - D wind loading on buildings ［J］. Journal of Engineering Mechanics. 1985，111（2）：254 - 275.

［2］施天翼，邹良浩，梁枢果. 基于强迫振动的高层建筑扭转向气弹效应 ［J］. 湖南大学学报（自然科学版），2020，47（1）：93 - 99.

基于新型气弹模型的高层建筑角部修正措施研究*

钟志恒，李寿英，陈政清

（湖南大学风工程与桥梁工程湖南省重点实验室 长沙 410082；

湖南大学土木工程学院 长沙 410082）

1 引言

目前，对气动措施的研究多借助风洞试验的手段进行，且主要为测压试验或测力试验。气弹模型风洞试验研究对象，以单自由度气弹模型居多，然而其试验结果在一定折减风速区间有较大误差[1]。既有多自由度气弹模型的制作方案阻尼比处于较高水平，不具有可调性；或其连接方式尚有缺陷，试验时易发生晃动。本文提出一种新型高层建筑气弹模型的制作方法，并研究部分气动措施对减小高层建筑风致响应的控制效果。

2 模型设计与试验工况

高层建筑气弹模型由底座、芯梁、层间框架、外衣、螺丝和质量块六个部分组成，其示意图如图 1 所示。采用十字形截面芯梁提供刚度，层间框架焊接在芯梁之上，外衣则用螺丝固定在层间框架上。在层间框架设置 10% 的凹角，可以满足气动措施的研究要求。通过小波分析识别其阻尼比，两体轴方向的阻尼比分别为 0.3% 和 0.5%。

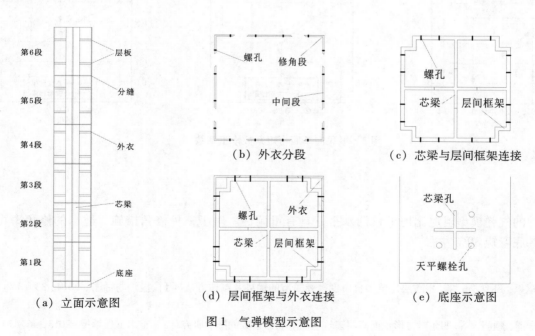

图 1 气弹模型示意图

通过更换外衣的修角段达到改变建筑外形的目的。本文共进行 12 个模型的试验，包括凹角、切角和圆角三种修角方式；此外，各种修角方式有 3%、5%、7.5% 和 10% 四个修角率。试验时同时测得建筑模型底部的基底力响应和顶部加速度响应，并考虑风向角的影响；由于高层建筑较难发生涡激振动，建筑顶部试验风速最大为广州市 100 年重现期的设计风速。

* 基金项目：国家重点研发计划课题（2017YFC0703604）。

505

3　主要试验结果

试验风速内，凹角、切角及圆角处理，对顺风向平均基底弯矩有明显的减小效果，如图 2 所示；而对于顺风向基底弯矩根方差和横风向基底弯矩根方差以及顶部加速度响应均方根的影响均较微弱，此处未给出试验结果。记 $\beta_{M_x}(\gamma)$ 为顺风向平均基底弯矩系数修正系数，其值为修角建筑的顺风向平均基底弯矩系数比无修角建筑的顺风向平均基底弯矩系数。风速为 52.4 m/s 时的试验结果如图 3 所示，并与张正维等人[2-3]给出的拟合公式进行对比，可见与其结果较为接近：凹角率为 7.5% 时，凹角模型的顺风向平均基底弯矩达到最小值；而对于切角模型和圆角模型来说，最小值出现在修角率为 10% 的工况下。这得益于修角处理影响了气流在建筑表面的分离与再附，从而减小尾流区负压，降低平均风荷载。

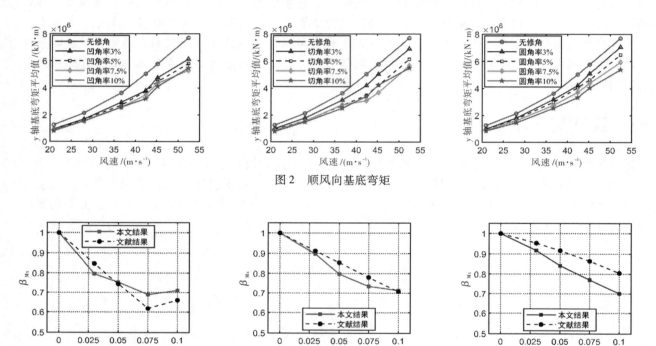

图 2　顺风向基底弯矩

图 3　顺风向基底弯矩系数修正系数

4　结论

本文设计的气弹模型阻尼比处于较低水平，具有可调性。对于三种修角措施，适当的修角率可减小顺风向平均基底弯矩 30% 左右。

参考文献

［1］王磊，梁枢果，邹良浩，等.超高层建筑多自由度气弹模型的优势及制作方法［J］.振动与冲击，2014，33（17）：24-29.

［2］张正维，全涌，顾明，等.凹角对方形截面高层建筑基底气动力系数的影响研究［J］.土木工程学报，2013，46（7）：58-65.

［3］张正维，全涌，顾明，等.斜切角与圆角对方形截面高层建筑气动力系数的影响研究［J］.土木工程学报，2013，46（9）：12-20

表面附属物对高层建筑流场影响的 PIV 试验研究 *

刘锦阳，回忆，杨庆山

（重庆大学土木工程学院 重庆 400045）

1 引言

建筑物表面增加外伸附属物（阳台、肋板）能有效地减小建筑物上的气动效应。Quan[1]发现竖向肋板能明显降低超高层退角区域的最大负压，但增加了顺风向的平均和脉动气动荷载。Yuan 和 Hui[2-3]发现高层建筑上增加外伸水平板能显著减小迎风面和前角极值风压，但其对横风向层风力和基底弯矩的影响不大。Yang[4]发现连续和交错布板形式的外伸竖板明显降低高层建筑的横风向荷载，横风向荷载的最大减幅为 57.3%。

前述研究证明水平和竖向外伸板能明显减弱高层建筑上的风荷载，但外伸板对风荷载的影响机理尚不清楚。建筑周围的流场信息，直接决定了作用于建筑表面的风荷载。因此，本文通过 PIV（particle image velocimetry）试验，从流场角度研究外伸肋板对高层建筑周围流场的影响，通过对比分析 5 种不同外伸肋板布置下高层建筑周围的平均和脉动流场信息，以明确附属物的抗风工作机理，并对比不同类型外伸肋板的抗风性能。

2 试验工况

2.1 试验模型

选取表面无附属物的方形截面的刚性模型为参考模型，模型的高宽比为 5:1，模型尺寸为长 × 宽 × 高 $(B \times B \times H) = 50 \text{ mm} \times 50 \text{ mm} \times 250 \text{ mm}$，几何缩尺比为 1:600。考虑模型上部风荷载最为显著，外伸板只布置在模型上部，如图 1a 所示。外伸板有三个基本参数（图 1b），d 表示肋板的外伸宽度，本次试验外伸宽度 $d = 12.5\% B$，b 表示相邻两板的水平距离，h 表示相邻两板的竖向距离。

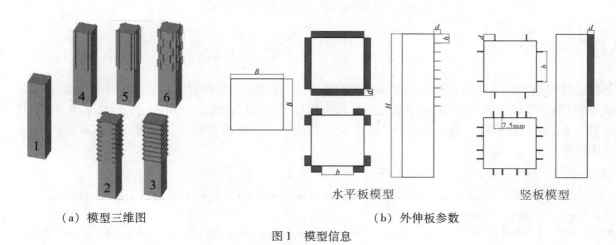

（a）模型三维图　　　　　　　（b）外伸板参数

图 1　模型信息

水平板模型　　　　　　　竖板模型

---

* 基金项目：国家自然科学基金项目（52078087）。

3 试验结果与分析

3.1 平均流场信息

图 2 所示为 $0.7H$ 水平观测面模型 1、2、4、5 周围平均速度分布和平均流线图，由图可见，外伸水平板和竖板使尾涡沿顺风向明显拉长，近尾流宽度增大，尾部驻点远离背风面。

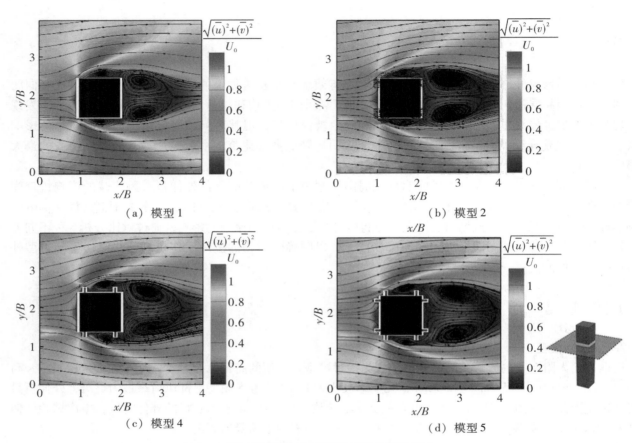

(a) 模型 1   (b) 模型 2

(c) 模型 4   (d) 模型 5

图 2 $0.7H$ 观测面模型周围平均流线和平均风速

4 结论

外伸肋板使尾涡沿顺风向明显拉长，近尾流宽度增大，尾部驻点远离背风面。外伸水平板对剪切层曲率影响不明显；而外伸竖板明显影响了来流的分离，并修正剪切层流态。外伸板会明显减弱 $0.7H$ 处模型周围 u 和 v 方向的湍流强度。相比水平板，竖向板对湍流强度的影响更明显，竖向板会推离高湍流区，使该区远离模型壁面。

参考文献

[1] QUAN Y, HOU F, GU M. Effects of vertical ribs protruding from facades on the wind loads of super high-rise buildings [J]. Wind & Structures, 2017, 24（2）: 145 – 169.

[2] YUAN K, HUI Y, CHEN Z. Effects of facade appurtenances on the local pressure of high-rise building [J]. Journal of Wind Engineering and Industrial Aerodynamics, 2018, 178: 26 – 37.

[3] HUI Y, YUAN K, CHEN Z, et al. Characteristics of aerodynamic forces on high-rise buildings with various façade appurtenances [J]. Journalof Wind Engineering and Industrial Aerodynamics, 2019, 191: 76 – 90.

[4] YANG Q, LIU Z, HUI Y, et al. Modification of aerodynamic force characteristics on high-rise buildings with arrangement of vertical plates [J]. Journal of Wind Engineering and Industrial Aerodynamics, 2020, 200: 104155.

群体超高建筑尾流干扰效应及其减缓策略*

周子杰，石碧青，谢壮宁

（华南理工大学亚热带建筑科学国家重点实验室 广州 510640）

1 引言

随着住宅类建筑高度的增加，近年来频频出现由群体超高建筑尾流引起的激励效应而使得建筑的风致荷载和加速度显著高于单体超高建筑的情况，这种现象的产生机理比已有群体干扰效应研究[1][2]更复杂且少有人进行较为细致的研究，更罕有见到如何减缓这种激励效应的研究报道。本文以某一具体存在严重尾流激励效应的工程项目为背景，在遵循日照规定的前提下，研究不同建筑相对布局对尾流激励效应的影响，提出了可供建筑平面规划设计参考的抗风方案。

2 项目及风洞试验概况

项目位于深圳地区，东面临海，东风为控制性风向。图1为本文研究的4栋住宅楼的平面布局和试验参考坐标。在风洞中采用高频底座天平进行测力试验，模型缩尺比为1:350，试验模拟了A类地貌流场，图2为位于风洞中的模型照片。根据试验结果可计算各栋建筑的10年和1年重现期结构顶部峰值加速度（$a_{p,10}$和$a_{p,1}$）。

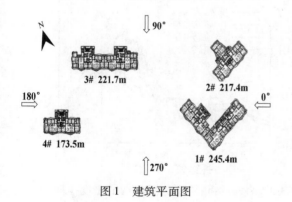

图1 建筑平面图

图2 风洞试验图

3 结果分析

根据初步试验分析结果发现，0°风向角3#、4#塔楼顶部的风振加速度显著高于单体建筑的情况，可以判定问题是由于1#、2#塔楼的尾流干扰引起的。由于日照、地块红线和建筑容积率等方面的限制，整个建筑方案的调整空间非常小，因此，本文采用调整建筑相对方位来考察上游1#、2#塔楼对下游3#、4#塔楼干扰效应的影响。

首先将3#塔楼逆时针旋转，考察其旋转角度范围对自身风振加速度的影响，结果见图3，可知原方案3#塔楼全风向$a_{p,10}$和$a_{p,1}$基本一致，分别为19.7 mg和19.5 mg，且在10°时出现$a_{p,1}$显著超过$a_{p,10}$的"异常"情况。在日照允许范围内逆时针旋转3#塔楼，发现其峰值加速度随旋转角度的增大而显著减小，在逆

* 基金项目：国家自然科学基金项目（52078221）。

转18.5°时，$a_{p,10}$ 和 $a_{p,1}$ 分别比原方案降低30.4%和64.4%。图4给出3#塔楼10°风向角基底弯矩功率谱密度的变化，由图可见功率谱峰值随着旋转角度增大呈明显的右移和下降趋势，说明漩涡脱落频率在增大而能量在减小，因此在1年重现期对应的频率点 χ_1 处PSD逐渐下降，从而减缓了峰值加速度尾流激振效应。

在保持3#塔楼逆时针旋转18.5°的基础上，进一步探究旋转1#塔楼对下游干扰效应的影响。对于4#塔楼研究发现只有旋转1#塔楼可以减缓其风振加速度，结果见图5，可知4#塔楼原方案的 $a_{p,10}$ 达到26.4mg；旋转1#塔楼使4#塔楼峰值加速度得到不同程度的降低，在顺时针旋转时，4#塔楼峰值加速度随旋转角度的增大而降低，在15°时与原方案相比下降30.1%。图6为控制性的340°风向角的4#塔楼基底弯矩功率谱密度随1#塔楼旋转角度的变化，结果显示随着1#塔楼顺时针旋转角度增大，功率谱峰值左移，漩涡脱落频率逐渐降低，并且在 χ_{10} 和 χ_1 之间的第2个波峰消失，导致在10年重现期对应的频率点 χ_{10} 处PSD逐渐下降，从而使4#塔楼峰值加速度的受扰放大效应得以减缓。

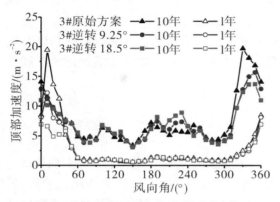

图3 旋转3#塔楼时3#加速度响应变化

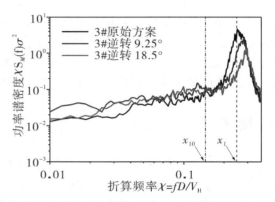

图4 旋转3#塔楼时3#塔楼基底弯矩功率谱密度（10°）

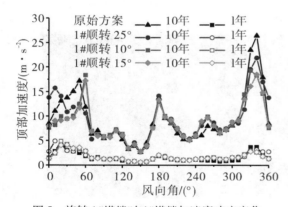

图5 旋转1#塔楼时4#塔楼加速度响应变化

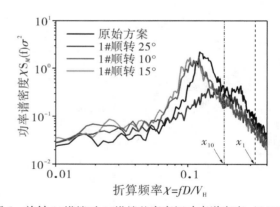

图6 旋转1#塔楼时4#塔楼基底弯矩功率谱密度（340°）

4 结论

逆时针旋转3#塔楼能显著降低其自身峰值加速度，$a_{p,10}$ 和 $a_{p,1}$ 峰值最多降低了30.4%和64.4%。进一步考察旋转1#塔楼，发现4#塔楼加速度响应得到不同程度的降低，其中1#塔楼顺时针旋转15°时，$a_{p,10}$ 峰值最多降低30.1%，但此时3#塔楼加速度响应的降低效果变弱，$a_{p,10}$ 和 $a_{p,1}$ 峰值只比原方案降低13.0%和37.5%。

参考文献

[1] 余先锋，谢壮宁，顾明.群体超高层建筑风致干扰效应研究进展 [J].建筑结构学报，2015，36（3）：1－11

[2] YU X F，XIE Z N，GU M. Interference effects between two tall buildings with different section sizes on wind-induced acceleration [J]. Journal of Wind Engineering and Industrial Aerodynamics，2018，182：16－26.

高频底座力天平气动荷载的时域修正方法 *

胡晓琦，张乐乐，谢壮宁

（华南理工大学亚热带建筑科学国家重点实验室 广州 510640）

1 引言

高频底座测力天平（HFFB）技术是风洞试验中评估高层建筑风荷载和风致响应最常用的方法之一[1]。天平–模型系统（BMS）对测得的气动荷载通常有动力放大作用，需要对测量的气动力信号进行修正以消除动力放大的影响，获取频段更宽的有效气动力信号。此外，大多数超高层建筑前两阶侧移模态频率很接近，从而会产生耦合效应，加大了信号修正的难度。

本文采用独立性的等变自适应分离（EASI）算法来识别出 BMS 的振型，对耦合天平信号实时解耦。在模态坐标下，采用考虑气动力特征的参数识别方法识别 BMS 的模态频率和阻尼比；最后利用识别的模态参数构造数字滤波器，消除了模态耦合系统的动力放大作用。数字滤波补偿方法能避免傅里叶变换带来的不利影响，从而重构更加精准的时程信号，便于进一步进行时程分析。将该方法分别应用于仿真算例和工程实例，并与其他已有方法[2-3]结果进行了对比，验证了本文方法的有效性和优越性。

2 方法介绍

设混合模型为 $x(t) = \Phi q(t)$，式中，$x(t)$ 是观测信号，在本文中对应测得的 HFFB 模型倾覆弯矩；Φ 是未知混合矩阵，在线性振动系统中对应结构振型；$q(t)$ 是源信号，对应线性振动系统中的模态信号[4]。

采用 EASI 算法更新分离矩阵 B，公式如下：

$$y_k = B_k x_k \tag{1}$$

$$B_{k+1} = B_k - \mu_k (g(y_k)y_k^T - y_k g(y_k)^T + y_k y_k^T - I)B_k \tag{2}$$

其中，B_k、y_k 和 x_k 分别是 k 时刻分离矩阵、分离信号和观测信号。I 是单位矩阵，$g(\cdot)$ 是非线性函数，通常取 $g(y_k) = \tanh(y_k)$。当算法达到稳态时的矩阵 B 便为最终的分离矩阵（即振型矩阵 Φ 的逆）。

对观测信号进行分离，得到模态信号 $q(t) = Bx(t)$。

根据模态响应的功率谱识别出模态频率和阻尼比。

根据模态参数构造数字滤波器对模态信号进行修正，最后还原至物理坐标即可得到修正后的气动荷载时程数据。

3 工程案例

将本文方法应用于某高度为 518m 的超高层建筑 HFFB 试验。图 1 是解耦前后 x 和 y 两个方向倾覆弯矩功率谱，可以看出共振区段内密集模态解耦后变为两个单独峰值，表明了 EASI 解耦的有效性。图 2 是与其他方法的修正结果比较，表明本文方法有良好的修正效果。

* 基金项目：国家自然科学基金项目（51908226、52078221）。

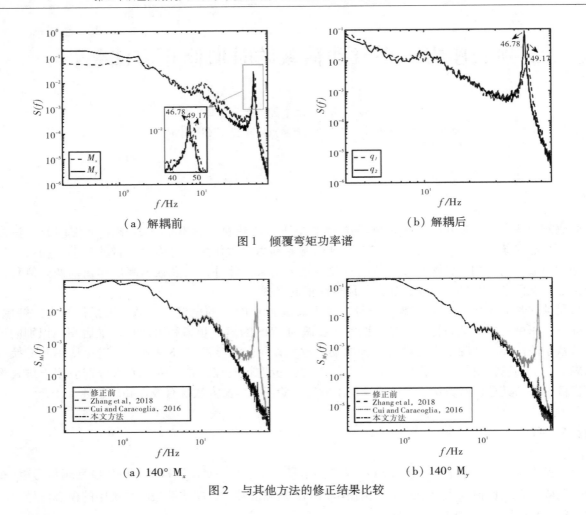

（a）解耦前   （b）解耦后

图1　倾覆弯矩功率谱

（a）140° M_x　　　　　　　（b）140° M_y

图2　与其他方法的修正结果比较

4　结论

（1）数字滤波方法能够用单自由度系统输出信号来重构原始输入信号，从而消除了由系统动力响应引起的幅值和相位畸变。与基于傅里叶变换的时域重构方法相比，数字滤波修正方法能明显减少信号幅值和相位的误差，重构更精准的时域信号。

（2）EASI算法能够实现HFFB测量信号的有效解耦，并且具有实时性的特点。

（3）本文提出的气动荷载修正方法不仅在频域上可以达到与已有文献相同的修正效果，而且可以成功获取修正后的气动荷载时程，便于作进一步的时程分析。

参考文献

［1］ TSCHANZ T, DAVENPORT A G. The base balance technique for the determination of dynamic wind loads［J］. Journal of Wind Engineering and Industrial Aerodynamics, 1983, 13（1）：429－439.

［2］ CUI W, CARACOGLIA L. Physics-based method for the removal of spurious resonant frequencies in high-frequency force balance tests［J］. Journal of Structural Engineering, 2016, 142（2）：04015129.

［3］ ZHANG L, XIE Z, YU X. Method for decoupling and correction of dynamical signals in high-frequency force balance tests［J］. Journal of Structural Engineering, 2018, 144（12）：04018216.

［4］ MCNEILL S I, ZIMMERMAN D C. A framework for blind modal identification using joint approximate diagonalization［J］. Mechanical Systems and Signal Processing, 2008, 22（7）：1526－1548.

不同深宽比矩形平面超高层建筑横风向风致荷载的试验研究 *

陈伟兴，吴洁，谢壮宁

（华南理工大学亚热带建筑科学国家重点实验室 广州 510640）

1 引言

随着建筑功能需求的发展，200 m 左右或以上高度超高层建筑的横风向风荷载及其响应往往超过顺风向[1]，成为板式住宅结构的控制荷载；另一方面，板式住宅结构的截面设计早已突破我国《建筑结构荷载规范》（GB50009 - 2012）中 0.5～2 的深宽比范围，在结构抗风设计中发现，若继续沿用相关标准规范方法计算横风向风荷载将会得到过于保守的结果。本文作者团队采用高频底座测力天平技术，在 B、C 两类风场中开展了一系列 28 个模型工况详细风洞试验，主要介绍其中 7 种深宽比的矩形平面超高层建筑模型的试验结果，分析了深宽比、湍流度、结构周期和阻尼比对横风向风致荷载的影响规律，并与荷载规范结果进行比较。

2 试验模型及风场模拟

试验模型采用 3D 打印方式制作，通过预留的凹槽和扣件的相互拼接可以实现不同工况下的模型组合，这种制作组合方式可在一定程度上满足测力模型轻质高强的要求，试验模型如图 1 所示。试验几何缩尺比为 1∶400，建筑原型顶部高度均为 200 m，对应风洞中模型顶部高度为 0.5 m，高宽比为 10，试验采样频率为 400 Hz，样本帧数为 40 960，采样时间为 102.4 s，以顺时针方向进行 0°～345°等 10 个风向角的测试。图 2 为风场模拟结果。

图 1　试验模型

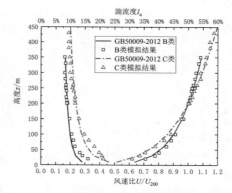

图 2　B、C 类平均风速剖面和湍流强度分布

将试验测得的基底气动弯矩功率谱密度 $S_{M_{A,x}}(f)$ 乘以结构机械导纳 $|H(f)|^2$ 就可以得到修正后的基底气动弯矩功率谱密度 $S_{M_D}(f)$ 和基底弯矩均方根值 σ_{M_D}。f_0、ζ 分别为横风向一阶固有频率和模态阻尼比，$\hat{M}$ 为基底弯矩峰值响应，$\bar{M}_A$ 为平均弯矩，g 为峰值因子取 2.5。对于 0°和 90°的横风向，平均弯矩为 0。

$$S_{M_D}(f) = |H(f)|^2 S_{M_A}(f), |H(f)|^2 = \frac{1}{(1 - (f/f_0)^2)^2 + (2\zeta f/f_0)^2} \tag{1}$$

* 基金项目：国家自然科学基金项目（52078221）。

$$\sigma_{M_D} = \sqrt{\int_0^\infty S_{M_D}(f)\,\mathrm{d}f}, \hat{M} = |\bar{M}_A| + g\sigma_{M_D} \tag{2}$$

3 主要风洞试验结果

图3给出了B类风场下50年重现期各深宽比工况下的横风向基底弯矩M风洞试验结果和规范结果的对比曲线，在$0.5 \leq D/B < 2$时，规范结果与风洞试验结果具有较好的一致性；在$D/B \geq 2$时，其值均不同程度比规范结果小；当$D/B \leq 0.33$时，规范结果出现急剧递减的M负值，主要是该取值超出了规范拟合公式的取值范围；结合图4基底弯矩功率谱可以推知$D/B = 1$的M值比临近两个工况小的原因。图5给出了宽边迎风时横风向基底弯矩均方根值随周期比变化的情况，可见横风向风致荷载对周期比的敏感度随D/B的减小逐渐减弱；将不同Pr下的均方根值作包络处理，结果如图6所示，包络值的最大值出现在$D/B = 1$工况下，与方形截面气动性能最差、风荷载最大的认知相符合，B类结果比C类高出42.75%。

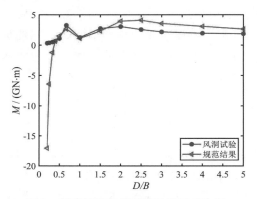

图3　规范结果与风洞试验结果对比图

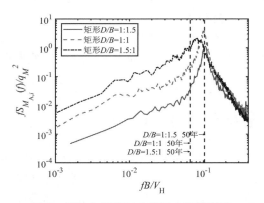

图4　横风向基底气动弯矩功率谱密度

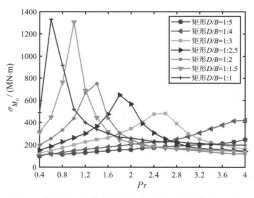

图5　横风向基底弯矩均方根值随周期比变化

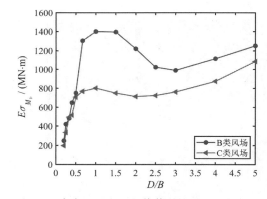

图6　基底弯矩均方根包络值随深宽比变化情况

4 结论

当D/B在$0.5 \sim 2$的范围内时，风洞试验得到的横风向风荷载与规范结果较吻合，当$D/B \geq 2$时规范结果不同程度高于风洞试验结果，最大相对误差可达38.9%；C类风场的M值对D/B的敏感度要明显弱于B类风场；不同周期比的包络分析更能综合评价深宽比的影响。

参考文献

[1] 全涌，张正维，顾明，等.矩形截面高层建筑的横风向基底弯矩系数均方根值研究 [J].土木工程学报，2012，45（4）：63 − 70.

两串列方形超高层建筑围护结构风荷载的取值研究 *

何书勇[1]，刘庆宽[1,2,3]，周一航[1]，郑云飞[4]

（1. 石家庄铁道大学土木工程学院 石家庄 050043；

2. 石家庄铁道大学省部共建交通工程结构力学行为与系统安全国家重点实验室 石家庄 050043；

3. 河北省风工程与风能利用工程技术创新中心 石家庄 050043；

4. 石家庄铁路职业技术学院 石家庄 050041）

1　引言

风荷载极值是超高层建筑围护结构设计的主要依据。国外许多规范利用脉动风的高斯分布统计特性得到的峰值因子来计算结构上的风荷载极值[1]，而我国常用的规范方法[2]和统计方法也假设结构表面的风压服从高斯分布，但结构表面的风压在高湍流、尾流等区域呈现明显的非高斯特性[3]。因此，针对围护结构风荷载的设计是否要考虑风压的非高斯特性仍需要进一步研究。本文以串列布置的两方形超高层建筑为研究对象，分别采用规范方法[2]、统计方法和分段多观测法[4-5]来计算其围护结构风荷载值。分析不同极值计算方法的区别，并综合三种计算方法给出串列布置下受扰建筑围护结构风荷载的取值建议，可为此类结构的荷载设计提供参考。

2　试验概况

本试验为刚性模型测压试验，试验分别在均匀、A 类和 B 类风场中进行，试验模型是高宽比为 6 的两串列方柱。图 1 为试验时两模型的布置图，采用符合右手定则的坐标系统，以受扰建筑的底部中心位置为坐标原点建立坐标系，其中横纵坐标均经过无量纲处理，分别表示施扰建筑的 x、y 坐标值与建筑宽度 B 的比值。本文只研究施扰建筑位于受扰建筑上游 $0 \sim 17B$、下游 $-B \sim -4B$ 共 22 个串列位置处受扰建筑表面的风荷载分布。

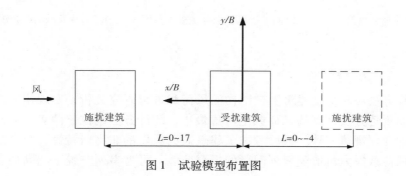

图 1　试验模型布置图

取各串列位置处受扰建筑表面风压的极大正值和极大负值进行分析，分析计算方法的不同对风荷载取值的影响以及风荷载值随串列间距的变化规律。参考文献［6］的方法对均匀流场下建筑表面风压的高斯和非高斯区域进行划分并分析其变化规律，对于风压高斯区域的风荷载值采用规范方法和统计方法进行计算，并取二者中绝对值的较大值作为该区域的风荷载值。对于风压非高斯区域的风荷载则用分段多观测法进行计算，并取其极值作为该区域的风荷载值，最终取建筑表面各区域风荷载极值进行研究，称

* 基金项目：国家自然科学基金（51778381）；河北省自然科学基金（E2018210044）；河北省高端人才（冀办［2019］63 号）；河北省研究生创新资助项目（CXZZSS2020065）。

此方法为综合法。

3　结果分析

图 2～图 5 分别为 A 类和 B 类风场下各串列位置处风荷载极值随串列间距的变化规律，可知用分段多观测法计算的风荷载值最大，而规范方法最小，统计方法位于两者之间。两类风场下的风荷载极值随串列间距的变化规律一致。图 6 和图 7 分别为综合法得到的 A 类和 B 类风场下建筑表面的风荷载极大负值随串列间距的变化曲线，并给出了其极大负值随串列间距变化的拟合曲线。因为方柱的风荷载极大正值小于其极大负值，所以在荷载设计时一般以绝对值较大者作为设计依据，因此在此只分析风荷载极大负值。

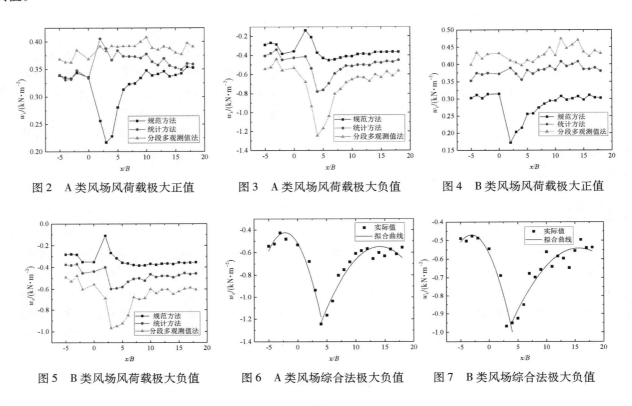

图 2　A 类风场风荷载极大正值　　图 3　A 类风场风荷载极大负值　　图 4　B 类风场风荷载极大正值

图 5　B 类风场风荷载极大负值　　图 6　A 类风场综合法极大负值　　图 7　B 类风场综合法极大负值

4　结论

通过三种风荷载计算方法对超高层建筑围护结构的风荷载进行研究分析，发现用分段多观测法计算的风荷载绝对值最大，而规范方法计算的风荷载绝对值最小，统计方法则位于两者之间。两类风场下的风荷载极值随串列间距的变化规律一致。最后考虑了建筑表面风压的非高斯特性，综合三种计算方法给出串列布置下受扰建筑风荷载极大负值随串列间距的拟合曲线，可为串列布置下超高层建筑围护结构的抗风设计提供参考。

参考文献

[1] HOLMES J D. Wind loading of structures [M]. London：Taylor & Francis，2007.

[2] 建筑结构荷载规范（GB 50009－2012）[S]. 北京：中国建筑工业出版社，2012.

[3] GIOFFRE M，GRIGORIU M，KASPERSKI M，et al. Wind-induced peak bending moments in low-rise building frames [J]. Journal of Engineering Mechanics，1999，126（8）：879－881.

[4] 全涌，顾明，陈斌，等.非高斯风压的极值计算方法 [J]. 力学学报，2010，42（3）：560－566.

[5] 王卫华.结构风荷载理论与 Matlab 计算 [M].北京：国防工业出版社，2018.

[6] 韩宁，顾明.方形高层建筑风压脉动非高斯特性分析 [J].同济大学学报（自然科学版），2012，40（7）：971－976.

不同长宽比矩形高层沿高度分布的阻力系数 *

余杭聪，沈国辉

（浙江大学土木工程学系 杭州 310058）

1 引言

风荷载是高层（超高层）建筑的主要控制荷载，准确合理地确定作用在高层建筑上的风荷载具有重要意义。目前国内外高层建筑以矩形截面最为常见。针对矩形截面高层建筑的风荷载，顾明等[1]在 B 类、D 类地貌基础上对 3 种不同长宽比的矩形建筑进行了风洞试验，研究长宽比和风场类型对建筑气动力系数的影响，而针对沿高度分布的体型系数研究并不多。本文通过对不同长宽比矩形截面高层建筑进行刚性模型的测压风洞试验，获得不同长宽比高层建筑阻力系数沿高度的分布特征，并给出相应的拟合公式，为矩形高层建筑的抗风设计提供参考。

2 高层建筑三分力系数定义及试验工况

本文通过对各个模型各测层的数据进行计算，将顺风向、横风向和扭转风向的无量纲三分力系数分别称为各测层的阻力系数 C_D、升力系数 C_L 及扭矩系数 C_M。具体示意图如图 1a 所示。

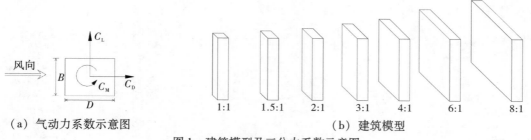

（a）气动力系数示意图　　　　　　　　　（b）建筑模型

图 1　建筑模型及三分力系数示意图

选取 7 种不同长宽比的矩形截面高层建筑进行研究，建筑物宽度均为 $B = 30.48$ m，高度均为 $H = 182.88$ m，长宽比分别 1、1.5、2、3、4、6、8。每个模型沿高度各布置 9 个测点层，测点层高度分别为 180 m、170 m、148 m、126 m、104 m、82 m、60 m、38 m 和 16 m，分别采用 $0.98H$、$0.93H$、$0.81H$、$0.69H$、$0.57H$、$0.45H$、$0.338H$、$0.21H$ 和 $0.09H$ 来表示。对于同一模型 9 个测点层的测点布置高度均一致，模型见图 1b。

3 结果与分析

3.1 窄面迎风对阻力系数均值（$\overline{C_D}$）的影响

按照阻力系数的计算公式，在保持模型高度 H、截面宽度 B 不变的情况下，仅改变截面长度 D 来研究窄面迎风时不同长宽比对矩形截面高层建筑层合力系数的影响。不同长宽比下建筑平均阻力系数如图 2a 所示。可以发现，当长宽比由 1 增大到 3 时，整体上 $\overline{C_D}$ 随着长宽比的增大而明显减小；层阻力系数均呈现 7 字形分布；当长宽比大于 3 以后，整体 $\overline{C_D}$ 不再随着长宽比的增大而发生明显变化。

* 基金项目：国家自然科学基金项目（51838012）；浙江省公益技术研究计划（LGG21E080009）。

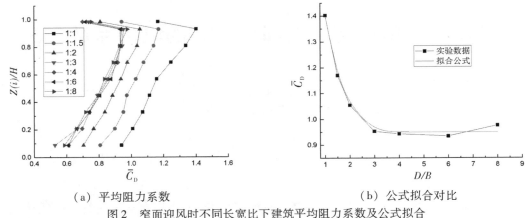

（a）平均阻力系数　　　　　　　　　　（b）公式拟合对比

图2　窄面迎风时不同长宽比下建筑平均阻力系数及公式拟合

3.2　窄面迎风时长宽比和阻力系数均值（$\overline{C}_D$）的拟合公式

提取 $\overline{C}_D$ 最大值所在层（$0.93H$）的数据，运用最小二乘法将最大 $\overline{C}_D$ 与截面长宽比的关系进行拟合，可以得到经验公式（1）和公式（2）。经验公式与实验结果对比如图2b所示，发现能很好地吻合，因此该公式具有很好的工程参考价值。

$$\overline{C}_D = -0.0691(D/B)^3 + 0.5425\left(\frac{D}{B}\right)^2 - 1.4912\left(\frac{D}{B}\right) + 2.4202 \quad 1 \leq D/B \leq 3, h = 0.93H \quad (1)$$

$$\overline{C}_D = 0.95 \quad\quad\quad\quad\quad\quad\quad\quad\quad\quad D/B > 3, h = 0.93H \quad (2)$$

3.3　宽面迎风对阻力系数的影响

在保持 H、D 不变的情况下，仅改变 B 来研究宽面迎风时不同长宽比对矩形截面高层建筑层合力系数的影响。迎、背风面阻力系数均值变化情况如图3所示。

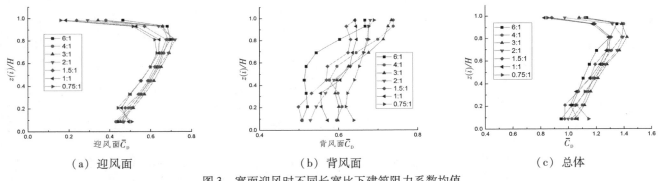

（a）迎风面　　　　　　　　　　（b）背风面　　　　　　　　　　（c）总体

图3　宽面迎风时不同长宽比下建筑阻力系数均值

由图3可以发现，模型迎风面的 $\overline{C}_D$ 随着长宽比的增大而减小，总体影响不大；模型背风面的 $\overline{C}_D$ 在长宽比为1时明显较小，其他工况下规律不明显；总体 $\overline{C}_D$ 同是随着长宽比的增大而减小，但影响不大。

4　结论

窄面迎风时长宽比对整体 $\overline{C}_D$ 影响很大。当长宽比大于3以后，$\overline{C}_D$ 极值都很小，基本都在0.95以下，通过公式拟合得到了便于工程应用的窄面迎风长宽比与整体 $\overline{C}_D$ 的关系式。宽面迎风时 $\overline{C}_D$ 随着长宽比的增大而减小，但影响不大。且无论是宽面迎风还是窄面迎风，层阻力系数均呈现7字形分布。

参考文献

[1] 顾明, 叶丰, 张建国. 典型超高层建筑风荷载幅值特性研究 [J]. 建筑结构学报, 2006, 26 (1): 24-29.

串并联组合质量阻尼器应用于高层结构的风振控制分析*

李浩博，李春祥

（上海大学力学与工程科学学院 上海 200444））

1 引言

目前结构控制技术已经广泛应用于实际工程中，调谐质量阻尼器[1]（tuned mass damper，TMD）是一种线性减振装置，当自身频率调至与主体结构自振频率接近时，TMD 由于质量小而发生剧烈的振动以达到消耗能量的目的。当结构损伤累积导致刚度下降时，TMD 减振性能发生退化。非线性能量阱[2]（nonlinear energy sinks，NES）是一种非线性质量阻尼器，研究最多的为I型 NES，研究表明I型 NES 能够在较宽频带内有效降低结构响应，但其减振性能敏感于输入能量与弹簧自身的材料特性。基于 TMD 对频率敏感、NES 对输入能量敏感及 TTMD 调谐频带有限及安装成本等问题，本文提出了串并联组合质量阻尼器（combined tandem mass dampers，CTMD），并对 CTMD 系统在脉动风荷载作用下的控制性能进行研究。

2 研究内容

图 1 为各控制系统在脉动风荷载作用下的楼层位移均方根、楼层加速度均方根及峰值、楼层层间位移角均方根。从图 1a、图 1b 及图 1d 可知，各系统均能有效降低脉动风荷载作用下楼层位移均方根、加速度均方根和层间位移角均方根，其中 CTMD 与 TTMD 控制性能较优，TMD 次之，NES 最差；从图 1c 可知，NES 在某些楼层反而增大了无控系统的加速度峰值，进一步说明 NES 的能量鲁棒性较差，而 CTMD、TTMD 及 TMD 系统均能有效地降低楼层加速度最大值，保证楼层风振加速度均在 0.25 m/s²（参考风振加速度峰值限值规范）以下，满足办公楼舒适度要求。

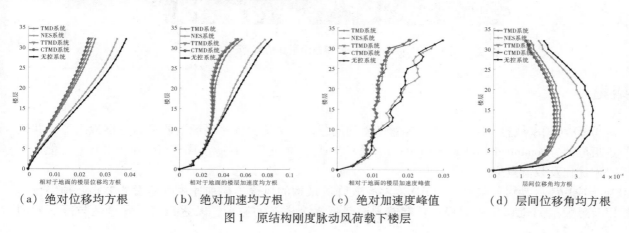

（a）绝对位移均方根　　（b）绝对加速均方根　　（c）绝对加速度峰值　　（d）层间位移角均方根

图 1　原结构刚度脉动风荷载下楼层

图 2 为 CTMD 系统与无控系统在脉动风荷载作用下的顶层加速度对应的能量时程图及经过傅里叶变换的顶层加速度响应谱。从图 2a 可知，CTMD 能够显著降低原主体结构顶层结构的能量（尤其在 300s 之后），进一步验证了 CTMD 系统能够降低顶层加速度的假设；图 2b 从频域角度进一步解释了 CTMD 系统的抗风性能，6 个尖峰代表主体结构的前 6 阶频率，结果表明 CTMD 系统能够同时降低多个模态的振动（尤其是前两阶模态）。

* 基金项目：国家自然科学基金项目（51978391）。

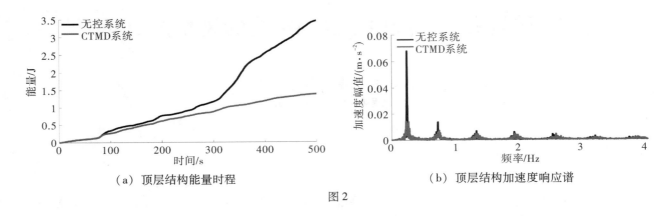

（a）顶层结构能量时程　　　　　　　　　（b）顶层结构加速度响应谱

图 2

图 3 为 CTMD 系统在脉动风荷载作用下的顶层位移均方根比、最大层间位移角均方根比、顶层加速度峰值比及均方根比（CTMD 系统/无控系统）。当模态阻尼比为 0.01 时，CTMD 系统的减振比例能够达到 40% 左右；当模态阻尼比逐渐减小时，CTMD 的抗风性能进一步提升，尤其当模态阻尼比降至 0.001 时，减振比例高达 70% 左右；当模态阻尼比逐渐增大时，CTMD 系统的抗风性能发生退化，尤其当模态阻尼比为 0.05 时，CTMD 系统几乎没有减振性能，结果表明模态阻尼比对 CTMD 系统的抗风性能具有一定的影响。

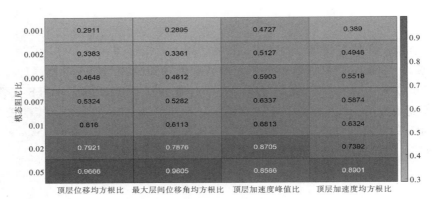

图 3　CTMD 控制性能随模态阻尼比的变化趋势

3　结论

针对 TMD 对频率敏感、NES 对输入能量敏感的问题，本文基于串并联调谐质量阻尼器提出了串并联组合质量阻尼器（combined tandem mass dampers，CTMD），并对 CTMD 脉动风荷载作用下的控制性能进行多目标时域优化及数值模拟。结果表明：

（1）当应用于脉动风荷载时，CTMD 能够有效降低结构的风振顶层加速度峰值及均方根、顶层位移均方根以及最大层间位移角均方根，且能够同时降低多个模态的振动，以达到满足安全性与舒适性的目的。

（2）当模态阻尼比小于 0.01 时，CTMD 系统的抗风性能进一步提升，当模态阻尼比大于 0.01 时，CTMD 系统的抗风性能发生退化。

参考文献

［1］ ZUCCA M, LONGARINI N, SIMONCELLI M, et al. Tuned mass damper design for slender masonry structures: a framework for linear and nonlinear analysis［J］. Applied Sciences, 2021, 11（8）: 3425.

［2］ SAEED A S, AL-SHUDEIFAT M A, VAKAKIS A F. Rotary-oscillatory nonlinear energy sink of robust performance［J］. International Journal of Non-Linear Mechanics, 2019, 117: 103249.

竖向肋板对高层建筑局部风压的影响研究*

柯延宇，沈国辉，谢霁明

（浙江大学建筑工程学院 杭州 310058）

1 引言

为了满足日益增长的建筑美学需求，建筑表面设置局部装饰构件已越来越常见。这些装饰构件通常还兼具遮阳等建筑功能。建筑表面突出的肋板、阳台、百叶板等局部构件增加了表面粗糙度，对建筑表面的风压会产生一定的影响。但是在一般的覆面风压计算中通常假定这些装饰构件的尺寸很小，因而很少考虑装饰条等局部构件对覆面风压的影响。本文以实际工程项目中的竖向肋板为参照，分析评估了竖向肋板对局部风压的影响，包括对平均风压特性、脉动风压特性、风压空间相关性、风压非高斯特性、风压系数极值等的影响。

2 试验模型

选取实际高度 $H = 368$ 米的方形截面超高层建筑为研究对象，建筑边长 $B = D = 48$ m。模型几何缩尺比为 1:400。共模拟了三种工况，其中工况 1（参考工况）表面光滑，未布置竖向肋板，工况 2、工况 3 在表面风压较大的上部半高内布置竖向肋板，肋板外伸宽度 $b = 2$ m，相对宽度 $b/B \approx 4\%$，相邻两肋板距离 $l = 4$ m。其中工况 2 仅在模型角区布置肋板，工况 3 则在模型四周全部布置肋板。从下至上共布置 10 个测层，每层布置 32 个测点，通过风洞试验获得测点的局部风压系数时程，如图 1 所示。为叙述方便起见，三种试验工况分别简称为光滑、半布、全布。

（a）风洞安装示意　　（b）工况 1 细节　　　（c）工况 2 细节　　　　（d）工况 3 细节

图 1　试验模型工况图

3 试验结果

3.1 风压平均特性和脉动特性

为了探究肋条对平均风压的影响，选取 B－E－H 三个测层（对应高度分别为 80 m、200 m、300 m），比较了三种工况下的平均风压系数。图 2 所示横轴为测点编号（1～8 为迎风面，9～16 为侧风面，16～24 为背风面）。E 测层位于布置肋条分界线附近，局部分离较为剧烈，肋条的布置使得侧面前缘局部负风

* 基金项目：国家自然科学基金项目（51578505、51838012）；浙江省公益技术研究计划（LGG21E080009）。

压增大；其余大部分点的平均风压都由于肋条的布置而减小。

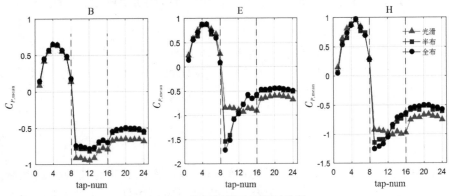

图1　典型测层平均风压特性

为了从能量的角度去分析脉动特性，每个测层取出 3 个点（为两侧和中部的典型点）进行谱分析。下图为 0°向角下，侧面典型测层上测点（前缘至后缘依次为 9～16 测点）的脉动频谱特性，可以发现功率谱的尖峰值都有一定的降低。值得注意的是，距离前缘区越远，降低效果越明显。

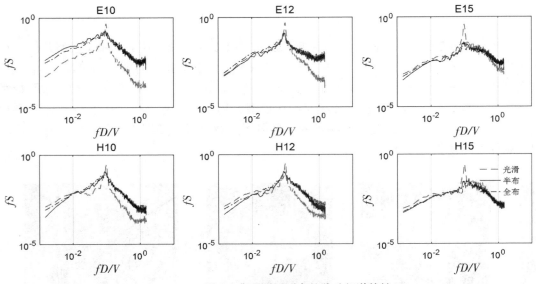

图2　典型测层测点的脉动频谱特性

4　结论

除侧面前缘部分位置，竖向肋板的布置可以使得侧面和背面大部分负风压减小，有利于围护结构的设计。全布工况和半布工况并没有明显的区别，说明布置在角区的肋板承担了减小负风压的主要作用。

参考文献

[1] HUI Y. Characteristics of aerodynamic forces on high-rise buildings with various façade appurtenances [J]. Journal of Wind Engineering and Industrial Aerodynamics，2019，191：76－90.

滞回型非线性 TMD 的动力特性及其
在高层结构涡振控制中的应用 *

阮其攀，回忆

（重庆大学土木工程学院 重庆 400030）

1 引言

随着建筑物高度的不断增加，建筑在风荷载作用下结构的动力响应越发明显，结构振动幅度以及加速度等很难满足结构舒适度的要求。高层结构的抗风问题已经在工程界愈来愈受重视。TMD 因其具有安全、经济等特点，已经被广泛应用于实际工程结构抗风中。但它同时也存在着许多问题，如作用频段单一等[1]。为此，学者们进一步提出了非线性 TMD。已开展的研究证明[2-3]，合理的引入非线性性质，将能使得 TMD 实现更宽的减振频带，在面对复杂特性的风荷载时，能为结构提供优秀的风振控制性能，在结构抗风领域存在巨大的发展潜力。

本文将对一类具有滞回恢复力的非线性 TMD——滞回 TMD 进行研究。首先通过对简谐激励下附加滞回 TMD 的单自由度振子系统的动力特性进行分析，明确各参数影响。之后，将滞回 TMD 附加于横风激励下的高层建筑中，通过与线性 TMD 的对比，分析滞回 TMD 对高层建筑结构涡振的控制效果。

2 研究方法和内容

2.1 滞回 TMD 的参数分析

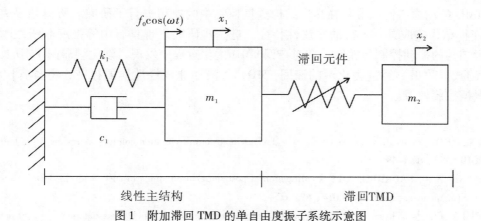

图 1　附加滞回 TMD 的单自由度振子系统示意图

首先针对图 1 所示系统，即简谐激励下附加滞回 TMD 的单自由度振子系统的非线性响应进行分析。滞回元件采用 Bouc-Wen 模型进行模拟。本文采用扩展的增量谐波平衡法[4]求解系统的稳态周期响应，并用 Floquet 理论判别周期解稳定性，得到结构的频响曲线。同时进一步根据 Poincare 图和分岔图对响应机制类型以及分岔情况进行分析。结果发现，滞回非线性的引入使得结构响应表现出丰富的非线性特征，如调制响应、分岔等。通过进一步的研究，明确了不同参数下滞回 TMD 对结构响应特性的影响，并发现具有中等强度非线性刚度及阻尼的滞回环更有利于结构的振动控制。

* 基金项目：国家自然科学基金项目（52078087）。

2.2　滞回 TMD 对高层结构涡振控制的效果研究

为充分考虑不利情况，本文通过以假设一 480 米高的方形截面高层建筑为例，将其简化为单自由度模型。将横风向荷载引起结构涡振时产生的作用力，简化为简谐力[5]。假定建筑位于中国上海市，考察该地区 10～100 年重现期风速数据，最终选取 50～70 m/s 平均风速范围为分析区间。并将该区间内主结构所含总能量作为比较指标，采用数值搜索方法对滞回 TMD 进行优化。在优化过程中发现硬化型滞回 TMD 具有比软化型滞回 TMD 更好的减振效果。将所得的最优化滞回 TMD 与两类最优化线性 TMD（LTMD1：基于固定点理论优化[6]和 LTMD2：基于上述能量指标优化）进行对比，结果如图 2 所示。经过分析发现，因滞回 TMD 存在非线性，因而存在 Hopf 分岔及调制响应区间（图 2 中虚线所示）。三类 TMD 具有相近的最大振动能量值，而滞回 TMD 具有最小的能量图面积，因而能在该风速范围内提供更好的振动控制效果。

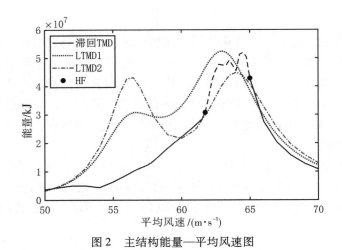

图 2　主结构能量—平均风速图

3　结论

本文对滞回 TMD 的动力特性以及其在高层结构涡振控制中的应用进行了研究。所得结果表明，滞回 TMD 的引入，将使得结构响应具有丰富的非线性特征。进一步研究发现具有中等强度非线性刚度及阻尼的滞回环更有利于结构的振动控制。随后，在对滞回 TMD 优化过程中发现，硬化型滞回 TMD 具有比软化型滞回 TMD 更好的减振效果。经过优化后的滞回 TMD，因滞回非线性性质的存在，将具有比线性 TMD 更好的高层结构涡振控制效果。

参考文献

[1] LU Z, WANG Z X, ZHOU Y, et al. Nonlinear dissipative devices in structural vibration control：A review ［J］. Journal of Sound and Vibration, 2019, 423：18－49.

[2] CASALOTTI A, ARENA A, LACARBONARA W. Mitigation of post-flutter oscillations in suspension bridges by hysteretic tuned mass dampers ［J］. Engineering Structures, 2014, 69：62－71.

[3] KIANI M, AMIRI J V. Effects of hysteretic damping on the seismic performance of tuned mass dampers ［J］. Struct Design Tall Spec Build, 2019, 28：e1555.

[4] HUI Y, LAW S S, Zhu W, et al. Extended IHB method for dynamic analysis of structures with geometrical and material nonlinearities ［J］. Engineering Structures, 2020, 205：110084.

[5] RUMMAN W S. Basic Structural Design of Concrete Chimneys ［J］. Journal of the Power Division, 1970, 96：309－318.

[6] RANA R, SOONG T T. Parametric study and simplified design of tuned mass dampers ［J］. Engineering Structures, 1998, 20（3）：193－204.

大型垂直轴风机的结构优化

何文君[1]，苏捷[2]，周岱[1,2,3,4]韩兆龙[1,2,4]，包艳[1,2,4]

（1. 上海交通大学船舶海洋与建筑工程学院 上海 200240；

2. 海洋工程国家重点实验室 上海 200240；

3. 水动力学教育部重点实验室 上海 200240；

4. 上海市公共建筑和基础设施数字化运维重点实验室 上海 200240）

摘　要：近年来，海上风电场由于风能资源丰富、不占用土地、可供开发的潜力巨大等诸多优势，成为国际风电发展的新领域。据世界风能委员会统计，2020 年上半年，全国风电发电量为 2379 亿千瓦时，同比增长 10.91%。随着大容量风机组设计及制造技术的逐渐成熟，海上风电场的开发必将成为我国风电产业的一个重要发展方向。

关键词：H 型垂直轴风力机；结构优化；BESO 算法；动力响应

相比于水平轴风力发电机，垂直轴风力发电机具有多向受风、低重心、噪声小、对环境适应力强、更易大型化等优点。不同于陆地风力发电机组，海上风机整个结构部分的成本和可靠性对海上风电场的安全和投资影响很大，支撑结构是保障风电机组得以安全工作的关键。与一般海洋结构物不同的是，在海上风电支撑结构分析中，风机荷载是一个非常重要的动力荷载源。目前主流海上风电机组重量为数十吨至上百吨，现有风机风轮直径从 60 米到 126 米不等。如此庞然大物作用在支撑结构的顶端，期间不断变化的空气动力荷载、重力荷载、惯性荷载都对支撑结构实时施加不同的动力响应。由此可见，支撑结构的动力特性是保证结构安全的重要因素。目前，大型垂直轴风机的结构优化对风机叶片、塔架、基础等研究较多，但此类结构优化均是在垂直轴风机的固有形式上，对其局部结构进行优化设计改进。而大型垂直轴风机结构体系受力的合理性是建立在对结构形态正确选择的基础上，因此对大型垂直轴风机进行结构找形具有重要研究意义。

垂直轴风机的支撑结构一般为超静定结构，主要承受风荷载及高速旋转引起的离心力。一些风机在大风时发生飞车事故，究其根本都是因为结构不合理导致关键部位强度不足、局部位移过大造成的。本文以 5MW Spar 平台的 H 形垂直轴风力机为例，针对垂直轴风机的支撑系统，提出了一种动态进化率的双向结构渐进优化方法对垂直轴风机的支撑系统进行拓扑优化，通过逐渐删除结构中的低效用单元和在高效区添加单元的优化策略，找到了一种更加符合风机受力特性的支撑结构形式。通过比较垂直轴风机的新结构形式与原始结构形式在风荷载、波浪荷载、重力等作用下的振动响应，充分表明通过拓扑方法得到的垂直轴风机新的结构形式受力更加合理，减震效果显著。本文的技术路线如图 1。

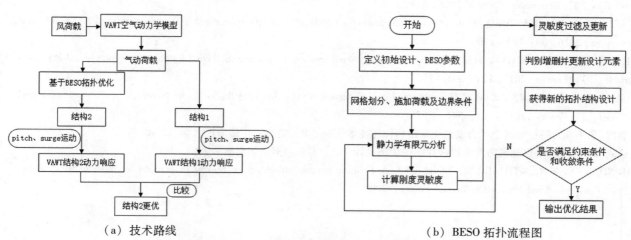

（a）技术路线　　　　　　　　　　　　（b）BESO 拓扑流程图

图 1　漂浮式垂直轴风力机结构找形技术路线图

　　垂直轴风机在正常工作时受到的荷载非常复杂，叶片实际上承受的是疲劳荷载，由于极限载荷远大于正常工作荷载，一般采用静力覆盖法进行疲劳设计，故应力分析本身只需对极限载荷进行分析。由于叶片弦长方向的刚性远大于叶片的厚度方向，因此叶片受到的切向气动力引起的叶片内的弯曲应力可以忽略。因此本研究将忽略切向气动力，根据叶片所受的法向气动力进行平面拓扑优化。在保证总体用钢量一定的情况下，图 2 为垂直轴风机的原始结构 1 与拓扑优化后的新结构 2。

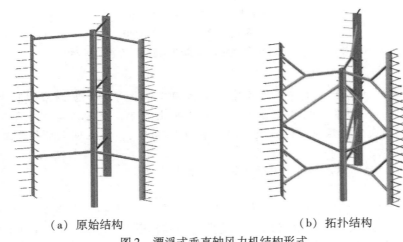

（a）原始结构　　　　　　　　　（b）拓扑结构

图 2　漂浮式垂直轴风力机结构形式

　　通过对结构 1 和结构 2 进行结构动力响应分析，比较两结构叶片顶端位移与主轴 x、y、z 各方向位移时程曲线可知，结构 2 比结构 1 受力更加合理，可以有效地对垂直轴风机进行减震。

参考文献

[1] WANKHADE Y M, BOLKE M R, KANADE S A, et al. A review of wind Energy technology [J]. Modern Engineering Research, 2016, 6 (2): 2249 – 6645.

[2] HENDERSON A R. Offshore wind in Europe [J]. Refocus, 2002, 3 (2): 14 – 17.

[3] LIU J, LIN H, ZHANG J. Review on the technical perspectives and commercial viability of vertical axis wind turbines [J]. Ocean Engineering, 2019, 182 (15): 608 – 626.

[4] ZAMANI M, NAZARI S, MOSHIZI S A, et al. Three dimensional simulation of J-shaped Darrieus vertical axis wind turbine [J]. Energy, 2016, 116 (1): 1243 – 1255.

[5] ANDRZEJ J, FIEDLER, STEPHEN TULLIS. Blade Offset and Pitch Effects on a High Solidity Vertical Axis Wind Turbine [J]. Wind Engineering, 2009, 33 (3).

[6] VINCENT F-C. ROLIN, FERNANDO PORTÉ-AGEL. Experimental investigation of vertical-axis wind-turbine wakes in boundary layer flow [J]. Renewable Energy, 2018, 118.

[7] MACPHEE D W, BEYENE A. Fluid-structure interaction analysis of a morphing vertical axis wind turbine [J]. Fluids and Structures, 2016, 60: 143 – 159.

[8] ZHANG B, SONG B, MAO Z, et al. A novel wake energy reuse method to optimize the layout for Savonius-type vertical axis wind turbines [J]. Energy, 2017, 121: 341 – 355.

[9] ZHANG B, SONG B, MAO Z, et al. A novel wake energy reuse method to optimize the layout for Savonius-type vertical axis wind turbines [J]. Energy, 2017, 121: 341 – 355.

[10] 孟珣. 基于动力特性的海上风力发电支撑结构优化技术研究 [D]. 青岛：中国海洋大学，2010.

[11] 徐轶. 5KW H 形垂直轴风力发电机叶片结构优化设计 [D]. 南京：南京航空航天大学，2012.

[12] HENDERSON A R, WITCHER D, MORGAN C A. Floating support structures enabling new markets for offshore wind energy [C]. European Wind Energy Conference France, 2009.

高层建筑烟囱效应和风压联合模拟研究*

苏凌峰，楼文娟

（浙江大学结构工程研究所 杭州 310058）

1 引言

全球城镇化持续推进背景下，土地供应紧张和塑造城市形象的需求促进高层建筑蓬勃发展，由此出现了一系列新问题。在室内外温差较大的地区，烟囱效应导致如电梯门开闭故障、电梯井啸叫、建筑能耗增加等诸多问题。本文采用多区域网络模型数值模拟方法，结合风洞试验结果，对一幢位于中国北方的 360m 超高层建筑的烟囱效应及风压联合作用问题模拟以风速风向和温差等外界环境因素和首层门开闭等人为因素的影响，得到该建筑在烟囱效应和风压联合作用下电梯门的薄弱位置，并提出解决措施。

2 建筑概况、数值模拟参数及工况

该建筑为一幢位于中国北方、建筑高度约 360 米的方形办公楼，受烟囱效应影响较为严重。其地上有 68 层，地下有 3 层（局部 4 层），避难层分别位于第 5、第 15、第 25、第 33、第 43 和第 54。该建筑外表面为全幕墙结构，电梯井是最主要的竖向通道。

根据《建筑幕墙》GB/T21086—2007[1] 及文献[2]选取各门气密性参数；根据《民用建筑供暖通风与空气调节设计规范》GB50736—2012[3] 选取极端冬季夏季室内外温度；根据当地气象站实测数据统计资料选用风速；根据 50 年重现期下考虑风向分布频率得到的极值风速估计值玫瑰图选取 90° 作为主要模拟风向角；根据风洞试验结果，由各层插值得到各外立面风压系数。以风速风向、室内外温差、首层门开闭等作为变量设计模拟工况。

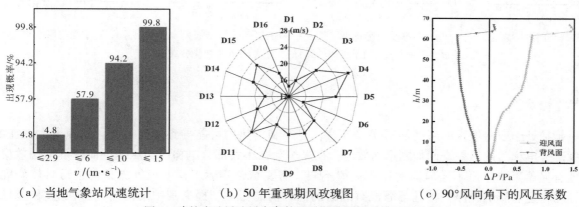

（a）当地气象站风速统计　　　（b）50 年重现期风玫瑰图　　　（c）90° 风向角下的风压系数

图 1　建筑当地风速风向条件及风洞试验得到的风压系数

3 研究结果与分析

3.1 门窗常闭时烟囱效应和风压联合模拟结果分析

当风速为 0 m/s 时，幕墙压差和电梯门压差在各避难层间呈线性分布，避难层压差接近 0Pa。随着风

* 基金项目：国家自然科学基金项目（51838012）。

速逐渐由 0 m/s 增大至 15 m/s，幕墙压差逐渐受风压主导，呈现如风压系数轮廓般的非线性分布规律。避难层幕墙压差受风速控制。通高电梯门压差发生明显变化，各分区电梯门压差在各自分区内呈现线性变化的趋势，因此最大压差均位于各分区的顶部和底部。

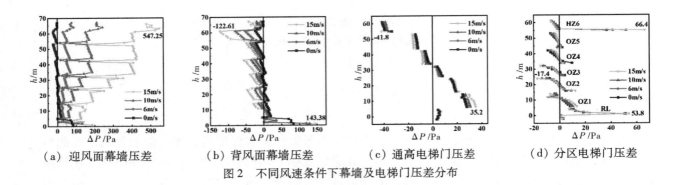

（a）迎风面幕墙压差　　（b）背风面幕墙压差　　（c）通高电梯门压差　　（d）分区电梯门压差

图 2　不同风速条件下幕墙及电梯门压差分布

3.2　首层门开闭及温差对烟囱效应和风压联合模拟结果分析

无论室外是否有风及温差大小，门开启后，与幕墙间没有隔断的 OZ1、OZ2、OZ3、OSH、OS 电梯门压差显著增大，而有至少一层隔断的 RL、HSH、HS/F 电梯门压差变化较小。OZ1、OZ2、OZ3、OSH、OS、RL 电梯门最大压差在一楼，HSH 在 55 楼，HS/F 在 62 或 63 楼。相同风速下，夏季电梯门整体压差相比冬季显著减小，这说明温差显著影响了烟囱效应强度。在冬季，随首层门开闭影响较大的电梯门压差随风速影响也较大；在夏季，所有电梯门随着风速增大均有较大变化。这是由于夏季气流在大楼内自上而下流动，楼顶风速对压差有重大影响。

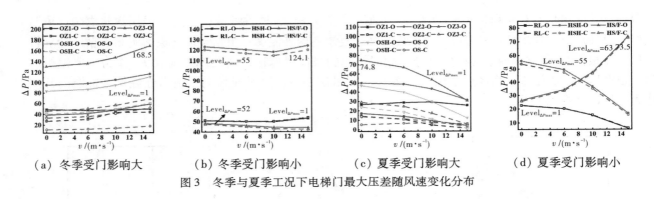

（a）冬季受门影响大　　（b）冬季受门影响小　　（c）夏季受门影响大　　（d）夏季受门影响小

图 3　冬季与夏季工况下电梯门最大压差随风速变化分布

4　结论

对于一幢在处于寒冷地区的超高层写字楼而言，严寒和酷热均可能导致烟囱效应。风速增大，在冬季会加剧大部分电梯门的压差进而加剧烟囱效应，在夏季会减小大部分电梯门的压差进而缓解烟囱效应。风向对压差有显著影响，但不同风向的作用规律不同，需要结合实际工程的风气象条件进行具体研究。首层门的开闭将显著影响经停一楼且幕墙没有隔断的电梯门的压差。提高围护结构的气密性等级、对脆弱位置的电梯门附加隔断、将首层门由平推门改为旋转门、提高电梯门电机扭矩等方法将有效缓解烟囱效应带来的电梯门故障问题。

参考文献

[1] JO J H, LIM J H. Characteristics of pressure distribution and solution to the problems caused by stack effect in high-rise residential buildings [J]. Building and Environment, 2007, 42：263-277.

[2] 建筑幕墙（GB/T 21086-2007）[S].北京：中国标准出版社,2008.

[3] 民用建筑供暖通风与空气调节设计规范（GB 50736—2012）[S].北京：中国建筑工业出版社,2012.

台风作用下风力发电塔筒结构的风振响应*

张争玉，李栋，赖志超，周侠凯

（福州大学土木工程学院 福州 350108）

1 引言

全球经济的快速发展增加了能源的需求，然而像化石燃料这种不可再生能源对环境气候的影响很大，因此需要大力发展可持续再生的清洁能源。发展海上风电塔是实现节能减排和能源转型发展的重要途径[1]。我国海岸线长、海域广阔、风能资源丰富，近年来风能发电技术发展迅速、日趋成熟，到2020年我国海上风机装机容量已超过5000 MW。

为了进一步提高风电生产效率，风力发电机组高度和叶片长度越来越大，结构更加轻柔，其振动响应更加显著，更易发生失稳或倒塌，因此抗风问题很突出[2]。另外，我国属于台风多发地区，影响范围广阔，风力等级高，其对风电结构体系的危害不容忽视[3-4]。而风力发电塔筒作为支撑风电机组的受力结构，其在台风作用下的风振响应和结构安全性至关重要。国内外学者对陆上风电结构体系振动问题研究较成熟，相关工程设计方法和应用经验较多，但欠缺考虑海上风电结构体系常常遭遇的台风作用，研究其风振风灾问题。因此，本文将开展台风作用下的风力发电塔筒结构的风振响应。

2 塔筒模型和台风风场

2.1 塔筒模型

本文选取了直筒型塔筒结构模型，几何缩尺比为1:50，模型高度为1.3 m，塔筒直径为75 mm，模型图如下所示。

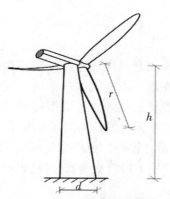

图1 直筒型塔筒结构模型

2.2 风场模拟

对于台风风场，基于1949—2010年对薄膜结构所在工程场地有影响的实测台风记录和Yan Meng台风风场模型，确定平均风剖面指数$\alpha = 0.143$，基本风压取$Z = 10$ m高度处10 min平均风速为32.8 m/s。台风风场湍流强度I参考Sharma基于实测得出的计算公式[5]：

$$I = 11.75 (Z/350)^{-0.193}$$

(1)

* 基金项目：国家自然科学基金项目（51978170）。

3 试验研究

3.1 试验概况

本次试验在厦门理工学院 ZD – 1 边界层风洞中进行，如图 2 所示。结合台风风力等级和相似理论，风速设定为 5 m/s、7 m/s、9 m/s。激光位移计和加速度传感器沿高度均匀布置，加速度传感器的测点布置在激光测点的正下方，分别为 1/4 处、1/2 处及顶部，沿纵横 2 个方向布置测点，共 6 个测点，如图 2 所示。

 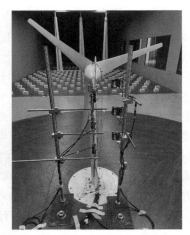

图 2　测点布置图

3.2 台风风场下的结构动力响应

通过更换挡风板、调节粗糙元来调节风场。在台风风场 0°风向角下，分析塔筒结构各个测点位移响应随风速的变化规律，对频率、振型和阻尼比等结构动力特性进行深入分析，并与文献中陆地风场工况进行对比分析。

4 结论

经过本文的试验研究，发现了塔筒结构在台风风场下的振动特性和规律，并得到以下结论：（1）塔筒的振动为随机、不稳定振动，塔筒不同高度、不同风向的振动响应变化差异较大；（2）横风向比顺风向的风振响应更为剧烈，甚至产生共振，设计时应重点考虑横向风涡激共振作用；（3）塔筒在台风作用下，会随着风力加强产生倾斜变形，并以变形后的位置为"初始位置"自由振动；（4）相同风速下，台风风场作用下塔筒的振动位移比 A 类风场相对较小，在不发生倾斜变形的情况下台风作用下塔筒的振动位移是 A 类风场的 0.5 ~ 0.7 倍。在台风作用下塔筒更易发生倾斜变形，变形后塔筒振动位移和加速度降低数倍。

参考文献

［1］戴靠山，赵志，毛振西. 风力发电塔筒极端动力荷载作用下破坏的对比研究［J］. 振动与冲击，2019，38（15）：252 – 257.

［2］SONG B, HUANG S, HE W S, et al. Buckling analysis of wind power tower considering the effect of nonlinearity［J］. Applied Mechanics and Materials, 2013, 2156：256 – 259.

［3］孟欢，李萍，曹金宝. 风电塔在台风作用下的振动监测与分析［J］. 测控技术，2018，37（1）：39 – 44.

［4］章子华，周易，诸葛萍. 台风作用下大型风电结构破坏模式研究［J］. 振动与冲击，2014，33（14）：143 – 148.

［5］楼文娟，蒋莹，金晓华，等. 台风风场下角钢塔风振特性风洞试验研究［J］. 振动工程学报，2013，26（2）：207 – 213.

海峡两岸高层建筑顺风向风荷载比较研究 *

梁斯宇[1]，邱凌煜[1,2]，董锐[1,3]，林彦婷[4]

（1. 福州大学土木工程学院 福州 350108；2. 龙岩铁路建设发展集团有限公司 龙岩 364000；

3. 福建省土木建筑学会 福州 350001；4. 平潭综合试验区气象局 平潭 350004）

1 引言

台湾海峡两岸的台湾和福建均位于北回归线附近，受西北太平洋热带气旋和亚热带季风气候的影响，是世界上风致灾害尤其是台风灾害最严重的区域之一。尽管台湾和福建具有相似的地形地貌和气候特征，但是两地建筑结构风荷载标准的具体规定却存在很多不同。为增进两岸风工程领域的技术交流，本文以台湾地区的《建筑物耐风设计规范与解说》[1] 和大陆地区的《建筑结构荷载规范》[2] 为研究对象，采用理论分析、数值计算和风洞试验相结合的研究手段，对两岸高层建筑顺风向风荷载进行比较研究。

2 海峡两岸高层建筑顺风向风荷载多因素分析

2.1 基于均匀设计的顺风向风荷载多因素分析

均匀设计作为多因素分析的一种手段，其基本思想是以回归分析为统计模型，利用均匀性选出具有代表性的水平组合，只考虑试验点在试验范围内均匀散布，在减少试验次数以及计算量的同时，也能通过分析得出可靠结论。本文以位于台北某处的无女儿墙封闭式平屋顶的钢筋混凝土结构建筑物为对象，以基底剪力和基底弯矩作为评价指标，采用均匀设计方法探寻影响两岸高层建筑顺风向风荷载的主要因素。研究的因素包括高宽比 $H/\sqrt{BL}$、地面粗糙度指数 α、风荷载体型系数 C_p、脉动效应系数 C_g 和湍流强度 I_z。

2.2 不同高宽比的顺风向风荷载多因素分析

在上节研究基础上，进一步开展不同高宽比的高层建筑顺风向风荷载多因素分析，利用均匀设计着重考察地面粗糙度指数 α、风荷载体型系数 C_p、脉动效应系数 C_g 和湍流强度 I_z 对两岸高层建筑顺风向风荷载计算值的影响。

2.3 海峡两岸高层建筑顺风向风荷载比较

为了进一步明确主要影响因素高宽比 $H/\sqrt{BL}$ 和地面粗糙度指数 α 对海峡两岸高层建筑顺风向风荷载的具体影响，本文利用相同建筑，对不同高宽比和不同地面粗糙度下两岸高层建筑顺风向风荷载分布和基底响应进行了对比分析。

3 基于风洞试验的两岸高层建筑顺风向风荷载比较

本次试验在淡江大学风工程研究中心一号边界层风洞进行，测压模型选用的几何缩尺比为 1:400。风洞试验时，将模型竖直固定在转盘中心，通过控制转盘底下的升降装置调整模型在风洞内的高度，利用 1 个模型实现 3、4、5、6、7、8 等不同高宽比的模型表面压力时程的测量。通过风洞试验得到不同高宽比的矩形高层建筑在台湾 A、B、C 类风场中顺风向风荷载垂直分布情况及高层建筑基底响应。将试验结果分别按台湾规范计算结果及大陆规范计算结果进行比较（如图 1、图 2 所示），对两岸风载荷规范的安全性进行评估。

---

* 基金项目：福建省科协服务"三创"优秀学会建设项目（闽科协学〔2019〕8 号）。

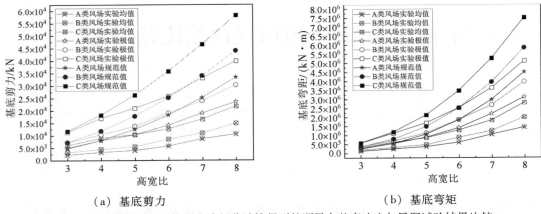

（a）基底剪力　　　　　　　　　　　（b）基底弯矩

图1　台湾规范风场下按照台湾规范计算得到的顺风向基底响应与风洞试验结果比较

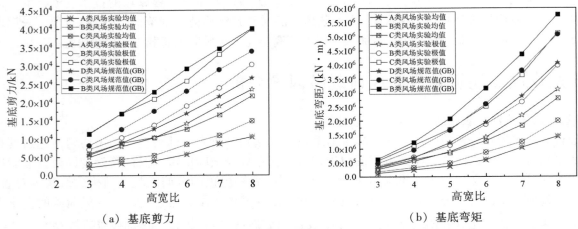

（a）基底剪力　　　　　　　　　　　（b）基底弯矩

图2　台湾规范风场下按照大陆规范计算得到的顺风向基底响应与风洞试验结果比较

4　结论

（1）无论对于基底剪力还是基底弯矩，高宽比 $H/\sqrt{BL}$ 和地面粗糙度指数 α 都是主要影响因素；同时，高宽比 $H/\sqrt{BL}$、地面粗糙度指数 α、脉动效应系数 C_g、风荷载体型系数 C_p 和湍流强度 I_z 等对顺风向风荷载的影响程度逐渐减小。

（2）脉动效应系数 C_g 对顺风向风荷载的影响基本上随结构高宽比的增大而增强，当高宽比增大到一定程度时，成为主导两岸标准顺风向风荷载的主要影响因素。

（3）按台湾规范计算得到的顺风向风荷载分布和基底响应随着高宽比的增大，其增速要快于大陆规范。高宽比越大且地面粗糙程度越平坦，按台湾规范计算得到的风荷载相对更大。

（4）在台湾规范风场下，按大陆规范计算得到的顺风向基底剪力与试验极值的相对误差小于按台湾规范计算所得结果，在保证结构设计安全的前提下，按大陆规范计算的基底剪力精度更高；按台湾规范计算得到的顺风向基底响应在结构高宽比较小且地面较粗糙时略小于风洞试验极值，计算结果偏不安全；在高宽比较大时远大于风洞试验极值，计算结果过于保守。

参考文献

［1］詹氏书局编辑部.建筑物耐风设计规范及解说［M］.台北：詹氏书局，2017：7-46.

［2］建筑结构荷载规范（GB 50009—2012）［S］.北京：中国建筑工业出版社，2012.

基于 GA-BP 神经网络的矩形平面
超高层建筑横风向气动力谱预测[*]

王奕可[1]，谢壮宁[1]，黄用军[2]

（1. 华南理工大学亚热带建筑科学国家重点实验室 广州 510640；

2. 深圳市欧博工程设计顾问有限公司 深圳 518053）

1 引言

随着社会经济不断发展，平面狭长的板式超高层住宅已成为未来发展的趋势。研究表明，当超高层建筑达到 200m 时其横风向风荷载及响应将远远超过顺风向而成为控制性荷载[1]，证明了横风向气动力的重要性。然而我国现行的荷载规范 GB50009—2012 中对横风向气动力的规定是基于矩形截面深宽比为 0.5～2.0 而得到的。因此，展开常见截面形态的不同深宽比超高层建筑的气动力特性研究尤为重要。由于横风向气动力曲线往往存在再附峰与共振峰，非线性关系复杂，最小二乘等传统方法拟合效果不佳且公式复杂，无法很好描述一段范围较广的深宽比下建筑横风向气动力特征。而人工神经网络方法具有很高的容错性、自组织和自学习功能，能很好地解决此问题。其中，误差反向传播（BP）网络只要有足够多的隐含层和隐节点，就可以以任意的精度逼近非线性映射关系。但是 BP 神经网络初始的权值和阈值是随机选取的，倘若这些参数的位置选择不当，则会导致网络的收敛速度慢、陷入局部最优值。遗传算法（GA）是一种并行随机寻优方法，具有全局搜索能力，因此本文采用 GA 优化 BP 神经网络的初始权值和阈值，有利于 BP 网络加快收敛到全局最优解。

2 试验概况

为满足测力模型轻质高强的要求，利用 3D 打印技术制作试验模型以提高试验效率和模型精度，并设计凹槽和扣件相互拼接来实现不同工况下的模型组合（图 1）。试验几何缩尺比为 1:400，建筑原型顶部高度均为 200 m，试验采样频率为 400 Hz，样本帧数为 40 960，采样时间为 102.4 s，在 B、C 两类地貌下各进行 13 种深宽比工况（1:0.2～1:5）的模型试验。

图 1 试验模型图

3 结果分析

将 GA-BP 和 BP 神经网络模型仿真输出结果与试验结果进行对比，结果见图 2。由图可见，GA-BP 神经网络仿真结果吻合度高，变化趋势基本一致。而 BP 神经网络在局部仍有拟合趋势不佳的情况出现。与 BP 神经网络相比，GA-BP 神经网络仿真结果精度更高，且对气动力谱趋势预测更加准确。

为进一步调优 GA-BP 神经网络的泛化能力，过程中采取 k 折交叉验证法抽取 B 类风场下深宽比 3:1 子样本集，未学习时，其预测结果见图 3。观察到 B 类风场下两侧参照深宽比为 2:1 与 4:1 时气动力谱趋势与深宽比为 3:1 时的差异较大，但预测效果仍较为理想，验证了模型的有效性。可见选取合适初始权阈值对提高 BP 神经网络横风向气动力预测的精度有很大影响。同时对未进行试验的深宽比为 4.5:1 的横风向气动力谱进行预测，结果见图 4。观察到预测输出具有较好的趋势规律，并且介于两侧深宽比气动力输

* 基金项目：国家自然科学基金项目（52078221）。

出区间,具有较高可信度。

编写了可以计算风致荷载与响应的软件,计算试验原型 50 年重现期下横风向基底弯矩与加速度,并与 GB50009—2012 方法的计算值进行比较,基底弯矩计算结果对比见图 5。

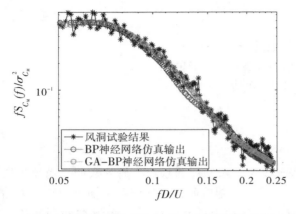

图 2　B 类风场深宽比为 2.5∶1 时仿真结果对比

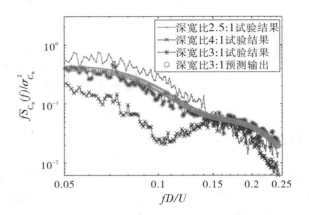

图 3　B 类风场深宽比为 3∶1 时预测气动力谱

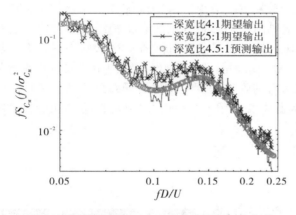

图 4　C 类风场深宽比为 4.5∶1 时预测气动力谱

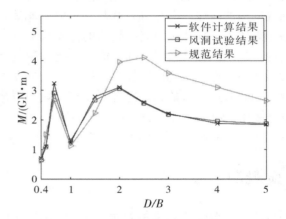

图 5　B 类风场软件计算结果与规范结果对比

4　结论

（1）和 BP 模型相比,GA-BP 神经网络横风向气动力模型收敛速度快、泛化能力强、建模精度更高,GA-BP 模型可准确和合理地预测未进行风洞试验的横风向气动力谱。

（2）基于 GA-BP 模型计算横风向基底弯矩与加速度响应的方法具有一定应用性和可行性。

参考文献

[1] 全涌,张正维,顾明,等.矩形截面高层建筑的横风向基底弯矩系数均方根值研究 [J].土木工程学报,2012,45（4）:63 – 70.

双子塔气动力的相位特性与结构连体效应 *

秦玮峰，谢霁明

（浙江大学结构工程研究所 杭州 310058）

1 引言

与超高层独塔类似，风荷载是超高层双子塔水平方向的主要控制荷载。然而双子塔两座塔楼间的气动干扰使其风效应远比独塔复杂[1]。在目前的抗风设计中，针对双子塔空气动力学特性的研究尚不充分，特别是结构连体对双子塔风效应影响方面的研究较少。许多双子塔结构抗风设计中仍参照单塔的风荷载取值。由于对结构连体的风效应尚不明确，在确定建筑连体（如天桥）的设计中是否应同时实现结构连体尚有不同意见。为此本文对不同间距下双子塔气动力的相位特性进行了重点研究，并从气动力相位的角度分析评估了结构连体对风致响应的影响。所得结果可为双子塔的抗风设计优化提供参考。

2 风洞试验设计

1:300 缩尺的双子塔同步测压模型试验在浙江大学 ZD－1 边界层风洞中进行。模型长×宽×高为 15 cm×15 cm×100 cm。试验风场选取地貌粗糙度指数 $a=0.15$、缩尺比为 1:300 的 B 类地貌风场，试验中模型高度的试验风速 12 m/s。试验模型如图 1 所示。风洞试验的坐标系与风向角的定义如图 2 所示。

测试工况包括 $s/B=0.25$、0.5、0.75、1.0、1.25、1.50、1.75、2.0 八个不同的双塔间距（s 为双塔间距，B 为单塔的建筑宽度），以及 0°、45°和 90°三个典型的风向角。作为比较，同时对其中一栋塔楼进行了单塔试验。

图 1 试验模型

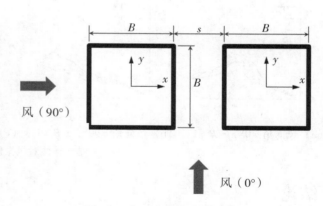

图 2 坐标系与风向角的定义

通过压力积分，计算出双子塔各自的整体荷载与两栋塔的同相荷载与反相荷载，以及与双子塔模态一致的广义气动力。以 x 向水平荷载为例，两栋塔的同相荷载与反相荷载以无量纲化的形式表达如下。

$$CF_{x(\mathrm{in})}(t) = \frac{F_{x1}(t) + F_{x2}(t)}{0.5\rho U_{\mathrm{H}}^2 BH}, \quad CF_{x(\mathrm{out})}(t) = \frac{F_{x1}(t) - F_{x2}(t)}{0.5\rho U_{\mathrm{H}}^2 BH} \tag{1}$$

其中，F_{x1} 和 F_{x2} 分别是 T1 塔楼与 T2 塔楼沿 x 方向的基底剪力，ρ 是空气密度，U_{H} 是建筑楼顶高度的参考风速，B 和 H 分别为建筑的宽度和高度。

---

* 基金项目：国家自然科学基金项目（51578505）。

3 试验结果分析

双塔脉动力的频谱特性表明双塔的动力响应可能与单塔有很大不同。取决于双塔间距的不同和关注的约化频率范围，双塔的风致响应可以显著低于相应的单塔。此外，双塔和单塔的横风向共振响应的临界风速也有所不同。

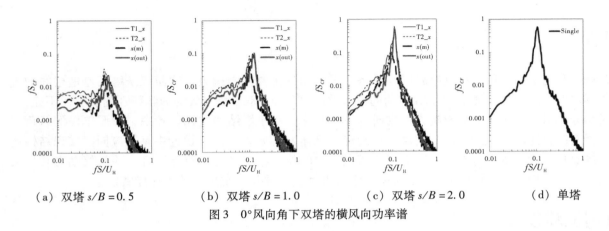

（a）双塔 $s/B=0.5$　　（b）双塔 $s/B=1.0$　　（c）双塔 $s/B=2.0$　　（d）单塔

图 3　0°风向角下双塔的横风向功率谱

试验结果表明，双子塔的同相荷载与反相荷载之比不但是风向角的函数，而且也是间距的函数，两者之间具有非常不同的频谱特性。

双子塔之间结构连接的强弱可通过反相结构模态频率与同相结构模态频率之比 λ 表示，$\lambda=1$ 代表结构不连接，λ 越大代表连接刚度越大。图 4 给出不同间距、不同结构连接刚度对塔楼横风向加速度的影响，图中的加速度值已按广义质量与参考风压等进行了无量纲约化。

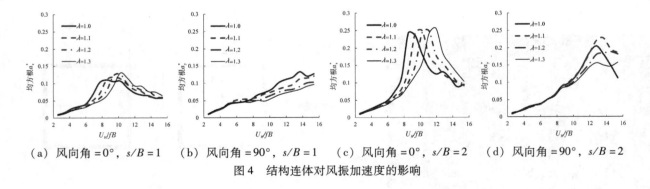

（a）风向角 $=0°$，$s/B=1$　　（b）风向角 $=90°$，$s/B=1$　　（c）风向角 $=0°$，$s/B=2$　　（d）风向角 $=90°$，$s/B=2$

图 4　结构连体对风振加速度的影响

4 结论

由于双子塔的气动特性，与单塔相比，双塔的气动力显著减小。双塔间的气动干扰可以破坏旋涡脱落的发生，因此双塔的横风向振动明显小于单塔。此外，作用在双塔上的风荷载含有很大比例的反相位分量，而结构连体能有效地控制与反相气动力有关的结构响应。

参考文献

［1］XIE Z N, GU M. Across-wind dynamic response of high-rise building under wind action with interference effects from one and two tall buildings ［J］. Structural Design of Tall & Special Buildings, 2010, 18 （1）: 37 – 57.

围护结构风荷载全概率分析方法对比研究[*]

赖盛霖，全涌

（同济大学土木工程防灾国家重点实验室 上海 200092）

1 引言

风荷载是建筑围护结构设计时的控制性荷载之一。若要精确估算围护结构在给定重现期下的极值风荷载，需综合考虑极值风速和极值风压系数的随机性、方向性及各方向极值风速间的相关性。对此，前人做了大量的理论与实验研究，提出了各种极值风荷载全概率分析方法。本文将对几种全概率方法进行对比分析，探讨它们的精确度、适用性以及相互之间的关系，为工程设计中围护结构风荷载标准值的分析计算提供参考。

2 几种全概率分析理论和计算方法

2.1 不考虑风向的一阶方法[1]

$$F_{\hat{W}}(w) = \int_0^{+\infty} F_{\hat{C}}(c) f_{\hat{V}}(v) \mathrm{d}v \tag{1}$$

其中，$F_{\hat{W}}(w)$ 为极值风荷载概率分布，$F_{\hat{C}}(c)$ 取最不利风向角下的极值风压系数概率分布函数，$c = 2w/\rho v^2$，ρ 为空气密度，$f_{\hat{V}}(v)$ 为全风向极值风速概率分布 $F_{\hat{V}}(v)$ 的密度函数。

2.2 不考虑风向的全阶方法[1]

$$F_{\hat{W}}(w) = \exp\left(-\int_0^{+\infty} f_{\hat{V}}(v)/F_{\hat{V}}(v)(1 - F_{\hat{C}}(c))\mathrm{d}v\right) \tag{2}$$

2.3 考虑风向的一阶方法[2]

$$F_{\hat{W}}(w) = \int_0^{+\infty} \cdots \int_0^{+\infty} F_{\hat{C}}(c_1, c_2, \cdots, c_N) f_{\hat{V}}(v_1, v_2, \cdots, v_N) \mathrm{d}v_1, \cdots, \mathrm{d}v_N \tag{3}$$

其中，$F_{\hat{C}}(c_1, c_2, \cdots, c_N)$ 为各风向极值风压系数的联合概率分布函数，$c_n = 2w/\rho v_n^2$，$f_{\hat{V}}(v_1, v_2, \cdots, v_N)$ 为多风向极值风速联合概率密度函数。此外，Wang 等[3] 还提出了一种改进的一阶方法。

2.4 考虑风向的全阶方法[4]

$$-\ln(F_{\hat{W}}(w)) = \int_0^{+\infty} \cdots \int_0^{+\infty} -\ln(F_{\hat{V}}(v_1, v_2, \cdots, v_N)) f_{\hat{C}}(c_1, c_2, \cdots, c_N) \mathrm{d}c_1, \cdots, \mathrm{d}c_N \tag{4}$$

理论上，若将由 t-Copula 函数构造的多风向极值风速联合概率分布 $F_{\hat{V}}(v_1, v_2, \cdots, v_N)$（如 8°、16° 或 24° 风向角）代入式（4），直接进行 Monte Carlo 积分，可估算出更加接近于实际的极值风荷载。但此种方法的计算量过大，几乎无法使用。为便于得出结果进行比较分析，这里忽略各方向极值风速间的相关性，认为其相互独立。

3 对比分析

根据 Harris 理论[4] 对美国 5 个地区的风速风向数据进行拟合，得到各风向极值风速边缘分布函数，基于 t-Copula 函数理论构造多风向极值风速联合概率分布。采用 Wang 等[3] 推荐的方法，对某高层建筑测压风洞试验的结果进行统计分析，得到各测点位置处极值风压系数的概率分布。将 Cook-Mayne 系数最大

* 基金项目：国家自然科学基金面上项目（51778493）；土木工程防灾国家重点实验室自主课题（SLDRCE19 – B – 13）。

（负极值风压取绝对值）的风向作为最不利风向。

表1给出了ABE市风气候下各种全概率方法对考虑风向及其相关性的一阶方法结果的相对误差均值（24°风向角），可以看出不考虑风向性效应的方法过于保守；对于一阶方法，随着重现期的增大，考虑和不考虑相关性的方法得出的结果差异越来越小；当忽略各风向极值风速之间的相关性时，50年重现期下，一阶方法和全阶方法估算得到的结果无明显差异。

表1 几种全概率方法对考虑风向及其相关性的一阶方法结果的相对偏差均值（不区分正负压）

重现期	1年	5年	10年	30年	50年
不考虑风向性效应的全阶方法（最不利法1）	53.6%	41.9%	37.3%	30.3%	27.1%
不考虑风向性效应的一阶方法（最不利法2）	44.2%	37.9%	34.6%	28.8%	25.9%
考虑风向忽略相关性的全阶方法	5.3%	2.8%	2.3%	1.6%	1.3%
考虑风向忽略相关性的一阶方法	5.0%	2.7%	2.2%	1.6%	1.3%
考虑风向及其相关性的一阶方法	0%	0%	0%	0%	0%

若用 $W_{\text{full,ind}}$ 表示考虑风向忽略相关性的全阶方法的结果，$W_{\text{full,tc}}$ 表示考虑风向及其相关性的全阶方法的结果（"最精确"但计算量过大难以求出），$W_{\text{first,ind}}$ 表示考虑风向忽略相关性的一阶方法的结果，$W_{\text{first,tc}}$ 表示考虑风向及其相关性的一阶方法的结果，则理论上有

$$W_{\text{full,ind}} > W_{\text{first,ind}} > W_{\text{first,tc}} \tag{5}$$
$$W_{\text{full,ind}} > W_{\text{full,tc}} > W_{\text{first,tc}} \tag{6}$$

表2中多个风速数据平稳的良态风地区的算例显示，50年重现期下 $W_{\text{full,ind}}$ 和 $W_{\text{first,tc}}$ 的差异不大。因此在估算高重现期风荷载时，可用 $W_{\text{first,ind}}$ 作为 $W_{\text{full,tc}}$ 的估算值，即用考虑风向忽略相关性的一阶方法代替计算量巨大而难以应用的考虑风向及其相关性的全阶方法。

表2 相对误差（$W_{\text{full,ind}}/W_{\text{first,tc}} - 1$）×100% 的最大值

地区	ABE	ABQ	ABR	BIS	DEN	DSM	LNK	MSP	SPI	TOP
正极值风压	3.7%	3.0%	2.6%	4.0%	4.7%	2.8%	4.2%	2.1%	4.1%	2.4%
负极值风压	3.2%	1.9%	2.1%	3.5%	2.7%	1.7%	2.6%	1.8%	3.8%	1.9%

4 结论

本文以一栋高层建筑为研究对象，对采用各种全概率方法估算出的围护结构极值风荷载结果进行了比较，分析了良态风气候下风的方向性效应、各方向极值风速间的相关性以及风速的阶数对极值风荷载估算的影响，得到如下结论：①无论是一阶方法还是全阶方法，不考虑风的方向性效应将使得结果过于保守，在工程应用中显得不够经济；②对于一阶方法，是否考虑极值风速之间的相关性仅对较短重现期极值风荷载的估算有一定影响，而高重现期极值风荷载的估算结果之间则无明显差异；③在估算高重现期极值风荷载时，可将各风向的极值风速视为独立，并选择使用考虑风向的一阶方法。

参考文献

[1] CHEN X，HUANG G. Estimation of Probabilistic Extreme Wind Load Effects：Combination of Aerodynamic and Wind Climate Data. Journal of EngineeringMechanics，2010，136（6）：747-760.

[2] ZHANG X，CHEN X. Assessing probabilistic wind load effects via a multivariate extreme wind speed model：A unified framework to consider directionality and uncertainty. Journal of Wind Engineering and Industrial Aerodynamics，2015，147：30-42.

[3] WANG J，QUAN Y，GU M. Improved first-order method for estimating extreme wind pressure considering directionality for monsoon climates［J］. Wind and Structures，2020，31（5）：473-482.

[4] 罗颖，黄国庆. 基于全阶法考虑风向的结构极值风荷载［C］. 第十九届全国结构风工程学术会议. 厦门：厦门理工学院，2019.

粗糙条对超高层建筑风荷载影响的风洞试验研究[*]

王鑫，杨易，季长慧

（华南理工大学亚热带建筑科学国家重点实验室 广州 510640）

1 引言

现代超高层建筑外幕墙围护结构很多设计有装饰条、幕墙骨架等粗糙条构件。粗糙条会改变建筑表面绕流形态，从而对风效应产生影响。但目前我国建筑结构荷载规范中尚缺乏此类规定。国内外学者近年来开展了一些粗糙条对建筑结构风荷载的影响研究，如邹云峰[1]等通过在双曲冷却塔表面设置不同的粗糙纸带改变其表面粗糙度，分析其对平均风压系数与脉动风压系数的影响。王磊等[2]通过对带有粗糙条的方截面超高层建筑进行气弹模型风洞试验，探究其对涡激响应的影响。艾辉林等[3]通过数值模拟方法研究超高层建筑表面复杂装饰条对风荷载特性的影响。本文以佛山某超高层建筑项目为例，对建筑模型表面设置粗糙条与去除粗糙条两种工况进行刚性模型同步测压试验，通过分析建筑模型表面风压系数分布及基底弯矩变化，研究表面粗糙条对超高层建筑风荷载的影响规律。

2 风洞试验

某超高层建筑位于佛山南海区，周边存在较密集的高层住宅及厂房等建筑。根据 ESDU 方法对项目周边地貌进行粗糙度分析，为《建筑结构荷载规范》GB50009—2012 中 C 类地貌。建筑高度约为 350m，典型截面近似方形，宽度为 44.3 m，高宽比约为 7.92，属于风敏感建筑。主塔办公楼采用混凝土核心筒、钢骨混凝土柱、钢梁、压型钢板楼盖组成的混合结构形式。在建筑中部角区设置两层空中花园，同时建筑表面设计有大面积粗糙条，建筑试验模型如图 1 所示，建筑表面粗糙条如图 2 所示。为探讨建筑表面粗糙条对结构风荷载的影响，进行了建筑表面有无粗糙条影响两种工况的风洞测试。风场类型选用 C 类，缩尺比为 1:400。

图 1 建筑试验模型图

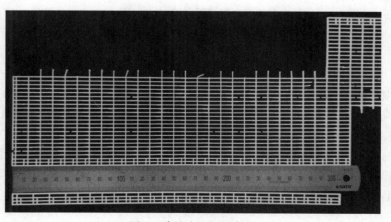

图 2 建筑表面粗糙条图

* 基金项目：国家自然科学基金项目（51478194）。

3　主要试验结果

两种工况下 0°风向角（以正东方向为 0°风向角）建筑 2/3H 高度处平均风压系数和脉动风压系数分别如图 3 和图 4 所示。

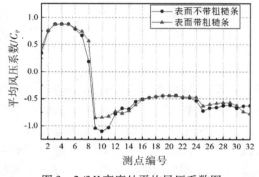

图 3　2/3H 高度处平均风压系数图

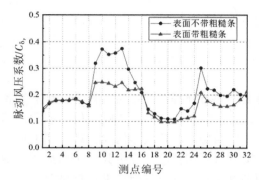

图 4　2/3H 高度处脉动风压系数图

不同风向角基底弯矩倾覆弯矩对比图（以正北方向为 0°风向角）和 0°风向角下（以正东方向为 0°风向角）楼层风荷载体型系数对比图分别如图 5 和图 6 所示。

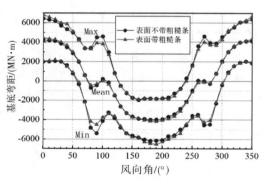

图 5　不同风向角基底弯矩倾覆弯矩 M_x 对比图

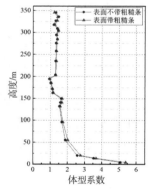

图 6　x 方向体型系数对比图

4　结论

（1）粗糙条会显著影响建筑角区及侧风面风压分布，特别是侧风面的脉动风压系数。正吹工况下，建筑 2/3H 高度风压系数显示，粗糙条会使得侧风面的脉动风压系数显著减小，出现这个现象的原因可能是因为粗糙条产生的特征湍流和脱落漩涡相互作用，使得涡旋强度及稳定性减弱，从而使得脉动风压减小。（2）整体上，粗糙条增大了试验中主体塔楼基底 x 轴与 y 轴的极值倾覆弯矩。如风向角为 0°和 190°时，基底倾覆弯矩 M_x 增幅分别是 6.0% 和 1.8% 左右。（3）粗糙条会影响试验塔楼的风荷载体型系数分布。如 0°风向角下，粗糙条使得建筑 100 m 以下的风荷载体型系数略增大。

参考文献

[1] 邹云峰，陈政清与牛华伟，模型表面粗糙度对冷却塔风致响应及干扰的影响. 空气动力学学报，2014. 32（3）：388 - 394.

[2] 王磊，梁枢果，王泽康，张正维. 超高层建筑横风向风振局部气动外形优化 [J]. 浙江大学学报（工学版），2016，50（7）：1239 - 1246，1265.

[3] 艾辉林，周志勇. 超高层建筑外表面复杂装饰条的风荷载特性研究 [J]. 工程力学，2016，33（8）：141 - 14.

TMDI 对高层建筑风致振动的控制效果研究 *

赵玮伟，全涌

（同济大学土木工程防灾国家重点实验室 上海 200092）

1 引言

结构振动控制方法一般分为主动控制、半主动控制、被动控制、混合控制四类[1]。在被动控制领域，调谐质量阻尼器（tuned mass damper, TMD）一直是最被广泛接受并应用的阻尼器形式，TMD 中质量块的质量越大，对结构振动的控制效果越好。所以随着结构高度的增高，结构对于振动控制的效果要求越高，那么传统 TMD 的质量块会随之越来越大，阻尼器对于建筑空间的占用也会越来越严重。而调谐惯性质量阻尼器（tuned mass damper inerter, TMDI）的质量放大效应可能给出这个矛盾的解决办法。本文在有限元软件中建立了 TMDI 模型，将其连接在一座 76 层的 Benchmark 模型上进行有限元模拟，研究 TMDI 在高层建筑风致振动控制中的效果，为后续继续进行惯容器试验研究以及最优安装位置的研究提供数据支撑。

2 TMDI 吸振原理

调谐惯性质量阻尼器（tuned mass damper inerter, TMDI）中有质量放大效应的就是惯容器（inerter），惯容器这个概念最早是由英国科学家 Smith 在 2002 年 IEEE 会议室提出的[2]。

如图 1，本文模拟的是齿轮–齿条机制惯容器。安装了 TMDI 的高层建筑在风荷载作用下的模型如图 2 所示。由于 TMDI 安装在结构内部，不受外部的气动力作用，所以 $P(t)$ 向量中 TMDI 所受气动力对应的元素为 0。整个系统 M、C、K 矩阵分别表示为：

$$M = M_s^{n+1} + (m_{TMD} + b) R_{n+1} R_{n+1}^T ; \quad C = C_s^{n+1} + c_{TMD} R_{n+1} R_{n+1}^T ; \quad K = K_s^{n+1} + k_{TMD} R_{n+1} R_{n+1}^T \tag{1}$$

其中，M_s^{n+1}、C_s^{n+1}、K_s^{n+1} 分别为原始建筑的质量、阻尼、刚度矩阵；R_{n+1} 为定位向量。假设 TMDI 安装在第 p 层，则第 p 个元素为 1，其余元素为 0。

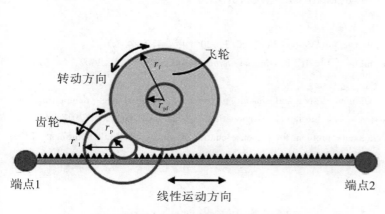

图 1 齿轮–齿条机制惯容器原理示意图

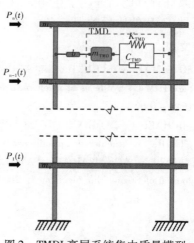

图 2 TMDI 高层系统集中质量模型

* 基金项目：自然科学基金面上项目（51778493）；土木工程防灾重点实验室自主课题（SLDRCE19 – B – 13）。

3 TMDI 数值模拟

3.1 惯容器和建筑实例模型建立

本文采用混联 I 式惯容系统进行模拟，惯容器与 TMD 串联，TMD 中刚度项与阻尼项并联。建筑实例选用建筑抗风抗震领域所普遍接受的 Benchmark 模型[4]，该模型是基于澳大利亚墨尔本实体建筑模型所简化出来的方柱，其截面为边长为 42 米的正方形，层数为 76 层，建筑总高为 306 米。

3.2 TMDI 减振效果分析

作用于第 76 层基准建筑的顺风和横风向的风力数据是通过在澳大利亚悉尼大学土木工程系的边界层风洞中进行风洞试验确定的，在此用来检验 TMDI 的有效性。取第 76 层（顶层）风力时程给出图示，如图 3 所示。只在 x 方向施加风力时程，得到的结果如图 4 所示。因为下部结构的风荷载效应不明显，所以只列出结构第 34 层至第 76 层的最大加速度。无控时顶层加速度为 32.34 cm/s^2，有控时加速度为 25.88 mm/s^2。所以此次模型中 TMDI 的控制效率约为 19.98%。

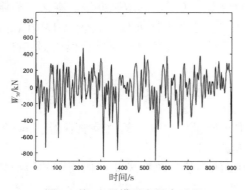

图 3　第 76 层横风向风力时程

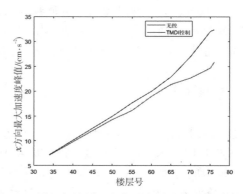

图 4　迎风面各楼层 x 方向最大加速度随楼层变化图

4 结论

本文将 TMDI 和第 76 层基准模型的有限元模拟的结果与 Yang[4]第 76 层基准建筑安装 TMD 之后的控制效果进行对比，证明了在相同风荷载作用下，对第 76 层基准建筑的控制效果都为 20% 时，TMDI 的质量只是 TMD 的质量的 18.3%，验证了惯容器在振动控制中的质量放大作用。

参考文献

[1] SOTO M G, ADELI H. Tuned Mass Dampers [J]. Arch. Comput. Method Eng, 2013, 20 (4): 419 – 431.

[2] SMITH M C. Synthesis of mechanical networks: the inerter [J]. IEEE Transactions on Automatic Control, 2002, 47 (10): 1648 – 1662.

[3] MICHAEL F, DOMENICO D De, RICCIARDI G. Optimal design and seismic performance of tuned mass damper inerter (TMDI) for structures with nonlinear base isolationsystems [J]. Earthquake Engineering & Structural Dynamics, 2018.

[4] YANG J N, AGRAWAL A K, SAMALI B, et al. Benchmark problem for response control of wind-excited tall buildings [J]. Journal of Engineering Mechanics, 2004, 130 (4): 437 – 446.

自由端切向吹气对有限长方柱气动力控制*

朱静[1]，王汉封[1,2]

（1. 中南大学土木工程学院 长沙 410075；

2. 高速铁路建造技术国家工程实验室 长沙 410075）

1 引言

高层建筑在大气边界层中的风场作用下，会产生气流的撞击、分离、再附，周期性的漩涡脱落等复杂的流动现象，从而引发建筑物的结构响应[1]。为减小高层建筑风荷载，增强其抗风性能，本文提出一种将主动流动控制集成到建筑物立面结构中的控制方法。在高宽比 $H/d = 5$ 的有限长方柱两侧顶部开设一条切向吹气狭缝，通过吹气控制改变模型展向流动分离特性实现对其绕流与气动力的抑制。通过风洞试验研究了切向吹气对气动力特性和展向剪切流的影响，利用流动可视化与流场测试结果揭示其控制机理。

2 试验概况

本实验在一小型直流式风洞内进行。方柱宽度 $d = 40\text{mm}$，高宽比 $H/d = 5$，模型固定于一水平板上，平板前缘经光滑处理为弧形避免流动分离。图 1 为实验装置示意图。模型展向分别距自由端边缘 3.5 mm 处开设一条长 36 mm、宽 1.2 mm 的吹气狭缝，顶部设计了高度为 5 mm 的光滑弧形空腔，通过吹气管与吹气泵相连，并用流量计监测吹气流量。模型在 $z^* = 1$、2、3、4 和 4.5 的不同高度上布置 5 层测压孔（ $z^* = h/d$ ），实验中使用压力扫描阀与测压孔连接进行测量，采样频率 333 Hz，采样数 50000 个。实验中自由来流风速 $U_\infty = 10$ m/s，基于 d 与 U_∞ 的 $Re = 2.22 \times 10^4$，定义吹气比 C_b（ $C_b = U_b/U_\infty$，U_b 为狭缝吹气速度，U_∞ 为来流速度）。试验研究了 $C_b = 0 \sim 3.5$ 范围内吹气对柱体绕流与气动力的影响。

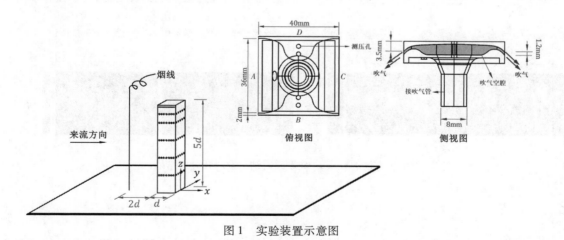

图 1 实验装置示意图

3 自由端切向吹气对模型气动力控制效果

3.1 气动力特性

图 2 给出了吹气比 $C_b = 0 \sim 3.5$ 时，方柱总体 C_d、C'_d 和 C'_l 的变化规律。自由端切向吹气对模型气动力有显著影响。在 $C_b = 0 \sim 2.5$ 时，C_d、C'_d 和 C'_l 随着 C_b 的增大而减小；当 $C_b > 2.5$ 后，略有回升。显

* 基金项目：国家自然科学基金项目（52078505）。

然，$C_b = 2.5$ 时控制效果最佳，C_d、C'_d 和 C'_l 相对于 $C_b = 0$ 的工况分别减小了 5.76%、35.50% 和 68.48%。

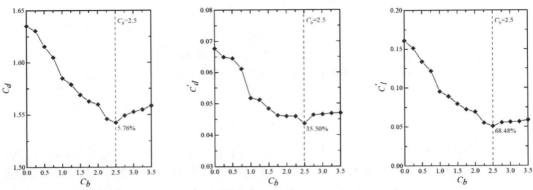

图 2   自由端切向吹气对方柱总体气动力的影响

3.2   升力系数时频分析

为进一步揭示自由端切向吹气对模型气动力的影响机理，图 3 给出了模型总体阻力系数 C_d 和升力系数 $C_b = 0$ 典型瞬时结果及 C_l 对应的时频分析。当 $C_b = 0$ 时，C_l 有明显的间歇性，C_l 大幅脉动时，对应的 C_d 刚好处于波峰处，反之亦然；其次，在 $C_b = 0$ 的时频谱中观察到两种典型的涡漩脱落模式之间的转变[1]；当 $C_b = 2.5$ 时，C_d 和 C_l 时程曲线较为平稳，说明交替脱落的卡门涡街被显著抑制，两种典型的涡脱模式之间的转变也被削弱。

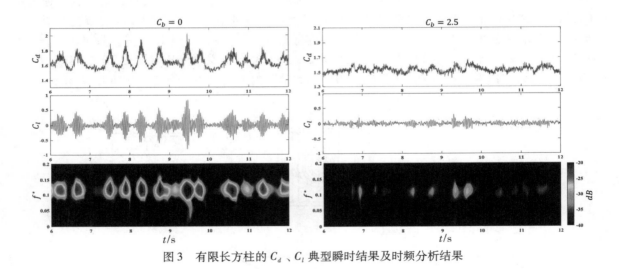

图 3   有限长方柱的 C_d、C_l 典型瞬时结果及时频分析结果

4   结论

基于以上分析结果，针对有限长方柱自由端狭缝切向吹气对整体气动力特性的影响和升力系数时频分析的结果，简要总结出以下结论：

（1）研究发现自由端切向吹气改变了侧面分离流特性，对方柱的脉动阻力和脉动升力有显著抑制作用，沿模型高度上的气动力均有显著影响。

（2）狭缝吹气对方柱沿高度方向上的分离流有显著加速作用，对受黏性和逆压力梯度阻挠而停滞的流体施加动量，并对展向剪切流种螺旋状的卷起产生干扰，从而抑制分离的发展。

参考文献

[1] WANG H F, Zhou Y. The finite-length square cylinder near wake [J]. Journal of Fluid Mechanics, 2009, 638：453－490.

基于矢量叠加的超高层建筑三维风荷载组合*

潘小旺，邹良浩

（武汉大学湖北省城市综合防灾与消防救援工程技术研究中心 武汉 430072）

1 引言

三维风荷载组合是高层建筑结构抗风设计中的一个重要课题，合理对建筑的顺风向、横风向和扭转向风效应进行组合，可以在保证结构安全的同时节省建造资源。Tamura 等[4]、Bartoli 等[1]通过引入 Turkstra 方法，实现了"间接的"三维风荷载组合，但 Turkstra 方法来源于工程经验，其准确性不明。受 Bartoli 等[1]的启发，Huang 等[2]运用 Copula 方法，通过构造高层建筑风荷载的三维联合概率分布，可以直接计算三维风荷载组合系数，然而其在构造联合概率分布时，假定建筑的总体风荷载等于三个方向风荷载分量的标量和，这与风荷载的矢量性存在差异。基于此，本文提出了一种基于三维矢量叠加的典型矩形截面超高层建筑风荷载组合方法，以一栋 300m 高超高层建筑为例，将矢量叠加风荷载组合结果与标量叠加的结果进行了对比，得出的结论可供设计人员参考。

2 研究方法及内容

2.1 超高层建筑基底力响应合效应极值

将高层建筑结构简化为悬臂梁模型[3]，并假设由扭矩引起的截面扭转切应力 τ_t 分布形式与半径同矩形截面特征半径的圆截面杆扭转切应力分布形式相同，则高层建筑风致响应基底应力分布示意图如图 1 所示。因此，基于标量叠加和三维矢量叠加的基底合应力可分别由式（1）和式（2）得到：

$$\tau^b_{XYT} = \tau_X + \tau_Y + \tau_T \tag{1}$$

$$\tau^s_{XYT} = (\tau^2_X + \tau^2_Y)^{\frac{1}{2}} + \tau_T \tag{2}$$

其中，τ^b_{XYT} 和 τ^s_{XYT} 分别为基于标量叠加和矢量叠加的基底合应力；τ_X、τ_Y 和 τ_T 分别是 X、Y 和扭转向基底应力。

根据式（1）和式（2），两种方法的基底合应力概率分布 $F^b_\tau(\tau)$、$F^s_\tau(\tau)$ 可以表示为式（3）和式（4）：

$$F^b_\tau(\tau) = P(X + Y + T \leqslant \tau) = \iiint_{x+y+t \leqslant \tau} f(x,y,t)\,\mathrm{d}x\mathrm{d}y\mathrm{d}t \tag{3}$$

$$F^s_\tau(\tau) = P(\sqrt{X^2 + Y^2} + T \leqslant \tau) = \iiint_{\sqrt{x^2+y^2}+t \leqslant \tau} f(x,y,t)\,\mathrm{d}x\mathrm{d}y\mathrm{d}t \tag{4}$$

其中，$f(x,y,t)$ 为高层建筑三维风荷载联合概率分布，可以通过 Copula 函数构造。

2.2 基于矢量叠加的三维风荷载组合系数

基于标量叠加的三维风荷载组合系数可由 Huang 等[2]提出的公式计算，限于篇幅，基于矢量叠加的三维风荷载组合系数计算公式推导过程在此处略去，直接给出两种组合方法得出的计算结果，如表 1 所示。

* 基金项目：国家自然科学基金项目（51478369、51578434）。

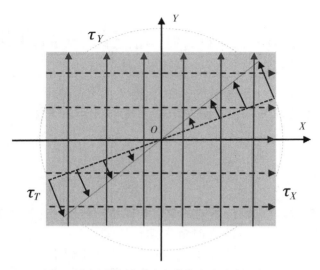

图1 高层建筑风致响应基底应力分布示意图

表1 基于 Copula 方法的三维风荷载组合系数

主方向	第二主方向	矢量组合			标量组合		
		$\mu_X^{(3)}$	$\mu_Y^{(3)}$	$\mu_T^{(3)}$	$\mu_X^{(3)}$	$\mu_Y^{(3)}$	$\mu_T^{(3)}$
X	Y	1.00	0.95	0.37	1.00	0.73(−23%)	0.24(−35%)
	T	1.00	0.45	0.91	1.00	0.36(−20%)	0.73(−20%)
Y	X	0.84	1.00	0.56	0.66(−21%)	1.00	0.44(−21%)
	T	0.58	1.00	0.73	0.52(−10%)	1.00	0.66(−10%)
T	X	0.77	0.56	1.00	0.87(13%)	0.32(−43%)	1.00
	Y	0.64	0.77	1.00	0.42(−34%)	0.87(13%)	1.00

3 结论

高层建筑三维风荷载组合时，基于矢量叠加的分析方法得出的三维风荷载组合系数明显高于基于标量叠加方法的分析结果。考虑到矢量叠加的物理意义更加明确，从结构安全性出发，推荐采用基于矢量叠加方法进行高层建筑结构的三维风荷载组合分析。

参考文献

［1］ BARTOLI G, MANNINI C, MASSAI T. Quasi-static combination of wind loads：A copula-based approach ［J］. Journal of Wind Engineering and Industrial Aerodynamics，2011，99（6 − 7）：672 − 681.

［2］ HUANG M, TU Z, LI Q, et al. Dynamic wind load combination for a tall building based on copula functions ［J］. International Journal of Structural Stability and Dynamics，2017，17（8）：1750092.

［3］ SONG J, TSE K. Dynamic characteristics of wind-excited linked twin buildings based on a 3-dimensional analytical model ［J］. Engineering Structures，2014，79：169 − 181.

［4］ TAMURA Y, KIKUCHI H, HIBI K. Peak normal stresses and effects of wind direction on wind load combinations for medium-rise buildings ［J］. Journal of Wind Engineering and Industrial Aerodynamics，2008，96（6 − 7）：1043 − 1057.

端板及补偿段对格构式塔架节段高频测力天平风洞试验的影响研究

李峰，邹良浩，宋杰，梅潇寒，蒋元吉

（武汉大学土木建筑工程学院 武汉 430072）

1 引言

格构式塔架节段模型高频测力天平风洞试验是研究塔架局部气动力特性的常用方法。考虑到节段模型端部三维扰流效应，研究者在节段模型端部设置了端板或补偿段模型[1,2]，研究了风向角、密实度等参数对格构式塔身节段气动力系数的影响。然而，由于格构式塔架的杆件长细比较大，以及塔架镂空的特点与全密实结构差异巨大，部分研究者认为格构式塔架节段端部三维扰流的影响较小。在进行格构式塔架节段模型试验时，未设置端板或补偿段[3-4]。目前，针对格构式塔架节段模型端部三维扰流具体影响的研究较少。端部是否设置端板或补偿段、端部设置端板的尺寸大小等因素对格构式塔架节段模型高频测力天平风洞试验结果的差异仍值得探索。本文设计了格构式塔架节段试验模型、补偿段模型和两组不同尺寸的圆形端板，通过高频测力天平风洞试验与 CFD 仿真，具体分析了端板、补偿段对塔架节段模型风洞试验得到的气动力系数的影响，为类似结构的节段模型精细化风洞试验提供参考。

2 风洞试验

节段模型以某角钢输电塔 1/2 高度处的节段为原型进行设计。试验模型采用 3D 打印方式，按 1:20 的缩尺比制作完成。此外，采用相同方式制作了补偿段模型，并设计了 0.8 m 和 1.2 m 两种直径的端板，记为 A 型和 B 型端板。其中，下端板中心挖去略大于方形底板面积的部分，与底板留有间隙 2 mm。试验采用高频动态测力天平测试了在 1%、4.5% 和 9% 三种不同紊流度的均匀流场下不加端板、只加下端板、加上下端板、加补偿段等 8 种工况下节段模型风荷载，如图 1。测试风向角为 0°～90°，间隔 15°。试验风速为 10 m/s。

（a）模型

（b）模型＋A 型下端板

（c）模型＋B 型下端板

（d）模型＋A 型下端板＋A 型上端板

（e）模型＋B 型下端板＋B 型上端板

（f）模型＋补偿段

（g）模型＋A 型下端板＋补偿段

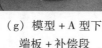

（h）模型＋B 型下端板＋补偿段

图 1 节段模型风洞试验工况

3 CFD 仿真及结果比较

为了进一步研究格构式塔架端部三维扰流效应，基于格子玻尔兹曼－大涡模拟方法，通过 Xflow 平台，对格构式塔架节段模型在有无上下端板、补偿段的工况下的气动力进行仿真分析，并与节段模型高频测力天平风洞试验结果对比验证。图 2 为 1% 湍流度、10 m/s 风速、90°风向角下，节段的 x 向平均剪力系数与 y 向平均弯矩系数。由图可得：风洞试验和 CFD 结果均说明了在本文的节段模型高度下，格构式塔架节段端部的三维扰流效应对整个节段的影响较小。减去和未减去底板的平均剪力系数差值最大可达到 0.25，平均弯矩系数差值最大可达到 0.46，风洞试验的模型底板对节段的影响不可忽略。

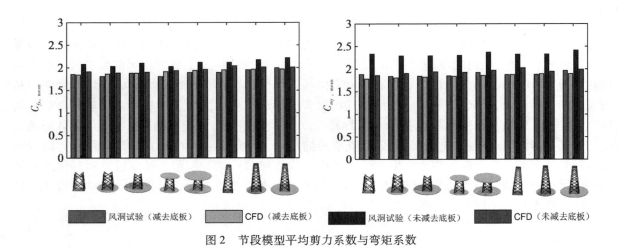

图 2 节段模型平均剪力系数与弯矩系数

4 结论

本文设计了格构式塔架节段的试验模型、补偿段模型和两组不同直径的圆形端板。通过高频测力天平风洞试验与 CFD 技术，分析了有无端板、补偿段工况下的塔架节段的剪力系数和弯矩系数计算结果。计算结果表明：本文节段高度下，有无端板、补偿段对格构式塔架的剪力系数和弯矩系数的影响不超过 0.1。格构式塔架节段高频测力天平风洞试验的模型端部三维扰流效应对于整个节段的影响十分有限。然而，底板对节段模型的影响不可忽略，即对平均剪力系数的影响可达到 0.25，平均弯矩系数的影响可达到 0.46，应考虑底板对风洞试验值的修正。

参考文献

［1］卞荣，楼文娟，李航，等.不同流场下钢管输电塔塔身气动力特性［J］.浙江大学学报（工学版），2019，53（5）：910 － 916.

［2］LI Y，LI Z，YAN B，et al. Wind forces on circular steel tubular lattice structures with inclined leg members［J］. Engineering Structures，2017，153：254 － 263.

［3］张庆华，顾明，黄鹏.格构式塔架风力特性试验研究［J］.振动与冲击，2009，28（2）：1 － 4，196.

［4］YANG F，DANG H，NIU H，et al. Wind tunnel tests on wind loads acting on an angled steel triangular transmission tower［J］. Journal of Wind Engineering & Industrial Aerodynamics，2016，156：93 － 103.

基于同步测振测压风洞试验的超高层建筑横风向气动参数识别研究[*]

傅国强，全涌，顾明

（同济大学土木工程防灾国家重点实验室 上海 200092）

1 引言

随着结构体系、建筑材料、设计和施工技术的迅猛进步，超高层建筑的高度越来越高，并逐渐呈现出低阻尼、轻质量、高柔度等特点。在强风作用下，超高层建筑的风致响应也更加显著，从而风与结构之间的气动弹性效应也会愈加明显。风与结构之间的这种流固耦合效应可以用非定常自激气动力来表征，其主要表现形式为气动阻尼力。Kim 等（2018）在低湍流和边界层风场中研究了振动模型和静止模型表面的非定常风压。结果表明，振动模型与刚性模型非定常气动力之间存在显著的差异。Chen 等（2020a，2020b）提出了一种混合气弹测压试验装置，并利用该装置对振动模型表面的非定常气动力进行了研究，发现基于该非定常气动力可以准确地预测结构的驰振振幅，然而基于准定常假设的驰振振幅计算结果则误差很大。随后，他们基于方形振动棱柱表面的非定常气动力建立了数学模型，该模型可以用于预测不同斯克鲁顿数方形模型的驰振振幅。虽然部分研究者已经开展了部分研究，但由于非定常气动力本身的复杂性，人们对于气动弹性效应的实质仍然不清楚。并且，上述试验研究均为只探究非定常气动力本身的特性，而基于非定常气动力准确地识别横风向气动参数的研究仍然匮乏。为此，本文在低湍流风场下对一高宽比为 8 的超高层建筑模型开展了一系列刚性模型和气弹模型的测压风洞试验，并同步采集了气弹模型顶部的振动响应。随后，系统性地对比研究了不同折减风速工况下非定常气动力的特征。然后，为了更加准确地估计气动阻尼和气动刚度，受 Zhang 等（2019）方法的启发，基于非定常气动力数据，提出一种修正的贝叶斯谱密度方法。最后，将该方法识别结果与其他方法进行对比，并以实测响应为准，验证了该方法识别结果的准确性。

2 风洞试验概况

本文中的刚性模型测压风洞试验和气动弹性模型同步测振测压风洞试验均在同济大学土木工程防灾国家重点实验室 TJ-1 大气边界层风洞中完成。试验模拟风场的平均风速和湍流度剖面如图 1a 所示。试验模型只在两个相对立面上布置了 140 个测压点，详细布置图如图 1c 所示。气弹试验通过气弹基座实现系统的气动弹性功能，如图 1b 所示。由于试验中用到了不同的仪器设备，本文设计了一种同步触发器装置来实现测压信号和测振信号的同步采集功能。同时，测压管道被固定在模型内表面，以避免管道的晃动引起的模型动力特性变化。为尽可能地减小测压管路中的畸变，测压管道长度设计为 1m，同时采用传递函数对测压管道进行优化。风洞试验在折减风速为 3.3 ~ 13.2 m/s 之间的 11 个不同折减风速下进行。

3 结果和讨论

图 2a 和 2b 给出了气动阻尼比和归一化频率改变量（频率变化量/结构基频 × 100%）的识别结果，模态参数的后验变异系数也画于图中进行对比。对于气动阻尼比和归一化频率改变量而言，在低折减风速时，两者在数值上均为正值。当折减风速逐渐接近临界风速区间，气动阻尼比和归一化频率改变量迅

* 基金项目：国家自然科学基金项目（51778493）；土木工程防灾国家重点实验室自主课题（SLDRCE15 - B - 03）。

速减小，并在折减风速为 10 m/s 左右分别取得负峰值。随着折减风速再次增大并远离临界风速区间，两者也逐渐增大。此外，还可以发现，结构刚度对气动刚度的影响较小，但气动阻尼比相较结构阻尼比的变化则较为显著。本文提出的方法对于气动刚度的识别较为准确，后验变异系数均较小。对于气动阻尼比的识别，后验变异系数在远离临界风速区间较大，而在接近临界风速区间较小。这可能是由于结构在临界风速区间时会发生大幅度的涡激共振，从而提高了响应信号的信噪比所致。为了验证识别结果的准确性，图 2c 给出了基于不同方法识别结果计算得到的加速度响应均方根值，实测加速度响应也显示在图中，用于对比。从图中可知，基于本文方法识别结果所计算得到的加速度响应值最接近实测响应，从而也验证了本文方法参数识别结果的准确性。

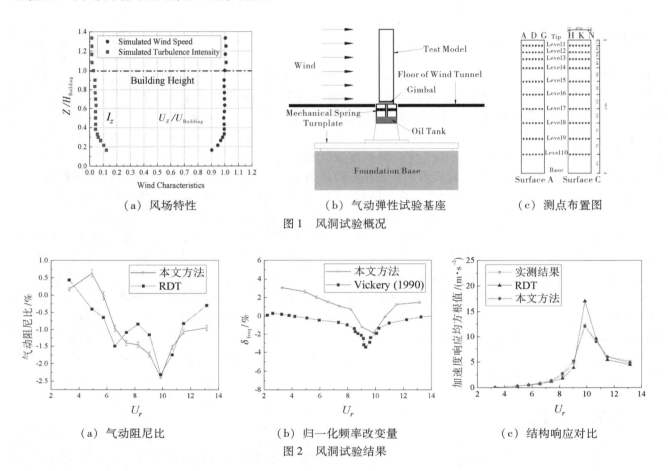

（a）风场特性　　　　　　　　（b）气动弹性试验基座　　　　　　　（c）测点布置图

图 1　风洞试验概况

（a）气动阻尼比　　　　　　　　（b）归一化频率改变量　　　　　　　（c）结构响应对比

图 2　风洞试验结果

参考文献

［1］ KIM Y C, LO Y L, CHANG C H. Characteristics of unsteady pressures on slender tall building［J］. Journal of Wind Engineering & Industrial Aerodynamics, 2018, 174：344－357.

［2］ CHEN Z S, HUANG H, TSE K T, et al. Characteristics of unsteady aerodynamic forces on an aeroelastic prism：A comparative study［J］. Journal of Wind Engineering and Industrial Aerodynamics, 2020, 205：104325.

［3］ CHEN Z S, TSE K T, KWOK K C S, et al. Modelling unsteady self-Excited wind force on slender prisms in a turbulent flow［J］. Engineering Structures, 2020, 202：109855.

［4］ ZHANG L L, HU X, XIE Z N. Identification method and application of aerodynamic damping characteristics of super high-Rise buildings under narrow-band excitation［J］. Journal of Wind Engineering and Industrial Aerodynamics, 2019, 189：173－185.

山地地形对超高层建筑风荷载影响研究*

陈小列，陈伏彬

（长沙理工大学土木工程学院 长沙 410114）

1 引言

山地地形会使大气风场产生加速效应，单纯将位于复杂山地风场中的超高层建筑直接按位于平地风场时那样进行抗风设计，可能带来安全隐患[1-3]。本文以位于山地风场中的某超高层建筑为研究对象，进行了刚性模型测压对比实验，深入研究了两种工况下的风压特性、基底弯矩系数和横风向风荷载功率谱。

2 实验概况

本文研究的超高层建筑位于重庆市渝中区，所处位置为中间高、四周低的山地地形，周围气流组织复杂，互相干扰效应明显。实验模拟了建筑物周边直径 500 m 范围内的地形。采用 D 类地貌。实验中采用的模型与实物在外形上保持几何相似，如图 1。在模型上设置了 17 个测点层，C～S 层测点布置如图 2，共布置了 466 个风压测点。

图 1 风洞试验模型图

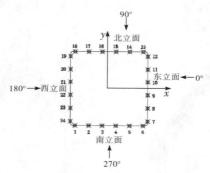

图 2 测点布置以及风向角示意图

3 结果分析

3.1 典型测点层风压系数分析

从图 2 中可以发现，建筑处于山地地形时，位于迎风面的建筑下部风速会被削弱，平均风压系数值减小，在建筑侧风面和背风面，风产生加速效应，平均风压系数值显著增大。背风面受绕山气流的影响，增大效应比侧风面更明显。山地地形对近地面的影响更为显著，随着建筑物高度的增加，山地地形产生的加速效应会逐渐减小。

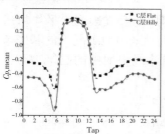

（a）C 层平均风压系数

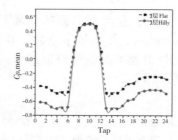

（b）J 层平均风压系数

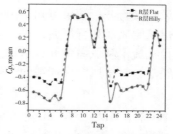

（c）R 层平均风压系数

图 3 典型测点层平均风压系数

* 基金项目：国家自然科学基金项目（51778072）。

3.2 基底力矩系数分析

如图 3 所示，山地工况的基底弯矩系数值整体比平地工况的基底弯矩系数值大。顺风向下，两种工况都在 45°风向角为最不利风向角，横风向下，两种工况都在 0°风向角为最不利风向角。且在最不利风向角处，两种工况间基底弯矩系数偏差最大，顺风向下相差 0.11，横风向下相差 0.12。说明在最不利风向角处，山地地形会对基底弯矩系数产生更大影响。

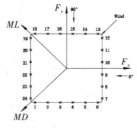
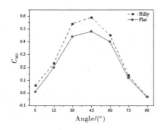
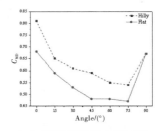

（a）基底弯矩系数定义图　　（b）顺风向基底力矩系数　　（c）横风向基底力矩系数

图 3　基底力矩系数随风向角变化

3.3 横风向风荷载功率谱

如图 4 所示，横风向风荷载功率谱受地形的影响很小，两种工况下的功率谱在高频段基本重合。但在低频段，平地工况的能量值相比山地工况的有所增加。随着测点层高度的升高，两种工况间的偏差也逐渐增大。说明风流经建筑物，相比平地风场，位于山地风场的建筑物表面更容易产生漩涡脱落，所需产生漩涡脱落的能量更少。

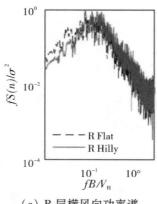
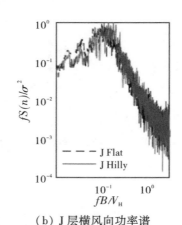
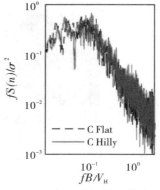

（a）R 层横风向功率谱　　（b）J 层横风向功率谱　　（c）C 层横风向功率谱

图 4　典型代表层横风向风荷载功率谱

4　结论

通过对风压试验分析结果可知，山地工况下，位于迎风面的建筑下部风速会被削弱，平均风压系数值减小；在建筑侧风面和背风面，风产生加速效应，平均风压系数值显著增大；山地工况下的基底弯矩系数值增大，且在最不利风向角处，平地工况与山地工况的偏差值最大；风流经山地中的建筑物时，更容易产生漩涡脱落，对横风向风荷载的影响更大。

参考文献

［1］李正良，魏奇科，黄汉杰，等.山地超高层建筑风致响应研究［J］.振动与冲击，2011，30（5）：43－48.

［2］李正良，孙毅，黄汉杰，等.山地风场中超高层建筑风荷载幅值特性试验研究［J］.建筑结构学报，2010，31（6）：171－178.

［3］YASUNARI KAMADA. Wind tunnel experimental investigation of flow field around two-dimensional single hill models［J］. Renewable Energy, 2019, 136：1107－1118.

椭圆形高层建筑风压分布及干扰效应研究 [*]

邵远航[1]，刘庆宽[1,2,3]，郑云飞[4]

（1. 石家庄铁道大学土木工程学院 石家庄 050043；

2. 河北省风工程和风能利用工程技术创新中心 石家庄 050043；

3. 石家庄铁道大学省部共建交通工程结构力学行为与系统安全国家重点实验室 石家庄 050043；

4. 石家庄铁路职业技术学院 石家庄 050043）

1　引言

随着新技术和审美观点的不断革新，超高层建筑朝着更高、更柔、气动外形越来越复杂的方向发展，风荷载越来越起到关键性作用，分析风荷载给超高层建筑带来的影响尤为重要[1]，且外形不再以单纯的矩形、圆形为基础，椭圆形截面或是椭圆状的截面逐渐受到青睐。但对于椭圆状截面结构规范并未给出明确指导，一般需要通过风洞试验或是数值模拟的方法进行研究。段贝[2]用数值模拟的方法研究了不同长短轴之比的椭圆形截面高层建筑表面风压以及结构气动力；李慧真[3]采用风洞实验的方法研究了不同高宽比和厚宽比的椭圆形高耸结构风压数据。

综上所述，国内学者对于单个椭圆形截面的超高层建筑不同长短轴比研究很充分，但对于椭圆截面高层建筑在干扰效应下的风荷载研究很少。因此本文以现实中存在的两个椭圆截面的超高层建筑为基础，研究在不同间距比下，椭圆形截面建筑表面的风压系数和气动力系数的变化规律。

2　模型和研究方法

本文物理模型是依据现实中存在的两椭圆形高层建筑截面简化，计算域及网格见图1。

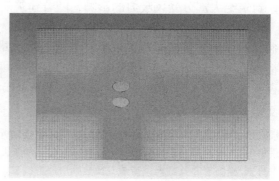

（a）模型示意图　　　　　　　　　　　　　　　　（b）网络划分示意图

图1　模型示意图和网格划分示意图

采用 CFD 数值模拟方法，流体不可压，气体参数选择默认值，对控制方程进行无量纲化处理，y^+ 控制在 1 左右，首层壁面高度 0.032 mm，网格增长率 1.07；欠松弛因子采用 0.2，其余保持默认值，利用 SIMPLEC 算法计算。经过查阅大量文献及多次试算，最终采用 $k - \omega$ SST 湍流模型。本文采用 O 型结构化网格进行划分，并进行了进行网格无关性和时间步长无关性验证。在每个模型表面布置了 30 个监测点，通过不断改变两个椭圆间的间距，研究椭圆建筑截面的表面风压分布和气动力系数。

* 基金项目：国家自然科学基金项目（51778381）；河北省自然科学基金项目（E2018210113）；河北省高端人才项目（冀办〔2019〕63 号）；石家庄铁道大学研究生创新资助项目（YC2021034）。

3 内容

3.1 单个椭圆截面超高层建筑风压分布及气动力研究

为检验数值模拟方法的可靠性，首先对单个椭圆形截面的模型进行数值模拟研究，得到单个椭圆表面的气动力系数和风压分布。

3.2 椭圆截面模型在干扰下的风压分布

单个椭圆情况下，表面的风压系数多为负值，即建筑物表面以风吸力为主，负压面积与总表面积的比值达65%，极值出现在正迎风区和正背风区。

在两个椭圆建筑相互干扰的情况下，在间距为0.1倍短轴长度时，负压面积占总表面积的88%，随着间距的不断增大，负压面积不断减小；当间距增大到五倍以上的短轴间距时，每个椭圆的负压面积比恢复到65%；对于椭圆截面建筑而言，表面积大部分都是负压区，所以在进行表面装饰物或玻璃幕墙等维护结构的设计时应注意风压变化。

3.3 双椭圆截面模型在干扰下的气动力变化

随着间距比的增大，阻力系数、升力系数、力矩系数都逐渐向单个椭圆气动力系数靠拢，其中升力系数和力矩系数对称性较好，上下两个圆柱在数值上变化上基本吻合，其中间距在在0.3～0.5倍的短轴长度时，呈现出不稳定偏流的变化特征。当两椭圆间距大于5倍的短轴间距时，上下两个椭圆的气动力数值均趋于单个椭圆数值。

4 结论

本文首先通过对单个椭圆截面的超高层建筑进行数值模拟，得到的阻力系数与风压分布与文献相吻合。然后对椭圆截面高层建筑在干扰效应下的风荷载进行研究，给出了对于椭圆形截面建筑表面风压分布变化和气动力系数变化规律，为围护结构设计提供了有益的参考。主要结论如下：

在不同间距比时，两个椭圆截面建筑的干扰作用明显。0.1倍短轴间距下的风压分布负压面积占比为88%，建筑绝大部分受风吸力的影响，随着建筑间间距增大到5倍短轴间距以上，负压面积比逐渐下降到65%，同单个椭圆建筑风压分布类似。

椭圆形截面建筑在间距比最小时取得绝对值最大的三分力系数，这是由钝体原理导致的，当间距比不断增大，每个椭圆越趋于单个椭圆效应，并在间距比大于五倍短轴间距时，完全不受干扰效应的影响。其中在0.3～0.5倍短轴间距时，呈现出不稳定偏流的特征，上下两椭圆阻力系数不等。

参考文献

[1] 楼文娟, 孙炳楠. 风与结构的耦合作用及风振响应分析 [J]. 工程力学, 2000, 17 (5): 16 – 22.

[2] 段贝. 椭圆形高层建筑风荷载研究 [D]. 重庆: 重庆大学, 2013.

[3] 李慧真. 椭圆形高耸结构风荷载及风致响应研究 [D]. 长沙: 湖南大学, 2015.

L形高层建筑表面风压的非高斯特性研究 *

何钰皓，张建国，张建霖

（厦门大学土木工程系 厦门 361005）

1 引言

高层建筑中断面为L形的较为常见，其表面来流的分离区内实测得到的压力脉动是典型的非高斯分布。若仍然按规范[1]假设的高斯分布计算表面风压，得到的结果将偏低。张建国等[2]给出了L形高层建筑各表面体型系数的变化规律。韩宁等[3]给出了方形高层建筑风压脉动非高斯特性的描述方式和分布区域。全涌等[4]发展了与常用极值估算方法相吻合或更准确的非高斯风压极值计算方法。董欣等[5]从旋涡作用角度分析了风荷载特性的产生机理。

2 风洞试验简介

本次试验在同济大学 TJ-2 风洞进行，按照我国规范模拟了 1/500 的 B 类和 D 类风场，建筑模型高 0.4m，按 1:500 的缩尺比相当于实际高度 200m。

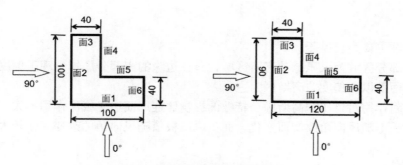

图1　模型断面尺寸及工况示意

3 脉动风压非高斯特性

3.1 脉动风压非高斯区的划分

将偏度 $|S|>0.5$ 且峰度 $|K|>3.5$ 作为划分风压脉动高斯区和非高斯区的标准。

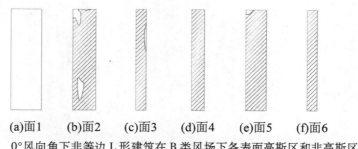

(a)面1　　(b)面2　　(c)面3　　(d)面4　　(e)面5　　(f)面6

图2　0°风向角下非等边L形建筑在B类风场下各表面高斯区和非高斯区

* 基金项目：福建省自然科学基金项目（2018J01085）。

3.2 基于全概率迭代法风压极值计算

表1、表2给出了45°～225°风向角下，等边L形模型风压极值。

表1 等边L形建筑极值风压（45°～135°风向角）

风场		45°	60°	75°	90°	105°	120°	135°
B	+	0.6876	0.7949	0.7770	0.7783	0.7837	0.8001	0.8091
	−	− 0.4753	− 0.7358	− 1.3428	− 1.2208	− 1.4445	− 1.0426	− 1.1376
D	+	0.5551	0.5072	0.5247	0.5328	0.5164	0.5324	0.5467
	−	− 0.3486	− 0.5679	− 0.7991	− 0.7389	− 0.9273	− 0.7547	− 0.7355

表2 等边L形建筑极值风压（150°～225°风向角）

风场		150°	165°	180°	195°	210°	225°
B	+	0.8020	0.7931	0.7813	0.7761	0.7855	0.8296
	−	− 0.9922	− 1.0028	− 1.1950	− 1.3142	− 1.2841	− 0.7858
D	+	0.5380	0.5322	0.5323	0.5359	0.5515	0.5408
	−	− 0.7075	− 0.7507	− 0.8254	− 0.7341	− 0.7803	− 0.5423

4 结论

（1）迎风面中心区域主要为正风压。

（2）迎风面上绝大部分区域为风压脉动高斯区域，只在边缘的小部分区域出现正偏度非高斯区。

（3）侧风面和背风面都以负偏度非高斯区为主。

（4）来流分离和再附作用对风压非高斯脉动特性的影响比迎风面边缘绕流作用更大。

（5）正风压极值几乎不随风向角改变而变化，而负风压极值随风向角的改变变化较大。

参考文献

[1] 建筑结构荷载规范（GB50009—2012）[S].北京：中国建筑工业出版社，2012.

[2] 张建国，雷鹰.L形高层建筑风荷载特性研究 [J].第19届全国结构工程学术会议论文集（第Ⅲ册），2011：271 – 276.

[3] 韩宁，顾明.方形高层建筑风压脉动非高斯特性分析 [J].同济大学学报（自然科学版），2012，40（7）：971 – 976.

[4] 全涌，顾明，陈斌，等.非高斯风压的极值计算方法 [J].力学学报，2010，42（3）：560 – 566.

[5] 董欣，赵昕，丁洁民，等.矩形高层建筑表面风压特性研究 [J].建筑结构学报，2016，37（10）：116 – 124.

某 257m 高公寓的风效应及气动抗风措施*

吴洁[1]，谢壮宁[1]，张正维[2]
（1. 华南理工大学亚热带建筑科学国家重点实验室 广州 510641；
2. 奥雅纳工程顾问 上海 200031）

1 引言

在超高层建筑结构设计中，风荷载是结构安全性和舒适度的控制荷载，通常采用气动措施从源头上减小结构的风荷载。诸多学者[1-3]研究了凹角、切角和倒角等气动措施对矩形截面高层建筑气动力特性的影响，指出气动措施普遍能够减小结构横风向风效应。但上述研究对象均为单体建筑，与超高层建筑一般处于较复杂的建筑群体中的实际情况不符，谢壮宁等[4]在研究气动措施对深圳京基金融中心的控制效果时发现，气动措施的效果受到上游建筑尾流影响，因此有必要研究评估在复杂周边环境下的气动措施对建筑风效应控制效果的适用性。

图 1　建筑总平面图

以珠海某超高层建筑综合体为例，该综合体由 300 m 高的主塔、257 m 高的副塔和裙楼构成，图 1 为含周边建筑的总平面和建筑参考坐标系。本文主要介绍针对副塔的详细风洞试验结果，以单体副塔的结果为基准，首先分析比较主塔及项目东面的公寓酒店建筑群对副塔的干扰影响，再进一步研究在迎风面角区采取凹角、切角等措施对该建筑横风效应的减缓作用，讨论气动措施在不同周边情况下的适用性。

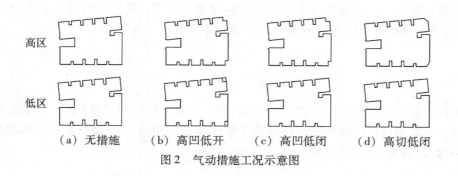

| （a）无措施 | （b）高凹低开 | （c）高凹低闭 | （d）高切低闭 |

图 2　气动措施工况示意图

2 试验概况

试验在华南理工大学风洞实验室模拟的 A 类地貌下进行。试验几何缩尺比为 1:400，副塔模型高度为 642.5 mm，高度方向由设备层和避难层分隔为 4 个分区，分别为 1 个高区和 3 个低区，其建筑平面为不规则矩形，尺寸大致为 40.3 m×31.8 m。除考虑主塔和周边建筑对副塔的影响之外，试验主要考察局部凹/切处理对副塔的减振作用，其中低区考虑阳台打开、高区则考虑凹角和切角，组合后的 4 种工况如图 2 所示，分别为：无措施（图 a）、高凹低开（图 b）、高凹低闭（图 c）和高切低闭（图 d）。采用盈建科软件计算得到的结构的前三阶模态的频率分别为 0.164 Hz、0.181 Hz 和 0.310 Hz，在结构风振分析中结构的

* 基金项目：国家自然科学基金项目（52078221）。

阻尼比取值为2%。采用珠海地区基本风压，10年重现期基本风压为0.5 kPa。

3 试验结果分析

在前期初始方案的风洞试验中，结合当地风气候特征分析结果显示副塔的横风效应非常显著，风振加速度的风敏感角度为0°～10°（东风附近范围）。故本文仅分析面朝大海的 −50°～50°风向的试验结果。

3.1 周边建筑对副塔风致响应的影响

单体时副塔的最大峰值加速度出现在10°风向角下，如图3所示。其最大峰值加速度达到0.50 m/s²，远远超过住宅加速度0.15 m/s²的要求；酒店的遮挡效应减小副塔的风振加速度至0.29 m/s²；主塔对副塔风振加速度的影响最大，此时的加速度为0.23 m/s²，仅为单体时的46%；全周边建筑使得其加速度增加到0.27 m/s²。

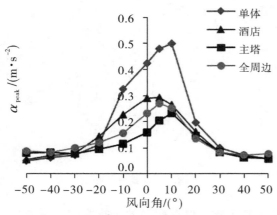

图3 不同周边情况副塔风振加速度结果

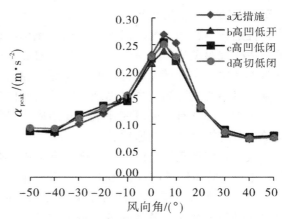

图4 不同气动措施副塔风振加速度结果

3.2 局部气动措施的效果

图4为建筑实际周边情况下不同气动措施的副塔风振加速度结果，高凹低开方案为最佳（作为最终的推荐方案），可将峰值加速度较无优化方案减少12%至0.238 m/s²。

4 结论

根据本文研究可以得到以下结论：对于257m高的副塔，得益于较好的建筑布局，其临近的主塔可以起到最佳的遮挡效应，可使副塔横风向风振加速度降为单体情况的46%。采用在副塔迎风面做凹切角处理可以不同程度地消减结构的横风向风荷载。

参考文献

［1］ KAWAI H. Effect of corner modifications on aeroelastic instabilities of tall buildings ［J］. Journal of Wind Engineering and Industrial Aerodynamics, 1998, 74：719 − 729.

［2］ GU M, QUAN Y. Across-wind loads of typical tall buildings ［J］. Journal of Wind Engineering and Industrial Aerodynamics, 2004, 92 （13）：1147 − 1165.

［3］ 张正维，全涌，顾明，等.斜切角与圆角对方形截面高层建筑气动力系数的影响研究 ［J］.土木工程学报，2013，46（9）：12 − 20.

［4］ 谢壮宁，石碧青，倪振华，等.深圳京基金融中心气动抗风措施试验研究 ［J］.建筑结构学报，2010，31 （10）：1 − 7.

不同锥度对高层建筑静力风荷载的影响*

付赛飞[1]，贾娅娅[1,2,3]，刘庆宽[1,2,3]，郑云飞[4]

（1. 石家庄铁道大学土木工程学院 石家庄 050043；

2. 河北省风工程和风能利用工程技术创新中心 石家庄 050043；

3. 石家庄铁道大学 省部共建交通工程结构力学行为与系统安全国家重点实验室 石家庄 050043；

4. 石家庄铁路职业技术学院 石家庄 050043）

1 引言

结构的风荷载是结构安全性和舒适性的控制荷载，对于强风地区超高层建筑气动性能尤为重要[1]，而建筑外形是影响气动性能的主要因素之一。通过适当地改变建筑外形，减小建筑所受到的风荷载和风致响应，是目前进行抗风设计最佳选择之一，因此通过适当地优化结构外形来减小超高层建筑的风荷载已经成为风工程的一个重要的研究内容。愈来愈多的超高层建筑进行了外形的抗风优化研究。本文运用CFD仿真技术模拟了不同的楔形外形的超高层建筑，得到不同锥率、不同起始收缩高度、不同风向角下的建筑三分力系数，以及倾覆力矩的变化规律。

2 数值分析

本文选取9个不同外形的建筑模型进行计算，模型高度均为600 mm，模型底边宽度为100 mm，缩尺比取为1:500，相当于实际建筑高度300 m，高宽比为6。模型参数见表1、图1。

表1 模型参数

模型编号	Ⅰ	Ⅱ	Ⅲ	Ⅳ	Ⅴ	Ⅵ	Ⅶ	Ⅷ	Ⅸ
锥率/%	0	10	12	10	12	10	12	10	12
起始收缩高度/mm	不收缩	420	420	300	300	180	180	0	0

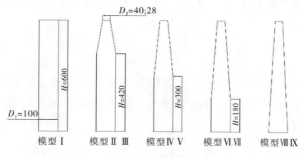

图1 建筑模型

数值模拟在软件ANSYS Fluent上进行。参照文献[2]和相关规定，确定流域尺寸，阻塞率为2.5%，满足小于3%的要求。本次数值模拟采用结构网格进行计算。并考虑了计算精度和计算机资源的平衡，最小网格取为0.022D（D为模型底面宽度），网格拉伸比例保证在1.1以下。近墙壁y^+值约为120。不同模型网格划分方式一致，网格数量约为120万。本次数值模拟进行稳态计算，采用k-e RNG湍流模型，采用

* 基金项目：国家自然科学基金（51778381）；河北省自然科学基金（E2018210044）；河北省高端人才项目（冀办〔2019〕63号）。

SIMPLEC 算法进行压力与速度的耦合，压力项的离散格式为 Standard 格式，离散为二阶迎风格式，迭代步数为 10 000。

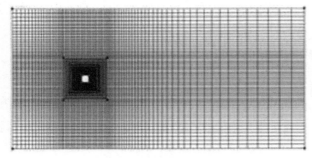

图 2　计算域平面网格

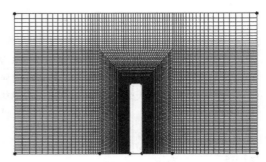

图 3　计算域纵面网格

3　结果与分析

图 3 给出了 C 类风场、锥度为 10%、0°风向角下阻力系数随收缩高度改变的变化情况，可以明显看出随着起始收缩高度的增大，阻力系数增大。图 4 给出了 C 类风场、锥度为 10%、0°风向角下倾覆力矩随收缩高度改变的变化情况，得出随着起始收缩高度的增大，倾覆增大，当起始收缩高度为模型底边，即收缩高度占比为 0 时，倾覆力矩减小了 45%。

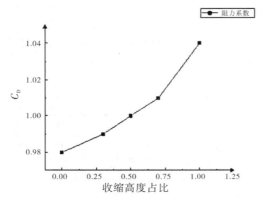

图 3　阻力系数随着收缩高度改变的变化

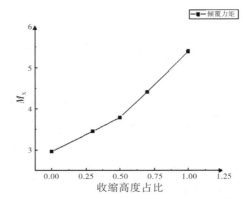

图 4　倾覆力矩随着收缩高度改变的变化

4　结论

在所研究中，模型 I 与其他 8 个模型的三分力系数相差不大，且发现锥度的改变对三分力系数影响较小，但是不同起始收缩高度的改变对三分力系数影响较大。随着收缩高度的降低，三分力系数也在减小。收缩高度占比为 0 时，倾覆力矩减小了 45%。

参考文献

[1] 余远林，杨易，谢壮宁. 楔形超高层建筑风效应的大涡模拟研究［J］. 土木建筑工程信息技术，2017，9（1）：91 - 96.
[2] 谢壮宁，李佳. 强风作用下楔形外形超高层建筑横风效应试验研究［J］. 建筑结构学报，2011，32（12）：118 - 126.

$Re = 2.2 \times 10^5$ 下类方柱绕流的数值模拟研究 *

周一航[1]，刘庆宽[1,2,3]，郑云飞[4]，何书勇[1]

（1. 石家庄铁道大学土木工程学院 石家庄 050043；

2. 石家庄铁道大学省部共建交通工程结构力学行为与系统安全国家重点实验室 石家庄 050043；

3. 河北省风工程与风能利用工程技术创新中心 石家庄 050043；

4. 石家庄铁路职业技术学院 石家庄 050041）

1 引言

方形断面作为工程中最常见的结构形式之一，具有外形美观、施工方便等优点。但是随着现代建筑高度的不断增加，建筑高柔化发展，风荷载对高层建筑的影响不容忽视。对于减小高层建筑的风致效应，有切角、凹角、圆角、角部开槽等横截面角部修正的被动气动措施[1,2]。王磊等[3]对多种圆角化和切角化处理的方形截面超高层建筑模型进行风洞试验，结果表明圆角的存在会大大抑制涡激共振发生的可能性。圆角化处理作为有效的气动控制措施，随之出现了很多圆角凸边的建筑结构，针对这一截面的建筑结构需要进一步研究。基于以上考虑，本文采用数值模拟的方法，在雷诺数为 2.2×10^5 时，以圆角凸边形状修正的类方柱作为研究对象，探讨了角、边形状的改变对柱体气动性能的影响。

2 数值方法和计算模型

2.1 计算模型和计算参数

图 1 为参考实际建筑结构所选取的计算截面，模型一为 $B = 100$ mm 的正方形截面进行了 10% 的圆角化处理，模型二至模型八基于模型一的基础上把各边进行弧度化处理，凸边的最高点距直边的垂直距离 D 逐渐增大，D 的取值分别为 0 mm、1 mm、3 mm、5 mm、8 mm、12 mm、15 mm、16.47 mm，最终形成一个圆截面。

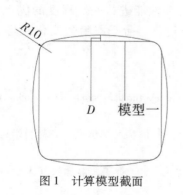

图 1　计算模型截面

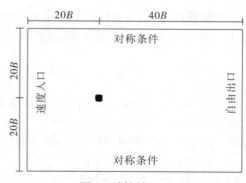

图 2　计算域尺寸

2.2 网格划分与边界条件

数值模拟的计算区域采取分块结构化网格，在模型周边采用加密网格，逐渐向四周增大网格尺寸。计算区域选取如图 2 所示，以模型截面宽度为特征尺寸 B，上游断面距模型中心 $20B$，下游断面距模型中心 $40B$，上下边界距离中心为 $20B$。网格的增长率为 1.06，$y^+ \approx 1$，网格质量为 $0.95 \sim 1$。数值研究基于

* 基金项目：国家自然科学基金（51778381）；河北省自然科学基金（E2018210044）；河北省高端人才（冀办〔2019〕63 号）。

Transition SST 模型，计算方法采用二阶精度的 SIMPLEC 算法，网格数量为 10 万。

3 结果分析

3.1 气动力系数

图 3 给出了凸边圆弧高度的变化对结构平均阻力系数的影响。由图可知，随着凸边凸起程度的增大，平均阻力系数呈现先减小后增大的趋势，在 $D=6$ mm 左右时平均阻力系数取得最小值。同直边圆角截面相比，经过弧度化处理的结构平均阻力系数都有不同程度的减小，最多可减小约 70%，即凸边修正的形式对降低圆角化结构的平均阻力系数有一定的效果。

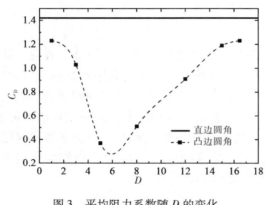

图 3 平均阻力系数随 D 的变化   图 4 斯托罗哈数随 D 的变化

3.2 斯托罗哈数

对类方柱绕流升力系数随时间的振荡曲线进行频谱分析，通过其表面漩涡脱落的频率得到斯托罗哈数。由图 4 可以看出斯托罗哈数随 D 的增大而先增大后减小，整体变化趋势和平均阻力系数的变化大致相反，且经过凸边修正截面的斯托罗哈数略大于直边圆角结构。

4 结论

凸边圆角化处理会对雷诺数为 2.2×10^5 下直边圆角结构的气动性能进行一定程度的优化。随着凸边圆弧高度 D 的不断增大，平均阻力系数表现出先减小后增大的趋势，斯托罗哈数变化趋势为先增大后减小。

参考文献

[1] SHARMA A, MITTAL H, GAIROLA A. Mitigation of wind load on tall buildings through aerodynamic modifications：Review [J]. Journal of Building Engineering, 2018, 18：180 – 194.

[2] 顾明, 张正维, 全涌. 降低超高层建筑横风向响应气动措施研究进展 [J]. 同济大学学报（自然科学版）, 2013, 41（3）：317 – 323.

[3] 王磊, 梁枢果, 王泽康, 等. 超高层建筑横风向风振局部气动外形优化 [J]. 浙江大学学报（工学版）, 2016, 50（7）：1239 – 1246, 1265.

高耸结构及导线的等效随机静风荷载概率模型 *

唐亚男[1]，段忠东[1]，徐枫[1]，聂铭[2]，刘小璐[2]，罗啸宇[2]

（1. 哈尔滨工业大学（深圳）土木与环境工程学院 深圳 518055；

2. 广东电网有限责任公司电力科学研究院 广州 510600）

1 引言

本文考虑到高耸结构主要受一阶阵型影响，而导线以背景响应为主，分别选用惯性力法和荷载响应相关法来计算高耸结构和导线的等效静风荷载。首先通过推导获得高耸结构和导线的等效静风荷载计算表达式，然后将 Solari 和 Piccardo[1] 给出的良态风下脉动风特性参数的概率模型引入到等效静风荷载的表达式中，发展出一种同时考虑平均风和脉动风特性参数随机性的高耸结构和导线的等效随机静风荷载概率模型，最后以一实际运行中的输电塔线为例，分析了考虑脉动风特性参数随机性对等效随机静风荷载概率模型的影响，同时对规范风荷载取值水平进行了评估。

2 风场特性参数概率模型

2.1 平均风荷载概率模型

定义无量纲参数 Ω_w 来表示年平均风荷载 w_s 与 T 年重现期下风荷载标准值 w_{ksT} 的比值，《建筑结构设计统一标准》[2]（GBJ 68—1984）给出了不考虑风向时 Ω_w 的概率分布函数：

$$P_{\Omega_w}(\delta_w) = \exp\left\{ -\exp\left[-\frac{\delta_w - 0.359}{0.167} \right] \right\} \tag{1}$$

2.2 脉动风特性参数概率模型

选用 Von Karman 谱来描述脉动风的湍流特性：

$$\frac{nS_u(n)}{\sigma_u^2} = \frac{4fL_u/z}{[1 + 70.8\,(fL_u/z)^2]^{5/6}} \tag{2}$$

Solari 分别给出了 L_u 和 β_u（描述 σ_u 的参数）的概率模型，并假定相干性衰减系数 k_{ru} 满足正态分布，对已有的研究成果进行了统计分析，给出了 k_{ru} 的均值和变异系数。L_u、β_u 和 k_{ru} 的概率模型对空间随机风场有了完整的描述。

3 高耸结构的等效随机静风荷载概率模型

为了分析方便，本文定义无量纲参数 $\Omega_{Wi} = \Omega_{\beta i}\Omega_{wi} = (\beta_{si}w_{si})/(\beta_{ksi}w_{ksi})$，并推导获得其概率分布，而等效随机静风荷载 W_{si} 的概率分布可很容易地由 Ω_{Wi} 的概率分布获得。根据全概率方法可以得到等效随机静风荷载的无量纲参数 Ω_{Wi} 的概率分布函数为：

$$P_{\Omega_{Wi}}(\delta_W) = \iiint P_{\Omega_{Wi}}(\delta_W | \lambda_{q1}, S_{qi}, \Omega_{wi}) p(\lambda_{q1}, S_{qi}, \Omega_{wi}) \, \mathrm{d}\lambda_{q1} \mathrm{d}S_{qi} \mathrm{d}\Omega_{wi} \tag{3}$$

4 导线的等效随机静风荷载概率模型

采用与高耸结构一样的分析方法，本文定义无量纲参数 $\Omega_{WL} = \Omega_{\beta L}\Omega_{wL} = (\beta_{sL}w_{sL})/(\beta_{ksL}w_{ksL})$，并推导

* 基金项目：国家自然科学基金项目（51978223）；国家重点研发计划项目（2018YFC0705604）。

获得其概率分布。本文假定平均风荷载 w_{sL} 与风振系数 β_{sL} 相互独立，可以得到 Ω_{WL} 的概率密度函数：

$$p_{\Omega_{WL}}(z) = \int 1/x \, p_{\Omega_{\beta L}}(x) \, p_{\Omega_{wL}}(z/x) \, \mathrm{d}x \tag{4}$$

5　计算结果与比较

本例选取的 220 kV 输电塔线结构位于广东省湛江市，塔高 42.5 m，呼称高度 27 m；两塔之间导线等高，水平档距 410 m。导线型号为 LGJX – 300/40，地线采用光纤复合线。湛江 50 年重现期设计基本风压为 0.80 kN/m²，地貌类别为 B 类。

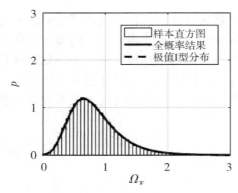 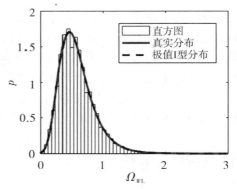

图 1　输电塔第 1 节段 Ω_{Wi} 的概率分布　　　　　　图 2　导线 Ω_{WL} 的概率分布

6　结论

本文以惯性力法为基础，采用全概率方法推导得到高耸结构等效随机静风荷载的概率模型；以仅考虑背景响应的荷载响应相关法为基础，本文推导获得导线的等效随机静风荷载概率模型；以某输电塔线结构作为算例，得到推导高耸结构等效随机静风荷载概率模型时，考虑脉动风特性参数的随机性是有必要的。

参考文献

[1] SOLARI G, PICCARDO G. Probabilistic 3 – D turbulence modeling for gust buffeting of structures [J]. Probabilistic Engineering Mechanics, 2001, 16：73 – 86.

[2] 建筑结构设计统一标准（GBJ 68—1984）[S]. 北京：中国建筑工业出版社，1985.

基于代理模型的超高层建筑气动外形优化[*]

王兆勇[1,2]，郑朝荣[1,2]，Joshua A M[1,2]，武岳[1,2]

（1. 哈尔滨工业大学结构工程灾变与控制教育部重点实验室 哈尔滨 150090；
2. 哈尔滨工业大学土木工程智能防灾减灾工业和信息化部重点实验室 哈尔滨 150090）

1 引言

超高层建筑高度不断攀升，结构的风荷载和风致效应更加显著，抗风设计将起控制作用。工程中常采用结构措施、阻尼措施和气动措施等来减小超高层建筑的风荷载和风致响应[1-2]，其中以调谐质量阻尼器 TMD 和气动措施相对成熟且应用最为广泛。目前气动优化研究主要依赖风洞试验或 CFD 数值模拟的试错法，很难得到最优气动外形。通过数值代理模型进行截面形状优化可能更省时省力、有吸引力。本文基于最优拉丁超立方设计（OPLHD）、遗传算法（GA）以及广义回归神经网络（GRNN）方法，构建了准确预测方形截面形状设计参数与气动力系数之间复杂关系的代理模型（GA-GRNN）；基于构建的 GA-GRNN 和多目标非支配排序遗传算法（NSGA-II）在设计空间寻优，得到了具有最佳气动性能的 Pareto 最优解集，确定各典型风向角下局部最优气动外形，通过对局部最优气动外形的 CFD 计算，最终得到全风向角下的最优气动外形。

2 问题描述和求解策略

2.1 问题描述

方形截面凹角优化存在多个优化参数，优化参数的取值范围较大，同时气动性能对外形敏感性高，设计完全试验会产生巨量的试验次数，难以应用到实际问题中。为提高气动外形优化效率，本文以方形截面为研究对象，选取凹角率、凹角角度、凹角个数和风向角等 4 个关键优化参数，以减少方柱平均阻力系数 C_D 和升力系数均方根 $C_{\sigma L}$ 为优化目标，利用 GA-GRNN 代理模型和多目标非支配排序遗传算法（NSGA-II）在设计空间寻优，得到 Pareto 最优解集，最终确定全风向角下方柱最佳外形。各优化参数示意图参见图 1。

2.2 求解策略

本文求解策略和整体优化流程如图 2 所示：①最优拉丁超立方设计在设计空间内采样，通过 CFD 流场计算获取准确的初始样本点的目标函数值，选取一定数量的初始样本点，使用遗传算法训练 GA-GRNN 代理模型；②满足一定精度后，调用多目标非支配排序遗传算法（NSGA-II）在设计空间内寻优寻优，得到 Pareto 最优解集；③选取其中 8 个解进行 CFD 验证，若预测优化解的精度不满足设计要求，将选取的优化解添加到训练样本中，对代理模型进行新一轮的训练，从而使 GA-GRNN 代理模型在 Pareto 最优解集区域的预测精度不断提高，直至满足设计要求，代理模型构建完成，得到 Pareto 最优解集，至此优化流程结束。文中代理模型精度已进行了大型结构（CAARC 高层建筑、大跨平屋盖和大跨球屋盖）测点风压系数预测验证，结果表明该代理模型具有很高的预测精度和较强的泛化能力，其预测结果与风洞试验数据吻合良好。限于篇幅，该部分详细内容将另文讨论。

* 基金项目：黑龙江省联合引导项目（LH2019E050）。

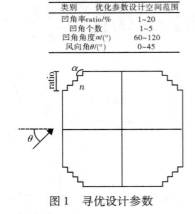

图 1 寻优设计参数

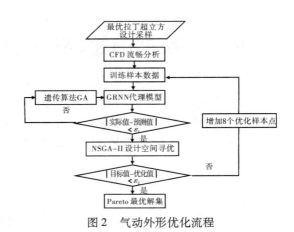

图 2 气动外形优化流程

4 结果与分析

表 1 给出了典型风向角下最优截面参数，表 2 给出了最优模型的气动力及折减系数。

表 1 典型风向角优化后最佳参数

风向角 $\theta/(°)$	凹角率 ratio/%	凹角个数/n	凹角角度 $\alpha/(°)$
0	7.9	1	67.2
15	18.5	5	63.9
30	18.7	5	76.6
45	18.5	5	70.4

表 2 典型风向角最优模型的气动力系数及其折减系数

参数：ratio = 18.7%，$n=5$，$\alpha=70.4°$	风向角 $\theta/(°)$	C_D	$C_{\sigma L}$	C_{DR}	$C_{\sigma LR}$
	0	1.1952	0.4566	37.16	69.89
	15	0.8249	0.2697	53.42	70.51
	30	0.9988	0.2921	50.28	65.35
	45	1.2970	1.0144	45.67	11.03

5 结论

本文基于最优拉丁超立方设计（OPLHD）、遗传算法（GA）构建了 GA-GRNN 代理模型，利用多目标非支配排序遗传算法（NSGA-II）在设计空间内进行截面形状寻优。研究结果表明：GA-GRNN 代理模型具有高度的容错性和鲁棒性，其气动力系数预测结果与 CFD 数值模拟的结果吻合良好，满足工程设计要求，根据优化结果得到了全风向角下最优外形。本文研究成果可为今后超高层建筑的气动外形优化实际应用提供重要参考。

参考文献

［1］ KAREEM A, KIJEWSKI T, TAMURA Y. Mitigation of motions of tall buildings with specific examples of recent applications [J]. Wind and Structures, 1999, 2（3）：201-251.

［2］ 黄剑，顾明. 超高层建筑风荷载和效应控制的研究及应用进展 [J]. 振动与冲击, 2013, 32（10）：185-189.

设置 TMD 系统高耸结构的风振控制实时混合试验*

王加雷，吴玖荣，傅继阳

（广州大学风工程与工程振动研究中心 广州 510006）

1 引言

在进行复杂结构体系的时程动力响应分析时，实时混合试验将力学模型不是十分明确的部分，采用物理模型作为试验子结构，而将力学特性相对已经很清楚的部分作为数值子结构，两部分通过控制系统实时交换各自所需要的信息。它解决了拟静力试验无法模拟地震波和振动台无法足尺试验的难点，节省了模型的材料费用、人工费用和油压电力等费用。自从提出实时子结构试验的概念[1]，许多专家学者进行大量研究。但目前此类新型实验技术在建筑结构抗风领域的实验研究和应用还十分少见。本文以一带TMD 系统的高耸结构风振控制分析为实例，进行实时混合试验在高耸结构风振控制实验评估方面的运用和实现方法的相关研究。

2 研究方法和实验对象

本文以广州新电视塔为研究对象，塔身高度 610 米，为抵御强台风对主体结构产生过大的风致位移和加速度，在 438 米的位置安装了主被动混合阻尼器（HMD），HMD 为由 TMD 和 AMD 组成的混合控制系统，一般情况下以 TMD 被动控制系统为主。其中 TMD 被动控制系统部分由两个 600 吨的水箱作为调谐质量阻尼器，其他包括弹簧子系统、支撑子系统以及阻尼系统组成（如图 1 所示）。为便于对广州塔进行侧向动荷载作用下的动力时程分析，通过凝聚算法，将其简化为 51 个质量点，TMD 系统位于第 37 个质量点位置（如图 1 所示）。

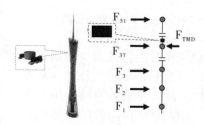 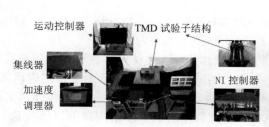 

图 1 广州塔 TMD 及集中质量模型　　图 2 实时混合系统构成示意图　　图 3 试验子结构示意图

本文采用基于电振动台的实时混合试验[2]，将 TMD 系统作为试验子结构，主体结构作为数值子结构。采用 MATLAB 仿真计算主体结构的风致速度，作为控制信号实时传输至运动控制器，运动控制器采用相应的控制算法，实时产生速度指令至作动器（电机），使小型电振动台及上部 TMD 系统实现相应运动，通过加速度传感器测量 TMD 系统质量块的实时加速度响应，乘以质量块的质量以控制力传回数值子结构分析模块，实现试验子结构和数值子结构信息的双向交互，直至试验结束，整个实时混合系统构成如图 2 所示。由于电振动台台面尺寸的限制，无法进行足尺模型的试验，根据动力相似性原理，将 TMD 系统设计为质量块质量为 4.6494 kg，TMD 弹性元件刚度为 1418 N/m 的缩尺模型。原 TMD 系统对应阻尼比约为 10%，通过吸附在质量块的磁铁，与固定在钢板上的铜板作切线运动，产生抑制质量块运动的阻尼，阻尼比大小通过铜板与磁铁的间隙来调节，图 3 为 TMD 缩尺模型示意图。

* 基金项目：国家自然科学基金项目（51778161、51925802）。

3 设置 TMD 系统高耸建筑风振控制的实时混合试验结果分析

基于上述开发的实时混合试验平台，采用风洞实验和数值模拟得到的 0°，45°，90° 和 120° 风向角风荷载时程，图 1 所示的广州塔模型顶部楼层设置 TMD 系统后，对其风振控制效果进行分析。图 4 显示两者的运动趋势几乎吻合，表明实时混合试验的运动控制性能良好。

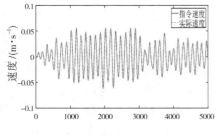
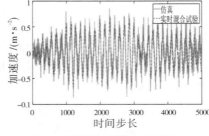
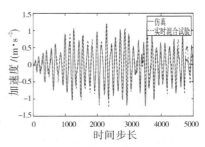

图 4 实时混合试验速度跟踪对比   图 5 主体结构顶部加速度响应   图 6 TMD 系统质量块加速度响应

图 5 为 0° 风向角 10 年风荷载作用下，结构顶部的风致加速度响应实时混合试验与模拟仿真分析的对比结果，图 6 为实验测得的 TMD 加速度响应与模拟仿真分析的对比结果，两图除部分时刻的局部峰值有一定差异外，试验得到的加速度响应与仿真结果基本一致。

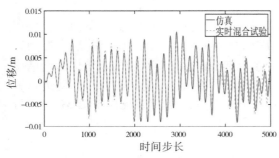
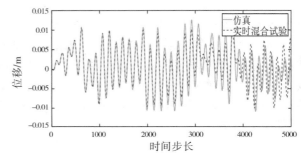

图 7 主体结构顶部位移响应对比（50 年重现期）   图 8 主体结构顶部位移响应对比（100 年重现期）

图 7 为 0° 风向角 50 年重现期风荷载作用下，主体结构顶部的风致位移响应实时混合试验与模拟仿真分析的对比结果。图 8 为 0° 风向角 100 年风荷载作用下，两者主体结构顶部的风致位移响应对比图。从图 7 可以看出，在前 4500 步，除部分时刻两者的局部峰值有一定差异外，实时混合试验结果与模拟仿真分析基本吻合。对于图 8 所示的 100 年风荷载作用下主体结构顶部风致位移，在前 3000 步两者的数据比较吻合。从 3000 步开始两者开始出现一定的时滞。从总体上看，实时混合试验的结果的准确性与数值仿真结果基本相当。

4 结论

本文借助小型电振动台实时混合试验平台，对顶部设置 TMD 系统高耸结构的风振控制效应进行实时混合试验研究，通过不同风向角和不同重现期风荷载作用下，主体结构和 TMD 系统风致响应实时混合试验结果与理论分析及数值模拟的对比，验证了本文提出的风振控制实时混合试验结果的合理性和准确性。

参考文献

[1] NAKASHIMA M, KATO H, TAKAOKA E. Development of Real-time Pseudo Dynamic Testing [J]. Earthq Eng Struct D, 1992, 21 (1): 79 - 92.

[2] SILVERSTEIN S B, ROSENQVIST J, BOHM C. A simple Linux-based platform for rapid prototyping of experimental control systems [J]. IEEE T Nucl Sci, 2006, 53 (3): 927 - 929.

超高层建筑风致二维响应矢量时程极值统计方法 *

张铸，李朝

（哈尔滨工业大学（深圳）土木与环境工程学院 深圳 518000）

1 引言

高层建筑结构设计，一般将每层楼面板假设为刚性，并且利用集中质量法，将质量集中在楼面板中心，使得复杂结构体系简化为多质点体系，每个质点只考虑三个方向的自由度，即两个互相垂直方向的平动和一个方向的转动。

对于这三个主轴方向上的风致振动响应研究，以 CQC[1] 方法为代表的频域方法已经得到了非常成熟的发展，并且在此基础上，相关规范[2] 已经明确了顺风向和横风向风振响应的计算表达式。但在实际工程中，所关心的不仅仅是响应在三个主轴方向或顺风向和横风向的分量极值，还有该响应作为一个矢量的极值。

然而，在频域空间分析这样一个矢量极值问题是十分困难的。随着计算能力的发展，可利用风洞技术，获得建筑物表面的风荷载时程，再通过时域分析方法求解建筑结构主轴响应时程，进而可以获得二维响应矢量时程，并对矢量极值进行分析。

2 研究方法和内容

本文使用高斯随机数列模拟高层建筑结构主轴方向风致振动响应时程，并以此为分量组成二维响应矢量时程。采用平方和开平方根（SRSS）方法、经验折减系数（ERF）方法[3]、组合峰值因子（CPF）方法[4]、相关性组合（CDC）方法[5] 和旋转主轴（RPA）方法[6-7] 计算二维响应矢量时程极值，并结合二维响应矢量时程最大值以及分量方向响应极值辅助分析，比较各种方法在不同参数条件的计算结果，如图 1、图 2 所示。

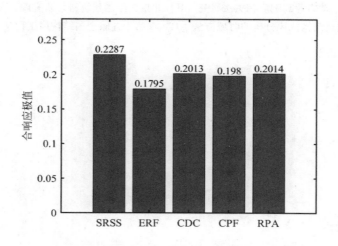

图 1 某一次模式试验不同方法计算合响应极值结果

* 基金项目：国家自然科学基金项目（51778200）。

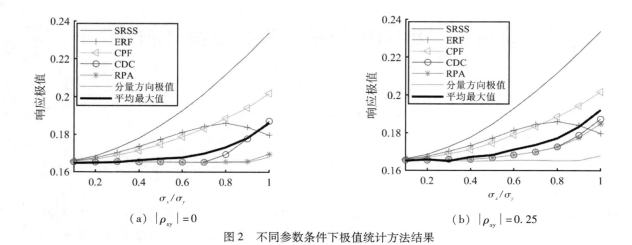

(a) $|\rho_{xy}| = 0$ 　　　　　　　　　(b) $|\rho_{xy}| = 0.25$

图 2　不同参数条件下极值统计方法结果

3　结论

使用高斯随机数列模拟分量响应时程，并通过二维响应矢量过程的极值统计方法计算合响应极值。将不同方法多次试验结果均值与二维响应矢量时程的平均最大值进行对比分析，可以得到如下主要结论：

（1）多数 $|\rho_{xy}|$ 和 σ_x/σ_y 情况下，RPA 方法与 CDC 方法结果几乎完全一致，并且与平均最大值非常接近，表明这两种方法更具合理性与有效性。

（2）而 ERF 方法与 CPF 方法结果几乎不随 $|\rho_{xy}|$ 变化而改变，且仅在少数 $|\rho_{xy}|$ 和 σ_x/σ_y 情况下接近平均最大值，可以认为这两种方法具有一定缺陷。

参考文献

［1］CHOPRA A K. 结构动力学［M］. 谢礼立，吕大刚，译. 北京：高等教育出版社，2007.

［2］建筑结构荷载规范（GB 50009—2012）［S］. 北京：中国建筑工业出版社，2012.

［3］ISYUMOV N，FEDIW A A，COLACO J，et al. Performance of a tall building under wind action［J］. Journal of Wind Engineering & Industrial Aerodynamics，1992，42（1–3）：1053–1064.

［4］HUANG M F，CHAN C M，LOU W J，et al. Statistical extremes and peak factors in wind-induced vibration of tall buildings［J］. Journal of Zhejiang University-Science A，2012.

［5］CHEN X Z，HUANG G Q. Evaluation of peak resultant response for wind-excited tall buildings［J］. Engineering Structures，2009.

［6］严亚林. 基于风洞试验的高层建筑动力荷载响应相关法研究［D］. 北京：中国建筑科学研究院，2016.

［7］陈凯，严亚林，唐意，等. 复杂建筑结构抗风分析的时域方法［C］//第十九届全国结构风工程学术会议论文集，厦门，中国，2019.

超大宽厚比超高层建筑风致效应研究*

韩振[1]，李波[1,2]，甄伟[3]，田玉基[1,2]

（1. 北京交通大学土木建筑工程学院 北京 100044；

2. 结构风工程与城市风环境北京市重点实验室 北京 100044；

3. 北京市建筑设计研究院有限公司 北京 100045）

1 引言

超高层建筑具有轻质、高柔的特点，其结构形式及外形也呈现出多样化和复杂化，这使得结构对风更加敏感，风荷载作用下的安全性和舒适度成为超高层建筑结构设计的重点[1]。在多种参数中，宽厚比是影响超高层建筑风荷载及风振响应的主要因素之一，尤其是扭转向风致效应[2]。Cheung 通过风洞试验，给出平均扭矩系数与建筑断面宽度间的近似关系[3]。Liang 对矩形截面高层建筑风致横扭运动进行了分析，得出扭转振动在建筑动力响应中起着重要作用[4]。Katagiri 通过风洞试验研究了宽厚比为 1～3 的超高层建筑风致效应，并着重讨论了宽厚比对横风向和扭转向响应的影响[5-6]。Liang 对不同宽厚比的超高层建筑扭转向风荷载进行了研究，并给出了解析模型[7]。Huang 则以宽厚比为 3 的超高层建筑为例，分析了结构横风向、扭转向响应的相关性[8]。唐意从舒适度的角度，研究了超高层建筑截面宽厚比和偏心位置对结构风致加速度的影响[9]。可以看出，当建筑宽厚比增大时，风与结构的相互作用机制将发生改变，扭转向风荷载及扭转向响应将显著加强，但目前研究主要集中在宽厚比为 3 以下的超高层建筑。

本文以一栋平均宽厚比超过 5 的超高层建筑为例，根据风洞试验结果，对其风振响应进行了研究，重点分析了扭转效应对舒适度指标的影响，旨在为该类工程抗风设计提供参考。

2 研究内容及方法

（1）通过刚性模型测压风洞试验，对比该超高层建筑基底力矩系数随风向角的变化规律。

（2）建立该超高层建筑有限元模型，得到结构的前三阶振型及频率，如图 1 所示。

（3）计算该超高层建筑风振响应，得到建筑顶层角点及中点的加速度响应。通过分析扭转效应贡献率及加速度响应组合系数，探究扭转效应对平动加速度响应的影响，如图 2、图 3 所示。

（4）计算该建筑各层的等效静风荷载，并同规范结果做了比较。

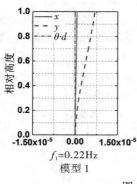
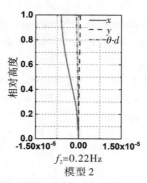
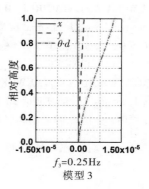

$f_1=0.22\text{Hz}$ 模型 1 　　 $f_2=0.22\text{Hz}$ 模型 2 　　 $f_3=0.25\text{Hz}$ 模型 3

图 1　结构动力特性

* 基金项目：国家自然科学基金项目（51878041）；高等学校学科创新引智计划资助（B13002）。

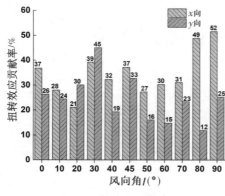

图 2　扭转效应贡献率

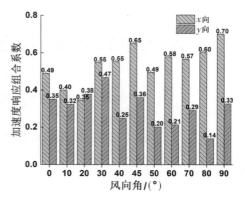

图 3　加速度响应组合系数

3　结论

（1）超大宽厚比建筑基底扭矩系数较大，且扭转向风荷载与 y 向风荷载相关性较强，特别是在 45°风向角，相关系数达到了 0.78，在其余风向角下的相关系数也均大于 $x - y$、$x - T$。

（2）超大宽厚比建筑经过结构优化设计，结构主轴方向刚度接近，其扭转效应主要来自于风荷载，且对 x 向、y 向加速度响应均有显著贡献；建筑扭转效应与 x 向、y 向加速度响应均有较强的相关性，对本文算例而言，其与建筑角点位置 x 向、y 向加速响应的组合系数建议值分别为 0.60 和 0.40，由于 y 向的加速度响应远大于 x 向，因此 y 向仍然是结构抗风设计的主要控制方向。

（3）超大宽厚比建筑在不同风向角下均有较大的等效静风荷载，尽管通过风洞试验得到的建筑顺风向等效静风荷载与规范相吻合，但横风向、扭转向的风荷载计算已超过规范的适用范围，且不能忽略。因此，规范对于确定超大宽厚比建筑风荷载有一定的局限性。

参考文献

[1] HOLMES J D. Wind Loading of Structures [M]. London：Spon Press，2001.

[2] ISYUMOV N, POOLE M. Wind induced torque on square and rectangular building shapes [J]. Journal of Wind Engineering and Industrial Aerodynamic, 1983, 13（1 - 3）：183 - 196.

[3] CHEUNG J C K, MELBOURNE W H. Torsional moments of tall buildings [J]. Journal of Wind Engineering and Industrial Aerodynamics, 1992, 42（1 - 3）：1125 - 1126.

[4] LIANG B, TAMURA Y, SUGANUMA S. Simulation of wind-induced lateral-torsional motion of tall buildings [J]. Computers & Structures, 1997, 63（3）：601 - 606.

[5] KATAGIRI J, OHKUMA T, MARUKAWA H. Motion-induced wind forces acting on rectangular high-rise buildings with side ratio of 2 [J]. Journal of Wind Engineering and Industrial Aerodynamics, 2001, 89（14 - 15）：1421 - 1432.

[6] KATSUMURA A, KATAGIRI J, MARUKAWA H. Effects of side ratio on characteristics of across-wind and torsional responses of high-rise buildings [J]. Journal of Wind Engineering and Industrial Aerodynamics, 2001, 89（14 - 15）：1433 - 1444.

[7] LIANG S G, LI Q S, LIU S C, et al. Torsional dynamic wind loads on rectangular tall buildings [J]. Engineering Structures, 2004, 26（1）：129 - 137.

[8] HUANG M F, CHAN C M, KWOK K C S, et al. Cross correlations of modal responses of tall Buildings in wind-Induced lateral-torsional motion [J]. Journal of Engineering Mechanics, 2009, 135（8）：802 - 812.

[9] 唐意，顾明，金新阳. 偏心超高层建筑的风振研究 [J]. 同济大学学报（自然科学版），2010, 38（2）：178 - 182, 316.

基于 Kalman 滤波的超高层风荷载反演分析

朱海涛，张其林，杨彬，潘立程，孙思远

（同济大学土木工程建筑工程系 上海 200092）

1 引言

对于超高层建筑，风荷载是除地震作用外的主要侧向荷载。随着高强、轻质材料的应用，超高层建筑的结构自振频率通常较低，阻尼一般较小，并同台风动荷载作用的主要频率段较为接近，在强/台风作用下的风振响应较大[1]。同时，我国处于台风的多发地区，近年来我国境内的热带气旋在登陆时的强度有逐年增加的趋势，并且在登陆的台风中，强度较高的热带气旋所占比重也在逐年增加。因此，结构风荷载及风振响应是超高层建筑安全性及适用性设计的主要控制指标之一，开展超高层建筑的风荷载研究是一项具有很大现实意义的工作。目前研究结构风荷载的途径主要有：现场实测、风洞试验和数值模拟。上述三种研究方法都属于对风荷载问题的正面研究，且存在很多应用上的局限性，考虑到目前结构健康监测领域对结构动力响应的测量技术比较成熟，且响应的测量精度远高于荷载的测量精度，近年来国内外兴起了一种基于结构响应来反演结构所受动力荷载的研究方法[2-3]，即以结构所受的动态风荷载为因，以实测结构风致响应为果，以反分析方法为手段，将风荷载信息的获取视为数学领域里的反问题进行计算和研究，通过建立合适的数学模型来反演结构动态风荷载。

2 基于连续型 Kalman 滤波反演结构脉动风荷载

随机线性连续系统 Kalman 滤波采用求解矩阵微分方程的方式估计系统状态变量，在基本方程中通常不考虑确定性输入，连续型 Kalman 滤波基本方程如下：

$$\hat{\dot{X}}(t) = A(t)\hat{X}(t) + G(t)[Z(t) - H(t)\hat{X}(t)] \tag{1}$$

$$G(t) = P(t)H^{\mathrm{T}}(t) + R^{-1}(t) \tag{2}$$

$$\hat{\dot{P}}(t) = A(t)P(t) + P(t)A^{\mathrm{T}}(t) + B(t)Q(t)B^{\mathrm{T}}(t) - P(t)H^{\mathrm{T}}(t)R^{-1}(t)H(t)P(t) \tag{3}$$

式中，$\hat{X}(t)$ 为系统状态向量 $X(t)$ 的最优估计；$G(t)$ 是 $n \times m$ 维矩阵，称为卡尔曼滤波增益；$P(t)$ 是 $n \times n$ 维矩阵，称为估计误差协方差矩阵。

对上海中心（图 1）进行质点模型构建，将其简化为一个 9 质点模型，根据风荷载规范和上海地区城市密集区相应的风荷载参数，模拟生成不同高度处的风荷载时间序列曲线（图 2），施加到上海中心 9 质点模型上，利用结构动力学分析，得到各质点在风荷载作用下的结构响应时间序列，并添加不同程度的测量噪声干扰信号，作为结构的真实风致响应（包括位移响应和加速度响应）。以此为基础，进行风荷载反演的计算和比较。

以各层结构风致振动加速度为输入变量，带入到上述卡尔曼滤波基本方程，利用 Matlab 所编写的代码进行迭代运算，进行反分析求解，可以得到结构各层所受风荷载反演值，当使用强度为 2% 的测量噪声时，计算结果如图 3 所示。本文还对不同强度测量噪声的情况进行了比较分析，并利用 L-curve 法对测量噪声未知情况下的噪声进行了合理估计，限于摘要篇幅，在此不做展开介绍。

* 基金项目：国家自然科学基金项目（51408432）。

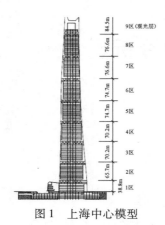

图1 上海中心模型

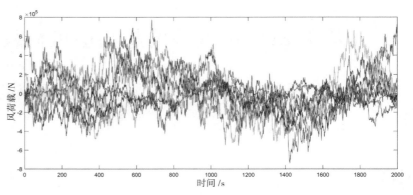

图2 不同质点所受风荷载时间序列曲线

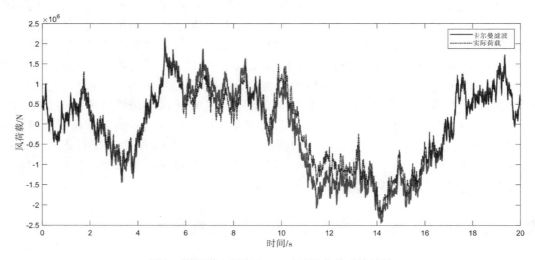

图3 测量噪声强度为2%时的风荷载反演结果

3 结论

（1）多种噪声水平下的反演风荷载与准确荷载的时程吻合得较好，且反演结果的精度基本能满足工程实际需要，说明本文所提出的结构风荷载反演方法具有较强的抗噪声能力。

（2）基于Kalman滤波的风荷载反演算法能够较为精确地对超高层建筑所受的总风荷载进行反演推算，对于单楼层风荷载的反演结果来说，层数相对较高的风荷载反演结果明显优于层数相对较低的风荷载反演结果。

（3）测量噪声强度的合理选取对基于Kalman滤波的风荷载反演结果有较大影响，借助正则化理论中的L-Curve法，确定出一个合理的噪声强度以获取最优卡尔曼滤波增益，可以显著提高基于卡尔曼滤波的风荷载反演算法的准确度和适用性。

参考文献

［1］ ZHI L, LI Q, FANG M, et al. Identification of wind loads on supertall buildings using kalman filtering-based inverse method ［J］. Journal of Structural Engineering, 2017, 143（4）.

［2］ ZHI L, FANG M, LI Q S. Estimation of wind loads on a tall building by an inverse method: Estimation of wind loads by an inverse method ［J］. Structural Control and Health Monitoring, 2017, 24（4）: e1908.

［3］ ZHI L, LI Q S, FANG M. Identification of wind loads and estimation of structural responses of super tall buildings by an inverse method ［J］. Computer-Aided Civil and Infrastructure Engineering, 2016, 31（12）: 966-982.

基于神经网络和遗传算法的高层建筑结构动力抗风设计优化*

王淳禾[1]，黄铭枫[1,2]

（1. 浙江大学结构工程研究所 杭州 310058；

2. 浙江大学平衡建筑研究中心 杭州 310058）

1 引言

现代高层建筑结构动力风效应的准确评价是结构抗风设计的关键步骤，一般需要大气边界层风洞试验才能完成。Chan 等[1]通过研究指出在使用最优准则法进行建筑结构抗风优化时，共振分量占比较高的底部扭矩在优化前后出现了显著的变化，有必要在结构优化过程中及时更新结构动力风效应及其等效静力风荷载（ESWLS）。随着计算机技术的发展，人工智能方法得到了广泛的应用，其在结构工程领域诸如结构性能预测和结构动力响应预测的应用也越来越广泛[2]。但在优化过程中若通过反复调用有限元进行模态分析和结构响应分析将会造成优化时间的大幅增长和优化效率的降低。

本文提出了一个基于模态特征值的高层建筑等效静力风荷载更新方法，建立了基于神经网络的等效静力风荷载预测模型和层间位移角预测模型，并将其应用到基于遗传算法的建筑结构优化方法中，为人工智能方法在高层建筑结构抗风优化中的进一步应用奠定了基础。

2 基于神经网络和遗传算法的建筑结构优化流程

2.1 整体优化流程

基于神经网络和遗传算法的结构优化方法如图 1 所示，通过遗传算法建立优化问题，在优化开始前根据事先定义好的优化参数随机生成一定数量在优化变量区间内的不同初始结构，并将这些结构通过有限元进行分析，这些结构的信息和有限元分析结果将会作为训练集来训练神经网络。在每一次进入下一代后，使用神经网络预测结构等效静力风荷载的变化，在下一次优化迭代开始之前更改施加在结构上的等效静力风荷载，实现抗风优化过程中动力风效应的实时更新，同时也使用神经网络预测优化过程中各个个体的适应度值，避免了在结构优化过程中反复调用有限元造成过低的优化效率。

2.2 神经网络的应用

在本文中，使用 BP 神经网络用于预测优化过程中任一阶段的结构性能和响应，在每一代完成遗传算法的操作后，前 10% 的个体将会通过有限元分析并于神经网络预测结果进行对比，若误差不满足要求将会把这些个体加入训练集重新训练神经网络。以一栋简易建筑结构为例，分别在不使用神经网络，使用神经网络预测适应度值和使用神经网络预测等效静力风荷载变化和适应度值三种情况下通过遗传算法进行优化，优化结果如图 2 所示。

* 基金项目：国家自然科学基金项目（51838012）。

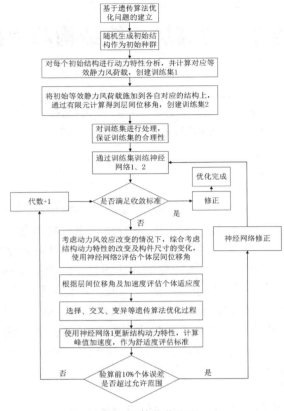

图1 整体优化流程

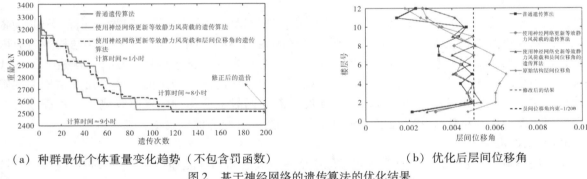

（a）种群最优个体重量变化趋势（不包含罚函数）　（b）优化后层间位移角

图2 基于神经网络的遗传算法的优化结果

3 结论

（1）本文提出的神经网络能够较好预测结构等效静力风荷载和层间位移角的变化情况。

（2）本文提出的基于神经网络和遗传算法的结构优化方法相比于传统的遗传算法，既实现了优化效率的提高，又进一步提升了优化效果。

（3）在遗传算法中通过考虑优化过程中动力风效应的变化可能会影响遗传算法的收敛速度，但能够进一步降低造价及保证结构的安全性。

参考文献

［1］ CHAN C M, HUANG M F, KWOK K. Integrated wind load analysis and stiffness optimization of tall buildings with 3D modes ［J］. Engineering Structures, 2010, 32（5）: 1252 – 1261.

［2］ SUN H, BURTON H, HUANG H. Machine learning applications for building structural design and performance assessment: State-of-the-art review ［J］. Journal of Building Engineering, 2020.

类方形断面气动性能的 CFD 模拟研究 *

王熙[1]，贾娅娅[1,2,3]，郑云飞[4]，刘庆宽[1,2,3]

（1. 石家庄铁道大学土木工程学院 石家庄 050043；

2. 河北省风工程和风能利用工程技术创新中心 石家庄 050043；

3. 石家庄铁道大学省部共建交通工程结构力学行为与系统安全国家重点实验室 石家庄 050043；

4. 石家庄铁路职业技术学院 石家庄 050043）

1 引言

方形截面是超高层建筑最常见的结构形式，但对于超高层建筑而言，单纯地采用方形截面会带来抗风效率低的问题，已有研究表明[1]，对方形截面超高层建筑的气动外形进行优化可以有效改善其气动性能，从而提高建筑的抗风效率。目前出现了很多在方形断面基础上进行凸边处理的建筑结构，针对这类截面的建筑结构仍需进一步研究。因此本文采用数值方法对雷诺数为 6.8×10^4 下的 8 组二维类方形断面气动性能进行研究，分析不同截面形式的类方柱对结构平均阻力系数及斯托罗哈数的影响。

2 计算模型

本文所研究的数值模型以截面宽度 $D = 0.1$ m 的方形截面为基础，通过对方形四边进行一定的弧度化处理（将方形四条边向外抬升一定的高度 f 形成圆弧）来改变其截面外形，从而得到多种不同尺寸的类方形截面，最后过渡为一圆形截面。各模型图及弧度化处理尺寸分别如图 1、表 1 所示。

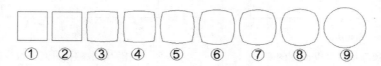

图 1 模型示意图

表 1 弧度化处理尺寸

模型序号	①	②	③	④	⑤	⑥	⑦	⑧	⑨
抬升高度 f/mm	0	1	3	5	8	10	12	15	20.71

对于数值仿真计算而言，计算域的选取对于计算结果影响很大。在保证计算结果独立性的前提下，为提高计算效率，入口及上下边界距模型中心 15D（D 为方形截面宽度），断面后缘距离出口 40D，见图 2。计算区域采用结构化网格，网格向外延伸的比例因子保证在 1.05 以下，见图 3。计算工况均为 0° 风向角，$Re = 6.8 \times 10^4$，方形截面的首层网格高度为 0.026 mm，在本文对应雷诺数的情况下可满足 $y^+ \leq 1$，其他模型网格划分方式一致。

数值计算采用大型通用计算流体力学（CFD）软件 Fluent，湍流模型采用两方程剪切应力输运模型（SST $K - \omega$），压力和速度的耦合采用 SIMPLEC 算法，控制方程的对流项采用二阶迎风格式，计算收敛准则取残差值 1×10^{-5}。

* 基金项目：国家自然科学基金（51778381）；河北省自然科学基金（E2018210044）；河北省高端人才项目（冀办〔2019〕63 号）。

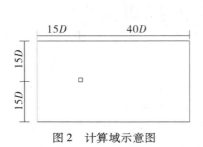

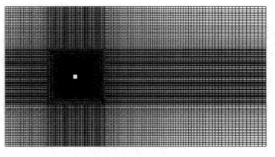

| 图 2   计算域示意图 | 图 3   平面网格示意图 |

3   计算结果

通过将本文方形截面的 CFD 数值模拟结果与文献［2］中风洞实验结果对比发现，本文数值模拟的所得结果与实验结果非常接近，验证了网格的可行性。由图 4 可明显看出随着方形截面四边抬升高度的增大，类方形断面的平均阻力系数呈现出先减小后增大的趋势，且弧度化处理后的模型数值模拟所得数据均明显小于处理前方形截面的数据，其中 $f=12$ mm 左右时平均阻力系数最小。图 5 给出了斯托罗哈数随抬升高度的变化，随着方形截面四边抬升高度增加，斯托罗哈数呈现出明显的增长趋势。

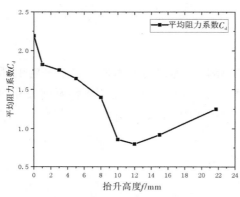

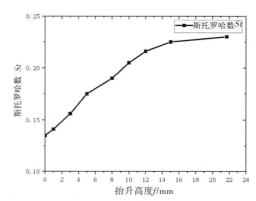

| 图 4   平均阻力系数随抬升高度改变的变化 | 图 5   斯托罗哈数随抬升高度改变的变化 |

4   结论

本文通过 CFD 数值模拟的方法，对雷诺数为 6.8×10^4 的类方形截面超高层建筑的气动性能进行研究。结果表明：随着方柱截面四边抬升高度的增大，其平均阻力系数呈先减小后增大的趋势，且弧度化处理后的平均阻力系数均小于方形截面的平均阻力系数，其中 $f=12$ mm 时的类方柱截面的平均阻力系数优化效果最好；随着抬升高度的增加，斯托罗哈数有明显的增长趋势。

参考文献

［1］赵昕，林祯杉，孙华华. 超高层建筑形态空气动力学优化方法应用综述［J］. 结构工程师，2011，27（3）：133 – 139.

［2］LYN D A. Phase-averaged turbulence measurements in the separated shear layer region of flow around a square cylinder［J］. Congress of International Association for Hydraulic research，1989，23：85 – 92.

基于 27 个烟囱实例的圆形截面结构横风向响应分析方法研究*

赵凌[1]，杨庆山[1,2]，郭坤鹏[2,3]，黄帅[1]

（1. 重庆大学土木工程学院 重庆 400044；
2. 北京交通大学结构风工程与城市风环境北京市重点实验室 北京 100044；
3. 北京交通大学土木工程学院 北京 100044）

1 引言

横风向振动是结构抗风设计的重要研究内容之一，目前对于圆形截面结构横风向响应预测已提出了大量分析方法，整体来看，可以按照涡激力模拟形式的不同将其分为两大类：第一类是谐波分析法，即根据锁定风速区间范围内涡激力具有谐波性的特点将结构所受的涡激力假设为谐波函数，从而可基于结构动力学求得横风向响应[1-2]；第二类是谱方法，该方法假定涡激力的强迫分量为一窄带随机过程，要么通过引入负气动阻尼[2-3]对系统阻尼进行修正（阻尼修正法），要么利用带宽折减因子对升力谱带宽进行修正[4]（升力谱带宽修正法），以考虑气弹效应对结构振动的促进作用，最后基于随机振动理论求得横风向响应。本文结合主流的国家和国际规范对各类圆形截面结构横风向响应分析方法进行了细致梳理，并应用至 27 个烟囱实例，深入分析各种方法机理，指出了横风向响应分析方法研究中亟待解决的问题。

2 横风向响应分析的理论基础

考虑结构所受升力为谐波函数，基于结构动力学求得横风向响应的方法为谐波分析法；而为如实反映自激力分量对结构响应的促进作用，考虑到真实横风向振动表现为随机抖振和谐波振动的混合形式，从而假定升力为随机荷载，最后基于随机振动理论求得横风向响应的方法为谱方法。

2.1 谐波分析法

$$\frac{y_{max}}{D_e} = \frac{\rho D_e^2}{4\pi m_e \xi_s} \cdot \frac{1}{S_t^2} \cdot \frac{\int_{H_1}^{H} [U(z)/U_{cr}]^2 [D(z)/D_e] C_L(z)\varphi(z)\mathrm{d}z}{4\pi \int_{H_1}^{H} \varphi^2(z)\mathrm{d}z} = \frac{1}{4\pi S_c S_t^2} \cdot \lambda \quad (1)$$

其中，ρ、$U(z)$ 分别为空气密度和平均风速，$D(z)$、H、ξ_s、m_e 和 D_e 分别为结构直径、高度、阻尼、等效质量以及等效直径，H_1 和 U_{cr} 分别为涡激共振区起始高度和临界风速，$C_L(z)$ 为升力系数幅值，$\varphi(z)$ 为结构振型，S_c 和 S_t 分别为 Scruton 数和 Strouhal 数，λ 为与结构振型有关的计算系数。

2.2 谱方法

$$\frac{\sigma_y}{D_e} = \frac{\sigma_{C_L}}{16\pi^{3/2}} \cdot \frac{1}{\sqrt{\xi_{total}}} \cdot \sqrt{\frac{S_{C_L}(f_s)f_s}{\sigma_{C_L}^2} \cdot \frac{1}{S_t^2} \cdot \frac{\rho D^2}{M_s} \cdot \frac{U^2}{U_{cr}^2}} \quad (2)$$

其中，σ_y、σ_{C_L} 分别为横风向响应和升力系数均方根，M_s 为结构广义质量，$S_{C_L}(f_s)$ 为升力系数谱在自振频率 f_s 处的值，ξ_{total} 为系统总阻尼。

3 27 个烟囱算例分析

为进一步比较各类方法的响应预测精度，本文将中国规范、欧洲规范方法 I、加拿大规范、欧洲规范方法 II、国际工业烟囱委员会规范、美国混凝土学会规范以及升力谱带宽修正法应用至 27 个烟囱实例中，

* 基金项目：国家自然科学基金专项基金重点国际（地区）合作与交流项目（旧）（51720105005）。

对预测结果与实测结果进行了比较。限于篇幅，下面仅给出基于谐波分析法的建筑结构荷载规范（GB50009—2012）、基于阻尼修正法的欧洲规范方法Ⅱ以及升力谱带宽修正法预测的烟囱横风向响应，分别如图1a、图1b和图1c所示。

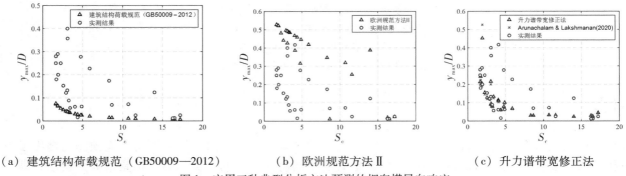

（a）建筑结构荷载规范（GB50009—2012）　　（b）欧洲规范方法Ⅱ　　（c）升力谱带宽修正法

图1　应用三种典型分析方法预测的烟囱横风向响应

4　结论

本文主要结论如下：（1）谐波分析法的原理简单，但由于该方法并未考虑结构振幅对升力系数的影响，会严重低估结构的横风向响应；（2）阻尼修正法的预测精度显著依赖于气动阻尼模型本身的准确性；（3）升力谱带宽修正法的思路较新颖，但由于带宽折减因子与结构振幅关系曲线的精度依赖于大量的实测数据，致使该方法的普适性和准确性仍需进一步考证。

参考文献

［1］中国工程建设标准化协会.建筑结构荷载规范（GB 50009—2012）［S］.北京：中国建筑工业出版社，2012.

［2］LUPI F, NIEMANN H J, HOEFFER R. A novel spectral method for cross-wind vibrations：Application to 27 full-scale chimneys［J］. Journal Of Wind Engineering And Industrial Aerodynamics，2017，171（3）：53－65.

［3］VICKERY B J, BASU R I. Across-wind vibrations of structures of circular cross-section 1 development of a mathematical-model for two-dimensional conditions［J］. Journal Of Wind Engineering And Industrial Aerodynamics，1983，12（1）：49－73.

［4］ARUNACHALAM S, LAKSHMANAN N. Non-linear modelling of vortex induced lock-in effects on circular chimneys［J］. Journal of Wind Engineering and Industrial Aerodynamics，2020，202.

风荷载和地震作用下两相邻超高层建筑的动力响应比较研究 *

吴华晓[1]，王钦华[2]，祝志文[1,3]

（1. 汕头大学土木与环境工程系 汕头 515063；

2. 西南科技大学 绵阳 621010；

3. 广东省高等学校结构与风洞重点实验室 汕头 515063）

1 引言

国际大都市用地紧缺，多栋超高层建筑毗邻而建，通常会通过连廊相连。这些柔性的连体超高层建筑对动力激励非常敏感[1]，当这些连体超高层建筑位于台风和地震易发地区时（如中国的东南沿海地区），选用的阻尼器需要满足在风荷载[2]或者地震激励[3-4]下都能高效抑制结构动力响应的需求。而控制设备的使用效率受到结构动力响应特征的显著影响，因此在选用何种类型的控制设备之前有必要对相邻超高层建筑在两种激励下的动力响应特性进行研究。研究结论对连体超高层的减振抗震设计提供参考。

2 实例数值分析

假设结构（图 1）在两种激励作用下仍在线弹性范围内，可以建立结构线性运动方程、采用振型叠加法对连体超高层的动力响应进行分析。

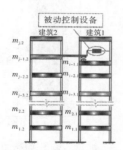
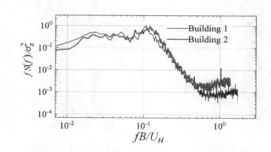

图 1 相邻双高层建结构示意图　　　图 2 横风向底部剪力归一化功率谱密度

以某连体建筑进行案例分析，建筑 1 和建筑 2 的高度分别为 268 m 和 210.2 m。刚性模型风洞试验在汕头大学风洞实验室进行，模型缩尺比 1∶300。横风向下结构底部剪力功率谱密度见图 2。地震激励采用记录的 44 条地震加速度时程，加速度功率谱密度见图 3[4]。为了进一步探索连体建筑自振频率对相对动力特征的影响定义了频率比（NFR），其为建筑 1 和建筑 2 的第一阶频率的比值。

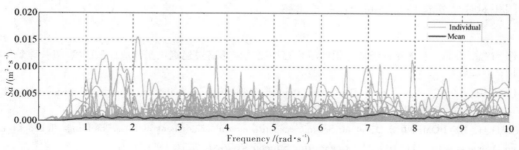

图 3 地震加速度功率谱时程

* 基金项目：国家自然科学基金项目（51208291）。

3 两种激励下响应比较

为了定量评估连体超高层建筑在两种激励下的响应，定义了响应异号因子

$$F_{\mathrm{opp}} = \frac{T_{\mathrm{opp}}}{T_{\mathrm{total}}} \times 100\% \tag{1}$$

式中，T_{opp} 是响应异号时的时间长度，T_{total} 是响应的持续总时长。比较结果见图 4 和图 5。

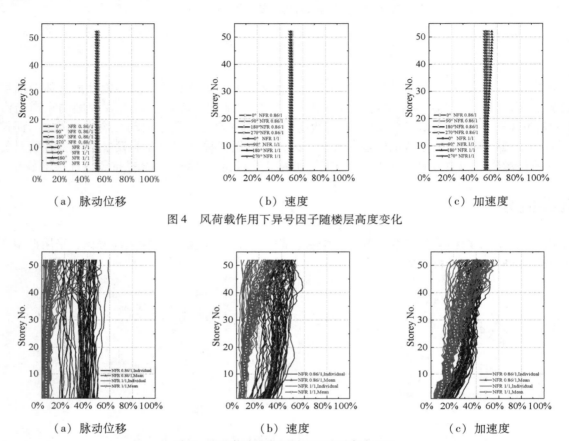

（a）脉动位移　　　　　　　（b）速度　　　　　　　（c）加速度

图 4　风荷载作用下异号因子随楼层高度变化

（a）脉动位移　　　　　　　（b）速度　　　　　　　（c）加速度

图 5　地震激励下异号因子随楼层高度变化

4 结论

本文从响应异号因子的角度出发，对两种频率比的连体超高层建筑在不同激励作用下的动力响应进行了评估，得到以下结论：风荷载作用下的响应异号因子比地震的大；其次，与地震作用相比，风荷载下的异号响应因子对连体建筑频率比的变化并不敏感。

参考文献

［1］王钦华，雷伟，祝志文. 单重和多重调谐质量惯容阻尼器控制连体超高层建筑风振响应比较研究［J］. 建筑结构学报，2021，42（4）：25 – 34.

［2］WANG Q，QIAO H，LI W，et al. Parametric optimization of an inerter-based vibration absorber for wind-induced vibration mitigation of a tall building［J］. Wind and Structures，2020，31（3）：241 – 53.

［3］WANG Q，QIAO H，DE DOMENICO D，et al. Seismic response control of adjacent high-rise buildings linked by the Tuned Liquid Column Damper-Inerter（TLCDI）［J］. Engineering Structures，2020，223：111169.

［4］DE DOMENICO D，QIAO H，WANG Q，et al. Optimal design and seismic performance of Multi-Tuned Mass Damper Inerter（MTMDI）applied to adjacent high-rise buildings［J］. The Structural Design of Tall Special Buildings，2020，29（14）：e1781.

基于动态配筋指标的冷却塔群塔风致干扰效应*

颜旭[1]，陈旭[2]，赵林[3,4]，葛耀君[3]

（1. 重庆交通大学土木工程学院 重庆 400074；

2. 上海师范大学建筑工程学院 上海 201418；

3. 同济大学土木工程防灾国家重点实验室 上海 200092；

4. 重庆交通大学省部共建山区桥梁及隧道工程国家重点实验室 重庆 400074）

1 引言

大型冷却塔是典型的高耸薄壳结构，其存在形式大多数为多塔组合，各塔之间的干扰气动力使得群塔与孤立的单塔的风荷载产生了显著的差异。针对群塔复杂的风环境，传统方法中从荷载层面到响应层面的群塔比例系数离散性大的特点难以更好满足结构的设计需求。本文采用风洞试验，运用有限元动力响应计算和结构配筋设计的方法，在动态配筋层面衡量定义群塔气动干扰效应的精确解，为结构抗风设计提供参考。

2 群塔动态配筋分析

2.1 测点布置

在试验中采用如图 1 所示菱形布置形式。冷却塔原型塔筒总高度为 215 m，考虑风洞试验段及冷却塔的几何尺寸，按 1:200 缩尺比制作冷却塔刚体同步测压模型。双塔中心间距 L 与冷却塔底部直径 D 的比值 $L/D = 1.5$。水平风向角 β 变化范围为 $0° \sim 360°$，角度增量为 $22.5°$，共 16 个均匀分布风向角。模型沿环向均匀分布 36 个测点，沿子午向分布 12 层测点，共计 $12 \times 36 = 432$ 个测点。

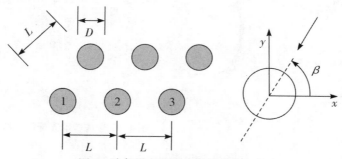

图 1　冷却塔布置形式及风向角定义

2.2 结构建模

本文冷却塔建模基于同济大学风工程团队自主开发的软件 WindLock 进行，建模过程中将结构离散为类似 ANSYS 商用软件的单元，有限元模型通风筒采用空间壳体单元 Shell63，底支柱和环基采用 Beam188，柱底与环基刚性连接，群桩效应采用等效土弹簧 Combin14。塔筒环向单元数为 96 个，子午向单元数为 56 个，底支柱为 48 对人字柱，结构共 5 376 个壳体单元，结构的基频为 0.756 Hz。

* 基金项目：国家自然科学基金项目（52008247）；土木工程防灾国家重点实验室自主课题（SLDRCE19 – B – 11）。

2.3 动态配筋计算

采用两个阶段进行研究：第一阶段在风洞内进行刚体模型同步测压试验，采集塔筒表动态风压分布数据；第二阶段进行有限元数值计算，将试验所得的风压数据作为荷载输入，求解风荷载作用下的设计配筋量。图1示意了主要研究过程。

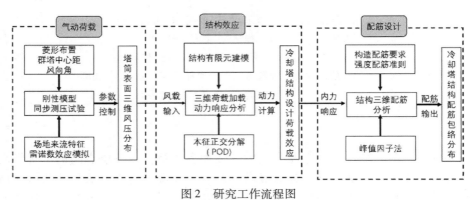

图2 研究工作流程图

3 计算结构

3.1 计算结果

设计基本风速为37.2 m/s，场地风剖面幂指数为0.15，塔内风压系数根据工业循环水冷却设计规范取为−0.5。研究中只考虑平均风压与脉动风压对冷却塔动态配筋的影响，不考虑自重及其他荷载组合对配筋包络的影响。图3给出了无群塔干扰条件下单塔的配筋曲线。图4为六塔1.5倍塔距菱形布置形式下2号塔在16个来流风向角下沿环向外侧及子午向外侧的配筋图。

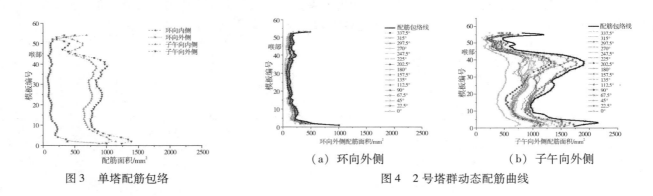

图3 单塔配筋包络   （a）环向外侧   （b）子午向外侧

图4 2号塔群动态配筋曲线

4 结论

动态配筋曲线在环向的波动性明显小于子午向，不同种类的配筋对风荷载变化的敏感性不同，子午向配筋比环向配筋敏感度更高。群塔之间可能随绕流形态的复杂化而互相干扰，2号塔受到的群塔风致干扰效应更为显著，在0°风向角下沿塔筒子午向内侧和外侧均出现了明显的屏蔽荷载降低效应。

参考文献

［1］ ZHAO L, ZHAN Y Y, GE Y J. Wind-induced equivalent static interference criteriaand its effects on cooling towers with complex arrangements ［J］. Engineering Structures, 2018, 172: 141−153.

［2］ YU M, ZHAO L, ZHAN Y Y, et al. Wind-resistant design and safety evaluation of cooling towers by reinforcement area criterion ［J］. Engineering Structures, 2019, 193: 281−294.

四、大跨空间与悬吊结构抗风

基于动力学模态分解方法的大跨度屋盖风压分布特征研究[*]

冯帅，谢壮宁

（华南理工大学亚热带建筑科学国家重点实验室 广州 510640）

1 引言

由于压力场是一个随机的、复杂的高维动态系统，很难直接理解其本质特征，而脉动风压中隐藏的时空模式与相干结构和气动机制密切相关，这些压力模式对识别随机变量场的基本物理机制和动态演化性质具有重要意义[2-3]。本文应用本征正交分解（POD）和动力学模态分解（DMD）方法对大跨度屋盖结构的随机风压场进行模态对比和流场重构，分析了两种方法结果差异的内在机理。

2 风洞试验及数据

试验在华南理工大学大气边界层风洞中进行，流场按照《建筑结构荷载规范》（GB5009—2012）[4]中规定的 B 类地貌模拟。平屋盖刚性测压模型的尺寸为 $200\ cm \times 133.3\ cm \times 26.7\ cm$（$L \times W \times H$），屋面共布置 467 个测点，试验的几何、风速、时间缩尺比分别为 1/150、1/5、1/30。模型测点的布置原则为边角区域加密，中间区域布置较疏，图 2 为试验模型和测点布置图。试验采样频率为 300Hz。

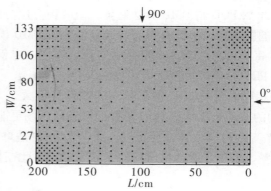

图 1 平屋面试验模型和测点布置

本文通过引入嵌入维数对动力系统进行相空间重构[5]，充分提取随机风压信号中的动力特征信息。图 2 表示不同嵌入维数的脉动风压场 DMD 模态特征值分布，横纵坐标分别表示复模态特征值的实部和虚部，特征值的实部和虚部分别包含对应模态的衰减率和频率信息，当特征点位于单位圆上或接近单位圆周围时，则该模态是稳定或中性稳定的。

* 基金项目：国家自然科学基金项目（51778243）。

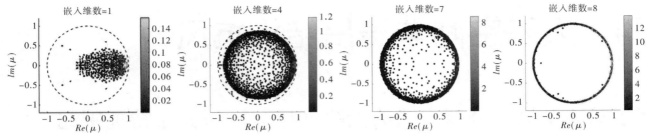

图 2　不同嵌入维数的 DMD 模态特征值分布

3　试验结果分析

由于两种方法的模态时间演化机理不相同，如图 3 所示，DMD 方法提取的模态系数在固定频率下具有稳定振幅、衰减或增长的简谐振荡行为，能够反映流场的时间特征，而 POD 的每个模态包含多个频率的信息[6]，时间演化表现为随机信号，这在一定程度上让 POD 的脉动模态成为多个频率段脉动的耦合。

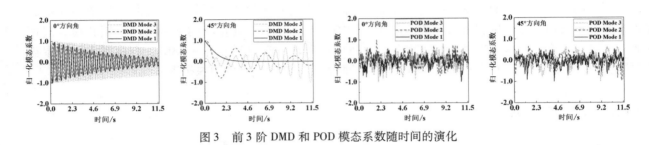

图 3　前 3 阶 DMD 和 POD 模态系数随时间的演化

4　结论

（1）通过将嵌入维数与 DMD 方法结合进行随机风压场动力系统的相空间重构，能够挖掘数据集中隐藏的模糊动态特征，使分解得到的 DMD 模态更加中性稳定。

（2）虽然 POD 与 DMD 算法迥异，但两种方法分解的模态都能够捕捉到大跨度屋盖迎风前缘处的破坏性旋涡的脉动特征。POD 模态分布数值大于 DMD 模态的结果。这是由于 DMD 方法分解的是单频模态，而 POD 的每个模态包含多个频率的信息，这在一定程度上让 POD 的脉动模态成为多个频率段脉动的耦合，造成 POD 模态数值大于 DMD 模态数值。

（3）相同数量的 POD 模态所占的能量比例大于 DMD 模态，但当使用相同数量的模态进行重构时，DMD 重构的脉动风压场比 POD 重建的脉动风压场更能够描述和契合原始脉动压力场的局部特征，这是由于 DMD 是直接对压力场进行重建，而 POD 主要是重建能量场。DMD 方法分解的低频模态包含大部分脉动风压能量，解释了脉动风压场的主导频率。因此在揭示随机风压场流动机理和特征上，DMD 方法更具优势。

参考文献

[1] KIM B, TSE K T, TAMURA Y. POD analysis for aerodynamic characteristics of tall linked buildings [J]. Journal of Wind Engineering and Industrial Aerodynamics, 2018, 181: 126 – 140.

[2] LUO X, KAREEM A. Dynamics of random pressure fields over bluff bodies: A dynamic mode decomposition perspective [J]. arXiv Prepr. arXiv1904. 02245v4. , 2019.

[3] 建筑结构荷载规范（GB 50009—2012）[S].北京：中国建筑工业出版社，2012.

[4] TAKENS F. Detecting strange attractors in turbulence [C] // Dynamical Systems in Turbulence. Berlin, Heidelberg: Springer, 1981: 366 – 381.

[5] FU X, YANG F, GUO Z. Combustion instability of pilot flame in a pilot bluff body stabilized combustor [J]. Chinese Journal of Aeronautics, 2015, 28 (6): 1606 – 1615.

连廊四个表面的风压特性和极值风压 *

韩康辉，沈国辉

（浙江大学结构工程研究所 杭州 310058）

1 引言

风荷载是连廊设计的关键问题，荷载规范中并没有给出连廊体型系数的取值。本文进行 12 种工况连廊的测压风洞试验，系统研究连廊四个表面的全风向极值风压、表面风压的非高斯性和风压的相关性等，为连廊的主体结构和围护结构抗风设计提供依据。

2 试验工况

风洞试验在浙江大学 ZD – 1 边界层风洞实验室中进行。连廊截面尺寸为 3 m×3 m，长度有 20 m、30 m、40 m，两侧建筑有高、矮两种，矮建筑长宽高尺寸为 60 m×15 m×20 m，高建筑长宽高尺寸为 22. 86 m×15. 24 m×91. 44 m，试验模型缩尺比为 1∶100。将连廊模型安装在建筑表面的不同位置，水平向有 2 种位置（边、中），分别在长边端点和中间；竖直向有 3 种位置（高、中、低），分别位于建筑高度的 5/6、1/2、1/6 位置。0°风向角正吹前表面，风向角间隔为 10°。工况参数如表 1 所示，部分试验模型如图 1 所示。

表 1 试验工况表

工况号	建筑类型	连廊长度/m	水平位置	竖向位置
工况 1	矮	20	中	中
工况 2	矮	30	中	中
工况 3	矮	40	中	中
工况 4	矮	30	边	中
工况 5	高	30	中	高
工况 6	高	30	边	高
工况 7	高	30	边	中
工况 8	高	30	中	中
工况 9	高	20	中	中
工况 10	高	40	中	中
工况 11	高	30	中	低
工况 12	高	30	边	低

（a）工况 8

（b）工况 3
图 1 试验模型

3 结果与分析

3.1 全风向极值风压系数

结果显示，连廊四个表面全风向极值正压远小于全风向极值负压，前后两个表面的全风向极值正风压非常接近，并且大于上下表面的全风向极值正风压。对比不同工况发现，周边建筑对连廊表面极值风

* 基金项目：国家自然科学基金项目（51838012）；浙江省公益技术研究计划（LGG21E080009）。

压影响不大，连廊位置较低且位于建筑端部时，四个表面的极值风压系数都比较大，因此在长度为30m的工况中，工况12为最不利工况。

3.2 风压非高斯性研究

通常采用时程的偏度值和峰度值判断测点风压的非高斯性[1]，对于高斯分布 $C_{pisk} = 0$、$C_{pisu} = 3$，当 $|C_{pisk}| > 0.2$ 且 $|C_{pisu}| > 3.5$ 时，认为测点为非高斯点。上下表面形成漩涡，背风面处于尾流区，呈现出明显的非高斯特性，如图2，风向角接近90°时，非高斯性显著。

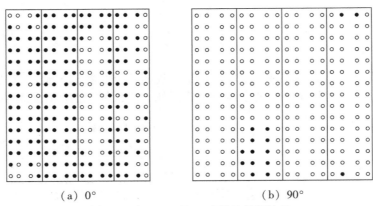

(a) 0°　　　　　　　　　(b) 90°

图2　0°和90°工况12高斯性判断结果

（注：●代表高斯点，○代表非高斯点。四个表面为连廊侧面展开图，从左到右依次为上、前、下、后。）

3.3 空间相关性研究

工况12连廊上下表面和前后表面的相关性如图3所示，上下表面测点间相关系数都大于0，前后表面的测点相关性远小于上下表面。0°风向角下上表面内侧区域相关性大于外侧区域。90°和270°风向角附近上下表面和前后表面测点相关性较强，0°和180°风向角附近上下表面测点相关性较弱。

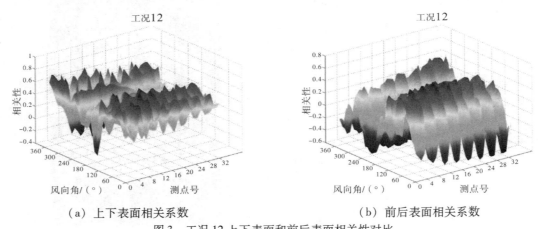

(a) 上下表面相关系数　　　　　　　　　(b) 前后表面相关系数

图3　工况12上下表面和前后表面相关性对比

4　结论

连廊位于建筑底部端点时，其表面极值风压最大；上下表面和背风面呈现出明显的非高斯特性；上下表面风压相关性较强，前后表面风压相关性较弱。来流风向沿连廊长度方向时上下表面和前后表面风压相关性都比较强，此时非高斯性也比较显著。

参考文献

[1] 李进晓. 高层建筑幕墙表面风压特性研究 [D]. 杭州：浙江大学，2010.

某体育场环状悬挑屋盖风载特性试验[*]

徐瑛[1,2]，戴益民[1,2]，刘泰廷[1,2]，陶林[1,2]，袁养金[1,2]

（1. 湖南科技大学结构抗风与振动控制湖南省重点实验室 湘潭 411201；
2. 湖南科技大学土木工程学院 湘潭 411201）

1 引言

大跨悬挑屋盖结构柔性大，自振频率低且分布密集，对风荷载较为敏感[1]。刘慕广等[2]基于体育馆的悬挑曲面屋盖的风洞试验研究发现平均、极小风压系数受屋面倾角变化影响明显。张建等[3]对比分析了相同尺寸的波纹状悬挑屋盖和光滑表面悬挑屋盖风荷载，发现波纹形状对风压极值的影响不可忽略。李波[4]、吴海洋[5]、沈国辉[6]、Melbourne[7]、Lam K M[8]等分别对不同形式的大跨悬挑屋盖的风载特性进行研究，并得到了一些有意义的结论。但对环状悬挑屋盖相关的风洞试验研究则较少。本文以某体育场环状悬挑屋盖（屋盖表面设置多道通风带）为例，对其风载特性进行研究，所得结果可为该类结构抗风设计提供参考。

2 风洞实验

本文以湖南省攸水湾生态城文化中心项目为工程背景，基于 B 类地貌，采用缩尺比为 1:200 的 PVC 刚性模型，于湖南科技大学风工程试验研究中心大气边界层直流风洞中进行风洞测压试验。平均风速及湍流度剖面如图 1 所示。该文体中心由一场两馆组成，悬挑屋盖立面图及剖面图如图 2 所示，平面图如图 3 所示。为了同时获得屋盖上下表面的风压时程数据，在屋盖上下表面共布置 430 对测点，每对测点位置一一对应。在 0°～360°范围内逆时针每隔 10°进行一次风压测量，典型风向角如图 3 所示。

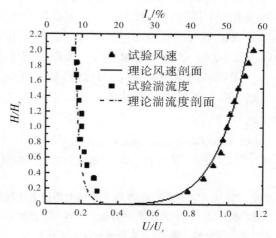

图 1 平均风速及湍流度剖面

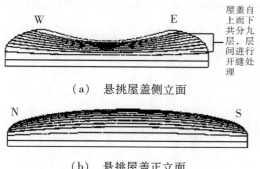

（a）悬挑屋盖侧立面

（b）悬挑屋盖正立面

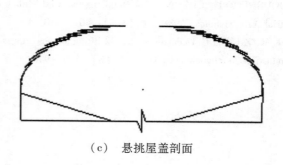

（c）悬挑屋盖剖面

图 2 悬挑屋盖立面、剖面图

* 基金项目：国家自然科学基金项目（51578237）。

3 研究内容

本文基于某体育场刚性模型开展风洞测压试验，研究了悬挑屋盖表面风压分布特征及其风载变化规律。重点分析了：

（1）风向角对悬挑屋盖表面整体平均升力和脉动升力均方根系数的影响，并对典型风向角 0°和 90°下屋盖表面的平均风压及净脉动风压均方根系数进行重点探讨。

（2）分析探讨了不同风向角下，屋盖表面极小值升力系数变化规律，并研究典型风向角 0°和 90°下极小值风压的分布特性。

（3）分析探讨了有多道通风带的环状悬挑屋盖的风荷载特性。

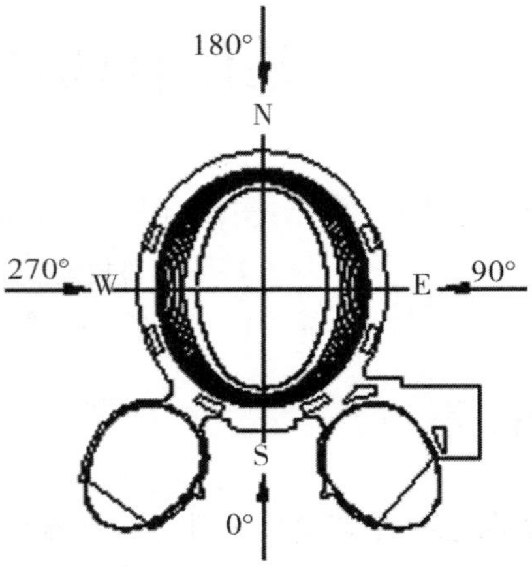

图 3 文体中心平面及风向角

4 结论

（1）屋盖上下表面的平均升力系数、脉动升力系数和极小值升力系数随风向角增加呈现先减小后增大，而后再减小再增大的趋势，且上表面的升力系数始终大于下表面。

（2）来流前缘区域的净平均风压系数为正值，且风压变化剧烈，最大值可达 0.5，在设计时要对这些区域进行额外的加固处理。来流上游屋盖上下表面平均风压系数相互抵消导致净平均风压系数趋于 0，来流下游屋盖净平均风压系数为负，屋盖总体受到向上的升力。

（3）来流下游屋盖内缘迎风区净风压均方根系数远大于其他区域，且净极小值风压系数分布规律则与净风压均方根系数分布规律一致，说明在结构设计时需增加这部分刚度及疲劳强度以提高其抗风能力。

（4）无锐利边缘且呈缓慢上升趋势的曲面构型，以及层间缝隙皆在一定程度上减少了体育场悬臂屋顶的风阻，有利于减小风压脉动。

参考文献

[1] HOLMES J D. Wind Loading of Structures [M]. 全涌，李加武，顾明，译. 北京：机械工业出版社，2015.

[2] 刘慕广，谢壮宁，余先锋，等. 屋盖倾角对悬挑曲面屋盖风压特性的影响 [J]. 建筑结构学报，2018，39（1）：21 – 27.

[3] 张建，李波，单文姗，等. 波纹状悬挑大跨屋盖的风荷载特性 [J]. 建筑结构学报，2017，38（3）：111 – 117.

[4] 李波，冯少华，杨庆山，等. 体育场月牙形大跨悬挑屋盖风荷载特性 [J]. 哈尔滨工程大学学报，2013，34（5）：588 – 592.

[5] 吴海洋，梁枢果，郭必武. 大跨悬挑屋盖结构形式对抗风性能的影响 [J]. 重庆建筑大学学报，2007，29（5）：97 – 102.

[6] 沈国辉，孙炳楠，楼文娟. 复杂体型大跨屋盖结构的风荷载分布 [J]. 土木工程学报，2005，38（10）：39 – 43.

[7] MELBOURNE W H, CHEUN J C K. Reducing the wind loading on large cantilevered roofs [J]. Journal of Wind Engineering and Industrial Aerodynamics, 1988, 28 (1/3): 401 – 410.

[8] LAM K M, ZHAO J G. Occurrence of peak lifting actions on a large horizontal cantilevered roof [J]. Journal of Wind Engineering and Industrial Aerodynamics, 2002, 90 (8): 897 – 940.

高层建筑雨棚的风荷载特征和极值风压*

沈国辉，李懿鹏

（浙江大学建筑工程学院 杭州 310058）

1 引言

现行规范中对于雨棚的体型系数没有做出明确的规定。本文以某高层建筑的悬挑雨棚为研究对象，研究了出挑长度、倾角、位置和所在高度等悬挑雨棚风荷载的影响，分析雨棚上表面、下表面以及上下表面叠加后的极值风压，分析上下表面风荷载的相关性和非高斯特性等，研究结果为高层建筑悬挑雨棚的抗风设计提供依据。

2 风洞试验

某高层建筑长宽高为 30 m×30 m×100 m，在其高度 h 处设置出挑长度为 a、宽度为 b、倾角为 α 的钢架结构悬臂式雨棚，雨棚形式如图 1 所示。风洞试验在浙江大学 ZD－1 边界层风洞中进行，模型几何缩尺比为 1:100，采用 B 类地貌流场。研究了雨棚的四种参数：出挑长度 a 有四组，4 m、8 m、12 m 和 16 m；高度 h 有三组，10 m、12 m 和 15 m；倾角 α 有三组，－10°、0°和 10°；位置有两组，为居中和靠左。其中，$a=12$ m，$h=10$ m，$\alpha=0°$，位置居中的工况 1 如图 2 所示。

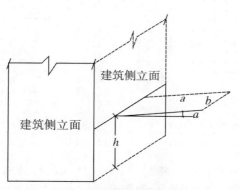

图 1 高层建筑悬挑雨棚的布置示意图

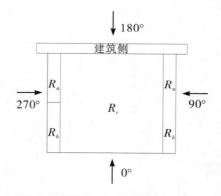

图 2 工况 1 风洞试验布置示意图

3 结果分析

3.1 极值风压系数

对试验数据使用 BLUE 算法进行全风向极值分析，结果表明雨棚的两侧边缘部位易出现正风压系数的最值，中部负风压系数较高。对比不同的参数，发现出挑长度与负风压系数的极值呈现正相关，且表面的负风压系数出现多个分布中心，其大多围绕在雨棚中部靠近建筑一侧；不对称的位置其表面风荷载有较大影响；且倾角与高度的影响较小。

3.2 测点相关性

对雨棚上下表面的测点进行相关性分析，工况 1 上下表面之间边缘测点的相关性如图 3 所示。边缘测

* 基金项目：国家自然科学基金项目（51838012）；浙江省公益技术研究计划（LGG21E080009）。

点在 60°～90°正吹时，来流分离严重，上下表面的相关性急剧下降，且距离建筑较近的 64 号测点相关性低于远端的 208 号点，此时雨棚下部的气流阻塞，形成"下顶上吸"的不利情况。下表面的面内测点相关性如图 4 所示，在 90°正吹时，两点间的相关性急剧下降到 0.5 以下，此时两点在顺风向距离达到最大，两点不在同一湍流积分尺度，在设计时需引起注意。

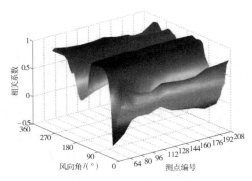

图 3　工况 1 上下表面相关性

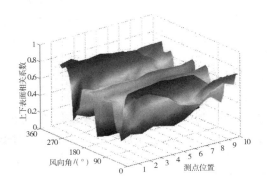

图 4　工况 1 下表面相关性

3.3　测点高斯性判断

测点非高斯分布的判断标准采用数据三阶中心距（skewness）与四阶中心矩（kurtosis）。工况 1 与工况 5 的上下表面高斯测点分布如图 5 所示。结果显示，随着测点远离迎风区域，受到气流流动分离的影响变大，测点呈现出较强的非高斯性分布。雨棚位置靠左，0°正吹，左侧测点呈现较强非高斯特征，较工况 1 非高斯测点数目增多。

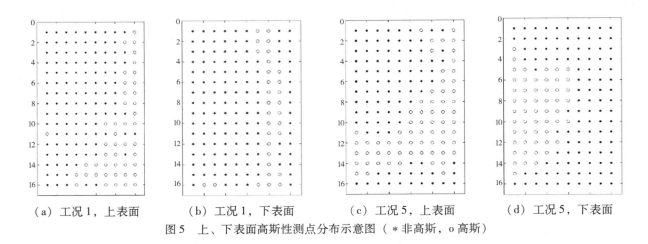

（a）工况 1，上表面　　　（b）工况 1，下表面　　　（c）工况 5，上表面　　　（d）工况 5，下表面

图 5　上、下表面高斯性测点分布示意图（＊非高斯，o 高斯）

4　结论

出挑长度大，不对称的布置位置均会大幅增加挡雨棚的全风向风压系数极值。且雨棚中部呈现较强的负压，边缘区域为正压，下表面气流分离严重，负压区域非高斯特征尤为明显。正吹 60°～90°风向角下上下表面风压变化不同步，相关性较弱，甚至出现负相关性，对雨棚受力不利，设计中应引起注意。

参考文献

[1] SAKIB F A, STATHOPOULOS T, BHOWMICK A K. A review of wind loads on canopies attached to walls of low-rise buildings [J]. Engineering Structures, 2021, 230.

[2] 沈国辉，孙炳楠，楼文娟. 大跨屋盖悬挑结构的风荷载分析 [J]. 空气动力学学报，2004（1）：41－46.

大跨复杂曲面屋盖脉动风压非高斯分布特性试验研究

秦川[1,2]，杨阳[1,2]，李明水[1,2]

（1. 西南交通大学风工程试验研究中心 成都 610031；

2. 风工程四川省重点实验室 成都 610031）

1 引言

近年来大跨曲面屋盖结构的应用越来越广泛，结构形式更加复杂，但目前对于复杂大跨屋盖风压特性的研究还相对薄弱，其流场机理也尚不清晰。根据《建筑结构荷载规范》，一般假定屋盖表面风荷载符合高斯分布，并采用统一的峰值因子计算极值风压。但随着研究的深入，屋盖表面部分区域的风压荷载被发现存在明显非高斯特性[1]。因此，有必要研究其非高斯特性及非高斯区风荷载峰值因子的取值方法，以确保此类结构的抗风设计安全。

2 试验方法

本试验研究以某具有复杂结构形式的大跨度曲面屋盖作为研究对象。试验模型按照 1:100 几何缩尺比设计，模型外表面采用有机玻璃与 ABS 塑料板制作，在西南交通大学 XNJD－3 大气边界层风洞中进行。在 0°～360°风向角范围内每隔 10°进行测量，模型测点布置和风向角定义如图 1 所示。

 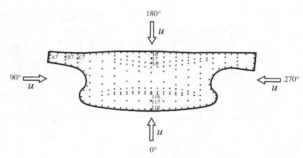

（a）风洞中的大跨曲面屋盖试验模型　　　　　　　（b）试验工况图

图 1　屋盖模型试验示意图

3 结果讨论与分析

3.1 斜度和峰度以及概率密度函数

对于非高斯分布的脉动信号需采用斜度 S_k（三阶矩）和峰度 K_u（四阶矩）表征概率分布的偏离和凸起程度。从图 2 可以看出，180°风向角下位于屋盖迎风向前缘位置的测点风压呈负偏斜和上凸，具有明显的非高斯特性，此外迎风向后缘位置出现狭长的正斜度风压分布。

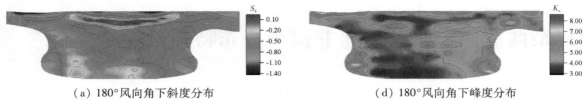

（a）180°风向角下斜度分布　　　　　　　　　　（d）180°风向角下峰度分布

图 2　斜度和峰度等高线图

在 180°风向角下沿迎风向选取 3 个测点为一组，并与标准高斯分布曲线进行对比，可以看出屋盖边缘测点 I6 受流动分离影响最为显著，明显偏离标准高斯分布曲线，如图 3 所示。

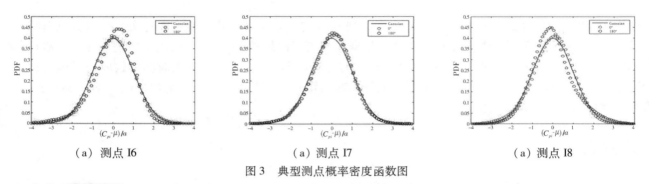

（a）测点 I6　　　　　　　　　　（a）测点 I7　　　　　　　　　　（a）测点 I8

图 3　典型测点概率密度函数图

2.1　峰值因子

利用非高斯过程转换成高斯过程的 Hermite 级数[2]，计算典型测点的风压的峰值因子 g，从表 1 可以看出测点的峰值因子远高于规范给出的建议值 2.5。

表 1　屋盖表面典型测点风压非高斯峰值因子

Wind direction	Pressure tap	S_k	K_u	g
180°	I6	− 0.985	5.633	5.178
180°	I7	− 0.202	3.953	4.608
180°	I8	0.478	3.635	4.271

4　结论

（1）在受流动分离影响剧烈的屋盖迎风前缘及曲面弧度变化较大的位置，大跨曲面屋盖脉动风压的斜度、峰度和概率密度函数与标准高斯分布有显著差异，具有明显的非高斯特性。

（2）大跨曲面屋盖脉动风压的峰值因子与风向角及位置密切相关，采用 Hermite 矩模型计算的大跨曲面屋盖非高斯区脉动风压的峰值因子远超规范建议值，建议大跨曲面屋盖非高斯区脉动风压的峰值因子按照 Hermite 模型确定。

参考文献

［1］孙瑛，武岳，林志兴，等.大跨屋盖结构风压脉动的非高斯特性［J］.土木工程学报，2007，（4）：1－5，12.

［2］WINTERSTEIN S. Non-normal responses and fatigue damage［J］. Journal of Engineering Mechanics，1985，111（10）：1291－1295.

某机场航站楼屋盖表面风荷载研究

柳阔[1]，郑德乾[1]，全涌[2]，潘钧俊[3]，霍涛[3]

（1. 河南工业大学土木工程学院 郑州 450001；
2. 同济大学土木工程防灾国家重点实验室 上海 200092；
3. 中国建筑第八工程局有限公司 上海 200120）

1 引言

大跨空间结构广泛应用于机场航站楼、展览馆、体育馆等大型建筑中，此类建筑质量轻、跨度长、柔性大、自振频率低，属于风敏感结构，风荷载是结构设计主要控制荷载之一[1-2]。本文以某机场 T4 航站楼及陆侧交通中心为背景，综合采用刚性模型测压风洞试验和 CFD 数值模拟方法研究屋面的风荷载分布规律。

2 风洞试验与数值模拟方法

刚性模型测压风洞试验在同济大学土木工程防灾国家重点实验室 TJ－3 大气边界层风洞中进行，试验模型为有机玻璃制作的刚性模型，几何缩尺比 1∶250，如图 1 所示。试验中按照文献［3］方法模拟了 B 类风场，考虑了目标建筑周边约 1.65 km 直径范围内的主要建筑。

CFD 数值模拟采用 Fluent 软件平台，模型缩尺比与风洞试验保持一致。计算域大小为 $260H \times 157H \times 12H$（流向×展向×竖向），其中 H 为屋盖表面中心高度，网格最小尺度小于 $0.005H$，网格总数约为 780 万，如图 2 所示。采用 Realizable $k-\varepsilon$ 湍流模型，速度－压力耦合方式为 SIMPLE，控制方程对流项的离散格式为二阶迎风格式，计算的残差收敛标准设为 5×10^{-4}。入流面采用速度入口，出流面采用压力出口，顶部及两侧采用对称边界条件，模型表面及地面采用无滑移壁面。

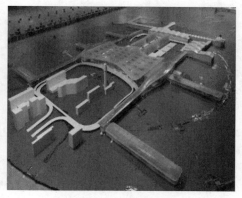

图 1 风洞试验模型

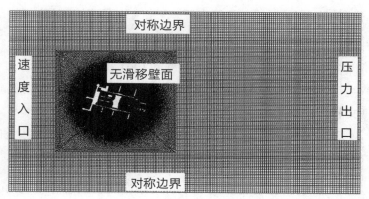

图 2 计算域及边界条件

3 结果与讨论

图 3 所示为风洞试验所得屋盖表面典型测点平均风压系数与脉动风压系数随风向角的变化曲线，由图可见，当测点位于屋面迎风面边缘时，其风压系数绝对值明显大于其他位置。图 4 所示为最不利工况（75°风向角）下风洞试验所得屋盖表面的体型系数等值线，由图可知，屋盖表面体型系数值整体呈现为负值，且在迎风边缘的角部突出位置取得最值。此外，这些边缘角部区域的体型系数绝对值变化梯度明

显大于其他位置，由于局部数值较大且梯度变化较明显的风吸力更易导致这些位置屋面板的风致破坏。

为了明晰屋盖表面风压分布机理，图5给出了CFD数值模拟所得典型截面的速度矢量图，由图可见，造成屋面迎风边缘风压系数绝对值较大是由于在悬挑处存在较为明显的流动分离现象。这些部位的平均和脉动风压系数值均明显大于其他位置，易引起屋盖局部破坏，在抗风结构设计时需着重考虑。

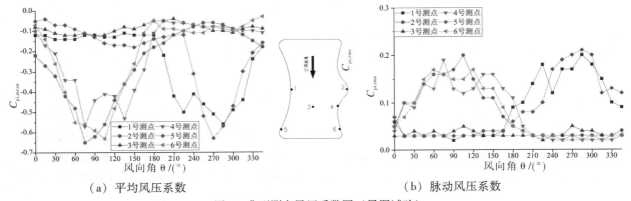

（a）平均风压系数　　　　　　　　　　（b）脉动风压系数

图3　典型测点风压系数图（风洞试验）

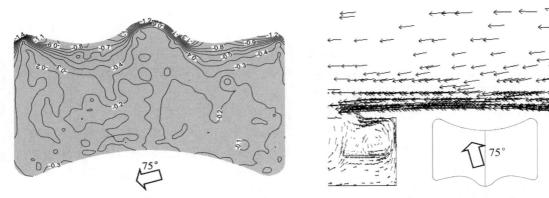

图4　最不利工况体形系数等值线云图　　　　　图5　典型截面速度矢量图

4　结论

综合采用刚性模型测压风洞试验和CFD数值模拟方法，研究分析了某机场航站楼大跨屋盖表面的风荷载，相关结果可为该类屋盖的抗风设计提供参考。

参考文献

［1］董石麟，邢栋，赵阳. 现代大跨空间结构在中国的应用与发展［J］. 空间结构，2012，18（1）：3－16.

［2］李元齐，胡渭雄，王磊. 大跨度空间结构典型形体风压分布风洞试验研究现状［J］. 空气动力学学报，2010，28（1）：32－37.

［3］Wind tunnel studies of buildings and structures，ASCE manuals and reports on engineering practice No. 67，Task committee on wind tunnel testing of buildings and structures［M］. Aerodynamics committee aerospace division，American society of Civil Engineers，1999.

某敞开式贝壳形屋盖风压特性研究

杨松[1]，唐煜[1]，郑史雄[2]

（1. 西南石油大学土木工程与测绘学院 成都 610500；

2. 西南交通大学土木工程学院 成都 610031）

1 引言

大跨度屋盖结构体型优美且空间无内柱，被广泛地应用于机场、车站等大型公共建筑中。此类结构通常具有结构阻尼小、固有频率低等特点，相比传统中小跨度屋盖风敏感性更强。同时，其处于大气边界层较低的位置，风场信息异常复杂，风荷载不仅影响主体结构安全，还常常是屋面局部围护结构脱落或损坏的主要原因。我国现行设计规范仅涉及了双坡、拱形、锯齿、旋转壳顶等常规形式屋面的风载取值。屋盖风荷载与其空间几何形状关系密切，近年来地标性建筑的大跨度屋盖设计有趋于艺术化造型的趋势，其设计风荷载取值难以直接参考既有规范，需专门研究。本文以某敞开式贝壳形屋盖为研究对象，研究其屋盖结构风荷载分布特征及变化规律，希冀为工程抗风设计提供取值参考。

2 工程概况及研究内容

某屋盖为敞开式贝壳形，其顶高约为 20 m，径向最大长度约为 135m，最大宽约为 105m，屋盖下侧为桁架结构，屋盖下设有地铁交通枢纽及地下停车场等公共设施。网壳拱架（屋盖）跨度大、结构形式新颖，且具有几何收缩特征的喇叭口下穿风道，屋盖风载特性和喇叭口风道加速效应参照相关规范及现有研究尚不明确。

为探明屋盖风载特性，于西南交通大学风工程试验研究中心 XNJD – 3 风洞中对该屋盖进行了缩尺比为 1∶50 的刚性模型测压试验。同时，采用计算流体动力学方法（CFD），模拟获得屋盖表面时变风压。使用 Gambit 软件建立屋盖足尺几何模型，并对屋盖结构所处流体域进行全结构化网格划分，网格量约为 240 万，如图 1 所示。基于 SST$k – \omega$ 湍流模型，生成满足近地面大气边界层湍流统计特性的入口边界条件。

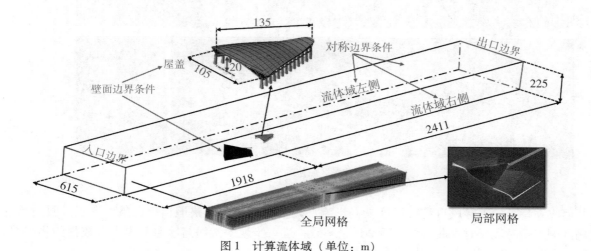

图 1　计算流体域（单位：m）

3 风洞试验及数值模拟结果

试验结果表明，最不利风向位于 0°风向角附近区段，屋盖总体受负压控制，最大正压及最大负压均

出现于 A 测点（图2c）。屋盖表面最大正压系数为0.65，最大负压系数为 -2.35。

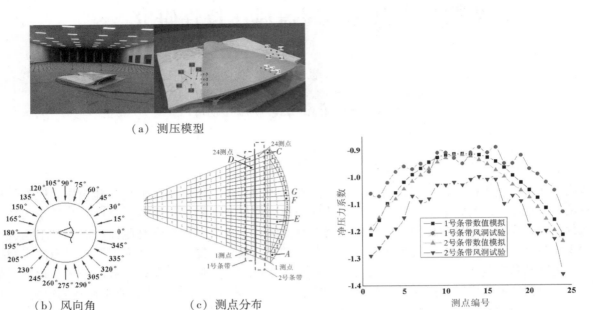

（a）测压模型

（b）风向角   （c）测点分布
图2   计算流体域

图3   试验与数值模拟对比

数值模拟净压力系数与风洞试验吻合较好，最大数值偏差约为10%，如图3所示。屋盖在该风向下形成了多个复杂的三维漩涡，分别位于屋檐迎风侧、屋盖两侧及屋盖底部，与流动缓慢区域基本一致，如图4所示。数值模拟与风洞试验数据均表明该敞开式贝壳形屋盖于特定风向角下，可能会产生较强的上掀力，工程设计时应予以足够关注。

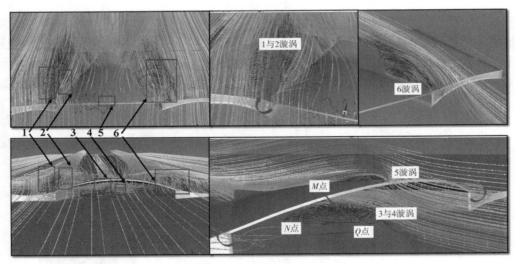

图4   漩涡区域迹线分布

具有几何收缩特征的下穿风道受大尺度漩涡影响，并未出现明显的狭道加速现象。屋盖升阻力与各大尺度漩涡区测点瞬时风压时程曲线卓越频率近乎一致，进一步说明漩涡与屋盖升阻力有较强的相关性。本文相关结果可对类似体型屋盖设计提供参考。

参考文献

［1］顾明，赵雅丽，黄强，等. 低层房屋屋面平均风压的风洞试验和数值模拟［J］. 空气动力学学报，2010，28（1）：
      82－87.

开孔对半月拱形大跨度屋盖风压非高斯特性的影响 *

潘丹，张敏，方派林

（桂林理工大学 桂林 541000）

1 引言

随着时代发展和社会需求，建筑形式呈现多样化，大跨度屋盖普遍应用在各种建筑中，其具有自重轻、阻尼小的特点，属于风敏感结构，风荷载成为结构安全考虑的重要因素。通常假定风荷载符合高斯特性，不过有学者[1]对大跨度屋盖研究发现，屋盖前缘区域风压表现出非高斯特性，指出特征湍流作用是导致非高斯特性的原因。研究风压的非高斯特性可为大跨度屋盖抗风设计提供依据，但是目前对于开孔前后大跨度屋盖的非高斯特性缺少研究。本文对开孔半月拱形大跨度屋盖风压非高斯特性进行研究，为此类屋盖设计和研究提供参考。

2 风洞试验

本文以某体育场为背景在有无开孔情况下进行风洞试验，体育场包含了东、西两个半月拱形看台挑棚，该试验于某风工程研究中心进行，模型选用 1∶250 的缩尺比的刚性模型，在来流入口处设置尖劈、挡板和风洞底板放置粗糙元来模拟 B 类地貌，屋盖布置测点总数为 348 个，每间隔 15° 风向角进行测试。试验规定：风压风向均垂直于屋盖表面，正值为压力，负值为吸力，将试验数据通过处理，求出无量纲系数的各测压点上的风压值 $C_{pi}(t)$、平均风压系数 $C_{pi,mean}$ 及脉动风压系数 $C_{p,rms}$。

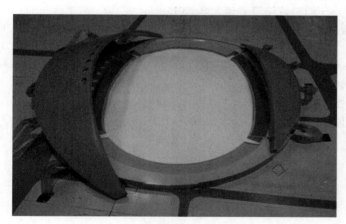

图 1 屋盖开 10 孔整体模型

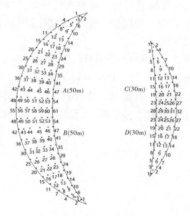

图 2 测点示意图

3 非高斯特性分析

3.1 典型概率密度函数及测点相关性分析

为分析屋盖测点的脉动风压非高斯特性，给出部分典型测点概率密度函数图，可以直观地看到，受来流风向及屋盖测点位置影响，典型测点均不同程度地偏离标准高斯分布曲线，其中迎风前缘测点脉动风压非高斯特性表现强烈，需进一步对脉动风压非高斯特性进行研究。大跨度半月拱形体育场屋盖表面

* 基金项目：国家自然科学基金项目（51568016）。

风压可看作屋盖上方许多点涡作用叠加的结果[2]，当每个点涡是相互独立的，其作用之和则满足高斯分布的性质，反之存在组织漩涡时风压信号会表现出非高斯特性。通过对开孔前后屋盖测点的条带相关性分析和上下表面相关性分析发现，开孔后对周边测点间相关性及测点上下表面负相关系数减弱，迎风前缘屋盖的脉动风荷载有所降低。

3.2 非高斯区域划分标准

对于非高斯的信号，通常采用偏度和峰态对概率密度函数的特征来描述。以风洞试验数据为基础，对典型测点在60°及90°两个风向角下的风压时程的斜度值、峰度值进行统计并绘制其累积概率分布曲线，选取累积概率达80%[3-4]时偏度及峰度作为临界点，并将该临界点值作为定量判断高斯与非高斯的划分标准。屋盖未开孔时，孔口周边测点的偏度及峰度值分布于非高斯区域居多；而屋盖开孔后分布于非高斯区域的测点则有所减少。由此可以看出，测点间的高斯与非高斯特性具有显著的变换特性，屋盖孔口周边测点风荷载的高斯与非高斯特性受屋盖有无开孔情况的影响，在脉动时程风压的作用下，大跨度屋盖在开孔后部分测点由非高斯分布向高斯分布转化。此外，除屋盖孔口周边测点以外的测点在开孔前后的转化不明显。

4 结论

（1）大跨度半月拱形屋盖测点脉动风压非高斯特性偏离程度与测点位置和来流风向有关，总体上在迎风前缘位置受特征湍流影响显著，其测点脉动风压非高斯特性表现强烈。

（2）开孔后屋盖迎风前缘的测点条带相关性明显减小，上下表面相关性转为正相关，对屋盖迎风前缘区域的风荷载有降低作用。

（3）定义屋盖非高斯与高斯区域划分标准，以此标准绘制不同风向角下测点的偏度与峰态关系图，发现开孔使孔口周边部分测点由非高斯特性转变为高斯特性。

参考文献

[1] 孙瑛.大跨屋盖结构风荷载特性研究 [D].哈尔滨：哈尔滨工业大学，2007.

[2] 白硕.大跨度屋盖结构风荷载特性风洞试验研究 [D].石家庄：石家庄铁道大学，2015.

[3] 李玉学，白硕，杨庆山，等.大跨度封闭式柱面屋盖脉动风荷载非高斯分布试验研究 [J].建筑结构学报，2019，40（7）：62-69.

[4] KUMAR S, STATHOPOILOS T. Synthesis of Non-Gaussjan wind pressure-time serjes on low buildingroofs [J]. Engineer Structure, 1999, 21：1086-1100.

[5] 李鹏飞，赵林，葛耀君，等.超大型冷却塔风荷载特性风洞试验研究 [J].工程力学，2008，25（6）：60-67.

[6] 刘若斐，沈国辉，孙炳楠.大型冷却塔风荷载的数值模拟研究 [J].工程力学，2006，23（A1）：177-183.

鞍形屋盖加权 K 均值聚类风压分区方法 *

殷佳齐[1]，刘敏[1]，杨庆山[1,2]

（1. 重庆大学土木工程学院 重庆 400045；

2. 结构风工程与城市风环境北京市重点实验室 北京 100044）

1 引言

鞍形屋面虽造型优美，但此类体型凹陷的大跨结构表面风压分布特性更加复杂。其风致破坏首先发生于角部和边缘区域，并随即引起其他部位的连续破坏，说明鞍形屋盖各个区域的风敏感程度不同，角部和边缘区域的风易损性程度偏强。依据鞍形屋盖表面风压分布特性，即各区域易损性程度对整个屋盖结构划分出不同的分区，可以提高整体可靠度。通过合理客观地评估不同分区下的风荷载指导围护结构设计也被国内外风荷载设计规范广泛采用[1-4]。

2 研究方法

本文提出了一种基于 K 均值聚类算法的风压系数快速分区方法，通过考虑空间位置因素的影响修正聚类分区结果，使所得到的风压分区结果中分区内测点位置相邻极值相近。

2.1 风压数据处理方法

风洞试验所得极值风压系数数据集：$D = \{ d_i = (x_i, y_i, C_{pi})^T \mid i = 1, 2, \cdots, n \}$，对各元素进行归一化处理，避免产生聚类结果的过拟合。为衡量各类信息对聚类结果重要性的不同，对各参数赋以权重。根据最小化各元素方差的原则，通过拉格朗日法计算权重因子：

$$w_i = \frac{1}{\sum_{j=1}^{3} \left(\frac{V_i}{V_j} \right)^{\frac{1}{r-1}}} \tag{1}$$

最终得到用于聚类分析的风压数据集为 $D = \{ (\bar{\omega}_1 x'_i, \bar{\omega}_2 y'_i, \bar{\omega}_3 C_{pi}')^T \mid i = 1, 2, \cdots, n \}$。

2.2 聚类分析算法

为了得到聚类数 k 所对应的聚类结果，通过聚类分析算法划分测点 d_i 所属簇 M_j。不同聚类结果的簇内相似性和簇间差异性通过测点 d_i 与簇 M_j 中心 m_j 距离平方和 SSE_k 和所有测点的平均轮廓系数 $\bar{S}$ 表征，并将两指标最优值对应的聚类数作为聚类数选取范围的边界。

$$\mathrm{SSE}_k = \sum_{j=1}^{k} \sum_{d_i \in M_j} \mathrm{dist}^2(d_i, m_j) \tag{2}$$

$$\bar{S} = \frac{1}{n} \sum_{i=1}^{n} S_i = \frac{1}{n} \sum_{i=1}^{n} \frac{b - a}{\max(a, b)} \tag{3}$$

式中，凝聚度 a 是测点与同簇测点的平均距离；分离度 b 是测点 $\hat{d}_i$ 与最近簇测点的平均距离。

2.3 分区结果比较

依据所得到的聚类结果，将属于不同簇的测点中心线作为分区界限，得到不同聚类数所对应的分区结果。将空间位置相邻这一主观指标用异常率客观表示，同时用分区内测点的极值风压系数的最大极差率表征测点风压系数是否临近。将两指标之和作为最终的评价指标，得到最优的分区结果和分区数。

* 基金项目：国家自然科学基金青年基金项目（51808077）；重庆市留学人员回国创新支持计划（cx2019024）。

3 算例应用

根据上述步骤得到了某鞍形屋盖的分区数为 4 的风压分区结果，如图 1 所示。该结果中同一分区内测点在空间位置上相邻且测点的极值风压系数大小相近，风压分区结果沿屋盖的两条对角线对称分布，符合全风向鞍形屋盖的空气动力特征，与鞍形屋盖测压试验所得的全风向负压极值示意图相贴合。

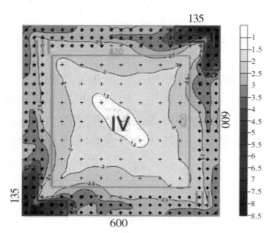

图 1 鞍形屋盖全风向极值风压分区结果

4 结论

本文通过权重因子衡量两种信息的影响，并通过拉格朗日乘数法得到了权重因子取值。在 k 的取值上，提出利用距离平方和和平均轮廓系数两指标限定 k 的取值范围。对于不同分区结果，根据异常率和最大分区极差率，量化比较各分区结果。本文得到如下结论：

（1）考虑空间位置信息时，要权衡位置信息的影响权重，才能获得更好地分区结果。

（2）风压分区结果比较应基于便于工程使用和客观性强的原则，以得到最优结果。

（3）本文所提出的方法快速完成了鞍形屋分区工作，亦可应用于其他结构。

参考文献

［1］建筑结构荷载规范（GB 50009—2012）［S］.北京：中国建筑工业出版社，2012.

［2］Recommendations for loads on buildings：AIJ-2004［S］.Tokyo：Architectural Institute of Japan，2004.

［3］Minimum design loads and associated criteria for buildings and other structures：ASCE/SEI 7－16［S］.Reston，VA：American Society of Civil Engineers，2017.

［4］User's Guide：NBC 2015 structural commentaries，structural commentaries（Part 4 of Division B）：NBCC－2015［S］.Ottawa：National Research Council of Canada，2015.

1.7 km 超大跨度屋盖结构的风洞试验研究*

林韬略，冯帅，谢壮宁，余先锋

（华南理工大学土木与交通学院 广州 510640）

1 引言

　　风灾中大跨屋盖主体结构的破坏并不常见，但围护结构受损情况却常有发生[1]，其原因可能是屋面极值风压没有得到可靠的估计。风洞试验时通常只进行短时程的风压测量，直接按照 10 min 时距进行分段得到的子样本数较少，且子样本数随模型缩尺比增大而减小，统计结果的随机性较高。常规建筑结构多采用整体模型，但对于跨度较大时若采用整体模型其缩尺比会较小，导致模型局部形状和细节等可能达不到试验精度需求，相应风场指标的模拟也存在较大困难，从而很难保证试验结果的可靠性。针对最大跨度达 1.7 km 的深圳国际会展中心，采用局部节段模型方法对其实施分批次风洞试验，借助修正的峰值分段平均方法计算了该屋盖结构的极值风压，保证了模型缩尺比控制在合理范围内，以及足够子样本数下极值风压统计结果具有更好的数值稳定性和统计精度。

2 局部节段模型方法

　　由十个展厅和登陆大厅、中央廊道等构成的深圳国际会展中心最大跨度长达 1.7 km，屋盖东西两侧边沿为波浪形悬挑结构，在同侧相邻的两片屋盖之间存在内部中间街道。选取模型缩尺比为 1:250，试验在 A 类地貌下进行，取风压参考高度为 150 m。借助该结构的对称性，采用节段模型方法分别进行了 5 次不同的风洞试验，最终以少量的局部节段模型和其上较少的测压点数实施了针对此超大跨度屋盖结构和墙面风压的全覆盖测量。进行节段模型试验时会适度考虑其相邻展厅建筑的影响，在被测模型四周放置一定范围的屋盖补偿模型，如图 1 所示。此外，还进行了标准展厅屋盖单体工况的测量，研究了周围屋盖的干扰效应。

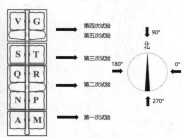

（a）第 1 次试验　　　　（b）第 2 次试验　　　　（c）单体试验　　　　（d）分批试验及风向角

图 1　局部节段模型风洞试验图

3 风压分布试验结果及分析

3.1 修正的峰值分段平均方法

本文采用一种基于样本独立性的短时程样本极值风压估计修正方法[2]估算极值风压，该修正方法依

* 基金项目：国家自然科学基金项目（51778243）。

据互信息理论分析风压样本的线性和非线性相关性，对短时程风压样本进行独立分段，然后应用峰值分段平均法估算建筑结构表面的极值风压系数并进行不同时距的补偿。

选取标准展厅单体 A 屋盖全部墙面与屋面的上表面测点，应用上述修正方法估算其极值风压系数。以 180° 风向角为例，C_{pe1} 为按简单分段统计方法即直接根据 10 min 长时距划分成 5 段求最值取平均的极值；C_{pe2} 为按修正方法使用短时距划分为 34 段并进行补偿后转换为长时距的极值；C_{pe3} 表示假设模型缩尺比为 1/50 时，按简单分段统计方法只能划分为 1 段长时距的极值。如图 2 所示，以极小风压系数为例，与简单地将一次试验采样得到的风压时程按照规范要求的 10 min 分段统计结果相比，修正方法可以不受模型缩尺比大小的限制，准确且稳定地进行极值风压估计，具有较强的实用性和可推广性。

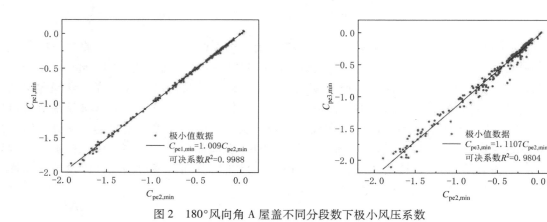

图 2　180° 风向角 A 屋盖不同分段数下极小风压系数

3.2　节段模型试验的可行性验证

选取出自两次试验的 180° 风向角 A 屋盖西北角和相邻 N 屋盖西南角的极值风压分布进行比较，结果如图 3。由图可见，尽管有中间街道间隔，由两次试验得到的两相邻区域的极值风压系数分布仍呈现非常好的连续性，这表明了局部节段模型方法应用于超大跨度屋盖结构风压测量的有效性。

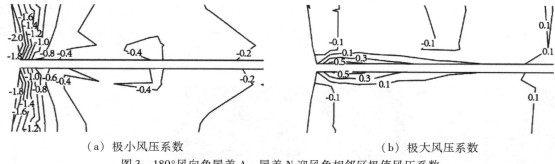

（a）极小风压系数　　　　　　　　　　　（b）极大风压系数
图 3　180° 风向角屋盖 A、屋盖 N 迎风角相邻区极值风压系数

4　结论

通过本文试验结果表明，对于 1.7 km 超大跨度屋盖结构风洞试验，采用局部节段模型进行多批次试验是可行的和可靠的。修正方法估算极值结果更具准确性与稳定性，修补了大缩尺比模型下因常规风洞试验时程样本较短而按标准 10 min 分段得到的分段数过少的缺陷。

参考文献

[1] SPARKS P R, SCHIFF S D, REINHOLD T A. Wind damage to envelopes of houses and consequent insurance losses [J]. Journal of Wind Engineering and Industrial Aerodynamics, 1994, 53（1/2）：145 - 155.

[2] FENG S, WANG Y K, XIE Z N. Estimating extreme wind pressure for long-span roofs：Sample independence considerations [J]. Journal of Wind Engineering and Industrial Aerodynamics, 2020, 205：104341.

基于等效风压的大跨度屋盖等效静风荷载的计算方法[*]

陈星宇[1]，谢壮宁[1]，黄用军[2]

（1. 华南理工大学亚热带建筑科学国家重点实验室 广州 510640；

2. 深圳市欧博工程设计顾问有限公司 深圳 518053）

1 引言

等效静风荷载是工程设计中用来考虑大跨屋盖风振作用的常用方法，已有研究基本上均是以提供节点荷载形式提供可用于设计的等效静风荷载[1-2]，这种方法在设计过程中一旦结构做了调整而发生变化就需要重新计算，在实际工程应用中会有诸多不适应；同时由于屋盖问题的复杂性，在荷载等效过程中由于考虑不同目标的响应以及不同风向的影响最终会产生庞大的工况数据，需要进一步简化。本文在已有研究的基础上，提出了一种基于区域等效风压的风荷载等效方法，进而应用遗传算法建立了针对的庞大工况数据的工况筛选方法。

2 等效风压计算方法

大跨度屋盖结构在随机风荷载作用下的运动可由下式描述

$$[M]\{\ddot{y}(t)\} + [C]\{\dot{y}(t)\} + [K]\{y(t)\} = \{f(t)\} \tag{1}$$

式中，$[K]$、$[M]$、$[C]$、$[f(t)]$ 分别为刚度矩阵、质量矩阵、阻尼矩阵和随机风荷载。进行振型分解后，可以得到节点的弹性恢复力

$$\{f_R(t)\} = [K]\{y(t)\} = [K][\Phi]\{q(t)\} = [M][\Phi][\Lambda]\{q(t)\} = [Q_0]\{q(t)\} \tag{2}$$

定义区域等代风压包含了区域内节点弹性恢复力的总和，可由下式计算

$$\{p(t)\} = [I]\{f_R(t)\} \tag{3}$$

式中，$\{f_R(t)\}$ 为弹性恢复力。$[I]$ 为影响系数矩阵，其中 $i_{j,k}$ 反映了节点 k 的力对区域 j 等代风压的贡献。结合式（2）和式（3），等代风压的协方差矩阵 $[C_{pp}]$ 可由模态坐标协方差 $[C_{qq}]$ 算出

$$[C_{pp}] = [I][Q_0][C_{qq}][Q_0]^T[I]^T \tag{4}$$

根据 LRC 法（可参考文献 [1]）的理念，如果令第 i 个区域为等效目标，那么区域 j 的等效风压 $p_{i,j}^{eq}$ 可由 $[C_{pp}]$ 的第 i 行第 j 列得到脉动部分，再加上均值部分 $\bar{p}_j$ 得到

$$p_{i,j}^{eq} = \bar{p}_j + g\sigma_{p_ip_j} = \bar{p}_j + g\rho_{p_ip_j}\sigma_{p_j} \tag{5}$$

3 工况筛选方法

由于大跨度屋盖结构体型复杂，若考虑若干风向角和不同的等效目标，则工况数量繁多；而如仅仅考虑单一目标会使得其他区域受到低估，为了综合考虑结构各方面的风致作用，必须选择多个工况用于分析。由于相邻区域往往有较强的相关性，使得一些区域在某工况中等效风压接近极值，而其他区域在其他工况接近极值。于是，合理地选择部分工况进行组合就可以充分考虑各区域的风压荷载。本文应用遗传算法，定义每个个体中包含的工况作为其染色体的基因，以个体中各区域等代风压包络值的总和或均方根作为适应度来评估个体，经过交换、变异、选择的迭代，筛选出包含最佳工况的个体，从而实现以较少工作量就能从大量工况数据中完成工况的挑选。

---

* 基金项目：国家自然科学基金项目（51778243）。

4 应用案例

将本文的方法应用于厦门某机库进行等效风荷载计算，机库布置及分区示意见图 1。风洞试验在华南理工大学 5m 级大气边界层风洞进行，设定 A 类地貌，重现期 50 年。

图 2 展示了遗传算法筛选出的 5 个工况，综合这些工况得到的等效负风压包络值和各区域峰值等代风压进行了对比，结果表明本案例中考虑选择的 5 个工况可以在各区域都得到不错的风压等效效果。图 3 展示了遗传算法所选工况的位移响应结果，其中受负压的情况计算了 5 个等效风压工况的位移响应并得到极大包络值，受正压的情况则计算了 10 个等效风压工况的位移响应并得到极小包络值。节点峰值位移响应则是节点考虑所有风向后得到的峰值位

图 1 某机库效果图案和分区示意图

移。等效工况位移包络值与节点峰值位移吻合得不错，这说明由遗传算法选择的工况可以较好地实现位移的等效。

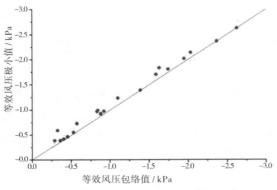

图 2 筛选工况的各区域等效风压结果

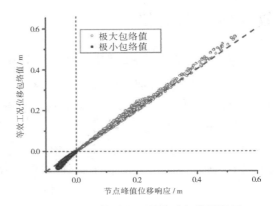

图 3 筛选的等效工况的位移包络值结果

5 结论

（1）本文提出的方法可以计算出分区的等效风压分布。

（2）使用弹性恢复力计算的替代风压具备合理性。

（3）以 LRC 法理念计算出的等效工况中，可以使等效目标的等代风压达到峰值，但其他区域会出现低估。

（4）应用遗传算法，筛选少量工况即可考虑多个目标的等效。

参考文献

[1] 谢壮宁，倪振华，石碧青. 大跨度屋盖结构的等效静风荷载 [J]. 建筑结构学报，2007（1）：113–118.
[2] 李小康，谢壮宁. 大跨度屋盖结构风振响应和等效静风荷载的快速算法和应用 [J]. 土木工程学报，2010，43（7）：29–36.

基于被动旋涡发生器的大跨平屋盖风效应流动控制 *

刘婷婷，张洪福，辛大波

（东北林业大学土木工程学院 哈尔滨 150040）

1 引言

风灾是自然界最常见的灾害之一，每年都会给经济造成巨大的损失。其中，对住宅、商业和工业结构等低层大跨建筑的破坏所造成的损失占风灾总损失的较大部分[1]。对于这些低层大跨建筑来说，屋顶是一个重要的风敏感部分。屋顶破坏形式主要是风吸力导致的掀翻破坏，因此，控制相应部位的极值风吸力是提高大跨屋盖结构抗风的关键。被动控制作为一种简单高效的边界层控制方法，被许多专家学者研究采用[2]。Kopp 等人[3]研究了各种被动装置对屋顶负压的控制效果，结果表明，扰流板和多孔连续护栏表现最好。甘石等[4]利用风洞试验研究了扰流板各项参数对双坡房屋屋面风压的影响，结果表明扰流板能有效地降低屋面的平均风压和峰值负压。考虑到部分节能型大跨建筑平屋顶上安装光伏板等集能装置，在屋顶上安装传统的被动装置对太阳能的收集有很大影响，需要开发一种可实用的新型扰流装置来满足现代工业的需求。本研究将被动式旋涡发生器（PVGs）附着在大跨平屋盖屋檐上，探究其对屋顶极值风吸力的控制效果，并讨论旋涡发生器高度对极值风压的影响。

2 风洞试验

本文采用风洞试验的方法探究旋涡发生器（PVGs）对屋顶极值风吸力的减缓效果。低层大跨建筑的全尺寸为长 90.5 米、宽 61.8 米、高度为 8.73 米，屋顶坡度为 5%。本试验建筑模型的几何比例为1：244，选取风向角为 0°～90°，每隔 10°为一个试验风向。采用的旋涡发生器高 1.0 cm、长 1.5 cm，开合角 90°，倾斜角为 150°，在屋檐处的安装间隔为 2 cm。将试验模型放在中国规范所规定的 B 类地貌（GB50009—2012）风场中进行测压试验，屋顶高度处的湍流强度和参考速度分别为 12.4% 和 8.0 m/s。风洞试验概况及 B 类地貌测试结果如图 1、图 2 所示。

图 1 B 类地貌风场及试验模型

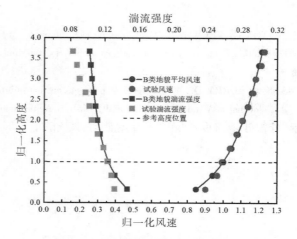

图 2 B 类地貌风速剖面和湍流度剖面

* 基金项目：国家自然科学基金项目（51878131）。

3 结果与讨论

如图2a所示，该模型的最不利风向角为60°。在安装PVGs后，绝大多数风向角的峰值风吸力都有明显的降低。对于最不利风向角而言，峰值压力系数从"No PVG"情况下的 -3.69 减少到"PVG"情况下的 -1.41，降低了61.8%。角部面积平均峰值压力系数（$C_{p\,\text{avg-area,peak}}$）的减少也很明显，与初始情况相比，$C_{p\,\text{avg-area,peak}}$ 在转角处的降幅最大，达到了45%。原因是PVGs产生的顺流向涡流扭曲或破坏了锥形旋涡，降低了锥形旋涡的影响。在最不利风向角下，讨论旋涡发生器高度（H_0）对屋顶迎风前缘区域极值风压的影响。如图2b所示，PVGs高度为1.0 cm时，PVGs对屋顶迎风前缘区域极值风压的控制效果最好，比"No PVG"的情况减少了约58.5%。PVGs的高度越高，控制效果越好，这是因为PVGs的高度越高，其产生的湍流涡流可以更有力地破坏屋顶上的锥形旋涡。

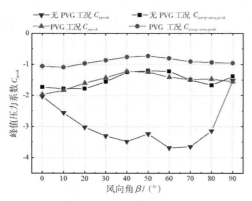

（a）不同风向角下PVGs对屋顶极值风压的影响

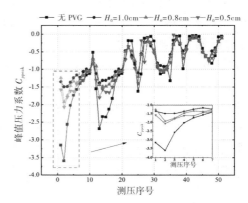

（b）PVGs高度对风压的影响

图2 模型计算结果示意图

4 结论

本文采用风洞试验的方法探究了旋涡发生器（PVGs）对屋顶极值风吸力的控制效果，并讨论旋涡发生器高度对极值风压的影响。研究结果发现，PVG对减轻屋顶的极值风吸力有很好的控制作用。对于最不利风向角而言，PVGs的最大降低率达到61.8%，角部区域的峰值压力系数也降低了45%。PVGs的高度越高，控制效果越好，这是因其产生的湍流涡流可以更有力地破坏屋顶上的锥形旋涡的缘故。

参考文献

［1］HOLMES J，PATON C，KERWIN R. Wind Loading of Structures［M］. Taylor and Francis，2007.

［2］BANKS D. The suction induced by conical vortices on low rise buildings with flat roofs［D］. Ph. D. dissertation，Colorado State Univ，2000.

［3］KOPP G，MANS C，SURRY D. Wind effects of parapets on low buildings：Part 4. Mitigation of corner loads with alternative geometries［J］. Journal of Wind Engineering and Industrial Aerodynamics，2005，93：873－888.

［4］甘石，李钢，李宏男.扰流板减小低矮房屋屋面风压试验研究［J］.土木工程学报，2018，51（6）：91－102.

五、低矮房屋结构抗风

双坡屋面近壁面风速的风洞试验和数值模拟研究

辛林桂，周晅毅，顾明

（同济大学土木工程防灾国家重点实验室 上海 200092）

1 引言

在积雪飘移的研究中，近壁面的风速分布决定了积雪的传输率[1]。本文采用稳态 RANS 方法，分别使用 Standard $k-\varepsilon$、RNG $k-\varepsilon$ 和 Realizable $k-\varepsilon$ 三种湍流模型对不同坡度的双坡屋面近壁面风速进行数值模拟研究，并与风洞试验测量结果进行了对比，分析了屋面坡度对近壁面风速分布的影响。

2 研究方法

2.1 数值模拟

本文的模拟对象为二维双坡屋面的流场分布，模型尺寸如图 1a 所示。计算域大小为 $16 L \times 20 H$，模型上游来流区域为 $5L$，下游尾流区域为 $10L$。网格采用结构化网格，在近壁面进行了加密处理，最小网格尺寸为 $H/100$，如图 1b 所示。本文基于稳态 RANS 方法对 Standard $k-\varepsilon$、RNG $k-\varepsilon$ 和 Realizable $k-\varepsilon$ 三种湍流模型分别进行了数值模拟。计算域入口为速度入口，入口的风速与湍流强度通过风洞试验测量值拟合得到；地面和建筑屋面边界采用标准壁面函数和无滑移壁面条件；上边界为对称边界条件；出口为充分发展的自由出流边界。压力速度耦合方法为 SIMPLE 算法，空间离散格式为二阶迎风格式，收敛准则为各方向上的速度、k、ε 和连续性的残差均小于 10^{-6}。

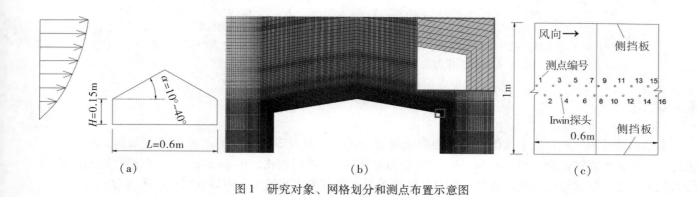

图 1 研究对象、网格划分和测点布置示意图

2.2 风洞试验

Irwin 通过风洞试验表明 Irwin 探头测得压力差值 ΔP 与近壁面风速存在以下关系[2]：$U_h = a + b\sqrt{\Delta P}$，其中 U_h 为探针高度 h 处的风速，a、b 为标定系数；本文在风洞中采用不同风速，使用高度为 5 mm、6 mm、8 mm 和 10 mm 的 Irwin 探头分别测量了不同坡度的屋面的近壁面风速，测点布置如图 1c 所示。

3 结果分析

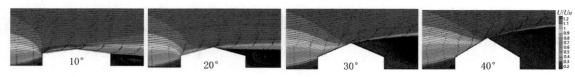

图 2 不同坡度屋面的风速分布云图

参考高度处风速 $U(H)$ 为 8 m/s 时，以 Realizable $k-\varepsilon$ 模型的数值模拟结果为例，不同坡度屋面的风速分布云图如图 2 所示。流动在屋盖前缘发生分离，形成一个分离泡附着在屋面上，在分离点之后的屋面某个位置，流动发生再附。建筑后部存在一个尾流区，建筑尾部回流区从屋盖尾缘开始形成。随着坡度的增大，建筑迎风前缘分离消失，建筑尾部的回流区向上移动到了双坡屋盖背风面，从屋脊处即开始形成。

坡度为 10° 时，屋面 5 mm 高度处的数值模拟与 Irwin 探头风洞试验结果对比如图 3a。由图 3a 可得，RNG $k-\varepsilon$ 模型模拟结果小于 Standard $k-\varepsilon$ 模型与 Realizable $k-\varepsilon$ 模型，并且 Realizable $k-\varepsilon$ 模型与风洞试验结果最为接近，因此下文选用 Realizable $k-\varepsilon$ 模型模拟结果进行分析。图 3b 为 Realizable $k-\varepsilon$ 模型模拟获得的不同风速下屋面坡度与近壁面风速的变化关系，屋面坡度相同时，随着距离屋面高度 h 的增大，风速在不断地增加，屋面近壁面的风速与坡度存在线性关系，随着坡度的增大，屋面近壁面的风速逐渐减小。

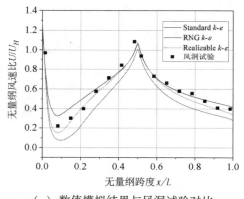
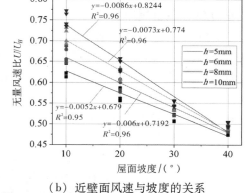

（a）数值模拟结果与风洞试验对比　　　　（b）近壁面风速与坡度的关系

图 3 不同湍流模型的对比及屋面坡度与无量纲风速比的关系

4 结论

本文通过风洞试验对比了数值模拟三种湍流模型的差异，并对不同坡度的双坡屋面近壁面风速分布进行了分析，主要结论有：与 Standard $k-\varepsilon$ 模型和 RNG $k-\varepsilon$ 模型相比，Realizable $k-\varepsilon$ 模型与风洞试验结果最为接近；屋面近壁面的风速与坡度存在线性关系，随着坡度的增大，屋面近壁面的风速逐渐减小。

参考文献

[1] KOBAYASHI D. Studies of snow transport in low-level drifting snow ［D］. Hokkaido：the Institute of Lowe Temperature Science，Hokkaido University，1972：24（7），1−58.

[2] IRWIN H. A simple omnidirectional sensor for wind-tunnel studies of pedestrian-level winds ［J］. Journal of Wind Engineering and Industrial Aerodynamics，1981：7（3），219−239.

直立锁边屋面连接件的力学性能研究 *

林斌，李寿科，杨易归，庄圣成，郭凡

（湖南科技大学土木工程学院 湘潭 411201）

1 引言

直立锁边屋面板被认为是最具经济性、耐久性、安装工作量小的屋面体系，广泛运用于建筑屋面中。直立锁边屋面系统由屋面板、支座和檩条组成，受到风吸力的作用，在强风作用下屋面连接处或支座处易发生变形分离或拔出毁坏[1-2]。于敬海等[3]以支座底板厚度和自攻钉数量等为变量，共对 92 个连接节点试件进行抗拉试验研究，对试验结果进行分析，修正已有的抗拉承载力计算公式，为合理计算节点的承载力提供依据。本文以直立锁边屋面为研究对象，设计三组屋面系统连接件的足尺试验分别研究支座、屋面板接缝之间的连接特性，通过对试验结果进行分析，得出屋面连接件的力学特性，为有限元模拟奠定基础。

2 连接件拉拔试验

2.1 试验目的和构件设计及制作

屋面板连接处在有限元模型中可以被模拟为连续弹性体系，该体系由模拟接缝在板横向方向上提供的水平刚度 K_x 以及模拟板在纵向方向上提供的旋转刚度 K_θ，而支座在有限元中被模拟为竖向弹性刚度 K_v。为此总共设计了三组屋面板试验，选用的直立锁边屋面板横截面形式及尺寸如图 1 所示，选用的支座如图 2 所示，屋面板和支座通过 360°机械咬合连接。

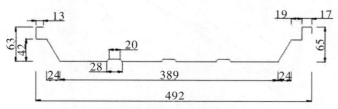

图 1 屋面板横截面及尺寸（单位：mm）

图 2 支座

2.2 试验 1：连接件的竖向弹性刚度

为了测试屋面板间连接件的竖向弹性刚度 K_v，由于竖向刚度主要由支座提供，且为了考虑试验结果的离散性，因此试验 1 设置 3 个试件，试件的安装示意图如图 3a 所示。用 2 块异性的铁块加装在屋面板内侧，外侧也加装铁块，用螺栓将屋面板、铁块连接在一起，在异型铁块的端部设置铁板，防止屋面板接缝处发生相对水平或相对扭转位移，最后把试件安装在一起。把整体试件装进铁盒子里，在 MTS 设备中进行拉拔，以位移控制的方式进行实验，位移的速度为 3 mm/min，每隔 1 秒记录一次荷载 – 位移数据。从试验结果得到的图 3b 荷载 – 位移曲线可以得知，三个试件的承载力都在 2.6 kN 附

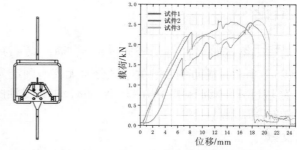

（a）测试试件安装示意图 （b）荷载 – 位移曲线

图 3 竖向弹性刚度测试

* 基金项目：国家自然科学基金项目（51508184）。

近，刚度可由荷载－位移曲线的斜率得知，平均的线性刚度为 3.404 98 N/mm。

2.3 试验2：连接件的水平方向弹性刚度

第二个试验的目的是确定屋面横向接缝水平弹性刚度 K_x，本次试验测试了4个样品，其中2个有支座，其余没有，试件的安装示意图如图4a所示，每个样品长都为 475 mm，屋面板内外侧的异型铁块长度都为 475 mm，把整个试件安装好后放到 MTS 机上，以位移控制的方式进行实验，位移的速度为 3 mm/min，每隔1秒记录一次荷载－位移数据。从实验结果得出的图4b荷载－位移曲线可以得知水平方向的弹性刚度，从斜率可知无支座和有支座平均刚度分别为 0.525 N/mm 和 0.54 N/mm，刚度的这些微小差异（2%）可以忽略不计。

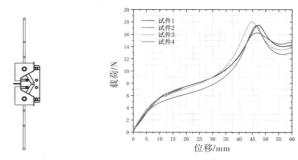

（a）测试试件安装示意图　（b）荷载－位移曲线

图4　水平方向弹性刚度测试

2.4 试验3：连接件的扭转方向弹性刚度

第三个试验旨在确定屋面接缝处旋转弹性刚度 K_θ，本次试验测试4个样品长度为 475 mm 的样品，和第二次试验一样，4个样品中2个有支座连接到接缝上面。安装示意图如图5a所示。类似第一个试验，屋面内侧用异型铁块填充，外侧由铁板压紧，由5个螺栓把铁块、铁板以及屋面板组装在一起。4块钢板固定在异型铁块两侧端部上，由铰链把上下钢板连接在一起，形成剪刀的样式，绕屋面接缝作圆周运动。测试以位移控制的方式进行，位移的速度为 3 mm/min，每隔1秒记录一次荷载－位移数据。使用一些程序，确定力矩和旋转角度之间的关系。由试验得出的图5b力矩－旋转角度曲线的斜率可以得出刚度，4个试件中有支座的刚度平均刚度为 191.895 N/mm，而没有支座的平均刚度为 161.423 N/mm，由这些数据可知有支座的刚度明显比没有支座的刚度要大（19%）。

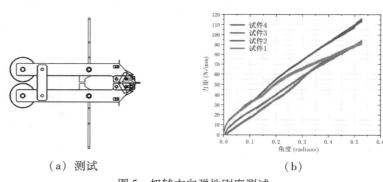

（a）测试　　　　　　　　　（b）

图5　扭转方向弹性刚度测试

3 结论

通过三组试验可以得到竖向（K_v）、横向（K_x）、旋转（K_θ）三种弹性刚度，竖向弹性刚度确定为 3.40498 N/mm，横向弹性刚度不区分有无支座确定为 0.525 N/mm，而旋转弹性刚度有支座和无支座分别确定为 191.895 N/mm 和 161.423 N/mm，由此得到的直立锁边屋面连接件的力学特性，为之后的有限元建模做好基础准备。

参考文献

［1］ DAMATTY A A E, RAHMAN M, RAGHEB O. Component testing and finite element modeling of standing seam roofs［J］. Thin-Walled Structures, 2003, 41：1053－1072.

［2］ 宣颖, 谢壮宁. 大跨度金属屋面风荷载特性和抗风承载力研究进展［J］.建筑结构学报, 2019, 3（40）：41－49.

［3］ 于敬海, 等.直立锁边金属屋面系统关键连接节点抗拉承载力试验［J］.建筑科学与工程学报.2019, 1（36）：112－118.

低矮建筑墙面开孔所致风致内压特性研究 *

刘泰廷[1,2]，戴益民[1,2]，蒋姝[1,2]，袁养金[1,2]，徐瑛[1,2]

（1. 湖南科技大学结构抗风与振动控制湖南省重点实验室 湘潭 411201；

2. 湖南科技大学土木工程学院 湘潭 411201）

1 引言

我国东南海沿岸地区是台风灾害的频发区域。台风灾害导致我国东南海沿岸大量低矮建筑物受损，给居民的生命财产造成巨大损失。在台风灾害中，建筑物由于功能性或偶然性敞开（风致破坏）将会导致建筑物可能遭受内外压共同作用进而承受更大的净风压，对整个建筑造成更严重的二次破坏。许多学者[1-5]研究发现风致内压受风向角、风速、开口面积、开孔数量、背景孔隙率、模型体积和开口位置等多种因素影响。然而，现有研究很少有利用实验数据来全面、定量地分析不同影响因素对风致内压的影响。本文以中国沿海地区典型的平屋顶低层建筑的刚性模型为基础，研究墙体开孔尺寸、背景孔隙率、双开孔组合等参数在建筑窗户破坏后对建筑的风致内压特性的影响。

2 风洞试验概况

试验在湖南科技大学风工程试验研究中心的大气边界层风洞中进行，按照规范[6]模拟出缩尺比为 1：20 的 B 类风场，结果见图 1。在模型屋面内外表面相同位置均匀布置了 130 对测压孔以同时获取内外表面风压，并在四个墙面外表面共布置了 138 个测点，内表面布置了 46 个测点；在模型墙上依照规范[7]布置了四个窗口；为了研究背景孔隙率对内压的影响，在后墙上布置了两块共带有 51 个直径为 6mm 圆孔的 PVC 薄板，窗口尺寸、位置及风向角见图 2。为了保证内压脉动特性与实际相符，对模型的内部容积进行了扩容，模型扩容后的内部体积为 0.384m³。试验风向角为 0°～360°，每次递增 15°。

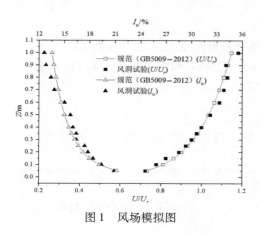

图 1 风场模拟图

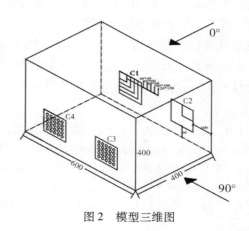

图 2 模型三维图

试验分为三部分。①单个主开孔（无背景孔隙率）：工况 1～工况 5，洞口尺寸为 40～120 mm（以 20 mm 递增）。②具有孔隙率的单个主开孔：工况 6～工况 9，主开孔尺寸 60 mm，背景孔隙率分别为 283 mm²、707 mm²、990 mm² 及 1442 mm²；工况 10～工况 13 与工况 6～工况 9 只是主开孔尺寸不同，为 120 mm。③面积相同但相对位置不同的双开孔组合：工况 14～工况 16，主开孔尺寸 60 mm，窗口组合分

* 基金项目：国家自然科学基金项目（51578237）；湖南省研究生学位教育改革重点项目（2019JGZD063）；湖南省教育厅科学研究重点项目（19A168）。

别为 C1 + C4、C1 + C3 及 C1 + C2；工况 17 ～工况 19 与工况 14 ～工况 16 只是主开孔尺寸不同，为 120 mm。

3　研究结果

限于篇幅只列出了开孔尺寸、开孔组合、背景孔隙率对内压的影响，见图 3 ～图 5。全风向角下各工况的净风压极值及具体的内外压相关性分析见全文。

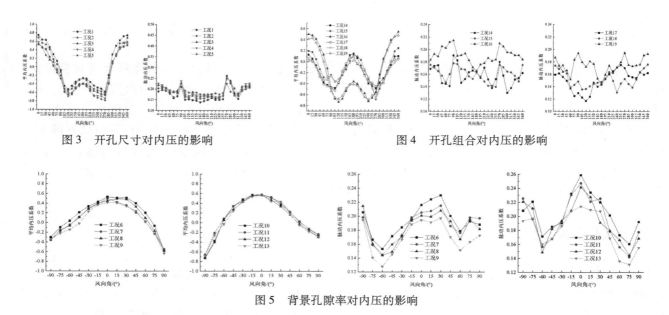

图 3　开孔尺寸对内压的影响　　　　　　　　　　　图 4　开孔组合对内压的影响

图 5　背景孔隙率对内压的影响

4　结论

（1）墙面主开孔迎风时内压为正，背风时内压为负。开孔率越大，平均内压系数越大，脉动内压系数降低。当背景孔隙率大于 10% 时，对内压系数影响更为显著。迎风面和背风面组合开孔相比于单面墙并列双开孔形成穿堂风会减小建筑内压。

（2）背景孔隙的存在将会减弱内外压负相关程度。单面墙并列开孔工况是最不利工况。

（3）不同风向角下靠近开孔侧的屋檐所受净风压极值明显高于其他屋檐区域，且在风向角为 - 30° 时达到最大吸力 - 3.7。墙面双开孔对屋面整体净风压极值影响不大。

参考文献

[1] WOODS A R, BLACKMORE P A. The effect of dominant openings and porosity on internal pressures [J]. Journal of Wind Engineering & Industrial Aerodynamics, 1995, 57 (2)：167 - 177.

[2] OH J H, KOPP G A, INCULET D R. The UWO contribution to the NIST aerodynamic database for wind loads on low buildings：Part 3. Internal pressures [J]. Wind Eng Ind Aerodyn, 2007, 95：755 - 779.

[3] KOPP G A, OH J H, INCULET D R. Wind induced internal pressure in houses [J]. ASCE J. Struct Eng, 2008, 134：1129 - 1138.

[4] GINGER J D, HOLMES J D, KIM P Y. Variation of internal pressure with varying sizes of dominant openings and volumes [J]. Journal of Structural Engineering, 2010, 136 (10)：1319.

[5] GUHA T K, SHARMA R N, RICHARDS P J. Influence factors for wind induced internal pressure in a low rise building with a dominant opening [J]. Journal of Wind & Engineering, 2011, 8 (2)：1 - 17.

[6] 建筑结构荷载规范（GB5009—2012）[S]. 北京：中国建筑工业出版社，2012.

[7] 住宅设计规范（GB50096—2011）[S]. 北京：中国建筑工业出版社，2011.

双坡式停车棚屋面风荷载研究 *

郭凡，李寿科，杨易归

（湖南科技大学土木工程学院 湘潭 411100）

1 引言

双坡屋面是一种广泛用于建筑结构的屋面形式，例如停车棚、厂房、体育馆等。其质量较轻，受风荷载影响较大。双坡式停车棚采用的是四面敞开的布置，与《建筑结构荷载规范》（GB 50009—2012）中规定的双坡顶盖类似，属于风敏感结构[1]。李寿科等研究了单坡以及双坡光伏车棚屋面的风荷载特性[2]，Uematsu 等对缩尺比为 1:100 的四面开敞式屋面刚性模型进行风洞实验，研究不同屋面形式以及屋面倾角对风压的影响[3]。本文通过对 1:50 缩尺比制作的四面开敞式停车棚模型进行风洞实验，研究倾角为 20°和 30°屋面的整体体型系数、测点平均风压系数和极值风压系数。其中，20°倾角屋面有通过安放模型来模拟有停车与未停车的两种工况。通过比较不同工况下的实验数据，对该类结构提供抗风设计的依据。

2 研究方法及内容

本文实验在湖南科技大学风工程实验中心进行，实验模拟 B 类地貌条件下，针对缩尺比为 1:50 的停车棚刚性模型，通过扫描阀对屋面上下表面进行测压实验，0°风向角定义如图 1 所示，风向角间隔为 15°，共有 25 个测试风向角。采样频率为 330Hz，采样时间为 30s，共采集 10 000 个数据点。

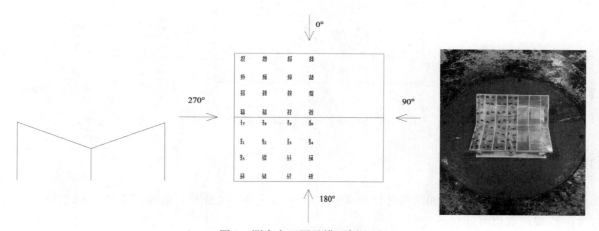

图 1 测点布置图及模型侧视图

2.1 整体体型系数

表 1 给出了在 0°风向角下倾角为 20°和 30°以及 20°有停车情况下与《建筑结构荷载规范》（GB50009—2012）的双坡顶盖（图 2）体型系数进行比较。

* 基金项目：国家自然科学基金项目（51508184）。

表1 试验模型各倾角与规范值对比

内容	α	μ_{s_1}	μ_{s_2}
规范值	20°	0.3	0.15
试验值	20°	-0.42	0.42
试验值	20°（有车）	-0.5	0.35
规范值	30°	-1.6	-0.4
试验值	30°	-0.64	0.31

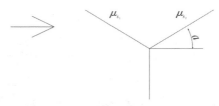

图2 双坡顶盖

2.2 屋面倾角20°，有、无停车两种情况下的平均风压系数

当屋面倾角为20°时，有、无停车两种情况下的平均风压系数变化情况如图3所示。

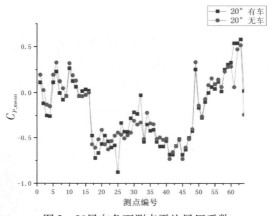

图3 0°风向角下测点平均风压系数

3 结论

（1）屋面倾角为20°的双坡屋面的整体体型系数以及倾角为30°的最不利负体型系数与规范给出的数据相差较大，按规范取值可能会不安全。

（2）0°风向下，在迎风面上表面的测点距屋脊越远，其平均风压系数平均值越大。对比无停车的工况，其等值线图大致相同，迎风面的风吸力大小相近，但风压力大小有所减小。

参考文献

［1］ 建筑结构荷载规范（GB 50009—2012）［S］. 北京：建筑结构出版社，2012：36－50.

［2］ 李寿科，刘智宇，张雪，等.单坡光伏车棚风洞试验研究［J］.振动与冲击，2019，38（7）：248－253，271.

［3］ UEMATSU Y, IIZUMI E, STATHOPOULOS T. Wind force coefficients for designing free-standing canopy roofs［J］. Journal of Wind Engineering & Industrial Aerodynamics, 2007, 95（9－11）：1486－1510.

基于深度学习的低矮建筑风压预测*

辛业文，吴玖荣，李浪，傅继阳

（广州大学风工程与工程振动研究中心 广州 510000）

1 引言

建筑表面风压系数的确定对建筑结构抗风设计有着重要的影响，建筑表面风压系数的获得目前主要有三种途径：现场实测、风洞试验和数值模拟。近年来随着机器学习算法的兴起，不少学者将机器学习算法运用至建筑物表面的平均和均方根风压系数预测中。Gavalda[1]等人通过考虑屋顶平面尺寸和屋顶坡度，利用神经网络对建筑物屋顶的压力数据进行建模研究。Bre[2]等人利用神经网络，针对平屋顶、山墙屋顶、斜脊屋顶开发了三种 ANN 模型来预测建筑物表面的风压系数。Tian[3]等人提出了一种基于深度神经网络的方法，预测低层山墙屋顶建筑物表面的平均风压和峰值风压系数。本文采用深度学习的 LSTM（long short term memory，LSTM）方法，对低矮建筑表面风压时程进行预测研究。

2 研究方法介绍

本文结合东京工艺大学所建立的低矮建筑风洞测压气动数据库，采用 LSTM 方法对带山墙屋顶的低矮建筑模型，进行建筑表面风压时程的时间序列预测。山墙屋顶低矮建筑的数据信息如下图 1a 和图 1b 所示：

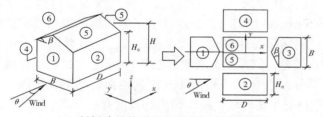
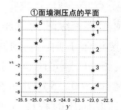

（a）低矮建筑外形和各测压面分布示意图　　　（b）①面墙测压布置点布置示意图

图 1　实验建筑模型示意图

本文研究的山墙屋顶低矮建筑，其相关参数为 $H/B = 1:4$，$D/B = 3:2$，$\beta = 4.8$，风向角 θ 为 0°、45° 和 90°。获得测压点的风压时程数据后，先将数据归一化处理，使其归一化后数据的范围在 0 ~ 1 之间。之后将数据集划分为训练集和测试集，再建立相关的模型，采用深度学习的 LSTM 算法进行预测。数据的划分如图 2 所示，其中训练集约为 27.8%，测试集约为 72.2%。图 3 为 LSTM 模型的详细结构示意图，本文所采用的 LSTM 模型包含的参数主要有：学习率 l_r、激活函数、优化器、丢弃系数、时间步长 l、训练迭代次数、批处理大小、LSTM block 隐藏层的神经元个数，以及输入序列长度 I 和输出长度 O。

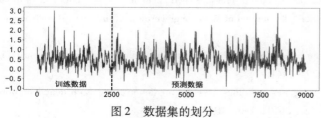
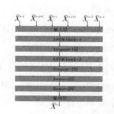

图 2　数据集的划分　　　　　　　图 3　LSTM 模型的详细结构

* 基金项目：国家自然科学基金项目（51778161、51925802）。

3 测点风压时程预测结果分析

本文对风向角 θ 为 0°、45°和 90°的①面墙（对②、③面墙和屋顶⑤面墙的测点进行相同的处理）进行了测点风压时程预测。鉴于篇幅的限制，下面只给出风向角为 0°的①面墙部分测压布置点的风压时程预测结果。

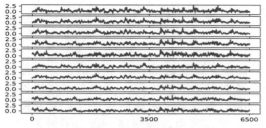

图 4 ①面墙所有测点的预测结果图

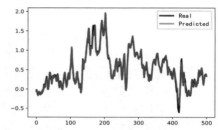

图 5 测点 0 号测压点部分时程预测结果与实验结果对比

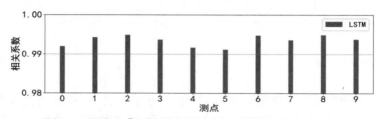

图 6 0°风向角①面墙所有测压点的预测结果精度分析图

图 5 是 0 号测压点前 500 个数据的预测结果图，其中深色线为真实值，灰色线为通过深度学习的 LSTM 算法得到的预测值，纵轴为风压系数。从图 6 所示的预测结果精度（表示为预测结果与真实值的相关系数，其数值越接近于 1 则说明预测精度越高）的结果总体来看，1、2、3、6、7、8 号测压点的预测结果比较好，0、4、5、9 号测压点的预测结果相对较差，但其相关系数也在 0.99 以上。出现这种情况的可能原因是上部分测点（0、5）处于分离区，下部分测点（4、9）由于气流向地面运动形成旋涡，这两部分脉动比较复杂，其风压时程序列可能不是很严格的平稳时序，所以预测的精度有所下降。

4 结论

在总体上看，采用深度学习的 LSTM 模型的预测结果，其趋势和真实值的趋势几乎完全一致，相关系数的值均在 0.99 以上。同时 LSTM 模型可以一次性地同时预测同一个建筑表面上所有测压点的时程风压，在精度保证的情况下，同其他风压时程预测的方法相比，采用深度学习的 LSTM 方法可大大节省风压预测的时间。

参考文献

［1］ GAVALDA X, FERRER-GENER J, KOPP G A, et al. Interpolation of pressure coefficients for low-rise buildings of different plan dimensions and roof slopes using artificial neural networks ［J］. Journal of Wind Engineering and Industrial Aerodynamics，2011，99（5）：658 – 664.

［2］ BRE F, GIMENEZ J M, FACHINOTTI V D. Prediction of wind pressure coefficients on building surfaces using artificial neural networks ［J］. Energy and buildings，2018，158：1429 – 1441.

［3］ TIAN J, GURLEY K R, DIAZ M T, et al. Low-rise gable roof buildings pressure prediction using deep neural networks ［J］. Journal of Wind Engineering and Industrial Aerodynamics，2020，196：104026.

基于小型风机的平屋盖风压控制研究 *

李佳宇，张洪福，辛大波

（东北林业大学土木工程学院 哈尔滨 150040）

1 引言

2021 年 5 月 10 日，暴风后武汉科技馆屋顶板被掀起，造成严重经济损失，在风荷载的作用下，表面风荷载以吸力为主，尤其是在屋檐、屋脊、屋面边缘和转角部位都会伴有流动分离、再附和漩涡脱落[1]等现象，这是屋面破坏的主要原因，因此研究平屋盖风效应控制方法具有重要的现实意义。许多专家对其开展了相关研究。Kopp 等人[2]通过风洞试验系统评估了女儿墙的空气动力学效果，包括围墙、多孔护墙板和围栏。试验表明，女儿墙增加了锥形涡旋的位置，减少了气流的分离，并且不再附着在屋顶的边缘，角落和前缘的风压降低了 50% 以上。Robertson 和 Hoxey[3]在 Silsoe 测试建筑物上进行了现场测试，将屋檐从直角形更改为弯曲形后，迎风屋顶可以在屋檐的 1/3 内将风荷载降低 40%。Blessing[4]等人验证几种空气动力学装置对全尺寸平屋顶房屋风压的有效性，极值风压降低了 50%。风机是最有前景的可再生能源设备之一，因此，本文选取小型风力发电机，研究风机位置、高度、距建筑物前缘距离等参数，利用风力机尾流所产生的顺流向涡旋[5]降低屋面锥形涡的形成从而降低极值风吸力，研究兼具风能收集与风荷载效应控制的方法。

2 风洞试验方法

试验在东北林业大学风洞实验室进行，风洞试验段尺寸截面宽 0.8 m、高 1.0 m、长 5 m，试验模拟了《建筑结构荷载规范：GB50009—2012》中的 B 类地貌风场。风场及模型布置如图 1。风力机直径实际尺寸为 1.2 m，叶片数为 4，缩尺比为 1:40，试验模型 $D = 30$ mm，立方体实际尺寸为 6 m×6 m×6 m，缩尺比为 1:40，模型尺寸为 15 cm×15 cm×15 cm。屋面共布置 96 个测点，风向角间隔为 10°，在 0°～90° 范围内进行试验。试验采用压力测量系统为 DSA3217 电子压力扫描阀系统，风压采样频率 500Hz，采样时间 30s。试验模型及风力机布置如图 2 所示。

图 1　风场布置及试验模型局部放大图

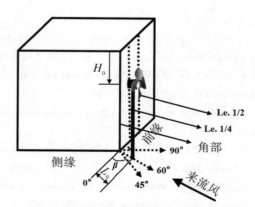

图 2　试验模型与风力机布置参数示意图

* 金项目：国家自然科学基金项目（51878131）。

3 结果与讨论

如图 3 所示，当 $L_0 = 0.5D$，$\alpha = 60°$，$\beta = 0°$，风机高度 $H_0 = -0.5D \sim 1.5D$ 时，根据 Cook-Mayne 极值风压计算公式可看出，在风机的作用下，风压极值都有一定的降低，但在屋盖后半部分影响极低。无风机时，风压极值在测压点 2 时为 -6.48，如图 3a 所示。风机高度在屋面以下时，随着风机高度的降低，风压控制效果逐渐降低，最佳风压控制高度为 $H_0 = 0.5D$，此时风压极值为 -5.29，极值风吸力减小幅度可达 18.36%，如图 3b 所示。对于测压点 11，当风机高度 $H_0 = 1.0D$ 时，极值风吸力减小幅度可达 27.77%，对于其他测点，极值分压也都有一定的控制效果；但是当风机高度高于屋面，即 $H_0 = -0.5D$ 时，极值风压有所增大，控制效果不佳。

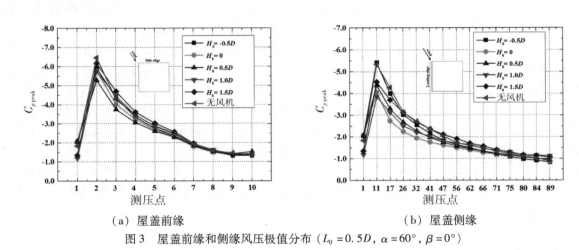

（a）屋盖前缘　　　　　　　　（b）屋盖侧缘

图 3　屋盖前缘和侧缘风压极值分布（$L_0 = 0.5D$，$\alpha = 60°$，$\beta = 0°$）

4 结论

本文采用基于小型风力发电机的平屋盖极值风吸力试验研究。研究发现，风机高度 $H_0 = -0.5D \sim 1.5D$ 时，风机尾流对屋盖极值风压有一定的抑制效果；随着高度的降低，控制效果逐渐降低，且风机最佳高度为 $H_0 = 0.5D$，此时极值风吸力减小幅度可达 18.36%；而对于其他测压点，风吸力减小幅度最大可达 27.77%。此外，本试验讨论了风机位置、距离前缘距离、风机移动方向等参数对极值风压的影响，可见小型风力机对屋盖风吸力控制的有效性。

参考文献

［1］HUANG P, PENG X, GU M. Wind tunnel study on effects of various parapets on wind load of a flat-roofed low-rise building ［J］. Advances in Structural Engineering, 2017, 20（12）, 1907 – 1919.

［2］KOPP G A, SURRY D, MANS C. Wind effects of parapets on low buildings ［J］. Journal of Wind Engineering and Industrial Aerodynamics, 2005, 93（11）, 817 – 841.

［3］HOXEY R P. Structural response of a portal framed building under wind load ［J］. Journal of Wind Engineering and Industrial Aerodynamics, 1991, 38（2 – 3）, 347 – 356.

［4］BLESSING C, CHOWDHURY A G, LIN J, et al. Full-scale validation of vortex suppression techniques for mitigation of roof uplift ［J］. Engineering Structures, 2009, 31（12）, 2936 – 2946.

［5］ABKAR M, SHARIFI A, PORTÉ-AGEL F. Large-eddy simulation of the diurnal variation of wake flows in a finite-size wind farm ［J］. Journal of Physics：Conference Series, 2015, 625,（1）：012031.

低矮房屋围护结构台风易损性分析 *

张博雨[1]，赵衍刚[2]，冀骁文[2]

（1. 中国石化工程建设有限公司 北京 100101；
2. 北京工业大学城市建设学部 北京 100124）

1 引言

低矮房屋围护结构在台风中往往破坏严重，有效预测台风周期内低矮房屋围护结构的风致损失具有重要意义。当前具有代表性的台风灾害损失模型包括佛罗里达公共飓风损失模型（FPHLM）[1]以及美国联邦应急管理局发布的 HAZUS – MH 模型[2]，两者均采用荷载规范分析风压引起的损失。本文基于风洞试验数据，提出考虑台风持时效应的低矮房屋围护结构风灾损失估计高效分析方法，且可以有效考虑风压的随机性、非高斯性和空间相关性等实际因素。

2 低矮房屋围护结构台风灾害损失分析

在台风环境中，气流中裹挟的飞掷物会以一定概率冲击门窗等脆性构件导致破坏发生。此外，构件破坏与否还取决于所受荷载与承载力。在飞掷物和风压作用下围护构件相继破坏，同时房屋的开孔工况以及内压也随之不断改变。对于考虑台风持时效应的低矮房屋围护结构风灾损失问题，以往的循环模拟算法效率低下。为充分利用计算机运算功能，本文提出将循环式模拟改进为并行式模拟的策略，如图 1 所示，以提高逐步分析的效率。

3 应用展示

选用加拿大西安大略大学风洞试验的房屋模型风洞试验数据，结合历史台风黑格比风速实测数据对方法进行演示，计算得到的各类围护构件损失率均值以及标准差如图 2 所示。

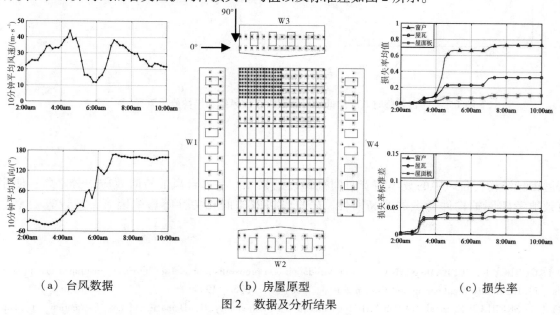

（a）台风数据　　　　　　　　（b）房屋原型　　　　　　　　（c）损失率

图 2　数据及分析结果

* 基金项目：国家自然科学基金项目（51908014、51738001）。

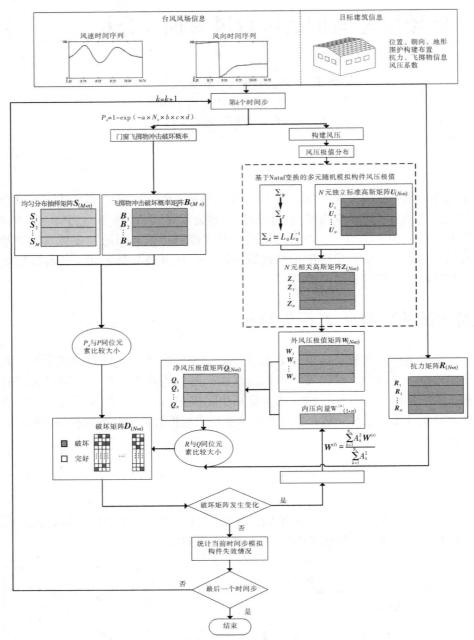

图1 考虑台风持时效应的低矮房屋围护结构风致易损性分析流程

4 结论

低矮房屋围护结构在台风中的破坏随着时间推移逐渐累积，考虑台风的持时效应十分必要；使用该方法可以有效地考虑围护构件荷载的非高斯性、随机性以及空间相关性等影响因素，且计算效率大幅提升。

参考文献

[1] PINELLI J, GURLEY K, SUBRAMANIANA C, et al. Validation of a probabilistic model for hurricane insurance loss projections in Florida [J]. Reliability Engineering and System Safety, 2008, 93：1896 – 1905.

[2] VICKERY P J, SKERLJ P F, et al. HAZUS-MH Hurricane Model Methodology. II：Damage and Loss Estimation [J]. Natural Hazards Review, 2006b, 7（2）：94 – 103.

六、大跨度桥梁抗风

斜拉索双阻尼器多模态减振效果数值分析 *

王园园，李寿英

（湖南大学风工程试验研究中心 长沙 410082）

1 引言

斜拉索由于其自身阻尼、截面尺寸、单位长度质量和横向刚度小，易发生振动，且振动呈现出多模态、多机理的特点，是制约缆索结构发展的瓶颈。如 2018 年，在苏通长江公路大桥上观测到了斜拉索的高阶涡激共振，模态可达 28 阶，而斜拉索风雨激振常发生在 3～5 阶。这就要求在斜拉索上安装阻尼器进行振动控制时，需同时对低阶和高阶模态有较好的控制效果。本文针对斜拉索多模态振动问题，以张紧弦－双粘滞阻尼器（双 VDs）为研究模型，研究了双阻尼器安装在近桥端时的多模态振动控制问题。

2 斜拉索－双 VDs 系统运动方程与数值求解

忽略斜拉索的抗弯刚度和垂度，将斜拉索简化为张紧弦模型，斜拉索－双 VDs 系统如图 1 所示。其中，斜拉索张力为 T，长度为 l，单位长度质量为 m，单位长度上内阻尼系数为 c；双 VDs 安装位置与斜拉索端部距离为 l_1 和 $l_1 + l_2$，阻尼系数分别为 c_{d_1} 和 c_{d_2}，仅考虑横向变形 $v(x,t)$，该模型的运动偏微分方程为：

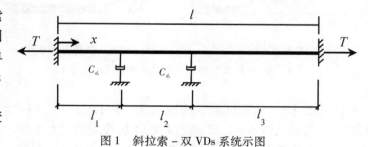

图 1 斜拉索－双 VDs 系统示图

$$T \frac{\partial^2 v}{\partial x^2} = m \frac{\partial^2 v}{\partial t^2} + c \frac{\partial v}{\partial t} + c_{d_1} \delta(x - x_{c1}) \frac{\partial v(x_{c1}, t)}{\partial t} + c_{d_2} \delta(x - x_{c2}) \frac{\partial v(x_{c2}, t)}{\partial t} \quad (1)$$

其中，$\delta(x - x_c)$ 表示狄拉克函数。对式（1）采用分离变量法，其解可表示为：

$$v(x,t) = V(x) e^{pt} \quad (2)$$

其中，p 为特征值。将式（2）代入式（1）得：

$$-T \frac{\partial^2 V}{\partial x^2} + p^2 m V(x) + c_{d_1} \delta(x - x_{c_1}) V(x) + c_{d_2} \delta(x - x_{c_2}) V(x) + pc V(x) = 0 \quad (3)$$

采用有限差分法对方程（3）进行离散求解，并将状态向量引入特征方程可求出 N 对共轭特征值，可求出各阶模态的阻尼比和无阻尼自振频率[2]。

3 斜拉索－双 VDs 系统多模态减振

在实际工程中，外置黏滞阻尼器一般安装在桥梁近锚固端拉索长度 2%～5% 处。本文选取双 VDs 的安装位置分别为 $l_{c_1}/l = 2\%$ 和 $l_{c_2}/l = 5\%$，双 VDs 阻尼系数的选取情况列于表 1。本文的研究是基于给定双

---

* 基金项目：国家重点研发计划项目（2017YFC0703600、2017YFC0703604）。

VDs 安装位置比的情况下，阻尼系数 η 从 0 增大到 ∞。图 3 展示了各种案例下前 50 阶模态的最大阻尼比和最优阻尼系数。由前 50 阶的最大阻尼比可看出，安装双 VDs 的工况 3 ~ 工况 6 相对于工况 1 的提升在于对前 20 阶模态阻尼比的提高，相对于工况 2 的提升在于对阻尼器安装位置在某些模态节点附近的模态阻尼提升，并且双 VDs 减少了前 50 阶的最优阻尼系数的离散性，有利于多模态减振。

表 1 斜拉索 - 双 VDs 参数

序号	安装位置比	阻尼系数
工况 1	$l_{c_1}/l = 2\%$，$l_{c_2}/l = 0$	$\eta_1 = \eta$， $\eta_2 = 0$
工况 2	$l_{c_1}/l = 0$，$l_{c_2}/l = 5\%$	$\eta_1 = 0$， $\eta_2 = \eta$
工况 3	$l_{c_1}/l = 2$，$l_{c_2}/l = 5\%$	$\eta_1 = \eta$， $\eta_2 = \eta$
工况 4	$l_{c_1}/l = 2$，$l_{c_2}/l = 5\%$	$\eta_1 = 5\eta$， $\eta_2 = \eta$
工况 5	$l_{c_1}/l = 2$，$l_{c_2}/l = 5\%$	$\eta_1 = 10\eta$， $\eta_2 = \eta$
工况 6	$l_{c_1}/l = 2$，$l_{c_2}/l = 5\%$	$\eta_1 = \eta$， $\eta_2 = 5\eta$

注：$l_{c_1}/l = l_1/l = 2\%$，$l_{c_2}/l = l_1/l + l_2/l = 5\%$，$\eta = c_d/\sqrt{Tm}$。

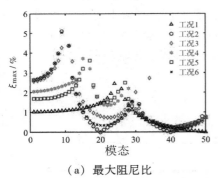

（a）最大阻尼比   （b）最优阻尼系数

图 3 前 50 阶模态的最大阻尼比和最优阻尼系数

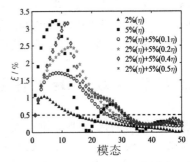

图 4 斜拉索 - 双 VDs 系统多模态减振

根据文献［3］的阻尼系数选取准则，斜拉索 - 双 VDs 系统多模态减振如图 4 所示。仅安装 VD，$l_{c_1}/l = 2\%$，阻尼系数 $\eta = 4.25$，此时前 14 阶模态阻尼大于 0.5%；仅安装 VD，$l_{c_1}/l = 5\%$，阻尼系数 $\eta = 1.43$，1 ~ 15 阶模态和 23 ~ 30 阶模态阻尼大于 0.5%，但振动控制模态不连续。安装双 VDs 时，安装位置分别为 $l_{c_1}/l = 2\%$ 和 $l_{c_2}/l = 5\%$ 时，$2\%(\eta) + 5\%(0.1\eta \sim 0.2\eta)$，$\eta = 2.52$，1 ~ 25 阶模态阻尼大于 0.5%，实现连续多模态振动连续控制；$2\%(\eta) + 5\%(0.4\eta \sim 0.8\eta)$，1 ~ 31 阶模态都满足条件，实现连续多模态振动连续控制；$2\%(\eta) + 5\%(0.8\eta \sim 1.2\eta)$，1 ~ 32 阶模态阻尼大于 0.5%，实现连续多模态振动连续控制。

4 结论

通过数值分析斜拉索 - 双 VDs 系统多模态阻尼效应，结果表明斜拉索上安装双阻尼器进行振动控制时，选取合适的阻尼系数可同时对低阶和高阶模态有较好的控制效果。

参考文献

［1］ LI S, WU T, LI S, et al. Numerical study on the mitigation of rain-wind induced vibrations of stay cables with dampers［J］. Wind and Structures, 2016, 23（6）：615 – 639.

［2］ ZHOU H J, ZHOU X B, YAO G Z, et al. Free vibration of two taut cables interconnected by a damper［J］. Struct Control Health Monit, 2019, 26：e2423.

双幅钝体钢箱梁桥涡振性能气动优化风洞试验研究[*]

梁爱鸿，李春光，韩艳，颜虎斌，毛禹

（长沙理工大学土木工程学院 长沙 410114）

1 引言

随着桥梁建设的不断发展，桥梁的建设逐渐集中到需跨越深谷和山岭的地区，为了满足桥墩高、跨度大以及交通量大的需求，同时需要解决混凝土桥面宽度的限值，因而双幅桥梁的优势凸显出来。与单幅桥相比，由于平行双幅桥两桥面相距较近，使得流经上游桥面的气流对下游桥面产生复杂的气动干扰效应[1-4]，对大桥的涡振、颤振的稳定性有着不可忽略的影响。而涡激振动是在低风速下出现的一种风致振动现象，虽然不会出现如颤振那样的发散振动，但其发生的条件更容易形成，会影响行车的安全，因此抑制涡激振动的发生或限制其振幅在规范限值内十分重要。

国内外学者对双幅桥梁气动干扰效应已有了深入的研究，而对双幅钝体箱梁的气动干扰效应研究较少，对钝体箱梁桥采取的气动优化措施需要进一步研究。本文着重从双幅箱梁的间距比措施入手，对双幅钝体箱梁桥的涡振特性进行研究，研究成果可为双幅钝体箱梁桥的抗风设计提供借鉴。

2 试验结果及抑制措施

2.1 试验布置

以国内某三跨钢箱梁连续梁桥为背景，桥位处于沿海开阔地形条件下，基本设计风速较高，时有强/台风来袭（图 1）。桥型初拟方案主桥采用 123 m + 178 m + 123 m 的三跨钢箱梁连续梁桥。

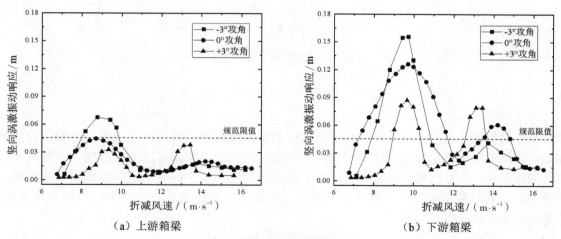

（a）上游箱梁　　　　　　　　　　　　（b）下游箱梁

图 1　原断面竖向涡振位移图

* 基金项目：湖南省自然科学基金项目（2020JJ14607）；国家自然科学基金资助项目（51978087、51822803）。

2.2 试验工况及测振试验结果

试验工程内容如表1所示。平行双幅钢箱梁的涡振稳定性中，双幅间距影响桥梁的最大涡振振幅、风速锁定区间等，因此在最不利 -3°攻角下，对不同间距的影响进行研究，试验工况及结果如图2所示。

表1 主梁断面措施内容

工况	措施	工况	措施
1	间距1m	4	间距2.5m
2	间距1.5m	5	间距3m
3	间距2m	6	间距3.5m

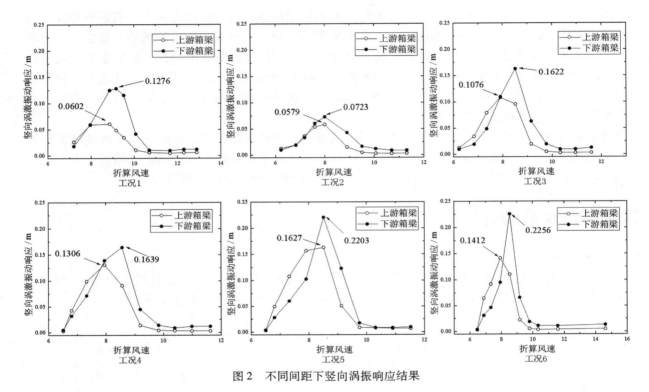

图2 不同间距下竖向涡振响应结果

3 结论

通过节段模型涡振性能风洞试验对并列双幅箱梁桥的涡振稳定性及其气动优化进行研究，分析并列双幅箱梁间距对主梁的气动优化效果，结果表明：改变双幅箱梁断面间距可以明显改变上下游箱梁的涡振稳定性，且间距存在一个最优值，此断面下试验结果表明间距为1.5 m时，上下游箱梁涡振振幅为最小；当间距过小时，双幅箱梁间气动干扰效应的影响，使得上下游箱梁会出现两个涡振锁定风速区间，对桥梁的稳定性产生不利后果。

参考文献

[1] 陈政清，牛华为，李春光.并列双向梁桥面风致涡激振动试验研究 [J].湖南大学学报（自然科学版）2007，34（9）：16.

[2] 刘志文，陈政清，栗小祜，等.串列双流线型断面涡激振动气动干扰试验 [J].中国公路学报，2011，24（3）：51-57.

[3] 周奇，朱乐东.平行双幅斜拉桥涡振特性气弹模型试验研究 [J].振动工程学报，2013，26（4）：522-530.

[4] 谭彪，操金鑫，杨詠昕，等.间距比对叠合梁双幅桥涡振性能的影响 [J].同济大学学报（自然科学版），2020，48（9）：1264-1270.

时变平均风参数对大跨悬索桥非线性风振响应的影响分析 *

蔡金梅，周锐

（深圳大学城市智慧交通与安全运维研究院 深圳 518060）

1 引言

随着桥梁跨度的增加导致结构的刚度和阻尼减小，大跨度悬索桥更容易发生涡振、颤振及抖振等非线性风致振动现象，风荷载成为制约桥梁跨度增长的核心因素。平稳风作用下大跨度悬索桥风振问题的研究已有一定成果，但以台风、下击暴流等为代表的非平稳强风及其作用下大跨度悬索桥非线性风振响应的研究有待深入[1]。一方面，在缺乏实测风速数据时，非平稳风速的模拟中可以假定时变平均风服从余弦函数，但已有的研究中对于余弦函数中的系数只是随意指定，未对系数的影响进行深入分析[2]；另一方面，现有的气动力大都是简化考虑线性、准定常气动力而不能同时考虑其非线性和非定常效应[3]。因此，为了准确分析非平稳风速对大跨度悬索桥风振响应的影响，首先研究时变平均分参数对大跨悬索桥非线性风振响应的影响，并且需要同时考虑气动力的非线性非定常效应。

本文以一座主跨为 1756 m 的大跨度悬索桥为背景，基于改进的谐波合成方法模拟该桥桥址区的三维非平稳风场，基于我们的非线性非定常时域气动力模型建立了大跨度桥梁非线性风振响应的时频分析方法，重点研究了余弦时变平均风模型的两个关键参数对该桥非线性风振响应的影响，研究结论可为非平稳风场模拟及大跨悬索桥抗风性能评估提供重要的参考。

2 时变平均风速模型

基于改进的谐波合成方法模拟非平稳风速时，假定时变平均风速服从余弦函数模型：

$$\overline{U} = U'[1 + \gamma\cos(\omega't)] \tag{1}$$

式中，$\overline{U}$ 为计算节点处时变平均风速，U' 为参考高度的平均风速。

针对余弦函数中两个重要参数敏感性分析，进行了如表 1 的五个工况的非平稳风速模拟，图 1 为工况 1 各主跨节点水平向风速时程，所模拟风速均表现出了明显的非平稳特征。

表 1 参数设置

工况组	脉动风谱（水平/竖向）	γ 取值	ω 取值
工况 1	Kaimal/Panofsky	0.08	0.0013
工况 2	Kaimal/Panofsky	0.15	0.0013
工况 3	Kaimal/Panofsky	0.22	0.0013
工况 4	Kaimal/Panofsky	0.15	0.0019
工况 5	Kaimal/Panofsky	0.15	0.0007

* 基金项目：国家自然科学基金青年项目（51908374）；广东省自然科学基金项目面上项目（2019A1515012050）。

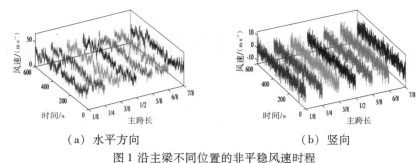

（a）水平方向　　　　　　　　　　（b）竖向

图1 沿主梁不同位置的非平稳风速时程

3　大跨悬索桥非平稳非线性风振响应分析

基于非线性非定常时域气动力模型，建立了如图2所示的非平稳风速下大跨度悬索桥非线性风振响应的数值模拟平台。图3描述了5种工况下主梁扭转位移响应的均方根值（RMS）分布情况，可知主梁扭转位移均呈现近似正对称特征，极大值出现在四分点处，约为0.5°。对比工况1～工况3可知，随着取值增加，主梁侧向、竖向和扭转位移 RMS 值均变大；从工况5、工况2和工况4的对比中可知，随着 ω 取值增加，主梁侧向和扭转位移 RMS 值越小而竖向反而变大。其中，扭转角位移相对更大，且对两个参数均较为敏感，尤其是 γ 的值。

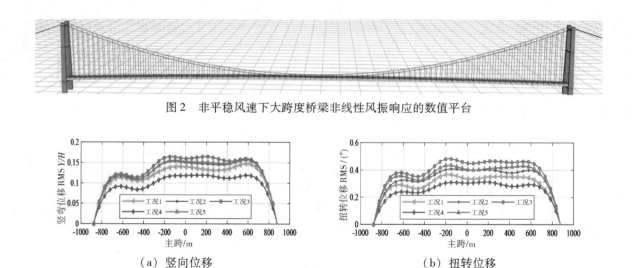

图2　非平稳风速下大跨度桥梁非线性风振响应的数值平台

（a）竖向位移　　　　　　　　　　（b）扭转位移

图3　主梁风振位移响应的 RMS 分布

4　结论

本文进行了大跨度悬索桥时变平均风速两个重要参数的非线性风振响应敏感性分析，得到以下结论：（1）γ 对时变平均风速的影响更显著，尤其是顺风向风速。竖弯、侧弯和扭转响应随着 γ 取值的增大其RMS 值增大。（2）主梁侧弯和扭转位移响应的 RMS 值随着 ω 数值增加而变小，但竖向位移响应 RMS 值随着 ω 取值增加而增大。

参考文献

[1] LI J, LI C, HE L, et al. Extended modulating functions for simulation of wind velocities with weak and strong nonstationarity [J]. Renewable Energy, 2015.

[2] 李锦华，李春祥，申建红. 非平稳脉动风速的数值模拟 [J]. 振动与冲击，2009（1）：18 - 23.

[3] 周锐. 大跨度桥梁三维风致效应的非线性全过程分析方法 [D]. 上海：同济大学，2017.

大跨径斜拉悬索协作体系桥梁
无吊索边跨主缆涡激振动试验研究*

井昊坤[1,2]，李寿英[1,2]，陈政清[1,2]

（1. 湖南大学风工程与桥梁工程湖南省重点实验室 长沙 410082；

2. 湖南大学土木工程学院 长沙 410082）

1 引言

最近几年几座千米级斜拉桥的拉索发生了高阶涡振。Liu 等[1,2]以苏通长江公路大桥拉索为例开展节段试验并进行了减振研究。涡振响应最大为 8mm（0.056D）；螺旋线直径为 0.07D、缠绕间距为 12D 时有良好的抑振效果。Chen 等[3]开展的拉索气弹试验中，加速度均方根幅值在 5 m/s² 左右，发生了最高为 8 阶的涡激振动。对于无吊索主缆而言，主缆的 Sc 数较大，且通常有吊杆约束，通常被认为难以发生风致振动。但主缆相比斜拉索发生涡振的临界风速更高，可能会产生更大的振幅。

2 无吊索边跨主缆三维气弹模型设计及涡振试验研究

西堠门公铁两用大桥采用斜拉悬索协作体系。边跨空缆长为 727 m。本文采用一种新型吊索三维气弹模型设计方法进行了模型设计，并开展风洞试验，研究涡振响应及其抑振措施。首先，探讨这种模型设计方法应用于考虑垂度的斜索模型设计的适应性，通过分析确定了模型的直径缩尺比为 1∶20。设计并制作了边跨无吊索主缆的三维气弹模型，模型具有较低的阻尼比。

风洞试验在湖南大学 HD-2 风洞展开。试验风速为 1～7.4 m/s，风速间隔为 0.2 m/s。试验的风向角为 -90°～90°，角度间隔为 10°。在模型的中点及 1/10 点的面内面外分别布置加速度以识别模型的振动响应，

图 1 模型示意图

并布置 41 个位移测点并利用非接触式位移计识别模型的振动形状（图 1）。试验结果表明，在风向角为 0°、±10°、±50°、±60°时，边跨无吊索主缆发生涡激振动。其中，最大的涡振响应出现在 -50°风向角时，加速度均方根值达 5.2 m/s²，振幅为 0.8 mm。当风攻角为 0°，4.8～6.6 m/s 风速下，振动模态高达第 16 阶（图 2）。

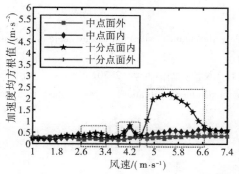
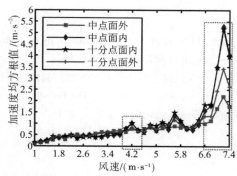

图 2 加速度均方根值随风速的变化

* 基金项目：国家自然科学基金面上项目（51578234）；国家重点研发计划课题（2017YFC0703604）。

在风速为 1～7.4 m/s、风向角为 –50° 下开展风洞试验，研究了阻尼比、缠绕螺旋线措施对边跨主缆涡激共振响应的影响规律（图3）。结果表明，当模型的阻尼比为 0.25% 时，涡振被完全抑制。当缠绕螺旋线间距为 18D 时，模型低风速的涡振已经被完全抑制，高风速下的涡振振幅大幅降低，涡振区间缩小。当模型缠绕螺旋线间距为 12D 时，模型的涡振几乎被完全抑制（图4）。

图3　阻尼比与螺旋线减振模型示意

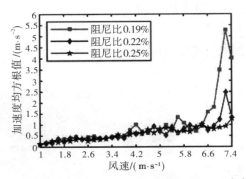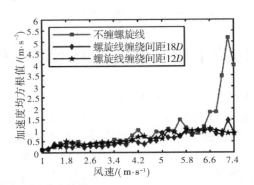

图4　阻尼比与螺旋线减振试验结果

3　结论

本文以西堠门公铁两用大桥边跨主缆为研究对象。通过一种长索的三维气弹模型设计方法设计了气弹模型，并开展了风洞试验。发现边跨主缆的高阶涡振现象；最大涡激共振响应出现在 –50° 风向角，加速度均方根响应达 5.2 m/s²，振幅为 0.8 mm；在风攻角为 0° 时，发生涡激共振的模态高达第 16 阶。当模型的阻尼比为 0.25% 时，模型的涡振几乎被完全抑制。当模型缠绕螺旋线间距为 12D 时，模型的涡振几乎被完全抑制。

参考文献

［1］LIU Z W, SHEN J S, LI S Q, et al. Experimental study on high-mode vortex-induced vibration of stay cable and its aerodynamic countermeasures［J］. Journal of Fluids and Structures, 2021.

［2］沈静思. 大跨度斜拉桥拉索高阶涡振现象及气动控制措施研究［D］. 长沙：湖南大学，2020.

［3］CHEN W L, GAO D, LAIMA S, et al. A Field Investigation on Vortex-Induced Vibrations of Stay Cables in a Cable-Stayed Bridge［J］. Applied Sciences, 2019, 9（21）：4556.

斜拉索风荷载计算方法规范比较研究 *

孙一飞[1]，刘庆宽[1,2,3]，张卓杰[1,2,3]，靖洪淼[1,2,3]，李震[1]

（1. 石家庄铁道大学土木工程学院 石家庄 050043；

2. 石家庄铁道大学省部共建交通工程结构力学行为与系统安全全国家重点实验室 石家庄 050043；

3. 河北省风工程和风能利用工程技术创新中心 石家庄 050043）

1 引言

斜拉索的风荷载是大跨度桥梁风荷载的重要组成部分，准确计算斜拉索的风荷载无论对于斜拉索本身还是对整个桥梁的抗风设计都非常重要。关于斜拉索的风荷载计算方法，不同国家/地区的规范都进行了规定，虽然计算的基本理论是相同的，但是对于同一物理量的取值有所不同。例如，有的是基于不同的考虑，如动力放大系数；有的是为了便于设计人员使用，进行了不同程度的简化，如阻力系数。因此，对比各国/地区规范关于斜拉索风荷载的计算结果，明确其间的差异及原因，有利于继续完善中国桥规关于斜拉索风荷载的计算方法，提高计算结果的精度。为了明确不同规范关于斜拉索风荷载计算方法的异同点，促进计算方法的完善，提高计算结果的精度，本研究以苏通大桥为工程背景，分别按中国桥规[1]、日本桥规[2]和 ESDU[3]计算斜拉索的横桥向和顺桥向风荷载，比较它们之间差别并讨论原因，为中国桥规的继续完善提供理论参考。

2 苏通大桥工程概况

苏通长江公路大桥（简称"苏通大桥"）位于江苏省东南部长江口南通河段，连接苏州和南通两市，主跨跨径是 1088 m。桥址处的地貌类型属于 A 类，设计基本风速是 38.9 m/s（百年一遇），桥位风速随高度变化规律符合指数律，指数值为 0.118，空气密度为 1.222 kg/m³。苏通大桥桥址在桥梁抗风风险区域为 R1，抗风风险系数 k_f 为 1.05。

苏通大桥斜拉索为平行钢丝斜拉索，利用直径 φ =7 mm、强度为 1770 MPa 的镀锌钢丝，全桥共有4×34×2 = 272 根斜拉索，最长为 577 m，总体布置图见图 1。斜拉索包括 PES7 – 139、PES7 – 151、PES7 – 187、PES7 – 199、PES7 – 223、PES7 – 241、PES7 – 283 和 PES7 – 313 八种规格，根据《大跨度斜拉桥平行钢丝索》（JT/T775—2010），查询得到这八种规格的斜拉索外径分别是 0.111 m、0.116 m、0.126 m、0.131 m、0.140 m、0.145 m、0.155 m 和 0.163 m。

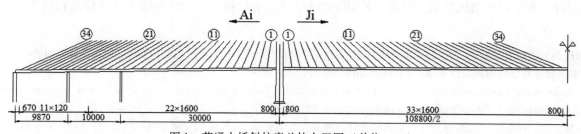

图 1 苏通大桥斜拉索总体布置图（单位：cm）

* 基金项目：国家自然科学基金面上项目（51778381）；河北省自然科学基金重点项目（E2018210044）；河北省高端人才（冀办〔2019〕63 号）；河北省博士研究生创新资助项目（CXZZBS2021118）。

3 结果分析

本研究主要研究了两种情况下不同规范关于斜拉索风荷载计算的对比，分别是不考虑动力放大作用（结果见图2）和考虑动力放大作用（结果见图3）。

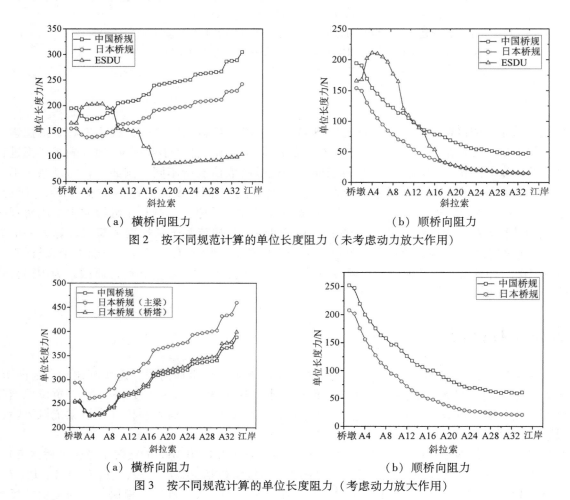

（a）横桥向阻力　　　　　　　　　　　　（b）顺桥向阻力

图2　按不同规范计算的单位长度阻力（未考虑动力放大作用）

（a）横桥向阻力　　　　　　　　　　　　（b）顺桥向阻力

图3　按不同规范计算的单位长度阻力（考虑动力放大作用）

4 结论

总体而言，关于斜拉索风荷载的计算，ESDU的计算方法更加精细，中国桥规和日本桥规相对保守。

参考文献

［1］中华人民共和国交通运输部.公路桥梁抗风设计规（JTG/T3360 – 01—2018）［S］.北京：人民交通出版社，2018.

［2］日本.本州四国联络桥耐风设计基准［S］.本州四国联络桥公团，1994.

［3］ESDU. Mean forces，pressures and flow field velocities for circular cylindrical structures：single cylinder with two-dimensional flow［J］. Engineering Sciences Data Unit，London，1980：80025.

［4］刘聪，黄世成，朱安祥，等.苏通长江公路大桥设计风速的计算与分析［J］.应用气象学报，2006，17（1）：44 – 51.

［5］中华人民共和国交通运输部.大跨度斜拉桥平行钢丝索（JT/T775—2010）［S］.北京：人民交通出版社，2010.

服役斜拉桥静风失稳参数敏感性分析 *

秦旭哲[1]，张田[1]，孙强[1]，李余浩[1]，杨刚[2]

（1. 大连海事大学交通运输工程学院 大连 116026；

2. 辽宁省近海桥隧工程重点实验室 大连 116026）

1　引言

近年来，随着我国桥梁的发展，大跨径桥梁增多，桥梁结构质量越来越轻、结构刚度越来越小、结构阻尼越来越低，从而导致了对风致作用的敏感性越来越大，由风荷载引起的安全问题也需要着重考虑，最常见的为静风荷载效应[1]。与动力失稳不同，静力失稳发生前无任何预兆，具有突发性强、破坏性大的特点。对于服役中的大跨径斜拉桥来说，一旦发生静风失稳，将会造成巨大的经济损失以及社会反响，所以服役中的大跨径斜拉桥绝对要避免桥梁静风失稳事件的发生。

2　桥梁静风失稳

平均风产生的静荷载简称静力荷载，桥梁静风失稳是结构在给定风速下，主梁发生弯曲以及扭转变形，改变了结构刚度的同时也增大了风荷载与桥面的夹角，进而使结构变形增大，最终导致桥梁静风失稳。所以，桥梁静风失稳本质上是静风荷载与结构变形耦合作用的结果[2]。过去，人们普遍认为大跨径桥梁的颤振临界风速一般都低于静力失稳的发散风速[3]。但是，1967 年，日本东京大学 Hirai 教授在悬索桥的全桥模型风洞试验中观察到了静力扭转发散现象[4]。同济大学风洞试验室在汕头海湾二桥的风洞试验中，发现了斜拉桥由静风引起的弯扭失稳现象[5]。后来，Boonyapinyo 等学者对桥梁静风稳定性问题进行不断的探讨和改进，初步探明了失稳机理[6]。这些学者针对大跨度桥梁静风稳定性的研究有助于人们更好地理解大桥静风失稳的机理，促进了后续学者对桥梁静风失稳进行更深入的研究。

由于作用在主梁上的静风荷载具有显著的非线性，为求解斜拉桥的静风失稳风速，本文采用增量与内外双重迭代相结合的方法，在静风风速按照一定的比例线性增加的过程中，内层迭代完成结构的几何非线性计算，外层迭代寻找结构在该风速下的平衡位置。具体分析流程见图1。

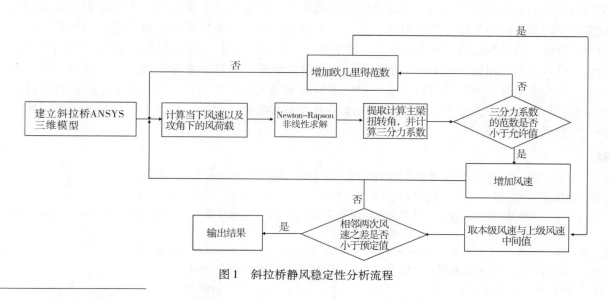

图1　斜拉桥静风稳定性分析流程

* 基金项目：国家自然科学基金项目（51608087）；中央高校基本科研业务费专项资金资助项目（3132020166、3132019349）。

3 静风失稳参数敏感性分析

以服役中的大跨径斜拉桥象山港大桥为工程背景，采用 ANSYS 参数化语言（APDL）编写静风稳定分析程序，实现了静风失稳风速的快速高效计算并对其进行了参数敏感性研究。分别探讨了初始风攻角、斜拉索断索率、静力三分力系数的改变对大跨径斜拉桥静风稳定性的影响，得到在分析中必须要考虑的参数和可以忽略的参数，为大跨径斜拉桥的静风稳定性设计提供参考依据。按照上述方法对服役中的象山港大桥进行静风失稳分析，静风失稳风速随着初始风攻角、断索率的变化如图 2～图 3 所示，静力三分力系数的变化对静风失稳风速的影响如表 1 所示。

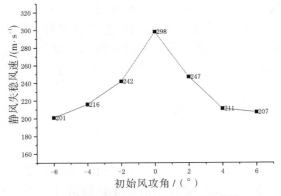
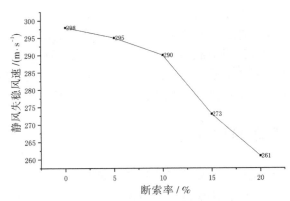

图 2　静风失稳风速随风攻角变化曲线　　　　　图 3　静风失稳风速随断索率变化曲线

表 1　不同静力三分力系数下静风失稳风速

	正常	1.2 倍力矩系数	1.2 倍升力系数	1.2 倍阻力系数
静风失稳风速（m/s）	298	275	295	285

4 结论

本文以服役中的象山港大桥为例，通过改变初始风攻角、斜拉索断索率以及静力三分力系数来探究各参数对服役中的斜拉桥静风稳定性的影响，得出如下结论：桥梁结构的静风失稳风速一般随着初始风攻角的增加而降低；在斜拉索规范使用过程中，随着斜拉索面积的变化，静风失稳风速并没有显著变化，斜拉索面积对静风失稳风速影响较小，但是要密切监测斜拉索断索率超过 10% 的情况；主梁静力三分力系数中阻力系数和力矩系数相较升力系数来说对桥梁静风失稳风速影响较大。综上所述，服役斜拉桥在进行静风失稳分析时，静力三分力系数和初始风攻角参数是必须要考虑的，相对来说斜拉索的断索率对斜拉桥静风失稳风速影响较小。

参考文献

[1] 李加武，方成，侯利明，等.大跨径桥梁静风稳定参数的敏感性分析 [J].振动与冲击，2014，33（4）：124 – 130.

[2] 邵国攀，龚佳琛，刘珉巍.大跨度悬索桥非线性静风效应分析 [J].四川建筑，2020，40（4）：329 – 332.

[3] 郝宪武，舒鹏，郝键铭.大跨度非对称悬索桥的静风稳定性研究 [J].重庆交通大学学报（自然科学版），2020，39（12）：53 – 59.

[4] HIRAI A，OKAUCHI I，ITO M，et al. Studies on the critical wind velocity for suspension bridges. 1967.

[5] 巩海帆.《桥梁抗风设计规范》的研究课题 [C] // 全国结构风效应学术会议，1997.

[6] BOONYAPINYO V，YAMADA H，MIYATA T. Wind-induced nonlinearlateral-torsional buckling of cable-stayed bridges [J]. Journal of Structural Engineering，1994，120（2）：486 – 506.

开槽间距对分离式双箱梁涡激振动特性影响试验研究 *

贺诗昌[1,2,3]，李玲瑶[1,2,3]，何旭辉[1,2,3]

（1. 中南大学 长沙 410075

2. 高速铁路建造技术国家工程实验室 长沙 410075

3. 轨道交通工程结构防灾减灾实验室 长沙 410075）

1 引言

以中央开槽方法推出的分离式双主梁断面形式能够有效地改善桥梁的颤振性能，然而箱梁中央开槽的存在，可能导致分离式双箱梁周围流场特性变得异常复杂，涡振性能大幅降低[1]。以往关于分离双箱梁涡振性能影响因素之——开槽间距对涡振性能影响的研究主要围绕涡激振动形式及振幅展开，鲜少从涡激气动力演化角度进行机理解释。另外，关于分离双箱梁开槽间距对跨向展向相关性的研究也非常少。故本文以某一大跨度分离式双箱梁斜拉桥为研究对象，通过同步测振测压节段模型风洞试验，分析了开槽间距对箱梁表面涡激气动力特性的影响，并对不同开槽间距下涡激气动力的跨向相关性进行了研究。

2 试验概况

箱梁节段模型如图 1 所示，模型采用几何缩尺比为 1:60，节段模型跨向长度 $L = 1.81$ m，梁高 $H = 0.067$ m，宽度随开槽间距 D 大小有所变化，其中共设计 $D/H = 0$、1.2、2.5、4.5 四种开槽间距比，不同开槽间距比下箱梁模型的动力特性变化微小，基本保持不变，竖弯频率 f_v 在 4.5 Hz 左右，扭转频率 f_t 在 9.25 Hz 左右。此外，四种开槽间距比下模型长宽比分别为 2.62、2.35、2.11 和 1.82，对于长宽比的变化对箱梁模型涡振的影响本文暂不进行研究。

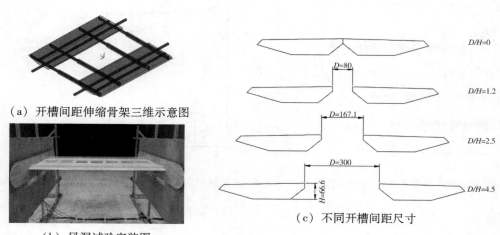

（a）开槽间距伸缩骨架三维示意图

（b）风洞试验安装图

（c）不同开槽间距尺寸

图 1 分离式双箱梁节段模型

3 结果分析

不同开槽间距比下的涡振响应 – 风速曲线如图 2 所示。由结果可知，随着开槽间距增大，断面涡振竖

* 基金项目：长沙市自然科学基金资助项目（kq2014132）；国家自然科学基金杰青项目（51925808）。

向位移响应随之变大，且在 $D/H = 4.5$ 开槽间距比时出现了扭转涡振，可能是由于开槽间距的变化，使旋涡脱落规则发生改变，涡脱频率与模型扭转频率接近，导致发生扭转涡振，说明开槽间距的变大会导致分离式双箱梁的涡振性能变差。图 3 所示为在不同开槽间距比箱梁最大竖弯涡振振幅对应的风速下，箱梁整体断面涡激气动力的功率谱密度幅值（PSD）图。由结果可知，在 0 开槽间距下箱梁未发生涡振现象，故断面表面涡激气动力频谱无明显卓越频率；而在某些间距下参与断面涡激气动力的频率除主共振频率外，同时存在着显著的倍频分量，且随着开槽间距增加，出现的倍频次数越多，各高阶倍频的 PSD 值与主振动频率 PSD 值之比也逐渐增加，说明开槽间距增大所导致的截面竖向涡振高阶倍频参与程度增大，一定程度上使得涡振振幅增加。图 4 所示为在不同开槽间距比箱梁最大竖弯涡振振幅对应的风速下，整体断面所受涡激气动力跨向相关性变化曲线，其中由于 0 开槽间距比下未发生涡振，故这里不进行涡激气动力相关性分析。由结果可知，箱梁整体断面涡激气动力跨向相关性随着跨向距离变大呈现一定程度减弱，但在跨向距离足够远时均趋于稳定。此外，随着开槽间距比的增加，箱梁整体断面涡激气动力跨向相关性系数在不同跨向距离下呈现不同程度的增加，在 $D/H = 1.2$ 时，涡激气动力跨向相关性系数基本在 0.7 左右；在 $D/H = 2.5$ 时，涡激气动力跨向相关性系数接近 0.9；在 $D/H = 4.5$ 时，涡激气动力跨向相关性系数已经接近于 1。分离式双箱梁涡振响应随开槽间距的增大而变大的部分原因可能是箱梁涡激气动力跨向相关性随开槽间距增大而增加所导致。

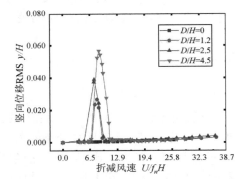 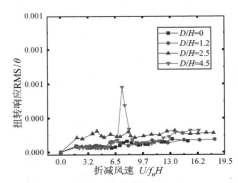

图 2　不同开槽间距比下箱梁涡激振动均方根响应 – 风速曲线

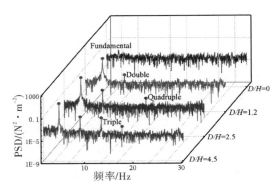 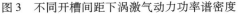 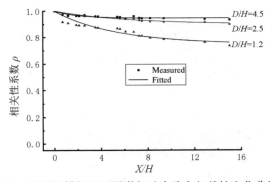

图 3　不同开槽间距下涡激气动力功率谱密度　　图 4　不同开槽间距下涡激气动力跨向相关性变化曲线

4　结论

通过对分离式双箱主梁进行节段模型风洞试验研究，可以得出如下主要结论：开槽间距的增大导致分离式双箱梁涡振性能逐渐变差，并且箱梁断面所受涡激气动力存在的倍频分量次数及各高阶倍频的 PSD 值与主振动频率 PSD 值比较的百分比均逐渐增加。此外，涡激气动力沿跨向的相关性也随着开槽间距变大越来越强。

参考文献

［1］项海帆，葛耀君.悬索桥跨径的空气动力极限［J］.土木工程学报，2005（1）：60－70.

台风区三塔斜拉桥施工阶段防风措施研究 *

韩金[1]，杨申云[2]

（1. 西南交通大学风工程试验研究中心 成都 611756；

2. 西南交通大学土木工程学院桥梁工程系 成都 611756）

1 引言

斜拉桥具有造价经济、外形美观、施工便利的优点[1]，被认为是跨径在 200 ～ 1000m 范围内最具竞争优势的桥梁形式[2]。随着斜拉桥跨度的增加，务必会使结构刚度和阻尼下降，在紊流风的作用下就不可避免地发生抖振，特别是在较大悬臂施工阶段尤为明显[3]，过大的抖振响应会威胁工人和机具的安全，严重的甚至会引起结构的破坏。因此，对大跨度斜拉桥施工阶段进行防风措施研究是十分必要的。

2 施工阶段抖振响应研究

本文采用临时墩作为防风措施对某大跨斜拉桥这一大跨度三塔四跨独柱塔斜拉桥施工阶段的抖振响应进行控制，通过有限元分析软件 ANSYS 建立各施工阶段的有限元模型并对其动力特性进行分析，并采用三维多模态耦合抖振计算程序进行计算分析，找出临时墩施加的合理位置及分析临时墩的减振效果。

3 抖振响应计算

3.1 中塔悬臂施工阶段的抖振响应分析

针对本次研究的背景工程三塔四跨独柱塔斜拉桥的中塔悬臂施工阶段的抖振响应进行数值分析，结合相应的抖振计算参数，可得中塔各悬臂施工阶段（C01 ～ C24）的抖振响应，如图 1 所示。通过计算分析，可以得到设计风速 51.1 m/s 下不同施工悬臂长度时主梁悬臂端的抖振位移响应，如图 2 所示。

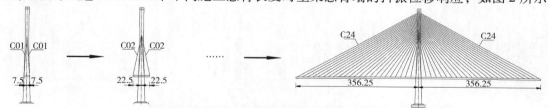

图 1　中塔部分桥梁结构悬臂施工阶段工况（单位：m）

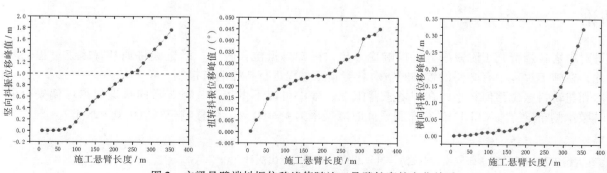

图 2　主梁悬臂端抖振位移峰值随施工悬臂长度的变化关系

* 基金项目：国家自然科学基金项目（52078438）。

3.2 临时墩的布置方案

临时墩的布置方案采用单侧布置和双侧布置两种方式。考虑到临时墩离桥塔太近安装不方便和前几个悬臂施工阶段抖振响应较小的原因，从邻近桥塔的第 3 根斜拉索与主梁锚固位置开始设置临时墩。单侧布置为在桥塔一侧的每根斜拉索与主梁锚固的位置处单独设置临时墩，从邻近桥塔最近第 3 根拉索开始往外布置。双侧布置则是在单侧布置的基础上，在桥塔另一侧对称布置临时墩，见图 3。

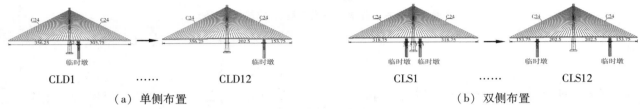

    （a）单侧布置   （b）双侧布置

图 3　中塔悬臂施工阶段临时墩布置方式

3.3 抖振位移响应减振效果

采用 3.2 节中所描述的各临时墩布置方案对某大跨斜拉桥中塔悬臂施工过程中出现最大抖振位移的施工阶段进行减振计算，如图 4 所示。定义主梁悬臂端抖振位移临时墩的减振率为：未设临时墩时抖振位移峰值减去设临时墩后位移峰值的值比未设临时墩的抖振位移峰值。

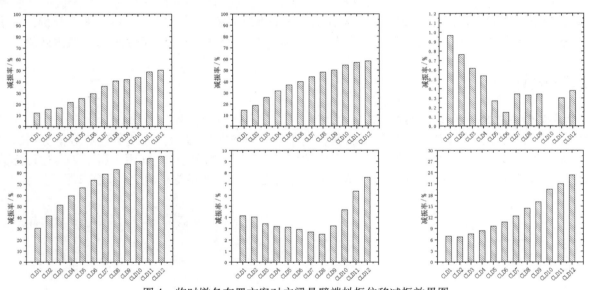

图 4　临时墩各布置方案对主梁悬臂端抖振位移减振效果图

4　结论

通过对中塔各悬臂施工阶段进行抖振响应分析，可知抖振位移较大，严重威胁到悬臂施工过程的安全。因此，在施工过程中有必要设置临时墩对悬臂施工过程进行抖振响应控制。

横向和扭转抖振位移值较小，在中塔悬臂施工过程中可以不做控制，对于竖向抖振位移可偏安全的采用临时墩单侧布置方案 CLD11 进行布置，此时减振率为 48.648%，位移响应峰值为 0.908m。

参考文献

［1］铁道部大桥工程局桥梁科学研究所.斜拉桥［M］.北京：科学文献出版社，1992.

［2］WANG P H，TANG T Y，ZHENG H N. Analysis of cable-stayed bridges during construction by cantilever methods［J］. Computers and Structures，2004，82：329－346.

［3］李永乐，周述华，张焕新.某大跨度斜拉桥施工阶段的抖振控制措施研究［J］.西南交通大学学报，2001，36（4）：374－377.

三维装灯斜拉索振动特性和抑振措施研究 *

安苗，李寿英，陈政清

（湖南大学风工程试验研究中心 长沙 410082）

1 引言

近几年，越来越多的大桥启动亮化工程。对于斜拉桥而言，通常会在斜拉索上安装亮化灯具，安装的亮化灯具改变了斜拉索稳定的圆形截面，容易诱发各种振动，包括大振幅的驰振和小振幅的涡振等。目前关于这方面的研究很少。这一问题应该引起足够的重视。An 和 Li 等[1]在试验室中重现了重庆夔门大桥斜拉索的驰振现象，发现其一阶模态驰振临界风速低至 6.3 m/s；Li[2]采用风洞试验和数值模拟的方法，研究了鹤洞大桥安装灯具引发的振动，结果表明在 18 m/s 的风速下会驰振，远低于设计风速，最后采取了气动控制措施来抑制振动的发生。

本文以某一实际装灯斜拉索为研究对象，进行了三维测振试验和二维测力试验，从斜拉索的振动特性和静力荷载两个方面分析了安装灯具后对斜拉索产生的影响，同时，研究了增加结构阻尼和表面缠绕螺旋线上斜拉索振动的抑制情况。

2 模型风洞试验

2.1 试验模型及工况

试验模型的几何缩尺比为 1:3.24，模型长度 1500 mm，原型的截面尺寸如图 1 所示。模型的参数设置如表 1 所示。测振系统采用两自由度弹性悬挂系统，测振系统的倾角 θ，风偏角 β，灯具支架和斜拉索的位置关系 α 定义如图 2 所示。比例缩尺后的模型表面螺旋线直径为 1.5 mm，螺距为 7.5D。试验倾角为 36°，风偏角 0°～360°，间隔 2°。

表 1 测振试验模型相似比

参数	模型	实桥	相似比
直径/mm	50	162	1:3.24
频率/Hz	1.8	0.92	1.96:1
风速/(m·s⁻¹)	3.3～31.8	5～53	1:1.65
质量/(kg·m⁻¹)	10.59	111.2	1:3.24
阻尼比/%	0.1, 0.7, 1.0	—	1:1

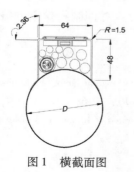

图 1 横截面图

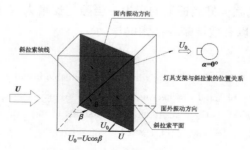

图 2 测振模型角度定义

* 基金项目：国家重点研发计划项目（2017YFC0703600、2017YFC0703604）。

2.2　风洞试验结果

图 3 所示为斜拉索在倾角 36°、阻尼比 0.1%、试验风速 10 m/s 下，发生振动的风偏角范围。无螺旋线模型发生振动的风偏角为 26°～30°和 332°～336°；模型表面缠绕螺旋线后，能够抑制斜拉索在特定风偏角下的振动，但在 0°～360°风偏角范围内仍有发生振动的可能性，且发生振动的风偏角范围和无螺旋线的模型基本一致。表面无螺旋线模型在折减风速为 80.5 m/s 时起振。斜拉索表面缠绕螺旋线后，驰振临界风速可提高 118% 左右。阻尼增大到 0.7% 时，对临界风速的提高作用有限；当阻尼增大到 1% 时，在整个测试区间，模型的振动幅度很小，能够抑制斜拉索的振动。

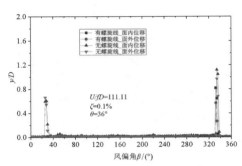

图 3　斜拉索发生振动的风偏角范围

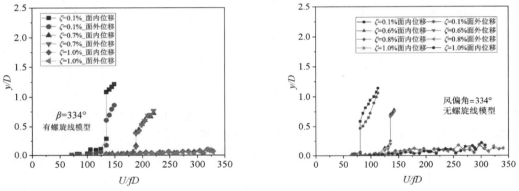

图 4　不同阻尼下，振动位移幅值随风速的变化

3　结论

（1）风偏角在 226°～330°、330°～334°范围内，易发生斜拉索的振动；表面无螺旋线和低阻尼（ζ = 0.1%）时，在折减风速为 80.5 m/s、转换为实桥风速为 12 m/s 时，可发生驰振，并且振动位移随风速的增大不断增大，危害巨大，因此必须采取措施来抑制振动的发生。

（2）从抑振角度来看，表面缠绕螺旋线后，能抑制特定风偏角下的振动，对临界风速的提高也有一定的作用，但是也不能完全抑制振动的产生；当阻尼比增大到 0.7% 时，对抑制斜拉索的振动有限；当阻尼比增大到 1% 时，可以有效抑制斜拉索的振动。

参考文献

［1］ AN M，LI S Y，LIU Z W，et al. Galloping vibration of stay cable installed with A rectangular lamp：Field observations and wind tunnel tests ［J］. Journal of Wind Engineering & Industrial Aerodynamics，2015（1）：104685.

［2］ LI S Y，CHEN Z Q，DONG G C，et al. Aerodynamic stability of stay cables incorporated with lamps：A case study ［J］. Wind & Structures An International Journal，2014，18（1）：83－101.

上中央与水平稳定板对流线型箱梁颤振的影响 *

江舜尧[1,2]，黄林[1,2]，王骑[1,2]

（1. 西南交通大学风工程试验研究中心 成都 610031；

2. 风工程四川省重点实验室 成都 610031）

1 引言

随着桥梁施工及设计技术的不断进步，大跨度桥梁的刚度及阻尼也随着跨径的提高而逐渐减小，对风的作用也越来越敏感。为了更好地提高桥梁在大风环境下的颤振性能，流线型箱梁在大跨度桥梁设计中逐渐占据了主要地位。对于不同的桥梁，合理的结构体系以及断面形状是保证桥梁抗风稳定性的主要方式。然而，目前诸多流线型钢箱梁的外形差别较小，其气动稳定性却可能存在较大差异，其原因一般归结为诸如栏杆、检修车轨道等气动敏感构件的影响[1]。Yang[2]基于风洞试验结果和实际工程应用，综述了诸如中央稳定板等提高大跨度桥梁颤振临界风速的气动措施。王骑等[3]基于风洞试验详细研究了主梁气动外形的变化对桥梁颤振和涡振的影响。以上研究均表明中央稳定板可以提高桥梁的颤振临界风速，但会降低桥梁的涡振性能。本文以龙潭长江桥为研究背景，通过节段模型风洞试验，系统地研究了上中央稳定板与水平稳定板组合对于流线型箱梁颤振稳定性的影响。

2 风洞试验参数

研究对象为龙潭长江大桥（主跨1560 m）整体式流线型箱梁悬索桥方案。加劲梁断面采用图1所示的扁平钢箱梁，梁高3.8 m，全桥宽度为39 m，宽高比为10.3。通过有限元计算分析得出，该桥主要控制振型、频率、等效质量和质量惯性矩如表1所示。

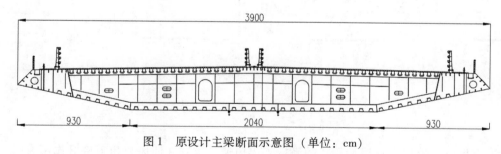

图1 原设计主梁断面示意图（单位：cm）

表1 节段模型试验动力参数

参数名称	实桥值	相似比	模型值
等效质量/(kg·m⁻¹)	34006	$1/60^2$	9.446
等效质量惯性矩/(kg·m²·m⁻¹)	7539729	$1/60^4$	0.582
竖弯频率/Hz	0.1124	12.11	1.361
扭转频率/Hz	0.2468	12.11	2.989
竖弯阻尼比/%	0.3	—	0.29
扭转阻尼比/%	0.3	—	0.20

* 基金项目：国家自然科学基金项目（51678508、51778547）。

3 不同稳定板下颤振临界风速

节段颤振试验在西南交通大学风工程试验研究中心 XNJD-1 工业风洞中进行，试验模型缩尺比为 1:60，研究了上中央稳定板与水平稳定板对主梁颤振临界风速的影响，试验结果如表 2 所示。可以发现，上中央稳定板（Case1）能够显著提高 +3°风攻角下的颤振临界风速，但对 +5°攻角下断面的颤振性能几乎没有提高，在将上中央稳定板与风嘴处的水平稳定板相组合后（Case2）后，虽然 -5°攻角下颤振临界风速有所降低，但 +5°攻角下的临界风速提高幅度达 112%，从而使得断面的整体颤振性能得到了提高。并且在工况 3 与工况 4 中，通过改变检修车轨道距离梁底部边缘距离以及在检修车轨道处增设内侧导流板，对断面的涡振性能进行优化，其中工况 4 可在 0.28%阻尼比下完全消除主梁的涡激振动（如图 2 所示）。同时，可以发现这些措施可显著影响断面的颤振性能，将上中央稳定板与水平稳定板相组合是一种可以在兼顾主梁涡振性能的同时有效提高断面颤振临界风速的组合气动措施。

表 2 不同工况下的颤振临界风速

序号	上中央稳定板/m	水平稳定板/m	检修车轨道距离梁底部边缘距离	检修车轨道处导流板	颤振临界风速/（m·s⁻¹）				
					-5°	-3°	0°	+3°	+5°
原始断面	—	—	—	—	>70	>70	>70	43	30
工况 1	1.1	—	0.4b	—	>70	>70	>70	>70	33
工况 2	1.1	1.8	0.4b	—	58	>70	>70	>70	>70
工况 3	1.1	1.8	0.1b	—	58	>70	>70	>70	>70
工况 4	1.1	1.8	0.1b	内侧导流板	51	>70	>70	67	>70

注：b 为梁体底部宽度。

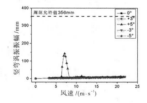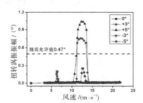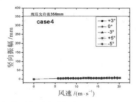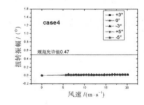

图 2 原始断面与 case4 工况涡振响应

4 结论

（1）上中央稳定板可有效提升流线型箱梁的颤振临界风速，但在 +5°风攻角下提升作用有限。

（2）将上中央稳定板与水平稳定板相组合能显著提高流线型箱梁的颤振性能，且常用的涡振制振措施（如导流板）不会对该组合措施的提高作用造成明显影响，经过适当调整可获得一种同时满足颤振与涡振的组合气动措施。

参考文献

[1] 韩万水，陈艾荣.设置中央稳定板对大跨度悬索桥抗风性能的影响［J].世界桥梁，2008（1）：42-45.

[2] YANG Y X, GE Y J. Some practices on aerodynamic flutter control for long-span cable supported Bridges［C]. The 4th International Conference on AWAS'08, Jeju, Korea, 2008. 8：1474-1485.

[3] 王骑，廖海黎，李明水，等.流线型箱梁气动外形对桥梁颤振和涡振的影响［J].公路交通科技，2012，29（8）：44-50.

外置纵向排水管对扁平钢箱梁涡振性能的影响研究[*]

黄林[1,2]，董佳慧[1,2]，王骑[1,2]，廖海黎[1,2]

（1. 西南交通大学风工程试验研究中心 成都 610031；

2. 风工程四川省重点实验室 成都 610031）

1 引言

随着我国经济的高速发展，环保观念已深入人心，节约和保护水资源已成为我国一项重大国策。将桥面污水通过竖向泄水管汇入纵向排水管收集后排至沉淀事故池内进行集中处理是目前最有效的环保桥面排水方案[1]。Larsen[2]研究了桥面栏杆外形与导流板对箱梁涡振性能的影响。朱思宇[3]通过风洞试验研究了大攻角来流作用下各附属构件以及阻尼比对扁平钢箱梁涡激振动性能的影响。以上研究均表明扁平箱梁是一种近流线型断面，其气动力特性与钝体断面、桁梁、开口箱梁等明显不同，即使是外形上的微小变化（如栏杆、检修轨道等附属构件）都会在较大程度上干扰来流从而诱发涡激共振现象，因此外置纵向排水管对扁平箱梁的涡振性能影响不可忽略。本文以某主跨为 760m 的扁平钢箱梁跨长江大桥为工程背景，研究了外置纵向排水管对扁平箱梁涡振性能的影响及其特点，提出了一种可有效屏蔽该类外置排水管影响的组合气动措施，并利用计算流体动力学方法（CFD）对其制振机理进行了研究。

2 排水管对扁平箱梁涡振性能的影响

本文依托的背景工程为 210 + 760 + 240 = 1210（m）跨径布置的扁平钢箱梁悬索桥，主梁高 3 米，全宽 30 米，宽高比为 10。原设计扁平箱梁断面如图 1 所示，其中外侧栏杆采用了隔二封一的形式，在原设计断面基础上增设外置纵向排水管后的断面如图 2 所示。

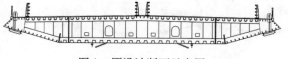

图 1 原设计断面示意图

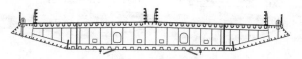

图 2 增设外置排水管断面示意图

风洞试验在西南交通大学 XNJD - 1 工业风洞中进行，模型缩尺比为 1∶50，试验竖向阻尼比为 0.29%，扭转阻尼比为 0.22%。试验结果如图 3 所示（图中数据均已换算成实桥）。可以发现增设外置纵向排水管会将该断面 +3°风攻角下的扭转涡振振幅增大 348%，并导致该箱梁在 -3°攻角下也发生扭转涡激振动，显著地降低了主梁的涡振性能。

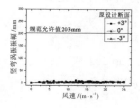
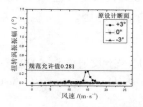
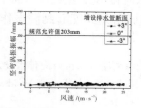
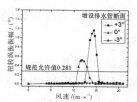

图 3 节段模型涡振试验结果

[*] 基金项目：国家自然科学基金项目（51678508、51778547）。

3 制振措施及有效措施制振机理研究

本文通过在排水管处设置导流板以及在风嘴处设置水平稳定板等气动措施，测试了 +3°最不利风攻角下主梁的涡振振幅，各种气动措施对应的最大涡振振幅如图 4 所示（图中数据均已换算成实桥）。可以发现仅有措施 B4 能够完全消除梁体涡激振动，并通过试验表明该措施在 0°、±3°攻角下均能有效抑制主梁的涡激振动，措施 B4 具体如图 5 所示。

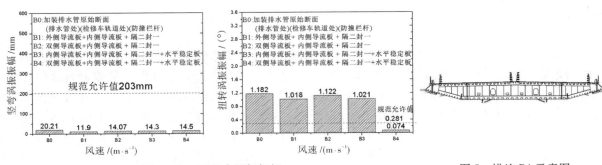

图 4　各工况最大涡振振幅　　　　　　　　　　　图 5　措施 B4 示意图

借助计算流体动力学（CFD）数值模拟技术，分别对仅增设排水管断面与加装措施 B4 断面的非定常绕流进行仿真模拟，得到断面的瞬时涡量图如图 6 所示。可以发现在迎风侧排水管处设置的导流板使得该处原本产生的一系列密集脱落的小旋涡转变形成了一个尺寸较大但并没有发生脱落的漩涡，同时断面背风排水管处加装的导流板与水平稳定板消除了断面下表面后缘处脱落的大尺寸漩涡脱落，从而显著减弱了尾流区卡门涡脱的能量，起到了抑制涡振的作用。

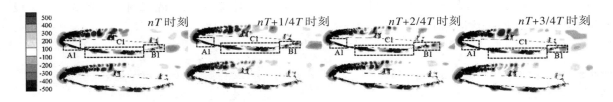

图 6　断面非定常绕流瞬时涡量演化图

4 结论

（1）在扁平钢箱梁斜腹板处设置纵向排水管会显著降低箱梁涡振性能，诱发大幅度的涡激振动。通过在排水管处设置导流板以及在风嘴处设置水平稳定板能在 0°、±3°风攻角下有效抑制主梁的涡激振动。

（2）CFD 计算结果表明，纵向排水管会导致断面下表面斜腹板处发生漩涡脱落，有效组合措施 B4 能有效抑制并消除斜腹板处的漩涡脱落是其能起到制振作用的主要原因。

参考文献

［1］于晓磊，殷桂芳.基于环保理念的溧河洼特大桥桥面排水设计［J］.现代交通技术，2020，17（1）：40-44.

［2］LARSEN A，WALL A. Shaping of bridge box girders to avoid vortex shedding response［J］.Journal of Wind Engineering and Industrial Aerodynamics，2012：159-165.

［3］朱思宇，李永乐，申俊昕，等.大攻角来流作用下扁平钢箱梁涡振性能风洞试验优化研究［J］.土木工程学报，2015，48（2）：79-86.

基于数值模拟三分体式钢箱梁涡激振动非线性气动力研究*

张家斌，华旭刚，王超群，陈政清

（湖南大学风工程与桥梁工程湖南省重点实验室 长沙 410082）

1 引言

自塔科马大桥风毁以来，风工程科研人员主要关注大跨度桥梁的颤振稳定性，在 2020 年，我国武汉鹦鹉洲大桥、广东虎门大桥、浙江舟山西堠门大桥和美国的 Verrazano 大桥相继发生涡激振动现象，导致了不好的社会影响，因此在桥梁设计阶段需要对桥梁涡激振动特性进行研究。三分体式钢箱梁在墨西拿大桥设计中首次提出，但其涡振性能尚不明确。本文以国内某公铁两用斜拉桥桥为背景对三分体式钢箱梁的涡激振动非线性气动力进行了数值模拟研究。

2 数值方法

国内某公铁两用斜拉桥主梁桥宽 65.6 m，梁高 4.5 m，按 1:60 缩尺比建立 2D 模型，主梁断面形式如图 1 所示。计算域划分为刚体运动区域和动网格区域，刚体运动区域采用非结构网格划分，如图 2 所示，动网格区域采用结构网格划分。计算域入口为速度入口，出口为压力出口，上下壁面为对称边界。选择 SST $k-\omega$ 湍流模型，时间离散格式选用二阶隐式，压力速度耦合采用 SIMPLEC 算法进行处理，对流项和扩散通量等空间离散格式均采用二阶格式。本文数值模拟在商用软件 Fluent 进行，让模型进行自由振动。可以将结构涡激振动看作单自由度系统，其动力学方程采用四阶龙格库塔法进行计算。

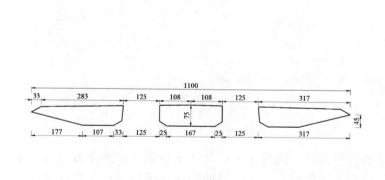

图 1 三分体式钢箱梁 CFD 模型断面（单位：mm）

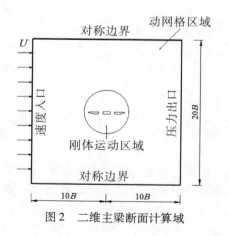

图 2 二维主梁断面计算域

3 结果分析

本文对三分体式钢箱梁 0° 攻角进行数值模拟，计算风速 1～5 m/s。数值模拟结果与文献 [1] 中风洞试验结果的对比如图 3 所示，可以看出数值模拟有很好的可靠性。数值模拟中最大无量纲振幅对应折减风速 $U_r = 0.350$，该风速下的位移时程和气动力时程如图 4 所示。可以按照气动力时程曲线将涡激振动分为起振、发展和稳态三个阶段，这三个阶段的频谱如图 5 所示。

* 基金项目：国家自然科学基金项目（52025082）。

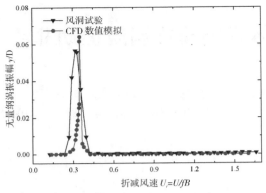

图3 数值模拟和风洞试验振幅风速曲线对比

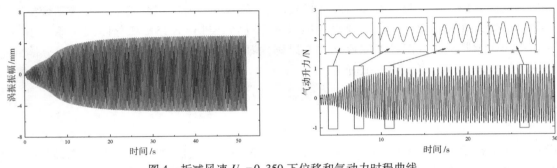

图4 折减风速 $U_r = 0.350$ 下位移和气动力时程曲线

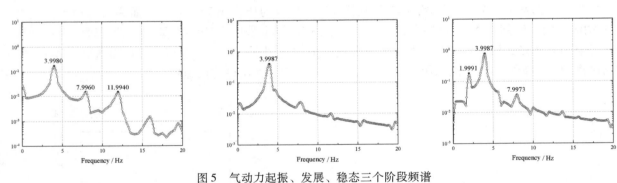

图5 气动力起振、发展、稳态三个阶段频谱

4 结论

通过数值模拟方法研究了三分体式钢箱梁的涡振性能。研究表明三分体式钢箱梁在涡激振动时气动力在起振阶段和稳定阶段分别表现出强非线性和弱非线性特征,原因可能是在小振幅下气动惯性力和气动阻尼力很小,气动力主要成分为涡激力;当结构振动振幅足够大以至于影响周围流场时,在流固耦合作用下气动力表现为以一倍频和二分之一倍频主导的弱非线性特征。对于稳态振幅下气动力非线性机理尚不明确,有待进一步研究。

参考文献

[1] 张家斌.三分体式钢箱梁涡激振动性能研究 [D].长沙:湖南大学,2021.

多气动外形桥梁的涡振计算方法 *

潘俊志，遆子龙，李永乐

（西南交通大学桥梁工程系 成都 610031）

1 引言

涡激振动一直以来都是桥梁风致振动领域的研究热点。涡激振动的本质是流场于结构上形成的规律的漩涡脱落所带来的流固耦合效应，其具有限幅与自激特性。

涡激振动的分析方法通常使用模型风洞试验。对于单一气动外形桥梁，采用节段模型风洞试验；对于多气动外形桥梁，现有方法使用全桥气弹模型风洞试验。全桥试验能够分析此类桥梁的涡振问题，但其存在许多问题[1]。节段试验具有多种优点，但由于节段试验建立在二维理论上，无法考虑多气动外形的情况。对于多气动外形桥梁的涡振，不同梁段具有不同的涡振性能，其整体涡振的分析变得更加复杂。本文结合 Scanlan 经验非线性模型，提出一种混合涡激力模型，该模型能够考虑各梁段上所作用的气动力，计算多气动外形桥梁的涡振响应。

2 正文

2.1 混合涡激力模型

现有一沿跨向存在两种截面的桥梁，如图 1 所示。在某一风速下，截面 1 梁段上发生规律的漩涡脱落，即存在涡激荷载，而截面 2 无此涡激荷载。

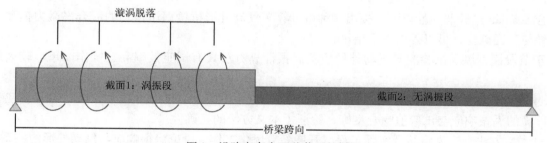

图 1 沿跨向存在两种截面的桥梁

使用 Scanlan 经验非线性模型[2]与流场气动效应共同表达作用于结构上的气动力，根据涡振能量守恒原则并结合广义坐标可得：

$$\xi_0 = 2\left[\frac{[C_1]^{\mathrm{T}}\boldsymbol{I} - \dfrac{2nM\zeta K_1}{\rho D^2 L}}{[C_1]^{\mathrm{T}}[C_2]}\right]^{1/2} \tag{4}$$

$$[C_1] = [\underset{i_1}{Y_1 \cdots Y_1}\, \underset{j_1}{H_1 \cdots H_1}]$$

$$[C_2] = [\underset{i_1}{\varepsilon \cdots \varepsilon}\, \underset{j_1}{0 \cdots 0}] \tag{5}$$

式中，ρ 为空气密度；D 为结构迎风尺寸；K_1 为折算基频；$\boldsymbol{I}$ 为单位向量；Y_1 与 ε 为自激力气动参数，由试验

* 基金项目：国家自然科学基金（52008349）；中国博士后科学基金面上项目（2020M683356）。

确定；H_1 为表征流场对结构运动的影响的气动参数，通过试验确定。

2.2 验证试验及参数识别

首先对有、无屏障模型进行涡振试验，获取其涡振风速区间及幅值，并对在各风速下进行参数识别。对于 Y_1 与 ε，Ehsan 和 Scanlan 提出了衰减—共振法进行识别[3]。对于参数 H_1，使用自由衰减法进行识别。之后在模型两侧安装 38% 的屏障以模拟跨向存在多种气动外形桥梁。通过涡振试验获取其风速区间与幅值，将试验结果与使用混合涡激力模型计算所得结果进行对比，对比结果如图 2 所示。

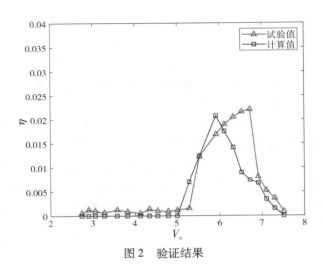

图 2　验证结果

通过验证结果可知，混合涡激力模型与实测值在涡振风速区间与幅值上都吻合较好，因此该模型具有良好的有效性。

3　结论

本文结合 Scanlan 经验非线性模型，提出一种可计算多气动外形桥梁涡激振动的混合涡激力模型。进行了理论推导与验证试验，可以得出以下结论：

（1）基于节段模型风洞试验的多气动外形桥梁涡振计算方法具有试验效率高、操作简单、较大缩尺比等优点。

（2）通过验证试验对本文所提方法进行了验证，验证结果表明，通过混合涡激力模型与其相应参数识别方法所计算的涡振响应与试验值吻合良好，验证了本文方法的正确性。

（3）通过本文方法，未来将结合实际工程，开展参数优化工作，讨论涡振响应与气动外形的关系。

参考文献

［1］张志田，陈政清. 桥梁节段与实桥涡激共振幅值的换算关系［J］. 土木工程学报，2011，44（7）：77-82.

［2］SIMIU E, SCANLAN R H. Wind effects on structures：An introduction to wind engineering［J］. Journal of Wind Engineering and Industrial Aerodynamics，1980，6：183-185.

［3］EHSAN F, SCANLAN R H. Vortex-Induced Vibrations of Flexible Bridges［J］. Journal of Engineering Mechanics，1990，116（6）：1392-1411.

开口截面斜拉桥涡振性能及气动措施研究 *

雷伟[1,2]，王骑[1,2]，卢晓伟[1,2]，江舜尧[1,2]

（1. 西南交通大学土木工程学院 成都 610036；

2. 西南交通大学风工程四川省重点实验室 成都 610036）

1 引言

随着斜拉桥跨径增大，自重较轻的钢混叠合梁截面被广泛应用。其断面为开口形式，使得漩涡脱落机理更为复杂。当漩涡脱落频率与桥梁固有频率接近时，桥梁将产生限幅的涡激振动，从而影响结构的安全使用[1-2]。本文针对某开口截面斜拉桥开展大比例尺节段模型风洞试验，比较了不同形式导流板和下中央稳定板的抑振效果，并选用组合气动措施抑制原始断面的涡激振动。最后，通过全桥气弹模型风洞试验验证了该气动控制措施的有效性。

2 工程背景与风洞试验

某斜拉桥地处峡谷地带，气候条件较为特殊，主梁跨中离通航水位 200 米，桥塔高 314 米。为保证桥梁结构安全，必须对其进行抗风研究。桥梁桥式布置及主梁断面如图 1 所示。

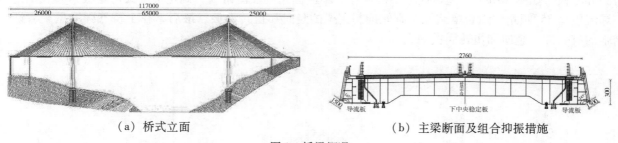

（a）桥式立面   （b）主梁断面及组合抑振措施

图 1 桥梁概况

在 XNJD－3 风洞开展了 1:20 大比例尺节段模型试验和 1:100 全桥气弹模型试验。节段模型的竖向和扭转阻尼比分别调试为 0.50% 和 0.78%，全桥气弹模型的竖向和扭转阻尼比分别调试为 0.53% 和 0.79%，其他试验参数如表 1 所示。

表 1 节段模型和全桥气弹模型部分试验参数

试验参数	等效质量 /(kg·m⁻¹)	等效质量惯性矩 /(kg·m²/m)	一阶竖向频率/Hz	一阶扭转频率/Hz	主梁竖向弯曲刚度 /(N·m²)	主梁横向弯曲刚度 /(N·m²)	主梁扭转弯曲刚度 /(N·m²)
实桥	47032	3006189	0.2522	0.6406	8.2068×10^{11}	4.7408×10^{13}	3.1203×10^{10}
节段	117.580	18.7887	2.755	4.263	—	—	—
全桥	4.7032	0.0301	2.500	6.081	80.546	4861.6	3.0187

* 基金项目：国家自然科学基金项目（51678508）。

3 原始断面涡激振动特性

如图 2 所示，原始断面的节段模型在竖向和扭转方向均有涡振现象；全桥气弹模型在三个攻角下存在竖向涡振，在 0°和 -3°攻角下涡振风速区间为 10～15 m/s，比节段模型 10～12 m/s 区间宽，但未出现扭转涡振。原始断面的实桥涡振振幅最大为 205.9 mm，超过《公路桥梁抗风设计规范》中的容许值，且涡振风速区间处于该桥址常遇风速下。涡振发生频繁时，会引起桥梁的疲劳破坏和行车舒适度。因此，有必要采用气动措施抑制涡振。

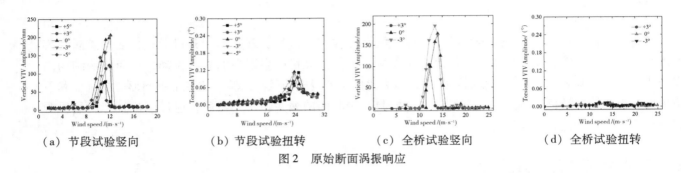

（a）节段试验竖向　　（b）节段试验扭转　　（c）全桥试验竖向　　（d）全桥试验扭转

图 2　原始断面涡振响应

4 涡激振动控制

在节段模型试验中，分别在主梁底中轴位置处安装下中央稳定板和主梁两个侧面安装与水平面呈一定倾角的导流板。如图 3 所示，通过比较不同尺寸、不同倾角的控制措施，确定下中央稳定板与梁底平面齐平，导流板呈 35°倾角的组合措施能够有效抑制主梁的竖向和扭转涡振。最后，在全桥气弹模型中验证了该措施的有效性，竖向和扭转涡振消失。

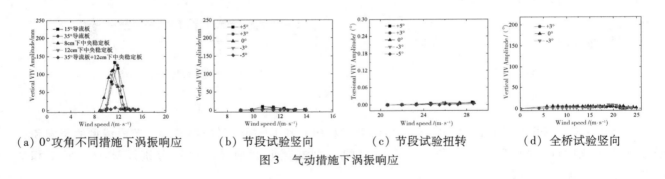

（a）0°攻角不同措施下涡振响应　（b）节段试验竖向　（c）节段试验扭转　（d）全桥试验竖向

图 3　气动措施下涡振响应

5 结论

（1）原始断面下全桥气弹试验再现了节段模型试验的涡振现象，两者涡振振幅接近，均超过规范容许值，且全桥试验中部分攻角下涡振风速区间比节段模型区间宽。

（2）采用下中央稳定板与导流板的组合措施能够有效抑制该开口截面斜拉桥主梁涡激振动，该气动措施改变了主梁原始断面的气动外形，使其能够抑制主梁涡激振动，全桥气弹试验验证了该措施的有效性。该组合措施安装及维护简便，可为同类桥梁涡振控制提供参考。

参考文献

[1] 葛耀君，赵林，许坤. 大跨桥梁主梁涡激振动研究进展与思考 [J]. 中国公路学报，2019，32（10）：1 - 18.

[2] ZHANG T Y, SUN Y G, LI M S, et al. Experimental and numerical studies on the vortex-induced vibration of two-box edge girder for cable-stayed bridges [J]. Journal of Wind Engineering and Industrial Aerodynamics, 2020, 206, 104336.

风嘴外形对钝体箱斜拉桥涡振性能影响研究 *

卢晓伟[1,2]，黄林[1,2]，王骑[1,2]

（1. 西南交通大学风工程试验研究中心 成都 610031；
2. 风工程四川省重点实验室 成都 610031）

1 引言

在大跨度铁路桥设计中，为保证主梁刚度，在采用箱梁作为大跨度铁路桥主梁截面时，就需要增大其腹板倾角以及增大梁高，这使得最终满足刚度要求的箱形断面成为宽高比较小（宽高比在 8 以下）的钝体箱形断面。大量的研究表明[1]，大部分外形具有典型钝体特征的结构，其涡振现象较为突出。孟晓亮[2]通过风洞试验发现较尖的风嘴角度可以有效提高全封闭钢箱梁的涡振性能。李永乐[3]提出了一种风嘴措施，可较好地抑制分离式双箱梁的涡激振动。本文采用 1∶50 节段模型风洞试验，研究了风嘴外形对钝体钢箱梁铁路斜拉桥涡振性能的影响，并利用计算流体动力学方法研究了不同外形风嘴对于主梁涡振性能的影响机理。

2 原设计钝体断面涡振性能研究

本文以某主跨为 672 m 的钝体钢箱梁铁路斜拉桥为工程背景，主梁高 4.8 米，全宽 36.7 米，宽高比 7.65，具体如图 1 所示。选取试验模型缩尺比为 1∶50，试验阻尼比为 0.50%。涡激振动试验在均匀流场中进行，试验结果如图 2 所示（图中风速和振幅数据均已换算成实桥风速），可以发现原设计钝体箱梁断面发生显著涡激振动现象。

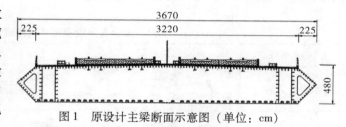

图 1 原设计主梁断面示意图（单位：cm）

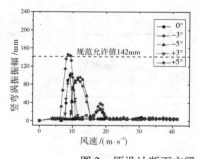
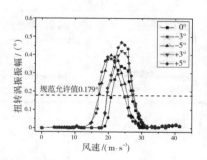

图 2 原设计断面主梁涡振振幅（缩尺比 1∶50）

3 风嘴上行、下行及对称外形对钝体钢箱梁涡振性能影响

本文通过设置不同风嘴角度的风嘴（原设计风嘴、1 号风嘴、2 号风嘴）与风嘴朝向不同的风嘴（2 号、3 号、4 号风嘴），具体如图 3 所示。测试了 0°与最不利 +5°风攻角下的主梁最大涡振振幅，研究了风嘴角度变化以及风嘴朝向变化对于风嘴制振能力的影响。为方便描述，将风嘴尖角位于对称线以上的称为上行风嘴，位于对称线以下的称为下行风嘴，位于对称线的称为对称风嘴，试验结果如图 4 所示，可以发现减小风嘴角度能有效提高风嘴的制振能力，相同长度的风嘴，采用下行风嘴形式的风嘴制振能力最好。

---

* 基金项目：国家自然科学基金项目（51678508、51778547）。

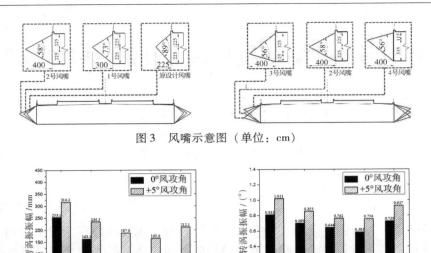

图3 风嘴示意图（单位：cm）

图4 各工况最大涡振振幅

借助计算流体动力学（CFD）数值模拟技术，分别对加装各风嘴断面的非定常绕流进行仿真模拟，得到断面的涡量演化图如表1所示。结合涡量图的分析可以发现，漩涡尺寸与能量较大且大幅降低的主要是尾流处的卡门涡脱，因此尾流处的卡门涡脱是引起该钝体断面涡激振动的主要原因，优化后的风嘴能够减小该处的漩涡尺寸从而提升梁体涡振性能。

表1 加装各风嘴断面非定常绕流瞬时涡量演化图

风嘴序号	涡量图
原设计风嘴	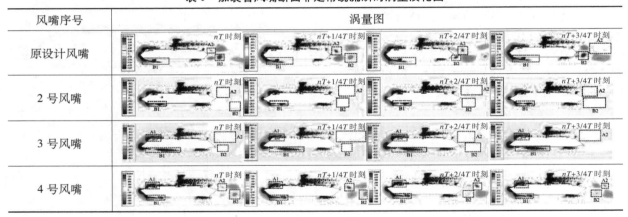
2 号风嘴	
3 号风嘴	
4 号风嘴	

4 结论

（1）钝体钢箱梁涡振性能较差，在0.5%阻尼比下存在涡激振动现象，减小风嘴角度并采用下行风嘴可有效降低梁体涡振振幅。

（2）对于该钝体箱梁断面，尾流区发生的大尺度卡门涡脱及由此产生的周期性气动力是导致涡振的主要原因，优化风嘴外形可有效降低主梁断面的漩涡尺寸，优化断面涡振性能。

参考文献

[1] SARWAR M W, ISHIHARA T. Numerical study on suppression of vortex-induced vibrations of box girder bridge section by aerodynamic countermeasures [J]. Journal of Wind Engineering and Industrial Aerodynamics, 2010, 98 (12): 701, 711.

[2] 孟晓亮，郭震山，丁泉顺，等.风嘴角度对封闭和半封闭箱梁涡振及颤振性能的影响 [J].工程力学，2011, 28 (S1): 184–188, 194.

[3] 李永乐，陈科宇，汪斌，等.钝体分离式双箱梁涡振优化措施研究 [J].振动与冲击，2018, 37 (7): 116–122.

基于风洞试验和跑车试验方法的悬索桥
销接式覆冰吊索尾流振动性能分析*

李庆[1,2]，郭攀[1,2]，李胜利[1,2]

（1. 郑州市缆索结构灾害防治重点实验室 郑州 450001；
2. 郑州大学土木工程学院 郑州 450001）

1 引言

悬索桥吊杆的风振可能是由于吊杆结冰引起的[1]。本文提出了一种利用汽车行驶风测试悬索桥销接式覆冰吊索尾流驰振的新方法，即跑车试验方法。基于风洞试验，研究了销接式悬索桥覆冰吊索的气动特性。结果表明，采用风洞试验方法，根据邓哈托驰振理论分析，销接式覆冰吊索在3°风攻角附近最易发生尾流驰振；30 mm 厚的 D 形覆冰尾流吊索的临界折算风速为 165，且背风面覆冰索易出现耐久性失效。吊索在覆冰工况下降低了尾流驰振发生的临界风速。研究结果对采用销式连接吊杆的悬索桥的抗风性能具有重要意义。

2 覆冰吊索尾流驰振

2.1 风洞试验

悬索桥销接式吊索通常用外包聚乙烯护套的平行钢丝制成。为了避免尺寸过大，销接式吊索通常采用 2 根并联形式。本文选取某长江大桥的铰接式吊索来进行研究，试验采用两根直径相同的刚性节段模型来模拟销接式吊索。在雪天情况下，垂直圆形结构的覆冰形式为 D 形。考虑到严寒天气的特点，试验选取较为典型的 30 mm 覆冰厚度进行研究。结果表明销接式覆冰吊索在 3°风攻角附近最易发生尾流驰振。

2.2 跑车试验

覆冰吊索驰振跑车试验装置包括车顶试验平台、覆冰吊索试件、微型加速度传感器、拾振器、三维超声波风速仪、便携式笔记本电脑及带定速巡航功能的汽车等（图1）。

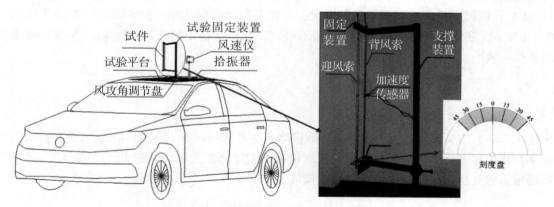

图 1　覆冰吊索尾流驰振性能的跑车试验装置

* 基金项目：国家自然科学基金项目（51778587、51808510）；河南省自然科学基金项目（162300410255）；河南省高校青年骨干教师基金项目（2017GGJS005）；郑州大学优秀青年人才研究基金（1421322059）；河南省交通科技规划项目（2016Y2－2、2018J3）。

跑车试验模型与风洞试验吊索原型间满足几何参数、惯性参数、弹性参数、阻尼参数、黏性参数等的相似准则。

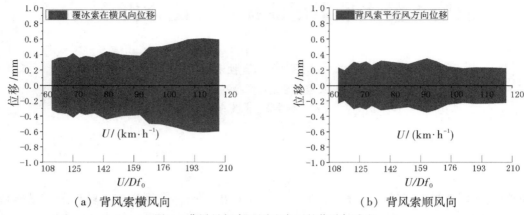

（a）背风索横风向　　　　　　　　　（b）背风索顺风向

图 2　背风吊架在不同速度下的位移标准差

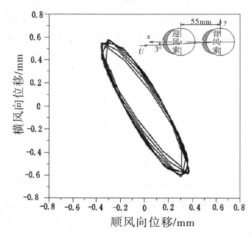

图 3　车速为 108 km/h 时背风结冰索的振动轨迹

多位学者的研究结果表明，当索结构出现尾迹驰振时，尾流结构表现为极限环的运动，故本文从振动位移方面对尾流驰振临界风速进行分析。从图 2 可以看出当车速大于 92 km/h（折算风速为 U/Df_0 = 165）时，下风冰架在横风向振动幅值开始显著增大，而在平行风向振动幅值逐渐减小。如图 3 所示，当车速大于 108 km/h（折算风速为 194）时，幅值趋于稳定，并产生稳定的极限圆运动。这与非结冰索结构的风洞试验结果一致[2]。

3　结论

当车辆速度92 km/h 或折算风速为 165 时，D 形覆冰和冰厚30 mm 的背风覆冰吊索的速度振幅和的一阶模态振动频率在横向和平行方向风明显变化。覆冰销接吊索尾流驰振临界风速低于无覆冰的销接吊索。另外，覆冰销接吊索容易出现尾流驰振，导致吊索损坏。

参考文献

［1］陈政清. 桥梁风工程［M］. 北京：人民交通出版社会，2005.

［2］HE X, CAI C, WANG Z, et al. Experimental verification of the effectiveness of elastic cross-ties in suppressing wake-induced vibrations of staggered stay cables［J］. Engineering Structures，2018，167：151 – 165.

大跨度板桁结合梁悬索桥颤振性能试验研究 *

雷永富[1]，孙延国[1,2]，李明水[1,2]

（1. 西南交通大学风工程试验研究中心 成都 610031；

2. 风工程四川省重点实验室 成都 610031）

1 引言

板桁结合桁架梁抗弯刚度大，运输、架设方便，在我国山区峡谷地区的桥梁建设中应用广泛。随着桥梁跨径的不断增大，结构将变得更加轻柔，阻尼比更小，对风的作用愈加敏感。钢桁梁桥由于良好的透风性，不易于发生涡激振动，但以往研究表明[1-3]，桁架梁桥的颤振性能通常难以满足要求，特别是山区峡谷地区复杂的地形会使自然风产生较大的攻角，进而对桥梁结构产生不利影响，因此有必要对桁架梁悬索桥的颤振性能进行优化。本文以金沙江特大桥为研究背景，通过节段模型风洞试验对板桁结合梁悬索桥的颤振性能进行优化。

2 工程背景与桥位风参数

金沙江大桥是一座单跨简支公路悬索桥，主跨为 1060 m。主梁为板桁结合钢桁架梁，宽度为 27.5 m，高度为 7.0 m，如图 1 所示。桥址处于西南山区典型的峡谷地貌，两岸为悬崖峭壁，地形复杂。根据气象站提供资料确定桥位处设计基本风速为 29.54 m/s，由《公路桥梁抗风设计规范》[4]确定大桥的设计基准风速为 34.56 m/s，0°和 ±3°攻角下颤振检验风速为 52.9 m/s，±5°攻角下颤振检验风速为 37.0 m/s。

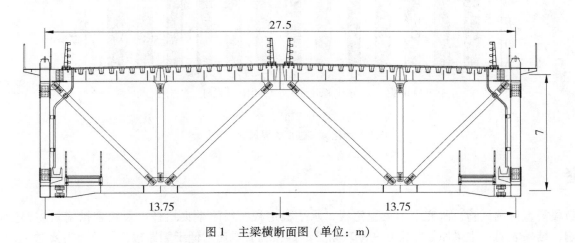

图 1　主梁横断面图（单位：m）

3 节段模型颤振试验

节段模型颤振试验在西南交通大学工业风洞第二试验段中进行，所有试验工况都为均匀流场，在风洞中直接测量不同攻角下主梁发生颤振时的临界风速，通过风速比将试验风速换算到实桥风速，由试验结果可知：原方案成桥状态在 ±5°、−3°和 0°攻角下，主梁颤振临界风速均大于颤振检验风速；但在 +3°攻角下，颤振临界风速为 41.8 m/s，远小于颤振检验风速 52.9 m/s，无法满足抗风设计规范的要求，需对主梁的颤振性能进行优化。

* 基金项目：国家自然科学基金项目（51878580）。

4 颤振性能优化研究

为了使大桥的颤振稳定性满足山区峡谷条件下的抗风设计要求，避免结构因颤振而失稳，需要对主梁安装适当的气动措施。本文针对最不利的+3°攻角，研究了中央稳定板、水平稳定板、封闭中央栏杆以及组合措施对颤振性能的影响，最后通过全桥气弹模型风洞试验对抑振措施的有效性进行验证，结果如图2所示。图中工况0为原始方案，工况1～工况3代表中央稳定板高度分别为0.5 m、1.0 m、1.5 m，工况4～工况6代表水平稳定板宽度分别为0.5 m、1.0 m、1.5 m，工况7～工况9代表中央栏杆透风率分别为50%、25%、0%（全封闭），工况10为工况1+工况5，工况11为工况1+工况6，工况12为工况2+工况5。由图可知，中央稳定板的抑振效果与其高度密切相关，随着高度的增加，颤振临界风速呈线性增长，在高度达到1.0 m时，主梁颤振临界风速明显高于颤振检验风速。水平稳定板的抑振效果与中央稳定板类似，与其宽度大小成正比，但水平稳定板的抑振效果明显弱于中央稳定板。封闭中央栏杆能够达到与中央稳定板相同的抑振效果，并且随着中央栏杆透风率的减小，主梁颤振临界风速随之增长。将两种稳定板组合使用能够大幅改善主梁的颤振性能，抑振效果均强于两者单独使用。全桥气弹模型风洞试验较好地验证了节段模型风洞试验的结果。

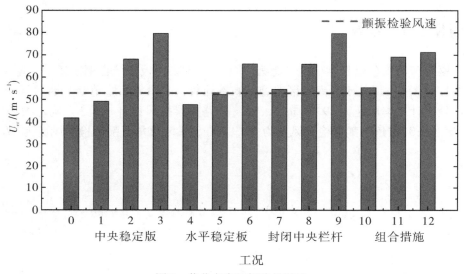

图2 优化方案颤振临界风速

5 结论

通过节段模型风洞试验，研究了中央稳定板、水平稳定板、封闭中央栏杆以及组合措施对主梁颤振性能的影响，结果表明：主梁原始方案在+3°攻角下的颤振临界风速远低于颤振检验风速，需要对主梁进行气动优化。中央稳定板、水平稳定板和封闭中央栏杆均能改善主梁的颤振性能，但较大尺寸的稳定板和较低的透风率才能达到较好的抑振效果，并且将两种稳定板组合使用能达到更好的抑振效果。

参考文献

［1］MIYATAT, YAMAGUCHI K. Aerodynamics of wind effects on the akashi kaikyo bridge ［J］. Journal of Wind Engineering and Industrial Aerodynamics, 1993, 48（2）: 287 – 315.

［2］李春光, 张志田, 陈政清, 等. 桁架加劲梁悬索桥气动稳定措施试验研究 ［J］. 振动与冲击, 2008, 27（9）: 40 – 43.

［3］WANG K, LIAO H, LI M. Flutter suppression of long-span suspension bridge with truss girder ［J］. Wind and Structures, 2016, 23（5）: 405 – 420.

［4］中华人民共和国交通部. 桥梁抗风设计规范（JTG/T 3360 – 01—2018）［S］. 北京: 人民交通出版社, 2018.

基于非线性能量演变的范德波尔类涡激气动力特性研究

陈泓欣，张志田

（海南大学土木建筑工程学院 海口 570228）

1 引言

大跨度桥梁为柔性结构，具有阻尼小、自重轻等特点，在低风速下容易发生涡激共振（以下简称"涡振"）。涡振是一种兼有自激性质与限幅性质的周期性振动，其产生机理是由钝体尾流中旋涡的交替脱落所致。尽管涡振不像颤振一样具备使桥梁塌垮的发散特性，但过大的振幅与加速度会使桥梁的正常使用遭受严重影响，甚至引起构件的疲劳破坏[1]。随着大跨度桥梁的广泛建设，桥梁涡振问题也常暴露在公众视野下，如武汉鹦鹉洲长江大桥、西堠门大桥、虎门大桥等。本文基于范德波尔振子模型，根据能量守恒原则推导出两气动力参数与涡振振幅的关系式，并分析了两气动力参数的适用区间。通过风洞试验数据，识别出两气动力参数随振幅演变的非线性[2]，并检验了两气动力参数识别的准确性。最后对比了不同定值参数下，另一参数随振幅的变化趋势及对涡振位移时程响应拟合结果的影响。研究表明：自激参数项取值受制于结构阻尼比，而限幅参数项取值受稳态幅值影响；采用非线性限幅参数项拟合瞬态涡振位移时程响应的收敛效果更好。

2 非线性气动力参数

2.1 非线性参数识别

采用范德波尔振子模型研究涡振，气动阻尼所产生的升力为[3]：

$$F_a = C_a \dot{y} \left[1 - \varepsilon \left(\frac{\dot{y}}{Bn_e} \right)^2 \right] \tag{1}$$

式中，C_a 表示自激参数；ε 表示限幅参数；B 表示节段模型宽度；n_e 表示节段模型的自振频率；$\dot{y}$ 表示节段模型的运动速度。

本文主要研究涡激力模型中 C_a 与 ε 两非线性参数。利用涡激力做功和结构运动做功相等可推导出两参数随瞬态振幅与其周期增量的关系式。通过假定某个气动力参数为定值，结合两参数关系式及涡振试验振幅曲线完成对另一气动力参数随振幅的非线性识别。对比多组定值识别结果，可判断另一气动力参数总体的非线性趋势。

2.2 涡振时程算例

以某大桥节段模型风洞试验为例，其中节段模型宽度 $B = 0.58$ m，结构等效质量 $m = 42.04$ kg/m，结构阻尼比 $\eta = 0.006$，自振频率 $n_e = 3.32$ Hz。图1所示为不同 C_a 值下，参数 ε 随振幅的变化情况。可明显看出随着 C_a 值的增大，ε 初值提升逐渐减缓，且 ε 值随着振幅的增加迅速降低，当振幅到达稳定极限环状态时，ε 值趋于零。图2所示为不同 ε 值下，参数 C_a 随振幅的变化情况。与 ε 值的趋势对比，C_a 值随着振幅增大呈发散性增长，且 ε 值越大，C_a 值发散程度越高。

根据所识别的非线性气动力参数和结构参数，在给定初始位移和速度的条件下，通过求解节段模型的涡振运动方程可得模型的瞬态涡振位移响应时程。图3所示为 $C_a = 20$ 时和所识别参数 ε 拟合的瞬态涡振位移响应时程与风洞试验振幅曲线的对比。

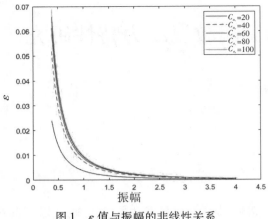

图1 ε值与振幅的非线性关系

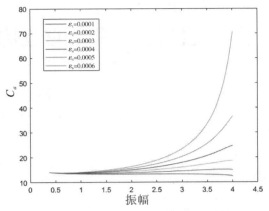

图2 C_a值与振幅的非线性关系

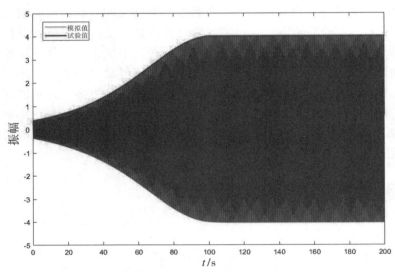

图3 瞬态涡振位移响应时程模拟值与试验值对比

3 结论

本文对范德波尔振子模型中两气动力参数的关系进行了推导与识别，结合实测涡振曲线得到两气动力参数的非线性演变特性。利用非线性涡激气动力模型可反算得到结构振动时程，反算结果与试验结果的对比表明本文精准地识别了涡激力模型中的能量吸收特性。非线性涡激力特性的确定，可以用于得到不同结构阻尼比时涡激振幅的预测。

参考文献

［1］张志田，陈政清．桥梁节段与实桥涡激共振幅值的换算关系［J］．土木工程学报，2011，44（7）：77－82．

［2］陈政清，肖潇，黄智文，等．节段模型弹性悬挂系统的阻尼非线性对涡激力模型参数识别结果的影响［J］．铁道科学与工程学报，2021，18（4）：821－829．

［3］HANSEN S O. Vortex-induced vibrations－the Scruton number revisited［J］. Proceedings of the Institution of Civil Engineers－Structures and Buildings，2013，166（10）：560－71．

双下中央稳定板对分离式双箱梁涡振性能的影响研究*

石志凌，朱长宇，李加武

（长安大学风洞实验室 西安 710064）

1 引言

涡激共振由于其存在影响桥梁行车安全的隐患而受到研究者的关注。大跨度桥梁为了追求更好的颤振稳定性而选择分离式双箱梁断面，但由于中央开槽的存在，可能引发涡激共振问题[1-2]。而中央开槽处复杂的流场是导致分离式双箱梁断面涡激共振的主要原因[3]。本文研究了一种新的气动措施——双下中央稳定板，并根据风洞试验探讨了双下稳定板间隔宽度与中央开槽宽度的比值（b/B）、双下稳定板高度与主梁高度的比值（h/H）对分离式双箱梁涡振性能的影响，提出了较优的取值，同时根据 CFD 数值模拟结果解释了其抑振原理。

2 节段模型风洞试验

本文以某斜拉桥采用的分离式双箱梁断面为研究对象，通过风洞试验针对 b/B 值和 h/H 值研究了其对分离式双箱梁涡振性能的影响。节段模型风洞试验在长安大学 CA–01 风洞内进行，节段模型几何缩尺比取 1:70。经过大量的风洞试验发现该梁断面在 $-3°$、$0°$ 和 $+3°$ 风攻角下都会发生明显涡振，其中 $+3°$ 风攻角为最不利风攻角，故本文以下试验均在 $+3°$ 风攻角下进行。带双下中央稳定板的分离式双箱梁断面如图 1 所示。

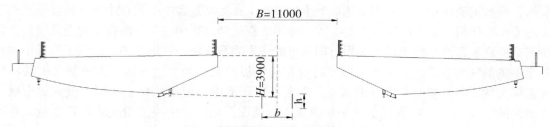

图 1　主梁断面示意图（单位：mm）

试验时，设置双下稳定板高度为 1.4 m（$h/H=0.36$），变化双下稳定板间隔宽度分别取 2.8 m（$b/B=0.25$）、5.6 m（$b/B=0.51$）和 11 m（$b/B=1.00$）三种工况以探究 b/B 值的影响；接着，设置双下稳定板间隔宽度为 2.8m（$b/B=0.25$），变化双下稳定板高度分别取 0.7 m（$h/H=0.18$）、1.4 m（$h/H=0.36$）和 2.1 m（$h/H=0.54$）三种工况以探究 h/H 值的影响。部分风洞试验结果如图 2 和图 3 所示。

综合分析，随着 b/B 值的减小和 h/H 值的增大，涡振振幅都会呈现不断减小的趋势；且 b/B 值取 0.25，h/H 值取 0.36 或 0.54 时对于涡振性能的改善效果最好。此外，在另一气动外形差异很大的分离式双箱梁上增设 b/B 值取 0.25，h/H 值取 0.36 的双下中央稳定板后进行风洞试验，其涡振性能亦得到了极大的改善。

* 基金项目：国家自然科学基金项目（51978077）。

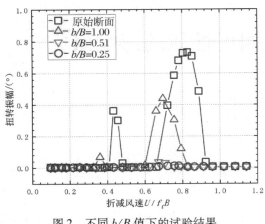

图2 不同 b/B 值下的试验结果

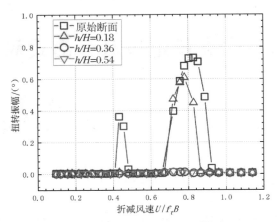

图3 不同 h/H 值下的试验结果

3 CFD 数值模拟

根据以上风洞试验研究结果，并综合考虑后选择 b/B 值取 0.25、h/H 值取 0.36 的措施组合作为抑振较优方案，并且结合原断面进行了存在剧烈扭转振动的风速下的 CFD 数值模拟，解释了其抑振原理。部分结果如图4和图5所示。

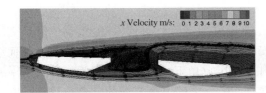

图4 原断面流场

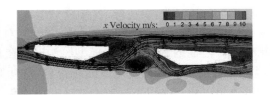

图5 较优方案流场

如图4所示，原断面流场中，上游箱梁尾部产生的旋涡1在运动过程中受到在中央开槽处形成的反向大尺度旋涡2的吸引而使得旋涡2的尺度不断扩大，旋涡2在运动过程中将与下游箱梁的迎风面发生强烈碰撞，在下游箱梁的迎风面产生的周期性作用力即有可能诱发涡激共振。在图5中，增设了双下中央稳定板后，上游箱梁下侧的气流在流经中央开槽区域时受到稳定板的阻挡而发生分离。大部分气流从稳定板上缘冲向下游箱梁上侧，斜贯整个中央开槽区域，阻断了原断面中两旋涡的相互作用，极大的干扰了原断面中大尺度旋涡的生成。当 h/H 值更小和 b/B 值更大的情况，则由于中央开槽处旋涡尺度较大导致抑振效果不明显。

4 结论

通过针对双下中央稳定板的风洞试验和数值模拟研究，可得到以下结论：（1）双下中央稳定板不同的 b/B 取值和 h/H 取值对于分离式双箱梁的涡振性能改善程度存在明显差异；（2）根据风洞试验结果提出了较优的取值范围，即 b/B 值取 0.25 左右、h/H 值取 0.36 左右具有十分理想的抑振效果；（3）通过 CFD 数值模拟解释了其抑振原理，可为今后的分离式双箱梁涡振抑振方案选择提供参考。

参考文献

[1] 陈政清. 桥梁风工程 [M]. 北京：人民交通出版社，2005.

[2] 葛耀君，赵林，许坤. 大跨桥梁主梁涡激振动研究进展与思考 [J]. 中国公路学报，2019，32（10）：1 - 18.

[3] LAIMA S J, LI H, CHEN W L, et al. Investigation and control of vortex-induced vibration of twin box girders [J]. Journal of Fluids and Structures, 2013, 39：205 - 221.

悬索桥风致反对称扭转发散特性时域分析*

王震[1]，张志田[2]

（1. 天津大学建筑工程学院 天津 300072；

2. 海南大学土木建筑工程学院 海口 570228）

1 引言

大跨度桥梁的风致稳定性问题包括静力失稳与动力失稳两个方面[1]，静风扭转发散具有突发性，对结构的破坏不低于颤振失稳。国内外有较多的文献对大跨悬索桥的静风扭转发散进行了系统研究，研究对象大多数为公路悬索桥[2]，其失稳形态通常为加劲梁扭转变形急剧增加。桥型基本对称的情况下，加劲梁的扭转变形具有对称性，且变形沿加劲梁的分布没有拐点。然而，Zhang[3]基于静力计算方法通过对悬索桥静风失稳研究首次发现了反对称扭转发散现象，本文在此基础上对悬索桥反对称扭转发散特性时域范围内动力方法进行了研究。

2 人行悬索桥特征及计算模型

图 1 给出了某悬索桥的立面设计。该桥主梁 174 m，采用双塔单跨布置。主缆矢跨比为 1:10，两主缆间距为 5.6 m，吊杆间距为 3 m。加劲梁由横梁、小纵梁、桥面钢板、压花钢板三部分组成，桥面板总宽度仅 4.5 m，如图 2 所示。采用单向受拉空间杆单元模拟主缆以及吊杆单元；采用质量元辅助模拟桥面系的平动以及扭转质量。有限元模型采用单主梁方案，全桥有限元模型共 605 个梁杆单元、403 个节点。

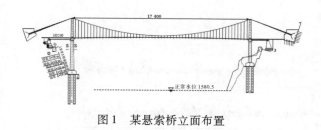

图 1　某悬索桥立面布置　　　　　　　　　　图 2　桥面剖面图

3 扭转发散有限元计算

3.1 静力有限元计算

采用静力有限元方法探究低扭转频率的悬索桥扭转发散特征。图 3 和图 4 分别为 0° 和 +3° 风攻角下结构的变形随风速变化的曲线。两种风攻角下均出现了明显的静风扭转发散现象，从图中可知 0° 和 +3° 风攻角下的扭转发散临界风速分别为 47 m/s 和 39 m/s。与传统静风扭转发散相比，本桥的静风扭转发散具有新的特征：①加劲梁反向扭转。本桥的分析表明，风速达到临界点之前，两四分点的变形是完全对称的；临界点后，两四分点的扭转以及竖向变形突然出现分岔反向跳跃如图 5 所示。②加劲梁反向扭转发散后，主缆张力突然增加呈现"锁紧"状态，如图 6 所示。临界风速到达之前，主缆的张力逐渐下降；但风速增大至临界点后，主缆张力瞬间增加。这一点与传统的静风扭转发散有实质性的不同，后者扭转发散时，迎风侧主缆张力会大幅下降，甚至松弛到空缆悬挂状态。

* 基金项目：国家自然科学基金项目（51938012）。

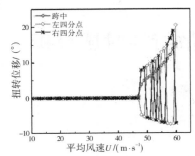

图3　0°风攻角扭转变形－风速关系

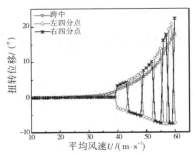

图4　3°风攻角扭转变形－风速关系

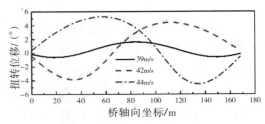

图5　3°风攻角加劲梁扭转变形分布

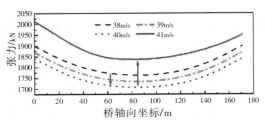

图6　3°风攻角主缆张力分布

3.2　动力有限元计算

紊流引起的随机动力响应对大跨度桥梁静风稳定性的影响不容忽视，已有研究表明紊流会降低桥梁结构的静风稳定性。本节采用谐波合成法模拟随机脉动风速时程，在紊流场中对悬索桥扭转发散特性进行时域计算。图7、图8是0°风攻角下两种风速下主梁扭转响应时程曲线。时域分析表明，该桥在紊流场中的每一时刻失稳形态总是呈反对称状态，两边跨向哪个方向变化是交替发生的。由图可知，扭转峰值响应在风速由30 m/s增加至35 m/s的过程中出现了显著的跃增现象，因此可以确定该桥在紊流场中临界失稳风速是30 m/s，明显低于均匀流场中的临界风速，脉动风引起的随机动力响应大幅度降低了悬索桥的静风稳定性能。

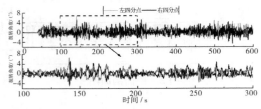

图7　左右边跨扭转变形时程曲线（$U = 30$ m/s）

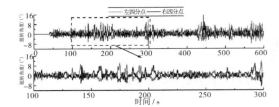

图8　左右边跨扭转变形时程曲线（$U = 33$ m/s）

4　结论

本文分别采用静、动力有限元方法研究了悬索桥在均匀流场及紊流场中的扭转发散特性，综合以上分析可得以下结论：桥梁发生扭转发散时，静力计算每一风速下发散形态呈反对称，考虑紊流的动力计算表明同一风速每一时刻下发散形式都呈现反对称形态，但紊流场下的失稳临界风速明显低于均匀流场。

参考文献

[1] 葛耀君. 大跨度悬索桥抗风 [M]. 北京：人民交通出版社，2011.

[2] ZHANG Z T, GE Y J, YANG Y X. Torsional stiffness degradation and aerostatic divergence of suspension bridge decks [J]. Journal of Fluids and Structures, 2013, 40：269－283.

[3] ZHANG Z T, ZHU L D. Wind-induced symmetric and asymmetric static torsional divergence of flexible suspension bridges [J]. Journal of Fluids and Structures, 2021, 103（3）：103263.

闭口流线型箱梁涡激共振风洞试验尺寸效应研究*

林子楠[1,2]，刘志文[1,2]，陈政清[1,2]

（1. 湖南大学风工程与桥梁工程湖南省重点实验室 长沙 410082；

2. 湖南大学土木工程学院桥梁工程系 长沙 410082）

1 引言

大跨度桥梁的主梁涡激共振现象是指桥梁主梁在来流风作用下尾流区出现规律的漩涡脱落，伴随着漩涡脱落在主梁处产生自激力作用，从而引发主梁的限幅振动。当前桥梁主梁的涡振性能一般通过风洞试验技术进行检验，受试验条件的限制，往往采用几何缩尺模型进行试验。不同的几何缩尺比使得所模拟的动力学系统与实桥存在差异，主要体现为雷诺数效应的影响。本文以不同几何缩尺比下的闭口流线型箱梁风洞试验为背景，对主梁节段模型涡振试验中的模型尺寸效应进行研究。

2 风洞试验

对闭口流线型箱梁进行两类几何缩尺比（1∶30 和 1∶60）下的主梁节段模型风致振动试验研究。在相同的主梁断面布置形式下，不同缩尺比的节段模型涡振响应存在差异。+5°风攻角下，1∶60 节段模型在无量纲风速区间约 1.7～2.1 时出现了 1∶30 节段模型未出现的竖向涡振响应。

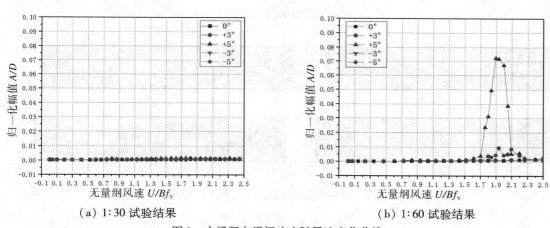

（a）1∶30 试验结果　　　　　　　　　　　（b）1∶60 试验结果

图1　主梁竖向涡振响应随风速变化曲线

3 数值模拟

针对 +5°风攻角下两类几何缩尺比的主梁节段模型开展 CFD 数值模拟研究。以下为数值模拟结果与试验结果的比对，结果吻合较好。计算域左侧入口为速度入口边界（Velocity-Inlet），计算域右侧出口为压力出口边界（Pressure-Outlet），计算域上、下侧均为对称边界（Symmetry），断面边界为无滑移壁面（Wall）；压力－速度耦合方式采用 SIMPLEC。计算时间步长按无量纲时间步取值，湍流模型采用 SST$k-\omega$ 模型。

---

* 基金项目：国家自然科学基金项目（51778225、51478180）。

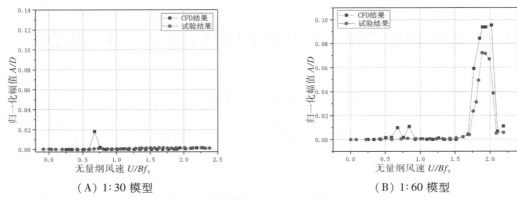

（A）1∶30 模型　　　　　　　　　　　（B）1∶60 模型

图 2　数值模拟结果与试验结果比对

在 1∶60 模型竖向涡振响应峰值处所对应的风速（无量纲风速为 1.89）下，对两类几何缩尺比模型开展流场分析，图 3、图 4 分别为两类几何缩尺比模型流场涡量分布情况的部分图示。

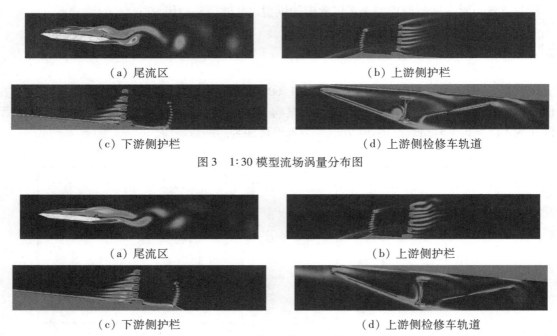

（a）尾流区　　　　　　　　　　　（b）上游侧护栏

（c）下游侧护栏　　　　　　　　　（d）上游侧检修车轨道

图 3　1∶30 模型流场涡量分布图

（a）尾流区　　　　　　　　　　　（b）上游侧护栏

（c）下游侧护栏　　　　　　　　　（d）上游侧检修车轨道

图 4　1∶60 模型流场涡量分布图

4　结论

根据风洞试验结果，由几何缩尺比较大的试验模型得到的主梁涡振振幅小于几何缩尺比较小的试验模型得到的主梁涡振振幅。数值模拟结果与试验结果吻合较好。对比两者流场涡量分布情况，表明几何缩尺比的不同会导致主梁细部构造处涡量分布存在差异。在风洞试验中需要关注模型几何缩尺比对试验结果的影响。

参考文献

［1］刘志文，洪涵，等.广东江顺大桥抗风性能试验研究［J］.湖南大学学报（自然科学版）2015，42（3）：112-119.

［2］LAROSE G L，D' AUTEUIL A. On the Reynolds number sensitivity of the aerodynamics of bluff bodies with sharp edges［J］. Journal of Wind Engineering and Industrial Aerodynamics，2006，94：365.

［3］张伟，魏志刚，杨詠昕，等.基于高低雷诺数试验的分离双箱涡振性能对比［J］.同济大学学报（自然科学版），2008，36（1），6-11.

基于 CFD 的大跨曲线悬索桥三分力系数研究

迟潇玲[1]，陈昌萍[1,2]

（1. 厦门大学建筑与土木工程学院 厦门 361005；

2. 厦门理工学院风灾害与风工程福建省重点实验室 厦门 361024）

1　引言

桥梁是交通运输的咽喉，在国民经济中占有重要地位。在桥梁抗风性能研究中，三分力系数的研究直接影响桥梁抗风性能研究的准确性。本文以某单塔单侧悬挂曲线悬索桥为例，通过仿真计算主梁断面的气动三分力系数，但结算结果表明在 1° 风攻角下会出现驰振现象，采取修改断面形状、增加导流板等气动措施改善驰振的稳定性，再次进行数值模拟计算，通过风洞实验获取三分力系数。

2　工程概况

本文以厦门某健康步道桥梁为背景。跨径布置为 216.7 m + 10 m，全长 226.7 m。边跨（10 m）为连续梁体系，主跨（216.7 m）为组合体系。桥梁主梁采用扁平钢箱结构，梁高 1.2 m，标准段顶板宽 4.0 m，底板宽 0.9 m，箱内设置 2 道腹板。主梁断面图如图 1 所示。

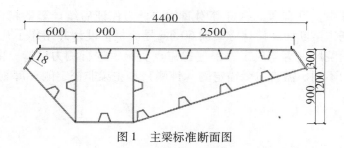

图 1　主梁标准断面图

3　主梁断面三分力系数计算与试验

3.1　主梁横断面三分力系数定义

作用于主梁单位长度上的静气动力可由主梁横断面气动三分力系数计算，而气动三分力系数可由数值模拟和风洞试验得到。

体轴系下的三分力系数定义如下：

横向气动力系数：$C_H = \dfrac{2F_H}{\rho U_\infty^2 DL}$ (1)

竖向气动力系数：$C_V = \dfrac{2F_V}{\rho U_\infty^2 BL}$ (2)

气动俯仰扭矩系数：$C_M = \dfrac{2M}{\rho U_\infty^2 B^2 L}$ (3)

3.2　数值计算

主梁典型结构横断面的三分力数值仿真计算使用了 Fluent 计算流体模块，定义全局最大网格尺寸为 0.5，全局面网格类型为 Quad Dominant，面网格的生成方法采用 Patch Dependent，共生成 44 万个网格单元，43 万个计算节点。网格生成后在 Fluent 中定义边界条件及参数设置。

3.3 数值分析

主梁锚定侧迎风的三分力数值计算，利用式（1）～式（3）计算静三分力系数。经计算在1°风攻角时，结构断面驰振系数小于0，经检验会发生驰振现象，在主梁节段模型测振试验中证实了驰振现象的产生。

3.4 新设计主梁断面加80 cm导流板

采取增大主梁高跨比和修改形状使之更接近流线型并增加导流板来抑制驰振。导流板增加的长度考虑两种工况。数值模拟计算导流板的长度取80 cm来计算主梁锚定侧（钝侧）迎风和主梁非锚定侧（薄侧）迎风的三分力系数，并分析攻角在－10°～＋10°范围内三分力系数的变化。

3.5 导流板长度确定

为了更为直观地看出导流板长度对抗风性能的影响，将同种工况下不同导流板的风洞试验结果进行比较。与增设长度为$L=80$ cm导流板的风洞试验结果相比，$L=60$ cm导流板的主梁的竖向振动响应明显降低，仅两个工况扭转涡振幅值略大，但扭转振动响应根方差均小于规范允许值$\sigma_\alpha=0.219$。因此导流板长度取60 cm。主梁断面图如图2所示。

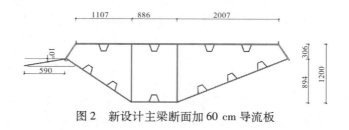

图2　新设计主梁断面加60 cm导流板

3.6 风洞试验

在三分力系数的数值计算中，没有考虑栏杆等附属构造，为保证后续计算的精确性，主梁断面的三分力采用风洞试验结果。根据主梁断面新设计方案加60 cm导流板，设计并制作了几何缩尺比为1∶20的主梁节段模型。在厦门理工学院风灾害与风工程福建省重点实验室进行测力试验。由于桥梁断面为非对称断面，两侧迎风所得三分力不同，需将主梁锚定侧（钝侧）和主梁非锚定侧（薄侧）迎风。

4 结论

（1）原设计主梁截面三分力计算结果表明该设计断面会出现驰振现象。

（2）增大主梁高跨比和修改主梁形状后，增设长度为$L=60$ cm导流板后主梁的竖向振动响应明显降低，在驰振检验风速范围内未见驰振现象发生，同时满足颤振和涡振的规范要求。

（3）新设计的主梁断面的三分力系数计算结果表明：主梁锚定侧（钝侧）迎风，风攻角在－10°～－6°范围内，C_d随风攻角增大而减小；－6°～－3°风攻角之间，C_d随风攻角增大有一个较明显的增大而后缓慢增大；在－3°～＋10°范围内，C_d随风攻角增大而缓慢减小。风攻角在－10°～＋3°范围内，升力系数C_l随风攻角增大而增大；风攻角＋3°～＋10°范围内，C_l随风攻角增大而平缓波动。风攻角在－10°～＋10°范围内，扭矩系数C_m随风攻角增大呈现缓慢的增大趋势。主梁非锚定侧（薄侧）迎风，风攻角在－10°～＋10°范围内，C_d随风攻角增大而先减小后增大；风攻角在－10°～＋2°范围内，C_l随风攻角增大而增大，风攻角＋2°～＋10°范围内，C_l随风攻角增大而减小，但相比原设计断面的变化较为和缓。

（4）风洞试验（新设计主梁断面加60 cm导流板）数据表明，当主梁锚定侧（钝侧）迎风，升力系数随风攻角的增大而先增加后减小，但减小幅度比较平缓；当主梁非锚定侧（薄侧）迎风，升力系数随风攻角的增大而增大。

参考文献

［1］王锋.基于CFD对大跨度连续桥梁抗风性能分析［J］.公路工程，2018，43（3）：83－86，167.
［2］公路桥梁抗风设计规范（JTG/T 3360－01—2018）［S］.北京：人民交通出版社，2019.

紊流积分尺度对桥梁截面三分力系数的影响

张韬[1]，马存明[1,2]，裴城[1]

（1. 西南交通大学桥梁工程系 成都 610031；

2. 风工程四川省重点实验室 成都 610031）

1 引言

近几十年来，随着桥梁跨度的增大，抗风稳定性逐渐成为大跨度桥梁设计的关键。静风荷载可以用三分力系数来描述，三分力系数是一组无量纲参数，是桥梁气动问题评估的基础。我国的《抗风设计规范》（JTG/T 3360 – 01—2018）是在均匀流条件下通过风洞试验获得的三分力系数。此外，三分力系数的改变会引起颤振导数等桥梁气动参数的改变，从而影响大跨度桥梁风之响应特性，值得关注。

以往对三分力系数影响因素的研究主要集中在桥梁截面形状、雷诺数和气动干扰等方面。Hearst 和 Lavoie（2012）研究了雷诺数对三分力系数的影响，Irwin（2005）和 Kimura（2008）通过风洞试验研究了气动干扰对三分力系数的影响。然而，关于紊流对三分力系数的影响的研究不多。

本研究通过使用不同的尖劈、格栅以及自主研制的主动控制翼栅，创造出不同紊流积分尺度的紊流，在不同的紊流场中测定了几种不同典型桥梁断面的三分力系数，并对试验结果进行了研究分析。

2 风洞试验

本文使用了三种不同的方式创造紊流风场，分别是尖劈、格栅和主动控制翼栅，产生不同紊流积分尺度的风场，如图 1 所示。

图 1 三种不同方式创造紊流风场

采用了三种典型桥梁断面，分别为单箱梁、双箱梁、桁架梁（图 2），节段模型端部直接安装在静力测试天平上，在模型前方不干扰流场处设置风速仪，用来监控桥位的风速。对三种桥梁断面进行均匀流下和紊流下的三分力系数测力试验，并对试验结果进行比较分析。

图 2　三种典型桥梁断面

3　试验结果及分析

将三种典型桥型断面在不同风场下的三分力系数和均匀流下的三分力系数进行对比，并测量不同风场的紊流积分尺度。

因篇幅有限，下面仅展示单主梁断面的阻力系数测量结果（图 3）：

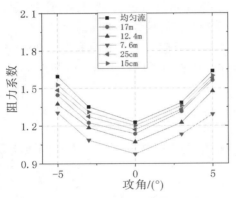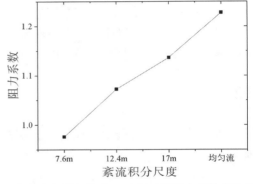

（a）不同攻角下的阻力系数变化情况　　　（b）大紊流积分尺度在 0°攻角时的阻力系数变化规律

图 3　单主梁桥梁断面不同紊流积分尺度下阻力系数及其变化规律

4　结论

（1）利用格栅、尖劈、振动翼栅，可以在风洞试验室调节紊流积分尺度。试验结果表明，典型桥梁截面三分力系数在均匀流中时大于在紊流中的数值，因此采用均匀流的三分力系数是偏安全的。

（2）在大紊流积分尺度下，三分力系数随紊流积分尺度增大而增大；在小紊流积分尺度下，三分力系数随紊流积分尺度增大而减小。

参考文献

［1］公路桥梁抗风设计规范（JTG／T D60－01—2004）［S］.北京：人民交通出版社，2004.

［2］庞加斌，葛耀君，陆烨.大气边界层湍流积分尺度的分析方法［J］.同济大学学报：自然科学版，2002，30（5）：622－626.

［3］汪家继，樊健生，聂建国，等.大跨度桥梁箱梁的三分力系数识别研究［J］.工程力学，2016，33（1）：95－104.

大跨悬索桥检修车轨道布置对抖振响应影响的试验研究

曹凌宇[1]，马存明[1,2]，裴城[1]

（1. 西南交通大学桥梁工程系 成都 610031；

2. 风工程四川省重点实验室 成都 610031）

1 引言

为提升大跨度悬索桥的气动性能，通常利用气动措施优化主梁的气动布局来实现。而气动外形的改变也会改变主梁的三分力系数、颤振导数等气动参数，从而会影响桥梁结构的抖振响应，过大的抖振响应会影响结构安全和行车舒适性。本文通过节段模型试验测得某大跨悬索桥的主梁在两种不同检修车轨道布置形式的三分力系数、颤振导数，基于 Scanlan 理论考虑自激力，考虑多模态耦合，利用 Matlab 编程计算抖振位移响应，再以全桥气弹模型试验中的抖振位移响应进行对比验证，并分析两种不同气动外形措施对抖振的影响。

2 试验概况

2.1 某悬索桥工程概况

针对某悬索桥的涡激振动，提出了两种不同检修车轨道布置形式的气动外形抑振措施，分别为外侧检修车轨道内移 1.55 m（下称气动外形措施 A）、外侧检修车轨道内移 2.15 m 及拆除中间两检修车轨道（下称气动外形措施 B）。

2.2 节段模型试验及全桥气弹模型试验

针对以上两种不同检修车轨道布置形式的工况，在 XNJD－1 风洞、XNJD－3 风洞分别进行了缩尺比为 1∶50 的节段模型试验及缩尺比为 1∶72 的全桥气弹模型试验（图 1）。节段模型试验测得主梁在两种工况下的三分力系数、颤振导数等气动参数，全桥气弹模型测得两种工况下的抖振位移响应。

（a）节段模型试验　　　　　　　　　　　　（b）全桥气弹模型试验

图 1　某悬索桥风洞试验

3 计算程序

抖振响应的频域计算用时短、效率高，是一种被广泛使用的计算方法[1]。Davenport[2]最早在准定常假设和片条假设的基础上提出了准定常抖振力模型，随后又提出了气动导纳函数[3]修正其非定常性，但没有考虑自激力的影响。Scanlan[4]在其建立的颤振理论基础上，更加全面地考虑了自激力的作用，不仅计入了气动阻尼，而且加入了气动刚度因素，提出了自激力模型。但在大跨度桥梁抖振响应中应考虑多模态振动耦合的情况，本文基于经典理论编写多模态耦合的抖振计算程序。利用试验结果对程序计算结果进行验证。

4 试验与计算结果

以全桥1/2跨处为例，在全桥气弹模型中测得的抖振位移响应如图2a所示。节段模型试验得到的气动参数用于计算，基于Scanlan理论，通过Matlab编程，得出计算结果，如图2b所示。

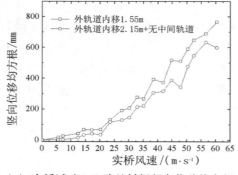

（a）全桥试验1/2跨处抖振竖向位移均方根　　　　（b）基于Scanlan理论Matlab编程计算结果

图2　试验与计算结果

5 结论

通过节段模型试验和全桥气弹模型试验、考虑多模态耦合的抖振计算，对两种轨道不同布置形式的工况的进行抖振响应分析，可得到以下主要结论：气动外形措施B对于抖振的抑制效果优于气动外形措施A，在高风速情况下，能达到20%的抑振效果差距；试验结果和计算结果基本吻合，但是试验结果的抖振响应仍旧低于计算结果，导致这种情况的原因主要是紊流尺度对气动导纳的影响造成的[5]，证明计算结果偏于保守，可用于工程实践。

参考文献

［1］陈政清. 桥梁风工程［M］. 北京：人民交通出版社，2005.

［2］DAVENPORT A G. Buffeting of a suspension bridge by storm winds［J］. ASCE ST3，1962.

［3］DAVENPORT A G. The action of wind on suspension bridges［J］. Proc.，Int，Symp. On Sus-pension Bridges，1966：79－100.

［4］SCANLAN R H. The action of flexible bridges under wind，II：Buffeting theory［J］. Journal of Sound and Vibration，1978，60（2）：201－211.

［5］LI M，LI M S，SUN Y G. Effects of turbulence integral scale on the buffeting response of a long-span suspension bridge－ScienceDirect［J］. Journal of Sound and Vibration，2020，490.

大跨度桥梁模态参数与风速的相关性研究 *

卢思颖[1]，严磊[1,2,3]，何旭辉[1,2,3]

(1. 中南大学土木工程学院 长沙 410075；

2. 高速铁路建造技术国家工程实验室 长沙 410075)

3. 轨道交通工程结构防灾减灾湖南省重点实验室 长沙 410075)

1 引言

模态参数识别是结构健康检测中最为重要的一环。本文基于平潭海峡公铁两用大桥和西堠门大桥的实测风速和加速度响应数据，采用希尔伯特黄变换[1]（HHT）、协方差驱动的随机子空间法[2]（SSI-COV）以及改进的经验小波变换[3]的希尔伯特变换法（EWT-HT）这三种方法对两座大跨度桥梁的模态参数进行识别，并进一步研究它们的模态参数与所处环境的风速的相关性，并对三种识别方法进行对比分析。

现场实测

西堠门大桥的风速数据来自主跨上的超声风速仪 WindMaster Pro，采样频率 32 Hz。加速度响应来自主跨上的单向加速度计。实测数据选取 2012 年 8 月 27 日 00 时至 8 月 29 日 00 时，共 48 小时；平潭海峡公铁两用大桥鼓屿门航道桥钢桁梁最大单悬臂状态下的风速数据来自超声风速仪 WindMaster Pro，采样频率为 4Hz。加速度响应数据来自布置在主梁悬臂端处 941B 拾振器，实测数据选取 2019 年 9 月 18 日 18 时至 9 月 22 日 00 时，共 54 小时。

2 模态识别方法

2.1 希尔伯特黄变换（HHT）

HHT 法在 EMD 得到结构模态响应分量的基础上采用随机计量法得到自由衰减响应，然后通过希尔伯特变换得到相位角和幅值函数，再经过最小二乘法得到结构模态参数。

2.2 协方差驱动的随机子空间法（SSI-COV）

SSI-COV 法以状态空间理论为基础，对结构加速度响应进行变换得到 Hankel 矩阵，并计算该矩阵协方差，得到 Toeplitz 矩阵，对其进行奇异值分解得可观矩阵 O，由客观矩阵估计状态矩阵 A 和输出矩阵 C，最后，对状态矩阵 A 进行特征值分解得到结构模态参数。

2.3 基于改进经验小波变换的希尔伯特变换法（EWT-HT）

EWT-HT 法在 HHT 法的基础上将提取结构响应分量的方法由 EMD 变为 EWT，在此基础上，本文将原经验小波变换中用 FFT 幅值谱作为频带边界划分的依据改为 PSD 谱，减小了噪声对频带边界划分的影响，最后用希尔伯特变换以及最小二乘进行结构模态参数的识别。

3 数据分析结果

图1a 给出了平潭海峡公铁两用大桥鼓屿门航道桥钢桁梁在最大单悬臂状态时的某一测点的实测模态一阶竖弯频率结果以及与平均风速的线性拟合。如图所示，实测模态频率随风速的变化不明显，频率与平均风速的相关性不强，可认为没有相关性，由图上看使用 HHT 方法计算所得一阶竖弯频率结果较另外两种方法计算所得更离散。

* 基金项目：国家自然科学基金项目（51808563、51925808）；湖南省自然科学基金（2020JJ5754）。

图1b 给出了平潭海峡公铁两用大桥某一测点的实测模态一阶竖弯阻尼比结果。三种方法识别模态阻尼比均得到结构的阻尼比随平均风速的增大而增大的结果，将阻尼比与平均风速作线性拟合并与理论气动阻尼比直线进行对比，使用 SSI-COV 方法识别出的阻尼比与平均风速的拟合直线斜率更接近理论气动阻尼比与平均风速直线斜率，两种时频域方法相比，EWT-HT 方法识别出的结果拟合直线的斜率比 HHT 方法更接近理论直线。

前文分析已经得到了频率与平均风速无相关性的结论，且与其他学者的结论相同，故不再做西堠门大桥实测一阶竖弯频率与平均风速的分析。图1c 给出了西堠门大桥某一测点实测一阶竖弯模态阻尼比的识别结果。由图所示，方法 SSI-COV 识别阻尼比的结果出现了明显的误差，阻尼比与平均风速的拟合直线失效，使用 SSI-COV 处理非平稳激励信号存在一定的误差。EWT-HT 方法识别结果所得拟合直线斜率相比 HHT 方法更接近理论气动阻尼比直线斜率。

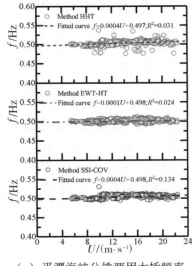 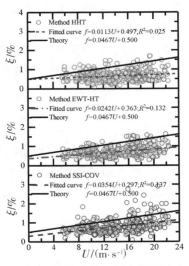 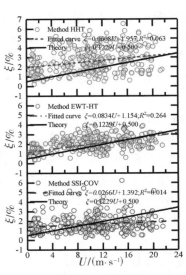

（a）平潭海峡公铁两用大桥频率　　（b）平潭海峡公铁两用大桥阻尼比　　（c）西堠门大桥阻尼比

图1　结构模态参数与风速的相关性

4　结论

在本文的模态识别与分析中，模态频率在所测时间段内相对稳定，受风速影响较小；在所测时间段内模态阻尼比有明显的波动且与平均风速呈正相关，受风速影响较大。

SSI-COV 方法建立在环境激励为白噪声的假设上，HHT 方法中核心算法 EMD 存在模态混叠和端点效应等问题，故 EWT-HT 方法更适合处理风激励非平稳信号识别模态参数。

参考文献

［1］YANG J N, LEI Y, PAN S W, et al. System identification of linear structures based on Hilbert-Huang spectral analysis. Part 1：normal modes［J］. Earthquake engineering & structural dynamics, 2003, 32（9）：1443－1467.

［2］VAN OVERSCHEE P, DE MOOR B L. Subspace identification for linear systems：Theory-implementation-applications［M］. New York：Springer Science & Business Media, 2012.

［3］GILLES J. Empirical wavelet transform［J］. IEEE Transactions on Signal Processing, 2013, 61（16）：3999－4010.

柔性中央扣对脉动风和车辆荷载联合作用下
悬索桥吊杆疲劳损伤的影响*

李嘉隆[1]，严磊[1,2,3]，何旭辉[1,2,3]
(1. 中南大学土木工程学院 长沙 410075；
2. 高速铁路建造技术国家工程实验室 长沙 410075)
3. 轨道交通工程结构防灾减灾湖南省重点实验室 长沙 410075)

1 引言

在实际工程中为了改善悬索桥的受力状态尤其是跨中短吊杆的弯折问题，通常采用中央扣的形式来提高桥梁结构的整体刚度和改善跨中短吊杆的受力性能。Liu 等[1]研究了刚性中央扣对风和随机车流联合作用下吊杆的疲劳损伤影响，结果表明刚性中央扣显著提高跨中短吊杆的疲劳寿命。但国内较少研究柔性中央扣对悬索桥吊杆疲劳损伤影响，故本文以杭瑞洞庭大桥为工程背景，研究柔性中央扣对脉动风和车辆荷载联合作用下吊杆疲劳损伤的影响。

2 有限元模型建立

以主跨 1480 m 的杭瑞洞庭大桥为研究对象，在其跨中处设置了 5 对柔性中央扣（杆单元模拟）来提高桥梁结构的整体刚度，如图 1 所示。由于本文关注的重点是吊杆的疲劳损伤，故采用 ANSYS 软件并提取主梁的截面特性来分别建立柔性中央扣模型（m_a）和无中央扣模型（m_b）。动力特性结果表明设置了柔性中央扣后主梁一阶竖弯频率 – 纵飘频率由 0.0821 Hz 增大至 0.0921 Hz，增大了 12%；一阶反对称扭转频率由 0.2703 Hz 增大至 0.3008 Hz，增大了 11%，可知设置了柔性中央扣提高了结构的反对称竖弯和反对称扭转刚度。

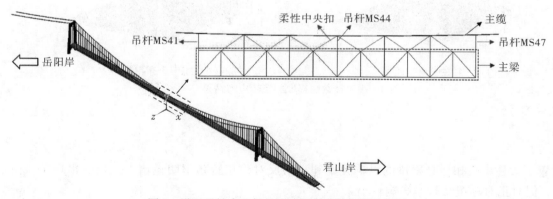

图 1 设置柔性中央扣的杭瑞洞庭大桥有限元模型

3 脉动风和车辆荷载联合作用下吊杆的疲劳损伤分析

根据英国 BS5400 规范选取每车道交通量为 6000pcu/d，采用 MC 法进行随机车流样本的模拟；取地表类型为 A 类模拟其脉动风速时程。分析和对比了不同风速和车速下吊杆 MS41 的应力时程。以风速 5 m/s

* 基金项目：国家自然科学基金项目（51808563、51925808）；湖南省自然科学基金（2020JJ5754）。

和车速 80 km/h 为例，短吊杆 MS41 的应力时程曲线如图 2 所示。可知有无柔性中央扣吊杆的轴向应力基本不变，脉动风的贡献较小；弯曲应力幅值较大，须考虑在吊杆的疲劳损伤计算中，脉动风引起的弯曲应力值不能忽略，同时柔性中央扣可以有效降低吊杆的弯曲应力。

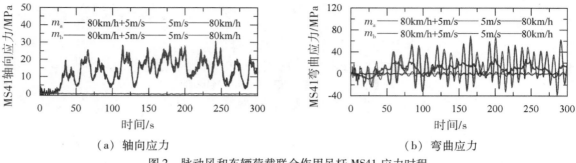

（a）轴向应力　　　　　　　　　　　（b）弯曲应力

图 2　脉动风和车辆荷载联合作用吊杆 MS41 应力时程

基于谷峰法原理采用雨流计数法统计吊杆的应力时程数据得到其应力幅值、应力均值和应力循环次数，如图 3 所示，可知设置了柔性中央扣后降低了短吊杆的应力幅值和应力均值。采用线性疲劳损伤公式（1）和公式（2）计算吊杆的疲劳损伤度，300s 内柔性中央扣模型吊杆 MS41 疲劳损伤度为 4.46E − 09，无中央扣为 7.19E − 7，疲劳损伤度降低了 99.38%。

$$\lg N = 13.84 - 3.5\lg(\Delta\sigma_T + \Delta\sigma_M) \tag{1}$$

$$D(t) = \sum_i \frac{n_i}{N_i} \tag{2}$$

式中，$\Delta\sigma_T$ 和 $\Delta\sigma_M$ 分别为轴向应力和弯曲应力幅值；N 为材料在应力幅值 $\Delta\sigma$ 下疲劳破坏的循环次数；n_i 为第 i 个应力幅值 $\Delta\sigma_i$ 下的循环次数；D 为总疲劳损伤度。

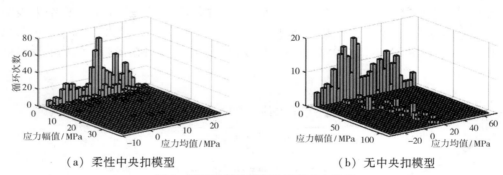

（a）柔性中央扣模型　　　　　　　　（b）无中央扣模型

图 3　雨流计数法提取的疲劳应力结果

4　结论

（1）设置了柔性中央扣后悬索桥的纵飘频率和一阶反对称扭转频率明显增大，且少出现了一阶反对称竖弯频率，但对正对称扭转频率影响较小。

（2）在脉动风和车辆荷载联合作用下，柔性中央扣对悬索桥跨中短吊杆的轴向应力幅值影响较小，但可以有效降低车速和风速对吊杆弯曲应力的影响，从而减少短吊杆的疲劳损伤度。其中，最靠近中央扣处的吊杆 MS41，其疲劳损伤度降低了 99.38%，表明柔性中央扣可有效控制悬索桥跨中短吊杆的疲劳损伤性能。

参考文献

［1］ LIU Z, GUO T, HUANG L, et al. Fatigue life evaluation on short suspenders of long-span suspension bridge with central clamps［J］. Journal of Bridge Engineering, 2017, 22（10）: 04017074.

大跨度曲线悬索桥全桥气弹模型风洞试验研究

许亮亮[1]，陈昌萍[1,2]

（1. 福州大学土木工程学院 福州 350116；

2. 厦门理工学院风灾害与风工程福建省重点实验室 厦门 361024）

1 引言

桥梁结构的抗风稳定性能是决定其能否安全运营的关键指标之一。随着悬索桥跨径的不断增大，结构质量更轻、刚度更小、阻尼更低，结构变得更加轻柔，对风荷载等外部荷载的敏感性越来越显著，易产生较大的振动和变形。此外，曲线桥梁相对直线桥梁更容易适应建筑场地的地形地貌要求，能够满足复杂的线形以及建筑美学的需要，为此，曲线桥梁越来越受桥梁设计人员的青睐，但其弯扭耦合力学性能复杂不易分析[1]。本文以大跨曲线对称悬索桥——厦门某景观步行桥为工程背景，通过全桥气弹模型风洞试验，对其颤振、涡振以及抖振等抗风性能进行研究，为大跨度曲线桥梁的抗风设计应用提供一定的参考价值。

2 工程概况及结构动力特性分析

选取厦门某景观步行桥为研究对象，其结构体系为单塔单侧悬挂曲线悬索桥，总长226.7m。主梁为空间曲线形式，且为扁平钢箱结构。大桥桥位所处地貌类别为B类，地表粗糙度系数 $\alpha = 0.16$ ，根据《公路桥梁抗风设计规范》（JTG/T 3360 – 01 – 2018）[2]，确定桥位基本风速为 $V_{s10} = 46.7$ m/s，设计基准风速为 $V_d = 53.2$ m/s，桥梁颤振检验风速为 $V_{cr} = 81.4$ m/s。

采用 ANSYS 有限元分析软件建立曲线桥梁的有限元模型，进行结构动力特性分析。经分析可得桥梁结构主要动力学特性：主梁一阶反对称竖弯频率为0.4971Hz，主梁一阶对称竖弯频率为0.6340 Hz，主梁一阶反对称扭转频率为3.6722 Hz。

3 全桥气弹模型风洞试验设计

本次全桥气弹模型试验在厦门理工学院 XMUT-WT 风洞实验室进行。考虑到全桥气动弹性模型试验的要求以及桥梁和风洞试验段的尺寸，此次试验模型的几何缩尺比取为1:40。为了保证风洞试验的准确性，大气边界层紊流风场模拟考虑了风速剖面、紊流强度和紊流积分尺度等风特性[3]。此外，为能够准确描述曲线桥梁在不同风场中的抗风性能表现，试验主要在均匀流场以及紊流风场中进行，具体为：在均匀流场中，不考虑风偏角，设置了 –3°、0°和 +3°三种风攻角，分析是否发生颤振、涡振、驰振等现象以及开展静风稳定性检验；在紊流场中，考虑风偏角 0°～90°影响，设置了 0°和 +3°风攻角，分析桥梁的抖振响应。

为了确保实桥的动力特性模拟准确性，分别选取桥梁的跨中和 1/4 跨断面作为主梁的测量控制断面，对全桥气弹模型的固有频率、模态振型和模态阻尼进行了实测。通过将实测结果与模型理论值进行对比表明：结构模型的一阶反对称竖弯和一阶扭转的实测频率和理论计算频率之间的误差均在5%以内，符合风洞试验的要求。

4 全桥气弹模型风洞试验结果

试验通过改变流场（均匀流、紊流）、来流风速及风向角等，来研究该大跨曲线悬索桥的抗风性能。

限于篇幅，文中仅列部分数据（图1、图2）。

图1为均匀流场不同风攻角下桥梁主梁跨中侧向加速度响应均方差随风速变化曲线。在试验攻角范围内且实桥风速为$0 \sim 94.9$ m/s时，最大加速度均方根均不超过0.01 m/s^2，桥梁未发生发散性振动，表明主梁的颤振临界风速应不低于94.9 m/s，远高于颤振检验风速81.4 m/s，即大桥具有足够的颤振稳定性和静风稳定性。在试验攻角范围内，实桥风速为$0 \sim 94.9$ m/s时，主梁也未出现明显的竖向大幅振动现象，即主梁未出现驰振现象，桥梁驰振稳定性满足要求。观察图1可知，主梁在$21 \sim 26$ m/s的风速区间内，发生了涡激共振现象，但幅值较小。

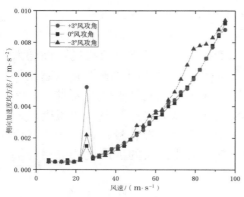

图1 均匀流场下主梁跨中侧向加速度 RMS

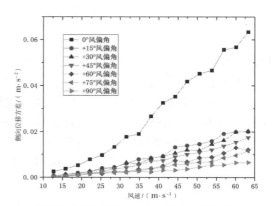

图2 紊流场中不同风偏角下主梁跨中侧向位移 RMS

图2为紊流场下，风攻角为0°时，主梁跨中侧向位移均方差随风速变化曲线。在低风速时，风偏角对抖振位移影响不大。当风速增大时，主跨的抖振响应均显示出波动上升的趋势。在高风速下，主跨的侧向位移受风偏角的影响最为明显，风速达到60.1 m/s时，30°风偏角的抖振位移相较于0°风偏角的抖振位移约小了60%。在实桥风速为$0 \sim 63.3$ m/s下，最大位移响应均方根不超过65 mm，即桥梁未出现明显的振动现象，表明大桥具有足够抖振稳定性。

5　结论

通过对大跨曲线对称悬索桥——厦门某景观步行桥的$1:40$全桥气动弹性模型风洞试验以及分析，可以得出如下结论：

（1）试验在均匀流场中，桥梁在不同的风攻角下的位移和加速度响应均随风速增大而增大，但其响应值都比较小，未发生发散性振动及不稳定振动，表明该桥具有足够的涡振和颤振稳定性、静风稳定性以及驰振稳定性。

（2）试验在紊流场中，桥梁结构在不同风偏角下的抖振位移响应结果表明，同风速下，风偏角越大，抖振响应越小，且风速的增大加剧了风偏角的影响。试验过程中，0°风偏角下的抖振响应相对较大，但其位移响应均在允许范围内，说明桥梁具有良好的抖振稳定性。

参考文献

［1］郭震山，朱乐东，丁泉顺，等.曲线不对称斜拉桥抗风性能全桥气弹模型风洞试验研究［C］//第十三届全国结构风工程学术会议论文集，大连，2007：478－483.

［2］公路桥梁抗风设计规范（JTG/T 3360－01—2018）［S］.北京：人民交通出版社，2019.

［3］葛耀君.桥梁风洞试验指南［M］.北京：人民交通出版社，2018.

π型断面悬索桥后颤振特性试验研究*

汪志雄[1]，张志田[2]，郝凯[1]

（1. 湖南大学风工程试验研究中心 长沙 410082；
2. 海南大学建筑与土木工程学院 海口 570228）

1 引言

目前，与颤振不稳定性有关的许多因素包括气动外形、风攻角、结构阻尼和动力参数，已通过弹性悬挂节段模型进行了研究[1-2]。一般来说，传统的弹性悬挂的方法能够识别颤振阈值和非线性阻尼。但是，节段模型和相应的原型桥梁之间的几何和结构阻尼非线性度存在很大差异。旧塔科马桥的风毁主要是四分之一跨位置的吊杆疲劳断裂而引起主梁失效，节段模型仅能检测桥梁断面的气动性能，全桥各个构件的强健性无法获得，也无法定位桥梁的薄弱环节位置。此外，全桥的颤振可能会表现出多模耦合振动，这当然超出了节段模型的功能。考虑到这些因素，气弹模型试验似乎是确定大跨度缆索桥梁结构后颤振性能的唯一方法。本文使用无芯梁π形主梁断面气弹模型研究大跨悬索桥非线性后颤振性能，该模型避免了芯梁加外衣的传统组合。设计并制作了1:1的原型节段模型进行传统的节段模型测试，旨在研究结构阻尼、空气静力变形、LCO振幅、LCO的演化时间、扭弯相位差、气动阻尼以及多模态耦合特性。

2 气弹模型后颤振风洞试验

2.1 悬索桥模型

图1给出了气弹模型的全局尺寸。由于试验风洞宽度有限，设计的气弹模型主跨为7.2 m，简化边跨为0.40 m。主梁断面采用π形结构，其采用0.5 mm厚不锈钢板折弯而成，如图1a所示，宽度为0.25 m，高度为0.025 m。模型主缆采用了典型大跨度悬索桥的矢跨比1:10。

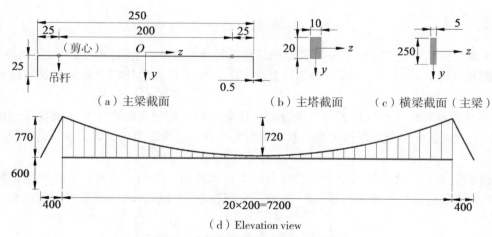

图1 全桥气弹模型（单位：mm）

2.2 非线性阻尼特性

全桥模型的非线性阻尼比如图2所示。试验结果表明，对于竖向幅值小于12 mm的竖向运动和扭转幅值小于1.5°的扭转运动，模态阻尼比基本不变，且与运动振幅无关。然而，超过这些值后，模态阻尼

* 基金项目：国家自然科学基金重点项目（51938012）。

比会随着运动振幅的增加而迅速增加。竖向模态阻尼比 ξ_h 随运动幅值从 12 mm 增加至 18 mm，增加了 45%。扭转阻尼比 ξ_a 的增加幅度更大，从 1.5° 增加至 8° 时，扭转模态阻尼比 ξ_a 增加了 230%。这些观察到的特性与一些节段模型试验结果不同，在节段模型试验中，阻尼比从一开始就随运动幅度而变化。

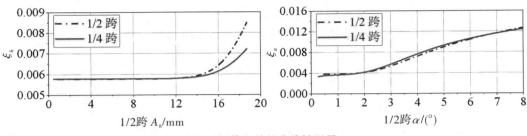

图 2　幅值相关的非线性阻尼

2.3　后颤振响应特性

全桥模型的后颤振振幅如图 3 所示，当来流风速超过颤振临界风速之后，全桥模型出现 LCO 现象，其 LCO 幅值随着风速逐渐增加。节段模型也得到了类似的结果，由于扭转涡振与颤振临界风速范围重叠，无法得到准确的数值，因而颤振临界风速在 2.56～2.70 m/s。节段模型的颤振临界风速为 2.63 m/s，这与全桥模型的结果基本一致，但后颤振幅值和全桥模型有较大的差异。

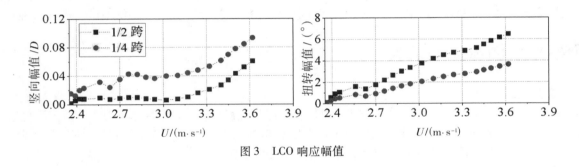

图 3　LCO 响应幅值

3　结论

采用气动弹性模型和节段模型研究了 π 形截面的后颤振特性。基于以上讨论，得出以下结论：

（1）模态振型和结构阻尼比与运动幅值呈非线性关系。结构扭转阻尼比和竖向阻尼比均随运动幅值的增大而显著增大。

（2）尽管 π 形桥面结构桥梁的颤振表现出弯扭耦合现象，但对相位角的进一步研究以及全桥模型和节段模型之间的比较表明，π 形断面颤振失稳的基本机制是单自由度扭转失稳，自由度耦合应仅视为能量转换。

（3）比较全桥模型和节段模型的结果表明，两者的颤振阈值是一致的。然而，节段模型试验的局限性也暴露出来，其无法正确反映的特性包括 LCO 振幅、非线性结构阻尼、LCO 演变时间和能量转换引起的运动耦合效应。

参考文献

［1］ DAITO Y, MATSUMOTO M, ARAKI K. Torsional flutter mechanism of two-edge girders for long-span cable-stayed bridge ［J］. Journal of Wind Engineering and Industrial Aerodynamics, 2002, 90（12-15）：2127-2141.

［2］ ZHU L, GAO G, ZHU Q. Recent advances, future application and challenges in nonlinear flutter theory of long span bridges ［J］. Journal of Wind Engineering and Industrial Aerodynamics, 2020, 206：104307.

加劲梁静力扭转变形对悬索桥颤振性能的影响 *

杨虎晨，杨詠昕，陈才，张磊，朱进波

（同济大学土木工程防灾国家重点实验室 上海 200092）

1 引言

桥梁颤振是一种桥梁结构与周围空气由于流固耦合作用引起的结构动力失稳现象[1]。颤振稳定性的分析方法包括实用的二维颤振分析和精确的三维颤振分析，其计算理论和结果的差异主要有振型相似性、模态参与数目和附加风攻角三个方面的因素。

为了详细考察附加风攻角的作用方式和机理，本文基于某长江大桥结构参数建立 500～1500m 共 5 个跨度的悬索桥模型，运用二维颤振频域直接分析方法和包含附加风攻角的三维多模态耦合颤振分析理论，研究了颤振分析中的静力风载效应，分析了三维颤振分析中的气动阻尼的跨向分布规律，指出了附加风攻角影响颤振风速的机理。

2 悬索桥参数化建模与动力特性

为研究跨径对大跨桥梁二维和三维颤振分析结果的差异及静风效应的影响规律，本文基于某长江大桥，运用 APDL 语言按照跨径比值调整悬索桥的主缆面积、塔高、吊杆间距等参数，建立了大跨悬索桥 500 m、750 m、1000 m、1250 m、1500 m 五个有限元参数化模型。

3 颤振分析中的静力风载效应

静风荷载会使桥梁发生竖向、侧向和扭转变形，从而改变结构刚度，影响结构的动力特性。通过研究结构主要模态频率随风速的变化情况，从而间接地分析静风荷载对结构的刚度影响。总体而言，悬索桥的一阶固有频率随风速变化的幅度较小，与熊龙等[2]的结论相同。但是扭转变形对颤振分析影响较大，一般称为附加风攻角。为了在颤振导数的测量过程中消除此项的干扰，可以实测出风致静力扭角，从而计算出有效风攻角。在对应颤振临界状态时的不同初始攻角下的附加风攻角分布如图 1 所示。

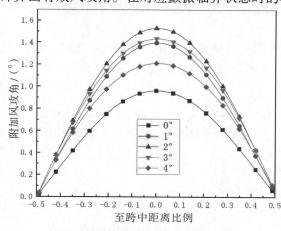

图 1 颤振临界状态附加风攻角分布

表 1 0°攻角颤振分析结果

考虑附加攻角与否	颤振临界风速/(m·s⁻¹)					
	500 m	750 m	1000 m	1250 m	1500 m	1385 m
考虑	110.8	92.5	78.4	71.9	60.8	63.9
不考虑	111.2	93.8	79.3	72.6	62.0	65.2

* 基金项目：国家自然科学基金项目（51678436）。

4 颤振分析结果

采用二自由度节段模型试验测定了竖弯和扭转自由度相关的颤振导数。利用 ANSYS 有限元软件和 Matlab 软件计算颤振临界风速，并将是否考虑附加攻角的情况做以对比，结果如表 1。考虑静风效应后，三维颤振的计算结果向降低的趋势发展，并且这种趋势会随着跨径的降低而更为明显。这是由于静风荷载会使主梁产生附加攻角，断面向更加钝化的方向发展，进而致使颤振临界风速降低。

5 考察耦合项气动阻尼

结合杨[3]的理论，颤振问题是由气动导数所形成 A 项扭转直接阻尼与 D 项竖弯、扭转耦合阻尼的相对大小和发展速度问题（图 2）。三维颤振分析相较于二维，主梁沿跨向各节段的有效风攻角不一致，所受的气动自激力不相同，气动阻尼也有所差异（图 3）。总体上，三维颤振分析下的主梁的气动负阻尼要高于二维分析，导致三维分析的颤振临界风速更低。

考虑附加风攻角效应后，三维颤振分析的竖弯振幅曲线各位置不同程度减小，即主梁全节段的竖弯自由度参与程度均减小，D 项阻尼减小，但是同时 A 项阻尼因有效攻角变化下降得更快（图 4），以致颤振临界风速下降。

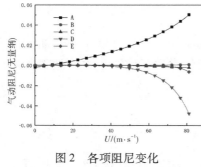

图 2 各项阻尼变化　　图 3 不考虑附加风攻角的弯扭耦合度　　图 4 系统阻尼比的变化

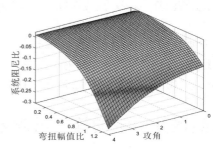

6 结论

（1）在主梁跨中区域，三维分析的竖向自由度参与程度小于二维颤振分析；主梁靠近两端的区段内正好相反。总体上，三维颤振分析下主梁由弯扭耦合运动相互激励-反馈所产生的 D 项气动阻尼要高于二维分析，导致三维分析的颤振临界风速较二维分析低。

（2）考虑附加风攻角效应后，三维颤振分析的 D 项竖向扭转耦合气动负阻尼绝对值减小，但是 A 项扭转直接气动正阻尼减小得更快，导致系统阻尼更快由正变负，即更容易达到颤振发生条件。

参考文献

［1］ SIMIU E, SCANLAN R H. Wind effects on structures：An introduction to wind engineering ［M］. New York：Wiley, 1978.

［2］ 熊龙, 廖海黎, 马存明, 等. 静风效应对千米级悬索桥颤振的影响 ［J］. 华中科技大学学报（自然科学版），2016，44（12）

［3］ 杨詠昕. 大跨度桥梁二维颤振机理及其应用研究 ［D］. 上海：同济大学，2002.

双边主梁斜拉桥涡振气动控制措施研究

魏子然[1,2]，刘志文[1,2]，陈政清[1,2]

（1. 湖南大学风工程与桥梁工程湖南省重点实验室 长沙 410082；

2. 湖南大学土木工程学院 长沙 410082）

1 引言

双边主梁是叠合梁斜拉桥最常见的主梁类型之一，从气动外形角度主要可分为双边工字梁和双边箱梁。边主梁结构在抗扭刚度和气动外形方面与闭口流线型箱梁断面有较大差距，若设计不当，较容易发生竖向和扭转涡激共振现象，所以其风致振动问题成为桥梁抗风设计的关键。细部构造的设置对桥梁涡振性能也有较大影响，张国强[1]研究了栏杆对边主梁断面气动性能的影响，孟晓亮等[2]研究了检修车轨道位置对于钝体分离式箱梁涡振性能的影响，周健等[3]研究了过桥水管对扁平钢箱梁风致振动的影响。本文致力于研究双边主梁断面涡振气动控制措施与断面特征尺寸之间的联系和细部构造对于双边主梁断面涡振性能的影响。

2 不同开口断面抑振措施

气动外形作为边主梁断面气动性能的重要影响因素，宽高比 B/H 和开口率 L_c/B 是其中重要的特征指标[4-5]。特征指标示意图如图 1 所示。图 2 列出了国内 20 座双边工字梁和双边箱梁桥的实验结果，抑制效果一栏中，"1"表示成功抑制，"0.8"表示效果较好，"0.5"表示效果一般，"0.2"表示效果不佳，"0"表示没有效果。

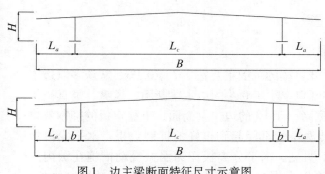 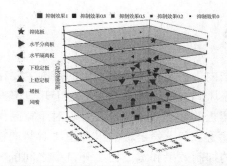

图 1 边主梁断面特征尺寸示意图　　　图 2 不同边主梁断面拟采取的气动控制措施及抑制效果

3 工程实例

以在建的广东潮汕大桥为工程依托，进行边主梁涡振性能与气动控制措施试验研究。图 3 为该桥 Π 型钢－混凝土结合梁断面。对桥例的不同涡振气动控制措施展开风洞试验研究，比较下稳定板、上稳定板、斜向导流板、竖直裙板和阻尼比对桥例涡振的抑制效果，限于篇幅不列出全部实验结果。图 4 和图 5 分别是桥例成桥状态在不安装和安装细部构造两种情况下的涡振试验结果。由图 4、图 5 可知，细部构造的设置对于该桥竖弯和扭转涡振均不利，大幅增加了 +3° 和 +5° 的竖向和扭转涡振的振幅。

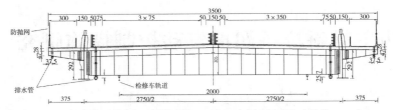

图3 广东潮汕大桥（斜拉桥）双边工字梁断面图（单位：cm）

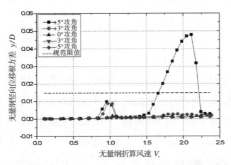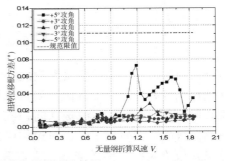

图4 不安装细部构造成桥状态涡振试验结果

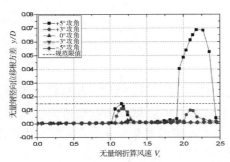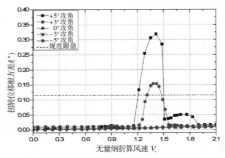

图5 安装细部构造成桥状态涡振试验结果

4 结论

目前国内边主梁斜拉桥宽高比的范围主要在 8～12，开口率的范围主要在 0.7～0.96。从众多双边主梁断面涡振风洞试验结果中发现：对于开口率大于 0.9 和开口率小于 0.8 的边主梁断面，风嘴、竖直裙板及倒 L 形裙板的抑制效果普遍较好。对于宽高大于 11 和宽高小于 10 的边主梁断面，下稳定板的抑制效果普遍非常优秀，和上稳定板的组合往往对竖向涡振和扭转涡振的都能起到很好的抑制效果。水平隔流板及抑流板的抑制效果和宽高比、开口率之间的相关性尚不明显。水平分离板作为涡振气动措施在国内的使用较少，且抑制效果往往不佳。因此，双边主梁断面可以根据自身特征尺寸选择涡振气动控制措施，此结论在工程实例的风洞试验研究中也得到了验证。双边主梁断面的涡振性能对细部构造十分敏感，若过多设置细部构造会大幅激发双边主梁断面的涡振幅值，对于竖向涡振和扭转涡振均不利，必要时应对细部构造的气动外形进行优化。

参考文献

[1] 张国强.栏杆构造对 Ⅱ 型桥梁断面涡激振动的影响研究 ［D］.西安：长安大学，2015.

[2] 孟晓亮，朱乐东，丁泉顺.检修车轨道位置对半封闭分离双箱桥梁断面涡振性能的影响 ［C］// 第十四届全国结构风工程学术会议，2009.

[3] 周健，樊泽民，王骑，等.基于节段模型风洞试验的莫桑比克马普托大桥主梁选型研究 ［J］.世界桥梁，2014，42（2）：6-11.

[4] 林志心，宋锦忠，徐建英.桥梁抗风措施的研究及应用 ［C］// 全国桥梁结构学术大会，1992.

[5] 王嘉兴.钢—砼组合边主梁气动稳定性及抑振措施研究 ［D］.长沙：湖南大学，2016.

Π 型钢－混叠合梁斜拉桥涡振性能及制振措施研究 *

董佳慧[1,2]，黄林[1,2]，廖海黎[1,2]，王骑[1,2]

（1. 西南交通大学风工程试验研究中心 成都 610031；
2. 风工程四川省重点实验室 成都 610031）

1 引言

钢－混叠合梁能够充分发挥钢材的抗拉性能以及混凝土材料的承压性能，从而被广泛应用在大跨度斜拉桥设计中。但 Π 型断面较钝的气动外形以及梁体下方复杂的流场，使得该类型断面的涡激共振问题突出。Kubo[1] 和 Koga[2] 分别研究了边主梁的中心间距对于 Π 型断面涡振性能的影响。张天翼[3] 提出了一种竖直裙板可以完全消除 0°与 −3°攻角下 Π 型主梁的涡激振动，但对 +3°攻角下的主梁涡激振动抑制效果有限。本文以某主跨为 650 m 的 Π 型钢－混叠合梁斜拉桥为工程背景，采用 1∶50 节段模型风洞试验，研究了 Π 型断面主梁的涡振制振措施，提出了一种可完全消除该类断面涡振的整流罩组合措施，并利用计算流体动力学方法（CFD）研究了主梁涡振的发生机理与整流罩组合措施的制振机理。

2 原设计 Π 型断面涡振性能及制振措施研究

斜拉桥主梁采用 Π 型钢－混叠合梁，主梁高 3.65 米，全宽 27.6 米，采用半漂浮体系，斜拉索为双索面布置，选取试验模型缩尺比为 1∶50，试验阻尼比为 0.66%。涡激振动试验在均匀流场中进行，试验结果如图 1 所示（图中风速和振幅数据均已换算成实桥），可以发现原设计 Π 型断面存在显著的涡激振动现象。

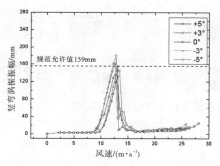
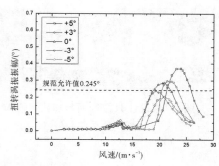

图 1 原设计 Π 型断面主梁涡振振幅

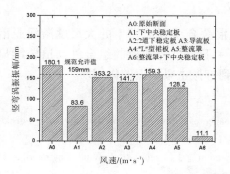
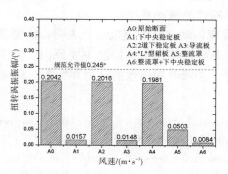

图 2 各工况最大涡振振幅

* 基金项目：国家自然科学基金项目（51678508、51778547）。

本文通过设置下稳定板、导流板、裙板、整流罩以及整流罩＋下中央稳定板等气动措施，测试了－5°最不利风攻角下主梁不同工况的涡振振幅，各种气动措施对应的最大涡振振幅如图2所示（图中数据均已换算成实桥数据）。可以发现仅有措施A6能够完全消除梁体涡激振动，并通过试验验证了该措施0°、±3°、±5°攻角下的有效性，措施A6具体如图3所示。

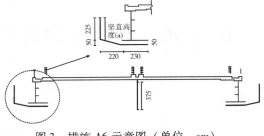

图3　措施A6示意图（单位：cm）

3　Π型叠合梁涡振诱因及整流罩组合措施制振机理

借助计算流体动力学（CFD）数值模拟技术，分别对原设计Π型断面与加装措施A6断面的非定常绕流进行仿真模拟，再现气体在桥梁断面的绕流情况。得到断面的三分力系数时程如图4所示，断面的涡量演化图如图5所示。可以发现措施A6能够同时降低断面后缘处上下表面的漩涡脱落大小，且有效降低断面升力与力矩系数的变化幅值。

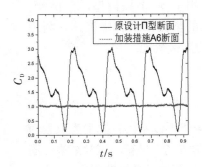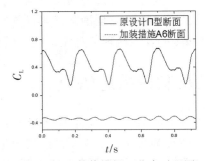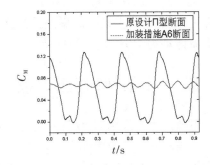

图4　CFD数值模拟三分力时程图

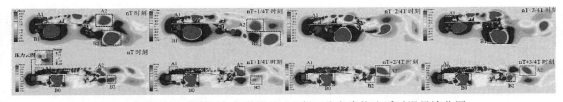

图5　原设计Π型断面与加装措施A6断面非定常绕流瞬时涡量演化图

4　结论

（1）原设计Π型钢－混叠合梁断面在阻尼比0.66%条件下存在显著涡激振动现象，采用整流罩组合措施可完全消除该断面的涡振现象。

（2）通过计算流体动力学的模拟结果表明，Π型钢－混叠合梁断面发生的大尺度漩涡脱落及由此产生的周期性气动力是导致其发生涡振的主要原因，整流罩＋下中央稳定板的组合气动措施能显著减小主梁断面的漩涡尺寸，并降低周期性的升力和力矩，从而起到抑振主梁涡振的作用。

参考文献

[1]　KUBO Y, KIMURA K, SADASHIMA K, et al. Aerodynamic performance of improved shallow Π shape bridge deck [J]. Journal of Wind Engineering & Industrial Aerodynamics, 2002, 90 (12/13/14/15): 2113 – 2125.

[2]　KOGA T. Improvement of aeroelastic instability of shallow Π Section [J]. Journal of Wind Engineering and Industrial Aerodynamics, 2001, 89 (14): 1445 – 1457.

[3]　张天翼, 孙延国, 李明水, 等. 宽幅双箱叠合梁涡振性能及抑振措施试验研究 [J]. 中国公路学报, 2019, 32 (10): 107 – 114, 168.

主梁扭心位置偏移对双层桥面桁梁悬索桥颤振临界风速的影响

张岩[1,2]，王骑[1,2]，廖海黎[1,2]，刘雪猛[1,2]，冉芸诚[1,2]，谢瑜轩[1,2]

(1. 西南交通大学桥梁工程系 成都 610031；
2. 风工程四川省重点实验室 成都 610031)

1 引言

双层桥面桁梁悬索桥的主梁高度较大，由于吊杆的吊点位于上弦杆附近，以及支座的约束影响，主梁运动的扭心并不与桁梁自身扭心（一般位于截面形心）相重合，而是位于截面形心上方靠近上桥面处。扭心位置的偏移，一方面影响抗风计算中采用鱼骨梁简化模型时如何合理建模，从而影响扭转模态及等效质量惯矩的计算结果；另一方面，在节段模型风洞试验中，悬挂支撑系统扭心位置不同，将导致模型受到的自激气动力发生变化，进而影响颤振试验结果的准确性。迄今关于桁梁悬索桥扭心影响研究的文献不多。武兵[1]以两座大跨度双层桥面桁梁悬索桥为对象，根据悬索桥扭转振型下桁梁的几何变形关系求解了主梁的实际扭心位置沿桥跨的分布，发现主梁的实际扭心位置沿桥跨并不固定且均偏离于截面形心。李永乐等[2]通过节段模型风洞试验测试了不同扭心偏移对某单层桥面桁梁节段模型颤振临界风速的影响。

若要求解扭转振型下双层桥面桁梁悬索桥的主梁扭心位置，需要建立悬索桥的有限元模型以获得扭转振型，前述学者[1]在有限元建模时只建立了主梁主要受力和传力的桁架加劲梁，忽略了桥面板对扭转振型下主梁变形的影响；等效鱼骨梁模型具有建模方便、快捷等优势，常被应用于大跨度桥梁的模态分析中，目前仍缺乏关于扭心偏移对双层桥面桁梁悬索桥等效鱼骨梁有限元模型模态分析影响的研究。综上所述，本文以某大跨度悬索桥的双层桥面桁梁方案为研究对象，借助有限元软件 ANSYS 建立了考虑主梁桥面板及桁架加劲梁的悬索桥空间有限元模型，据此详细计算了主梁的扭心坐标，并依据双模态耦合颤振闭合解法简化计算公式及节段模型自由振动风洞试验系统地探讨了扭心位置偏移对悬索桥颤振临界风速的影响，以期为大跨度双层桥面桁梁悬索桥的有限元简化建模及节段模型风洞试验提供参考。

2 主梁等效扭心坐标计算

如图 1 所示，假设双层桥面桁梁悬索桥的扭转振型中含有平动变位，且由于桥塔的约束作用，主梁的扭转变形中除刚性扭转变形外还存在畸变变形（只考虑畸变框架变形），向量 $\overrightarrow{be}$ 与向量 $\overrightarrow{il}$ 之间的夹角 θ 包含有畸变角 γ，θ 扣除 γ 之后便是悬索桥主梁的真实扭转角 θ_r，悬索桥主梁的扭心位于直线 il 上，扭转变形前后主梁的任意相同点与扭心的距离相等，据此计算可得扭心坐标 y_e。扭转振型下悬索桥主梁的扭心坐标和扭转角沿桥跨并不唯一，悬索桥正对称扭转振型下的主梁等效扭心坐标 y_e 为 -0.888 m、反对称扭转振型下的主梁等效扭心坐标 y_e 为 2.566 m，等效扭心坐标计算公式[1]如下：

$$y_e = \frac{\sum_{i=1}^{n} y_{ci} \theta_{ri}^2}{\sum_{i=1}^{n} \theta_{ri}^2} \tag{1}$$

式中，y_{ci} 和 θ_{ri} 分别为悬索桥主梁沿桥跨的扭心坐标和扭转角，选取畸变变形较小的 $1/16$ 跨～跨中间的扭心坐标和扭转角代入式（1）计算等效扭心坐标。

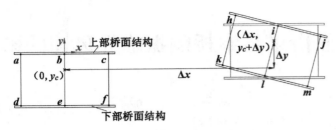 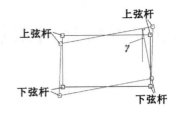

（a）含有平动变位的主梁扭转振型　　　　　　　（b）主梁的畸变变形

说明：①$a \sim f$ 和 $h \sim m$ 分别为变位前后的主梁节点编号；②Δx、Δy、y_c 分别为横向平动变位、竖向平动变位和扭转中心坐标；③γ 为畸变角。

图1　考虑平动变位的双层桥面桁梁的扭转振型及畸变变形

3　扭心偏移对双层桥面桁梁悬索桥颤振临界风速的影响

双层桥面桁梁悬索桥主梁扭心位置的选取对主梁质量惯性矩的计算影响很大，根据等效扭心计算出的主梁质量惯性矩相较根据截面形心计算出的大了约20%，选取不同扭心坐标及相应的质量惯性矩建立的等效鱼骨梁有限元模型间的扭转基频差距较大。令扭心位于主梁顶部、等效扭心（基阶正对称扭转振型）和形心的等效鱼骨梁有限元模型分别为模型Ⅰ～模型Ⅲ，将模型Ⅰ～模型Ⅲ的分析结果代入双模态耦合颤振临界风速简化计算公式[3]，假定模型Ⅰ的颤振临界风速为 U_0，则模型Ⅱ和模型Ⅲ的颤振临界风速分别为 $1.022U_0$ 和 $1.125U_0$。因此建立等效鱼骨梁有限元模型准备节段模型风洞试验参数时应充分考虑主梁扭心位置的影响。将扭心视作位于主梁顶部能使本文悬索桥的颤振临界风速略微偏小，试验结果偏于保守（因空间有限元模型的正对称扭转振型出现在前，故本文只计算了正对称扭转振型和正对称竖弯振型控制的节段模型颤振临界风速）。

在保证质量惯性矩和模型扭弯频率比相同的前提下，对不同扭心位置（分别位于主梁上侧、形心和下侧）的双层桥面桁梁节段模型进行了风洞试验，试验中0°风攻角和 +3°风攻角下扭心位于上侧时节段模型颤振临界风速较小，因此为保证风洞试验的可靠性，节段模型的扭心位置应体现悬索桥主梁的真实扭转情况。

4　结论

本文主要研究结论如下：（1）本文双层桥面桁梁悬索桥的主梁实际扭心靠近主梁的顶部，且沿桥跨方向并不固定；（2）扭心位置对双层桥面桁梁悬索桥的主梁质量惯性矩计算和等效鱼骨梁有限元模态分析有较大影响；（3）对于本文研究的双层桥面桁梁悬索桥而言，节段模型试验时为获得较为准确并略偏于保守的颤振临界风速试验值，可将试验系统的扭心设置于截面的顶部。

参考文献

[1] 武兵.大跨度桁梁偏心扭转及对颤振性能的影响研究 [D].成都：西南交通大学，2016：21-31.

[2] 李永乐，武兵，汪斌，等.扭心偏移对桁梁桥颤振临界风速影响的试验研究 [J].振动与冲击，2018，37（21）：165-170.

[3] CHEN X. Improved understanding of bimodal coupled bridge flutter based on closed-form solutions [J]. Journal of Structural Engineering, 2007, 133（1）：22-31.

基于深度学习的桥梁非线性气动力研究 *

冯丹典，张文明

（东南大学土木工程学院 南京 211189）

1 引言

随着缆索承重桥的持续快速发展，气动力非线性特性在桥梁颤振分析中愈发不容忽视。除风洞试验外，CFD 数值模拟方法虽然被认为是获取桥梁断面非线性气动力的有效手段，但计算效率低下，且难以开展全桥颤振分析。深度学习技术的发展为桥梁非线性气动力建模提供了新的思路[1-2]。本文基于不同的深度学习框架——前馈神经网络（FNN）和长短时记忆（LSTM）网络，分别建立了两类非线性气动力模型。训练数据由 CFD 强迫振动数值模拟生成，两类模型均有效考虑了气动力的非线性及记忆效应，并以一座三塔悬索桥的扁平箱梁断面为研究对象，验证了模型的高效性和准确性。

2 基于深度学习的非线性气动力模型

2.1 气动力数值模拟

采用 CFD 数值模拟方法获取断面在特定强迫运动下的气动力时程，以断面位移为输入，气动力为输出，形成用于深度学习模型训练的数据集。强迫振动信号应包含足够丰富的频率且能充分激发气动力的非线性特性，故采用多个谐波叠加的形式，如下所示：

$$x(t) = \frac{A_{st}}{A_{max}} \sum_{i=1}^{n} A_i \cdot \sin(\omega_i t) \tag{1}$$

式中，$x(t)$ 为断面的强迫位移信号；A_{st} 为位移信号 $x(t)$ 的指定幅值；A_{max} 为叠加信号的原始幅值；n 为叠加的谐波数量；A_i，ω_i 分别为特定区间内随机生成的第 i 个振幅和圆频率。

2.2 构建深度学习框架

合理的非线性气动力模型除考虑非线性效应外，还应包含时间记忆效应。针对该特点，构建了两类深度学习模型（FNN、LSTM）。在 FNN 模型中，记忆时段内 $(t-m, t)$ 的位移同时作为模型的输入，模型的输出为当前 t 时刻的气动力，如图 1 所示。LSTM 模型因特殊的反馈结构和门控设置（图 2），本身具备长时记忆能力，故位移时序可直接作为模型的输入，模型的输出为当前 t 时刻的气动力。通过修改模型输入与输出的维度，可实现考虑竖弯、扭转等多自由度条件下的气动力建模。

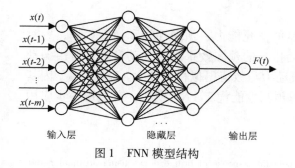

图 1　FNN 模型结构

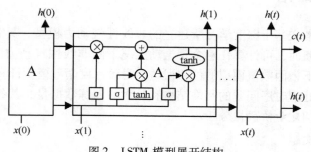

图 2　LSTM 模型展开结构

* 基金项目：国家自然科学基金项目（51678148、52078134）；江苏省自然科学基金资助项目（BK20181277）。

3 算例

算例采用马鞍山长江大桥扁平箱梁 1:70 缩尺断面（图 3），宽度 B 为 550 mm。频率缩尺比 17.5:1。考虑竖弯、扭转两自由度，其频率 f_v、f_t 分别为 1.4753 Hz、4.6813 Hz。强迫振动叠加谐波的圆频率区间为 [5，35] rad，竖弯、扭转信号振幅分别为 0.15m、0.3rad。图 4 为计算域分区，采用多变形子区域方法。时间步取 0.001 s，数值模拟方案已通过相关验证。

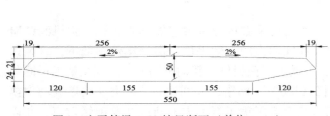

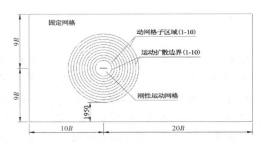

图 3　扁平箱梁 1:70 缩尺断面（单位：mm）　　　　　图 4　计算域分区方案（单位：mm）

以 5°攻角、风速 15.5 m/s 为研究工况，CFD 强迫振动模拟数据用于模型训练。分别构建了含 3 层隐藏层的 FNN 模型和含单 LSTM 层的网络模型，并设计了各类强迫振动工况验证模型性能，取一结果列于图 5。利用 Newmark $-\beta$ 法求解动力方程实现 CFD 自由振动模拟，该工况下断面发生软颤振，将位移时程作为模型的输入，输出的气动力时程如图 6 所示。

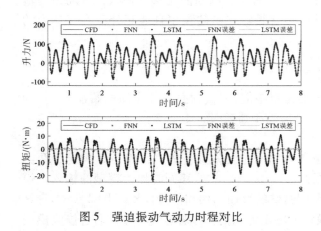

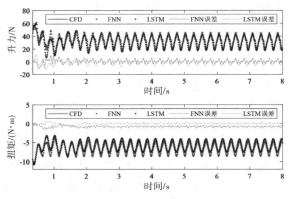

图 5　强迫振动气动力时程对比　　　　　　　　图 6　自由振动气动力时程对比

4 结论

本文基于深度学习所建立的非线性气动力模型，具备优良的泛化能力、预测性能和计算效率，针对某一断面，可计算任意合理振动工况下的非线性气动力。气动扭矩的预测效果优于气动升力。自由振动工况下，因数值模拟的位移误差，导致深度学习模型计算的气动力与数值模拟相差较大。LSTM 模型因其适于处理时序问题的网络结构和较大的训练数据量，其气动力预测性能优于 FNN 模型，有望进一步应用于精细化全桥颤振分析。

参考文献

［1］ABBAS T, KAVRAKOV I, MORGENTHAL G, et al. Prediction of aeroelastic response of bridge decks using artificial neural networks ［J］. Computers and Structures, 2020, 231：106198.

［2］LI T, WU T, LIU Z. Nonlinear unsteady bridge aerodynamics：Reduced-order modeling based on deep LSTM networks ［J］. Journal of Wind Engineering and Industrial Aerodynamics, 2020, 198：104116.

基于 CFD 的风障抑制闭口箱梁颤振性能的机理研究 *

杨承志，杨詠昕，朱进波，洪立珠，张晋杰

（同济大学土木工程防灾国家重点实验室 上海 200092）

1 引言

随着桥梁跨径的增加，桥梁结构的刚度在急剧下降，对风的敏感性在不断增加，桥梁抗风问题的重要性逐渐凸显[1]。面对严峻的桥梁抗风问题，诸多气动控制措施被提出以改善桥梁整体的抗风性能。其中，设置风障就是一种降低桥面风速的有效气动控制措施。然而，风障的设置会改变桥梁的气动外形，甚至会使颤振临界风速大幅度降低，造成桥梁安全事故。因此，研究风障对桥梁颤振性能的影响十分重要。但是，目前关于风障对桥梁颤振性能影响的研究较少。学者 Ostenfeld[2] 认为风障给桥梁结构带来了非常大的气动阻力荷载，会引起桥梁动力稳定性的下降。洪立珠[3] 通过风洞试验与二维三自由度理论分析相结合，发现风障形式、位置以及断面形式是风障对颤振性能影响的主要控制因素。她在节段模型风洞试验中发现，闭口箱梁断面在断面外侧增设直角风障之后，颤振临界风速下降 40% 左右，气动负阻尼提前快速增长，导致颤振提前。但是，关于这个现象的内在机理，作者并没有深入研究，目前关于风障对桥梁颤振性能的控制机理尚不明确，有必要从细观层面上研究气动阻尼改变的原因。

2 研究方法与内容

2.1 气动阻尼与表面压强的数学关系

结构系统阻尼包括结构阻尼与气动阻尼，随风速的增加，当气动负阻尼抵消了结构阻尼而导致系统总阻尼由正转负时，系统能量不再能得到耗散，从而导致结构振动发散[4]，气动阻尼的变化可以作为判断颤振发生的条件。气动阻尼可以解析表达成颤振导数的函数形式，而颤振导数本身可以用表面压强来描述。所以，建立气动阻尼与表面压强的数学关系可以从细观的层面解释颤振性能的控制机理。刘祖军[5] 分析了平板断面波动压力分布和颤振导数之间的关系，本文采用此理论继续分析：利用二维三自由度分析方法建立气动阻尼比与颤振导数的关系式，然后通过简化计算以及省去小数量级的分项，可将气动阻尼项进行简化。再用一周期内断面任一点处的压强拟合公式的拟合系数 a、b 求解出每一点的颤振导数。然后对断面进行区域化，用该区域的各点颤振导数的平均值代表区域颤振导数。最后将分块颤振导数带入气动阻尼表达式中，并对表达式进行泰勒展开可得到各区域的气动阻尼比变化与分块颤振导数变化的关系。推导出的公式为

$$\Delta \xi_\alpha \approx \sum_{i=1}^{n} \left(\frac{\partial \xi_\alpha}{\partial A_1^*} \Delta A_{1i}^* + \frac{\partial \xi_\alpha}{\partial A_2^*} \Delta A_{2i}^* + \frac{\partial \xi_\alpha}{\partial H_3^*} \Delta H_{3i}^* \right) \tag{1}$$

式中，$\Delta \xi_\alpha$ 为气动阻尼比 $\xi_{\alpha g}$ 的变化值；ΔA_{1i}^*，ΔA_{2i}^*，ΔH_{3i}^* 为断面各区域分块颤振导数的变化值。

2.2 CFD 数值模拟

本文采用 CFD 数值模拟与理论研究相结合的方法，对某沿海地区一大跨径悬索桥的闭口箱梁断面进行数值模拟分析。将模型进行网格划分后导入 Fluent，之后再使用 CFD-post 软件进行后处理。具体方法为：先通过自由振动法求得颤振临界风速和竖弯、扭转位移。接着通过傅里叶变换获得颤振时相应自由度的频率和幅度。再通过强迫振动法，用 CFD-post 进行处理，可以得到相应频率、幅度时一个周期内表面压强分布。研究设计了两种断面形式，分别是原始断面与带有放置在主梁最外侧的 50% 透风率直风障

* 基金项目：国家自然科学基金项目（51678436）。

的断面。同时，本研究为每一类断面各设置了两种工况，分别是0°风攻角下各断面颤振临界风速下的强迫扭转振动与强迫竖弯振动。本文主要研究了不同工况下两种断面的表面压强分布情况，通过表面压强数据计算得到断面的各区域阻尼分布情况，再通过对比断面的阻尼分布变化分析得出风障对闭口箱梁断面颤振性能的控制机理。经计算得到的断面各区域的阻尼变化分布情况如图1所示。

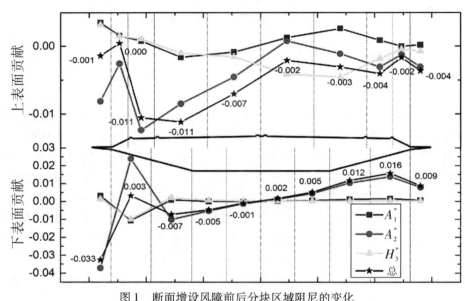

图1　断面增设风障前后分块区域阻尼的变化

3　结论

通过数值模拟分析，对比两个断面的阻尼分布变化情况，分析后可得到以下结论：

（1）0°攻角下，闭口箱梁在断面最外侧设置风障将对其颤振性能产生很大的不利影响，下表面阻尼变化总和几乎为0，总阻尼基本是由上表面影响的。

（2）对上表面单独进行分析，可得：原始断面在0°攻角下增设风障后，气动阻尼都在减小，是不利于颤振的。风障对风障与护栏之间的区域的阻尼比影响最大。

（3）对下表面单独进行分析，可得：原始断面在0°攻角下增设风障后，气动阻尼在迎风侧风嘴区域阻尼减小，在背风侧阻尼比反而会增大。风障对风嘴区域的阻尼比影响最大。

参考文献

［1］项海帆，现代桥梁抗风理论与实践［M］.北京：人民交通出版社，2005.

［2］OSTENFELD K H. Denmarks great belt link［C］.// The 1989 ASCE Annual Civil Engineering Convention, 1989.

［3］洪立珠，杨詠昕.风障对闭口箱形主梁颤振性能的影响效应［C］.中国土木工程学会2019年学术年会论文集，2019.

［4］杨詠昕.大跨度桥梁二维颤振机理及其应用研究［D］.上海：同济大学，2002：1–141.

［5］刘祖军，葛耀君，杨詠昕.平板断面压力分布对颤振导数及振动形态的影响［J］.工程力学，2014，（3）：122–128.

双边箱钢混叠合梁斜拉桥涡振性能及抑振措施研究 *

申杨凡，华旭刚，陈政清

（湖南大学风工程试验研究中心 长沙 410082）

1 引言

双边箱钢混叠合梁构造简单，结构自重轻，施工方便，受力性能优越，被广泛应用于斜拉桥的设计及建造。然而该类结构钝体效应显著，容易发生旋涡分离、脱落及再附等复杂的空气动力学现象，从而引起桥梁的风致振动问题。Sarwar 等[1]通过数值模拟研究了气动措施对箱型截面主梁涡振的抑制机理。杨光辉等[2]通过节段模型风洞试验研究了 π 型断面梁（宽度 37.7 m）的涡振性能及抑振措施，并结合 CFD 仿真技术对主梁涡振及抑振措施进行了机理分析。边主梁开口断面的桥宽多数在 40 m 以下，本文通过主梁节段模型风洞试验对某主跨为 268 m 的双边箱钢混叠合梁斜拉桥（桥宽 50 m）在成桥状态下的涡振性能进行测试，并提出了相关抑振措施对其进行控制，所得结论可为相关工程的设计及建造提供参考。

2 主梁节段模型风洞试验

2.1 主梁节段模型涡振试验

双边箱钢混叠合梁的标准横断面如图 1 所示，其节段模型采用缩尺比 1∶60 的几何缩尺比制作。主梁节段模型的长度为 2.1 m，宽度为 0.833 m，高度为 0.061 m。模型的等效质量和等效质量距分别为 15.927 kg/m 和 1.109 kg·m²/m，模型的竖弯频率和扭转频率分别为 4.242 Hz 和 7.198 Hz，模型的竖弯、扭转阻尼比均为 1.0%，试验风速比为 7.33。对该模型在成桥状态下不同风攻角（+3°、0°和 −3°）下的涡振响应进行测试，试验测试过程如图 2 所示。

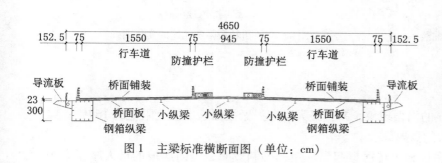

图 1 主梁标准横断面图（单位：cm）

图 2 主梁节段模型试验现场

2.2 主梁节段模型涡振及抑振措施比选试验结果

主梁节段模型涡振试验结果表明，主梁原始设计断面在 +3°、0°和 −3°风攻角下均存在明显的涡激共振现象，并且最大竖向涡振振幅超过了规范限值。因此有必要对主梁进行抑振措施研究，因篇幅限值，本文仅介绍代表性气动措施对主梁涡振的抑制效果，气动控制措施如表 1 所示。本文仅介绍 +3°风攻角下主梁涡振的抑制效果，不同气动措施下实桥竖向振幅和扭转振幅随风速的变化曲线分别如图 3 和图 4 所示。

* 基金项目：国家自然科学基金项目（52025082）。

表1 气动措施汇总表

序号	工况描述	工况图示
方案一	1道下中央竖向稳定板（3.3 m高）	
方案二	2道下竖向稳定板（3.3 m高）	
方案三	1道下中央竖向稳定板（3.3 m高）+2道下竖向稳定板（3.3 m高）	
方案四	1道下中央竖向稳定板（3.3 m高）+护索栏杆全封+外侧防撞护栏封上半部分	
方案五	1道下中央竖向稳定板（3.3 m高）+护索栏杆全封+外侧防撞护栏全封	
方案六	1道下中央竖向稳定板（3.3 m高）+护索栏杆全封+外侧防撞护栏封上半部分+导流板外侧竖向稳定板（1.02 m高）	

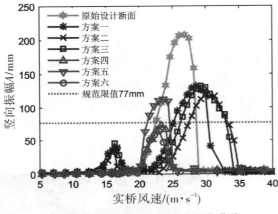

图3 实桥竖向振幅随风速的变化曲线

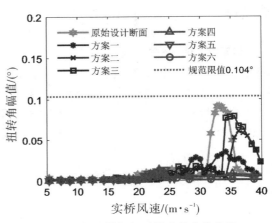

图4 实桥扭转振幅随风速的变化曲线

3 结论

（1）该桥主梁原始设计断面存在明显的涡振现象，并且最大竖向涡振振幅超出规范限值的169%；梁底产生大涡脱落现象是导致涡振振幅较大的重要原因。

（2）增加下竖向稳定板后能对竖向涡振和扭转涡振起到一定的抑制效果，竖向涡振的最大减振率为43%，但是最大竖向涡振振幅仍大于规范限值，尚未满足规范要求；涡振风速区间的变化及较大的减振率表明下竖向稳定板抑制了大涡的形成。

（3）方案六（推荐方案）可大幅降低涡振振幅，并满足规范要求；在导流板迎风面气流分离处设置竖向稳定板可有效抑制涡振响应，并且表明导流板处的涡脱效应显著。

参考文献

［1］ SARWAR M W, ISHIHARA T. Numerical study on suppression of vortex-induced vibrations of box girder bridge section by aerodynamic countermeasures ［J］. Journal of Wind Engineering & Industrial Aerodynamics, 2010, 98 (12)：701 −711.

［2］ 杨光辉，屈东洋，牛晋涛，等. π型截面涡激振动风洞试验及气动抑制措施研究 ［J］. 石家庄铁道大学学报（自然科学版），2015, 28 (01)：34 −39.

流线型钢箱梁涡激振动机理与气动控制措施研究 *

江智俊[1,2]，刘志文[1,2]，陈政清[1,2]
（1. 湖南大学风工程与桥梁工程湖南省重点实验室 长沙 410082；
2. 湖南大学土木工程学院桥梁工程系 长沙 410082）

1 引言

随着新材料的不断应用和工程技术人员对于桥梁技术发展的深入理解，相比于桥梁结构的静力效应，风致振动问题更是超大跨径桥梁的控制因素之一。当桥梁结构振动较大时，振动的结构会反过来影响流场，形成风与结构之间相互反馈的系统，即自激振动，涡激振动就是一种具有自激性的限幅风致振动。若不有效控制则会引起行车舒适性与结构疲劳等问题[1]。目前，针对涡振的抑制思路主要是分为结构措施、气动措施和机械措施，而气动控制措施是一种效果较好且代价较低的选择[2]。计算流体动力学（computational fluid dynamics，CFD）具有计算效率高、可视化强等优点，被广泛应用于结构风工程，但基于 CFD 流固耦合的涡振控制机理研究相对较少。本文采用风洞试验与 CFD 相结合的方法对箱梁涡振性能及气动控制进行研究。基于动网格技术来求解获得气动力响应和测点压力，将 Newmark $-\beta$ 算法嵌入用户自定义函数（UDFs）求解结构的振动响应，实现了虚拟风洞同步测振测压的功能。

2 工程概况

以某主跨 390 m 的独塔双索面半漂浮体系钢箱梁斜拉桥为研究背景；主梁采用扁平流线型整幅式钢箱梁，主梁宽度为 $B = 43.20$ m，主梁中心处梁高为 $H = 3.80$ m。

3 主梁大比例节段模型风洞试验

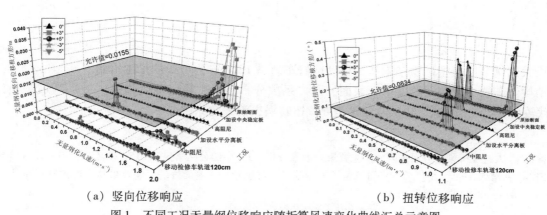

（a）竖向位移响应　　　　　　　　（b）扭转位移响应

图 1　不同工况无量纲位移响应随折算风速变化曲线汇总示意图

从图 1 中可以看出，在风攻角 $\alpha = 0°$ 时无量纲化风速区间 $V_{red} = 1.063 \sim 1.207$ m/s 内出现扭转涡激共振且振幅超限，不满足规范要求。通过参考已有研究，选取了不同的控制措施，包括加设中央稳定板、水平分离板和增加阻尼等。试验结果表明，阻尼比的改变对涡振性能具有较大的影响，对振动具有较好

* 基金项目：国家自然科学基金项目（51778225、51478180）。

的抑制效果，但综合考虑经济因素和施工便利认为内移检修车轨道 120 cm 为最优的抑振措施。

4 气动措施机理分析

采用基于 Fluent 的用户自定义函数（user defined functions，UDF）进行二次开发实现主梁断面流固耦合测压分析，首先根据两自由度振动方程确定动点坐标，再检索箱梁壁面离动点最近的网格单元，进而通过插值获得该网格单元的压力时程。图 2 为原始断面涡振振幅稳定后一个周期内不同时刻的压力空间分布图。在迎风侧风嘴、顶板以及底板的区域，同一周期下不同时刻的平均压力系数变化规律基本趋于均匀变化，整体的趋势和移动检修车轨道后断面的压力分布相似，仅在数值上产生差异，可认为此区域是由运动状态决定，称为"被动区域"；而在背风侧风嘴和斜腹板区域不同时刻的压力系数有出现交替变化的现象，可以看到背风侧斜腹板位置表现出明显的不均匀性，具有较大的脉动压力，可推断是涡振的"驱动区域"。从图 2 可看到，从 0 时刻到 $T/4$ 再到 $T/2$ 时刻，平均压力系数负值绝对值依次变大，箱梁"驱动区域"表面受到斜向下的力，箱梁整体会受到顺时针的力矩；从 $T/2$ 时刻到 $3T/4$ 再到 T 时刻，平均压力系数负值绝对值依次减小，箱梁"驱动区域"表面受到斜向上的力，箱梁整体会受到逆时针的扭矩。Fluent 中的扭转位移所定义的是逆时针为正，故箱梁驱动区域的运动状态与箱梁整体的运动状态保持一致，故可认为在"驱动区域"所发生的压力变化是引起扭转涡振的主要因素。

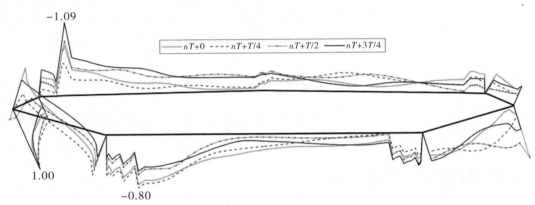

图 2　原始断面和移动检修车轨道后断面的瞬时

5 结论

（1）主梁大比例节段模型试验结果认为移动检修车轨道 120 cm 为最优的抑制措施。

（2）移动检修车轨道后主要改变了下表面的压力系数分布特性，箱梁迎风侧的"被动区域"对结构涡振响应贡献较小，"驱动区域"的压力变化是导致扭转涡振消失的原因之一。

参考文献

［1］陈政清，黄智文.大跨度桥梁竖弯涡振限值的主要影响因素分析［J］.中国公路学报，2015，28（9）：30－37

［2］赵林，葛耀君，郭增伟，等.大跨度缆索承重桥梁风振控制回顾与思考——主梁被动控制效果与主动控制策略［J］.土木工程学报，2015，48（12）：91－100.

分离式双箱梁局部几何外形对于涡激振动特性的影响研究

陈鑫，马存明

（西南交通大学风工程四川省重点实验室 成都 610031）

1　引言

双箱梁桥具有优良的抗颤振性能，作为一种新型的具有应用前景的断面形式，分离式双箱梁已经被采用为一些大跨度桥的主梁形式。目前已经有一些作者研究了分离式双箱梁的颤振性能和抖振力。

然而作为分离双箱梁一个显著的缺点。在实验室和已经建成的分离双箱梁桥梁均观察到了涡激振动。统箱梁的涡激振动（VIV）诱因可以分为 KV 和 MKV，但是由于分离式双箱梁复杂的压力分布和旋涡脱落机理，导致分离式双箱梁的涡激振动机理更为复杂。

关于分离式双箱梁气动特性的影响因素，研究者较多地认为箱梁间隙比是影响其气动特性的最重要因素。针对五种不同的分离式双箱梁断面，Kwok[1]研究了在截面模型固定的情况下，间隙宽度对桥面气动性能的影响，并推导出涡旋脱落机制。Chen[2]等利用粒子图像测速法（PIV）研究了较小和较大间隙比的分离式双箱梁的涡脱落和流场结构，结果表明当双箱梁具有较大的间隙比时，背风箱梁上的脉动压力系数更高。Laima[3]通过同步测振测压试验，研究了分离式双箱梁间隙宽度对分离式双箱梁涡激振动的影响，结果表明间隙比对分离式双箱梁的涡激振动特性影响很大。本文研究着眼于分离式双箱梁开槽处的局部外形，通过改变箱梁内侧直腹板高度和底板长度研究了开槽处局部几何外形对于分离式双箱梁涡激振动特性的影响。

2　风洞试验

试验在西南交通大学 XNJD – 1 工业风洞第二试验段中进行，该试验段设有专门进行桥梁节段模型动力试验的装置。节段模型由 8 根拉伸弹簧悬挂在支架上，使其能产生竖向平动及绕节段模型截面重心振动的二自由度运动。通过对基础断面 c_0 进行适当改变箱梁内侧直腹板高度和底板长度，即通过改变 b_5、b_6、d_3 和 d_4，研究截面特性对分离式双箱梁涡激振动特性的影响，分别对应工况 c_1、c_2、c_3 和工况 c_4、c_5、c_6，断面设置如图 1。

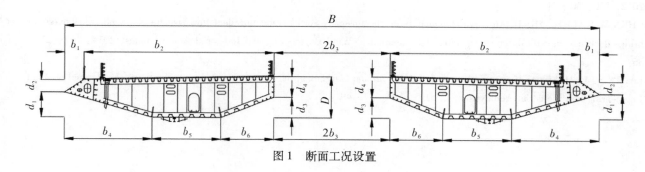

图 1　断面工况设置

3　试验结果

由试验结果可以得到，各工况断面在风洞试验中均出现了明显的竖向及扭转涡激振动。针对竖向涡激振动，幅值存在着一定的差异，除工况 c_0 和工况 c_3，其余各工况均只存在一个锁定区间。针对扭转涡

激振动除工况 c_4 和工况 c_6 均出现了两个涡激振动锁定区间，第二个涡振区间表现出更明显的主导性，其涡激振动锁定和极大振幅均大于第一个区间。特别的工况 c_4 出现了 3 个锁定区间，但幅值却小于其他工况，工况 c_6 在正 3°攻角下仅存第一个最大振幅较小的锁定区间。各工况的振幅存在着较大的，表明改变开槽局部几何外形对涡脱强度影响较大。图 2 列出了部分试验结果。

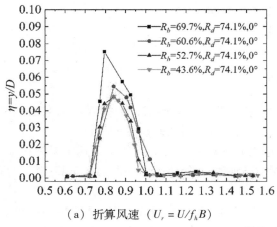

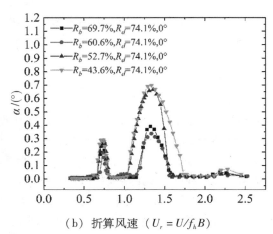

（a）折算风速（$U_r = U/f_h B$）　　　　（b）折算风速（$U_r = U/f_h B$）

图 2　部分试验结果

4　结论

试验通过改变分离式双箱梁开槽处的局部几何外形，进行了弹性悬挂模型涡激振动试验，研究了开槽局部几何外形对于分离式双箱梁的涡激振动特性的影响，得到如下结论：

（1）开槽处局部几何外形对于分离式双箱梁的涡激振动的最大振幅影响较大，底板宽度和直腹板长度均会影响其振幅，但对振幅的影响并不表现出明显的线性关系。

（2）开槽处局部几何外形对于断面的涡脱频率影响较小，改变开槽出局部几何外形，断面的起振风速和锁定区间的大小影响不大。

（3）试验研究的分离式双箱梁竖向和扭转涡激振动起振风速相差较大，表明竖向振动和扭转的致振机理可能不同，分离式双箱梁存在着多种形式的涡激振动。

参考文献

［1］KWOK K C S, QIN X R, FOK C H, et al. Wind-induced pressures around a sectional twin-deck bridge model：Effects of gap-width on the aerodynamic forces and vortex shedding mechanisms［J］. Journal of Wind Engineering and Industrial Aerodynamics，2012，110：50 − 61.

［2］CHEN W L, LI H, HU H. An experimentalstudy on the unsteady vortices and turbulent flow structures around twin-box-girder bridge deck models with different gap ratios［J］. Journal of Wind Engineering and Industrial Aerodynamics，2014，132：27 − 36.

［3］LAIMA S, LI H. Effects of gap width on flow motions around twin-box girders and vortex-induced vibrations［J］. Journal of Wind Engineering and Industrial Aerodynamics，2015，139：37 − 49.

单跨悬索桥边跨主缆振动及对颤振性能的影响研究*

吴联活[1]，朱建文[2]，张明金[1]，李永乐[1]

（1. 西南交通大学土木工程学院桥梁工程系 成都 610031；

2. 加州大学洛杉矶分校土木与环境工程系 洛杉矶 90095）

1 引言

悬索桥由于其优秀的跨越性能成为大跨度桥梁的青睐方案，据统计，跨度超千米悬索桥中单跨悬索桥超过 25 座，其中不乏如杨泗港长江大桥（1700m）的超大跨度桥梁[1]。现有桥梁颤振的研究多以主梁为研究对象[2-3]，或研究缆索对主梁的气动干扰[4]、颤振振型参与[5]、尾流驰振[6]、涡激振动[7]等。试验结果显示，当主梁发生颤振时边跨主缆容易发生大振幅摆动，但相关研究较为少见。本文采用时域方法对单跨悬索桥进行三维颤振计算，分析边跨主缆大振幅摆动特征，探讨边跨主缆振动对全桥颤振性能的影响。

2 三维时域颤振计算

以南京仙新路大桥为工程背景，采用有理函数法计算主梁的时域气动自激力，滞后项取 2 项。颤振导数采用 Theodorsen 平板理论解，动力响应时域积分采用 Newmark $-\beta$ 法。在给定风速范围内，依据二分法自动搜索颤振临界风速，对位移响应极值点进行最小二乘拟合以判断当前风速下是否发生颤振。结果如图 1，大桥颤振临界风速为 92.3 m/s，主梁发生弯扭耦合颤振，边跨主缆发生较大振幅的振动。跨中点的扭转位移时程如图 2，颤振频率为 0.181 Hz。

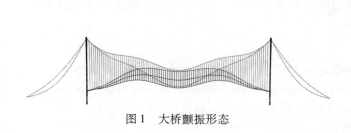

图 1 大桥颤振形态

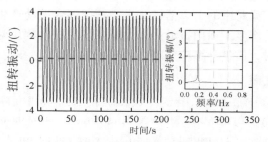

图 2 跨中扭转位移时程及频谱分析

3 边跨主缆大振幅摆动特征

如图 3，边跨主缆具有空间振动的特征，其平面内振动由塔顶 IP 点纵桥向位移引起，平面外振动由塔顶 IP 点横桥向位移引起。边跨主缆以平面内振动为主，其中点振幅约为主梁跨中点振幅的 1.2 倍。如图 4，迎风侧和背风侧振动频率一致，但迎风侧振幅大于背风侧，这是由于主梁弯扭耦合颤振时对塔顶产生了不对称索力引起的。不对称索力的竖向分量同时引起了桥塔横桥向振动，最终带动了边跨主缆的平面外振动。

---

* 基金项目：国家重点研发计划（2018YFC1507800）。

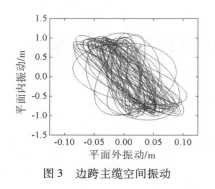

图 3   边跨主缆空间振动

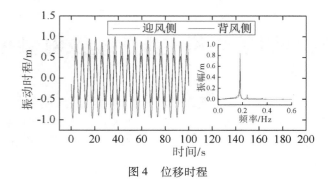

图 4   位移时程

4   边跨主缆振动对全桥颤振性能的影响

为讨论边跨主缆的大振幅振动对全桥性能的影响，分别考虑不同程度边跨主缆振动下全桥的颤振临界风速，结果如表1。结果显示，边跨主缆的振动幅度对颤振临界风速影响很小，原因在于边跨主缆的振动需要通过桥塔位移、中跨主缆变形才能传递到主梁上，边跨主缆的垂跨比和单位长度质量均低于跨中主缆与主梁之和，其振动引起的跨中振动有限。由此推之，当采用二维模型考察全桥颤振性能，在计算等效质量或等效质量惯性矩时，为安全角度考虑，应忽略边跨主缆的参与。

表 1   颤振临界风速

工况	原桥	边跨主缆无振动	边跨主缆小幅振动	边跨主缆更大幅度振动
颤振临界风速/($m \cdot s^{-1}$)	92.3	90.5	91.1	93.7

5   结论

通过三维时域颤振计算，得出以下结论：①边跨主缆呈现空间振动特征，以平面内振动为主，振幅约为主梁跨中的1.2倍；②主梁弯扭耦合振动产生的不对称缆索力导致了边跨主缆迎风侧振幅大于背风侧，且产生了横向振动；③边跨主缆的振动幅度对颤振临界风速影响小，当采用二维模型考察全桥颤振性能时，质量计算应忽略边跨主缆的参与。

参考文献

［1］肖海珠，张晓勇，徐恭义.武汉杨泗港长江大桥主桥静、动力特性研究［J］.桥梁建设，2019，47（6）：70-73.

［2］MA T T, ZHAO L, SHEN X M, et al. Case study of three-dimensional aeroelastic effect on critical flutter wind speed of long-span bridges［J］. Journal of Wind Engineering and Industrial Aerodynamics, 2021, 212（12-15）: 104614.

［3］伍波，王骑，廖海黎.双层桥面桁架梁软颤振特性风洞试验研究［J］.振动与冲击，2020，39（1）：191-198.

［4］KATSUCHI H, JONES N P, SCANLAN R H. Multimode coupled flutter and buffeting analysis of the Akashi-Kaikyo Bridge［J］. Journal of Structural Engineering, 1999, 125（1）: 60-70.

［5］YANG D C, GE Y J, XIANG H F, et al. 3D flutter analysis of cable supported bridges including aeroelastic effects of cables［J］. Advances in Structural Engineering, 2011, 14（6）: 1129-1147.

［6］唐浩俊.复杂山区峡谷大跨度钢桁梁悬索桥风致振动及气动措施［D］.成都：西南交通大学，2016.

［7］周旭辉，韩艳，王磊，等.基于改进尾流振子模型的超长拉索涡激振动特性数值研究［J］.中国公路学报，2019，32（10）：257-265.

大跨度桥梁涡振分析方法对比研究：基于节段模型和拉条模型试验*

张天翼[1]，孙延国[1,2]，李明水[1,2]

（1. 西南交通大学风工程试验研究中心 成都 610031；

2. 西南交通大学风工程四川省重点实验室 成都 610031）

1 引言

目前，对大跨度桥梁涡激振动的预测和研究大多是基于一定缩尺比下的节段模型风洞试验进行的。但是节段模型的二维特性与实际结构的三维特性有较大的差别。为了研究节段模型和大跨度桥梁涡激振动响应的关系，本文首先进行了大尺度的 5:1 矩形拉条模型风洞试验和相同断面的节段模型风洞试验，得到了 5:1 矩形断面拉条模型和节段模型在相同试验条件下最大涡振振幅的关系。然后，基于节段模型识别的气动参数，采用多种方法对拉条模型的涡激振动振幅进行了预测。最后，通过比对计算结果和实验结果，对上述方法进行了验证和讨论。

2 风洞试验

5:1 矩形拉条模型和节段模型风洞试验分别在西南交通大学 XNJD – 3 和 XNJD – 1 工业风洞中进行。拉条模型和节段模型 5:1 矩形断面的尺寸均为 0.40 m×0.08 m，单位长度的重量均为 10.0 kg/m。其中，拉条模型长度为 7.20 m，模型分为 23 段，各分段间留有 1.5 mm 的间距，由两根固定于两侧端板的钢丝串联，且钢丝预加应力可由端部螺杆调节。节段模型长 1.5 m，由专用支架连接后，采用 8 根弹簧悬挂于风洞中。试验动力响应采用激光位移计记录。在结构阻尼比约为 0.12% 时，节段模型和拉条模型前四阶竖弯模态试验结果如图 1 所示。

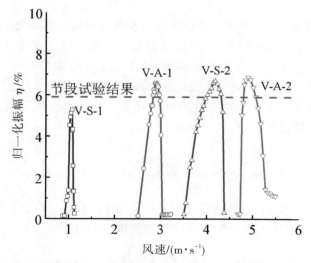

图 1 拉条模型和节段模型试验结果（η 为结构振幅和断面高度之比）

* 基金项目：国家自然科学基金项目（51878580）；四川省科技计划项目（2020YJ0306）。

由于拉条模型在发生一阶竖弯涡激振动时，风洞中风速仅为 0.92 m/s，此时风场紊流度较大，试验结果误差较大，所以仅对第 2、第 3 和第 4 阶竖弯模态的涡激振动结果进行研究。由试验结果可知，拉条试验的涡振最大振幅大约是相同条件下节段模型振幅的 1.15 倍。

3 涡激振动响应预测

Scanlan 基于颤振理论提出了线性和非线性的涡激力半经验理论模型[1]，由于该模型实用性强、使用便捷，在工程领域得到了广泛的应用。本文选取了四种基于 Scanlan 涡激力模型开发的大跨度桥梁涡振振幅预测方法，采用节段模型风洞试验识别得到的气动参数对拉条模型的涡激振动最大振幅进行预测，以第 2 阶竖弯模态为例，计算结果见表 1。

表 1 拉条模型涡激振动振幅预测结果

方　法	节段振幅 $\eta/\%$	拉条振幅 $\eta/\%$	预测振幅 $\eta/\%$	误差
线性模型（仅考虑振幅影响）[2]			7.40	11.78%
非线性模型（仅考虑振幅影响）[2]			6.74	1.81%
Ehsan 和 Scanlan 方法[1]	5.81	6.62	6.04	-8.76%
基于涡激力偏相关方法（线性）[3]			7.70	16.31%
基于涡激力偏相关方法（非线性）[4]			7.08	6.95%

由预测结果可知，仅考虑振型影响的线性模型预测结果明显大于试验值。而仅考虑振型影响的非线性模型误差较小，这可能是由于涡激力沿展向相关性对节段模型和拉条模型振幅的折减效应相互抵消造成的，该结论很可能仅适用于 5:1 矩形断面，并不能推广运用到其他断面。Ehsan 和 Scanlan 方法忽略了涡激力展向相关性对节段模型的影响，使得预测振幅低于实际值。基于涡激力偏相关方法的计算结果均大于试验值，这很可能是由于直接采用节段模型识别的涡激力相关性函数进行计算时，没有考虑结构振型对相关性造成的影响，该方法仍需进行进一步改进。

4 结论

本文在相同试验条件下进行了 5:1 矩形断面的拉条模型和节段模型风洞试验，试验结果表明拉条模型的最大涡激振动振幅约为节段模型的 1.15 倍。值得注意的是，工程中往往直接采用节段模型试验的结果预测大跨度桥梁的涡振振幅，这很可能会低估涡激振动对大跨度桥梁的影响。此外，采用多种基于 Scanlan 半经验涡激力模型开发的大跨度桥梁涡激振动振幅预测方法，按照节段模型识别得到的气动参数对拉条模型的涡振振幅进行了预测，结果表明上述方法均存在一定误差，本文就产生误差的原因进行了分析，将在后续研究中对以上方法进行改进。

参考文献

[1] EHSAN F, SCANLAN R H. Vortex-induced vibrations of flexible bridges [J]. Journal of Engineering Mechanics, 1990, 116 (6): 1392 – 1411.

[2] 张志田，陈政清. 桥梁节段与实桥涡激共振幅值的换算关系 [J]. 土木工程学报, 2011, 044 (007): 77 – 82.

[3] 李明水，孙延国，廖海黎. 基于涡激力偏相关的大跨度桥梁涡激振动线性分析方法 [J]. 空气动力学学报, 2012 (5): 675 – 679.

[4] SUN Y G, LI M S, LIAO H L. Nonlinear approach of vortex-induced vibration for line-like structures [J]. Journal of Wind Engineering & Industrial Aerodynamics, 2014, 124: 1 – 6.

扁平钢箱梁绕流场中的多阶旋涡脱落模态 *

张占彪，许福友

（大连理工大学土木工程学院 大连 116024）

1 引言

主梁绕流场中的周期性旋涡脱落是诱发桥梁结构出现涡激振动的根本原因。桥梁主梁的宽高比通常较大，其绕流场不仅受尾缘卡门涡街控制，还受前缘旋涡脱落的影响。前缘和尾缘旋涡相互干涉，机理十分复杂。此外，桥梁的同一振动模态可以存在多个风速锁定区间[1]，然而同为钝体结构的圆柱或方柱并未发现此现象。为揭示多个锁定区间的来源，需要对流场中的涡脱模式进行深入探究。本文利用 CFD 模拟技术便于流场可视化的优势，对某扁平钢箱主梁的绕流场进行大涡模拟。利用动态模态分解（DMD）技术提取出流场各阶模态，分析各阶模态的时空演变特征，揭示前、尾缘旋涡的相互干涉机理及多涡振锁定区间的根本来源。

2 数值模型

扁平钢箱主梁的梁宽为 0.445 m，梁高 D 为 0.038 m，梁长为梁高的 5 倍。来流为均匀流，风速为 15.552 m/s，以梁高为特征长度的雷诺数为 4×10^4。图 1 为主梁横断面及二维网格示意图。其中，近壁为结构化的贴体网格，远端为非结构化网格。近壁首层网格高度为 $0.001D$。三维网格由二维网格沿展向拉伸得到。展向网格尺寸为 $0.05D$，共计 100 层。三维网格总数约 1800 万。模拟基于开源软件 OpenFOAM 完成。时域推进格式为二阶隐式，时间步长为 6×10^{-6} s，最大 CFL 数控制在 2.0 以下。

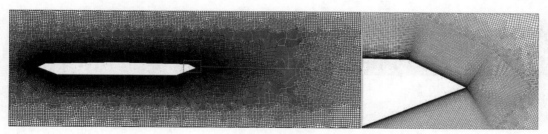

图 1　二维网格示意图

3 结果分析

为提取流场各阶旋涡脱落模态，本文采用 DMD 方法[2]对非定常绕流场进行分解。在展向平均流场和三维流场中均检测到了两个卓越的旋涡脱落模态，它们的无量纲频率 S_t 分别是 0.246（模态一）和 0.291（模态二）。这两个模态对应的半个周期内的旋涡脱落过程如图 2 所示。后半个周期与前半个周期相似，只是每个涡的旋转方向相反。在 DMD 模态中可以清楚地观察到前缘涡 L 和尾缘涡 T 结构，红色代表顺时针旋转，绿色代表逆时针旋转。前缘涡在下游与尾缘涡合并，表明引起桥梁结构出现涡振的旋涡脱落是由前缘涡和尾缘涡组成的一个有机整体。在模态一中，断面宽度范围内存在 6 个前缘涡，而在模态二中有 8 个，因此模态二相比模态一前缘涡的波长更小，而脱落频率更高。多个前缘涡脱落模态在没有尾缘涡参

---

* 基金项目：国家自然科学基金项目（51978130）。

与的空腔流中依然存在，说明这是前缘涡不稳定的固有属性。但是，尾缘涡脱落存在一个优选频率，只有频率落在这个优选区间的前缘涡脱落模态才会被选择和增强。而 $S_t = 0.246$ 和 0.291 这两个模态的出现，正是尾缘涡脱落对前缘涡脱落"挑选"作用的结果。

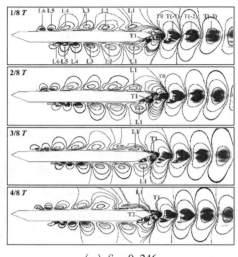 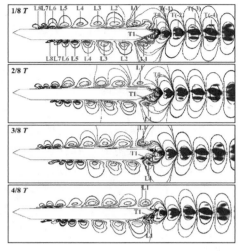

(a) $S_t = 0.246$ (b) $S_t = 0.291$

图 2   展向平均流场中的旋涡脱落模态

基于三维流场识别的两个卓越旋涡脱落模态如图 3 所示。其中，尾缘涡的脱落形态与展向平均流场相似，但是前缘涡只在靠近上游区域比较明显。这是因为剪切层再附后，规则的前缘涡在壁面附近的强剪切应力下被拉成了发卡涡，破坏了展向涡结构。但是前缘涡脱落在展向平均流场中被识别到，说明前缘涡只是被三维湍流所掩盖，其与尾缘涡之间的协同脱落依然是整体周期性旋涡脱落背后的控制机理。此外，在三维流场中还识别到了一个对应分离泡的周期性收缩和膨胀的低频脉动，其对旋涡脱落模态存在调幅作用。

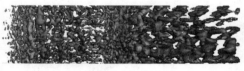 

(a) $S_t = 0.246$ (b) $S_t = 0.291$

图 3   三维流场中的旋涡脱落模态

4   结论

主梁绕流场中的周期性旋涡脱落是前、尾缘涡相互协作（合并）的结果。流场中可以同时存在多阶旋涡脱落模态，是引起多个涡振风速锁定区间的根本原因。旋涡脱落频率与主梁宽度范围内前缘涡的个数有关，由尾缘涡对前缘涡的"挑选"作用决定。

参考文献

［1］ HU C，ZHAO L，GE Y. Mechanism of suppression of vortex-induced vibrations of a streamlined closed-box girder using additional small-scale components ［J］. Journal of Wind Engineering and Industrial Aerodynamics，2019，189：314 – 331.

［2］ SCHMID P J. Dynamic mode decomposition of numerical and experimental data ［J］. Journal of Fluid Mechanics，2010，656：5 – 28.

两类刚性联结串列双圆柱的涡激振动*

朱红玉[1]，杜晓庆[1,2]，吴葛菲[1]，林伟群[1]，赵燕[3]

（1. 上海大学土木工程系 上海 200444；

2. 上海大学风工程和气动控制研究中心 上海 200072；

3. 台州学院建筑工程学院 台州 318000）

1 引言

大长细比柱群结构在实际工程中广泛应用，如桥梁并列索、多分裂导线及海洋立管等[1]。当两根或多根圆柱串列布置时，下游圆柱受到上游圆柱尾流的影响，会产生强烈的尾流激振现象。为了抑制或减小下游圆柱的尾流激振，经常采用刚性联结器使多根圆柱联结在一起[2-3]。目前针对无联结双圆柱的研究较多，而刚性联结双圆柱的研究较少，刚性联结对双圆柱流致振动的抑振效果和控制机理尚未被澄清。本文以圆心间距为 $4D$ 的刚性联结串列双圆柱两自由度振动和三自由度振动为研究对象，在雷诺数 $Re = 150$、$m^* = 20$ 等条件下，采用数值模拟方法，研究了两类双圆柱发生涡激振动的动力响应特性和流场特征。

2 研究方法

图 1 给出了刚性联结串列双圆柱两自由度振动和三自由度振动的计算模型示意图。本文将双圆柱流致振动简化为质量－弹簧－阻尼系统，图 1a 中双圆柱具有横流向及顺流向两个自由度，图 1b 中双圆柱具有横流向、顺流向及扭转向三个自由度，结构阻尼比 ζ 取 0。

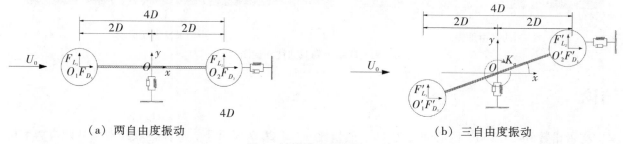

（a）两自由度振动　　　　　　　　　　（b）三自由度振动

图 1　计算模型示意图

3 结果分析

3.1 振动响应分析

图 2 和图 3 分别给出了刚性联结串列双圆柱两自由度振动和三自由度振动刚心的横流向振幅及振动频率比随折减速度的变化曲线。从图 2 可知，对于刚性联结双圆柱三自由度振动的刚心，在发生尾流致涡激振动时，其横流向最大振幅为 $0.67D$，比刚性联结双圆柱两自由度振动的工况要小；当 $V_r = 9$ 时，刚心的扭转角达到峰值 23.4°。而上、下游圆柱的振幅不仅仅取决于刚心的振幅，还与扭转角相关。上游圆柱的横流向振幅在 $V_r = 9$ 时达到峰值 $0.82D$，下游圆柱的横流向振幅在 $V_r = 6.5$ 时达到峰值 $0.94D$，上、下游圆柱的最大振幅均较刚性联结两自由度振动的工况要大（图中未给出）。由图 3 可见，对于刚性联结双圆柱三自由度振动，其横流向锁振区域的折减速度范围为 $V_r = 4.5 \sim 9$，扭转向锁振区域的折减速度范围为

---

* 基金项目：国家自然科学基金项目（51978392、51578330）。

$V_r = 4.5 \sim 10$，而单圆柱和两自由度振动的锁振区域的折减速度范围都到 $V_r = 7$ 截止，说明释放刚性联结双圆柱的扭转自由度后，其尾流致涡激振动的范围变大。

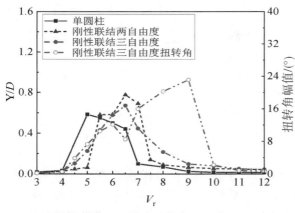

图2 横流向振幅及扭转角随折减速度的变化曲线

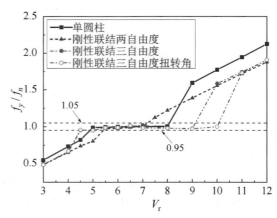

图3 横流向振动频率比随折减速度的变化曲线

3.2 绕流场分析

图4为两自由度振动双圆柱及三自由度振动下游圆柱运动到最高点时的涡量图。从尾流模态来看，刚性联结串列双圆柱两自由度振动时的尾流较为复杂，而三自由度振动时圆柱尾流中存在稳定的旋涡脱落，两类串列双圆柱的流固耦合机制存在明显差异。

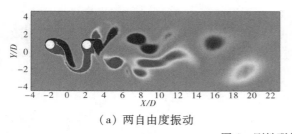

（a）两自由度振动

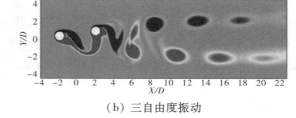

（b）三自由度振动

图4 刚性联结串列双圆柱涡量图

4 结论

本文在雷诺数 $Re = 150$、圆心间距为 $4D$、质量比 $m^* = 20$ 等条件下，对刚性联结双圆柱两自由度振动和三自由度振动发生涡激振动时的振动响应特性和流场结构进行了数值模拟研究，主要结论如下：相较于刚性联结双圆柱两自由度振动，由于扭转自由度的存在，三自由度振动时上、下游圆柱的振幅极值增大；刚性联结三自由度串列双圆柱的气动力特性更为复杂；三自由度振动时双圆柱会发生三次"相位切换"；发生尾流致涡激振动时，两类串列圆柱的流固耦合机制不同，两者的尾流模态存在很大差异。

参考文献

［1］SARPKAYA T. A critical review of the intrinsic nature of vortex-induced vibrations ［J］. Journal of Fluids and Structures，2004，19（4）：389 – 447.

［2］杜晓庆，蒋本建，代钦，等. 大跨度缆索承重桥并列索尾流激振研究 ［J］. 振动工程学报，2016，29（5）：842 – 850.

［3］FUJINO Y，SIRINGORINGO D. Vibration mechanisms and controls of long-span bridges：a review ［J］. Structural Engineering International，2013，23（3）：248 – 268.

分离式三箱梁涡振性能研究 [*]

王超群，华旭刚，陈政清

（湖南大学风工程与桥梁工程湖南省重点实验室 长沙 410082）

1 引言

分离式三箱梁以其良好的颤振稳定性及交通通行能力正在成为超大跨度桥梁的首选结构形式之一。主跨 3300 m 的意大利墨西拿海峡大桥是世界上最早采用分离式三箱梁方案的大跨度桥梁（该项目由于资金短缺并未实施），在该桥的方案设计过程中，Diana[1-2] 首次对分离式三箱梁的颤振、涡振、抖振等气动问题进行了一系列初步试验研究，为分离式三箱梁的工程可行性提供了有力支撑。近年来，国内学者也对分离式三箱梁的气动特性进行了一些探索。在气动稳定性方面，李永乐[3] 基于 CFD 数值模拟方法，对比讨论了各种气动措施设置对分离式三箱梁静风稳定性能和颤振稳定性能的影响，提出了气动措施设置方法的建议，为超大跨度分离式三箱梁桥气动优化提供了参考。夏锦林[4] 针对特定断面的分离式三箱梁进行了一系列风洞试验研究，讨论了附属设施、中央稳定板等对颤振临界风速的影响，同时针对双开槽引起的涡振问题提出了在开槽处布置格栅的抑振措施。上述研究只针对少量特定形状和尺寸的断面，其气动特性规律的探索仍需大量试验、数值模拟和理论研究。此外，虽然分离式箱梁具有较好的颤振稳定性，但其涡振性能往往较差[2,4]，低风速下的涡振问题已成为该结构应用于超大跨度桥梁的重要制约因素，然而目前关于分离式三箱梁涡振性能的研究较少，且缺乏实际工程参考。本文基于节段模型风洞试验，研究了断面形状和附属设施（风屏障、检修轨道等）对分离式三箱梁涡振性能的影响，提出了施工期和成桥状态的抑振气动措施，为分离式三箱梁的抗风设计和研究提供参考。

2 风洞试验

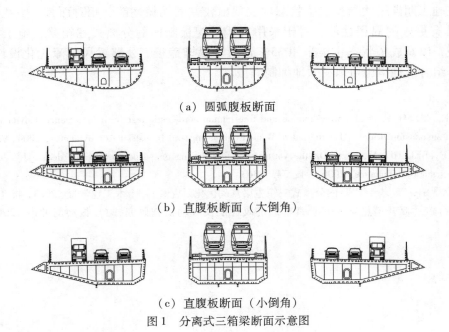

（a）圆弧腹板断面

（b）直腹板断面（大倒角）

（c）直腹板断面（小倒角）

图 1 分离式三箱梁断面示意图

* 基金项目：国家自然科学基金杰出青年基金（52025082）。

浙江省甬州铁路西堠门公铁两用大桥（斜拉－悬索体系，主跨 1488 m）和桃夭门公铁两用大桥（斜拉桥，主跨 666 m）是世界上首次实践分离式三箱梁的大跨桥梁。图 1 为该项目的三个备选设计断面，三个断面只有腹板形状和尺寸不同，梁高均为 4.5 m，梁宽为 66m。针对三种断面进行了一系列节段模型测振试验，测试并对比了不同断面施工期裸梁和成桥状态主梁的涡振性能，并基于两个直腹板断面研究了多种气动措施对施工期裸梁及成桥状态主梁涡振性能的影响。

3 涡振性能及气动优化措施

测试结果表明，三种断面在施工期裸梁和成桥状态下均有涡振发生，其中两个直腹板断面的涡振性能明显优于圆弧腹板断面。图 2 给出了 0°风攻角下圆弧腹板断面的涡振测试结果。针对两个直腹板断面施工期裸梁和成桥状态主梁分别提出了相应的气动措施，对涡振抑振效果良好。

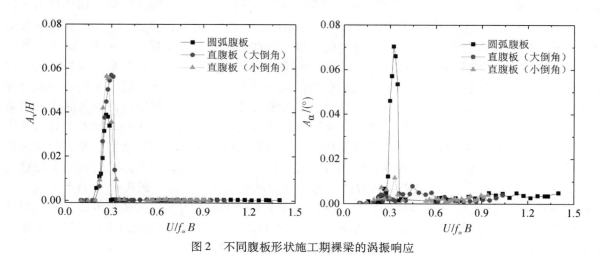

图 2 不同腹板形状施工期裸梁的涡振响应

4 结论

分离式三箱梁在施工期裸梁状态和成桥状态均表现出较差的涡振性能。相对而言，直线形腹板断面比曲线形腹板断面具有更好的涡振性能；对于采用直线形腹板断面的分离式三箱梁，施工期裸梁采用 35% 透风率封槽盖板，以及成桥状态主梁采用 35% 透风率封槽盖板、公路梁风屏障优化设计、封栏杆、优化检修轨道布置等组合气动措施可以有效地抑制涡振。

参考文献

［1］DIANA G, RESTA F, ZASSO A, et al. Forced motion and free motion aeroelastic tests on a new concept dynamometric section model of the messina suspension bridge［J］. Journal of Wind Engineering and Industrial Aerodynamics, 2004, 92：441 - 462.

［2］DIANA G, RESTA F, BELLOLI M, et al. On the vortex shedding forcing on suspension bridge deck［J］. Journal of Wind Engineering andIndustrial Aerodynamics, 2006, 94：341 - 363.

［3］李永乐, 安伟胜, 李翠娟, 等. 基于 CFD 的分离式三箱主梁气动优化研究［J］. 土木工程学报, 2013, 46（1）：61 - 68.

［4］夏锦林, 曹丰产, 葛耀君. 双开槽箱梁断面悬索桥的抗风性能及气动措施研究［J］. 振动与冲击, 2017, 36（10）：69 - 75.

非平稳风场下薄平板气动自激力数值研究 *

唐永健，胡朋，韩艳，张非，陈屹林

（长沙理工大学土木工程学院 长沙 410076）

1 引言

现阶段，桥梁颤振分析理论和方法均是建立在 Scanlan 线性自激力框架上，且经研究人员的不断发展和完善已被广泛应用。另一方面，随着全球气候变暖，大跨桥梁等工程结构正遭受愈发恶劣的气候影响，如沿海台风、山区雷暴风等极端非良态气候。相关学者[1-2]通过对此类极端风的现场实测结果进行分析，认为极端风环境影响下，传统定义的大气边界层风场特性已不再适用，并发现上述极端风场的平均风速和脉动方差均呈现出明显的时变特性，表现出较强的非平稳特征。同时根据 Hao[3] 的研究，基于传统平稳风场的分析结果并不能真实反应非平稳风场下桥梁断面风致动力行为。因此，针对台风、雷暴风等非平稳极端强风对大跨桥梁的影响的研究十分必要。本文以薄平板为研究对象，通过数值模拟研究了非平稳风场下薄平板的气动力特性，并从流场角度对其影响机理进行深入分析。

2 薄平板气动自激力数值研究

2.1 平稳风场下薄平板自激力数值验证

以有限厚度平板代替零厚度的理想平板，宽 $B = 0.8$ m，厚度 $D = 0.008$ m。在折算风速为 5 m/s、10 m/s 下，薄平板做单自由度扭转强迫振动，扭转频率 $f_\alpha = 2$ Hz，扭转振幅 $\alpha_0 = 3°$。图 1 给出了基于 Scanlan 自激力公式得到的薄平板理论自激力值，同时给出了相应的 CFD 计算值。由图可知，薄平板气动力的计算值与 Scanlan 理论值几乎一致，且时程曲线较为光滑。通过进一步分析发现，气动力时程中只包含单一频率且与扭转频率 f_α 保持一致。以上现象表明，文中的薄平板自激力的计算方法准确，验证了本文数值模拟的准确性。

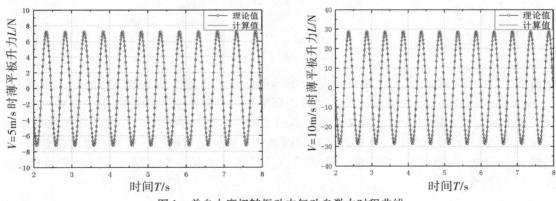

图 1 单自由度扭转振动中气动自激力时程曲线

2.2 非平稳风场下薄平板自激力数值研究

通过 UDF 定义非平稳风速的入口边界条件，来流平均风速 U 取 12 m/s，脉动风 $u(t)$ 的简谐脉动幅值 u_0 取 4，脉动风频率 f_u 取 4 Hz，计算可知，无量纲折算风速在 5 ~ 10 m/s 之间变化。在上述非平稳风场

* 基金项目：国家自然科学基金项目（51878080）；湖南省自然科学基金项目（2020JJ3035、2018JJ3538）。

下，单个运动周期内薄平板自激力的计算值与 Scanlan 理论值时程曲线如图 2 所示。由图可知，在正弦非平稳风场下，薄平板自激力的计算值与 Scanlan 理论值时程曲线不再是单一频率的正弦曲线，且二者之间出现了明显差异。

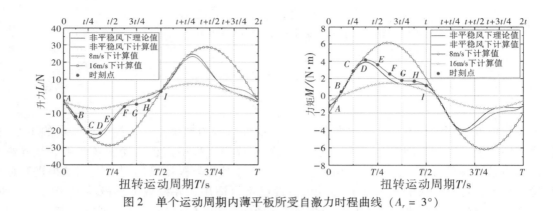

图 2　单个运动周期内薄平板所受自激力时程曲线（$A_t = 3°$）

通过流场分析可知（图 3），在平稳风作用下，仅在薄平板前缘剪切层发生分离，并形成旋涡①、旋涡②，但在薄平板后缘未出现明显的气流分离现象；但在非平稳风作用下，旋涡③～⑩与薄平板剪切层发生断裂，并受来流和壁面约束向下漂移。另外，可以观察到在主涡①与主涡②之间有限范围内形成了一个顺时针旋转的二次涡。分析原因，非平稳来流加剧了薄平板前缘流动分离，并且随着时间推移，脱落旋涡出现下表面不同位置处，这与基于势流理论推导出的假设流场存在明显差异，使得平板自激力计算值和 Scanlan 理论值存在局部偏离。

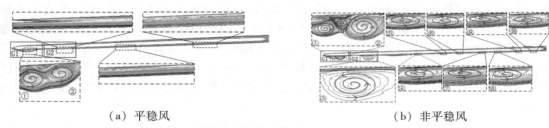

（a）平稳风　　　　　　　　　　　　　　　（b）非平稳风

图 3　不同风类条件下薄平板 G 时刻的涡量图

3　结论

本文通过数值模拟方法对比了正弦非平稳风与平稳风条件下平板的气动自激力特性，从流场的角度对正弦非平稳风场下平板自激力变化原因进行了分析。在平稳风作用下，平板断面做小振幅运动时，气动自激力与理论值非常吻合，同时验证了本文数值模拟的准确性。进一步发现，在正弦非平稳风作用下，平板自激力计算值与 Scanlan 理论值有一定差异，其原因是非平稳风场加剧了平板剪切层的扰动，极大程度上影响了前缘流动分离，进而影响剪切层上旋涡生成、脱落、漂移，致使平板自激力计算值偏离于 Scanlan 理论值，不再符合线性假定。

参考文献

［1］CHEN J，HUI M，XU Y L. A comparative study of stationary and non-stationary wind models using field measurements［J］. Boundary-Layer Meteorology，2007，122（1）：105－121.

［2］黄国庆，彭留留，廖海黎，等.普立特大桥桥位处山区风特性实测研究［J］.西南交通大学学报，2016，51（2）：349－356.

［3］HAO J M，WU T. Nonsynoptic wind-induced transient effects on linear bridge aerodynamics［J］. Journal of Engineering Mechanics，2017，143（9）：04017092.

基于主动吹气的流线型箱梁涡振流动控制风洞试验研究 *

毛禹，李春光，韩艳，颜虎斌，梁爱鸿

（长沙理工大学土木工程学院 长沙 410076）

1 引言

随着桥梁跨径的不断提高，涡激振动问题成为风致影响不容忽视的重要一环。流线型箱梁结构质量轻、刚度大、抗风性能优越，受到大众青睐。但其防撞栏杆、检修道等附属设施具有钝体的特性，来流风易受其影响产生旋涡脱落从而诱发涡激共振[1]。

目前国内外已有的涡振抑制技术可分为机械控制措施与流动控制措施。典型的机械控制措施如增加调谐质量阻尼器（TMD）和电涡流阻尼器。流动控制又按照是否需要外部能量做功可分为主动流动控制及被动流动控制。李惠、陈文礼等[2-3]对于自发式射流以抑制主梁涡振问题有着深刻的理论与研究，他们采用被动吹气方法有效地抑制了圆柱结构、斜拉索及桥梁主梁等的涡激振动问题。

但被动气动措施有着不容忽视的弊端，例如现阶段的被动流动控制方法由于桥梁断面绕流的不确定性并不具有普适性，风洞试验需要根据已有经验进行大量试验，且被动流动措施是事先给定的，不能根据实际情况进行实时调整，因此给了主动流动控制发挥自身作用的大舞台。

本文旨在研究一种普遍适用于流线型箱梁，基于吹气以优化主梁断面流场的主动流动控制措施。目前，许多钢箱梁桥设计使用了除湿系统，这为采用主动吹气的涡振主动控制措施提供了可行条件，在实际工程中此控制措施可结合除湿系统安装于主梁内部，与吹气装置相连，系统工作达到抑制涡振的效果。

2 工程背景

本文依托于某跨径为 808 米的悬索桥，主梁采用宽为 39.6 m、高为 3 m 的流线型钢箱梁，高宽比达 13.2，矢跨比 1:10。两边对称布置防撞栏杆及检修车轨道。主塔采用钢筋混凝土门型塔，横系梁为预应力空心薄壁结构，塔基为承台桩基础。其钢箱梁标准断面如图 1 所示，图中标出本文吹气孔布置位置。

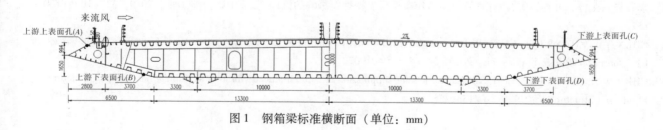

图 1　钢箱梁标准横断面（单位：mm）

3 风洞试验结果

原桥断面在 +5° 攻角发生了明显的竖弯及扭转涡振现象，且其均方根值都已超过规范值。本文在箱梁来流上下游腹板分离点设置吹气孔，与吹气装置连接以达到试验效果。试验通过阀门改变气孔管道截面积以控制吹气风速，利用气体流量计反算吹气流速。试验采用控制变量方法，设置气孔间距为 2.5 m、5 m，吹气速率为 5 m/s、10 m/s，研究涡振抑制气孔最佳参数，吹气试验工况达 24 个。

* 基金项目：湖南省自然科学基金项目（2020JJ14607）；国家自然科学基金资助项目（51978087、51822803）。

图2为部分试验数据，下游下腹板开孔吹气10 m/s竖弯涡振均基本消失，吹气5 m/s扭转响应减少70%以上，抑制效果良好。

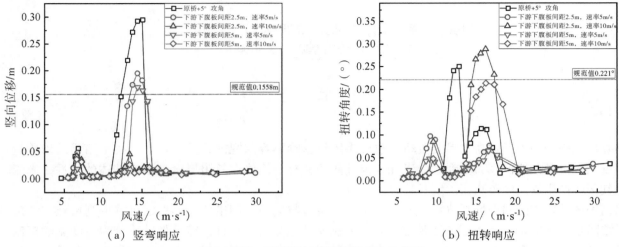

（a）竖弯响应　　　　　　　　（b）扭转响应

图2　部分工况涡振响应随风速变化的曲线

4　结论

本文针对典型流线型箱梁，通过节段模型风洞测振试验，改变气孔布置位置、气孔间距及吹气速率等参数，对基于主动吹气的涡振流动控制措施进行研究，得出以下结论：依托工程主梁设计断面在+5°攻角出现明显的竖弯及扭转涡激共振现象，且均方根均超出规范值。

基于主动吹气的流动控制措施试验结果表明，此措施对流线型箱梁涡振响应影响明显。下腹板上下游或者下游吹气10 m/s的措施能够基本抑制竖弯涡振的产生，所有吹气5 m/s的工况对于扭转涡振有明显的抑制效果，其中下腹板吹气5 m/s较之上腹板吹气5 m/s的工况扭转第一区间前移。吹气10 m/s的工况对于扭转涡振抑制效果不佳，扭转振幅不降反增。吹气速率对于竖弯及扭转响应作用效果明显。对于竖弯涡振吹气速率10 m/s较之5 m/s抑制效果更佳；下腹板吹气措施较之上腹板吹气措施抑制效果明显；气孔间距5m较之间距2.5m抑制效果更佳。

参考文献

［1］李春光，张佳，韩艳，等.栏杆基石对闭口箱梁桥梁涡振性能影响的机理［J］.中国公路学报，2019，32（10）：150－157.

［2］CHEN G B，ZHANG L Q，CHEN W L，et al. Self-suction-and-jet control in flow regime and unsteady force for a single box girder［J］. Journal of Bridge Engineering，2019，24（8）：04019072.

［3］CHEN W L，YANG W H，LI H. Self-issuing jets for suppression of vortex-induced vibration of a single box girder［J］. Journal of Fluids and Structures，2019，86：213－235.

基于电磁惯质阻尼器的斜拉索风雨振减振性能研究 *

郝建宇，沈文爱，朱宏平

（华中科技大学土木与水利工程学院 武汉 430074）

1 引言

风雨振是桥梁斜拉索大幅振动的主要形式之一。众所周知，由于固有阻尼低、刚度小的特点，在风雨同时作用下，斜拉索易发生风雨激振现象，导致其发生大幅振动[1]。已有的风雨激振模型中，有单自由度简化模型[2]，以及在此基础上考虑入射风速沿着拉索全长范围内的变化和拉索振型影响的改进模型[3]。本文在两种模型的基础上做了一些改进，基于此，通过数值模拟系统研究一种新型拉索阻尼器，即电磁惯质阻尼器对斜拉索风雨振的减振性能。

2 分析模型

采用如图 1 所示的三维刚性均匀圆柱体斜拉索模型，图 1a 中入射风速用 U_0 表示，拉索的倾角和风的偏航角分别用 α、β 表示。图 1b 表示了风雨激振的平面模型，其中，上部水流的初始角位移为 θ_0，动力角位移为 θ，拉索平面内的横向速度分量为 $\dot{y}$。

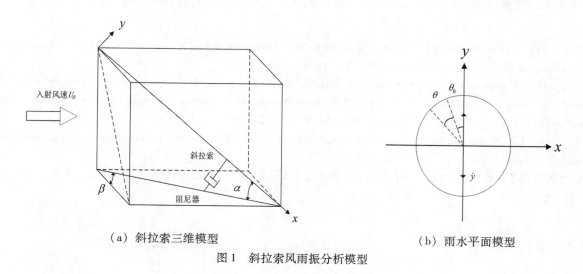

（a）斜拉索三维模型　　　　　　　　　　（b）雨水平面模型

图 1　斜拉索风雨振分析模型

3 数值模拟

通过改变风速，可以得到不同工况下风雨激振响应，并对比分析有控与无控的动力响应，进而系统评估电磁惯质阻尼器的减振性能。图 2a 展示了不同风速下拉索的前三阶模态风雨振响应，可知高阶响应要低于低阶模态响应，且大幅振动仅发生在中间风速区段，各模态的最大位移响应对应的风速均为 10 m/s。图 2b 则展示了不同入射风速下，无阻尼器、安装黏滞阻尼器与电磁惯质阻尼器的斜拉索一阶模态最大位移响应对比曲线，其中阻尼器参数按照最优模态阻尼比的原则进行设计[4]。如图所示，电磁惯

* 基金项目：国家自然科学基金项目（51838006）。

质阻尼器对斜拉索风雨振具有更好的减振控制性能，能有效抑制斜拉索的风雨共振，尤其是在大幅振动发生的中间风速区段。

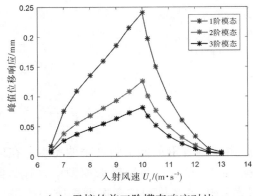

（a）无控的前三阶模态响应对比

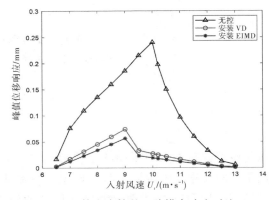

（b）无控和有控的一阶模态响应对比

图2　斜拉索风雨振的响应对比图

4　结论

本文考虑了风速在拉索纵向长度范围内沿长度方向的变化和入射风速对上部水流静止位置的影响，提出了一种斜拉索风雨振简化分析模型，基于有无阻尼器时拉索振型的叠加，可以数值求解斜拉索在有控或无控条件下的风雨振模态响应，且能发现一些基本的如限幅振动、限速振动等风雨振现象。经过数值模拟，发现无控时的风雨振高阶模态响应要低于低阶模态响应。更关键的是，本文初步证明了电磁惯质阻尼器对桥梁斜拉索风雨振的减振性能优于黏滞阻尼器，证明了惯质阻尼器的减振性能。

参考文献

［1］ MATSUMOTO M，SHIRAISHI N，SHIRATO H. Rain-wind induced vibration of cables of cable-stayed bridges ［J］. Journal of wind engineering and industrial aerodynamics，1992，43（1－3）：2011－2022.

［2］ ZHOU H J，XU Y L. Wind-rain-induced vibration and control of stay cables in a cable－stayed bridge ［J］. Structural Control and Health Monitoring：The Official Journal of the International Association for Structural Control and Monitoring and of the European Association for the Control of Structures，2007，14（7）：1013－1033.

［3］ XU Y L，WANG L Y. Analytical study of wind-rain-induced cable vibration：SDOF model ［J］. Journal of wind engineering and industrial aerodynamics，2003，91（1－2）：27－40.

［4］ 李亚敏. 电磁惯质阻尼器的本构模型及其在斜拉索上的减振性能研究 ［D］. 武汉：华中科技大学土木与水利工程学院，2020：44－45.

S_c 数对大跨度桥梁竖向涡振的影响研究 *

马伟猛[1]，黄智文[1,2]，华旭刚[1,2]，陈政清[1,2]

（1. 湖南大学风工程与桥梁工程湖南省重点实验室 长沙 410082；

2. 湖南大学振动与冲击技术研究中心 长沙 410082）

1 引言

桥梁竖向涡振是一种复杂的流固耦合现象，涡振响应的风速区间和幅值大小受桥梁断面气动外形、来流特性和质量阻尼参数（S_c 数）等诸多因素的影响[1]。桥梁的 S_c 数一般表示为主梁无量纲的每延米质量和模态阻尼比的乘积。一般成桥状态主梁每延米的质量在抗风设计阶段就能较精确地估计。但大跨度桥梁的模态阻尼比，特别是悬索桥高阶竖弯模态的阻尼比目前尚缺乏可靠的实测统计资料，国内外不同规范的建议取值也不相同。为了预测不同 S_c 数下的主梁涡振振幅，有很多学者致力于研究涡激力的数学模型，使之能够在不同的 S_c 数下成立[2-3]。另一种方法是直接通过节段模型试验得到主梁涡振振幅随 S_c 数的变化规律，但难点在于为节段模型系统提供稳定、可靠和精确可调的线性黏滞阻尼。

为了开展 S_c 数对大跨度桥梁竖向涡振影响的精细化研究，论文首先研制了适用于桥梁节段模型风洞试验的永磁式板式电涡流阻尼器，并结合电磁有限元分析和节段模型自由衰减振动试验分析了阻尼器的阻尼特性。然后，借助上述阻尼系数可连续调节的板式电涡流阻尼器，以带风嘴的开口断面钢混组合梁为研究对象，通过节段模型风洞试验研究了实桥在 +3°、0° 和 −3° 等三个风攻角下的竖向涡振响应随 S_c 数的变化规律，并据此对桥梁高阶模态涡振响应进行了预测。

2 板式电涡流阻尼器研制及性能测试

图 1 给出了板式电涡流阻尼调节装置的原理示意图。它主要由永磁体、导体板和背铁等部件组成，通过调节永磁体与导体板之间的空气间隙可以改变阻尼系数的大小。风洞试验中把导体板固定在节段模型端部，永磁体等通过底座与风洞壁相连，如图 2 所示。在装置设计阶段，采用电磁有限元仿真得到了电涡流阻尼力随导体板工作速度的变化曲线，如图 3 所示。为了说明板式电涡流阻尼器的阻尼系数连续可调功能，采用电磁有限元分析和安装阻尼器之后节段模型系统的自由衰减振动实测分析两种方式，对比分析了节段模型系统的附加阻尼比随永磁体与导体板之间气隙大小的变化规律，结果如图 4 所示。

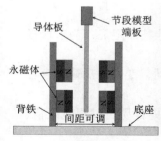
图 1 板式电涡流阻尼原理示意图

图 2 板式电涡流阻尼器的安装照片

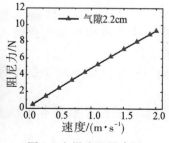
图 3 电涡流阻尼力随导体板速度变化曲线

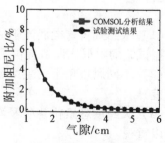
图 4 附加阻尼比随气隙大小变化规律

* 基金项目：国家自然科学基金项目（51808210）。

3 主梁竖向涡振响应随 S_c 数的变化规律及高阶涡振响应预测

图 5 给出了不同来流风攻角下钢混组合断面主梁竖向涡振位移响应幅值随 S_c 数的变化情况。在此基础上，图 6 总结了不同风攻角下涡振位移峰值随 S_c 数的变化规律，发现采用 $\eta_{max} = a/(1 + b \cdot S_c^{c})$ 的函数形式可较好地拟合主梁最大涡振振幅随 S_c 数的变化规律，式中 a、b 和 c 都表示待拟合的参数，η_{max} 表示主梁无量纲最大涡振振幅。

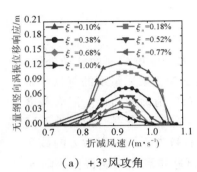
（a）+3°风攻角

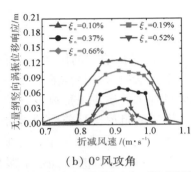
（b）0°风攻角

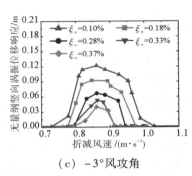
（c）−3°风攻角

图 5　钢混组合断面主梁在不同风攻角下的涡振风速响应曲线

通过结构有限元分析可以得到大桥每延米的等效质量，各阶竖弯模态的阻尼比则参照英国抗风规范取为 0.48%，大桥前 15 阶模态的 S_c 数如图 7 所示。结合图 7 和图 6 的拟合结果，可预测出主梁各阶竖弯模态的涡振峰值如图 8 所示，其中 f_n 代表大桥竖弯模态的频率。

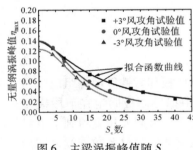

图 6　主梁涡振峰值随 S_c 数变化情况及其曲线拟合

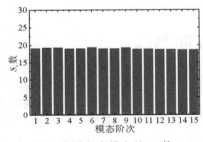

图 7　各阶竖弯模态的 S_c 数

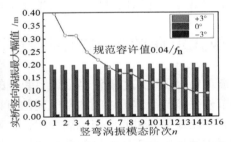

图 8　各阶竖弯模态涡振响应最大幅值预测

4 结论

（1）永磁式板式电涡流阻尼器可为节段模型系统提供连续可调的、精确的线性黏滞阻尼，为节段模型涡振试验的阻尼比调节提供了新方法。

（2）不同风攻角下的主梁竖向涡振峰值都随 S_c 数的增大而减小，但风攻角不同，变化的规律也存在显著差异。

（3）大跨度悬索桥各阶竖弯模态的涡振振幅基本相等，高阶模态的涡振响应更容易超过规范限值，应予以重视。

参考文献

［1］SIMIU E, SCANLAN R H. Wind effects on structures：An introduction to wind engineering［M］. New York：Wiley, 1996.

［2］ZHU L D, MENG X L, GUO Z S. Nonlinear mathematical model of vortex-induced vertical force on a flat closed-box bridge deck［J］. Journal of Wind Engineering and Industrial Aerodynamics, 2013, 122：69 − 82.

［3］XU K, GE Y, ZHAO L, et al. Simulation of vortex-induced vibration of long-span bridges：A nonlinear normal mode approach［J］. International Journal of Structural Stability and Dynamics, 2018, 18（11）：1850136.

稳定板 - 栏杆组合气动措施对板桁结合式钢桁梁悬索桥颤振性能的影响 *

卢同庆[1]，严磊[1,2,3]，何旭辉[1,2,3]，段泉成[1]

（1. 中南大学土木工程学院　长沙 410075；

2. 高速铁路建造技术国家工程实验室　长沙 410075；

3. 轨道交通工程结构防灾减灾湖南省重点实验室　长沙 410075）

1　引言

对于位于高山峡谷的大跨度钢桁梁悬索桥而言，其阻尼小，结构自振频率低，且高山峡谷风场环境复杂多变，导致桥梁颤振检验风速高，大桥的颤振稳定性问题必须着重考虑。设置稳定板、优化附属设施是提升钢桁梁悬索桥颤振性能的有效手段[1-2]。本文以西部山区某板桁结合式钢桁梁悬索桥为工程背景，基于弹簧悬挂节段模型风洞试验，研究稳定板类气动措施、附属设施优化方案对该桥颤振性能的影响，相关经验和思路可为类似桥梁的颤振性能优化提供参考。

2　弹簧悬挂节段模型风洞试验

西部山区某悬索桥主跨 965 m，加劲梁断面如图 1 所示。根据《公路桥梁抗风设计规范》（JTG/T3360-01—2018）确定该桥的设计基准风速为 36.14 m/s，成桥阶段颤振检验风速如图 2 所示。利用 ANSYS 软件对该桥成桥阶段进行动力特性分析，其一阶对称竖弯和一阶对称扭转频率分别为 0.1680 Hz 和 0.3474 Hz。节段模型的几何缩尺比为 1:50，试验在均匀流场中进行，试验风速比为 1/4.05，测试竖弯和扭转阻尼比分别为 2.6‰ 和 0.7‰。原始断面颤振试验结果如图 2 所示，+3°风攻角时的颤振临界风速至少需提高 56.72% 才能满足对颤振临界风速的要求，为最不利风攻角。因此，需对原始断面增设气动措施，提升该桥颤振性能。

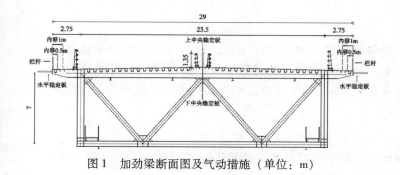

图 1　加劲梁断面图及气动措施（单位：m）

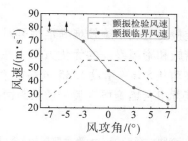

图 2　采用原始断面时的桥梁颤振性能

3　颤振性能优化研究

3.1　稳定板

首先研究了上中央稳定板、水平稳定板和下中央稳定板对该桥颤振性能的影响。试验结果如图 3 所

* 基金项目：国家自然科学基金项目（51808563、51925808）；湖南省自然科学基金（2020JJ5754）。

示，当上中央稳定板达到一定高度之后，+3°风攻角时的桥梁颤振临界风速能满足要求。随着水平稳定板宽度的增加，其+3°风攻角时的颤振临界风速也逐步提高，可以推断当水平稳定板足够宽时，+3°风攻角时的颤振临界风速也能满足要求。此外，下中央稳定板对其+3°风攻角颤振性能的影响可以忽略。但是，水平稳定板会使主梁施工、后期维护变得复杂，而过高的上中央稳定板会显著增大主梁的横向风荷载，且影响桥梁美观性。

3.2 附属设施优化

根据上述研究结果，水平稳定板能显著提高该桥的颤振临界风速。此外，该桥桥面板两侧均悬挑2.75 m，且该桥为高速公路桥梁，栏杆与外侧防撞护栏之间不设人行道，因此考虑把栏杆向内侧移动，以达到类似水平稳定板的作用。结合实际情况，考虑三种不同的栏杆位置，第一种是桥面板边缘处（即原始断面中栏杆的位置），第二种是向内侧移动0.5m，第三种是向内侧移动1m。同时，探究栏杆透风率对主梁颤振性能的影响。5种栏杆（栏杆1至栏杆5）透风率依次为66.1%、72.6%、74.9%、75.4%、78.8%，前三种为竖向栏杆，后两种为横向栏杆，且栏杆1为原始断面上的栏杆。试验结果如图4所示，随着栏杆透风率的增加，+3°风攻角时的桥梁颤振临界风速逐渐增加。竖向栏杆内移能提高+3°风攻角时的桥梁颤振临界风速，能起到类似水平稳定板的作用，但横向栏杆内移需要慎重考虑。增大栏杆透风率且调整栏杆位置不能满足该桥+3°风攻角时对颤振临界风速的要求。

3.3 稳定板与栏杆组合措施

由于采用常规尺寸单一稳定板或对附属设施优化，均难满足该桥+3°风攻角时对颤振临界风速的要求，故采取组合措施（栏杆1内侧移动0.5m+增设1.35m高的上中央稳定板）优化其颤振性能。试验结果如图5所示，该组合措施能满足桥梁7个风攻角对颤振临界风速的要求。此外，扭转阻尼比的提高使各个风攻角下的颤振临界风速均有所提高。

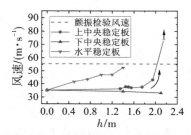

图3　稳定板对桥梁颤振性能的影响

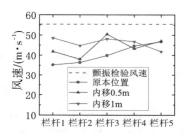

图4　栏杆对桥梁颤振性能的影响

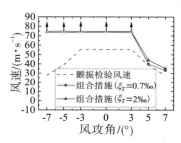

图5　组合措施对桥梁颤振性能的影响

4 结论

在稳定板类气动措施较难满足桥梁对颤振临界风速的要求时，对附属设施进行优化。综合考虑稳定板类气动措施和附属设施的优化方案，在结构安全、施工和维护方便等限制下，提出最优组合措施（栏杆1内侧移动0.5 m+增设1.35 m高的上中央稳定板）。本文的研究思路可为其他桥梁的颤振性能优化提供参考，推荐组合措施可为类似桥梁断面提供借鉴。

参考文献

[1] 雷永富，李明，孙延国. 大跨度双层桁架梁悬索桥颤振性能试验研究 [J/OL]. 西南交通大学学报：1-9 [2021-10-12]. http://kns.cnki.net/kcms/detail/51.1277.u.20201111.1415.004.html.

[2] 翟晓亮，朱青，钱程，等. 山区峡谷大跨度钢桁梁悬索桥抗风性能研究 [J]. 公路交通科技，2020，37（11）：56-62.

斜拉索节段模型雨振分析的 MatLab Simulink 仿真

龚旭恭，廖海黎，李永乐，何向东

（西南交通大学土木工程学院 成都 610031）

1 引 言

自 20 世纪 80 年代末，日本名港西大桥斜拉索的风雨振动（简称"雨振"）见诸报道以来，相关机理研究便成为桥梁风工程研究热点之一[1]。以带水线的、刚性斜拉索节段模型为研究对象，采用风洞试验实测的带人工水线斜拉索模型的静力系数（ C_D 、 C_L 、 C_M ），通常基于拟定常假设，根据达兰贝尔原理，或引进广义坐标后，用 Lagrange 方程建立斜拉索雨振分析的两质点（斜拉索、上水线）模型。目前许多学者仍采用传统的 Runge-Kutta 法寻求雨振常微分方程组的数值解。在将模型进一步进行无量纲化处理后[2]，M Gu 等在状态空间，根据 Lyapunov 稳定准则，寻求雨振发生的临界区间；而 A H P Van Der Burgh 等则由基于分叉理论、由相轨迹研究模型运动形态。显然，雨振分析模型的求解仍在很大程度上依赖于必要的近似或简化处理。但是，MatLab 的 Simulink 工具箱可舍弃传统方法所必需的近似或简化，最大程度实现对斜拉索雨振模型的全真模拟。

2 质点 –3DOF 的雨振模型

在水平平均风速 U_0 作用下，简化为斜拉索与上水线两个质点的、刚性斜拉索节段模型（外径为 D 、单位长度质量为 m_S ）姿态如图1所示，倾角为 α ，风向偏角为 β ，风速 U_0 垂直于平面 ABD 。与作用于斜拉索的拟定常气动力 F_D 、 F_L 及 M 的方向相应，该系统的三个运动自由度分别为垂直于主流风向的平动 y （在平面 ABC 内、与直线 AB 相垂直）、沿顺风向的面外平动 z （与平面 ABC 相垂直）及上水线沿斜拉索表面的环向转动 θ 。

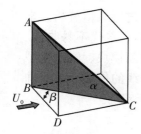
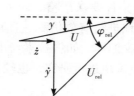
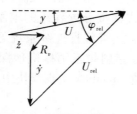
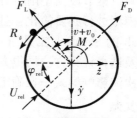

（a）模型姿态角 （b）斜拉索相对速度及攻角 （c）上水线相对速度及攻角 （d）上水线位移偏角

图1 斜拉索节段模型的姿态角、自由度、相对风速及攻角示意

3 MatLab Simuklink 的仿真模型

由 MatLab 7.0 的 Simulink 6.0 建立的斜拉索节段模型雨振仿真模型如图2所示。图中封装后的仿真模型由 "Cabel Eq. y" "Upper Rivulet Eq. Fai" 与 "Cabel Eq. z" 三个子系统组成，每个子系统又分别包含了定义拟定常气动力项的子系统 " F_D " " F_L " 及 " M "。

仿真开始前，可打开展开的 "Cabel Eq. y" 子系统，所需仿真的基本参数即可在此子系统的对话框中设定。仿真完成后，可即时显示斜拉索模型的平动位移及上水线的转动位移时程、斜拉索面内、面外的平动位移相图，并将三个自由度的仿真时程保存为工作空间的数据文件，以供进一步地分析、研究。

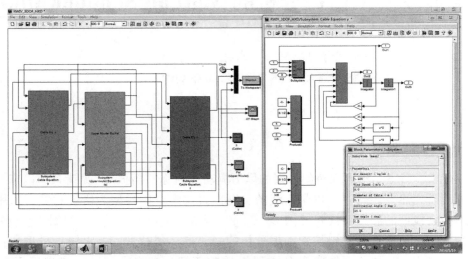

图 2　雨振分析的 Simulink 仿真模型

4　Simiulink 仿真结果与分析

文献［3］采用 Runge-Kutta 法进行雨振模型数值分析时，未考虑上水线初始偏角的影响，即 $\theta_0 = 0$。由 Simulink 仿真得到的系统 600 秒位移响应（y、θ、z）与文献［2］的相应结果吻合良好。

为考察上水线初始偏角 θ_0 的影响，同时步验证本文雨振分析 Simulink 模型。采用之前给出的 θ_0 值，采用 MatLab 求解隐式常微分方程组（IDE）的"ode15i"命令，另行编制 MatLab 数值分析程序，对该雨振模型进行数值分析。由于使用 ode15i 需同时给出状态向量及其一阶导数的初值（但不能任意赋值，只能有 n 个独立变量，否则会出现矛盾的初值条件），其余变量需先调用隐式函数求解函数"decic"求解。相较而言，利用 Simulink 进行斜拉索雨振分析模型的数值仿真更为简捷。

5　结论

斜拉索节段模型雨振分析模型兼具非线性及隐式的特点，采用传统 Runge-Kutta 法进行数值分析，常需对模型进行必要简化，且隐式常微分方程组的求解对初始条件要求严格，若处置不当迭代不易收敛。MatLab 的 Simulink 工具箱，对此类非线性连续系统可以便捷地进行有效仿真。且其增删模块、修改模型参数及选择计算方法均很方便，是斜拉索雨振机理探索的有效工具。如斜拉索与上水线的传递函数或轴向二次流影响模式一旦确定，在 Simulink 仿真模块中增加相应模块进行研究，也较易于实现。

参考文献

［1］HIKAMI Y, SHIRAISHI N. Rain-wind induced vibrations of cables in cable stayed bridges［J］. Wind Eng. Ind. Aerodyn., 1988, 29：409 – 418.

［2］KRZYSZTOF W, WOJCIECH W. Simple model of rain-wind-induced vibrations of stayed cables［J］. Wind Eng. Ind. Aerodyn., 2003, 91：873 – 891.

［2］UDO P. Modeling of rain-wind induced vibrations［J］. Wind andStructures, 2003, 6（1）：41 – 52.

基于非均匀 FFT 的随机脉动风场模拟 *

赵恺雍，陶天友，王浩

（东南大学土木工程学院 南京 211189）

1 引言

在应用时域分析方法对大跨、轻柔结构进行风振分析时，须准确模拟符合场地风谱特征的脉动风场。近年来，基于随机波的风场模拟方法又得到了发展[1]。然而，将该方法应用于高维随机过程模拟时，波数－频率联合谱矩阵消耗内存巨大，模拟效率亟待提高。

本文基于波数－频率联合谱的分布特征，将二维波数非均匀分段，大大降低了计算成本，并引入非均匀快速傅里叶变换，保证了基于随机波的风场模拟方法的效率。

2 基于非均匀 FFT 的模拟方法

2.1 随机波模型的谱表达形式

二维空间均匀风场波数－频率联合谱可表达为[2]

$$S(\kappa_z,\kappa_y,\omega) = \frac{1}{(2\pi)^2}\int_{-\infty}^{+\infty}\int_{-\infty}^{+\infty}S(\omega)\cdot\gamma(\xi_z,\xi_y,\omega)e^{-i(\kappa_z\xi_z+\kappa_y\xi_y)}\mathrm{d}\xi_y\mathrm{d}\xi_z \tag{1}$$

式中，$S(\kappa_z,\kappa_y,\omega)$ 表示二维波数－频率的联合分布谱，κ_z、κ_y 分别表示 z、y 方向的波数，ω 为频率；$S(\omega)$ 表示自谱模型；$\gamma(\xi_z,\xi_y,\omega)$ 为相干函数模型，ξ_z、ξ_y 分别表示空间点在 z、y 方向的空间距离。在选用不随高度变化的 Davenport 脉动风谱、Davenport 相干函数模型时，式中的二重积分可获得显式结果[2]。

2.2 随机风场模拟算法

在获得波数－频率联合谱后，进一步利用谱表示法可生成随机波样本。采用式的联合谱模型，生成的随机波样本可表示为

$$
\begin{aligned}
u(z,y,t) = 2\sum_{i=1}^{N_{\kappa_z}}\sum_{j=1}^{N_{\kappa_y}}\sum_{m=1}^{N_\omega}&\sqrt{S(\kappa_i^{(z)},\kappa_j^{(y)},\omega_m)\Delta\kappa_i^{(z)}\Delta\kappa_j^{(y)}\Delta\omega} \times \\
&\big[\cos(\kappa_i^{(z)}z + \kappa_j^{(y)}y + \omega_m t + \varphi_{ijm}^{(1)}) + \\
&\cos(\kappa_i^{(z)}z + \kappa_j^{(y)}y - \omega_m t + \varphi_{ijm}^{(2)}) + \\
&\cos(\kappa_i^{(z)}z - \kappa_j^{(y)}y + \omega_m t + \varphi_{ijm}^{(3)}) + \\
&\cos(\kappa_i^{(z)}z - \kappa_j^{(y)}y - \omega_m t + \varphi_{ijm}^{(4)})\big]
\end{aligned}
\tag{2}
$$

式中，$u(z,y,t)$ 为生成的随机波样本；$\Delta\kappa_z$、$\Delta\kappa_y$、$\Delta\omega$ 分别表示 κ_z、κ_y、ω 分段点间的间隔；$i = 1,2,\cdots,N_{\kappa_z}$、$j = 1,2,\cdots,N_{\kappa_y}$、$m = 1,2,\cdots,N_\omega$；$\varphi_{ijm}^{(1)}$、$\varphi_{ijm}^{(2)}$、$\varphi_{ijm}^{(3)}$、$\varphi_{ijm}^{(4)}$ 为 4 组在 $[0,2\pi]$ 内均匀分布的随机变量。

2.3 非均匀 FFT 的应用

在应用式生成随机波时，若波数、频率分段均匀，则可应用 FFT 提升模拟效率，但仍需足够的分段数来保证模拟精度，此时内存消耗巨大。为兼顾模拟效率与精度，根据波数－频率联合谱的分布特征，将波数、频率非均匀分段，引入非均匀 FFT 避免大量的求和计算。对于长度为 n 的向量 $\boldsymbol{X}$、采样点 t 和频率 f，$\boldsymbol{X}$ 的非均匀离散傅里叶变换定义为

* 基金项目：国家自然科学基金项目（51908125、51978155）；江苏省自然科学基金项目（BK20190359）。

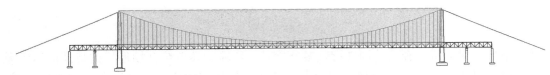

$$Y(k) = \sum_{j=1}^{n} X(j) e^{-2\pi i t(j) f(k)} \tag{2}$$

以图1所示某大跨悬索桥主梁上方、主塔内侧的矩形空间为例，采用本文方法建立其脉动风场的随机波模型。矩形大小为 $1092\ m \times 118\ m$，波数按文献［2］中图1进行非均匀分段，频率均匀分为1024段。设计基准风速等按照《公路桥梁抗风设计规范》[3]建议取值。以波数分段间隔最小（$\pi/800$）为参照，联合谱缩小了98.4%，全过程模拟用时约为320s，避免了由于联合谱规模过大超出内存无法计算的情况，表明了NUFFT对该方法效率的巨大提升。

图1　某大跨悬索桥及随机波模拟区域

主梁跨中点的模拟结果如图2所示，并从功率谱密度的角度对结果进行了验证，如图3所示。对比结果表明，各模拟点处模拟脉动风速的功率谱密度能够与目标谱较好吻合。

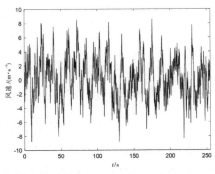

图2　主梁跨中位置的脉动风速时程

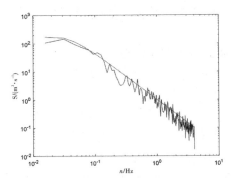

图3　模拟样本的功率谱与目标谱的对比

3　结论

在基于随机波模拟脉动风场的方法中，通过波数非均匀分段，在减小联合谱矩阵的规模的同时，保证了模拟精度；通过引入非均匀FFT避免了大规模求和过程，提高了模拟效率。

参考文献

［1］ BENOWITZ B A, DEODATIS G. Simulation of wind velocities on long span structures：A novel stochastic wave based model ［J］. Journal of Wind Engineering and Industrial Aerodynamics，2015，147：154 – 163.

［2］ CHEN J, SONG Y, PENG Y, et al. Simulation of homogeneous fluctuating wind field in two spatial dimensions via a joint wave number-frequency power spectrum ［J］. ASCE Journal of Engineering Mechanics，2018，144（11）：04018100.

［3］ 中华人民共和国交通运输部.公路桥梁抗风设计规范［S］.北京：人民交通出版社，2018.

板桁结合梁斜拉桥涡振性能及气动控制措施研究 *

蒲怡达，黄智文，华旭刚，陈政清

（湖南大学风工程试验中心 长沙 410082）

1 引言

近年来，板桁结合梁在我国铁路和公铁（轨）斜拉桥和悬索桥中得到了大规模应用，其中已建成和在建的板桁结合梁铁路和公铁（轨）斜拉桥超过 10 座，悬索桥 2 座[1]。而目前针对钢箱梁或叠合梁涡振机理及气动控制措施的研究已比较成熟，但对钢桁梁涡振性能和涡振气动控制措施的研究则非常少。这主要是因为国内外已有的大部分钢桁梁斜拉桥和悬索桥都采用非结合型钢桁梁，它具有优良的涡振性能，鲜有发生涡激共振的文献报道。与非结合型钢桁梁相比，虽然板桁结合梁的风阻系数可能更小，但它却更容易发生涡激共振。例如，Saito 等[2]通过节段模型风洞试验发现日本东神户大桥（双主桁，桁梁上下层均为板桁结合）在均匀流场，+3°和+5°风攻角下都会发生涡振响应。近年来随着板桁结合梁在我国大跨度铁路和公铁（轨）桥梁中的应用，在很多大桥的抗风试验研究中也观察到了板桁结合梁的涡振现象。例如，王骑等[3]通过节段模型风洞试验研究了粉房湾大桥的涡振性能，结果发现大桥在 0°、+3°和+5°来流风攻角下，风速区间为 11～14 m/s 时均可能发生大幅竖向涡振，并提出了采用导流板抑制竖向涡振的方法。杨咏漪等[4]对韩家沱长江大桥开展了节段模型涡振试验，结果发现大桥在施工和成桥状态都会发生大幅竖向涡振，其中成桥状态在+5°风攻角下的涡振振幅超过了规范容许值，并采用了在下弦杆底部设置外张导流板的竖向涡振控制方案。王景奇等[5]以某板桁结合梁公铁两用斜拉桥为研究背景，通过节段模型风洞试验发现间隔封闭检修道栏杆可以在一定程度上减小主梁断面的涡激共振，而且减小程度与栏杆的封闭方式有关。

为了较系统地研究板桁结合梁的涡振性能及抑振措施，本文在文献［5］的基础上，首先设计了缩尺比为 1:125 的全桥气弹模型，然后通过均匀流场气弹模型涡振试验研究了不同风攻角下桥梁的涡振性能，最后在最不利风攻角下研究了三种不同气动措施的减振效果，研究结论可为大跨度斜拉桥板桁结合梁的涡振控制设计提供参考。

2 全桥气弹模型涡振性能试验

全桥气弹模型的主梁设计采用芯梁加外衣的形式，如图 1 所示，为了避免芯梁对板桁结合梁涡振性能的影响，一方面通过设计尽量减小芯梁高度，另一方面通过节段模型风洞试验预先检验了芯梁对主梁涡振性能的影响，结果发现芯梁安装前后节段模型的涡振风速响应曲线无明显变化，从而为后续气弹模型涡振试验的开展提供了有力支撑。图 2 给出了全桥气弹模型在湖南大学 HD-2 风洞中的试验照片。图 3 给出了原始断面在不同风攻角下的竖向涡振响应随风速的变化情况。可以看到，均匀流场下，主梁在+3°和+5°风攻角下发生了超过规范容许值的竖向涡振。不同风攻角下的竖向涡振风速区间基本相同，风速范围分别为 10～14 m/s 和 18～30.4 m/s。+3°风攻角下主梁跨中竖向位移均方差的最大值为 0.05 m，小于规范容许值，对应的风速为 24.9 m/s；+5°风攻角下主梁跨中竖向位移均方差的最大值为 0.128 m，大于规范容许值，对应的风速为 23.2 m/s。

* 基金项目：国家自然科学基金项目（51808210）。

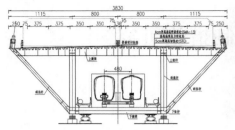

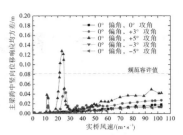

图1 板桁结合梁主梁断面　　　图2 气弹模型风洞试验照片　　图3 主梁跨中竖向位移均方差随风速变化曲线

3 气弹模型涡振控制措施研究

图4、图5给出了不同气动措施的涡振控制效果。可以看到，按4:2间隔封闭桥面外侧防撞栏杆和安装边纵梁整流板等均能有效抑制大桥在0°和+3°风攻角下的竖向涡振响应，使之达到抗风规范对大跨度桥梁涡振限值的要求，但对+5°风攻角下的竖向涡振无明显控制效果。综合上述两种措施能进一步降低大桥在+5°风攻角下的涡振响应，满足抗风规范要求。

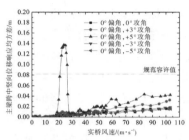

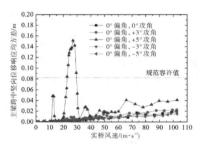

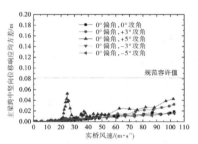

图4 间隔封闭桥面外侧防撞　　图5 安装2.4m边纵梁整流　　图6 间隔封闭防撞栏杆+边纵
栏杆主梁涡振响应风速曲线　　　板主梁涡振响应风速曲线　　　梁整流板主梁涡振曲线

4 结论

（1）大跨度板桁结合梁斜拉桥在常遇风速和常遇风攻角下可能发生大幅竖向涡振，为保障大桥的正常运营，应予以重视。

（2）采用间隔封闭桥面外侧防撞栏杆和边纵梁整流板等气动措施能有效抑制板桁结合梁竖向涡振。

参考文献

[1] 雷俊卿，黄祖慰，曹珊珊，等.大跨度公铁两用斜拉桥研究进展［J］.科技导报，2016，34（21）：27－33.

[2] SAITO T, SHIRAISHI N, ISHIZAKI H. On aerodynamic stability of double-decked/trussed girder for cable-stayed Higashi-Kobe Bridge［J］.Journal of Wind Engineering & Industrial Aerodynamics，1990，33（1）：323－332.

[3] 王骑，廖海黎.粉房湾长江大桥节段模型风洞试验［J］.桥梁建设，2012，42（S1）：1－6.

[4] 杨咏漪，陈克坚，李明水，等.韩家沱长江大桥高低雷诺数涡激振动试验研究［J］.桥梁建设，2015，45（3）：76－81.

[5] 王景奇，王雷，华旭刚，等.板桁结合梁涡振性能及抑振措施研究［J］.铁道科学与工程学报，2019，16（8）：2035－2042.

大跨度悬索桥基于健康监测数据的涡激力识别算法*

刘鹏，崔巍，赵林，葛耀君

（同济大学土木工程防灾国家重点实验室 上海 200092）

1 引言

现有的涡激力模型参数识别方法大多在受控均匀流场中基于二维节段模型的风洞试验中进行测试，往往需要同步测量模型振动响应信号和气动力信号。然而，当真实原位桥梁发生涡振时，难以在足尺桥面上进行气动力测量，并且在外界干扰影响下，桥梁振动响应往往同时包含涡振振动和随机振动，更重要的是振动响应数据也同样受到测量误差影响，因此涡振响应及其涡激力模型参数识别具有显著的不确定性。本文提出了一种利用涡振过程中桥面加速度记录的涡激力参数贝叶斯识别算法，利用快速傅里叶变换（FFT），推导了桥梁振动模态分离的频域公式。这种方法充分考虑了实测数据中的环境激励和测量噪声的影响，并且仅需要响应数据而不需要同步的涡激力数据。

2 基于 FFT 贝叶斯干预的涡激力参数识别方法

2.1 贝叶斯干预

Scanlan 等[1]提出了线性和非线性涡激力模型，线性涡激力模型可表示为

$$F = \frac{1}{2}\rho U^2 D\Big[Y_1(K)\frac{\dot{x}(t)}{U} + Y_2(K)\frac{x(t)}{D} + \frac{1}{2}C_L(K)\sin(\omega_s t + \varphi)\Big] \tag{1}$$

式中，Y_1 表示线性的自激阻尼；Y_2 表示气动刚度；C_L 表示频率为 ω_s、相位为 φ 的简谐力幅值；$K = D\omega_i/U$ 表示折算频率。在此次研究中，研究对象是实测涡激振动现象，由于自然流场的复杂性，其振幅往往低于风洞试验中节段模型试验测得的结果，非线性特性并不明显，对于预测振幅而言，可以采用公式（1）中给出的线性模型对实测结果进行分析和评估。将气动阻尼和气动刚度项移到运动方程左端，涡激力模型可简化为简谐荷载作用下的强迫振动，如下：

$$\ddot{x}(t) + 2\tilde{\xi}_i\tilde{\omega}_i\dot{x}(t) + \tilde{\omega}_i^2 x(t) = f_i\sin(\omega_s t + \varphi) \tag{2}$$

式中，$\tilde{\xi}_i$、$\tilde{\omega}_i$ 及 f_i 分别表示第 i 阶模态下的等效阻尼比、等效刚度和等效简谐力幅值。求解该非齐次微分方程，解的形式为

$$\ddot{x}(t) = u_i g_{1i}(t) + v_i g_{2i}(t) + f_i g_{3i}(t) \tag{3}$$

u_i 和 v_i 仅依赖于运动的初始位移和初始速度，f_i 依赖于 C_L。

为了得到不同来流下的涡激力参数，需要提前获取系统的动力特性，包括频率、阻尼比、振型和模态质量。频率和阻尼比可用贝叶斯 FFT 方法挑选非涡振片段进行参数识别获取。振型和模态质量可建立有限元模型获取。实测测得的加速度信号 $\ddot{y}_j$ 包含涡激力响应 $\ddot{x}_{Fj}$、外部未知环境激励下的响应 $\ddot{x}_{aj}$ 和误差 ε_j；$\ddot{y}_j - \ddot{x}_{Fj}$ 的分布则由带着误差的环境激励确定。对实测响应 $\ddot{y}_j$ 进行 FFT，可得到由实部和虚部组成的向量 $\mathbf{Z}_k = [Re(F_k), Im(F_k)]$，$F_k$ 表示 $\ddot{y}_j$ 的第 k 个频率下的傅里叶变换结果。系统待识别参数 $\boldsymbol{\theta} = \{Y_1, Y_2, C_L, \varphi, S, S_e, u_i, v_i\}$，其中 S 表示假定为高斯白噪声的环境激励功率谱密度，S_e 表示预测误差功率谱密

* 基金项目：国家自然科学基金项目（52008314、52078383）。

度。根据贝叶斯理论，$\boldsymbol{\theta}$ 的后验概率可表示为

$$p(\boldsymbol{\theta} \mid \{\boldsymbol{Z}\}_k) \propto p(\boldsymbol{\theta}) p(\{\boldsymbol{Z}_k\} \mid \boldsymbol{\theta}) \qquad (4)$$

式中，$p(\boldsymbol{\theta})$ 表示 $\boldsymbol{\theta}$ 的先验分布，由于缺乏先验信息，在此假定为均匀分布。$p(\{\boldsymbol{Z}_k\} \mid \boldsymbol{\theta})$ 表示似然函数。Yuen[2] 等给出 "negative log-likelihood function（NLLF）" $L(\boldsymbol{\theta})$ 的推导，如下式。为避免 NLLF 出现过多极小值点的情况，$L(\boldsymbol{\theta})$ 对 u_i、v_i 和 f_i 求偏导，可得到 u_i、v_i 和 f_i 最优值的部分解析解，由缩减参数后的 $\theta = \{Y_1, Y_2, \varphi, S, S_e\}$ 表示。

$$L(\boldsymbol{\theta}) = -\ln p(\{\boldsymbol{Z}_k\} \mid \boldsymbol{\theta})$$
$$= n N_f \ln 2 + n N_f \ln \pi + \frac{1}{2} \sum_k \ln \det \boldsymbol{C}_k(\boldsymbol{\theta}) + \frac{1}{2} \sum_k [\boldsymbol{Z}_k - \boldsymbol{\mu}_k(\boldsymbol{\theta})]^T \boldsymbol{C}_k(\boldsymbol{\theta})^{-1} [\boldsymbol{Z}_k - \boldsymbol{\mu}_k(\boldsymbol{\theta})] \qquad (5)$$

式中，n 表示测量自由度数；N_f 表示所选频带内频率点数；$\det(\cdot)$ 表示求行列式；$\boldsymbol{\mu}_k(\boldsymbol{\theta}) = E[\boldsymbol{Z}_k \mid \boldsymbol{\theta}]$；$\boldsymbol{C}_k(\boldsymbol{\theta})$ 表示 $\boldsymbol{Z}_k$ 的协方差矩阵。

2.2 数值验证及应用

以双自由度节段动力模型系统为例，用数值模拟的方式对该方法的准确度进行验证，图 1 给出了算法的预测结果。可知模型识别结果准确。

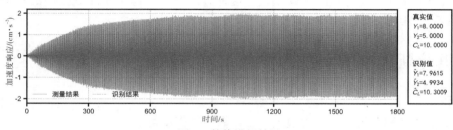

图 1　数值模拟结果

以某大桥发生涡激振动时的加速度记录为例，图 2 给出了某涡振时段的识别结果，可发现在选择频带（发生涡振频段）上两者具有很高的吻合度。

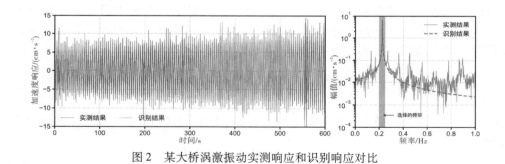

图 2　某大桥涡激振动实测响应和识别响应对比

3　结论

本文基于快速傅里叶变换和贝叶斯干预，提出一种仅需响应数据的线性涡激力模型参数识别方法，并通过数值模拟验证了该方法的识别精度。以某大桥涡振现象为例，对不同来流特征下的涡激力参数进行了识别。

参考文献

［1］SCANLAN R H. State-of-the-art methods for calculating flutter, vortex-induced, and buffeting response of bridge structures［R］. Federal Highway Administration Report，No. FHWA/RD – 80/50，1981.

［2］YUEN K V. Bayesian methods for structural dynamics and civil engineering［M］. John Wiley & Sons，2010.

拉索风雨振风压分布及流场可视化试验研究 *

陆三呆[1,2]，敬海泉[1,2]，何旭辉[1,2]

（1. 中南大学土木工程学院 长沙 410075；
2. 高速铁路建造技术国家工程实验室 长沙 410075）

1 引言

斜拉索由于其固有的低阻尼和高柔性，容易产生较大的振动。这些钢索受到多种激励，包括风、雨、车辆和锚固运动，或它们的组合[1]。在实际的桥梁中，一些钢索在雨天和刮风的天气条件下表现出较大的振动。这些大的钢索振动被称为风雨诱导振动，它对斜拉钢索是有害的。这些振动可能会降低拉索的疲劳寿命，并导致连接和保护系统故障。

风洞试验介绍

本研究共进行了二类试验。一是斜拉索风雨振风压分布试验，二是流场可视化试验研究。试验在中南大学风洞试验室内完成，该风洞为回流式并列双试验段的大型低速边界层风洞，风洞主体系统结构如图 1 所示。

斜拉索模型的直径为 160 mm，长度为 1.9 m，模型和支架如图 2 所示。实验中的水线是直接引导水流到拉索顶端，水流在重力、风和拉索的共同作用顺流而下形成水线[2]。

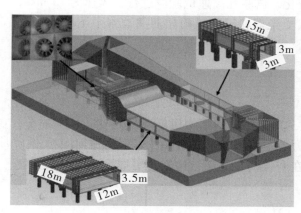

图 1 风雨振试验区域

图 2 试验支架和模型

3 斜拉索风雨振风压分布规律

图 3 为当斜拉索模型倾角 $\alpha = 31°$，风向角 $\beta = 35°$（即二维拉索模型），风速 $v = 13$ m/s 时，模型表面平均风压系数的分布。由图 3 可见，本试验的 1、2 号测压截面的试验值总体趋势一致。拉索的平均风压分布系数分为五个区，但由于有倾角和风偏角的存在，曲线失去了正对称的特性。风压停滞点在测压点位置角为 0°处，几乎不受风速变化的影响，平均风压系数的绝对值约为 1.0，且上下分离点处的平均风压绝对值随风速改变明显，其值在风速增大的情况下呈上升趋势。

---

* 基金项目：国家自然科学基金项目（51708559）。

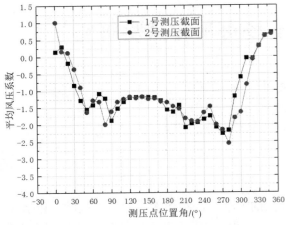

图 3   拉索模型表面风压系数
分布（$\alpha = 31°$，$\beta = 35°$，$v = 13\mathrm{m/s}$）

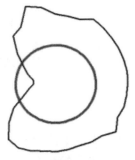

图 4   拉索风压非对称分布
（$\alpha = 31°$，$\beta = 35°$，$v = 13\mathrm{m/s}$）

图 4 为当斜拉索模型倾角 $\alpha = 31°$、风向角 $\beta = 35°$（即二维拉索模型）、风速 $v = 13$ m/s 时，表面风压非对称分布。水线在拉索左侧的自由剪切层历经充足的转变，能够再附于拉索表面，此时拉索的阻力系数发生突降，同时由于水线再附侧边，产生了一个向上的升力。

4   流场可视化研究

本次使用发烟仪器为烟流发生装置，来自同济大学自主研发的仪器。供电电压 AC220V，功率 1200W，加热能力 260 ℃。试验发烟材料为甘油（丙三醇）和水，比例控制在 1∶1 和 3∶2 之间。

试验中主要测试了光索和拉索真水线状态下的流动可视化，试验在高速试验段进行，风速为 12 m/s，发烟机位置主要分布在距离拉索边缘 50 cm 处，主要测试了光索和拉索风雨振期间拉索上下缘的流场形式。

5   结论

上水线拉索表面附近的平均风压系数绝对值突然增大，其他部分的平均风压系数则变化不大充分。斜拉索风雨振是表面风压呈非对称分布。产生了向上的升力。主要测试了光索和拉索风雨振期间拉索上下缘的流场形式。当拉索发生风雨振时，由于上水线的存在和振荡，尾流结构变得更加无序，旋涡强度增加，旋涡形成长度减小。

参考文献

［1］ XIA Y, FUJINO Y. Auto-parametric vibration of a cable-stayed-beam structure under random excitation ［J］. J. Eng. Mech. 2006，132：279 － 286.

［2］ JING H Q, XIA Y, LI H, et al. Study on the role of rivulets in rain-wind induced cable vibration through wind tunnel testing ［J］. Journal of Fluids and Structures，2015，59：316 －327.

倾斜角对独柱式变梯形截面钢桥塔气动特性的影响*

姜会民[1]，于文文[1]，郑怡彤[1]，刘小兵[1,2,3]

（1. 石家庄铁道大学土木工程学院 石家庄 050043；

2. 石家庄铁道大学省部共建交通工程结构力学行为与系统安全国家重点实验室 石家庄 050043；

3. 河北省风工程与风能利用工程技术创新中心 石家庄 050043）

1 引言

变截面倾斜桥塔由于具有更好的视觉效果和通航适应能力被越来越多地应用于实际工程中。风流经此类桥塔时往往会表现出更为复杂的三维流动效应，准确掌握其气动特性对桥梁的抗风设计具有重要意义[1]。对于截面变化较小的竖直桥塔，可依据条带假设采用二维模型研究其气动特性[2-4]。而对于变截面倾斜桥塔，还需要考虑三维效应的影响[5]。为考察倾斜角对变截面桥塔气动特性的影响，以国内某座拟建的独柱式变梯形截面倾斜钢桥塔为工程背景，进行了一系列刚性模型测压风洞试验，对比分析了不同倾斜角下桥塔的气动力系数。

2 试验概况

如图1、图2所示，采用ABS板以1∶70的缩尺比严格按照原桥塔的几何外形制作了全桥塔刚性模型。在塔柱表面非等间距地布设了5圈测点，测点截面由下到上依次计为 $s = 0.16$、0.40、0.60、0.81、0.92。试验风速为16 m/s，风场类型为A类。通过转动转盘，变化风向角 α 为 $0° \sim 180°$（步长为5°）。为了研究桥塔倾斜角度对桥塔气动特性的影响，变化原桥塔倾斜角 $\beta = 0°$、$10°$、$20°$、$40°$，分别进行了测试。气动力定义如图2所示。

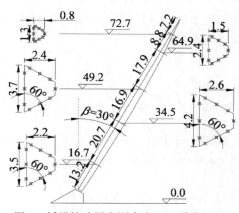
图1 桥塔构造图和测点布置（单位：m）

图2 风洞试验照片

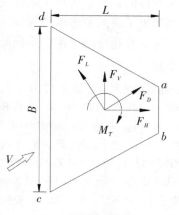
图3 试验参数定义

3 结果分析

图4～图6展示了不同倾斜角下桥塔各截面的气动力系数（体轴系）。可以看到，当桥塔处于竖直状态时（桥塔倾斜角 $\beta = 0°$），各截面的气动力系数相差不大，这一结果说明竖直状态下桥塔气动力系数的

* 基金项目：国家自然科学基金项目（52078313、52008273）；河北省自然科学基金项目（E2018210105、E2020210083）；河北省高等学校科学技术研究项目（ZD2019118）；省部共建交通工程结构力学行为与系统安全国家重点实验室自主课题（ZZ2020－14）。

三维效应不明显。当桥塔处于非竖直状态时，由于三维效应，桥塔各截面的气动力系数在一些风向角范围内表现出了一定的差异。对于阻力系数而言，这种差异在 $\alpha = 0°$ 附近和 $\alpha = 180°$ 附近更为明显。在这两个风向角附近，阻力系数沿塔高分别表现为递减和递增的规律。对于升力系数和扭矩系数而言，这种差异主要发生在 $\alpha = 30°$ 和 $\alpha = 140°$ 两个风向角附近，在这两个风向角附近均沿塔高表现为递减和递增的规律。对比不同倾斜角下桥塔的气动力系数可以发现，随着桥塔倾斜角度的减小，各截面气动力系数的差异逐渐减小，说明气动力系数的三维效应逐渐减弱。

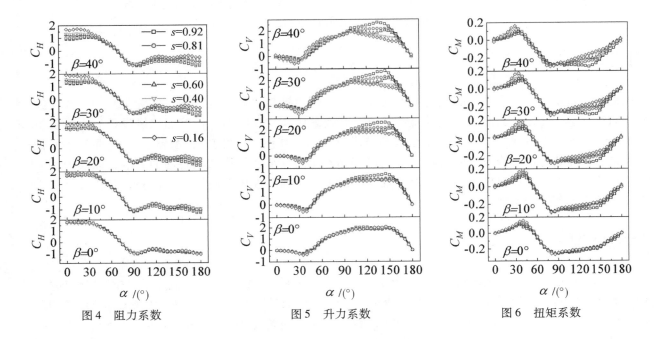

图4　阻力系数　　　　　图5　升力系数　　　　　图6　扭矩系数

4　结论

受倾斜的影响，桥塔不同高度位置截面的阻力系数在 $\alpha = 0°$ 附近和 $\alpha = 180°$ 附近差异更明显，沿塔高分别表现出了递减和递增的规律；升力系数和扭矩系数在 $\alpha = 30°$ 和 $\alpha = 140°$ 附近差异更明显，沿塔高分别表现为递减和递增的规律。不同高度气动力系数的差异随着倾斜角的减小而减弱。

参考文献

[1] 公路桥梁抗风设计规范（JTG/T D60-01—2018）[S].北京：人民交通出版社，2018.

[2] MA C, LIU Y, YEUNG N, et al. Experimental study of across-wind aerodynamic behavior of a pylon [J]. Journal of Bridge Engineering, 2019, 24: 04018116.

[3] 张志杰，李永乐，向活跃，等.串列六边形截面桥塔气动干扰效应研究[J].铁道标准设计，2019，63（11）：75-79.

[4] BELLOLI M, FOSSATI F, GIAPPINO S, et al. On the aerodynamic and aeroelastic response of a bridge tower [J]. Journal of Wind Engineering and Industrial Aerodynamics, 2011, 99: 729-733.

[5] 李永乐，刘多特，李少波，等.独柱式变截面倾斜桥塔气动特性风洞试验研究[J].实验流体力学，2013，27（5）：38-43.

导流板对钝体钢箱梁断面的涡振特性影响研究

魏洋洋，白桦

（长安大学公路学院 西安 710064）

1 引言

由于大跨度桥梁具有较低的阻尼及较小的质量，很容易在风荷载作用下发生涡激振动现象[1]。目前，抑制涡振的措施主要分为构造措施和气动措施[2]。气动措施因其抑振效果明显而被广泛应用，气动措施包括在主梁断面上设置风嘴、抑流板、导流板等装置，通过使主梁断面接近流线型，从而避免或推迟旋涡脱落的发生。为了研究导流板尺寸对涡振特性的影响，本文采用风洞试验及数值模拟的方法，研究了不同尺寸导流板对钝体钢箱梁断面涡振特性的影响。

2 风洞试验及数值模拟

2.1 风洞试验

节段模型测振试验在长安大学风洞试验室 CA-1 大气边界层风洞中进行，模型采用内支架机构支撑。数据测试采集系统由加速度传感器、激光位移计、数据采集分析仪 DASP V11 及计算机等组成。试验选取节段模型缩尺比为 1∶60，模型长 1.5 m，宽 0.55 m，长宽比为 2.72∶1。节段模型风洞试验的参数如表 1 所示。本次试验设置了四种工况，工况一为倒 L 形导流板，其中水平板的长度为 4.7 cm，竖直板长度为 0.8 cm。工况二也为倒 L 形导流板，其中水平板的长度为 4.7 cm，竖直板长度为 1.2 cm。、工况三为长度 4.7 cm 的水平导流板；工况四为钝体钢箱梁断面。

表 1 节段模型风洞试验参数

$m/(\text{kg} \cdot \text{m}^{-1})$	$J_m/(\text{kg} \cdot \text{m}^2 \cdot \text{m}^{-1})$	f_b/Hz	f_t/Hz	$\xi_v/\%$	$\xi_t/\%$
6.1683	0.26808	3.6615	8.1227	0.3	0.3

2.2 数值模拟

基于 CFD 数值模拟更详细地模拟了导流板对钝体钢箱梁涡振性能的影响，工况设置如表 2 所示。计算模型选择 SST$k-\omega$ 湍流模型，网格划分如图 2 所示。

表 2 数值模拟各工况对应的具体措施

工况名称	水平板长度/m	竖直板长度/m	工况名称	水平板长度/m	竖直板长度/m
工况 1	2.8	0.3	工况 2	2.8	0.6
工况 3	2.8	0.9			

2.3 结果及分析

图 1 为风洞试验的结果 0°风攻角下的原始断面出现了小幅度的扭转及竖弯涡振现象，在给断面加装水平导流板后，竖弯涡振被完全抑制，但扭转涡振的幅值增大。给原始断面加装倒 L 形导流板后，原始断面的竖弯涡振及扭转涡振被完全抑制。

图 2 为数值模拟的各个工况的结构示意图。图 3 为各个工况的流线图,对比图 3a 与图 3b 发现,未安装导流板钝体断面在断面顶部 2、3 位置有两个顺时针旋转的漩涡,但在安装导流板之后,断面顶部的漩涡消失;未安装导流板的钝体断面在 4 位置形成一个尺度较大的顺时针旋转的漩涡,安装导流板后大尺度漩涡被分成了两个小尺度漩涡。

通过以上对比分析发现,倒 L 形导流板能够消除钝体断面顶部的漩涡,并且将钝体断面尾部的漩涡分割成尺度较小的漩涡,从而抑制了钝体断面的涡振现象。

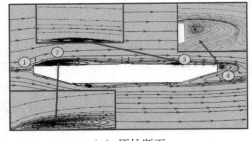

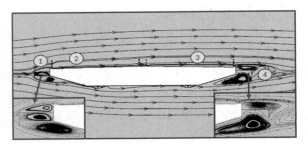

图 1　各个工况的振幅—风速曲线　　　　　　　　　　　图 2　各工况结构示意图

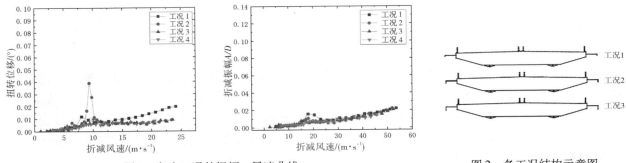

（a）原始断面　　　　　　　　　　　（b）工况 3 断面

图 3　各工况流线图

3　结论

通过风洞试验与数值模拟,研究了导流板对钝体钢箱梁断面的涡振特性的影响,主要结论有:

（1）水平导流板对钝体钢箱梁断面的竖弯涡振抑制效果显著,但增大了扭转涡振的振幅;倒 L 形导流板对钝体钢箱梁断面扭转和竖弯涡振的抑制效果更好。

（2）倒 L 形导流板主要是通过消除钝体钢箱梁断面顶部的漩涡以及将断面尾部的大尺度漩涡分割成尺度较小的漩涡,从而达到抑制钝体钢箱梁断面涡振的目的。

参考文献

[1] 陈政清. 桥梁风工程 [M]. 北京:人民交通出版社,2005.
[2] 刘建新. 桥梁对风反应中的涡激振动及制振 [J]. 中国公路学报,1995:8（2）:74－79.

基于贝叶斯推断的紊流激励下颤振导数识别及其不确定性量化[*]

初晓雷，崔巍，赵林，葛耀君

（同济大学土木工程防灾国家重点实验室 上海 200092）

1 引言

颤振导数对于预测大跨度桥梁颤振临界风速和计算抖振响应至关重要。传统的颤振导数识别方法多为基于自由振动的时频域识别方法，对于复杂的桥梁断面，其识别结果具有很强的不确定性。本文提出了一种基于贝叶斯推断的颤振导数频域识别方法，将问题转化为传统的随机振动中参数识别的反问题，各颤振导数的后验概率通过 MCMC 采样进行量化。

2 贝叶斯谱密度方法及其不确定性量化

2.1 二维桥梁断面谱密度特征

风洞试验中，二维桥梁断面通常简化为竖弯（h）和扭转（α）的两自由度模型，其动力方程如下[1]：

$$\ddot{\boldsymbol{x}}(t) + \boldsymbol{C}\dot{\boldsymbol{x}}(t) + \boldsymbol{K}\boldsymbol{x}(t) = \boldsymbol{f}(t) \tag{1}$$

$$\boldsymbol{C} = \begin{bmatrix} 2\,\xi_h\,\omega_h - H_1 & -H_2 \\ -A_1 & 2\,\xi_\alpha\,\omega_\alpha - A_2 \end{bmatrix}, \boldsymbol{K} = \begin{bmatrix} \omega_h^2 - H_4 & -H_3 \\ -A_4 & \omega_\alpha^2 - A_3 \end{bmatrix} \tag{2}$$

式中，$\boldsymbol{x}(t) = [h(t), \alpha(t)]^{\mathrm{T}}$，$\boldsymbol{f}(t) = \left[\frac{1}{m}L_b(t), \frac{1}{I}M_b(t)\right]^{\mathrm{T}}$ 为抖振力向量，ξ_i 为阻尼比，ω_i 为自振圆频率（$i = h, \alpha$）；$A_i, H_i (i = 1,2,3,4)$ 为修正的颤振导数[1]。其位移 x 响应的谱密度为：

$$\boldsymbol{S}_x(\omega) = \boldsymbol{H}(\omega)\boldsymbol{S}_f(\omega)\boldsymbol{H}^*(\omega) \tag{3}$$

$$\boldsymbol{H}(\omega) = (\boldsymbol{K} - \omega^2\boldsymbol{M} + i\omega\boldsymbol{C})^{-1} \tag{4}$$

式中，$\boldsymbol{K}$，$\boldsymbol{C}$ 是刚度和阻尼矩阵；ω 是圆频率；$\boldsymbol{H}(\omega)$ 是频响函数；$(\cdot)^*$ 表示共轭转置。

2.2 谱密度的统计特性

$\hat{\boldsymbol{x}}(t) = [x_1(t), x_2(t), \cdots, x_d(t)]^{\mathrm{T}}$ 表示测得的离散位移响应（考虑竖弯和扭转两个自由度时 $d = 2$）。考虑离散随机过程 $\boldsymbol{X}_N = \{\hat{\boldsymbol{x}}(m), m = 0,1,\cdots,N-1\}$，其谱密度为：

$$\boldsymbol{S}_{x,N}(\omega_k) = X_N(\omega_k)X_N^*(\omega_k) \tag{5}$$

$$X_N(\omega_k) = \sqrt{\frac{\Delta t}{2\pi N}}\sum_{m=0}^{N-1}\hat{\boldsymbol{x}}(m)\exp(i\,\omega_k m\Delta t) \tag{6}$$

式中，$\omega_k = k\Delta\omega, k = 0,1,\cdots,N_1 - 1$；$N_1 = \mathrm{INT}\left(\frac{N+1}{2}\right)$ 为奈奎斯特频率，$\Delta\omega = \frac{2\pi}{T}, T = N\Delta t$。

当 $N \to \infty$，且 $M \geqslant d$，定义 $\boldsymbol{S}_N^M(\omega_k) = \frac{1}{M}\sum_{m=1}^{M}\boldsymbol{S}_N^{(m)}(\omega_k)$，其中 $\boldsymbol{S}_N^{(m)}(\omega_k)$ 为随机过程 $\boldsymbol{X}_N$ 平均分成 M 段互不重叠的信号。根据 Yuen[2]，$\boldsymbol{S}_N^M(\omega_k)$ 的概率密度分布为：

* 基金项目：国家自然科学基金项目（52008314、52078383）。

$$p\left[S_N^M(\omega_k)\mid\boldsymbol{\theta}\right]=\frac{\pi^{-\frac{d(d-1)}{2}}M^{M-d+d^2}\left|S_N^M(\omega_k)\right|^{M-d}}{\left[\prod_{p=1}^{d}(M-p)!\right]\left|E\left[S_N(\omega_k)\mid\boldsymbol{\theta}\right]\right|^M}\times\exp\left(-M\cdot\mathrm{tr}\left\{E\left[S_N(\omega_k)\mid\boldsymbol{\theta}\right]^{-1}S_N^M(\omega_k)\right\}\right)\quad(7)$$

式中，$E\left[S_N(\omega_k)\mid\boldsymbol{\theta}\right]$ 是根据式（3）求得的谱密度理论值；$|\cdot|$ 表示行列式。

Yuen[2]指出不同频率 ω_k 和 ω_l，$p\left[S_N^M(\omega_k)\mid\boldsymbol{\theta}\right]$ 和 $p\left[S_N^M(\omega_l)\mid\boldsymbol{\theta}\right]$ 相互独立，可根据式（7）利用桥梁断面随机振动信号识别颤振导数。本文采用在贝叶斯推断中常用的 MCMC 采样来估计参数的最优值及其后验概率密度函数。

3　识别结果

该小节给出了竖弯折减频率为 0.7540、扭转折减频率为 1.8850 时，颤振导数的识别结果及其后验概率分布（假设无先验信息，即先验分布为均匀分布），如图 1 所示。

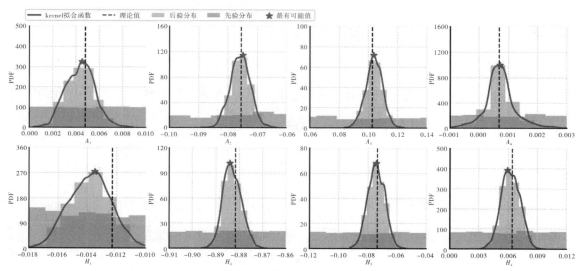

图1　颤振导数识别结果及其后验概率密度分布

4　结论

本文基于贝叶斯推断和 MCMC 采样，提出了一种颤振导数识别方法，并通过 Kernel 函数对其后验概率进行了量化，与传统方法（最小二乘拟合，随机子空间识别方法等）比除了能给出颤振导数的最优值，亦可给出颤振导数的后验概率进行不确定性量化，识别结果准确。

参考文献

[1] 丁泉顺.大跨度桥梁耦合颤抖振响应的精细化分析［D］.上海：同济大学，2001.

[2] YUEN K V. Bayesian methods for structural dynamics and civil engineering［M］.John Wiley & Sons，2010.

流线箱梁风嘴侧主动气动翼板的颤振控制试验研究

王子龙，赵林，陈翰林，葛耀君

（同济大学土木工程防灾国家重点实验室 上海 200092）

1 引言

基于气动外形优化的传统被动气动措施难以满足跨度不断增大带来的抗风性能新挑战，主动气动措施被寄予期望[1]。结合现实需求，基于主动翼板设计并制作了主梁－主动翼板缩尺检验模型。在箱梁两侧设置水平翼板，通过传感器感知主梁的运动行为，对其施加相对主梁振幅的特定放大倍数（增益系数）的反制运动，借助翼板的运动来影响主梁周围的流场，从而提高主梁的颤振稳定性[2]。主梁－主动翼板系统内部结构及试验安装如图1、图2所示。

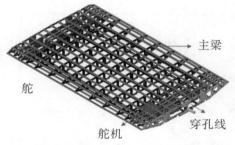

图1 主梁－主动翼板系统内部结构示意图

图2 主梁－主动翼板系统和在 TJ－5 风洞中的安装示意图

2 翼板运动相位差与颤振性能

试验在风攻角为0°的均匀流条件下进行，采取常增益控制输出的办法，控制过程中保持两侧翼板增益系数 $G=2$ 不变，迎风侧与背风侧翼板相位差 φ_α^l 与 φ_α^t 分别从 0°～360° 按45°间隔取值，定义翼板转动方向与主梁扭转方向一致为正，相反为负，共进行64种翼板组合运动形式下的主梁颤振控制的研究。绘制相位差对颤振风速影响的三维云图，如图3所示。

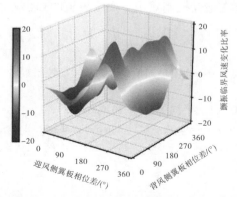

图3 增益系数 $G=2$ 时两侧翼板相位差组合对颤振性能的影响

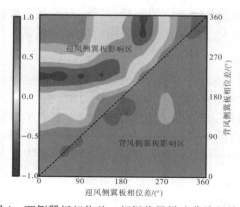

图4 两侧翼板相位差－颤振临界风速曲线相关性

结果表明，在 φ_α^l 为90°和270°附近出现了波谷和波峰，分别表示颤振性能的最大恶化值（14.8%

和最大改善值（17.3%）。在 φ_α^l 变化时，φ_α^l 对系统的颤振性能影响趋势一致，均是先恶化后改善，呈水平 S 形，表明迎风侧翼板相位差决定了系统的颤振性能是改善还是恶化。与迎风侧翼板影响规律不同，背风侧翼板相位差 φ_α^l 变化只对系统颤振性能的改善或恶化的幅度有影响。采用相关性分析方法，区分对颤振性能影响更大的翼板，相关系数值如图 4 所示。图中左上区域为迎风侧翼板影响区，大多呈现负相关或者弱相关关系，表明 φ_α^l 对系统的颤振性能的影响受 φ_α^l 取值的影响较大；右下区域为背风侧相位差影响区，大多接近于 1 的强相关关系，表明 φ_α^l 对系统的颤振性能的影响受 φ_α^l 取值的影响较小。

3 翼板增益系数与颤振性能

根据以上结果，可认为迎风侧翼板起主导作用。为研究增益系数 G 对颤振性能的影响，固定 φ_α^l 为 $0°$，φ_α^l 按照 $0°\sim360°$ 取值，G 的取值为 $1\sim9$，间隔为 1。结果如图 5 所示。选择三种不同颤振性能下典型相位差组合值各两组进行试验，结果如图 6 所示。结果表明：增益系数 G 很小时，两侧翼板运动对系统的颤振性能没有显著影响；随着 G 的增大，有利工况的颤振性能改善幅度和不利工况的颤振性能恶化幅度均得到放大，若相位差组合对系统的颤振控制影响不大，则在一定范围内 G 的增大不会显著影响系统的颤振性能。但 G 过高时，系统的颤振性能均呈现恶化的趋势，存在最佳取值[3]。

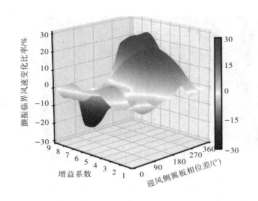

图 5　增益系数 G 对系统颤振临界风速的影响

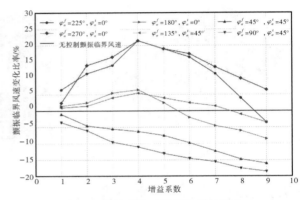

图 6　增益系数对颤振性能的影响

4 结论

当迎风侧翼板与主梁运动保持相位差 $180°\sim360°$，背风侧翼板与主梁运动保持相位差 $0°\sim180°$ 时，可以提高系统的颤振性能。当增益系数介于 $1\sim9$ 时，过小的增益系数对系统颤振性能改善有限，过大的增益系数会恶化系统的颤振性能；当增益系数介于 $3\sim4$ 时存在最佳控制效果。两侧翼板的相位差组合与增益系数大小均对系统的颤振性能影响显著。

参考文献

[1] 赵林,葛耀君,郭增伟,等.大跨度缆索承重桥梁风振控制回顾与思考——主梁被动控制效果与主动控制策略 [J].土木工程学报,2015,48（12）：91-100.

[2] 陈翰林.大跨度桥梁颤振主动气动翼板控制方法与措施试验研究 [D].上海：同济大学,2020.

[3] PHAN D H. Passive winglet control of flutter and buffeting responses of suspension bridges [J]. International Journal of Structural Stability and Dynamics, 2018, 18（05）：1850072.

空间四缆 CFRP 主缆悬索桥静风稳定性分析 *

董世杰，李宇，陈哲，梁亚东

（长安大学公路学院 西安 710064）

1 引言

由于超大跨径悬索桥的设计荷载主要由恒载控制，因此主缆材料自重占比很大是制约悬索桥向更大跨径发展的一个重要因素，李翠娟[1]等对 3500 m 级悬索桥进行分析，发现主缆活载应力仅占约 7%，材料利用率很低。碳纤维增强塑料（CFRP）相比钢材具有轻质高强的特点，作为主缆材料可减小主缆的自重应力，具有广阔的应用前景。在大跨径桥梁中，静风失稳临界风速可能会小于颤振临界风速[2]。用 CFRP 主缆代替传统的钢主缆，会使结构自重减小，刚度降低，在静风作用下产生更不利的影响。为探讨 CFRP 主缆在超大跨径空间四缆悬索桥中应用的可行性，本文基于某主跨为 2100 m 的空间四缆悬索桥，采用三维非线性分析方法对不同类型主缆材料悬索桥的静风稳定性进行了对比分析，为超大跨径空间四缆悬索桥主缆材料的选择提供参考和依据。

2 有限元模型及动力特性对比

该桥是一座主跨为 2100 m 的空间四缆索型悬索桥，跨径布置为 630 m + 2100 m + 630 m。加劲梁采用扁平流线型钢箱梁，宽 69.8 m，高 4.2 m，矢跨比 1/10，空间四缆布索样式见图 1。

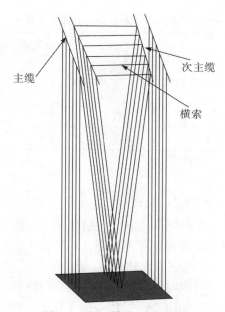

图 1　空间四缆布置示意图

按轴向刚度等效原则，分别采用原钢材和 CFRP 两种材料作为主缆材料建立 ANSYS 有限元模型计算其动力特性。结果显示，除一阶反对称竖弯频率基本不变之外，其余振型的频率均有所提高，其中扭转

---

* 基金项目：国家自然科学基金项目（51808053）。

频率均提高较大。频率变化是结构自重减轻和重力刚度减小的相互作用造成的。两者的综合作用导致多数相同振型频率差异不大，而 CFRP 主缆悬索桥扭转频率较钢缆悬索桥提高显著是由于在扭转振型中 CFRP 主缆产生的扭转惯性矩明显偏低[3]。与传统双缆悬索桥改用 CFRP 主缆后扭转频率提升幅度相比，此空间四缆悬索桥的一阶扭转频率提升幅度较小，这是因为次主缆沿桥塔至跨中逐渐向主梁轴线内收，主缆材料由钢改为 CFRP 后扭转质量惯性矩减小程度低于传统双缆悬索桥。

表 1　两种不同主缆材料悬索桥动力特性对比

自振频率/Hz		相差/%	振型描述
钢缆	CFRP 主缆		
0.04182	0.04325	3.4	一阶正对称侧弯
0.06903	0.06888	−0.2	一阶反对称竖弯
0.10177	0.10522	3.4	一阶反对称侧弯
0.10037	0.10533	4.9	一阶正对称竖弯
0.15263	0.16914	10.8	一阶反对称扭转
0.17741	0.19872	12.0	一阶正对称扭转

3　非线性静风稳定性的分析

本文选 −3°、0°、+3°三个初始风攻角对成桥状态下原钢主缆和 CFRP 主缆悬索桥进行非线性静风响应分析。结果显示，相同风速下不同初始风攻角 CFRP 主缆悬索桥主梁跨中的侧向、竖向位移均比钢主缆的大，但转角基本一致。表 2 为两种主缆材料在不同初始风攻角下的静风失稳风速，可知 +3°攻角为此四缆悬索桥静风失稳最不利初始攻角，CFRP 缆与钢缆悬索桥的静风失稳风速均为 79 m/s；−3°攻角下 CFRP 缆的静风失稳风速要小钢缆的小。综合以上结论可知，CFRP 主缆静风稳定性要比钢主缆的略差。

表 2　不同初始攻角下 2 种材料的静风失稳风速

初始风攻角/(°)	失稳风速/(m·s⁻¹)	
	钢缆	CFRP 缆
−3	89	86
0	97	97
+3	79	79

4　结论

（1）CFRP 主缆悬索桥的扭转惯性矩相较钢主缆悬索桥明显偏小，使其扭转频率有较大提高，但与传统双缆悬索桥改 CFRP 材料相比，其频率提升幅度并不显著，这是因为在该空间四缆布置下，钢主缆改为 CFRP 主缆后扭转质量惯性矩减小程度低于传统双缆悬索桥。

（2）相同风速时，CFRP 主缆悬索桥的侧向位移比钢缆的大，但转角与竖向位移差异不大，−3°攻角下 CFRP 主缆悬索桥的静风稳定性要比钢缆的略差，但相差幅度较小，就静风稳定而言，可用 CFRP 作为主缆材料。

参考文献

[1] 李翠娟，童育强，刘明虎，等.超大跨径 CFRP 主缆悬索桥合理结构体系研究 [J].中国铁道科学，2011，32（1）：62−67.

[2] 方明山，项海帆，肖汝诚.大跨径缆索承重桥梁非线性空气静力稳定性理论 [J].土木工程学报，2000，33（2）：73−79.

[3] 李永乐，侯光阳，等.超大跨径悬索桥主缆材料对静风稳定性的影响 [J].中国公路学报，2013，26（4）：72−77.

跨海桥梁风浪耦合作用动力分析

许洪刚[1,2]，何旭辉[1,2]，敬海泉[1,2]

（1. 中南大学土木工程学院 长沙 410075；

2. 高速铁路建造技术国家工程实验室 长沙 410075）

1 引言

由于海洋环境的复杂性，跨海桥梁受到风、海浪、海流、地震等多种荷载的作用，其中风荷载和波浪荷载作用贯穿其整个使用周期。本文基于时域和频域分析理论，提出一种跨海桥梁在风浪耦合作用下的动力分析方法，以小尺度单桩为例，将结构进行离散，分别采用谐波叠加法（WAWS）和线性叠加法对脉动风速和波浪时程进行模拟，以此得到风荷载和波浪荷载时程，分别将风荷载和波浪荷载施加于结构不同部分，利用 Newmark $-\beta$ 法计算结构的位移及加速度响应，并对单风、单浪及风浪耦合作用下的构响应进行比较。

2 数学模型

考虑到风与浪、结构与风浪耦合场的相互作用，为准确估计结构在风浪耦合作用下的动力响应，以某小尺度桥墩为例，提出了一种桥墩－风－浪动力耦合系统，将桥墩离散为 8 个部分，如图 1 所示。

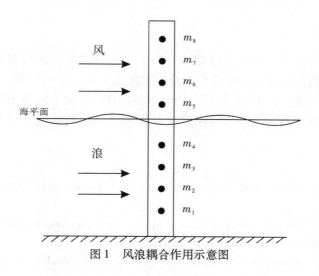

图 1 风浪耦合作用示意图

根据桥梁－风－浪动力耦合系统的静、动力相互作用及位移协调关系，建立了桥梁－风－浪动力耦合系统的运动方程：

$$[M] \cdot \ddot{x} + [C] \cdot \dot{x} + [K] \cdot x = F_{wind} + F_{wave} \tag{1}$$

式中，$[M]$ 为质量矩阵；$[C]$ 为阻尼矩阵；$[K]$ 为刚度矩阵；x 为位移向量；F_{wind} 为风荷载分量；F_{wave} 为波浪荷载分量。

3 数值分析

3.1 外部激励模拟

为了研究复杂海况下跨海桥梁的动力响应，在桥梁－风－浪动力耦合系统分析中，必须对风场和波浪场进行真实的模拟。本文分别用谐波叠加法（WAWS）和线性叠加法模拟了脉动风和波浪的时程，并考虑了风与海浪的相关性。

3.2　动力响应分析

根据模拟的脉动风和波浪时程可获得作用于结构的风荷载和波浪荷载时程，分别将风荷载和波浪荷载施加于结构不同部分，利用 Newmark $-\beta$ 法计算结构的位移响应，分析风－浪共同作用、风单独作用及浪单独作用三种不同工况下单桩的顶点位移响应，如图2所示。从图中可以看出，风－浪联合作用下的位移响应并不仅是风和浪单独作用下位移响应的简单叠加，同时浪对于顶点位移响应的影响要远大于风。

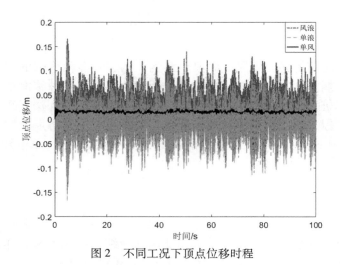

图2　不同工况下顶点位移时程

4　结论

本文提出一种跨海桥梁在风浪耦合作用下的动力分析方法，以数学方法模拟脉动风和波浪，并通过计算得到风荷载和波浪荷载时程，分别将风荷载和波浪荷载施加于离散化的结构，利用 Newmark $-\beta$ 法计算结构的位移及加速度响应，通过比较不同工况下结构的动力响应分析不同外部激励对结构的影响。结果显示，浪对于结构响应的影响要远大于风，且风浪联合作用下结构的响应不仅是风和浪单独作用下结构响应的简单叠加。

参考文献

［1］ ZHU J, ZHANG W. Numerical simulation of wind and wave fields for coastal slender bridges ［J］. Journal of Bridge Engineering, 2016：04016125.

［2］ ZHU J, ZHANG W, WU M X. Coupled dynamic analysis of the vehicle-bridge-wind-wave system ［J］. Journal of bridge engineering, 2018, 23（8）：4018054.1 – 4018054.17.

［3］ LI Y, FANG C, WEI K, et al. Frequency domain dynamic analyses of freestanding bridgepylon under wind and waves using a copula model ［J］. Ocean Engineering, 2019, 183（7）：359 – 371.

［4］ PHILIPPE M, BABARIT A, FERRANT P. Modes of response of an offshore wind turbine with directional wind and waves ［J］. Renewable Energy, 2013, 49（1）：151 – 155.

［5］ GUO A, LIU J, CHEN W, et al. Experimental study on the dynamic responses of a freestanding bridge tower subjected to coupled actions of wind and wave loads ［J］. Journal of Wind Engineering and Industrial Aerodynamics, 2016.

［6］ LIU G, LIU T, GUO A, et al. Dynamic elastic response testing method of bridge structure under wind-wave-current action ［J］. 2015.

双幅箱梁竖弯涡激气动力演变特性 *

徐胜乙[1]，方根深[1,2]，赵林[1,2]，葛耀君[1,2]

（1. 同济大学土木工程防灾国家重点实验室 上海 200092；

2. 同济大学桥梁结构抗风技术交通行业重点实验室 上海 200092）

1 引言

双幅桥是工程实践中常见于大跨度连续梁桥中的桥梁形式。研究表明，并列双箱会显著增大涡激振动的幅值和锁定区间长度[1]，许多学者使用表面测压分析涡激力全过程的演变特性[2-3]，但是针对双幅桥由于气动干扰产生的表面压力和气动力演变特点还有待进一步总结。本文基于同步测压测振试验，研究某 110 m 双幅钢箱连续梁的涡振性能及其涡振全过程气动力演变特性，并与单幅桥分布气动力特性对比，发现双幅桥存在更明显的气动干扰效应。

2 风洞试验及涡振性能

以某跨海通道 110 m 跨度连续梁双幅桥为工程背景，桥梁断面基本外形如图 1 所示。采用同步测压测振技术，在同济大学 TJ–3 风洞开展了几何缩尺比为 $\lambda_L = 1:30$ 的大比例节段模型风洞试验（图 2），模型竖弯频率 5.250Hz，阻尼比 0.3%。

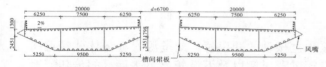

图 1 双幅桥实桥断面图及气动措施（单位：mm）

图 2 节段模型风洞试验

试验发现，双幅桥的上下游梁均发生了竖弯涡振，+3°为最不利风攻角，双幅桥涡振响应随风速变化曲线如图 3 所示。同时，本研究提出了用于双幅桥涡振控制的风嘴和槽间裙板组合气动措施。

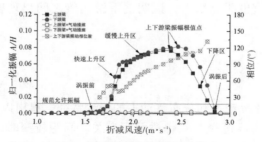

图 3 竖弯涡振振幅与相位图

3 气动力演变规律

3.1 整体涡激力演化特性

为揭示双幅桥竖弯涡激力的演化特性，取折减风速 = 1.57、1.81、2.08、2.39、2.46、2.69、2.84 m/s 分别为涡振全过程各阶段的典型风速，基于各测压点压力积分获取风轴坐标系下涡激力时程，并通过傅

* 基金项目：国家自然科学基金项目（52078383、51778495）；上海市浦江人才计划资助（20PJ1413600）。

里叶变换获得不同阶段涡激力幅频特性，如图4所示，可知涡振全过程涡激力幅频演化特性和涡激力的非线性特性。

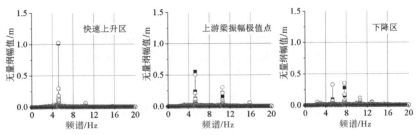

图4 涡振过程涡激力幅值谱

3.2 不同间距下分布气动力对涡激力贡献

分布气动力对涡激力的贡献同时取决于分布气动力与整体涡激力的相关性，以及分布气动力的脉动根方差。分别取实桥间距 d 为 6.7 m 和 0.5 m，图5给出了不同折减风速下分布气动力贡献值的分布特性，并给出原上游梁振幅极值点增加气动措施后的效果作为对照。从下图中可以发现，不同间距下起主要贡献的分布气动力位置明显不同，说明间距下的涡振现象诱因不同。

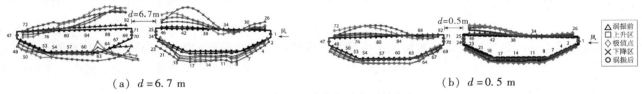

（a） $d = 6.7$ m　　　　　　　　（b） $d = 0.5$ m

图5 涡振过程分布气动力贡献分布

3.3 双幅箱梁与单幅箱梁分布气动力差异

双幅箱梁单幅箱梁的差异在于双幅桥存在相互不连接独立振动的两座桥。刘圣源[2]在分体式箱梁扭转涡振的研究中发现，分布气动力的贡献主要集中于下游箱梁背风侧以及下游箱梁下表面，胡传新[3]对单箱梁的研究结果也表明分布气动力的贡献主要集中于背风侧，这与图5b中的趋势是类似的，这说明当双幅桥间距较小，上游梁的涡脱发展不完全不足以导致上下游剧烈的气动干扰时，其分布气动力对涡激力贡献的分布与单箱及分体式双箱类似。但是当双幅桥间距增大后，在涡振前槽间下游斜腹板上已经有脉动风压，涡振区间内下游梁表面分布气动力贡献值的规律发生显著变化，由原先背风侧位置转移至开槽附近，上游梁分布气动力的贡献值也明显增大，说明上下游箱梁之间出现剧烈的气动干扰，与单幅桥的分布气动力贡献分布有显著不同。

4 结论

本文讨论了双幅桥涡振过程整体气动力和分布气动力的演变特征，得出以下结论：

（1）提供上下游箱梁涡激力的主要区域与双幅桥间距有关。间距较窄时，分布气动力的特性接近单幅梁桥，当间距使得上游梁涡脱发展充分直接作用于下游梁时，涡激力主要由开槽附近位置脉动风压产生，产生明显气动干扰。

（2）增加风嘴可改变上游梁涡脱传播路径，大幅削减桥面脉动压力；增加槽间裙板可明显降低分布气动力与整体气动力的相关性，切断了上游梁斜腹板处漩涡脱落至下游梁的传播路径。

参考文献

［1］ PARK J, KIM S, KIM H-K. Effect of gap distance on vortex-induced vibration in two parallel cable-stayed bridges ［J］. Journal of Wind Engineering and Industrial Aerodynamics，2017，162：35－44.

［2］ 刘圣源，胡传新，赵林，等. 中央开槽箱梁断面扭转涡振全过程气动力演化特性 ［J］. 工程力学，2020，37（6）：196－205.

［3］ 胡传新，赵林，陈海兴，等. 流线闭口箱梁涡振过程气动力时频特性演变规律 ［J］. 振动工程学报，2018，31（3）：417－426.

闭口箱梁基于 CFD 和代理模型的风嘴气动选型

郑杰[1]，方根深[2,3]，赵林[2,3,4]，葛耀君[2,3]

(1. 重庆交通大学土木工程学院 重庆 400074；

2. 同济大学土木工程防灾国家重点实验室 上海 200092；

3. 同济大学桥梁结构抗风技术交通运输行业重点实验室 上海 200092；

4. 重庆交通大学省部共建山区桥梁及隧道工程国家重点实验室 重庆 400074)

1 引言

现有气动选型主要通过数值模拟或风洞试验实现多种方案的遍历性比较，耗时费力且仅针对少量比选参数，当结构气动几何外形控制参数较多时，难于系统总结不同参数对抗风性能的影响规律。闭口箱梁的颤振性能对风嘴外形尤为敏感[1]，本文以闭口箱梁的风嘴外形为研究对象，选取风嘴角点的横向和竖向坐标为优化参数，采用均匀试验设计实验方案[2]，并开展 CFD 数值模拟，获取不同实验方案风嘴外形对应的三分力系数及其斜率，随后建立了 Kriging 代理模型数学优化方案，获取设计域中所有网格点的三分力系数及其斜率，采用准定常假设估计不同断面外形的颤振导数，并最终阐明颤振临界风速与风嘴气动外形的关系机制。

2 研究内容

2.1 试验设计

基于宽度 45.8 m、高度 4 m 的闭口箱梁断面，选取风嘴角点竖向和横向坐标为两优化因素，以断面的颤振临界风速为优化目标，采用 CFD 数值模拟开展模拟。对风嘴角点竖向和横向坐标分别选取 21 个和 29 个水平，采用均匀试验设计 38 组风嘴外形方案，断面外形和试验方案见图 1（试验设计横坐标为两风嘴角点的水平距离 b 与桥面水平距离 B' 的比值，纵坐标为下腹板高度 d 与箱梁断面高度 D 的比值）。CFD 模型采用 1:80 缩尺比，雷诺数 $Re = 10^5$，湍流模型采用二维 SST $k-\omega$，时间步长 0.000 06 s，保证所有模型的最大库朗数均小于 2。近壁面采用 50 层结构化网格，最底层网格厚度 0.0001 m，网格高度增长率为 1.01～1.02，保证所有模型最大 Y^+ 均小于 2，网格数在 25 万左右。

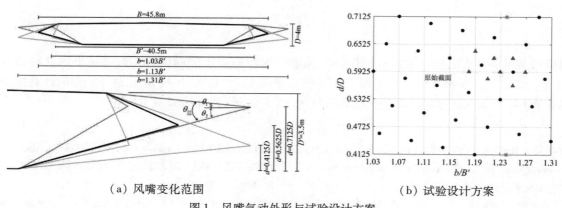

（a）风嘴变化范围　　　　　　（b）试验设计方案

图 1　风嘴气动外形与试验设计方案

2.2 三分力系数

采用 Kriging 代理模型对计算得到的 38 种风嘴外形的三分力系数及其斜率进行拟合，如图 2 所示。可以看出，阻力系数依赖于风嘴角点横向位置，升力系数则主要取决于随风嘴角点的竖向位置，升力矩系数则与前两者不同，风嘴角点横、竖向位置具有同等重要性。

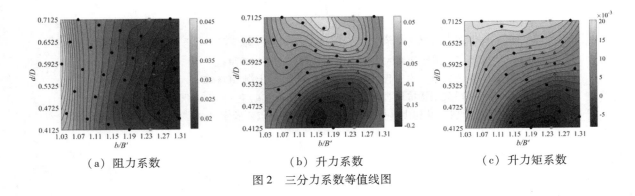

| （a）阻力系数 | （b）升力系数 | （c）升力矩系数 |

图2　三分力系数等值线图

2.3　颤振临界风速

基于上述三分力系数结果，采用准定常假设获取颤振导数，其中 $U^* = 6$ 时的 A_2^* 导数见图3，并由此计算不同工况下的颤振临界风速，如图4所示。可以看出，颤振临界风速随风嘴角点位置存在两个较高数值区间，对应的最高临界风速分别为 51.6 m/s 和 57.8 m/s，此时风嘴角度和下斜腹板倾角为62°和16°与31°和15°，符合下腹板倾角[3]。

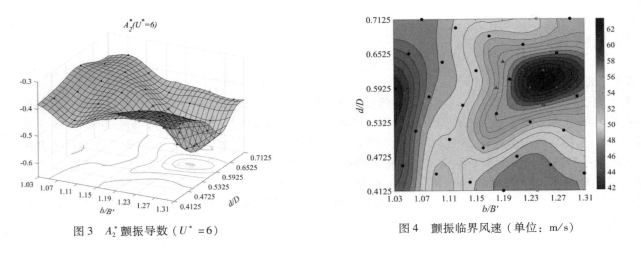

图3　A_2^* 颤振导数（$U^* = 6$）　　　　　　图4　颤振临界风速（单位：m/s）

3　结论

本文闭口箱梁风嘴角点的横向偏移对颤振临界风速的影响略强于竖向偏移，颤振临界风速峰值区间 b/B' 为 1.23 ~ 1.27、d/D 为 0.59255 ~ 0.6225、下腹板倾角 13°~ 15°、风嘴角度 24.5°~ 28°。其中最高颤振临界风速为 64.45 m/s（原始断面颤振临界风速为 50.3 m/s，提升约28%）。

参考文献

［1］ CID MONTOYA M，NIETO F，HERNANDEZ S，et al. CFD-based aeroelastic characterization ofstreamlined bridge deck cross-sections subject to shape modifications using surrogate models［J］. J. Wind Eng. Ind. Aerod. 2018，177：405 – 428.

［2］ 方开泰.均匀试验设计的理论、方法和应用——历史回顾［J］.数理统计与管理，2004（3）：69 – 80.

［3］ 姜保宋，周志勇，闫康健，等.典型箱梁下腹板倾角对桥梁静风稳定性能的影响［J］.同济大学学报（自然科学版），2019，47（8）：1106 – 1114.

栏杆透风率对主梁涡激特性的影响*

王仰雪[1]，刘庆宽[1,2,3]，靖洪淼[1,2,3]，李震[1]

（1. 石家庄铁道大学土木工程学院 石家庄 050043；
2. 石家庄铁道大学省部共建交通工程结构力学行为与系统安全国家重点实验室 石家庄 050043；
3. 河北省风工程和能源利用工程技术创新中心 石家庄 050043）

1 引言

涡激振动是大跨度桥梁在低风速下易出现的一种风致振动现象。其中附属结构对涡振的影响十分明显，附属结构的外形、尺寸的差异直接影响着涡振振幅的大小。管青海等[1]通过风洞试验对有无栏杆的桥梁断面的涡激响应进行研究。试验结果表明，裸梁断面风洞试验没有发生涡激振动，上、下表面的脉动压力对涡激振动的贡献很小，而栏杆断面风洞试验则发生了明显的竖向涡激振动现象，上、下表面中下游脉动压力对涡激振动贡献较大。李明等[2]研究发现，采用不同外形风嘴、间距不同的防撞栏杆、不同截面气动外形的栏杆等，均会对主梁的涡激振动产生影响。张国强等[3]的研究表明，栏杆的断面形式、栏杆的透风率、栏杆向内倾斜角度以及有无栏杆均会影响主梁的涡激振动特性。为了研究栏杆透风率对流线型箱梁的涡激振动特性的影响，开展了基于节段模型风洞试验的主梁同步测压和测振试验。

2 试验概况

2.1 风洞介绍

本文试验在石家庄铁道大学风工程研究中心 STU-1 风洞实验室低速试验段内进行。该风洞是一座串联双试验段回/直流大型多功能边界层风洞，其低速试验段宽 4.4 m，高 3.0 m，长 24.0 m，最大风速 30.0 m/s。

2.2 试验模型及工况

试验选取了某一实际斜拉桥的扁平流线型箱梁作为研究对象，确定模型缩尺比为 1:30，缩尺后的模型宽 1.070 m，高 0.117 m，长 2.140 m，展宽比为 2:1。在模型的跨中位置处布置一圈测压孔，上、下表面一圈测压点总数为 180 个，模型及测点布置如图 1 所示。栏杆封锁高度为 4.0 mm、10.0 mm、16.7 mm、22.0 mm，分别对应透风率为 48.73%、38.69%、27.63%、18.80%，共计四个工况（图 2）。为了体现改变栏杆透风率对涡激振动特性的响应的显著效果，仅对风攻角为 α = +5° 下，进行同步测振、测压试验。

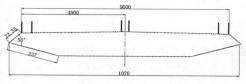

图 1 模型及测压点布置示意图

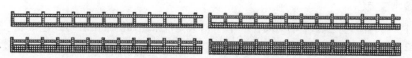

图 2 四种栏杆工况示意图

---

* 基金项目：国家自然科学基金项目（51778381）；河北省自然科学基金项目（E2018210044）；河北省高等学校高层次人才项目（冀办〔2019〕63 号）。

3　试验结果分析

3.1　振幅与风速的关系

由图 3 试验结果可知，随着外侧人行道栏杆透风率的减小，低风速下涡振最大振幅随之减小。在透风率较低时，振幅下降幅度最为明显，透风率由 27.63% 下降至 18.80%，透风率降幅 8.83%，振幅下降幅度达 15.44%。而当栏杆透风率较高时，对涡振振幅的影响较小，透风率由 38.69% 下降至 27.63%，透风率降幅 11.06%，振幅变化幅度仅有 4.98%。

3.2　平均压力系数

由图 4 的上表面平均压力系数分布情况可知，在 S001～S008 号测点处，平均风压系数大于 0，而在 S009 号测点以后，气流受到栏杆对的影响，使得压力系数发生突变，并长期保持在负压区。由图 5 对下表面平均压力系数分析，可以看到在 X032 和 X064 号测点取得极小值，可见分离流在此处卷吸作用最大。对比四种不同透风率上、下表面平均风压系数变化趋势，可见变化趋势十分相近，仅在数值上有所差距，上表面平均风压系数变化幅度最大处可达 1.45 倍，下表面平均风压系数变化幅度最大处可达 2.05 倍。

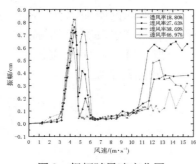

图 3　振幅随风速变化图

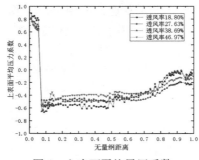

图 4　上表面平均风压系数

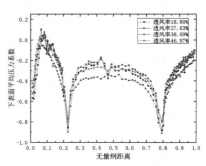

图 5　下表面平均风压系数

4　结论

通过流线型主梁节段模型风洞试验方法，研究分析了外侧人行道栏杆在不同透风率情况下的大跨度桥梁流线型主梁的涡振特性，及其变化规律，得到如下结论：

（1）流线型主梁涡激振动的幅值随着栏杆透风率的减小而减小，透风率从 46.97% 降低至 18.80%，透风率减小 28.17%，而振幅减小量达 27.36%。

（2）改变栏杆透风率基本不影响平均压力系数的总体分布规律，但对其数值的影响较大，上、下表面平均风压系数变化幅度最大处分别可达 1.45 倍和 2.05 倍。

（3）不改变栏杆上半部分形式，仅改变栏杆下半部分的高度，通过控制适当的透风率可以改善主梁涡激振动性能，达到减振的效果。

参考文献

[1] 管青海,李加武,胡兆同,等.栏杆对典型桥梁断面涡激振动的影响研究 [J].振动与冲击,2014,33（3）:150-156.

[2] 李明,孙延国,李明水,等.宽幅流线型箱梁涡振性能及制振措施研究 [J].西南交通大学学报,2018,53（4）:712-719.

[3] 张国强.栏杆构造对 π 型桥梁断面涡激振动的影响研究 [D].西安:长安大学,2015.

桥侧护栏位置对流线型箱梁涡振及气动力特性的影响[*]

李震[1]，刘庆宽[1-3]，靖洪森[1-3]，孙一飞[1]，王仰雪[1]

（1. 石家庄铁道大学土木工程学院 石家庄 050043；

2. 河北省风工程和风能利用工程技术创新中心 石家庄 050043；

3. 石家庄铁道大学省部共建交通工程结构力学行为与系统安全国家重点实验室 石家庄 050043）

1 引言

已有研究表明栏杆的透风率、高度和截面形式等对闭口流线型箱梁的气动性能影响较大[1-3]，但是针对主梁两侧栏杆位置变化对其影响的研究仍较少。对此，本文基于主梁节段模型风洞试验，研究分析了主梁两侧栏杆位置变化，对流线型箱梁涡振及气动力特性的影响。

2 研究方法及试验内容

风洞试验在石家庄铁道大学风工程研究中心的大气边界层风洞进行，风洞试验区断面尺寸 4.38 m × 3.00 m，试验对象为闭口流线型箱梁节段模型，断面形式参考象山港大桥。模型采用 ABS 板材制作，梁高 0.117 m，宽 1.07 m，长宽比选用 2:1；模型在 1/2 跨布置一周共 180 个测点。模型具体尺寸与测点布置如图 1 所示。节段模型轴杆与两侧刚性臂连接，再通过 8 根弹簧悬挂在支架上，并设置了二元端板以减小支架系统的干扰。图 2 为风洞试验模型实际安装图。本试验为同步测压测振试验，为研究桥侧护栏位置对主梁气动性能的影响，更换了多组栏杆位置。

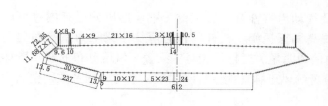

图 1　模型测点布置示意图

图 2　风洞试验模型安装图

3 试验结果分析

3.1 竖弯涡振特性

桥侧栏杆位置对竖弯涡振的影响主要体现在振幅大小和涡振发生区间上，迎风侧的栏杆位置变动对涡振特性的影响相较于背风侧更加明显；迎风侧栏杆内移可有效抑制主梁的竖弯涡振，而背风侧栏杆内移则会使涡振振幅增大，内移 2.2 cm（对应实桥 66 cm）使涡振最大振幅增大了 26%。不同栏杆工况下的竖弯振幅变化如图 4 - 6 所示。

*　基金项目：国家自然科学基金（51778381）；河北省自然科学基金（E2018210044）；河北省高端人才项目（冀办〔2019〕63 号）。

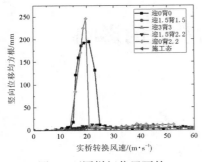
图4 不同栏杆位置下的
竖弯振幅

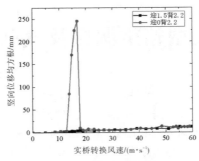
图5 改变迎风侧栏杆位置
对竖弯振幅的影响

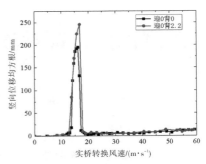
图6 改变背风侧栏杆位置
对竖弯振幅的影响

3.2 平均三分力系数

选择±5°、±3°、0°五个风攻角下的试验结果分析桥侧栏杆对平均三分力系数的影响，试验结果发现，栏杆内移后阻力系数会有所减小，当栏杆内移3 cm（对应实桥90 cm）时，+5°风攻角阻力系数下降约50%；升力系数会随着栏杆内移增大，栏杆内移3 cm时，−5°风攻角升力系数由0.25上升到了1.60；有无栏杆对力矩系数的影响较大，+3°风攻角无栏杆工况的力矩系数相较有栏杆工况的0.1增大了0.56。

3.3 风压系数

桥侧栏杆位置对表面平均风压分布的影响主要体现在上表面，比较无内移和内移3 cm的工况，内移后迎风风嘴处平均风压系数减小了14%，在桥面位置平均风压系数最大增大了27%，并且随着位置的后移，栏杆位置的影响逐渐减小。

分析脉动风压系数随着栏杆位置的变化，背风侧栏杆内移会对背风侧风嘴位置和迎风侧栏杆位置产生较大影响，内移会造成两处脉动风压系数的降低；迎风侧栏杆内移的影响则更多体现在上表面桥面位置，内移1.5 cm（对应实桥45 cm）桥面位置脉动风压系数降低了17%。

4 结论

桥侧栏杆的位置对闭口流线型箱梁涡振特性及气动力特性都有较大的影响。迎风侧栏杆内移可以显著降低主梁竖弯涡振振幅，背风侧栏杆内移则会提高涡振振幅。栏杆内移会降低主梁阻力系数而提高主梁升力系数，影响的效果分别在+5°和−3°风攻角最为明显。栏杆位置对主梁表面风压分布的影响既体现在栏杆附近，也体现在桥面位置；栏杆内移桥面位置的风压脉动性会有所减小，平均风压系数则会增大。

参考文献

[1] 管青海，李加武，胡兆同，等.栏杆对典型桥梁断面涡激振动的影响研究 [J].振动与冲击，2014，33（3）：150 – 156.

[2] 崔欣，王慧贤，管青海，等.栏杆透风率对主梁涡振特性影响的风洞试验 [J].长安大学学报（自然科学版），2018，38（3）：71 – 79.

[3] 李永乐，侯光阳，向活跃，等.大跨度悬索桥钢箱主梁涡振性能优化风洞试验研究 [J].空气动力学学报，2011，29（6）：702 – 708.

[4] 张天翼，孙延国，李明水，等.宽幅双箱叠合梁涡振性能及抑振措施试验研究 [J].中国公路学报，2019，32（10）：107 – 114，168.

桥梁断面耦合颤振实用非线性自激力模型[*]

钱程，朱乐东，丁泉顺

（同济大学土木工程防灾国家重点实验室／桥梁工程系 上海 200092）

1 引言

试验和理论研究表明弯扭耦合颤振发生于相对扁平的桥梁断面，并因气弹非线性效应而形成竖扭两自由度耦合的极限环振动[1]。基于泰勒展开的多项式模型，由于参数较少且易于识别而被广泛应用于涡激力、驰振力和纯扭颤振的非线性自激力的建模中，但在耦合颤振非线性自激力建模中的应用还较少。作者提出了一种基于泰勒展开的耦合颤振实用非线性自激力多项式模型，建立了相应的参数识别方法，并通过某一中央开槽箱梁断面的节段模型风洞试验进行了验证。结果表明：该模型能有效模拟非线性耦合颤振的主要特征。

2 非线性自激力模型及参数识别方法

考虑到竖向运动相关的颤振导数的非线性较弱，并且自激力中既不做功又不做无功的纯力项对位移响应几乎无影响，以及自激力中刚度项和阻尼项的同阶项具有做无功和做功的等效性等因素，对基于泰勒展开的全阶多项式模型进行了简化，得到耦合颤振非线性自激力实用多项式模型如下式所示。该模型实质是在 Scanlan 线性颤振自激力模型的基础上考虑了 H_2^*、H_3^*、A_2^* 和 A_3^* 的非线性效应。

$$L_{se} = L_{se,h} + L_{se,\alpha} = \rho U^2 B \left[KH_1^* \frac{\dot{h}}{U} + K \left(H_2^* + \sum_{p=1}^{p=p_1} H_{2,0(2p)}^* \alpha^{2p} \right) \frac{B\dot{\alpha}}{U} + K^2 \left(H_3^* + \sum_{p=1}^{p=p_2} H_{3,0(2p)}^* \alpha^{2p} \right) \alpha + K^2 H_4^* \frac{h}{B} \right]$$

$$M_{se} = M_{se,h} + M_{se,\alpha} = \rho U^2 B^2 \left[KA_1^* \frac{\dot{h}}{U} + K \left(A_2^* + \sum_{p=1}^{p=p_3} A_{2,0(2p)}^* \alpha^{2p} \right) \frac{B\dot{\alpha}}{U} + K^2 \left(A_3^* + \sum_{p=1}^{p=p4} A_{3,0(2p)}^* \alpha^{2p} \right) \alpha + K^2 A_4^* \frac{h}{B} \right]$$

$$(1)$$

式中，$L_{se,h}, M_{se,h}, L_{se,\alpha}, M_{se,\alpha}$ 分别为竖弯运动产生的自激力和扭转运动产生的自激力。

参数识别分为两步：①在小振幅下，利用耦合颤振导数识别方法[2]识别与竖弯运动相关的线性项参数 H_1^*、H_4^*、A_1^* 和 A_4^*，其中小振幅下结构体系运动方程如式（2）；②基于能量等效原理识别出与扭转运动相关的参数，自激升力和自激扭矩的瞬时气动阻尼等效性和气动刚度等效性的约束条件如式（3）。

$$m(\ddot{h} + 2\omega_{h0}\xi_{h0}\dot{h} + \omega_{h0}^2 h) = L_{se} = \rho U^2 B (KH_1^* \dot{h}/U + KH_2^* B\dot{\alpha}/U + K^2 H_3^* \alpha + K^2 H_4^* h/B)$$

$$I(\ddot{\alpha} + 2\omega_{\alpha0}\xi_{\alpha0}\dot{\alpha} + \omega_{\alpha0}^2 \alpha) = M_{se} = \rho U^2 B^2 (KA_1^* \dot{h}/U + KA_2^* B\dot{\alpha}/U + K^2 A_3^* \alpha + K^2 A_4^* h/B)$$

$$(2)$$

$$\int_{t_i}^{t_i+T} (m\ddot{\hat{h}} + 2m\omega_h\xi_h\dot{\hat{h}} + m\omega_h^2\hat{h} - L_{se,h}) \cdot \dot{\hat{h}} d\tau = \int_{t_i}^{t_i+T} (\hat{L}_{se}(t) - L_{se,h}) \cdot \dot{\hat{h}} d\tau = \int_{t_i}^{t_i+T} L_{se,\alpha} \cdot \dot{\hat{h}} d\tau$$

$$\int_{t_0}^{t_i+T} (m\ddot{\hat{h}} + 2m\omega_h\xi_h\dot{\hat{h}} + m\omega_h^2\hat{h} - L_{se,h}) \cdot \hat{h} d\tau = \int_{t_i}^{t_i+T} (\hat{L}_{se}(t) - L_{se,h}) \cdot \hat{h} d\tau = \int_{t_i}^{t_i+T} L_{se,\alpha} \cdot \hat{h} d\tau$$

$$\int_{t_i}^{t_i+T} (I\ddot{\hat{\alpha}} + 2I\omega_\alpha\xi_\alpha\dot{\hat{\alpha}} + I\omega_\alpha^2\hat{\alpha} - M_{se,h}) \cdot \dot{\hat{\alpha}} d\tau = \int_{t_i}^{t_i+T} (\hat{M}_{se}(t) - M_{se,h}) \cdot \dot{\hat{\alpha}} d\tau = \int_{t_i}^{t_i+T} M_{se,\alpha} \cdot \dot{\hat{\alpha}} d\tau$$

$$\int_{t_i}^{t_i+T} (I\ddot{\hat{\alpha}} + 2I\omega_\alpha\xi_\alpha\dot{\hat{\alpha}} + I\omega_\alpha^2\hat{\alpha} - M_{se,h}) \cdot \hat{\alpha} d\tau = \int_{t_i}^{t_i+T} (\hat{M}_{se}(t) - M_{se,h}) \cdot \hat{\alpha} d\tau = \int_{t_i}^{t_i+T} M_{se,\alpha} \cdot \hat{\alpha} d\tau$$

$$(3)$$

[*] 基金项目：国家自然科学重点项目（51938012）；土木工程防灾国家重点实验室逢主研究课题基金团队重点课题（SLDRCE15 – A – 03）。

式中，$\omega_h(a_h)$，$\xi_h(a_h)$，$\omega_\alpha(a_\alpha)$，$\xi_\alpha(a_\alpha)$ 分别是机械系统的非线性竖弯圆频率、非线性竖弯阻尼比、非线性扭转圆频率和非线性扭转阻尼比；a_h，a_α 分别是竖向位移和扭转位移的幅值；^表示实测值；$\hat{L}_{se}(t)$，$\hat{M}_{se}(t)$ 表示一阶等效意义上的自激升力和自激扭矩。

弹簧悬挂节段模型自由振动试验和分析结果表明中央开槽箱梁断面在 $-5°\sim-10°$ 风攻角范围出现自限幅的非线性耦合颤振现象，其气动弹性非线性主要来源于扭转运动产生的自激扭矩，其非线性自激力实用模型可简化为

$$L_{se} = \rho U^2 B \left[KH_1^* \frac{\dot{h}}{U} + K(H_2^* + H_{2,02}^*\alpha^2 + H_{2,04}^*\alpha^4)\frac{B\dot{\alpha}}{U} + K^2(H_3^* + H_{3,02}^*\alpha^2 + H_{3,04}^*\alpha^4)\alpha + K^2 H_4^* \frac{h}{B} \right] \tag{4}$$

$$M_{se} = \rho U^2 B^2 \left[KA_1^* \frac{\dot{h}}{U} + K(A_2^* + A_{2,02}^*\alpha^2 + A_{2,04}^*\alpha^4)\frac{B\dot{\alpha}}{U} + K^2(A_3^* + A_{3,02}^*\alpha^2 + A_{3,04}^*\alpha^4)\alpha + K^2 A_4^* \frac{h}{B} \right]$$

现以 $-8°$ 攻角和折算风速 $U^* = 5.04$ 工况说明该模型的有效性和模型参数识别方法的可靠性。图1表明实测自激力和拟合自激力的做功和无功时程符合很好，二者具有能量等效的特征。图2表明该模型能模拟出非线性弯扭耦合颤振发展全过程的竖向和扭转位移以及振幅比、相位差、模态阻尼和模态刚度等参数演化特征。

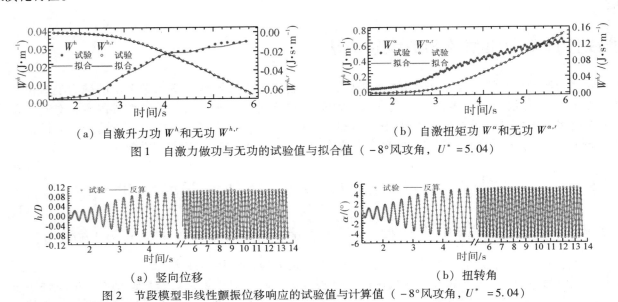

（a）自激升力功 W^h 和无功 $W^{h,r}$　　　　　（b）自激扭矩功 W^α 和无功 $W^{\alpha,r}$

图1　自激力做功与无功的试验值与拟合值（$-8°$ 风攻角，$U^* = 5.04$）

（a）竖向位移　　　　　（b）扭转角

图2　节段模型非线性颤振位移响应的试验值与计算值（$-8°$ 风攻角，$U^* = 5.04$）

3 结论

本文给出的弯扭耦合颤振非线性自激力实用多项式模型具有参数数量少、物理意义明确、易识别的优点，模型的有效性和识别方法的可靠性已通过中央开槽箱梁断面的节段模型风洞试验得到验证，结果表明该断面的气动非线性主要来源于扭转运动产生的自激扭矩。

参考文献

［1］ GAO G Z, ZHU L D, LI J W, at el. A novel two-degree-of-freedom model of nonlinear self-excited force for coupled flutter instability of bridge decks ［J］. Journal of Sound and Vibration, 2020, 480.

［2］ 丁泉顺，王景，朱乐东. 桥梁断面颤振导数识别的耦合自由振动方法 ［J］. 振动与冲击，2012，(24)：10 – 13，30.

基于流场模态分解的 Π 型梁涡振机理研究

张坤[1]，周志勇[1,2]，姜保宋[1]，孙强[1]

（1. 同济大学土木工程防灾国家重点实验室　上海 200092；
2. 同济大学桥梁结构抗风技术交通行业重点实验室　上海 200092）

1　引言

未进行任何气动优化的 Π 型梁是一种典型的钝体断面形式，气体绕流和分离现象明显，旋涡脱落形式比流线型断面更加复杂，风致振动问题尤其是涡激振动问题十分突出。随着计算流体动力学的发展，流动的刻画越来越精细，伴随而来的是海量流场信息，在数据/人工智能（机器学习）时代的浪潮驱使下，流场的模态提取与复杂动力学特征的模型化成为当前流体力学的研究热点[1-4]。通过对 Π 型梁涡激振动数值模拟流场数据的分析研究有利于揭示 Π 型主梁涡激振动的内在机理进而明确行之有效的气动优化措施。

2　Π 型断面涡振 CFD 数值模拟

本文对风洞试验发现的典型的扭转涡振区进行 CFD 数值模拟，该 Π 型断面尺寸如图 1 所示，在阻尼比 0.2%、0° 风攻角下，CFD 数值模拟结果与风洞实验结果对比如图 2 所示，最大扭转振幅下的扭转位移曲线如图 3 所示，图 4 为某一时刻流场基于 Q 值的涡结构。

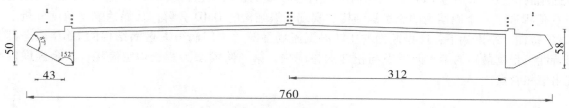

图 1　断面尺寸 1:50（单位：mm）

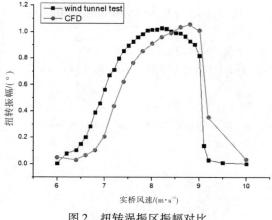

图 2　扭转涡振区振幅对比

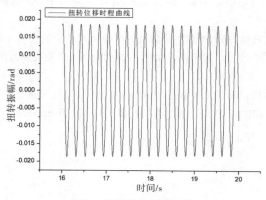

图 3　扭转位移时程曲线

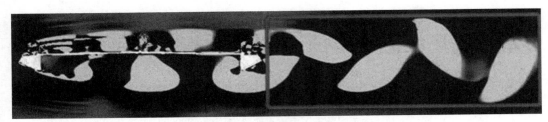

图4　某一时刻流场基于 Q 值的涡结构

3　Ⅱ型梁流场的动力学模态分解

针对上述的涡结构，对涡振时断面尾部的卡门涡街区域（红框内）进行 DMD 模态展示，提取了前四阶模态，其模态特性如表1所示。

表1　DMD 前 4 阶模态特性

阶数	频率/Hz	与扭转涡振频率 f 的关系	增长率	强度
1	4.9375	f	3.14×10^{-5}	1.0000
2	0	0	-4.17×10^{-5}	0.6838
3	9.8751	$2f$	-1.32×10^{-4}	0.5561
4	14.8126	$3f$	4.37×10^{-4}	0.3085

4　结论

本文根据风洞试验结果通过 CFD 数值模拟实现 Ⅱ 型断面的扭转涡振，获取了 Ⅱ 型断面的涡振流场数据，并基于 Q 值提取了一个周期内的流场涡结构和实现了涡结构的 DMD 分解，从涡的强度角度分析了主要 DMD 模态的特性。结论如下：Ⅱ 型断面的扭转涡振流场尾部"卡门涡街"区涡结构的 DMD 模态具有明显的规律特性，强度最高的第一阶模态与扭转涡振同频，第二阶模态为背景恒定流场，其余强度较高的模态呈现出倍频特点。

参考文献

［1］ TAIRA K, BRUNTON S L, DAWSON S T M, et al. Modal analysis of fluid flows：An overview ［J］. AIAA Journal, 2017, 55（12）：4013 - 4041.

［2］ SCHMID P J. Dynamic mode decomposition of numerical and experimental data ［J］. Journal of Fluid Mechanics, 2010, 656（10）：5 - 28.

［3］ 寇家庆, 张伟伟. 动力学模态分解及其在流体力学中的应用 ［J］. 空气动力学学报, 2018, 36（2）：163 - 179.

［4］ 叶坤, 叶正寅, 武洁, 等. 基于 DMD 方法的翼型大迎角失速流动稳定性研究 ［J］. 空气动力学学报, 2018, 36（3）：518 - 528.

［5］ 刘超群. Liutex - 涡定义和第三代涡识别方法 ［J］. 空气动力学学报, 2020, 182（3）：15 - 33, 80.

［6］ KUTZ J N, BRUNTONS L, BRUNTON B W, et al. Dynamic Mode Decomposition：Data-Driven Modeling of Complex Systems ［M］. 2016.

大跨度桥梁的三维非线性后颤振响应预测 *

李凯，韩艳，蔡春声，胡朋

（长沙理工大学土木工程学院 长沙 410114）

1 引言

气弹颤振是大跨度桥梁最危险的一种振动形式，自 Scanlan 构建经典线性颤振理论以来，桥梁颤振被认为是急剧破坏性的失稳行为，因此绝对不允许发生。然而近些年来大量的学者通过风洞试验、数值模拟研究[1]发现目前很多桥梁断面都存在极限环振动行为，被称为"软颤振"，是一种复杂的非线性响应问题。实际上塔科马大桥在风毁前就经历了长达 70 分钟的稳态扭转振动，最大振幅约 30°～35°。可见桥梁的最终破坏形式是由长时间高应力循环造成的局部关键构件疲劳损伤失效而连动的桥梁系统失效。超大跨桥梁轻柔，其在大振幅下的应力水平未必很高，有学者曾指出一座建造完好的桥梁能够承受数小时 6°的扭转振动[2]。另一方面，随着桥梁跨度的不断增长，为满足现行设计规范中线性颤振设防的要求，设计和建设成本急剧增加，比如日本的明石海峡大桥为了满足 78 m/s 的颤振检验风速采用了高达 14 m 的加劲桁梁，我国的西堠门大桥为满足颤振设防采用了宽达 6 m 的中央开槽分体式双箱梁断面。随着全球气候剧烈变化，大跨度桥梁尤其是沿海台风区的大跨度桥梁将面临更严峻的风致振动问题。有鉴于此，发展大跨度桥梁的非线性后颤振分析理论以及量化后颤振应力水平势在必行。

本文以某大跨四主缆双层钢桁悬索桥为背景，首先采用自由振动风洞试验，研究了该桥的非线性后颤振响应特征；随后基于自由振动响应提出了一种幅变颤振导数的识别方法和基于幅变颤振导数的稳态振幅预测方法，并进一步交叉验证了该方法的可行性；最后预测了考虑三维模态振型的非线性后颤振响应。

2 三维非线性后颤振响应预测

2.1 风洞试验

以某设计阶段的大跨悬索桥为背景进行后颤振响应研究，该桥主跨 1650 m，采用 4 主缆体系，其主梁横断面布置如图 1 所示，钢桁加劲梁宽 32 m，高 9.5 m。为量化竖向自由度的参与对该断面软颤振行为的影响，首先采用约束竖向自由度的方法进行单自由度扭转后颤振试验，随后释放竖向自由度进行竖向扭转两自由度后颤振试验，试验布置如图 2 所示。节段模型试验工况与参数如表 1 所示。其中工况 A2 为改变质量与阻尼的交叉验证试验。

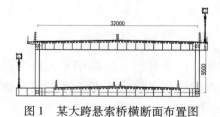

图 1 某大跨悬索桥横断面布置图   图 2 节段模型自由振动实验布置图

表 1 节段模型试验工况与参数

试验工况	$m/(\text{kg} \cdot \text{m}^{-1})$	$I/(\text{kg} \cdot \text{m}^2 \cdot \text{m}^{-1})$	f_h /Hz	f_α /Hz	$\xi_{m,h}$ /%	$\xi_{m,\alpha}$ /%
A1	17.7508	1.0702	1.7055	2.57	0.12	0.198
A2	16.5223	1.4486	1.7677	2.209	0.142	0.22

* 基金项目：国家自然科学优秀青年基金项目（51822803）；湖南省自然科学杰出青年基金项目（2018JJ1027）。

2.2 幅变颤振导数识别

基于 Chen 提出的颤振分析闭合解法[3]，可反推获得颤振导数表达式，再基于每个风速下的时变振动模态信息可获得幅变颤振导数。基于试验工况 A1 识别的部分幅变颤振导数如图 3 所示，其中扭转模态颤振时 H_1^* 和 H_4^* 几乎不随振幅发生变化。

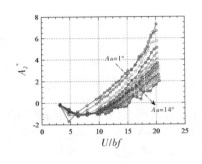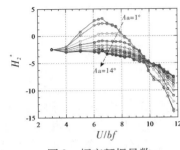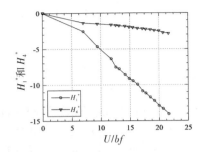

图 3　幅变颤振导数

2.3 基于幅变颤振导数的非线性后颤振响应预测

基于识别的幅变颤振导数进一步预测非线性后颤振扭转和竖向稳态响应幅值随风速的演变，如图 4 所示。可以发现本文所提方法能够很好地预测结构参数变化时的后颤振响应。

图 4c 对比了基于条带假设的二维模型与考虑全桥模态振型效应的三维模型的稳态幅值随风速的演变规律。其中三维模型考虑了一阶正对称竖弯和扭转振型，并计入颤振导数随桥梁展向振型的变化，如下式所示：

$$m_1\left[-\omega^2 + 2i(\overline{\xi_1\omega_1} - \xi\omega)\omega + \overline{\omega_1}^2\right]q_{10}e^{\lambda t} = 0.5\rho U^2(A_{s12} + ikA_{d12})q_{20}e^{\lambda t} \tag{1}$$

$$m_2\left[-\omega^2 + 2i(\overline{\xi_2\omega_2} - \xi\omega)\omega + \overline{\omega_2}^2\right]q_{20}e^{\lambda t} = 0.5\rho U^2(A_{s21} + ikA_{d21})q_{10}e^{\lambda t} \tag{2}$$

从图 4c 可以发现三维响应会明显略大于二维响应。

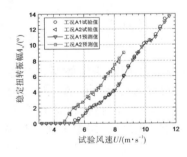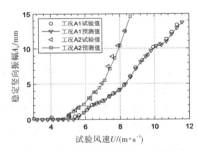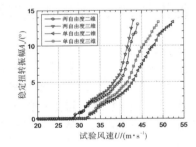

图 4　稳态振幅试验值与预测值

3　结论

基于自由振动试验提出的识别幅变颤振导数的方法具有很好的鲁棒性，能够用于大跨度桥梁的非线性后颤振响应预测；同时发现考虑模态振型影响的三维稳态振幅会明显略大于基于条带假设的二维稳态振幅，因此开展大跨桥梁三维非线性后颤振响应分析是十分必要的。

参考文献

[1] GAO G, ZHU L, WANG F, et al. Experimental investigation on the nonlinear coupled flutter motion of a typical flat closed-box bridge deck [J]. Sensors 2020, 20：568.

[2] SELBERG A. Aerodynamic effects on suspension bridges [M]. IABSE, Zurich, 1957.

[3] CHEN X, KAREEM A. Revisiting multimode coupled bridge flutter：some new insights [J]. J. Eng. Mech. 2006, 132（10）：1115 - 1123.

波形栏杆改善大跨桥梁箱型主梁涡振特性的风洞试验研究 *

战剑[1]，辛大波[2]，欧进萍[1]

（1. 哈尔滨工业大学土木工程学院 哈尔滨 150090；

2. 东北林业大学土木工程学院 哈尔滨 150040）

1　引言

涡激振动是大跨度桥梁在低风速下易发生的具有强迫和自激双重性质的风致限幅振动。虽然涡振不像颤振一样会引起灾难性的后果，但由于具有发生风速低、振动幅度大的特点，极易造成桥梁构件的疲劳破坏，并引起行人和行车的不适，特别是在成桥阶段，由于增设防撞栏杆、检修轨道等附属设施改变了主梁的几何外形，增加了主梁的钝体特性，使得气流分离的可能性大大增加，更易出现振幅较大的涡振现象，因此在桥梁施工与成桥阶段避免涡激共振或限制涡振振幅具有十分重要的意义。针对大跨桥梁的涡振问题，目前多采用的流动控制方法是在桥梁主梁上附加仅具有抗风性能而无服务功能的抗风附属构件，这使得桥梁整体结构较为繁杂，影响美观。本文将对一典型单箱梁断面大跨桥梁进行研究，将具有服务功能的桥梁栏杆设计成为一种可以改善桥梁涡振特性的波形栏杆，并借助风洞试验验证波形栏杆的抑振效果。

2　波形栏杆流动控制方法

2.1　波形栏杆流动控制原理

基于展向周期扰动原理[1]，通过改变栏杆的外形优化桥梁主梁的气动外形，将传统栏杆中的直横梁改良为与桥面平行的波形横梁，波形横梁的正弦型扰动会使得流经主梁的气流延展向不同步分离，进而在尾流中能够产生顺流向以及竖向三维涡结构，使得引发涡激振动的展向涡发生畸变，从而达到减弱甚至抑制桥梁涡振的目的。

2.2　波形栏杆关键控制参数

波形栏杆形式如图 1 所示，其控制参数为波形横梁的波长 W 与波幅 A（图 2）。针对波形横梁，选取 $0.5H$、$1H$、$2H$、$3H$、$4H$、$5H$（H 为桥梁模型主梁的高度）6 个波长以及 $0.25H$、$0.3H$、$0.36H$、$0.4H$ 4 个波幅。工况名称命名法则如下：$T-W1H-A0.25H$ 代表波形栏杆中波形横梁的波长为 $1H$，波幅为 $0.25H$，以此类推，Straight railing 代表基本工况。

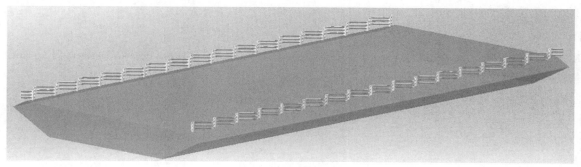

图 1　波形栏杆

*　基金项目：国家自然科学基金项目（515878131）。

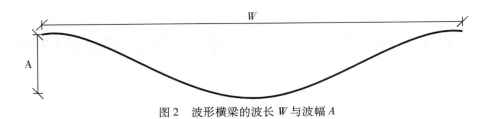

图 2　波形横梁的波长 W 与波幅 A

2.3　风洞试验

风洞试验采用比例尺为 1:80 的丹麦大贝尔特桥东桥桥梁节段模型，模型展向长度为 830 mm。自由振动悬挂系统竖弯频率为 $f_v = 8.5$ Hz，竖弯阻尼比为 $\xi_v = 0.24\%$，扭转频率为 $f_\alpha = 12.33$ Hz，扭转阻尼比为 $\xi_\alpha = 0.19\%$。将桥面安装直栏杆的工况设为基本工况，分别对带有直栏杆与波形栏杆的桥梁模型进行测振试验。为量化波形栏杆的控制效率，定义涡振衰减率 η_e 如下：

$$\eta_e = -(P_c - P_o)/P_o \tag{1}$$

式中，P_o 为无控状态下（安装直栏杆）桥梁涡激振动时程的均方根峰值；P_c 为有控状态下（安装波形栏杆）桥梁涡激振动时程的均方根峰值。

3　结论

试验结果如图 3 所示，图中表明具有最佳控制参数的波形栏杆能够明显改善桥梁的涡激振动特性，其中当波形横梁的波长较小时（$W = 0.5H$、$1H$）可以完全抑制桥梁的竖向以及扭转涡振，特别是当波长为 $W = 0.5H$ 时，控制效果尤为显著，此时的竖向涡振衰减率可达 97.2%，扭转涡振衰减率可达 95.3%。

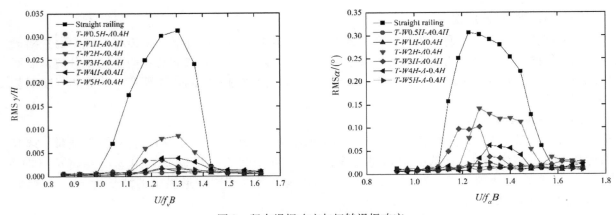

图 3　竖向涡振响应与扭转涡振响应

参考文献

［1］ LAM K, LIN Y F. Effects of wavelength and amplitude of a wavy cylinder in cross-flow at low Reynolds numbers ［J］. Journal of Fluid Mechanics, 2009, 620（620）: 195 – 220.

流线箱梁弯扭耦合气动力参数非线性特性 *

王达[1]，赵林[1,2]，葛耀君[1,2]

（1. 同济大学土木工程防灾国家重点实验室 上海 200092；
2. 同济大学桥梁结构抗风技术交通运输行业实验室 上海 200092）

1 引言

　　流线型箱梁断面是现代大跨桥梁的主要断面形式之一，其颤振形态一般表现为弯扭耦合振动，研究发现[1]竖弯与扭转运动的相互耦合是形成气动负阻尼效应，驱动耦合颤振发展的重要因素。风洞试验表明[2]，弯扭耦合颤振具有显著的非线性特性，表现为极限环振动现象。本文针对某流线型箱梁断面，分别采用自由振动法和强迫振动法实现了气动自激力的高精度测量，对比了两种方法获取气动力的差异，分析了气动阻尼随振幅的变化规律，研究了软颤振的分岔机理。结果表明：对流线型箱梁，自由振动法与强迫振动法测量气动力结果无明显差异；气动阻尼随振幅发展呈现复杂的非线性变化规律，使得竖弯与扭转运动形成即相互促进又相互约束的复杂耦合关系；气动阻尼随振幅的变化是软颤振发生和分岔的主要原因。

2 风洞试验

　　针对某流线型箱梁断面（图 1）进行自由振动试验，通过自由衰减振动测试分析了弹性悬挂系统的结构非线性参数，发现系统的非线性主要为阻尼非线性。自由振动试验中观察到了明显的弯扭耦合软颤振现象，并通过强迫振动装置复现了自由振动软颤振稳态位移时程。借助力 - 位移信号同步采集装置，实现了自由振动与强迫振动气动力时程的高精度测量。试验结果表明，在位移时程一致的情况下，两种试验方法测得的气动力时程（图 2）十分接近，表明稳态运动工况下强迫振动试验可以保证气动自激力的充分发展。

图 1　模型截面图（单位：mm）

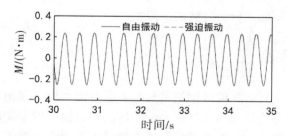

图 2　气动升力矩时程（$U^* = 7.5$，$A_a = 7.1°$）

3 耦合气动力特性分析

　　气动力频谱分析表明：竖弯振幅小于 11 mm，扭转振幅小于 7.1° 时，气动力高阶倍频分量总体占比不高，最大约 10%。由气动力做功大小可计算出相应的等效气动阻尼[3]，如下式：

$$\xi_v = -W_{FL}/(2\pi m \omega_{v0} \omega_v A_v^2); \qquad \xi_\alpha = -W_M/(2\pi J \omega_{\alpha0} \omega_\alpha A_\alpha^2) \tag{1}$$

式中，ξ_v，ξ_α 分别为结构竖向和扭转阻尼比；W_{FL}，W_M 分别为气动升力和气动扭矩对结构所做的功；m，J 分别为振动系统质量和质量惯矩；ω_{v0}，$\omega_{\alpha0}$ 分别为结构竖向和扭转自振频率；ω_v，ω_α 分别为竖向和扭转位移响应

* 基金项目：国家自然科学基金项目（52008314、52078383）。

频率；A_v，A_α 分别为竖向和扭转位移响应振幅。

以折算风速 $U^* = 7.1$，弯扭运动相位差 $\theta = -15°$ 为例，不同竖弯 – 扭转振幅的气动阻尼等值线图如图3。由图3可知，竖弯气动阻尼随扭转振幅增大而减小，随竖弯振幅增大而增大；扭转气动阻尼随竖弯振幅增大而减小，随扭转振幅增大而增大；说明负阻尼形成与耦合项紧密相关，且竖弯与扭转运动具有即相互促进又相互约束的复杂耦合关系。

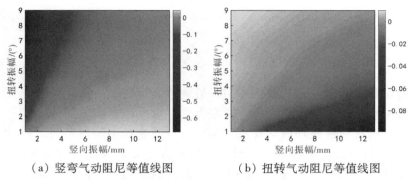

（a）竖弯气动阻尼等值线图　　（b）扭转气动阻尼等值线图

图3　气动阻尼等值线图（$U^* = 7.1$，$\theta = -15°$）　　　　　　　图4　软颤振分岔机理

从气动阻尼随振幅的变化关系，提出一种解释软颤振极限环振动与分岔机理的图解方法。忽略结构阻尼非线性和振幅发展过程中的弯扭相位差变化，在竖弯 – 扭转振幅平面绘出 $\xi_v = -\xi_{vs}$，$\xi_\alpha = -\xi_{as}$ 的气动阻尼等值线（图4），ξ_{vs}，ξ_{as} 为结构竖弯和扭转阻尼比，这两条等值线将振幅平面分成若干区域，其交点即为软颤振平衡点。根据阻尼特性可将各区域分为三类：竖弯和扭转总阻尼一正一负的区域称为 R 区（恢复区），均为负则称为 D 区（发散区），均为正的称为 C 区（收敛区）。若扰动后振动处于 R 区，则由于竖弯与扭转运动的相互约束，运动会趋向附近的阻尼等值线；若处于 D 区，在负阻尼作用下会逐渐发散；若处于 C 区，则振幅会逐渐收敛。图4中 A 点为不稳定平衡点，扰动后若处于 A 点左下区域，振动逐渐衰减到静止；B 点为稳定平衡点，扰动后若处于 B 点附件，振动会最收敛到 B 点；C 点为不稳定平衡点，扰动后若处于 C 点右上区域，则振动会逐渐发散。以上三种情况分别对应小振幅激励衰减、稳定极限环振动和大振幅激励发散三种情况，据此可定性解释风洞试验[2]中观察到的复杂软颤振现象。需要指出，若在以上分析中考虑结构非线性影响，则图中阻尼等值线会随振幅发展而动态变化，导致各区域发生变化，但不影响分析方法的适用性。

4　结论

本文针对某流线型箱梁断面采用自由振动和强迫振动法实现了弯扭耦合气动力的高精度测量，结果表明两种方法测得的气动力无明显区别，说明稳态运动工况下强迫振动试验可以保证气动自激力的充分发展。基于强迫振动试验结果，展示了气动阻尼随振幅发展的变化规律，明确了竖弯与扭转运动具有即相互促进又相互约束的复杂耦合关系，并提出了一种解释流线型箱梁软颤振和分岔机理的图解方法。该方法利用气动阻尼等值线将振幅平面进行划分，依据不同区域的总阻尼特性将区域分为 R 区（恢复区）、D 区（发散区）和 C 区（收敛区）三类，简洁清晰地展示了不同扰动情况下振动的发展趋势，解释了极限环振动平衡与分岔的内在机理。

参考文献

［1］杨詠昕，葛耀君，项海帆.大跨度桥梁典型断面颤振机理［J］.同济大学学报，2006（4）：455 – 460.

［2］朱乐东，高广中.典型桥梁断面软颤振现象及影响因素［J］.同济大学学报（自然科学版），2015（43）：1289 – 1294.

［3］赵林，胡传新，周志勇，等.H 型桥梁断面颤振后能量图谱［J］.中国科学（技术科学），2021，51（5）：505 – 516.

基于外置吸吹气的大跨桥梁涡激振动流动控制 *

韩斌，辛大波

（东北林业大学土木工程学院 哈尔滨 150040）

1 引言

随着大跨桥梁向轻质和柔性发展，风致振动成为制约桥梁跨径增加的主要因素[1]。涡激振动作为一种低风速下发生的限幅风致振动现象，其发生机理是主梁尾流漩涡脱落频率与固有频率接近，由周期性气动力产生的自激振动，会影响桥梁结构疲劳性能以及行车行人的安全和舒适性，抑制大跨桥梁涡激振动成为学者们研究的热点问题。通过外部供给能量，向流场注入或吸收能量来改善桥梁绕流场，从而控制大跨桥梁风致振动的方法称为主动流动控制方法，包括定常吸气[2]和主动翼板[3]等，具有控制效率高、适应多种风环境并能灵活抑制风致振动的优点，是未来流动控制的发展趋势。相比于沿展向方向扰动形式不变的传统二维流动控制方法，三维展向扰动流动控制方法具有控制效率更高、适用性更好、成本更低、控制形式更灵活等优势[4]。三维展向扰动控制是指在结构展向以一定间距周期性布置扰动来改善结构绕流场的控制方法，利用了展向涡的二次不稳定性，使展向涡的发展和脱落规模受到限制，进而抑制涡激振动[5]。本文基于吸、吹气方法，结合三维展向扰动控制的高效性，提出了外置吸吹气方法，并通过风洞试验验证了该方法抑制大跨桥梁涡激振动的有效性。

2 外置吸吹气方法

外置吸吹气方法是一种三维展向扰动控制的方法，利用展向周期性布置吸吹气的方式施加扰动，激发出三维展向不稳定性的优势模态，将展向涡扭曲变形为 Λ 涡，从而抑制大尺度展向涡的发展与脱落，进而抑制涡激振动，控制原理如图 1a 所示，图中 λ 为展向扰动间距。选择合适的扰动间距、吸吹气流量和装置放置位置等参数能有效激发结构的三维展向不稳定性最优模态。外置吸吹气装置将一根沿展向通长的管道作为气流通道，在内部展向方向每间隔出一段距离进行开孔用于实现外置吸吹气。气源通过轴流风机提供，利用了风机前后的正负压来实现管道一端吸气一端吹气的效果。外置吸吹气装置如图 1b 所示。

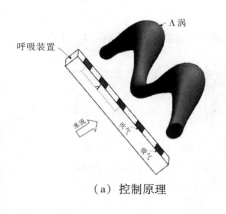

（a）控制原理

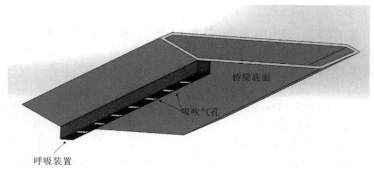

（b）外置吸吹气装置

图 1 外置吸吹气方法

* 基金项目：国家自然科学基金项目（51878131）。

3　风洞试验与结果讨论

本文以大贝尔特桥东桥为原型，采用 1:80 缩尺比开展节段模型风洞试验，节段模型主梁高度为 $H = 50$ mm，宽 $B = 387.5$ mm，展向长 $L = 800$ mm，吸吹气管道截面为边长 6.25 mm 的正方形，由于尺寸限制，通过真空泵和空气压缩机代替轴流风机提供稳定吸吹气源，并通过流量计调节吸吹气流量。采用自由振动悬挂系统，通过控制弹簧的刚度和弹簧间距调节模型竖弯振动频率和扭转振动频率。节段模型每延米的质量为 $m = 4.238$ kg/m，转动惯量为 $I = 0.449$ kg×m²/m，竖弯振动频率为 $f_v = 4.52$ Hz，竖弯振动阻尼比为 $\xi_v = 0.37\%$；扭转振动频率为 $f_t = 6.90$ Hz，扭转振动阻尼比为 $\xi_t = 0.31\%$。零度风攻角下，保证模型与桥梁原型吸吹气流量系数相等的前提下，试验选择吸吹气流量为 8 L/min，装置放置在模型底面前缘时，不同展向扰动间距（$\Lambda = \lambda/H$）对外置吸吹气方法控制涡激振动效果的影响如图 2 所示。相对于无控状态，当不施加吸吹气时外置装置同样能够起到一定的抑振作用，扰动间距为 $2\sim4H$ 时完全抑制了竖弯涡振响应；扰动间距在 $2\sim5H$ 时都能够完全抑制扭转涡激振动。

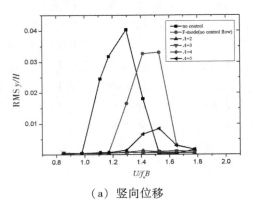
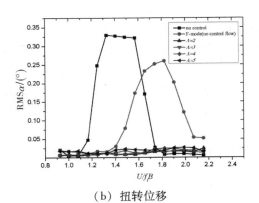

（a）竖向位移　　　　　　　　　　　（b）扭转位移

图 2　不同展向扰动间距下模型位移均方根值随折减风速的变化

4　结论

本文提出了一种基于三维展向扰动的外置吸吹气流动控制方法，并通过风洞试验验证了该方法抑制节段模型涡激振动的有效性。当装置放置在模型底面前缘，吸吹气流量大于 6 L/min，展向扰动间距为 $2\sim4H$ 都能抑制模型涡振。该方法的控制原理是通过三维展向扰动，激发主梁尾流二次不稳定性，通过顺流向涡抑制展向涡的形成与发展，从而抑制了主梁模型的涡激振动。同时，外置装置的气动外形效应也能提高模型的涡振稳定性。

参考文献

［1］赵林，葛耀君，郭增伟. 大跨度缆索承重桥梁风振控制回顾与思考——主梁被动控制效果与主动控制策略［J］. 土木工程学报，2015，12：91-100.

［2］辛大波，欧进萍，李惠. 基于定常吸气方式的大跨桥梁风致颤振抑制方法［J］. 吉林大学学报（工学版），2011，41（5）：1273-8.

［3］KOBAYASHI H，NAGAOKA H. Active control of flutter of a suspension bridge［J］. Journal of Wind Engineering & Industrial Aerodynamics，1992，41（1-3）：143-51.

［4］KIM J，CHOI H. Distributed forcing of flow over a circular cylinder［J］. Physics of Fluids，2005，17（3）：033103.

［5］ZHANG H，XIN D，OU J. Experimental study on mitigating vortex-induced vibration of a bridge by using passive vortex generators［J］. Journal of Wind Engineering & Industrial Aerodynamics，2018，175（11）：100-110.

涡激力模型非线性同阶项参数识别与讨论*

孙颢[1,2]，朱乐东[1,2,3]，朱青[2,3]，钱程[1,2]

（1. 同济大学土木工程防灾国家重点实验室 上海 200092；

2. 同济大学土木工程学院桥梁工程系 上海 200092；

3. 同济大学桥梁结构抗风技术交通行业重点实验室 上海 200092）

1 引言

利用半经验数学模型来近似描述涡激力是目前研究涡激振动所采用的主要方法，其中又属基于泰勒级数所建立的多项式型涡激力模型研究成果最为丰富。对涡激力模型进行高阶泰勒展开时不可避免会出现同阶项，准确把握这些同阶项之间的关系有助于进一步了解涡激力的非线性性质，然而，受制于试验手段与参数识别方法的发展，迄今为止关于多项式模型中同阶项的研究讨论尚且较少。本文以西堠门桥中央开槽箱梁断面为研究对象建立了考虑完备同阶项的精细化多项式涡激力模型，提出了相应的参数识别方法，通过风洞试验来验证模型以及参数识别方法的可靠性，并基于同阶项的参数对比来讨论了涡激力的非线性来源。

2 涡激力精细化模型及其参数识别方法

以无量纲涡激力 $F_{VI}(\eta, \dot{\eta})$ 为例关于 η 和 $\dot{\eta}$ 进行泰勒展开，根据本文研究至少需要保留五阶项才能准确模拟中央开槽箱梁断面上的涡激力非线性性质，所以对泰勒级数进行截断并只考虑对结构涡振响应幅值有显著影响的气动阻尼项，得到如下五阶涡激力精细化模型：

$$F_{VI}(\eta, \dot{\eta}) = p_{01}\eta^2 + p_{21}\eta^2\dot{\eta} + p_{03}\dot{\eta}^3 + p_{41}\eta^4\dot{\eta} + p_{23}\eta^2\dot{\eta}^3 + p_{05}\dot{\eta}^5 \tag{1}$$

式中，η 为无量纲位移，对于竖弯涡振 $\eta = y/B$，对于扭转涡振 $\eta = \alpha$；p_{ij} 为待识别的气动参数，均为关于折算频率 K 的函数。Gao[1] 提出的三步最小二乘法可单独识别涡激力模型中的气动阻尼参数，但该方法以能量等效原理为基础，并不能准确分离式（1）中阻尼效应相互耦合的同阶非线性气动阻尼项[2]。为此，本文基于三角函数的正交性，对原三步最小二乘法的气动阻尼参数识别控制方程进行了如下扩充改进，改进方法能用来准确地识别精细化模型的气动参数：

$$\begin{bmatrix} \int_s^{s+T} \hat{F}_{VI}(\tau) \cdot \hat{\dot{\eta}}\,\mathrm{d}\tau \\ \int_s^{s+T} \hat{F}_{VI}(\tau) \cdot \hat{\dot{\eta}}^3\,\mathrm{d}\tau \\ \int_s^{s+T} \hat{F}_{VI}(\tau) \cdot \hat{\dot{\eta}}^5\,\mathrm{d}\tau \end{bmatrix} = \begin{bmatrix} \int_s^{s+T} F_{VI}(\eta, \dot{\eta}) \cdot \hat{\dot{\eta}}\,\mathrm{d}\tau \\ \int_s^{s+T} F_{VI}(\eta, \dot{\eta}) \cdot \hat{\dot{\eta}}^3\,\mathrm{d}\tau \\ \int_s^{s+T} F_{VI}(\eta, \dot{\eta}) \cdot \hat{\dot{\eta}}^5\,\mathrm{d}\tau \end{bmatrix} \tag{2}$$

式中，s 为无量纲时间；T 为结构的无量纲振动周期；上标 ^ 表示风洞试验的实测值。

3 涡激力非线性来源的讨论与试验验证

通过直接泰勒展开来获得非线性模型式（1）属于一种纯数学方法。事实上从物理意义角度来看，涡激力主要是为振动系统提供额外的气动阻尼，可以表示成如下基本形式：

$$L_{VI} = c_e(K, \tilde{\alpha})\dot{y} \xrightarrow{\text{关于 } \dot{y} \text{ 展开}} p_{01}\dot{y} + p_{03}\dot{y}^3 + p_{05}\dot{y}^5 \tag{3}$$

* 基金项目：国家自然科学基金重点项目"超大跨度高性能材料缆索承重桥梁结构设计及风致灾变理论与方法"（51938012）。

$$M_{VI} = c_e(K, \tilde{\alpha})\dot{\alpha} \xrightarrow{\text{关于 } \alpha \text{ 和 } \dot{\alpha} \text{ 展开}} p_{01}\dot{\alpha} + p_{21}\alpha^2\dot{\alpha} + p_{03}\dot{\alpha}^3 + p_{41}\alpha^4\dot{\alpha} + p_{23}\alpha^2\dot{\alpha}^3 + p_{05}\dot{\alpha}^5 \qquad (4)$$

式中，$c_e(K, \tilde{\alpha})$ 为气动阻尼系数，由于结构发生涡振时其有效风攻角（即气动外形）发生了连续并且显著的变化，所以 c_e 应表示为瞬时有效风攻角 $\tilde{\alpha}$ 的函数。在竖弯涡振中 $\tilde{\alpha}$ 只与 $\dot{y}$ 有关，而扭转涡振时则同时是关于 α 和 $\dot{\alpha}$ 的函数。因此可以对涡激升力和扭矩分别关于 $\dot{y}$ 和 α、$\dot{\alpha}$ 进行泰勒展开，将展开后只含阻尼项的气动力与式（1）对比可以发现，扭矩的形式完全一致，但升力的形式有所不同。

通过西堠门桥大比例节段模型同步测力测振风洞试验识别了涡激力精细化模型式（1）的参数，并于图 1 和图 2 中对比了锁定区间内同阶阻尼项的做功贡献。可以看到，在实测涡激升力中主要由 $\dot{y}^n$ 项来提供气动阻尼，而在涡激扭矩中各同阶项都具有相当的阻尼效应，结果与式（3）和式（4）基本相符，证明了涡激力非线性主要来源于结构有效风攻角的不断改变。

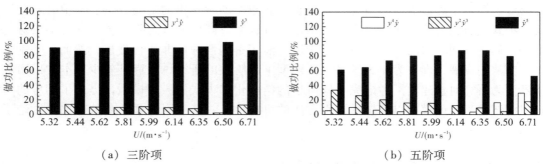

（a）三阶项　　　　　　　　　　（b）五阶项

图 1　涡激升力中同阶气动阻尼项的做功对比

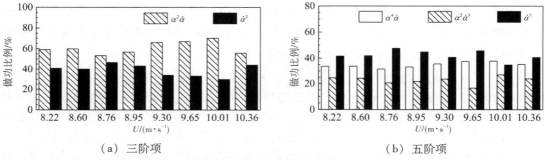

（a）三阶项　　　　　　　　　　（b）五阶项

图 2　涡激扭矩中同阶气动阻尼项的做功对比（左图为三阶项，右图为五阶项）

4　结论

本文建立了考虑完备同阶项的非线性涡激力精细化模型，并利用三角函数的正交性改进了现有的三步最小二乘法以识别精细化模型中的气动参数。基于风洞试验的气动参数识别结果表明，涡激力的非线性主要来源于结构瞬时有效风攻角在涡激振动过程中的不断变化。

参考文献

［1］ GAO G, ZHU L. Nonlinear mathematical model of unsteady galloping force on a rectangular 2：1 cylinder［J］. Journal of Fluids and Structures, 2017, 70：47 − 71.

［2］ GAO G, ZHU L, BAI H, et al. Analytical and experimental study on Van der Pol-type and Rayleigh-type equations for modeling nonlinear aeroelastic instabilities［J］. Advances in Structural Engineering, 2021.

小型水平轴风机对桥梁主梁尾流控制的试验研究*

张晗，张洪福，辛大波

（东北林业大学 哈尔滨 150040）

1 引言

大跨桥梁主梁大幅的涡激振动会严重威胁行车安全以及桥梁结构的耐久性。引起涡激振动的主要因素为桥梁尾流的周期性旋涡脱落，消除或抑制周期性的旋涡脱落可以有效减弱涡激振动振幅。三维展向控制是指通过在钝体的展向方向（即主梁行车方向）施加扰动来抑制旋涡脱落改善钝体绕流场的流动控制方法，该方法率通常远远高于常规二维框架内的控制方法（如导流板等）[1-2]。这类方法的主要原理在于利用顺流向涡结构可以从展向涡结构中吸取能量的特点，削弱漩涡脱落从而抑制风振。水平轴风力机是一种风能收集装置，当叶片旋转时会产生大量顺流向涡结构，这为抑制桥梁主梁周期性尾流从而削弱涡振振幅提供了可能。本文即以大贝尔特桥为研究对象，采用风洞试验研究小型水平轴风力机对桥梁主梁尾涡的控制效果。

2 风洞试验设置与结果分析

风洞试验在哈尔滨工业大学浪槽与风洞联合实验室内完成，实验室是一座闭口回流式风洞，由两个试验段组成。本次风洞试验均是在小风洞实验段完成，实验风速范围从 3 ～ 50 m/s，为连续可调。该矩形工作试验段宽 4 m，高 3 m，长 25 m。在试验过程中，自由流的湍流强度小于 0.46%，自由流的不均匀度小于 1%，平均气流偏角小于 0.5°。桥梁节段模型悬挂装置如图 1 所示。

图 1　风洞试验节段模型

桥梁与风力机模型的缩尺比为 1:40，风力机模型的尺寸如图 2 所示。风机尖速比约为（迎风侧为 3.2，背风侧为 1.4），桥梁模型竖向频率为 5.9 Hz，竖向阻尼比为 0.14%，模型扭转频率为 9.9Hz，竖向阻尼比为 0.13%。由图 3 可知，风力机可以有效抑制漩涡脱落。

* 基金项目：国家自然科学基金项目（51908107）；黑龙江省自然科学基金（LH2020E010）。

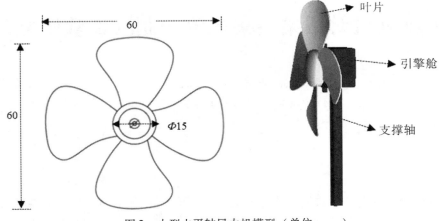

图2　小型水平轴风力机模型（单位：mm）

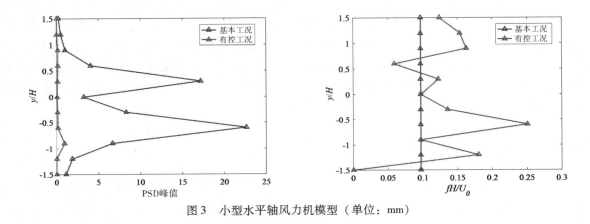

图3　小型水平轴风力机模型（单位：mm）

3　结论

本文即以大贝尔特桥为研究对象，采用风洞试验研究了小型水平轴风力机对桥梁主梁尾涡的控制效果，结果发现风力机可以有效抑制尾流的周期性脉动，这是其能有效抑制涡振的关键所在。

参考文献

［1］ ZHANG H, XIN D, OU J. Wake control using spanwise-varying vortex generators on bridge decks：A computational study ［J］. Journal of Wind Engineering and Industrial Aerodynamics, 2019, 184：185－197.

［2］ XIN D B, ZHANG H F, OU J. Experimental study on mitigating vortex-induced vibration of a bridge by using passive vortex generators ［J］. Journal of Wind Engineering & Industrial Aerodynamics, 2018.

流线箱梁风攻角颤振敏感性及气动力特性 *

刘丛菊[1]，赵林[1,2]，葛耀君[1,2]

（1. 同济大学土木工程防灾国家重点实验室 上海 200092；

2. 同济大学桥梁结构抗风技术交通运输行业重点实验室 上海 200092）

1 引言

强/台风条件风环境参数大攻角效应作为特异风关键参数对于大跨桥梁抗风安全构成潜在威胁。大攻角来流引发了气动力显著非线性滞回效应，造成沿桥跨变化的附加风攻角，在特定来流风攻角区间迅速恶化桥梁主梁结构颤振稳定性，导致了二维桥梁节段模型与三维全桥气弹模型多尺度风洞试验结果的明显差异，产生三维气弹效应。现有关于附加风攻角效应的研究[1-2]，大多是单独针对节段模型或全桥气弹模型的研究，很少涉及附加风攻角对二维和三维模型影响的对比[3]，既有的理论框架对此缺少必要的评估及改善措施。本文通过节段模型自由振动试验再现来流风角度敏感性突出的扁平钢箱梁断面，利用随机强迫振动装置，高精度识别该断面颤振导数，基于能量等效原理的三维颤振评估模型确定主梁恶化区间。

2 来流风攻角敏感性

针对某扁平钢箱梁断面开展的历史试验数据显示，0°、±3°、±5° 五个试验攻角下，二维节段模型的颤振临界风速均大于三维全桥气弹模型试验结果，平均高出 11%。这与传统认识下的节段模型试验更保守的认知不同。为进一步评估附加风攻角对二维与三维颤振临界风速结果的影响，在同济大学 TJ－2 号风洞进行 −7°～ +7°攻角（步长为 1°）共计 15 个工况的弹簧悬挂节段模型试验（图 1a）。在吊臂两端安装攻角板装置，实现模型大攻角的精确旋转，消除初始安装误差。节段模型采用扁平箱梁（图 2b）。颤振临界风速的实验结果显示（图 3），该断面表现出极大的来流风角度敏感性，红色标记攻角下发生软颤振现象。在附加风攻角影响下，全桥气弹模型产生沿桥跨变化的有效风攻角，与节段模型不利攻角接近的区段为较不利工况，恶化桥梁主梁结构颤振稳定性。

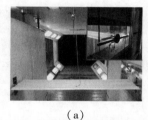

（a）

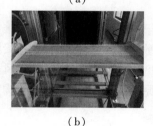

（b）

图 1　风洞试验

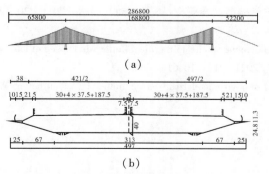

（a）

（b）

图 2　某悬索桥平面图示（单位：mm）

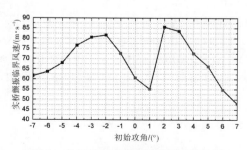

图 3　各初始风攻角下颤振临界风速

* 基金项目：国家自然科学基金项目（52078383）。

3 基于能量等效原理的三维颤振评估

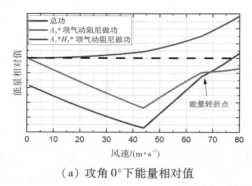

（a）攻角 0° 下能量相对值

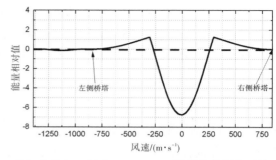

（b）攻角 0°、风速 77.5 m/s 下沿桥跨能量相对值

图 4 基于能量等效原理的主梁能量值

利用强迫振动装置识别（图 1b）得到该断面（图 2b）不同攻角和折减风速下的颤振导数，并组合表达得到气动阻尼项[4]。基于能量等效原理，结构阻尼对振动系统做负功，随风速的增加，振动系统的气动阻尼做功由负转正，当二者叠加做正功时，系统能量不再能够得到耗散以至于引起结构振动发散。在全桥发生一阶正对称扭转颤振的运动方程下，评估三维全桥颤振状态（图 4）。计算全桥单个节段单个扭转振动周期内系统扭转牵连运动气动阻尼中影响较大的两项与结构阻尼对扭转运动做功 W_α 为：

$$W_\alpha = \pi \omega_\alpha^2 \alpha_0^2 L \cdot \left(-2\xi_\alpha \cdot I + \rho B^4 \cdot A_2^* + \frac{\rho^2 B^6}{m_h} \cdot \Omega_{ha} \cdot A_1^* H_3^* \cos\theta_2 \right) \tag{1}$$

式中，$\alpha_0, \omega_\alpha, \xi_\alpha$ 分别为节段扭转振幅、圆频率、阻尼比，$\rho = 1.225 \text{kg/m}^3$ 为空气密度，其余为模型尺寸、与系统扭转牵连运动相关的各运动参数。

4 结论

基于能量等效原理评估三维全桥颤振状态，得到主梁沿桥跨随风速变化的各项阻尼做功。对于来流风角度敏感性突出的扁平钢箱梁断面，随风速增加，A_2^* 项气动阻尼对稳定系统扭转牵连运动贡献不断增加而后迅速弱化。在颤振临界风速下，中跨远离跨中节段气动阻尼做功由负转正，是系统能量转正发生颤振的原因，为该桥梁主梁结构颤振稳定性恶化区间。

参考文献

[1] 欧阳克俭, 陈政清. 附加攻角效应对颤振稳定性能影响 [J]. 振动与冲击, 2015, (2)：45-49.

[2] 朱乐东, 朱青, 郭震山. 风致静力扭角对桥梁颤振性能影响的节段模型试验研究 [J]. 振动与冲击, 2011, 30 (5)：23-26, 31.

[3] MA T T, ZHAO L, SHEN X M, et al. Case study of three-dimensional aeroelastic effect on critical flutter wind speed of long-span bridges [J]. Journal of Wind Engineering & Industrial Aerodynamics, 2021, 212：104614.

[4] MATSUMOTO M, KOBAYASHI Y, SHIRATO H. The influence of aerodynamic derivatives on flutter [J]. Journal of Wind Engineering and Industrial Aerodynamics, 1996, 60：227-239.

基于健康监测数据辨识的桥梁阻尼随振幅和风速演变特性

岳玺鑫[1]，方根深[1,2]，赵林[1,2]，葛耀君[1,2]

（1. 同济大学土木工程防灾国家重点实验室 上海 200092；

2. 同济大学桥梁结构抗风技术交通运输行业重点实验室 上海 200092）

1 引言

2020 年 5 月 5 日下午，虎门大桥发生因临时施工架设水马产生了涡激共振现象，引起社会舆论广泛讨论[1-2]。目前，现场实测作为结构抗风研究的一种有效验证手段，越来越被风工程领域关注。本文选取了 2020 年 6 月的虎门大桥实测监测数据，利用随机子空间方法识别并分析了不同风速条件下虎门大桥模态参数[3]，重点分析了结构模态阻尼比的风速依赖特征，探讨了大跨悬索桥模态阻尼随风速与幅值的变化规律。研究发现，虎门大桥模态阻尼比对比施工验收时模态阻尼比[4]明显降低，阻尼比降低是去除水马后虎门大桥二次涡振的主要原因。

2 实测数据预处理与模态识别结果验证

虎门大桥位于广东省境内的珠江出海口，地处我国遭台风侵袭频度最大的地区之一。桥位处风速序列利用上下游跨中的两个超声风速仪收集得到，如图 1 中▲所示；加劲梁加速度响应时间序列利用安装于主跨每 1/8 位置处的 14 个加速度传感器收集得到，如图 1 中●所示；超声风速仪的采样频率为 4Hz，加速度传感器采样频率为 50Hz。

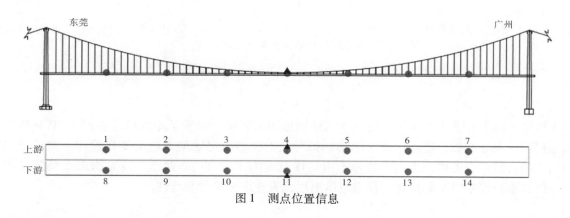

图 1　测点位置信息

选用虎门大桥 2020 年 6 月实测风速及响应加速度数据，针对发生涡振时对应的两阶模态，利用随机子空间法识别出二阶竖弯对称和二阶竖弯反对称在非涡振时间段的模态频率和模态阻尼比。剔除掉原始数据中涡振发生时的加速度和风速数据，以及其他坏点，以确保识别的模态阻尼比是准确可靠的。识别结果与 ANSYS 有限元模型计算结果与章关永等在施工验收时识别的固有模态结果进行对比，结果如表 1 所示。从表中可以看出，随机子空间法识别的主梁竖向涡振模态频率均值与有限元计算结果和施工验收结果吻合良好，识别误差在 0.5% 以内；模态阻尼比对比施工验收阶段明显降低，说明了虎门大桥去除水马后二次涡振的主因是阻尼比降低。

表 1 模态识别结果综合对比

模态	频率/Hz			阻尼比 ζ/%	
	随机子空间	有限元分析	施工验收	随机子空间	施工验收
二阶竖弯对称	0.2276	0.2251	0.2325	0.266	0.50～1.20
二阶竖弯反对称	0.2723	0.2765	0.2768	0.290	0.49～1.02

3 模态阻尼随风速变化

为了探究涡振对应振型的结构模态阻尼分布区间、波动程度与风速的依赖关系，图 2 给出了 8 组风速下结构发生二阶竖向振动时模态阻尼随风速的变化图。从均值上看，结构二阶竖弯对称模态阻尼随风速增大而增大，二阶竖弯反对称模态阻尼随风速增加而减小，这与虎门大桥低风速时涡振主要以二阶竖弯对称振型事实相符。随着风速增加，两个模态阻尼比总体呈下降趋势，说明潜在的模态阻尼比下降是引起虎门大桥二次涡振的主因。

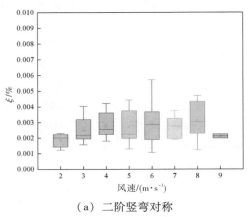
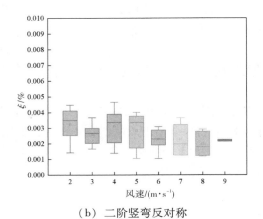

（a）二阶竖弯对称　　　　　　　　　　　　（b）二阶竖弯反对称

图 2 模态阻尼比随风速变化图示

4 结论

以虎门大桥的实际工程背景、基于现场采集风速和加速度数据，识别了不同风速条件下 2020 年 6 月的加速度数据对应的模态参数，重点讨论了结构涡振对应的模态阻尼比随风速的变化规律。随机子空间法可准确识别虎门大桥模态参数；虎门大桥模态阻尼比对比施工阶段明显降低，这是撤去水马后二次涡振的主因；涡激共振过程中随振幅变化的模态总体阻尼比表现出明显的非线性。

参考文献

[1] 葛耀君，赵林，许坤. 大跨度桥梁主梁涡激振动研究进展与思考 [J]. 中国公路学报，2019，32（10）：1-18.
[2] 同济大学土木工程防灾国家重点实验室：广东虎门大桥主梁断面气动选型试验研究 [R].1993.1.
[3] PEETERS B, ROECK G D. Reference based stochastic subspace identification in civil engineering [J]. Inverse Problems in Engineering, 2000, 8（1）：47-74.
[4] 章关永，朱乐东. 虎门大桥主桥自振特性测定 [J]. 同济大学学报（自然科学版），1999（2）：194-197.

大跨度非对称悬索桥在特异风作用下的响应研究[*]

张尧尧，郝键铭，舒鹏

（长安大学公路学院 西安 710064）

1 引言

近年来，随着我国经济的不断发展以及国家公路铁路网的建设和完善，公路铁路网逐渐向西部快速发展，使得桥梁工程在公铁网中占比越来越高。我国西部多为山区峡谷地带，地形复杂，悬索桥在这些地区多有使用。由于受到山区峡谷地区的地形限制，为了适应这类工程环境，出现了非对称的悬索桥，主要分为无塔非对称、主塔塔高不对称、主缆不等高支撑、边跨跨径及吊杆非对称及两侧锚碇类型不对称等的特殊类悬索桥[1]。同时因为山区峡谷气候复杂多变、强对流天气频发，所以也是强对流天气引发特异风灾害的重点区域，每年有若干的下击暴流等特异风现象发生，该风场展现出平均风速等风场特征在短时间内剧烈变化的非平稳特性[2-3]。悬索桥的非对称性导致其静风荷载呈不对称性，使得非对称桥梁在风荷载作用下较对称悬索桥更容易发生较大的结构响应[4]。因此，本文基于计算流体动力学（CFD）的数值模拟方法所模拟的特异风下击暴流风场数据，采用能够精确模拟特异风下桥梁气动荷载的瞬态气动力模型[5]，重点研究不同类型的非对称悬索桥在特异风荷载作用下的结构响应。该研究的结果对在山区峡谷以及沿海等特异风灾害高发的地区，大跨度非对称悬索桥或者大跨度非对称柔性结构的安全性和正常使用性研究提供指导。

2 研究方法和内容

2.1 基于 CFD 的风场数值模拟

本文基于 CFD 方法建立下击暴流风数值模型，采用有限体积法（FVM）离散整个流体计算域，采用非稳态雷诺平均 Navier – Stoke（RANS）方程模拟进行湍流建模，通过对壁面边界的修改，实现全尺寸移动下击暴流的模拟，从而实现对三维时变平均风速场较为准确的模拟。通过 Hilbert 小波变换方法模拟出下击暴流非平稳脉动风场，并与时变平均风速场相叠加，合成出所需的三维全尺寸下击暴流风场。

2.2 基于瞬态桥梁气动力模型的下击暴流风荷载模拟

本文基于之前研究所提出的瞬态桥梁气动力模型[5]，对作用在非对称悬索桥上任意位置处的下击暴流风荷载时程进行模拟。该气动力模型采用二维阶跃响应函数方程来描述时变平均风速对桥梁气动力特征的影响，从而可以更加精细化地模拟特异风下的风荷载。

2.3 大跨度非对称悬索桥在特异风作用下的响应分析计算

本文通过建立非对称悬索桥 ANSYS 有限元模型进行风致响应分析，首先对非对称悬索桥的静风响应进行分析，采用增量内外迭代法，内层主要求解桥梁结构几何非线性，外层主要求解在不同时刻下非线性风荷载作用下结构的响应，分析流程如图 1 所示；对于风致抖振时域计算使用准定常气动力理论将脉动风速转化为作用在结构上的抖振力时程，然后利用 CFD 并基于瞬态气动力模型模拟特异风在主梁模型每个单元上产生的自激力和抖振力，采用时域分析方法计算桥梁的动力响应（分析示意图如图 2 所示）。本文使用 APDL 语言对 ANSYS 进行二次开发，对两种不同类型的非对称悬索桥在特异风作用下的静风和抖振响应进行分析，获得在特异风荷载作用下对不等高支承的非对称悬索桥的竖向，横向以及扭转位移响应结果，并与静风作用下响应进行对比分析。

[*] 基金项目：中央高校基本科研业务费专项资金资助（300102210108）。

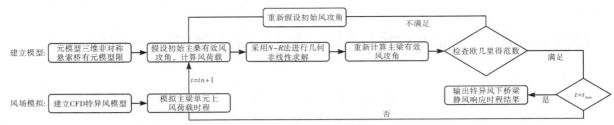

图 1　特异风作用下非对称悬索桥静风风响应分析流程图

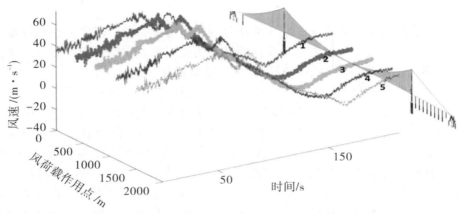

图 2　特异风作用下非对称悬索桥气动响应分析示意图

3　结论

　　本文基于非对称悬索桥的风致振动时域分析方法，通过采用瞬态桥梁气动力模型所模拟的特异风荷载，进一步研究了非对称悬索桥在特异风作用下的结构响应。通过 ANSYS 有限元软件对特异风作用下对不同类型非对称悬索桥的响应进行分析计算，研究非对称悬索桥的结构矢跨比、结构非对称等敏感性参数对非对称悬索桥动力响应的影响，根据计算结果表明，通过研究非对称悬索桥在特异风荷载下的响应，可以在山区峡谷以及沿海等特异风灾害高发的地区，在非对称悬索桥类型的选择以及桥梁的抗风设计研究中提供指导建议。

参考文献

［1］ 杨国俊.非对称悬索桥静力性能及动力特性分析［D］.西安：长安大学，2016.

［2］ 黄国庆，苏延文，彭留留，等.山区风作用下大跨悬索桥响应分析［J］.西南交通大学学报，2015，50（4）：610－616.

［3］ 陈政清，李春光，张志田，等.山区峡谷地带大跨度桥梁风场特性试验［J］.实验流体力学，2008（3）：54－59.

［4］ 程进，肖汝诚，项海帆.大跨径悬索桥非线性静风稳定性全过程分析［J］.同济大学学报（自然科学版），2000（06）：717－720.

［5］ HAO J，WU T. Nonsynoptic wind-induced transient effects on linear bridge aerodynamics［J］. Journal of Engineering Mechanics，2017，143（9）：04017092.

七、特种结构抗风

高层建筑屋顶太阳能板风荷载试验研究[*]

代胜福，刘红军，彭化义

（哈尔滨工业大学（深圳）土木与环境工程学院 深圳 518000）

1 引言

国务院新闻办公室于 2020 年 12 月发布了《新时代的中国能源发展》白皮书[1]，强调我国二氧化碳排放力争在 2030 年前达到峰值，在 2060 年前实现碳中和的目标。作为清洁可再生的新能源，光伏发电能够在这一过程中扮演重要角色。相较于地面光伏发电模式，屋顶光伏发电因能就地为建筑提供电能和避免占用土地而越来越受到欢迎。风荷载是太阳能板主要承受的荷载。因此，本文通过风洞试验研究了建筑高度对高层建筑屋顶太阳能板风荷载特性的影响。

2 风洞试验

风洞试验地貌类型为 C 类，几何缩尺比为 1∶100。建筑长度和宽度保持不变，均为 24 m，建筑高度 H 分别为 24 m、48 m、72 m 和 96 m。由于建筑和太阳能板的几何对称性，风向角的变化范围为 0°～180°，角度间隔为 15°。

3 数据处理方法

一行太阳能板的长度和宽度分别为 20 m 和 4 m，将每行太阳能板分为 4 块，每块太阳能板长 5 m，宽 4 m。因此，屋顶太阳能板共有 3 行（$n=1$、2、3）和 4 列（$m=$ A、B、C、D），如图 1 所示。均值风压系数为风压系数时程取平均值，极值风压系数按照 Cook&Mayne[2] 方法计算得到。

（a）试验布置图

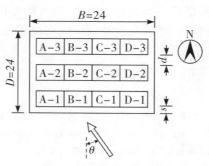

（b）太阳能板阵列

图 1 屋顶太阳能板布置图

* 基金项目：国家自然科学基金项目（51808174、51978221）。

4　结果与分析

不同位置的太阳能板平均和负极值风压系数如图 2 所示。从图中可以看出，板 C－3 和 D－3 的最不利平均和负极值风压均出现在 $\theta=135°$。另外，相较于靠近屋顶中部的板 C－3、板 D－3 的平均和负极值风压明显更大。

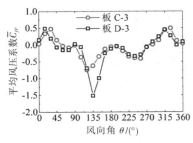
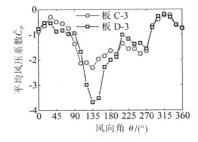

（a）平均风压系数　　　　　　　　　（b）负极值风压系数

图 2　屋顶太阳能板位置对风压系数的影响

图 3 展示了建筑高度对屋顶太阳能板最大平均和负极值风压系数的影响。从图中可以看出，建筑越低，太阳能板最大平均和负极值风压系数越大。这主要是因为建筑高度越低，来流更易从建筑屋顶绕流；与之相反，建筑高度越高，来流更倾向于从建筑侧边绕流[3-4]。

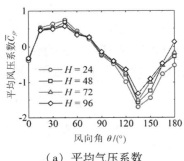
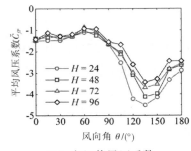

（a）平均气压系数　　　　　　　　　（b）负极值风压系数

图 3　建筑高度对太阳能板风压系数的影响

5　结论

本文通过风洞试验研究了建筑高度对高层建筑屋顶太阳能板风荷载特性的影响。研究结果表明，太阳能板最不利平均和负极值荷载均出现在 135°风向角。相较于屋面中间的太阳能板，屋面角端处的太阳能板风荷载明显更大。另外，建筑高度越低，太阳能板的风压系数越大，相较于 24 m 高的建筑，安装在 96 m 高建筑屋顶的太阳能板平均风压系数降低 22%，负极值风压系数降低 24%。考虑到屋顶太阳能板和支架的安全，较低建筑屋顶太阳能板需要额外关注。

参考文献

［1］中华人民共和国国务院新闻办公室.新时代的中国能源发展［R］.2020－12－21

［2］COOK N J, MAYNE J R. A refined working approach to the assessment of wind loads for equivalent static design［J］. Journal of Wind Engineering and Industrial Aerodynamics, 1980, 6（1－2）: 125－137.

［3］WANG J X, YANG Q S, TAMURA Y. Effects of building parameters on wind loads on flat-roof-mounted solar arrays［J］. Journal of Wind Engineering and Industrial Aerodynamics, 2018, 174: 210－224.

［4］HANG J, LI Y G, SANDBERG M. Experimental and numerical studies of flows through and within high-rise building arrays and their link to ventilation strategy［J］. Journal of Wind Engineering and Industrial Aerodynamics, 2011, 99: 1036－1055.

雷暴伴生冰雹冲击塔式太阳能定日镜数值模拟*

熊倩[1]，吉柏锋[2]，邢盼盼[1]，邱鹏辉[1]，瞿伟廉[2]

（1. 武汉理工大学土木工程与建筑学院　武汉　430070；

2. 武汉理工大学道路桥梁与结构工程湖北省重点实验室　武汉　430070）

1　引言

可再生清洁的聚光太阳能热发电技术，是解决能源需求紧张和传统能源日益枯竭且污染环境等问题的必然选择之一，其中塔式太阳能热发电是最具前景的发展方向。塔式太阳能热发电技术需要规模庞大的定日镜阵列将太阳光聚焦到太阳能集热器上，定日镜是整个系统中最关键也是投资占比最大的部件，约占建设总成本的50%[1]。青藏高原，特别是青海省因其具有丰富的太阳能资源成为目前我国太阳能光热发电站发展最快、数量最多的地区。由于青藏高原复杂的地形和强烈的对流活动，青海省也是我国雷暴大风、冰雹发生最多，范围最广的地区[2]。处于野外开阔地带的定日镜极易在雷暴大风和冰雹作用下发生破坏，降低光学性能。因此，本研究采用光滑粒子流体动力学（smooth particle hydrodynamics，SPH）方法和基于应变率的弹塑性材料模型建立冰雹数值模型，研究雷暴伴生冰雹粒径和冲击位置对定日镜的动态响应特征的影响。

2　数值模拟概况

图1a和图1b分别为冰雹冲击定日镜有限元模型和冰雹冲击位置分布图。定日镜尺寸为1250 mm × 1250 mm × 2 mm，选用4节点曲面薄壳单元，网格单元尺寸为5 mm，共62 500个单元。支撑结构采用B31单元，单元尺寸5 mm，共620个单元。考虑到吸盘的作用，对反射镜和支撑结构进行点－面耦合约束，支撑结构末端节点进行6个自由度方向完全固定约束。采用SPH方法建立冰雹模型，冰雹被离散为7168个粒子。选取冰雹直径 D 为10～50 mm，撞击方向沿 z 轴负方向。图1b中，p_0 和 p_4 分别为定日镜边缘线中心和角边缘；p_5 为吸盘位置，p_1 与 p_5 在同一水平线上；p_3 为定日镜中心，下面也有吸盘支撑；p_2 为 p_1 和 p_3 的中点，p_6 为 p_3 和 p_4 的中点。

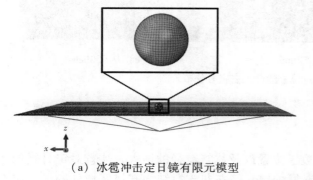

（a）冰雹冲击定日镜有限元模型

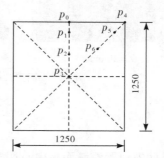

（b）冰雹冲击位置分布（单位：mm）

图1　冰雹冲击定日镜示意图

*　基金项目：湖北省自然科学基金项目（2020CFB524）；道路桥梁与结构工程湖北省重点实验室（武汉理工大学）开放课题基金资助项目（DQJJ201907）。

3 结果与分析

3.1 冲击位置的影响

以直径 D 为 30mm 为例，图 2 给出了冲击点 $p_0 \sim p_6$ 在 z 方向上的位移时程曲线。由图 8 可以看出，冲击点 p_0 和 p_1 在 z 方向上的位移响应最大；冲击点 p_2 和 p_6 次之；冲击点 p_5 的位移响应最小，趋近于 0。

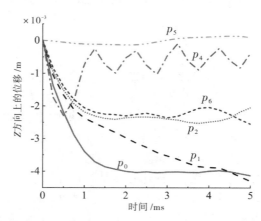

图 2　直径 30 mm 冰雹冲击下定日镜 $p_0 \sim p_6$ 位置的位移时程曲线

3.2 冰雹粒径的影响

图 3 是定日镜 p_6 位置在直径 20 ～ 50 mm 的冰雹冲击下的最大主应力分布云图。由图 3 可知，冰雹直径越大，定日镜最大主应力也越大。对比图 12a 和图 12b 可知，冲击点 p_6 的最大主应力最大值在直径 20mm 冰雹作用下为 27.18 MPa 小于定日镜拉伸强度 58.8 MPa；在 30 mm 冰雹作用下为 78.92 MPa，大于 58.8 MPa。

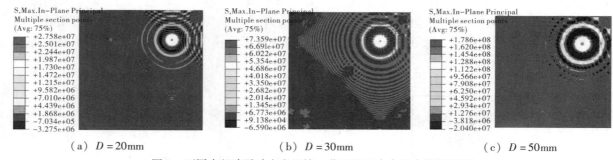

（a）$D = 20$mm　　　　　（b）$D = 30$mm　　　　　（c）$D = 50$mm

图 3　不同直径冰雹冲击定日镜 p_6 位置的最大主应力分布云图

4 结论

随着冰雹冲击位置沿镜面板中心逐渐靠近定日镜边缘位置以及冰雹粒径的增大，冰雹对定日镜的冲击响应也逐渐增大。当冰雹直径增大到 30mm 时，2mm 厚的定日镜在非支撑结构支撑区域外的最大应力最大值超过定日镜面板拉伸强度发生破坏。

参考文献

［1］陈伟，杨光，梁伟平，等. 塔式太阳能发电定日镜系统设计与分析［J］. 电力科学与工程，2013，29（11）：32－36.
［2］高懋芳，邱建军. 青藏高原主要自然灾害特点及分布规律研究［J］. 干旱区资源与环境，2011，25（8）：101－106.

不同地面粗糙度下风机尾流的数值模拟研究 *

柳广义，杨庆山

（重庆大学土木工程学院 重庆 400045）

1 引言

在风电场中，下游风机会遭受上游风机的尾流影响从而影响发电效率。合理的风机布局排布和控制策略通过减小尾流的影响，使得风电场能够得到最优发电量，因此尾流研究对于风电场的效益是至关重要的。风机的尾流特性在不同地面粗糙度和大气稳定度下是不同的[1]。所以，研究不同来流条件下的风机尾流速度分布、湍流度分布以及尾流形状对于风机布局优化以及改善尾流模型的精度是很有意义的。本文利用 LES-ADMR（large eddy simulation-actuator disc method with rotation）方法，研究不同地面粗糙度下的风机尾流特性。

2 数值模拟参数设置

本文的数值模拟工作基于美国可再生能源实验室（NREL）提供的开源数值模拟软件 SOWFA（simulator for wind farm applications）[2]。湍流模型采用 LES。为了减少计算量，不对风机进行实体建模，采用 ADMR 方法代替风机在风场中的作用。首先采用预先模拟法生成大气边界层风场，待风场稳定后，对边界条件的数据进行采集作为风机尾流模拟的入口条件。图 1 为数值模拟的流域示意图，表 1 为数值模拟的边界条件。

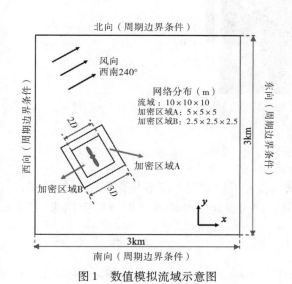

图 1　数值模拟流域示意图

表 1　数值模拟的边界条件

流域边界名称	边界条件
流域底部	velocityABLwallFunction
流域顶部	Slip
流域四周	Cyclic

3 数值模拟结果分析

本文选取了四种地面粗糙度进行风机的尾流模拟，分别为 0.000 05 m、0.005 m、0.05 m 和 0.5 m[1]。图 2 为轮毂高度处顺风向的平均风速损失对比图。从图 2 中可以发现，在近尾流处，尾流风速损失呈现双

* 基金项目："111" 项目 "高性能风电设施及其高效运营创新引智基地"（B18062）。

峰分布；随着逐渐向下游发展，双峰的距离越来越近，进而融合成单峰；在远尾流处，随着粗糙度的增加，尾流速度损失越小。图3为尾流的顺风向平均风速云图。从图3中可以发现，随着地面粗糙度的增加，尾流中低风速区带越来越小。

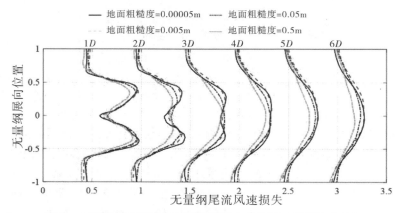

图2　水平方向的顺风向平均风速损失对比图（轮毂高度处）

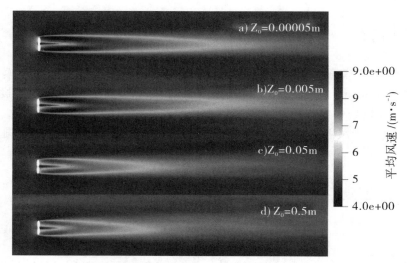

图3　尾流顺风向平均风速云图（轮毂高度处）

4　结论

分析轮毂高度处尾流的顺风向平均风速云图和风速损失曲线图，可以发现，随着地面粗糙度的增加，尾流速度的恢复逐渐加快。这是由于地面粗糙度越高，来流风的湍流度越大。湍流度的增加会加快尾流与外部环境空气流动之间的融合，进而加速尾流风速的恢复。

参考文献

［1］ WU Y T, PORTÉ-AGEL F. Atmospheric turbulence effects on wind-turbine wakes：an LES study ［J］. Energies, 2012, 5（12）：5340 – 5362.

［2］ CHURCHFIELD M J, LEE S, MICHALAKES J, et al. A numerical study of the effects of atmospheric and wake turbine dynamics ［J］. Journal of Turbulence, 2012, 13：1 – 32.

输电线路风振动张力响应的气弹性风洞试验研究 *

王涛，汪大海

（武汉理工大学 武汉 430070）

1 引言

架空输电线路是一种典型的风敏感结构，强风下的灾害屡见不鲜。风致抖振产生输电线动张力荷载是输电杆塔抗风设计的控制荷载。为此，国内外学者从理论分析、风洞试验和现场实测等方面开展了大量的研究工作：Davenport（1979）[1]在随机振动理论的基础上提出了阵风响应系数法。Matheson 等（1981）[2]用有限差分法求解微分方程，进行了时域响应分析，并与线性随机振动理论的结果进行了比较。Loredo-Souza 等（1998）[3]开展了单跨导线的气动弹性风洞试验，并与理论预测结果进行了比较验证。Gattulli（2007）[4]等采用非线性有限元计算发现，大风作用下，导线平面的静态变形、输电线张力的动力特性与自重初始状态相比有显著变化。Wang（2017）[5]等基于悬索动力与静力方程给出了输电线路风振响应的理论解析方法，发现平均风偏的非线性静张力和气动阻尼值对于合理计算三维随机动张力响应尤为重要。本文通过设计和完成两跨多分裂输电线完全气弹模型风洞试验，精确模拟了输电线路在强风作用下的动力响应，着重从时域统计特性、频谱特性，及结构动力特性三个方面，考察了端部风振随机动张力荷载的时/频域特性和影响因素；并通过与理论解析方法的对比和验证，为合理确定输电线风荷载提供了理论和试验支持。

2 理论模型与试验结果的比较

试验在 XNJD-3 风洞进行，采用微量程测力传感器，对不同风向和风速下，四分裂、六分裂和八分裂导线在 I 型、V 型和耐张型绝缘子边界条件下中间支座处的空间支反力风振响应进行了测试。图 1 给出了风场的平均风和湍流度剖面、测力装置和气弹模型。图 2 给出了自振频率、气动阻尼、功率谱理论结果和试验数据的对比的结果。

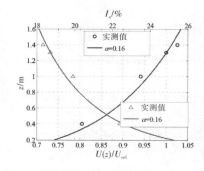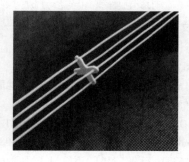

图 1 四分裂输电线完全气弹模型风洞试验

在强风荷载作用下，输电线路的非线性抖振响应可分为两个阶段：平均风荷载作用下的静态非线性响应和以平均风偏状态为初始状态的脉动风作用下的线性抖振响应。动张力背景响应的均方根 σ_{rB} 见式（1）；非耦合模态动张力共振响应的均方根 σ_{rR} 见式（2）。

* 基金项目：国家自然科学基金（51878527）。

$$\sigma_{r_B}^2 = (2\bar{f}_D I_u)^2 \int_{-L}^{L} \int_{-L}^{L} S_u(f) \mathrm{cor}_v(x_1, x_2) \mu(x_1) \mu(x_2) \mathrm{d}x_1 \mathrm{d}x_2 \tag{1}$$

$$\sigma_{rR}^2 = \sum_{i=1}^{N_w} r_{iw}^2 \sin^2(\bar{\theta}) \sigma_{qiw}^2 + \sum_{i=1}^{N_v} r_{iv}^2 \cos^2(\bar{\theta}) \sigma_{qiv}^2 \,;\; \sigma_{q_{is_1}} = \frac{1}{m(2\pi f_{is_1})^2} \sqrt{\frac{\pi f_{is_1} S_{Q_{is_1}}(f_{is_1})}{4\xi_{is_1}}} \tag{2}$$

式（1）中，$\bar{f}_D$ 是单位长度风荷载，I_v 是湍流强度，L 是单跨跨度，$\mathrm{cor}_v(x_1, x_2)$ 是脉动风速的空间相关函数，$\mu(x)$ 是张力响应的影响线函数。式（2）中，w 和 v 分别代表平面内和平面外，N_w、N_v 是考虑的模态数量，r_{iw}、r_{iv} 是模态参与系数，σ_{qiw}、σ_{qiv} 是模态位移均方根，s_1 可表示平面内或平面外，m 是单位长度导线质量，f_{is_1} 是第 i 阶自振频率，S_{qis_1} 是相应的广义力功率谱密度，ξ_{is_1} 是第 i 阶模态的总阻尼比，包括结构阻尼比和气动阻尼比。

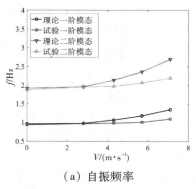

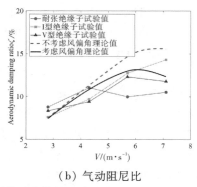

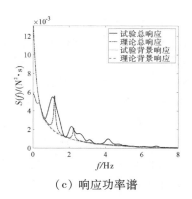

（a）自振频率　　　　　　（b）气动阻尼比　　　　　　（c）响应功率谱

图 2　结构动力特性、脉动响应的理论与试验对比

3　结论

本文通过完全气弹模型风洞试验，研究了输电线路在强风作用下动张力响应形成规律和影响因素，结论如下：

（1）顺风向和纵向张力响应以背景响应为主，一阶（对称）面外振动对共振响应的贡献占主导地位。顺风向张力的风振系数约为 1.3。导线风偏下气动阻尼比与拟定常解析解吻合较好。

（2）耐张绝缘子的线路纵向和竖向张力响应远高于其他类型绝缘子，可达到顺风向张力响应的 20%。竖向张力响应不含背景分量，与理论分析预测的结果一致。

（3）解析解与实验结果吻合较好。在理论方法中，将静力平衡状态下的动力响应分为背景分量和共振分量，用影响函数和模态分析分别计算，具备良好的精度。

参考文献

［1］DAVENPORT A G. Gust response factors for transmission line loading［C］.// International Fifth International Conference on Wind Engineering. 1979.

［2］MATHESON M J, HOLMES J D. Simulation of the dynamic response of conductor in strong winds［J］. Engi neering Structures, 1981, 3（2）：105–110.

［3］LOREDO-SOUZA A M, DAVENPORT A G. The effects of high winds on conductor［J］. Journal of Wind Engi neering and Industrial Aerodynamics, 1998, 74：987–994.

［4］GATTULLI V, MARTINELLI L. Dynamics of suspended cables under turbulence loading：reduced models of wind field and mechanical system［J］. Journal of Wind Engineering & Industrial Aerodynamics 2007, 95（3）.

［5］WANG D, CHEN X, LI J. Prediction of wind-induced buffeting response of overhead conductor：Comparison of linear and nonlinear analysis approaches［J］. Journal of Wind Engineering and Industrial Aerodynamics, 2017, 167：23–40.

基于风洞试验的砂土地基中单桩风机长期性能研究[*]

肖少辉[1]，刘红军[1]，林坤[1]，Annan Zhou[2]

（1. 哈尔滨工业大学（深圳）深圳 518055；

2. Royal Melbourne Institute of Technology（RMIT），Melbourne 3001，Australia）

1 引言

海上风力发电机能将风能高效的转化为电能，近年来发展十分迅速[1]。在近海浅水水域，海上风机通常采用大直径单桩基础[2]。此类结构是典型的风敏感、动力敏感结构，在长达数十年的服役期限内，受到较为复杂的荷载[3]。复杂荷载、桩－土耦合会改变土体性能，进而影响单桩风机的频率、阻尼，引起长期性能问题。在研究长期性能时，通常采用缩尺试验的方法，已有缩尺试验方法对缩尺模型、荷载模拟进行了过度简化。因此，亟须发展一种更加合理的试验方法，深入的研究单桩风机的长期性能。本文设计制作了以 NREL 5MW 风机为原型[4]，包含地基土体在内的一体化缩尺模型；基于风洞试验的方法开展了长期性能试验；实现了对风场、风机运行、支撑几个、地基土体的一体化模拟。研究了长期荷载作用下，结构基频和阻尼比、桩端累积位移的长期趋势；以试验结果为基础，给出了考虑基频漂移、桩端累积位移的长期寿命预测方法。

2 缩尺准则及模型设计

为了保证试验结果能反映原型的性能，本文确定了相似准则，主要考虑几何、质量、频率、土体应变相似[5]。桩周应变 ε 会影响单桩与土体之间的相互作用，可按下式进行计算，在模型试验中桩周应应与原型保持一致[5]。

$$\varepsilon = \frac{P}{GD_{\mathrm{p}}^2} = \frac{M}{GD_{\mathrm{p}}^3} \tag{1}$$

式中，P 为桩头水平力；M 为桩头弯矩；G 为土体剪切模量；D_{p} 为单桩外径。

根据相似准则，以 NREL 5MW 风机为原型，设计制作了包含可转叶轮、支撑结构、地基土体在内的一体化缩尺风机模型（图1）。

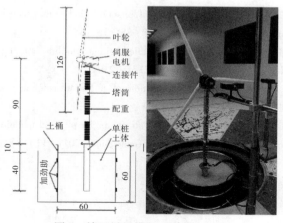

图1 缩尺风机模型（单位：cm）

[*] 基金项目：深圳市高等院校稳定支持计划项目（GXWD20201230155427003 − 20200727153423001）。

3 风洞试验与结果分析

本文设计了数据采集系统,基于大气边界层风洞搭建了试验平台;确定了加载方法,设计了典型长期试验工况;研究了结构基频、阻尼比、桩端累积位移的长期趋势。试验结果表明频率漂移可用对数函数拟合(图2)。累积位移可以用幂函数进行拟合(图3)。根据拟合公式对频率漂移、桩端累积位移超过允许值所需要的年限进行了评估。结构基频超过最大容许值需要 23.5 年;累积转角超过限值需要 36.9 年。

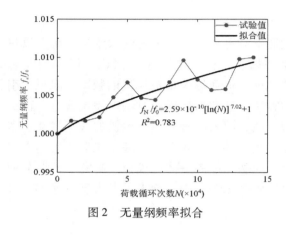 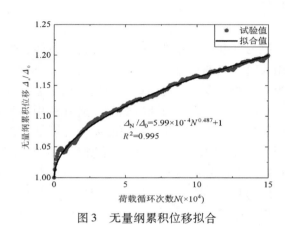

图 2 无量纲频率拟合   图 3 无量纲累积位移拟合

4 结论

本文提出了一种新试验方法,基于大气边界层风洞搭建了试验平台,对单桩风机的长期性能展开了研究。主要结论如下:已有试验方法的局限性主要体现在缩尺模型、荷载模拟时的过度简化;本文提出方法,能够实现对风荷载、运行状态、支撑结构、地基土体的模拟,为相关研究提供了新的方法。随着荷载循环次数的增加,结构基频、累积位移的增加可以分别用对数函数拟合幂函数拟合,此方法可用于单桩风机长期寿命预测。应注意长期荷载作用下砂土场地中单桩风机频率增加、阻尼减小所以引起的长期问题,保证此类结构的安全性以及正常使用。

参考文献

[1] WILLIS D J, NIEZRECKI C, KUCHMA D, et al. Wind energy research: State-of-the-art and future research directions [J]. Renewable Energy. 2018, 125: 133 – 154.

[2] OH K, NAM W, RYU M S, et al. A review of foundations of offshore wind energy convertors: Current status and future perspectives [J]. Renewable & Sustainable Energy Reviews. 2018, 88: 16 – 36.

[3] ARANY L, BHATTACHARYA S, MACDONALD J, et al. Simplified critical mudline bending moment spectra of offshore wind turbine support structures [J]. Wind Energy. 2015, 18 (12): 2171 – 2197.

[4] JONKMAN J, BUTTERFIELD S, MUSIAL W, et al. Definition of a 5-MW eeference wind turbine for offshore system development [R]. National Renewable Energy Laboratory, 2009.

[5] BHATTACHARYA S, LOMBARDI D, MUIR W D. Similitude relationships for physical modelling of monopile-supported offshore wind turbines [J]. International Journal of Physical Modelling in Geotechnics. 2011, 11 (2): 58 – 68.

考虑冰风耦合作用的新月形覆冰输电导线脱冰跳跃高度研究*

张跃龙，楼文娟

（浙江大学结构工程研究所 杭州 310058）

1 引言

覆冰导线脱冰会引起线路明显的竖向振动，容易造成相间闪络，危及电力传输[1]。输电线路具有跨度长、阻尼小以及柔度大的特征，属于典型的对风载敏感的非线性结构[2]，这意味着在不考虑风载影响的情况下，计算出的导线脱冰跳跃高度与工程实际存在一定的差异，这可能是近年来我国脱冰闪络事故频发的原因之一。因此，为了设计合理的电气绝缘间隙，亟须深入考察冰风荷载对导线脱冰动力响应的耦合影响，从而准确估计其跳跃高度。鉴于此，本文利用风洞试验获得了不同厚度新月形覆冰导线的气动力参数，将非线性有限元方法应用于实际的高压输电线路脱冰动力响应分析，在风速、攻角、冰厚及脱冰率等参数空间内，研究了风载对跳跃高度的敏感程度，基于二元回归分析拟合和理论推导两种手段提出了考虑风载影响下的脱冰跳跃高度简化计算公式。

2 研究手段

2.1 新月形覆冰导线风洞试验

以浙江某 500kV 四分裂线路为原型，采用 ABS 材料按 1:1 设计了四个新月形覆冰导线模型，其冰厚分别为 $0.25D$、$0.5D$、$0.75D$、$1.0D$，D 为导线直径。试验在浙江大学 ZD-1 边界层风洞进行，通过德国 ME-SYSTEM 公司生产的高频天平测量模型的气动三分力。

2.2 非线性有限元数值模拟

在有限元软件 ANSYS 中建立了导线-绝缘子串耦合的四跨四分裂数值模型，采用瑞利阻尼模型定义导线的结构阻尼。在施加风载时，通过使用导线与来流的相对速度来考虑气动阻尼效应。通过在导线节点上施加集中荷载来模拟覆冰产生的附加荷载，待模拟脱冰时，在极短时间内移除集中荷载，产生等效于脱冰的冲击荷载。研究变量（变化范围）分别为：攻角（$0 \sim 180°$）、风速（$0 \sim 20$ m/s）、冰厚（$0.25 \sim 1.0D$）、脱冰率（50%、80%、100%）。

3 研究结果与分析

3.1 参数敏感性分析

定义了脱冰跳跃高度风载影响系数 η：

$$\eta(\delta, U, \alpha, \beta) = \frac{H_m}{H} \tag{1}$$

式中，H_m 和 H 分别为有、无风载情况下导线脱冰跳跃高度。采用控制变量法，通过使用 $\eta(x_1)/\eta(x_2)$ 的比值来反映风载影响系数对攻角 α、风速 U、冰厚 δ 及脱冰率 β 的敏感性，研究结果如图 1 所示。可以看出，影响系数对攻角的变化敏感，攻角为 130° 时，η 的值明显大于攻角为 0° 和 180° 时。影响系数对风速变化敏感，且在不同风速下变化显著，当风速为 20 m/s 时，最大比值达到 1.7，说明在这种情况下，风载的存在会明显增加跳跃高度，这需要引起足够的重视。在不同的冰厚下，影响系数的增加率基本在

---

* 基金项目：国家自然科学基金项目（51838012）。

20%以内。影响系数基本不受脱冰率变化的影响。

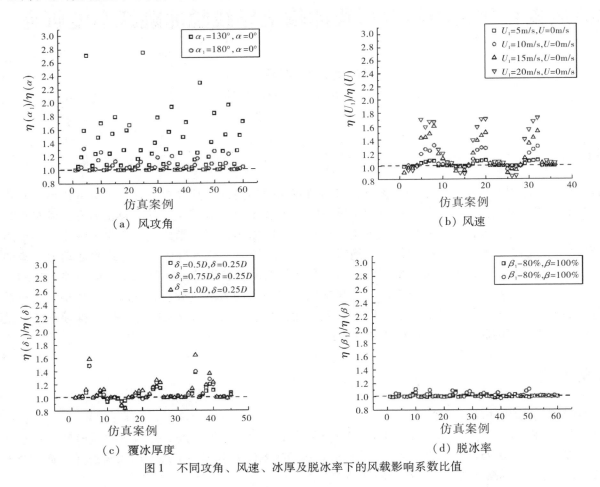

图1 不同攻角、风速、冰厚及脱冰率下的风载影响系数比值

3.2 脱冰跳跃高度简化计算公式

根据功能原理和能量守恒定律，推导了导线脱冰跳跃高度的理论公式，结合二次回归分析得到的风载影响系数 η 拟合式，提出了考虑风载影响的脱冰跳跃高度简化计算公式。由于影响系数对脱冰率的变化不敏感，简化公式忽略了脱冰率对其的影响。

$$H_m = \begin{cases} 2(0.8072 + 0.025\delta + 0.0381U)\,e^{-\pi\xi/2}\Delta f, & 90 \leq \alpha \leq 150 \\ 2e^{-\pi\xi/2}\Delta f & \text{其他} \end{cases} \tag{2}$$

式中，ξ 为结构阻尼比；Δf 为导线脱冰前后静止状态的弧垂差值。

4 研究结论

风载影响系数对攻角、风速及冰厚的变化很敏感，而对脱冰率的变化不敏感。当攻角为 $90°\sim150°$ 时，风载的作用会显著增加跳跃高度，设计上需要引起足够的重视。通过本文提出的简化公式可以方便地计算出跳跃高度，从而确定输电线路设计中的电气绝缘间隙。

参考文献

[1] 陈勇,胡伟,王黎明,等.覆冰导线脱冰跳跃特性研究 [J].中国电机工程学报,2009,29（28）：115-121.

[2] LOU W, WU D, XU H.Wind-induced conductor response considering the nonproportionality of generalized aerodynamic damping [J].Journal of Mechanical Science and Technology,2019,33（1）.

大跨度柔性光伏支架结构的风振特性研究 *

杜航，徐海巍

（浙江大学结构工程研究所 杭州 310058）

1 引言

光伏发电作为一种技术成熟的可再生新能源，因兼具环保性和经济性而得到快速发展。由于传统的地面光伏支架具有一定的场地限制性，近年来一种由预应力拉索体系所组成的大跨度柔性光伏支架结构正得到越来越多的应用[1]。大跨度柔性光伏支架结构具有良好的场地适应性，并且不影响组件的下部空间使用。但随着支架结构的高度和跨度增加，其受风敏感性也随之凸显。这也是强风下，该类结构风振响应问题显著的重要原因。鉴于此，本文利用气弹模型试验研究了3种不同倾角大跨度柔性光伏支架结构在不同风速及拉索预张力下的竖向风振响应，并结合数值仿真技术进一步探讨了其三维风振特性。

2 柔性支撑光伏支架结构风振特性研究

2.1 柔性光伏支架结构气弹试验

本文研究的大跨支架结构跨度为 15.3 m，高度 3.6 m，组件倾角 α 分别为 0°、5° 和 10° 三种工况。模型缩尺比为 1:10。根据相似性理论，气弹试验模型的拉索采用高强钢丝模拟，光伏板采用轻质松木模拟。模型实际频率与理论值比较如表1所示，两者误差较小，满足气弹试验需要。试验在浙江大学 ZD-1 边界层风洞进行，试验风速为 5~10 m/s，对不同倾角模型在 120N 和 150N 张力下分别进行试验。采用 optoNCDT 型激光位移计测量 1/4 跨处（测点1）和结构跨中（测点2）的竖向风振位移响应，采样频率为 1500 Hz，每个风向采集 33.3s 数据。试验照片和测点位置如图1所示。

图1 气弹模型风洞试验

表1 频率对比（张力150N，$\alpha = 0°$）

振型阶数	结构模型频率/Hz	模型实测频率/Hz	误差
1	14.10	14.13	0.2%
2	28.59	27.91	2.4%
3	31.91	31.77	0.4%
4	39.43	39.63	0.5%
5	44.46	43.60	1.9%

2.2 风速和张力对风振响应的影响

图2给出了150N张力时，测点1、测点2在不同风速和光伏板倾角下的竖向位移均方差。可以发现，柔性光伏支架的竖向位移均方差 Z_{rms} 与风速 U 平方近似呈现线性增长（如 $\alpha = 5°$ 和 10°）。随着组件倾角增加，竖向位移均方根有所增大，高风速下跨中最大增幅达 42%。表2给出了张力的变化对竖向位移均方差的影响。当预张力由 150N 减至 120N 时，竖向位移响应均方差增长值在大部分情况下小于 25%，具有非线性特点。10° 倾角下结构风振响应对预张力改变最不敏感，表明通过调整预张力来降低结构风振效应的效果不显著。

---

* 基金项目：国家自然基金资助（51978614）；浙江省自然基金（LY19E080026）。

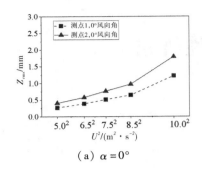
（a）$\alpha = 0°$

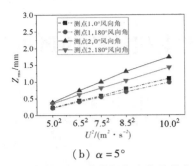
（b）$\alpha = 5°$

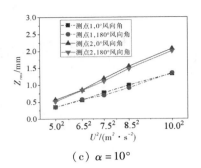
（c）$\alpha = 10°$

图2　不同风速下光伏板竖向位移均方差

表2　张力变化产生的位移均方根变化率

倾角	测点1（风向角0°）		测点2（风向角0°）		测点1（风向角180°）		测点2（风向角180°）	
	5 m/s	10 m/s	5 m/s	10 m/s	5 m/s	10 m/s	5 m/s	10 m/s
0°	17%	19%	18%	21%	19%	18%	23%	19%
5°	26%	19%	22%	9%	30%	22%	28%	26%
10°	13%	6%	8%	6%	9%	1%	14%	1%

2.3　三维风振响应特性分析

利用 Hilbert 变换和随机减量技术识别得到支架结构在不同工况下的气动阻尼 ξ_i，对所测试的风速范围，气动阻尼比基本为 $0.1\% \sim 0.6\%$ 之间波动。在此基础上，采用 ANSYS 有限元软件反演试验工况下的竖向位移响应，从而得到相应的顺风向平动和扭转响应。图3 给出了模型的扭转响应平均值 θ_m 以及平动位移响应的均值 y_m 和均方差 y_{rms} 随风速变化关系。由图可见，当 $\alpha = 0°$ 时扭转和平动位移响应均接近于0，表明组件平铺情况下，结构主要表现为竖向风振。而随着倾角增大（从 $\alpha = 5°$ 到 $10°$）时，扭转响应依然较小，平动响应随倾角增加近似呈线性增长，其幅值约为竖向位移的 $1/5$。平动位移与风速平方也近似呈线性关系。

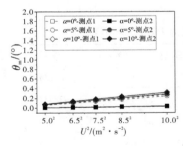
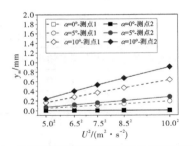
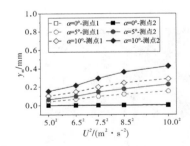

图3　不同风速下扭转及平动位移响应变化

3　结论

本文研究结果表明，该类结构主要表现为竖向风振，平动位移响应约为竖向的 $1/5$ 左右，而扭转位移响应可以忽略。随着组件倾角增加，结构的竖向和平动位移均呈增长趋势。竖向和平动位移与风速平方近似呈线性关系，而张力改变导致结构响应呈非线性变化。

参考文献

[1]　HE X H, DING H, JING H Q, et al. Wind-induced vibration and its suppression of photovoltaic modules supported by suspension cables [J]. Journal of Wind Engineering and Industrial Aerodynamics，2020，206：104275.

变电站钢管避雷针风荷载特性试验研究 *

叶俊辰，牛华伟，陈政清

（湖南大学风工程试验研究中心 长沙 410082）

1 引言

对于变电站钢管避雷针的现有研究主要基于有限元模拟方法开展的结构静力特性和动力特性分析，以及基于风荷载模拟方法开展的结构风振响应分析，相关的风洞试验非常少，风荷载特性相关参数取值以及结构风振响应特性需要进一步探讨。针对上述问题，设计并制作典型钢管避雷针结构气弹模型，测试不同紊流度风场下的顺风向与横风向底部荷载响应、顶部加速与位移响应，对比分析各响应的脉动特性与频谱特性，计算避雷针结构顺风向荷载风振系数与位移风振系数，为规范取值提供重要数据支撑，并提出相应的评价与建议。

2 气弹模型设计与标定

2.1 相似准则及其模拟

2.2 气弹模型设计制作

以新疆阿克苏某 220 kV 高压变电站 10.5 m 高钢管避雷针为原型，根据试验段尺寸及堵塞率的要求，模型几何缩尺比 $L = 1/5$。设计初始风速比 $U = 2.70$，最终风速比参数由气弹模型动力标定得到的最终频率比进一步反算得到。

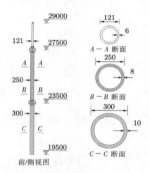

图 1　避雷针尺寸示意图

图 2　气弹模型图

3 气弹模型标定与风洞试验

3.1 动力特性标定

表 1　气弹模型动力标定试验模态参数识别结果

编号	目标频率/Hz	实测频率/Hz	频率偏差	实测阻尼比	振型
1	6.075	6.006	1.28%	0.00527	一阶顺向弯曲
2	6.075	6.250	2.68%	0.00520	一阶横向弯曲

* 基金项目：国家自然科学基金项目（51478181）。

3.2 风洞试验

绘制避雷针结构在均匀流场、3.5%均匀紊流度风场、6.5%均匀紊流度风场工况下顶部顺风向与横风向位移、加速度，以及底部荷载响应标准差与卓越频率随风速变化。

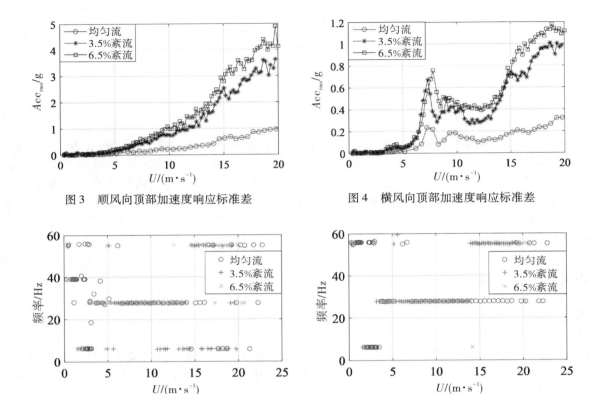

图 3　顺风向顶部加速度响应标准差　　　　图 4　横风向顶部加速度响应标准差

图 5　顺风向顶部加速度卓越频率 - 风速曲线　　图 6　横顺风向顶部加速度卓越频率 - 风速曲线

3.4 顺风向风振系数计算

4　结论

（1）避雷针结构响应均方差随风速与紊流度增大而增大；风速增加，响应高阶振型成分比重增加；紊流度增加，高阶振型主导现象提前；存在结构耦合现象。

（2）紊流风场下避雷针结构顺风向风振系数试验值可达 1.6，规范取值为 1.25，对于避雷针结构抗风设计偏危险。

参考文献

［1］徐贤，吴国忠，李岩，等.变电站避雷针断裂原因分析及对策［J］.宁夏电力，2010（S1）：94－99.

［2］陈涛，摇铖，王衍，等.单钢管避雷针减振设计技术研究［J］.建筑结构，2018，48（13）：20－25.

［3］DAVENPORT A G. The application of statistical concepts to the wind loading of structures［J］. ICE Proceedings. 1961，19（4）：449－472.

［4］SOLARI G. Alongwind response estimation：Closed form solution［J］. Journal of the Structural Division，1982，108（1）：225－244.

［5］陈萌，管品武.某电信楼避雷针结构的动力响应分析［J］.世界地震工程，2003（4）：79－82.

［6］陈涛，摇铖，王衍，等.单钢管避雷针减振设计技术研究［J］.建筑结构，2018，48（13）：20－25.

Y形半潜式风机系统动力响应的风浪联合试验研究*

郑舜云，李朝，周盛涛，肖仪清

（哈尔滨工业大学（深圳）土木与环境工程学院 深圳 518055）

1 引言

Y形半潜式基础已被多数建成的全尺寸浮式风机所采用。半潜式风机在风浪联合作用下的不利运动响应将影响浮式风机的停机时间和发电效率，甚至影响整个结构的强度安全和疲劳寿命。为此，针对DTU 10 MW风机，本文开展了Y形半潜式风机系统的风浪联合试验研究，对比分析了不同风浪作用方向和风机作业状态的系统动力响应特征。

2 试验概况

2.1 试验模型

本试验在哈尔滨工业大学风浪联合实验室中进行。该风浪联合实验室为一座闭口回流式矩形截面风洞。水槽试验段尺寸为 6.0 m（宽）×3.6 m（高）×50 m（长）。最大风速为 30 m/s，最大波高为 0.4 m，波浪周期范围为 0.5～5 s。

本试验缩尺比为1:70。目标水深130 m。本文以DTU 10 MW风机[1]为研究对象，严格满足Froude数相似的前提下，重新设计了一款与之性能相似的风机缩尺模型。本试验的风机基础为Y形半潜式基础，风机安置于中立柱。半潜式风机系统的整体模型见图1。半潜式基础的原尺寸寸见图2。Y形半潜式基础总质量1.46×10^7 kg，吃水18 m。共设置3根相同的系泊，系泊长度为700 m，锚距为700 m，系泊导缆孔设于外立柱顶面边缘处。

图1　Y形半潜式风机系统模型的试验现场布置

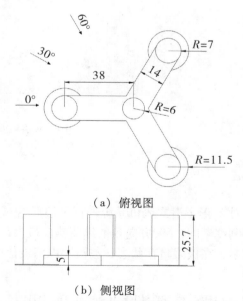

（a）俯视图

（b）侧视图

图2　Y形半潜式基础的结构布置图（单位：m）

* 基金项目：国家自然科学基金项目（51778200）；深圳市基础研究资助项目（JCYJ20170811160652645）。

2.2 试验工况

如表1，本研究选取3组风浪工况，各工况均设有3个风浪作用方向（图2a）。

表1　试验工况

工况编号	作业状态	定常风	不规则波（JONSWAP谱）	
		风速/(m·s⁻¹)	有义波高/m	谱峰周期/s
1	额定作业	12	2.23	6.74
2	最大作业	25	5.10	10.37
3	极限自存	50	10.65	14.13

表头注：风速/(m·s^{-1})

3 试验结果

对Y形半潜式风机系统进行纯风、纯浪和风浪联合试验，其纵荡响应如图3所示。在纯浪作用下，由于平均漂移力的作用，基础的纵荡均值偏离平衡位置。随波浪周期和波高增大，纵荡均值呈现小幅增加。由于各方向系泊回复刚度的不同，60°方向角的纵荡响应最大，30°方向角的响应次之。当风机处于作业状态，纵荡主要受风荷载控制。在极限自存状态，风机停机，风荷载骤降，极端海况的纵荡响应极值受波浪荷载影响较大。

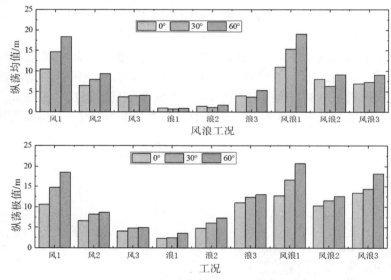

图3　Y形半潜式风机系统的纵荡响应

4 结论

本文对Y形半潜式风机系统进行风浪联合试验。波浪平均漂移力导致基础纵荡均值偏离零点。由于系泊回复刚度不同，60°方向角的纵荡响应最大，0°方向角的响应最小。对于风机作业状态，纵荡主要受风荷载控制，在极限自存状态，波浪对纵荡极值的影响较大。

参考文献

[1] BAK C, ZAHLE F, BITSCHE R, et al. The DTU 10 MW reference wind turbine [R]. Risø National Laboratory：Technical University of Denmark, 2013.

输电杆塔风灾易损性的拟静力评估方法 *

李森，汪大海

（武汉理工大学土木工程与建筑学院 武汉 430070）

1 引言

由大跨度导线和高层杆塔组成的架空输电线路系统是典型的风敏感结构，具有显著的结构非线性和在风灾中的易损性。Banik（2010）等人使用两种能够获得相似的杆塔承载力曲线的非线性静力推覆（NSP）分析和增量动态分析（IDA）方法来评估输电线路杆塔的性能。Konthesingha 等（2014）建立了考虑风荷载的空间随机分布和金属覆层工业建筑的连接强度的易损性模型，以预测极端风荷载的失效概率和破坏程度。付兴等（2016）提出了一种基于随机风场模拟的风荷载估算方法，并分析了承受风荷载和雨荷载的杆塔易损性。洪汉平等人（2013/2019）在同时考虑风向、当地风力记录、时变风、空间不连续以及结构材料特性的不确定性的情况下，进行了非线性静力推覆分析和增量动态分析（IDA），并获得了一致的结果。虽然现有的参考文献对输电塔线系统在各种风况下的性能和失效机制提供了重要的物理见解，但大多数都需要很高的计算成本，对于快速评估输电塔在风灾中的易损性并不实用。为了解决这一局限性，本文提出了一种基于拟静力脉动风效应的输电塔的风灾易损性的评估方法。

2 研究方法和内容

2.1 输电线路的随机风荷载效应

高压输电杆塔的随机风振响应以基本振型贡献为主。一般来说，杆塔结构由于其刚度较大、频率较高，脉动风振响应往往以背景分量为主；另一方面，由于显著的气动阻尼效应，采用拟静力方法即可有效的估算导线在脉动风下的随机风荷载；此外，考虑到不同高度的导线之间，导线与杆塔之间的随机风荷载的相关性很弱，可以用平方和的开平方（SRSS）方法估算杆塔和线风荷载的共同作用。基于泊松假设和零值穿越极值理论可计算出总风荷载力的极值概率分布为：

$$\begin{cases} F(\hat{r}) = \exp\{-\nu_0 T \exp[-(\hat{r}-\bar{r})^2/(2\sigma_r^2)]\} \\ \nu_0 = \left[\int_0^\infty f^2 S_r \mathrm{d}f / \int_0^\infty S_r \mathrm{d}f\right]^{1/2}; \bar{r} = \bar{r}_C + \bar{r}_T; \sigma_r^2 = \int_0^\infty S_r \mathrm{d}f \end{cases} \tag{1}$$

式中，ν_0 为单位时间内的平均穿越率；T 为平稳脉动风响应的统计时间，一般取 10 min；f 为频率；$\bar{r}_C$ 和 $\bar{r}_T$ 分别为导线和杆塔平均响应；$\bar{r}$ 和 σ_r^2 分别为对应的风致响应的均值与方差；S_r 为脉动风引起的风致响应的功率谱密度。

2.2 输电杆塔的非线性随机抗风承载力

本文以某 500kV 直流输电塔原型分析其在强风荷载作用下的易损性。输电塔的总高度为 60m，跟开 11.7 m。输电线档距为 400m，输电导线型号为 ACSR – 720/50。杆塔材料特性基本上决定了其抗风承载力，这主要取决于弹性阶段的杨氏模量（E）和非弹性阶段的屈服强度（f_y）。假定这两个主要参数的不确定性服从正态分布。应用拉丁超立方体抽样（LHS）方法生成两个随机变量的 20 个样本。根据得到的顶端位移与基底反力曲线，确定了每个样本塔的三个破坏等级，包括轻微破坏、严重破坏和倒塌。计算出 20 个样本塔轻微破坏、严重破坏、倒塌等三个破坏等级的抗力 R_{slight}、R_{sever} 和 $R_{collapse}$ 的均值和标准差。

* 基金项目：国家自然科学基金（51878527）。

三个破坏等级对应的抗力的概率密度函数可以用对数正态概率分布来表示。

2.3 风载荷下输电塔的易损性评估

在给定的基本风速下，与塔架的某一破坏等级相对应的失效概率可得

$$P_{f_i} = P(Z_i < 0) = P(R_i - S_V < 0) = \iint_{R < S} f_i(r,s)\,\mathrm{d}r\mathrm{d}s \tag{2}$$

基于上述框架，得到输电杆塔在不同设计基本风速下的易损性曲线如图1所示。

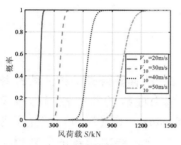

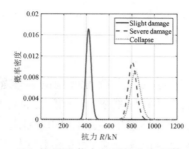

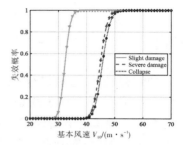

（a）整体风荷载极值的概率分布　　（b）抗风承载力的随机分布函数　　（c）输电塔易损性曲线

图1　输电杆塔的风灾易损性概率曲线

3 结论

（1）本文以平稳随机脉动风拟静力等效静力理论为基础，给出了风效应的极值概率分布曲线。采用几何非线性和弹塑性静力推覆分析，给出了杆塔结构的抗风承载力性能曲线，并通过随机模拟，获得三种破坏状态抗风承载力的概率分布。

（2）综合风荷载极值概率分布模型和结构抗风承载力的概率模型，给出了不同基本风速下三种破坏等级的易损性曲线。本文分析的杆塔的严重破坏状态与倒塌状态下的易损性曲线非常接近，结构呈现出脆性破坏的特征。

参考文献

［1］ BANIK S S, HONG H P, KOPP G A. Assessment of capacity curves for transmission line towers under wind loading ［J］. Wind & Structures an International Journal, 2010, 13（1）: 1-20.

［2］ MARA T G, HONG H P. Effect of wind direction on the response and capacity surface of a transmission tower ［J］. Engineering Structures, 2013, 57（DEC.）: 493-501.

［3］ KONTHESINGHA K, STEWART M G, GINGER J, et al. Vulnerability modelling of metal-clad industrial buildings to extreme wind loading.

［4］ FU X, LI H N, LI G. Fragility analysis and estimation of collapse status for transmission tower subjected to wind and rain loads-Science Direct ［J］. Structural Safety, 2016, 58: 1-10.

［5］ HONG H P, TANG Q, YANG S C, et al. Fragility and Reliability Evaluation of Transmission Tower Under Wind loading ［J］. The 15th International Conference on Wind Engineering（ICWE 15）, 2019, 9（1-6）.

基于 GPU 加速与机器学习的风机阻尼器优化

王艺泽，刘震卿

（华中科技大学土木与水利工程学院 武汉 430074）

1 引言

随着风机尺寸的增大，风机塔架在风荷载作用下顺风向的振动问题也日益突出，严重时甚至会引发倒塔事故。因此，有必要研究如何通过在风机内部安装阻尼器并优化其参数的方式来减少风机塔架的振动，进而降低塔底的等效疲劳荷载，并进一步提高风机的安全性。

2 风机中阻尼器的优化

本研究通过在风机机舱内部安装 TMD（tuned mass damper）和 RIDTMD（rotational inertia double-tuned mass damper）的方式来减少风机振动[1]，并研究了风机尾流对 TMD 最优参数及减振效果的影响[2]。本研究的具体实施步骤如下：

（1）首先，使用大涡模拟（large eddy simulation，LES）[1-3]对风机所处风场进行数值仿真，并分别提取自由来流与尾流中风机叶轮前端各点的风速时程数据，为之后进行风机动力响应分析提供准确的流场信息。图 1 所示为风场仿真的 LES 模型与计算结果。

（2）基于叶素动量理论和广义坐标法设计了风机动力学仿真分析软件（PyGAOWT）[1-2]。考虑到动力响应分析是一项耗时的任务，为了使其能够完成大量阻尼器参数的验算，使用 GPU（graphic processing unit）加速技术[4]对其进行并行化处理。

（3）使用 PyGAOWT 分别对大量 TMD 和 RIDTMD 参数进行验算，并使用 RBFNN（radial basis function neural network）[5]分别对 TMD 和 RIDTMD 建立代理模型。如图 2 所示为 RBFNN 的示意图，以及 RBFNN 预测结果和 PyGAOWT 计算结果之间的对比。

（4）利用 GA（genetic algorithm）分别对 TMD 和 RIDTMD 进行全局优化。图 3 所示为风机中 TMD 与 RIDTMD 的安装示意图，以及优化后 TMD 与 RIDTMD 的减振效果。

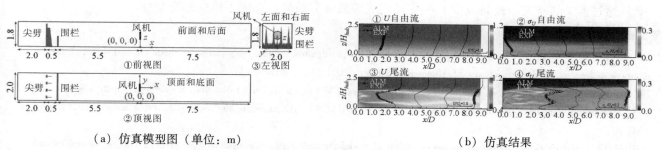

（a）仿真模型图（单位：m）　　　　　　　（b）仿真结果

图 1　LES 中风机所处风场的仿真模型图与仿真结果

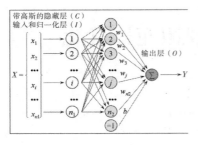
（a）RBFNN 示意图

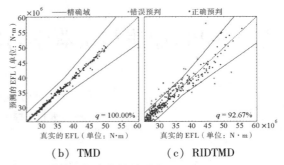
（b）TMD　（c）RIDTMD

图 2　RBFNN 示意图及 RBFNN 预测结果与真实结果对比

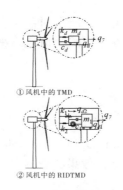

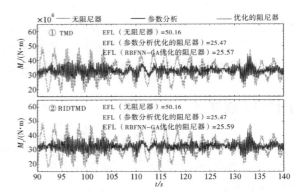

（a）风机中 TMD 与 RIDTMD 的简化安装示意图　（b）不添加阻尼器时以及添加优化后 TMD 与 RIDTMD 的减振效果对比

图 3　风机中 TMD 与 RIDTMD 的安装示意图以及优化后的 TMD 与 RIDTMD 的减振效果

3　结论

（1）当两台风机间距在 2 倍叶轮直径左右时应考虑上游风机尾流对下游风机塔底等效疲劳载荷的放大效应，在进行阻尼器优化时应考虑尾流效应。

（2）基于 GPU 加速技术开发的 PyGAOWT 相比基于 CPU（central processing unit）开发的 AOWT 获得了高达 2000 多倍的加速效果。

（3）利用 RBFNN 建立的风力机阻尼器减振效果代理模型达到了最低 92.67% 的精度。

（4）RIDTMD 较 TMD 具有更高的经济效益，但当阻尼器质量增大时，二者减振效果之间的差异性逐渐减小。

（5）通过本文的研究，最高减少了 44% 的塔底等效疲劳载荷，保证了风机的安全性。

参考文献

［1］ LIU Z, WANG Y, NYANGI P, et al. Proposal of a novel GPU-accelerated lifetime optimization methods for onshore wind turbine dampers under real wind distribution［J］. Renewable Energy, 2021, 168：516 – 543.

［2］ LIU Z, WANG Y, HUA X, et al. Optimization of wind turbine TMD under real wind distribution countering wake effects using GPU acceleration and machine learning technologies［J］. Journal of Wind Engineering and Industrial Aerodynamics, 2021, 208：104436.

［3］ ISHIHARA T, QIAN G. A new Gaussian-based analytical model for wind turbines considering ambient turbulence intensities and thrust coefficient effects［J］. Journal of Wind Engineering and Industrial Aerodynamics, 2018, 177：275 – 292.

［4］ LIU Z, CAO Y, WANG Y, et al. Computer vision-based concrete crack detection using U-net fully convolutional networks［J］. Automation in Construction, 2019, 104：129 – 139.

［5］ LIU Z, WANG Y, HUA X. Prediction and optimization of oscillating wave surge converter using machine learning techniques［J］. Energy Conversion and Management, 2020, 210：112677.

［6］ GRADY S A, HUSSAINI M Y, ABDULLAH M M. Placement of wind turbines using genetic algorithm［J］. Renewable Energy, 2005, 30（2）：259 – 270.

输电线路覆冰舞动事故风险评估 *

吴蕙蕙，楼文娟

（浙江大学结构工程研究所 杭州 310058）

1 引言

输电线路舞动对电网安全有极大的威胁。风险评估考虑不确定因素对目标事件的影响，研究目标对象的失效概率。进行导线舞动事故的风险评估可以量化考察现有线路的安全性，也可以对新线路的设计与建造给出参考。因此，本文通过导线振动控制方程推导出了竖向单自由度舞动幅值的计算公式，从而得到舞动极限状态方程；从中选取三项随机变量，进行概率密度分布分析并抽样；采用子集模拟法计算临界舞动幅值下的舞动失效概率；针对河南安阳的气象数据，以某 D 形覆冰导线为例，计算了不同线路走向下导线舞动失效概率。

2 竖向单自由度舞动极限状态方程

考虑垂直单自由度导线舞动，一档距内系统的振动控制方程[1]为

$$\rho \frac{\partial^2 \bar{v}}{\partial t^2} - H \frac{\partial^2 \bar{v}}{\partial \bar{x}^2} - \frac{EA}{l} \frac{d^2 \bar{y}}{d\bar{x}^2} \int_0^l \frac{d\bar{y}}{d\bar{x}} \frac{\partial \bar{v}}{\partial \bar{x}} d\bar{x} + c_0 \frac{\partial \bar{v}}{\partial t} + \frac{1}{2} \rho_a D \left(e_1 \bar{U} \dot{\bar{v}} + e_2 \dot{\bar{v}}^2 + \frac{e_3}{\bar{U}} \dot{\bar{v}}^3 \right) = 0 \tag{1}$$

式中，$\bar{v}$ 为导线单位截面竖向位移；$\bar{y}$ 为导线初始构型，取悬链线方程；ρ 为覆冰导线线密度，$\rho = \rho_c + \rho_{ice}$，$\rho_c$ 为导线线密度，ρ_{ice} 为覆冰线密度；A 为导线截面积；H 为导线张力；E 为导线弹性模量；l 为档距；c_0 为阻尼系数；ρ_a 为空气密度；D 为截面迎风尺寸；$\bar{U}$ 为垂直线路方向风速；e_1、e_2、e_3 分别为与导线升力系数 C_L、阻力系数 C_D 有关的气动力系数。

采用伽辽金法，经过无量纲化、归一化处理，得到稳态幅值与档距之比（幅跨比）a_y 的近似计算公式以及舞动极限状态方程为

$$a_y = \sqrt{\frac{-4U(\zeta_0 + \alpha_1 U)}{3\alpha_3 \omega_0^2}}, \ g(x) = a_y - a_{y0} \tag{2}$$

式中，$U = \frac{\gamma \bar{U}}{l}$，$\gamma = \sqrt{\rho_c A l^2 / H}$，$\zeta_0 = C_0 \gamma / (\rho_c A)$，$\alpha_1 = \frac{\rho_a D l e_1}{2\rho_c A}$，$\alpha_3 = \frac{35\rho_a D l e_3}{36\rho_c A}$；$x$ 为系统随机变量，a_{y0} 为临界舞动幅跨比。

3 随机变量概率密度分布

选取舞动极限状态方程中 3 个变量作为随机变量，分别为导线张力 H、覆冰线密度 ρ_{ice}、垂直线路风速 $\bar{U}$。假定前两个变量均服从截断高斯分布，且各自独立，以标定值为均值，取两倍标准差为范围，即 $X \in [\mu - 2\delta, \ \mu + 2\delta]$，$\delta = 0.05\mu$。因此，概率密度函数为

$$f(x, \mu, \delta) = \frac{1}{0.95\delta} \varphi \left(\frac{x - \mu}{\delta} \right) \tag{3}$$

式中，$\varphi (\cdot)$ 为标准正态分布。

* 基金项目：国家自然科学基金项目（51838012）。

舞动极限状态方程中的风速为垂直导线方向的风速分量，计算式为 $\bar{U} = \bar{U}_w | \sin(\theta - \varphi) |$，其中 $\bar{U}_w$ 为风速，θ 为风向角，φ 为线路走向。根据给定的线路走向，对现有的风速、风向数据集进行计算，将计算所得的垂直导线风速作为随机参量进行概率密度分析。由于垂直导线风速数据呈现多峰值特性，一般的极值概率密度分布形式无法较好地进行拟合，本文采用核密度估计，拟合情况如图 1 所示。

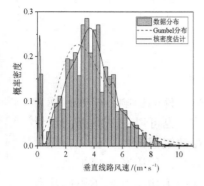 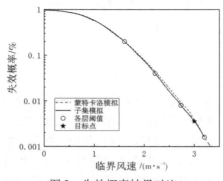 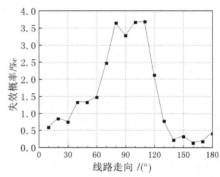

图 1　垂直线路风速 $\bar{U}$ 概率密度分布　　　图 2　失效概率结果对比　　　图 3　不同线路走向失效概率

4　舞动失效概率计算

本文以某工程的单跨导线为例，覆冰冰形取为 D 形。气动力系数由 D 形覆冰导线的风洞试验得到。风速风向数据采用了位于河南安阳的 53898 号台站记录的日值气象数据集，时间为 1987—2017 年，筛选其中日平均气温低于 5 ℃ 的风速风向数据。根据上文得到的四项随机参量的概率密度分布形式，采用子集模拟法进行失效概率计算，同时采用原始蒙特卡洛模拟作为对照。以 100° 线路走向为例，失效概率计算结果如图 2 所示。取 0.015 的幅跨比为临界幅跨比，子集模拟法得到的失效概率为 0.00366，原始蒙特卡洛模拟得到 0.00374，结果相近，但子集模拟法在计算效率方面更具优势。

对当地不同线路走向的输电导线进行舞动风险评估，有助于进行避舞防舞设计。以正北向为基准，顺时针旋转的角度 φ 为线路走向，φ 自 10°～180° 每隔 10° 取一值。采用子集模拟法分别计算每种线路走向的舞动失效概率，结果见图 3。针对河南安阳的气象条件，110° 线路走向的导线舞动失效概率最大，以 0.015 的幅跨比为临界幅跨比时，最大达到了 3.678‰；相对应的，160° 线路走向的失效概率较小，为 0.128‰，两者相差近 30 倍。

5　结论

本文构建了一套输电线路舞动事故风险评估的流程。考虑不利风攻角及 D 形覆冰冰形，以河南省安阳市的气象数据为例，计算得到线路舞动最大失效概率达 3.678‰；线路走向对导线舞动安全有较大的影响，最小失效概率为 0.128‰。根据本文方法可对导线舞动进行事故风险评估，指导已建线路的改造补强。

参考文献

[1] GUO H L, LIU B, YU Y, et al. Galloping suppression of a suspended cable with wind loading by a nonlinear energy sink [J]. Archive of Applied Mechanics, 2017, 87 (6): 1007 - 1018.

基于卷积神经网络的覆冰导线气动力系数预测 *

陈思然，楼文娟

（浙江大学建筑工程学院 杭州 310058）

1 引言

输电线舞动可能引起闪络、断线、倒塔等事故，危害电网运行安全。其实质是导线覆冰后形成非圆形截面在风荷载下发生气动失稳，因而覆冰导线的气动力是研究输电线舞动问题的关键[1]。以往研究中多采用风洞试验及有限元方法获取覆冰导线的气动力，前者时间、人力及经济成本均较高，后者存在计算精度与计算效率如何取舍的问题。"智能电网"的提出对电网预警的准度和速度有了更高的要求，因此，为今后开发电网预警系统，建立覆冰导线气动力快速预测模型是十分必要的。本文针对常见的新月形覆冰导线，构建了以图片为载体的、包含形状及流场信息的数据集，并采用卷积神经网络对气动力系数进行预测。

2 数据集构建及模型结构设计

覆冰导线气动力的风洞试验数据主要来源于作者所在课题组[2-4]，以及部分其他学者的相关研究[5]，共有 12 种新月形覆冰导线外形，结合流场参数后构成 1443 条样本。本文以图片作为模型的输入来精确反映覆冰导线的轮廓及尺寸信息，进而采用图像色彩 RGB 值线性变换方法，形成包含流场信息的覆冰导线复合图像，处理流程如图 1（左）所示，图 1（右）给出了三种覆冰导线在不同流场工况（已在图中标注）下生成的复合图像。之后结合卷积神经网络，构建了 LC_CNN 覆冰导线气动力预测模型，模型的网络结构如图 2 所示。其次，依据新月形覆冰导线升力系数曲线随风攻角变化的特点，提出了非线性与线性相结合的混合分段变换函数来改进图像 RGB 值与风攻角之间的变换关系，提高了特定风攻角区间内图片的色彩梯度，使改进后的 P_M_CNN 模型在预测升力系数时性能显著提升。

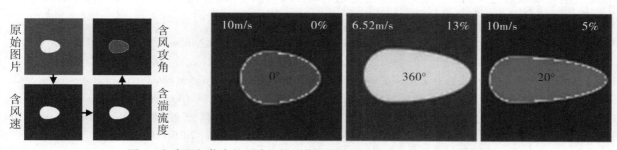

图 1 包含流场信息的覆冰导线图像处理流程及部分工况处理结果示例

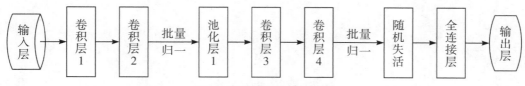

图 2 卷积神经网络结构图

* 基金项目：国家自然科学基金项目（51838012）。

3 模型预测性能分析

前期数据处理及模型构建和训练均通过软件 MATLAB R2020a 完成，单个模型的训练时长约为 4 分 20 秒，时间成本和计算成本均很低。图 4 给出了随机选取的某工况下 LC_CNN 和 P_M_CNN 模型的预测效果，该工况下裸导线直径 D 为 26.82 mm，风速为 6.25 m/s，湍流度为 13%，冰厚 0.75D。从图中可以看出，LC_CNN 模型在预测新月形覆冰导线阻力系数时表现出良好的性能，升力系数的预测结果则不太理想，虽然大致预测出升力系数随风攻角呈正弦函数变化的趋势，但在 0°～30°、160°～200° 以及 330°～360° 的风攻角区间内，预测值明显偏离试验值。而 P_M_CNN 模型对于上述风攻角区间内升力系数突变的情况也能有所反映，与 LC_CNN 模型相比，其预测精度有明显提高。

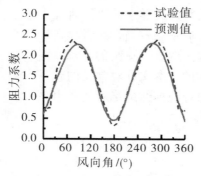

（a） LC_CNN 阻力系数预测效果

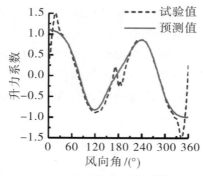

（b） LC_CNN 升力系数预测效果

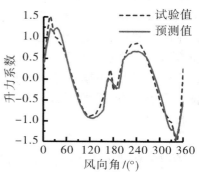

（c） LC_CNN 升力系数预测效果

图 3 模型预测效果示例

4 结论

本文构建的两种预测模型均具有收敛速度快、计算效益高的特点。LC_CNN 模型在预测新月形覆冰导线阻力系数时精度较高，但涉及升力系数时，由于样本容量较少且曲线变化规律复杂，其预测性能差强人意。而 P_M_CNN 模型前期处理图像时采用的混合分段变换函数借助了研究人员的先验知识，可以较为准确地预测升力系数。在以后的研究中，作者将尝试扩充数据集和新的深度学习方法，对其他形状的覆冰导线气动力系数进行预测，以期为之后建立输电线路舞动预警系统提供一定的数据和技术支持。

参考文献

［1］ JAFARI M, HOU F, ABDELKEFI A. Wind-induced vibration of structural cables ［J］. Nonlinear Dynamics, 2020, 100 （5）：351－421.

［2］ LOU W J, CHEN S R, WEN Z P, et al. Effects of ice surface and ice shape on aerodynamic characteristics of crescent-shaped iced conductors ［J］. Journal of Aerospace Engineering, Materials Transactions, 2021, 34 （3）：04021008.

［3］ 林巍. 覆冰输电导线气动力特性风洞试验及数值模拟研究 ［D］. 杭州：浙江大学建筑工程学院, 2012：11－49.

［4］ 李天昊. 输电导线气动力特性及风偏计算研究 ［D］. 杭州：浙江大学建筑工程学院, 2016：13－38.

［5］ ALVISE R, CHOWDHURY J, HOLGER K, et al. Combined effects of wind and atmospheric icing on overhead transmission lines ［J］. Journal of Wind Engineering and Industrial Aerodynamics, 2020, 204 （9）：104271.

水平轴风力机气动性能各类数值模拟
方法与风洞试验结果的比较分析*

吴第标，吴玖荣，傅继阳

（广州大学风工程与工程振动研究中心 广州 510006）

1 引言

　　风能利用是我国实现能源可持续发展战略的必要途径和重要手段，风力机是风能利用的主要装置，风力机气动性能的数值模拟方法研究是提升风力机性能的重要基础性工作。目前，叶素动量理论（BEM）、涡尾迹方法（VW）和计算流体动力学方法（CFD）是目前三种主要的风力机气动性能数值模拟方法。BEM 结合一维动量平衡和二维叶素理论来计算叶片气动特性；VW 放弃了叶素的二维假设，不再利用动量理论计算诱导速度，而是将风力机流场看成为叶片附着涡和尾涡诱导的结果，通过 Boit-Savart 公式求解；CFD 方法使用数值方法求解流体动力学的控制方程，可以实现对风力机的全尺度模拟，获得全流场流动信息。

　　本文以 NREL Phase Ⅵ风力机为工程背景，通过以上三种数值模拟方法，研究该风力机气动性能，并与非定常空气动力学实验（UAE）的实测数据进行对比。研究结果可为 CFD 数值模拟方法的有效使用和优化、更为深入地对风机流场机理探究提供参考依据。

2 研究对象概况

　　研究对象 NREL Phase Ⅵ双叶片失速调节型风力机，叶片外形采用单一 S809 翼型[1]。表 1 为其相关的基本参数。

表 1　NREL Phase Ⅵ风力机基本参数

参数名称	数值	参数名称	数值	风机模型图
额定功率	20 kW	切出风速	25 m/s	
叶片长度	5.024 m	转速	72 r/min	
风轮直径	11.064 m	轮毂高度	12.192 m	
切入风速	6 m/s	倾角	0°	
锥角	0°，3.4°	风轮悬挑	1.401 m	

3 数值模拟方法

　　应用 Qblade 软件 BEM 和非线性升力线自由涡尾迹方法（LLFVW）模块对 NREL Phase Ⅵ风力机进行建模和分析。NREL Phase Ⅵ风力机叶片模型如图 1 所示。BEM 分析考虑了 Prandtl 叶尖损失修正、Prandtl 叶根损失修正和三维旋转效应修正。LLFVW 分析采用 BEM 分析建立的风轮模型并计入轮毂高度和风轮的

＊ 基金项目：国家自然科学基金面上项目（51778161、51925802）。

悬挑，使用输入轮毂高度风速文件的模拟类型，考虑了三维旋转效应修正，忽略塔影效应，尾流对流在涡旋线的中心点处计算速度，速度采用一阶欧拉前向积分方案，尾流模拟中最大尾迹年龄、全尾迹长度、精细尾迹长度和尾迹薄因子和其余参数采用软件默认，NREL Phase VI 风力机尾迹模拟图如图 2 所示。

采用 ANSYS/FLUENT 19.0 对 NREL Phase VI 风力机风轮进行了计算，风力机风轮采用圆柱形计算域。网格总数为 544.5 万，计算网格示意图如图 3 所示。采用运动参考系 MRF 技术，计算使用稳态求解器进行。采用基于压力的耦合式 SIMPLE 算法，压力离散采用标准格式，对流项和耗散项采用了 2 阶迎风格式。采用带间歇性 γ 转捩模型的 SST $k-\omega$ 模型[2]。

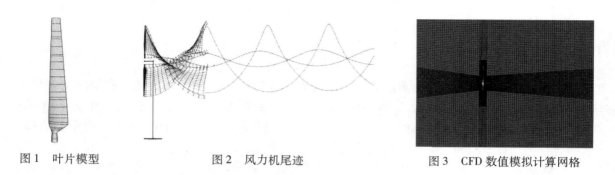

图 1   叶片模型   图 2   风力机尾迹   图 3   CFD 数值模拟计算网格

4   模拟结果分析

图 4 所示为来流风速从切入风速（6 m/s）至切出风度（25 m/s）计算工况下不同数值模拟方法计算的风轮转矩；图 5 所示为 $63\%R$ 剖面 C_n、C_t 随风速变化。对比分析可知，BEM 和 LLFVW 有很好的一致性，并和试验数据显示相似的分布。

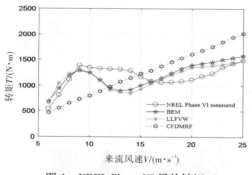

图 4   NREL Phase VI 风轮转矩

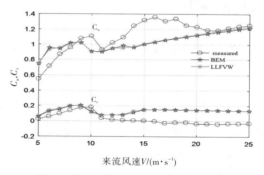

图 5 $63\%R$ 剖面 C_n、C_t 随风速变化

5   结论

本文采用 BEM、LLFVW 和 CFD 三种数值方法对 NREL Phase VI 风力机进行模拟。BEM 和 LLFVW 计算结果总体与实验值偏差较小且 BEM 和 LLFVW 有很好的一致性，CFD 计算结果与实验值偏差较大。综合计算成本、复杂性和物理建模方面，再次验证 LLFVW 可替代 BEM 实现对风力机气动性能更为准确的模拟预测。CFD 模拟风力机计算结果的准确性取决于网格划分、求解方法和湍流转捩模型，三者对结果的影响程度相当。

参考文献

［1］ HAND M M, SIMMS D A, FINGERSH L J, et al. Unsteady Aerodynamics Experiment Phase VI：Wind Tunnel Test Configurations and Available Data Campaigns. 2001.

［2］ 朱呈勇, 王同光, 邵涛. 水平轴风力机三维旋转效应数值模拟研究 ［J］. 太阳能学报, 2019, 40（6）：1747 - 1755.

基于 ANSYS 的跟踪式光伏结构颤振临界风速分析 *

李青婷[1,2]，邹云峰[1,2]，何旭辉[1,2]

（1. 中南大学土木工程学院 长沙 410075；

2. 高速铁路建造技术国家工程实验室 长沙 410075）

1 引言

跟踪式光伏结构可根据太阳位置实时调整倾角，大大提高了发电效率。而风荷载在光伏结构支架设计中起到控制性作用，对于固定式光伏支架的抗风性能，Aly[1] 比较了在一固定倾角下不同缩尺比的光伏板模型分别在风洞试验和 CFD 虚拟风洞计算得到的平均风压和峰值压力；马文勇[2] 研究了 6 个典型倾角下光伏板表面的体型系数分布规律；Chin-Cheng[3] 结合风洞试验和数值模拟对高倾角下的单块光伏板进行了极端风荷载分析；Jubayer[4] 利用数值模拟方法研究了地面安装光伏阵列周围的风荷载和风场。已有研究大多只关注固定式光伏结构风荷载特性，针对跟踪式光伏结构风致振动的研究非常少。但是跟踪式光伏支架为了实现转动，需要释放扭转自由度，结构刚度减小，使得其气动稳定性大大降低，对风荷载更为敏感，而颤振的气动不稳定性往往导致结构出现不可修复的整体破坏。综上，本文通过对跟踪式光伏结构颤振导数进行计算分析，实现了一种基于 ANSYS 的跟踪式光伏结构颤振性能分析方法，并将本文方法计算值与风洞实测值进行比较，证明计算方法的准确性与可靠性。

2 光伏结构颤振导数计算

根据颤振导数计算基本理论，得到跟踪支架的颤振导数随无量纲风速变化的曲线，如图 1 所示。

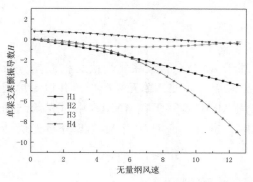
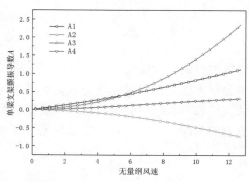

图 1　颤振导数随无量纲风速变化曲线

3 基于 ANSYS 的颤振性能分析

3.1 有限元模型

采用 APDL 编写了在 ANSYS 中对光伏结构进行结构有限元建模分析的程序，在单梁跟踪式光伏支架初始结构有限元模型中，主梁采用 BEAM44 单元，光伏面板质量惯性矩采用 MASS21 单元模拟。有限元模型有 248 个斜梁单元，124 个梁支撑单元，72 个主梁单元，55 个立柱单元，62 个刚臂单元，73 个 MASS21 质量单元，共 634 个单元。

* 基金项目：国家自然科学基金项目（52078504、U1934209、51925808）。

在用于单梁光伏支架颤振分析的结构有限元模型中，继续采用上述单元，此外，自激力采用光伏面板主梁节点处的一系列 Matrix 27 单元模拟。其中，73 个 Matrix 27 单元用于模拟气动刚度，73 个 Matrix 27 单元用于模拟气动阻尼。

3.2　ANSYS 分析颤振结果

为了验证本文方法的准确性与可信度，通过节段模型风洞试验，研究了两种光伏结构的颤振临界风速，并与计算值进行对比。跟踪式光伏结构节段模型及悬挂系统如图 2 所示。

（a）单梁支架　　　　　　　　　　　（b）双梁支架

图 2　跟踪式光伏结构节段模型悬挂系统

表 1 所示为用本文方法计算颤振临界风速与风洞节段模型试验的结果。总体来说，计算结果与风洞实测值基本吻合，证明利用 ANSYS 分析光伏结构颤振性能的可行性与准确性。

表 1　颤振分析结果比较

光伏结构	本文方法/$(m \cdot s^{-1})$	风洞实测值/$(m \cdot s^{-1})$	误差/%
单梁支架	15.78	15.46	2.07
双梁支架	24.80	25.97	4.51

4　结论

通过对跟踪式光伏结构颤振导数进行计算分析，实现了基于 ANSYS 的跟踪式光伏结构颤振分析的有限元模型及其分析方法，该光伏模型的主梁受到的气动自激力采用 Matrix27 单元来模拟。并以一单梁双竖排跟踪式光伏支架和一双梁单竖排跟踪式光伏支架为例，采用 APDL 编写了在 ANSYS 中对光伏结构进行有限元建模分析的程序，运行得到的结果与风洞实测值对比吻合良好，证明利用 ANSYS 分析光伏结构颤振性能可行。

参考文献

［1］ ALY M A. On the evaluation of wind loads on solar panels：The scale issue ［J］. Solar Energy, 2016, 135.

［2］ 马文勇，孙高健，刘小兵，等.太阳能光伏板风荷载分布模型试验研究 ［J］.振动与冲击，2017，36（7）：8 – 13.

［3］ CHOU C C, CHUNG P H, YANG R Y. Wind Loads on a Solar Panel at High Tilt Angles ［J］. Applied Sciences, 2019, 9（8）.

［4］ CHOWDHURY M J, HORIA H. A numerical approach to the investigation of wind loading on an arrayof ground mounted solar photovoltaic（PV）panels ［J］. Journal of Wind Engineering & Industrial Aerodynamics, 2016, 153.

风冰荷载作用下山区输电线路导线不平衡张力研究

闫聪，谢强，张欣

（同济大学土木工程学院建筑工程系 上海 200082）

1 引言

电力系统是大型生命线系统的重要组成部分，其安全问题一直备受重视。而输电线路在电力系统中担任电力输送的重要职能，其安全问题一直受到诸如强风、地震、冰雪等自然灾害的威胁。研究表明，当输电线路存在覆冰工况，尤其是不均匀覆冰工况时，输电导线所产生的不平衡张力会造成输电塔的覆冰倒塌[1]，所以导线的不平衡张力不容忽视。且随着覆冰厚度的增加，输电塔线的耦联作用会不断增强[2]。由于我国地形复杂多样，在广大山区分布着众多具有高低塔腿的山地输电塔，同时线路具有一定转角，而目前关于这类输电线路在风冰荷载下的研究较少，因此本文开展在风冰荷载作用下山区输电线路的导线不平衡张力的研究。

2 研究方法和内容

2.1 输电线路介绍

选取白鹤滩－江苏 ±800kV 特高压输电线路中某一四塔三线作为研究对象，该输电线路中不仅存在输电塔海拔位置的高低变化，还存在线路的转角。将其按顺序分别命名为 1、2、3、4 号塔，其中 1 号塔海拔 1613.29 m，以坐标（0，0，1613.29）作为 1 号塔坐标（x，y，z），则该线路具体信息如表 1 所示。

表 1　白江 ±800 kV 特高压线路某一四塔三线信息

塔号	塔型	x/m	y/m	z/m	相对前段塔线转角/(°)
1	JC27401B－51	0.000	0.000	1613.290	—
2	JC27303B－57	147.341	241.594	1540.030	44.100
3	ZC27302B－78	425.075	313.986	1443.820	00.000
4	JC27303B－57	675.770	379.332	1309.860	00.000

2.2 荷载工况及实现

对该输电线路进行 ABAQUS 有限元建模，其中输电塔采用 B31 单元，输电导线及绝缘子采用 T3D2 单元，并采用悬链线法对导线进行初始找形[3]。该线路有限元模型如图 1 所示。

为研究该输电线路在多种复杂工况下其导线张力，考虑线路中输电塔受弯受扭等情况，依照《架空输电线路杆塔结构设计技术规定》[4]，设置如下工况，如表 2 所示。

依照《架空输电线路杆塔结构设计技术规定》[4]，分别计算输电杆塔所受风荷载和输电导线所受风荷载。依照《重覆冰架空输电线路设计技术规程》[5]，通过更改导线密度实现冰荷载施加，该线路所在区域为重冰区，故导线覆冰厚度设为 30mm，地线覆冰厚度设为 35mm。

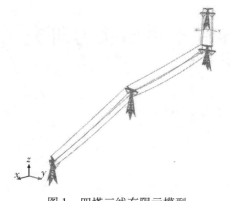

图 1 四塔三线有限元模型

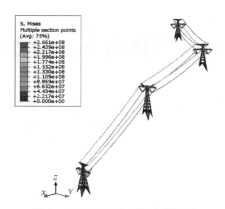

图 2 工况 3 四塔三线计算结果

表 2 四塔三线工况表

工况	风冰荷载情况		第一跨	第二跨	第三跨
1	仅重力荷载		—	—	—
2	均匀覆冰，风速 15 m/s		满覆	满覆	满覆
3	不均匀覆冰，受弯，风速 10 m/s	塔 1、塔 2 受弯	满覆	—	—
4		塔 2、塔 3 受弯	—	满覆	—
5		塔 3、塔 4 受弯	—	—	满覆
6	不均匀覆冰，扭转，风速 10 m/s	塔 1 逆时针扭转	左线满覆	右线满覆	—
7		塔 2 顺时针扭转	右线满覆	左线满覆	—
8		塔 3 逆时针扭转	—	左线满覆	右线满覆
9		塔 4 顺时针扭转	—	右线满覆	左线满覆

对有限元模型进行计算，分别得到各个工况下输电线路的塔身应力情况及导线张力，其中工况 3 所得结果如图 2 所示。

3 结论

在不均匀覆冰工况下，输电塔前后的地线不平衡张力较输电导线表现得更为显著；在该线路中，输电导线张力在全覆冰工况下，其张力较不均匀覆冰工况时要大，而地线张力在不均匀覆冰工况下，其覆冰区域的张力较均匀覆冰工况下的要大。同一跨输电线路中，当两端输电塔高差越大，该线路中导（地）线的不平衡张力变化范围越大，且导线的张力变化范围随高差变化较地线更为明显。同时，该线路中 2 号塔处于危险状态，应对其进行加固补强。

参考文献

［1］陆佳政，刘纯，陈红冬，等. 500kV 输电塔线覆冰有限元计算 ［J］. 高电压技术，2007（10）：167 – 169.

［2］赵明曦，贺博，冯文韬，等. 塔 - 线耦联因素对于覆冰载荷下高压输电塔 - 线结构体力学性能影响及分析 ［J］. 中国电机工程学报，2018，38（24）：7141 – 7148，7440.

［3］沈世钊，徐崇宝，赵臣，等. 悬索结构结构设计 ［M］. 北京：中国建筑工业出版社，2006.

［4］架空输电线路杆塔结构设计技术规定（DL/T 5154—2012）［S］. 北京：中国规划出版社，2012.

［5］重覆冰架空输电线路设计技术规程（DL/T 5440—2009）［S］. 北京：中华人民共和国国家能源局，2009.

基于 TMDI 的输电导线微风振动防振措施研究

杨映雯[1]，刘欣鹏[1,2]，文均容[1]，兰英[1]，周磊[1]

（1. 重庆科技学院 重庆 401331；

2. 能源工程力学与防灾减灾重庆市重点实验室 401331）

1 引言

输电导线受到风荷载作用时会产生一些振动甚至变形，其中输电导线的振动中微风振动发生得最为频繁，因此输电线路高效的防振、减振是目前亟待研究的问题。我国通常在导线上安置防振锤等装置控制输电导线振动。董志聪[1]采用以单档距单根输电线－防振锤系统为研究对象，用动力学法对微风振动特性进行研究；孔德怡[2]通过激振实验研究安装防振锤前后输电导线的微风振动响应。惯质调谐质量阻尼器（TMDI）是一种采用惯质单元连接 TMD 的调谐质量和结构基础的新型被动动力吸振器[3]。惯质是一种新型两节点单元，惯质单元通过质量放大效应将平动转化为转动运动，两节点间产生与其相对加速度成正比的反作用力来抑制主结构的运动，从而达到高效的减振效果。其中比例系数值取决于设计的飞轮质量和转动半径从而影响惯质器的性能[4]。Giaralis[5]等研究了 TMDI 对高层建筑和大跨桥梁风致振动的控制效果。Dai[6]研究了风激励下惯质元件位置对柔性结构 TMDI 性能的影响。文献中惯质单元采用接地形式研究得出 TMDI 具有比传统 TMD 更好的减振效果[7]。

本文主要针对主结构受简谐激励下的减振措施，以单自由度主结构附加 TMDI 系统为研究对象分析 TMDI 的减振效果，如图 1 所示。并采用 ANSYS 有限元通过施加激励力模拟输电导线微风振动，建立输电导线－TMDI 和输电导线－防振锤系统，对比输电导线有无安装防振锤和输电导线安装 TMDI 的振幅情况，从而分析减振效果。

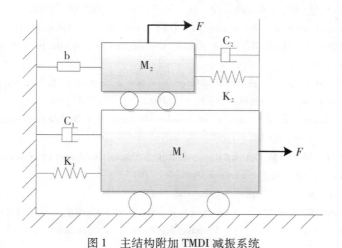

图 1　主结构附加 TMDI 减振系统

2 研究内容

基于结构动力学理论，建立了以单自由度结构体系为研究对象的主结构－TMDI 动力方程求解位移响应，并对 TMDI 进行结构参数分析。参数分析方法有 Den Hartog 提出的扩展定点理论[8]推导最优参数的解析解和在白噪音激励下的最小方差的优化设计[9]。本文采用扩展定点理论得到 TMDI 的最优频率比和最优阻尼比解析表达式，明确 TMDI 的耗能机理。

另外，通过 ANSYS 软件仿真模拟输电导线微风振动，对比悬挂 FR－3 防振锤以及悬挂 TMDI 的振幅，分析其 TMDI 运用到输电导线上的减振效果，如图 2 所示。

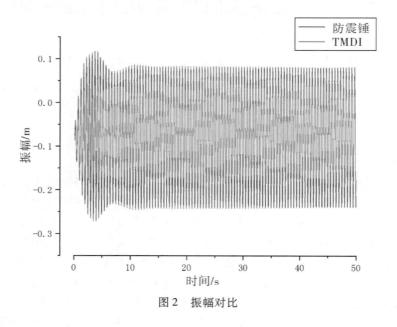

图 2　振幅对比

3　结论

　　根据上述结果对比可得 TMDI 具有良好的减振性能，且作用到输电导线上有很好的减振效果，可为 TMDI 作用于输电导线微风振动提供了理论依据。

参考文献

［1］董志聪. 输电线——防振锤系统的微风振动特性研究［D］. 北京：华北电力大学，2018

［2］孔德怡. 基于动力学方法的特高压输电线微风振动研究［D］. 武汉：华中科技大学，2009.

［3］SMITH M C. Synthesis of mechanical networks：the inerter［J］. IEEE transactions on Automatic Control ac，2002.

［4］M Z Q CHEN C，PAPAGEORGIOU F，SCHEIBE F，et al. The missing mechanical circuit element［J］IEEE Circuits and Systems Magazine，2009，9（1）：10－26.

［5］AGATHOKLIS，GIARALIS，FRANCESCO，et al. Wind-induced vibration mitigation in tall buildings using the tuned Mass-Damper-Inerter［J］. Journal of Structural Engineering，2017，143（9）.

［6］DAI Z D，XU P P. Tuned mass-damper-inerter control of wind-induced vibration of flexible structures based on inerter location［J］. Engineering Structures，2019，199：10958.

［7］PIETROSANTI D，ANGELIS M D，BASILI M. Optimal design and performance evaluation of systems with Tuned Mass Damper Inerter（TMDI）［J］. Earthquake Engineering & Structural Dynamics，2017.

［8］DEN H J P. Mechanical vibrations［M］. New York：McGraw-Hill，1934.

［9］MARIAN L，GIARALIS A. Optimal design of a novel tuned mass-damper-inerter（TMDI）passive vibration control configuration for stochastically support-excited structural systems［J］. Probabilistic Engineering Mechanics，2014，38：156－164.

考虑山体坡度的覆冰导线多模态耦合风致舞动分析 *

张会然，赵萍楠，刘中华，雷鹰

（厦门大学建筑与土木工程学院 厦门 361001）

1 引言

随着电网建设及大规模输电工程的不断推进，越来越多的输电线路需要架设在山坡地形中。在进行输电导线舞动分析时有必要考虑山体坡度的影响，即可简化为输电导线两端存在高差。本文基于斜拉索的建模理论[1]，建立考虑山体坡度覆冰导线多模态耦合非线性动力学模型，分析不同山体坡度下覆冰导线舞动及其各阶模态的振动特性。首先通过 CFD 数值模拟得到不同坡度下覆冰导线截面的气动三分力系数，进一步转化为不同坡度下作用于导线上的气动荷载。其次研究分析了稳定风场中不同山体坡度下各方向之间各阶模态存在内共振和无内共振[2]时覆冰导线多模态耦合的舞动特性，进一步考虑风场的随机性[3-4]，研究分析了随机风场中不同山体坡度下覆冰导线多模态耦合的舞动。

2 研究内容

2.1 基于山体坡度的多模态耦合非线性动力模型建立

参考斜拉索的建模方法，同时考虑了扭转方向建立了覆覆冰导线考虑山体坡度的三维分析模型（图 1），沿导线方向建立坐标系，忽略了导线展线方向的重力分量，基于以下假设：①不考虑导线的抗弯刚度和抗剪刚度；②不考虑导线展向方向（x 方向）的重力分量；③导线满足各向同性，均质分布，本构关系服从胡克定律；④导线两端固支。

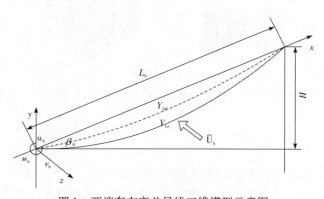

图 1　两端存在高差导线三维模型示意图

得到考虑山体坡度的三维连续体方程后，采用 Galerkin 方法进行多模态离散，建立存在山体坡度覆冰导线多模态耦合非线性动力学模型，以各展开两阶模态为例

$$u_h(t) = \sum_{i=1}^{M} \varphi_i(x) U_{hi}(t), v_h(t) = \sum_{j=1}^{N} \varphi_j(x) V_{hj}(t), w_h(t) = \sum_{k=1}^{Q} \varphi_k(x) W_{hk}(t), \varphi_n(x) = \sin(\frac{n\pi x}{L}), (n = 1,2,3,\cdots)$$

$$(1)$$

得到考虑山体坡度下的覆冰导线多模态耦合常微分非线性动力方程：

* 基金项目：国家重点研发计划资助（2017YFC0803300）。

$$\begin{cases} a_{h11}\ddot{U}_1 + a_{h12}\dot{U}_1 + a_{h13}U_1 + a_{h14}\ddot{W}_1 + Q_{hy1} = g_{hy11}W_1 + g_{hy12}\dot{W}_1 + g_{hy13}\dot{U}_1 + G_{hy1} \\ a_{h21}\ddot{U}_2 + a_{h22}\dot{U}_2 + a_{h23}U_2 + a_{h24}\ddot{W}_2 + Q_{hy2} = g_{hy21}W_2 + g_{hy22}\dot{W}_2 + g_{hy23}\dot{U}_2 + G_{hy2} \\ b_{h11}\ddot{V}_1 + b_{h12}\dot{V}_1 + b_{h13}V_1 + b_{h14}\ddot{W}_1 + Q_{hz1} = g_{hz11}W_1 + g_{hz12}\dot{W}_1 + g_{hz13}\dot{U}_1 + G_{hz1} \\ b_{h21}\ddot{V}_2 + b_{h22}\dot{V}_2 + b_{h23}V_2 + b_{h24}\ddot{W}_2 + Q_{hz2} = g_{hz21}W_2 + g_{hz22}\dot{W}_2 + g_{hz23}\dot{U}_2 + G_{hz2} \\ c_{h11}\ddot{W}_1 + c_{h12}\dot{W}_1 + c_{h13}W_1 + c_{h14}\ddot{U}_1 + c_{h15}\ddot{V}_1 + Q_{hm1} = g_{hm11}W_1 + g_{hm12}\dot{W}_1 + g_{hm13}\dot{U}_1 + G_{hm1} \\ c_{h21}\ddot{W}_2 + c_{h22}\dot{W}_2 + c_{h23}W_2 + c_{h24}\ddot{U}_2 + c_{h25}\ddot{V}_2 + Q_{hm2} = g_{hm21}W_2 + g_{hm22}\dot{W}_2 + g_{hm23}\dot{U}_2 + G_{hm2} \end{cases} \quad (2)$$

式中，Q_{hij} 和 G_{hij} 为几何非线性项和气动荷载非线性项。

2.2 CFD 数值模拟不同坡度覆冰截面的气动力系数

根据不同的山体坡度，需要模拟不同坡度截面下的气动力系数，本论文以新月形截面为例，分别考虑了 15°、30°、45° 三种坡度的情况，覆冰导线截面如图 2 所示。

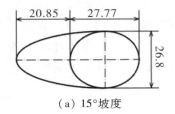 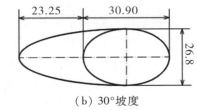 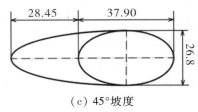

（a）15°坡度　　　　　　　　（b）30°坡度　　　　　　　　（c）45°坡度

图 2　不同坡度下覆冰导线截面（单位：mm）

3　数值算例分析

本文以新月形截面的覆冰导线为例，档距 $L_h = 300$ m，$T_{h0} = 80$ kN。数值计算不同山体坡度下覆冰导线在稳定风场和随机风场中发生舞动各阶模态的振动响应，部分结果如图 3 所示。

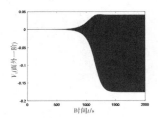 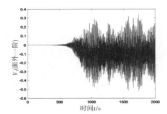 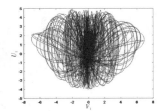 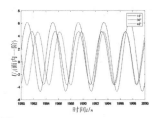

图 3　稳定风场和随机风场中覆冰导线各阶模态舞动响应部分结果示意图

4　结论

本文建立了基于山体坡度覆冰导线多模态耦合非线性动力学模型，研究分析了坡度为 15°、30° 和 45° 时覆冰导线的舞动。在稳定风场中，随着坡度的增加，覆冰导线发生舞动的临界风速越小，当系统存在内共振时，各阶模态舞动幅值发生大幅度变化；在随机风场中，覆冰导线舞动发生时主要振动模态发生改变，各模态间的耦合作用增强。

参考文献

[1] 赵跃宇，王连华，陈得良，等.斜拉索面内振动和面外摆振的耦合分析 [J].土木工程学报，2003，4：65－69.

[2] LUONGO A, ZULLI D, PICCARDO G. Analytical and numerical approaches to nonlinear galloping of internally-resonant suspended cables [J]. Journal of Sound and Vibration, 2008, 317（3－5）：375－393.

[3] KIM J-W, SOHN J-H. Galloping simulation of the power transmission line under the fluctuating Wind [J]. International Journal of Precision Engineering and Manufacturing, 2018, 19（9）：1393－1398.

[4] LIU X J, HUO B. Nonlinear vibration and multimodal interaction analysis of transmission line with thin iceaccretions [J]. International Journal of Applied Mechanics, 2015, 7（1）：1550007.

平单轴光伏支架风致振动研究

张晓斌[1]，马文勇[1,2]，马成成[1]

（1. 石家庄铁道大学土木工程学院 石家庄 050043；

2. 河北省风工程和风能利用工程技术创新中心 石家庄 050043）

1 引言

光伏支架设计时会对结构强度进行校核，以满足材料强度要求，但是经常会忽略结构稳定性问题。而大部分光伏板支架的破坏，并不是由于荷载过大导致的材料屈服，而是由于结构气动失稳所致。伍波等[1]对不同风攻角下薄平板断面颤振机理进行了研究，吕坤等[2]对不同来流下薄平板流固耦合特性进行分析，贾明晓等[3]从能量角度对平板颤振特性进行了研究。目前针对平单轴光伏支架扭转为主的单自由度平板体系风致振动研究较少，光伏支架振动特性、振动机理尚不明确。本文通过风洞弹性测振试验对平单轴光伏支架风致振动进行研究。

2 试验装置

试验在石家庄铁道大学风洞低速段[4]进行，风速分布不均匀度小于 ±0.5%。试验模型采用 ABS 板制作长宽厚分别为 900 mm、600 mm、10 mm，为保证模型具有足够的刚度在模型中间放置一定厚度的钢板。模型通过转轴和两端的轴承与支架安装在一起保证模型可以自由转动。在力臂上安装 4 根弹簧用来提供扭转刚度，弹簧距离转动中心 0.2 m。同时在支架上距离中心距离为 0.1 m 的位置对称安装两个激光位移，计通过位移计算扭转角度，如图 1 所示，采样频率为 1000 Hz，采样时间为 90 s。试验前对整个系统进行自振特性分析，图 2 所示为自振特性测试结果，其中扭转频率为 2.15 Hz，扭转阻尼比为 3.1%。

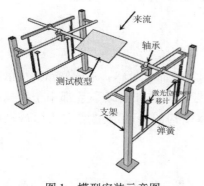

图 1　模型安装示意图

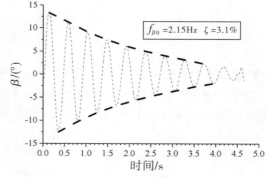

图 2　结构自振频率

3 试验结果

如图 3 为不同倾角和风速下模型平均振幅的分布情况，在 −15°～15°倾角范围内振幅较大会发生大幅度振动，且随着风速的增加振幅逐渐增大其余倾角模型振幅很小不会发生大幅度振动，不同倾角下结构振动启振风速差别很大。

图 4 为 10°倾角振动时程曲线风速从 9.6 m/s 变化至 9.9 m/s，风速相差 0.3 m/s，振动情况差别巨大：9.6 m/s 时，振幅很小，处于稳定状态；9.9 m/s 时，结构开始振动，振动最大值可以达到 18°；随着时间的增加振动情况变化较小，属于稳定的限幅振动。图 5 可以看出随着风速的增加，扭转振幅平均值和

脉动值逐渐增大但是脉动值数值很小，最大值不大于 0.56；振幅波动较小也可以说明振动比较稳定；振动时模型振动频率小于结构的自振频率。随着振幅的增加振动频率逐渐减小，这是因为模型振动带动附近空气也随着振动，气动质量增加了系统的转动惯量。

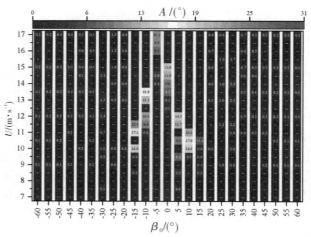

图 3　不同倾角和风速下的结构振幅

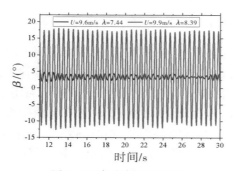

图 4　10°倾角振动时程图

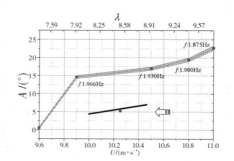

图 5　10°倾角结构振幅和振动频率

4　结论

　　-15°～15°倾角属于振动不稳定区间会发生大幅度振动，振动对风速非常敏感，不同倾角对应的启动风速不同，振动随时间变化较小属于稳定限幅振动。振动的频率随振幅的增加而减小且都小于结构的自振频率，这是因为结构振动带动周围空气振动，气动质量增加导致结构的转动惯量增大从而振动频率降低。

参考文献

［1］伍波，王骑，廖海黎，等.不同风攻角下薄平板断面颤振机理研究［J］.振动工程学报，2020，33（4）：667－678.

［2］吕坤，张荻，谢永慧.不同来流下薄平板流固耦合特性分析［J］.中国电机工程学报，2011，31（26）：76－82.

［3］贾明晓，刘祖军，杨泳昕.平板断面颤振过程中能量输入特性研究［J］.振动与冲击，2013，32（7）：135－140.

［4］刘庆宽.多功能大气边界层风洞的设计与建设［J］.试验流体力学，2011，25（3）：66－70.

尺寸与形状效应对多孔结构风阻系数的影响研究 *

刘双瑞，王佳盈，王峰

（长安大学公路学院 西安 710064）

1 引言

多孔结构在工程结构中有很广泛的应用，近年来，多孔结构作为风障、防沙栅栏或是桥梁抑振措施在建筑、道路、桥梁等基础设施领域的应用越来越普遍。多孔结构的孔径、孔的形式和透风率等是决定多孔结构应用性能的重要因素，同时这种多样性也使其具有很强的可设计性和适应性。风阻系数是反映多孔结构与气流之间相互作用的基本参数[1]，本文进行了多个参数的多孔板测力风洞试验，对比了各个参数对多孔结构风阻系数的影响效应，并通过数值模拟对不同参数下多孔结构的流场特性及压力降变化规律进行分析。

2 试验概况

本研究风洞试验考虑了 3 种不同的长宽比的多孔板模型进行风洞试验，尺寸分别为 80 cm×40 cm、80 cm×20 cm、40 cm×40 cm。多孔板模型透风率变化范围为 0%～70%，孔隙形状采用圆形、方形、六边形、三角形四种类型。圆孔直径与方孔边长均为 12mm。通过旋转多孔板角度可以实现不同风攻角的工况，模拟了风攻角为 0°、15°、30°、45°、90°共计 5 个不同风攻角下的静三分力系数曲线。试验模型如图 1 所示。

图 1 多孔板模型

3 试验结果分析

3.1 风洞试验

试验在长安大学风洞试验室 CA–1 大气边界层风洞中进行，数据采集系统由杆式应变天平、α 攻角变化机构、应变放大器、A/D 转换器及数据采集处理系统等组成。分析了不同尺寸、不同孔隙形状对多孔结构阻力系数和升力系数的影响。

* 基金项目：国家自然科学基金项目（51808053）。

风攻角为 0°孔隙形状为圆形时，模型长宽比分别为 1∶1、1∶2、1∶4，阻力系数在不同透风率下的变化规律如图 2 所示。透风率为 30% 模型尺寸为 1∶2 时，孔隙形状分别为圆形、方形、三角形和六边形，阻力系数在不同风攻角下的变化规律如图 3 所示。

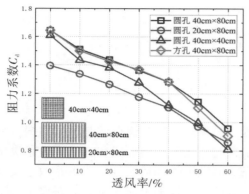

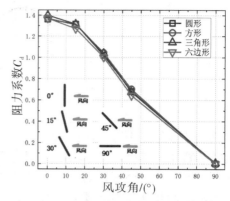

图 2　不同长宽比下多孔板阻力系数与透风率变化关系　　　图 3　不同孔隙形状多孔板阻力系数与风攻角变化关系

由图 2 可以看出，当模型孔隙形状相同且透风率小于 40% 时，长宽比为 1∶4 的多孔板阻力系数最小。当模型长宽比为 1∶2 且透风率小于 40% 时，方孔多孔板与圆孔多孔板的阻力系数非常接近；当透风率为 40%～60% 时，方孔多孔板阻力系数更小。由图 3 可以看出，当模型长宽比为 1∶2，透风率为 30% 时，圆形、方形、三角形和六边形多孔板阻力系数非常接近。

3.2　数值模拟

数值模拟用 Ansys2020R1 中的 CFD 网格划分模块和 Fluent 流场模拟模块，采用 $k-\omega$ 湍流模型，分析了多孔板阻力系数和升力系数随长宽比、孔隙形状等因素变化的规律，为多孔板简化设计和参数选取提供了一定参考。试验与 CFD 结果对比如图 4 所示。

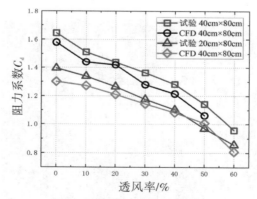

图 4　试验与 CFD 结果对比图

4　结论

孔隙形状对多孔板阻力系数影响较小，而长宽比对多孔板阻力系数影响较大，可作为影响多孔板阻力系数的关键性参数。

参考文献

［1］ DAVIDE A，GIANNI B，CLAUDIO M. Wind tunnel tests on macro-porous structural elements：A scaling procedure ［J］. Journal of Wind Engineering and Industrial Aerodynamics，2013，123：291-299.

二维导线结冰数值模拟与影响因素分析

高鹏，徐枫

（哈尔滨工业大学（深圳）土木与环境工程学院 深圳 518055）

1 引言

输电导线结冰给世界各地的输电线路的安全运行造成严重影响。当液滴在输电线路上黏附冻结后，会导致导线荷载增加、张力发生变化、导线发生舞动等多种问题，严重时会诱发导线的断线甚至倒塔等安全事故。本文通过 Fluent 软件求解 N-S 方程以及离散相模型[1]，通过用户自定义函数（UDF）求解得到结冰冰形，并与已有文献结果进行对比，验证结冰模拟结果的正确性，分析了气象因素对导线结冰冰形的影响规律。

2 导线表面结冰模拟研究

2.1 水滴收集系数

水滴收集系数是导线结冰研究的前提。本文通过拉格朗日法计算水滴收集系数，把水滴看成离散相，对每一个水滴的运动状态分析，建立水滴的运动方程。由牛顿第二定律可知，单个水滴的运动方程可表示为：

$$m_w \frac{\mathrm{d}^2 \boldsymbol{x}_w}{\mathrm{d}t^2} = \boldsymbol{F}_1 + \boldsymbol{F}_2 = \frac{1}{2}\rho_a A_w C_d |\boldsymbol{u}_a - \boldsymbol{u}_w|(\boldsymbol{u}_a - \boldsymbol{u}_w) + m_w \boldsymbol{g} \tag{1}$$

2.2 结冰热力学模型

目前，广泛采用的结冰模型是基于 Messinger[2-4] 思想建立的结冰热力学模型。对于任意结冰控制体单元，需要满足质量和能量守恒方程：

$$M_{\mathrm{imp}} + M_{\mathrm{in}} = M_{\mathrm{eva}} + M_{\mathrm{out}} + M_{\mathrm{ice}} \tag{2}$$

$$Q_{\mathrm{imp}} + Q_{\mathrm{in}} + Q_{\mathrm{air}} = Q_{\mathrm{htc}} + Q_{\mathrm{eva}} + Q_{\mathrm{clh}} + Q_{\mathrm{out}} + Q_{\mathrm{ice}} \tag{3}$$

2.3 计算模型验证

为了与参考文献结果进行对比本文选取的导线直径为 34.9 mm，空气温度为 −15 ℃，风速为 5 m/s，水滴收集系数计算所用水滴直径为 26 μm。结冰冰形计算所用水滴直径为 35 μm。

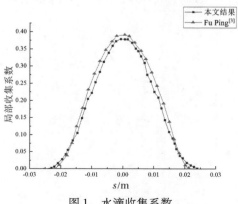

图 1　水滴收集系数

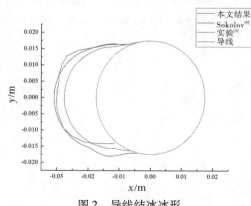

图 2　导线结冰冰形

3 计算结果分析

本文选取了不同风速、空气温度、水滴直径计算了导线结冰冰形，结果如图3、图4、图5所示。

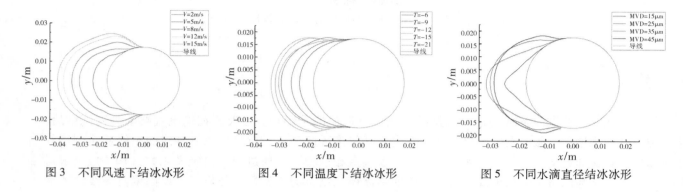

图3 不同风速下结冰冰形 图4 不同温度下结冰冰形 图5 不同水滴直径结冰冰形

4 结论

本文建立基于拉格朗日法的二维输电导线表面结冰冰形预测的CFD数值模拟方法，并分析了气象参数对导线结冰的影响规律，得到结论如下：

（1）水滴收集系数和结冰冰形与现有试验和数值模拟结果均吻合较好，表明了结冰模型的准确性。

（2）风速对结冰冰形影响较大，随着风速增大，结冰逐渐沿着导线周向增长，进而改变流场分布，使得单位时间内导线表面捕获的水滴增多，冰形沿着周向增长更加饱满。

（3）环境温度通过影响水滴冻结情况以及结冰密度来影响导线结冰冰形。在温度较高时，水滴冻结量较小导致结冰厚度较小，随着温度降低，导线结冰厚度逐渐接近。

（4）在水滴直径较小时，碰撞到导线表面的水滴数较少导致结冰厚度较小。随着水滴直径的增大，更多的水滴被导线捕获，结冰开始沿着导线周向增长。当水滴直径增长到一定值时，结冰密度随之增长较快，结冰厚度开始降低。

参考文献

[1] 胡良权，胡平，杨晓建，等. S809翼型水滴撞击特性研究 [J]. 工程热物理学报，2019，40（1）：77–83.

[2] BERNARD L, MESSINGER. Equilibrium temperature of an unheated icing surface as a function of air speed [J]. Journal of the Aeronautical Sciences，1953，20（1）：29–42.

[3] PING F. Modelling and Simuulation of The Ice Accretion Process on Fixed or Rotating Cylindrical Objects by The Boundary Element Method [D]. Canada：University of Quebec，2004：62–66.

[4] SOKOLOV P, VIRK M S. Aerodynamic forces on iced cylinder for dry ice accretion – A numerical study [J]. Journal of Wind Engineering and Industrial Aerodynamics，2020，206：1–10.

风浪作用下海上风机结构响应及易损性分析[*]

曾世钦[1,2]，敬海泉[1,2]，何旭辉[1,2]

（1. 中南大学土木工程学院 长沙 410000；

2. 高速铁路建造技术国家工程实验室 长沙 410000）

1 引言

近年来，世界各地陆续开始在沿海地区建设兆瓦级风力发电机。风力发电机的塔架和叶片是典型的细长结构，在复杂海洋环境的风浪耦合作用下容易发生较大变形和振动，对机构安全构成威胁。本文以 NREL 5MW 风机为原型[1]，运用 Abaqus 有限元软件对海上风机在风浪作用下结构响应进行了数值模拟，并对结构易损性进行了分析和研究。

2 有限元模型

本文根据 NREL 提供的结构、材料及动力特性参数，在 Abaqus 中建立有限元模型[1]。其中，塔架从上往下分成 10 段，叶片根据不同翼型气动力特性分成 17 段，发电机机舱和轮毂仅作为集中质量加载在塔架顶部。整个模型采用壳单元（S4R）建模，模型如图 1 所示[2]。

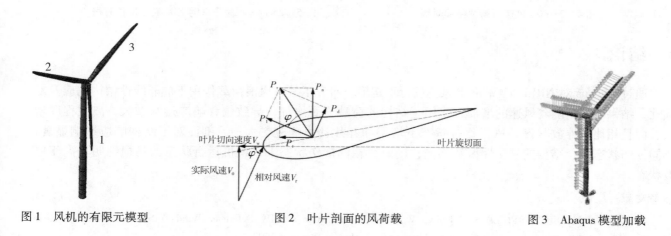

图 1　风机的有限元模型　　　　图 2　叶片剖面的风荷载　　　　图 3　Abaqus 模型加载

3 风浪荷载模拟

3.1 风荷载模拟

采用谐波叠加法以 Kaimal 谱为基础模拟脉动风。塔架和叶片风荷载模拟时，考虑了风剖面、湍流强度的变化以及风机停机和运行两种状态对结果的影响。与停机状态相比，风机运行状态时，叶片的相对风速和风向角更加复杂[3]，根据叶片的位置和旋转速度时刻变化，如图 2 所示。塔架和叶片风荷载以等效时变集中荷载施加，图 3 为加载示意图。

3.2 波浪荷载模拟

波浪荷载显著影响单桩式海上风力发电机结构的动力响应。运用以 JONSWAP 谱为基础的随机波浪频谱模型来模拟海面高程，采用经典莫里森方程（1）计算波浪荷载。

* 基金项目：国家自然科学基金项目（51925808、52078502）。

$$F_w = \frac{1}{2}\rho_w C_{dp} d_p \mid v_x \mid v_x + \rho_w C_m A_p a_x \tag{1}$$

式中，ρ_w 为海水密度，通常取 $\rho_w = 1030\text{kg/m}^3$；$C_{dp}$ 和 C_m 分别为阻力系数和惯性系数，取 $C_{dp} = 1.2$，$C_m = 2.0$；d_p 和 A_p 分别为单桩的直径和横截面积；v_x 和 a_x 分别为水粒子的速度和加速度。

4　结构响应及易损性分析

在 Abaqus 中模拟得到了不同风速下风机的非线性动力时程分析结果，部分结果如图 4、图 5 所示。选取风力发电机不同结构部位的最大位移作为响应参数。易损性采用对数正态分布函数进行计算，根据相关研究与工程经验确定结构位移限值，得到了不同损伤状态下相应风速的结构破坏概率。

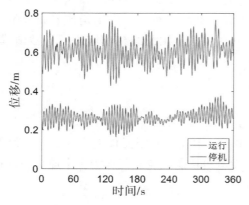

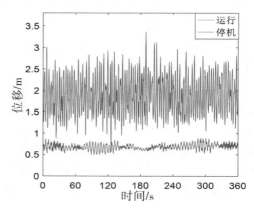

图 4　25 m/s 风速下塔顶位移时程　　　　　图 5　25 m/s 风速下 2 号叶片尖端位移时程

5　结论

通过 Abaqus 对 NREL 5MW 海上风机进行了建模，研究了其在风浪荷载作用下的非线性结构响应及易损性，结果表明：随着风速的增加，作用于结构的荷载显著增加，导致位移响应逐渐增大，离散程度增加，而且相比于停放状态，风机运行状态下塔架和叶片动力响应更大；风剖面对于结构响应影响显著；不同损伤状态下，结构的易损性截然不同；同时，相同损伤状态下，风机运行状态的易损性明显高于停放状态。

参考文献

［1］ JONKMAN J M, BUTTERFIELD S, MUSIAL W, et al. Definition of a 5MW Reference Wind Turbine for Offshore System Development. Office of Scientific & Technical Information Technical Reports, 2009.

［2］ ZUO H, BI K, HAO H. Dynamic analyses of operating offshore wind turbines including soil-structure interaction ［J］. Engineering Structures, 2018, 157 （15）: 42 − 62.

［3］ HAORAN Z, KAIMING B, HONG H, et al. Fragility analyses of offshore wind turbines subjected to aerodynamic and sea wave loadings ［J］. Renewable Energy, 2020, 160.

导流板对光伏阵列风荷载影响的数值模拟

王辛铭[1]，敬海泉[1,2,3]，何旭辉[1,2,3]

（1. 中南大学土木工程学院 长沙 410075；

2. 高速铁路建造技术国家工程实验室 长沙 410075；

3. 轨道交通工程结构防灾减灾湖南省重点实验室 长沙 410075）

1 引言

随着对可再生清洁能源的需求不断增长，光伏阵列被广泛应用。风荷载是光伏结构的控制荷载，对光伏阵列风荷载的研究尤为重要[1-2]，但是目前并无减小光伏结构风荷载的空气动力学措施。本文设计一种减小光伏阵列风荷载的导流板，并通过数值模拟，研究不同的安装间距下，导流板对光伏阵列风荷载的影响效果。

2 数值模拟概况

2.1 计算模型

本文模拟 7 排光伏板，光伏板长 971 mm（L），纵向间距为 1750 mm（D），厚度为 6 mm，倾角为 15°（α）。导流板（尺寸同光伏板）与第一排光伏板净间距为 D_d，倾角为 15°（θ）。计算模型如图 1 所示。

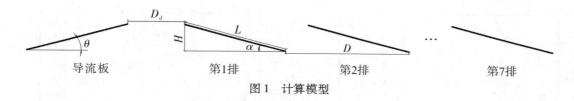

图 1 计算模型

2.2 网格划分及求解设置

将计算域分为两部分，在光伏阵列附近，流体的流动情况复杂，为更好地捕捉流动特征，采用非结构网格划分较为细密的网格，近壁面第一层网格高度为 0.05 mm，保持 $y^+ < 1$，最大网格尺寸为 50 mm。外围流场区域数据变化梯度较小，采用结构化网格划分较为稀疏的网格。网格划分结果如图 2 所示。

图 2 整体网格及边界层网格

数值模拟采用 Fluent 计算软件进行，为更好地模拟出光伏阵列的风荷载情况，需要对流场域的边界条件进行设置，具体设置为：计算域左侧为风速入口边界，风速为 10 m/s，出口为自由出流；上侧为对称边界，光伏结构及下侧为无滑移边界（图 3）。湍流模型采用 SST $k-\omega$ 模型，以 SIMPLEC 算法处理压力和速度耦合，动量方程、湍动能方程及湍流耗散率方程采用二阶离散格式。

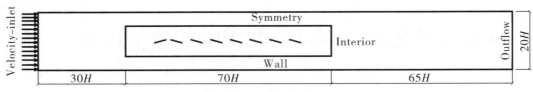

图 3 CFD 计算域

3 分析与结论

从图 4 的涡量图中可以看出，$D_d = D/8$ 时，气流流经导流板后贴附于第一排光伏板流动，并未在第一排光伏板上形成旋涡，导流板可以有效改善光伏阵列的气动环境；随着间距的增大，旋涡在间隙中发展，并作用于后续光伏板的不同位置，从而影响光伏板气动力。

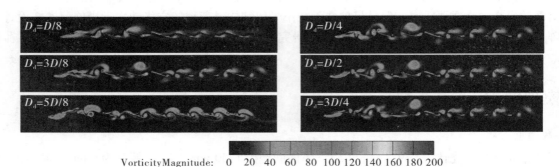

VorticityMagnitude: 0 20 40 60 80 100 120 140 160 180 200

图 4 不同间距下瞬时涡量图

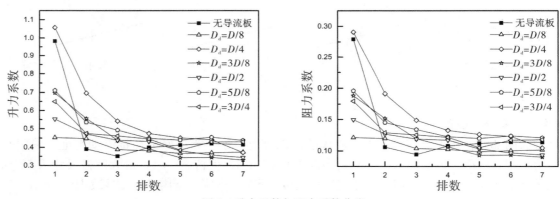

图 5 升力系数与阻力系数曲线

安装导流板可以有效减小第 1 排光伏板所受风荷载，但对第 2、第 3 排光伏板有较小的负面影响，对第 4 排及以后的光伏板的影响有限，且导流板的影响效果并不随间距线性变化（图 5）。

参考文献

［1］ AYODEJI A O, HORIA H, KAMRAN S. Experimental investigation of wind effects on a standalone photovoltaic（PV）module ［J］. Renewable Energy, 2015, 78：657 –665.

［2］ CHOWDHURY M J, HORIA H. Numerical simulation of wind effects on a stand-alone ground mounted photovoltaic system ［J］. Journal of Wind Engineering & Industrial Aerodynamics, 2014, 134：56 –64.

长方体索道轿厢气动性能研究 *

马喆，武百超，赵亚哥白，辛大波

（东北林业大学土木工程学院 哈尔滨 150040）

1 引言

长方体是工业、建筑业中最常见的几何外形。在过去的研究中，R Jason Hearst[1]、Alexander[2]、Farzad Kinai[3]、L Klotz[4] 等人通过数值模拟和试验的方法对直立在地面的长方体的流场特性和气动特性已经有了广泛的研究，但对缆车轿厢等悬挂式长方体的气动性能却少有研究。本文以悬挂式长方体为研究对象，通过测量平均气动力、脉动气动力、功率谱和斯特劳哈尔数研究其气动性能，本研究对客运索道轿厢选型及设计具有一定的指导意义。

2 试验设置

选用宽高比（D/H）为 3:2、1:1、2:3、1:2 的长方体进行风洞试验，长方体侧向长度均为 15 cm，每个长方体试件体积相同。试验使用东北林业大学闭口回流式风洞，长方体底部用长 20 cm 直径为 8 mm 的铝杆连接到六分力天平，模拟索道轿厢的悬挂状态。试验装置如图 1 所示，工况设置见表 1。

图 1 风洞试验段及测力装置

表 1 试验工况

长×宽×高/mm	Re	风偏角 α 范围/(°)
$150 \times 184 \times 122$	$6.3 \times 10^4 \sim 1.1 \times 10^5$	$0 \sim 90$
$150 \times 150 \times 150$	$5.1 \times 10^4 \sim 9.4 \times 10^4$	$0 \sim 90$
$150 \times 122 \times 184$	4.2×10^4	$0 \sim 90$
$150 \times 106 \times 212$	$3.6 \times 10^4 \sim 4.4 \times 10^4$	$0 \sim 90$

3 试验结果

3.1 斯特劳哈尔数

不同雷诺数下的斯特劳哈尔数（S_t）通过升力频谱中的峰值频率确定，从图 2 可以看出 S_t 的雷诺数效应显著，随着雷诺数的增加，S_t 大幅度减小。当雷诺数一定，S_t 随偏角变化较小，在特定的偏角下观

* 基金项目：黑龙江省自然科学基金项目（LH2020E010）。

察到多个峰值频率对应于多个 S_t。

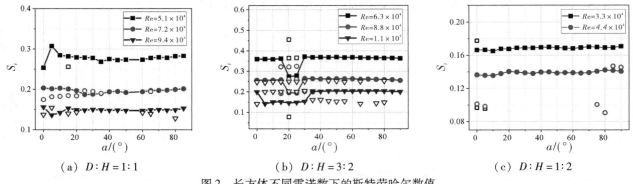

(a) $D:H=1:1$ (b) $D:H=3:2$ (c) $D:H=1:2$

图 2　长方体不同雷诺数下的斯特劳哈尔数值

3.2　平均力系数和脉动力系数

不同宽高比下长方体的平均阻力系数和脉动阻力系数随风偏角的变化散点图如图 3 所示。通过图 3 可以发现雷诺数对不同宽高比悬挂式长方体平均阻力系数的影响不大。对不同宽高比长方体平均阻力系数随风偏角变化的实测数据进行非线性拟合，从拟合曲线中可以发现：随着风偏角角度增加，在 0°～30°偏角范围内长方体的阻力系数先有一段小幅度增加，当阻力达到峰值后递减。且不同宽高比长方体阻力系数最大值对应于的风偏角不同，对于宽高比分别分 1:2、1:1、3:2 的长方体平均阻力系数最大值分别出现在 30°、10°和 15°。

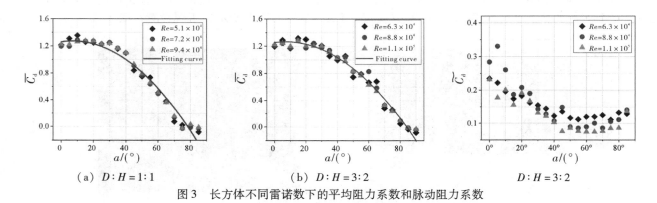

(a) $D:H=1:1$ (b) $D:H=3:2$ $D:H=3:2$

图 3　长方体不同雷诺数下的平均阻力系数和脉动阻力系数

4　结论

通过对悬挂式长方体气动性能的研究，得出以下结论：对于宽高比较大的长方体，包括平均阻力系数和脉动阻力系数在内的气动性能没有明显的雷诺数效应，但其斯特劳哈尔数雷诺数效应明显；体积相同、宽高比不同的长方体气动性能差距较大；不同宽高比长方体试件在特定雷诺数下可能存在多个频率对应于多个斯特劳哈尔数。

参考文献

［1］ HEARST R J, GOMIT G, GANAPATHISUBRAMANI B. Effect of turbulence on the wake of a wall-mounted cube ［J］. Journal of Fluid Mechanics, 2016, 804：513－530.

［2］ YAKHOT A, LIU H, NIKITIN N. Turbulent flow around a wall-mounted cube：A direct numerical simulation ［J］. International Journal of Heat & Fluid Flow, 2006, 27（6）：994－1009

［3］ KIANI F, JAVADI K. On the turbulent flow structures over a short finite cylinder：numerical investigation ［C］. International Conference on Heat Transfer & Fluid Flow, 2014.

［4］ KLOTZ L, GOUJON-DURAND S, ROKICKI J, et al. Experimental investigation of flow behind a cube for moderate Reynolds numbers ［J］. Journal of Fluid Mechanics, 2014, 750：73－98.

群体阵列下光伏面板的风荷载干扰效应研究 *

陈志勇[1]，金川[1]，孙瑛[1]，王士涛[2,3]

（1. 哈尔滨工业大学土木工程学院 哈尔滨 150001；
2. 哈尔滨工业大学控制科学与工程系 哈尔滨 150001；
3. 江苏中信博新能源科技股份有限公司 昆山 215331）

1 引言

随着中国"碳达峰""碳中和"目标的提出，太阳能等具有低碳排放特性的清洁能源不断受到人们的重视[1]，太阳能光伏系统也因此逐渐得到推广和应用[2]。光伏支架在设计时需要考虑风荷载的作用，目前实际工程中光伏支架常常以阵列的方式存在，群体阵列会对光伏板风荷载分布产生干扰作用[3]，且不同区域的光伏板受到的干扰作用不一致。因此，有必要对光伏系统进行更进一步的抗风性能研究。

2 研究方法和内容

针对单柱固定支架[4]进行单体和群体阵列（五排三列）的风洞试验，对比探究光伏支架在群体阵列下风荷载的变化。试验包括安装倾角为 15°、30°、60° 的单体、群体光伏支架在全风向角下的风洞试验。图 1、图 2 分别为倾角示意图和群体试验风向角示意图。

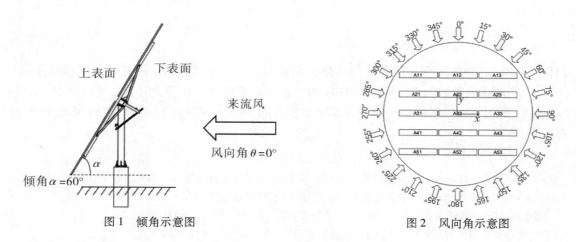

图 1　倾角示意图　　　　　　　　　图 2　风向角示意图

在实际工程中，设计师们关注光伏面板的最不利荷载情况，本文将探究群体中阵列对光伏面板体型系数最大值的干扰作用，需要进行干扰因子的计算，定义下述公式：

$$\mathrm{IC}_{F-M} = \frac{(C_{F-M})_{\text{interfering}}}{(C_{F-M})_{\text{single}}} \tag{1}$$

式中，IC_{F-M} 为群体光伏面板在全风向角下体型系数最值的干扰系数；$(C_{F-M})_{\text{interfering}}$ 为群体面板在全风向角下体型系数最值；$(C_{F-M})_{\text{single}}$ 为单体光伏面板在全风向角下体型系数最值。

在实际工程中，对于群体阵列光伏支架的风荷载设计，并不会特地对每座光伏支架进行设计，因此较好的方法是对群体阵列光伏支架进行分区设计，分区情况如图 3 所示。各分区的体型系数最值的干扰系数如图 4 和图 5 所示。

* 基金项目：国家自然科学基金项目（51878218）；国家重点研发计划（2019YFD1101004）。

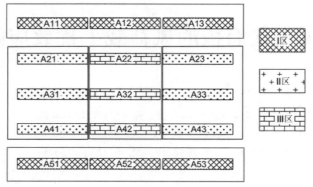

图 3 群体阵列分区示意图

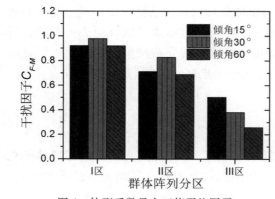

图 4 体型系数最大正值干扰因子

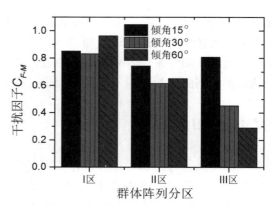

图 5 体形系数最大负值干扰因子

3 结论

倾角为 15°～60°时，群体阵列光伏板风荷载分布都受到一定的干扰作用，按照受到干扰效果的不同分为三个区域。Ⅰ区域体型系数为单体体型系数的 90% 左右；Ⅱ区光伏面板的体型系数为单体的 60%～80%；Ⅲ区光伏面板倾角为 15°时体型系数为单体体型系数的 45%～80%，倾角为 30°时降到 40% 左右，倾角为 60°时不足 30%。

参考文献

[1] 李俊峰，李广.中国能源、环境与气候变化问题回顾与展望 [J].环境与可持续发展，2020，45（5）：8－17.

[2] 官敏，于涛，常郑，等.太阳能光伏产业智能化开发及应用 [J].硅酸盐通报，2021，40（3）：693－703.

[3] 黄张裕，阎虹旭.太阳能光伏板风荷载体型系数群体遮挡效应数值模拟研究 [J].特种结构，2015（3）：28－32.

[4] 李桂庆.太阳能光伏支架结构方案对比分析 [J].建筑技术开发，2020，47（9）：9－10.

干扰效应作用下岸桥结构风致响应研究 *

吴晓同[1]，孙瑛[2]，武岳[3]

（1. 哈尔滨工业大学土木工程学院 哈尔滨 150090；
2. 哈尔滨工业大学结构工程灾变与控制教育部重点实验室 哈尔滨 150090）

1 引言

岸边集装箱桥式起重机（以下简称为"岸桥"）是集装箱码头前沿装卸集装箱船舶的专用起重机[1]，是港口集装箱装卸的主力设备[2]，有较大的迎风面积，且结构较柔，容易引起风振。然而随着岸桥尺寸不断增大、起重量不断提高，风效应越来越成为控制岸桥结构安全性、舒适性、经济型的决定因素，其风致破坏、特别是强风下的破坏时有发生。目前对于岸桥风荷载及风振响应的研究多集中于不考虑干扰效应的荷载和响应的研究。本文将通过风洞试验获得考虑干扰效应的结构风荷载，并通过有限元计算考察干扰效应对结构风致响应的影响。

2 风洞试验与结果

本文将 65T–65M 这一最广泛应用于港口码头的岸桥型号作为研究对象，实际结构的工作状态岸桥高 85 m，非工作状态岸桥达 127 m。本文基于刚性模型测力试验研究结构的荷载特性，试验设置如图 1、图 2 所示，风洞实验中几何缩尺比为 1:150，风速相似比约为 1:2.8，参考高度（$H = 0.57$ m）处风速设置为 10 m/s，根据港口所处礼貌采取 A 类地貌。试验中采取三座岸桥并列布置，其对应的间距为 $S/H = 0.484$、0.848、1.211（S 为相邻岸桥中心距）。本文以无干扰的结构基底力为基准，将风力系数进行归一化处理，得到个位置岸桥的风荷载干扰因子。图 3 以基底的极值风力为例给出了工作状态岸桥的风荷载干扰因子。

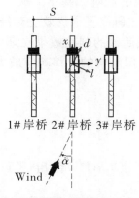

1# 岸桥 2# 岸桥 3# 岸桥

Wind

图 1　风洞试验风向角及布置

图 2　风洞试验照片

试验结果发现，多数工况下遮挡所导致的干扰效应使岸桥结构风荷载折减，最不利风向角一般不在结构的主轴方向，而是出现与主轴相差 15°～30° 的风向角，即 60°/120°（非工作状态）和 75°/105°（工作状态）。工作状态岸桥受干扰效应影响更大，并且而随着中心距的增大，干扰效应的影响范围逐渐减小，风荷载的削减效果逐渐变弱。干扰效应作用下，岸桥结构的极值风荷载最大可放大 11.6%。

* 基金项目：国家自然科学基金项目（51878218）；国家重点研发计划（2019YFD1101004）。

3 风荷载模拟与风振响应

岸桥结构的有限元模型基于 ANSYS 平台进行设计，几何尺寸与岸桥原型一致，结构构件采用 BEAM188 梁单元，机械房、电梯等次要结构构件简化为 MASS21 质量单元，钢材采用双线性本构模型。本文采用文献［3］中的方法，通过风洞试验的基底响应功率谱，得到了结构杆件的风荷载功率谱。并通过谐波合成法（WAWS）模拟了各杆件的脉动风荷载，并基于 CFD 稳态数值模拟得到的平均风力系数，得到了各个杆件的风荷载时程并输入有限元模型中计算。

以工作状态岸桥的风荷载干扰因子最大工况为例，当计算风速为 35 m/s 时，有无干扰效应下结构的前大梁前端位移如图 4 所示。结果表明在干扰效应作用下，尽管岸桥结构的极值风荷载最大可放大 11.6%，结构的位移响应放大效应在 10% 范围内，并且当前岸桥结构设计规范[4]可以包络干扰效应对风致响应的放大作用。

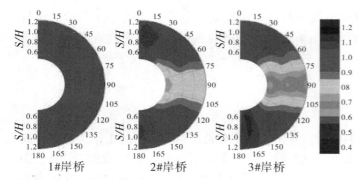

图 3 极值风力分布干扰因子（工作状态）

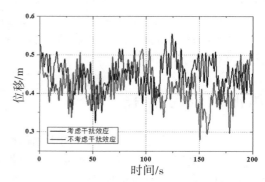

图 4 结构前大梁前端位移响应（工作状态）

4 结论

本文通过刚性模型测力试验得到了干扰效应对岸桥结构风荷载的影响，基于文献［3］的方法和假定，通过谐波合成法生成结构杆件的风荷载时程，并通过有限元方法研究了干扰效应对结构风振的影响。结果表明，随着中心距的增大，干扰效应的影响范围逐渐减小，风荷载的削减效果逐渐变弱。工作状态岸桥受干扰效应影响更大，结构的极值风荷载最大可放大 11.6%，但结构的位移响应放大效果在 10% 范围内。

参考文献

［1］符敦鉴.岸边集装箱起重机［M］.武汉：湖北科学技术出版社，2007.

［2］真虹.集装箱运输学［M］.大连：大连海事大学出版社，1999.

［3］肖正直，李正良，汪之松，等.基于高频天平测力试验的输电塔风荷载空间分布估计［J］.华南理工大学学报（自然科学版），2009，37（6）：147 – 152.

［4］国家质量监督检验检疫总局.起重机设计规范（GB/T 3811—2008）［S］.北京：中国标准出版社，2008.

八、车辆空气动力学与抗风安全

风偏角对列车气动力系数的影响研究*

刘叶，韩艳，胡朋，李凯

（长沙理工大学土木工程学院 长沙 410114）

1 引言

随着列车的高速运行与轻型化设计，气动载荷对列车的扰动效应越来越强，使列车在侧风下更易发生脱轨或倾覆事故。国内外相关学者对列车气动特性的研究开展了大量的科研工作。Robinson 和 Baker[1]研究了大气边界层对不同风偏角下列车所受的力和力矩特性的影响。Chiu[2,3]通过理想列车模型试验，研究了列车在 60°～90°大风偏角下的气动特性，发现列车表面的压力分布在远离车头的位置基本是二维的，并对大偏角下列车的气动力系数进行了预测。然而高速列车在大风中行驶，由于列车运行速度远大于风速，使列车处于较小的风偏角环境。因此有必要对列车在小风偏角下的气动力系数进行预测研究。

鉴于此，本文利用风洞试验，研究了不同风偏角下列车在地面上的气动力系数，基于修正的正弦规则，对小风偏角下列车的气动力系数进行了预测。预测结果与实验结果吻合较好。

2 风偏角对列车气动力系数的影响研究

2.1 风洞试验

列车车辆模型采用 CRH2 型列车截面，其中车辆模型仅针对形状规则的中间车进行测压（测压孔布置如图 1），列车和轨道缩尺比均为 1:43，列车模型忽略了底部的转向架等的影响，将其简化为平面，列车两端采用圆滑切角的方式以减小边界层分离。通过长 3.2m、宽 1.6m、厚度 8mm 的平板来模拟地面，考虑边界层效应的影响将模型整体抬高 50 cm（图 2）。

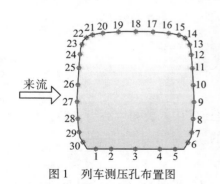

图 1 列车测压孔布置图

图 2 风洞试验模型（$\beta = 90°$）

2.2 风偏角对列车表面平均风压分布的影响

图 3 给出了不同风偏角下列车表面平均分压分布情况。从图中可以看出在 5°～40°风偏角范围内，通过 40°风偏角下的列车表面风压系数值与 $\sin^2\beta$ 的乘积按系数缩放来预测，预测结果与实验结果吻合较好。

* 基金项目：国家自然科学优秀青年基金项目（51822803）；湖南省自然科学杰出青年基金项目（2018JJ1027）。

$$C_P = AC_P(40°)\sin^2\beta \qquad (25° \leqslant \beta \leqslant 40°) \qquad (1)$$

$$A = \begin{cases} 2.5 + \dfrac{(35-b)}{10} & \text{当 } 25° \leqslant \beta \leqslant 35° \\ 2.5 & \text{当 } 35° \leqslant \beta \leqslant 40° \end{cases} \qquad (2)$$

式中，A 是一个无量纲系数；b 是与风偏角 β 相对应的数值，如 $\beta = 30°$，则 $b = 30$。

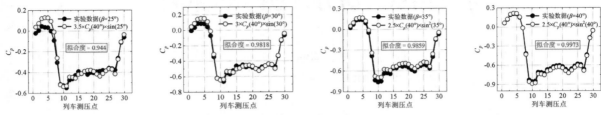

图 3　列车表面平均风压预测结果与实验结果对比（$\beta = 25°$、$30°$、$35°$、$40°$）

2.3　风偏角对列车气动力系数的影响

风偏角（β）对列车气动力系灵敏的影响情况可由式（3）计算得到。

$$C_D = 2.5C_D(40°)\sin^2\beta \qquad (0° \leqslant \beta \leqslant 40°)$$

$$C_L = \begin{cases} 8.8C_L(20°)\sin^2\beta & \text{当 } 0° \leqslant \beta \leqslant 20° \\ 1.5C_L(40°)\sin\beta & \text{当 } 20° \leqslant \beta \leqslant 40° \end{cases}$$

$$C_M = \begin{cases} 8.8C_M(20°)\sin^2\beta & \text{当 } 0° \leqslant \beta \leqslant 20° \\ 1.6C_M(40°)\sin\beta & \text{当 } 20° \leqslant \beta \leqslant 40° \end{cases} \qquad (3)$$

图 4 所示为不同风偏角下列车气动力系数的预测结果与实验结果的比较。

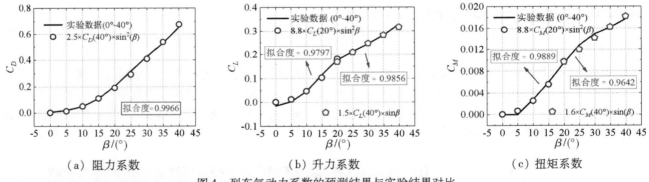

（a）阻力系数　　　　　　（b）升力系数　　　　　　（c）扭矩系数

图 4　列车气动力系数的预测结果与实验结果对比

3　结论

本文提出基于正弦规则可以较为准确地预测小风偏角下列车的表面平均风压系数和三分力系数，并进一步验证了用二维数值算法预测横风作用下列车表面的压力分布是可行的。

参考文献

[1] ROBINSON C G, BAKER C J. The effect of atmospheric turbulence on trains [J]. Journal of Wind Engineering and Industrial Aerodynamics, 1990, 34: 251 - 272.

[2] CHIU T W, SQUIRE L C. An experimental study of the flow over a train in a crosswind at large yaw angles up to 90° [J]. Journal of Wind Engineering and Industrial Aerodynamics, 1992, 45 (1): 47 - 74.

[3] CHIU T W. Prediction of the aerodynamic loads on a railway train in a cross-wind at large yaw angles using an integrated two- and three-dimensional source/vortex panel method [J]. Journal of Wind Engineering and Industrial Aerodynamics, 1995, 57: 19 - 39.

风屏障位置对公铁同层桁架桥上列车气动特性影响[*]

刘路路[1,2]，邹云峰[1,2]，何旭辉[1,2]，汪震[1,2]

（1. 中南大学 长沙 410075；

2. 高速铁路建造技术国家工程实验室 长沙 410075）

1 引言

风屏障可有效减小横风对列车的影响，提高列车行车的安全性。随着铁路桥梁的快速发展，公铁同层桥梁是桥梁建设的一大新趋势[1]。周蕾等利用数值模拟方法在列车线两侧设置风屏障，探究风屏障参数对流线型桥梁气动特性的影响；并对不同桥型进行横向对比，揭示风屏障对车桥系统气动特性的影响机理[2]；王玉晶等综合分析了不同行车工况、不同线路构造形式及设置单、双侧风屏障后车辆和桥梁的气动特性，安装单侧风屏障和双侧风屏障时车辆和桥梁的气动力系数都很接近，背风侧风屏障并不能有效改善车辆的气动性能[3]；随着公铁同层桥梁的建设，风屏障的位置、高度等参数也应随之深入研究，探究公铁同层铁路桥梁的合适风屏障位置具有重要意义。

某大跨度公铁同层悬索桥主梁采用两片主桁结构形式，主桁高 14 m，宽 38 m。上层桥面为六线高速公路，下层为四线普通公路和两线列车客运专线。风屏障的位置除了设置在列车线单侧或双侧，也可选择设置在公路线单侧或双侧，本文通过节段模型风洞试验，以 30% 透风率风屏障为例研究不同风屏障位置和高度对桁架桥内列车气动特性的影响。可为同类型铁路桥梁的列车气动特性研究和风屏障的设置提供参考依据，也为后续数值模拟探寻影响机理和风－车－桥耦合振动研究提供计算参数。

2 试验概况

风洞试验在中南大学风洞实验室高速试验段中进行。以某公铁两用双层钢桁架悬索桥为工程背景，列车为 CRH2 型客车中车，桥梁节段模型和列车缩尺比均为 1∶50，如图 1 所示。为了获取桁架桥上列车气动特性，采用测力和测压结合的方法进行测量。试验风速为 20 m/s，均匀流，湍流度小于 0.5%。试验工况主要包括：①2.5 m、3.0 m、3.5 m 和 4 m 四种高度风屏障（透风率 30%）；②仅位置 1 设置单侧风屏障，仅位置 2 设置单侧风屏障、位置 2 和位置 3 设置双侧风屏障，位置 1 和 4 设置双侧风屏障，共 4 种风屏障位置工况；③列车车道的车桥系统截面及风屏障位置编号如图 2 所示。

图 1 节段模型风洞试验

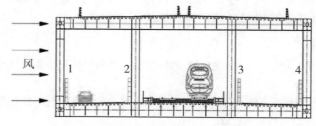

图 2 系统截面及风屏障位置编号

3 结果分析

单车背风线列车升阻力系数随风屏障高度和位置的变化如图 3 所示，设置风屏障后，4 种不同位置的

* 基金项目：国家自然科学基金项目（52078504、U1934209、51925808）。

风屏障都会降低列车的升阻力系数。风屏障位置不同，同一高度风屏障的影响大小也不相同，在位置1和4同时设置风屏障具有更佳的效果，升阻力系数更低。

如图4所示，若仅在位置1处布置风屏障，随风屏障高度变大，列车迎风面风压系数逐渐减小，但顶面和背风面风压系数几乎不受风屏障高度的影响；若仅在位置2处设置风屏障，列车迎风面和顶面风压系数随风屏障的增大逐渐减小，但背风面仍然不受风屏障高度的影响；若在位置2和3处设置风屏障，列车各面风压系数随风屏障高度的变化与仅在位置2处一致，即位置3处的背风侧风屏障的影响并不大；若在位置1和位置4处设置风屏障，这与仅在位置1处布置风屏障完全不同，即位置4处的背风侧风屏障仍对列车气动特性的影响仍较大。

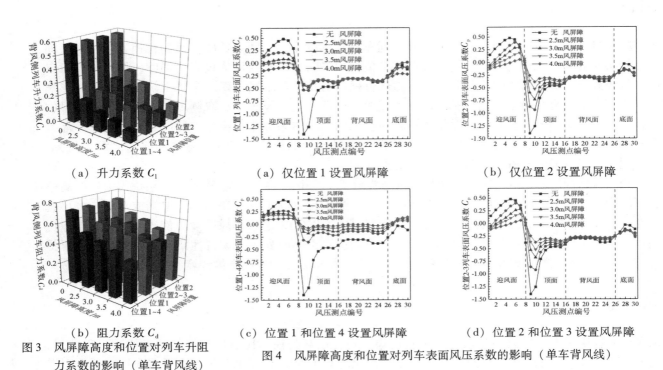

（a）升力系数 C_l

（a）仅位置1设置风屏障

（b）仅位置2设置风屏障

（b）阻力系数 C_d

图3　风屏障高度和位置对列车升阻力系数的影响（单车背风线）

（c）位置1和位置4设置风屏障

（d）位置2和位置3设置风屏障

图4　风屏障高度和位置对列车表面风压系数的影响（单车背风线）

4　结论

本文研究单双侧风屏障在30%透风率条件下不同位置和高度对桁架桥上列车气动特性的影响，结论如下：风屏障的防风效果与位置和高度有关，在位置1和位置4设置双侧风屏障具有较好防风效果；不同位置的风屏障对列车各面风压系数影响不同，位置3处的下游内侧风屏障对影响并不大；但位置4处的下游外侧风屏障对列车气动特性的影响不可忽略。

参考文献

[1] 李永乐，徐昕宇，郭建明，等.六线双层铁路钢桁桥车桥系统气动特性风洞试验研究［J］.工程力学，2016，33（4）：130-135.

[2] 周蕾，何旭辉，陈争卫，等.风屏障对桥梁及车桥系统气动特性影响的数值研究［J］.中南大学学报（自然科学版），2018（7）：1742-1752.

[3] 王玉晶，郭薇薇，夏禾，等.考虑风屏障效应的车桥系统三分力系数风洞试验研究［J］.振动与冲击，2018，37（20）：93-99.

侧风环境下宽幅桥面上车辆气动特性的试验研究 *

张佳明[1]，马存明[1,2]，李昊洋[1]

（1. 西南交通大学土木工程学院 成都 610031；

2. 西南交通大学风工程四川省重点实验室 成都 610031）

1 引言

大跨径桥梁的桥面高程往往较高，在侧风作用下，桥面上的车辆会比路面上的车辆更容易受风荷载的影响，严重时会威胁到车辆行车安全。因此，研究桥上车辆的气动特性具有重要意义。韩万水[1]对在风－车－桥系统耦合振动计算时对 3 种类型公路车辆的气动参数进行了风洞试验，但未考虑车桥间的气动干扰。韩艳等[2]采用数值模拟和风洞试验研究了车桥间气动耦合效应，但只考虑了 2 种不同横向位置车辆的情形。李永乐等[3]利用自制的三分力分离装置——交叉滑槽系统，对双箱梁和铁路列车进行了模型风洞试验，研究了位于不同横向位置时列车和桥梁各自的气动参数。本文以某双向八车道宽幅钢箱梁悬索桥和大型集装箱货车为研究对象，通过风洞试验测试了桥面上不同车道位置处车辆的气动力，分析了桥面横向位置和风攻角对车辆气动特性的影响。

2 试验概况

试验模型的几何缩尺比为 1:25，其中主梁模型长 $L_b = 3.9$ m，宽 $B_b = 2.04$ m，高 $H_b = 0.18$ m；车辆模型总长 $L_v = 0.6$ m，宽 $B_v = 0.1$ m，总高 $H_v = 0.15$ m，质心离地高度 $h_v = 0.06$ m，正向投影面积 $A_v = 0.013\ 124$ m^2（图 1）。

试验在西南交通大学 XNJD-3 风洞均匀流场中进行，考虑来流为正交风，来流攻角为 $\alpha = -3°$、$0°$、$+3°$，测试风速取 10 m/s，采用六分力天平依次对布置在桥面 8 个不同车道上的车辆进行气动力测试（图 2），为考虑到同一车道多车通过桥梁时的情形，在距测量车前后 80 cm 位置（实际车距 20 m）分别放置相同类型的模型车辆。

图 1　风洞试验模型

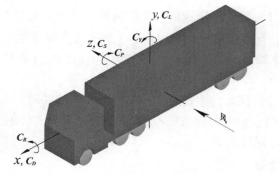

图 2　车辆气动力方向示意图

3 试验结果

以车辆正向投影面积 A_v 和车体总长 L_v 为参考值进行气动力系数和气动力矩系数的计算，并与 Zhu L D

* 基金项目：国家自然科学基金项目（51778545）。

等[4]在象山港大桥中大卡车（正投影面积 $A_f = 157.32$ cm^2，总长 $L_v = 54$ cm）的测试结果进行对比，结果如图 3 所示，图中 L1～L8 表示从桥面迎风侧算起的 1～8 车道。

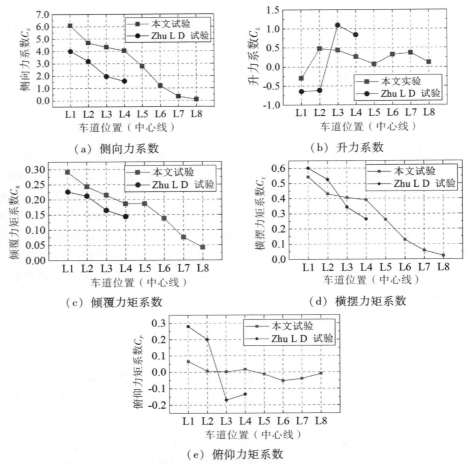

（a）侧向力系数　　　　　　　　　　（b）升力系数

（c）倾覆力矩系数　　　　　　　　　　（d）横摆力矩系数

（e）俯仰力矩系数

图 3　车辆气动力系数随桥面横向位置变化曲线

4　结论

（1）随着车辆远离桥面迎风侧，侧向力系数 C_S、倾覆力矩系数 C_R 和横摆力矩系数 C_Y 呈现总体降低的趋势，且呈现出很好的一致性，但倾覆力矩系数在从迎风侧进入背风侧时由于上中央稳定板的影响并未明显下降；升力系数 C_L 和俯仰力矩系数 C_P 分别呈现出"M"形和"W"形的变化规律，变化趋势刚好相反。

（2）风攻角主要对同一车道上车辆的气动力系数产生影响，在大部分车道上，侧向力系数 C_S、升力系数 C_L、倾覆力矩系数 C_R 和横摆力矩系数 C_Y 均是在 $-3°$ 风攻角时达到最大值，而俯仰力矩系数 C_P 是在 $0°$ 时达到最大值。

参考文献

[1] 韩万水，陈艾荣. 随机车流下的风－汽车－桥梁系统空间耦合振动研究 [J]. 土木工程学报，2008（9）：97－102.

[2] 韩艳，蔡春声. 风－车－桥耦合系统的车桥气动特性 [J]. 长沙理工大学学报（自然科学版），2009，6（4）：21－26.

[3] 李永乐，周昱，葛世平，等. 主梁断面形状对车－桥系统气动特性影响的风洞试验研究 [J]. 土木工程学报，2012，45（7）：127－133.

[4] ZHU L D, LI L, XU Y L, et al. Wind tunnel investigations of aerodynamic coefficients of road vehicles on bridge deck [J]. Journal of Fluids and Structures, 2012, 30：35－50.

侧风作用下脉动风特性对列车非定常气动力影响的实车试验研究

高鸿瑞[1,2,3]，刘堂红[1,2,3]

（1. 中南大学交通运输工程学院轨道交通安全教育部重点实验室 长沙 410075；

2. 中南大学交通运输工程学院轨道交通安全关键技术国际合作联合实验室 长沙 410075；

3. 中南大学交通运输工程学院轨道交通列车安全保障技术国家地方联合工程研究中心 长沙 410075）

1 引言

侧风作用下列车气动力具有明显的非定常特性，且气动力显著增大，威胁列车运行安全，影响旅客生命财产安全。侧风作用下列车受到的非定常气动力受脉动风速的影响，因此非定常气动力与脉动风特性之间的关系受到了各国学者的重视。

现有研究多采用数值模拟的方法研究了侧风作用下列车受到的非定常气动力，通常将自然风简化，忽略了自然风中的湍流特性。本研究采用实车试验的方法，直接获得真实风场中的脉动风特性与列车受到的非定常气动力，研究了脉动风特性对非定常气动力的影响[1-3]。

2 实车试验

2.1 试验地点与试验列车

本次实车试验于新疆南疆铁路进行。南疆铁路具有风速高、大风天数多、持续时间长、风速变化快等特点，为本次试验提供了理想的试验条件。

试验列车为某型动力集中动车组，9 车编组，一端为带有动力装置的动力车，一端为不带动力装置的控制车。本次试验选取控制车为测试车辆，如图 1 所示。

图 1　测试车辆

2.2 试验方法

试验中测试车辆气动力由车辆两侧或上下的压力差积分得到。采用差压传感器直接测量车体两侧或上下各测点的压力差，然后采用积分的方法得到气动力。

试验中使用车载风速仪[4]测量风速，车载风速仪安装在列车顶部，可以测得来流风速。

3 试验结果分析

3.1 脉动风特性

车载风速仪可直接测得脉动风速，由此得到湍流强度、湍流积分尺度与湍流功率谱密度等脉动风特性。

3.2 非定常气动力

根据气动力测量结果，得到气动力的功率谱密度，从频域角度分析非定常气动力对侧风作用下列车运行安全的影响；结合准定常假设，得到非定常气动力与脉动风特性之间的关系。

3.3 气动导纳

根据非定常气动力的功率谱密度与湍流功率谱密度，计算气动导纳，分析脉动风特性对气动导纳的影响，进一步研究侧风作用下脉动风特性对列车非定常气动力的影响。

图2为横向力系数导纳与升力系数导纳。低频时横向力系数导纳约为1，而高频时导纳随频率的升高而减小。升力系数导纳变化规律与横向力系数导纳相似。

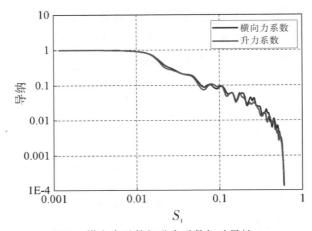

图2 横向力系数与升力系数气动导纳

4 结论

本文通过实车试验测量了真实风场中的脉动风特性与侧风作用下列车受到的非定常气动力，研究了非定常气动力的频域特性，进一步计算了气动导纳，得到了非定常气动力与脉动风特性之间的关系。

参考文献

［1］杨志刚，马静，陈羽，等.横风中不同行驶工况下高速列车非定常空气动力特性［J］.铁道学报，2010，32（2）：18－23.

［2］张亮，张继业，李田，等.横风下高速列车的非定常气动特性及安全性［J］.机械工程学报，2016，52（6）：124－135.

［3］BAKER C J. The simulation of unsteady aerodynamic cross wind forces on trains［J］. Journal of Wind Engineering & Industrial Aerodynamics，2010，98（2）：88－99.

［4］SUN B，ZHOU W，FANG E，et al. A Cylindrical Vehicle-mounted Anemometer Based on 12 Pressure Sensors Sensors——Principle，Prototype Design and Validation［J］. IEEE Sensors Journal，2018，18（17）：6954－6961.

桥隧过渡段移动列车气动特性试验研究[*]

唐林波[1]，严磊[1,2,3]，何旭辉[1,2,3]

（1. 中南大学土木工程学院 长沙 410075；

2. 高速铁路建造技术国家工程实验室 长沙 410075）

3. 轨道交通工程结构防灾减灾湖南省重点实验室 长沙 410075）

1 引言

现有研究表明，列车气动响应在动模型和静模型上的测试结果有所不同，尤其是在复杂结构下[1,2]。为获得更符合实际情况的列车气动特性，以便进行精细化研究，本文使用自研的移动列车模型测压实验系统对侧风下高速列车在桥隧过渡段运动的气动特性进行了研究。

2 试验设置

2.1 试验系统

本实验在中南大学风洞实验室完成。该风洞为回流式风洞，移动列车测试所选用的低速段宽 12 m、高 3.5 m、长 18 m，其风速在 0～20 m/s 内连续可调。移动列车模型测试系统由测试模型、运动导轨、电机传动系统、减速结构、控制系统以及测压系统组成。模型可选用 1:8～1:30 多种缩尺比以满足不同研究需求。以惯性作为模型驱动力在加速段完成加速，进入风洞匀速运行，在减速段减速停止（图1）。气动荷载使用自主研发的无线风压测试系统进行测试，其量程为 ±2 kPa，测试精度为 0.5%。使用该系统能有效避免有线测试仪器拖线及天平测力中惯性力等机械噪声干扰等问题。

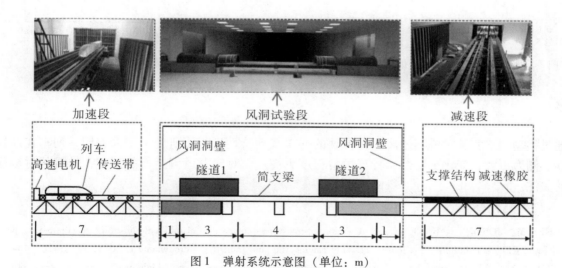

图1 弹射系统示意图（单位：m）

2.2 风洞试验设置

本次试验所用模型缩尺比为 1:16.8，列车模型为复兴号标准动车组列车模型，一节完整头车加半截中车组成。桥梁模型为标准高速铁路简支箱梁，中间两跨共 6 m。隧道结构为标准双线铁路隧道，横截面积 100 m²。隧道长度每节 1 m，桥梁模型为的简支梁。车体总长度为 2.425 m。头车作为研究的对象，其

* 基金项目：国家自然科学基金项目（51808563、51925808）；湖南省自然科学基金（2020JJ5754）。

长度为 1.653 m，头车等截面宽度 0.2 m，高度 0.23 m。半截中车长度 0.772 m，尾部做倒圆弧角结构。

3　结果分析

移动列车实验系统为双线轨道设置。本次试验针对迎（靠近来流的轨道）、背风侧轨道（远离来流的轨道）下进出洞的列车气动特性进行了研究。考虑到桥隧过渡段是一个流场剧烈变换的区域，先通过列车测试截面的三分力系数对列车进出隧道的全过程进行一个整体把握。后续以风压系数进行具体的机理分析。

图 2、图 3 分别展示了在不同工况下，列车出隧道和进隧道的测向力系数时程曲线。其中时间为无量纲时间 tV/L，V 为列车速度，L 为试验段长度 12 m。图上虚线（红色）表示列车测压断面经过各个洞口的时间。可以发现在隧道内，横风被隧道结构遮挡，列车的侧向力系数较小，在 $0 \sim \pm 0.4$ 的范围内上下波动。在接近隧道出口的位置，列车气动力出现了明显下降再抬升的过程。列车在出洞过程中时，迎风侧轨道上相比背风侧轨道，头车等截面断面所受到的侧向力更大，变化更快。而进洞过程两工况侧力系数峰值相近，但背风侧轨道出洞过程中侧力系数最大值比进洞过程中侧向力系数最大值小。列车在迎风侧轨道比在背风侧轨道更危险。其对背风侧影响更大，列车在背风侧轨道进洞过程相对于出洞过程更危险。

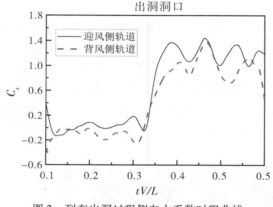

图 2　列车出洞过程侧向力系数时程曲线

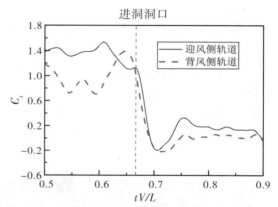

图 3　列车进洞过程侧向力系数时程曲线

4　结论

本文通过移动列车实验对桥隧过渡段上行驶的列车气动特性进行了研究。结果表明，列车在迎风侧运行时受到了侧力更大，变化更剧烈，行车危险程度更高。而对于背风侧运行的列车，进洞的时刻应该得到更多的关注。

参考文献

[1] GALLAGHER M, MORDEN J, BAKER C, et al. Trains in crosswinds-comparison of full-scale on-train measurements, physical model tests and CFD calculations [J]. Journal of Wind Engineering and Industrial Aerodynamics, 2018, 175: 428－444.

[2] LI X Z, WANG M, XIAO J, et al. Experimental study on aerodynamic characteristics of high-speed train on a truss bridge: a moving model test [J]. Journal of Wind Engineering and Industrial Aerodynamics, 2018, 179: 26－38.

横风作用下悬挂单轨车桥系统动力响应研究*

刘志鹏[1]，邹云峰[1,2]，史康[3]，何旭辉[1,2]，周帅[4]

（1. 中南大学土木工程学院 长沙 410075；

2. 轨道交通工程结构防灾减灾湖南省重点实验室 长沙 410075；

3. 重庆大学土木工程学院 重庆 400045；

4. 中国建筑第五工程局有限公司 长沙 410007）

1 引言

悬挂单轨车桥系统在德国和日本已运营了数十年，因其具有通行能力强、安全可靠、绿色环保等特点在国内逐渐受到关注，目前已有多地相继开展规划并建成试验线，迎来了广阔的应用前景。但因独特的结构形式，使得风荷载作用下悬挂单轨车辆和桥梁的动力问题更加突出[1]。关于悬挂单轨车桥系统，目前已有一定研究，蔡成标等[2]基于多体动力学和有限元理论建立了悬挂单轨车桥系统的耦合模型，用于研究其动力特性；鲍玉龙等[3]利用数值模拟方法研究了悬挂单轨车辆交会时风 – 车 – 桥耦合系统的气动性能和振动特性。然而，从既有研究来看，一直缺乏系统性的风洞试验来揭示悬挂单轨车桥系统的气动耦合特性，以及探讨横风对行车安全性的影响特征研究。相对数值模拟，风洞试验方法更为直接有效，得到的气动力系数也可应用于风荷载作用下的动力响应分析。基于此，本文采取风洞试验与数值仿真相结合的方式，系统性地探讨了横风作用下悬挂单轨车辆和桥梁的气动特性以及车辆速度和横风风速对车辆和桥梁动力响应的影响规律，并以车辆运行安全性评判指标为标准，给出了横风作用下限制车辆运行的建议风速。

2 车桥耦合系统风荷载模拟

车辆和桥梁的气动力系数由风洞试验测得，试验在均匀流场中进行，试验照片如图 1 所示。由于本文中模型截面较钝化，宽度较小，不考虑车辆和桥梁受到的自激力作用。将简化的气动力时程作为车辆和桥梁的动力激励输入，在 SIMPACK 中通过力元（force element）连接标记点（marker）的方式施加到车辆质心和桥梁顺桥向节点以实现风荷载的模拟。

图 1　风洞试验照片

3 车桥耦合系统动力响应

桥梁有限元模型与车辆多刚体模型分别在 ANSYS 和 SIMPACK 中建立，再通过 SIMPACK 的弹性模块

* 基金项目：国家自然科学基金项目（51925808、U1934209、52008060、52078504）。

将桥梁模型以弹性体方式导入，车辆和桥梁通过车轮接触点进行数据交换，实现车－桥耦合振动的动力学仿真模拟。车桥耦合系统仿真模型如图 2 所示，横风作用下车桥耦合系统部分动力响应如图 3 所示。

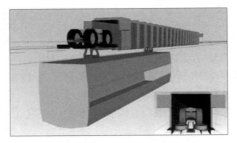

图 2　车桥耦合系统仿真模型

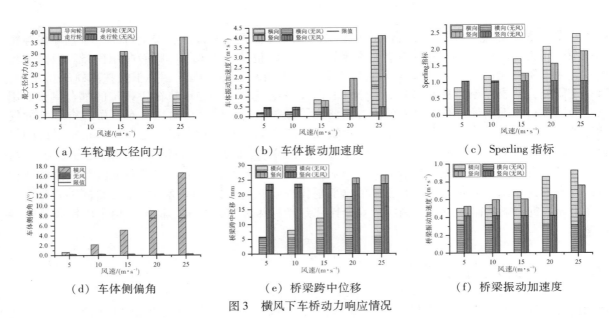

（a）车轮最大径向力　　　　　　（b）车体振动加速度　　　　　　（c）Sperling 指标

（d）车体侧偏角　　　　　　（e）桥梁跨中位移　　　　　　（f）桥梁振动加速度

图 3　横风下车桥动力响应情况

4　结论

悬挂单轨车桥系统在横风作用下主要受阻力影响，需要注意加强桥梁的横向刚度和车辆的横向稳定；横风作用会使得车辆和桥梁的动力响应大幅增加，并且横向响应增幅大于竖向响应增幅。当横风风速达到 20 m/s 时，桥梁的动力响应均满足限值要求，但车体侧偏角已达 8.9°，超过限值要求，严重影响行车安全；当风速达到 25 m/s 时，车辆的横向和竖向振动加速度均超出限值，行车安全性和舒适性均不符合要求。因此，建议当风速达到 15 ～ 25 m/s 时，对车辆进行限速或视具体情况停运，当风速超过 25 m/s 时，停止车辆运行。

参考文献

［1］ 曹恺. 基于 ADAMS 的悬挂式单轨车辆悬挂参数优化和侧风影响研究 ［D］. 成都：西南交通大学机械工程学院，2015：54 － 58.

［2］ CAI C B, HE Q L, ZHU S Y, et al. Dynamic interaction of suspension-type monorail vehicle and bridge：Numerical simulation and experiment ［J］. Mechanical Systems and Signal Processing, 2019, 118：388 － 407.

［3］ BAO Y L, XIANG H Y, LI Y L, et al. Study of wind-vehicle-bridge system of suspended monorail during the meeting of two trains ［J］. Advances in Structural Engineering, 2019, 22（8）：13 － 69.

风驱雨作用下高速列车气动特性试验研究*

彭益华[1]，何旭辉[1,2]，敬海泉[1,2]，谢能超[1]

（1. 中南大学土木工程学院 长沙 410075；

2. 高速铁路建造技术国家工程实验室 长沙 410075）

1 引言

强风通常还伴随降雨，风雨耦合作用对高速列车气动特性的影响更加复杂，研究风雨耦合作用下高速列车的气动特性，具有重要的意义。目前既有研究主要以数值模拟为主，尚未有风雨耦合作用下高速列车的气动特性风洞试验研究的相关报道。因此，本文通过在风洞实验室中搭建人工模拟降雨系统来模拟风雨耦合作用环境，对 CRH-2 型高速列车在风雨耦合作用下气动力进行风洞试验测试，研究降雨强度对高速列车气动特性的影响规律。

2 风洞试验概况

风雨耦合作用风洞试验在湖南大学风工程试验研究中心 HD-2 边界层风洞实验室的开口试验段（第三试验段）进行，如图 1 所示。降雨装置采用的是西安清远测控技术有限公司生产的 QYJY-501 型人工模拟降雨器，该降雨器配备有三种类型的喷头（大、中、小），可通过喷头的开关组合和喷头压力控制降雨强度和降雨粒径分布，利用雨量计、雨滴谱仪实时标定和反馈降雨强度和降雨粒径分布。本次试验选用 CRH-2 型高速列车三车编组模型（头车+中车+尾车）进行风洞试验，模型缩尺比为 1:25，头车和尾车的模型长 102 cm，中车长 100 cm，模型宽 13.5 cm，高 14.8 cm。

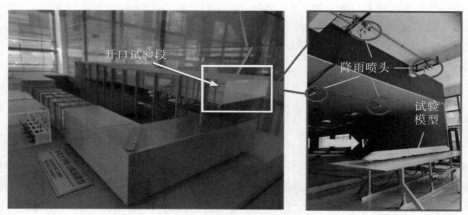

图 1　风驱雨试验风洞实验室

3 降雨对阻力系数的影响

结果显示，无雨的情况下，头车的阻力系数随风偏角的增大整体呈现先减小后反方向增长最后减小的趋势，这一变化规律与文献［1］的风洞试验结果吻合。对于列车中车，当风偏角为 0°～30° 小偏角范围时，中车的阻力系数先略有减小后增大，在风偏角为 30° 时达到最大，当风偏角为 30°～90° 时，中车阻力系数随风偏角的增大而减小。从图 2 可以明显看出，降雨对头车和中车的阻力系数影响显著，头车和中

---

* 基金项目：国家重点研究计划项目（2017YFB1201204）；国家自然科学基金项目（51925808、U1934209、51708559）。

车的阻力系数增量随降雨强度的增大而增大，与文献［2］数值模拟所得结果一致。降雨条件下的列车气动阻力系数增量比数值模拟结果更大，这可能是风雨试验引起的水膜及列车周围流场改变与数值模拟存在差异所致。降雨与列车碰撞，雨滴飞溅，改变了车身表面的粗糙度和不平整性，降雨在一定程度上抑制了列车周围空气绕流，使气体流速减慢，导致列车气动力变化，但随着降雨强度的增加，水膜作用与列车周围流场的改变对气动力变化的影响越来越小。

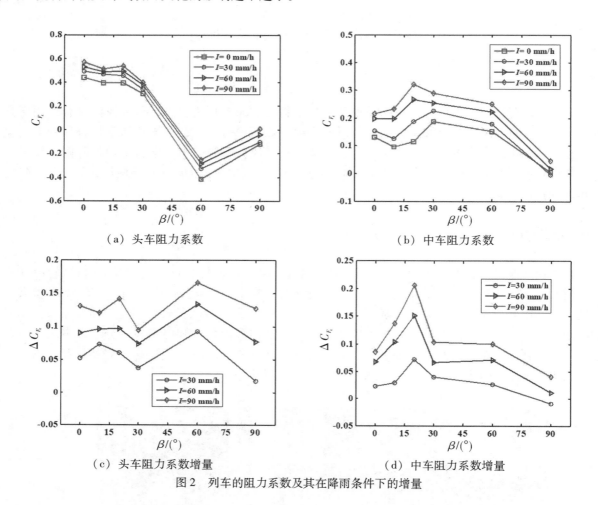

图2 列车的阻力系数及其在降雨条件下的增量

4 结论

降雨显著增大列车头车和中车的阻力系数，降雨强度越大，增加的幅度越大，但不是线性关系，头车阻力系数在60°风偏角时受降雨影响最大，降雨强度为90 mm/h时，增大39.9%，中车阻力系数在20°风偏角时受降雨影响最大。降雨降低头车和中车侧向力系数，在60°风偏角时，侧力系数受降雨影响最大，降雨强度为90 mm/h时，头车侧力系数降低5.7%，中车侧力系数降低13.4%。降雨降低了列车头车和中车的升力系数，在60°风偏角时，升力系数受降雨影响最大，降雨强度为90 mm/h时，头车降低18.6%；中车降低18.7%。

参考文献

［1］ BOCCIOLONE M, CHELI F, CORRADI R, et al. Crosswind action on rail vehicles：Wind tunnel experimental analyses ［J］. Journal of Wind Engineering & Industrial Aerodynamics，2008，96（5）：584 – 610.

［2］ 于梦阁，李田，张骞，等. 强降雨环境下高速列车空气动力学性能 ［J］. 交通运输工程学报，2019，19（5）：96 – 105.

高速铁路半封闭式声屏障脉动风压数值模拟研究[*]

吉晓宇[1,2]，何旭辉[1,2]，敬海泉[1,2]

（1. 中南大学土木工程学院 长沙 410075；
2. 高速铁路建造技术国家工程实验室 长沙 410075）

1 引言

近年来，我国高速铁路网迅速拓展，截至 2020 年，高速铁路里程达 3.8 万公里，覆盖了 80% 以上的大城市[1]。由于高铁运行速度快，运行时会产生大量噪声，干扰周围居民生活。为降低高速铁路噪声对沿线居民的影响，工程中常采用的措施是在铁路沿线安装声屏障。然而，高速列车运行时带动周边气流形成列车风，会在沿线声屏障上产生瞬态的脉动风压荷载，容易导致声屏障结构破坏或者产生疲劳裂纹[2]。因此，深入研究列车风导致声屏障瞬态脉动风压荷载对保障声屏障结构安全具有重要意义[3]。

2 研究方法和内容

本文以某高速铁路半封闭声屏障为工程背景，研究高速列车以 350 km/h 通过声屏障时，声屏障表面的瞬态脉动风压荷载特性。

2.1 研究方法

列车模型选用我国 CRH380A 型列车，采用八列编组，总长 203 m、高 3.7 m、宽 3.38 m，如图 1 所示。为了节约计算资源和提高计算效率，忽略车体受电弓、车轮、门窗和转向架等部件，并对车厢连接处进行了简化。半封闭式声屏障模型横断面半径为 6.325 m、宽 11.01 m、高 9.442 m，线间距为 5 m，声屏障截面共布置 12 个测点，如图 2 所示。

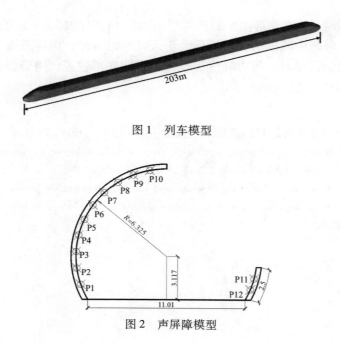

图 1 列车模型

图 2 声屏障模型

* 基金项目：国家自然科学基金项目（52078504、U1934209、51925808、52078502）。

计算域宽度和高度取 50 m，为了使列车流场充分发展，计算域分为缓冲段和声屏障段两部分，在声屏障段两端向外各延伸 550 m，作为列车驶入声屏障前和驶出声屏障后的缓冲段，列车初始位置距声屏障入口 250 m。

计算采用非定常、黏性、可压缩 N – S 方程，湍流模型为 RNG $k – \varepsilon$ 模型，利用铺层法实现列车与声屏障之间的相对运动。

2.2 研究内容

列车通过声屏障时，距离声屏障入口 10 m 处截面测点的压力时程曲线如图 3 所示，车头经过时，测点压力迅速上升至正压极值 P_{hmax}（T_1时刻）随即下降为负压极值 P_{hmin}（T_2时刻），出现"头波"；车尾经过时，压力迅速降为负压极值 P_{rmin}（T_3时刻），随即升至正压极值 P_{rmax}（T_4时刻），出现"尾波"。列车头和尾到达测点的时刻分别为 T_1 和 T_4，两个时刻之间的差值与列车速度 v 和列车长度 L_{Train} 相关，$T_4 - T_1 = \dfrac{L_{Train}}{v}$。

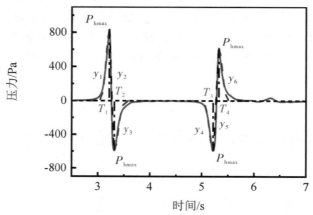

图 3 距声屏障入口 10 m 处测点压力时程曲线

3 结论

列车驶过半封闭式声屏障时，会在声屏障壁面产生"头波"和"尾波"的压力波动；两列高速列车在声屏障中间位置交会时，声屏障中间段的脉动风压大于入口和出口段；声屏障表面脉动风压大小与测点的位置相关，近轨侧和远轨侧行车时，压力峰值出现在声屏障底部位置，随着位置上移，测点压力减小，远轨侧行车时声屏障表面脉动风压较小。

参考文献

［1］周丰，孙洪涛. 新时代背景下中长期规划高速铁路网适应性探讨［J］. 铁道标准设计，2019，63（11）：30 – 34.

［2］LÜ M，LI Q，NING Z，et al. Study on the aerodynamic load characteristic of noise reduction barrier on high-speed railway［J］. Journal of Wind Engineering and Industrial Aerodynamics，2018，176：254 – 262.

［3］XIONG X H，YANG B，WANG K W，et al. Full-scale experiment of transient aerodynamic pressures acting on a bridge noise barrier induced by the passage of high-speed trains operating at 380 – 420 km/h［J］. Journal of Wind Engineering and Industrial Aerodynamics，2020，204：104298.

典型铁路桥梁车－桥系统静力系数风洞试验研究[*]

裴城[1]，马存明[1,2]

（1. 西南交通大学土木工程学院 成都 610031；

2. 风工程四川省重点实验室 成都 610031）

1 引言

随着我国经济建设的飞速发展，越来越多的大跨度铁路桥梁开始修建，而钢箱梁具有良好的气动外形，常用于大跨度桥梁中。高速列车运行于大跨度桥梁时，列车与桥梁作为一个系统同时暴露在自然风场中，此时二者的气动外形均受到对方的影响，伴随复杂的绕流问题。确定车桥系统中车辆和桥梁的静力系数非常必要[1,2]，是进行风－车－桥耦合振动分析的基础。

同时静力系数的改变会引起颤振导数等气动参数产生的改变，会引起抖振响应的改变。随着铺设无砟轨道的高铁桥梁的增多，对桥梁抖振响应提出了更高的要求。现有集中在车辆摆放位置和桥面附属措施对车桥系统静力系数的影响规律。本文基于三种不同外形的铁路桥箱梁，进行车－桥系统静力系数风洞试验，初步探究铁路桥梁车－桥系统静力系数变化规律。

2 静力试验

试验在西南交通大学单回流串联双试验段工业风洞（ XNJD－1）第二试验段中进行，试验段中设有专门为结构节段模型和列车模型静力试验使用的侧壁支撑系统及测力天平系统，并与数据采集系统相联。当对列车模型进行车桥系统静力系数测量时，桥梁模型作为补偿模型模拟车桥系统的真实情况。试验选取三种典型的铁路桥箱梁，采用1∶30 比例进行车－桥系统的静力系数风洞试验（图1）。

（a）箱梁1　　　　　　　　（b）箱梁2　　　　　　　　（c）箱梁3

图1 车－桥系统静力系数风洞试验

3 风洞试验结果

对三种典型箱梁断面和列车模型，分别进行主梁模型、列车模型、车－桥系统（主梁模型）、车－桥系统（列车模型）静力系数试验。结果如图2所示，可从图中看出，车桥系统对列车和桥梁的静力系数有很大影响（图3）。篇幅所限，未展示对升力系数斜率的影响。

* 基金项目：国家自然科学基金项目（51778545）。

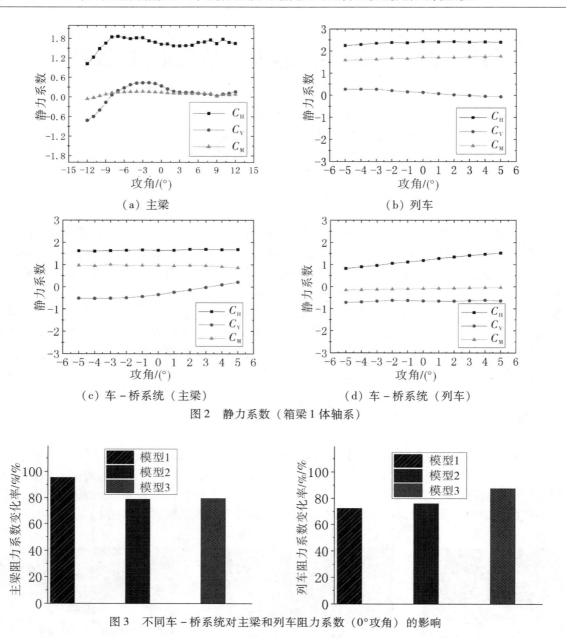

（a）主梁 （b）列车

（c）车-桥系统（主梁） （d）车-桥系统（列车）

图2 静力系数（箱梁1体轴系）

图3 不同车-桥系统对主梁和列车阻力系数（0°攻角）的影响

4 结论

（1）车-桥系统对桥梁和车辆的静力系数试验有较大的影响，不同车-桥系统对列车和主梁的静力系数影响不同。

（2）通过对比我们发现对车-桥系统对模型1中主梁的阻力系数影响更大，而对列车的阻力系数较小。通过这一系列试验结果可以看出，在0°攻角下，主梁阻力系数受列车影响最大会减小21%，而列车阻力系数受主梁影响最大会减小27%。

参考文献

[1] 李永乐, 徐昕宇, 郭建明, 等.六线双层铁路钢桁桥车桥系统气动特性风洞试验研究 [J].工程力学, 2016, 33 (4): 130-135.

[2] 王玉晶, 郭薇薇, 夏禾, 等.考虑风屏障效应的车桥系统三分力系数风洞试验研究 [J].振动与冲击, 2018, 37 (20): 88-94.

桥上高速列车列车风效应动模型试验研究[*]

邹思敏[1,2]，何旭辉[1,2]，王汉封[1,2]

（1. 中南大学土木工程学院 长沙 410075；

2. 高速铁路建造技术国家工程实验室 长沙 410075）

1 引言

随着高铁网络的不断扩大，需要对列车高速运动所产生的诱导气流的传播及其对周边基础设施的影响进行系统的研究。在世界各地的高铁网络中，桥梁是铁路的重要构筑物，作为线路中一个极为重要的组成部分已得到了飞速发展和广泛应用。从全球来看，据报道，日本高铁系统各铁路线路的平均桥桥比为 33.3%～61.5%；法国高铁的这一比例为 1.3%～32.2%；而中国这一比例比重更高，高铁系统铁路占线路总长度已超过 50%，其中中国广珠城际铁路达更是达到了 94.2%[1]。

列车运行引起的周围空气运动称为列车风，它对列车自身的运行效率和安全性有着显著的影响，更进一步来说，对周围结构也会产生相应的瞬态气动效应。这种强劲的气浪从某一方面来说威胁着环境和周围结构的安全，严重的甚至有造成人员伤亡的风险和隐患。高速列车周围的气浪流动极其复杂，在目前研究共有四种研究方法[2-3]，然而，动模型试验在准确性，真实性和经济性方面对高速列车气动特性研究有着极为明显的优势。

本文基于一种新型的动模型试验平台，研究了一种具有非常规尾翼的高速列车周围的列车风效应，深度着眼于列车周围列车风速度大小，极值分布，以及尾流形态等特点。

2 试验方案与设置

试验系统利用惯性作为模型高速驱动动力，模型缩尺比在 1:8～1:30，模型质量为 10～30 kg，试验模型能够在极短的试验距离完成，列车可以在三十余米长的轨道上从加速滑行驱动到试验到减速至停止。同步传送带作为动力的提供来源，将车辆固定在传送带上，使传送段在极短的时间内加速运动，当传送带运转到加速段末端，模型车辆与传送带脱离，模型以极高的初始速度沿轨道向前发射，再经过试验段后，在轨道的末端完成减速制动到停止。

图 1 试验系统

列车风测试是在中南大学高速铁路建造技术国家工程实验室中南大学风工程研究中心（风洞实验室）低速试验段进行，列车模型为复兴号标准动车组高速列车，桥梁模型为典型高速铁路简支箱梁桥，试验模型与实际列车在外形上保持几何相似，模型如图 1 所示，其中，车辆模型长度为 1616 mm，桥梁模型总

* 基金项目：国家自然科学基金重点项目（U1934209）；国家自然科学基金杰青项目（51925808）；国家重点研发计划项目课题（2017YFB1201204）。

共为 4 跨，每跨 3000 mm，桥梁外衣与列车模型均属于可拆卸组合形式，此设计的优点为可针对不同车辆以及附属设施（如路堤、桥隧建筑物等）的气动特性进行研究。列车模型采用 3D 打印制作，保证了模型具有足够的强度和刚度。

试验测试通过眼镜蛇环绕列车周围布置测点，对其进行风速的监控，单个测点进行 30 次重复测试，并对结果进行系综平均，以获取较为准确的风速变化特征。

3 结果讨论

当流体围绕固体运动时，或者如果固体在流体中运动，物体和流体之间就会发生相互作用。在这一部分中，重点研究了桥上运行时的 90°尾翼的高速列车的时均列车风速度进行各个位置的对比，如图 2 所示。图 2 选择了使用来自多个位置的恒定高度和变化的横向位置的数据来评估列车风的特征。一般情况下，在不同高度下试验的趋势非常相似，特别是在风速计进入边界层之前，试验的趋势与相似的速度值非常相似。滑流速度随边界层的发展而增加，并在车头处出现局部峰值。然后，一个较小的波峰出现在车尾附近。从高度的角度来看，列车风的平均值最初是叠加的，除了 $Y = 0.55\ W$ 处。从车头鼻尖向后偏离，列车风有稳定的由车头引起的速度峰值，峰值的大小因高度不同而变化。而在测量高度的上下两端，较低风速的流动速度值变化幅度有限，而中间高度处列车风的速度值显著增加。此外，在 $Y = 0.75\ W$ 处测量时，与列车尾部相关的速度峰值更高。列车通过后，气流速度在中间区域增加，再到达速度的最大值。一旦速度曲线再次重叠，衰减是非常相似的。从这一点来看，中间位置的测量值高于上、下位置的测量值。在近尾流区，空气速度在每个高度都增加，尽管高度不同，变化趋势是相似的。

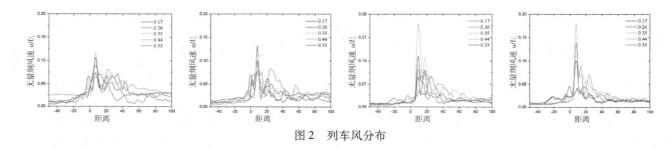

图 2 列车风分布

4 结论

针对目前亟待解决的列车空气动力学问题，本文利用了一种高速移动车辆模型风洞试验系统，并在风洞内进行了车－桥系统的气动特性测试，得出如下结论：

新的高速列车－桥梁高速列车－桥梁气动特性测试系统的建立和测量技术发展成功地捕捉了列车风的瞬时特性。而且通过对比发现，在经过具有相同流线型车头和车尾的列车时，列车风速度出现了两个显著的峰值。前者对应于车头的通过，后者出现在列车的尾流，与尾涡十分有关。而对于本次的新型尾部的高速列车，列车风的第二峰得到了显著地减弱，表明新型尾部可以抑制列车尾流附近的尾涡和相应的列车风峰值。

参考文献

[1] HE X, WU T, ZOU Y, et al. 2017. Recetn developments of high-speed railway bridges in China [J]. Structure and Infrastructure Engineering, 13 (12): 1584 – 1595.

[2] BELL J R, BURTON D, THOMPSON M C, et al. Moving model analysis of the slipstream and wake of a high-speed train [J]. J Wind Eng Ind Aerodyn, 2015, 136, 127 – 137.

[3] WANG S B, BELL J R, BURTON D, et al. The performance of different turbulence models (URANS, SAS and DES) for predicting high-speed train slipstream [J]. J Wind Eng Ind Aerodyn, 2017, 165, 46 – 57.

基于弹射模型试验的列车风作用下全封闭式声屏障荷载特性研究[*]

欧双美[1,2]，邹云峰[1,2]，黄永明[1,2]，何旭辉[1,2]

（1. 中南大学土木工程学院 长沙 410075；
2. 轨道交通安全教育部重点实验室 长沙 410075）

1 引言

在随着高速铁路运行速度的进一步提升，噪声污染问题愈发突出，在线路两侧设置声屏障是降噪的主要措施之一，其中全封闭声屏障降噪性能最为优秀。声屏障壁面因高速列车驶过会受到压力波的作用，对声屏障的结构强度产生影响，因此许多学者对列车驶过声屏障时的气动效应开展了一些研究。Xiong等[1]通过现场实测研究了列车速度、测点位置等在声屏障上产生的脉动压力的影响。何旭辉等[2-3]运用CFD技术，对高速列车通过全封闭声屏障过程中形成压力波的特性以及受到的气压荷载分布规律开展了数值模拟研究。韩旭[4]通过节段模型风洞试验分析了风速、风攻角等对全封闭声屏障气动特性的影响。目前，大部分研究主要基于节段模型风洞试验或者运用CFD技术进行数值模拟，但数值模拟精确性有待考证风洞试验则无法反映列车风作用下的荷载特性，对于采用弹射模型试验方法分析列车风作用下声屏障荷载特性研究较少。因此，本文以某高铁线路矩形截面全封闭式声屏障为研究背景，采用动模型试验方法，对动车组单车以三种不同速度通过矩形截面全封闭声屏障时的气动性能进行研究，研究成果可为今后工程应用提供一些参考。

2 试验概况

本次试验在中南大学的列车气动性能模拟动模型试验装置上进行。试验装置模拟轨道双向复线布置，全长 164 m，包含 52 m 的加速段、60 m 试验段和 52 m 制动段。该试验平台通过弹射方式使列车模型在线路上无动力高速运行，真实再现高速列车通过声屏障时空气三维非定常可压缩流动过程，模拟列车与声屏障之间的相对运动。采用多级动滑轮增速机构的加速系统，列车最高速度可达 500 km/h；测试系统可实时采集、存储列车通过时风屏障壁面的压力波动。动车组模型车采用三车编组设计，声屏障采用 1:16.8 进行缩比，模型长度为 24.4 m。沿风屏障展向布置了 9 个测试截面，其中 1 号（入口）、5 号（跨中）、9 号（出口）截面环向布置了 7 个测点，剩余截面布置了 1 个测点。模型实际布置情况见图 1，测点布置见图 2。

（a）声屏障模型　　　　　　　　　　（b）动车组试验模型

图 1　模型实际布置情况

* 基金项目：国家自然科学基金项目（52078504、U1934209、51925808）。

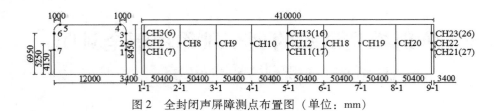

图 2　全封闭声屏障测点布置图（单位：mm）

3　试验结果分析

图 3 为动车组单车分别以不同速度通过全封闭声屏障时，声屏障表面各个测点的压力幅值及幅值变化曲线。从图中可以看出，当列车车速为 250 km/h 时，在 1、5、9 截面位置，近列车 1 号测点压力变化幅值最大；沿声屏障纵向，声屏障壁面压力值呈先增大后减小的趋势，且声屏障壁面测点 3 - 1 压力变化幅值最大，为 2230 Pa。当列车车速为 300 km/h 时，在 1、5、9 截面位置，近列车 1 号测点压力变化幅值最大；沿声屏障纵向，声屏障壁面压力值呈先增大后减小的趋势，且声屏障壁面测点 4 - 1 压力变化幅值最大，为 2347 Pa。当列车车速为 350 km/h 时在 1、5、9 截面位置，近列车 1 号测点压力变化幅值最大；沿声屏障纵向，声屏障壁面压力值呈先增大后减小的趋势，且声屏障壁面测点 5 - 1 压力变化幅值最大，为 4620 Pa。可以看出声屏障壁面压力变化幅值随着车速增大而增大。

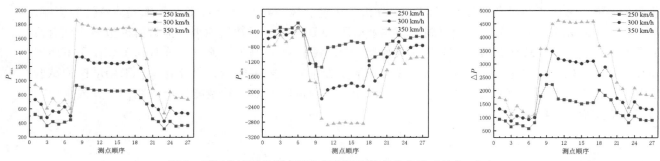

图 3　不同车速下各测点压力幅值及幅值变化曲线（单位：Pa）

4　结论

通过动模型试验研究了动车组单车以三种不同时速通过矩形截面全封闭声屏障的气动性能。研究结果表明：沿全封闭声屏障展向，声屏障壁面压力值呈先增大后减小的趋势，应取中间截面为设计的控制截面；沿全封闭声屏障环向，出入口截面近列车 1 号测点压力幅值变化最大，各测点压力变化幅值 ΔP 最大差异量可达 40.8%，在全封闭声屏障结构设计时需考虑风压荷载沿环向非均匀分布的情况；声屏障壁面压力变化幅值随车速增加而增大，测点压力变化幅值与车速的二次方呈近似线性关系。

参考文献

[1] XIONG X H, LI A H, LIANG X F. Field study on high-speed train induced fluctuating pressure on a bridge noise barrier [J] Journal of Wind Engineering and Industrial Aerodynamics, 2018, 177（7）：157 - 166.

[2] 何旭辉, 吉晓宇, 敬海泉, 等. 高速铁路全封闭声屏障列车压力波和微气压波数值模拟研究 [J]. 空气动力学学报：1 - 14.

[3] 何旭辉, 郭柯桢, 杨斌, 等. 高速铁路 840 m 全封闭声屏障气压荷载数值模拟研究 [J]. 中国铁道科学, 2020, 41（3）：137 - 144.

[4] 韩旭, 彭栋, 向活跃, 等. 横风作用下高速铁路桥梁全封闭声屏障气动特性的风洞试验研究 [J]. 铁道建筑, 2019, 59（7）：151 - 155.

多种主梁断面型式对大跨度
公铁两用桥上列车气动特性影响*

高宿平[1,2]，邹云峰[1,2]，何旭辉[1,2]，刘路路[1,2]

（1. 中南大学土木工程学院 长沙 410075；

2. 轨道交通工程结构防灾减灾湖南省重点实验室 长沙 410075）

1 引言

已有大量文献指出，桥上列车气动特性受下部结构型式的影响[1]，目前建设有较多的公铁两用桥，研究重点大多是针对某一给定断面型式桥上列车气动特性进行研究，然而比较断面型式对公铁两用桥上列车气动特性的研究较少。本文以某一具体工程为背景，研究三种主梁断面型式对公铁两用桥上列车气动特性的影响[2]。

2 试验概况

三种主梁断面节段模型长 L、宽 B 均为 1.92 m、0.760 m，其中悬索方案的梁高 $H=0.26$ m，斜拉方案和斜拉悬吊方案的梁高为 $H=0.28$ m，长宽比 $L/B=2.53$ 满足规范大于 2 的要求，三种主梁断面桁架的透风率都为 36.5%。三者主梁断面型式的区别在于悬索方案和悬吊方案的梁高不同，斜拉方案和斜拉悬吊方案的腹杆布置方式不同，悬索方案和斜拉方案的梁高和腹杆布置方式均不同，如图 1 所示，部分试验工况如表 1 所示。

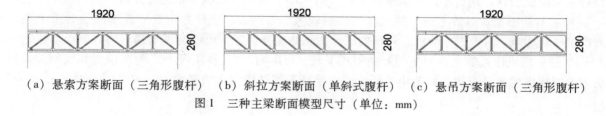

（a）悬索方案断面（三角形腹杆）　（b）斜拉方案断面（单斜式腹杆）　（c）悬吊方案断面（三角形腹杆）

图 1　三种主梁断面模型尺寸（单位：mm）

表 1　部分试验工况

工况	列车位置	主梁断面型式	风攻角
1			
2	风	3 种	−5°～5°
3			
	单列车 + 上游		

3 试验结果分析

为探究单车位于三种不同型式主梁断面时列车的气动特性，测量了 0°风攻角下的单车位于上游时三

* 基金项目：国家自然科学基金（52078504、U1934209、51925808）。

种主梁断面型式桥上列车三分力系数及列车的风压分布，如图 2～图 3 所示。

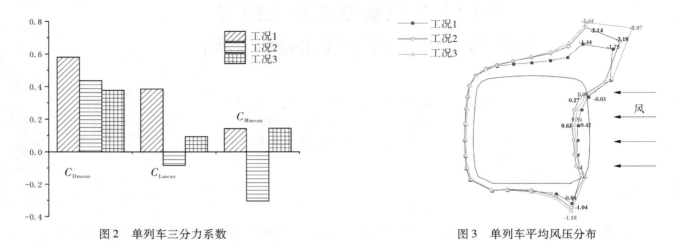

图 2　单列车三分力系数　　　　　　　　　图 3　单列车平均风压分布

从图 2 中可以看出，在 0°攻角下，阻力系数中，工况 1 的阻力系数相对较大，工况 1 和工况 3 的阻力系数无明显差别；在升力系数中，工况 1 的升力系数和工况 3 的升力系数相接近，工况 2 的升力系数出现负值。在力矩系数中，工况 1 和工况 3 的力矩系数相接近，工况 2 的力矩系数出现较大的负值，接近 0.4。

图 3 为单车位于上游时列车平均风压图（以列车断面为零风压点，向内为正压，向外为负压）。在三种工况下，列车的平均风压极值均出现在列车顶部的圆弧过渡段区域，分别达到了 -1.75、-2.18、-2.87。三种不同主梁断面型式下，在列车顶部和底部的圆弧过渡段区域差异较明显，其余各面无明显差异。

4　结论

通过对某大跨度公铁两用桥不同主梁断面上列车的气动力及平均风压分布进行分析，得出以下结论：

（1）三种主梁断面型式对桥上列车的气动力影响较大。梁高 H、腹杆的布置形式不同会对桥上列车的气动力产生一定影响，由于三种断面下列车的三分力系数差异明显，可能会影响列车的行车舒适性。

（2）列车的平均风压系数在不同主梁断面型式下有一定影响. 在三种工况下，列车顶部和底部圆弧过渡段都出现不同程度的流动分离，可能由于桥上列车受到下部结构型式的影响。

参考文献

［1］ 李永乐，向活跃，侯光阳.车桥组合状态下 CRH2 客车横风气动特性研究 ［J］.空气动力学学报，2013，31（5）：579 - 582.

［2］ 李永乐，周昱，葛世平，等.主梁断面形状对车 - 桥系统特性影响的风洞试验研究 ［J］.土木工程学报，2012，45（7）：127 - 133.

桥面上典型车辆气动力特性风洞试验研究 *

黄芳滢[1,2]，敬海泉[1,2]，何旭辉[1,2]
（1. 中南大学土木工程学院 长沙 410075；
2. 高速铁路建造技术国家工程实验室 长沙 410075）

1 引言

强风不仅会加剧桥梁的振动，降低结构的疲劳寿命和耐久性，还会使桥上通行车辆产生安全性和舒适性问题，为评估公路车辆在大风中通过大跨度桥梁的安全性，车辆的气动力特性是其中重要指标[1]。然而，与地面道路车辆的空气动力学系数相比，很少对桥面上道路车辆的空气动力学系数进行调查。因此，本文介绍了在典型桥面上测定五种道路车辆气动系数的风洞试验结果，考虑了不同的风向以及附属设施，车辆气动系数的变化。

2 风洞试验概况

2.1 风洞试验模型及测试装置

考虑到风洞的测力试验要求模型的气动力外形相似、模型的刚度要尽可能的大，综合考虑以上因素，车辆模型采用 3mm 厚的 abs 板制作，以确保高刚度和低质量的需求。主梁节段尺寸如图 1 所示。

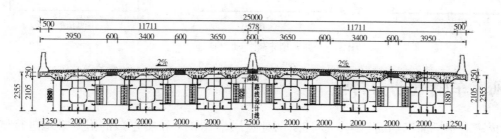

图 1 桥面板横截面尺寸（单位：mm）

图 2 为车辆模型示意图以及风洞实验的测试装置，试验在中南大学风洞实验室风洞低速试验段进行，作用在车辆上的气动载荷通过放置在车辆模型下并与其车轮相连的六分量天平进行测量，为了保护天平免受侧风的影响，将它隐藏在桥梁模型中；同时还对五辆典型车辆进行了压力测量，表面压力测量是将压力扫描阀直接安装在模型内部，采样频率为 330 Hz，时长为 60 s。通过对车辆表面压力进行积分，分别得到车辆的六个气动力。

图 2 车辆模型和测试装置

* 基金项目：国家自然科学基金项目（52078502）；国家自然科学基金项目（51708559）。

3 典型车辆车气动力特性

图 3 所示为所有车辆气动力随偏角变化的趋势，大型拖车和中型货车以及小型车辆的阻力系数趋势大致相同，三种类型车辆的最大（最大绝对）阻力系数出现在 20°左右的横摆角上，而最小值出现在 70°左右的横摆角上。这表明，当横摆角约为 20°时，三类车辆后部涡流脱落产生的吸力最强，当横摆角大于70°时，车辆前部涡流脱落产生的吸力强于车辆后部涡流脱落产生的吸力，从而使阻力系数变大。其中轻型汽车的侧向力系数出现了类似的情况，侧向力系数没有出现随着角度增大而增大的趋势，分析可能是由于桥面的高度以及附属设施对于流场的共同影响。

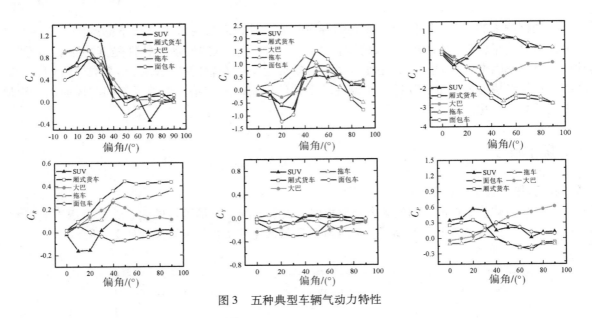

图 3   五种典型车辆气动力特性

4 不同透风率车辆气动力特性

为了探究透风率对于桥面车辆的影响，设计了两种透风率（40% 和实心）的附属设施进行试验。探究了透风率对于五种车辆的气动特性的影响程度，以及各种车辆对透风率变化的敏感性。

5 结论

（1）不同车型的气动力特性随偏角变化的趋势各有差异。轻型汽车的阻力系数随横摆角的变化相对较小但侧向力系数有明显差别；重型车辆的侧向力系数趋势更加符合普遍规律。

（2）不同的透风率对不同车辆的影响并不相同。试验结果表明侧向力系数中 SUV 对于透风率最敏感，透风率越大，侧向力系数越大；俯仰力矩系数中，面包车对于透风率较敏感，当透风率越大时，俯仰力矩系数越小；升力系数中，厢式货车对于透风率较敏感，当透风率越大时，升力系数大于 0 的区间越小，因此也就更稳定。

参考文献

［1］ZHU L D, LI L, XU Y L, et al. Wind tunnel investigations of aerodynamic coefficients of road vehicles on bridge deck ［J］. Journal of Fluids & Structures, 2012, 30（2）：35 - 50.

九、局地强风作用

下击暴流作用下低矮双坡建筑表面风压数值模拟 *

邱鹏辉¹，吉柏锋²，柳广义¹，熊倩¹，邢盼盼¹，瞿伟廉²
（1. 武汉理工大学土木工程与建筑学院　武汉　430070；
2. 武汉理工大学道路桥梁与结构工程湖北省重点实验室　武汉　430070）

1　引言

下击暴流为雷暴天气中云下沉气流猛烈冲击地面并扩散而引起的近地面短时强风的灾害现象[1]，根据外流的扩散范围分为宏下击暴流和微下击暴流。微下击暴流在雷雨天气发生的概率可达到 60%～70%，且微下击暴流的水平风速极大值出现在近地面附近，对低矮建筑有较强破坏性。而低矮双坡屋面建筑作为一种工业与民用建筑中广泛采用的建筑形式，由于其体型的特殊性以及轻质高强材料的推广应用，经常遭受风力破坏而导致巨大的损失。因此，开展低矮双坡建筑结构的抗下击暴流强风性能研究具有重要意义。柳广义等[2]基于冲击射流模型建立下击暴流计算域，研究了两种近壁面处理方法和不同的湍流模型对立方体建筑物的表面风压数值模拟结果的影响，结果表明相比其他湍流模型和壁面处理方法的组合，雷诺应力模型（RSM）和标准壁面函数能得到更好的数值模拟结果。本文基于计算流体力学动力学方法，采用标准壁面函数处理近壁面黏性影响区域，分析了两种屋面坡角的低矮双坡建筑物的表面风压特性和比较了湍流模型对数值模拟结果的影响，并将仿真结果与物理试验的结果[3]进行了对比。

2　计算模型

本文低矮双坡建筑物的几何参数以及计算域喷射入口的参数设置完全参照文献［3］的物理试验。其中入口边界条件为速度入口（velocity-inlet），射流速度为 $V_{jet} = 13$ m/s，射流入口直径为 $V_{jet} = 0.61$ m/s，入口至地面的高度 $H_{jet} = 2D_{jet}$，湍流强度为 2%；出口边界条件均采用压力出口（pressure-outlet），湍流强度为 1%；流域两侧采用对称边界条件（symmetry）；下击暴流出流中心上部左右两段的壁面通过设置剪应力为零来模拟壁面滑移；采用标准壁面函数处理近壁面黏性影响区域。依据该物理实验的布置，选取低矮双坡建筑物（坡角分别为 16°和 35°）在 1 倍 D_{jet} 处的试验工况，用商业 CFD 软件 ANSYS-Fluent 16.0 完成对计算模型的稳态模拟。其中，压力和速度场的耦合采用 SIMPLE 算法，相应的计算参数采用默认的缺省值。动量、压力、湍动能和湍流耗散率均采用二阶迎风格式进行离散。数值模拟采用缩尺 3D 模型，缩尺比为 1:650。图 1 为数值模拟的计算域示意图。

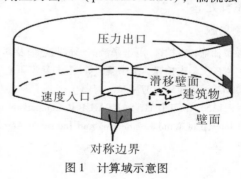

图 1　计算域示意图

3　计算结果

本文采用标准壁面函数处理近壁面黏性影响区域，为了考察湍流模型对下击暴流下低矮双坡建筑表

* 基金项目：湖北省自然科学基金项目（2020CFB524）；道路桥梁与结构工程湖北省重点实验室（武汉理工大学）开放课题基金资助项目（DQJJ201907）。

面风压数值模拟结果的影响，分别采用了 Realizable $k-\varepsilon$、重整化群 RNG $k-\omega$、雷诺应力模型（RSM）和剪应力运输模型 SST $k-\varepsilon$ 进行数值模拟。图 2、图 3 分别为采用 Realizable $k-\varepsilon$、RNG $k-\varepsilon$ 两种湍流模型计算后以及物理试验结果中的 16°和 35°坡角的低矮双坡建筑物表面风压系数云图。

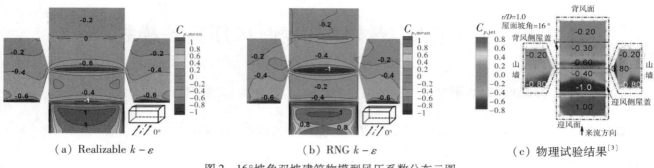

（a）Realizable $k-\varepsilon$ （b）RNG $k-\varepsilon$ （c）物理试验结果[3]

图 2　16°坡角双坡建筑物模型风压系数分布云图

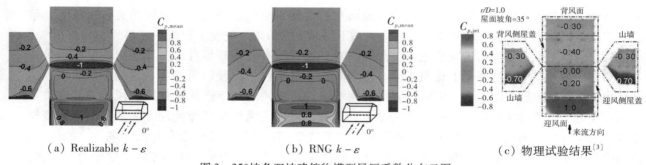

（a）Realizable $k-\varepsilon$ （b）RNG $k-\varepsilon$ （c）物理试验结果[3]

图 3　35°坡角双坡建筑物模型风压系数分布云图

4　结论

本文研究表明：在下击暴流风场作用下，当低矮双坡建筑的坡角为 16°时，两侧屋面均受到负压作用且在靠近迎风面和背风面的两侧屋面的棱角处以及屋脊处风压系数变化剧烈；而当低矮双坡建筑的坡角为 35°时，两侧屋面面内所受整体风压较小且变化缓慢，但屋脊处所受到的负压相比 16°坡角低矮双坡建筑的屋脊处所受的负压更大。不同湍流模型得到的风压系数的数值模拟结果的差别主要体现在迎风面上和屋脊处。

参考文献

［1］瞿伟廉，吉柏锋. 下击暴流的形成与扩散及其对输电线塔的灾害作用［M］. 北京：科学出版社，2013.

［2］柳广义，吉柏锋，瞿伟廉，等. 下击暴流下立方体建筑物表面风压数值模拟［J］. 华中科技大学学报（自然科学版），2020，48（5）：37-41.

［3］ZHANG Y, HU H, SARKAR P P. Comparison of microburst-wind loads on low-rise structures of various geometric shapes［J］. Journal of Wind Engineering and Industrial Aerodynamics, 2014, 133: 181-190.

下击暴流作用下输电塔的风振响应研究 *

王国强，汪大海

（武汉理工大学 武汉 430070）

1 引言

下击暴流为发生雷暴天气时强下沉气流撞击地面后向四周扩散而引起的冲击性近地面强风，往往导致输电线路的破坏。近年来，国内外研究学者对下击暴流作用下输电塔的风振响应和破坏特征开展了大量的研究。Shehata[1] 等通过对输电塔结构进行弹性静力分析，研究了不同参数的下击暴流风荷载作用下输电塔杆件内力的变化趋势。王昕[2] 等基于半确定性随机混合模型，通过有限元建模，比较了下击暴流和良态风作用过程中输电塔的受力特征。吉柏锋[3] 等对输电塔线结构进行动力时程计算，研究了输电塔杆件失稳破坏导致结构倒塌的全过程。Aboshosha[4] 和 Damatty[5] 等给出了输电线路导线在下击暴流荷载作用下结构反应的一个半解析解，并通过有限元分析验证了该方法的准确性。

上述研究大多分析了下击暴流作用下输电线路的风振响应特性，但对于下击暴流作用下输电塔的风荷载的评估方法鲜有涉及。本文主要采用有限元时变分析方法和等效静力风荷载计算方法对下击暴流作用下输电杆塔的结构响应进行对比研究，从频域及时域考察了输电线路风振响应的规律，给出了最不利风剖面作用下输电塔脉动风振响应的等效静力风荷载分布，且与动力有限元分析结果进行对比和验证。给出了下击暴流作用下输电塔风荷载的评估方法。

2 研究方法和内容

采用下击暴流场的平均风 Li[6] 模型和 Chen[7] 的脉动风速理论，采用准定常假设，模拟了移动下击暴流作用下输电塔的风荷载。通过建立输电塔的空间有限元模型，研究了移动下击暴流平均风、拟静力和瞬态动力等三种不同工况作用下结构的动力时程响应，如图 1 所示；考察了移动下击暴流时变平均风作用下的最不利风剖面，如图 2 所示。同时，按照非平稳随机振动的极值分析理论，评估了非平稳下击暴流作用下输电塔风振响应的峰值因子，并基于风振惯性力方法，给出了下击暴流作用下输电塔风荷载的评估方法，如图 3 所示。

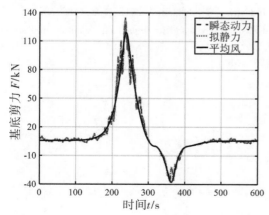
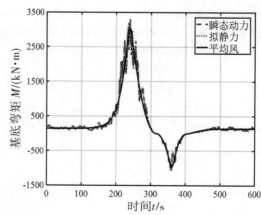

图 1 输电杆塔动力响应时程

* 基金项目：国家自然科学基金项目（51478373）。

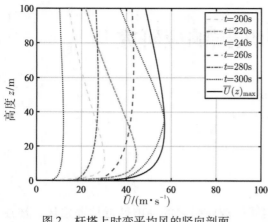

图 2 杆塔上时变平均风的竖向剖面

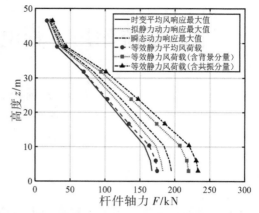

图 3 等效静力风荷载与时程分析的塔段内力比较

3 结论

（1）下击暴流作用下杆塔的平均风静力作用具有显著的时变特征；在冲击全过程中，来流阶段的最大响应为去流阶段的 3 倍左右；随着来流与杆塔之间径向距离的变化，存在特定的最不利平均风剖面。可将包络风速剖面作为移动下击暴流作用的最不利设计平均风剖面。各类响应下的分析对比表明，该剖面既能包络时变平均风最大效应，又不受响应类型影响，具有较好的适用性。

（2）时频分析表明，下击暴流作用下杆塔的脉动风振响应以背景分量为主，且共振分量都以一阶模态为主。本文提出的移动下击暴流下输电杆塔的静力等效风荷载的建议公式计算简洁且结果可靠。研究成果对输电杆塔下击暴流设计风荷载的合理评估有一定意义。

参考文献

［1］ SHEHATA A Y, EI DAMATTY A A. Behavior of guyed transmission line structures under downburst wind loading ［J］ Wind and Structures, 2007, 10（3）：249 –268.

［2］ 王昕，楼文娟，李宏男，等.雷暴冲击风作用下高耸输电塔风振响应 ［J］.浙江大学学报（工学版），2009，43（8）：1520 –1525.

［3］ 吉柏锋，瞿伟廉.下击暴流作用下输电塔弹塑性失稳倒塌研究 ［J］.中国安全科学学报，2014，24（12）：90 –95.

［4］ HAITHAM A, ASHRAF E D. Engineering method for estimating the reactions of transmission line conductors under downburst winds ［J］. Elsevier Ltd, 2015, 99.

［5］ ASHRAF E D, AMAL E. Critical load cases for lattice transmission line structures subjected to downbursts：Economic implications for design of transmission lines ［J］. Engineering Structures, 2018, 159.

［6］ LI C, LI Q S, XIAO Y Q, et al. A revised empirical model and CFD simulations for 3D axisymmetric steady-state flows of downbursts and impinging jets ［J］. Journal of Wind Engineering and Industrial Aerodynamics, 2012, 102：48 –60.

［7］ CHEN L, LETCHFORD C W. A deterministic-stochastic hybrid model of downbursts and its impact on a cantilevered structure ［J］. Engineering Structures, 2004, 26（5）：619 –629.

客机起降时遭遇下击暴流的数值模拟*

邢盼盼[1]，吉柏锋[2]，陈宇钡[1]，熊倩[1]，邱鹏辉[1]

（1. 武汉理工大学土木工程与建筑学院 武汉 430070；

2. 武汉理工大学道路桥梁与结构工程湖北省重点实验室 武汉 430070）

1 引言

低空风切变具有空间尺度小、破坏性强、生命史短等特点，常常由雷暴的强下沉气流、下击暴流、阵风锋等中小尺度天气系统产生[1]。其中，下击暴流是一种比阵风锋具有更大风速的强风类型，强度更加集中[2]。在各类风切变中对飞行安全危害最为严重的是外流水平范围在 4 km 的微下击暴流[3]。本文以我国自主研发的大型客机气动性标模 CHN – T1 为对象，采用数值模拟方法，通过调整模型在下击暴流风场中所处的飞行高度、距离下击暴流中心的径向距离，得到飞机起降时的附加压力分布。

2 计算模型

采用计算流体动力学（computational fluid dynamics，CFD）方法，基于商用 CFD 软件 ANSYS Fluent，研究 CHN – T1 气动性标模在下击暴流作用下的附加压力分布。文章基于冲击射流模型建立下击暴流的计算风场模型。冲击射流模型的初始出流直径 D_{jet} = 600m，出流入口到地面的距离 $H_{jet} = 2D_{jet}$，流场采用 1 : 19. 23 的缩尺比，出流速度 V_{inlet} = 22 m/s。为验证数值模拟风场的有效性，取距离风暴中心径向距离为 $1D_{jet}$ 处的风剖面与已有的实测和试验的风剖面结果进行验证，结果吻合较好。图 1 为飞机模型整体视图。

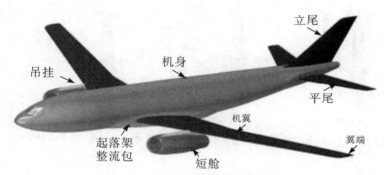

图 1　飞机模型整体视图

3 计算结果

图 2 ～图 5 为飞机起降时不同飞行高度和距下击暴流中心不同距离时的附加压力及流线图。从图 3 可以看出，随着飞行高度的增加，下击暴流引起的飞机表面附加压力最大值从 300 Pa 降至 8 Pa。从图 4 可以看出，飞机降落到 50 m 飞行高度时，飞机受到的附加压力最大，其值为 500 Pa。从图 5 可以看出，飞机起飞穿越下击暴流中心时，飞机表面受到的附加风压均为正压且最大值为 30 5Pa；距离下击暴流中心 $1D_{jet}$ 时，飞机表面受到的附加压力为负压。从图 5 可以看出，飞机距离下击暴流中心 $1D_{jet}$ 时，飞机表面受到的风压最大，其值为 500Pa。

* 基金项目：湖北省自然科学基金项目（2020CFB524）；道路桥梁与结构工程湖北省重点实验室（武汉理工大学）开放课题基金资助项目（DQJJ201907）。

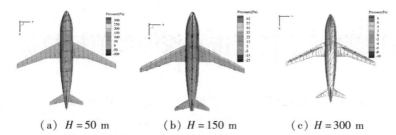

（a）$H = 50$ m （b）$H = 150$ m （c）$H = 300$ m

图 2　起飞阶段不同飞行高度时飞机表面的风压与流线图（$D = 1D_{jet}$、$\alpha = 5°$）

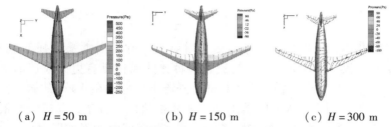

（a）$H = 50$ m （b）$H = 150$ m （c）$H = 300$ m

图 3　降落阶段不同飞行高度时飞机表面的风压与流线图（$D = 1D_{jet}$、$\alpha = -3°$）

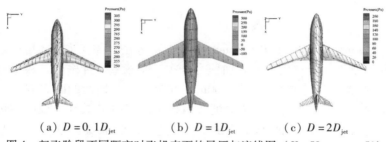

（a）$D = 0.1D_{jet}$ （b）$D = 1D_{jet}$ （c）$D = 2D_{jet}$

图 4　起飞阶段不同距离时飞机表面的风压与流线图（$H = 50$ m、$\alpha = 5°$）

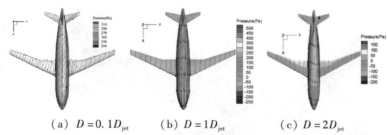

（a）$D = 0.1D_{jet}$ （b）$D = 1D_{jet}$ （c）$D = 2D_{jet}$

图 5　降落阶段不同距离时飞机表面的风压与流线图（$H = 50$ m、$\alpha = -3°$）

4　结论

本文研究结果表明，飞机起降飞行高度为 50 m 时，飞机表面受到的附加风压最大，其值分别为 300 Pa 和 500 Pa；飞机降落距离下击暴流中心 $1D_{jet}$ 时，飞机表面受到的风压最大，其值为 500 Pa。

参考文献

［1］曹舒娅，张静，施单平，等.江苏近 10a 高架雷暴特征分析［J］.气象科学，2018，38（5）：681 - 691.

［2］瞿伟廉，吉柏锋.下击暴流的形成与扩散及其对输电线塔的灾害作用［M］.北京：科学出版社，2013.

［3］王云，张志强，孙双双，等.飞行实时仿真中的微下击暴流建模研究［J］.教练机，2017（3）：62 - 65.

龙卷风作用下输电线风振响应分析*

韩少鸿，汪大海

（武汉理工大学土木工程与建筑学院 武汉 430070）

1 引言

龙卷风是在强烈的、不稳定的天气状况下由空气对流造成的空气涡旋，具有局地性、破坏性强、风速大等特点。输电线路经常遭到极端气象事件的破坏，据统计，全球范围内超过80%与天气有关的输电线路失效可归因于以下击暴流、龙卷风等形式的高强度风事件[1]，对经济社会的发展和人们的正常生产生活造成了巨大影响。因此，研究龙卷风作用下输电线路风振响应是十分必要的。本文仅以多跨输电线－绝缘子体系为研究对象，采用 Baker 模型[2]模拟龙卷风三维风场，基于准定常假定，通过有限元数值模拟的非线性时程计算，讨论了移动龙卷风作用下输电线风振响应时程。通过参数分析，着重考察了不同冲击角度和输电线跨数下直线塔支座纵向反力响应，揭示了龙卷风荷载规律和输电线风振响应特征，为输电线路抗龙卷风设计提供一些借鉴和参考。

2 研究方法和内容

2.1 输电线风荷载

输电线上受到的龙卷风荷载对输电线路结构的设计与分析十分重要[3-4]。在多跨输电塔－线体系中，以中间主塔位置为原点 O，以输电线的悬挂方向（纵向）为 x 轴，以垂直于输电线的水平方向（横向）为 y 轴，以沿塔高方向（竖向）为 z 轴建立空间直角坐标系。

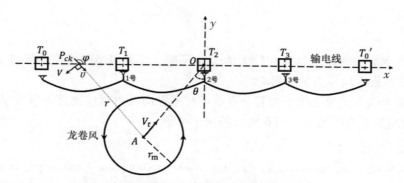

图 1 四跨输电线上的测点 P_{ck} 处的风速矢量图

如图 1 所示，在平面坐标系 xOy 中，A 点为龙卷风涡流中心，由 A 点指向测点 P_{ck} 的向量与 x 轴正方向的夹角为 φ。龙卷风移动速度为 V_t，其方向与 y 轴正方向的夹角即冲击角度为 θ。T_1、T_2、T_3 均为直线塔，分别悬挂 1、2、3 号绝缘子，T_0 和 T_0' 均为耐张塔。龙卷风三维风场由切向风速 V、径向风速 U 和竖向风速 W 组成。不考虑杆塔，移动龙卷风作用下输电线上各节点纵向风速 V_{cmx}、横向风速 V_{cmy} 和竖向风速 V_{cmz} 的计算表达式为：

$$V_{cmx} = U\cos\varphi - V\sin\varphi + V_t\sin\theta, V_{cmy} = U\sin\varphi + V\cos\varphi + V_t\cos\theta, V_{cmz} = W \tag{1}$$

* 基金项目：国家自然科学基金（51878527、51478373）。

2.2 输电线风振响应

本节旨在讨论并分析龙卷风竖向风速对直线塔支座反力响应的影响。图 2 所示分别为考虑与不考虑竖向风速工况下直线塔支座的反力响应时程。

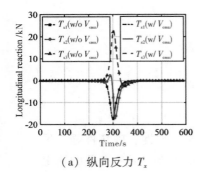

（a）纵向反力 T_x

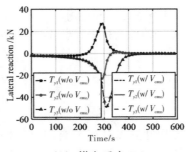

（b）横向反力 T_y

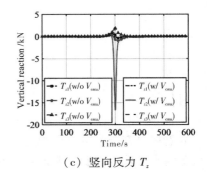

（c）竖向反力 T_z

图 2　直线塔支座反力响应时程

2.3 冲击角度与跨数

本节对比分析了不同冲击角度 θ 和输电线跨数 N 下直线塔支座纵向反力响应时程中绝对值最大值。图 3 所示为 $\theta = 0°$、$30°$、$60°$、$90°$、$120°$、$150°$、$180°$和 $N = 4$、6、8 工况下直线塔支座纵向反力绝对值最大值。

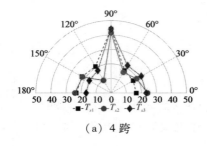

（a）4 跨

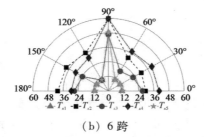

（b）6 跨

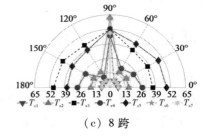

（c）8 跨

图 3　直线塔支座纵向反力绝对值最大值

3　结论

（1）由于龙卷风仅在涡流中心附近处存在较大的竖向风速，龙卷风经过支座会导致支座处竖向反力突增，但其竖向风速对支座水平向反力没有影响。

（2）对 4、6、8 跨输电线 – 绝缘子体系而言，直线塔支座纵向反力对应的最不利冲击角度是一致的，均为 90°，其大小随跨数增加而有所增大，但 6 跨后趋向于平稳。

参考文献

［1］ DEMPSEY D, WHITE H. Winds wreak havoc on lines［J］. Transmission & Distribution World, 1996, 48（6）: 32 – 42.

［2］ BAKER C J, STERLING M. Modelling wind fields and debris flight in tornadoes［J］. Journal of Wind Engineering & Industrial Aerodynamics, 2017, 168: 312 – 321.

［3］ HAMADA A, EL DAMATTY A A. Behaviour of guyed transmission line structures under tornado wind loading［J］. Computers and Structures, 2011, 89（11 – 12）: 986 – 1003.

［4］ HAMADA A, DAMATTY A E. Behaviour of transmission line conductors under tornado wind［J］. Wind & Structures an International Journal, 2016, 22（3）: 369 – 391.

山体地形对下击暴流风场影响的试验研究 *

李育涵，郑通，潘泽昊，牟文鼎，陈勇

（浙江大学结构工程研究所 杭州 310058）

1 引言

下击暴流是一种极端天气现象，是由下沉气流撞击地面而形成的近地面短时瞬态强风，其风剖面与大气边界层风的风剖面有显著的不同。研究表明，上游地形会对大气边界层风产生加速效应，加速因子主要由山体的坡度决定[1]。我国是一个多山体地形的国家，研究表明，以山地丘陵居多的地区，下击暴流发生的频率更高[2]，因此研究山体地形对下击暴流风场的影响是必要的。本文通过风洞试验，以不同坡度的山体模型为研究对象，详细分析了山体地形对下击暴流风场的影响，研究结果为相关的设计提供参考。

2 试验概况

使用浙江大学下击暴流试验装置进行试验。山体模型采用余弦山体，几何缩尺比为 1∶1000，在每个山体模型上布置 2 mm 的塑料纤维以模拟真实山体表面植被造成的地表粗糙度。射流装置的直径为 0.6 m，出流口距离地面 1.2 m。试验中，在每个山体模型的表面布置测点，通过改变山体模型在下击暴流风场的位置，研究不同山体模型在风场不同位置时对下击暴流风场的影响。山顶距离喷射中心分别为 $r = 1.0D_{jet}$、$1.2D_{jet}$、$1.5D_{jet}$、$2.0D_{jet}$，其中 D_{jet} 是射流直径。试验采用眼镜蛇探头进行数据采集。图 1 为试验装置图，图 2 为试验示意图。

图 1 试验装置图

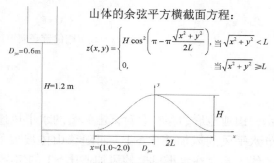

图 2 试验示意图

3 试验结果分析

平地地形下下击暴流的最大风速与射流速度几乎相同[3]。使用射流速度 $U_{max,p}$ 以及射流直径 D_{jet} 对测量速度及高度进行无量纲化，使用 S_U 来表示山体地形对风速的加速效应：

$$S_U = \frac{U(V)_{max,h}}{U_{max,p}} \tag{1}$$

* 基金项目：国家自然科学基金项目（51838012、51878607）。

其中 $U(V)_{max,h}$ 是山体地形下所测量的水平（竖向）风速最大值，$U_{max,p}$ 是无干扰地形下所测量的最大速度，本文中取 $U_{max,p}=U_{jet}$。如果 $S_U>1$，说明山体地形对下击暴流有加速作用。

图 3 所示山体中心线的测点位置图。图 4 与图 5 所示为 4 组不同 H/L 的山体模型在 $r=1.0D_{jet}$ 处 P_1、P_2、P_3 的水平风速风剖面与竖向风速风剖面。H，L 的值分别为 $H=0.1$ m、$L=0.3$ m，$H=0.2$ m、$L=0.3$ m，$H=0.3$ m、$L=0.3$ m，$H=0.4$ m、$L=0.3$ m。

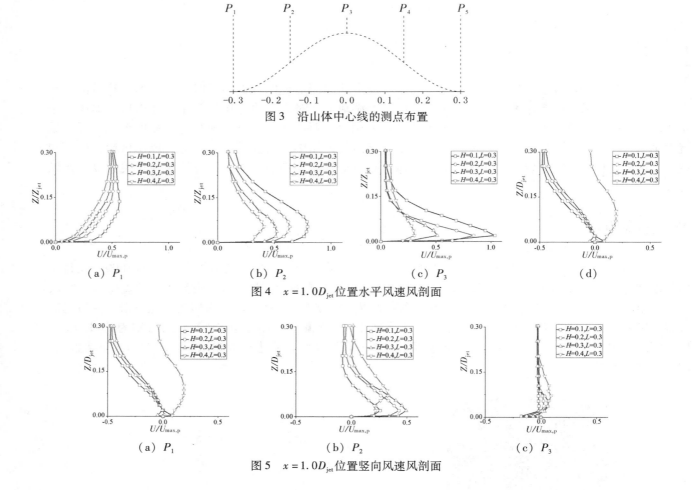

图 3　沿山体中心线的测点布置

图 4　$x=1.0D_{jet}$ 位置水平风速风剖面

图 5　$x=1.0D_{jet}$ 位置竖向风速风剖面

4　结论

研究结果显示，山地地形的存在会对下击暴流的水平风速产生加速效果，对于 $H=0.1$ m、$L=0.3$ m 的山体，在山顶处水平风的风加速比 >1，而随着山体坡度的增加，气流在山体周围的绕流现象越发明显，在山体的中心线上不存在水平风速的风加速比 >1 的情况且随着山体高度增加，山体中心线上的水平风速减小。在半山腰处，竖向风速的风剖面形状与水平风速风剖面相似，在近地面处达到最大值。在 $H=0.3$ m、$L=0.3$ m 山体的半山腰，出现试验中的最大竖向风速，约为 $0.5U_{max,p}$。

参考文献

[1] LIN ZHAO, SHUYANG CAO, YAOJUN GE, et al. Toward a refined estimation of typhoon wind hazards：Parametric modeling and upstream terrain effects［J］. Journal of Wind Engineering and Industrial Aerodynamics，2021，209：104460.

[2] 李宏海，欧进萍. 我国下击暴流的时空分布特性［J］. 自然灾害学报，2015，24（6）：9－18

[3] 徐挺. 雷暴冲击风流场试验模拟［D］. 杭州：浙江大学，2010.

下击暴流环境下风浪场特征的试验研究 *

潘泽昊，郑通，李育涵，崔旭，陈勇

（浙江大学建筑工程学院 杭州 310058）

1 引言

近年来，我国东南沿海地区跨海输电线路迅速发展，而目前国内相关设计标准尚不成熟。一方面，我国多个沿海地区处于强的层结不稳定状态，具备产生强对流天气所需的客观气象条件，跨海输电线路受下击暴流作用的问题突出[1]，但现有的设计理论未考虑下击暴流和良态风之间显著不同的风场特征，使得部分设计偏于危险[2-3]。另一方面，现有的设计理论对于海上输电塔所受风、浪荷载采用独立计算，再通过最不利荷载组合进行设计的方法，又使得部分设计过于保守[2-3]。因此，在下击暴流环境下对风浪场的特征开展相关研究具有重要的工程与科学意义。目前对于下击暴流环境下风浪耦合作用的风浪场特征研究却尚未深入开展，本文将通过试验模拟的方法探究下击暴流环境下风浪场的特征。

2 试验概况

本试验在浙江大学建工试验大厅的下击暴流风洞中进行。为模拟下击暴流环境下的海洋环境，在原有的冲击射流装置下安装水池，另外考虑到水池边界造成的波浪反射的影响，在水池四周布置消波板削减反射，改造后的试验装置如图1所示。试验中，射流入口直径 $D_{jet} = 60$ cm，水池水深 $h = 20$ cm，分别对入射速度 $V_{jet} = 2$ m/s、4 m/s、6 m/s、8 m/s、10 m/s、12 m/s，6 个工况进行模拟。在波浪场中布置了12 个波浪测点，与射流中心距离 r 分别为 $0.5D_{jet}$、$0.8 D_{jet}$、$1.0 D_{jet}$、$1.2 D_{jet}$、$1.5 D_{jet}$、$1.8 D_{jet}$、$2.0 D_{jet}$、$2.5 D_{jet}$、$3.0 D_{jet}$、$3.5 D_{jet}$、$4.0 D_{jet}$、$4.5 D_{jet}$，测点布置如图2所示。

图1 改造后的冲击射流装置

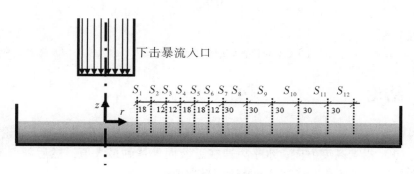

图2 波浪测点布置图（单位：cm）

3 风浪耦合作用下风浪场特征

当入射速度 $V_{jet} = 8$ m/s 时，图3 和图4 给出了水平风速沿着高度方向和水平方向变化的风剖面图。分析图中数据可得，在风浪耦合作用下，沿着高度方向，水平风速在近液面处距离自由液面高度约5% D_{jet} 范围内达到最大值，风速最大值约 $1.0V_{jet}$，而后水平风速沿着高度增加迅速减少。沿着水平方向，水平风

* 基金项目：国家自然科学基金项目（51838012、51878607）。

速随着 r 的增大先逐渐增大，在距离射流中心约 $1.0\ D_{jet}$ 位置处达到最大值，然后随着与射流中心距离增大，风速逐渐减小。

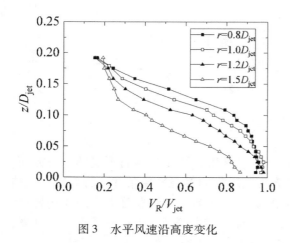

图3　水平风速沿高度变化

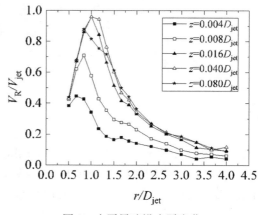

图4　水平风速沿水平变化

图5所示为有效波高 $H_{1/3}$、大波平均波高 $H_{1/10}$ 以及波高均方根值 H_{rms} 沿径向距离的变化情况。由图可得，在射流入口附近波高较小，随着与射流中心的距离 r 的增大波高逐渐增大，在约 0.9 m（$1.5\ D_{jet}$）处时达到最大值，然后随着距离 r 增大波高逐渐减小。

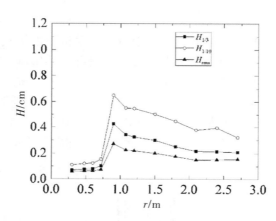

图5　不同位置处波浪的有效波高 $H_{1/3}$、大波平均波高 $H_{1/10}$ 和波高均方根值 H_{rms}

4　结论

本文通过对下击暴流环境下的风浪场进行试验模拟获得了如下结论：

（1）沿着高度方向，水平风速在近液面处达到最大值，然后随着高度增加风速逐渐减小；沿着水平方向，水平风速在 $r = 1.0\ D_{jet}$ 处达到最大值。

（2）下击暴流作用下，在射流入口正下方自由液面会形成一个凹面，凹面范围内液面波动较小；在凹面范围外，随着 r 的增大波高先逐渐增大，在 $1.5D_{jet}$ 处达到最大值，然后随着 r 的继续增大，波高逐渐减小。

参考文献

［1］李宏海. 下击暴流时空分布统计与风场特性和结构风荷载实验研究［D］. 哈尔滨：哈尔滨工业大学，2015.

［2］110～500kV 架空送电线路设计技术规程（DL/T 5092—1999）［S］. 北京：中国建筑工业出版社，2012.

［3］建筑结构荷载规范（GB 50009—2012）［S］. 北京：中国建筑工业出版社，2012.

基于声雷达年度实测数据下击暴流、台风及冬季寒流风场特征分析*

叶思成[1]，张传雄[2]，王艳茹[2]，李正农[3]，蒲鸥[3]，余腾烨[3]，范广宇[3]

(1. 温州大学建筑工程学院 温州 325035；

2. 台州学院建筑工程学院 台州 318000；

3. 湖南大学建筑安全与节能教育部重点实验室 长沙 410012；

4. 浙江理工大学建筑工程学院 杭州 310018)

1 引言

为了探究强对流（下击暴流、台风、冬季寒流）影响下的不同风测设备的探测能力，基于实测资料，分析了同等地貌条件下不同风测设备所记录的数据差异，确定了风廓线声雷达数据的精确性，并基于声雷达的年度实测数据分析强对流风场的年度分布特征、各种类型强对流风场的风剖面特征。

2 试验与仪器

本研究采用的风廓线声雷达是德国 METEK 生产的 PCS 2000 - 64 声雷达。PCS 2000 - 64 是一种小而强的声波测深器，可以探测 15 ～ 800 m 范围内的风和湍流廓线，高度间隔高达 40 层（ > 10 m）。试验主要分为长期定点观测试验与短期校验性试验，长期定点观测试验由风廓线声雷达与其配套的拥有长运行时间能力的 PC 系统承担，短期校验性试验由机械式风速仪、超声风速仪及无人机搭载的 SA210 风速模块、Ft205 风速模块承担。

3 风测精度与仪器选择

3.1 不同风测设备数据对比

为了更直观地比较不同设备采集的风场数据的准确性，同取无人机、机械式风速仪、超声风速仪60 s时距的平均风速作为研究对象，并引入 Pearson 相关性分析进行量化，如图 1 所示。

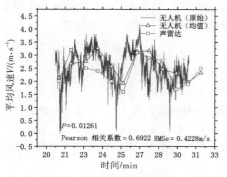
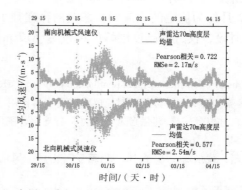

（a）水平方向对比分析　　　　（b）台风"米娜"影响期间声雷达与机械式风速仪

图2　部分仪器风测数据对比分析

* 基金项目：国家自然科学基金项目（51678455、51508419）；浙江省自然科学基金项目（LY19E080022）。

在互相干扰较弱的距离上，风廓线声雷达与无人机探测的 10 min 水平风速的相关系数为 0.6922，均方根误差为 0.4228 m/s；与南向机械式风速仪探测水平风速的相关系数为 0.72，均方根误差为 2.17 m/s，属于显著相关。与北向机械式风速仪探测水平风速的相关系数为 0.58，均方根误差为 2.54 m/s，属于显著相关。南北向机械式风速仪相关系数为 0.726，属于显著相关；风速小于 10 m/s 时，水平风速误差较小，随着水平风速的增大，误差增加；与超声风温仪探测水平风速的相关系数为 0.318，均方根误差为 1.83 m/s，属于低度相关。且大部分声雷达测量结果低于超声风温仪；声雷达探测的水平风速误差相对小，数据质量较可靠。

3.2 强对流、热带气旋及冬季寒流风场年度分布

基于声雷达 2020 年全年完整的实测数据，绘制 20 年全四个季度三维风速时程图。

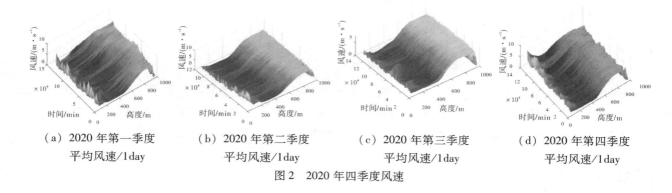

| （a）2020 年第一季度 | （b）2020 年第二季度 | （c）2020 年第三季度 | （d）2020 年第四季度 |
| 平均风速/1day | 平均风速/1day | 平均风速/1day | 平均风速/1day |

图 2　2020 年四季度风速

全年风场分布具有明显季节性，风速在总体分布上均呈"P"形，趋势为风速在 0 ～ 300 m 高度层呈递减形式，在 300 ～ 500 m 趋于平稳，在 500 ～ 700 m 高度层呈递增形式，在 800 ～ 1000 m 趋于平稳。基于文献［1-2］的定义，全年共发生强对流天气 91 次，其中类下击暴流风场 46 次，多分布于 4 ～ 7 月。每年 12 月中至隔年 1 月初为强对流天气最少的时段。

4　结论

（1）不同风测设备所记录的数据相关性显著，声雷达探测的水平风速误差相对小，数据质量较可靠。

（2）在不同风圈影响下，风场总体演变形式均与文献［3-4］实测的超强台风"山竹""玛利亚"演变形式近似。

（3）实测风场中直击试验仪器的下击暴流与 30 km 外下击暴流间接影响的异常风场 Pearson 相关性达 0.7946，证明下击暴流影响范围超过 30 km^2。

（4）每年 12 月份为稳定的寒流期，寒流的存在减少了强对流的生成，每年 12 月中至隔年 1 月初为强对流天气最少的时段，仅近地高度层峰值风速达（17 m/s）且随着高度层的增加风速骤降。

参考文献

［1］FUJITA T T. Manual of downburst identification for Project NIMROD. Smrp，1978.

［2］瞿伟廉.下击暴流的形成与扩散及其对输电线塔的灾害作用［M］.北京：科学出版社，2013.

［3］赵林，杨绪南，方根深，等.超强台风"山竹"近地层外围风速剖面演变特性现场实测［J］.空气动力学学报，2019，37（1）：43-54.

［4］张传雄，王艳茹，黄张琦，等.台风"玛莉亚"作用下风场结构特征现场实测研究［J］.自然灾害学报，2019（4）：100-110.

雷暴风下流线型箱梁抖振升力空间相关性试验研究 *

李鑫，李少鹏，陈新中，彭留留

（重庆大学土木工程学院 重庆 400045）

1 引言

在过去几十年中，非平稳强风在我国许多地区造成了大量严重的结构破坏和经济损失。与大尺度稳态强风（如季风）相比，雷暴风、下击暴流等中小尺度强风的显著特点是发生突然、持续时间短暂、短时内风速变化剧烈，并表现出较强的非平稳和非均匀特性。已有研究表明，仍采用传统平稳分析方法将可能严重低估桥梁的抖振分析。因此，精确评估非平稳强风作用下结构抖振力时空分布特性是一个亟待解决的关键问题。

本文基于同济大学多风扇主动控制风洞开展雷暴风的非平稳特性模拟，并在此基础上深入研究流线型箱梁断面（$B/D = 9.3:1$）抖振力的空间相关性，为进一步提出雷暴风作用下结构非平稳风荷载模型提供科学依据。

2 流线型箱梁断面抖振力空间相关性风洞试验研究

雷暴风在短时间内变化非常剧烈，非平稳特性显著，难以通过常规边界层风洞进行模拟。而源于日本宫崎大学的多风扇主动控制风洞技术由多阵列风机组成，每个风机由伺服电机独立控制，可较好地模拟平稳/非平稳强风特性[1]。

本次试验在同济大学土木工程减灾国家重点实验室的多风扇主动控制风洞中进行，风洞构造示意图如图1所示。风洞的前部有120个独立的风扇。这些风扇排列成10行12列的矩阵，由单独的高质量交流伺服电机通过计算机驱动。试验段尺寸为 1.5 m（宽）×1.8 m（高）。试验段长度可调，试验段设置在距蜂窝下游4.0 m处。在本次试验研究中，用实测的 RFD 雷暴风数据来模拟目标风速时程，风洞模拟结果如图2所示。

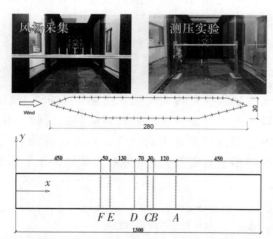

图1　多风扇主动控制风洞原理图及固定流线型箱梁模型实验装置

* 基金项目：国家自然科学基金面上项目（51978108、51808078）；重庆市科委自然科学基金面上项目（cstc2020jcyj‑msxmX0937）；中央高校基本业务费（2020CDJ‑LHZZ‑016、2021CDJQY‑025）。

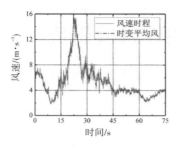

（a）雷暴风模拟风速时程

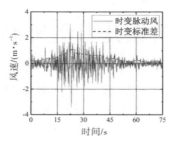
（b）雷暴风时变脉动风速

图2　雷暴风流场基本特性

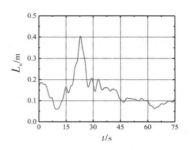
（c）时变积分尺度

风洞试验结果表明，多风扇主动控制风洞能够较好地模拟雷暴风平均风速和脉动风速短时剧烈变化特性。

3　时变相干函数模型

基于多风扇主动控制风洞试验，采用 Priestley 演化功率谱理论[2]估计的抖振升力时变相干函数以及采用修正的 Jakobsen[3]时变相干函数模型拟合得到的相干函数如图3所示。

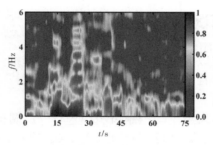
（a）理论估计时变相干函数

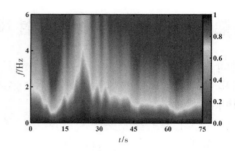
（b）模型拟合时变相干函数

图3　流线型箱梁抖振升力时变相干函数

研究结果表明，在雷暴风作用下，抖振升力的相干函数表现出明显的时频变化特征，并且拟合得到的时变相干函数基本上能反映理论估计相干函数的变化趋势。

4　结论

本文提出了一种利用多风扇主动控制风洞有效地模拟了雷暴风类非平稳风的非平稳特性。通过理论估计发现雷暴风时变相干函数以及抖振升力时变相干函数具有明显的时频变化的特征，并且与时变积分尺度随时间的变化趋势相一致，在时变积分尺度越大的地方，相干性越强。此外，提出了修正的时频变化的 Jakobsen 相干函数模型，拟合后的相干函数基本上能较好反映估计相干函数的变化趋势。

参考文献

［1］CAO S, NUSHI A, KIKUGAWA H, et al. Reproduction of wind velocityhistory in a multiple fan wind tunnel ［J］. Journal of Wind Engineering and Industrial Aerodynamics, 2002, 90：1719 – 1729.

［2］PRIESTLEY M B. Evolutionary Spectra and Non-stationary Processes ［J］. J R Statist Soc Ser B, 1965, 27（2）：204 – 237.

［3］JAKOBSEN J B. Span-wise Structure of Lift and Overturning Moment on a Motionless Bridge Grider ［J］. Journal of Wind Engineering and Industrial Aerodynamics, 1996, 69 – 71：795 – 805.

基于 CFD 的龙卷风数值模型特征参数研究 *

张寒，王浩，徐梓栋，郎天翼，陶天友

（东南大学混凝土及预应力混凝土结构教育部重点实验室 南京 211189）

1 引言

龙卷风是自然界最猛烈的风灾之一，其活动范围几乎遍布全球，所袭处大量基础设施损毁，给人类社会造成了惨重的损失。我国是龙卷风多发国家之一，统计表明，1984—2013 年我国共发生龙卷风灾害 2201 次，平均每年 73 次，造成大量人员伤亡，经济损失不计其数[1]。2016 年 6 月，江苏省盐城市阜宁县发生 EF4 级龙卷风灾害，导致 99 人死亡、800 多人受伤，倒塌房屋 3000 多间，道路、电网、工厂等基础设施受损严重。龙卷风灾中，房屋、桥梁、电塔等工程结构的破坏是造成人员伤亡的主要因素，为此，工程结构的龙卷风效应已成为风工程领域的关注点之一。随着计算机软硬件技术的快速发展，数值模拟以可操作性强、成本较低等优点成为龙卷风研究的重要手段[2-3]。本文采用 CFD 数值模拟方法，开展了类龙卷风场模拟，并探讨了特征参数对数值风场结构的影响，研究结果可为龙卷风场数值模拟和试验模拟提供参考。

2 类龙卷风场数值模拟

龙卷风场数值模型主要来源于龙卷风试验模拟装置，本文按照 Ward 型龙卷风模拟器的物理尺寸建立相应的数值模型，以开展类龙卷风场模拟。Ward 龙卷风试验装置由 Neil B Ward[4] 于 1972 年提出并建成，由该龙卷风发生装置改进而来的一类装置统称 Ward 型龙卷风发生装置。按照该类型龙卷风发生装置建立相应的 CFD 数值风场流域（图 1），开展了类龙卷风场数值模拟，并以不同高度位置切向速度沿径向的剖面为目标，对比了不同网格数值模拟结果与参考试验结果[5]，如图 2 所示。

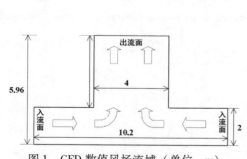

图 1　CFD 数值风场流域（单位：m）

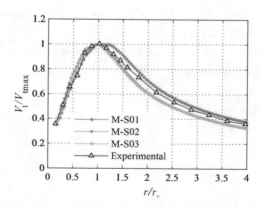

图 2　数值模拟结果与参考试验结果对比

图 2 中，M-S01、M-S02 和 M-S03 分别代表上述三种不同数量的网格方案，三种网格数量模拟结果差异不大，实现了网格无关性验证。此外，三种网格模拟的切向风场沿径向分布与实验基本吻合，证明了 CFD 数值模拟结果的可靠性。在类龙卷风场模拟的基础上，研究了数值流域尺寸、涡流比等特征参数对风场模拟结果的影响。结果表明，涡流比对数值风场结构的影响较大，导致涡核结构产生显著的变

* 基金项目：国家自然科学基金（51978155、51908125）；中央高校基本科研业务费（2242020k1G013）。

化。为具体描述涡流比对数值风场结构的影响，定义最大切向风速与入口切向风速比值、涡核半径与对流半径比值两个无量纲参数，得到最大切向风速与涡核半径随涡流比变化关系，如图3所示。随着涡流比的增大，数值风场中最大切向风速呈现下降趋势，同一高度处的涡核半径随着涡流比的增大而增大。

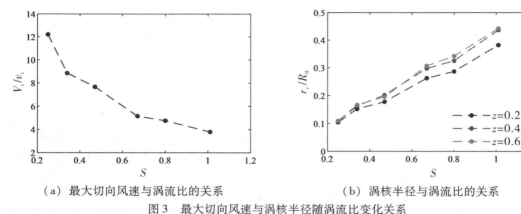

（a）最大切向风速与涡流比的关系　　　　　（b）涡核半径与涡流比的关系

图3　最大切向风速与涡核半径随涡流比变化关系

3　结论

（1）基于试验龙卷风模拟器所建立的数值模型可较好地模拟龙卷风场，有效再现了风场涡核结构等基本特征，且数值模拟结果与试验模拟结果吻合较好。

（2）龙卷数值风场结构随着涡流比变化而发生明显改变。随着涡流比的增大，同一高度处的风场涡核半径逐步增大。同时，风场中最大切向风速随涡流比的增大而逐步下降。

参考文献

［1］黄大鹏，赵珊珊，高歌，等.近30年中国龙卷风灾害特征研究［J］.暴雨灾害，2016，35（2）：97－101.

［2］KASHEFIZADEH M H，VERMA S，SELVAM R P. Computer modelling of close-to-ground tornado wind-fields for different tornado widths［J］. Journal of Wind Engineering and Industrial Aerodynamics，2019，191：32－40.

［3］LIU Z，LIU H，CAO S. Numerical study of the structure and dynamics of a tornado at the sub-critical vortex breakdown stage［J］. Journal of Wind Engineering and Industrial Aerodynamics，2018，177：306－326.

［4］WARD N. B. The exploration of certain features of tornado dynamics using a laboratory model［J］. Journal of the Atmospheric Sciences，1972，6（29）：1194－1204.

［5］TANG Z，FENG C，WU L，et al. Simulations of tornado-like vortices in a large-scale Ward-type tornado simulator［C］. 8th International Colloquium on Bluff Body Aerodynamics and Applications，Northeastern University，Boston，Massachusetts，USA，2016.

雷暴冲击风作用下平地与峡谷地形桥址风场特性数值模拟研究 *

张非，胡朋，陈屹林，韩艳，唐永健

（长沙理工大学土木工程学院 长沙 410114）

1 引言

由于高空中冷暖气流的交锋产生了垂直向下的强气流，当这种强下沉气流冲击地面后会沿地面向四周扩散，从而形成雷暴冲击风。据报道，在雷暴冲击风作用下，近地面处的瞬时最大风速可达 67 m/s。Proctor[1]根据相关资料分析表明雷暴冲击风是一种比较普遍的天气现象，在强对流天气下发生概率高达 60% ～70%，该强风现象在国内外造成了大量工程结构的破坏，由于雷暴冲击风发生频繁，近年来欧美大部分地区结构风荷载控制值均由雷暴冲击风确定，针对雷暴冲击风的研究已成为风工程领域的热点问题。本文围绕峡谷地形中雷暴冲击风对大跨度桥梁桥址风场的影响，首先对平地地形中雷暴冲击风的风剖面进行了验证，在确保模型及方法可靠的基础上，对雷暴冲击风作用下桥址区峡谷地形的风场特性进行了数值模拟，分析了两种地形下沿主梁方向、1/4 跨处和 3/4 跨处的风速和风攻角分布。

2 雷暴冲击风风场数值模型设置与验证

2.1 计算域建立与网格划分

参考真实的雷暴冲击风尺寸[2]，采用三维长方体计算域来模拟。计算区域尺寸选取 $11D_j \times 11D_j \times 4D_j$，其中 $1D_j = 1000$ m，表示射流出口直径。根据 Hao[3]的研究，喷嘴距离地面高度设为 $2D_j$。计算区域全部采用结构化网格，为验证网格对计算结果有无影响，本文选用三套网格进行验证，网格数量分别为 83 万、110 万和 129 万，第一层网格高度为 $5e-6D_{jet}$，径向与竖向增长率均在 $1.1 \sim 1.2$ 的范围内，满足 $y^+ < 1$，计算域和网格划分如图 1 所示。

图 1 雷暴冲击风作用下平地和峡谷地形整体网格示意图

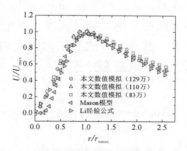

（a）径向风速水平风剖面对比

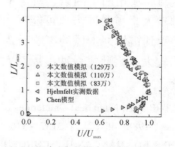

（b）径向风速竖向风剖面对比

图 2 平地地形风速剖面对比

2.2 平地地形风场数值模拟验证

根据上述设置，可计算出平地地形中雷暴冲击风进入稳定状态后的平均风特性，其中计算的径向风速剖面和竖向风速剖面与已有研究结果的对比如图 2 所示。为方便后续数据提取，在桥梁的主梁方向和竖直方向布置监测点，各监测点布置如图 3 所示。

* 基金项目：国家自然科学基金项目（51878080）；湖南省自然科学基金项目（2020JJ3035、2018JJ3538）。

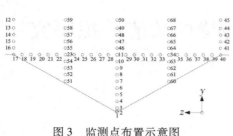

图 3　监测点布置示意图

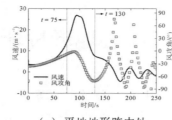

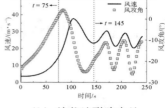

（a）平地地形跨中处　　　（b）峡谷地形跨中处

图 4　平地和峡谷地形中主梁跨中典型位置的风速与风攻角时程同步对比

3　雷暴冲击风作用下桥址区风场特性分析

对桥梁抗风而言，沿主梁的风速和风攻角是两个最基本且最重要的指标。风速越大，且风攻角（或其绝对值）越大时，桥梁抗风性能也就越差。因此，为同步研究在不同地形下雷暴冲击风对沿主梁风速和风攻角时程的影响，图 4 给出了雷暴冲击风场下平地与峡谷地形中主梁跨中的风速和风攻角的时程。由图可知，对于平地地形跨中处，在 $t = 75 \sim 130$ s 时间内，风速和风攻角均较大，其中风速变化范围为 $7.6 \sim 27.0$ m/s，风攻角变化范围为 $-70.3° \sim -1.7°$。虽然在此后如 $t = 168$ s、$t = 190$ s 处等，风攻角的绝对值达到了将近 90°，但此时风速非常小，对桥梁抗风不起控制作用。与此同时，对于峡谷地形跨中处，在 $t = 85 \sim 145$ s 时间内，风速变化范围为 $22.2 \sim 37.8$ m/s，而风攻角变化范围为 $25.1° \sim -4.1°$。此后，风速与风攻角仍维持在较高水平，其中风速基本上在 20 m/s 以上，而风攻角的变化范围在 $-25.8° \sim -10.4°$ 之间。从上述分析可知，对于平地地形，在 $t = 75° \sim 130$ s 时间内，主梁所受的风速与风攻角（或绝对值）都较大，此时雷暴冲击风可能对大桥有较明显的影响。而对于峡谷地形，同理在 $t = 85° \sim 145$ s 时间内，主梁可能受到雷暴冲击风的影响较为显著。

4　结论

本文基于数值模拟方法研究了雷暴冲击风作用下平地与峡谷地形的风场特性，分析了两种地形下沿主梁方向的风速及风攻角分布，研究结果表明：平地地形中主梁跨中的风速相对最大，且越远离跨中点，其风速时程值越小；而对于峡谷地形，主梁跨中的风速相对最小，且越远离跨中点，其风速时程值越大。综合风速与风攻角两个因素，对于平地地形，在 $t = 75 \sim 130$ s 时间内，主梁所受的风速与风攻角（或绝对值）都较大，雷暴冲击风可能对大桥有较明显的影响。同理，对于峡谷地形，在 $t = 85 \sim 145$ s 时间内，主梁可能受到雷暴冲击风的影响较为显著。此外，在之后的时间内由于主梁所受的风速与风攻角（或绝对值）仍较大，因此雷暴冲击风对大桥的影响也应充分重视。

参考文献

［1］PROCTOR F H. Numerical simulations of an isolated microburst. Part I：dynamics and structure［J］. Journal of the Atmospheric Sciences，1988，45（21）：3137 - 3160.

［2］HOLMES J D，HANGAN H，SCHROEDER J，et al. A forensic study of the Lubbock-Reese downdraft of 2002［J］. Wind Struct，2008，11（2）：137 - 152.

［3］HAO J M，WU T. Downburst-induced transient response of a long-span bridge：A CFD-CSD-based hybrid approach［J］. Journal of Wind Engineering and Industrial Aerodynamics，2018，179：273 - 286.

实测下击暴流非平稳风特性分析 *

石棚，陶天友，王浩，张寒

（东南大学土木工程学院 南京 210096）

1 引言

近年来，随着全球气候变暖，以下击暴流等为代表强对流天气逐渐增多，给国民经济和人民生命财产带来了巨大损失。下击暴流是由雷暴天气中形成的下沉气流以较高的速度冲击地面后，迅速改变方向，在地面向四周水平加速并扩展的一种气流过程。近地面处所测风速可达 30 m/s 以上[1]，对其发生所在地附近的建筑结构破坏能力极强，特别是对风荷载极其敏感的结构物，如大跨桥梁、高层建筑以及大跨屋盖等，常常导致建筑物主体及围护结构产生严重损伤、破坏，甚至垮塌[2]。因此，深入研究下击暴流风特性，对于完善现有桥梁抗风设计规范，保障桥梁结构的抗风安全性具有重要意义标题部分。

2 非平稳风特性特征参数模型

在非平稳风速模型中，风速具有明显的时变趋势，因此风速可被分解为一个时变平均风速和零均值的平稳随机过程，如式（1）所示。紊流强度表示表征脉动风在自然风中所占的比例，是确定结构风荷载参数的重要参数，如式（2）所示。自然风的脉动强度可用阵风因子表示，定义为阵风持续期内的平均风速与基本时距 T 内平均风速的比值，如式（3）所示。紊流积分尺度是量度脉动风中涡旋平均尺寸的重要参数。基于泰勒假设，其通常可采用自相关函数积分法进行计算，如式（4）所示。紊流功率谱密度是影响结构抖振响应预测精度的关键参数，目前，我国《公路桥梁抗风设计规范》采用 Kaimal 谱作为顺风向风谱[3]。

$$U(t) = \widetilde{U}(t)^* - u^*(t) \tag{1}$$

$$I_i = \sigma_i^* / \bar{U}_T^*, \quad i = u,v \tag{2}$$

$$G_u^*(t_g, T) = \max[U(t_g)/\widetilde{U}^*(t_g)]_t \tag{3}$$

$$L_i^* = [\widetilde{U}^* / (\sigma_i^*)^2] \int_0^\infty R_i^*(\tau)\mathrm{d}t, \quad i = u,v \tag{4}$$

式中，$\widetilde{U}(t)^*$ 为时变平均风速；$u^*(t)$ 为平稳脉动风速；σ_i^* 为非平稳脉动风速的均方差；$U(t_g)$ 为阵风持续期 t_g 阵风持续期内的均值；$R_i(\tau)$ 为非平稳脉动风速的自相关函数；为避免自相关函数较小时产生较大的误差，式（4）中的积分上限建议取 t_s，满足 $R_i^*(t_s) = 0.05(\sigma_i^*)^2$。

3 下击暴流与台风特性对比分析

为了研究下击暴流与台风之间的风场特性差异，本文选取 2019 年 4 月 9 日苏通大桥健康监测系统记录的一次下击暴流实测数据，以及 2018 年 8 月 17 日苏通大桥桥址区实测台风"温比亚"数据进行了对比分析。首先，采用基于离散小波变换法的自适应方法[4]提取两组风速样本的时变均值，进而获得脉动成分。在此基础上，考虑到下击暴流突发性，采用 200s 作为基本时距分别计算了下击暴流和台风数据的非平稳风特性，结果如图 1 所示。

* 基金项目：国家自然科学基金项目（51908125、51978155）；江苏省自然科学基金项目（BK20190359）。

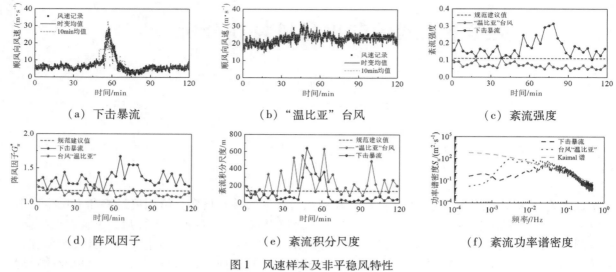

（a）下击暴流　　　　　　　（b）"温比亚"台风　　　　　　　（c）紊流强度

（d）阵风因子　　　　　　　（e）紊流积分尺度　　　　　　　（f）紊流功率谱密度

图 1　风速样本及非平稳风特性

由图 1 可知，下击暴流的时变平均风速具有突变性，且持时较短；在紊流强度方面，下击暴流的整体大于"温比亚"台风和规范建议值，说明下击暴流中的脉动成分多于台风中的脉动成分；在阵风因子方面，相比台风，下击暴流实测值更大，且超过规范建议值，表明下击暴流容易产生更大的瞬时极值风速；在紊流积分尺度方面，实测下击暴流在发生时间段内实测最大值与台风实测最大值相近，且都超过规范建议取值；在脉动风速的紊流功率谱密度方面，由于提取其时变趋势项时包含了更多的低频成分，导致下击暴流的脉动风速实测功率谱值在低频部分小于非平稳 Kaimal 谱以及台风脉动风速功率谱，在高频部分也都低于 Kaimal 谱，表明规范建议风谱模型在不能较好的描述上述两种特异风的非平稳脉动风特性。

4　结论

为深入研究下击暴流的非平稳风特性，本文基于实测风速数据，对比分析了下击暴流与台风风场特征参数之间的差异。结果表明：下击暴流中的时变平均风速突变更为明显；紊流强度对比结果表明其风速中脉动成分多于台风中的脉动成分；阵风因子对比结果表明相比台风，下击暴流容易产生更大的瞬时极值风速；此外，由于下击暴流持时较短，其紊流积分尺度仅在下击暴流持时区间内出现较大值；最后，紊流功率谱密度计算结果表明，现行规范中的推荐风谱模型还不能较好描述下击暴流以及台风等的脉动风频谱特性。

参考文献

［1］ HOLMES J D, OLIVER S E. An empirical model of a downburst［J］. Engineering Structures, 2000, 22（9）: 1167－1172.

［2］ ABD-ELAAL E-S, MILLS J E, MA X. Numerical simulation of downburst wind flow over real topography［J］. Journal of Wind Engineering and Industrial Aerodynamics, 2018, 172: 85－95.

［3］ 公路桥梁抗风设计规范（JTG/T 3360－01—2018）［S］. 北京：人民交通出版社, 2018.

［4］ TAO T, WANG H, WU T. Comparative Study of the Wind Characteristics of a Strong Wind Event Based on Stationary and Nonstationary Models［J］. Journal of Structural Engineering, 2017, 143（5）: 04016230.

稳态龙卷风下不同尺度低矮房屋的风压分布与风力系数*

王雨[1]，杨庆山[1,3]，田玉基[2,3]，李波[2,3]

（1. 重庆大学土木工程学院 重庆 400045；
2. 北京交通大学土木建筑工程学院 北京 100044；
3. 结构风工程与城市风环境北京市重点实验室 北京 100044）

1 引言

龙卷风是自然界中最强烈的风暴之一，已有灾后调查显示[1-2]，我国龙卷风多发生于城郊地区，此类地区低矮房屋众多且在龙卷风灾中受损严重。此外，现有研究大多以美国大尺度龙卷风为目标，未考虑包括我国龙卷风在内的小尺度龙卷风下建筑尺度对荷载的影响。因此，本文以我国小尺度龙卷风为研究背景，低矮房屋为研究对象，通过改变径向距离，深入分析稳态龙卷风下不同尺度低矮房屋的平均及脉动风压系数与风力系数的变化规律，并探讨其差异原因。

2 研究方法

2.1 试验设备

本文基于北京交通大学龙卷风模拟器（图1）生成稳态龙卷风。研究表明，当径向雷诺数足够产生湍流时，可忽略其影响，故本文未考虑。试验中设定高宽比 $a = 1.2$，涡流比 $S = 0.35$，故模拟所得为一典型单核龙卷风，其涡核半径为 60 mm。

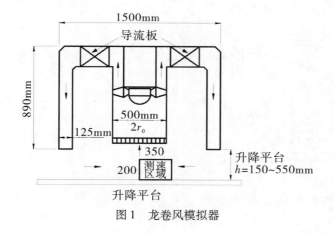

图 1 龙卷风模拟器

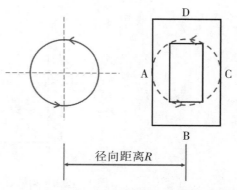

图 2 模型与龙卷风的相对尺寸与径向距离

表 1 试验工况

模型尺寸/mm	地面条件	相对径向距离 R/R_c	涡流比 S
小尺寸模型（120×60×20）	光滑	0, 0.33, 0.67, 1, 1.33, 1.67, 2, 2.33, 2.67, 3, 3.33, 4.17, 5, 5.83	0.35
大尺寸模型（240×120×40）			

* 基金项目：国家自然科学基金－重点国际（地区）合作研究项目（51720105005）。

2.2 测压模型

试验中选用具有相同边长比的两个不同尺度矩形平屋盖建筑模型作为研究对象，其中，大尺寸模型尺寸为240 mm×120 mm×40 mm，小尺寸模型尺寸为120 mm×60 mm×20 mm，几何缩尺比为1：400。模型与龙卷风的相对尺寸与径向位置如图2所示。本文的试验工况如表1所示。

3 不同尺度低矮房屋的荷载差异

3.1 平均风压分布

当龙卷风中心与模型重合时，大小尺寸模型的平均风压系数云图如图3所示。可以看出，大尺寸模型仅在屋面中心处存在高负压中心，而小尺寸模型在屋面形成了两个高负压中心。此外，据图4可知，当径向距离小于涡核半径时，小尺寸模型的屋面平均风压系数幅值远高于大尺寸模型，两者风压系数的差异在4倍涡核半径外基本消失。

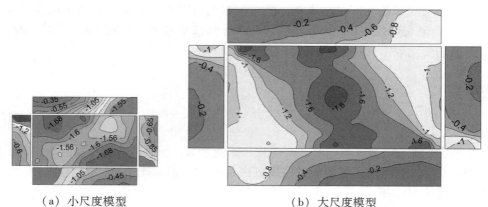

（a）小尺度模型　　　　　　　　　　（b）大尺度模型

图3 平均风压系数云图分布（$R/R_c = 0$）

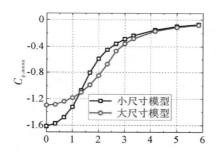

图4 屋面平均风压系数随径向距离的变化曲线

4 结论

小尺寸模型的存在将破坏龙卷风结构，使其由单胞涡转变为双胞涡，进而影响结构表面风压分布及幅值。此外，当径向距离超过4倍涡核半径时，模型尺度效应的影响基本消失。

参考文献

［1］YANG Q, GAO R, BAI F, et al. Damage to buildings and structures due to recent devastating wind hazards in East Asia ［J］. Natural Hazards, 2018, 92（3）: 1321 - 1353.

［2］TAO T, WANG H, YAO C, et al. Performance of structures and infrastructure facilities during an EF4 Tornado in Yancheng ［J］. Wind and Structures, 2018, 27: 137 - 147.

基于 CFD 技术的列车－桥梁系统龙卷风荷载分析[*]

郎天翼，王浩，张寒

（东南大学混凝土及预应力混凝土结构教育部重点实验室 南京 211189）

1 引言

龙卷风作为一种破坏力极强的小尺度空气涡旋，其作用范围小，预测难度大[1]。我国高速铁路运营总里程已超 3.5 万 km，其中桥梁占比高，且部分路段处在龙卷风多发地区，一旦遭受龙卷风袭击，将造成灾难性后果。然而，高速铁路运营一般考虑横风作用下的影响[2]，在特异风环境中，特别是龙卷风作用下服役性能尚不明确。因此，有必要开展列车－桥梁系统在龙卷风作用下气动特性的分析，为高铁抗龙卷风研究提供必要的理论基础。

2 龙卷风场及车－桥系统数值模型

龙卷风数值模型大多来源于试验装置，本文以德州理工大学的龙卷风试验装置 VorTECH[3] 为原型，建立相同尺寸的 CFD 数值模拟器，图 1 为龙卷风场数值模型。车－桥模型参照了 CRH2 型高速列车－桥梁系统横风试验[4]，车－桥的截面尺寸如图 2 所示。

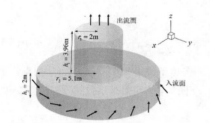

图 1　龙卷风场数值模型（单位：m）

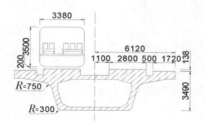

图 2　车－桥断面（单位：mm）

3 车－桥系统龙卷风气动特性分析

图 3 为龙卷风作用下车－桥系统的风场流线图，气流由外部向核心区域旋转上升。核心区域外部的气流在流经尾车后，沿着桥梁的纵向，迅速流向核心区域。由图 4 可进一步发现，车－桥系统附近的区域，中心负压区扩大，压力等值线沿着车－桥轮廓凸出。

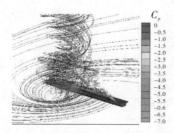

图 3　龙卷风作用于车－桥流线图

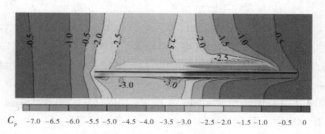

图 4　龙卷风场压力云图

[*] 基金项目：中国铁路总公司科技研究开发计划重大课题（2018T007）；中央高校基本科研业务费（2242020k1G013）；国家"万人计划"青年拔尖人才（W03070080）。

4 车－桥系统龙卷风荷载分析

列车静止时受到的龙卷风荷载是高铁抗龙卷风研究的重要基础，为此，考虑列车行进过程中的 6 个不同位置，设置单位距离为核心半径长度，统一以头车中心所达到的位置来表示任一时刻列车在桥上的位置，对列车受到的龙卷风荷载进行研究，如图 5 所示。

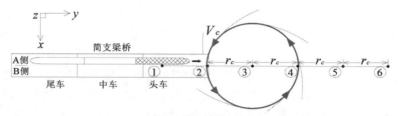

图 5　列车与龙卷风场相对位置示意图

由图 6、图 7 可知，当某节列车处在驶进或驶出涡核外侧的区域时，列车受到的侧力和倾侧力矩出现极值；当列车在涡核内部时，所受侧力和倾侧力矩较小。不同位置处三节车厢所受到的侧力，迎风侧均为不利位置，而列车所受最大倾侧力矩均发生在桥梁的背风侧，说明桥梁翼缘的分流作用，使列车所受倾侧力矩更大，更容易绕中心转动。

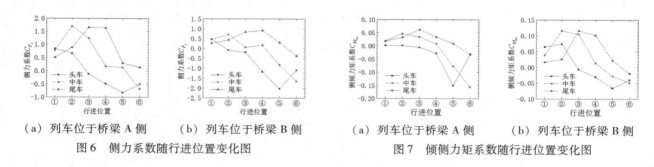

（a）列车位于桥梁 A 侧　　（b）列车位于桥梁 B 侧

图 6　侧力系数随行进位置变化图

（a）列车位于桥梁 A 侧　　（b）列车位于桥梁 B 侧

图 7　倾侧力矩系数随行进位置变化图

5　结论

本文基于计算流体动力学方法对列车－桥梁系统进行了龙卷风场的数值模拟，结果表明：龙卷风形成了负压风场，中心区域的压强最小，沿半径向外逐渐增大，由于车－桥系统的参与，龙卷风场的低压区扩大，压力等值线沿着车－桥外形外凸；列车表面受负压，迎风面的压强沿纵向增大，最大压强存在于远离中心区域的迎风面，最小压强存在于迎风面和顶部的转角处。龙卷风的切向速度在核心半径处达到最大，导致列车在该区域受到的侧力及倾侧力矩达到最大。列车受到的龙卷风荷载在桥梁迎风侧与背风侧存在明显区别，列车所受最大侧力发生在桥梁迎风侧，所受最大倾侧力矩发生在桥梁背风侧。

参考文献

［1］范雯杰，俞小鼎. 中国龙卷的时空分布特征［J］. 气象，2015，41（7）：793－805.

［2］李永乐，汪斌，徐幼麟，等. 侧风作用下静动态车－桥系统气动特性数值模拟研究［J］. 土木工程学报，2011，44（S1）：87－94.

［3］MAYER L J. Development of a large-scale simulator［D］. Texas：Texas Tech University，2009.

［4］HE X H，ZHOU Y F，WANG H F，et al. Aerodynamic characteristics of a trailing rail vehicles on viaduct based on still wind tunnel experiments［J］. Journal of Wind Engineering and Industrial Aerodynamics，2014，135：22－33.

下击暴流及其对高耸桅杆结构动力作用的实测分析 *

胡家锴[1]，刘慕广[1,2]，高瑞泉[3]，谢壮宁[1,4]，杨易[1,4]

(1. 华南理工大学土木与交通学院 广州 510641；

2. 广东省现代土木工程技术重点实验室 广州 510641；

3. 深圳市国家气候观象台 深圳 518040；

4. 亚热带建筑科学国家重点实验室 广州 510641)

1 引言

下击暴流持续时间短，发生的时间和地点都较为随机。下击暴流的风场特性，尤其是湍流强度、风谱等脉动特性有待进一步澄清。Solari 等[1] 和 Zhang 等[2] 分别根据风和港口项目的监测网络探测到的 93 个雷暴记录和地中海北部港口风力监测网络 277 个风速记录数据集，论述了下击暴流的湍流强度、功率谱密度及风速比等主要参数，指出平均湍流强度与湍流积分尺度几乎与地面高度和地形粗糙度的比值之间没有相关依赖性，在惯性子区范围内下击暴流功率谱几乎完全相似。Dominik 等[3] 基于德国北部架空输电线路安装的风速计和测力仪器，对雷暴下导线的实测响应进行了分析，并与有限元的时域结果进行了比较。Choi 等[4] 引入滑动平均对传统阵风响应因子方法预测结构响应进行了改进，提高了下击暴流下结构响应的预测精度。

本文基于深圳气象梯度塔的实测数据，对下击暴流的风场特性及其对结构的加速度响应进行了分析，为研究下击暴流的风场特性和深入理解下击暴流对高耸桅杆结构的响应规律提供了依据。

2 概况介绍

深圳市气象观测梯度塔位于深圳市宝安区铁岗石岩水库水源保护区内，距离珠江口约 10 km，是目前亚洲第一、世界第二高的桅杆结构气象观测梯度塔。其南吊杆上共安装了 13 个 WMT 703 超声波风速仪，北吊杆安装了四个 CSAT3 三维声波风速计，并在塔不同高度布置了 5 个加速度仪测量响。WMT703 风速仪以 0.1 Hz 的采样频率记录矢量风速 U 和方向 θ。CSAT3 三维声波风速计以 10 Hz 的采样频率记录三维正交风分量 $V_x(t)$、$V_y(t)$、$V_z(t)$，并同时记录温度。

3 实测数据分析

3.1 风剖面及 40m 高度处风速

图 1 和图 2 分别是实测下击暴流的风速时程及其对应几个不同时刻的风剖面。

3.2 气象塔动力参数识别

图 3 是加速度响应对应的频谱及利用随机子空间方法进行动力参数识别的模态稳定图。

* 基金项目：国家自然科学基金项目（51978285）；广东省现代土木工程技术重点实验室（2021B1212040003）。

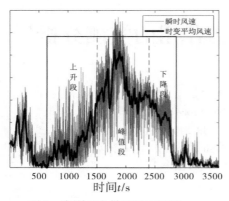

图1 实测下击暴流风速时程

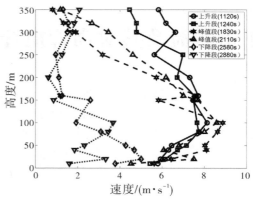

图2 风剖面

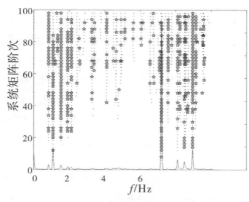

图3 加速度频谱及稳定图

4 结论

（1）下击暴流湍流度与平均风速之间呈负相关的关系，平均风增大会使湍流强度减小。

（2）随着时间推移，下击暴流高频湍流脉动部分的能量逐渐减小。在下击暴流峰值段顺风向脉动风功率谱和 Von Karman 谱基本吻合，但谱峰值比 Von Karman 谱大。

（3）气象塔在下击暴流作用下振动模态分布比较密集，塔身以一阶扭转模态为主，拉索振动主要集中在高频区域。

参考文献

［1］ SOLARI G, BURLANDO M, DE GAETANO P, et al. Characteristics of thunderstorms relevant to the wind loading of structures ［J］. Wind & Structures, 2015, 20（6）：763 - 791.

［2］ ZHANG S, SOLARI G, DE GAETANO P, et al. A refined analysis of thunderstorm outflow characteristics relevant to the wind loading of structures ［J］. Probabilistic Engineering Mechanics, 2017, 54（10）：9 - 24

［3］ STENGEL D, THIELE K. Measurements of downburst wind loading acting on an overhead transmission line inNorthern Germany ［J］. Procedia Engineering, 2017, 199：3152 - 3157.

［4］ CHOI E C, HIDAYAT F A. Dynamic response of structures to thunderstorm winds ［J］. Progress in Structural Engineering & Materials, 2010, 4（4）：408 - 416.

流线型箱梁龙卷风荷载作用的 LES 模拟[*]

秦宇辉[1]，操金鑫[1,2,3]，曹曙阳[1,2,3]

（1. 同济大学土木工程防灾国家重点实验室 上海 200092；

2. 土木工程防灾国家重点实验室 上海 200092；

3. 桥梁结构抗风技术交通运输行业重点实验室 上海 200092）

1 引言

近年来，我国江苏、广东等多地发生严重龙卷风灾害。据 1961—2010 年的 50 年间气象资料统计显示，我国龙卷风多发区，特别是 EF2 级以上强龙卷集中在江苏省，其次为同处沿海的上海、广东、海南等省市[1]。而我国多座重要跨江跨海大跨度桥梁工程主要集中在上述龙卷风多发的省份。因此，对于位于龙卷风多发区的大跨度桥梁，有必要开展龙卷风作用下大跨度桥梁的风荷载特性研究。Cao 等[2]利用同济大学龙卷风模拟器完成了桥梁断面龙卷风荷载特性的物理模拟研究，研究指出桥面风压系数和断面风力系数的分布与龙卷风涡核中心与桥面的相对位置以及涡流比等参数有关。该研究初步研究了龙卷风作用下桥梁断面的风荷载特性，但限于实验设备，未能完全揭示龙卷风荷载的作用机理。

为了明确桥梁断面龙卷风荷载的产生来源和作用机制，本文通过建立基于 LES 的龙卷风气流数值模拟器，再现了物理实验中龙卷风气流作用下流线型桥梁断面表面细观流场和气动力参数信息，以揭示龙卷风气流对桥梁断面风荷载作用的宏细观机理。

2 基于龙卷风数值模拟器的桥梁风荷载模拟方法

依据龙卷风物理模拟器（图 1b）气流产生原理，建立了"龙卷风 – 桥梁作用"数值模型（图 1a），采用结构化网格（图 1c），近壁面网格高度 0.167mm，网格总数 347 万。

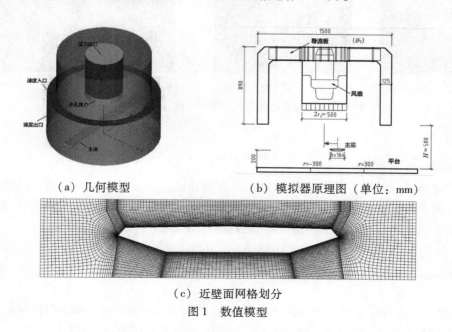

（a）几何模型　　　　　　（b）模拟器原理图（单位：mm）

（c）近壁面网格划分

图 1　数值模型

* 基金项目：国家自然科学基金项目（51878504）；土木工程防灾国家重点实验室自主课题项目（SLDRCE14 – B – 01）。

3 桥梁龙卷风荷载模拟与机理分析

3.1 风荷载结果与实验验证

图2对比了桥梁断面位于龙卷风模拟装置正下方时（$x/r_c = 0$）断面平均风压系数的数值和物理模拟结果。结果显示，受龙卷风旋转气流的作用，位于涡核半径位置处（$y/r_c = 1$）的断面左右两侧呈现出风压分布不均匀性。同时，数值模拟结果能够较好的再现物理实验结果并能捕捉到受测点限制物理实验无法覆盖到的角隅处的风压信息。

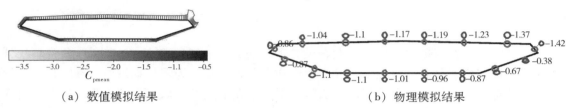

（a）数值模拟结果 （b）物理模拟结果

图2　桥梁断面平均风压系数分布（$y/r_c = 1$）

3.2 风荷载作用机理分析

在结果验证的基础上，通过分析数值模拟获得的流场、压力场等信息，开展了龙卷风对桥梁断面作用的机制分析。图3对比了无桥面（图3a）和有桥面（图3b）情况下流场气压降的分布情况。在相同龙卷风控制参数条件下，桥梁断面的存在显著改变了气压降的空间分布，说明桥梁断面对龙卷风气流产生了干扰作用。图3c显示了在桥梁断面存在时，桥面以下的涡量明显小于桥面以上的涡量。这一干扰作用显然将对桥梁断面的风荷载产生影响。

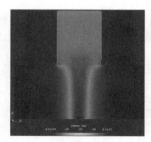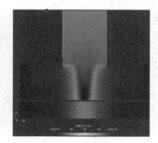

（a）无桥面干扰气压降 （b）有桥面干扰气压降 （c）涡量等值面（CURL（U）＝350）

图3　桥梁断面的存在对龙卷风气流的干扰（单位：Pa）

4 结论

本文通过建立"龙卷风－桥梁"数值模型，并辅以物理验证，研究了龙卷风作用下桥梁断面气动力特性和作用机理，分析了桥梁断面的存在对龙卷风气流的干扰效应。全文将全面研究龙卷风气压降、切向风速的气动作用和上述干扰效应对桥梁断面风荷载特性的影响。

参考文献

［1］FAN W J，YU X D. Characteristics of Spatial-Temporal Distribution of Tornadoes in China［J］. Meteorological Monthly，2015，41（7）：793－805.

［2］CAO J，REN S，CAO S，et al. Physical Simulations on Wind Loading Characteristics of Streamlined Bridge Decks under Tornado-like Vortices［J］. Journal of Wind Engineering and Industrial Aerodynamics，2019，189：56－70.

局地强风下高速列车运行安全性评估*

李若琦[1]，李波[1,2]，杨庆山[3]，田玉基[1,2]

(1. 北京交通大学 北京 100044；

2. 结构风工程与城市风工程北京市重点实验室 北京 100044；

3. 重庆大学 重庆 400045)

1 引言

局地强风突发性强、风速大且变化剧烈，主要表现为龙卷风和下击暴流。局地强风在具体地点出现的概率较低，但是由于分布范围广，铁路、输电线路等网络型基础设施遭遇下击暴流等局地强风袭击的可能性大大增加[1]。

几十年来，国内外学者对列车运行安全评估方面进行了广泛的研究，大都集中在列车在横风下运行时。Baker[2]和Tian[3]等通过分析大风环境下列车空气动力特性，建立了风环境下铁路安全行车研究方法。关于局地强风作用下列车的风荷载研究较少，Suzuki[4]等研究了列车穿过龙卷风时的气动力特性，Baker[5]等提出了根据龙卷风参数和车辆运行参数的特定统计分布来确定列车倾覆事故发生概率的方法。

2 研究方法

采用 ABS 材料制作高速列车中间车体的刚性测压模型（图 1），几何缩尺比为 1:75，共有 240 个测点。

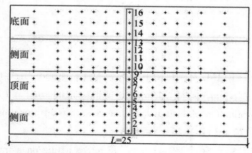

图1 列车车体实验模型及测点布置

本文利用物理模拟器，得到高速列车在稳态龙卷风与下击暴流作用下的气动力特征，并依据气动流场作用下的轮轨力得到列车的安全性指标，确定出列车安全运行的下击暴流及龙卷风临界风速。

3 内容

3.1 风洞试验结果

对高速列车模型进行了龙卷风及下击暴流下测压试验，得到列车表面风压系数分布。同时对模型表面风压积分并进行无量纲化处得风力系数。

3.2 安全性评估

将列车车体简化为刚体，通过平衡关系，将下击暴流及龙卷风作用下列车受到的风力、力矩以及列

* 基金项目：国家自然科学基金资助项目（51878041、51720105005）；高等学校学科创新引智计划资助（B13002）。

车自身重力换算到列车车轮上，可以得到局地强风作用下，轮对的横向力与垂向力。通过气动流场作用下的轮轨力，给出局地强风作用下列车的轮对横向力、轮重减载率、倾覆系数、轮轨垂向力与脱轨系数等安全性指标，确定列车在风场中的最不利位置。在此基础上，叠加列车车速引起的安全性指标，给出不同车速下列车运行安全的局地强风临界风速（图2）。

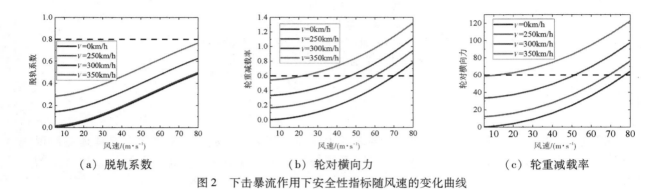

（a）脱轨系数　　　　　　　　（b）轮对横向力　　　　　　　　（c）轮重减载率

图2　下击暴流作用下安全性指标随风速的变化曲线

4　结论

本文对两种局地强风龙卷风及下击暴流作用下高速列车的运行安全性进行了评估，给出了列车安全运行的局地强风临界风速，为增强我国铁路线网应对局地强风的灾害抵抗能力提供科学依据。主要结论如下：

列车距龙卷风及下击暴流中心不同相对位置时，所受风荷载作用机制明显不同；横向力、脱轨系数、轮重减载率等列车运行安全性指标均随径向距离的增大先增大后减小；列车运行安全性指标随风速、车速的增大而增大，列车安全运行的局地强风临界风速值随车速的增大而急剧减小，其中，当车速为350 km/h时，列车发生脱轨倾覆对应的龙卷风临界风速为11.06 m/s，对应的下击暴流临界风速11.51 m/s。

参考文献

［1］TAMURA Y. Wind induced damage to buildings and disaster risk reduction［C］. Proceedings of the APCWE-VII, Taipei, Taiwan. 2009.

［2］DORIGATTI F, STERLING M, BAKER C J, et al. Crosswind effects on the stability of a model passenger train—A comparison of static and moving experiments［J］. Journal of Wind Engineering and Industrial Aerodynamics, 2015, 138：36-51.

［3］TIAN H Q. Determination of load balance ranges for train operation safety under strong wind［J］. Journal of Central South University, 2015, 22（3）：1146-1154.

［4］SUZUKI M, OKURA N. Study of aerodynamic forces acting on a train using a tornado simulator［J］. Mechanical Engineering Letters, 2016, 2：16-00505.

［5］BAKER C J, STERLING M. The calculation of train stability in tornado winds［J］. Journal of Wind Engineering and Industrial Aerodynamics, 2018, 176：158-165.

我国龙卷风数据库的初步构建与应用[*]

张翼[1]，方根深[1,2]，葛耀君[1,2]

（1. 同济大学土木工程防灾国家重点实验室 上海 200092；

2. 同济大学桥梁结构抗风技术交通行业重点实验室 上海 200092）

1 引言

龙卷风是一类形成于强雷暴天气系统中的局地强风，具有尺度小、风速极高、破坏力强、持续时间短等特点，严重威胁人民生命财产和工程结构的安全。我国具有复杂的海陆气相互作用，强对流天气频发，每年有记录的龙卷风达几十次，且会发生 EF4 级别的龙卷风，构建我国龙卷风数据库对指导工程防灾减灾极为重要。基于有限的观测和报道，本文尝试构建包含时间、地理位置、强度等信息的我国龙卷风数据库。

2 龙卷风数据库

2.1 数据来源

主要数据来源为中国气象局主编的 2004—2018 年《中国气象灾害年鉴》[1]，该年鉴记录了每年发生在中国大陆的龙卷风时间、地点和灾情等信息。本数据库提取了所有记录在案的龙卷风文字描述信息，并结合网络报道和其他辅助资料，初步构建我国龙卷风数据库。

2.2 频度与强度判定

基于《中国气象灾害年鉴》按县（市、区）次记录的龙卷风次数信息，本数据库依据龙卷风的发生地并结合各县级区域的相邻关系估计龙卷风的发生次数。龙卷风强度则基于气象灾害年鉴的灾情描述结合部分网络报道信息采用 EF scale 指示物准则进行判定。

2.3 数据库基本内容

本龙卷风数据库总共包含 2004—2018 年发生在中国大陆的六百余次龙卷风，具体信息涵盖龙卷风产生的时间、地理位置、EF 强度、部分龙卷风的长度和宽度以及少部分龙卷风的起点和终点等。龙卷风的产生时间精确到天，地理位置具体到县（市、区）级行政区及乡镇等。

3 龙卷风时空分布

3.1 时间分布

2004—2018 年间各强度龙卷风年际与月际分布如图 1a、图 1b 所示，可以看出龙卷风发生次数大致呈逐年递减态势，并有明显的季节特征，夏季即 6—8 月龙卷风发生频次最高且 7 月发生的 EF2 及以上级别龙卷风数量明显高于其他月份。2004—2018 年间龙卷风的年发生频次累积概率分布如图 1c 所示。使用负二项分布拟合该概率分布，拟合结果通过了 95% 置信水平 $K-S$ 拟合度检验，p 值为 0.67，由此采用 Monte Carlo 模拟得到了 50 组 2004—2018 年间龙卷风年发生频次累积概率分布。

* 基金项目：国家自然科学基金项目（51978527、51778495）；上海市浦江人才计划资助（20PJ1413600）。

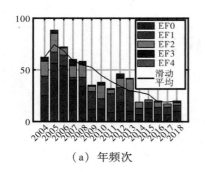
（a）年频次

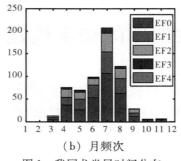
（b）月频次

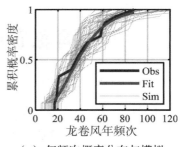
（c）年频次概率分布与模拟

图 1　我国龙卷风时间分布

3.2　空间分布

基于建立的龙卷风数据库，采用地理编码方法得到了 2004—2018 年所记录龙卷风的地理分布情况。由此采用高斯核密度估计方法得到了龙卷风发生地理空间位置的经验概率密度分布，并采用 Monte Carlo 方法模拟了 30 年龙卷风的地理分布情况。

4　结论

基于《中国气象灾害年鉴》，对 2004—2018 年发生在中国大陆的龙卷风进行信息提取及强度评估，初步构建了我国龙卷风数据库，并分析获得我国龙卷风的时空分布特征，主要结论如下：

（1）2004—2018 年我国龙卷风发生次数大致呈逐年递减态势，并有明显的季节特征，6—8 月龙卷风发生频次最高且 7 月发生的 EF2 及以上龙卷风数量明显高于其他月份，龙卷风年频次可采用负二项分布拟合并模拟。

（2）我国龙卷风发生地主要集中在东部和南部地区，江苏省与广东省龙卷风发生频次远高于其他省份，采用高斯核密度估计方法可以较好地模拟龙卷风的空间分布。

参考文献

[1] 中国气象局. 中国气象灾害年鉴［M］.北京：气象出版社，2019.

基于指示牌破坏的龙卷风风速推定

辛佳宸[1,3]，操金鑫[1,2]，曹曙阳[1,2]

（1. 同济大学土木工程学院桥梁工程系 上海 200092；

2. 同济大学土木工程防灾国家重点实验室 上海 200092；

3. 伊利诺伊大学香槟分校工程学院土木与环境工程系 美国 61801）

1 引言

过去几十年中，龙卷风造成了严重的结构破坏和人员伤亡，激发了人们对基于龙卷风影响的结构设计的研究，而准确推定龙卷风近地表风速是这项研究的基础。迄今为止已有数种推定龙卷风近地表风速的方法，Lombardo[1]将其总结为遥感、雷达，现场测量，EF 级别（EnhancedFujita Scale）方法（包括原始 Fujita 级别方法）和树木倒伏模型等。其中遥感方法和高分辨率移动雷达风速测量在气象领域应用较多；通过现场观测推定龙卷风风速的方法在实际中非常难实现；EF 级别方法通过结构的损坏程度来推定风速，是目前美国等国家应用较多的评定龙卷风强度的方法，但其也存在结构依赖性的缺点，对于大片农田区域并不适用。因此，树木倒伏方法近年来引起广泛关注，该方法利用树木和其他参照物的破坏状态（具有不同的破坏模型）来描述龙卷风的特征，参照物可为树木、农作物、街道指示牌等。

本文以美国伊利诺伊州某地形开阔、有大量树木植被以及指示牌做参考的区域为研究对象，应用指示牌破坏方法，结合现场调研，推定 Naplate 龙卷风临界风速，并采用树木倒伏方法流程建立龙卷风近地表风场，验证了该方法作为准确的龙卷风风速推定方法的可行性。

2 研究方法

指示牌破坏方法采用与树木倒伏方法相同的分析过程，Rhee[2]将其分析过程总结为图 1。即为通过雷达观测与现场调研获取参照物数据，分析数据、计算龙卷风临界风速、平移风速，推定涡流参数和涡流模型，模拟树木倒伏模型，得到破坏带宽度、破坏率、平均破坏方向等结果与实际观测的树木倒伏模型结果对比，得到最佳匹配参数之后建立龙卷风近地表风场。本文通过计算临界风速，带入此流程判断指示牌破坏方法是否也可作为有效方法使用。

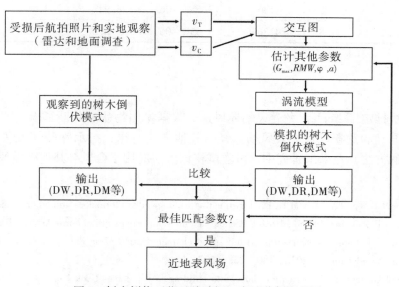

图 1　树木倒伏（指示牌破坏）方法分析流程图

2.1 数据获取

现场调研开展于龙卷风发生地美国伊利诺伊州 Naplate 村，以龙卷风过境途中 39 个街道指示牌为参照物。通过五次现场调研，记录指示牌位置坐标与形状、尺寸数据，并记录龙卷风过境后指示牌破坏状态及倾覆方向。部分数据汇总见表 1，以便后续分析使用。

表 1 现场调研数据汇总（部分）

指示牌	高度/ft	竖杆宽/in	八边形边长/in	长方形长/in	长方形宽/in	经度	纬度
1	7	3.125	30	—	—	−88.88	41.33
2	7.25	3.25	—	24	18	−88.88	41.33

注：1ft = 0.3098 米；1 in = 2.54 厘米。

2.2 临界风速计算

依据 Boughton[3] 提出的公式推导得到龙卷风临界风速计算公式。本文采用的参照物非参考文献中标准化的指示牌，因此选取指示牌中心点、计算面积时都要进行一定的变换，针对双牌面的指示牌还需进行假设和估算，为保证最终结果的可靠性，估算时采用偏保守的假设。

$$V_{cr} = \sqrt{f_y \cdot S_y \Big/ \Big[\Big(\frac{1}{2}\rho C_{F,n} A \Big) \cdot l \Big]} \tag{1}$$

式中，V_{cr} 为龙卷风临界风速；f_y 为钢竖杆弹性模量；S_y 为静力矩；ρ 为空气密度；$C_{F,n}$ 为力系数；A 为指示牌面积；l 为指示牌高度。根据 ASCE 规范，力系数由间隙比、纵横比决定。

3 结果与讨论

最终临界风速计算部分结果如表 2 所示。通过指示牌破坏状态可进一步判断所求风速为上限或下限临界风速。若指示牌倾覆或变形视为破坏，所求风速为下限风速；若指示牌未倾覆或变形，所求风速为上限风速。将临界风速作为基本输入，最终可建立龙卷风近地表风场。由于指示牌灾前更新过且风速计算趋于保守，指示牌强度受误差因素影响小，结果较为可靠。

表 2 临界风速（部分）

指示牌	A/m²	ρ/(kg·m⁻³)	$C_{F,n}$	f_y/(kN·m⁻²)	S_y/m³	V_{cr}/(m·s⁻¹)	方向/(°)	状态	上下限
1	0.481	1.2	1.8	413665	3.65E−06	36.929	316	破坏	下限
2	0.279	1.2	1.8	413665	3.65E−06	47.672	194	未破坏	上限

4 结论

应用指示牌破坏方法推定了 Naplate 龙卷风临界风速，根据参照物状态判断了上、下限临界风速，该结果可以应用于建立较准确的龙卷风近地表风场。经与其他方法对比，指示牌破坏方法是一种较准确的推定龙卷风近地表风速的方法。在未来研究中，可尝试将该方法应用于台风等其他极端风风速推定。

参考文献

[1] LOMBARDO F T, BROWN T M, LEVITAN M L, et al. Estimating wind speeds in tornadoes and other windstorms: Development of an ASCE standard [C]. Proceedings of the 14th Intl. Conference on Wind Engineering. Porto Alegre, Brazil, 2015: 21 − 26.

[2] RHEE D M, LOMBARDO F T. Improved near-surface wind speed characterization using damage patterns [J]. Journal of Wind Engineering and Industrial Aerodynamics, 2018, 180: 288 − 297.

[3] BOUGHTON G N. Tropical Cyclone Yasi: structural damage to buildings [R]. James Cook University, 2012.

龙卷风风场下高层建筑结构荷载特性研究 *

金镇江[1]，操金鑫[1,2,3]，曹曙阳[1,2,3]
（1. 同济大学土木工程学院桥梁工程系 上海 200092；
2. 土木工程防灾国家重点实验室 上海 200092；
3. 桥梁结构抗风技术交通运输行业重点实验室 上海 200092）

1 引言

根据近些年气象灾害资料统计，1961—2010 年我国共记录到 EF2 级以上龙卷风达到 165 次，给人民生命财产造成不可估量的损失[1]，也使得这一极端风灾气候及其机理研究成为结构抗风研究的重点与热点。但目前国内外风荷载规范仍以台风或者冷锋作为结构抗风设计的主导风气候，而无法考虑龙卷风等极端风气候的作用。相对于常规风作用的高层建筑风荷载特性，目前针对高层建筑龙卷风荷载特性的研究还很少[2-4]。

本研究利用同济大学龙卷风模拟装置开展模拟龙卷风作用下高层建筑结构风荷载刚体模型测压实验，通过改变龙卷风气流的涡流比、龙卷风中心与结构的距离、结构方位角等参数，研究了结构在龙卷风气流作用下的表面风压分布特征、层间风力系数的空间分布特征以及整体风力系数等局部和整体风荷载参数，以及上述参数对风荷载特性的影响规律。

2 实验简介

实验中，设定模拟器转速为 1500 转，收束层高度固定为 $H = 500$ mm。通过调节模拟器上方导流板角度（$\theta_v = 20°$ 和 $50°$）实现两种涡流比（$S_r = 0.09$ 和 0.30，分别对应涡核半径 $r = 75$ mm 和 97 mm）的龙卷风气流模拟。此外，还考虑了 4 种结构方位角（$\alpha = 0° \sim 45°$）和不同龙卷风中心与结构间距离（$d = -204 \sim 204$ mm）的影响。实验设置示意图以及龙卷风中心与结构的距离、结构方位角和建筑各表面的定义如图 1 所示。为适用大部分高层建筑基本特征，实验模型选用几何缩尺比为 1:500、宽高比 1:5 的矩形截面高层建筑刚体测压模型，模型尺寸 48 mm（宽）×48 mm（长）×240 mm（高），模型表面共布置 256 个测压点。风荷载数据采样时长 30 s，采样频率 300 Hz。

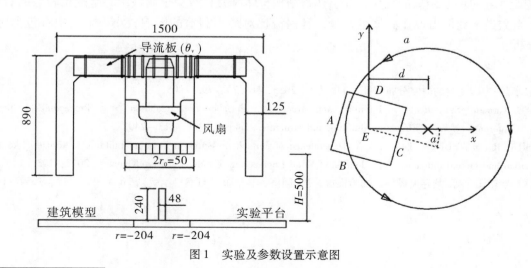

图 1 实验及参数设置示意图

* 基金项目：国家自然科学基金项目（51878504）；土木工程防灾国家重点实验室自主课题项目（SLDRCE14 – B – 01）。

3 结果与讨论

3.1 表面风压分布

图 2 为涡流比 $S_r = 0.09$、结构方位角 $\alpha = 0°$、结构距离涡核中心 $d = 0.81$ 倍涡核半径处时，建筑结构表面平均风压系数分布图。所有面上平均风压系数均为负值。受龙卷风气流底部切向风速大的影响，在 A、B、C 面上，平均风压系数的绝对值都呈现上小下大的特征，且底部风压系数变化更为剧烈，这与常规风作用下的风压系数分布截然不同。平均风压系数最不利值往往出现在建筑底部的角隅处。在全文中，将进一步分析极值风压系数的结果。

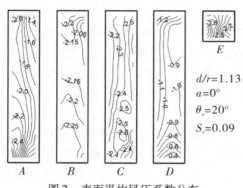

图 2 表面平均风压系数分布

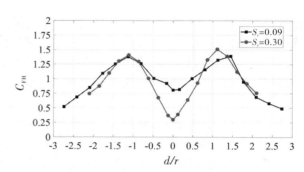

图 3 整体水平风力系数随 d/r 的变化

3.2 整体风力系数

图 3 为 0°方位角、不同涡流比下结构整体水平风力系数随龙卷风中心与建筑间距的变化情况。不同涡流比下，结构整体风力系数均关于中心轴高度对称。两种涡流比下风力系数最不利值均位于涡核半径处，且大小相近。在涡核中心处，高涡流比下的整体风力系数更小。

4 结论

（1）龙卷风风场下高层建筑平均风压系数分布情况与常规风作用下存在显著的不同，最不利值往往发生于背风面底部角隅，且其分布受建筑边界效应影响显著，变化较为剧烈。

（2）随着距龙卷风中心距离的变化，高层建筑结构整体风力系数关于涡核中心呈现出较好的对称性。结构整体风力系数最不利值出现在涡核半径处，且涡流比对最不利值的影响较小。全文中将包含对层间风力系数的分析。

参考文献

［1］范雯杰，俞小鼎.中国龙卷的时空分布特征［J］.气象，2015，41（7）：793-805.

［2］CHANG C C. Tornado wind effects on buildings and structures with laboratory simulation［C］. Proceedings of the Third International Conference on Wind Effects on Building and Structures. Tokyo，1971，213-240.

［3］SABAREESH G R，MATSUI M，TAMURA Y. Dependence of surface pressures on a cubic building in tornado like flow on building location and ground roughness［J］. Journal of Wind Engineering & Industrial Aerodynamics，2012：103.

［4］王锦，周强，曹曙阳，等.龙卷风风场的试验模拟［J］.同济大学学报（自然科学版），2014，42（11）：1654-1659.

十、风洞及其试验技术

强风环境中下行式移动模架风洞试验研究*

郭宇[1]，梁斯宇[1]，左文华[1]，董锐[1,2]，翁祥颖[3]

（1. 福州大学土木工程学院 福州 350108；

2. 福建省土木建筑学会 福州 350001；

3. 福建工程学院土木工程学院 福州 350118）

1 引言

移动模架造桥机作为公路和铁路桥梁建设中的一种常用高处作业施工设备，随着移动模架工作高度和跨越长度不断增长，结构的风敏感性逐渐增强，其在强风环境中的抗风安全性问题日益突出。施工中使用的移动模架（movable scaffolding system，MSS）是一种自带模板可在桥跨间自行移位，用于支撑和浇筑混凝土梁体的大型制梁支撑体系。移动模架施工法具有不影响桥下交通、梁体浇筑质量高、省工省料、建造速度快、作业安全等优点[1]，因其安全、经济、高效，受到越来越多施工部门的青睐。目前对移动模架的研究更多地集中于设计理论、加工制造、维护再利用、空间受力与裂缝控制、安全性、经济性等方面，对于移动模架抗风性能的专题研究相对较少，为明确强风环境中移动模架不同状态时的安全性能。本文以东南沿海地区某高架桥施工采用的具有代表性的 MSS50 下行式移动模架为研究对象，通过风洞试验对其在强风环境中的抗风性能进行了系统研究，为移动模架在强风环境中使用的安全性提供理论依据。

2 气弹模型风洞试验

2.1 试验设计

试验在上海理工大学环境与建筑学院大气边界层风洞中完成，该风洞为直流吸气式大气边界层风洞，风洞总长 33 m，试验段尺寸为 2.5 m（宽）×1.8 m（高）×18.0 m（长），风速范围为 1～20 m/s 连续可调。图 1 为下行式移动模架结构示意图。试验模型几何缩尺比取 1:32，模型所用材料为容重约1.3 g/cm³、弹性模量 2500～3000 MPa 的光敏树脂，采用的测量设备为 Panasonic HG－C1100 激光位移计，图 2 为测点位置对应示意图。试验主要依据《铁路移动模架制梁施工技术指南》[2]和《公路桥梁抗风设计规范》[3]进行。

图 1 下行式移动模架结构示意图

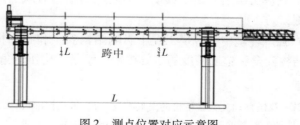

图 2 测点位置对应示意图

* 基金项目：福建省科协服务"三创"优秀学会建设项目（闽科协学〔2019〕8 号）。

2.2 试验结果

通过 MSS50 下行式移动模架气弹模型风洞试验可获得结构在不同流场（均匀流场和紊流场）、不同工况（合模工况和开模工况）、不同风偏角（−15°、0°和15°）的位移响应幅值−风速变化曲线，如图3、图4所示（限于篇幅，仅给出15%紊流场位移响应幅值−风速变化曲线）。试验结果表明：当风力等级较小时，风振响应幅值增长缓慢；当风力等级达到一定等级之后，风振响应幅值才会出现较大的增长趋势。

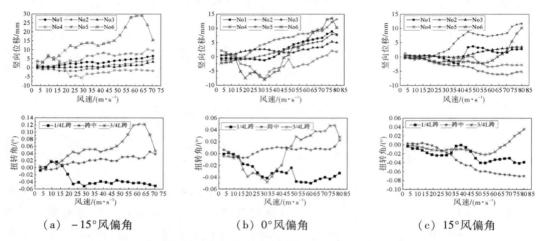

（a）−15°风偏角　　　（b）0°风偏角　　　（c）15°风偏角

图3　15%紊流场移动模架位移响应幅值−风速变化曲线（合模工况）

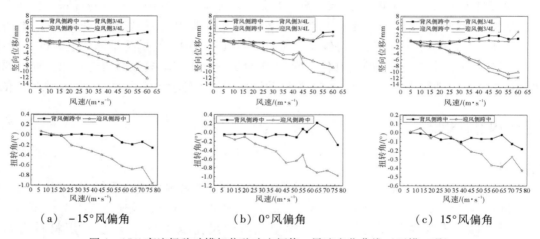

（a）−15°风偏角　　　（b）0°风偏角　　　（c）15°风偏角

图4　15%紊流场移动模架位移响应幅值−风速变化曲线（开模工况）

3　结论

（1）开模工况下，由于移动模架迎风侧结构对风的阻挡效应，移动模架背风侧的位移响应幅值远小于迎风侧；

（2）强风环境中，合模工况下影响结构安全和施工精度的主要控制因素是结构竖向位移，开模工况下影响结构安全和施工精度的主要控制因素是结构扭转角。

参考文献

［1］刘家锋. 我国移动支架造桥机的发展综述［J］. 铁道标准设计，2002（2）：11−15.

［2］铁路移动模架制梁施工技术指南（TZ 323—2010）［S］. 北京：中国铁道出版社，2010.

［3］公路桥梁抗风设计规范（JTG/T 3360−01—2018）［S］. 北京：人民交通出版社，2018.

稳定板对带式输送机边主梁斜拉桥涡振性能影响机理的研究 *

颜虎斌，李春光，韩艳，周旭辉，梁爱鸿

（长沙理工大学土木工程学院 长沙 410114）

1 引言

涡激振动是大跨度桥梁中一种常见的风致振动现象，日本 Trans-Tokyo Bay 桥、中国西堠门大桥[1]都曾观测到明显的竖弯涡振，2020 年中国的虎门大桥及鹦鹉洲长江大桥也出现过大幅涡振现象。目前，针对具体的主梁截面类型已经基本能找到合适的气动措施来抑制风致振动，但因为对流固耦合振动认识的局限性，尚不能对涡振及抑振机理给出定量、清晰的解释[2]。

以往的研究多数针对箱型截面梁探究各种气动措施对涡振性能的影响，对边主梁涡振机理的研究多是通过主梁简化二维模型的 CFD 数值模拟开展[3]，少有学者采用表面测压风洞试验来探究稳定板对边主梁涡振的抑振机理，尤其当边主梁斜拉桥作为特殊的管道输送通道，桥面有输送装置干扰时，稳定板对其涡振性能影响的研究鲜有报道。

2 抑振效果及机理研究

2.1 试验布置

本文依托的工程背景为某跨河带式输送机廊道边主梁斜拉桥，全桥总长 486m，跨径布置为（44 + 64 + 270 + 64 + 44）m，主梁为高 1.5m 的钝体边主梁，桥面上布置了双向带式输送机。

为研究稳定板对边主梁涡振抑制的机理，本文在节段模型跨向中部布置一圈测压孔测量断面各位置的脉动压力，根据模型的外形和仪器测试通道的限制，沿断面共布置 62 个测压孔，测点布置如图 1 所示。

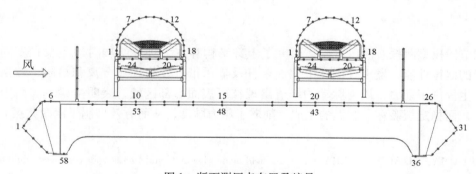

图 1 断面测压点布置及编号

2.2 试验工况及试验结果

边主梁断面极易发生涡激共振现象，带有大钝体输送机的原设计断面竖弯涡振明显。基于已有研究成果，梁底下稳定板对边主梁涡振性能具有较好的控制效果，选择 1～3 道下稳定板进行试验，试验工况布置见表 1。试验表明，在稳定板作用下，主梁气动性能明显改善，涡振响应随着稳定板数目增加逐渐降低，涡振风速区间未发生明显改变。

---

* 基金项目：湖南省自然科学基金项目（2020JJ14607）；国家自然科学基金资助项目（51978087、51822803）。

表 1　气动措施工况布置

工况	状态	布置位置	高度
1	原设计断面	—	—
2	1 道稳定板断面	梁底中央	
3	2 道稳定板断面	梁底两边 1/4 处	1.5 m
4	3 道稳定板断面	梁底中央及两边 1/4 处	

在主梁风致振动中，压力系数均值提供涡激共振偏离初始平衡位置静位移的静力部分，而动荷载由压力脉动部分提供。脉动压力均方差能反映模型表面各测点压力脉动的强弱，图 2 为不同工况下主梁表面压力系数均方差的对比。工况 1 原断面的主梁上表面上游风嘴拐角处、上表面前部和下游风嘴处出现较强烈脉动，稳定板对下表面后部脉动的抑制效果突出，对于工况 4 增设 3 道下稳定板能完全抑制主梁涡振响应，上下表面压力脉动基本消失，表明稳定板能抑制梁底旋涡的生成和脱落，此对抑制边主梁桥涡振提供了重要影响区域。

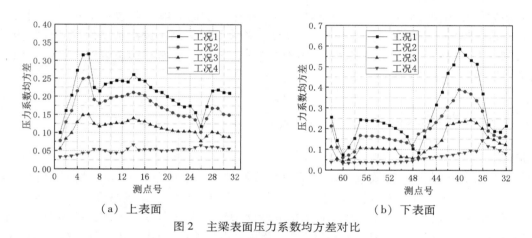

（a）上表面　　　　　　　　　　（b）下表面

图 2　主梁表面压力系数均方差对比

3　结论

本文通过主梁节段模型测振、测压试验，研究了上部结构存在大钝体结构时边主梁在不同数目梁底稳定板作用下主梁的涡振性能，发现气流在上表面栏杆及输送带处发生强烈分离和再附，较强的压力脉动对涡激共振的发生提供了动力，压力脉动的峰值出现在下表面后部区域，表明主梁下表面中后部是发生涡振的关键位置，而稳定板破坏了漩涡的生成，削弱了压力脉动，从而有效抑制了涡激共振。

参考文献

[1] HUI LI, SHUJIN LAIMA, QIANGQIANG ZHANG, et al. Field monitoring and validation of vortex-induced vibrations of a long-span suspension bridge [J]. Journal of Wind Engineering & Industrial Aerodynamics, 2014, 124.

[2] 葛耀君, 赵林, 许坤. 大跨桥梁主梁涡激振动研究进展与思考 [J]. 中国公路学报, 2019, 32 (10)：1-18.

[3] 程怡, 周锐, 杨詠昕, 等. 中央稳定板对分体箱梁桥梁的涡振控制 [J]. 同济大学学报（自然科学版）, 2019, 47 (5)：617-626.

弹簧悬挂测振系统扭转刚度位移依赖特性*

王品卿，许福友，杨晶

（大连理工大学土木工程学院 大连 116024）

1 引言

桥梁主梁节段模型自由振动风洞试验是被广泛应用于研究桥梁抗风性能的方法。传统的弹簧悬挂装置适用于小振幅试验，当发生大扭转位移时，会引入明显的几何刚度非线性，系统扭转刚度随扭转位移的增大而降低。因此，该装置不适合开展桥梁大扭转振幅振动试验[1]。相关学者通过试验[2-3]研究了该系统在不同扭转角度条件下的扭转频率或扭转刚度，缺少相关理论分析。本文在一些近似假定条件下，采用理论分析手段，研究桥梁主梁刚性节段模型弹簧悬挂系统在相关参数（弹簧长度、弹簧初应变、弹簧刚度、弹簧横向吊点间距和竖向位移）较大范围内组合取值时，系统扭转刚度随扭转位移的变化特性。

2 理论模型简化与基本假定

①系统仅发生竖向和扭转位移，设定为 2 自由度系统；②连接在扭转中心的足够长的钢丝绳约束侧向位移，忽略钢丝绳对系统刚度的影响；③上弹簧下吊点和下弹簧上吊点重合，即忽略吊臂厚度；④四根上弹簧长度、初应变、刚度等参数完全相同，四根下弹簧参数也完全相同；⑤在任何条件下，所有弹簧始终处于拉伸状态，且弹簧刚度始终保持不变；⑥以静平衡位置作为参考初值，进行受力分析，且假定弹簧质量为 0。

3 系统扭转刚度位移依赖特性理论公式与参数分析

扭转切线刚度折减率 R_α 的表达式为：

$$R_\alpha = 1 - \frac{\mathrm{d}\varphi_\alpha}{\mathrm{d}\alpha} = 1 - \varphi'_\alpha \tag{1}$$

$$
\begin{aligned}
\varphi_\alpha = \sin\alpha + \\
\frac{c_k c_{l_1}}{2(c_k+1)(1+\varepsilon_1)}\left[\frac{(c_{l_1}-\alpha c_h)\cos\alpha - \sin\alpha}{\sqrt{(c_{l_1}-\alpha c_h-\sin\alpha)^2+(1-\cos\alpha)^2}} - \frac{(c_{l_1}-\alpha c_h)\cos\alpha + \sin\alpha}{\sqrt{(c_{l_1}-\alpha c_h+\sin\alpha)^2+(1-\cos\alpha)^2}}\right] + \\
\frac{c_{l_2}}{2(c_k+1)(1+\varepsilon_2)}\left[\frac{(c_{l_2}+\alpha c_h)\cos\alpha - \sin\alpha}{\sqrt{(c_{l_2}+\alpha c_h-\sin\alpha)^2+(1-\cos\alpha)^2}} - \frac{(c_{l_2}+\alpha c_h)\cos\alpha + \sin\alpha}{\sqrt{(c_{l_2}+\alpha c_h+\sin\alpha)^2+(1-\cos\alpha)^2}}\right]
\end{aligned} \tag{2}
$$

式中，自变量 α 表示扭转位移，α 上限取 20°，下限取 0°；c_k 表示上下弹簧轴向拉伸刚度比，c_k 上限取 10，下限取 1；c_{l_1} 和 c_{l_2} 分别表示在静平衡位置处上下弹簧长度与吊点到扭转中心距离 r 的比值，c_{l_1} 和 c_{l_2} 上限取 5，下限取 1，模拟无限长弹簧时取 100；ε_1 和 ε_2 分别表示上下弹簧初应变，ε_1 和 ε_2 上限取 1，下限取 0.2；$c_h = h/(dr)$，其中 h 表示竖向位移，考虑 C_h ±0.1、±0.2。由于直接求解 φ'_α 的解析表达式非常困难，本文采用差分近似替代微分，差分步长需足够小。经过步长无关性验证，本文取 $\Delta\alpha = 0.001°$（运算时单位为 rad）。

本文从 R_α 对参数的单调性和敏感性两方面进行参数分析，研究在纯转位移条件下 c_{l_1}、c_{l_2}、ε_1、ε_2 和

* 基金项目：国家自然科学基金项目（51978130）。

c_k 对 R_α 的影响，如图1、图2、图4和图5所示。将纯扭位移下 R_α 的极值工况作为弯扭耦合位移下的基准工况，研究在弯扭耦合位移条件下 c_{l_1} 和 c_k 对 R_α 的影响，如图3和图6所示。六个无量纲参数共组合形成45个典型工况，详见全文。

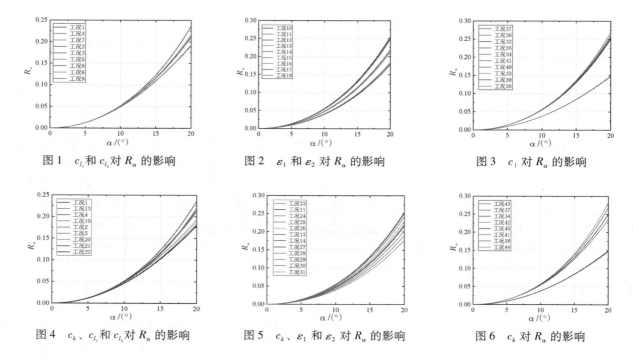

图1　c_{l_1} 和 c_{l_2} 对 R_α 的影响　　　图2　ε_1 和 ε_2 对 R_α 的影响　　　图3　c_l 对 R_α 的影响

图4　c_k、c_{l_1} 和 c_{l_2} 对 R_α 的影响　　　图5　c_k、ε_1 和 ε_2 对 R_α 的影响　　　图6　c_k 对 R_α 的影响

4　结论

（1）系统扭转刚度随 α 的增大而非线性降低，α 是影响系统扭转刚度的最主要因素，在本文参数组合范围内，$0.0095 < R_{5°} < 0.0135$，$0.0376 < R_{10°} < 0.0576$，$0.1468 < R_{20°} < 0.2831$。

（2）R_α 随 c_{l_1}、c_{l_2}、ε_1、ε_2 增大而减小，随 c_h 增大而增大，R_α 对 c_k 的单调性与上述参数有关。ε_1 对 R_α 的影响最为显著，c_{l_1} 和 c_{l_2} 次之，ε_2 和 c_h 对 R_α 的影响相对较小。

（3）R_α 对 c_{l_1}、c_{l_2}、ε_1、ε_2 和 c_h 的敏感程度与 c_k 有关，且 R_α 对 c_{l_1} 和 c_{l_2} 的敏感程度与 c_{l_1} 和 c_{l_2} 相比于1的大小有关。不能通过大幅增加弹簧长度来消除扭转位移对扭转刚度折减的影响。本文研究结果对非线性气动力和软颤振研究有很好的参考价值和指导意义。

参考文献

［1］XU F Y, YANG J, ZHANG Z B, et al. Investigations on large-amplitude vibrations of rigid models using a novel testing device ［J］. Journal of Bridge Engineering, 2021, 26（5）: 6021002.

［2］GAO G Z, ZHU L D. Nonlinearity of mechanical damping and stiffness of a spring-suspended sectional model system for wind tunnel tests ［J］. Journal of Sound and Vibration, 2015, 355: 369－391.

［3］TANG Y, HUA X G, CHEN Z Q, et al. Experimental investigation of flutter characteristics of shallowⅡ section at post-critical regime ［J］. Journal of Fluids and Structures, 2019, 88: 275－291.

强风环境中塔式起重机测力风洞试验*

林锦华[1]，陈亚钊[1]，董锐[1,2]，刘俊[3]

（1. 福州大学土木工程学院 福州 350108；

2. 福建省土木建筑学会 福州 350001；

3. 上海理工大学环境与建筑学院 上海 200093）

1 引言

塔式起重机作为一类特殊的高耸结构，一般采用格构式断面，具有整机重心高、塔身细长的特点，在强风（本文指风力等级达到六级及以上）作用下容易产生较大的响应，对施工人员和结构自身安全造成威胁。本文以平潭岛为例，在调研的基础上选取两款典型塔机作为研究对象，采用 3D 打印技术设计制作了塔机刚体节段模型，并分别进行了塔机标准节段、臂架和整机在不同风场和风向角时的测力风洞试验，获得塔机不同情况时的气动力系数，并将风洞试验测结果与规范取值进行比较分析，得到了一些有意义的结论[1-3]。

2 塔式起重机测力风洞试验

2.1 试验设计

（1）试验概述。在试验过程中，缩尺模型通过托盘、螺丝及热熔胶等辅助工具被固定在高频测力天平上方，模型与天平形成一个统一的受力体系。当风洞中的风荷载作用到模型上（图 1），荷载传递到基底使得测力天平内部的高精度硅材质应变片产生变形，应变片的变形使得电阻值发生相应的变化并将变形以电信号形式输入数据采集系统，最终输出模型所受到的风荷载数据。

（2）模型设计。综合考虑现场风洞的场地大小、阻塞比以及模型刚度等要求，确定整机模型和臂架模型的缩尺比为 1:50、标准节段模型缩尺比为 1:10。

（3）试验工况。对于标准节模型和臂架模型，试验的流场条件设置为均匀流场，试验风场风速取 6 m/s 和 8 m/s；对于整机模型，考虑均匀流场的同时，试验的流场额外考虑 A、B 两类规范风场，由于整机模型刚度相对较低，试验风速仅取 6 m/s。测力天平的采样频率为 500 Hz，每组工况取 90 s 的数据样本。

（4）数据采集系统。高频测力天平、信号处理系统、A/D 板和计算机终端。

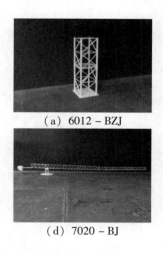
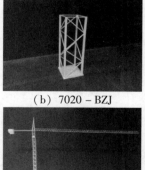
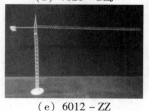
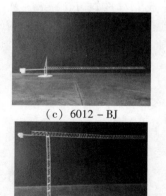

| (a) 6012 – BZJ | (b) 7020 – BZJ | (c) 6012 – BJ |
| (d) 7020 – BJ | (e) 6012 – ZZ | (f) 7020 – ZZ |

图 1　测力试验模型实体图

* 基金项目：福建省科协服务"三创"优秀学会建设项目（闽科协学〔2019〕8 号）。

2.2 试验结果

体型系数是指结构表面受到的实际风压与理论来流风压的比值，反映了结构体型的差异对于结构表面实际风压大小和分布的影响。作为一个无量纲的比值，将体型系数与理论风压、结构迎风面积相乘可以求得相应的实际风荷载。基底气动力系数（图2）包括阻力系数 C_D、升力系数 C_L 和扭矩系数 C_M。在本次风洞试验中，由试验所测得的阻力系数 C_D 对应的是塔式起重机的体型系数。

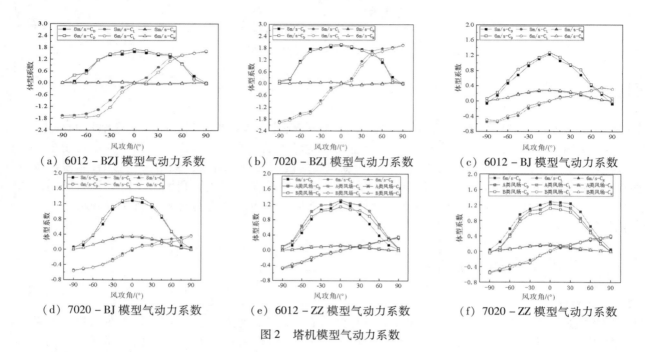

（a）6012–BZJ 模型气动力系数　　（b）7020–BZJ 模型气动力系数　　（c）6012–BJ 模型气动力系数

（d）7020–BJ 模型气动力系数　　（e）6012–ZZ 模型气动力系数　　（f）7020–ZZ 模型气动力系数

图2　塔机模型气动力系数

3　结论

对于规范取值，塔身标准节由带圆倒角的方形钢管构成，在规范的取值中视为直边角钢结构，因此风洞试验得到的体型系数值均小于规范取值，风洞试验得到的体型系数均值分别与规范均值相差 25.7% 和 18.8%；对于臂架体型系数，风洞试验结果与依据规范取值加权得到的结果相接近，均值间的差异分别在 6.7% 和 2.9%。

参考文献

[1] 孙瑛，武岳.建筑实验风洞指南 [M].北京：中国建筑工业出版社，2011.

[2] 禹慧.复杂高耸风洞试验及风振响应研究 [D].上海：同济大学，2007.

[3] 钟文坤.格构式高耸结构风荷载参数识别与风振响应分析 [D].广州：广州大学，2018

气弹模型芯梁截面扭转常数计算方法*

郁凯[1]，张志田[2]，汪志雄[1]，王震[3]

（1. 湖南大学土木工程学院风工程试验研究中心 长沙 410082；

2. 海南大学土木建筑工程学院 海口 570228；3. 天津大学建筑工程学院 天津 300072）

1 引言

大跨桥梁气弹模型试验是评估桥梁抗风稳定性必不可少的方法之一，能够较为真实地反映实桥实际风振响应。由于气弹模型缩尺比小，模型设计复杂，气弹模型制作精度和周期成为决定试验成败的关键。气弹模型基本采用芯梁加外衣的组合方式，芯梁提供所需刚度，外衣模拟气动外形。加劲梁处芯梁一般采用通长槽型截面双主梁形式，桥塔芯梁采用矩形截面形式，而目前传统上只是用试凑方法来满足芯梁多个目标刚度设计要求，其效率和精度不高。

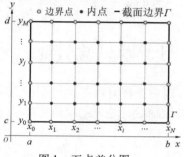

图 1 五点差分图

文中针对槽型截面提出利用广义差分法来计算截面扭转常数，并结合遗传算法实现四个截面控制参数在不同设计范围内寻找最优设计截面；针对桥塔矩形截面则使用五点差分法（图 1）结合遗传算法实现多截面寻找对应的最优设计截面方法。根据算法所得参数设计并制作了芯梁模型。通过试验所得频率与实际桥塔换算后频率对比，验证此方法的适用性。

2 差分法计算扭转常数基本理论

2.1 截面扭转常数理论

利用弹性力学普朗特应力函数法[1]，对于图 2 所示的双主梁槽型截面以及矩形截面扭转问题，可得到包含应力函数 φ 的第一类狄利克雷边值问题的二维泊松方程和边界条件为

$$\begin{cases} \nabla^2\varphi = -2, & \text{在区域 } \Omega \text{ 内} \\ \varphi|_\Gamma = 0, & \Gamma \text{ 为区域 } \Omega \text{ 的边界} \end{cases} \quad (1)$$

单连通区域应力函数 φ 应为零。并推得区域扭矩 M 和扭转常数 D 为

$$D = 2\iint_\Omega \varphi \, \mathrm{d}x\mathrm{d}y \quad (2)$$

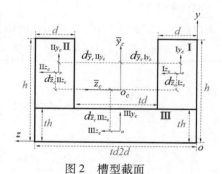

图 2 槽型截面

2.2 广义差分法计算加劲梁处截面扭转常数

广义差分法是李荣华等[2]于 20 世纪 70 年代末期提出来的，该方法借鉴有限元三角网划分给定的定义域如图 3、图 4、图 5 所示，应用格林公式将区域积分插值法改写成广义 Galerkin 法形式，并在各结点依次建立相应的差分方程，最后计算求解并给出力学解释。

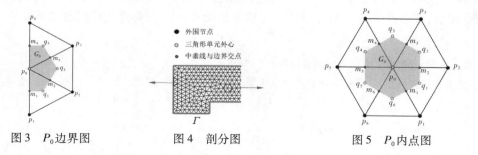

图 3 P_0 边界图 　图 4 剖分图 　图 5 P_0 内点图

* 基金项目：国家自然科学基金项目（51938012、51578233、52068020）。

2.3 五点差分法计算桥塔芯梁截面扭转常数

所谓差分格式，是用几个相邻数值点的差商来代替方程中偏导数的计算方法，如图 1 所示，适合矩形截面扭转常数的计算。先定义 $u_{ij} = u(x_i, y_j)$ 并在内结点考虑泊松问题：

$$\frac{\partial^2 \varphi(x_i, y_j)}{\partial x^2} + \frac{\partial^2 \varphi(x_i, y_j)}{\partial y^2} = -f(x_i, y_j), \quad 1 \leq i \leq N-1, \quad 1 \leq j \leq M-1 \tag{3}$$

由泰勒公式，并定义向量 $\boldsymbol{u}_j = (u_{1j}, u_{2j}, \cdots, u_{N-1,j})^\mathrm{T}$，$0 \leq j \leq M$，有：

$$\frac{\partial^2 u(x_i, y_j)}{\partial x^2} = \frac{1}{h_1^2}[u(x_{i-1}, y_j) - 2u(x_i, y_j) + u(x_{i+1}, y_j)] - \frac{h_1^2}{12}\frac{\partial^4 u(\xi_{ij}, y_j)}{\partial x^4}, \quad x_{i-1} < \xi_{ij} < x_{i+1}$$

$$\frac{\partial^2 u(x_i, y_j)}{\partial y^2} = \frac{1}{h_2^2}[u(x_i, y_{j-1}) - 2u(x_i, y_j) + u(x_i, y_{j+1})] - \frac{h_2^2}{12}\frac{\partial^4 u(x_i, \eta_{ij})}{\partial y^4}, \quad y_{j-1} < \eta_{ij} < y_{j+1} \tag{4}$$

$$-\frac{1}{h_2^2}u_{i,j-1} - \frac{1}{h_1^2}u_{i-1,j} + 2\left(\frac{1}{h_1^2} + \frac{1}{h_2^2}\right)u_{i,j} - \frac{1}{h_1^2}u_{i+1,j} - \frac{1}{h_2^2}u_{i,j+1} = f(x_i, y_j), \quad 1 \leq i \leq N-1, 1 \leq j \leq M-1 \tag{5}$$

3 计算及试验验证

通过遗传算法寻找槽型截面芯梁结果参数见表 1 所示；桥塔芯梁试验如图 6 所示，施加顺桥向弯曲和扭转激励后，处理结果见表 2 所示。数据结果表明，设计精度满足试验要求。

表 1 遗传算法搜寻芯梁截面惯性矩

	芯梁目标值/mm⁴	收敛值/mm⁴	误差/%	对应参数/mm	h	4
竖向抗弯惯性矩	79.05	79.344	0.3719		d	2.6146
侧向抗弯惯性矩	4518.74	4518.70	0.0885		th	3.0929
扭转常数	241.44	241.42	0.0083		td	19.5727

图 6 桥塔芯梁模型试验图

表 2 计算及试验结果误差汇总

桥塔	振型	桥塔芯梁频率/Hz	实测/Hz	误差/%
一阶	竖弯	11.551	11.42	1.13
一阶	扭转	36.66	36.69	0.08

4 结论

基于弹性力学应力函数方程和差分方法，结合遗传算法优化设计思想，可以将芯梁截面精准高效的设计出来，通过试验也验证了此方法的精准度，可以满足试验需求，为全桥气弹模型芯梁设计提供参考。

参考文献

[1] 徐芝纶.弹性力学（上册）[M].北京：人民教育出版社，1979.
[2] 李荣华，广义差分法及其应用 [J].吉林大学自然科学学报，1995，1：14－22

五孔探针列阵对风速风向剖面测试效果的风洞试验研究 [*]

贺斌[1]，全涌[1]，顾明[1]，马文勇[2]
（1. 同济大学土木工程防灾国家重点实验室 上海 200092；
2. 石家庄铁道大学风工程研究中心 石家庄 050043）

1 引言

在传统风洞试验中，一般会采用皮托管、热线等设备来观测风速，而不关心风向的变化。目前用于测量模拟风场的风速风向的仪器设备较少，研究者们主要采用眼镜蛇三维脉动风速测量仪（Cobra Probe）等多孔探头仪。Guzman 等人[1]通过 CFD 模拟探讨了在不同气流条件下眼镜蛇探头周围的气流情况。Díaz 等人[2]分析了三种三孔探头（圆柱形、梯形和眼镜蛇型探头）对于风向角度测量的敏感性。Tse 等人[3]和 Liu 等人[4]通过采用三维数控导线系统控制单个眼镜蛇探头移动到不同高度的测点位置，来测量风向角度剖面。但这一系统不能同步测量多点的风速风向信息，无法获得相关性信息，试验效率较低。

为了更高效地测量风洞中模拟风场的风速风向信息，石家庄铁道大学风工程研究中心设计开发了五孔探针风速风向仪。本试验将 20 根五孔探针风速风向仪组成一个列阵（下文称"五孔探针列阵"）用于测量风洞中模拟风场的风速风向。本文主要针对这一设备的性能进行实验分析，以考查其在风洞试验中的适用性与可行性。

2 五孔探针实验原理

与只能观测正对的来流风速的普通皮托管不同，五孔探针风速风向仪不仅有总压孔（5 号孔）和周静压缝（6 号孔）用于测量来流风速，还存在另外四个孔（1～4 号孔）用于测量气流的仰角和偏角。其示意图如图 1 所示。

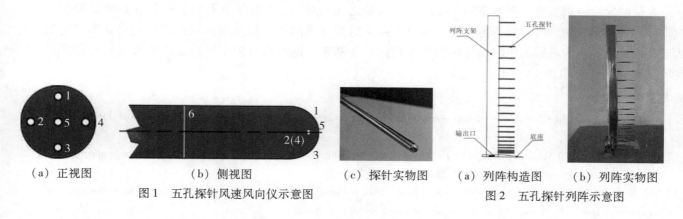

（a）正视图　　　（b）侧视图　　　（c）探针实物图　　　（a）列阵构造图　　　（b）列阵实物图

图 1　五孔探针风速风向仪示意图　　　　图 2　五孔探针列阵示意图

五孔探针风速风向仪能测量相对于探针轴线约 ±25° 以内的气流方向及速度[5]。为了实现同步测量多点的风速风向信息，本试验使用 20 根五孔探针风速风向仪，按自下而上、由密到疏的布置原则，布置在 1.2 m 高度范围内，组成了一个五孔探针列阵，其示意图如图 2 所示。

* 基金项目：国家自然科学基金面上项目（51778493）。

3 风洞试验设置与结论分析

本次试验在同济大学土木工程防灾国家重点实验室的 TJ–1 和 TJ–2 大气边界层风洞中进行。在空风场中对五孔探针列阵进行标定试验，通过调整五孔探针列阵在空风场中的角度，来确定压力系数和气流偏角之间的关系。同时，为了验证标定后的五孔探针列阵对风速风向信息测量的精度和准确性，分别使用本课题组设计的普通皮托管列阵和眼镜蛇三维脉动风速测量仪（TFI series 100）进行了对比实验。

进行标定实验时，将五孔探针列阵放置于风速为 15 m/s 的空风场中，保持列阵水平，固定俯仰角 α 为 0°，逐一改变偏航角 β 后进行测量。通过最小二乘法对标定试验数据进行拟合，得到各个探针的校正系数和拟合函数，4 号五孔探针的拟合函数与实验数据的对比见图 3。通过标定试验确定压力系数和偏角参数之间的函数关系，就可以通过测得的五个孔压力得到相应的偏角信息。

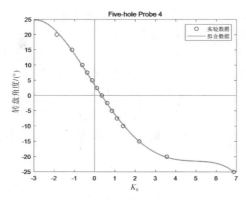
图 3　4 号五孔探针偏航角压力系数拟合曲线图

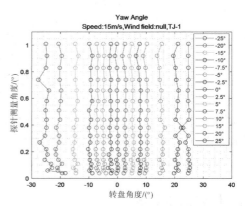
图 4　偏航角随转盘转动曲线图

图 4 所示是 TJ–1 风洞空风场、风速为 15 m/s 时五孔探针列阵测得的水平偏航角随转盘角度的变化曲线图。可以看出在测量范围内，同一转盘角度下五孔探针列阵测得的数据基本呈一条竖直线，与转盘角度有一一对应的关系，验证了五孔探针列阵在风洞试验中多点同步测量风速风向的可行性。

本试验通过标定试验、多种不同工况的验证试验之间的对比，验证了五孔探针列阵在风洞试验中多点同步测量风速风向具有较强的可行性，可以更高效地测量风洞中模拟风场的风速风向信息。本文研究的五孔探针列阵将为后续的风向偏转模拟实验提供设备基础，同时也可为未来行业内将要进行的相关风向风速实验提供参考。

参考文献

［1］ MMD G, FLETCHER C, BEHNIA M. Gas particle flows about a Cobra probe with purging ［J］. Computers & Fluids, 1995, 24（2）：121–134.

［2］ KMA D, ORO J, EB MARIGORTA, et al. Head geometry effects on pneumatic three-hole pressure probes for wide angular range ［J］. Flow Measurement & Instrumentation, 2010, 21（3）：330–339.

［3］ TSE K T, WEERASURIYA A U, KWOK K. Simulation of twisted wind flows in a boundary layer wind tunnel for pedestrian-level wind tunnel tests ［J］. Journal of Wind Engineering and Industrial Aerodynamics, 2016.

［4］ LIU Z, ZHENG C, WU Y, et al. Wind tunnel simulation of wind flows with the characteristics of thousand-meter high ABL ［J］. Building and Environment, 2019, 152（APR.）：74–86.

［5］ 戴昌晖. 流体流动测量 ［M］. 北京：航空工业出版社，1992.

基于计算机视觉与深度学习的风洞试验结构动态位移测量方法[*]

李先哲，黄铭枫，张柏岩

（浙江大学建筑工程学院结构工程研究所 杭州 310058）

1 引言

在气动弹性模型风洞试验中测量结构的风致位移时，激光位移计、加速度计等传统位移测量方法容易受到风的影响或对模型产生附加质量影响[1]。基于计算机视觉的结构位移测量方法相比于传统的位移测量方法，具有非接触、高精度等优势[2]，在风洞试验中具有广泛的应用前景。本文提出了一种基于计算机视觉与深度学习的风洞试验结构位移测量方法，通过摇摆电机的周期振动试验，以激光位移计的测量结果为基准，对所提出方法在不同标志物样式、大小、角度方位下的测量精度进行了研究。

2 基本理论

基于计算机视觉的位移测量方法一般包括相机标定、目标追踪、三维坐标重建三个步骤。本文方法主要采用了张正友相机标定法[3]和基于卷积神经元网络（CNN）和角点检测法的目标追踪方法。如图 1 所示，在目标追踪过程中，首先通过 YOLOv4 网络[4]对标志物进行识别与定位，然后利用 Shi-Tomasi 算法[5]进行目标点的精确追踪，最后利用相机标定参数获取目标点的位移数据。

3 不同因素对测量精度的影响

3.1 标志物样式与旋转的影响

根据 Shi-Tomasi 算法原理，本文设计了 4 种自定义标志物。如图 2 所示，不同标志物的角点处分别具有 2、4、6、8 个边缘。如图 3 所示，试验中相机固定在距测量目标约 2 米处，同时布置了激光位移计同步进行位移的测量。图 4 为标志物旋转角和倾斜角的定义，图 5 为本文方法与激光位移计测得的位移时程曲线对比。不同标志物样式与旋转角度变化下的测量误差如图 6 所示，测量误差定义为位移时程曲线前五个极大值和极小值的误差平均值。相比于其他标志物，2 条边缘的标志物无法达到追踪要求，总体而言 6 条边缘和 8 条边缘的标志物具有较高的测量精度，测量误差基本小于 0.07 mm。

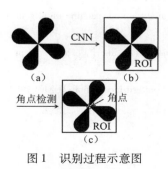

图 1 识别过程示意图

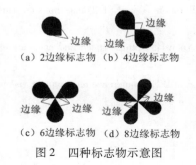

图 2 四种标志物示意图

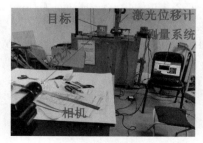

图 3 试验现场布置图

* 基金项目：国家自然科学基金项目（51838012）。

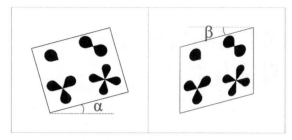

图 4　标志物旋转角 α 和倾斜角 β 定义

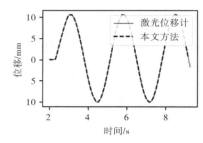

图 5　位移时程曲线

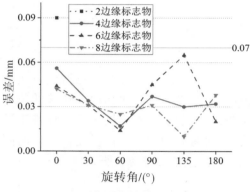

图 6　标志物旋转的影响

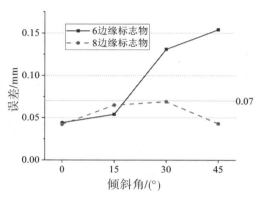

图 7　标志物倾斜的影响

3.2　标志物倾斜的影响

选用具有 6 条边缘和 8 条边缘的标志物探究标志物倾斜时的测量误差，得到结果如图 7 所示。可以看到在小倾角内，6 条边缘和 8 条边缘的标志物均保持小于 0.07 mm 的误差，当倾角达到30°以上，6 条边缘的标志物测量误差随倾角的增加而显著增大，8 条边缘的标志物依然保持小于 0.07 mm 的误差。

4　结论

本文提出了一种基于计算机视觉与深度学习的风洞试验结构动态位移测量方法，并研究了其在不同标志物样式、旋转角和倾角下的测量精度。试验结果表明，所提出方法在选用 8 条边缘的标志物时，在标志物的不同旋转、倾斜角度下均具有较高的测量精度，误差小于 0.07 mm，能够满足风洞试验中结构动态位移测量的需求。

参考文献

[1] HUANG M, ZHANG B, LOU W. A computer vision-based vibration measurement method for wind tunnel tests of high-rise buildings [J]. Journal of Wind Engineering and Industrial Aerodynamics, 2018, 182：222 – 234.

[2] 叶肖伟, 董传智. 基于计算机视觉的结构位移监测综述 [J]. 中国公路学报, 2019, 32 (11)：21 – 39.

[3] ZHANG Z. A flexible new technique for camera calibration [J]. IEEE Transactions on pattern analysis and machine intelligence, 2000, 22 (11)：1330 – 1334.

[4] BOCHKOVSKIY A, WANG C Y, LIAO H Y M. Yolov4：Optimal speed and accuracy of object detection [J]. arXiv preprint arXiv: 2004. 10934, 2020.

[5] SHI J. Good features totrack [C]. 1994 Proceedings of IEEE conference on computer vision and pattern recognition. IEEE, 1994：593 – 600.

十一、计算风工程方法与应用

基于解耦波数频率谱的风场高效模拟方法*

杨雄骏，雷鹰

（厦门大学建筑与土木工程学院 厦门 361000）

1 引言

随机脉动风场的模拟方法主要分为线性滤波方法、谱表示方法（SRM）和其他方法如小波[1]。然而，SRM 中涉及的 Cholesky 分解是相当耗时的。为了避免低效的 Cholesky 分解，Benowitz 将一维空间中的脉动风场视为随时间和空间变化的二维随机波，推导了基于波数－频率联合谱的谱表达式[2]。基于波数频率谱的风场模拟通常采用快速傅立叶变换（FFT）技术，然而现有文献往往直接在频域和波数域中进行效率低下的多维 FFT。本文提出了一种新的波数－频率联合谱分解算法。对于一维风场，采用本征正交分解（POD）技术对波数－频率联合谱进行解耦，并将双索引随机相位角分解为两个独立的随机相位角。然后，可以用 1D FFT 代替先前的 2D FFT。在此基础上，将该分解算法推广到二维风场，可以避免复杂的 3D FFT。通过对一维和二维风场的数值模拟，与已有的基于多维 FFT 的模拟方法进行了比较，验证了该方法的准确性和高效性。

2 波数频率谱和相位角的解耦

基于波数频率谱 $S^{(W-F)}(\kappa, \omega)$ 可以采用如下谱表达式获得样本

$$u(x,t) = 2 \sum_{m=1}^{N_\kappa} \sum_{l=1}^{N_\omega} \sqrt{S^{(W-F)}(\kappa_m, \omega_l) \Delta\kappa\Delta\omega} \left[\cos(\kappa_m x + \omega_l t + \varphi_{lm}^{(1)}) + \cos(\kappa_m x - \omega_l t + \varphi_{lm}^{(2)}) \right] \quad (1)$$

式中，N_κ 和 N_ω 分别表示波数和频率离散点数，$\kappa_m = m\Delta\kappa$，$\omega_l = l\Delta\omega$，$\Delta\kappa = \dfrac{\kappa_{up}}{N_\kappa}$，$\Delta\omega = \dfrac{\omega_{up}}{N_\omega}$；$\kappa_{up}$ 和 ω_{up} 分别表示波数域和频域的截止上限。$\varphi_{lm}^{(r)}(r = 1,2)$ 是表示均匀分布的双索引随机相位角。

2.1 波数频率谱的解耦

为减少 FFT 执行次数，本文引入 POD 对波数频率谱进行解耦。将波数频率谱解耦后的式子代入谱表示式

$$u(x,t) = 2 \sum_{m=1}^{N_\kappa} \sum_{l=1}^{N_\omega} \left(\sum_{p=1}^{N_p} a_p(\omega_l) \varphi_p(\kappa_m) \right) \sqrt{\Delta\kappa\Delta\omega} \cdot \left(\cos(\kappa_m x + \omega_l t + \varphi_{lm}^{(1)}) + \cos(\kappa_m x - \omega_l t + \varphi_{lm}^{(2)}) \right)$$

$$= 2 \sqrt{\Delta\kappa\Delta\omega} \sum_{p=1}^{N_p} \sum_{m=1}^{N_\kappa} \sum_{l=1}^{N_\omega} a_p(\omega_l) \varphi_p(\kappa_m) \cdot \left(\cos(\kappa_m x + \omega_l t + \varphi_{lm}^{(1)}) + \cos(\kappa_m x + \omega_l t + \varphi_{lm}^{(1)}) \right)$$

$$= 2 \sqrt{\Delta\kappa\Delta\omega} \sum_{p=1}^{N_p} \gamma_p(x,t) \quad (2)$$

* 基金项目：国家重点研发计划项目（2017YFC0803300）。

2.2 随机相位角的解耦

值得注意是，式（2）中的 $\varphi_{lm}^{(r)}$ 同样需要解耦才能将转化成两个独立的部分。通过证明，可以得出 $\exp(i(\varphi_l^{(r)} + \varphi_m^{(r)}))$ 与 $\exp(i\varphi_{lm}^{(r)})$ 服从同一分布。将式（2）中的 $\exp(i\varphi_{lm}^{(r)})$ 替换得出下式，由此，FFT 的执行次数由之前的 $2 \times (2N_\kappa + 2N_\omega)$ 降为 $N_p \times 4$。

$$
\begin{aligned}
\gamma_p(x,t) &= Re\Big[\sum_{m=1}^{N_\kappa} \sum_{l=1}^{N_\omega} a_p(\omega_l)\varphi_p(\kappa_m)(\exp(i\kappa_m x)\exp(i\omega_l t)\exp(i(\varphi_l^{(1)} + \varphi_m^{(1)})) + \\
&\qquad \exp(i\kappa_m x)\exp(-i\omega_l t)\exp(i(\varphi_l^{(2)} + \varphi_m^{(2)}))) \Big] \\
&= Re\Big[\big(\sum_{m=1}^{N_\kappa} \varphi_p(\kappa_m)\exp(i\kappa_m x)\exp(i\varphi_m^{(1)}) \big) \cdot \big(\sum_{l=1}^{N_\omega} a_p(\omega_l)\exp(i\omega_l t)\exp(i\varphi_l^{(1)}) \big) + \\
&\qquad \big(\sum_{m=1}^{N_\kappa} \varphi_p(\kappa_m)\exp(i\kappa_m x)\exp(i\varphi_m^{(2)}) \big) \cdot \big(\sum_{l=1}^{N_\omega} a_p(\omega_l)\exp(-i\omega_l t)\exp(i\varphi_l^{(2)}) \big) \Big]
\end{aligned} \tag{3}
$$

3 数值算例

本节进行输电塔一维风场模拟，输电塔一共两跨，各跨为 750 m。模拟点间距 1 m 进行布置，总共模拟 1500 个点，忽略各点高差。图 1 为不同方法精度与耗时对比，可见所提方法效率明显提升。

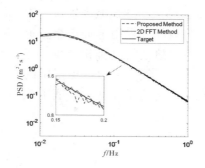 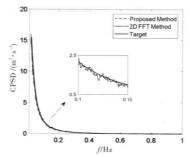 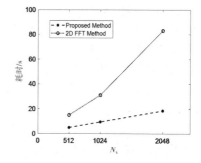

图 1　所提方法精度与耗时对比

4 结论

利用波数－频率联合谱模拟风场，避免了传统 SRM 中费时的 Cholesky 分解。然而，波数－频率联合谱涉及的多维 FFT 效率低下。本文提出了波数－频率联合谱分解和多索引随机相位角分解的新方法，可以将复杂的多维 FFT 转化为简单的一维 FFT，大大提高了模拟效率。通过对一维风场和二维风场的模拟，分别与现有的多维 FFT 方法进行了比较，验证了所提方法的准确性和高效性。此外，该方法还可以进一步推广到三维风场的有效模拟中。

参考文献

［1］ TOGBENOU K, LI Y L, CHEN N, et al. An efficient simulation method for vertically distributed stochastic wind velocity field based on approximate piecewise wind spectrum ［J］. Journal of Wind Engineering and Industrial Aerodynamics, 2016, 151, 48 – 59.

［2］ BENOWITZ B A, DEODATIS G. Simulation of wind velocities on long span structures: A novel stochastic wave based model ［J］. Journal of Wind Engineering and Industrial Aerodynamics, 2015, 147, 154 – 163.

局部开槽对超高层建筑风荷载效应影响的大涡模拟研究 *

张之远，杨易，罗凯文

（华南理工大学亚热带建筑科学国家重点实验室 广州 510641）

1 引言

研究表明，某些矩形截面的超高层建筑横风向风致响应可能会超过结构顺风向响应。采取诸如圆角、切角、开槽、开洞等局部气动措施，可在一定程度上减小结构的风致响应[1]。本文以高宽比为 6:1 的方形截面超高层建筑模型为基础，设计了 7 种局部开槽气动措施，采用课题组提出的 LES NSRFG 方法[2]进行大涡模拟研究；并将模拟得到的风压系数分布、基底弯矩和顶部位移响应进行对比分析，以评价局部开槽气动措施在优化超高层建筑风荷载效应方面的有效性。

2 模型及研究工况

设计了上、中、下不同部位角区或周向局部开槽共 7 种工况，加上高宽比为 6:1 的方形截面超高层建筑基础模型本身，共计 8 种模型，通过数值模型研究和比较结构在不同气动措施下的风荷载及风致响应特性，模型设计及局部开槽位置和尺寸如图 1 所示，其中 $B = 60$ m，$H = 360$ m，$D_1 = 10.8$ m，$D_2 = 38.4$ m，$D_3 = 15$ m。

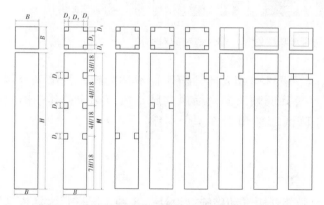

图 1 超高层建筑模型及局部开槽措施示意图

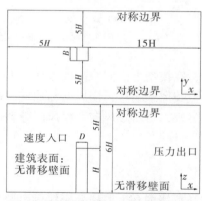

图 2 数值风洞流域及边界条件定义

3 数值模型

数值风洞模型基于 ANSYS Fluent 15.0 建立，模型缩尺比为 1:600，阻塞率为 0.4%。数值模拟工况的流域和边界条件定义见图 2，入口风剖面按照 C 类地貌定义，采用 NSRFG 方法生成入口湍流。流域采用结构网格划分，外域网格数量为 65 万，内域网格数在 15 万～64 万之间，其中一种模型的网格划分见图 3。时间步长为 0.005 s，计算时长 25 s。

* 基金项目：国家自然科学基金项目（51478194）。

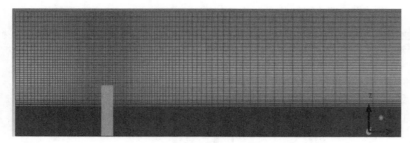

图 3　数值模型网格划分

4　结果分析

数值模拟结果显示，在模型不同高度上采用的角区开槽气动措施，均可降低其背风面的平均风压系数绝对值、顺风向和横风向的基底弯矩及顶部脉动位移响应（图 4）；整体上三层开槽的效果最好，可将背风面 2/3 高度处的平均风压系数绝对值从 0.55 降至 0.4。

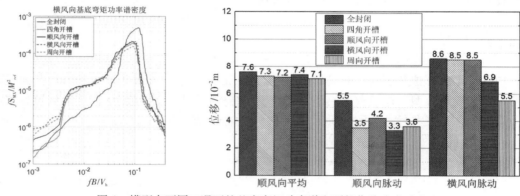

图 4　模型在不同工况下的基底弯矩功率谱和顶部位移响应对比

进一步，在模型上部同一高度采用四角、顺风向、横风向或周向开槽四种不同措施，相比于全封闭模型均可降低其风致响应；横风向和周向开槽均可显著降低顺风向及横风向脉动风致响应；其中周向开槽综合效果最好，可将顺风向和横风向脉动位移分别降低 35% 和 36%。

5　结论

本文对高宽比为 6:1 的超高层建筑模型采用 7 种局部开槽气动措施，设计了 8 种工况进行大涡模拟研究，考虑各工况的风压分布、基底弯矩和顶部位移，得出的主要结论如下：

（1）在模型不同高度设置四角开槽的局部气动措施，均可降低结构在顺风向和横风向的基底弯矩与脉动位移响应，且三层开槽是四种角区处理中最优的气动措施。

（2）在模型上层设置的不同局部开槽措施中，横风向开槽和周向开槽尤其是后者可以显著降低结构在顺风向和横风向的基底弯矩及脉动位移响应。

参考文献

［1］ELSHAER A, BITSUAMLAK G T, EL DAMATTY A. Enhancing wind performance of tall buildings using corner aerodynamic optimization ［J］. Engineering Structures, 2017, 136：133 – 148.

［2］YU Y, YANG Y, XIE Z. A new inflow turbulence generator for large eddy simulation evaluation of wind effects on a standard high-rise building ［J］. Building& Environment, 2018, 138：300 – 313.

基于 CFD 的双幅钢箱梁涡激振动研究*

许育升，董国朝，韩艳，李凯

（长沙理工大学桥梁工程安全控制教育部重点实验室 长沙 410114）

1 引言

在连续梁桥和连续刚构桥中，并列双箱梁多采用变截面的钝体箱梁，而双幅梁桥上、下游幅主梁间存在着气动干扰效应。Ju 等[1]发现上游桥梁断面形成的旋涡依次通过两桥面的间隙，放大了上游的涡激振动。马凯等[2]发现两矩形断面间存在着气动干扰，且下游断面的涡振性能更为不利。朱乐东等[3]发现箱形分离平行双幅桥下风侧桥的涡振性能受到气动干扰的影响相比上风侧大。杨群等[4]发现钝体箱梁在不同的 D/B 区间内，双幅箱梁之间的涡激共振存在着放大效应，并基于数值模拟进行静态绕流分析机理。风洞试验中由于双幅桥面的桥梁主梁间距较小，易发生碰撞；而 CFD 能通过对控制方程的处理来避免类似问题。

双幅梁桥间的气动干扰效应明显，且其涡激振动的机理尚不明确。因此，本文基于 $D/B = 0.038$ 的双幅箱梁连续梁桥进行节段模型风洞试验，通过编写 UDF 二次开发程序嵌入流体计算软件 Fluent，模拟了自由悬挂系统下的双幅主梁断面的涡激振动。通过对比风洞试验验证了数值模拟结果的可靠性，并进一步从流场的角度分析双幅箱梁的涡激振动机理。

2 双幅钢箱梁涡激振动

2.1 风洞试验参数

以某三跨连续梁桥（123 m + 178 m + 123 m）为研究背景，双幅主梁间距 D 为 0.5 m，上、下游主梁断面间距 D 与单幅主梁宽度 B 之比约为 0.038，主梁的跨中横断面如图 1 所示。试验风速比为 3.62，主梁模型的一阶正对称竖弯频率为 6.85 Hz，一阶正对称扭转频率为 10.31 Hz。试验模型缩尺比为 1:40。

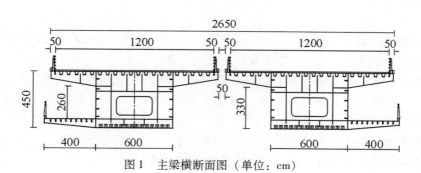

图 1 主梁横断面图（单位：cm）

2.2 数值模拟

采用多块矩形区域绘制外部的静网格域，动网格域内嵌两个刚性域。上、下游幅主梁断面分别设置两个相互独立的刚性区域，湍流模型采用 SST $k - \omega$。二维桥梁断面简化为竖向和扭转的两自由度弹簧 – 质量 – 阻尼系统，使用 Newmark $-\beta$ 法分别求解双幅主梁断面的动力学方程。图 2 为节段模型试验与数值计算涡激振动结果对比。结果表明，在涡激振动区间内，上下游振幅之比随风速呈现先减小后增大的趋

* 基金项目：国家自然科学优秀青年基金项目（51822803）。

势。在 $D/B = 0.038$ 且攻角为 $-3°$ 时，上下游的气动干扰放大了下游的涡激振动效应，主要表现为振幅幅值及振幅增长的增大。数值模拟能准确捕捉上、下游主梁的涡振区间，造成幅值误差的原因与模型的简化及"三维效应"有关。计算域为 $30B \times 20B$ 的矩形域，左侧和上侧边界采用速度入口边界（velocity-inlet），右侧和下侧边界采用压力出口边界（pressure-outlet）。

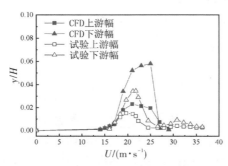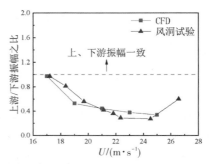

图2　节段模型试验与数值计算涡激振动结果对比

2.3　流场分析

如图3中虚线圆圈所示，在上表面栏杆的"阻挡效应"导致了旋涡增大。上游幅箱梁尾部和下游幅箱梁前端产生的小旋涡进一步增强了下表面的主涡。上游发展下来的旋涡经过增强导致了下游幅主梁断面的涡激振动振幅大于上游幅主梁断面的振幅。

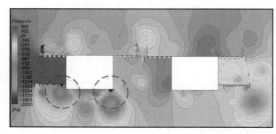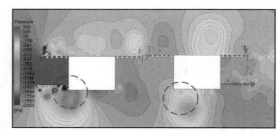

图3　某时刻瞬时压力云图

3　结论

（1）数值模拟结果与风洞试验结果较为吻合，$-3°$攻角下游幅主梁出现了明显的涡激振动，涡激振动区间及上下游振幅之比吻合较好，验证了数值模拟方法的可靠性。

（2）上游幅主梁断面下表面的主涡与其背风侧的正压区周期性变化诱发了涡激振动。下游幅主梁断面上、下表面的旋涡交替作用于主梁断面并脱落，形成了周期性的作用，导致了下游幅主梁断面的竖向涡激共振。

（3）下游幅主梁断面上、下表面的旋涡分别在迎风侧栏杆与上游幅箱梁尾部、下游幅箱梁前端得到增强，导致了下游幅主梁断面的涡激振动的振幅大于上游幅主梁断面。

参考文献

［1］　SEO J W, KIM H K, JIN P, et al. Interference effect on vortex-induced vibration in a parallel twin cable-stayed bridge［J］. Journal of Wind Engineering & Industrial Aerodynamics，2013，116.

［2］　马凯，胡传新，周志勇.不同约束情况下双矩形断面的涡振性能分析［J］.振动与冲击，2020，39（10）：141 – 147，205.

［3］　朱乐东，周奇，郭震山，孟晓亮.箱形双幅桥气动干扰效应对颤振和涡振的影响［J］.同济大学学报（自然科学版），2010，38（5）：632 – 638.

［4］　杨群，张胜斌，刘小兵，等.并列双钝体箱梁间距对涡激共振特性的影响［J］.工程力学，2019，36（S1）：255 – 260.

复杂地形下基于风塔实测的 CFD 流场检验[*]

杨筝[1]，汤胜茗[2]，余晖[2]，王凯[3]

（1. 华东师范大学地理科学学院 上海 200062；
2. 中国气象局上海台风研究所 上海 200030；
3. 重庆交通大学桥梁与隧道工程国家重点实验室 重庆 400074）

1 引言

对于计算流体动力学（computational fluid dynamics，CFD）在边界层精细流场模拟中的应用，Blocken[1]在进行详细文献综述后指出，目前大量研究集中在对孤立山体的 CFD 模拟与验证，仍缺乏对自然界真实复杂地形的 CFD 模拟并基于现场实测进行验证。因此，本研究提出一种在实际复杂地形下基于风塔实测的 CFD 流场检验流程。研究的目的主要有两方面：①采用风塔观测数据评估 CFD 流场计算的精度，验证 CFD 模拟方案的可行性和有效性；②通过坡角和坡长等地形因子[2]将实际复杂地形进行简化，从 CFD 流场计算结果中提取风速比等动力特性参数，建立不同地形特征下微尺度流场动力特性数据库，为下一步通过微尺度 CFD 模式结合中尺度气象模式进行复杂地形下风场动力降尺度[3]做准备。

2 资料及研究方法

2.1 资料介绍

（1）CFD 流场。对于广东省汕头市南澳县（东西长 21.1 km，南北长 10.4 km），用 CFD 商业软件 Fluent 进行了数值模拟研究。有关 CFD 数值模拟的参数设置如下：湍流模型采用 Realizable $k-\varepsilon$ 湍流模型，压力和速度的耦合方式为 SIMPLEC，数值风场采用 B 类来流边界条件，入流面采用速度入口边界条件，出流面采用压力出口边界条件。采用 Reynolds 时均方法，将平均雷诺 Navier-Stokes 方程作为控制方程，通过 CFD 模拟得到 16 个风向的来流在南澳岛近地面（10～565 m）的风场，模拟风场的水平网格分辨率为 100 m×100 m。

（2）风塔资料。南澳东岛 5 座风塔（75～317 m）在 2002—2003 年的各层逐 10 min 观测资料，长达一年的实测可以减小气象条件内在可变性对验证结果的影响[4]。

（3）ERA5 再分析资料。欧洲中期天气预报中心（European Centre for Medium-Range Weather Forecasts，ECMWF）提供的每间隔 1h 的第五代全球天气和气候再分析资料。

2.2 研究方法

本文的研究方法如图 1 所示。

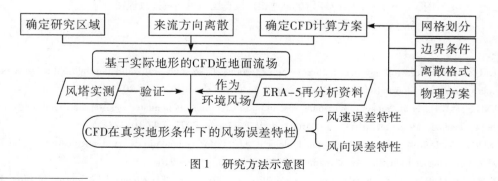

图 1　研究方法示意图

* 基金项目：国家自然科学基金（41805088）；上海市自然科学基金（18ZR1449100）；中国气象局上海台风研究所基本科研业务费专项资金项目（2021JB06）。

3 结论

本文利用 2002—2003 年广东南澳岛 6 座风塔检验评估了 CFD 数值模拟计算得到的近地面风，通过计算 CFD 模拟相对风塔实测的偏差（bias）、平均绝对误差（MAE）和均方根误差（RMSE）等参数，评估分析了 CFD 在真实地形条件下的风场误差特性。

研究结果表明，CFD 对所有塔的风速模拟效果均较好，RMSE 在 2.63～3.75 m/s；在高海拔风塔处的风向模拟效果更好，1003 塔（317 m）的 MAE 仅 22.253°，而 1004 塔（75 m）的 MAE 达 89.535°；CFD 模拟流场相对风塔实测整体呈现风速偏小、风向逆转的趋势（表 1、图 2）。

本文工作的意义如下：一方面通过实测风廓线与 CFD 恒定来流风廓线是否相似对观测样本进行了筛选，评估 CFD 在特定观测点位处的实际流场模拟效果；另一方面将真实地形抽象为由坡角和坡长组成的二维简化地形，将该套经风塔验证的甚高分辨率 CFD 模拟流场作为真值风场，考察不同坡角、坡长的地形下流场特性的变化规律，探讨复杂地形对近地面流场动力特性的影响机制。进一步地，建立不同地形特征下的风速比数据库，并基于该预计算的流场动力特性数据库建立复杂地形下的近地面百米级风场降尺度模型。

表 1 风速和风向的数值评价结果

风塔编号	高程/m	风速/(m·s⁻¹)		风向/(°)	
		MAE	RMSE	MAE	RMSE
1001	253	2.907	3.730	31.635	55.003
1002	177	2.032	2.631	39.016	66.391
1003	317	2.355	2.809	22.353	59.447
1004	75	2.974	3.746	89.535	102.238
1007	132	2.877	3.421	37.861	71.322

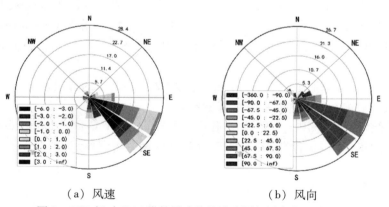

（a）风速 （b）风向

图 2 CFD 相对 1004 塔的风速偏差玫瑰图与风向偏差玫瑰图

参考文献

［1］ BLOCKEN B. CFD simulation of wind flow over natural complex terrain：Case study with validation by field measurements for Ria de Ferrol, Galicia, Spain［J］. Journal of Wind Engineering & Industrial Aerodynamics, 2015, 147：43 – 57.

［2］ TANG S, HUANG S, YU H, et al. Impact of horizontal resolution in CALMET on simulated near-surface wind fields over complex terrain during Super Typhoon Meranti（2016）［J］. Atmospheric Research, 2021, 247 105223.

［3］ YAMADA T, KOIKE K. Downscaling mesoscale meteorological models for computational wind engineering applications［J］. Journal of Wind Engineering & Industrial Aerodynamics, 2011, 99（4）：199 – 216.

［4］ SCHATZMANN M, LEITL B. Issues with validation of urban flow and dispersion CFD models［J］. Journal of Wind Engineering and Industrial Aerodynamics, 2011, 99（4）：169 – 186.

风致路堑积雪演化规律数值模拟研究 *

李飞强[1]，马文勇[1,2,3]，骆颜[1]，李江龙[1]，孙元春[4]

（1. 石家庄铁道大学土木工程学院 石家庄 050043；

2. 石家庄铁道大学省部共建交通工程结构力学行为与系统安全国家重点实验室 石家庄 050043；

3. 河北省风工程与风能利用工程技术创新中心 石家庄 050043；

4. 中国铁路设计集团有限公司 天津 300308）

1 引言

目前多数风吹雪数值模拟研究以易受积雪影响的建筑顶部以及建筑周围为主，对交通线路的风吹雪模拟较少。Mixture 模型作为风吹雪欧拉 – 欧拉方法中的主要模型之一，被 Zhang 等[1]人利用到风致建筑屋盖积雪重分布模拟上；这证明了使用 Mixture 多相流模型模拟风吹雪的可行性。在风吹雪对交通线路影响研究中，通过流场（风速）来定性分析交通线路某一位置是否易产生积雪堆积方法比较常见，缺乏定量的分析。因此，针对风致交通线路积雪重分布问题，有必要引入多相流模型进行进一步的研究。本文选取交通线路中常见的路堑型式作为研究对象，采用 Mixture 多相流模型，利用基于动网格技术的瞬态模拟方法对风致路堑积雪进行数值模拟；进一步地，对路堑积雪分布演化过程中流场、雪相浓度等参数进行了分析研究，加深了对风致路堑积雪分布的认识，为实际线路工程风雪灾害防治提供参考。

2 模拟方法

采用路堑缩尺模型进行积雪分布模拟计算，路堑模型尺寸如图 1 所示；湍流模型采用基于雷诺平均的 Realizable $k - \varepsilon$ 模型；采用结构化网格对计算域进行划分，如图 2 所示，并结合 Smoothing 动网格方法中的扩散光顺法进行网格更新。计算入口采用速度入口（使用对数律风剖面，来流壁面摩擦速度 $u_* = 0.52 \text{ m/s}$），雪面粗糙度高度取为 0.2 mm，雪相密度 $\rho_s = 150 \text{ kg/m}^3$，计算域其他边界条件根据文献［2］进行设置。

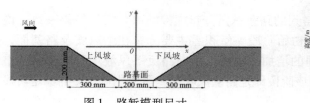

图 1　路堑模型尺寸

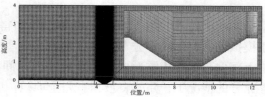

图 2　计算域网格划分

雪面侵蚀沉积模型选用 Naaim 提出的侵蚀沉积模型[2]，如式（1）～式（2）所示：

$$q_{\text{ero}} = A_{\text{ero}}(u_*^2 - u_{*t}^2), \quad u_* \geqslant u_{*t} \tag{1}$$

$$q_{\text{dep}} = \varphi w_f \frac{u_{*t}^2 - u_*^2}{u_{*t}^2}, \quad u_* < u_{*t} \tag{2}$$

式中，q_{ero} 为侵蚀通量；q_{dep} 为沉积通量；A_{ero} 为侵蚀常数，-7.0×10^{-4}；w_f 为雪相沉降速度；φ 为雪相浓度；u_* 为摩擦速度；u_{*t} 为雪粒阈值摩擦速度，0.31 m/s。

* 基金项目：河北省教育厅重点项目（ZD2018063）。

3 结果分析

将本文路堑积雪模拟结果与文献［3］实测结果相比，积雪分布吻合较好；结合来流跃移层雪质量传输率和路堑模型尺寸对数值模拟时间进行了无量纲化，无量纲吹雪时间表示为 t^*，图 3 和图 4 分别给出了不同时刻路堑内积雪分布和壁面摩擦速度变化，可知随吹雪时间增加，雪粒会持续在路堑内堆积，并且因积雪的堆积会对壁面摩擦速度产生显著的影响，使得部分区域壁面摩擦速度减少，从而更易产生积雪。

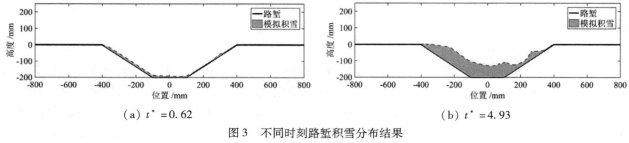

（a）$t^* = 0.62$　　　　　　　　　　　　（b）$t^* = 4.93$

图 3　不同时刻路堑积雪分布结果

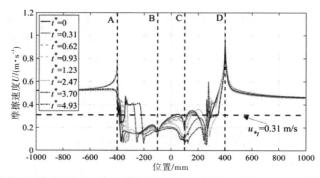

（注：A 为上风坡坡顶、B 为上风坡坡脚、C 为下风坡坡脚、D 为下风坡坡顶。）

图 4　不同时刻路堑壁面摩擦速度变化

4 结论

通过采用动网格技术并结合 Mixture 多相流模型得到的路堑积雪分布模拟结果与实测结果一致，说明该方法对于模拟风致路堑积雪分布是可行的；风吹雪初始阶段路堑积雪主要分布在上风坡及路基面，路堑下风坡中上部位有少量积雪形成；随着风吹雪时间的增加，积雪逐渐向路堑下风坡堆积。在风吹雪作用时间足够充分的情况下，路堑将被积雪完全堆积，该阶段即是路堑风吹雪积雪演化过程中的稳定阶段。

参考文献

［1］ ZHANG G, ZHANG Q, FAN F, et al. Numerical simulations of development of snowdrifts on long-span spherical roofs ［J］. Cold Reg Sci Technol, 2021, 182：103211.

［2］ KANG L, ZHOU X, VAN HOOFF T, et al. CFD simulation of snow transport over flat, uniformly rough, open terrain：Impact of physical and computational parameters ［J］. J Wind Eng Ind Aerodyn, 2018, 177：213 – 226.

［3］ LAMSODIS R, VAIKASAS S. Snowdrift formation in forested open drains：field study and modelling patterns ［J］. Hydrol. Res., 2007, 38（4 – 5），425 – 440.

风影响下隧道火灾蔓延过程模拟

吴骏泓，周旭毅，周靖罡，丛北华

（同济大学土木工程学院防灾国家重点研究室 上海 200092）

1　引言

　　风影响下火灾蔓延过程十分复杂，目前研究尚不充分。本文利用 FDS 软件进行数值模拟，先以一缩尺房间模型为例，模拟其在指定来流风速，油池火燃烧状态下室内外温度随时间变化过程，将模拟结果和已有文献的实测数据进行比较，验证了数值模拟方法的正确性。然后，运用该方法对隧道内一节列车车厢火灾进行模拟，探究特定时刻，在不同送风量下隧道内火灾蔓延过程的规律。

2　模拟方法的验证

2.1　研究对象

　　参照 Huang H[1] 等人的实验，建立缩尺隔间模型，如图 1 所示。计算域长度 14 m，宽、高各 1.8 m。房间长、宽、高均 600 mm，放置在计算域底部正中间。来流风沿长度方向，风速为 1.5 m/s。在迎风面和背风面中心位置，各开一个 200 mm×200 mm 的洞口。放置在房间地板背风面角落的油池尺寸为 100 mm×100 mm，实验测得的燃料质量损失率作为燃烧已知条件。如图 2、图 3 所示，计算域靠近隔间区域，通过网格划分为边长为 0.04 m 的有限体积元，共 708 750 个；房间内部及其周围延伸区域则选用加密立方网格，边长为 0.02 m，数目为 32 768 个。

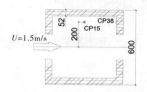　　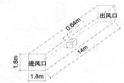　　

图 1　房间俯视图与对照测点　　　　图 2　计算域示意图　　　　图 3　网格划分示意图

2.2　研究方法

　　采用火灾动力模拟 FDS 软件，应用 LES 大涡模拟湍流模型和单一燃料混合分数燃烧的传热模型相结合的方法，模拟房间内油池中燃料的燃烧。输出受来流风速影响时的房间室内外温度场随时间的变化，并与原文献[1]结果对比，以验证该方法的准确性。

2.3　模拟结果分析

　　图 4 展示了布置在空气中和房间内墙壁上的部分温度监测点，其 FDS 数值模拟结果与已有实验[1]在相应位置处的实测结果，随火灾蔓延的温度变化对比图。

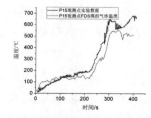　　　　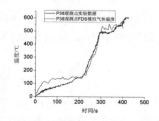

（a）温度监测点 15 处的对比　　　（b）温度监测点 38 处的对比

图 4

两者的温度变化趋势基本相同，数值模拟结果略小，大约为实验结果的85%～90%，这与FDS设定燃料质量损失速率时得到结果精度为80%～90%[2]刚好对应。从上述结果来看，用FDS可有效模拟墙面开洞房间在指定来流风下的火灾蔓延以及温度场随时间的变化及分布状况。

3 风影响下隧道火灾的蔓延模拟

3.1 研究对象

模拟计算分析的列车车厢，位于截面内直径为5.9 m、外径为6.6 m、长为120 m的混凝土隧道中。在隧道两侧壁面每隔2 m有长2 m、宽1 m的通风口。列车车身长26 m，车厢截面为宽4 m、高3 m的长方形，车厢横截面中心和隧道截面圆心重合。火源面在车厢顶端中心，长宽均为2 m，面积热释放速率1MW。轴流风机的进风风速分别为无风和2 m/s。计算域长度为121 m、宽8 m、高8 m。网格尺寸为边长为0.25 m的立方体，符合一般建筑火灾网格大小要求[2]，数目为495 616个。

3.2 研究方法及模拟结果分析

采用与验证实验相同的模拟方法。输出在无风和有风情况下，隧道车厢内的火源引起的火灾发生30s后，距离列车顶面以上0.5 m的沿纵向水平切面和与列车中轴面重合的纵向竖直切面上的温度分布云图，亦输出和温度检测面相同的水平面上的烟灰浓度分布和相同的竖直面上的风速分布云图，如图5～图8所示。

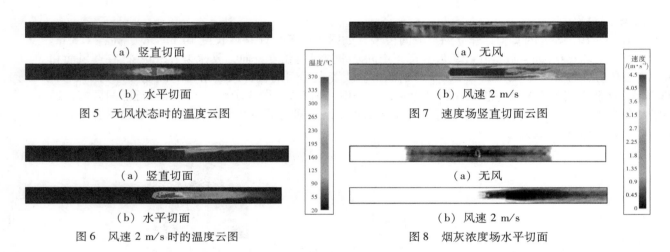

（a）竖直切面

（b）水平切面

图5 无风状态时的温度云图

（a）竖直切面

（b）水平切面

图6 风速2 m/s时的温度云图

（a）无风

（b）风速2 m/s

图7 速度场竖直切面云图

（a）无风

（b）风速2 m/s

图8 烟灰浓度场水平切面

从图5、图6可知，在开启风机后，受风的影响火焰核心区温度上升，下风向火焰范围较大而上风向几乎无火焰；而无风状态下火焰向两边呈对称状扩散。从图7可见，开启风机后最高风速为4.5 m/s左右，在列车底面和列车顶面的风速较高，在列车背风侧后方风速低于来流风速。从图8可知，开启风机前烟气呈对称状在隧道中扩散。开启风机后，烟灰主要被吹到隧道背风部分，在列车贴近后端面浓度最大。

4 结论

本文通过模拟对墙面开洞房间在不同来流风速及室内火源的摆放位置不同时，火焰蔓延过程中室内外的温度随时间变化及分布状况，并与相对应的实验结果进行了对比，验证了FDS数值结果的有效性。在此基础上利用FDS进行类似风影响下圆形隧道火灾蔓延过程模拟的仿真分析，为防火设计提供一定的参考。

参考文献

[1] HUANG H, OOKA R, LIU N A, et al. Experimental Study of fire growth in a reduced-scale compartment under different approaching external wind conditions [J]. Fire Safety Journal, 2009, 44：311 –321

[2] 李胜利、李孝斌. FDS火灾数值模拟［M］，北京：化学工业出版社，2019.

基于 RANS 湍流模型的偏转风自保持性及高层建筑风荷载验证研究*

袁养金[1,2]，闫渤文[1,2]，魏民[1,2]，杨庆山[1,2]

（1. 风工程及风资源利用重庆市重点实验室 重庆 400044；

2. 重庆大学土木工程学院 重庆 400044）

1 引言

地球自转产生的科里奥利力和地形等障碍物阻挡会导致风向角沿高度方向发生偏移，从而形成风场的空间非平衡性。偏转风的产生使超高层建筑及高耸结构受到显著的非对称荷载作用。对于偏转风对行人风环境的研究，Tse 等[1]在实测和风洞试验方面进行了大量的研究工作。Liu 等[2-3]基于风洞试验模拟的偏转风风场，开展了方形超高层建筑的刚性测压试验，对此类风场下超高层建筑的气动荷载特性进行了相关研究。随着 CFD 模拟技术的日益成熟，使得此类风场的数值模拟成为可能。Feng 和 Gu[4-5]基于 LES 模拟验证了偏转风自保持性并研究了偏转风下高层建筑气动力荷载特性。考虑到 LES 模拟的高计算成本，而且工业上可能仅需要一些定性的分析，RANS 模拟便体现了其独特的优势。Weerasuriya 等[6]提出了基于 $k-\varepsilon$ 模型模拟偏转风，并研究了此类风场作用下高层建筑周围行人风环境特性。但目前风工程界普遍认为 SST $k-\omega$ 模型能相对更好地模拟建筑表面风荷载。为此，本文发展了 SST $k-\omega$ 模拟偏转风的方法并验证其自保持性，最后对超高层建筑风荷载特性进行研究。

2 模拟方法及目标

本研究基于在风洞中模拟的缩尺比为 1:500，水平风向总偏转角分别为 27.5° 和 17.7° 的两种偏转风场。首先按照 Weerasuriya 等[6]的建议成功实现了基于标准 $k-\varepsilon$ 模型模拟偏转风，然后进一步推导基于 SST $k-\omega$ 模型模拟偏转风场的入口设定。本研究目标建筑为方形截面高层建筑，其缩尺尺寸为长 0.12 m（B）×宽 0.12 m（D）×高 1 m（H），缩尺比为 1:500，确定计算域大小及模型位置如图 1 所示。规定 x 方向为来流顺风向，并基于试验数据按照对数率拟合得到，偏转风中满足偏转角"$\theta = \arctan (v/u)$"，从而推导出横风向风速与顺风向风速的关系。以总偏转角为 18° 风场为例，各入口剖面结果如图 2 所示。边界条件设定如表 1（仅给出标准 $k-\varepsilon$ 模型工况设定）。

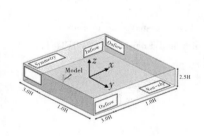

图 1 计算域示意图

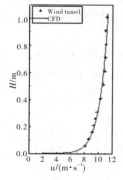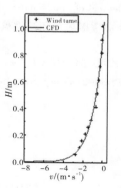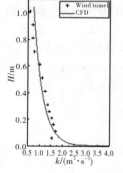

图 2 CFD 入口剖面

* 基金项目：国家自然科学基金项目（51878104）。

表 1　计算域边界条件

边界位置	边界类型	边界条件
Inlet		$u(z) = u^* \ln((z + z_0)/z_0)/\kappa$, $v(z) = C_{v1} u(z) + C_{v2}$,
Left	Velocity inlet	$k(z) = C_{k1} u(z) + C_{k2}$, $\varepsilon(z) = \sqrt{C_\mu} k(z) \sqrt{(\partial u/\partial z)^2 + (\partial v/\partial z)^2}$
Right		$\omega(z) = \dfrac{1}{\sqrt{C_\mu}} \dfrac{\partial u}{\partial z}$
Outlet	Outflow	$\dfrac{\partial}{\partial x}(u, v, w, k, \varepsilon) = 0$
Top	Free slip	$w = 0, \dfrac{\partial}{\partial x}(u, v, w, k, \varepsilon) = 0$
Ground	No-slipWall	粗糙壁面修正: $K_s = 0.00163$ m, $C_s = 0.5$

3　主要研究内容

（1）发展基于 SST $k-\omega$ 湍流模型模拟偏转风场的方法，并验证其自保持性。
（2）指出偏转风风场模拟过程中粗糙壁面的修正方案，以改进近壁区气流流动模拟。
（3）研究偏转风场作用下高层建筑气动力特性，并基于试验结果验证 CFD 模拟可靠性。

4　结论

SST $k-\omega$ 模型能够有效模拟偏转风风场，并满足自保持性要求。通过对流域粗糙壁面进行恰当的修正能够进一步提高近地面风场自保持性。偏转风场下，超高层建筑表面的平均风压分布发生了显著偏移，从而导致高层建筑产生相对层间扭转。层间荷载沿高度方向变化幅值随该高度处风向偏角的改变而发生偏移。超高层建筑模型的平均基础力矩系数沿风向角坐标和幅值坐标轴方向发生了明显的偏移。

参考文献

［1］TSE K T, WEERASURIYA A U, KWOK K C S. Simulation of twisted wind flows in a boundary layer wind tunnel for pedestrian-level wind tunnel tests［J］. Journal of Wind Engineering and Industrial Aerodynamics, 2016, 159: 99 - 109.

［2］LIU Z, ZHENG C R, WU Y, et al. Investigation on the effects of twisted wind flow on the wind loads on a square section megatall building［J］. Journal of Wind Engineering and Industrial Aerodynamics, 2019, 191: 127 - 142.

［3］刘昭. 千米级超高层建筑风向偏转效应研究［D］. 哈尔滨: 哈尔滨工业大学, 2020.

［4］FENG C D, GU M, ZHENG D. Numerical simulation of wind effects on super high-rise buildings considering wind veering with height based on CFD［J］. Journal of Fluids and Structures, 2019, 91: 102715.

［5］冯成栋, 顾明. 基于 RANS 对考虑风向随高度偏转的大气边界层自保持研究［J］. 工程力学, 2019, 36（2）: 29 - 38, 55.

［6］WEERASURIYA A U, HU Z Z, ZHANG X L, et al. New inflow boundary conditions for modeling twisted wind profiles in CFD simulation for evaluating the pedestrian-level wind field near an isolated building［J］. Building and Environment, 2018, 132: 303 - 318.

串列双矩形拱肋气动干扰的数值模拟研究 *

张航，莫威，唐浩俊，李永乐

（西南交通大学桥梁工程系 成都 610031）

1 引言

对于两并排的拱肋，在来流影响下迎风和背风拱肋可能会对彼此流场产生明显扰动，从而导致两拱肋上实际作用的风荷载发生变化。为了对上述两并排的拱肋进行二维气动特性分析，可将其简化为两串列矩形来进行。本文对串列双矩形的气动干扰进行了研究，分别讨论了串列矩形的宽高比，间距比对串列双矩形气动力系数的影响。

2 研究方法

2.1 数值模型

进行数值模拟研究时，利用 Fluent 软件进行计算，采用贴壁加密的结构化网格，计算区域及网格模型如图 1 所示，其中 $L_1 \geqslant 25b$，$L_2 \geqslant 60b$，$Z = 50h$。选用 SST $k-\omega$ 湍流模型并采用 SIMPLEC 算法，入口和出口边界湍流强度均设置为 0.5%，黏性系数均设置为 2；缩尺比采用 1:1，来流攻角为 0°，风速取 15 m/s，采用非定常计算，时间步长取 0.01 s。

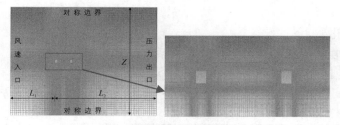

图 1 计算区域及网格划分

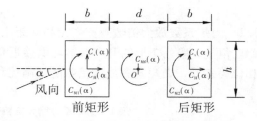

图 2 串列矩形气动力系数方向定义

2.2 参数定义

模型尺寸和气动力系数[1]方向定义如图 2 所示，力矩系数增大倍数 K[2]按式（1）定义。

力矩系数增大倍数：

$$K = R(C_M)/[R(C_{M1}) + R(C_{M2})] \tag{1}$$

式中，C_{M1} 和 C_{M2} 分别为前矩形和后矩形所受力对各自形心的力矩系数；C_M 为串列矩形整体所受力对整体形心 O 点的力矩系数，$C_M = C_{M1} + C_{M2} + C_{MO}$，$C_{MO}$ 为前后矩形升力对 O 点的力矩系数；$R(C)$ 表示取力矩系数均方根值。此外，$b = 3$ m，$d = 3 \sim 45$ m，$h = 3 \sim 20$ m。

3 内容

3.1 宽高比和间距比对串列矩形阻力系数的影响

在间距比 $d/b = 7.83$ 的条件下，单个和串列矩形的阻力系数沿宽高比 b/h 的变化如图 3 所示；在宽高

* 基金项目：国家自然科学基金项目（51525804）。

比 $b/h = 0.9$ 的条件下，串列矩形的阻力系数沿间距比 d/b 的变化如图 4 所示；间距比 $d/b = 7.83$，宽高比 $b/h = 0.5$ 的升力系数时程曲线如图 5 所示。不同宽高比和间距比关键工况下的大约一个周期内的涡量云图（由上至下）分别如图 6 和如图 7 所示。

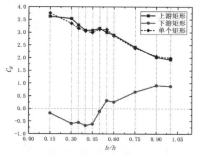

图 3　阻力系数随 b/h 变化图

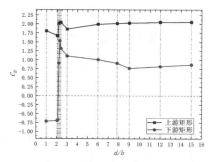

图 4　阻力系数随 d/b 变化图

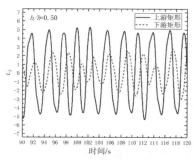

图 5　升力系数时程曲线

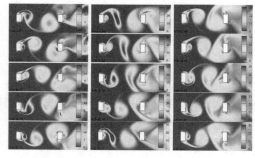

（a）$b/h = 0.55$　（b）$b/h = 0.50$　（c）$b/h = 0.45$

图 6　不同 b/h 的涡量云图（单位：m^2/s^2）

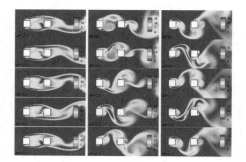

（a）$d/b = 2.1$　（b）$d/b = 2.2$　（c）$d/b = 2.3$

图 7　不同 d/b 的涡量云图（单位：m^2/s^2）

3.2　力矩系数放大倍数随宽高比和间距比的变化

0°攻角下，串列矩形的升力系数均值接近 0，但由于迎风和背风矩形的升力系数存在周期性、幅值大小和相位等差异，力矩系数放大倍数随宽高比和间距比变化如表 1 所示。

表 1　力矩系数增大倍数分别随宽高比 b/h 和间距比 d/b 的变化

b/h	0.15	0.3	0.35	0.4	0.45	0.5	0.55	0.6	0.75	0.9	1
d/b	1	2.1	2.2	2.3	2.4	3	6	7.83	9	12	15
K（b/h）	1.45	2.87	5.55	12.22	18.40	18.32	20.73	30.69	37.09	50.10	50.46
K（d/b）	7.68	8.03	9.67	9.93	9.75	11.11	23.96	50.10	65.30	54.44	75.22

4　结论

（1）迎风矩形阻力系数随 b/h 的减小而增大，接近单个矩形的，背风矩形与迎风矩形的变化规律有明显差异。串列两矩形阻力系数均在 $d/b = 2$ 附近突变，随 d/b 变化规律相近。在所有工况中，背风矩形阻力系数均小于迎风矩形的，在背风矩形 0 值附近，串列两矩形的阻力系数大小变化分别与两矩形之间的漩涡聚集分离、脱落现象，漩涡能量中心位置等有关。

（2）总体来看，串列双矩形力矩系数放大倍数分别随着 b/h 和 d/b 的增大而增大。

参考文献

[1] 公路桥梁抗风设计规范（JTG/T D60-01—2018）[S]. 北京：人民交通出版社，2019.
[2] 唐浩俊，李永乐，胡朋，串列双塔柱风荷载及涡振性能研究 [J]. 工程力学，2013，30（1）：378-383.

基于机器学习的高层建筑表面风压预测方法研究

黄旋，李毅，尹婕婷

（湖南科技大学土木工程学院 湘潭 411201）

1 引言

机器学习中的算法模型能够使计算机系统从数据中学习并建立数学模型，从而以最少的人工干预进行预测[1]，因此，机器学习在生态学领域、制造业领域、材料领域和风能领域都有广泛的应用。但是机器学习在风工程领域中的应用还处在初步阶段，近年来，许多研究人员尝试利用机器学习技术来解决结构风工程中的问题。Hu[2-3]利用机器学习技术进行了预测圆柱体表面风压的研究和高层建筑在干扰作用下的风压的研究，并且建立了基于机器学习的矩形圆柱体侧风振动的高效且有效的预测模型[4]。然而，以往机器学习在风工程领域的研究中没有代表性的案例，可能不适用于所有类型的高层建筑，因此，将机器学习技术应用到高层建筑标准模型非常重要。为了评估机器学习算法对高层建筑表面风压预测的可行性，本文将机器学习应用到 CAARC 高层建筑标准模型，分别采用了岭回归、决策树、随机森林和梯度提升回归树这四种机器学习算法来预测高层建筑标准模型表面的风压分布。

2 研究过程

首先，收集数据，机器学习模型的训练需要大量的数据，本研究的训练集数据都是从已发表的研究成果中收集而来。其次，对这些数据进行预处理，选择输入和输出，对数据进行标准化。本文选择了四种机器学习的算法：岭回归（RR）、决策树（DTR）、随机森林（RF）和梯度提升回归树（GBRT），其中，岭回归是线性回归模型，随机森林和梯度提升回归树是集成学习方法。接着，用处理好的训练集数据去训练这四种机器学习算法模型，训练过程中采用十折交叉验证的方法来评估机器学习的模型性能并优化超参数。最后，用训练好的算法模型去预测高层建筑标准模型的风压值并与湖南科技大学风洞试验值[5]进行对比。对比结果显示，四种算法中梯度提升回归树的算法不管是在平均风压数据集还是脉动风压数据集的误差都是最小，如图1和图2所示。所以最后选择梯度提升回归树的模型作为最后的模型去预测高层建筑标准模型的风压，预测值与真实值的对比如图3和图4所示。

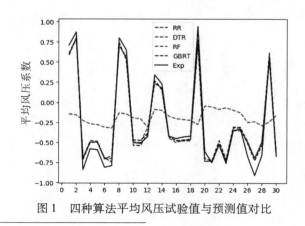

图 1　四种算法平均风压试验值与预测值对比

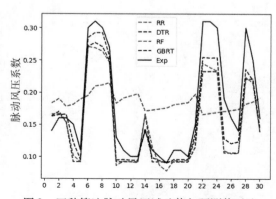

图 2　四种算法脉动风压试验值与预测值对比

* 基金项目：国家自然科学基金项目（51708207）。

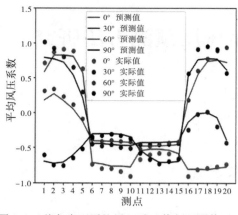

图3　四种角度下平均风压试验值与预测值对比

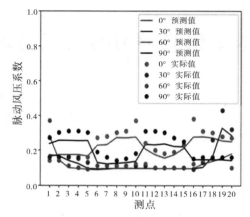

图4　四种角度下脉动风压试验值与预测值对比

3　结论

本文中平均风压值的预测值与试验值在所有风向角下相吻合，并且误差很小，相比之下，脉动风压值的预测值与试验值之间存在这一些差异，这些差异可能是由于脉动风压值的训练集数据比平均风压值的训练集要小。整体来说，机器学习方法可以较好地预测高层建筑表面风压分布，可作为高层建筑抗风设计研究的一种新技术。

参考文献

［1］ KOTSIANTIS S B. Supervised Machine Learning：A Review of Classification Techniques ［J］. Informatica，2007，31：249-268.

［2］ HU G，KWOK K C S. Predicting wind pressures around circular cylinders using machine learning techniques ［J］. Wind Engineering and Industrial Aerodynamics，2020，198：104099.

［3］ HU G，LIU L，TAO D，et al. Deep learning-based investigation of wind pressures on tall building under interference effects ［J］. Wind Engineering and Industrial Aerodynamics，2020，201：104138.

［4］ LIN P，HU G，LI C，et al. Machine learning-based prediction of crosswind vibrations of rectangular cylinders ［J］. Wind Engineering and Industrial Aerodynamics，2021，211：104549.

［5］ LI Y，LI C，LI Q S，et al. Aerodynamic performance of CAARC standard tall building model by various corner chamfers ［J］. Wind Engineering and Industrial Aerodynamics，2020，202：104197.

分离式箱梁对大跨度斜拉桥动力特性影响研究 *

李碧辉，葛耀君

（同济大学土木工程防灾国家重点实验室 上海 200092）

1 引言

随着交通发展的需求与经济建设的推进，大跨度桥梁建设正如火如荼地进行。二十多年的研究表明[1]，整体式钢箱梁的气动稳定性很难在超大跨度桥梁中得到保证。为了改善整体式箱梁的气动稳定性，目前最有效的方法就是将整体式钢箱梁横向分割成两个或多个独立的箱体，形成分体式加劲梁。因此，分离式双箱梁应运而生，作为一种较为新型的箱梁形式，目前在许多斜拉桥中得到运用，结合已有的研究结论[2-5]，分离式箱梁斜拉桥体现了良好的抗风稳定性。

本文以某座主跨730 m的分离式钢箱梁为例，在保证基本截面特性一致的情况下，分别以单主梁和双主梁的形式建模来分析二者的动力特性（振型、频率与模态质量），研究分离式箱梁对大跨度斜拉桥动力特性的影响，探讨二者出现差异的原因。

2 计算模型

主梁的模拟目前有单主梁模型、双主梁模型和三主梁模型三种方法，此外还有空间梁板单元和索面单元法。本文对最常见的单主梁模型和双主梁模型进行探讨。

某双塔双索面钢箱梁斜拉桥，主跨730 m，主梁为分离式钢箱梁，中央开槽。采用 ANSYS 结构分析软件，分别利用单主梁和双主梁模型进行有限元建模来模拟闭口箱梁和分离式箱梁，有限元模型如图1所示。

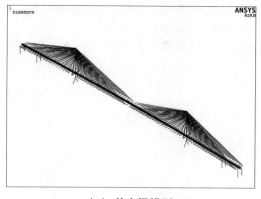
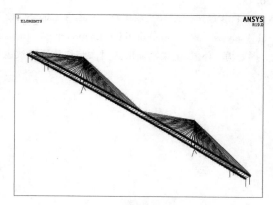

（a）单主梁模型　　　　　　　　　　　　（b）双主梁模型

图1　有限元模型图

3 动力特性

对两种有限元模型进行结构动力特性分析，频率与振型的结果如表1所示。

* 基金项目：国家自然科学基金项目（51778495）。

表1　两种模型频率对比表

振型	单主梁模型频率/Hz	双主梁模型频率/Hz	相对误差/%
一阶竖弯	0.2568	0.2542	−1.01
二阶竖弯	0.3220	0.3193	−0.84
一阶侧弯	0.2920	0.3018	3.36
二阶侧弯	0.7553	0.8016	6.13
一阶扭转	0.6408	0.6618	3.17
二阶扭转	0.8016	0.8259	2.94

4　结论

在基本截面特性相同的情况下，单双主梁模型在结构动力特性上表现出了差异，总结如下：

（1）单主梁模型与双主梁模型在竖向受力上保持了相同的特性，因此竖弯频率几乎没有差别。

（2）横向弯曲受力方面，单主梁模型侧向刚度失真而双主梁模型在横向挠曲时相当于一个剪切型桁架结构。因此两者受力模式不同，有限元计算所得横向弯曲频率有所差异，双主梁模型更充分体现了横梁刚度对桥梁结构的影响。

（3）扭转频率上，双主梁模型略大于单主梁模型。主要原因在于二者的扭转形式不一致，单主梁模型在受扭转时表现为自由扭转，而双主梁模型则表现为约束扭转，因而扭转基频略大。双主梁模型能更真实地模拟实际结构的扭转情况。

参考文献

［1］ XIANG H，GE Y. Refinements on aerodynamic stability analysis of super long-span bridges ［J］. JWE，2002，89（12）：1493－1515.

［2］ 唐毅. 主跨1200m三索面独柱塔分离式钢箱梁斜拉桥结构静动力计算分析研究 ［D］. 成都：西南交通大学，2011.

［3］ HU C X，ZHAO L，GE Y J. Time-Frequency Evolutionary Characteristics of Aerodynamic Forces Around a Streamlined Closed-Box Girder During Vortex-Induced Vibration ［J］. Journal of Wind Engineering & Industrial Aerodynamics，2018，182：330343.

［4］ ARGENTINI T，DIANA G，ROCCHI D，et al. A Case-Study of Double Multi-Modal Bridge Flutter：Experimental Result and Numerical Analysis ［J］. Journal of Wind Engineering & Industrial Aerodynamics，2016，151：25－36.

［5］ 胡传新，周志勇，孙强. 主梁断面形式对大跨斜拉桥风致稳定性的影响研究 ［J］. 桥梁建设，2018，48（6）：53－57.

基于工程成本模型海上复杂海床地形下风电场排布研究

李伟鹏，彭杰，刘震卿

（华中科技大学土木与水利工程学院 武汉 430074）

1 引言

相比于陆上风电场，海上风电场具有风能资源能量效益更高、平均空气密度更高、风向更集中、湍流强度和风切变更小等特点。此外，海上风电场不占用土地资源，受噪音、景观和电磁波等问题限制小，诸多优势使得海上风电场成为风电开发的重点。1991 年在丹麦建成了世界上第一个海上风电场 Vindeby[1]，此后欧洲海上风电场经过 30 年的发展，已经趋于成熟。我国也较早开始海上风电的开发，最早于 2010 年并网运行了上海东海大桥风电场项目[2]。海上风电场虽然较陆地风电场有很多优势，但其开发勘测、装备制造、安装施工和运行维护的总成本较高，海上风电场单位千瓦电量造价也高于陆地风电场。因此，对海上风电场进行优化排布至关重要，海上风电场优化排布相关研究虽多[3]，但目前尚未见考虑海上复杂海床地形的海上着床式风电场优化排布研究，能否将陆上平坦地形条件下风电场优化排布算法直接运用到海上着床式风电场尚不明了。

2 海上风电场

本文通过使用遗传算法和工程成本模型，并考虑不同海床地形和风况条件，进行了以度电成本最小化为目标函数的海上着床式风电场的优化排布研究，探明了真实风况下不同海床地形的风机优化排布规律。与陆上平坦地形风电场优化排布结果不同，采用本文的算法风机更倾向于布置在水深较浅位置和风电场周围，由此可降低度电成本并在各风向产生更大输出功率。

海床模型包括五种类型，分别如下。S1：水深为 0 的海床模型；S2：理想状态下沿离海岸距离呈倾斜状的坡面海床模型，其中最大水深为 40.27 m，最小水深为 16.60m；S3：水深均为 28.44 m 的等深平坦海床模型；S4：海床地形呈现规则高低起伏的海床模型，其分布为 $Z = sinxsiny$；S5：截取自中国南澳岛的真实地形作为海床模型（图 1）。通过将水深为 0 海床风机排布置于不同海床模型中（图 2），并与该海床模型下的优化结果对比，证明了考虑水深对风机优化排布的重要性，同时表明了相比于水深为零的优化排布，考虑水深的优化排布能进一步降低度电成本，尤其在海床连续高低起伏变化（S4）时效果最为显著，可达 10.78%（表 1）。

表 1 真实风况下计算结果

海床模型	风机台数	$\dfrac{cost}{\sum P}(\times 10^{-4})$	总输出功率/MW	变化率*/%
S1（水深为 0）	23	5.94	12.97	—
S2（倾斜海床）	20	10.14	11.61	2.69
S3（等深海床）	23	10.04	13.04	0.52
S4（理想复杂海床）	15	9.79	8.99	10.78
S5（真实复杂海床）	19	9.94	11.16	2.37

注：变化率指将 S1 优化排布置于 S2 ～ S5 海床时，其度电成本与 S2 ～ S5 优化排布结果相比的变化情况。

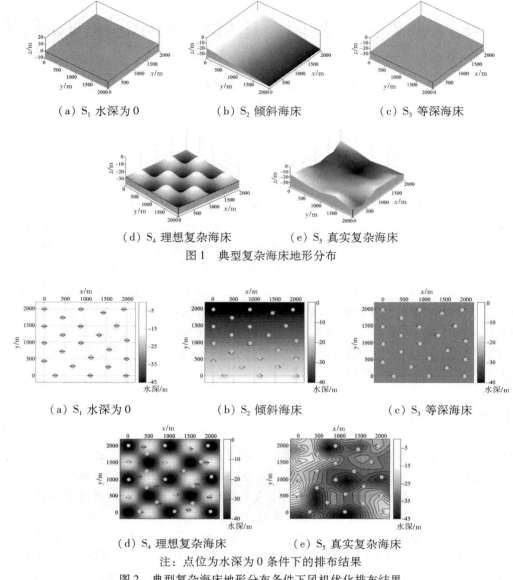

（a）S_1 水深为0   （b）S_2 倾斜海床   （c）S_3 等深海床

（d）S_4 理想复杂海床   （e）S_5 真实复杂海床

图1　典型复杂海床地形分布

（a）S_1 水深为0   （b）S_2 倾斜海床   （c）S_3 等深海床

（d）S_4 理想复杂海床   （e）S_5 真实复杂海床

注：点位为水深为0条件下的排布结果

图2　典型复杂海床地形分布条件下风机优化排布结果

3　结论

未考虑海床地形起伏来自风机优化排布时无法避免将风机布置于较深位置，由此将导致度电成本的增加。使用本文所提出的优化方法可充分考虑由地形起伏而增加的风电机安装成本，由此避免将风机安置于深水处，相比不考虑海床起伏的风机优化排布，度电成本可降低2.5%～10.78%。

参考文献

［1］杨亚.欧洲海上风电发展趋势与政策机制的启示与借鉴［J］.中国能源，2017，39（10）：8-14.

［2］文锋.我国海上风电现状及分析［J］.新能源进展，2016，4（2）：152-158.

［3］SUN H，YANG H，GAO X. Study on offshore wind farm layout optimization based on decommissioning strategy［J］. Energy Procedia，2017，143：566-571.

复杂山地与多台风机尾流动态耦合数值模拟方法

樊双龙，刘震卿

（华中科技大学土木与水利工程学院 武汉 430074）

1 引言

近年来关于风电场的数值模拟中，基于叶素动量理论（Blade Element Momentum Method，BEM）提出的致动盘模型计算得到的风机尾流速度分布能够较好地吻合风洞试验结果，验证了致动盘模型的可靠性，并已得到广泛关注[1-3]。但是该方法仅可模拟孤立风机尾流流场，无法考虑多台风机尾流间的相互耦合效应，为此本文提出了一种考虑多台风机尾流动态耦合计算方法，可在数值模拟过程中实时根据来流风速动态更新阻力源项，并以此研究了多台风机尾流和地形流场的耦合效应。

2 数值模拟

分别采用平坦地形和复杂山地计算域模型对风机尾流进行数值模拟，两种地形入口风速均设置为 U_{ref} = 10 m/s。平坦地形中串列布置两台风机，在复杂地形中构建由 10 台风机组成的风电场。分别使用传统固定源项致动盘方法和所提出的动态更新源项致动盘方法研究平坦地形串列布置的两台风机的尾流影响，以及复杂地形中多台风机尾流和地形流场间的耦合作用，其中动态更新源项的致动盘方法具体数值模拟计算流程如图 1 所示。

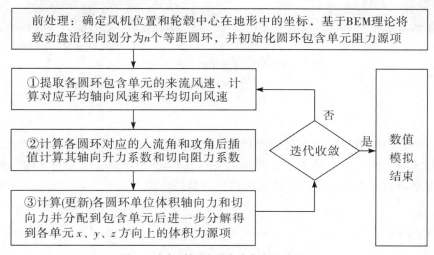

图1　动态更新源项致动盘方法流程图

3 结果分析

图 2 为 $y = 0$ 剖面速度归一化后的尾流分布图，对比图 2a、图 2b，可见使用两种方法计算得到的风机尾流分布整体具有相似性。对于上游风机 WT1，改进的动态源项方法在近尾流区的风速亏损略小于传统固定源项方法；而对于下游风机 WT2，传统方法得到的尾流风亏明显远高于改进方法，原因可能是在计算固定源项时高估了来流风速，导致所添加的源项值偏大，从而表现为对来流风的轴向阻力偏高。但在

$x = 6D$ 之后，使用两种方法计算得到的下游风机 WT2 尾流剖面形状都会从"双峰"状态过渡为"单峰"形状，速度损失逐渐减小，并且趋于一致。图 3 为纵向高度 $z = H$ 等值面处的速度分布云图，可明显看出，在海拔较高的山地处会出现更大的速度分布，最高可以达到入口风速的 1.25 倍。使用两种方法数值模拟得到的结果整体一致，但基于改进方法会使风机对来流风速的大小进行识别，具体表现为前排风机的尾流衰减会比使用固定源项方法计算结果增加约 8% 。

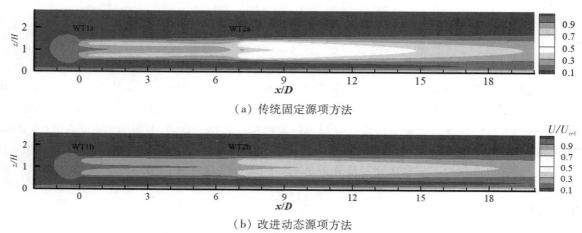

（a）传统固定源项方法

（b）改进动态源项方法

图 2　平坦地形串列布置的两台风机 $y = 0$ 剖面尾流分布图

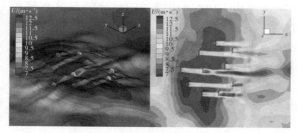 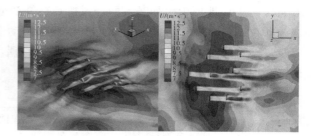

（a）传统固定源项方法　　　　　　　　　　　　　　（b）改进动态源项方法

图 3　复杂地形风机尾流可视化

4　结论

在平坦地形和复杂地形中使用两种方法分别对风机尾流进行数值模拟，发现使用传统固定源项方法容易出现高估源项值的情况，而改进的动态更新源项的方法在保证数值模拟精度的基础上能对来流风速进行识别，更加适用于复杂地形流场与多台风机尾流的耦合数值模拟。

参考文献

［1］ LIU Z Q, LU S Y, TAKESHI I. Large eddy simulations of wind-turbine wakes in typical complex topographies ［J］. Wind Energy, 2020.

［2］ DIAZ G, SAULO A, OTERO A. Wind farm interference and terrain interaction simulation by means of an adaptive actuator disc ［J］. Journal of Wind Engineering and Industrial Aerodynamics, 2019, 186：58 − 67.

［3］ MAKRIDIS A, CHICK J. Validation of a CFD model of wind turbine wakes withterrain effects ［J］. Journal of Wind Engineering and Industrial Aerodynamics, 2013, 123：12 − 29.

低矮建筑群内湍流风场的数值模拟[*]

张宇鑫[1]，曹曙阳[1, 2]，操金鑫[1, 2]

（1. 同济大学土木工程学院桥梁工程系 上海 200092；

2. 同济大学土木工程防灾国家重点实验室 上海 200092）

1 引言

城市建筑群在强风环境中容易出现因局部风压过高而导致的部分构件失效，进而引起建筑物的功能性破坏。传统的基于风洞试验的建筑风压研究不能显示出建筑群的流场细节，无法直观解释目标建筑的表面风压分布特征。通过数值模拟的方法可以将复杂流场可视化，由此可以为分析真实强风风场中建筑群的风环境提供帮助，具有较高的应用价值。

低矮建筑一般都处于大气边界层高度内，而真实的大气边界层风场由于粗糙地表引起的摩擦效应使得其具有湍流特性。S F Hoerner[1]通过实验指出对于矩形断面的结构，来流的湍流成分对其阻力的影响非常显著；Kareem A[2]研究了不同湍流成分对棱柱体模型表面风压的时空特性的影响，指出来流湍流强度的增加会导致模型侧风面分离气流的更早再附着。由于流场中湍流成分会影响建筑物风致作用情况，为了获得可靠的建筑群周围流场结构，需要首先在数值计算域中还原真实的湍流边界层。

风经过低矮建筑群时，处于风上游的建筑脱落的尾流往往会对风下游的建筑产生影响，使得下游建筑出现与单体建筑不一致的流场结构，影响其表面风压时空分布。秦彤[3]等人应用 CFD 技术系统地分析了高层建筑对周围低矮建筑的影响，认为在建筑抗风设计中应考虑其周围建筑物对其平均风压力的影响。相比于高层建筑，针对不同分布方式下的低矮建筑群风环境展开研究具有更普遍的应用价值。基于数值方法可以方便地改变建筑群的外形尺寸和分布方式，大大提高了研究效率。本文基于大涡模拟（LES）方法对强风过程中低矮建筑群周围流场展开计算，试图建立可靠的计算流程，并对流场结果进行总结和讨论。

2 研究方法和内容

2.1 基于数值滤波方法的入口湍流合成方法

数值滤波方法（filtered noise method）由 Klein[4]等人提出，该方法首先在计算域入流面生成一组随机数，然后使其通过指定的过滤器得到具有期望统计量（时间及空间相关性等）的时间序列。采用该方法需要在计算域入流面指定平均速度剖面，雷诺应力张量分布和湍流积分尺度张量分布，经过流场自然发展得到所需的具有真实涡结构的湍流流场，如图 1 所示。

图1 基于数值滤波方法得到的湍流流场

* 基金项目：国家自然科学基金项目（52078382）。

2.2 计算域设置

数值计算基于 OpenFOAM 平台。入流沿 X 方向，计算域尺寸为 6 m×3 m×1.8 m（x 向、y 向、z 向）。入流面采用上述人工湍流入流条件，出流面采用零速度梯度，零压力的边界条件，左右侧面采用周期边界条件，顶面采用对称边界条件，底面采用无滑移边界条件。

2.3 数值模拟结果

为了验证数值计算结果的正确性，本文采用与东京工艺大学（TPU）的风洞试验相同的低矮建筑群布置方式，在上述计算域中开展数值计算。数值风场的统计特性与试验相同，流场内的建筑类型均为平屋顶棱柱，建筑分布示意图及计算域网格划分如图 2 所示。计算得到的目标建筑物周围瞬时流场，以及表面平均风压分布与试验结果的比较如图 3 所示。

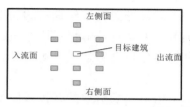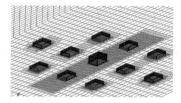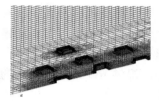

图 2　数值计算域内建筑分布示意图及计算域网格划分

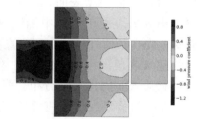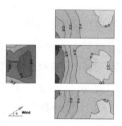

图 3　目标建筑物瞬时流场（$x-y$ 切面）以及表面平均风压分布与试验结果的比较

3　结论

本文首先基于数值滤波方法得到满足大气边界层风场统计特性的数值湍流强风风场，证明该人工入流合成方法的适用性。之后采用 LES 方法得到低矮建筑群周围的可视化流场以及目标建筑物的表面平均风压分布情况，与既有的风洞试验数据相比采用本文的数值方法可以较大程度还原风洞试验结果。最后通过改变低矮建筑群的分布方式开展数值计算，计算结果表明目标建筑周围风场会受到周围建筑的影响，进而影响其表面风压的时空分布。

参考文献

[1] HOERNER S F. Fluid-Dynamic Drag：Practical Information on Aerodynamic Drag and Hydrodynamic Resistance [J]. The Author, 1958.

[2] KAREEM A. Measurements of pressure and force fields on building models in simulated atmospheric flows [J]. Journal of Wind Engineering and Industrial Aerodynamics, 1990, 36 (1): 589–599.

[3] 秦彤, 艾晓秋, 翟永梅. 基于数值风场的高层建筑对临近低层建筑群影响分析 [J]. 灾害学, 2010, 25 (B10): 212–5.

[4] KLEIN M, SADIKI A, JANICKA J. A digital filter-based generation of inflow data for spatially developing direct numerical or large eddy simulation [J]. Journal of Computational Physics, 2003, 186 (652–65).

基于 LSTM 结构风振响应预测的样本时长降阶方法研究 *

黄希桂[1,2]，李利孝[2]，肖仪清[1]

（1. 哈尔滨工业大学（深圳）土木与环境工程学院 深圳 518055；

2. 深圳大学土木与交通工程学院 深圳 518060）

1 引言

基于性能的建筑结构抗风设计方法由于具有清晰的可靠性刻画和较高的全经济性而得到广泛关注[1]；但是基于性能的抗风设计方法需要计算结构在不同风速等级下的动力响应以获取结构构件的易损性曲线进行失效评估，因此对计算机算力的依赖性非常高。代理模型（自回归模型、神经网络等）通过数据驱动的方式可实现以较少计算量来高精度地模拟原型结构响应的目的。长短期记忆网络（long short-term memory，LSTM）是循环神经网络（recurrent neural network，RNN）的一种变体，LSTM 的神经元比 RNN 多了遗忘门、输入门和输出门，通过这三个门来控制输入数据的记忆和遗忘过程，因此 LSTM 可以克服 RNN 的梯度消失问题，具备长期记忆特性。已有学者将 LSTM 应用在框架结构上预测其在地震荷载下的响应[2]，显示具有良好的预测精度和预测效率。然而，LSTM 的训练时间与训练样本的时长密切相关，将 LSTM 应用在风致响应预测任务上时，会出现训练时间过长的问题。

为了解决上述问题，本文利用脉动风的各态遍历特性，提出根据自相关分析法和杜哈梅积分法两种方法从长持时样本中截取具有代表性的短持时样本来缩短 LSTM 的训练时间，并将其应用于一个单自由度结构来验证上述两种方法的可靠性。

2 构建训练样本库

脉动风可以视为统计意义上的平稳、高斯、各态遍历随机过程。利用脉动风的各态遍历特性，可以选用具有代表性、短时长的样本去训练 LSTM 网络以达到减少训练时间的目的。截取样本的时长与 LSTM 的训练时间和预测精度密切相关，本文提出两种方法来确定截取样本的时长。

2.1 自相关分析法

作用在结构上的风荷载可以分为平均风荷载和脉动风荷载两个部分；结构的动力响应主要是由脉动风荷载造成的。时间序列的自相关系数 $\rho(T)$ 可以用来描述该时间序列在时间间隔 T 下的相关程度。当脉动风荷载的自相关系数等于 0 时，意味着该特定时间间隔 T_{ACA} 下风荷载完全不相关，因此可以取 T_{ACA} 作为截取样本的时长。

2.2 杜哈梅积分法

根据结构受冲击荷载后结构振动幅值随时间衰减的公式 $y(t) = y_0 \mathrm{e}^{-\omega \xi t}$（其中，$\omega$ 为结构的自振频率，ξ 为结构的阻尼比），结合风荷载为均值 F_0 的假设，通过杜哈梅积分即可得到特定时间段内风荷载引起的结构响应和当前时刻下结构响应的比值，假设截取样本的时长为 T_{DI}，则前 T_{DI} 秒内风荷载引起结构响应与结构总响应的比值 x 可用下式表示：

$$x = \frac{\int_{T_{\mathrm{DI}}}^{0} F_0 y(s)\,\mathrm{d}s}{\int_{\infty}^{0} F_0 y(s)\,\mathrm{d}s} = 1 - \mathrm{e}^{-\omega \xi T_{\mathrm{DI}}} \tag{1}$$

当前 T_{DI} 秒内风荷载引起结构响应占结构总响应的一半，即 $x = 0.5$ 时，根据公式（1）即得到样本

* 基金项目：国家自然科学基金项目（51778373）。

截取时长的计算公式为：

$$T_{\text{DI}} = -\frac{\ln 0.5}{\omega\xi} \tag{2}$$

3 数值算例验证

本节用一个单自由度结构案例（$M = 100\,000$ kg、$K = 10\,000$ kN/m、$\xi = 0.02$）对上一节中提出的两种确定截取样本时长的方法进行验证。用谐波合成法模拟了 20 个时长 3600 s、时间间隔 0.05 s 的脉动风速样本，与平均风速叠加后通过面积积分得到作用在结构上的风荷载，再利用 Newmark $-\beta$ 法求得结构响应，这 20 个风荷载和对应的结构响应称为原始样本集。

根据 2.1 节中所述，对 20 个脉动风速样本进行自相关分析，取自相关函数等于 0 时的最大时长为截取样本时长 $T_{\text{ACA}} = 3.75$ s；通过 2.2 节杜哈梅积分法的公式（2）可以求得截取样本时长为 $T_{\text{DI}} = 3.5$ s。为了验证本文提出两种方法的可靠性和预测精度，选取了 14 个不同的截取样本时长对长样本进行截取获得 14 组具有不同长度训练样本（2 s、2.5 s、3 s、3.5 s、3.75 s、4 s、4.5 s、5 s、5.5 s、6 s、7 s、8 s、9 s、10 s）的截取样本集对 LSTM 网络进行训练并对比其均方误差和训练时间（如图 1 所示）。结果表明，根据本文提出的两种方法确定的时间截取的短样本具有较好的代表性，即使用截取样本训练的 LSTM 的均方误差与长样本训练 LSTM 的均方误差基本一致时，用截取样本训练 LSTM 的训练时间更少。

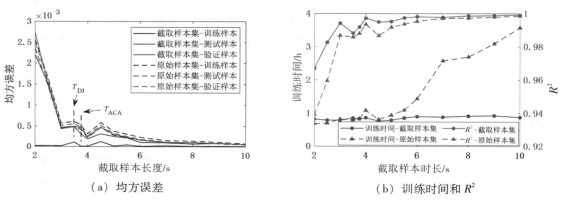

（a）均方误差　　　　　　　　　　　（b）训练时间和 R^2

图 1　LSTM 网络的均方误差和训练时间

4 结论

本文根据风的各态遍历特性，提出从长持时样本中截取具有代表性的短持时样本的方法来缩短 LSTM 的训练时间。分别用自相关分析和杜哈梅积分两种方式提出了两种确定截取样本时长的方法并在一个单自由度结构中验证了两种方法的可靠性。结果表明，本文提出的两种确定截取样本时长的方法都能显著减少 LSTM 的数据需求、缩短 LSTM 的训练时间。

参考文献

[1] MOHAMMADI A, AZIZINAMINI A, GRIFFIS A, et al. Performance Assessment of an Existing 47-Story High-Rise Building under Extreme Wind Loads [J]. Journal of Structural Engineering, 2019, 145（1）: 04018232.

[2] ZHANG R, CHEN Z, CHEN S, et al. Deep long short-term memory networks for nonlinear structural seismic response prediction [J]. Computers & Structures, 2019, 220（8）: 55 – 68.

缓坡路堑的风吹雪数值模拟研究

李赛[1]，马文勇[2,3,4]，李飞强[1]，李江龙[1]

(1. 石家庄铁道大学土木工程学院 石家庄 050043；

2. 河北省风工程和风能利用工程技术创新中心 石家庄 050043；

3. 道路与铁道工程安全保障省部共建教育部重点实验室(石家庄铁道大学) 石家庄 050043；

4. 石家庄铁道大学省部共建交通工程结构力学行为与系统安全国家重点实验室 石家庄 050043)

1 引言

风吹雪灾害多发生在我国东北和西北的高海拔、多强风地区，不仅会造成视程障碍，也会形成影响交通通行的二次积雪，严重威胁道路通行。风雪流流经平坦地面时，速度变化并不明显，使风雪流中的雪粒可以在沉积和侵蚀中达到动态平衡；而当风雪流遭遇障碍物，近地处流速变化较大，可引起雪粒沉积。经野外调查[1]发现，不同路基形式中，全路堑积雪问题最为严重。在实际工程中采用全路堑时，路堑形式常采用缓坡路堑。本文利用流体计算软件 Fluent，采用基于动网格技术的瞬态方法，结合雪面侵蚀沉积模型计算路堑积雪。研究缓坡路堑在风吹雪过程中的积雪特征以及风速对积雪特征的影响，为路堑风致雪堆积的预测与防治提供建议。

2 数值模型

2.1 模型尺寸

计算采用二维模型，尺寸如图 1 所示。路堑两侧边坡水平投影长度各 40 m，路面宽度为 27 m，两者之和定义为路堑范围 $W = 107$ m，路堑深度 $D = 10$ m。计算域为 $16W \times 15D$，首层网格高 0.05 m，总网格数量为 80 770 个，在路堑模型附近风速流场剧烈变化处进行了网格加密。

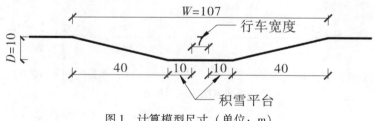

图 1　计算模型尺寸（单位：m）

2.2 风吹雪模拟模型

风吹雪模拟采用欧拉－欧拉方法，基于 Fluent 软件提供的 Mixture 多相流模型，采用结合动网格技术的瞬态方法，并利用雪面侵蚀沉积模型进行模拟。压力和速度的耦合采用 SIMPLE 算法，控制方程采用分离式方法（Segregated）求解，选用 Realizable $k - \varepsilon$ 湍流模型。

流域入口处风速采用指数率风剖面进行定义，湍动能 k 及湍流耗散率 ε 计算采用日本建筑荷载规范[2]建议公式。雪相入口边界条件利用雪相体积分数进行控制，跃移层高度取 0.1 m。出流面采用完全发展出流边界条件，流域顶部采用对称边界，地面采用无滑移壁面条件。

3 数据结果分析

3.1 缓坡路堑的积雪特征

模拟时间内路堑积雪随时间变化情况如图2所示，在上风侧坡脚风速的减弱效果最显著，大量的雪颗粒在此堆积；路面地势开阔，风雪流略有加速，在此产生少量积雪；风雪流在下风侧坡脚的风速介于第一弱风区与路面之间，产生的积雪量也介于两者之间。

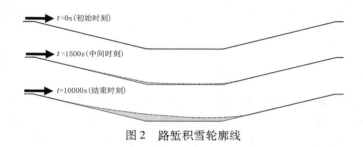

图2 路堑积雪轮廓线

3.2 风速对缓坡路堑积雪特征的影响

对比初始与最终时刻的壁面摩擦速度，在参考点风速为 7 m/s 时，路面始终存在雪粒沉积区域。当参考点风速增加至 8 m/s，初始时刻路面会出现侵蚀区域，但由于坡脚积雪对流场的改变，最终侵蚀区域可转变为沉积区域。风速继续增加，出现了稳定的侵蚀区域。

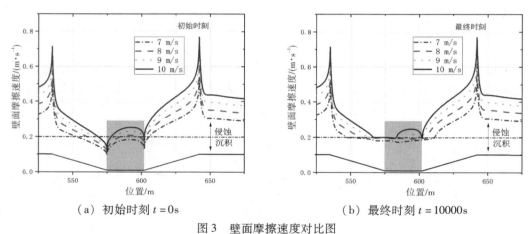

（a）初始时刻 $t = 0s$ （b）最终时刻 $t = 10000s$

图3 壁面摩擦速度对比图

4 结论

（1）风雪流带来的二次积雪与弱风区有着强相关性。当风雪流经过缓坡路堑，在两侧坡脚处的弱风区首先会产生大量的积雪。积雪的出现将改变缓坡路堑的风速流场特征，使弱风区向路面中心移动，进而导致此处的积雪增多。

（2）风速的增加会减缓雪粒堆积速率，也可增加路面范围内侵蚀区域的占比，侵蚀区域的增加方式是由路面中心向两侧坡脚发展。且风速愈大，侵蚀区域性质愈加稳定。

参考文献

［1］郑熙. 道路风吹雪灾害的数值计算和实测研究［D］. 石家庄：石家庄铁道大学，2020.

［2］TOMINAGA Y，MOCHIDA A，YOSHIE R，et al. AIJ guidelines for practical applications of CFD to pedestrian wind environment around buildings［J］. J Wind Eng Ind Aerodyn，2008，96（10 - 11）：1749 - 1761.

基于黏性涡域法的圆柱绕流分析

王治超，赵国辉

（长安大学风洞实验室 西安 710064）

1 引言

网格质量决定了计算流体力学的求解精度，而高质量的网格需要较高的计算硬件及时间成本。20 世纪末以来，无网格计算方法从天体物理学领域引入流体力学计算领域，并得到一定的发展[1]。本文利用无网格黏性涡域法（Viscous Vortex Domains Method）分析圆柱绕流，将其与现有文献的商用 CFD 软件分析结果进行对比，验证该方法的精度。

2 研究内容

2.1 黏性涡域法

黏性涡域法是一种无网格计算流体力学方法，用于在拉格朗日坐标系下直接求解二维纳维－斯托克斯方程。根据黏性流体中的循环在速度运动等高线上守恒可得：

$$u = V + V_d, \quad V_d = -v\frac{\nabla\Omega}{|\Omega|}, \quad \Omega = \mathrm{curl}\,V \tag{1}$$

式中，V 为流体速度；V_d 为扩散速度；v 为运动黏度；Ω 是流体速度 V 的旋度，即涡量场。对于平面平行流，扩散速度 V_d 及旋度可分别用式（2）、式（3）表示来描述涡量场的演变。

$$V_d = -\left(\frac{v}{\Omega}\right)\nabla\Omega \tag{2}$$

$$\frac{\partial\Omega}{\partial t} = \mathrm{curl}((V + V_d) \times \Omega) = -\nabla\cdot((V + V_d)\Omega)\mathrm{e}_\Omega \tag{3}$$

2.2 数值模拟及结果对比

基于黏性涡域法进行静止及振动状态下的圆柱绕流模拟，并与现有文献的商用 CFD 软件分析结果进行对比。算例工况设定如下：圆柱直径 $D = 1\mathrm{m}$，风速 $U = 1\ \mathrm{m/s}$，雷诺数分别取 $Re = 200$、1000、10^5。$Re = 200$ 时静止圆柱绕流模拟阻力及升力系数时程曲线及流场结果见图 1、图 2 所示；不同计算方法结果对比如表 1 所示，结果表明，利用黏性涡域法计算结果与其他 CFD 方法结果整体非常接近。在高雷诺数下利用该方法计算结果比其他方法结果稍偏大。

另模拟圆柱沿垂直来流方向做受迫振动，运动方程为 $y = A\sin(2\pi f_e t)$，f_e 为圆柱的振动频率，t 为圆柱受迫运动的运动时刻。振动圆柱无量纲频率取 $f^* = f_e/f_s = 0.5$，f_s 为静止圆柱自然脱落频率。无量纲振幅取 $A^* = A/D = 0.4$，A 为圆柱震荡的幅值。振动圆柱绕流模拟阻力及升力系数时程曲线及流场结果如图 3、图 4 所示；该条件下阻力系数平均值为 1.51，升力系数均方根值为 0.49，与王凯鹏等[2]计算结果基本一致。

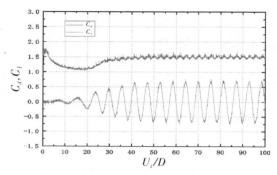

图1 静止圆柱升力、阻力系数时程曲线

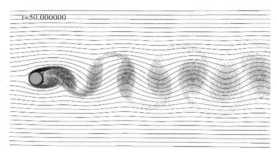

图2 静止圆柱涡量及流线图

表1 静止圆柱绕流升阻力系数与相关文献结果对比

	阻力系数 C_d		升力系数 C_l		斯托罗哈数 S_t
	最大值	最小值	最大值	最小值	
本文结果	1.55	1.41	0.74	−0.74	0.2
丁代伟 CFX[3]	1.56	1.49	0.59	−0.59	0.2
Lecointe Fluent[4]	1.50	1.42	0.70	−0.70	0.23
苏波 Fluent[5]	1.62	1.31	0.73	−0.73	0.2

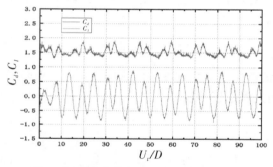

图3 振动圆柱升力、阻力系数时程曲线

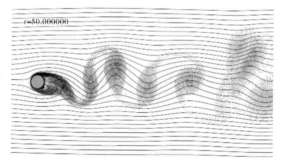

图4 振动圆柱瞬时涡量及流量图

3 结论

将黏性涡域法结果与现有文献的商用CFD软件分析结果进行对比，可以得到以下结论：
（1）黏性涡域法计算静止和振动圆柱绕流具有足够的精度和准确性。
（2）该方法无须网格划分且计算时间效率提高一倍以上。

参考文献

［1］BATINA J T. A gridless Euler/Navier-Stokes solution algorithm for complex two-dimensionalapplications［J］.1992.

［2］王凯鹏，赵西增.横向受迫振荡圆柱绕流升阻力系数研究［J］.江苏科技大学学报（自然科学版），2017，31（164）：29－35.

［3］丁代伟.圆柱绕流及涡激振动的二维数值模拟［D］.天津：天津大学，2010.

［4］WU G X, HU Z Z. Numerical simulation of viscous flow around unrestrained cylinders［J］.Journal of Fluids & Structures，2006，22（3）：371－90.

［5］苏波.圆柱绕流及某斜拉桥拉索的尾流驰振分析［D］.兰州：兰州交通大学，2010.

风吹雪灾害中防雪栅对路堤防雪效果研究[*]

冯耀恒[1]，贾娅娅[1,2,3]，刘庆宽[1,2,3]

（1. 石家庄铁道大学土木工程学院 石家庄 050043；
2. 石家庄铁道大学省部共建交通工程结构力学行为与系统安全国家重点实验室 石家庄 050043；
3. 河北省风工程和风能利用工程技术创新中心 石家庄 050043）

1 引言

近年来，世界上多个国家因风雪流作用而造成道路拥堵、人员伤亡和经济损失[1]等重大事故。目前风吹雪研究方法主要有以下三种：实地实测、风洞试验和数值模拟[2]。目前现场实测与风洞试验受客观因素影响较大，本文基于 Fluent 数值模拟软件，使用 Mixture 多项流模型[3]，以防雪栅和路堤为研究对象，对 3 种不同高度的防雪栅在路堤迎风侧 3 种距离处一共 9 种工况进行数值模拟，结合现场模型试验求证数值模拟结果的准确性，并对不同工况下的路堤周边积雪进行了分析。

2 数值模拟

本文把透风率为 60% 的三种高度（0.12 m、0.15 m、0.18 m）防雪栅和边坡坡度为 1∶1.5、高度为 0.2 m、路面宽度为 0.4667 m 的路堤进行不同距离组合。分别在路堤迎风侧 1 m、2 m、3 m 不同距离设置防雪栅进行数值模拟。计算域长和高分别为 20 m、5 m，如图 1 所示。采用结构化网格进行离散，边界层最小网格为 0.001 m，网格总数为 20 万。计算域网格如图 2 所示。

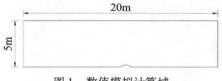

图 1 数值模拟计算域

图 2 路堤周边网格划分

在数值模拟软件 Fluent 的欧拉 – 欧拉多相流模型中，选择稳定性好并且能实现不同相相互穿插的 Mixture 多相流模型来模拟风雪流，该模型中空气相和雪相同用基于质量守恒定律的连续性方程和基于顿第二运动定律的动量方程，加上雪相体积分数的方程，构成了风雪两相流的控制方程。雪相体积分数方程如式（1）：

$$\frac{\partial \rho_s f}{\partial t} + \nabla \cdot (\rho_s f \boldsymbol{v}_m) = -\nabla \cdot (f \rho_s \boldsymbol{v}_{dr.p}) + \sum_{q=1}^{2} (m_{qp} - m_{pq}) \tag{1}$$

式中，ρ_s 为雪相密度；f 为雪相体积分数；$\boldsymbol{v}_m$ 为混合平均速度；$\boldsymbol{v}_{dr.p}$ 为相间相对速度；m_{qp}、m_{pq} 为两相之间的交换质量。

运用有限体积法离散风雪流控制方程，离散对流项格式采用二阶迎风格式，用 SIMPLE 算法，并对压力场与速度场进行校正，迭代控制方程的残差收敛至 10^{-6}。

3 数值模拟结果验证及分析

对现场模型试验结果进行无量纲化处理，以单独路堤路堤高度 $H = 0.2$ m 为单位进行无量纲处理。处

* 基金项目：国家自然科学基金（51778381）；河北省自然科学基金（E2018210044）；河北省高端人才项目（冀办［2019］63 号）。

理结果如图3所示,和数值模拟中对应工况积雪最终堆积积雪点对比,如图4所示。

数值模拟中对不同高度的防雪栅和路堤进行不同间距组合进行研究,计算方法为准稳态方法,计算到积雪变化不明显则停止计算。对试验结果进行无量纲化处理,图5为0.12 m高防雪栅间距1 m最终结果。

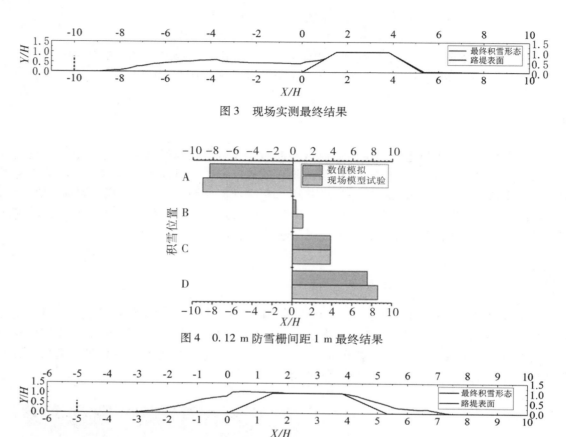

图3 现场实测最终结果

图4 0.12 m防雪栅间距1 m最终结果

图5 0.12 m防雪栅间距1 m最终结果

4 结论

本通过对不同高度防雪栅和路堤不同间距组合的研究,得到关于防雪栅参数对路堤道路交通改善的不同效果。分析数值模拟结果以后得到以下结论。

相同风速情况下,相同高度防雪栅布置在路堤迎风侧不同间距,应选择合适间距进行布置。布置距离过近,防雪栅作用的积雪堆积在路堤迎风侧边坡及路面上,影响交通。布置距离过远则防雪栅作用效果减弱。分析不同高度防雪栅,防雪栅高度选择应结合防雪栅布置距离进行选择。

参考文献

[1] 范峰.雪致建筑结构灾害调查及国内外雪荷载规范对比[R].杭州:2010.

[2] 周暄毅,顾明.风致积雪漂移堆积效应的研究进展[J].工程力学,2008(7):5-10,17.

[3] 康路阳.建筑屋盖表面风致迁移雪荷载的数值模拟研究[D].上海:同济大学,2018.

风轮旋转对塔筒干扰效应的研究[*]

陈安杰[1]，王策[1]，贾娅娅[1,2,3]，刘庆宽[1,2,3]

（1. 石家庄铁道大学土木工程学院 石家庄 050043；

2. 石家庄铁道大学省部共建交通工程结构力学行为与系统安全国家重点实验室 石家庄 050043；

3. 河北省风工程和风能利用工程技术创新中心 石家庄 050043）

1 引言

塔筒是支撑风力机上部结构的主要部件，因为风力机组所处的工作环境比较恶劣，所以塔筒表面会受到非常复杂的气动载荷的作用。因此在风力机设计过程中需要对塔筒所受气动载荷进行分析，这对于塔筒结构的安全优化和性能改进及风力机组的设计具有重要意义。工程中对风力机塔筒表面气动载荷的计算多是将塔筒类比为悬臂的高耸结构[1-3]，根据《建筑结构荷载规范》（GB 50009—2012）[4]对其进行计算。目前总的来说风轮旋转对塔筒表面气动载荷干扰的相关研究较少，而实际工程中风轮旋转对塔筒表面气动载荷的干扰明显。本文利用数值模拟的方法，探究风轮旋转对塔筒表面气动载荷的干扰效应，为风力机塔筒的结构设计提供建议。

2 数值模拟方法

利用 Pro/Engineer 三维建模软件分别建立风力机风轮、塔筒及机舱模型并将建好的模型进行装配，获得完整的风力机模型如图 1 所示。考虑后续研究的便捷性，采用将整机计算域风力机流场划分为旋转域流场与静止域流场，如图 2 ~ 图 3 所示，其中旋转域底部直径约为 $1.5D$，静止域长方体选定的长、宽、高分别为 $11D$、$3.5D$、$3D$，D 为风力机风轮直径。基于雷诺时均法引入湍流模型来考虑湍流对结构的影响，不同的湍流模型有各自的特点，本文选用模拟旋转问题更加精确的 RNG $k - \varepsilon$ 湍流模型。

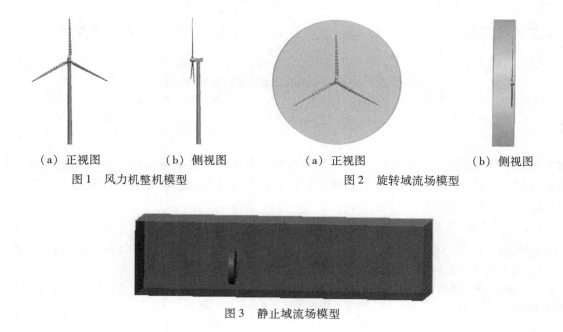

（a）正视图 　（b）侧视图 　　　（a）正视图 　（b）侧视图

图 1 风力机整机模型 　　　　图 2 旋转域流场模型

图 3 静止域流场模型

* 基金项目：国家自然科学基金项目（51778381）；河北省自然科学基金项目（E2018210044）；河北省高端人才项目（冀办〔2019〕63 号）。

3 风轮旋转对塔筒表面气动载荷的干扰效应

采用 CFD 的方法研究风轮旋转对塔筒表面气动载荷的干扰效应。选取 $1.0D$、$1.1D$、$1.2D$、$1.3D$、$1.4D$ 塔筒高度，D 为风轮直径，研究风轮旋转对塔筒表面气动载荷的干扰范围。为了定量地研究风轮旋转对塔筒表面气动载荷的干扰效果，以 $1.0D$ 塔筒高度为例，对有、无风轮旋转干扰的塔筒表面气动载荷进行对比。图 4 给出了距离轮毂中心向下的 $0.3D \sim 0.6D$ 六个不同高度下，有、无风轮旋转干扰的塔筒截面压力的周向分布图，其横坐标 0° 表示塔筒截面右侧的中心点，逆时针旋转 360°。

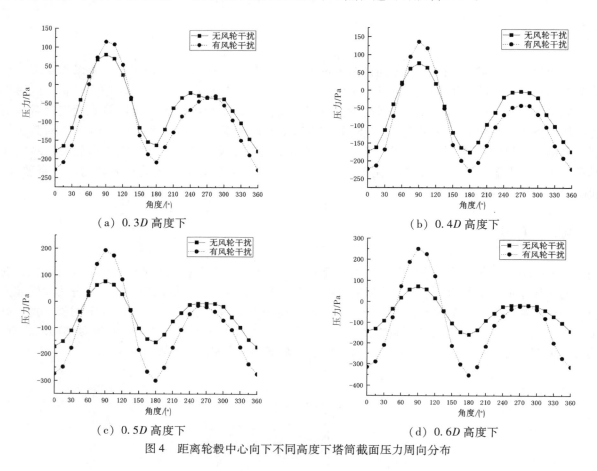

图 4 距离轮毂中心向下不同高度下塔筒截面压力周向分布

4 结论

无风轮干扰的塔筒两个侧风面所受压力数值基本相同。有风轮干扰的塔筒两个侧风面所受压力数值有差异，差异值随着高度下降而减小。考虑是叶片截面前缘与尾缘厚度不同，且自叶片根部至叶尖叶片截面前缘与尾缘的厚度差不断减小的原因。

参考文献

[1] 赵文涛，曹平周，陈建锋. 风力发电钢塔筒的荷载计算方法和荷载组合研究 [J]. 特种结构，2010，27（4）：73 – 76.
[2] 刘日新. 风力机塔架的设计方法研究 [D]. 沈阳：沈阳工业大学，2011.
[3] 李晓松. 大型风力发电机组塔筒载荷特性分析 [D]. 沈阳：沈阳工业大学，2015.
[4] 建筑结构荷载规范（GB 50009—2012）[S]. 北京：中国建筑工业出版社，2012.

微地形风场特性数值模拟研究[*]

王薇嘉[1]，金启海[2]，罗玉鹤[2]，陈伏彬[1]

（1. 长沙理工大学土木工程学院 长沙 410114；

2. 宁波市电力设计院有限公司 宁波 315000）

1 引言

地形因素能够显著地改变来流风的风速及风向[1]，然而目前国内外针对复杂三维山地风场研究鲜有报道[2]。本文将微地形定义为大山地区域中能够引起气候参数变化的狭小范围，以东部沿海区域地形为研究对象（该地区中的微地形将使得山区风场特征及其引起结构风致效应更加复杂），采用 CFD 数值模拟的方法对该类微地形及全地形风场进行深入研究。

2 数值模型

本研究建立了以模型原点为中心的 15 km（1:1）范围内的地形模型，如图 1 所示。

山体表面使用三角形非结构网格，体网格生成过程中先在山体外围边界面生成过渡段的边界层网格，然后由过渡段向计算域的最外层流域生成结构化的空间网格，网格尺寸由内往外逐渐增大。体网格采用混合网格，体网格单元总数 234 万个。网格划分如图 2 所示。

采用大型流体计算软件 Fluent，湍流模型主要采用标准 $k-\omega$ 模型[3]进行数值模拟，并采用 Realizable $k-\varepsilon$ 及 SST $k-\omega$ 模型进行湍流无关性的验证。图 3 所示为采用的三种湍流模型计算的某一山顶风速廓线。由图 3 可知，三种模型得到的曲线几乎完全重合。因此，本文后续计算均采用标准 $k-\varepsilon$ 模型。入流面设定为速度入口，出流面设定为压力出口，流场两侧和顶部设定为对称面，山体表面和周围的平地面设定为非滑移壁面。

图 1 区域地形模型图

图 2 山体网格系统

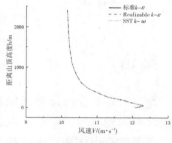

图 3 湍流无关性验证

3 结果分析

3.1 微地形分析

为研究微地形因素对沿海地区平均风速的影响，本节选取 A 类风场（参考高度风速 10 m/s）下区域地形某处微小地形进行分析，其中两座山体形成一个典型的垭口地形，沿 x 轴正向为顺风向，如图 4 所示，其中山 A 较高，且山前无其他山体遮挡；山 B 较矮，前方有群山的遮蔽效应。从图 5 可以看出，在山顶、迎风侧山坡及垭口处，风速一般存在放大效应，同时靠近较高大山体的垭口部位风速会相对更大，

[*] 基金项目：国家自然科学基金项目（51778072）。

而处于背风面的山坡，风速一般有所降低。

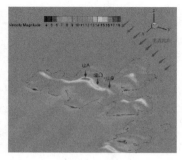
图 4　微地形处三维风速云图

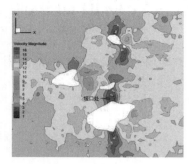
图 5　微地形处距离垭口底 60m 风速云图

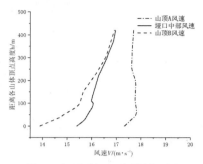
图 6　山顶及垭口处风剖面图

图 6 所示为两座山体山顶处及垭口中部的风剖面图，可看出较高的山顶 A 风速明显大于较矮的山顶 B，且山 A 在距离山顶 50～250 m 处风速不稳定且有明显的回流现象。而山 B 由于前面的群山遮蔽，回流现象明显减小。垭口前端群山较远，且均较为平坦，故遮蔽效应较小，因此也产生了较为明显的回流现象。

3.2　全地形分析

图 7 所示为 10 m/s 均匀来流风速，以及 0°、90°、180°、270°风向角下距地面 210 m 高度处整体山地风速比云图，其中风速比定义为参考高度各个位置平均风速与参考高度来流平均风速之比。从图中可以看出：前方地形的遮挡通常会影响后方山体附近风场，且前方山体海拔较高、距离较近时对后方山体影响更大；来流风向也对风速比有所影响。

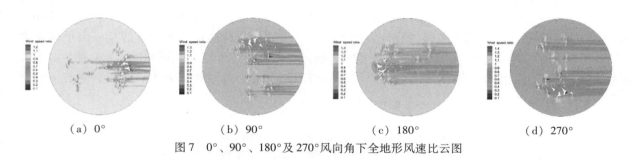

（a）0°　　　　（b）90°　　　　（c）180°　　　　（d）270°

图 7　0°、90°、180°及 270°风向角下全地形风速比云图

4　结论

通过对东部沿海局部区域地形的 CFD 数值模拟，研究了实际三维复杂地形的风场特性。研究表明：微地形对风场有较大影响，在近山顶区域会出现局部增速而后回流现象，而前方山体遮挡作用会减弱这种回流现象；山体垭口区域在来流风向下会出现明显的风速放大效应。

参考文献

［1］ CARVALHO D, ROCHA A, GÓMEZ-GESTEIRA M, et al. A sensitivity study of the WRF model in wind simulation for an area of high wind energy ［J］. Environmental Modelling & Software，2012，33（7）：23－34.
［2］ 罗啸宇，聂铭，谢文平，等. 输电线路所处复杂地形的风场数值模拟 ［J］. 科学技术与工程，2019，19（24）：172－176.
［3］ DHUNNY A Z, LOLLCHUND M R, RUGHOOPUTH S. Wind energy evaluation for a highly complex terrain using computational fluid dynamics（CFD）［J］. Renewable Energy，2017，101：1－9.

紊流边界层风场内半圆球形大跨屋盖非定常绕流大涡模拟

张香港[1]，郑德乾[1]，马文勇[2]

（1. 河南工业大学土木工程学院 郑州 450001；

2. 石家庄铁道大学土木工程学院 石家庄 050043）

1 引言

半圆球形大跨屋盖结构属于拱顶建筑，具有跨度小占据空间大的优点，是体育馆或仓储建筑广泛使用的一种建筑形式，其表面风压分布受雷诺数效应影响较大[1-3]。本文以处于紊流边界层风场内半圆球形屋盖为对象，进行了非定常绕流大涡模拟，考察了雷诺应力对大涡模拟结果的影响并将模拟结果与风洞试验结果[3]进行了对比分析，还研究了平滑流场和紊流边界层风场下的屋盖风荷载及其影响机理。

2 大涡模拟方法及参数设置

半圆屋盖直径 $D = 0.3$ m，以屋盖顶部来流平均风速和直径定义的雷诺数为 1.3×10^5。计算域大小和边界条件设置如图 1 所示，网格划分采用分块非均匀结构化网格，壁面区域网格加密，最小网格尺度 $0.0005D$，对应壁面 $y^+ \leqslant 5$，网格总数 356 万。大涡模拟入流脉动采用基于自保持边界条件的涡合成法，同时考虑雷诺应力分量输入，涡量值取 95；压力速度耦合采用 SIMPLEC 算法，空间离散格式采用二阶精度的有限中心差分格式；时间离散为二阶全隐格式，时间步长为 0.0005 s；采用动态亚格子模型。

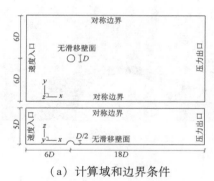

（a）计算域和边界条件

（b）网格划分

图1 边界条件及网格示意图

3 结果与讨论

图 2 为大涡模拟模型前方 2.4D 位置处风场与风洞试验结果[3]的对比，其中脉动风速监测位置为模型前方 2.4D 位置模型顶部高度 H 处（$H = 0.3D$），本文方法基本能够较好地重现试验风场。屋盖表面风压系数与风洞试验[3]以及平滑流场[2]的数值模拟结果（雷诺数为 3.0×10^5）的对比如图 3 所示。图 4 为平滑流场和紊流边界层风场的流向纵剖面时均流线图比较。

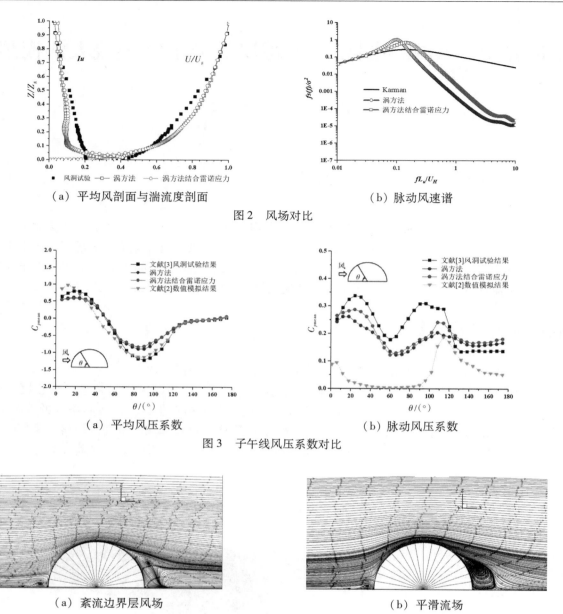

（a）平均风剖面与湍流度剖面　　　　　（b）脉动风速谱

图 2　风场对比

（a）平均风压系数　　　　　　　　（b）脉动风压系数

图 3　子午线风压系数对比

（a）紊流边界层风场　　　　　　　　（b）平滑流场

图 4　流向纵剖面时均流场比较

4　结论

采用基于自保持边界条件的涡合成法，结合雷诺应力分量输入来合成大涡模拟入流脉动，可使大涡模拟结果精度得到改善。两种流场条件下，平均风压分布变化趋势基本一致，脉动风压分布差别较为明显；与平滑流场相比，紊流边界层风场平均风压在迎风面分离区和屋盖顶部附近负压绝对值较小，脉动风压整体较大且背风面形成的脉动谷峰更为宽广，其主要原因是受来流紊流和来流边界层高度的影响改变了分离点位置，屋盖表面附着涡的能量和尺度以及背风面处的漩涡脱落频率和涡脱范围。

参考文献

［1］ CHENG C M, FU C L. Characteristic of wind loads on a hemispherical dome in smooth flow and turbulent boundary layer flow ［J］. Journal of Wind Engineering and Industrial Aerodynamics, 2010, 98 (6–7): 328–344.

［2］ 郑德乾, 郑启明, 顾明. 平滑流场内半圆球形大跨屋盖非定常绕流大涡模拟 ［J］. 建筑结构学报, 2016, 37 (S1): 19–24.

［3］ LO Y L. Characteristics of wind pressure fluctuations on dome-like structures ［D］. Tokyo: GSFS University of Tokyo, 2012: 67–68.

顶部开洞式塔冠对超高层建筑风荷载影响的大涡模拟研究 *

吴俊昊[1]，郑德乾[1]，马文勇[2]

（1. 河南工业大学土木工程学院 郑州 450001；
2. 石家庄铁道大学土木工程学院 石家庄 050043）

1 引言

高层或超高层建筑顶部塔冠样式的差别，不仅会改变塔冠局部位置的风荷载，还可能对建筑整体风荷载产生影响。文献［1－2］采用风洞试验方法，研究了20种塔冠类型对超高层建筑总体风荷载特性及基底弯矩的影响。本文采用基于空间平均的大涡模拟方法，对紊流边界层风场内封闭式方形开洞、敞开型方形开洞和敞开型矩形开洞3种顶部塔冠开洞的三维方形截面超高层建筑进行了非定常绕流数值模拟，考虑来流与洞口方向一致的0°风向角，对比分析了标准方柱（不开洞）与3种开洞塔冠模型表面的平均和脉动风压分布特征，探究对局部风荷载的影响，并着重从流场角度分析其作用机理。

2 计算模型尺寸及参数设置

为确保与风洞实验结果的可比性，本文选取的模型尺寸、缩尺比和风场类别与文献［1－2］保持一致，即采用几何缩尺比为1:500，宽高比 $D:H = 1:6$ 的方形截面超高层建筑模型，其中，方柱边长 $D = 100$ mm，3种塔冠高度统一取为80 mm（实际高度40 m），仅改变塔冠的开洞形式，模型总高度 H 不变，如图1所示。本文研究中，模型均处于B类地貌风场。

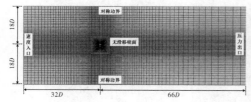
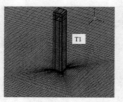
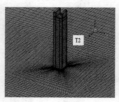
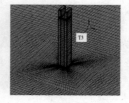

图1　边界条件与网格示意图

模型计算域为 $98D \times 36D \times 36D$（流向 $x \times$ 展向 $y \times$ 竖向 z）。三种模型均采用区域分块非均匀结构化网格进行离散，对地面和建筑物表面处的网格加密处理，其最小网格尺度为 $0.0005D$。考虑到计算精度同时兼顾计算效率，控制网格总数为250万，对应壁面 $y^+ < 10$。采用速度入口、压力出口，大涡模拟入流脉动采用改进的基于自保持边界条件的涡方法合成；侧面和顶面均采用对称边界条件；计算域地面和建筑物表面采用无滑移壁面。

3 结果与讨论

为便于分析，把方柱表面的风压以模型高度处来流平均风速无量纲化，标准方柱与T1、T2和T3模型表面平均和脉动风压系数等值线云图的比较结果，如图2所示。图3为典型位置处的时均流线图比较。

* 基金项目：国家自然科学基金项目（51408196）。

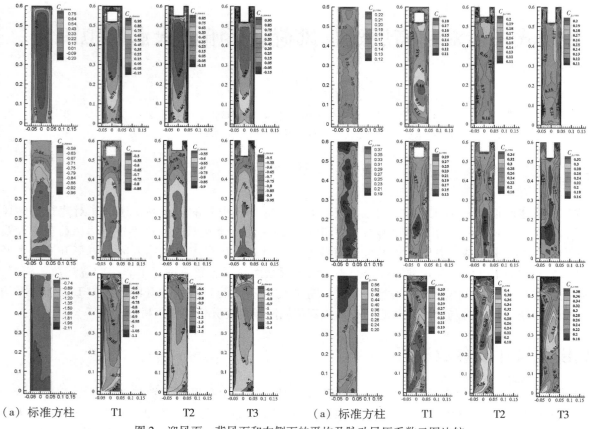

（a）标准方柱　　T1　　T2　　T3　　　　（a）标准方柱　　T1　　T2　　T3

图2　迎风面、背风面和右侧面的平均及脉动风压系数云图比较

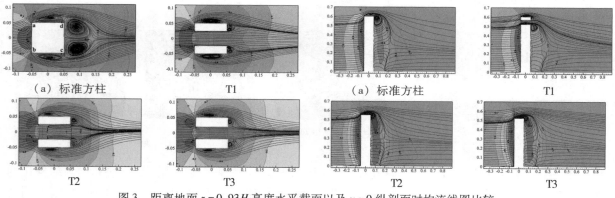

（a）标准方柱　　　　　T1　　　　　（a）标准方柱　　　　　T1

T2　　　　　T3　　　　　T2　　　　　T3

图3　距离地面 $z=0.93H$ 高度水平截面以及 $y=0$ 纵剖面时均流线图比较

4　结论

方柱顶部塔冠开洞后，影响了流动分离点位置、剪切流扩散角度及流动再附现象，洞口处的风速增大并扰乱了涡流，使漩涡脱落频率发生变化，能量更加分散，减小了结构表面局部风压；塔冠开洞边缘位置的流动分离点，出现了风压力或风吸力的极大值，特别是敞开型塔冠背风面存在明显的边缘效应。塔冠开洞面积和形状相同时，封闭式开洞对减弱表面风压的效果明显优于敞开型开洞；相同开洞形式时，开洞面积越大对表面风荷载抑制的效果越好。

参考文献

［1］马文勇，周佳豪，张正维，等.塔冠对方形超高层建筑顺风向基底弯矩的影响研究［J］.建筑结构学报，2021，42（5）：40 - 46，54.

［2］马文勇，周佳豪，郑德乾，等.塔冠对方形超高层建筑横风向气动特性的影响研究［J］.建筑结构学报，2021，43：100 - 106.

Prediction of aerodynamic coefficients of streamlined bridge deck using artificial neural network [*]

Tinmitonde Sévérin[1,2,3], Yan Lei[1,2,3], He Xuhui[1,2,3]

（1. School of Civil Engineering, Central South University, Changsha, 410075；

2. National Engineering Laboratory for High-Speed Railway Construction, Changsha, 410075；

3. Hunan Provincial Key Laboratory for Disaster Prevention and Mitigation of Rail Transit Engineering

Structures, Changsha, 410075）

1 Introduction

In the present study, a series of CFD simulations were conducted using different geometry parameters to obtainthe aerodynamic force coefficients (drag, lift, and moment) and simulation results were validated. The results obtained from CFD simulations were used to create a database to train the artificial neural network (ANN) model. The performance of the neural network created was verified using mean square error and the coefficient of determination R^2. Finally, it has been proved that the ANN model can predict with high accuracy the forces coefficients of a similar bridge section, hence circumventing the computational burden associated with CFD simulations and the cost of traditional wind tunnel tests.

2 Numerical simulation setup, results, and validation

2.1 CFD simulation settings

A series of 41 Design of Experiments (DoE) included the baseline design was generated using Latin Hypercube Sampling by varying the geometry as depicted in Fig. 1. Then, CFD simulations were conducted on each sample's designs to obtain the aerodynamic coefficients (drag, lift, and moment). To conduct the CFD simulation, a URANS approach was used with a SST $k - \omega$ turbulence model, and a SIMPLE model was adopted for the couple pressure-velocity. The whole sample was simulated at a constant inlet velocity of 10 m/s. Due to the computational resource associated with each simulation, only three angles of attack $AOA = \{-2°, 0°, +2°\}$ were considered. Thus, a total of $41 \times 3 = 123$ simulations were then conducted.

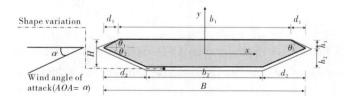

Fig. 1　Bridge deck section and design variables

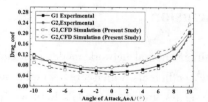

Fig. 2　Probability distribution of the drag coef.

2.2 CFD Results and validations

Until now, a CFD aret not reliable without validation. In the present study, the dataset obtained from CFD simulation was compared to an experimental wind tunnel test dataset set and a great agreement was observed

* 基金项目：国家自然科学基金项目（51808563、51925808）；湖南省自然科学基金（2020JJ5754）。

between the two source of datasets. On the other side, a statistical analysis was performed to get the trend on which distribution better describes the dataset collected to build the ANN model. Fig. 2 presents the validation of CFD results (drag coefficient).

3 Artificial Neural Network model

Artificial neural networks[1] were used to train the dataset obtained from the CFD simulation. Moreover, ten design variables were considered as the inputs (independents variables) and three outputs (dependent variables). Four layers were involved in the ANN model including two hidden layers with ten neurons each. The k-folds cross-validation technique was used to improve the model performance and to overcome the overfitting problem. Furthermore, three optimization algorithm such as Bayesian Regularization, Levenberg-Marquardt, and scaled conjugate gradient algorithm, were also used to increase the accuracy and performance of the ANN models. Fig. 3 shows the topology of an ANN as well as the regression plot of the test set of Bayesian regularization (BR) ANN model built. Table 1 shown the accuracy of the test set of the ANN models. The best performance is obtained with the Bayesian regularization model.

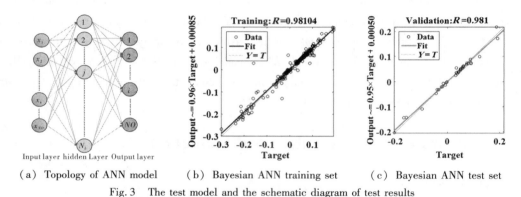

(a) Topology of ANN model   (b) Bayesian ANN training set   (c) Bayesian ANN test set

Fig. 3   The test model and the schematic diagram of test results

Table 1   Comparison of the accuracy of the training set for all ANN models built.

ANN models	MSE	$R^{\text{-square}}$
Levenberg-Marquardt	$1.311e-4$	0.961
Bayesian regularization	$2.459e-4$	0.981
Scaled conjugate gradient	$4.959e-4$	0.954

4 Conclusion

An artificial neural network model was built with a dataset set obtained from CFD simulations to predict the aerodynamic coefficients which are essential for the evaluation of the aerodynamic performance of a long-span bridge. The accuracy of ANN models built was proved.

References

[1] PAWAR S, SAN O, RASHEED A, et al. A priori analysis on deep learning of subgrid-scale parameterizations for Kraichnan turbulence [J]. Theor Comput Fluid Dyn, 2020, 34 (4):429−455.

基于深度学习的主梁外形气动性能高效预测方法

李海，李少鹏，李珂

（重庆大学土木工程学院 重庆 400045）

1 引言

桥梁主梁的气动外形对气动性能非常重要，然而采用传统的风洞试验以及 CFD 模拟计算需要消耗大量的时间，这大大影响了对桥梁主梁气动外形的气动性能评估效率。本文提出了基于全卷积网络的深度学习技术来实现对桥梁气动性能的快速预测，深度学习网络输入为不同形状下的距离场，输出为 CFD 计算生成的压力场，训练完成后预测不同几何形状下的阻力系数，并将预测结果与 CFD 计算结果对比。在误差允许范围内，基于深度学习网络的预测所需时间相比于传统方法计算时间达到了数量级的提升。

2 模型设计

我们借鉴了 Miyanawala 提出的用欧拉距离场来表达气动外形的形式，同时根据实际问题进行了改进[1]。用一个输入函数来准确表示主梁断面气动外形形状，公式前半部分表示流场采样位置 R_φ 与最近气动外形边界之间的无量纲距离 R_Γ，表示气动外形特征长度 B，因为我们更加关注靠近气动外形边界周围的流场忽略离气动外形较远的流场，β 表示采样位置在边界上或者边界内的时候为 0，反之为 1。

$$\text{Para} = \exp\left(-\frac{\min(R_\varphi - R_\Gamma)}{BU}\right)\beta \tag{1}$$

本文创新性地提出设置一个流场流动方向的图像数据和一个描述横风向方向的图像数据作为输入数据；在输出设计方面，为了增强网络输入和输出逻辑联系，我们选择将稳定的压力场作为输出，之后将流场的相关信息进行提取得到静力三分力系数，而不是直接将三分力系数作为输出对象。稳定压力场通过 CFD 仿真计算生成。

本文解决的是图像的像素级别的回归问题，因此构建模型时使用了全卷积网络 FCN 的模型结构并适当调整，将 FCN 从解决像素级分类问题上扩展到像素级回归问题上，从而完成桥梁气动外形优化的高效预测，模型见图 1。

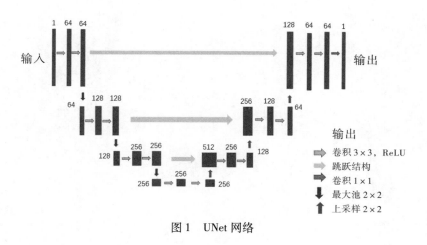

图 1　UNet 网络

3 试验结果

训练模型在训练数据集和验证数据集上计算所得的 L2 范数损失随着迭代次数增加到 500 以后逐渐减小并稳定在一定数值范围内，基本上没有出现过拟合的问题。

训练完成后将验证数据集的预测回归结果转化为可视化的图像并与 CFD 仿真结果进行比对，从图 2 中可以明显观察到预测的回归结果与真实数据非常相符，这为后面根据压力场提取三分力系数提供了精度保证。

图 2　$AR = 0.71$ 矩形下的压力场预测结果与 CFD 计算结果比对示意图

4 结论

基于深度学习与 CFD 深度结合的数据驱动方法能够在保证预测精确的前提下使得桥梁气动性能的获取时间得到数量级的提升，简单高效地建立了气动外形与桥梁气动性能之间的联系，这给之后的气动外形优化提供了基本方法。

参考文献

［1］ MIYANAWALA T P, JAIMAN R K. A Novel Deep Learning Method for the Predictions of Current Forces on Bluff Bodies ［C］. ASME 2018 37th International Conference on Ocean, Offshore and Arctic Engineering, 2018.

基于"力法"的 CFD 桥梁涡激力识别 *

廖岚鑫，周奇

（汕头大学土木与环境工程系 汕头 515063）

1 引言

目前基于节段模型风洞试验的涡激力识别方法主要有"位移法"和"力法"，其中"力法"是通过内置天平测力技术直接获得主梁断面涡激力的方法，其识别结果仅依赖于结构外形，具有更好的普适性[1-3]。然而，"力法"试验对测试设备要求十分高，试验过程繁琐，较难推广应用。为此，本文以某扁平单箱梁为研究对象，基于 CFD 流固耦合方法对"力法"进行数值模拟，以期获得主梁断面的非线性涡激力，并通过风洞试验结果验证其正确性。

2 基于"力法"涡激力 CFD 识别方法

2.1 风致自激力识别方法

求解出涡激共振发生时 $t + \Delta t$ 时刻的位移响应值，并对其进行预测和修正，由平衡方程整理可得到该时刻下真实的加速度：

$$\ddot{y}(t + \Delta t) = \frac{F_w(t + \Delta t) - c\dot{y}(t + \Delta t) - ky^{\mathrm{pre}}(t + \Delta t)}{m + c\gamma\Delta t + k\beta\Delta t^2} \tag{1}$$

式中，m 为模型质量；c 为阻尼系数；k 为系统刚度系数；$\gamma = 0.5$，$\beta = 0.25$；$y^{\mathrm{pre}}(t + \Delta t)$ 为预测的位移值；$F_w(t + \Delta t)$ 为网格更新后的气动总力。由此通过数值计算即可获得涡激共振的竖向位移、速度、加速度和风致自激力等信号。

2.2 非风致附加自激力识别方法

在 CFD 模拟中，设置一个趋于 0 的来流风速并给模型施加一个初始激励力，迫使模型发生自由振动，则可由下式获得模型的非风致自激力为：

$$F_{\mathrm{nonwind}}^{(0)}(t) = -m_e\ddot{y}^{(0)}(t) - c_e\dot{y}^{(0)}(t) \tag{2}$$

根据最小二乘法构造误差函数，并对该误差函数求偏导数，即可求解出 m_e 和 c_e，进而得到涡激共振发生时的非风致附加自激力信号，并分离出涡激力信号。

2.3 CFD 计算参数介绍及网格划分

整个计算域的长度为 27.2 m，宽度为 9.9 m，桥面几何中心到上游入口的距离为 9.6 m，到下游出口的距离为 17.6 m，划分为刚性网格、变形网格、静止网格区域。

计算风速范围为 5～10 m/s，间隔为 1 m/s，发现涡激共振现象出现后在该风速附近以 0.1 m/s 加密风速间隔继续模拟，风攻角为 5°。桥梁断面采用无滑移壁面，计算域上下侧为对称边界，右侧为自由出口。经过无关性检验后，计算域网格划分如图 1 所示。

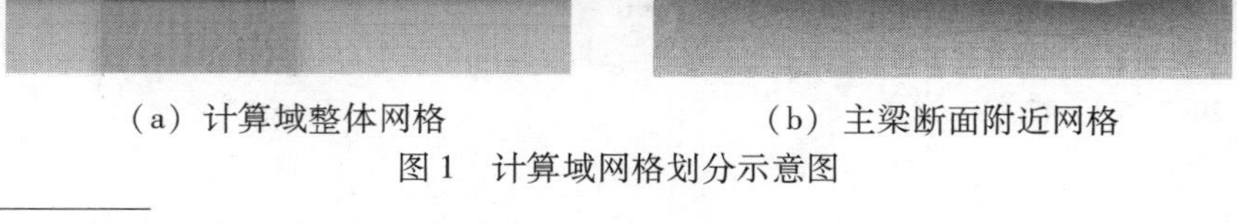

(a) 计算域整体网格　　　　　　　　(b) 主梁断面附近网格

图 1　计算域网格划分示意图

* 基金项目：广东省自然科学基金（2018A030307008）；国网科技项目（5200-201919121A-0-0-00）。

3 涡激力识别结果对比分析

图 2 和图 3 分别为涡激力时程和涡激力幅值谱的模拟结果与试验结果的对比。通过对比发现，涡激力幅值大小、主要周期、幅值谱大小的模拟结果与风洞试验结果均十分吻合。

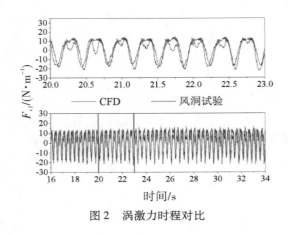

图 2　涡激力时程对比

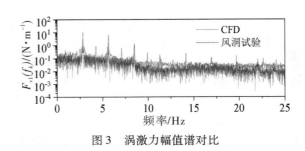

图 3　涡激力幅值谱对比

表 1 为涡激力极值和主频的模拟结果与试验结果的对比。表 2 为涡激力倍频分量与主共振分量比值的模拟结果与试验结果的对比。通过对比发现，涡激力极值大小、主共振频率、各阶倍频贡献与风洞试验结果均十分吻合。

表 1　扁平封闭箱梁上的涡激力

对比值	最大值 /$(N \cdot m^{-1})$	最小值 /$(N \cdot m^{-1})$	主频 /Hz
风洞试验	17.64	−21.23	2.811
数值模拟	18.69	−22.86	2.831
偏差	5.9%	7.6%	0.7%

表 2　扁平封闭箱梁上的涡激力倍频分量幅值比

倍频阶数	1	2	3	4～8
风洞试验	100%	65.3%	14.2%	0.5%～2.0%
数值模拟	100%	59.2%	15.6%	0.6%～2.2%
偏差	—	−9.3%	9.9%	10～20%

4 结论

（1）将数值模拟的结果与风洞试验结果对比，竖向位移的振幅及频率基本吻合，表明本文的涡激共振数值模拟方法可靠；

（2）通过对涡激力进行频谱分析，涡激力存在着显著的二阶和三阶倍频，而自三阶倍频以后，其谱峰值明显较小，验证了涡激力的非线性特性。

参考文献

［1］ ZHU L D. Non-linear mathematical models of vortex-induced vertical force and torque on a centrally-slotted box deck［J］. Journal of Wind Engineering and Industry Aerodynamaics，2013，122：69－82.

［2］ ZHOU T，ZHU L D，GUO Z S. Parameters identification of nonlinear empirical model for vortex-induced vibration（VIV）［J］. Journal of Vibration and Shock，2011，30（3）：115－118，144.

［3］ GAO G Z，ZHU L D. Nonlinear mathematical model of unsteady galloping force on a rectangular 2：1 cylinder［J］. Journal of Fluids and Structures，2017，70：47－71.

考虑风致不均匀积雪分布的大跨网架结构工作状态分析

黄昌昊[1]，刘晖[2]，吉柏锋[2]

（1. 武汉理工大学土木工程与建筑学院 武汉 430070；

2. 武汉理工大学道路桥梁与结构工程湖北省重点实验室 武汉 430070）

1 引言

大跨网架结构具有质量轻、体型大的特点，在雪灾天气中由于屋面面积大，极易在不均匀积雪作用下发生结构破坏。因此研究学者们对风致不均匀积雪预测展开了大量研究工作，周暄毅[1]和 Sun[2]采用欧拉方法分别对首都机场屋面和大跨膜结构表面的积雪分布进行了模拟。然而在实际降雪过程中，风雪两相属于双向耦合，风致雪漂移运动会实时改变积雪堆积情况从而改变风场的边界条件和绕流效应，现研究仅考虑风对雪的影响，会造成计算结果与实际情况存在较大差异。进一步地，关于网架结构在风致不均匀积雪作用下的工作状态分析鲜有涉及，因此无法对大跨网架结构在暴雪作用下的安全性做出评估。本文运用计算流体力学软件 Fluent，采用 Mixture 多相流模型和 $k-kl-\omega$ 湍流模型[2]，基于准动态网格划分方法得到网架屋面降雪全过程中不均匀积雪变化，并分析不同工况下网架结构的工作状态情况，对网架结构在风致不均匀积雪作用下的安全性进行评估。

2 不均匀雪荷载作用下结构工作状态分析

2.1 准动态积雪模拟流程

对 $125\text{m} \times 85\text{m}$ 的正放四角锥网架结构屋面的积雪分布情况进行数值模拟，本文提出准动态的模拟方法，经分析将降雪全过程 24 小时划分为 6 个阶段，每阶段时长 4 小时，增加的积雪高度为 5cm。每 4 小时网格更新一次，更新后网格作为新边界条件进行下一阶段计算，直到 24 小时计算全部完成。积雪分布如图 1、图 2 所示。

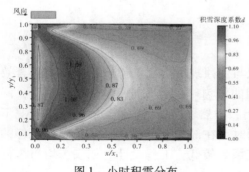
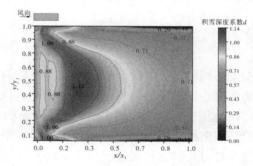

图 1 小时积雪分布　　　　　　　　　　图 2 小时积雪分布

2.2 不同工况下网架结构工作状态分析

对 12 m/s 风速下，30°、45°、60°、90°风向角的积雪分布进行数值模拟，如图 3 所示。工程所在地的基本雪压为 0.45 kN/m²，采用 ANSYS 有限元软件对网架结构进行建模，对 12 m/s 风速、不同风向角工况下网架结构的工作状态进行分析，分析结构的最大应力值和最大挠度情况，并与 0 m/s 风速均布雪荷载作用下结构的响应情况进行对比，如表 1 所示。

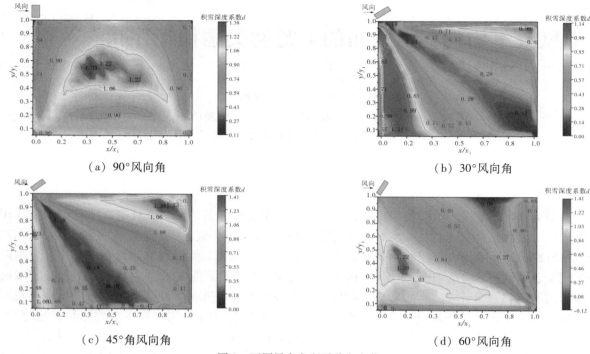

（a）90°风向角　　　　　　　　　　　　　　（b）30°风向角

（c）45°角风向角　　　　　　　　　　　　　（d）60°风向角

图 3　不同风向角积雪分布变化

表 1　不同工况网架结构工作状态分析

风向角/（°）	风速/(m·s⁻¹)	平均雪压/(kN·m⁻²)	最大应力值/MPa	最大挠度值/m
—	0	0.45	232	0.207
0		0.35	217	0.193
30		0.23	169	0.143
45	12	0.28	178	0.151
60		0.30	207	0.176
90		0.40	234	0.208

3　结论

采用准动态网格划分方法分析获得积雪不均匀分布的沉积与侵蚀现象均比不考虑风雪双向耦合效应的结果更为明显，因此不能忽视雪相实时变化对风场绕流作用的影响。在不均匀积雪荷载作用下，网架屋面平均雪压值相比均匀雪荷载大幅降低。在 90°风向角工况下，虽然平均雪压相比均布雪荷载工况下降 12.5%，但是网架结构的最大应力及挠度值出现增大现象，同时存在部分杆件发生受拉杆向受压杆的转变。由于按受拉设计的杆件长细比较大，转为受压杆件后稳定系数较低。工程设计时如仅按均布雪荷载考虑，则结构存在局部失稳破坏的安全隐患。

参考文献

［1］周暄毅，顾明，朱忠义，等.首都国际机场 3 号航站楼屋面雪荷载分布研究［J］.同济大学学报（自然科学版），2007（9）：1193－1196.

［2］SUN X Y，JIN R. Numerical simulation of snowdrift on a membrane roof and the mechanical performance under snow loads［J］. Cold Regions Science and Technology，2018，150：15－24.

基于 CFD – DEM 方法的风雪耦合作用模拟

章博睿，张清文，范峰

（哈尔滨工业大学土木工程学院 哈尔滨 150090）

1 引言

随着计算流体力学（CFD）技术的进步，采用数值模拟方法对风雪耦合作用的研究逐步发展。目前，该领域模拟主要基于欧拉 – 欧拉（E – E）框架的三类方法：浓度扩散法[1]、流体体积 VOF 法[2] 与混合流 Mixture 法[3]，可分别实现对风雪单、双向耦合作用的模拟。但 E – E 方法的精确性多取决于风雪流实测（试验）标定的、数学化的侵蚀/沉积模型，而无法指导风雪耦合机理的探究。不同地，对于欧拉 – 拉格朗日（E – L）框架，雪颗粒被处理为离散系统，通过颗粒受力分析，结合动力学定律，实现对颗粒运动的解析，摆脱了对数学化模型的依赖。主流的 E – L 框架方法是将 CFD 与 DEM 离散单元法[5]进行耦合，具有考虑因素全、模型假设少等优势，但又因参数确定复杂、计算量大等原因，研究仍处于起步阶段。

2 CFD – DEM 方法概述

2.1 控制方程

与 E – E 框架方法一致，空气被视为连续相，其控制体单元内控制方程在此不再展开。而对于雪相，则被处理成离散颗粒系统，且存在平动与转动两类颗粒运动，控制方程写为

$$m_i \frac{\mathrm{d}\boldsymbol{v}_i}{\mathrm{d}t} = \boldsymbol{F}_{p-f,i} + \sum_{j=1}^{n} (\boldsymbol{F}_{c,ij} + \boldsymbol{F}_{d,ij} + \boldsymbol{F}_{l,ij}) + m_i \boldsymbol{g} \quad I_i \frac{\mathrm{d}\boldsymbol{\omega}_i}{\mathrm{d}t} = \sum_{j=1}^{n} ((1 - \mu_r \boldsymbol{\omega}_i)\boldsymbol{R}_i \times (\boldsymbol{F}_{ct,ij} + \boldsymbol{F}_{dt,ij})) \quad (1)$$

式中，m_i，I_i，μ_r，$\boldsymbol{v}_i$，$\boldsymbol{\omega}_i$ 与 $\boldsymbol{R}_i$ 分别为颗粒 i 的质量、惯性矩、滚动摩擦系数、线速度、角速度与径矢；除颗粒 – 流场作用力 $\boldsymbol{F}_{p-f,i}$ 外，还考虑颗粒 – 颗粒（壁面）间碰撞与黏结行为。

具体地，将雪颗粒视为弹性体，引入 Hertz – Mindlin 碰撞理论[4]，处理颗粒 i 与颗粒（壁面）j 间碰撞为弹簧振子阻尼本构，依据颗粒法向 $\boldsymbol{n}$ 与切向 $\boldsymbol{t}$ 变形计算碰撞弹性接触力 $\boldsymbol{F}_{c,ij}$ 与黏滞阻尼力 $\boldsymbol{F}_{d,ij}$。考虑雪介质特殊性，本文模型计算液桥力 $\boldsymbol{F}_{l,ij}$，即依据水膜表面张力（含湿特性），配合黏结判别，计算颗粒 – 颗粒（壁面）间黏结，而非采用现有 CFD – DEM 方法[5]处理方式，通过均一化参量（黏结能量密度）经验估算。

2.2 方法实现

基于 Fluent 与 EDEM 平台，CFD – DEM 方法对风雪耦合作用的模拟有两种模式，即单向、双向耦合。对于前者，实现的途径是对 $\boldsymbol{F}_{p-f}$ 的计算，以拖曳力 $\boldsymbol{F}_{\mathrm{drag}}$ 为主，即从稳态 CFD 计算中获取全域流场数据后，搜索 CFD 网格内颗粒体积占 α，将由 α 计算的 $\boldsymbol{F}_{\mathrm{drag}}$ 施加于颗粒进行动力学求解。而后者，多考虑了颗粒接触、黏结模型的反馈作用，通过与 CFD 时间同步的瞬态计算，实现对每步内颗粒速度与位置的更新，并以此修正下一步 CFD 迭代计算的边界。与现有 CFD – DEM 方法[5]不同，本文双向耦合实现过程中，颗粒接触、黏结模型参数是通过颗粒本构标定试验直接测试，而非采用模拟演绎逆向推定获取，具有更高的科学性与精确性。

3 模型验证

选用风雪耦合模拟中经典实测——风洞 Oikawa 原型（SN09）[6]，对本文 CFD-DEM 方法开展验证。连

续相 CFD 计算域尺寸、网格与边界条件等均参考 E-E 浓度扩散法[1]对同原型模拟的设定值。采用 Realizable $k-\varepsilon$ 湍流模型，对应湍流模型参数则依据日本 AIJ 规范确定。而对 DEM 离散元，颗粒碰撞、黏结模型参数，采用在哈工大低温实验室中颗粒本构标定的结果，即滑动摩擦系数、恢复系数与含湿率分别取 0.1%、0.53% 与 2.5%。为 DEM 求解稳定，取瞬态步长为瑞利时间步长约 35%，为 $2e-5s$；进而耦合 CFD 求解时间步长达 $10e-5s$。

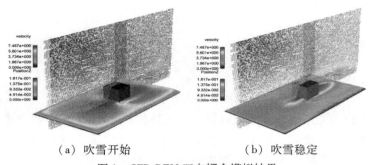

<table>
<tr><td>（a）吹雪开始</td><td>（b）吹雪稳定</td></tr>
<tr><td colspan="2">图 1   CFD-DEM 双向耦合模拟结果</td></tr>
</table>

图 2   模拟与风洞[6]试验对比

以 CFD-DEM 双向耦合方法为例，图 1 显示了对 Oikawa 立方体原型模拟的结果。可以看见，该方法对立方体周边积雪分布可视化的模拟，并不依赖于侵蚀/沉积模型对 E-E 多相流求解的"后处理"，可实时再现并更新两相间的耦合作用。从风吹雪开始（图 1a），在立方体迎风立面边缘处雪层出现侵蚀，并持续发展至风吹雪稳定状态（图 1b）。通过模拟与文献［6］的试验对比（图 2），可得两者在沉积、侵蚀区位置及其尺度上吻合良好。

4　结论

基于 E-E 框架，提出风雪耦合作用 CFD-DEM 方法。该方法摒弃了对 E-E 框架中对侵蚀/沉积数学化模型的建立，将雪颗粒视为离散系统，采用动力学原理对颗粒的碰撞与黏结进行解析。最后，通过对 Oikawa 原型的模拟，从定性与定量角度验证了本文方法的可行性。

参考文献

［1］ TOMINAGA Y, OKAZE T, MOCHIDA A, et al. CFD prediction of snowdrift around a cube building model ［C］. Snow Engineering VI, Whistler：2008.

［2］ THIIS T K. A comparison of numerical simulations and full-scale measurements of snowdrifts around buildings ［J］. Wind and Structures, 2000, 3（2）：73-81.

［3］ ZHANG G L, ZHANG Q W, FAN F, et al. Numerical Simulations of Snowdrift Characteristics on Multi-span Arch Roofs ［J］. Journal of Wind Engineering and Industrial Aerodynamics, 2021, 212：10459.

［4］ DEM Solutions. EDEM 2018 User Guide ［S］.

［5］ 赵雷. 低矮建筑风雪流作用实测、试验与数值模拟 ［D］. 成都：西南交通大学, 2017.

［6］ NAKASHIZU J, HOSOKAWA K, OIKAWA S, et al. Experimental research about the snowdrift formation process near the building ［C］. Summaries of technical papers of Annual Meeting Architectural Institute of Japan. B-1, Structures I, 2003：69-70.

高层建筑结构基于 Davenport 风谱风振响应谱矩的新封闭解[*]

葛新广，李宇翔，杨雪峰，余洋城

（广西科技大学土木与建筑工程学院 柳州 545006）

1 引言

风对建筑结构的振动影响主要是由短周期的脉动风引起的，Davenport[1]风速谱是工程界公认的描述脉动风对建筑结构作用的随机模型。基于 Davenport 风速谱激励下的结构随机响应的分析方法主要有时域法[2-3]和频域法[4-5]。但时域法在分析风振响应封闭解的表达式十分复杂[2]，而频域法能够获得结构响应的功率谱的封闭解，但在求谱矩和方差时需要数值积分，其计算精度和效率受积分区间和积分步长的影响较大[5]。基于上述问题，本文提出了一种基于频率响应特征值函数的二次正交化法的风振响应谱矩的新封闭解法。

2 结构系列响应的谱矩简明封闭解

一 n 层建筑在风荷载作用下的结构运动方程为：

$$M\ddot{x} + C\dot{x} + Kx = P_f(t) \tag{1}$$

式中，$\ddot{x}$，$\dot{x}$，x 分别为结构各层相对于地面的加速度、速度和位移向量；M，C，K 分别为结构质量、阻尼和刚度矩阵；$P_f(t)$ 为脉动风压力，采用 Davenport 风速谱随机激励。

利用复模态方法，对式（1）所表示的动力方程进行复模态解耦，将其化为：

$$z_i + p_i z_i = u(t) \sum_{i=1}^{n} \eta_{k,i} I_0(H_i) B(H_i) \tag{2}$$

式中，z_i，p_i 分别为式（1）所表示的系统的复模态广义坐标及特征值；$u(t)$ 为 Davenport 脉动风速随机过程，$I_0(H_i)$、$B(H_i)$ 为与风压力有关系的参数，具体见文献 [2].

根据复模态理论及虚拟激励法获得结构响应位移、速度的频域解：

$$x_l = \sum_{k=1}^{2n} U_{l,k} \frac{1}{p_k + j\omega} \sqrt{S_u(\omega)} e^{j\omega t} \sum_{i=1}^{n} \eta_{k,i} I_0(H_i) B(H_i) \tag{3}$$

$$\dot{x}_l = \sum_{k=1}^{2n} U_{l+n,k} \frac{1}{p_k + j\omega} \sqrt{S_u(\omega)} e^{j\omega t} \sum_{i=1}^{n} \eta_{k,i} I_0(H_i) B(H_i) \tag{4}$$

式中，x_l，$\dot{x}_l$ 第 l 层相对于地面位移和速度；$U_{l,k}$ 表示右特征向量 U 第 l 行第 k 列的元素；$\eta = (V^T M U)^{-1} V^T$；$\eta_{k,i}$ 表示 η_k 矩阵第 i 列的元素，$j = \sqrt{-1}$。

比较式（3）与式（4），可知结构的位移及速度可用统一表达式表示 D，并利用虚拟激励法求得结构响应的功率谱 $S_{D_l}(\omega)$ 并进行二次正交化：

$$S_D(\omega) = \left[\sum_{k=1}^{2n} \frac{\mu_{kk}\lambda_{kk}}{p_k^2 + \omega^2} + \sum_{k=1}^{2n-1} \sum_{i=k+1}^{2n} \frac{\mu_{ik}\lambda_{ik}}{p_i + p_k} \left(\frac{2p_i}{p_i^2 + \omega^2} + \frac{2p_k}{p_k^2 + \omega^2} \right) \right] S_u(\omega) \tag{5}$$

根据随机振动理论，结构响应谱矩定义为：

$$\alpha_{D,q} = \int_0^\infty S_{D_l}(\omega) \omega^q d\omega \quad (0 \leqslant q \leqslant 2) \tag{6}$$

[*] 基金项目：国家自然科学基金项目（51468005）。

此时可轻易求得结构响应各阶谱矩的解析解：

$$\alpha_{D,q} = \sum_{k=1}^{2n} \lambda_{kk}\mu_{kk}X_{k,q} + 2\sum_{k=1}^{2n-1}\sum_{i=k+1}^{2n} \frac{\lambda_{ik}\mu_{ik}}{p_i + p_k}(p_i X_{i,q} + p_k X_{k,q}) \tag{7}$$

$$X_{k,0} = \frac{2\pi a^2}{c^3}\left(1 + \sum_{i=1}^{3} b_i \ln(1 - t_i)\right); X_{k,2} = 2\pi - p_k^2 X_{k,0} \tag{8}$$

算例：某地面粗糙度为 A 类 15 层钢筋混凝土办公建筑。结构基本参数：各层质量为 380×10^3 kg，层间刚度 330×10^3 N/m，各层迎风面积均为 150 m^2，各层高度均为 4 m。结构的阻尼比 $\xi_1 = 0.05$。采用 Davenport 风速谱，地面粗糙度系数 $K_r = 0.00129$，$\bar{V}_{10} = 33.5$ m/s。结构响应位移的各阶谱矩如图 1～图 4 所示。

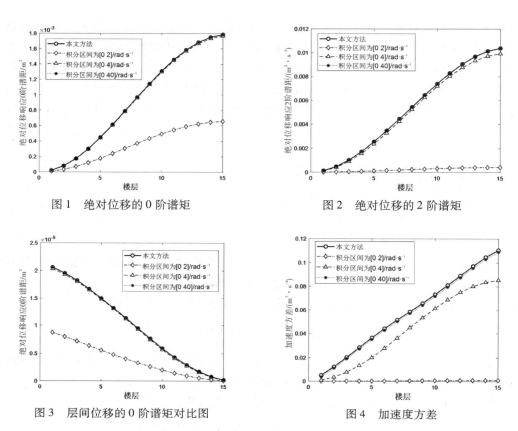

图 1　绝对位移的 0 阶谱矩　　　　　　　　图 2　绝对位移的 2 阶谱矩

图 3　层间位移的 0 阶谱矩对比图　　　　　图 4　加速度方差

3　结论

本文提出了结构频响函数的二次正交法，获得了结构基于 Davenport 风速谱激励下系列响应的 0～2 阶谱矩及 4 阶谱矩的简明封闭解。通过与传统虚拟激励法进行对比，说明本文方法的正确性，并证明了结构系列响应的谱矩和方差为封闭解，不受积分区间和积分步长的影响。

参考文献

［1］ DAVENPORT A G. The Relationship of Wind Structure to Wind Loading ［J］. Symposium on Wind Effect on Building and Structures. London，1965：54－102.

［2］ 李创第，葛新广，朱倍权. 带五种被动减振器的高层建筑基于 Davenport 谱随机风振响应的解析解法 ［J］. 工程力学，2009，26（4）：144－152.

［3］ KAREEM A，KIJEWSKI T. Time-frequency analysis of wind effects on structures ［J］. Journal of Wind Engineering and Industrial Aerodynamics，2002，90（12）：1435－1452.

［4］ 林家浩，张亚辉，赵岩. 虚拟激励法在国内外工程界的应用回顾与展望 ［J］. 应用数学和力学，2017，38（1）：1－32.

［5］ 赵中伟，张永高. 基于本征－虚拟激励法的大跨钢结构风振响应分析 ［J］. 空间结构，2020，26（1）：15－23.

并列双山地形风场大涡模拟研究[*]

王亚琦[1]，郑德乾[1]，李亮[1]，方平治[2]

（1. 河南工业大学 郑州 450001；

2. 中国气象局上海台风研究所 上海 200030）

1 引言

采用基于空间平均的大涡模拟方法，对不同间距的并列双山进行了非定常绕流数值模拟研究。首先将单山大涡模拟结果与文献［1］风洞试验结果作对比，验证了大涡模拟方法及参数的有效性；接着，分析了 5 种间距（$0H$、$0.5H$、H、$2H$ 和 $3H$）对山丘风压系数及流场干扰因子的影响，并从时均流场和瞬态流场的角度对其进行机理分析。

2 计算模型及参数设置

本文研究对象处于 B 类地貌，模型采用余弦型三维对称山丘，其数学表达式为[2]

$$z(x,y) = H\cos^2\left[\frac{\pi\left(x^2+y^2\right)^{\frac{1}{2}}}{D}\right] \tag{1}$$

式中，山体高度 $H = 100$m，底部直径 $D = 300$ m。

计算域大小设置为 $60H$（流向）×$26H$（展向）×$25H$（竖向），其中入流面到模型前方距离 $10H$；采用非均匀结构化网格进行离散，对山丘近壁面区域进行网格加密，最小网格尺度 $0.0003H$，对应壁面 $y^+ < 5$，如图 1 所示。采用速度入口边界条件，大涡模拟入流脉动采用基于自保持边界条件[3]的涡方法合成；出流面采用压力出口，计算域两侧及顶部采用对称边界，山体表面及地面设置为无滑移壁面。时间离散格式为二阶隐式，空间离散采用具有二阶精度的 Bounded central differencing 格式。

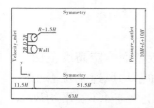

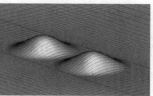

（a）计算域和边界条件　　　　　　　　　　（b）网格划分示意图

图 1　计算域、边界条件和网格划分示意图

3 结果与讨论

图 2 为大涡模拟风场与文献风洞试验结果的比较，由图可见具有较好的一致性。图 3 为受干扰影响最大的峡谷中间位置的平均风速和湍流度干扰因子变化曲线。图 4 为山丘表面的平均和脉动风压系数干扰因子变化曲线。

* 基金项目：国家重点研发计划（2018YFB1501104）。

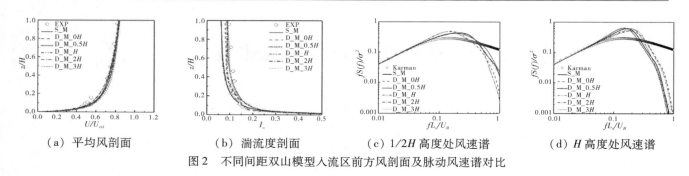

（a）平均风剖面　　　（b）湍流度剖面　　　（c）1/2H 高度处风速谱　　　（d）H 高度处风速谱

图 2　不同间距双山模型入流区前方风剖面及脉动风速谱对比

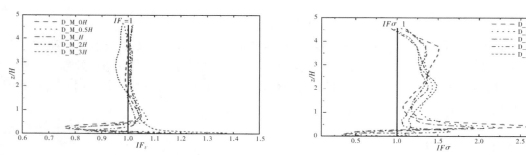

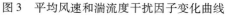

图 3　平均风速和湍流度干扰因子变化曲线

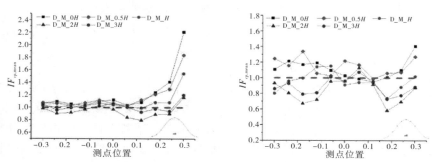

图 4　平均风压系数和脉动风压系数干扰因子变化曲线

4　结论

不同间距下，双山对山丘周围风场的影响范围主要集中在山丘内侧山脚和峡谷近壁面一定高度范围内。平均风速干扰因子和湍流度干扰因子在近壁区受干扰影响最大，随着高度的增加平均风速干扰因子趋近于 1.0；湍流度干扰因子则随着高度的增加呈先增大后减小的趋势，但数值总体上大于 1.0。平均风压系数干扰因子随着双山间距的减小而增大，脉动风压系数干扰因子均值为 1.0。当双山间距 3H 时，可以忽略干扰对流场的影响。

参考文献

［1］ LIU Z Q, TAKESHI L, TAKAHIRO T, et al. LES study of turbulent flow fields over a smooth 3D hill and a smooth 2D ridge. 2016, 153：1 – 12.

［2］ 沈国辉，姚剑锋，王昌，等.双山情况下水平风的加速效应［J］.空气动力学学报，2020，38，181（2）：84 – 90.

［3］ 杨伟，金新阳，顾明，等.风工程数值模拟中平衡大气边界层的研究与应用［J］.土木工程学报，2007（2）：1 – 5.

不同坡度三维山丘地形风场大涡模拟研究[*]

包延芳[1]，郑德乾[1]，李亮[1]，方平治[2]，马文勇[3]，汤胜茗[2]

（1. 河南工业大学土木工程学院 郑州 450001；

2. 中国气象局上海台风研究所 上海 200030；

3. 石家庄铁道大学土木工程学院 石家庄 050043）

1 引言

准确模拟不同坡度山丘地形风场对于山区建筑物以及构筑物至关重要。以三维山丘为对象，采用基于空间平均的大涡模拟方法进行了非定常绕流数值模拟。通过与文献中的风洞试验[1]进行对比，验证了数值模拟方法的有效性；在此基础上，详细对比分析了 15°、21.8°、30°和 45°四种不同坡度的三维山丘地形风场特点，研究了坡度对于山丘地形平均风场和湍流结构的影响，并对不同坡度的地形加速效应进行了研究分析；最后，从时均和瞬态流场角度对绕流特点进行了机理分析。

2 大涡模拟方法及参数设置

研究对象处于 B 类地貌，余弦型三维对称山丘坡度分别为 15°、21.8°、30°和 45°，如图 1 所示。大涡模拟计算中，计算域大小为 15L（流向）×4L（展向）×4L（竖向），采用非均匀结构化网格进行离散，在壁面关心区域网格加密，阻塞比均小于 3%；入流面为速度入口，采用基于自保持边界条件[2]的涡方法[3]合成大涡模拟入流脉动，涡量值取 95；出流面为压力出口，计算域两侧及顶部均设置为对称边界条件，山体表面及地面设置为壁面条件，入流脉动采用涡方法合成，压力速度耦合采用 SIMPLEC 算法，亚格子模型选用动态亚格子模型，时间步长为 0.004s。

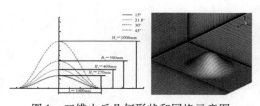

图 1 三维山丘几何形状和网格示意图

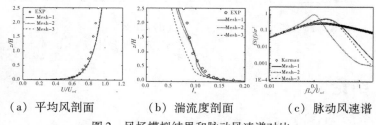

（a）平均风剖面　　（b）湍流度剖面　　（c）脉动风速谱

图 2 风场模拟结果和脉动风速谱对比

3 结果与讨论

图 2 为大涡模拟风场与试验风场结果的对比，可见具有较好的一致性。不同坡度三维山丘的风剖面和地形加速效应的比较结果分别如图 3 和图 4 所示，图 5 为流向纵剖面时均流线图比较。由图可见，山丘的坡度变化影响了其周围的流场分布，使得风剖面和地形加速效应值均相应发生了变化。

* 基金项目：国家重点研发计划（2018YFB1501104）。

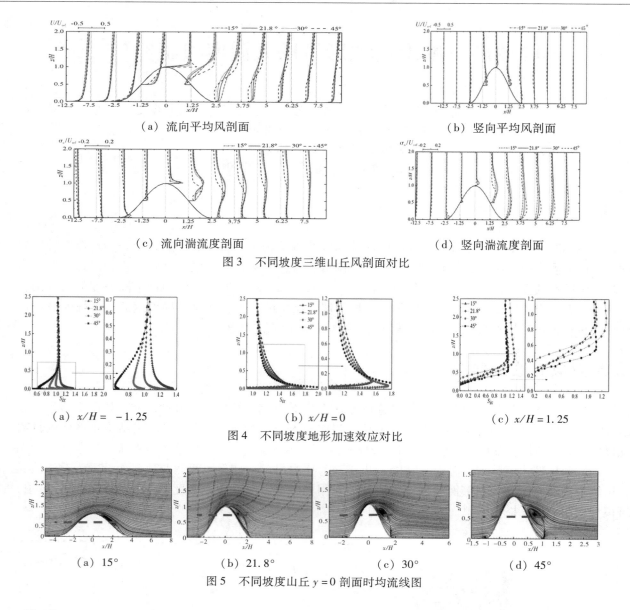

（a）流向平均风剖面   （b）竖向平均风剖面

（c）流向湍流度剖面   （d）竖向湍流度剖面

图3 不同坡度三维山丘风剖面对比

（a）$x/H = -1.25$ （b）$x/H = 0$ （c）$x/H = 1.25$

图4 不同坡度地形加速效应对比

（a）15°   （b）21.8°   （c）30°   （d）45°

图5 不同坡度山丘 $y = 0$ 剖面时均流线图

4 结论

本文通过研究基于涡合成法生成大涡模拟入流脉动条件，以不同坡度的三维山丘为算例，通过与风洞试验进行对比，研究了不同坡度下平均风速和脉动风速、地形加速效应以及涡量图的演变。

参考文献

［1］ LIU Z, ISHIHARA T, TANAKA T, et al. LES study of turbulent flow fields over a smooth 3 – D hill and a smooth 2 – D ridge ［J］. Journal of Wind Engineering and Industrial Aerodynamics, 2016, 153: 1 – 12.

［2］ 杨伟, 金新阳, 顾明, 等. 风工程数值模拟中平衡大气边界层的研究与应用［J］. 土木工程学报, 2007, 40（2）: 1 – 5.

［3］ 祝宝山. 非定常流动的快速拉格朗日涡方法数值模拟［J］. 力学学报, 2008（1）: 9 – 18.

基于数值模拟的人行悬索桥驰振性能研究 *

王沛源[1]，马汝为[1]，李明水[1, 2]
(1. 西南交通大学风工程试验研究中心 成都 610031；
2. 风工程四川省重点实验室 成都 610031)

1 引言

悬索桥在跨越大江、大河及联岛工程中被广泛应用，而由于使用对象与公路悬索桥不同，人行悬索桥是一种相对特殊的结构形式。人行悬索桥进一步轻柔，桥面偏窄，总体结构比较纤细，设计荷载较小，强度较弱，随之而来的振动问题就更加显著了。因此人行悬索桥在风作用下极易引起振动，有必要对人行悬索桥的抗振性能进行优化[1-3]。本文以某人行悬索桥为研究背景，通过数值风洞模拟对其驰振性能进行研究。

2 数值计算模型

在风场数值模拟中，选取了对流动分离具有较好解析度的 SST $k-\omega$ 湍流模型。采用有限体积法对计算域流场进行离散。本文采用了稳态不可压缩 piso foam 求解器，压力与速度耦合采用 piso 算法。对流项和黏度项采用了二阶中心差分格式离散。

计算域入口为均匀来流，上下面为对称边界条件（symmetry），模型采用无滑移固定壁面（no-slip）。由于本计算采用的计算域较大，在出口边界上流场已得到充分发展，故出口边界采用开放式零压力出口（open pressure）。

3 结果分析和讨论

3.1 升力系数

根据数值模拟计算结果，得到三个攻角下模型的升力系数，如图1所示。可以看出原始断面的升力系数随着攻角的增大而减小，改良断面的升力系数随着攻角的增大而增大。即优化断面下升力系数的斜率为正，则根据 Den Hartog 准则，如式（1）所示，优化断面的气动阻尼较原始断面增大，从而可以判断改良断面不会出现驰振现象。

$$d = 2m\zeta\omega + \frac{1}{2}\rho UB\left(\frac{\mathrm{d}C_L}{\mathrm{d}\alpha} + C_D\right) \tag{1}$$

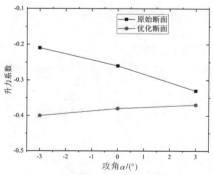

图 1 不同攻角下的升力系数

* 基金项目：国家自然科学基金项目（51878580）。

3.2 流场结构

对于原始断面，下方存在较大的涡旋结构，而上表面栏杆有效阻挡了来流，这使得上下表面产生较大的压力差。而对于改进断面，主梁处的开孔有效破坏了下方的大涡旋结构，使其数个较小的涡旋，从而提高了结构的气动阻力，有效抑制了驰振的发生。

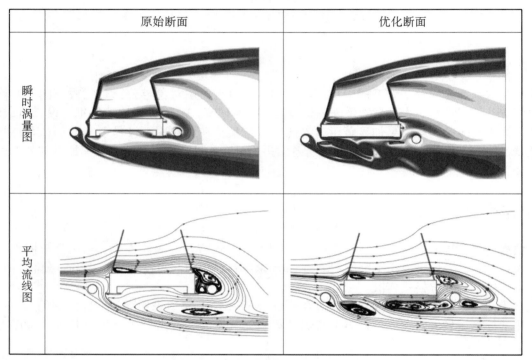

图2 0°攻角下的瞬时涡量图和平均流线图

4 结论

本文通过 CFD 二维数值模拟，研究了某人行悬索桥原始及改进断面的驰振稳定性能，并对不同风攻角下断面的流场结构进行了分析。结论如下：

（1）开孔措施明显地改变了模型周围的流场结构，使得原本存在于原型断面下方和后方的涡结构分解为若干小的涡旋，从而影响了升力的变化。

（2）开孔措施增大了结构的气动阻力，从而有效抑制了驰振的发生。

参考文献

［1］MA R，ZHOU Q，LI M. Effect of countermeasures on the galloping instability of a long-span suspension footbridge ［J］. Wind and Structures，2020，30（5），499－509.

［2］陈政清. 桥梁风工程［M］.北京：人民交通出版社，2005.

［3］HARTOG J. Transmission Line Vibration Due to Sleet ［J］. American Institute of Electrical Engineers Transactions，2013，51（4）：1074－1076.

TLD 耗能结构系列风振响应的简明封闭解 *

余洋城，杨雪峰，李宇翔，葛新广

（广西科技大学土木建筑工程学院 柳州 545006）

1 引言

调谐液体阻尼器（TLD）是一种通过液体振荡产生控制效果的被动控制装置，其具有造价低，安装简洁且能兼顾建筑消防存水装置的优点在土木工程中有重要的应用价值[1-2]。目前对于 TLD 耗能结构分析主要是频域法和时域法[2-4]，由于现有方法在进行随机响应分析中计算过程烦琐且表达式不够简明，不利于实际应用。本文在针对以上方法不足，对 TLD 耗能结构基于 Davenport 风谱提出了一种求解结构绝对位移，层间位移0、2 阶谱矩及方差和结构绝对加速度方差的简明解法。

2 理论介绍

在顶层设置一个 TLD 的建筑结构在风荷载作用下运动方程为：

$$\left.\begin{aligned} \boldsymbol{M}\ddot{\boldsymbol{x}}_0 + \boldsymbol{C}_0\dot{\boldsymbol{x}}_0 + \boldsymbol{K}_0\boldsymbol{x}_0 &= \boldsymbol{F}_0(t) + \boldsymbol{I}F_{\text{TLD}} \\ m_{\text{d1}}\ddot{x}_{\text{d1}} + c_{\text{d1}}(\dot{x}_{\text{d1}} - \dot{x}_n) + k_{\text{d1}}(x_{\text{d1}} - x_n) &= 0 \end{aligned}\right\} \tag{1}$$

式中，M_0，K_0，C_0 分别为设置 TLD 耗能建筑结构的质量、刚度和阻尼矩阵；x_0，$\dot{x}_0$，$\ddot{x}_0$ 别为 TLD 耗能结构相对于地面的位移、速度及加速度向量；$F_0(t)$ 为风荷载；根据 Housner[5] 集中质量法：$F_{\text{TLD}} = -m_{\text{d0}}\ddot{x}_n - m_{\text{d1}}\ddot{x}_{\text{d1}}$；$m_{\text{d1}}$，$c_{\text{d1}}$，$k_{\text{d1}}$ 分别为 TLD 的质量、阻尼和刚度参数；$\ddot{x}_{\text{d1}}$，$\dot{x}_{\text{d1}}$，x_{d1} 分别为 TLD 相对于地面的绝对加速度、速度及位移；$\ddot{x}_n$，$\dot{x}_n$，x_n 为结构第 n 层的加速度、速度和位移参数。通过本文方法可将 TLD 耗能结构的响应功率谱表示为频响函数二次正交式和风速谱的乘积：

$$S_D(\omega) = H_D(\omega)S_u(\omega) \tag{2}$$

式中，$H_D(\omega) = \sum\limits_{k=1}^{2n+2} \dfrac{\bar{U}_k^2\lambda_{kk}}{p_k^2 + \omega^2} + \sum\limits_{k=1}^{2n+1}\sum\limits_{i=k+1}^{2n+2} \dfrac{\bar{U}_k\bar{U}_i\lambda_{ik}}{p_i + p_k}\left(\dfrac{2p_i}{p_i^2 + \omega^2} + \dfrac{2p_k}{p_k^2 + \omega^2}\right)$，$\bar{U}_k$ 表示响应的模态参数，p_i、p_k 为 TLD 耗能体系复模态解耦的特征值，ω 为频率自变量，λ_{ik} 是风载系数。由随机振动理论[3]，对式（2）进行运算可得响应谱矩的简明表达式：

$$\alpha_{D,q} = \sum\limits_{k=1}^{2n+2} \bar{U}_k^2\lambda_{kk}X_{k,q} + \sum\limits_{k=1}^{2n+1}\sum\limits_{i=k+1}^{2n+2} \dfrac{\bar{U}_k\bar{U}_i\lambda_{ik}}{p_i + p_k}(2p_iX_{i,q} + 2p_kX_{k,q}); q = 0,2 \tag{3}$$

式中，$X_{k,q} = \dfrac{4\pi}{3}\displaystyle\int_0^{\infty^-} \bar{U}_k^2\lambda_k \dfrac{a^2\omega^{q+1}}{(1 + a^2\omega^2)^{4/3}} \dfrac{1}{p_k^2 + \omega^2}\text{d}\omega$。对 $X_{k,q}$ 进行积分可计算结构0、2 阶谱矩：

$$X_{k,0} = \dfrac{2\pi a^2}{c^3}\left(1 + \sum\limits_{i=1}^{3} b_i\ln(1 - t_i)\right); X_{k,2} = 2\pi - p_k^2\boldsymbol{X}_{k,0} \tag{4}$$

3 算例

某地有 15 层框架剪力墙建筑结构，层高为 3.6 m；第 1～9 层质量为 660.5×10^3 kg，9～15 层质量

* 基金项目：广西重点研发计划（桂科 AB19259011）；广西科技大学研究生教育创新计划项目（GKYC202133）；广西科技大学创新团队项目（校发［2016］31 号）资助。

为 524.2×10^3 kg。$1 \sim 9$ 层的层间刚度为 1.94×10^9 N/m；$9 \sim 15$ 层层间刚度为 1.53×10^9 N/m；结构的阻尼比 $\xi = 0.05$。楼顶设规格为长宽 10 m，水深为 0.5 m 的 TLD。每个装置盛水量为 50 t。在距离地面 10 m 处的平均风速为 33.5 m/s。各层迎风面积均为 210 m^2。

图 1 是本文方法同虚拟激励法计算的 1 层 Davenport 风速谱的响应功率谱对比图，两者完全重合，故可证明本文方法正确性；图 2、图 3 是结构位移谱矩和加速度方差对比图，可见随着积分步长越小虚拟激励法计算结果越靠近本文方法所计算的值，可证本文方法的正确性和高效性；图 4 为本文方法所计算的 TLD 结构的对比图，由图可知 TLD 具有良好的减振性能。

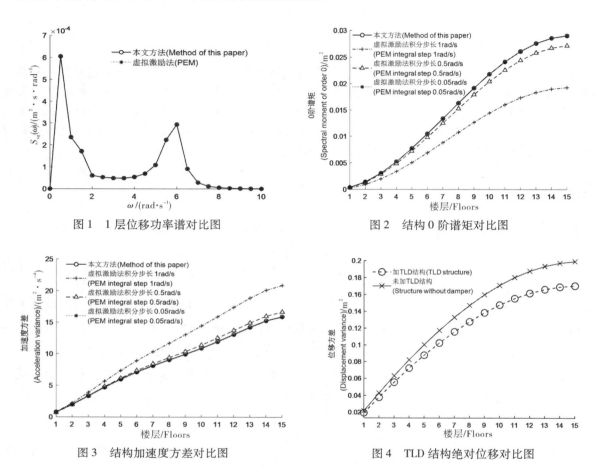

图 1 1 层位移功率谱对比图   图 2 结构 0 阶谱矩对比图

图 3 结构加速度方差对比图   图 4 TLD 结构绝对位移对比图

4 结论

针对 TLD 耗能结构基于 Davenport 风速谱的结构随机动力响应的谱矩和方差，提出了频率响应特征值函数的二次正交法，并成功获得了结构基于 Davenport 风速谱激励下系列响应的 0、2 阶谱矩和方差的简明封闭解。通过与传统虚拟激励法进行对比，说明本文方法分析结构系列响应的谱矩和方差为封闭解，其不受积分区间和积分步长的影响；同时还运用本文方法证明了 TLD 具有良好的减振作用。

参考文献

[1] 吴成勇. 调频液体阻尼器对高层结构减振控制效果比较研究 [D]. 成都：四川大学，2004.

[2] 井秦阳，李宏男，王立长，等. 大连国贸大厦高层水箱风振控制研究及应用 [J]. 地震工程与工程振动，2006（2）：111-118.

[3] 方同. 工程随机振动 [M]. 北京：国防工业出版社，1995.

[4] 李暾，张梦丹，姜琰，等. 建筑结构基于巴斯金风速谱的系列风振响应的简明封闭解 [J/OL]. 计算力学学报：1-9 [2021-06-26]. http://kns.cnki.net/kcms/detail/21.1373.O3.20210115.1148.002.html.

[5] HOUSNER G W. Dynamic pressure on accelerated container [J]. Bull Ssm Soc Am，1957，47：15-35.

沿海丘陵地区台风天气的强风暴雨耦合场数值模拟研究[*]

孙建平，黄铭枫，王义凡

（浙江大学建筑工程学院 杭州 310000）

1 引言

台风引发的输电线路灾害严重威胁我国东南沿海地区电网的安全稳定运行[1]。台风事件对输电线路结构安全的危害主要体现在强风天气和风雨耦合作用对塔线体系的影响[2]。本文基于WRF-CFD[3]建立了台风暴雨耦合场数值模拟框架。以位于舟山的某输电线路为目标区域，对台风"泰利"期间丘陵地区的风场和风雨耦合效应进行多尺度耦合数值模拟，获取风速及雨滴速度，研究其分布规律。

2 台风暴雨数值模拟方法

数值模拟的流程框架如图1所示。首先，建立中尺度台风模拟的七层单向嵌套计算域，结合FNL全球再分析气象数据，利用Advance Hurricane WRF（AHW）模式重现台风路径和强度的演变过程，获取目标区域的风场和降雨信息；其次，在目标区域建立CFD计算域模型，将从台风模拟中获取的风速数据经过多项式插值[3]作为CFD计算的入口风速；最后，根据降雨强度模拟结果及雨滴谱函数将雨滴粒径离散化，建立风雨耦合的欧拉多相流模型[4]，最终计算得到目标区域的风场和风驱雨场[4]。

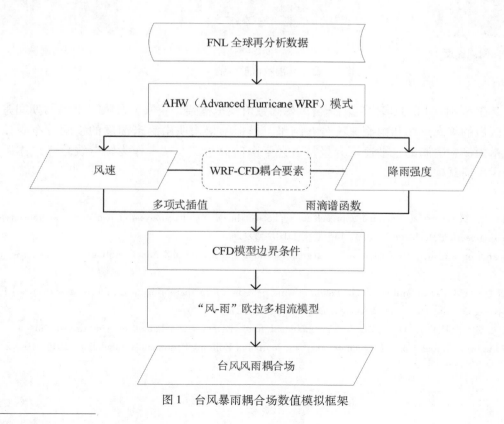

图1 台风暴雨耦合场数值模拟框架

* 基金项目：国家自然科学基金项目（51838012）。

3 结论

图 2 列出了本次台风过程数值模拟的主要结果。图 2a 对比了 AHW 模式的最内层计算域模拟结果与安置在输电塔上的风速仪实测数据，结果较为一致。图 2b 为 2 mm 粒径的雨滴轨迹，图 2c、图 d 和图 e 分别为水平 x、y 和竖向 z 方向 2 mm 粒径的雨滴末速度分布。

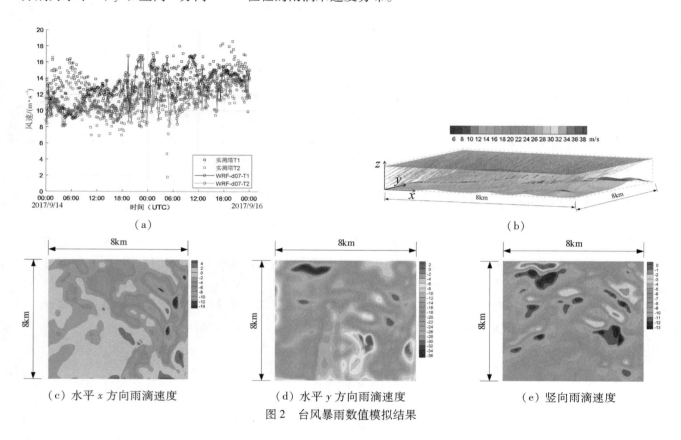

（a）

（b）

（c）水平 x 方向雨滴速度　　　（d）水平 y 方向雨滴速度　　　（e）竖向雨滴速度

图 2　台风暴雨数值模拟结果

本文建立了基于 WRF-CFD 的多尺度耦合台风暴雨数值模拟框架，获取了台风"泰利"期间舟山某输电线路附近目标区域的瞬态风场和雨滴速度分布结果。模拟结果表明雨滴末速度的空间分布受丘陵地形影响明显；台风暴雨场中雨滴的水平速度分量显著大于竖向分量。本文工作为输电线路塔线体系的风雨耦合响应分析提供了荷载输入条件。

参考文献

［1］HUANG M, WU L, XU Q, et al. Bayesian approach for typhoon-induced fragility analysis of real overhead transmission Lines ［J］. Journal of Engineering Mechanics, 2020, 146（9）: 04020092.

［2］ZHU A G. Research on windage yaw flashovers of transmission lines under wind and rain Conditions ［J］. Energies, 2019, 12（19）: 3728.

［3］HAN Y, SHEN L, XU G, et al. Multiscale simulation of wind field on a long-span bridge site in mountainous area ［J］. Journal of Wind Engineering and Industrial Aerodynamics, 2018, 177: 260-274.

［4］KUBILAY A, CARMELIET J, DEROME D. Computational fluid dynamics simulations of wind-driven rain on a mid-rise residential building with various types of facade details ［J］. Journal of Building Performance Simulation, 2017, 10（2）: 125–143.

三心圆柱壳屋面风雪特性研究 *

邹佳琳，孙晓颖

（哈尔滨工业大学土木工程学院 哈尔滨 150090）

1 引言

近年来全球范围内极端低温冰雪天气频发，建筑结构的风雪灾害事故层出不穷。总结灾害的事故原因，可大致分为积雪不均分布和整体雪荷载过大两点。在多雪地区，由于风致雪漂移的影响，很容易导致雪荷载的不对称分布或局部雪压过大。其中，以储煤仓为代表的三心圆柱壳结构由于具有跨度大、净空高等特点，属于雪荷载敏感结构。目前，尚未有针对三心圆柱壳结构的相关雪荷载规范，仅可参考我国《建筑结构荷载规范》[1]中针对二维拱形屋盖的雪荷载取值，这显然不能满足三维空间上结构表面雪荷载取值的设计需要。因此，准确预测三心圆柱壳结构表面的积雪分布形式对屋盖结构的设计具有十分重要的意义。本文基于积雪边缘滑落的问题提出一种新的风吹雪模型，通过数值模拟比较不同风吹雪模型下的屋盖表面的风场特性，并对不同风向角下三心圆柱壳屋面的积雪分布特性展开了研究。

2 风吹雪模型的建立

2.1 休止角概况

休止角是表征颗粒状材料流动趋势的重要参数之一，具体表现为颗粒静止状态下的自由堆积斜面与水平面之间的最大角度。对于雪颗粒而言，积雪休止角代表的是雪颗粒自然堆积所能形成并保持的堆积平面与水平面之间的最大夹角。

2.2 风吹雪模型的建立流程

风吹雪模拟中认为屋盖表面上全区域覆盖等厚度的积雪（图1a），本文考虑当屋面坡度超过积雪休止角范围形成不参与建模工作的无雪区域（图1b）；积雪滑落边缘区域考虑采用休止角进行修正（图1c），这样得到的积雪初始状态更加符合实际情况。

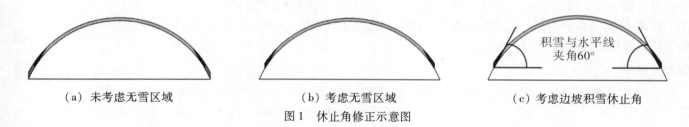

（a）未考虑无雪区域　　　　（b）考虑无雪区域　　　　（c）考虑边坡积雪休止角

图1　休止角修正示意图

3 数值模拟

本文采用欧拉–欧拉方法对三心圆柱壳结构表面的积雪分布情况进行模拟。空气相和雪相皆按连续相处理。在假定空气相和雪相的关系为单向耦合的基础上，通过在风雪流的控制方程中增加雪相的浓度方程来求解两相流，实现了对风致雪漂移的数值模拟。本文在 Fluent 软件中通过自定义设置入口边界风剖面、雪相体积分数剖面等等，采用 Mixture 二相流模型和 $k - kl - \omega$ 湍流[2]模型进行风致雪漂移数值模拟。

* 基金项目：国家自然科学基金项目（51678192）。

4 计算结果分析

4.1 结构附近流场对比

由于屋面风速变化范围较大，为便于观察不同模型之间的差异，因而对其进行了无量纲化。图中，$U_{a,x}$ 是在开始时间阶段时的屋面风速，U_H 是空气相入流速度。图2对比了未修正积雪轮廓线的屋盖模型和修正积雪轮廓线的屋盖模型的表面的风场特性。通过比较发现两种模型迎风面前缘的流场基本相同；在屋檐背风处，无休止角的模型形成气流涡旋较大，但结构附近的风速较低，使得雪颗粒更容易再附着到结构表面上，也更易发生积雪堆积的现象。

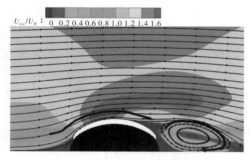 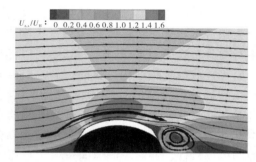

（a）无休止角的风吹雪模型　　　　　　　　（b）有休止角的风吹雪模型

图2　屋面周围无量纲风速雪 $U_{a,x}/U_H$

4.2 屋面积雪分布系数

0°风向角大部分区域积雪分布系数为 0.8～1，不平衡雪荷载分布并不明显，然而在离屋盖前缘大概 1/3 跨度处出现了明显的积雪沉积现象（图3），其中积雪分布系数最大值达到 1.3。

5 结论

本文通过数值模拟研究了三心圆柱壳屋面的积雪重分布，考察了积雪轮廓线的变化对积雪分布的影响。从分析结果来看，通过休止角对积雪边缘的修正可以明显改变结构屋盖附近的流场，因此，建立符合实际的风吹雪模型是十分重要的。同时总结了屋面雪荷载分布规律，给出了针对三心圆柱壳结构雪荷载取值的设计建议。

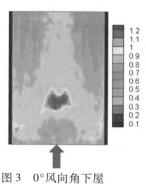

图3　0°风向角下屋盖积雪分布图

参考文献

［1］中华人民共和国建设部.建筑结构荷载规范（GB 50009—2012）［S］.北京：中国建筑工业出版社，2012.

［2］SUN X Y, HE R J. Numerical simulation of snowdrift on a membrane roof and the mechanical performance under snow loads［J］. Cold Regions Science and Technology, 2018, 150: 15－24.

复杂山地的风场特性数值模拟研究*

李筱涵[1]，黄东梅[1]，姜伟宁[2]

（1. 中南大学土木工程风洞实验室 长沙 410075；

2. 中国水利水电第八工程局有限公司、中南大学土木工程学院 长沙 410075）

1 引言

我国幅员辽阔，地理环境复杂，随着城镇化进程加快，在山区进行建筑规划和建设成为趋势。复杂山地地貌对过山气流的风速、风压及湍流结构等风场特性有较大的影响，目前山地风场研究的方向有两部分，一方面对各种典型山体地形风场分布的理论研究，另一方面是对实际山地地形风场分布的应用研究[1]。本文依托于实际的复杂山地模型，结合 CFD 数值模拟中的大涡模拟研究，探究复杂地形下的风场变化规律及特性。

2 CFD 数值模拟

数值模拟因其具有成本低、方便改变模型和风场的参数，便于对结构风工程中关键参数进行研究以及模拟全流程量等特点已成为结构风工程研究的主要方法之一。其中的大涡模拟方法（LES）把大小尺度漩涡分开，对网格尺度较大的漩涡运动用 N-S 方程直接求解处理，而小于某特定尺度的涡用亚格子模型（SSG）替代。相比于雷诺时均法，LES 不仅能更准确地模拟复杂曲面附近流动状况，再附和漩涡脱落等现象，同时也能匹配目前的计算机技术水平，故本文采用此方法对复杂山地风场进行模拟研究。

3 复杂山地地形风场研究

3.1 工程概况

本文所研究的复杂山地位于海南岛南侧，三亚市郊区，整个山地区域范围大约 35 km²，最高点海拔约为 450 m，拟修建的厂房位于场地中部，周围有较为明显的三处山脉。基于地理信息系统得到的山区等高线地形图，借助建模软件 RHINO6.0 生成了光滑的山地曲面模型，地形模型如图 1 所示，其中画圈处为拟建建筑大致位置。将三维模型导入到 ICEM 中进行网格划分，并在该场地的上下游设置了足够的区域以保证计算域中大气的充分发展，由于地表边界复杂，选用四面体非结构化网格进行网格划分，在山地曲面处进行网格的加密，网格单元数大约 400 万，山地表面网格划分如图 2 所示。

图 1 CAD 地形图及山地曲面模型图

图 2 表面网格示意图

3.2 数值模型建立

本文数值模拟的流场为不可压缩流场，运用了大涡模拟进行非稳态计算，根据《建筑结构荷载规范

* 基金项目：国家自然科学基金项目（52078503）。

GB50009—2012》[2] 的参数计算，此山地区域的基本风速为 23.07 m/s，平均风剖面和湍流强度通过 UDF 编程与 Fluent 对接产生 B 类地貌湍流脉动速度场，具体的计算参数设置如表1所示。此外，出流面采用压力出口条件，两侧面和顶面采用对称边界条件，等价于自由滑移的壁面。

表1 山地风场模拟计算参数设置[3]

计算参数类型	设置情况	计算参数类型	设置情况
亚格子模型	WALE	速度入口剖面	$U = U_0 \left(\dfrac{Z}{Z_0} \right)^{\alpha}$
数值求解算法	SIMPLE		
压力求解	二阶精度离散	入口处湍流强度	$I = \begin{cases} 0.31, Z \leqslant 5 \\ 0.1 \left(\dfrac{Z}{Z_0} \right)^{-\alpha-0.05} \end{cases}$
动量离散	有界中心差分格式		
时间离散格式	二阶全隐格式		

3.2 模拟结果分析

将 Fluent 数值模拟的结果导入到 Tecplot 中进行风场模拟结果分析。图3所示为 $X = 3009.247$ m 时的速度云图，并对其中四个典型剖面进行了分析。由图可以看出，模拟范围内近地面风场具有高度的非均匀特性，前侧小山体的背风面的风速相对较小，风在绕过山体边缘的位置会有加速的现象；其次，在山顶处形成了小范围内的高风速圈。图4截取的四个典型剖面的风速分布图，由图可知复杂的地形起伏对近地面风场的结构和形态有明显影响。图5为拟修建厂房附近的风场，由图可知该地风速较小，由于前侧小山体的阻挡，导致了速度扰流之后的会合，使得速度略有加大且产生不同速度的交错型风速涡；其次，近地风场受地形影响明显，风向随着山地起伏变得剧烈，总体来说在坡度较缓的部位风速变化也较小，在山体前后均有较为明显的涡旋型流场。

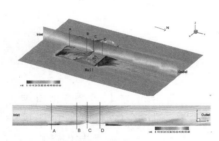

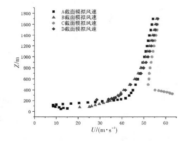

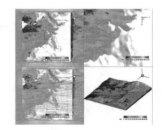

图3 截取的风速剖面位置示意图   图4 各截面全高度风速剖面图   图5 拟修建建筑物附近风场图

4 结论

本文以海南省三亚郊区山地为研究对象，进行了复杂的山地曲面数值模拟研究，得到以下结论：在近地面受地面复杂地形的影响，风场具有高度上的非均匀特性，迎风面风速随坡度上升逐渐增大，在山顶达到峰值，在背风面发生流动分离现象，在坡度较大的区域产生了涡流；其次，山体扰流边缘处风速较大，山间平地处的风速较小；在坡度较缓的部位风速变化也较小，在山顶处会形成高速圈，山间平地处的风速较小。厂房、发电厂的修建需要考虑到地形的影响，尽量在开阔平坦的山间平地。

参考文献

[1] 周志勇，肖亮，丁泉顺，等. 大范围区域复杂地形风场数值模拟研究 [J]. 力学季刊，2010，31（1）：101–107.
[2] 建筑结构荷载规范（GB 50009—2012）[S]. 北京：中国建筑工业出版社，2012.
[3] 郭文星. 复杂山地地形风场 CFD 多尺度数值模拟 [D]. 哈尔滨：哈尔滨工业大学，2010.

非均匀封闭栏杆钢箱梁断面的绕流特性 *

赵雪，李加武，党嘉敏

（长安大学公路学院 西安 710064）

1 引言

计算流体力学（缩写为 CFD）近年来快速发展，在桥梁风工程中的应用也越来越广泛。数值模拟技术对拟钝体结构的绕流场研究具有全域性，并且其瞬态分析能得到流场各点同步的演变过程。本文运用 LES 大涡模拟技术，从绕流场的速度分布、三维旋涡结构的发展和演化以及主梁表面压力分布等角度，分析栏杆展向布置形式对此类断面绕流场的影响。

2 两种措施

两种措施为：方案一 F1K3 采取间隔三段封闭一段的展向不均匀布置形式；方案二 F1K2 采取间隔两段封闭一段的展向不均匀布置形式（图 1）。CFD 计算域设置如图 2 所示。

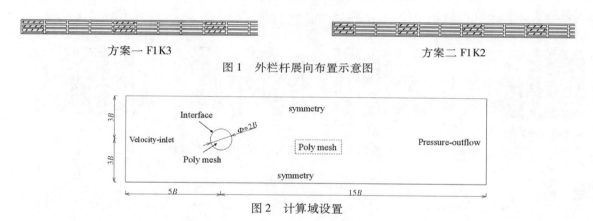

方案一 F1K3　　　　　　　　　　　　　　　　　　　　方案二 F1K2

图 1　外栏杆展向布置示意图

图 2　计算域设置

3 两种栏杆形式断面绕流场的数值模拟

3.1 三维流场分布特性

来流风速不变时，假设入口来流对结构及其周围绕流场输入能量相同，则施加外栏杆不均匀布置措施后流场会发生两个主要变化：①入口来流在封闭段迎风侧运动受到阻碍，流体动能减小；②从旋涡结构角度分析，在封闭段后侧的负压作用下，速度在展向分量变大、出现明显的绕 y 方向的旋涡，因此引起主梁竖向起振的顺风向旋涡在整个桥面跨向的能量下降（图 3）。

图 3　F1K2 措施 - 主梁上表面及迎风侧旋涡速度分布图（$t = 3T/4$，+5° 风攻角）

---

* 基金项目：国家自然科学基金项目（51978077）。

3.2 流场细部速度演化

在跨中封闭段中央断面（ZX），桥面板边界层上侧的主流流向有向桥面下倾的发展趋势，对边界层内的旋涡造成挤压，降低旋涡掠过中央防撞栏杆的高度。受栏杆横杆的干扰，大尺度旋涡尺寸变小，并且下游桥面板处的旋涡更紧贴壁面，旋转速度下降。施加措施后尾流第一旋涡对长度顺时针旋涡约 $0.55D$，逆时针旋涡 $0.62D$，相比于原始断面分别减小 54.2% 和 8.8%，并且尾流区的强涡范围整体减小至 $3.89D \sim 4.27D$，平均强涡区长度减小 41.5%（图4～图5）。

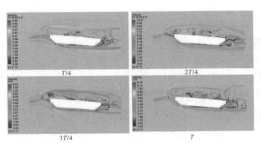

图4　FIK2 - ZX 断面瞬时流线图（+5°攻角）

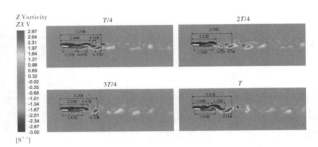

图5　F1K3 - ZX 断面尾流涡量分布图（+5°风攻角）

3.3 主梁断面表面受力

来流气流流经封闭段时，气流流向和能量发生突变，未能直接流入封闭段后侧，因此该位置的压力和速度为0。由于压力差的存在，封闭段两侧的开放段气流流入封闭段后侧，导致栏杆后侧桥面板区域出现明显的局部强负压区（图6）。

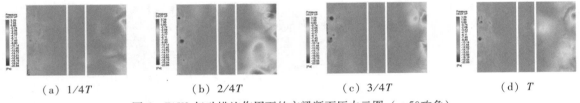

(a) 1/4T　　　　(b) 2/4T　　　　(c) 3/4T　　　　(d) T

图6　F1K2 气动措施作用下的主梁断面压力云图（+5°攻角）

4 结论

（1）展向封闭外侧栏杆时，上游桥面板封闭段背风侧出现了明显的负压区，使得顺风向气流在展向出现较大分量，三维涡特征明显，顺风向旋涡能量降低。在桥面板负压作用下，边界层上部主流速度向主梁壁面下倾，使得主梁上表面各位置处旋涡耗散更快，尾流旋涡尺寸和能量下降，结构振动受到抑制。

（2）措施的抑振机理不同。F1K2 措施下，桥面板上游负压区较强且位置靠上，引起旋涡在展向具有较大的分量及主流下倾对表面旋涡的消耗，导致尾流第一涡脱对的顺风向尺寸减小、能量下降且其展向旋转方向及形态具有明显的三维特性。F1K3 措施下，上游桥面板负压区弱且位置后移，虽对主流流向和第一涡脱对顺风向尺寸影响不大且尾流结构三维特性较 F1K2 措施弱，但是尾流旋涡能量低且强涡范围最小，结构上下表面压力差减小。

参考文献

［1］肖军.闭口流线型箱梁涡激力展向相关性研究［D].长沙：湖南大学，2012.
［2］胡传新，赵林，陈海兴，等.流线闭口箱梁涡振过程气动力时频特性演变规律［J].振动工程学报，2018，31（3）：417 - 426.
［3］王骑，廖海黎，李明水，等.流线型箱梁气动外形对桥梁颤振和涡振的影响［J].公路交通科技，2012，29（8）：44 - 70.

桁架梁桥 CFD 简化模型及气动特性研究*

康熙萌[1]，严磊[1,2,3]，何旭辉[1,2,3]，何琪瑶[1]

（1. 中南大学土木工程学院 长沙 410075；

2. 高速铁路建造技术国家工程实验室 长沙 410075；

3. 轨道交通工程结构防灾减灾湖南省重点实验室 长沙 410075）

1 引言

近年来桁架梁桥以其较好的透风率在大跨度桥梁中得到广泛应用，但气动特征相比简单断面主梁更为复杂[1]。相比于风洞试验，数值模拟（CFD）在流场机理解释方面具有优势。另外，为了便于在工程实际中进行数值模拟预估气动特性和流场结构，提出了二维 CFD 模型的简化原则，从而降低建模难度和减小计算工作量，并通过三维模型和风洞试验进行验证。

2 数值模型

2.1 简化原则

基于桁架受风面积等效，并考虑部分构件之间的气动干扰，将三维桁架梁等效为二维平面结构。已有文献主要考虑三项准则：①挡风面积相同。②构件断面形状相似。③各构件间相互气动作用相似。针对该模型的主要实施方法有两步：①将腹杆的透风面积等效到两边的工字梁，为保持构件断面相似，仅改变 H_2 的长度。②将上顶板的 U 形肋和横梁等效到桥面板厚度 H_1，H_2 和 H_3 分别位于两侧上下纵梁的中间位置。一般结论显示，此简化原则对于颤振的模拟具有一定可靠性，但对于三分力结果模拟欠佳。因此，本文将探究是否考虑腹杆间相互作用的影响，即增加 H_4，探究其能否改善结果准确性，H_4 位于实际斜腹杆位置（图 1b）的中间部位。桁架梁原模型和等效后的简化模型如图 1 所示。通过二维简化 CFD 模型的模拟结果与三维 CFD 模型以及风洞试验结果的对比，探究出最合理的方法。

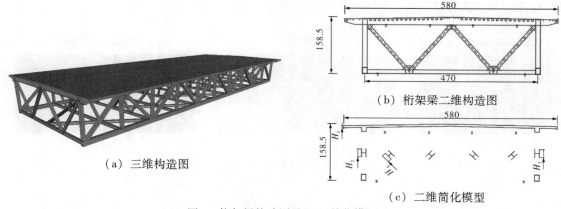

（a）三维构造图 　　　 （b）桁架梁二维构造图

（c）二维简化模型

图 1　桁架梁构造图及 CFD 简化模型

2.2 计算域及网格划分

二维计算模型和计算域布置的示意图如图 2 所示。计算域采用自下而上块（bottom up）进行网格划分，全部采用四边形结构化网格。为保证后续迭代计算中的收敛性，第一层网格高度取 0.000 032 m，网格总量约为 45 万。湍流模型采用 URANS 模型。时间步长设置为 0.0001 s，共计算 3000 步。压力－速度

---

* 基金项目：国家自然科学基金项目（51808563、51925808）；湖南省自然科学基金（2020JJ5754）。

耦合是通过 SIMPLEC 算法实现的。基于最小二乘网格单元的方法用于梯度项。二阶用于对流项的空间离散化，而中心差分方案用于扩散项。瞬态公式是通过二阶隐式方案完成的，其残差设置为 0.000 001。

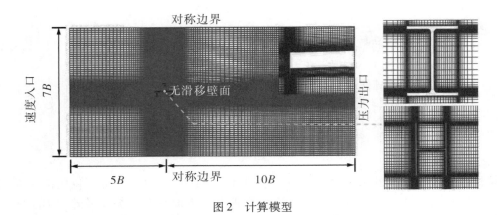

图 2　计算模型

3　结果分析

三分力系数如表 1 所示，简化的 CFD 模型能够较好地模拟阻力系数，而升力和力矩系数有一定差别。会进一步考虑不同攻角下力系数斜率值。有无 H_4 斜腹杆对于结果影响不大。

表 1　三分力系数对照

Case No.	C_D	C_L	C_M	Case No.	C_D	C_L	C_M
2D URANS（带检修轨道无 H4）	0.960	0.465	0.072	2D URANS（施工）	0.910	0.46	0.080
2D URANS（带检修轨道有 H4）	0.973	0.473	0.118	3D LES（施工）	0.681	0.260	0.057
风洞试验（成桥）	1.036	0.061	0.022	风洞试验（施工）	0.754	0.126	0.039

绘制流场云图如图 3 所示，各构件之间相互干扰，使得流动形态异常复杂，气流经过钝体时出现分离，在桥面板的上缘形成较大的旋涡，迎风侧的构件尾部出现交替脱落的较为规律的旋涡，而背风侧由于受到迎风侧构件以及前部检修轨道的影响，旋涡相互耦合，流动混杂。

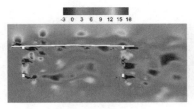　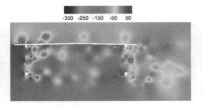　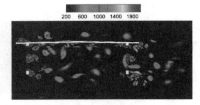

　（a）速度云图　　　　　　　　　（b）压力云图　　　　　　　　　（c）涡量图

图 3　瞬时云图

4　结论

本文以桐梓河为工程背景，采用 URANS 方法研究了桁架梁 CFD 二维简化模型原则的合理性，研究发现：①该原则能够在一定程度上保证桁架梁模拟的准确性；②桁架梁桥由于其独特的截面形式，构件之间尾流相互耦合，使得流场结构非常复杂。

参考文献

[1] TANG H J, LI Y L, WANG Y F, et al. Aerodynamic optimization for flutter performance of steel truss stiffening girder at large angles of attack [J]. Journal of Wind Engineering & Industrial Aerodynamics, 2017, 168：260 – 270.

Numerical investigation of fluid structure interaction of square cylinder with corner modification

Mohammed Elhassan[1], Zhu Ledong [1], Zheng Deqian[2]

（1. Department of Bridge Engineering, College of Civil Engineering / State Key Laboratory of
Disaster Reduction in Civil Engineering, Tongji University, Shanghai, 200092;

2. School of Civil Engineering, Henan University of Technology, Zhengzhou, 450001）

1 INTRODUCTION

In recent decades, there have been several investigations of structure geometry's effect on the aerodynamic forces and vortex-induced vibration [1-2]. In this paper, 2D numerical simulations are conducted to study the corner recession (CR) effect on the aerodynamic forces and the FSI (Fluid-Structure Interaction) vibration responses of cylinder at different angles of attack (0°, 15°, 30°, 45°, and 60°). The transient flow field and two degree of freedom 2DOF effect were also studied.

2 Numerical simulation method

The incompressible Navier-Stokes equations were solved using CFD method with the shear stress transport SST $k - \omega$ turbulence model. The partitioned coupling scheme was used as a solution approach. For pressure-velocity coupling, SIMPLEC algorithm was used. The QUICK scheme was used for the momentum computation, while the spring method was used for the dynamic mesh. For the CSD module, Newmark-β method was programmed through the user-defined function (UDF) to solve the structural motion[3]. The basic shape is a square cylinder with Depth $D = 0.1$ m, as shown in Figure 1. The computational domain size was set to be $35D \times 20D$. The Reynolds number was set to be 22000, while the turbulence intensity was set to be 2%. Corner recession was considered with corner change rate of 10% (Fig. 1 ～ Fig. 3).

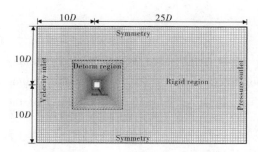
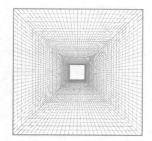
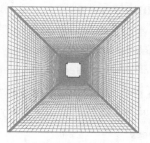

（a）Mesh details and problem geometry　　（b）Standard square cylinder　　（c）CR cylinder

Figure 1　Model and parameter diagram

* 基金项目：国家自然科学基金重点项目（51938012）。

3 Results and discussion

The results show that the drag force and the lift force were reduced when adopting corner recession, and the wake formed behind the body was considerably affected (see Fig. 2). The results showed that for VIV response of corner recession with wind angle $\theta = 0^0$, the lock-in regime covers quite a long-reduced velocity range compared to other wind angles. The case with $\theta = 15^0$ shows the minimum amplitude response compared to other wind directions under investigation. In addition, the difference in amplitude response between 1DOF and 2DOF was not significant, and slight increase in the amplitude response were observed for the 2DOF (see Fig. 3).

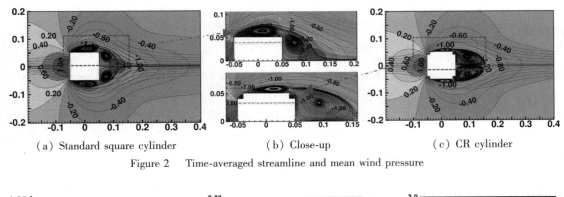

(a) Standard square cylinder　　(b) Close-up　　(c) CR cylinder

Figure 2　Time-averaged streamline and mean wind pressure

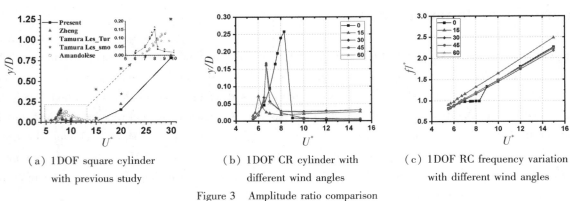

(a) 1DOF square cylinder with previous study　　(b) 1DOF CR cylinder with different wind angles　　(c) 1DOF RC frequency variation with different wind angles

Figure 3　Amplitude ratio comparison

4 Conclusions

The wind-induced vibration of square cylinder was numerically investigated based on partitioned coupling scheme. The simulated results were verified with previous studies, and the corner recession effects on aerodynamic forces of the cylinder at stationary state and VIV was addressed. The 2DOF effect and the flow field of the oscillation cylinder were also analyzed.

References

[1] HAYASHIDA H, IWASA Y J, AERODYNAMICS I. Aerodynamic shape effects of tall building for vortex induced vibration [J]. 1990, 33 (1 - 2): 237 - 242

[2] TAMURA T, MIYAGI T J J O W E, AERODYNAMICS I. The effect of turbulence on aerodynamic forces on a square cylinder with various corner shapes [J]. 1999, 83 (1 - 3): 135 - 145.

[3] ZHENG D, GU M, ZHANG A, et al. Numerical simulation of wind-induced transverse vibration of a 2D square cylinder [J]. 2017, 20 (3): 319 - 326.

十二、其他风工程和空气动力学问题

考虑风影响的火羽绕柱传热研究

周靖罡，周晅毅，丛北华，王伟

（同济大学土木工程防灾国家重点实验室 上海 200092）

1　引言

　　钢结构发生火灾会对人身安全和生命财产造成严重威胁破坏。目前已有很多针对钢构件在火灾作用下的热分析以及力学分析[1]，然而在考虑风影响下钢结构构件遭受火灾时的热力学分析仍是空白。本文将基于计算流体力学方法，应用火灾动力学求解器 FDS，首先进行无风情况下的火羽绕柱模型数值模拟的正确性验证，接下来进一步考虑不同风速情况下的火羽绕柱模型，探究其壁面温度、对流换热系数以及热流密度等参数的变化情况。

2　研究对象与研究方法

2.1　研究对象

　　研究对象为箱形钢柱，模拟其在底部火盆和侧向来流均匀风场作用下的温度场分布情况。箱型钢柱长为 2.5 m，截面为 150 mm×150 mm×4.5 mm。下部火盆高 0.55 m，火盆面为 0.45 m×0.45 m，柱体位于火盆正中央，如图 1 所示。由于考虑左侧来流风的影响，计算域大小取为 26.8 m×1.6 m×6.4 m。在靠近火羽区域模型网格逐渐加密，网格总数为 314 976 个，火羽燃烧区域的最小网格尺寸为 25 mm，数值网格的特殊分辨率 $R^* = 1/14$，在 FDS 火灾模拟中较为合适。模型对固体域计算域和流体计算域均作网格划分。网格总数为 3 475 538 个，局部网格示意图如图 2 所示。

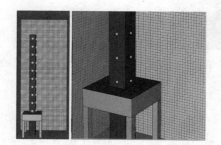

图 1　火羽绕柱实验模型　　　　　　图 2　计算域局部网格划分示意图

2.2　研究方法

　　采用计算流体力学软件——火灾动力学求解器 FDS 进行瞬态计算。FDS 以火灾中烟气运动为主要模拟对象，采用数值方法求解热驱动的低速流动 N-S 方程。本模型采用 VLES 大涡模拟进行数值求解。FDS 火源的设置采用在可燃物表面直接设定热释放速率 HRR 的简单热解方法，参照 Kimikawa[2] 的实验参数，验证其 HRR 为 81 kW 的绕柱火灾实验。选择火灾初期增长阶段的 HRR 按慢速型 t^2 规律发展，火灾增长系数取为 0.002 931。燃烧反应命令中设定反应物为丙烷，燃烧热取 13 100 kJ/kg，CO 质量生成量取为 0，烟气质量生成量取为 0.08。模拟自由燃烧场景，因此计算域各边界采用 Open 界面条件，如果考虑侧面来流风速，则将左侧面的边界条件改为 Supply。瞬态计算时间步长为 400 s。

2.3 结果分析

图 2 为计算所得的火羽绕柱 XZ 截面温度、速度分布云图（在 400s 时）。由图可知，火焰高度接近柱长，随着高度的增加柱体表面气体温度逐渐降低。当火灾进行 200s 以后，各点温度趋于稳定，在极小的置信区间内震荡。下面取 200～400s 的温度测量平均值进行分析，图 3 为柱体各表面中线的气体温度随高度变化曲线。从图中可见数值模拟结果与 Kimikawa[2] 的实验结果吻合良好。

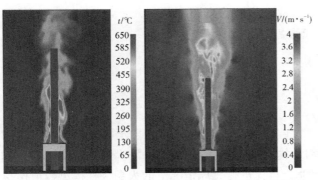
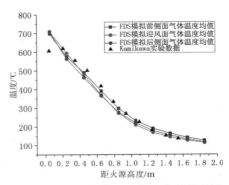

图 2　无风情况下温度分布云图、速度分布云图（400s）　　　　图 3　柱体表面气体温度随高度变化曲线

接下来考虑不同来流风速对火灾环境的影响。考虑左侧均匀来风的情况，风速设定为 1 m/s、2 m/s、3 m/s、4 m/s 四种风速变化。图 4 为在风速为 2 m/s 时得到的火羽绕柱 XZ 截面温度、速度分布云图（在 300 s 时）。可见火焰有明显的倾斜现象，各柱面的热力学响应也随之改变。图 5 为背风面的气体温度均值随风速增大，高度增高的变化曲线，可见背风面区域在低风速情况下温度略有升高，随风速继续增大，温度又会低于无风情况。

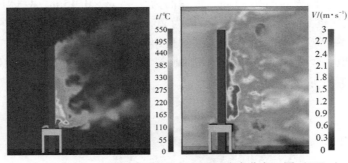
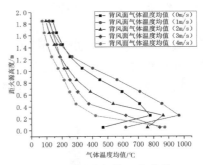

图 4　风速 2 m/s 情况下温度分布云图、速度分布云图（300 s）　　　图 5　背风面气体温度曲线

3　结论

基于 CFD 方法，考虑风影响下火羽绕柱数值模拟可以较好地模拟出柱表面的温度分布情况。该方法可指导结构工程师的钢结构抗火设计，也可以为科研人员进一步研究风、火、结构三者耦合提供参考。

参考文献

[1] 杨世铭，陶文铨. 传热学 [M] 北京：高等教育出版社，2006.

[2] KAMIKAWA D, HASEMI Y, YAMADA K, et al. Mechanical response of a steel column exposed to a localized fire. In Proceedings of the fourth international workshop on structures in fire, Aveiro, Portugal, 2006：225 – 234.

考虑相变过程的污染物扩散数值模拟研究

张可凡，周旸毅，顾明

（同济大学土木工程防灾国家重点实验室 上海 200092）

1　引言

天然气作为一种用处很广的清洁能源，常常在超低温（-162 ℃）条件下以液态形式进行存储运输。液化天然气一旦发生泄漏往往伴随着两个相变过程，一是液化天然气转化为气态，从周围空气中吸收大量热量，二是空气中的水蒸气转化为液滴，放出热量。本文主要采用 RANS 方法，考虑空气中水蒸气的相变对风场以及液化天然气泄漏扩散过程的影响。

2　研究对象与研究方法

2.1　研究对象

选择美国国家重点实验室（LLNL）1980 年在加利福尼亚州的中国湖上进行的 Burro 9 实验作为模拟对象，即污染源为直径 58 m、离地高度 1.5 m 的蒸发池上，以 0.027 88 m/s 的速度生成甲烷气体，污染物释放时间 79 s，释放温度 111 K。计算域大小为 1000 m×300 m×50 m，模型坐标如图 1a 所示。网格总数 808,920 个，水平网格最小尺寸 0.8 m，竖向网格最小尺寸 0.0002 m，增长因子不超过 1.1，污染源附近网格如图 1b 所示。

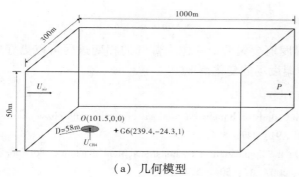

（a）几何模型

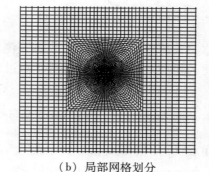

（b）局部网格划分

图 1　研究对象及网格划分

2.2　研究方法

本文先采用 SRANS 方法得到稳态风场，再采用 URANS 方法考虑污染物的释放以及空气中水蒸气的相变过程。湍流模型选择 Realizable $k - \varepsilon$ 模型，壁面函数选用 Scalable Wall Function；多相流模型选择 Mixture 模型，通过 udf 定义水蒸气与液体水间质量传递，蒸发系数取 100，冷凝系数取 120[1]。边界条件参考文献［1］［2］设置。压力 - 速度耦合方式采用 Coupled 算法，压力离散格式选为 PRESTO!，动量、能量、组分输运方程以及湍流模型的离散格式均为 QUICK，时间步长取 1 s。

3　模拟结果

将数值模拟的结果与前人模拟结果及实验结果[1,3]进行比较。

考虑风向影响后[2]，Burro 实验中传感器 G6 对应的模型坐标为（239.4，-24.3，1），该监测点处甲烷体积分数百分比浓度以及温度随时间的变化情况如图 2 所示。此外，表 1 给出了该监测点处，是否考虑水蒸气相变过程时，甲烷体积浓度与温度的预测值与实测值的最大估计误差。可以看出空气中水蒸气的冷凝过程对甲烷体积浓度和温度的模拟值均有影响。空气中水蒸气的析出会增大甲烷气体的体积浓度，同时该过程放出的热量会极大地降低环境温度的下降幅度与速率。

表 1 测点 G6 处浓度与温度最大偏差

	实测值	考虑相变过程	与实测值误差/%	不考虑相变过程	与实测值误差/%
最大浓度（体积分数）/%	9.4	10.9	16	9.2	2
最低温度/℃	17.6	12.9	27	0.9	95

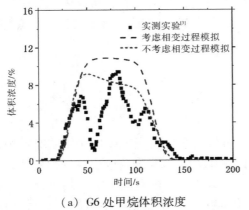
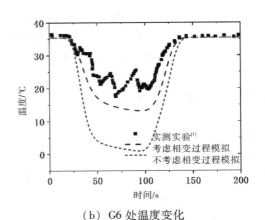

（a）G6 处甲烷体积浓度　　　　（b）G6 处温度变化

图 2　测点 G6 处甲烷体积浓度与温度变化

4　结论

不考虑水蒸气的相变过程时数值模拟预测的温度值会偏低，考虑水蒸气的相变过程可以更好地拟合实验数据，更为精准地预测液化天然气扩散过程中温度场的变化情况。

参考文献

[1] ZHANG X, LI J, ZHU J, et al. Computational fluid dynamics study on liquefied natural gas dispersion with phase change of water [J]. International Journal of Heat and Mass Transfer, 2015, 91: 347 – 354.

[2] LUKETA-HANLIN A, KOOPMAN R P, ERMAK D L. On the application of computational fluid dynamics codes for liquefied natural gas dispersion [J]. Journal of Hazardous Materials, 2007, 14: 504 – 517.

[3] 张小斌，历劲风，邱利民. 液化天然气排放形成的羽流过程数值研究 [J]. 化工学报，2016，67（4）：1225 – 1232.

风影响下的凹型结构建筑外立面的火灾垂直蔓延的数值模拟研究

韩一凡，周晅毅，丛北华，顾明

（同济大学土木工程防灾国家重点实验室 上海 200092）

1 引言

为研究风影响下的凹型结构建筑外立面外墙保温材料（硬质聚氨酯泡沫塑料，PU）在火灾发生时垂直蔓延特性，运用 FDS 火灾动态仿真软件，采用大涡模拟（LES）方法进行模拟。取凹型结构的侧墙长度与侧墙间距之比为结构因子[1]，对不同来流风速设置不同工况进行比较分析。结果表明，在背风情况下，风速越大时，具有相同结构因子的凹型结构建筑火灾垂直蔓延速率减小，凹槽内温度升高。

2 研究对象与研究方法

2.1 研究对象

模拟对象为一凹型结构建筑，建筑尺寸 $L \times B$ = 20 m × 12 m × 18 m，其中凹槽部分为 2 m × 2 m × 18 m。计算域大小为 280 m × 180 m × 120 m（$15.5H \times 10H \times 6.67H$），模型上游来流区域为 $5H$，下游尾流区域为 $10H$，计算域示意图及建筑放大示意图如图 1 所示。凹槽处火源处于 1 m 高处，距外墙 0.25 m 远，火源大小为 1.5 m × 1.5 m，火源每平方米热释放速率为 500 kW/m²。

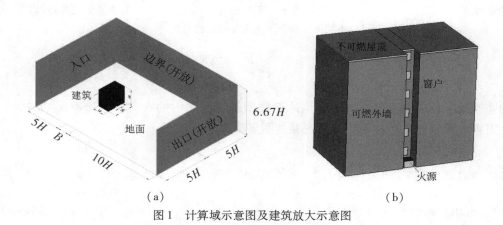

（a）　　　　　　　　　　　　（b）

图 1　计算域示意图及建筑放大示意图

2.2 研究方法

在运用火灾动态仿真模拟软件（FDS）时，网格分辨率的质量取决于火焰的大小和网格单元的大小[2]。为保证计算精度，对建筑和其周围共 24 m × 16 m × 40 m 的区域进行网格加密，火源区网格尺寸为 0.25 m × 0.25 m × 0.25 m，非火源区网格尺寸从火源区依次向外为 0.5 ～ 2 m，总网格数为 4 992 960。假设火灾由空调外机引起，热释放速率为 1.125 MW。在火灾场景设计中，根据火灾增长系数的不同，t^2 火被分为慢速型、中速型、快速型、超快速型四种类型，本次模拟选择超快速火作为火灾增长系数，即 $\alpha = 0.1878$ kW/s²。火灾从 100 s 开始，持续 300 s。

2.3 结果分析

本文重点研究凹型结构建筑在背风情况下，不同来流风速下对火灾垂直蔓延的影响。为将风场模拟结果与试验结果进行比较[3]，Z_0 处（$Z = 4$ m）风速分别选取 1.0 m/s、3.0 m/s。图 2a、图 2b 为 Z_0 处风速为 1.0 m/s 工况时计算所得的时间平均无量纲风速剖面和建筑周围风速分布图，与 TPU 试验结果相似[3]。图 2c 为不同风速下的火灾羽流垂直蔓延速率对比图，当来流风速增大时，可抑制火灾的垂直蔓延速率。图 3a 为不同风速下的热释放速率对比图，由图可知，约在第 130 s 时外墙保温材料发生热解反应，反应持续约 70 s，至第 200 s 结束。凹槽内沿高度变化的时间平均温度如图 3b 所示，随着来流风速增大，抑制了热量向上扩散，凹槽温度升高。图 3c 为不同风速下的火灾烟气蔓延趋势图，可见风速的影响较大。

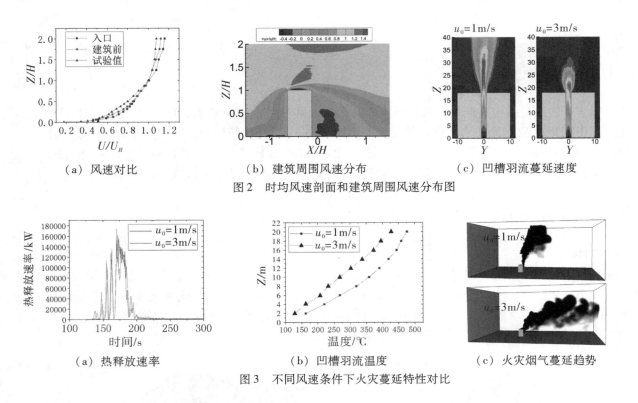

（a）风速对比　　　　　（b）建筑周围风速分布　　　　　（c）凹槽羽流蔓延速度

图 2　时均风速剖面和建筑周围风速分布图

（a）热释放速率　　　　　（b）凹槽羽流温度　　　　　（c）火灾烟气蔓延趋势

图 3　不同风速条件下火灾蔓延特性对比

3　结论

当凹型结构建筑处于背风情况下时，不同风速对凹型结构建筑内的火灾蔓延速率影响较大。当来流风速增大时，火灾垂直蔓延速率被抑制，凹槽内温度明显增高。

参考文献

[1] 李建涛，闫维纲，朱红亚，等.高层建筑外立面 U 型结构火蔓延特性数值模拟研究［J］.火灾科学，2012，21（4）：174 – 180

[2] MCGRATTAN K, MCDERMOTT R, WEINSCHENK C, et al., 2013. Fire dynamics simulator（Version6）technical reference guide，volume1，mathematical model，sixthed［J］. NIST Special Publication, Gaithersburg, 2013：1018.

[3] TPU database, Flow and concentrations around an isolated building（wind tunnel），2006. http：//www. wind. arch. t-kougei. ac. jp/info_ center/pollutionNon-Isothermal_ Flow. html.

基于 Copula 的圆–线–线型风向–风速–气温三维联合分布建模方法*

王志伟，张文明

（东南大学土木工程学院 南京 211189）

1 引言

近年来，工程中在环境荷载联合设计值分析、多维环境变量仿真以及可再生能源（如风能、波浪能）利用等领域越来越关注包含风向数据的多维环境数据集的相关性结构[1-2]。区别于风速等线变量，风向这类定义在单位圆 $\mathbf{S}^1$ 上、周期为 2π 的变量称之为圆变量。与已经成熟的多维线变量联合分布建模相比，包含风向的多维数据建模面临着如何恰当考虑圆–线相关性和圆变量维度上的周期性的挑战。文献中经常忽略圆变量的周期性将其视为线型数据。对圆–线–线型（circular-linear-linear, C-L-L）数据使用传统的线性相关性度量可能会导致错误结论，因此有必要开展包含圆形数据（风向）的多维数据集联合概率分布的合理建模方法研究。

2 C–L–L 型联合概率分布模型

Vine 是一种将双变量 copula 函数（pair-copula）向更高维度拓展的灵活且直观的新概念。如图 1 所示，copula 的密度函数可以写成各边对应的 pair-copula 密度函数的乘积。三维 copula 的密度函数 c_{123}（u_1，u_2，u_3）按 D-vine 和 canonical vine 结构均可分解为如下形式：

$$c_{123}(u_1,u_2,u_3) = c_{12}(u_1,u_2)c_{13}(u_1,u_3)c_{23|1}(u_{2|1},u_{3|1}) \tag{1}$$

式中，$c_{23|1}$ 表示变量 2 和 3 在给定变量 1 条件下的条件联合密度；$u_{2|1} = F_{X_2|X_1}$ 表示变量 2 在给定变量 1 条件下的条件分布。

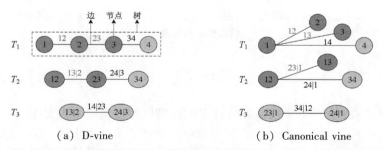

图 1 D-vine 和 canonical vine 结构示意图（数字代表不同的变量，深灰色代表本文三变量情况）

基于 vine copulas 的成对相关性分解的思想，可通过将 C-L pair-copula 和 L-L pair-copula 进行适当组合来建立 C-L-L copulas。在式（1）中，令下标 1 对应的变量表示圆变量 Θ、下标 2, 3 对应的变量分别表示线变量 X_1、X_2，那么可以得到如下 C-L-L copula 密度函数：

$$c_{\Theta,X_1,X_2}[F_\Theta(\theta),F_{X_1}(x_1),F_{X_2}(x_2)] = c_{\Theta,X_1}(F_\Theta,F_{X_1})c_{\Theta,X_2}(F_\Theta,F_{X_2})c_{X_1,X_2|\Theta}(F_{X_1|\Theta},F_{X_2|\Theta}) \tag{2}$$

* 基金项目：国家自然科学基金项目（52078134）；江苏省自然科学基金项目（BK20181277）。

3 案例分析

本文利用江阴大桥健康监测系统 2016 年全年的风向、风速和气温同步观测资料建立桥址处风向－风速－气温联合分布模型，以验证本文提出的 C－L－L 型数据三维联合概率分布建模框架的有效性。基于 copula 建立联合分布模型的第一步是建立各个边缘变量的概率分布模型。风速、气温和风向的核密度估计结果以及边缘分布模型拟合结果如图 2 所示。

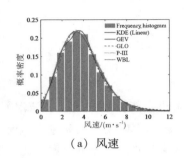 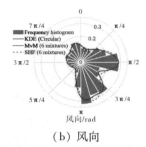 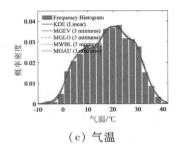

（a）风速　　　　　　　　　　（b）风向　　　　　　　　　　（c）气温

图 2　边缘概率分布模型

根据本文提出的基于 vine copulas 的 C-L-L 型联合分布建模方法，风向－风速－气温的三维联合分布模型可分解为风向－风速、风向－气温联合分布模型以及风速－气温关于风向的条件联合分布模型的组合。利用 Bernstein C-L copula 建立的风向－风速和风向－气温的 C-L 型联合分布如图 3a、图 3b 所示。

在此基础上，采用 AMH copula 建立风速－气温关于风向的 L－L 型条件 copula 模型，即 $c_{V,T|\Theta}(F_{V|\Theta}, F_{V|\Theta})$。结合利用 Bernstein copula 建立的 C-L copula 模型（即 $c_{\Theta,V}$ 和 $c_{\Theta,T}$），可以获得 C-L-L copula 的密度函数 $c_{\Theta,V,T}$。最终，利用式（2）可以得到风向－风速－气温的三维联合概率密度的理论模型结果。采用三维密度等值面的形式展示，如图 3c 所示。

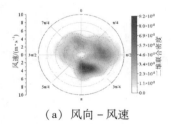 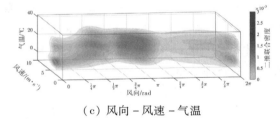

（a）风向－风速　　　　　　　（b）风向－气温　　　　　　（c）风向－风速－气温

图 3　联合概率密度模型

4 结论

本文提出了一套适用于 C-L-L 型数据三维联合分布的建模框架。利用江阴大桥健康监测系统一年的风向、风速和气温同步观测资料建立了三者的联合分布模型，验证了本文提出的 C-L-L 型联合概率分布建模框架的有效性。基于 vine copulas 的 pair-copula 分解的理念，C-L-L 型相关性结构可以表达为两个 C-L pair-copula 和一个 L-L pair-copula 的组合。这种处理即可以使得圆形数据的周期性得到考虑，又可以完整地体现 C-L-L 型数据集中成对变量间的 C-L 和 L-L 相关性。

参考文献

［1］ ZHANG W M，WANG Z W，LIU Z. Joint distribution of wind speed，wind direction，and air temperature actions on long-span bridges derived via trivariate metaelliptical and plackett copulas ［J］. Journal of Bridge Engineering，2020，25（9）：04020069.

［2］ CHOWDHURY S，ZHANG J，MESSAC A，et al. Optimizing the arrangement and the selection of turbines for wind farms subject to varying wind conditions ［J］. Renewable Energy，2013，52：273－282.

基于 CFD 方法的桥梁结构与环境流固耦合传热模拟

邵宗俊，周晅毅，顾明

（同济大学土木工程防灾国家重点实验室 上海 200092）

1 引言

我国现今处于大力发展基础设施建设时期，桥梁结构在环境（太阳辐射及空气流动）作用下引起的温度变化将会产生不可忽视的温度应力以及结构变形。目前大部分桥梁结构温度场分布的数值模拟方法往往是根据实测结果拟合经验公式来确定结构物表面和大气之间的换热系数，然而表征对流传热强弱的表面传热系数是取决于多种因素的复杂函数[1]，仅仅考虑风速影响的经验公式法，可能使得模拟的桥梁结构温度场与实际情况存在一定误差。本文将基于计算流体力学（Computational Fluid Dynamics，CFD）方法，通过流体控制方程和固体控制方程耦合求解，直接计算 U 形梁与环境之间的热量交换，并将得到的温度场模拟结果和文献[2]中的实测结果进行对比分析。

2 研究对象与研究方法

2.1 研究对象

研究对象为 U 形梁结构，模拟其在太阳辐射和空气流动作用下的温度场分布情况。U 形梁结构长为 30 m，最大宽度 5.42 m，高 1.80 m。U 形梁水平走向与来流方向呈 50°夹角。梁体离地面高度为 2 m。计算域大小为 160 m×80 m×40 m，模型计算域示意图如图 1a。模型网格采用非结构化四面体网格。模型对固体域计算域和流体计算域均作网格划分。网格总数为 3 475 538 个，其中流体计算域网格总数为 2 402 933个，固体计算域网格总数为 1 072 605 个。局部网格示意图如 1b 所示。

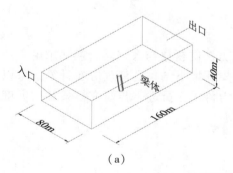
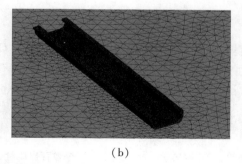

（a）　　　　　　　　　　　　（b）

图 1　计算域示意图及网格划分示意图

2.2 研究方法

采用将流体控制方程和固体控制方程进行耦合求解的方法求解梁体的温度分布，使用国际通用的计算流体力学软件——Fluent 进行瞬态计算。太阳对桥梁结构的热辐射作用采用太阳辐射模型（Solar Load Model）。太阳辐射模型类型采用太阳射线追踪算法。桥梁与外界环境的辐射换热通过 DO 辐射模型进行求解。入口条件使用 UDF 导入。太阳辐射量、风速大小和环境温度等参数均按照气象资料进行设置。湍流模型使用标准 $k-\varepsilon$ 模型，近壁面函数为 Standard Wall Functions。瞬态计算时间步长为 60s。压力－速度耦合方式采用 SIMPLE 算法，压力的空间离散格式采用二阶格式，动量的空间离散格式采用二阶迎风格式。

2.3 结果分析

图 2 为计算所得的 U 形梁温度分布云图。由图可知，在阴影遮蔽和漩涡脱落与再附等因素的作用下，梁体的温度场分布呈现很大的不均匀性，即梁体下表面和翼缘两侧的温度明显低于腹板上表面和翼缘上侧的温度。图 3 为梁体跨中截面三个典型位置的模拟结果与实测值[2] 的比较曲线。可以看出模拟值和实测值的日温度变化呈相同的走势，且在具体数值上日极值温度模拟值和实测结果也比较接近，但日极值温度出现的时刻和实际情况有一定的偏差。以上结果表明基于 CFD 方法可以较好地模拟出梁体的温度场分布情况。

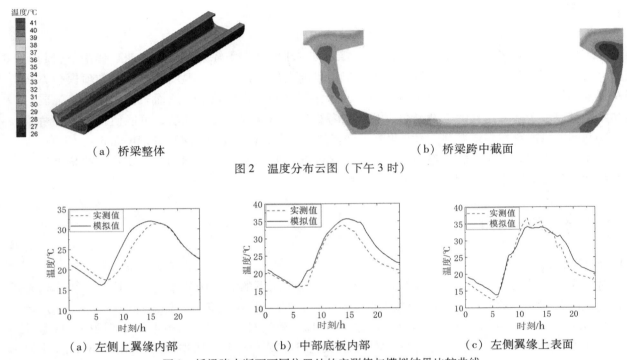

（a）桥梁整体   （b）桥梁跨中截面

图 2 温度分布云图（下午 3 时）

（a）左侧上翼缘内部 （b）中部底板内部 （c）左侧翼缘上表面

图 3 桥梁跨中断面不同位置处的实测值与模拟结果比较曲线

3 结论

基于计算流体力学（computational fluid dynamics，CFD）方法的桥梁与大气耦合换热求解方法可以较好地模拟出桥梁结构的温度分布情况。该方法适用于不同气象环境下结构的温度分布计算，可以指导工程师优化结构设计，减小温度应力，防止温度裂缝，也可以为科研人员进一步研究桥梁结构温度场分布提供参考。

参考文献

[1] 杨世铭，陶文铨，等.传热学［M］.北京：高等教育出版社，2006

[2] YAN Y, WU D, LI Q. A three-dimensional method for the simulation of temperature fields induced by solar radiation［J］. Advances in Structural Engineering, 2019, 22（3）：567－580.

高寒地区交通线路风速及风向预测研究 *

骆颜[1]，马文勇[2,4]，孙元春[3]

（1. 石家庄铁道大学土木工程学院 石家庄 050043；

2. 河北省风工程和风能利用工程技术创新中心 石家庄 050043；

3. 中国铁路设计集团有限公司 天津 300251；

4. 道路与铁道工程安全保障省部共建教育部重点实验室（石家庄铁道大学）石家庄 050043）

1 引言

我国大量的交通线路通过高纬、高寒地区，冬季风吹雪引起的雪堆积和视程障碍会严重影响该地区道路的安全运营。因此，如何避免或减少线路穿越风吹雪区域是道路选线需要重点考虑的问题之一。在高寒山区，自然环境恶劣，气象站点分布稀疏，观测气象数据稀缺，对区域风特性及风吹雪现象的预测不够准确。本文以克塔铁路为研究对象，采用 WRF 模式，在 1 km 水平分辨率上对该铁路所在区域进行中尺度气象模拟预测，分析了铁路沿线风速分布规律，为预测铁路沿线风吹雪的发生提供依据[1]。

2 模拟方法

2.1 参数设置

本文 WRF 模拟以 84°E、46.4°N 为中心点，对克塔铁路所在区域进行双层嵌套模拟。模拟区域外层水平分辨率为 6 km × 6 km，内层网格分辨率为 2 km × 2 km。模拟时间为 2018 年 11 月 1 日至 2018 年 12 月 31 日，时间分辨率为 1 h。选用全球 1° × 1° 的 NCEP 再分析资料（FNL）为模式提供初始场和侧边界条件，每 6 h 更新一次。

2.2 模拟验证

WRF 模拟结果得到托里气象站距离地面 10m 逐时风速以及距离地面 2m 逐时温度。将 WRF 模拟结果中的逐时风速和温度与托里气象站实际观测数据进行对比，发现风速和温度数值及变化规律基本一致，说明运用 WRF 对铁路沿线风场进行模拟的方法可行。

3 结果讨论

模拟结果网格点与铁路地理位置取交集，可得到铁路沿线个网格点，根据各点不同风速、风向规律，可将铁路大致分为 6 个路段，如图 1a 所示。

从风速概率分布图（图 1b ～图 1h）以及风玫瑰图（图 2a ～图 2g）可以看出，不同路段风场特征不同。路段 L003、L006 的风速概率密度分布符合 Log-logistic 分布，路段 L005 风速概率密度符合 Weibull 分布[2]，路段 L007 风速概率密度分布符合 Gamma 分布，其余路段分布呈现不规则状态，无法用常见的概率分布模型描述。

从风玫瑰图看出，L001 ～ L003 路段风速大于风吹雪起动风速 5 m/s 的概率较低，并且大于 5 m/s 时主导风向为西风，与道路走向平行，因此几乎不产生风吹雪灾害。路段 L004 风速大于 5 m/s 的概率较大，但风向与线路夹角很小，因此风吹雪灾害概率较小。L006 ～ L007 路段风向与线路走向有一定夹角，但风速较小，因此风吹雪灾害概率较小。L005 大风概率较大，并且主导风向与线路夹角较大，极易发生风吹雪灾害。

* 基金项目：河北省教育厅重点项目（ZD2018063）。

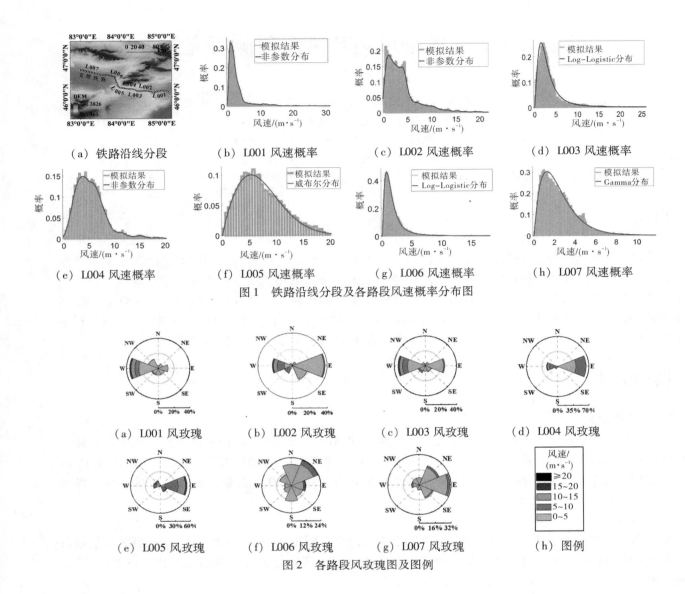

（a）铁路沿线分段　（b）L001 风速概率　（c）L002 风速概率　（d）L003 风速概率

（e）L004 风速概率　（f）L005 风速概率　（g）L006 风速概率　（h）L007 风速概率

图 1　铁路沿线分段及各路段风速概率分布图

（a）L001 风玫瑰　（b）L002 风玫瑰　（c）L003 风玫瑰　（d）L004 风玫瑰

（e）L005 风玫瑰　（f）L006 风玫瑰　（g）L007 风玫瑰　（h）图例

图 2　各路段风玫瑰图及图例

4　结论

本文通过中尺度天气模拟可以得到交通线路沿线风场，经过分析可以得到以下结论：目前中尺度模拟能够更加精确地反映出交通线路不同路段的气象特征。同时通过 WRF 模拟得到的风速概率分布可为预测风吹雪发生概率提供更精确的依据，且与 WRF 模拟得到不同路段的主导风向规律相结合，可为避免风吹雪的线路走向以及路段型式设计提供依据。

参考文献

[1] 杨旭. 玛依塔斯交通走廊风吹雪特点研究 [J]. 铁道工程学报，2018，35（12）：1 - 6.

[2] ASLAM M. Testing average wind speed using sampling plan for Weibull distribution under indeterminacy [J]. Scientific Reports, 2021, 11 (1).

基于 DMD 的建筑物风压场重构研究[*]

张昊[1,2]，李明水[1,2]，杨雄伟[1,2]

（1. 西南交通大学风工程试验研究中心　成都 610031；

2. 西南交通大学风工程四川省重点实验室　成都 610031）

1　引言

动力学模态分解（dynamic mode decomposition，DMD）是一种分析流场时空特性十分有效的方法，最初由 Peter J. Schmid 于 2010 年提出[1]。在数值模拟的应用中，动力学模态分解法对流场或者风压场的模态具有良好的识别能力，这些被识别的模态能够反映流场或者风压场的动力学特征[2]。本文试图通过 DMD 算法对风压场进行重构及预测，分析 DMD 算法在基于风洞测压试验数据上应用的有效性，并探讨 DMD 算法相对 POD 算法的优势。

2　基本理论

进行动力学模态分解时，取用 m 个连续时刻的数据快照 $x(m)$，并作为列向量整理成具有一步时延差的两个矩阵 X_1、X_2（$X_1 = \{x(1),x(2),\cdots,x(m-1)\}$，$X_2 = \{x(2),x(3),x(m)\}$）。将 X_1 到 X_2 近似看作一个由未知矩阵 A 描述的线性过程 $X_2 = AX_1$。通过奇异值分解 $X_1 = U\Sigma V^H$，并将矩阵 X_2 向 X_1 含有空间信息的左奇异矩阵 U 进行投影，得到矩阵 $\tilde{A}$ 用以近似描述从 X_1 到 X_2 的时空演变过程。将矩阵 $\tilde{A}$ 进行特征值分解，通过投影关系对矩阵 $\tilde{A}$ 的特征值和特征向量进行重构得到 DMD 模态[1]。利用 DMD 模态可以对原有数据场进行还原，并且通过插值法对未知点进行预测。DMD 技术的具体理论推导和算法实现见文献［1］。

3　风洞试验

试验在西南交通大学 XNJD – 1 工业风洞高速试验段中进行，测压试验在格栅紊流场中进行。紊流风场基本参数 $I_u = 8.1\%$，$L_u = 0.103\text{ m}$。试验模型采用一个宽高比为 3∶1 的矩形断面，模型长度 1500 mm、宽 180 mm、高 60 mm。模型迎风面布有 5 排测压孔，每排测压孔对称布置 7 个测点（由上到下分别称为测点 1、2、3、4、5、6 和 7）。数据采集使用 Scanivalve DSM4000 电子压力式扫描阀，该设备各项指标均满足试验要求。试验风速为 10 m/s，采样频率为 256 Hz，采样时间 180 s。

4　数据分析

4.1　风压场的动力学模态分解

对 4 号测点的压力信号进行 DMD 分解，并在频域和时域内观察算法对信号模态的捕捉能力（图 1a）。其次，将所有测点构成的风压场进行 DMD 分解与重构，探讨动力学模态分解法对风压场数据的还原程度（图 1b）。

* 基金项目：国家自然科学基金项目（51878580）。

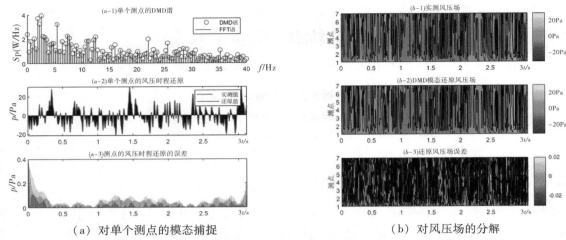

（a）对单个测点的模态捕捉　　　　　　　（b）对风压场的分解

图 1　DMD 算法对单个测点的模态捕捉及对风压场的分解

4.2　风压场的动力学模态重构预测

选取 4 号测点，通过其他 6 个测点 DMD 分解的模态对其进行风压时程重构。将重构值与实测值进行对比，评估 DMD 算法对风压场重构的效果（图 2）。

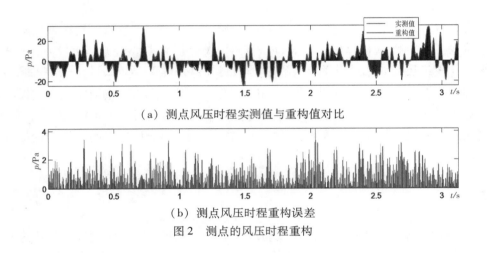

（a）测点风压时程实测值与重构值对比

（b）测点风压时程重构误差

图 2　测点的风压时程重构

5　结论

对于风洞测压数据，DMD 算法能够很好地捕捉其各种模态，并且通过 DMD 模态对数据进行重构可以达到较为理想的精度。借助已知测点的 DMD 模态还可以对空间上未知点的风压信息进行预测，达到以少量几个特征测点的数据对整个风压场任意一点进行风压信号重构的目的。在 DMD 算法中，提取到的模态不仅包含数据场的空间信息，还能够描述数据场的动力学特征。

参考文献

［1］SCHMID P J. Dynamic mode decomposition of numerical and experimental data［J］. Journal of Fluid Mechanics，2010，656：5–28.

［2］LI C Y，TSE T K T，HU G. Dynamic mode decomposition on pressure flow field analysis：Flow field reconstruction，accuracy，and practical significance［J］. Journal of Wind Engineering and Industrial Aerodynamics，2020，205.

基于 CFD 方法的工业烟囱内部流动特性及壁面冷凝研究

冯昊天，周旭毅，顾明

（同济大学土木工程防灾国家重点实验室 上海 200092）

1 引言

　　工业烟囱广泛应用于冶炼厂、发电厂等部门，其已逐渐成为人们关注和研究的重点。本文将基于计算流体力学（computational fluid dynamics，CFD）方法，对重力热管内部的传热、传质以及蒸发冷凝现象进行模拟，通过与文献［1］中的试验数据对比分析进行方法验证。接着，进一步将 CFD 方法运用到工业烟囱内部气流的模拟研究。

2 方法验证

　　验证对象为重力热管，模拟其内部两相流动和传热情况，如图 1a 所示。重力热管总长度为 500 mm，蒸发器和冷凝器长度均为 200 mm，绝热段长度为 100 mm，其外径和内径分别为 22 mm 和 20.2 mm。模型网格采用结构化的渐进网格，共 43 222 个网格，为较好拟合结果，壁面网格划分细密，最小网格尺寸为 0.1 mm，如图 1b 所示。在热管模型中，多相流模型选用流体体积（VOF）方法并用 UDF 添加函数。压力 - 速度耦合方式采用 SIMPLE 算法，动量离散格式采用一阶迎风格式。

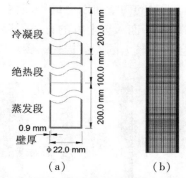

（a）　　　（b）

图 1　模型示意图及网格划分示意图

　　图 2a、图 2b 给出了重力热管蒸发段的体积分数云图对比。由图可知，前 10 s 的蒸发现象与试验结果较为接近。当达到沸腾温度后，液体开始蒸发，蒸发段逐渐产生细小气泡，并逐渐上升到气液交界面后破碎；冷凝段壁面附近有微小冷凝液滴产生，并在重力作用下沿壁面下滑，如图 2c 所示。图 2d 给出了重力热管温度云图。可以看出由于蒸汽到达冷凝段，在冷凝段出现了一个高温区域，之后冷凝段的高温开始下降，相应的蒸汽冷凝为液体，在重力作用下，冷凝液回落到蒸发段。

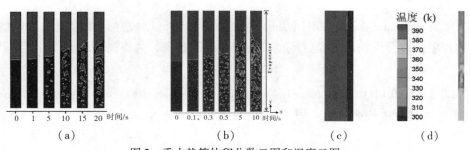

（a）　　　　　（b）　　　　　（c）　　　　（d）

图 2　重力热管体积分数云图和温度云图

3 烟囱内部流场的数值模拟

　　模拟对象为烟囱足尺模型，模拟其内部气体流动和壁面冷凝现象，如图 3a 所示。烟囱内径为 2.3 m，高度为 80 m。烟囱入口为单侧进烟形式，入口大小为 1.5 m，标高为 6 m。模型网格采用结构化的渐进网格，共 50 800 个网格，壁面网格划分细密，最小网格尺寸为 1 mm，如图 3b 所示。在烟囱模型中，多相流模型选用 VOF 模型，湍流模型选用标准 $k - \varepsilon$ 模型，并开启组分输运模型进行模拟。边界条件采用速度入口与压力出口，压力–速度耦合方式采用 SIMPLE 算法，近壁面采用标准壁面函数。

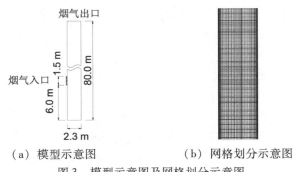

（a）模型示意图　　　　　（b）网格划分示意图
图 3　模型示意图及网格划分示意图

图 4a、图 4b 为烟气速度云图与速度矢量图。可以看出整个烟囱内部气流分布均匀，进烟速度为 10 m/s，大约在烟囱 42.3 m 处，烟气速度为 7.2 m/s，之后速度大致不变。烟气最高流速为 15.9 m/s，出现在烟囱入口正对的内壁面以上的一段区域，说明烟气在进去时冲击对面的内壁获得较大的动能。从图 4c 可以看出，在烟囱入口上方的背风区形成了一个较强的湍流区；烟囱入口以下区域也存在相对较弱的湍流，这样会造成较大的能量损失。图 4d 展示了烟囱内液滴冷凝的现象。

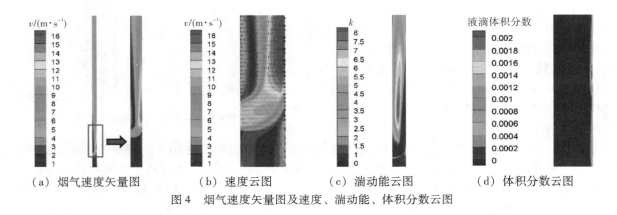

（a）烟气速度矢量图　　（b）速度云图　　（c）湍动能云图　　（d）体积分数云图
图 4　烟气速度矢量图及速度、湍动能、体积分数云图

4　结论

基于计算流体力学（Computational Fluid Dynamics，CFD）方法可以较好地模拟出重力热管内对流流动、蒸发冷凝相变的现象，以及烟囱内部烟气流动，液滴冷凝的现象，为提高烟囱工作性能提供了参考。

参考文献

［1］FADHL B，WROBEL L C，JOUHARA H. Numerical modelling of the temperature distribution in a two-phase closed thermosyphon［J］. Applied Thermal Engineering，2013（60）：122 – 131.

基于 DeepAR 的短期风速概率预测*

段泉成[1]，严磊[1,2,3]，何旭辉[1,2,3]

（1. 中南大学土木工程学院 长沙 410075；

2. 高速铁路建造技术国家工程实验室 长沙 410075）

3. 轨道交通工程结构防灾减灾湖南省重点实验室 长沙 410075）

1 引言

现有风速预测模型通常为长期风速预测，时间间隔选定为 10 min、15 min 甚至更长，而铁路沿线防灾监测系统更偏向于对短期风速序列预测，如几秒至几分钟。此外，这些方法几乎均为点预测模式，不能很好地体现短期风速的强随机性、间歇性以及模型参数的不确定性等因素的影响。DeepAR 模型基于自回归循环神经网络，能够输出预测值的一个概率分布。因此，本文基于 DeepAR 模型对间隔为 1 min 的风速序列进行概率预测。

2 预测模型

本文基于 DeepAR 对任意选取的 5 组间隔为 1 min 的实测风速进行概率预测，并与 WPD-CNNLSTM-CNN、ARIMA、LSTM 和 CNNLSTM 模型的点预测结果以及 ARIMA、SimpleFeed-Forward 和 Random Walk 模型的区间预测结果进行对比分析。DeepAR 的预测步骤如图 1 所示，左侧为训练过程，右侧为预测过程。通过给定序列的观测值，对未来观测值进行预测。整体分析框架如图 2 所示。其 WPD-CNN-LSTM 模型的小波基和分解层数取自 haar、db9、sym9 的 2 层、3 层分解最佳组合。

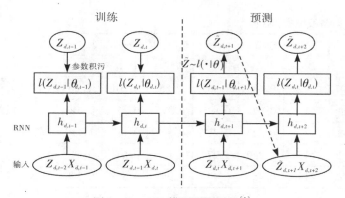

图 1 DeepAR 模型预测框架[1]

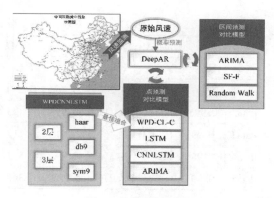

图 2 整体预测框架

3 数值算例

采用 5 组长度为 1000 的风速序列作为验证数据，每组最后 200 个数据作为预测值。引入点预测性能评估指标：均方根误差（RMSE）、平均绝对误差（MAE）、平均相对误差（MAPE）和区间预测的评价指标：预测区间覆盖概率（P_{ICP}）、预测区间归一化平均宽度（P_{INAW}）、考虑覆盖概率和宽度的覆盖宽度准则（C_{WC}）。由图 3 可知，各组数据中 DeepAR 各项指标都最小，预测效果最好。总体而言，LSTM 的预测效果次之，ARIMA 与 CNNLSTM 模型预测效果接近，WPD-CNNLSTM-CNN 的效果较差。结合图 4 可知，DeepAR 预测结果滞后性更弱，在较大突变时基本都能实现同步。由表 1 可知，DeepAR 的评价指标

* 基金项目：国家自然科学基金项目（51808563、51925808）；湖南省自然科学基金（2020JJ5754）。

P_{INAW}、C_{WC}大体都优于"随机漫步",表示其能够很好提取短期风速中的有效信息。SimpleFeed-Forward 相对更加"保守",这是由于其拓扑结构较为简单,对于复杂的、规律性弱的时间序列无法有效捕捉其有效信息进行准确预测,ARIMA 预测结果大多时候不能达到名义置信度,是因为它是线性回归模型。结合图 5 可知 DeepAR 模型不但能在预测区间滞后的情况下基本实现预测值的覆盖,且在相比于其他模型在更多时间点上实现预测区间变化与真实值变化"同步"。

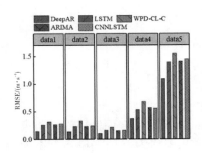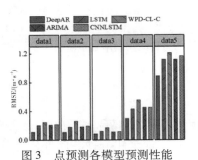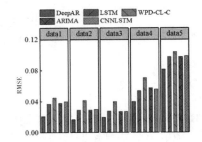

图 3　点预测各模型预测性能

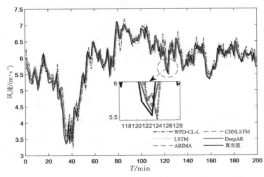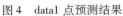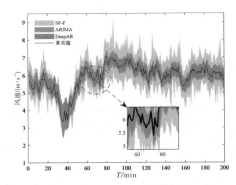

图 4　data1 点预测结果　　　　　　　图 5　data1 区间预测结果

表 1　置信度为 95% 时各模型预测性能

模型	DeepAR			ARIMA			SimpleFeed-Forward			RandomWalk		
指标	P_{ICP}	P_{INAW}	C_{WC}	P_{ICP}	P_{INAW}	C_{WC}	P_{ICP}	P_{INAW}	C_{WC}	P_{ICP}	P_{INAW}	C_{WC}
data1	1	0.207	0.207	0.86	0.210	19.107	0.995	0.483	0.483	0.85	0.201	30.069
data2	0.995	0.311	0.311	0.99	0.493	0.493	1	0.825	0.825	0.995	0.513	0.513
data3	0.99	0.163	0.163	0.91	0.113	0.948	1	0.227	0.227	0.905	0.112	1.170
data4	0.98	0.354	0.354	0.99	0.571	0.571	1	1.270	1.270	1	0.641	0.641
data5	0.99	0.275	0.275	0.925	0.346	1.553	1	0.453	0.453	0.955	0.398	0.398

4　结论

根据上述研究,可得到以下结论:①在上述所有模型中,DeepAR 概率模型能够更好地从短期风速序列中提取到信号特征,实现较高精度的点预测和满足可信度要求的区间预测;②DeepAR 在短期时间序列预测上具有很好的准确度与泛化能力,对于 5 组数据都能够保持准确、可靠的预测结果;③相比较于其他模型,DeepAR 预测的滞后性更弱,且能实现在预测区间滞后的情况下基本覆盖预测值,表明 DeepAR 模型具有可靠性。

参考文献

[1] DAVID S. Deep AR：Probabilistic forecasting with autoregressive recurrent networks ［J］. International Journal of Forecasting,2020,36（3）：1181 - 1191.

林区风场特性及白桦树风致动力响应的现场实测研究*

姜海新，辛大波，赵亚哥白，武百超

（东北林业大学土木工程学院 哈尔滨 150040）

1 引言

风是使单体树木和森林系统受灾的主要非人为因素[1-4]。巨大的强风能量对树木造成危害，不仅影响生态系统的稳定性[4]，还会给林业生产带来严重的经济损失。保障树木风致安全的首要问题是掌握强风下树木－风相互作用特性，特别是树木的风致响应。针对树木－风相互作用特性这一科学问题，现场实测是开展相关研究较好的方式。在强风天气下获得树木风致振动实测结果具有一定难度，到目前为止，大多数的研究主要是基于低风速条件下的现场实测，且针叶树是目前现场实测研究关注的主要对象。例如 Dupont 等基于现场实测结果发现了边缘流中湍流风场频率峰值与海岸松基本振动模式相关性较大[5]。落叶阔叶树相对针叶树而言结构要复杂得多，关于其在强风条件下的风致运动实测研究目前较少。因此，本文以黑龙江帽儿山森林生态系统国家野外科学观测研究站的落叶阔叶林为研究对象，实测研究了三次强风时段的林间风场特性，并研究了某一白桦树的风致动力行为，采用谱分析方法分析了脉动风特性、树木脉动风荷载及风致响应。

2 试验概况

观测地点选为黑龙江帽儿山森林生态系统国家野外科学观测研究站老爷岭主站点（东经 127°40′，北纬 45°24′），观测对象选为该站点的一棵白桦树。现场观测系统包括：Gill Wind Master 三维超声波风速仪、三向加速度传感器以及 JM5981A 多功能监测分析系统。高 50 m 的通量塔位于样本树西南方向 10 m 处，在通量塔塔身的 5 m、10 m、20 m、35 m 和 50 m 处各安装一个风速仪，对实测地点风特性进行监测，通量塔如图 1 所示。利用三向加速度传感器以及数据采集系统对树木的风致响应进行测量和记录。试验现场整体测试仪器布置如图 2 所示。

图 1　50 m 通量塔

图 2　试验现场整体布置示意图

选取 2019 年 11 月 2 日、11 月 5 日和 11 月 8 日这三个强风天气中所测的风特性和树木响应观测数据进行研究与分析。在不到 10 天的时间里实测地发生了三次强风，三次强风中 11 月 5 日的强风最强，其次为 11 月 8 日的。塔顶风速仪（$z/h = 2.17$，z 为测点高度，h 为树高）记录的 11 月 5 日强风最大 10 分钟

* 基金项目：国家自然科学基金项目（51878131）；中央高校基本科研业务费专项资金（2572019DF06）。

平均风速为 11.42 m/s，最大阵风为 19.82 m/s。

3 结果与讨论

基于 $z = 0.87h$ 测点处的雷诺应力功率谱和 $z = 0.35h$ 高度处的树木水平纵向和横向加速度响应功率谱得到的机械传递函数如图 3 所示。由图 3 可知，三次强风下白桦树的机械传递函数的峰值频率与加速度响应功率谱的峰值频率基本一致。这与 Gardiner（1994，1995）、Stacey 等（1994）、Holbo 等（1980）、Mayer（1985，1987）和 Amtmann（1986）对针叶树在风下进行测试得到的结果相同；此时风致树木响应的机械传递函数几乎与受迫阻尼谐振子的传递函数相同。此外，和加速度响应谱一样，两个加速度分量的机械传递函数之间只有微小的差异。

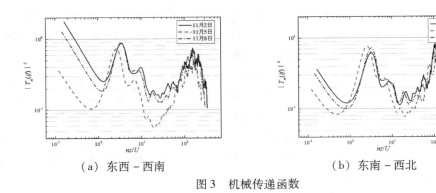

（a）东西 – 西南　　　　　　　（b）东南 – 西北

图 3　机械传递函数

4 结论

本文以落叶阔叶林为研究对象，实测研究了三次强风时段的林间平均风与脉动风特性，分析了林中某一白桦树的脉动风荷载及风致响应。研究结果发现，树木的扰动作用导致平均风随高度发生偏转，在冠层高度范围以内偏转梯度大，冠层高度以外偏转梯度较小；最大风偏转角度近似为 67°。树木的扰动作用增加了冠层内风场的湍流强度，这一影响随着来流风强度的增加而增加。三次强风作用下，树木在脉动风作用下呈现出复杂的随机振动，振动响应的峰值频率与树木自由振动的峰值频率一致，与来流风的脉动风特性无关。阔叶树的机械传递函数的峰值频率与响应功率谱的峰值频率基本一致，树木风致响应的机械传递函数几乎与受迫阻尼谐振子的传递函数相同，这一点与针叶树具有相似的特征。

参考文献

[1] EVERHAM E M，BROKAW N V L. Forest damage and recovery from catastrophic wind [J]. The Botanical Review，1996，62（2）：113 – 185.

[2] BAKER J. Measurements of the natural frequencies of trees [J]. Journal of Experimental Botany，1997，48.

[3] SELLIER D，FOURCAUD T，LAC P. A finite element model for investigating effects of aerial architecture on tree oscillations [J]. Tree Physiology，2006，26（6）：799 – 806.

[4] MITCHELL S. Wind as a natural disturbance agent in forests：A synthesis [J]. Forestry，2012，86：147 – 157.

[5] DUPONT S，D FOSSEZ P，BONNEFOND J，et al. How stand tree motion impacts wind dynamics during windstorms [J]. Agricultural and Forest Meteorology，2018，262：42 – 58.

基于平均风速时程的平均风速极值研究 *

达林，杨庆山，刘敏

（重庆大学土木工程学院 重庆 400045）

1 引言

结构抗风设计中，通常采用重现期 R 年的年最大平均风速作为设计风速。为了减少设计风速估计过程中对样本量的需求，可充分利用平均风速的时程信息估计年最大平均风速[1-2]。首先，基于平均风速时程估计年最大平均风速，要求平均风速概率分布的尾部能够很好地被概率分布模型表达[3]；其次，由于平均风速时程不具备连续变量条件，故无法采用经典随机过程理论求解平均界限穿越率[4]。本文基于超阈值平均风速的广义帕累托分布，结合 Rayleigh 过程的平均穿越率计算方法，提出一种基于平均风速时程的年最大平均风速估计方法，并与 POT 方法以及基于年最大平均风速样本的极值 I 型分布模型的估计结果进行比较，证明其可靠性。

2 研究方法和内容

2.1 平均风速概率分布模型

平均风速概率整体分布采用韦伯分布进行表达：

$$F_U(u) = 1 - \exp[-(u/c)^k] \tag{1}$$

式中，k 与 c 分别为韦伯分布的形状参数与尺度参数。对于平均风速概率尾部采用广义帕累托分布进行表达：

$$F_U(u) = F_U(u_0) + [1 - F_U(u_0)]\{1 - [1 + a(u - u_0)/\delta]^{-1/a}\}, \quad u > u_0 \tag{2}$$

式中，u_0 为平均风速阈值，可通过 Bootstrap 方法分析其对于估计的影响[5]；a 与 δ 分别为广义帕累托分布的形状参数与尺度参数。

2.2 基于标准 Rayleigh 变量平均风速极值计算方法

对于标准 Rayleigh 变量，可通过其矢量分解得到两独立标准的高斯变量，则可计算平均穿越率[3]：

$$v(u) = (1 - \rho_1^2) \sum_{n=0}^{n=\infty} \rho_1^{2n} \Gamma(n + 1, Z)[1 - \Gamma(n + 1, Z)]; \quad Z = u^2/(2 - 2\rho_1^2) \tag{3}$$

式中，$\Gamma(n + 1, Z)$ 为归一化的不完整 Gamma 方程；ρ_1 为两 Rayleigh 过程对应高斯过程 (x_1, x_2)、(y_1, y_2) 在平均风速时距上的互相关系数，可通过标准 Rayleigh 过程在平均风速时距上的自相关系数 ζ 计算得到：

$$\zeta = \frac{{}_2F_1(-1/2, -1/2, 1, \rho_1{}^2) - 1}{\pi/4 - 1}, \quad {}_2F_1(a, b, c, z) = 1 + \frac{ab}{c \times 1!}z + \frac{ab(a + 1)(b + 1)}{c(c + 1) \times 2!} + \cdots \tag{4}$$

首先将平均风速过程由 Weibull 分布转换为标准 Rayleigh 分布下的对应过程，计算基于标准 Rayleigh 过程的平均界限穿越率，并代入泊松分布得到变量转换极值，再将其转换为广义帕累托分布下的对应平均风速，即年最大平均风速。

2.3 平均风速概率分布拟合与平均风速极值概率分布

本文采用了日本京都 2009—2020 年的 10 分钟平均风速时程，与 1940—2020 年的年最大平均风速数据进行计算。基于 10 分钟平均风速数据得到的平均风速概率分布情况如图 1 所示；基于平均风速时程与

* 基金项目：国家自然科学基金专项基金重点国际（地区）合作与交流项目（旧）（51720105005）。

平均风速极值样本得到的年最大平均风速概率分布情况如图2所示；此方法与POT方法计算得到的结果如图3所示。

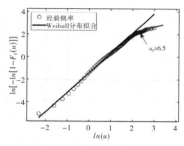
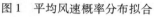

图1　平均风速概率分布拟合

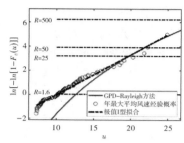

图2　年最大平均风速概率分布

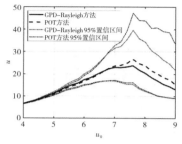

图3　方法比较

3　结论

结合图1、图2可知，由平均风速时程估计年最大平均风速，平均风速概率分布尾部的计算模型起决定性作用。图2为阈值取6.5时GPD-Rayleigh方法计算得到的概率分布与年最大平均风速经验概率、极值Ⅰ型分布的比较，可见此方法的可靠性。图3为此方法与同杨基于平均界限穿越率的POT法的估计结果比较，显示在高阈值情况下，此方法的估计结果变异性更低。

参考文献

［1］COOK N J, HARRIS R I, WHITING R. Extreme wind speeds in mixed climates revisited［J］. Journal of Wind Engineering and Industrial Aerodynamics, 2003, 91（3）：403 – 422.

［2］HARRIS R I. XIMIS：A penultimate extreme value method suitable for all types of wind climate［J］. Journal of Wind Engineering and Industrial Aerodynamics, 2009, 97（5 – 6）：271 – 286.

［3］ZHANG X, CHEN X. Refined process upcrossing rate approach for estimating probabilistic wind load effects with consideration ofdirectionality［J］. Journal of Structural Engineering, 2017, 143（1）：04016148.

［4］HARRIS R I. The Level Crossing Method applied to mean wind speeds from "mixed" climates［J］. Structural Safety, 2017, 67：54 – 61.

［5］GONG K, DING J, CHEN X. Estimation of long-term extreme response of operational and parked wind turbines：Validation and some new insights［J］. Engineering structures, 2014, 81：135 – 147.

基于 LSTM 和 GMM 的风速短时概率性预测方法及预测准确性影响因素研究 *

钟仁东，敬海泉，何旭辉

（中南大学土木工程学院 长沙 410075；
中南大学高速铁路建造技术国家工程重点实验室 长沙 410075）

1 引言

高铁列车速度快、对运行环境要求高，在横风作用下容易发生振动，影响行车安全。对高铁沿线强风环境进行快速报警和预警是国内外普遍采用的防灾减灾方法，能够有效避免强风导致的行车安全事故。本文提出一种基于 LSTM + GMM 的超短时风速概率性预测方法；采用预测区间覆盖概率（PICP）、预测区间平均宽度（PIAW）和覆盖宽度（CWC）三个通用准则[1]对该预测方法的准确性进行了评估；分析了风速特征参数对预测精度的影响规律；最后，根据《高速铁路技术规程》的限速规定，提出了基于预测风速发生概率的分级预报警策略，可为铁路运营管理限速决策提供参考。

2 LSTM + GMM 概率性预测方法

利用长短期记忆网络（LSTM）对风速序列进行预测 y，获得风速的预测值序列，同实际值对比，可以得到预测误差序列；将这两组序列进行高斯混合模型拟合，以及预测值和预测误差的概率密度函数；然后根据贝叶斯公式可以得到在预测值 $Y = y$ 的条件下误差 e 的条件概率密度。基于此概率密度函数，就能够得到每一个 LSTM 预测值 y 对应的预测风速概率密度，从而实现概率性预测。

3 模型概率性预测精度验证以及预测精度影响因素分析

3.1 3 号风速算例结果

用第 2 节的方法得到高斯混合模型的概率密度图；然后根据概率密度可以得到 LSTM 预测集的每一个预测值 y 的风速概率密度，如图 1 所示；并以 95% 置信度水平下的预测区间计算了三个通用指标值，证明了模型优良的预测性能，如表 1 所示。

表 1　29 个风速样本的指标均值

指标	PICP	PINAW	CWC
均值	0.96	1.51	0.98

3.2 预测精度影响因素

基于风速预测区间的结果，可以得到预测区间的三个通用准则[1]指标值。采用多元分析方式得到风速序列的属性（平均值、方差、最大最小值之差、偏度、峰度和差分）对风速预测结果准确性（三个通用准则指标值）的回归系数，回归系数越大影响越大，图 2 是概率性预测多元回归分析结果。

* 基金项目：国家自然科学基金项目（52078502、51925808、U1934209）。

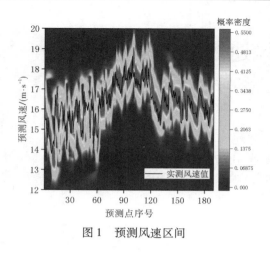

图 1   预测风速区间

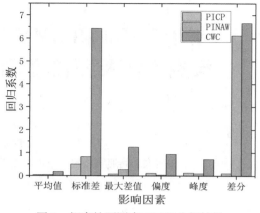

图 2   概率性预测多元回归分析结果

4   基于短时概率预测的高铁限速大风预警策略

根据我国《高速铁路技术规程》[2]规定当风速超过 15 m/s 时，列车需限速或停轮。并以此拟定了两个预报警级别，其风速发生概率的报警阈值分别为 50% 和 75%。结果显示准确率均高于 83%，第二级别预报警准确率高于 93%。该结果证实基于 LSTM + GMM 超短时风速概率性预测的预报警策略精度较高，可为我国高铁大风预报警限速决策的制定提供技术支撑和参考。

5   结论

为了解决确定性预测方法中的可信度不够的问题，提出 LSTM + GMM 结合的概率性预测方法并以此得到了以下三个结论：

（1）证明了该方法的预测精度的优良性。

（2）对该模型预测精度影响最大的是风速的标准差和差分绝对值。

（3）提出了基于预测风速发生概率的分级预报警策略。通过数值检验，概率阈值 50% 的一级预报警准确率达 83% 以上；概率阈值 75% 的二级预报警准确率达 93% 以上；证实了该方法的可靠性，可为高铁大风预报警限速决策的制定提供技术支撑和参考。

参考文献

［1］ ZHANG Y, LIU K, QIN L, et al. Determ inistic and probabilistic interval prediction for short-term wind power generation based on variational mode decomposition and machine learning methods ［J］. Energy Convers Manage, 2016, 112: 208 – 219.

［2］ 中国铁路总公司科技管理部. 高速铁路技术规程（高速铁路部分）：铁总科技（2014）172 号［S］. 北京：中国铁路总公司科技管理部，2014.

附 录

中国土木工程学会桥梁及结构工程分会历届全国结构风工程
学术会议一览表

No.	会议名称	时 间	地点	出席人数①/人	出版或交流的论文数②/篇	承办单位	主办单位
1	全国建筑空气动力学实验技术讨论会（第一届）	1983 年 11 月	广东新会	35	约 30 篇	广东省建筑科学研究所	中国空气动力研究会工业空气动力学专业委员会
2	全国结构风振与建筑空气动力学学术讨论会（第二届）	1985 年 05 月	上海	63	—	同济大学	中国空气动力研究会工业空气动力学专业委员会
3	第三届全国结构风效应学术会议	1988 年 5 月	上海	57	53	同济大学	中国空气动力研究会工业空气动力学专业委员会风对结构作用学组 中国土木工程学会桥梁及结构工程分会风工程委员会
4	第四届全国结构风效应学术会议	1989 年 12 月	广东顺德	98	39	广东省建筑科学研究所	
5	第五届全国结构风效应学术会议	1991 年 10 月	浙江宁波	51	38	镇海石油化工设计所	
6	第六届全国结构风效应学术会议	1993 年 10 月	福建福州	—	40	福州大学	中国土木工程学会桥梁及结构工程分会风工程委员会 中国空气动力学会风工程与工业空气动力学专业委员会建筑与结构学组
7	第七届全国结构风效应学术会议	1995 年 9 月	重庆	—	38	重庆大学	
8	第八届全国结构风效应学术会议	1997 年 10 月	江西庐山	71	41	江西省建筑学会	
9	第九届全国结构风效应学术会议	1999 年 10 月	浙江温州	—	43	温州市建筑学会	
10	第十届全国结构风工程学术会议	2001 年 11 月	广西龙胜	71	67	同济大学	
11	第十一届全国结构风工程学术会议	2003 年 12 月	海南三亚	112	90	同济大学	
12	第十二届全国结构风工程学术会议	2005 年 10 月	陕西西安	133	131	长安大学	中国土木工程学会桥梁及结构工程分会风工程委员会
13	第十三届全国结构风工程学术会议	2007 年 10 月	辽宁大连	169	185	大连理工大学	
14	第十四届全国结构风工程学术会议	2009 年 8 月	北京	185	164	中国建筑科学研究院、同济大学	

No.	会议名称	时 间	地点	出席人数①/人	出版或交流的论文数②/篇	承办单位	主办单位
15	第十五届全国结构风工程学术会议暨第一届全国风工程研究生论坛	2011 年 8	浙江杭州	120＋70	80＋64	浙江大学、同济大学	中国土木工程学会桥梁及结构工程分会风工程委员会 中国空气动力学会风工程和工业空气动力学专业委员会
16	第十六届全国结构风工程学术会议暨第二届全国风工程研究生论坛	2013 年 7—8 月	四川成都	143＋115	95＋114	西南交通大学、同济大学	
17	第十七届全国结构风工程学术会议暨第三届全国风工程研究生论坛	2015 年 8 月	湖北武汉	165＋176	107＋130	武汉大学、同济大学	
18	第十八届全国结构风工程学术会议暨第四届全国风工程研究生论坛	2017 年 8 月	湖南长沙	307＋297	130＋209	中南大学、同济大学	
19	第十九届全国结构风工程学术会议暨第五届全国风工程研究生论坛	2019 年 4 月	福建厦门	274＋323	138＋246	厦门理工学院、同济大学	中国土木工程学会桥梁及结构工程分会 中国空气动力学会风工程和工业空气动力学专业委员会

注：①"出席人数"一列中，"＋"前为非研究生代表人数，"＋"后为研究生代表人数；因时间问题，第六届、第七届、第九届学术会议出席人数资料佚失，在表格中以"—"标示。②"出版或交流的论文数"一列中，"＋"前为结构风工程学术会议论文数，"＋"后为风工程研究生论坛论文数；除 1983 年第一届会议的论文无出版外，其余各届会议收录的论文均结集出版（第二届会议出版的论文集佚失，论文数量不可考，在表格中以"—"标示）。

中国土木工程学会桥梁及结构工程分会其他结构风工程
全国性会议一览表

No.	会议名称	时　间	地点	出席人数/人	出版或交流的论文数/篇	承办单位	主办单位
1	全国结构风工程实验技术研讨会	2004 年 11 月	湖南长沙	64	32（论文集）	湖南大学	中国土木工程学会桥梁及结构工程分会风工程委员会 中国空气动力学会风工程与工业空气动力学专业委员会建筑与结构学组
2	全国结构风工程基础研究研讨会	2008 年 8 月	黑龙江哈尔滨	62	基金重大计划项目交流	哈尔滨工业大学	中国土木工程学会桥梁及结构工程分会风工程委员会
3	中国结构风工程研究 30 周年纪念大会	2010 年 6 月	上海	68	16（纪念册）	同济大学、上海建筑科学研究院	
4	风工程学术委员会会议暨第三届桥梁工程科技发展与创新技术：桥梁与结构抗风	2020 年 12 月	上海	130（线下）+140（线上）	—	—	同济大学桥梁工程系/桥梁工程研究所 同济大学土木工程防灾国家重点实验室风洞试验室